Otto Werkmeister   Die Axt im Haus

Otto Werkmeister

Die Axt im Haus

NAUMANN & GÖBEL

Als Fachleute arbeiteten mit

Horst Höll · Anstrich und Dekoration

Kurt Pläcking · Holzarbeiten

Ernst Holzner · Rund um den Bau

Georg Ruhland · Umgang mit Metallen

Walter Ebersbach · Wasser und Gas,
Blechdach, Dachrinnen

Wolfgang Feuerstein · Elektrizität

Hans-Werner Bastian · Heimwerkermaschinen

© Naumann & Göbel Verlagsgesellschaft mbH in der
VEMAG Verlags- und Medien Aktiengesellschaft, Köln
Herausgeber: Otto Werkmeister
Umschlaggestaltung: Rincón Partners, Köln
Gesamtherstellung: Naumann & Göbel Verlagsgesellschaft mbH
Alle Rechte vorbehalten
ISBN 3-625-10703-1

Inhalt

1 **Anstrich und Dekoration**

2 **Holzarbeiten**

3 **Rund um den Bau**

4 **Vom Umgang mit Metallen**

5 **Wasser und Gas**

6 **Elektrizität**

7 **Heimwerkermaschinen**

6 Inhalt

Erster Teil · Anstrich und Dekoration

1 Schutz und Schmuck 16

2 Die Wirkung der Farben auf den Menschen 16

3 Zur farblichen Gestaltung von Innenräumen 18
Schönheitsfehler 18 · Decke und Wand 19 · Fußböden 21 · Farbige Möbelanstriche 22 · Türen und Fenster 22 · Weitere Tips zur Gestaltung von Wohnräumen 23 · Farbe beeinflußt die Wirkung des Raumes 23

4 Was braucht man zum Anstreichen? 24
Arbeitsraum · Fleckenentfernung 24 · Wann anstreichen? 25 · Die wichtigsten Werkzeuge und Geräte 25

5 Farbenkunde für den Amateur-Anstreicher 29
Fertige Farben 29 · Die Körperfarben 30 · Tabelle der weißen Körperfarben (Weißpigmente) 30 · Die Bindemittel 31 · Zusatz-, Verdünnungs- und Hilfsmittel 31 · Das Mischen von Farbtönen 31 · Tabelle der bunten Körperfarben (Buntpigmente) 32 · Tabelle zum Mischen von Farbtönen 33 · Womit ist das gestrichen? 34 · Wie verändern sich Farben durch den Trocknungsprozeß? 34

6 Was wollen Sie streichen? 35

7 Vorarbeiten für Anstriche auf Putz 37

8 Der Kalkfarbenanstrich 38
Arbeitsgänge bei Innenanstrichen 39 · Arbeitsgänge bei Fassadenanstrichen 40

9 Der Leimfarbenanstrich 40
Arbeitsgänge 41

10 Anstrich mit Dispersionsfarben 42

11 Der Wasserglasanstrich 43

12 Anstriche mit Öl- oder Kunstharzfarben 43
Allgemeines 43

13 Anstriche auf Holz mit Ölfarben oder Kunstharzfarben 44
Ölfarbe oder Kunstharzfarbe? 44 · Vorbereitende Arbeiten 45 · Arbeitsgänge 47

14 Anstriche für Fußböden 48
Das Versiegeln 48 · Farbige Anstriche für Holzböden 49

15 Ölähnliche Anstriche auf Putz 49

16 Anstriche auf Metall 49
Vorbereitende Arbeiten 50 · Gartenmöbel (Eisenteile) 50 · Heizkörper, Rohre 51 · Ofenrohre 51 · Fahrräder 51

17 Von der Kunst des Lackierens 51
Allgemeines 51 · Die Lacke 52

18 Ausbessern von Blech- und Lackschäden am Auto 55
Ausbeulen 55 · Entrosten 55 · Spachteln 56 · Schleifen 56 · Lackieren 56

19 Spritzen 56

20 Tapezieren 60
Über Tapetengeschmack 60 · Arten von Tapeten 60 · Wieviel Tapete brauchen wir? 62 · Der Untergrund 62 · Hilfsmittel und Werkzeug 63 · Arbeitsgang 68 · Besondere Hinweise 69

21 Linoleum und ähnliche Fußbodenbeläge 69
Der Unterboden 70 · Werkzeug und Hilfsmittel für das Verlegen 70 · Arbeitsgang 71 · Reinigung und Pflege 74 · Gummibeläge 74

22 Einfache Dekorationsarbeiten 74
Stoffe spannen 74 · Bilder aufhängen 75 · Vorhänge, Gardinen 76 · Läufer und Teppiche 78 · Spannteppiche 80

23 Einfache Polsterarbeiten 82

Zweiter Teil · Holzarbeiten

1 Die Werkstatt 86
Der Arbeitsraum 86 · Werktisch, Werkbank 86 · Zehn Gebote zur Unfallverhütung 88

2 Der Werkstoff 89
Eigenschaften des Holzes 89 · Die wichtigsten Holzarten 89 · Ausländische Hölzer 90 · Die wichtigsten Holzfehler 91 · Einkauf und Pflege von Massivholz 91 · Sperr-, Span- und Faserplatten 92

3 Das Werkzeug 94
Werkzeug zum Zeichnen und Reißen 94 · Werkzeug zum Sägen 95 · Werkzeug zum Stemmen 97 · Werkzeug zum Hobeln 97 · Werkzeug zum Bohren und Schrauben 101 · Werkzeug zum Drechseln 102 · Einspannvorrichtungen 103 · Drechselstähle 103 · Werkzeug zum Nageln 103 · Werkzeug zum Einspannen und Verleimen 105 · Werkzeug zur Oberflächenbehandlung 105 · Werkzeug zur Werkzeugpflege 106 · Grundausrüstung mit Werkzeug 106 · Das Schärfen von Schneid- und Stemmwerkzeugen 107 · Das Richten von Sägen 107

4 Arbeitsgänge (Techniken) 109
Aufreißen, Reißen und Zeichnen 109 · Einspannen 111 · Sägen 111 · Hobeln 112 · Kanten bestoßen und brechen 114 · Stemmen 115 · Feilen 116 · Bohren 116 · Holz biegen 117 · Das Drehen in Holz 118 · Nageln 119 · Arbeitsgang beim Nageln einer Kastenkante 121 Schrauben 122 · Leimen und Kleben 124 · Die Klebstoffe 124 · Glutinleim 124 · Kunstharzleime 124 · Allgemeines für Verleimungen 125 · Kleber 126

5 Feste Holzverbindungen des Schreiners und des Zimmermanns 126
Holzverbindungen des Schreiners 126 · Vom Dübeln 130 · Holzverbindungen des Zimmermanns 132

6 Lösbare und bewegliche Holzverbindungen 134

7 Die Holzoberfläche 137
Übersicht 137 · Schleifen 138 · Mögliche Behandlungen der Holzoberfläche 138 · Abziehen mit der Ziehklinge 139 · Imprägnieren 139 · Färben 140 · Beizen 140 · Ölen 141 · Wachsen 141 · Lackieren, Mattieren 141 · Furnieren 142 · Holzeinlegearbeit (Intarsien) 144

8 Werkstücke 146
Planmäßiges Arbeiten 146 · Einkauf 148 · Kellerregal 148 · Gestell für Weinflaschen 149 · Obsthurde mit ausziehbaren Lattenrosten 149 Genagelte Brettertüre 150 · Ein einfacher Werktisch 151 · Fügelade (Stoßbrett) 152 · Schneidlade 153 · Arbeitsbock 153 · Bank aus genuteten Brettern 153 · Quadratischer Couchtisch 154 · Wandtisch und Klapptisch 154 · Runder Tisch mit Kunststoffplatte 155 · Tischchen fürs Krankenbett 155 · Allgemeines über Regale 156 · Regal in Türnische 156 · Wandregal mit Loch- oder Nutschienen 157 · Großes Wandbord 157 · Zerlegbares Bücherregal 158 · Regalturm 158 · Raumteiler 159 · Regal für Schuhe oder Gerät, genagelt 159 · Blumenkästen 160 · Wandregal 160 · Regal für Schallplatten 161 · Werkzeugkasten 161 · Bücherregal gedübelt 161 · Schränke mit Türen 162 · Schrank in Türnische 163 · Schiebetüren 163 · Hängender Werkzeugkasten (Zeugrahmen) 164 · Kasten mit Einsatzfächern 164 · Schubladen 165 · Bilderrahmen 167 · Paravent 169 · Rahmenliege 170 · Einbauschrank in Dachschräge 171 · Kasperltheater 171 · Sessel aus Holzrahmen 172 · Sessel mit Metallrahmen 173 · Sessel aus Massivholz 173 · Wandtäfelung 174 · Einbau eines Zwischenbodens 178 · Türe für den Kofferboden 179 · Spielzeuge und Kleingeräte 180 · Vogelhäuschen 181

9 Was tue ich, wenn… 183

Dritter Teil · Rund um den Bau

1 Was man vorm Bauen vom Bauen wissen muß 196
Bauen ist nicht Privatsache 196 · Das Baugenehmigungsverfahren 196

2 Das Mauerwerk 200
Härtegrade von Ziegeln 201 · Vollstein, Lochstein 202 · Der Mauerverband 202 · Wieviel Steinbreiten gehen auf die Mauerlänge? 203 · Der Mauermörtel 204 · Geräte zum Mörtelmischen 205 · Errechnen des Materialbedarfs 206 · Zeitbedarf 207 · Arbeitskleidung 207 · Arbeitsgeräte 207 · Die Technik des Mauerns 209 · Neuere Wandbaustoffe 211 · Fassadenverkleidung mit Eternitplatten 213 · Gasbeton-Mauerwerk 214 · Mauerwerk aus Blöcken 214 · Mauerwerk aus Platten 214 · Werkzeuge für das Mauern mit YTONG-Planblöcken und -Planplatten 216

3 Leichtbauplatten 216

4 Putz 219
Der Putzmörtel 219 · Putzen von Außenwänden 219 · Geräte für den Putz 220 · Innenputz 222

5 Beton 222
Zement, Zuschlagstoffe, Wasser 222 · Die richtige Mischung 223 · Das Handmischen von Beton · 224 · Ein Wort über Stahlbeton 226

6 Mauerdurchbruch 227
Vorsicht mit waagerechten Mauerschlitzen 227 · Durchbruch einer Trennmauer 227 · Das Ausbrechen der Öffnung 228 · Der Sturz 229 · Verputzarbeit 229

7 Einsetzen von Dübeln und Haltern 230
Dübel und Dübelmasse 231 · Dübel in der Zimmerwand 231 · Halter für Teppichstange, Arbeitsbeispiel für Dübelarbeit außen 232

8 Patentdübel 234
UPAT-Dübel 235 · FISCHER-Dübel 236 · TOX-Dübel 239

9 Risse in Wand und Decke · Putzschäden 240
Risse in der Wand 240 · Risse in der Decke 241 · Andere Putzschäden, insbesondere an Fassaden 241

10 Dachkonstruktionen 243
Bauholz 243 · Nageltabelle 245 · Drei Arten der Dachkonstruktion 246 · Achtung – Schwamm! 248

11 Bedachungen 248
Ziegeldeckungen 249· Schäden an Ziegeldächern 251 · Dachdeckung mit Eternit 252 · Blechdach (Arbeitsbeispiel) 253 · Pappdach, Glasdach 254 · Gußglas als Gestaltungselement 259

12 Dachrinnen 259
Form und Abmessungen 259 · Das Material: Kunststoff 259 · Montage, Allgemeines 259

13 Fußböden 261
Herstellung eines einfachen Kellerfußbodens aus Zementestrich 262 · Kellerfußboden mit Belag 263 · Terrazzo 263 · Bodenbelag aus Platten 263 · Wandplatten 264 · Holzfußböden: Unterkonstruktion 264 · Holzdielen: Verlegung und auftretende Schäden 266

14 Öfen und offene Kamine 267
Die Beheizung unserer Wohnungen 267 · Strahlung und Konvektion 267 · Der Kachelofen 267 · Kaminöfen 268 · Offene Kamine 268 · Zu beachtende Vorschriften 269 · Feuerschutz 269

15 Was man von der Ölheizung wissen sollte 269
Ist Ölheizung teuer? 269 · Zentralheizung mit Ölfeuerung 270 · Tips zur Wartung der Ölzentralheizung 270

16 Ausbauten · Anbauten · Nebengebäude 272
Ausbau von Dachräumen 272 · Trinkstube im Keller 274 · Wohin mit den Flaschen? 274

17 Außenarbeiten rings ums Haus 276
Allgemeines über Erdarbeiten 276 · Der Gartenzaun 277 · Gehobelter Lattenzaun auf Betonsockel mit Eingangspforte 278 · Ein Sandkasten für die Kinder 282 · Plattenbeläge im Freien 283 · Plattenstreifen als Garagenzufahrt 285 · Anlegen einer Terrasse 286 · Offene Grillfeuerstelle im Garten (Barbecue) 287

Vierter Teil · Vom Umgang mit Metallen

1 Werkstoff Metall 290
Stahl und Eisen 290 · Kupfer 290 · Messing 291 · Blei 291 · Zinn 291 · Zink 292 · Leichtmetall 292 · Bleche 292

2 Werkbank · Schraubstock · Unterlagen 293
Die Werkbank 293 · Der Schraubstock 293 · Feilkloben 295 · Unterlagen 295 · »Hart auf hart« 295

3 Messen und Anreißen 297

4 Strecken · Stauchen · Richten · Biegen (spanlose Bearbeitung) 298
Strecken und Stauchen 298 · Richten 299 · Biegen 300

5 Techniken der Blechbearbeitung 300
Werkzeuge für die Blechbearbeitung 300 · Verbeultes Blech richten 301 · Zuschneiden 301 · Abkanten, Umschlag 303 · Drahteinlage 303 · Bördeln und Schweifen 304 · Falzen 304 · Runden 307

6 Treiben von Metallen 307
»Hammer und Amboß« bei Treibarbeiten 307 · »Treiben« und »Einziehen« 309

7 Meißeln · Sägen · Feilen · Bohren (spanabhebende Bearbeitung) 312
Meißeln 312 · Sägen 314 · Feilen 315 · Bohren 316

8 Schraubverbindung 319
Schrauben, Muttern, Schlüssel 319 · Umgang mit Schrauben 319

9 Gewindebohren (Schneiden von Innengewinden) 320

10 Nietverbindung 322

11 Lötverbindung 323
Weichlöten 323 · Umgang mit der Lötlampe 324 · Lötzinn 324 · Flußmittel (Lötmittel) 325 · Vorbereitungen zum Löten 325 · Der Lötvorgang 326 · Hartlöten 327 · Was der Laie nicht löten soll 327 · »Kaltlöten« 327

12 Lichtbogenschweißen 328

13 Die Metalloberfläche 331

14 Beschläge 332
Sichtbare Bänder 333 · »Unsichtbare« Bänder 334 · Vorrichtungen zum Vermindern der Reibung 336 · Winke für das Anschlagen von Bändern 337 · Die Tür quietscht 337 · Ein Wort über Riegel 338

15 Sind Sie Schloßbesitzer 338
Wie funktioniert ein Schloß? 339 · Verstärkte Sicherheit durch Veränderungen am Schlüssel 339 · Chubb-Schlösser 341 · Moderne Sicherheitsschlösser (Zylinderschlösser) 342 · Die Falle 344

16 Ein Schloß anschlagen 345
Kastenschloß oder Einsteckschloß 345 · Auswärts, Einwärts, Rechts, Links 345 · Anschlagen eines Kastenschlosses 346 · Anschlagen eines Einsteckschlosses 348

17 Allerlei Pannen mit Schlössern 348
Vor verschlossener Tür 348 · Wenn der Bart ab ist 349 · Tür schnappt nicht ins Schloß 349 · Schloß schließt nicht 350 · Schloß überschlägt sich 351 · Störungsursachen beim Chubb-Schloß 352 · Ein wenig Pflege 352

18 Schlüssel feilen 353
Nach vorhandenem Modell 353 · Feilen ohne Modell 354

Fünfter Teil · Wasser und Gas

1 »Unser täglich Wasser« 356
Wasserversorgung 356 · Behandlung und Pflege sanitärer Einrichtungsgegenstände 357 · Achtung Säure! 358

2 Der Wasserhahn 358
Der gewöhnliche Auslaufhahn 358 · Undichte Hähne 359 · Wie man Wasserhähne anfaßt 360 · Der Konushahn 361

3 Klosettspülung 361
Der Spülkasten und seine Wirkungsweise 361 · Störungen 363 · Druckspüler 364

4 Störungen an Wasserleitungen 366
Verseuchung der Reinwasserleitung durch Schmutzwasser 366 · Geräusche in der Leitung 366 · Frostschutz 367 · Das Auftauen eingefrorener Leitungen 368

5 Warmwasserbereitung 368
Die unterschiedlichen Systeme 368 · Warmwasserbereitung mit Elektrogeräten 369 · Warmwasserbereitung mit Gas 370 · Zentrale Warmwasserversorgung 370 · Warmes Wasser durch Sonnenenergie 371

6 Warmwasserheizung 373
Arbeitsweise 373 · Behandlungshinweise 374

7 Legen einer Gartenwasserleitung 376
Weg der Rohrleitung, Ausmessen und Materialeinkauf 377 · Festspannen von Rohren und Armaturen 378 · Trennen von Rohren 378 · Gewindeschneiden 379 · Dichten und Zusammenbauen 380 · »Metallbaukasten für Erwachsene« 383

8 Das Isolieren von Rohrleitungen 385

9 Leitungen aus Kunststoff 386
Wasserversorgung 386 · PVC hart 387 · Kupferrohr mit PVC-Mantel 387

10 Abwasser 388
Der Weg des Abwassers 388 · Hauskläranlagen 389 · Störungen an der Abwasseranlage 390 · Die häufigste Störung: Verstopfen 392

11 Anlegen von Sickerdole oder Sickerschacht zum Ableiten kleinerer Wassermengen 395
Sickerdole im Garten 395 · Dole aus Kunststoff 396 · Sickerdole für Regenrohr 397 · Sickerschacht, gemauert 397 · Sickerschacht aus Stahlbetonringen 397

12 Leuchtgas, Stadtgas, Spaltgas, Erdgas 398
Die Flamme als Werkzeug 398 · Erdgas 398 · Ist die Gasrechnung zu hoch? 399 · Der Installateur und die Axt im Haus 399 · Der Gasherd 399 · Backofen mit Zentralzündung und Sicherung 402 · Gaswasserheizer 403 · Gasheizofen 405

13 Flaschen- oder Flüssiggas (Propan · Butan) 406

Inhalt 11

Sechster Teil · Elektrizität

1 Achtung – Lebensgefahr! 410
Praktische Winke für Selbstmörder 412

2 Wenn eine Sicherung durchbrennt . . . 412

3 Wenn Sie ein neues Heim planen 413
Leitungen 413 · Schalter 414 · Steckdosen 415

4 Die Beleuchtung 417
Glühlampen 417 · Die wichtigsten Lampentypen 418 · Leuchtstofflampen – Eine Übersicht 420 · Beleuchtungskörper und ihre Aufhängung 428 · Das Anschließen von Beleuchtungskörpern 428

5 Die wichtigsten elektrischen Geräte 429
Die Schutzmaßnahmen 430 · Anschlußleitungen, Verlängerungsleitungen 430 · Gerätestecker 431 · Bessere Bügeleisen 431 · Elektrisch heizen 432 · Fußbodenheizung 435 · Elektrisch kochen 436 · Warmwasser bereiten und speichern 439 · Der Kühlschrank 439 · Staubsauger 440 · Elektrisch waschen 440 · Uhr und Schaltuhr 440

6 Zähler · Tarif · Stromverbrauch 441
Geht Ihr Zähler richtig? 440 · Wie kontrolliert man den Zähler? 440 · Ein Zähler für den Untermieter 442 · Die Tarife für elektrische Energie 442

**7 Schwachstrom –
das Feld eigener Betätigung 445**
Das Werkzeug 445 · Die Drähte 445 · Die Isolation 446 · Die Litze 446 · Wo einkaufen? 447 · Drahtverbindungen 447 · Leitung an der Wand 449 · Leitung durch die Wand 450 · Die Stromquellen 450 · Die Kraftfahrzeugbatterie 452

8 Rund um die Hausklingel 453
Die abschaltbare Hausklingel 453 · Ein einfaches Fehler-Suchgerät 454 · Fehlersuche in Klingelanlagen 456 · Abschaltbare Hausklingel mit Kontrollampe 458 · Die umschaltbare Hausklingel 459 · Die Klingel für den Untermieter 462

9 Die Ferneinschaltung 463

10 Alarmanlagen 464
Zwei Arten von Kontakten 465 · Verspannung 466 · Gegen Gartendiebe 467 · Die Zentrale 468 · Leitungsführung 469 · Mit Ferneinschaltung 469

11 Die Antennenanlage 470
Antennen einst und jetzt 470 · Die Ableitung zum Empfänger 471 · Die UKW-Antenne 471 · Die Fernseh-Antenne 472 · Die Zimmerantenne – behelfsmäßig 473 · Allgemeines über Außenantennen 473 · Fensterantenne 474 · Dachantenne 474 · Dachantenne ohne eingebaute Ableitung 475 · Hinweise für Fernsehantenne 476 · Störungen des Empfangs 476

12 Inhalt

Siebenter Teil · Heimwerkermaschinen

1 Moderne Elektrowerkzeuge 478
Der Universalmotor 478 · Elektronik 478 ·
Netzspannung und Motordrehzahl 478

2 Schlagbohrmaschinen und Bohrhämmer 480
Die Schlagbohrmaschine 480 · Der Bohrhammer 480

3 Akku-Geräte 482

4 Stichsägen 483

5 Handkreissägen 484

6 Der Elektro-Fuchsschwanz 485

7 Schleifen und Trennen 485
Exzenterschleifer 485 · Schwingschleifer 486 ·
Bandschleifer 486 · Doppelschleifer 487 ·
Winkelschleifer 487

8 Oberfräsen 488

9 Hobel 489

10 Elektrowerkzeuge für Spezialaufgaben 490
Spritzpistolen 490 · Heißluftgebläse 490 ·
Elektro-Tacker 490 · Klebepistolen 491 · Lötpistolen 491

11 Stationäre Holzbearbeitungsmaschinen 492
Die Tischkreissäge 492 · Die Bandsäge 494 ·
Die Abricht- und Dickenhobelmaschine 494 ·
Die Tischfräsmaschine 495 · Staubabsaugung 496

Anhang
Erste Hilfe
Fleckentfernung
Stichwortverzeichnis

An die Leser

Liebe Heimwerker,

wir freuen uns, Ihnen nach Jahren diesen Klassiker der Heimwerkerliteratur wieder vorlegen zu können. Generationen von Do-it-yourself-Interessierten haben mit Hilfe dieses Standardwerks in Wohnung und Haus anfallende Reparaturen, notwendige Renovierungen und zweckmäßige Ausbauten durchgeführt, kurz: Wohnung und Haus in Schuß gehalten. Wir sind froh darüber, daß es uns gelungen ist, »Die Axt im Haus«, das bewährte Handbuch für alle Heimwerker, wieder auf den Markt zu bringen und es so all jenen zugänglich zu machen, die gerne reparieren, renovieren und ausbauen und ohne viel Mühe und Aufwand Kosten sparen wollen.

Gerade in der heutigen Zeit ist es wichtig zu haushalten, nicht nur was die Kosten betrifft, sondern auch bezüglich unserer Umwelt. Etwas wegwerfen kann jeder, etwas reparieren aber nur der, der die Dinge des Alltags versteht − und verstehen kann man alles.

Vor allem in diesem Punkt leistet »Die Axt im Haus« Unvergleichliches. Sie verschwendet sich nicht auf geschmackliche oder gar modische Anregungen, sondern zeigt Grundtechniken. Hier bilden die unzähligen detaillierten Grafiken eine hervorragende Ergänzung zum Text und stellen Vorgänge und Einrichtungen aus allen Do-it-yourself-Bereichen anschaulich dar. Mit dem vorliegenden Handbuch können Sie Funktionsweisen erkennen und gründliche Arbeit, ja fachmännische Maßarbeit selbst leisten. Eigene Erfolgserlebnisse und die positive Resonanz von Freunden und Bekannten sind Ihnen garantiert.

»Die Axt im Haus. Das bewährte Do-it-yourself-Handbuch« darf als Standardwerk keinem fehlen, der sein Haus praktisch und kostenbewußt führen will.

Erster Teil

Anstrich und Dekoration

16   Anstrich und Dekoration

1 Schutz und Schmuck

Ein Holzfenster, das nach einem guten Erstanstrich alle fünf Jahre einen Erneuerungsanstrich erhält, hat eine Lebensdauer von etwa 50 Jahren. Bleibt es ungestrichen, ist es unter den Einwirkungen von Luft, Wasser und Licht nach fünf Jahren zerstört und muß ersetzt werden.

Mit Putz als Anstrichuntergrund verhält es sich nicht anders. Dunstentwicklung in Küchen, Bädern, Waschräumen, Schlagregen an den Fassaden, der mechanische Verschleiß in Treppenhäusern und Gängen, Wassereinbrüche zehren am Verputz und lassen ihn ohne regelmäßig erneuerten Schutzanstrich bald morsch und brüchig werden.

Metall ohne Schutzanstrich? Staat, Post, Bundesbahn, Elektrizitätswerke allein geben alljährlich Millionen für Entrostungsarbeiten und Rostschutzanstriche an Eisenkonstruktionen, Masten, Brücken usw. aus – weil sie wissen, daß ohne diesen Aufwand ein Vielfaches an Wert zerstört würde.

Der erste Zweck des Anstrichs ist Schutz, Sachwerterhaltung.

Der Anstrich verbindet aber das Nützliche mit dem Angenehmen, denn sein Werkstoff ist die schmückende Farbe. Haus, Raum, Möbel, Gebrauchsgegenstand bekommen durch die Farbe das ansprechende Äußere: es ist bekannt, wie tiefgehende Wirkungen die Farbe auf Stimmung und Verfassung, ja auf die Gesundheit des Menschen auszuüben vermag.

Anstreichen kann jeder – sagt der Unerfahrene. Aber wie! entgegnet der Fachmann, und er hat recht damit. Sie werden beim Studieren dieses Teils schnell erkennen, warum ein Maler eine mehrjährige Lehrzeit braucht. Allein das Angebot an Farbstoffen ist so vielfältig, daß man ausrufen möchte »Wer die Wahl hat, hat die Qual!«

Anstreichen gehört zu den Arbeiten, an die der Laie sich am leichtesten heranwagt. Wer nie den Mut hätte, einen Mauerdurchbruch zu machen oder Beton zu mischen, wird doch versuchen, Gartenmöbel oder Gartenzaun selbst zu streichen, wenn sie es nötig haben. Er handelt klug, wenn er es tut – siehe die oben angegebenen Zahlen über die Lebensdauer eines Fensters. Er handelt unklug, wenn er es tut, ohne sich ein Grundwissen angeeignet zu haben über Leitern, Pinsel, Bürsten, Farben, Bindemittel, Untergründe usw. Das wollen wir zunächst tun.

2 Die Wirkung der Farben auf den Menschen

Rot ist die stärkste unter allen Farben, ordnet sich nie unter, wirkt aggressiv: Farbe des Umsturzes, Farbe der Lebenskraft, Symbol für die Liebe. Helles Rot wirkt zart, fein, lieblich.

Rot in Wohnräumen wirkt als Farbton sehr erregend, nur in kleinen Mengen (Fläche des Farbtons) verwenden. Dagegen ist es als festliche Farbe (besonders Purpur) in Theatern, in festlichen Räumen vielfach anzutreffen. Helles Rot, Rosa, Altrosa in hellen Nuancen für Damen-, Mädchenzimmer.

Die Gegenfarbe zu Rot ist Grün. Um Rot matter, stumpfer erscheinen zu lassen, mit Grün mischen. Beide Farben, etwa zu gleichen Teilen gemischt, ergeben ein Grau.

Gelb wirkt anregend, jedoch nicht so erregend wie Rot. Unter allen Farbtönen die hellste Farbe.

Gibt auf der Nordseite liegenden Räumen eine lichte, zugleich warme Tönung.

Gelb ist auch Symbol für Reichtum, Macht und Majestät. Höchste Steigerung dieser Farbe ist das Gold. Als festliche Farbe in Schlössern und heutigen Repräsentationsräumen vielfach verwendet. Gegenfarbe ist das blaustichige Violett. Auch diese beiden Farbtöne, zu gleichen Teilen gemischt, ergeben einen Grauton.

Orange ist eine Mischung von Gelb und Rot. Aktiver, leuchtender Farbton, Ausdruck frohen Lebensgefühls. Wird besonders von jungen Menschen gern gewählt. Warm und anregend. In reiner Form ist Orange nur in größeren Räumen und auch dort wieder nicht in zu großer Menge anzuwenden (z. B. für eine Wand, für einen Teil der Ausstattung).

Wirkung der Farben 17

Gegenfarbe zu Orange ist das Eisblau (Mischung aus Grün und Blau).

Braun ist in der Reihe der Mischfarben vertreten unter den Bezeichnungen Umbra nat., Umbra gebrannt, Kasslerbraun, Rotbraun, van Dyck-Braun. Stark mit Weiß aufgehellt ergibt Braun ein Beige.

Von allen Brauntönen strahlt Wärme, Behaglichkeit aus. Eine erdhafte Farbe, die oft in der Volkskunst Anwendung findet. Gut geeignet als anspruchsloser Hintergrund, der mit anderen Farbtönen nicht streitet.

Grün ist die Farbe des jungen Lebens, eine aus der Verbindung Sonne und Erde geborene Farbe. Eine ruhige, ausgleichende Farbe, die das Auge kräftigt. Es ist nicht geeignet für Räume, die schon eine starke Beeinflussung durch die Natur aufweisen (Wintergärten, Gartenzimmer, die große Fenster oder Türen ins Freie haben). Hier streitet das Grün der Natur mit dem Farbton im Innenraum.

Als mattes Grün (Olivgrün) gut geeignet für Wohn- und Speiseräume, weil dieser Farbton besonders beruhigend wirkt. Mit Gelb vermischt ergibt Braun ein Lindgrün, das heiter wirkt.

Blau ist die Farbe unseres Himmels, freilich nur, wie man ihn durch die Atmosphäre erblickt, die unsere Erde umgibt. Kalter, ernster Farbton mit einem Unterton von Trauer. Das ändert sich jedoch sofort, wenn reines Blau mit Grün zu einem Blaugrün oder mit Rot zu einem violetten Blau gemischt wird. Der Kalt-Warm-Kontrast wirkt hier belebend für den Farbton.

Blau ist stets ein zurückweichender Farbton; so wirkt er auch an Deckenflächen fast nie drückend. Geeignet für Räume, die auf der Südseite liegen, ebenso für Schlafzimmer. Es beruhigt und schläfert ein.

Violett, ein Zwischenton von Rot und Blau, ist von mystischer Wirkung auf den Menschen. Weder kalter noch warmer Farbton. Keine geeignete Farbe für sinnenfrohe Menschen. Violett war sehr beliebt zur Zeit des Jugendstils. Farbe der Trauer, der Buße in Verbindung mit Schwarz, Silber, Gold.

Grau, ein vollkommen neutraler Farbton, entstehend entweder aus dem Schwarz, das man aufhellt (mit Weiß) oder auch aus einer Mischung von Gegenfarben, z. B. Rot-Grün, Eisblau (Grün und Blau) und Orange, Gelb und Blauviolett usw. Alle diese Grautöne eignen sich als Hintergründe oder auch als Nebenfarben. Fast alle bunten Farbtöne stehen gut auf helleren oder dunkleren Grauhintergründen. Es sollte jedoch ein Hell-Dunkel-Kontrast zwischen den bunten Farbtönen und dem Grauton bestehen. Grautöne haben leicht eine Neigung zum Warmen oder zum Kalten: Zu Farbtönen gesetzt sind sie nicht immer neutral. Der gleiche Grauton, zu verschiedenen Umgebungen gesetzt, kann kalt, warm oder neutral wirken.

Schwarz und Weiß sind im Sinne der Farbgebung strenggenommen keine Farben. Symbolisch gesehen sind sie die Werte für Finsternis und Licht. Beide zusammen ergeben den größten denkbaren Kontrast. Allein gibt Schwarz, in kleineren Mengen eingesetzt, dem Raum etwas Markantes.

Reines Weiß hat fast immer eine Neigung zur Kälte. Abgetöntes Weiß (Eierschalentöne) dagegen wirkt angenehmer. Als Neben- oder Kontrastfarbe kann Weiß lautstarke Farbtöne aufhellen oder angenehmer erscheinen lassen.

Weiß ist heute entsprechend unserem Bedürfnis nach Licht, Sauberkeit und Gesundheit eine oft angewandte Farbe – jedoch, wie gesagt, nicht als reines Weiß, sondern in noch weiß wirkenden, hellen Farbtönen.

Warme Farbtöne sind alle Farbtöne, die Rot und Gelb in sich tragen.

Kalte Farbtöne sind alle Farbtöne, die Blau in sich tragen.

Anregende Farbtöne sind Orange, Maisgelb, Tomatenrot, Lindgrün, Goldgelb.

Zurücktretende Farben sind Blaugrün, Himmelblau, Türkis, helles Ultramarinblau.

18   Anstrich und Dekoration

3 Zur farblichen Gestaltung von Innenräumen

Über den Geschmack läßt sich nicht streiten. Ob eine Wand grün, blau, gelb oder weiß gestrichen oder tapeziert sein soll: dafür gibt es keine verbindlichen Regeln, sowenig wie für die Frage, ob Frauen rote oder grüne, wollene oder kunstseidene Kleider tragen sollen. Wohl aber gibt es optische Gesetzmäßigkeiten, gegen die man nicht ungestraft sündigt, weder in der Mode noch im Gestalten von Räumen.

Wer etwas korpulent ist, soll sich hüten vor grellbunten Farben und vor Querstreifen, denn sie lassen die Figur noch stärker erscheinen. Wer ein ausgesprochen niedriges Zimmer oder eine Dachkammer anstreichen will, sollte sich hüten, die Decke dunkler zu halten als die Wand, denn das würde das Lastende und Drückende noch verstärken.

»Das Gute – dieser Satz steht fest – ist stets das Böse, was man läßt«: dieser Satz gilt auch für das Gestalten von Räumen. Viel ist schon gewonnen, wenn es uns gelingt, gewisse Schönheitsfehler – unschöne Ecken, Nischen, störende Leitungen und ähnliches – zu mildern oder zu beseitigen und dadurch ausgewogene Proportionen, klare Linien, glatte Flächen zu schaffen, wie sie der Geschmack unserer Zeit bevorzugt. Dafür zunächst ein paar Hinweise:

Schönheitsfehler

Schönheitsfehler, unschöne Stellen gibt es namentlich in zwei Gruppen von Wohnungen: sehr alten, deren Stil nicht mehr unserem Geschmacksempfinden entspricht, und Wohnungen, die ausgesprochen billig oder unüberlegt geplant und gebaut wurden.

Leitungen   Offenliegende Rohrleitungen in alten Häusern verunzieren Decken und Wände, besonders für unseren heutigen Geschmack, der klare, glatte Flächen bevorzugt. Man kann die Gelegenheit eines neuen Anstrichs benutzen, sie unter Putz legen zu lassen. Wo das aus technischen Gründen nicht möglich oder zu teuer ist, sollte man wenigstens prüfen, ob nicht einige Rohre bereits ausgedient haben und entfernt werden können. Vielleicht läßt sich auch die eine oder andere elektrische Leitung ersetzen durch ein kleineres Kabel, das nicht störend hervortritt. Nicht selten lassen sich störende Leitungen durch eine Zwischendecke unsichtbar machen, zumal ältere Räume gewöhnlich 3 m hoch oder höher sind; manchmal genügt auch schon eine Leiste oder Kordel als oberer Wandabschluß.

Zähler   Elektrische Zähluhren und Gaszähler hängen vielfach an auffallender Stelle. Man kann sie einbeziehen in einen Schrank, insbesondere einen Einbauschrank, oder auch in ein Regal, das im übrigen offen bleibt für Bücher und ähnliches, aber ein verschließbares Fach für den Zähler bekommt. Es ist auch zu prüfen, ob der Zähler nicht an eine andere Stelle der Wohnung verlegt oder in die Wand versenkt werden kann. Behelfsmäßig kann man ihn durch einen dem Wandton angepaßten Vorhang unauffällig machen.

Türfüllungen und Beschläge   Türen mit einheitlichen glatten Flächen wirken schöner als Türen mit vielen Füllungen. Auf einfache Weise kann man klare Flächen schaffen, indem man die Tür mit einer dünnen Platte aus Sperrholz oder Hartfaser besetzt (»aufdoppelt«). Diese Fläche kann man anstreichen oder auch mit der gleichen Tapete wie die Wand tapezieren. Werden Rillen und Verzierungen am Türrahmen glattgehobelt und erhält die Tür schließlich noch einen neuen, modernen Beschlag, so hat sie ein völlig neues Gesicht.

Schläuche   Gänge und Vorplätze wirken infolge ungünstiger Maßverhältnisse oft wie enge Gassen oder »Schläuche«, zumal wenn sie sehr hoch und die Längswände noch mit Schränken bestellt sind. Die Höhe kann man durch Einziehen einer Zwischendecke aus Leichtbauplatten mindern. Wand und Decke sollte man dann einheitlich mit einer leicht farbigen, kleingemusterten Tapete bekleben. Die Längenausdehnung wird ferner optisch verkürzt, wenn man die Stirnwand durch Farbe (Anstrich, Tapeten, Vorhänge) oder Möbel betont.

Nischen und Winkel   Nischen und ungünstige Winkel verfinstern einen Raum, weil sie wenig Licht erhalten. Oft kann man sie schließen oder verkürzen durch einen Einbauschrank, der möglichst im Ton der Wand gestrichen oder tapeziert werden soll. Alkoven und Nischen, z. B. Kochnischen, kann man auch durch einen farblich passenden Vorhang schließen. Ein solcher Vorhang kann auch ein Zimmer von ungünstigen Proportionen teilen.

Schönheitsfehler 19

Dieser Gang ist hoch und eng: er wirkt unschön *Zwischendecke, quergemusterter Läufer, glatte Türflächen und Einbauschrank schaffen Harmonie*

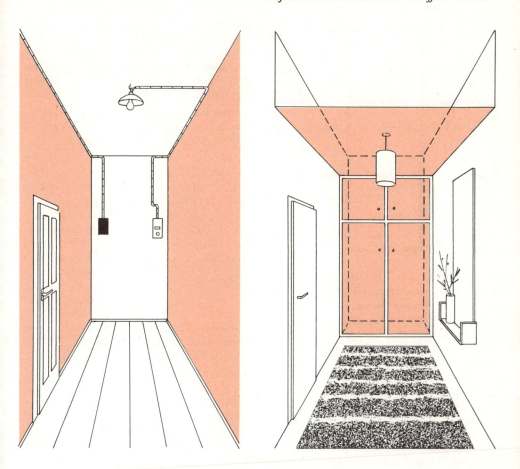

Flecke Wassereinbrüche können Decken und Wände verseuchen, so daß trotz aller Isolierversuche keine einwandfreie Anstrichfläche hergestellt werden kann. In solchen Fällen kann man den Deckenputz erneuern, aber auch die Decken mit einer hellen Deckentapete tapezieren.
Unebenheiten Gar nicht oder notdürftig ausgebesserte Unebenheiten machen Decken und Wände unansehnlich. Sie sehen glatter aus, wenn man sie mit einer Rauhfaser-Makulatur überklebt und dann mit gutgebundener Leimfarbe, noch besser mit Dispersionsfarbe, überstreicht.
Alte Anstriche Alte Türen und Fenster haben bisweilen noch dunkle, klebende Anstriche. Will man sie neu streichen, muß der alte Anstrich unter allen Umständen abgebeizt werden (S. 46).

Decke und Wand

Hell oder dunkel? Bei der Entscheidung über den Helligkeitsgrad soll man die Belichtung des Raumes berücksichtigen. Hat der Raum kleine Fenster, die nur einen mäßigen Lichteinfall zulassen, womöglich mit starken Mauern, die noch weiter verdunkeln, so werden Teile ständig im Schatten oder Halbdunkel liegen. Helle Töne, insbesondere hellgelbe, die für unser Empfinden der Wirkung des Lichtes nahekommen, machen einen solchen Raum freundlicher. Wer glatte helle Flächen nicht liebt, kann die Wände durch ein kleines Muster beleben, auch durch andersfarbige Vorhänge einen Ausgleich schaffen.
Kalt und warm Wohin gehören kühlere, wohin

gehören wärmere Farben? Dafür gibt es keine festen Regeln, aber einige Gesichtspunkte sind zu berücksichtigen.

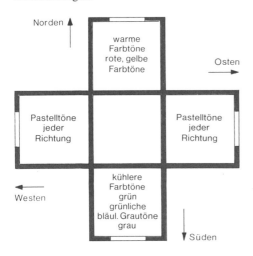

Belichtung des Raumes: Mäßig oder mangelhaft belichtete Räume vertragen keine kalten Farben. Sie erfordern wärmere Farben, allerdings in sehr heller Tönung: helles Gelb, helles Orange.
Sonnen-Orientierung: Je weniger Sonne, desto wärmer die Farbe. Das gilt jedenfalls für die Extreme. In Südräumen, noch dazu mit großen Glasflächen, wird man das Zusammenwirken des Sonnenlichts mit ausgesprochen warmen Farben – Rot, Orange, Gelb – nicht immer als angenehm empfinden. Da sind die zurückhaltenden Pastelltöne angebracht, die wir als in der Mitte zwischen Kalt und Warm stehend aufführten. Sonnenlose Nordzimmer verlangen mittelhelle und dabei warme Töne. Räume nach Osten und Westen vertragen gedämpfte Farbtöne in der einen wie der anderen Richtung.
Zweckbestimmung des Raumes: Für reine Arbeitsküchen wählt man gebrochenes Weiß bis Elfenbein: für Küchen, die auch Wohn- oder Eßzwecken dienen, lieber einen wärmeren Ton: helles Gelb, helles Beige. Frohe Farbigkeit der Küche ist heute beliebt. Zu berücksichtigen ist aber stets wie bei Wohnräumen, ob nicht Vorhänge, Bilder, Polster, Teppich u. a. schon reichlich Farbe in den Raum bringen. Ob Wohn- oder Schlafraum farblich kühler oder wärmer gehalten werden, entscheidet der Geschmack – unter Berücksichtigung der Licht- und Sonnenverhältnisse. Für Bäder wählt man neben gebrochenem Weiß heute auch starkfarbige Skalen wie etwa Blauviolett/Blaugrün/Grün; Weißtrennungen, weiße Möbel, weiße Keramik geben einer solchen Skala Härte und Frische.

Feste Bestandteile Bauteile oder Einrichtungsgegenstände, deren Farbe von vornherein feststeht, z. B. Kachelofen, Linolfußboden, Holzteile wie Täfelungen in Naturholz, vorhandener Teppich, Bauernschränke, Gemälde bestimmter Farbstimmung, müssen berücksichtigt werden.

Durchsichten Hintereinander liegende Räume mit Glastüren oder offenem Durchblick müssen farblich aufeinander abgestimmt werden.

Sockel Die Aufteilung einer Wand in Sockel und Oberteil – sei es durch verschiedenartiges Material, sei es durch verschiedenen Anstrich – verändert für das Auge die Proportionen eines Raumes, und zwar in der Mehrzahl der Fälle zum Unschönen hin. Sockel sollten daher, wenn aus praktischen Grunden erforderlich, ganz unauffällig sein, sich also im Farbton vom Oberteil kaum unterscheiden (Oberteil niemals dunkler halten).
Ein etwa 4 cm breiter Ölfarbstreifen über Fliesen erleichtert der Hausfrau die Arbeit beim Säubern der Wand und hält den Wandanschluß länger sauber. Auch hier sollte man den Anstrich im Ton der übrigen Wand halten.

Belebungen der Wand Bedenken Sie stets, daß eine Wand kein Schaustück ist, sondern hauptsächlich Hintergrund: für Möbel, für Bilder – und für Menschen. Schwere, wertvolle alte Möbel und Bilder wirken am besten vor einem ruhigen Hintergrund, einfarbig oder nur sehr dezent gemustert. Ein kleiner, moderner Wohnraum mit leichteren Möbeln verträgt lebhaftere Muster (verlangt sie aber nicht). Das Muster soll der Raumgröße angepaßt sein: kleiner Raum – kleines Dekor, großer Raum – großes Dekor.
Belebungen der Wand durch Streifen, Tupfen, Streumuster verlangen einige Überlegung, denn sie beeinflussen die Raumwirkung. Auch die heute beliebte Rauhfasertapete belebt durch ihre Struktur die Wandfläche. In Räumen mit viel Licht wirkt sie lichtbrechend und damit beruhigend.

Raumgliederung Soll in einem Raum ein Teilbezirk als Eßecke, Sitzecke, Arbeitsplatz abgehoben werden, so kann die farbliche Gestaltung dazu mithelfen. Eine Wand, insbesondere die Stirnwand bei langem gestrecktem Raum, kann abweichend gestrichen oder tapeziert werden. Oft genügt schon ein Teppich, um die abgren-

Wand und Decke

Senkrechte Streifen lassen einen Raum höher erscheinen, sind also bei niedrigen Räumen besonders angebracht

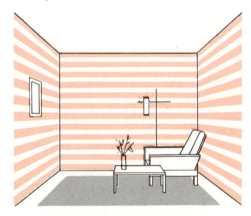

Waagerechte Streifen haben die gegenteilige Wirkung, eignen sich also für hohe Räume

Schräge Streifen sind ungünstig, weil sie den tragenden Charakter der Wand aufheben

zende und abhebende Wirkung zu erreichen. Bei dieser Gelegenheit wollen wir uns merken, daß ein gewisser Rhythmus von ruhigen und belebten Farbflächen wohl tut. Einfarbiger Teppich – gemusterter Vorhang und Möbelstoff. Ein lebhaft gemusterter Teppich verlangt dagegen ruhigen Vorhang und Möbelstoff.

Verhältnis Decke – Wand Am geläufigsten ist es, Wand und Decke verschiedenfarbig zu gestalten, und zwar die Wand als tragendes Element dunkler oder kräftiger, die Decke schwächer oder heller. Bei niederen Räumen ist das zweckmäßig, weil es den Raum höher erscheinen läßt. Bei sehr hohen Räumen kann man umgekehrt die Decke kräftiger und dunkler wählen als die Wand. Damit wird das Lastende der Decke unterstrichen, der Raum erscheint niedriger, bei geeigneter Farbgebung auch intimer. Ein Raum, der geistiger Arbeit dienen soll, muß einen Deckenfarbton erhalten, der den Arbeitenden (je nach seiner Mentalität) in die bestmögliche Arbeitsstimmung versetzt.

Niedriger erscheint ein Raum auch dadurch, daß man den Wandton – Anstrich oder Tapete – nicht bis zur Decke hinaufzieht, sondern schon unterhalb der Decke aufhören läßt und mit einem Wandstreifen oder einer Leiste abschließt. Streifen oder Leisten sollten sich an die baulichen Gegebenheiten wie Fensterstürze oder Vorsprünge anlehnen.

Sollen Wand und Decke verschiedene Töne erhalten, die aber im Helligkeitsgrad fast gleich sind, trennt man beide Flächen durch einen neutralen (weißen) Streifen.

Ein Mittelweg, glücklich oft gerade für moderne Räume, besteht darin, Wand und Decke einheitlich in einem dann ziemlich hellen Farbton anzulegen. Besonders zu empfehlen ist dieser Weg für baulich ungünstige Räume wie Mansarden oder Zimmer mit Decken, die unsymmetrisch durch Vorsprünge oder Träger unterbrochen sind.

Fußböden Mit seiner großen Fläche ist der Fußboden ein wesentliches Teilstück bei der farbigen Gestaltung des Raumes. Liegt der Farbton des Bodens bereits durch Linol- oder PVC-Belag, Naturholz (Eiche, Föhre) oder Spannteppich fest, muß der Wandton ihm angepaßt werden.

22 Anstrich und Dekoration

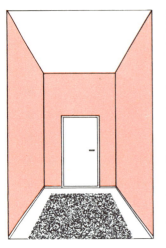 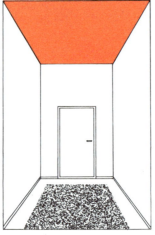 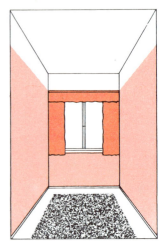

Decke heller als Wand: hohe Raumwirkung   *Decke dunkler als Wand: Raum wirkt niedriger*   *Wandfries bei sehr hohen Räumen*

Farbige Möbelanstriche

Soweit Möbel angestrichen werden und nicht vielmehr ihre natürliche Oberfläche behalten oder gebeizt werden, neigt der Laie dazu, sie weiß anzustreichen. Nun, es mag zwar stimmen, daß Weiß – wie man zu sagen pflegt – »nie verkehrt sein kann«: die beste Lösung ist es nicht immer. Zunächst sollte man, auch wo Weiß gewählt wird, niemals ganz reines Weiß nehmen – das wirkt kalt und schimmert leicht bläulich, sondern »gebrochenes Weiß« (mit Zusatz von etwas Ocker und Schwarz) oder Elfenbein. Nicht selten wird man einen leichten Pastellton vorziehen oder auch – für ein Einzelstück – einen kräftigen Farbton, wenn er sich in die Farbstufung des Gesamtraums gut einfügt. Sollen gestrichene Möbel mit Naturholzmöbeln in einem Raum zusammen stehen, so versuche man niemals, deren Charakter durch den Anstrich zu imitieren. Man wähle bewußt eine deutlich abweichende, allerdings gut abgestimmte Farbe. Gestrichene Möbel wirken im übrigen nur gut, wenn die Oberfläche malerisch belebt (Lasur, S. 48) oder sehr gut lackiert ist.
Kinder sollen in einer farbigen, ja bunten Umgebung leben. Für Möbel in Kinderzimmern sind daher kräftige Farben gut. Wegen der starken Beanspruchung müssen sie besonders gut lackiert werden, am besten mit Kunstharzlack (S. 36, S. 53).

Allgemein kommen für Möbel nur gute Materialien in Betracht. Halbmatt auftrocknende, sogenannte seidenglänzende Lacke sind am schönsten.

Schleiflack Eine Sonderstellung unter den Techniken der Oberflächenbehandlung nimmt der Schleiflack ein. Der Untergrund muß sehr sorgfältig durch mehrmaliges Spachteln und Vorlackieren vorbereitet sein. Der letzte Lack, der hochglänzend erscheint, wird dann mit verschiedenen Schleifmitteln (wasserfesten Schleifpapieren · Bimsmehl · Kreide) matt geschliffen. Geeignet sind nur weiche, pastellartige Farbtöne. Ich rate nicht dazu, dieses Verfahren selbst zu probieren. Nicht einmal jeder berufsmäßige Maler beherrscht diese Technik.

Alte Malereien Alte Möbel wechseln den Besitzer und erhalten neue Anstriche. Überstrichene Bauernschränke tragen manchmal unter deckendem Anstrich noch alte Malerei. Ergibt eine Probe – vorsichtiges Abbeizen der Deckschicht auf einer kleinen Fläche – einen solchen Fund, so kann man die ganze Schicht entfernen – ein Geduldspiel, aber oft lohnend.

Türen und Fenster

Die Innenseiten von Fenstern streicht man durchweg weiß. Dunkle Umrahmung läßt die Lichtquellen kleiner erscheinen.

Türen in Innenräumen behandelt man als Bestandteile der Wand. Man läßt sie also möglichst wenig hervortreten, es sei denn, die Tür besteht aus schönem Naturholz wie Eiche, Nußbaum, Rüster. Anders liegen die farbigen Akzente in Bauernstuben. Eine Decke aus Holz, weiße Wände, Fenster und Türen in Naturholz, in mattem Rot, in Olivgrün (Schränke evtl. bemalt) stimmen hier gut zusammen. In kleinen Wohnungen sollen alle Türen einheitlich gestrichen werden. Die Außenseite von Wohnungseingangstüren kann etwas kräftiger gestrichen werden.

Hauseingangstüren streicht man meist, sofern sie nicht ihre Naturfarbe behalten, farblich etwas stärker als die Fassade, im Ton mit dieser harmonierend.

Weitere Tips zur Gestaltung von Wohnräumen

Mut zum eigenen Ich Ein Raumbild aus einem Möbelkatalog oder einem Schaufenster einfach zu kopieren: das zeugt von wenig Geschmack – und von wenig Persönlichkeit. Der Raum soll die Eigenart seiner Bewohner spiegeln, ihren Lebensgewohnheiten entsprechen. Übrigens auch ihrer sozialen Stellung und damit ihrem Geldbeutel. Kein falscher Prunk!

Die Wertstufe Alle Elemente in der Ausstattung eines Raumes sollen einer einheitlichen Wertstufe angehören. Echte alte Möbel passen nicht zu billigen Teppichen (»falschen« Persern), Originalgemälde alter Meister nicht auf billige Tapeten.

Schwerpunkte Formen und Farben nur schwerpunktartig anwenden. Nicht alles farbig, nicht alles gemustert! Gleichgewicht von bunt und neutral, Gleichgewicht von uni und Dekor.

Platz lassen Nicht zu viel Möbel! Wenn man lange Zeit nicht umzieht, möchte man einmal seine Möbel umgruppieren können. Auch in kleinen Räumen Bewegungsfreiheit lassen, Raummitte freihalten, Ecklösung für Sitzplätze suchen.

Diele Helle, frohe, jedoch zurückhaltende Farbigkeit. Sparsam möblieren. Nischen und Winkel für Einbauschränke ausnützen. Schränke wie Wand streichen oder tapezieren.

Wohnzimmer Ruhige Atmosphäre anstreben. Größte Farbigkeit nicht im Decken- und Wandanstrich, sondern bei Vorhängen, Bezügen, Kissen, Bildern. Wandtöne in Beige, hellem Ocker, Sandfarbe.

Schlafzimmer Je nach Himmelsrichtung mehr oder weniger Kühle, auf jeden Fall ruhige Töne: lichtes Citron, mattes helles Grün, Lindgrün, mattes Hellblau, Altrosa. Keine aufregenden Farbtöne, keine großen Muster.

Kinderzimmer Fröhliche Farben sprechen lassen! Für die Kleinen lustige Figurentapeten mit Märchengestalten als Schmuck. Mehrfarbig lakkierte Möbel vor hellem, farbigem Wandton. Praktisch sind abwaschbare Wandflächen, auf denen das Kind malen und zeichnen kann.

Jung und alt Für junge Menschen frische, leichte Farbtöne: Orange, helles Rot, Gelbgrün, Citron. Alte Menschen bevorzugen ruhige Töne: Beige, Gelbgrau, Olivgrün, Silbergrau.

Farbe beeinflußt die Wirkung des Raumes

Zu hoher Raum Decke dunkler streichen als Wand und Fußboden. Tapete mit Querstreifen oder großen Mustern.

Niedriger Raum Decke sehr hell halten, Tapete mit Längsstreifen. Helle, leuchtende Farbtöne.

Räume nach Norden Warme Töne, die Gelb oder Rot enthalten: Maisgelb, aufgehellter Ocker, warmes Beige, Goldgelb.

Räume nach Süden Kühlere Töne: Mattes Blaugrün, Silbergrau, Graublau.

Räume mit kleinen Lichtquellen Leuchtende, helle Farbtöne, wie helles Orange, mit Chromgelb gebrochenes Weiß.

Zu helle Räume Satte Farben, die Licht schlucken, besonders an den Flächen, die dem Licht zugewandt sind. Eventuell Tapete mit rauher Oberfläche.

Zu lange Räume Stirnwand farbig betonen (Anstrich, Stoff, Möbel) und dadurch den Raum optisch verkürzen.

Baufehler wie Unterzüge, Mansarden, eingeputzte Träger treten am wenigsten in Erscheinung, wenn sie im Wandton oder Deckenton mitbehandelt werden; Farbtöne am besten einheitlich Hellbeige oder Hellgrau.

24 Anstrich und Dekoration

4 Was braucht man zum Anstreichen?

Arbeitsraum · Fleckenentfernung

Raum Solange Sie nur anstreichen wollen, brauchen Sie keine Heimwerkstatt. Es genügt ein heller, trockener Raum, in dem die Arbeitsmittel aufbewahrt und zur Verwendung vorbereitet werden. Auch die Werkstatt des Malers dient ja größtenteils diesem Zweck.

Aufbewahren von Farben Werkzeug und Farben sollen stets in gut gebrauchsfähigem Zustand sein. Werkstoffe sind trocken und nach Arten deutlich getrennt zu verwahren, Trockenfarben am besten in verschlossenen Büchsen mit gut lesbarer Bezeichnung des Inhalts: giftige und feuergefährliche Stoffe abseits und besonders gekennzeichnet; angebrochene Ölpasten und Lacke verschlossen oder mit Öl oder Terpentin abgedeckt. Leimfarbenreste dürfen nicht zu lange stehen. Nach 8–10 Tagen gären sie und sind unbrauchbar.

Fleckenentfernung Trotz aller Vorsicht bleibt es beim Umgang mit Farbe und mit frisch gestrichenen Gegenständen nicht aus, daß gute Kleidungsstücke Flecken bekommen. Ist es ein empfindliches Gewebe, hilft nur die chemische Reinigung. Im übrigen lassen sich die Farben meistens durchaus entfernen – wichtig ist aber zu wissen, um was für eine Art Farbe es sich handelt:

Kalk- und Leimfarben läßt man trocknen und bürstet sie dann heraus.

Binderfarben, solange sie naß sind, entfernt man mit Seifenwasser oder Waschmittellauge.

In trockenem Zustand sind Binderfarben nicht mehr ganz leicht zu entfernen, in den meisten Fällen wird man aber Erfolg haben mit Seife und einem Lösungsmittel wie Trichloräthylen – in der Drogerie zu haben.

Öl- und Lackfarben entfernt man in feuchtem Zustand am besten mit Testbenzin. Sind die Flecken trocken, hilft das nicht mehr. Dann verwendet man als Lösungsmittel Azeton oder das obengenannte Trichloräthylen.

Prinzipiell läßt sich noch sagen, daß man trockene Öl- und Lackfarben jeweils mit ihrem Lösungsmittel auflösen kann: Nitrolacke mit Nitroverdünnung, Chlorkautschuklacke mit Chlorkautschukverdünnung, Schellack mit Spiritus. Diese Fachausdrücke werden Ihnen bald vertrauter klingen.

Ölfarbflecken an Fensterscheiben entfernt man am schnellsten mit einer Rasierklinge.

Flecke auf Anstrichen und Tapeten Schmutzstellen um Schalter, wenn sie nicht zu stark sind, lassen sich mit Brot oder einem Reinigungsgummi entfernen.

Auf Dispersionsfarben, Ölfarben, Lackfarben sind alle Flecke zu entfernen: Fett, Staub, Schmutz mit Salmiakwasser entfernen (kein Ata, Imi, Soda!); gut geeignet sind auch »REI« oder »PRIL« in Wasser-Lösung, nicht zu stark! Werden größere Flächen gereinigt, stets unten anfangen! Fängt man oben an, so laufen einzelne »Tränen« die Wand herunter; sie sind kaum mehr wegzubringen. Tapeten: Staub und Ruß mit frischem Brot abreiben, das man zu einem Ballen knetet. Zu empfehlen sind auch die fertig käuflichen Tapetenreinigungsmittel. Kleinere Stellen sind auch mit Reinigungsgummi zu reinigen. Abwaschen kann man nur sogenannte abwaschbare Tapeten (z. B. Salubra): mit »REI«-Wasser und weicher Bürste; anschließend mit weichem Tuch nachtrocknen – ebenfalls unten beginnen!

»Frisch gestrichen!« Bitte vergessen Sie nicht, Warnungsschilder anzubringen, wo Uneingeweihte mit frisch gestrichenen Teilen in Berührung kommen können. Das spart Ärger, vielleicht sogar Geld: denn wer die deutliche Kennzeichnung unterläßt, haftet u. U. für Schäden, die anderen entstehen.

Wann anstreichen?

Außenanstriche führt man nur in der warmen Jahreszeit durch. Wässerige Farben gefrieren bei Kälte, bleiben dunkel, trocknen fleckig auf. Der Frost zerstört das Bindemittel, die Anstriche werden nicht wischfest. Öle und Lacke werden bei Kälte dick und zähflüssig, lassen sich schwer und nur unter hohem Materialverbrauch verarbeiten. Auch leidet das Aussehen. Schnee und Regen können gelungene Anstriche, solange sie nicht trocken sind, völlig verderben. Starker Schlagregen wäscht nassen Ölanstrich ganz herunter.

Fensteranstriche Wegen der Schwitzwasserbildung bei großen Unterschieden zwischen Innen- und Außentemperatur ebenfalls in der warmen Jahreszeit. Fenster offen lassen.

Innenanstriche Auch im Winter möglich; geringe Lüftung verzögert aber das Trocknen besonders bei wässerigen Anstrichen.

Die wichtigsten Werkzeuge und Geräte

Allgemeines Einwandfreies Werkzeug ist Voraussetzung des Gelingens. Verdorbenes und schmutziges Werkzeug ist ungeeignet, ebenso aber billiges, primitives Handwerkszeug. Billige Bürsten und Pinsel beeinträchtigen Arbeitsleistung und Ergebnis und nützen sich schnell ab. Gutes Werkzeug ist wirtschaftlicher.

Hier folgen die Handwerkszeuge und Geräte, die bei allen Malerarbeiten immer wieder benötigt werden.

Spachtel Die Spachtel ist ein vielseitig verwendbares Handwerkszeug. Untergründe werden mit ihr abgekratzt, vergipst, verkittet, geglättet. Weiter dient sie zum Mengen von Kitt und Spachtelmasse und zum Schöpfen von Trockenfarben. Sie besteht aus einer schräg zulaufenden elastischen Stahlklinge mit einem Holzgriff. Breiten von 2 bis 12 cm. Japanspachteln haben etwa quadratische Form, sind gut geeignet zum Ausflecken und zum Überziehen von Flächen.

Schlagschnur Zum Festlegen von Linien an Wand und Decke dienen diese dünnen, gedrehten Schnüre mit einer Länge von 10 bis 15 m. Für die Verwendung auf hellem Grund wird die Schnur mit Papierasche gefärbt, für dunklen Grund mit Gips oder Kreide. Sie wird dann zwischen zwei Punkte gespannt und gegen die Wand geschnellt.

Um senkrechte Linien genau festlegen zu können, kann man an einem Ende ein Lot (Schlüssel, Schraubenmutter o.ä.) befestigen.

Breite Spachtel

Schmale Spachtel

Japanspachtel

Schlagschnur mit Lot

26 Anstrich und Dekoration

Farbsieb *Farbsieb-Einsätze*

Stahlbürsten

Malerlineal (unten im Schnitt)

Malerleiter mit Stiegenverlängerung

Zwinge für Stiegenleiter-Verlängerung

Sicherheitsgürtel

Die Schlagschnur wird zweckmäßig zum Aufbewahren auf einen Holzstab gewickelt.

Farbsieb Kalk-, Leim- und Ölfarben, die durch unsachgemäße Zubereitung oder längeres Lagern mit Klumpen oder Häuten durchsetzt sind, werden zur Säuberung durchgesiebt. Für Kalk- und Leimfarben nimmt man ein Stück Rupfen, über einen Kübel gespannt, oder ein etwas gröberes Drahtsieb. Für Öl- und Lackfarben haben sich trichterförmige Farbsiebe mit auswechselbaren Böden bewährt. Diese Siebe sind engmaschige Metallgitter; Emaillelacke und Lackfarben benötigen feinste Gewebe wie Kupfergaze. Nach dem Gebrauch sind die Siebe sauber auszuwaschen, bei Öl- und Lackfarben mit Terpentinersatz. Verschmutzte Siebe werden sauber durch Einweichen in Kali- oder Natronlauge. Auch ausgediente Damenstrümpfe eignen sich meist sehr gut als Siebe.

Stahlbürste Die Stahldrahtbürste ist unentbehrlich zum Entrosten von Eisenteilen, zum Säubern von Putzuntergründen, Beseitigen alter Anstrichreste, Säubern von Steinwänden und Gesimsen. Erhältlich breit und schmal, mit und ohne Griff.

Malerlineal Zum Zeichnen, Strichziehen und zur Maßübertragung werden die 1,00 bis 1,50 m langen Malerlineale gebraucht. Um sie vor Verziehungen durch Wassereinwirkung zu schützen, sind sie vor dem Gebrauch zu ölen und zu lackieren.
Wie im Schnitt zu sehen, sind die Längskanten wechselseitig abgeschrägt. Beim Strichziehen muß, um Klecksen zu vermeiden, die abgeschrägte Seite zur Wand liegen.

Leiter (Staffelei) Die übliche Malerleiter ist freistehend, doppelschenklig, mit Sprossen auf beiden Seiten, kräftigen Scharnieren. Die Schenkel sind durch eine Sicherheitskette verbunden, damit die Leiter auf glattem Boden nicht ausgleitet. Leitern erhält man in jeder verwendbaren Größe, der Preis richtet sich nach der Sprossenzahl.
Um eine Leiter auch auf der Treppe aufstellen zu können, verlängert man die tieferstehenden Holme mit Holzlatten, sogenannten Stiegenverlängerungen, die mit eisernen Zwingen oder mit starken Bolzen und Flügelmuttern befestigt werden.
Anlegeleitern, die hauptsächlich für Arbeiten an Fassaden gebraucht werden, sollen möglichst astreine Holme haben. Aus Gründen der Unfallverhütung beträgt die Höchstlänge 8 m. Beim Anlegen an fertiggestrichene Flächen umwickelt man die Holmspitzen mit Lappen.
Leitern, Auflegebretter und sonstige Gerüstteile sind regengeschützt aufzubewahren und von Zeit zu Zeit auf Betriebssicherheit zu prüfen.

Sicherheitsgürtel Beim Anstreichen von Dachausbauten, Schneefanggittern, bei Außenfensteranstrichen in oberen Stockwerken, die ohne Gerüst vom Wohnungsinnern aus durchgeführt werden, und überall, wo sonst eine zusätzliche Sicherung angebracht erscheint, ist der Arbeitende durch einen Sicherheitsgürtel und eine Leine zu sichern.

Malerwerkzeug

Rührholz Rührwerkzeuge – flache Hölzer mit möglichst scharfen Kanten – zum Anteigen und Anrühren von Farben jeder Art kann man selbst zurechtschneiden. Sie sind auch zum Abstreichen der Topfränder und zum Durcharbeiten von Pinseln gut zu benutzen.

Gefäße Wer Malerarbeiten macht, braucht viele Gefäße. Um eine größere Fläche einheitlich zu streichen, soll man eine möglichst große Farbmenge auf einmal bereiten. Zubereitung in kleinen Etappen beeinträchtigt die Gleichmäßigkeit des Farbtons, des Bindemittelzusatzes und der Konsistenz (Grad der Dickflüssigkeit). Als größere Gefäße kommen Fässer oder Hobbocks (zylindrische Gefäße aus Eisenblech mit Deckel) in Betracht.

Leimfarben, Kalkfarben, Binderfarben streicht man am besten aus Eimern. Praktisch sind ovale Eimer mit 10 bis 12 Liter Fassungsvermögen.

Ölfarben streicht man möglichst aus Gefäßen mit Henkel, damit man sie auf der Leiter sicher halten kann. Farbkessel mit Henkel gibt es einzeln und satzweise zu kaufen. Verschmutzte und verhautete Ölfarbtöpfe werden zur Reinigung in einem größeren Gefäß mit verdünnter Kalilauge eingeweicht. Die Ölfarbschicht wird durch die Lauge verseift und löst sich dann leicht ab.

Der Amateuranstreicher kann in der Küche anfallende Konservenbüchsen stets gut brauchen. Sie müssen tadellos gereinigt, die Ränder sauber weggeschnitten werden. Ebenfalls als Gefäße brauchbar sind Lackbüchsen, in denen fabrikfertige Ware geliefert wird.

Farbtöpfe auf Unterlagen stellen: Holz, Blech, Pappe. Ein Pappdeckel, unter dem Farbtopf befestigt, fängt überlaufende Farbe auf.

Kübelhaken Eimer und Farbtöpfe werden mit S-förmigen Kübelhaken an die Leiter gehängt.

Ziehklinge Mit der Ziehklinge entfernt man alte, rissig gewordene Farbschichten, die nicht abgebeizt zu werden brauchen, und Flecken in Naturhölzern. Ein feiner Grat an der Schneide der Klinge zieht einen feinen Span von der Oberfläche ab. Es gibt gerade, gebogene, runde Ziehklingen.

Kittmesser Das Kittmesser mit seiner meist zugespitzten messerähnlichen Klinge dient zum Einglasen von Fenstern, zum Ergänzen des Kittfalzes und zum Auskitten von Fugen und Rissen.

Allgemeines über Pinsel Pinsel und Bürsten verlangen pflegliche Behandlung. Pinsel, die in wässerigen Bindemitteln benutzt wurden, wäscht man mit Wasser aus; Pinsel von Binderanstrichen mit Seifenwasser, Ölfarbenpinsel mit Terpentin; Pinsel von Speziallacken mit dem jeweiligen Spezial-Verdünnungsmittel. Nach dem Auswaschen werden die Pinsel gut ausgespritzt und zum Trocknen aufgehängt. Luft muß dabei frei zutreten können.

Zur Aufbewahrung werden die trockenen Pinsel niemals auf die Borsten gestellt. Man legt sie in eine Schachtel; bei längerer Liegezeit eingewickelt in Seidenpapier oder mit einem Mottenpulver bestäubt. Öfters benutzte Ölfarbenpinsel verwahrt man in einem Gefäß mit Wasser; bei Lackpinseln tritt Halböl (1 Teil Firnis, 1 Teil Terpentinersatz) an die Stelle des Wassers. Man nimmt ein Gefäß mit Deckel, bohrt ein Loch in den Deckel, ein kleines

Rührholz (Ansicht und Schnitt)

Farbeimer aus Kunststoff. Ausstreichen einer Bürste.

Zwei Formen der Ziehklinge

Kittmesser

hier aufbinden

Pinsel abbinden

28 Anstrich und Dekoration

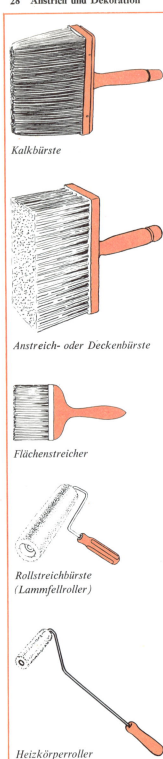

Kalkbürste

Anstreich- oder Deckenbürste

Flächenstreicher

Rollstreichbürste (Lammfellroller)

Heizkörperroller

Loch durch den Pinselstiel und hängt den Pinsel an einem lose durch den Stiel gesteckten Nagel in das Gefäß.

Pinsel abbinden Pinsel werden durch Verschleiß kürzer. Um Ringpinsel (siehe unten) richtig auszunützen, bindet man sie von Zeit zu Zeit ab: Der Schnurverschluß wird vorsichtig gelöst, einige Windungen der Schnur abgewickelt und ein neuer Verschluß angelegt. Lohnt sich das Abbinden schließlich nicht mehr, wird die Schnur gänzlich abgebunden, der Pinsel ist dann noch für einfachere Zwecke zu brauchen. Der Korken im Innern des Pinsels muß beim Abbinden verkürzt oder entfernt werden.

Kalkbürste Für Kalkfarbenanstrich auf großen Flächen. Hierfür keine Anstrichbürste (Deckenbürste) verwenden, weil Kalk die Borsten schädigt.

Anstreichbürste Zum Anstreichen von Decken und Wänden mit Leim- oder Binderfarben. Sie besteht aus Schweinsborsten, die reihen- oder bündelweise in das Holz eingelassen sind, eventuell mit Nylonborsten kombiniert. Neue Bürsten haaren, das ist unangenehm. Man lege sie einige Stunden vor Gebrauch in ein Gefäß mit Wasser.
Alte Deckenbürsten mit kurz abgestrichenen Borsten eignen sich gut zum Abwaschen alter Anstriche.
Bürsten sind nicht billig. Damit sie lange halten, muß man sie nach Gebrauch sorgfältig abwaschen, möglichst in warmem Wasser. Ein Zusatz eines lösenden Reinigungsmittels (»Imi« oder dgl.) ist von Vorteil, nach dem Anstreichen mit Binderfarben sogar nötig. Die Bürste wird nach dem Auswaschen gut ausgeschwenkt und zum Trocknen aufgehängt.

Flächenstreicher Dient ebenfalls zum Anstreichen größerer Flächen, insbesondere auch Fußböden, mit Ölfarbe.

Rollstreichbürste Eine mit Naturlammfell (»Lammfellroller«) oder einem Perlonpelz überzogene Walze mit Bügel und Griff. Diese Roller, die in den Breiten 7·18·25 cm erhältlich sind, werden verwendet, wo man die Spritzwirkung der Bürste ausschalten will.
Die Rollstreichbürste wird vor dem Gebrauch eingeweicht oder in leichter Seifenlösung ausgewaschen. Nach dem Eintauchen in die Farbe wird sie zuerst an einem Gitter ausgestrichen. Das Auftragen der Farbe geht so vor sich, daß man, nachdem Ecken und schlecht zugängliche Stellen mit einem Pinsel vorgestrichen wurden, die mit Farbe getränkte Rolle in ausholenden Bewegungen über die Anstrichfläche führt. Man braucht nicht in einer bestimmten Richtung zu rollen, Ansätze sind kaum zu befürchten. Der Anstrich erhält durch die Struktur des Lammfells ein angenehmes Korn und ein tuchartiges Aussehen.
Mit der Rollstreichbürste lassen sich auch Ölfarben und Lackfarben auf Holz und auf Putzuntergründe auftragen.
Nach Gebrauch wird der Roller ausgewaschen, am besten in leichter Seifenlauge, nach Streichen von Öl- und Lackfarben jedoch zuerst mit Terpentinersatz und danach noch mit heißer Seifenlauge. Hängend trocknen lassen.

Heizkörperroller Eine Miniaturausgabe des großen Lammfellrollers. Man verwendet dieses handliche Gerät für schwer zugängliche Stellen, z. B. für den Heizkörper (Heizkörperlack) oder die Wand dahinter (Dispersionsfarbe). Reinigung bei Lackfarben mit Testbenzin, bei Dispersionsfarben in heißem Wasser.

Ringpinsel Neben den Streichbürsten sind Ringpinsel die gebräuchlichsten Anstreichwerkzeuge. Man unterscheidet Pinsel für Ölfarbenanstriche, für Lackierungen, für Anstriche mit wässerigen Farben und für Leimfarben, letztere mit längerer Borste, die stärkeren Farbauftrag ergibt.
Für Fensteranstriche eignen sich am besten die Größen
Nr. 4   25 mm Durchmesser
Nr. 6   30 mm Durchmesser
Nr. 8   35 mm Durchmesser
Für größere Flächen, Türen, Möbel eignen sich die Größen 10 · 12 · 14.

Heizkörperpinsel Mit diesen Pinseln kann man an alle Stellen eines Heizkörpers herankommen. Es gibt schmale Pinsel in gerader und in gebogener Blechzwinge, andere bestehen aus einem dünnen Metallstiel mit aufzuschraubendem Pinselkopf. Erhältlich in den Größen 1 · 1,5 · 2 · 2,5.
Auch kleine Lammfellroller an langem Stiel werden für Heizkörperanstriche angeboten.

Flachpinsel Flachpinsel dienen zum Anstreichen schwer zugänglicher Teile, zum Anstreichen von Ecken und Winkeln, auch zum Anlegen kleinerer Flächen und zum Abfassen von Leisten. Erhältlich in verschiedenen Qualitäten, Größen 15 · 20 · 25.

Strichzieher Zum Strichziehen mit Ölfarben dienen Fischpinsel, deren kurze (schwarze) Borsten das saubere Ziehen erleichtern.

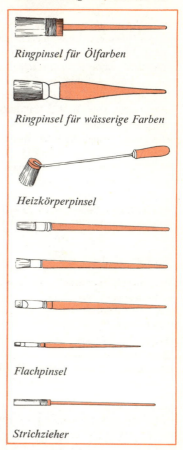

Ringpinsel für Ölfarben

Ringpinsel für wässerige Farben

Heizkörperpinsel

Flachpinsel

Strichzieher

5 Farbenkunde für den Amateur-Anstreicher

Fertige Farben

Immer mehr kommen die Farbenfabriken dem Liebhaber-Anstreicher entgegen, indem sie ihm streichfertige Farben anbieten. Insbesondere erhalten Sie bei ihrem Farbenhändler streichfertige Farben und Lacke auf Öl- oder Kunstharzbasis für Innen- wie Außenanstrich, alles in den verschiedensten Tönen, in Originalpackung.
Bei den Dispersionsfarben erhalten Sie das fertige Weiß, das mit zehn bunten Volltonfarben zu jedem beliebigen Farbton abgetönt werden kann. Fertige Leimfarben für Decken- und Wandanstrich sind fest eingeführt. Den Farbton kann man beim Händler aussuchen, braucht ihn also nicht selber zu mischen. Ein Paket fertige Wandfarbe mit einem halben Liter Wasser vermischt ergibt eine Menge, die zum Streichen oder Rollen von 10 bis 12 qm Fläche ausreicht. Also: Zu streichende Gesamtfläche : 12 = Zahl der Pakete. Rollfarbe zur Wandbelebung (mittels besonderer Musterwalze) kann man in Beuteln verpackt mitkaufen, Farbton passend zum Untergrund.
Nicht fertig erhältlich sind bunte Kalkfarben. Auch für den Laien und Gelegenheitsanstreicher ist es aber erforderlich, daß er mit Grundbegriffen wie Körperfarbe und Bindemittel, daß er insbesondere auch mit den Anstricharten
Kalkfarbe · Leimfarbe · Binder-(Dispersions-) Farbe · Ölfarbe · Kunstharzfarbe · Lack

30 Anstrich und Dekoration

klare Vorstellungen verbindet. Solcher Orientierung will dieser Abschnitt dienen. Leser, die selbst Anstrichfarben mischen wollen (was zwar umständlicher ist, aber Spaß macht), lassen sich für die Zusammensetzung der Farben vom Farbenhändler die nötigen Rezepte geben, da wir hier darauf höchstens bei den Kalkfarben genügend eingehen können.

Die Grundbestandteile jeder Anstrichfarbe Jede zum Anstreichen verwendbare Farbe ist aus mehreren Bestandteilen zusammengesetzt. Es kommen folgende fünf Gruppen in Betracht, die nicht in jedem Fall alle vorhanden sein müssen: **Körperfarbe · Bindemittel · Zusatzmittel · Verdünnungsmittel · Hilfsmittel.**

Die Körperfarben

Was heißt Körperfarbe? Von den fünf Bestandteilen ist der erstgenannte, wie sich leicht erraten läßt, der eigentliche Farbstoff (Pigment). Warum heißt er »Körperfarbe«? Im Gegensatz zu den Farben des Färbers, die als färbende Flüssigkeiten (Tinten) den zu färbenden Gegenstand (z. B. Wolle) durchdringen, bilden alle Anstrichfarben eine auftragende körperhafte Schicht, die den Untergrund deckt und schützt. Einerlei, in welcher Form die Farbe uns entgegentritt, ob als Pulver, ob als Paste: es ist stets Körperfarbe.

Ihrer Herkunft nach unterscheidet man Erdfarben (unmittelbar aus der Erde gewonnen), künstliche Mineralfarben (mit Metallen als Ausgangsstoff) und Teerfarbstoffe (durch Destillation aus Steinkohle gewonnen). Wir betrachten die Körperfarben jedoch ausschließlich nach ihren Eigenschaften und ihrer Verwendbarkeit.

Achtung – Bleivergiftung! Umgang mit Blei, Bleiverbindungen, bleihaltigen Stoffen birgt die Gefahr der Bleivergiftung. Bleiaufnahme wird durch Geschmack und Geruch nicht wahrgenommen. Die Folgen können noch lange Zeit später auftreten. Anzeichen sind graue oder bläulichschwarze Verfärbung des Zahnfleisches, Blässe, Störungen des Allgemeinbefindens und der Verdauung.

Man vermeidet die Gefahr durch Vorsicht und Reinlichkeit. Besonders die Hände nach der Arbeit sorgfältig reinigen. Bei der Arbeit nicht essen oder rauchen. Bei Anzeichen einer Bleivergiftung sofort den Arzt aufsuchen.

Tabelle der weißen Körperfarben (Weißpigmente)

Ungefähre Preise S. 84. In der Spalte »Verwendbare Bindemittel« bedeuten:
K – Kalkanstrich · L – Leimanstrich · B – Binderanstrich · Ö – Ölanstrich · La – Lackanstrich

Bezeichnung	Verwendbare Bindemittel	Handelsübliche Form	Eigenschaften
Kalk	Farbe u. Bindemittel zugleich	Sumpfkalk, Sackkalk (Pulver)	Stark alkalisch. Nur kalkbeständige Farben verwenden. Vorsicht mit Augen und Händen!
Kreide	K · L · B · Ö	Pulver	Zur Zubereitung von Leimfarbe, In Öl keine Deckkraft (Ölkitt)
Lithopone	L · B · Ö · La	Pulver. Am geeignetsten Qualität »Grünsiegel«	Nicht giftig, gut deckend, aber nur für Innenanstriche. Licht- und hitzebeständig. Für Außenanstriche »Elkadur«
Titanweiß	L · B · Ö · La	Pulver, Ölpaste	Nicht giftig, sehr weiß, licht- und hitzebeständig. Verschiedene Qualitäten: »E« für Innenanstrich, »R« für Außenanstrich. Sehr deckkräftig
Dreipigmentweiß, sog. Bleiweiß TZ (Bleiweiß, Titan- u. Zinkweiß)	Ö · L	Paste	Kombinierter Anstrichstoff besonders für Außenanstriche in Großstädten. Vielfach bewährt. Giftig.

Bunte Körperfarben Die Tafel S. 32 enthält nur einen Teil der im Handel angebotenen Farben. Jedoch läßt sich aus den hier aufgeführten nahezu jeder gewünschte Farbton mischen, wenn sie in geeigneter Form und entsprechender Menge verwendet werden. Bitte beachten Sie beim Studium der Tafel, daß die einzelnen Pigmente meist nur in bestimmten Techniken, also mit bestimmten Bindemitteln, zu verwenden sind. Um Öl- und Lackfarben zu tönen, nimmt man am besten Öl-pasten (Paste ist dick mit Leinöl angeriebene Farbe), die man im Handel in Tuben erhält (soge-nannte Abtön- oder Dekorations-Tubenfarben). Die in Öl angeriebenen Pasten gibt es auch für starkfarbige rote, gelbe, grüne usw. Ölanstriche.

Die Bindemittel

Man unterscheidet folgende Gruppen von Binde-mitteln:

Kalk	für Kalkfarben
Leim	für Leimfarben
Emulsionen	für Binderfarben und
(wäßrige, ölige bzw.	Dispersionsfarben
harzige, wachshaltige	
Bindemittel gemischt =	
Binder oder auch An-	
strichdispersion)	
Leinöl oder Leinöl-	für Ölfarben
firnis	
Harzlösungen	für Kunstharzfarben

Die Bezeichnungen Kalkfarbe, Leimfarbe usw. sagen demnach nur etwas aus über das verwandte Bindemittel, nicht aber über die benötigte Kör-perfarbe. Kalk ist Bindemittel und Farbe zu-gleich. Weitere Hinweise über die Bindemittel finden Sie in den Abschnitten über die einzelnen Anstriche.

Zusatz-, Verdünnungs- und Hilfsmittel

Zusatzmittel Bei Ölfarben setzt man noch ein Trockenmittel (Sikkativ, Harttrockenöl) hinzu, das die Trockenzeit des Anstrichs abkürzt.
Verdünnungsmittel Körperfarbe plus Bindemit-tel müssen größtenteils, um streichfertig zu sein, noch verdünnt werden. Es werden verdünnt:

Kalkfarben	
Leimfarben	
Binderfarben	mit Wasser
Dispersionsfarben	

Ölfarben	mit Terpentinöl oder
Öllacke	Terpentinersatz

Kunstharzfarben	
Kunstharzlacke	
Nitrolacke	mit spezifischem
Chlorkautschuklacke	Verdünnungsmittel
Spirituslacke	für die betr. Lackart
Versiegelungslacke	

Hilfsmittel Hilfsmittel sind Stoffe, die zur Her-stellung eines sauberen, einwandfreien Anstrich-untergrundes benötigt werden, wie z. B. Schellack, Isolierlack, Spirituslack zum Isolieren von Harz oder von durchschlagenden Bestandteilen im An-strichuntergrund, Abbeizmittel, Rostschutzmit-tel, Imprägnierungsmittel usw.

Das Mischen von Farbtönen

Neben der Zubereitung der Farben für die einzel-nen Anstricharten muß man einiges Grundsätz-liche wissen über das Mischen eines bestimmten gewünschten Farbtons. Mischen muß man fast immer. Nicht nur, daß die Körperfarben, so wie sie zu kaufen sind, nur eine beschränkte Anzahl von Farbtönen darstellen, während die Zahl möglicher Nuancen geradezu unendlich groß ist: gewöhnlich sind die von der Industrie gelieferten Körperfarben auch z. B. für Wandanstrich zu starkfarbig und zu dunkel. Man muß sie also auf-hellen. Das geschieht durch Beimischen von wei-ßer Körperfarbe. Auch die dadurch entstehenden helleren Farbtöne werden in den meisten Fällen noch nicht unserem Geschmack entsprechen. Sie sind, mit Ausnahme von Gelb, von einer unange-nehmen Buntheit und Süße. Neben Einrichtungs-gegenständen, Stoffen, Naturholz wirken sie primitiv und billig. Um ihnen diese Buntheit zu nehmen, »vergraut« man sie: Durch Zugabe be-stimmter anderer Körperfarben entsteht ein an-genehmer Pastellton.
Helle, mittlere, dunkle Töne Zu Beginn muß man sich darüber klar sein, ob der gewünschte Ton als heller, mittlerer oder dunkler Farbton an-zusehen ist. Helle und mittlere Töne mischt man nämlich aus dem Weiß, d. h. man gibt zu der ange-rührten weißen Körperfarbe allmählich die Mischfarbe (bunte Körperfarbe) hinzu. Für dunk-lere Töne dagegen rührt man zunächst die bunte Körperfarbe an und gibt dann Weiß hinzu, bis die gewünschte Aufhellung erreicht ist.
Weißanteil Die drei Gruppen unterscheiden sich, wie die Übersicht zeigt, wesentlich in ihrem

32 Anstrich und Dekoration

Tabelle der bunten Körperfarben (Buntpigmente)
Ungefähre Preise S. 84. In der Spalte »Verwendbare Bindemittel« bedeuten: K = Kalkanstrich ·
L = Leimanstrich · B = Binderanstrich · Ö = Ölanstrich · La = Lackanstrich. Handelsübliche
Formen: Pu = Pulver · Disp = Dispersion · KHL = Kunstharzlack · ÖP = Ölpaste.

Farbton	Bezeichnung	Verwendbare Bindemittel	Handelsübliche Form	Eigenschaften, Bemerkungen
Gelbe Töne	Ocker	K·L·B·Ö·La	Pu · Disp · KHL · ÖP	Ergibt mit Weiß vermischt einen milden gelben Ton
	Eisenoxyd-gelb	K·L·B·Ö·La	Pu · Disp · KHL · ÖP	Gut deckende Außenanstrich-farbe
	Chromgelb	L·B·Ö·La	Pu · Disp · KHL · ÖP	Leuchtendgelber Farbton (nicht kalkecht)
	Kalkechtgelb	K·L·B	Pu	Nicht sehr lichtecht, bedingt kalkbeständig
Orange Töne	Kalkorange	K·L·B	Pu	Nur bedingt kalkbeständig
Rote Töne	Englischrot	K·L·B·Ö·La ⎱	Pu · Disp ·	Mattes Rot, ziegelfarben
	Eisenoxydrot	K·L·B·Ö·La ⎰	HHL · ÖP	Besonders geeignet für Außen-anstriche, Blechdächer
	Signalrot	K·L·B·Ö·La	Pu · Disp · HHL · ÖP	Leuchtendes, scharfes Rot, für Außenanstriche
	Bleimennige	streichfertig als Öl- oder Kunstharzmennige		Grundieranstrich für Stahl-untergründe
Braune Töne	Umbra natur	K·L·B·Ö·La	Pu	Dunkler brauner, etwas grün-stichiger, angenehmer Ton
	Umbra gebrannt	K·L·B·Ö·La	Pu	Dunkler rütlichbrauner Ton
Grüne Töne	Chromoxyd-grün	K·L·B·Ö·La	Pu	Sehr kalkbeständige Farbe von große Mischkraft
	Kalkgrün	K·L·B	Pu	
	Chromgrün	L·B·Ö·La	Pu	(nicht kalkbeständig)
Blaue Töne	Ultramarin-blau	K·L·B·Ö·La	Pu · Disp · KHL · ÖP	Satter, dunkelblauer, leuchten-der Ton (kalkbeständig)
	Pariserblau	L·B·Ö·La	Pu · Disp · KHL ·	Leuchtender, etwas ins Grün-blaue stechender Farbstoff (nicht kalkbeständig)
Schwarz	Eisenoxyd-schwarz	K·L·B·Ö·La	Pu · Disp · KHL · ÖP	Bestes, in allen Techniken ver-wendbares Schwarzpigment
Silber	Aluminium-bronze	»Bronzetinktu-ren« und andere säurefreie Bindemittel	Packungen von 100 g bis 1 kg	Reines pulverisiertes Aluminium für Rostschutz- und hitzebe-ständige Anstriche

Weißanteil. Zu beachten ist, daß die einzelnen Farben an sich schon verschiedene Helligkeitswerte haben. Gelb z. B. ist eine helle Farbe und kann über eine Grenze hinaus nicht dunkler gemacht werden, ohne daß es seinen Charakter verändert. Aufhellen dagegen kann man alle Farben in beliebigem Grade.

Farbpaarung Wichtig ist weiter, daß nur ganz bestimmte Farbenpaare beim Mischen befriedigende Ergebnisse liefern.
Beispiel des Mischvorgangs Wir erläutern den Mischvorgang an dem ersten Farbenpaar der Tabelle: Rot/Blaugrün. Aus dieser Paarung können helle, mittlere und dunkle Töne hervorgehen, je

Bunte Körperfarben 33

helle Töne	mittlere Töne	dunkle Töne
10–15 v. H. Mischfarbe (bunte Körperfarbe) 85–90 v. H. weiße Körperfarbe	15–35 v. H. Mischfarbe (bunte Körperfarbe) 65–85 v. H. weiße Körperfarbe	35–100 v. H. Mischfarbe (bunte Körperfarbe) 0–65 v. H. weiße Körperfarbe

nach dem Weißanteil; Töne in Richtung Rot oder Blaugrün oder neutrales Grau. Wir nehmen an, es soll ein rötlicher Farbton mittlerer Helligkeit, geeignet zum Wandanstrich, erzielt werden. Entsprechend der mittleren Helligkeit brauchen

denken, daß Leimfarben in nassem Zustand wesentlich dunkler erscheinen als später nach dem Trocknen. Man muß also die Farbe auf einem Stück Papier über Kocher, Heizkörper oder einer anderen Wärmequelle zunächst trock-

Tabelle zum Mischen von Farbtönen

Farbpaarung	Entsprechende Körperfarben	Welche Farbtöne ergibt diese Paarung?
Rot/Blaugrün	Englischrot · Mischung aus Ultramarinblau und Chromoxydgrün dazu Weiß	etwas kühlere Rottöne (nicht gelbstichig) rötliche Grautöne fast neutrales Grau kühle Grautöne (grünlich oder bläulich) stumpfe grünblaue Töne
Gelb/Ultramarinblau	Ocker · Ultramarinblau dazu Weiß	gelb, gelbgrau (Sandsteinfarbe) fast neutrale Grautöne blaustichige Grautöne stumpfes Blaugrau
Orange/Blau	Englischrot · Ocker · Ultramarinblau dazu Weiß	warme Rottöne (gelbstichig) gelblichrötliche Grautöne warmes Grau sehr stumpfe blaugraue Töne stumpfes Blau
Purpur/Grün	Caput mortuum rotstichig · Chromoxydgrün dazu Weiß	kühlere Farbreihe mit etwas ins Violette gehenden Tönen bis zum neutralen Grau stumpfe, kühle grüngelbe Töne bis zum stumpfen Grün
Gelbgrün/Violett	Ocker · Chromoxydgrün · Caput mortuum violettstichig dazu Weiß	warme gelbgrüne Töne lindgrün gelblichgrüne Grautöne bis zum neutralen Grau stumpfe, kühle violettstichige Rottöne violettstichige Grautöne bis zum stumpfen Violett

wir etwa 80 v. H. der Gesamtmenge Weiß, zu dem insgesamt etwa 20 v. H. Mischfarben hinzuzugeben sind. Zunächst werden Weiß, Rot, Blau und Grün jedes für sich angerührt. Da der gewünschte Ton rötlich ist, setzen wir dem Weiß zunächst etwas Rot zu. Aber nicht gleich den ganzen Anteil! Erst nur ein wenig, um die Mischkraft der roten Farbe beurteilen zu können, die sehr verschieden sein kann. Also wenig Rot dazu, dann gut durchrühren und eine Probe nehmen. Dabei ist zu be-

nen lassen. Dispersionsfarben verändern dagegen ihre Tonwerte vom nassen zum trockenen Zustand nur wenig.

Noch bevor wir die gewünschte Tonstärke erreicht haben, sehen wir deutlich, daß der Farbton süßlich ist, etwa wie Himbeer, und als Wandton unbrauchbar. Deshalb setzen wir jetzt eine kleine Menge Blau unserer grünen Mischfarbe zu, so daß Blaugrün entsteht, und geben von dieser Mischung vorsichtig der Hauptmischung zu. Nach

34 Anstrich und Dekoration

dem Verrühren zeigt sich, daß der Ton immer noch rot ist, aber bereits gedämpfter. Den Unterschied sieht man deutlich, wenn man von der ungebrochenen Farbe etwas abnimmt und mit der gebrochenen vergleicht. Nun kann man die »Vergrauung« bis zum gewünschten Maß fortsetzen, wenn man will, bis zu einem ganz neutralen Grau.

Umgekehrt kann man aus dem gleichen Farbenpaar, indem man dem Weiß zuerst Blaugrün zugibt, blaugrüne Töne erzeugen, die durch Zugabe von Rot zu vergrauen sind.

Womit ist das gestrichen?

Trägt der Untergrund bereits einen alten Anstrich, ist es oft wichtig, zu erkennen, um welche Anstrichart es sich handelt.

Öl- und Lackfarbenanstriche erkennt auch der Laie an ihrer glänzenden und schwer verletzlichen Oberfläche. Kalk- und Leimanstriche erscheinen beide matt. Binderanstriche können je nach Menge des Bindemittels matt erscheinen oder auch leicht glänzen, jedoch schwächer als Öl- und Lackanstriche.

Für das Auseinanderhalten von Kalk-, Leim- und Binderanstrichen kann man sich an folgende »Tests« halten.

Leimfarben Die Farbschicht läßt sich mit Wasser leicht entfernen. Wird die Farbe mit Wasser benetzt, erscheint sie sofort wesentlich dunkler.

Kalkfarben Durch Abwaschen mit Wasser nicht zu entfernen. Beim Benetzen mit Wasser wird der Anstrich entweder gar nicht oder nur stellenweise dunkler. Die Oberfläche wirkt gewöhnlich ziemlich körnig, porös und damit lebendiger als bei Leim- oder Binderanstrichen.

Binderfarben Am schwierigsten von Kalkfarbenanstrichen zu unterscheiden. Durch Abwaschen mit Wasser nicht zu entfernen, jedenfalls bei guter Ausführung. Der Anstrich verändert sich beim Benetzen mit Wasser entweder gar nicht oder wird gleichmäßig etwas dunkler. Ist daraus keine Klarheit zu gewinnen, so erkennt

man Binder an der gegenüber Kalkfarben lebloser, glatter, »tot« wirkenden Oberfläche. Versagt auch dieses Merkmal: den Maler fragen.

Prüfen der Alkalität Alkalische Untergründe (Kalk, Zement) zerstören ölige Bindemittel und Pigmente. In Drogerien erhält man »Phenolphthalein«, ein weißes Pulver, mit dem man die Alkalität von Putzuntergründen prüfen kann. Bringt man das Mittel, in Wasser aufgelöst, auf die Putzfläche, so färbt sich die Flüssigkeit, wenn der Grund alkalisch ist, himbeerrot. Alkalisch nennt man Stoffe, welche Laugen (im Gegensatz zu Säuren) enthalten. Alkalische Untergründe isoliert man vor dem Anstrich mit Isoliersalzen (S. 37).

Wie verändern sich Farben durch den Trocknungsprozeß?

Kalk- und Leimfarben werden nach dem Trocknen wesentlich heller.

Binderfarben hellen bei mäßigem Anteil von Bindemittel fast so auf wie Leimfarben. Bei größerem Zusatz von Bindemittel verringert sich diese Eigenschaft; sehr stark gebundene Anstriche dunkeln sogar nach.

Dispersionsfarben werden beim Trocknen dunkler. Beim Mischen eines Farbtones ist das zu berücksichtigen.

Ölfarben in heller Tönung verändern sich nicht, allenfalls dunkeln sie nach geraumer Zeit etwas nach. Dunkle Ölfarben dagegen sind in getrocknetem Zustand fast immer etwas dunkler als beim Auftragen.

Lackfarben verhalten sich wie Ölfarben. Klare Lacke beeinflussen durch ihren Farbstich den Farbton des Untergrundes, indem sie ihn etwas gelblich-grünlicher machen; besonders bei bläulichen Untergründen ist diese Veränderung des Farbtones zu berücksichtigen. Klarlacke lassen alle Untergründe, auch Naturholz, frischer, tiefer und etwas dunkler erscheinen.

6 Was wollen Sie streichen?

Wohnräume – erster Anstrich für Wände und Decken Da guter (eingesumpfter) Kalk oft nicht aufzutreiben ist, ist Anstrich mit Dispersionsfarbe zu empfehlen. Auf richtige Vorbehandlung achten. Näheres S. 42. Mit verdünnter Innendispersion grundieren, dann bis zur vollständigen Deckung streichen.

Wohnräume – bisher Kalkfarbenanstrich Zu dicke Kalkschichten platzen ab. Also besser Leimfarben- oder Dispersionsanstrich; dieser ist haltbarer und teurer, doch muß der Untergrund sorgfältig abgekratzt und mit einem Spezial-Grundiermittel (Tiefgrund) gefestigt werden. Näheres S. 39 f.

Wohnräume – bisher Leimfarbenanstrich Alten Anstrich abwaschen. Nach gründlicher Säuberung wiederum Leimfarben- wie auch Dispersionsfarbenanstrich möglich. Bei Dispersionsfarben Festigung des Untergrundes, wie oben gesagt, notwendig. Näheres S. 41.

Wohnräume – bisher Dispersionsfarbenanstrich Abwaschen der Staubschicht mit Salmiakwasser oder einem Reinigungsmittel erforderlich. Kalkfarbenanstrich nicht mehr möglich. Am besten wieder Anstrich mit Dispersionsfarben. Alte Dispersionsfarbenanstriche müssen genau wie Lackschichten angerauht werden, am besten mit scharfen Reinigungsmitteln oder Salmiak.

Wohnräume streichen – bisher tapeziert Gut haftende alte Tapeten können Sie genau wie Rauhfasertapeten mehrmals mit gutgebundenen Leimfarben oder waschfesten Dispersionsfarben überstreichen. Näheres S. 40 f.

Wohnräume tapezieren – bisher gestrichen Auf allen Anstricharten (Kalk-, Leim-, Binder-, Dispersions-, Ölfarbe) ist Tapezieren möglich; nur ist jeweils eine andere Vorbehandlung erforderlich. Leimfarbenanstriche abwaschen, alle anderen Untergründe glattschleifen! Unterrichten Sie sich zuvor über die vielen Arten von Tapeten! Näheres S. 60 f.

Wohnräume tapezieren – vorher schon tapeziert Gut festsitzende alte Tapete kann nach Schleifen als Untergrund für die neue bleiben; am sichersten ist es allerdings, die alte Tapete ganz zu entfernen. Näheres S. 62 f.

Bad, Küche, Gang, Toilette streichen Soweit nicht allzu große Feuchtigkeit in diesen Räumen auftritt, ist Leimfarbe geeignet. Bei höheren Ansprüchen auch Dispersionsfarben.

Strapazierfähiger Sockel in Küche und Bad Anstrich mit Dispersionsfarben (wenn vorher Kalkfarbe: Untergrund säubern und Voranstrich mit »Tiefgrund«) oder Ölsockel, dieser jedoch nicht auf frischem Putz; der Putz sollte ein halbes Jahr alt sein. Näheres S. 43 f.

Tapete in stark beanspruchten Räumen: Die Wände der Küche (ebenso in der Toilette) können Sie, wenn Sie eine farbenfrohe Atmosphäre herstellen wollen, bunt tapezieren und dann mit Herbol P. T. (einem Bindemittelkonzentrat) überstreichen. Aber Schwitzwasser vermeiden! Näheres S. 60 f.

Fliesen, Glas, Ölfarbgründe überstreichen. In früheren Geschäftsräumen oder Küchen, die in Wohnräume oder Büros umgewandelt wurden, stören oft Fliesen u. ä. den Charakter des Raumes. Sie können überstrichen werden: nicht mit Kalkfarbe, nicht allzu haltbar mit Leimfarbe, dagegen gut haltbar mit Dispersions- und Ölfarbe. Der Untergrund muß sauber und trocken sein und bleiben.

Schimmelbildung an den Küchenwänden vermeiden: Tritt während der Heizperiode Schimmel auf, bietet Überziehen der Wände mit »Thermopete« oder einem ähnlichen Mittel einen guten Isolierschutz.

Hausfassade aus Kalkputz – erstmaliger Anstrich Kalkfarben: Nur geeignet für Rauhputz (aber nicht für Glattputz); nur guten (eingesumpften) Kalk verwenden; für die Großstadt nicht geeignet. Ungeeignet: Leimfarbe. Besonders haltbar: Dispersionsfarbe. Am haltbarsten: Wasserglasanstrich. Rezepturen und Arbeitsanweisungen der Hersteller genau beachten. Näheres S. 40.

Hausfassade aus Kalkputz – schon gestrichen Hier gilt, was oben für Innenanstriche gesagt wurde: Auf altem Kalkgrund ist sowohl erneuter Kalkanstrich möglich wie auch die übrigen Fassadenanstriche: Dispersions-, Ölfarbe, Wasserglas. Auf Dispersions- und Ölfarben kann wiederum mit derselben Farbe, aber nicht mehr mit Kalk- oder Wasserglasfarbe gestrichen werden. Näheres S. 42 f.

Hausfassade aus Zementputz oder unverputztem Mauerwerk Für den ersten Anstrich kommen

36 Anstrich und Dekoration

in Frage: Kalkfarbe (mit 20% Zusatz von Dyckerhoff-Weiß), Dispersionsfarbe, Wasserglas. Für spätere Anstriche gilt der vorhergehende Absatz! Näheres S. 42 f.

Planschbecken, Schwimmbecken streichen Mehrmaliger Anstrich mit Chlorkautschuklack (erhältlich in Weiß, Grün, Blau). Zementuntergrund muß trocken sein. Betonwand muß außen gegen die Feuchtigkeit des Erdreiches mit Asphalt isoliert sein, noch richtiger sollte das Bekken in einer Zementwanne stehen.

Eternitplatten streichen Diese Platten sind nicht selten als Balkonverkleidung anzutreffen. Allseitig mehrmals (2–3mal) mit Chlorkautschuklack streichen.

Deckender Anstrich auf neuem Holz – außen Für neue Fenster, Haus- und Balkontüren, Fensterläden, Geländer, Zäune usw. Anstrich auf Kunstharzbasis: Imprägnieren mit Holzschutzgrund, Grundierung und ein oder zwei Deckanstriche mit Ventilationsgrund, Lackieren mit Kunstharz-Fensterlack. Näheres S. 45 f.

Lasierender Außenanstrich auf neuem Holz Sollen Fensterläden, Türen u. a. aus schönem Holz nur einen lasierenden (nicht deckenden) Anstrich erhalten: vor dem Einbau eine Grundierung mit Kunstharzluftlack (verdünnt mit 10% Testbenzin), eine Lackierung unverdünnt; nach dem Einbau zwei weitere Lackierungen mit demselben unverdünnten Lack. Näheres S. 47.

Einfachere Außenobjekte aus Holz – erster Anstrich Dachüberstände, Verschalungen, Zäune u. ä. können statt der eben beschriebenen Anstriche auch mit hellen, naturfarbigen oder bunten Imprägnierungsmitteln behandelt werden. Je nach Verwitterung alle ein bis zwei Jahre wiederholen. Näheres S. 45.

Deckender Anstrich auf neuem Holz – innen Anstrich auf Kunstharzbasis ist zu bevorzugen. Grundieren mit Kunstharzvorstreichfarbe, spachteln, vorlackieren und lackieren. Für alle Arbeitsgänge Kunstharzmaterialien verwenden. Näheres S. 44 ff.

Anstriche auf bereits gestrichenem Holzuntergrund Je nach Zustand alten Anstrich abbeizen oder abbrennen oder nur aufrauhen (mit Glaspapier oder Salmiakwasser); dann: auf altem Kunstharzanstrich wiederum Kunstharzanstrich und entsprechende Lackierung; auf altem Ölfarbengrund dagegen, wenn Untergrund fest und hart,

Kombinationslack, sonst jedoch lieber Öllack. Näheres S. 52 f.

Holzfußboden streichen Entweder Versiegeln oder Lasieren oder farbiger Anstrich. Näheres S. 49 f.

Gartenmöbel (Metallteile), Gitter, Balkongeländer usw. aus Eisen Entrosten, zweimaliger Voranstrich mit Kunstharz-Bleimennige oder Kunstharz-Metallgrund rotbraun. Dann Anstrich mit Kunstharzvorstreichfarbe (oder Vorlack) und abschließende Lackierung mit Kunstharzlack. Näheres S. 49 f.

Ofenrohr (Eisen) Graphitanstrich (schwarz) oder Anstrich mit feuerfester Silberbronze. Näheres S. 51.

Ofenrohr (verzinktes Eisenblech) Erst absäuern, sonst wie Eisen.

Heizkörper, Heizrohr, Boiler Entrosten, Voranstrich mit Heizkörpergrundfarbe, Lackieren mit Heizkörperlack. Näheres S. 51.

Fahrrad Alten Anstrich entfernen (Abschleifen). Voranstrich mit Haftgrund, Anstrich mit Schlagfestlack. Näheres S. 51.

Abfallrohr, Dachrinne, Blechabdeckung u. ä. (Zinkblech oder verzinktes Eisenblech) Zuerst mit Nitroverdünnung oder Waschbenzin abwaschen. Es bestehen zwei Möglichkeiten, diese schwierig zu behandelnden Untergründe zu streichen. Bewährt haben sich: 1. Absäuern der Untergründe mit verdünnter Salzsäure (1:1), nachwaschen, grundieren mit Haftgrund (Wash-Primer); darauf zwei Anstriche mit möglichst fetter Standölfarbe (hoher Anteil an Standöl). 2. Absäuern wie zuvor, dann zweimaliger Anstrich mit Dispersions-Fassadenfarbe.

Abfallstutzen (geteertes Eisenrohr) Teer und Asphaltanstriche haben die unangenehme Eigenschaft, durch Öl- oder Lackfarben durchzuschlagen. Das heißt, Teer und Asphalt werden von Lösungsmitteln gelöst und bluten dann durch den frischen Anstrich durch. Solche Rohre müssen deshalb vor einem Anstrich mit Schellack oder Spirituslack isoliert werden. Anschließend zwei oder drei Anstriche mit Außenlackfarbe.

Alter Badeofen (Zinkblech mit Ölfarbanstrich) Alten Anstrich entfernen, dann zwei Anstriche mit Heizkörperlack oder DD-Lack.

Blankes Kupfer oder Messing Zweimal lackieren mit Zaponlack, außen mit transparentem Kunststofflack überziehen.

Putz (Vorarbeiten) 37

7 Vorarbeiten für Anstriche auf Putz

Abreiben von Decken und Wänden Unebenheiten in der Putzfläche werden beseitigt durch Abschleifen mit einem Bimssteinklotz oder einem Holzklotz oder auch mit der Spachtel.

Abwaschen Zum Abwaschen von Staubschichten und alten wasserlöslichen Anstrichen benötigen wir Wassereimer · Streichbürste (schon abgenützt) · Spachtel, möglichst breit · reines Wasser. Fußboden und Möbel, soweit sie im Raum bleiben müssen, werden sorgfältig mit Tüchern, Papier oder Plastikplanen abgedeckt. An den Zimmerausgang legt man einen möglichst großen feuchten Putzlappen zum Säubern der Schuhe, damit der Schmutz nicht in andere Räume getragen wird. Das Abwaschen beginnt an der Decke, indem man ein etwa 1 qm großes Stück mit der Bürste benetzt. Dünnen Anstrich kann man mit der Bürste abwischen. Dickere Farbschichten werden nach dem Benetzen mit der Spachtel abgekratzt oder abgeschoben; darauf wird mit Wasser nachgewaschen. Doch fegt man vor dem Nachwaschen erst die herabgefallenen Farbteile weg.

Sorgfältig müssen alle Ecken und Ränder gewaschen werden. An diesen Stellen ist die Gefahr am größten, daß zurückbleibende alte Farbreste den neuen Anstrich später abplatzen lassen.

Bei jedem Abwaschen werden Putzrisse und ähnliche Schäden aufgekratzt und ausgewaschen. Das ist erwünscht; sie müssen nur anschließend wieder ausgebessert werden.

Isolieren Wo die Beschaffenheit eines Untergrundes den einwandfreien Auftrag oder die Haltbarkeit eines Anstrichs in Frage stellt, legt man zwischen Untergrund und Anstrich eine sperrende Schicht: diese Arbeit heißt Isolieren.

Isoliert werden müssen außerdem Wasser- und Rauchflecke in Putzuntergründen. Dazu dienen Isoliersalze (»Ukin«). Der Packungsinhalt wird in 1½ bis 2 l Wasser aufgelöst. Wasserflecken, verräucherte Decken, Ausblühungen mit der Lösung einstreichen. Alte Leimfarbenanstriche müssen vorher abgewaschen werden. Die gesäuberte Fläche erst völlig trocknen lassen. In schweren Fällen kann das Einstreichen mit Isoliersalzlösung wiederholt werden – aber erst trocknen lassen.

Mit diesen Mitteln können auch alkalische Putzuntergründe neutralisiert und mürbe, absandende Putze gefestigt werden. Sie eignen sich sowohl für Kalkputz wie für Gips- und Zementputz. Im Gegensatz zu den kieselsäurehaltigen Fluaten sind die Isoliersalze nicht giftig.

Bevor man mit dem Farbanstrich beginnt, muß die mit Isoliermittel gestrichene Fläche nochmals gereinigt werden. Bei Isoliersalzlösungen genügt sorgsames feuchtes bis trockenes Überwischen, bei Fluaten (»Olafirn«, giftig) ist mit Wasser nachzuwaschen. Das Isolieren beansprucht also einige Zeit, was bei der Planung einer Anstricharbeit nicht zu vergessen ist!

In gleicher Weise müssen isoliert werden frische Putzflächen (Kalk- wie Zementputz), die mit Öl- oder Dispersionsfarbe gestrichen werden sollen. Geschieht das nicht, wird der Anstrich fleckig. Isoliert werden müssen endlich auch Untergründe, die Teer, Karbolineum oder Asphalt enthalten. Das Isolieren erfolgt hier jedoch mit Spirituslack (S. 53 f.). Unterbleibt die Isolierung, bluten die Anstriche durch: es entstehen braune Flecken, die nicht mehr zu beseitigen sind. Rußflecken werden am besten isoliert mit einem schnelltrocknenden Isolieranstrich wie Schellack oder Spirituslack.

Vergipsen Risse im Putz können Alarmzeichen sein, S. 233 f. Harmlose Risse und abgeplatzte Stellen kann man vergipsen.

Es gibt eine ganze Reihe von Gipsarten: Estrichgips für Böden, Marmorzement zum Ausfugen von Fliesenbelägen, Baugips, der wegen seines groben grauen Aussehens zum Beseitigen von Putzschäden nicht gut geeignet ist. Für unsere Ausbesserungen nehmen wir den feinen weißen Stuckgips.

Ein Gipsgefäß (Gipserpfännchen, S. 220, oder Gefäß aus Gummi) wird mit Wasser gefüllt, das Gipspulver daraufgestreut, so daß es sich gleichmäßig verteilt. Man streut so viel hinein, bis das Wasser keinen Gips mehr annimmt. Der Gipsbrei soll 5 bis 15 Minuten stehen, dann kann er verarbeitet werden, jedoch nur innerhalb von 10 bis 15 Minuten. Man macht also nur so viel an, wie man unverzüglich verarbeiten kann.

Während der Gips zieht, soll man ihn nicht umrühren, er wird sonst zu schnell hart. Man kann den Gips »totrühren«; dann bindet er überhaupt nicht mehr ab, sondern trocknet lediglich und hat keinerlei Festigkeit. Durch Zugabe von et-

38 Anstrich und Dekoration

was Malerleim, Seifen- oder Boraxlösung kann man das Abbinden etwas verzögern.

Die Schadenstelle wird ausgekratzt, angefeuchtet, dann mit der Spachtel zugestrichen; nach dem Festwerden abgewaschen und mit Filzbrett glattgerieben. Über die Schadenstelle hinaus soll keine dünne Gipsschicht stehenbleiben, sie platzt ab.

Moltofill Dieses gipsartige Material ist teurer als Gips, bietet aber dem Handwerker Vorteile: es ist besonders haftfähig und elastisch, bleibt länger offen, d. h. bindet erst in 20 bis 30 Minuten ab. Moltofill wird wie Gips mit Wasser angerührt. Man läßt es nicht ziehen, sondern rührt es einfach zu einem Brei von der gewünschten Konsistenz an. Gut durchschlagen, damit der Brei glatt wird. Er ähnelt dann einem Spachtelkitt und eignet sich nicht nur zum Ausbessern von Putzschäden, sondern z. B. auch zum Spachteln von Holzoberflächen.

Es gibt aus demselben Material neuerdings auch wetterbeständige Außenqualitäten.

Größere Putzschäden wirft man mit Kalkmörtel (S. 204) vor und zieht sie dann mit Gips glatt. Rauhe oder brüchig gewordene Gipsflächen kann man mit Filzmörtel überziehen: 3 Teile Weißkalk · 1 Teil sehr feiner Sand (Schweißsand) · 1 Teil Gips. Frisch vergipste Risse ziehen oft Leimfarbenanstriche an und erscheinen dadurch erhöht, besonders an Decken. Das vermeidet man, indem man sie vor dem Anstrich mit Leimlösung überstreicht: 1 Teil Kunstharzbinder · 8 Teile Wasser.

Grundieren Grundierung nennt man den ersten Anstrich auf einem noch ungestrichenen Untergrund. Grundierungen sind dünnflüssige Bindemittel oder Farbaufträge, die in den Untergrund eindringen und für gutes Haften der folgenden Anstriche sorgen. Auch mindert der Grundieranstrich die Saugkraft des Untergrundes und bindet feinen Farbstaub, der beim Abwaschen auf der Fläche verblieben sein kann. Bei Ölanstrichen auf Putz oder Holz tränkt die Grundierung den Untergrund mit Leinöl und führt so eine Grundbindung herbei.

Die Grundierung geht verschieden vor sich, je nach Untergrund und Anstrichart. Die Zusammensetzung des Grundiermittels und die Arbeitsweise sind bei den einzelnen Arbeitsbeispielen beschrieben. Auch bei jedem Kalkfarbenanstrich nennt man den ersten Anstrich »Grundierung«.

Vorarbeit bei Außenputz Will man vor einem Neuanstrich Risse und Löcher im Außenputz schließen und sonstige Putzschäden ausbessern, kann man eine neue Putz- und Füllspachtelmasse (»dufix«, Hersteller Henkel) verwenden. Sie eignet sich auch für Putz in Feuchträumen. Man rührt etwa 3 Teile dufix in 1 Teil Wasser ein. Die so entstehende Füllmasse bleibt 4 Stunden verarbeitungsfähig. Nach dem Trocknen sieht sie weiß aus. Nicht in direkter Sonneneinstrahlung und nicht bei Temperaturen unter —5° C verarbeiten. Überstreichen ist nach 3 Tagen Trockenzeit möglich. Die gespachtelten Teile sollen sicherheitshalber vor dem Anstrich einmal mit Fluat neutralisiert werden.

Man kann diese Spachtelmasse auch zum Verlegen von Zementplatten, Steinplatten und keramischen Fliesen benützen: ganzflächig auftragen, Platte fest andrücken.

---

8 Der Kalkfarbenanstrich

Eignung Ihre größte Bedeutung haben Kalkfarbenanstriche auf frischen Putzuntergründen, also bei Neubauten, weil sie zur Festigung solcher Untergründe beitragen. Auch alte Putzuntergründe sind geeignet – nach entsprechender Vorarbeit (S. 37), außer wenn sie einen Ölfarbenanstrich oder einen nicht abwaschbaren alten Binder bzw. Dispersionsfarbenanstrich oder einen alten Wasserglasanstrich tragen. Kalkanstriche sind ferner besonders geeignet für Räume, die starke Temperaturschwankungen aufweisen, oder in denen sich Feuchtigkeit niederschlagen kann: Küchen · Bäder · Lagerräume · Ställe. Andere Anstriche mit wässerigen Bindemitteln (Leim, Binder) könnten dort faulen. Gute Kalkfarbenanstriche sind dauerhaft und auch wetterbeständig. Sie eignen sich also auch für Fassaden. Dieses Urteil gilt jedoch nur, wenn gut gelagerter (einjähriger) Sumpfkalk zur Verfügung steht. Geeignete Untergründe: Kalkputz · Zementputz · Kalkzementputz · Ziegelstein · Leichtbauplatten Natursteine (wenn sie genügend saugfähig sind).

Nicht geeignet: Gipsputz · Kalkputz, wenn schon mit Ölfarbe, Dispersionsfarbe oder Wasserglas gestrichen · Holz · Metall · Glas.

Kalk Kalk ist eine weiße Körperfarbe (S. 30) und zugleich Bindemittel. Eine streichfertige Kalkfarbe braucht deshalb, solange der Anstrich weiß bleiben soll, aus nichts weiter zu bestehen als aus Kalk und Wasser: grundsätzlich wenigstens – denn in der Praxis kommt gewöhnlich das eine oder andere Zusatzmittel hinzu. Am besten geeignet ist Sumpfkalk. Er soll mindestens ein Jahr gelagert haben. Als Zusätze kommen andere Bindemittel, wie Milch · Quark · Leinöl · Zelleim · Binder, in Betracht. Zusätze werden erforderlich, wenn die Qualität des Kalkes zu wünschen übrigläßt und wenn man Kalkfarbenanstriche in dunklen Farbtönen ausführen will. Die bunten Körperfarben, die dann in größerer Menge als 10 Prozent als Mischfarben hinzukommen, verlangen als Zusatz eines der genannten Bindemittel.

Ist Sumpfkalk nicht aufzutreiben, so kann man auch vorgelöschten Sackkalk verwenden. Ein Sack Kalk ergibt etwa 150 Liter Kalkbrei. Dieser Anstrich wird aber schwer wischfest!

Kalkbeständige Farben Zum Tönen von Kalkanstrichen dürfen nur kalkbeständige Körperfarben verwendet werden. Das sind (von den in Tabelle S. 32 aufgeführten):
Gelb: Ocker, Eisenoxydgelb, Kalkechtgelb
Orange: Brillantorange
Rot: Englischrot, Gebr. Ocker, Eisenoxydrot, Signalrot
Braun: Umbra natur und gebrannt
Grün: Chromoxydgrün, Kalkgrün, Chromgrün
Blau: Ultramarinblau
Schwarz: Eisenoxydschwarz
Guter Kalk verträgt Zusatz von 10 v. H. Mischfarben. Sind mehr Zusätze erforderlich, weil der Ton dunkler werden soll, so wird der Anstrich nicht mehr wischfest, sofern nicht zusätzlich Bindemittel hinzugegeben werden. Für Außenanstriche in dunkleren Tönen die gutfärbenden Eisenoxydfarben verwenden.

Vorsicht! Da Kalk alkalisch ist, bedarf es einiger Vorsicht: Naturhölzer, Lackierungen, Fußböden durch Papier abdecken, sie können unangenehme Flecken erhalten. Kalkspritzer im Auge mit Zuckerwasser oder reinem Öl ausspülen.
Verarbeitung Kalkfarben dürfen nur in dünner, milchiger Konsistenz aufgetragen werden. Stets sind mehrere Anstriche erforderlich. Neuer Putz

verlangt drei. Bei alten Kalkuntergründen genügen 2 Anstriche, wenn der Untergrund nicht zu stark verschmutzt ist. Ein heller Anstrich auf dunklem Untergrund verlangt immer 2 bis 3 Anstriche, damit er ausreichend deckt.

Der vorhergehende Anstrich muß jeweils annähernd (nicht unbedingt völlig) trocken sein. Um eine glatte Oberfläche zu erzielen, legt man die Anstriche gitterförmig aufeinander: erster Anstrich mit der Lichtrichtung, zweiter quer dazu, dritter Anstrich wie erster. Der Anstrich beginnt bei Decken und Wänden an der Seite, wo die Lichtquellen (Fenster, Balkontüren) sind.

Naß halten! Das Abbinden des Kalks durch Aufnahme von Kohlensäure geschieht nur in feuchtem Zustand. Kalkanstriche müssen deshalb genügend lange naß stehenbleiben, damit sie gut abbinden und wischfest werden: Sehr trockene Wandfläche vor dem Anstrich mit Wasser benetzen. Fenster während des Streichens und danach geschlossen halten. Außenanstriche mit Kalk nicht bei praller Sonne oder starker Hitze ausführen. Kalkanstriche, die vor dem Trocknen vom Frost erwischt werden, erstarren und werden fleckig, geben keinen gleichmäßigen Ton.

Abdichten des Untergrundes Stark saugende Putzuntergründe müssen, damit ein ansatzfreier Anstrich entsteht, zugleich abgedichtet werden. Das geschieht, indem man der Kalkfarbe Leinölfirnis zusetzt, 3 bis 4 Eßlöffel auf 5 Liter dicken Kalkbrei.

Anstriche mit diesem Zusatz wirken, sobald sie getrocknet sind, wasserabweisend. Es läßt sich darauf gut weiterstreichen. Zusetzen von Magermilch (1 Liter auf 5 Liter Kalkbrei) bewirkt eine erhöhte Festigkeit des Kalkanstrichs.

Arbeitsgänge bei Innenanstrichen

Auf neuem Putz Untergrund zuerst abreiben. Drei Anstriche sind erforderlich. Für den Grundieranstrich wird nur Sumpfkalk verwendet, der mit Wasser zu einer dünnen, milchähnlichen Flüssigkeit verrührt wurde. Auch bei farbigen Anstrichen bleibt also dieser Grundieranstrich weiß. Auf Zementputz oder zementhaltigem Putz wird 20 Prozent weißer Zement zugesetzt.

Der folgende Anstrich kann schon wie der Schlußanstrich getönt werden. Außer der Buntfarbe setzt man zweckmäßig etwas Firnis zu. Dazu werden zunächst 4 bis 5 Eßlöffel Firnis in einem kleinen Gefäß mit 5 Liter dickem Kalkbrei ver-

40 Anstrich und Dekoration

rührt; dann wird diese Mischung, etwas mit Wasser verdünnt, der getönten Farbe beigemischt.

Beim Schlußanstrich entfällt der Firniszusatz; hier kann zur Festigung etwas Magermilch zugegeben werden.

Auf altem Kalkfarbenuntergrund Vorarbeit: Alle losen Kalkschichten müssen entfernt werden. Dazu geht man gründlich mit einer Spachtel über Decke und Wände. Verstaubte und verschmutzte Putzflächen mit Wasser und Bürste abwaschen. Beim Abspachteln öffnen sich alte Risse, es entstehen Unebenheiten.

Jetzt grundieren wie beim Anstrich auf neuem Putz beschrieben. Erst danach werden die Putzschäden ausgebessert, und zwar mit Gipsmörtel (Stuckgips), S. 219, oder Kalksandmörtel. Dann folgt der Zwischenanstrich. Er kann entfallen, wenn Untergrund und Anstrich etwa die gleiche Helligkeit haben. Ist der Untergrund wesentlich dunkler, ist der Zwischenanstrich stets erforderlich. Schlußanstrich ebenfalls wie oben beschrieben.

Auf altem Leimfarbenuntergrund Diese Kombination ist nicht zu empfehlen.

Arbeitsgänge bei Fassaden-Anstrichen

Auf Neuputz Die Fläche vor dem Anstrich gründlich vornässen. Bei rauhem Putz kann man auf Grundierung und Zwischenanstrich verzichten und sich auf einen einzigen Anstrich beschränken. Deckt er ungenügend, folgt ein zweiter.

Altputz ohne Anstrich Handelt es sich um eine ältere Putzfläche, die bisher keinen Anstrich getragen hat, so sind zuerst die Putzschäden – mit Kalkmörtel, nicht mit Gips – auszubessern. Außerdem sind die gesamten Flächen gründlich mit Wasser abzuwaschen. Größere neuverputzte Stellen zum Schutz gegen Fleckenbildung mit Isoliersalzen isolieren (S. 37). Vor dem Anstreichen wiederum gründlich mit Wasser vornässen. Hier wird man nicht mit einem Anstrich auskommen, sondern Grundierung, Zwischen- und Deckanstrich brauchen, wie beim Innenanstrich beschrieben.

Altputz, bereits gestrichen Ist der frühere Anstrich mit Ölfarben, Wasserglas oder Binder ausgeführt, ist von Kalkfarbe dringend abzuraten. Ist der alte Anstrich Kalkfarbe oder stark verwitterter Binder, ist er gründlich abzuwaschen, S. 37. Darauf werden Putzschäden mit Kalkmörtel ausgebessert, größere neuverputzte Stellen mit Isoliersalz isoliert. Dann vornässen und grundieren, der Grundierfarbe 10 v. H. feinen Sand zusetzen. Vor dem Zwischen- sowie Deckanstrich braucht nicht erneut vorgenäßt zu werden.

9 Der Leimfarbenanstrich

Eignung Leimfarbenanstriche eignen sich nur für Wände und Decken von Innenräumen (Putz, auch Gipsputz; Leichtbauplatten, Pappe und Papier). Sie sind nicht wetterbeständig. Die Räume sollen trocken sein; feuchte Räume erhalten besser Kalkanstrich.

Leimfarbenanstriche sind üblich für Räume, deren Anstrich infolge Verschmutzung durch Ruß und Staub und wegen sonstigen Verschleißes öfters erneuert werden muß. Der Anstrich ist verhältnismäßig leicht und billig auszuführen.

Untergründe wie Glas, Fliesen, alte Ölanstriche, Kunststoffplatten können mit Leimfarbe überstrichen werden – vorausgesetzt, der Untergrund ist sauber. Allzu große Ansprüche an die Haltbarkeit des Anstrichs auf solchen Untergründen darf man nicht stellen; vor allem ist er nicht waschfest.

Einem Leimfarbenanstrich auf frischem Putz sollte wenigstens ein Kalkfarbenanstrich (in Weiß) vorausgehen.

Leimfarbenanstrich auf Tapete Eine tapezierte Wand als Untergrund für einen Leimfarbenanstrich bereitet keine Schwierigkeiten. Die Tapete **muß aber gleichmäßig haften. Lose Teile klebt man vor dem Anstreichen mit Zellkleister nach** (siehe Abschnitt »Tapezieren«, S. 60f). Nagellöcher und kleinere Schäden schließt man mit Gipsbrei, den man aus der fertigen Leimfarbe und etwas Gips bereitet.

Ist die Tapete hell und sauber, so braucht man sie nur abzukehren und zu überstreichen. Ist sie dunkeltönig oder verschmutzt, so soll ein Grundieranstrich vorausgehen.

Es ist zweckmäßig, den Anstrich mit dem Lammfellroller (S. 28) auszuführen.

Farben und Zubereitung Fertige Leimfarben in verschiedenen Tönen kann man heute beim Farbenhändler kaufen. Die pulverförmigen Farben sind lediglich nach Herstellervorschrift in Wasser anzurühren. Benötigt man größere Mengen und möchte billiger wegkommen als bei Fertigfarben, so kauft man Kreide (Pigment, S. 30), die gewünschten Buntfarben (S. 32) sowie Leim als Bindemittel und bereitet die Farbe selbst. Als Leim eignet sich am besten Zelleim.

Wer selbst zubereitet, rührt den Inhalt einer 125-g-Leimpackung in 3 Liter Wasser 2 bis 3 Minuten lang rasch und kräftig ein. Nach 20 Minuten nochmals durchrühren, dann ist der Leim fertig. In einem zweiten Eimer läßt man 5 kg Kreide in 2,5 Liter Wasser gut weichen. Dann werden Leimlösung und eingesumpfte Kreide unter Rühren zusammengeschüttet. So erhält man eine leicht verstreichbare und gleichmäßig deckende Zelleimfarbe. Mit der so entstehenden Farbmenge streicht man etwa 50 qm Deckenfläche.

Will man getönte Leimfarbe bereiten, so weicht man zunächst die Buntfarben in gesonderten Gefäßen in Wasser ein und gibt sie dem ungeleimten Kreidebrei zu (Mischen von Farbtönen S. 33). Dann erst wird die Leimlösung zugegeben. Bei dunklen Farbtönen muß man den Anteil der Kreide beschränken, siehe S. 33 Abschnitt über helle, mittlere und dunkle Farben. Das Abtönen von bereits gebundenen Leimfarben kann auch mit Dispersions-Volltonfarbe geschehen.

Ein Anstrich mit sehr hellem Farbton auf einem dunklen Untergrund braucht zuerst einen Grundieranstrich. Für diesen hält man die Farbe etwas dünner und erhöht den Leimanteil um 10 bis 15 % – denn von zwei aufeinanderfolgenden Anstrichen soll der untere stets fester gebunden sein.

Arbeitsgänge

Auf altem Leimfarbenuntergrund Vor dem Anstrich müssen die alten Leimfarbenschichten abgewaschen oder abgekratzt werden. Putzrisse und -löcher werden ausgekratzt und gesäubert. Sind Wasser- oder Rauchflecke vorhanden, werden sie mit Isoliersalzen behandelt (S. 37). Metallteile, wie Leitungsrohre und Deckel von Abzweigdosen, die vom Anstrich mit überdeckt werden sollen, müssen mit weißer Ölfarbe oder Spirituslackfarbe vorgestrichen werden, damit sie nicht rosten. Etwaige Putzschäden werden erst nach dem Isolieren ausgebessert.

Das Grundieren mit Grundierfarbe erfolgt bei Wänden in waagerechter Streichrichtung, bei Decken quer zum Lichteinfall.

Beim Deckanstrich – nachdem die Grundierfarbe gut getrocknet ist – streicht man in umgekehrter Richtung: Wände senkrecht, Decken in der Richtung des einfallenden Lichtes. Bitte vergessen Sie nicht, die Wischfestigkeit vorher auszuprobieren, indem sie Farbe auf Papier, Handrücken oder Fingernagel streichen und trocknen lassen. Haftet die Farbe bei kräftigem Reiben nicht, so muß noch etwas Leim zugesetzt werden. Auch Kunstharzbinder ist hier als Zusatzmittel gut geeignet (1 kg Binder auf 1 Kübel fertige Farbe).

Auf neuem Kalkputz Bleibt es bei einfacher Ausführung, so sollte ein Kalkfarbenanstrich vorausgehen. Auch ist zu empfehlen, vor dem Anstrich mit Leimfarbe die Flächen mit einem Isoliersalz (»Ukin«, S. 37) zu isolieren.

Ist jedoch der Untergrund dunkel, insbesondere durch Ruß und Rauch verschmutzt, so ist es besser, erst noch einen Grundieranstrich zu machen, bevor der Deckanstrich folgt.

Auf Gipsuntergrund Gipsuntergrund hat eine stark saugende Wirkung. Er wird ebenfalls abgedichtet durch einen Voranstrich mit verdünntem Leim oder Isoliersalzlösung. Dann folgen Grundieranstrich und Deckanstrich. Streichrichtung beim Grundieren für Wände waagerecht, Decken quer zum Lichteinfall. Beim Deckanstrich senkrecht dazu.

Die Abdichtung erreicht man auch mit einer Bindergrundierung: 1 Teil Kunstharzbinder auf 10 Teile Wasser. Bei feuchtem Gipsputz kann diese Lösung noch dünner gehalten werden.

42 Anstrich und Dekoration

10 Anstrich mit Dispersionsfarben

Eigenart Dispersionsfarben sind heute so gut wie ganz an die Stelle der früher verbreiteten Binderfarben getreten. Sie sind haltbar und gut zu verarbeiten. In nassem Zustand ähneln sie den Leimfarben. In getrocknetem Zustand sind sie wasserunlöslich und haben fast das Aussehen matter Ölfarben.

Dispersionsfarben werden mit Wasser verdünnt, mit Bürste oder Lammfellroller verarbeitet. Sie trocknen rasch.

Man erhält Dispersionsfarben für Innen- oder Außenverwendung in verschiedenen Farbtönen. Die Festigkeit der Farben für Innenanstriche variiert von wischfest bis scheuerfest. Außenanstrichfarben müssen stets wetterfest sein.

Auf derselben Basis wie Dispersions-Anstrichfarben werden auch Plastikmassen und Kunststoffputze hergestellt.

Das Bindemittel – der Kunstharzbinder – wird auch gesondert geliefert.

Färben einer weißen Dispersionsfarbe durch bunte Abtönpasten oder -pulver ist möglich und sehr einfach. Einzelne Lieferanten liefern bei größeren Gebinden auch Farbtöne nach abgegebenen Mustern.

Dispersionsfarbenanstriche sind sehr haltbar; sie zeigen eine matt- bis seidenglänzende, glatte Oberfläche, dazu vollkommene Alkalibeständigkeit (bei Latexfarben) und eine Scheuerfestigkeit, welche die von Lackierungen und Ölanstrichen übertrifft.

Fabrikate Für Innenanstriche: »Herbol«-Wandfarbe · »Herbol-Latexfarbe« · »Diwagin« · »Amphibolin« · »Indeko« · »Zellaplan« · »Murjahns Latex«. Für Außenanstriche: »Herbol«-Fassadenfarbe · »Diwagolan-Trockenporös« · »Amphibolin« · »Zellaplan« (und viele gleichartige andere).

Wo anwenden? Hier spielt der Preis eine Rolle. Die Ergiebigkeit pro kg beträgt etwa 3 bis 4 qm. Der Anstrich ist teuer. Man wird ihn anwenden bei besonderen Ansprüchen an die Haltbarkeit, insbesondere in Fluren, Treppenhäusern, für Sockel, für die Küche, für das Kinderzimmer.

Die Strapazierfähigkeit wird noch vergrößert, wenn man die Wandfläche nach beendetem Anstrich noch einmal zusätzlich mit einem speziellen Bindemittelkonzentrat (Herbol PT, Capaplex) überzieht. Man darf sich dabei durch das mil-

chige Aussehen des Bindemittels nicht irritieren lassen; es trocknet völlig klar, durchsichtig und ohne jeden Rückstand auf. Die Fläche erhält durch diesen Überzug einen seidenmatten Glanz.

Verarbeitung Der Untergrund muß fest, sauber und lufttrocken sein. Im einzelnen:

Putz: lose Teile abstoßen, wasserlösliche Anstriche sorgfältig abwaschen · abstaubende Kalkfarben abbürsten · alte Lackfarbenanstriche mit Lauge oder Salmiakgeist aufrauhen · frischen Putz und ausgebesserte Stellen isolieren (S. 37 f.) und mit Wasser nachwaschen. Wie beim Holzuntergrund können wir bei Putz, der mit Dispersionsfarbe gestrichen werden soll, auf ganz verschiedene Gegebenheiten treffen:

Bei neuem und festem, wenig saugendem Putz genügt eine Grundierung mit verdünnter Anstrichfarbe; je nach Saugfähigkeit der Wand sind der Farbe 2 bis 5 Raumteile Wasser beizugeben.

Putzuntergrund mit altem Kalkfarbenanstrich ist besonders bei dem heute meist verwendeten Kalk gewöhnlich unzuverlässig. Hier soll der Untergrund erst gefestigt werden, am besten mit »Tiefgrund«, einem tief eindringenden Mittel; nicht mit dem früher üblichen Halböl.

Weist bei Fassaden der Putz Risse auf, müssen diese zuerst überbrückt werden. Das ist möglich mit fertig käuflichen Armierungsfarben; hier sind der Farbe feine Kunststoffharze (Perlon, Nylon) zugesetzt, die beim Trockenprozeß zu einer elastischen, fest zusammenhaltenden Schicht verkleben. Ebenso geeignet ist mit Kunststoffen gebundenes Glasfaservlies. Es gleicht einer Tapete, ist 1 m breit und nur 0,3 mm dick und wird in Rollen meist zu 50 m geliefert. Der Untergrund wird vorher abgebürstet, von losen Sand- und Staubteilchen gesäubert. Um ihn zu festigen, wird er mit einem tiefwirkenden Grundiermittel (Tiefgrund) grundiert. Jetzt entweder die Armierungsfarben zweimal satt auftragen oder wie folgt weiter verfahren: Nach gutem Trocknen der Grundierung wird die Einbettungsfarbe aufgestrichen – am besten nimmt man fein pigmentierte Dispersionspasten (Streichputz), die die Fähigkeit haben, das Glasfaservlies zu durchdringen – denn dieses wird nun in Bahnen in diese Einbettungsfarbe hineingeklebt. Das Eindrücken in die nasse Farbschicht geschieht am besten mit einer Gumminoppenwalze. Die Bahnen werden überlappt, die Überlappung wird dann in der Mitte aufgeschnitten, so daß man glatt aneinanderstoßende Bahnen hat. Die Farbe durchdringt das Vlies, es kommt zu einer innigen Verbindung zwischen Untergrund, Einbettungsfarbe und Vlies. Auf die gut getrocknete Vliesschicht kommen ein oder zwei Dispersionsfarbenanstriche.

Holz: Imprägnieren · Grundieren mit Halböl (1 Teil Firnis · 1 Teil Terpentinersatz).

Eisen: Entrosten und reinigen · ein bis zwei Voranstriche mit Mennige (S. 50).

Nichtrostende Metalle (z.B. Zinkblech): keine Grundierung, aber Zink und Aluminium absäuern oder mit Wash-Primer (S. 50) vorstreichen, dann Deckanstrich.

Werkzeuge Wir brauchen die gleichen Bürsten, Flächenstreicher, Lammfellroller und Pinsel, wie sie beim Leimfarbenanstrich beschrieben sind (S. 28 f.).
Pinsel, Bürsten, Lammfellroller während der Arbeitspausen ins Wasser legen, nach beendeter Arbeit sofort in Seifen-, Soda- oder Imi-Lauge auswaschen.

11 Der Wasserglasanstrich

Eignung Als Untergrund für diesen Anstrich eignen sich: ungestrichener Kalk- oder Zementputz · ungehobeltes Holz · Eternitplatten · Glas · Kacheln · Pappe · Papier · Gewebe.
Seine größte Bedeutung hat der Wasserglasanstrich als wetterfester Fassadenanstrich auf ungestrichenem Putz oder Stein, ferner als Flammschutzanstrich bei Untergründen aus Holz (Dachstühle), Pappe, Papier, Stoff (Dekorationen). Nicht geeignet sind: Gipsputz sowie alte Anstriche mit Kalk-, Leim-, Binder- und Dispersionsfarben.

Wasserglas als Bindemittel Wasserglas verträgt sich nicht mit jeder Körperfarbe. Für den Fassadenanstrich – für den dieser nicht ganz einfach auszuführende Anstrich hier hauptsächlich empfohlen sei – bestellt man Körperfarbe und Binde-

mittel als Spezialfabrikat am besten zusammen bei einer Herstellerfirma: »Keim's Mineralfarbe«, Industriewerk Lohwald bei Augsburg · »Beeck's Silikatfarbe«, Aurel Behr GmbH Krefeld. Die Preise für die Körperfarben sind je nach Farbton sehr unterschiedlich.

Verarbeitung Nach Anweisung der Herstellerfirma. Es sind stets zwei Anstriche erforderlich. Wasserglasfarben trocknen stumpf, matt auf. Farbe mit kurzer Bürste dünn auftragen und gut verstreichen. Fenster und Flächen, die mit Ölfarbe oder Lack gestrichen sind, gut mit Papier schützen. Trockene Farbspritzer sind sehr schwer zu entfernen; Glas wird geätzt.

Werkzeug Wie bei Leimfarbe (S. 28). Jedoch kurze, schon etwas abgestrichene Bürste verwenden.

12 Anstriche mit Öl- oder Kunstharzfarben · Allgemeines

Die Verwendung von Ölfarben für Anstrichzwecke spielt eine immer geringere Rolle. Zwar sind sie als in Öl angeriebene Farbpasten – weiß oder farbig – ebenso wie das Standöl (S. 44) noch im Handel, werden aber immer seltener benutzt; hauptsächlich wohl wegen einer gewissen Umständlichkeit bei der Zubereitung dieser Farben aus mehreren Komponenten – Paste, Öl, Sikkativ, Verdünnungsmittel, evtl. auch noch Abtönen – sowie wegen ihrer längeren Trockzeit gegenüber den Kunstharzfarben.

Der Heimwerker wird für den jeweiligen Zweck farbig abgepaßte Farben und Lacke bevorzugen.
In einer Hinsicht behalten die Ölfarben ihre Bedeutung: für das Renovieren von alten Anstrichen, deren Untergrund aus Ölfarbe besteht. Die Elastizität des Untergrundes verlangt hier von allen später daraufgebrachten Schichten dieselbe Eigenschaft. Sprödere Anstriche auf elastischen Untergründen neigen fast stets zum Reißen.

44 Anstrich und Dekoration

Es gibt allerdings auch Kunstharzfarben, die dieser Forderung Rechnung tragen, indem sie größeren Anteil von Öl enthalten. Der Fachmann nennt sie langölige Kunstharzfarben.

Fertige Farben Vorstrichfarben und Lackfarben in fertigem Zustand kann man heute für praktisch jeden Zweck beim Fachhändler kaufen. Wichtig ist, beim Einkauf genau anzugeben, welchem Zweck die Farbe dienen soll. Vor allem ist zu unterscheiden zwischen Innenanstrichen (Türen, Möbel, Fußböden, Sockel) und Außenanstrichen. Bitte beachten Sie, daß bei Fenstern auch die Innenseite als Außenanstrich zu behandeln ist.

Manche weißen Körperfarben eignen sich nur für Innen-, andere nur für Außenverwendung; vor allem aber enthalten Außenfarben bzw. Außenlacke wesentlich höhere Anteile an Fetten, Ölen oder anderen Stoffen, die das Verspröden verhindern.

Wer mit fertigen Farben arbeitet, aber Farbnuancen selbst abtönen möchte, erhält Abtönfarben in kleinen Mengen (Tuben, Plastikbeutel) beim Händler.

Harttrockenöle Harttrockenöle sind eine besondere Art Trockenmittel. Sie bewirken eine sehr schnelle Trocknung und Durchhärtung des Anstrichfilms. Man kann sie in unbeschränktem Maße den Anstrichfarben zusetzen.

Standöl als Zusatzmittel Standöl, ein durch Kochen eingedicktes Leinöl, verwendet man als Zusatzmittel bei Außenanstrichen mit Ölfarben. Der Anstrich wird dadurch wetterbeständiger und erhält eine glänzende Oberfläche. Bei Anstrichen auf Holz setzt man etwa 10 v. H. Standöl zu, auf Metall 15. v. H.

13 Anstriche auf Holz mit Ölfarben oder Kunstharzfarben

Holz schwindet beim Trocknen; es quillt, wenn es Wasser aufnimmt. Völlig ausgetrocknetes Holz findet man heute kaum. Enthält es aber mehr als 15 v. H. Wasser, so sind Öl- oder Lackanstriche nicht haltbar. Die Feuchtigkeit dringt an Rissen oder in Form von Wasserblasen aus dem Holz. Feuchtigkeitsprüfer sind im Handel erhältlich.

Harz ist eine besondere Gefahrenquelle, vor allem bei Nadelhölzern. Harz, mit Ölfarbe vermengt, hebt die Bindung des Anstrichs mit dem Untergrund auf. Auch harzige Äste schlagen als Flecken durch Ölfarbenanstrich, wenn sie nicht isoliert werden (S. 37).

Vorbedingung eines guten Anstrichs ist stets, daß der Holzuntergrund frei ist von Staub, Schmutz, Fett, Schmiere, Farbspritzern. Das Holz ist vor dem Streichen leicht mit Glaspapier zu überschleifen und sauber abzustauben.

Krankes Holz (vgl. S. 91) kann nur gestrichen werden, wenn es ausgetrocknet ist und die Krankheitserreger durch Imprägnierung beseitigt sind. Das aus dünnen Holzschichten zusammengesetzte Sperrholz ist ein guter Anstrichträger, weil es weniger »arbeitet«, d. h. schwindet, reißt und quillt. Ebenso Spanholz. Mehr über die allgemeinen Eigenschaften des Holzes auf S. 89 ff.

Holzteile sollten vor Transporten, z. B. zur Baustelle, grundiert werden: insbesondere auch Sperrholz – vor allem an den Kanten, durch die Feuchtigkeit eindringen kann.

Ölfarbe oder Kunstharzfarbe?

Stand früher für wetterbeständige Anstriche auf Holz (auch auf Metall und Putz) die Ölfarbe im Vordergrund, so ist ihr heute ein ernsthafter, ja überlegener Konkurrent erwachsen: die Anstrichwerkstoffe auf Kunstharzbasis. Sie zeichnen sich durch schnelles Härten und Trocknen, hohe Wetterbeständigkeit (kein Quellen bei Feuchtigkeit), hohe Haftfähigkeit und Elastizität aus, sind allerdings teurer als Ölfarben. Der Fachhandel führt bis auf weiteres beides, bietet aber in erster Linie Kunstharzfarben an.

Warum müssen wir uns in dieser Situation mit Ölfarben noch befassen? Weil wir in unseren Häusern viele alte Ölfarbanstriche haben! Bitte beachten Sie: Es handelt sich um zwei verschiedene Anstrichsysteme; jedes für sich führt zu guten Ergebnissen (z. B. haben Öllacke heute ebenfalls ganz kurze Trockenzeiten) – aber die Vermischung beider Systeme führt oft zu Anstrichschäden. Vor allem sollten Ölfarbanstriche nicht mit Kunstharzfarbe überstrichen werden. Die Ölfarbe wird aufgelöst oder der Anstrich beginnt nach kurzer Zeit zu reißen.

Haben Sie also einen neuen Holzuntergrund vor sich, so sollten Sie Kunstharzfarben wählen – es sei denn, Sie nehmen Ölfarbe wegen des geringeren Preises. Ist das Holz frisch und hat deshalb starken Feuchtigkeitsgehalt, unbedingt Kunstharzfarbe nehmen! Ist ein alter Ölfarbanstrich vorhanden, lieber nicht mit Kunstharzfarbe oder -lack darübergehen, sondern wiederum Ölfarbe bzw. Öllack verwenden. Nur Anstriche, die 1 bis 2 Jahre alt und einwandfrei fest und hart sind, kann man mit sogenannten Kombinationslacken überstreichen; das sind Lacke, die Kunstharzlakken ähnlich sind, aber große Ölanteile enthalten.

Vorbereitende Arbeiten

Die Vorarbeiten sind für Öl- und Kunstharzanstriche gleich.

An Vorarbeiten auf neuem Holz kommen in Betracht: Imprägnieren, Isolieren, Verkitten, Grundieren, Spachteln. Auf bereits gestrichenem Holz: Aufrauhen mit Glaspapier, Abbrennen, Abbeizen. Schließlich kommt als Zwischen- und Nachbehandlung das Schleifen hinzu.

Bitte vergleichen Sie zu diesem Abschnitt das über die Holzoberfläche Gesagte, S. 138 ff.

Abstauben Jede Fläche, die einen Anstrich erhalten soll, muß vorher abgekehrt werden. Ecken und Winkel werden nur ausgeblasen. Vor einem Lackanstrich sollte man die Fläche zusätzlich mit der flachen Hand oder mit einem besonders präparierten (klebenden) Tuch überwischen, das den Staub bindet.

Imprägnieren Neues Holz, das im Freien Verwendung findet, soll vor dem Anstrich zum Schutz gegen Pilz- und Insektenbefall mit einem Holzschutzmittel imprägniert werden (vgl. S. 139). Die Imprägnierung kann der einzige Anstrich bleiben, wenn sie regelmäßig (jährlich) erneuert wird. Man spricht in solchen Fällen von »offenporigem« Anstrich. Reine Imprägniermittel können nicht ohne weiteres als Grundlage für einen folgenden Anstrich dienen. Einfache hergebrachte Mittel wie Karbolineum besitzen sogar die unangenehmen Eigenschaften, daß sie durch darauffolgende Anstriche durchschlagen (durchbluten). Soll ein Anstrich folgen, müssen Sie ein Schutzmittel wählen, das entweder als Grundierung für Ölanstrich oder (vermöge eines Kunstharzanteils) als Grundierung für Kunstharzanstriche geeignet ist.

Isolieren Harzige Stellen und Äste können die Haftung und das Aussehen des späteren Anstrichs beeinträchtigen. Man entfernt das Harz mit Terpentin und isoliert die Stellen durch Überstreichen mit Schellack.

Größere Harzansammlungen (Harzgallen) werden mit der Spachtel ausgestochen oder mit einem glühenden Eisen ausgebrannt, die Löcher sodann verkittet.

Verkitten Risse und Löcher, z. B. von Nägeln und Schrauben, werden mit Kitt ausgefüllt. Der gebräuchlichste Kitt ist der Ölkitt, bestehend aus Kreide und Leinölfirnis. Es ist derselbe Kitt, der auch zum Einglasen von Fenstern dient, S. 190.

Andere Arten von Kitt sind:

Kopal-Spachtelkitt: für alle Arbeiten mit Kunstharzfarben.

Flüssiges Holz: ein Kitt, der als Füllmaterial pulverisiertes Holz enthält. Dient gleichfalls zum Ausbessern von Holz. In Farbtönen jeder Holzart lieferbar.

Spachtelkitt: siehe unten.

Bewährt für Innenarbeiten hat sich das Fabrikat »Moltofill«, ein Pulver, das wie Gips anzurühren ist (vgl. S. 38) und eine gute Haftfähigkeit und Elastizität aufweist.

Grundieren Als Grundierung, d. h. als Voranstrich, der den Untergrund tränkt und eine Grundbindung herbeiführt, kommt außer einem Holzschutzmittel Grundierfarbe in Betracht, wie sie bei den folgenden Einzelanweisungen beschrieben ist.

Spachteln Spachteln ist das Ebnen und Glätten von Anstrichflächen durch Auftrag von Spachtelmasse. Jeder Autofahrer weiß, daß kleinere Blechschäden an der Karosserie, wie sie ein sanfter Zusammenstoß verursacht, zuerst gespachtelt werden, bevor sie neu lackiert (gespritzt) werden können. In entsprechender Weise werden Holzflächen durch Spachtelmasse geglättet. Spachtelkitt kann man fertig kaufen. Das Spachteln ist jedoch eine schwierige Arbeit, die viel Übung und Erfahrung verlangt.

Der Ungeübte kann versuchen, eine Fläche durch mehrmaliges dünnes Überziehen mit Spachtelkitt zu glätten. Sehr praktisch sind Zweikomponenten-Zieh-Spachtelkitte: Man kann mit ihnen auch etwas größere und tiefere Schäden auf Holz und Metall ausbessern. Der Untergrund muß fest, sauber und nötigenfalls etwas aufgerauht sein. Man mischt den Kitt nach Vorschrift des Herstellers mit einer kleinen Menge Härter; die Mischung bleibt je nach Härter-Anteil etwa 4 bis

46 Anstrich und Dekoration

6 Minuten verarbeitbar. Man kann bis 1 oder 2 cm dick auftragen. Der gut trockene Kitt kann sowohl nachgespachtelt wie geschliffen wie sofort überstrichen werden.

Aufrauhen Alte Öl- und Lackanstriche, die noch gut erhalten, d. h. nicht verwittert und frei von stärkeren Rissen sind, brauchen vor einem neuen Anstrich nicht entfernt zu werden. Es genügt, sie aufzurauhen. Das geschieht entweder durch Schleifen mit Glaspapier oder durch Abwaschen mit Salmiakgeistwasser 1:8 (1 Teil Salmiakgeist auf 8 Teile Wasser).

Abbrennen Alte, stark verwitterte und gerissene Anstriche müssen entfernt werden. Das kann man durch Abbrennen mit einer Lötlampe (S. 324) machen, sofern es sich um große glatte Flächen handelt. Man erweicht die Farbe mit der Flamme und kann sie dann mit einer Spachtel abheben oder abschieben. Das Holz darf dabei nicht verbrannt werden. Die Flächen werden anschließend mit Glaspapier sauber geschliffen, dann beginnt das Grundieren. In Innenräumen ist dieses Verfahren kaum zu empfehlen, weil die erweichte oder brennende Farbschicht einen üblen Geruch entwickelt. Beim Abbrennen von Fensterrahmen besteht die Gefahr, daß die Scheiben unter der Wärmeeinwirkung platzen, wenn man sie nicht durch Asbeststücke schützt.

Abbeizen Um alte Anstriche von kleinen Flächen und von unterteilten (profilierten) Flächen zu entfernen, ebenso etwa beim Abbrennen verbleibender Reste, bedient man sich eines Abbeizmittels. Zwei Arten sind zu unterscheiden : »lösende« und »alkalische« Abbeizmittel.

Lösende Abbeizmittel Gebräuchliche Fabrikate sind Hedrafix, Viß, Blizin. Man muß ausdrücklich ein lösendes Abbeizmittel verlangen. Diese Mittel lösen praktisch alle in Betracht kommenden Anstriche, Öl- und Lackfarben, auch Nitro-, Kunstharz-, Chlorkautschuk- und Spirituslacke, neuerdings auch Dispersionsfarben und Kunststoffe. Lösende Abbeizmittel sind unbedingt angebracht zum Lösen von Lackierungen auf Naturholzflächen, auch auf furnierten. Alkalische sind dafür ungeeignet; sie färben Naturholz dunkel, das erforderliche Nachwaschen mit Wasser löst die Furnierschicht.

Lösende Abbeizmittel verarbeitet man aus der Originaldose oder einem sauberen Blechgefäß. Zum Auftragen benutzt man alte Borstenpinsel. Man streicht etwa einen halben Quadratmeter ein. Nach 5 Minuten folgt ein Zweitanstrich, bei

dem man unter starkem Reiben die bereits gelösten Anstrichteile bis zum Untergrund durchreibt. Dann läßt man die Fläche 10 Minuten stehen und schiebt mit einer sauberen Spachtel die gelöste Farbe ab. Stellen, die noch Widerstand leisten, werden sofort nochmals eingestrichen. Die Fläche soll nicht der Sonne ausgesetzt werden, weil das Lösungsmittel schnell verdunstet.

Anschließend werden die Flächen mit einem alten Pinsel und Trichloräthylen – oder Terpentinersatz – nachgereinigt. Sonst bedarf es keiner Nachbehandlung. Die gereinigten Flächen können nach gutem Trocknen (am besten über Nacht) grundiert, gestrichen oder lackiert werden.

Alkalische Abbeizmittel Geläufige Fabrikate sind »Abbeizsalbe mit der Krähe« ·»Seifenstein«· »Greifenbeize« oder hochprozentiger Salmiakgeist. Diese Mittel sind billiger als lösende. Sie beseitigen Ölfarben und Öllacke, wirken aber schlecht bis gar nicht auf Nitro-, Kunstharz-, Chlorkautschuk- und Spirituslacke.

Die Fläche wird satt eingestrichen, hier nicht Pinsel mit (Natur-, Perlon-, Nylon-) Borsten verwenden (werden zerstört), sondern Fiberpinsel (Wurzelhaare). Die Bestandteile des Beizmittels – meist Ätznatron oder Ätzkali – verseifen den Anstrich. Sobald die Verseifung einsetzt, reibt man mit dem Pinsel kräftig durch. Die zu bearbeitende Fläche waagerecht lagern. Den gelösten Anstrich schiebt man mit der Spachtel ab. Widerspenstige Stellen werden nochmals behandelt. Unmittelbar darauf muß kräftig mit verdünntem Essig nachgewaschen werden.

Naturholz, das entgegen dem oben gegebenen Ratschlag mit alkalischem Abbeizmittel behandelt wurde und dadurch dunkel geworden ist, kann man wieder aufhellen, wenn man es mit verdünnter Oxalsäure überstreicht – 40 bis 50 g Oxalsäure (giftig) auf 1 Liter Wasser. Die Säurelösung darf nicht antrocknen; nochmals ausgiebig mit Wasser nachwaschen.

Schleifen Schleifen mit Schleifpapier dient zunächst zum Glätten rauher und zum Säubern staubiger oder schmutziger Holzflächen, S. 138 f. Auch jeder trockene Anstrich wird vor dem Auftragen des nächsten geschliffen. Je früher der Anstrich, desto gröber das Schleifpapier. Das heißt: Ist die Fläche erst grundiert und soll gestrichen werden, nimmt man grobkörniges Schleifpapier. Eine bereits gestrichene oder vorlackierte Fläche, die die letzte Lackierung bekommen soll, ist mit feinstem Schleifpapier zu bearbeiten. Auch hier bedient man sich vorteilhaft eines Schleifklotzes aus Holz (nicht Hartholz), Kork oder Gummi, um dessen Unterseite das Papier gespannt wird. Vorsicht bei Ecken und Kanten, man schleift sie leicht ab oder durch. Immer in der Strichrichtung schleifen! Besonders schöne glatte Flächen erzielt man mit nassem Schliff. Dazu braucht man wasserfestes Schleifpapier. Die zu schleifende Fläche wird mit einem Schwamm befeuchtet, dann unter mäßiger Feuchtigkeit in der Strichrichtung des Anstrichs geschliffen. Der Schleifschlamm wird am Schluß mit Schwamm und Wasser entfernt.

Für alle Schleifarbeiten eignen sich auch elektrische Heimwerkermaschinen mit entsprechendem Zusatzgerät, besonders für große Flächen. Das Schleifpapier wird über den vibrierenden Teil des Geräts gespannt.

Gebeiztes Holz Soll gebeiztes Holz einen Anstrich erhalten, so muß man es vorbehandeln. Flächen, die nur mit einem Überzug aus ölfreiem Bindemittel (Tuffmatt, Kellergrund, Schellack) versehen sind, brauchen nur mit Schleifpapier angerauht zu werden. Dagegen müssen mit Wachsbeize behandelte Hölzer mit lösenden Abbeizmitteln ganz abgebeizt werden. Nachwaschen mit einem schärferen Lösungsmittel (Nitroverdünnung) ist empfehlenswert.

Arbeitsgänge

Die Arbeitsgänge für Öl- und für Kunstharzanstriche unterscheiden sich im wesentlichen nicht. Für beide Anstricharten gilt: Damit der fertige Anstrich möglichst glatt und streifenlos erscheint, muß die Farbe gleichmäßig verteilt sein. Diese gleichmäßige Verteilung nennt man Verschlichten. Man beginnt mit dem Farbauftrag stets oben links. Kleinere Flächen arbeitet man, wenn sie ganz bedeckt sind, noch einmal waagrecht und senkrecht durch. Größere Flächen werden stückweise sofort fertig gestrichen.

Kunstharzanstrich (neues Holz) Untergrund säubern. Harzstellen isolieren. Bei Außenobjekten erst mit einem fungiziden (d.h. pilztötenden) Holzschutzgrund vorstreichen. Bei Innenobjekten aus Sperrholz, Preßspanplatten u.ä. ist keine Imprägnierung erforderlich; lediglich Vollhölzer (also Holz direkt vom Stamm) sollten auch hier imprägniert werden. Nach dem Trocknen ein Voranstrich, und zwar außen mit Ventilationsgrund

(dieser Anstrich ist porös, er läßt feuchtes Holz austrocknen, jedoch keine neue Feuchtigkeit eindringen); innen mit Kunstharz-Vorlack. Dann Deckanstrich mit Fenstergrund, auch Ventilationsgrund genannt (außen) oder Kunstharzfarbe (innen); nach Schleifen mit feinem Glaspapier abschließend lackieren mit ölreichem Alkydharzlack (außen) bzw. Kunstharzlack (innen). Man kann auch für den ganzen Anstrichaufbau nur Kunstharzlack verwenden (also Lack auf Lack).

Kombinationslack (auf altem Anstrich) Alten Anstrich, wenn schlecht, abbeizen oder abbrennen; sonst aufrauhen, d.h. mit Salmiakwasser reinigen und mit feinem Glaspapier anschleifen. Kleinere Schäden erst mit Lack vorbessern; trocknen lassen. Für den neuen Anstrich Kombinationslack verwenden.

Naturholzlackierung (Lasieren) Sollen Türen, Fensterläden u.ä. aus Naturholz ohne Deckanstrich bleiben, erhalten sie eine schützende Lackierung mit Luftlack (d.h. wetterfestem Überzugslack). Ölhaltige Lacke lassen häufig das Holz etwas dunkler erscheinen. Nach der vorher erwähnten Imprägnierung erfolgt das Auftragen des Lacks in 3 Arbeitsgängen: Grundieren mit Lack, der mit 10% Testbenzin verdünnt wurde; Vorlackierung und Schlußlackierung mit unverdünntem Lack. Zwischen den Anstrichen den vorhergehenden anschleifen. Grobporiges Holz wie z.B. Eiche kann man, um eine glatte, porenfreie Oberfläche zu erzielen, statt des Lackauftrags mit einer transparenten Spachtelschicht überziehen. Das Auftragen muß zweimal geschehen, auch hier ist der erste Auftrag nach dem Trocknen zu schleifen.

Das Lackieren exotischer Hölzer ist für den Laien problematisch.

Solche Hölzer werden, obwohl nicht wetterbeständig, heute nicht selten auch außen an Häusern verwendet. Streicht man sie zum Schutz einfach mit Klarlack, so besteht die Gefahr, daß im Holz enthaltene Stoffe (Wachse, Öle), besonders bei Sonnenbestrahlung, den Anstrich wegdrücken. Bewährt hat sich bisher am besten eine Grundierung mit 10% verdünntem DD-Lack (S. 54 f.). Auf dieser kann – nach Aufrauhen – mit Kunstharzlacken weitergearbeitet werden.

In Innenräumen ist die Gefahr geringer; sie besteht aber auch hier, wenn das Holz (auch Furnier) längerer Sonnenstrahlung ausgesetzt wird. In diesem Fall ist die oben empfohlene Behandlung ebenfalls zweckmäßig.

14 Anstriche für Fußböden

Für Holzfußböden kommen 3 Anstricharten in Betracht:
Sehr gute Böden (Eiche, Parkett): Versiegeln
Gute Böden (gutes Fichten- oder Föhrenholz): Lasur
Einfache Weichholzböden (Fichte): Farbanstrich

Das Versiegeln

Immer mehr geht man heute dazu über, Holzböden nicht mit farbigem oder farblosem Lack zu überstreichen, sondern zu versiegeln. Eine sorgfältige Versiegelung schützt Dielen und Parkett vor dem Eindringen von Feuchtigkeit und Schmutz und erleichtert die Pflege. Ein versiegelter Boden behält für Jahre sein ursprüngliches Aussehen.
Man unterscheidet 2 Arten der Versiegelung:
Versiegelung mit Imprägnier- oder Tiefensiegel
1. Parkett bzw. Dielung schleifen und den Schleifstaub entfernen.
2. Versiegelungsmittel mit dem Flächenstreicher (S. 28) zügig streichen.
3. Nach der Trocknungszeit (meist ein Tag) Wiederholung dieses Anstrichs.
4. Nach dem Trocknen gleichmäßiges, festes Schleifen des Bodens mit feiner Stahlwolle.
5. Bohnern.
Versiegelung mit DD-Reaktionsversiegler Über den hier benötigten DD-Lack ist im Abschnitt »Chemisch härtende Lacke« (S. 54 f.) das Erforderliche gesagt. Die Arbeitsgänge sind die gleichen wie oben beschrieben.

Versiegelter Parkettboden

Pflege Die Versieglung erfüllt ihren Zweck nur, wenn sie sorgfältig ausgeführt wird. Bedenken Sie, daß sie im handwerklichen Bereich gewöhnlich von Spezialfirmen durchgeführt wird! Die Versieglung erfordert mehrere Tage; während dieser Zeit können in den betreffenden Räumen andere Arbeiten nicht ausgeführt werden. Verderblich ist es, wenn wegen Zeitmangels das Schleifen vernachlässigt oder ganz ausgelassen wird. Der Boden soll matt geschliffen sein; lassen Sie sich nicht verleiten, eine glänzende Beschichtung anzustreben! Regelmäßiges Pflegen mit Hartwachs.

Lasieren von Holzböden

Lasieren erhält einem Holzboden die sichtbare Holzstruktur, überzieht die Fläche nur mit einer leicht getönten, aber durchsichtig bleibenden Schicht. Lasieren kann man nur neue Holzböden, die sauber sind und schön im Holz, wobei Äste weniger stören als stockiges oder mit Blaufäule befallenes Holz.
Vorausgehen soll eine Grundierung ohne Zusatz von Pigmenten: für Öllacke mit Leinölfirnis, für Kunstharzlacke mit Kunstharz-Grundieröl. Ist die Grundierung dann trocken, folgt die Lasur. Dabei kann man dem etwa 10% verdünnten Klarlack etwas Körperfarbe zusetzen: Terra di Siena natur für gelbliche, Terra di Siena gebrannt für rötliche Töne; beide Farben sollten durch etwas Umbra natur oder auch Schwarz ein wenig stumpfer gemacht werden. Die Trockenfarbe ist zunächst in kleiner Menge dick in Lack anzurühren, dann vorsichtig dem Lasurlack zuzusetzen – vorsichtig, um Farbton und

erwünschten Dunkelgrad der Lasur zu treffen. Lasuren stets hell, leicht halten.

Lasuren müssen schön gleichmäßig, am besten mit einem breiten Flächenstreicher (S. 28) aufgetragen werden. Es sollen keine Ansätze sichtbar sein.

Nach dem Trocknen mit klarem Lack ohne Farbzusatz nochmals lackieren. Das beste Ergebnis erzielen Sie, wenn Sie nach jedem Arbeitsgang die Fläche schleifen und sauber abkehren.

Farbige Anstriche für Holzböden

Auch bei alten bereits gestrichenen Böden gilt dieses Rezept. Wichtig ist die vorausgehende Säuberung des alten Anstrichs von allen Wachsaufträgen mit Hilfe einer scharfen Sodalauge. Das Vorbereiten neuer Böden entspricht den Vorarbeiten bei allen Holzuntergründen: Harzgallen ausstechen oder ausbrennen, andere harzige Stellen und Äste mit Schellack als Isoliermittel überstreichen. Fläche tadellos säubern.

Farben Grundier-, Deck- und Lackfarben können fertig beim Farbhändler eingekauft werden.

Auskitten Erst nach dem Grundieren werden Löcher und Fugen ausgekittet – mit Leinölkitt, den man fertig erwirbt (beim Glaser) oder selbst bereitet aus Kreide und Leinölfirnis. Spachtelkitt und Gips eignen sich nicht.

Schleifen Nach gründlichem Durchtrocknen wird der Boden mit einem gröberen Glaspapier (Nr. 3) geschliffen und sauber abgekehrt.

Deckanstriche Es folgt der erste, nach 1 bis 2 Tagen der zweite Deckanstrich.

Trocknen und Schleifen Jeder dieser Anstriche braucht 1 bis 2 Tage Zeit zum Durchtrocknen. Nur auf ganz trockenem Voranstrich kann weitergestrichen werden.

Nach jedem Anstrich wird der Boden sauber geschliffen und abgekehrt.

Lackierung Auf den gut durchgetrockneten letzten Deckanstrich folgt die Lackierung, und zwar mit farbigem Lack im Ton des Anstrichs.

15 Ölähnliche Anstriche auf Putz

Auch für Anstriche auf Putzuntergründen spielen die Ölfarben nur noch eine geringe Rolle. Sie werden verdrängt durch moderne Anstrichfarben auf Kunstharzbasis.

Zwei Arten sind zu unterscheiden: Pliolite-Farben und Akrylharz-Farben. Die Pliolite-Farben, in Lösungsmitteln gelöste Kunstharze, besitzen eine Pigmentierung, die ein weitgehendes Atmen des Putzes zuläßt. Diese Farben sind unbedingt alkalibeständig, also auch auf Kalk- und Zementuntergründen zu verwenden. Sie dürfen allerdings nicht bei Temperaturen unter dem Gefrierpunkt verarbeitet werden.

Diesen Nachteil haben die Akrylharz-Farben nicht. Sie sind ebenfalls unbedingt alkalibeständig und können ohne Bedenken auch bei Temperaturen unter null Grad verarbeitet werden.

16 Anstriche auf Metall

Den Metallen ist ein eigener Teil in diesem Buch vorbehalten (S. 289ff.). Hier betrachten wir sie nur als Anstrichträger. Drei Metalle treten uns in der Praxis entgegen: Eisen · Zink · Aluminium.

Eisen Wie jeder weiß, rostet ungeschütztes Eisen schnell. Säuren und saure Gase begünstigen die Rostbildung. Eisen wird entrostet, von Öl und Fett gesäubert, dann vor dem eigentlichen Anstrich mit Mennige (s. S. 50) vorgestrichen.

Zink Zink finden wir als reines Zinkblech oder verzinktes Eisenblech. Reines Zinkblech wird viel verwendet für Wand- und Dachverkleidungen und für Dachrinnen. Zink wird durch die Einwirkungen von Luft und Wasser nur langsam verändert, es wird matt und rauh. Säurehaltige Luft und längere Einwirkung von Regenwasser zerstören es allmählich. Man streicht Zink und Zinkblech nach gründlichem Entfetten und Absäuern

50   Anstrich und Dekoration

entweder mit fetten Standöl- oder mit Dispersionsfarben.

Aluminium An Türen von Geschäftshäusern, Schaufenstern, in Treppenhäusern, Fahrstühlen usw. findet man häufig eloxiertes Aluminium. Das bedarf keines Anstrichs. Andere Legierungen und insbesondere poröse Aluminiumflächen müssen aber durch einen Anstrich geschützt werden. Man streicht sie nach Vorbehandlung – Absäuern und Entfetten – mit Kunstharzlack.

Vorbereitende Arbeiten

Entrosten (Eisen) Alle Eisenteile müssen vor Neuanstrichen entrostet werden. Dünne Rostflecke werden mit Petroleum entfernt. Drahtbürste, Schleifpapier, Spachtel eignen sich ebenfalls. Starke Rostschichten muß man nötigenfalls mit Hammer und Meißel abschlagen. Nach dem Entrosten soll die Fläche vor neuem Rost geschützt werden. Am besten gleich den Schutzanstrich mit Mennige folgen lassen. Ist das nicht möglich, kann man die Flächen zum Schutz, für kürzere Fristen, mit Leinölfirnis einreiben.

Absäuern · Aufrauhen (Zink · Aluminium) Neue Zinkbleche müssen vor einem Ölfarbenanstrich erst mit Waschbenzin oder Nitroverdünnung entfettet und dann abgesäuert werden. Man streicht sie mit verdünnter Salzsäure: 1 Teil Salzsäure · 8 Teile Wasser, läßt diesen Anstrich etwas einwirken und wäscht gründlich mit klarem Wasser nach. Das rauht die Oberfläche auf und gibt den folgenden Anstrichen besseren Halt. Aluminium wird vor Anstrichen in gleicher Weise angerauht.
Voranstrich mit Wash-Primer (siehe nächste Spalte) erspart das Absäuern.

Entfetten (Aluminium) Für das Gelingen von Anstrichen auf Aluminium ist außerdem Voraussetzung, daß Fettspuren von der Anstrichfläche durch Abwaschen entfernt werden mit einer fettlösenden Flüssigkeit: Testbenzin · Trichloräthylen · Penitrin.

Bleimennige (Eisen) Als Rostschutzfarbe für den Grundanstrich von Eisenuntergründen dient Bleimennige, ein orangeroter Farbstoff von guter Deckkraft. Die Ursache der rosthindernden Wirkung vermutet man darin, daß dieser Farbstoff in Verbindung mit Leinöl wasserabweisende Bleiseifen bildet. Bleimennige ist als Ölfarbmennige sowie auch schnelltrocknend als Kunstharzmennige erhältlich. Bleimennige ist als Bleifarbstoff giftig. Bei der Verarbeitung sind die Vorschriften des Bleimerkblattes (S. 30 f.) zu beachten.
Wegen seiner Schwere setzt sich Bleimennige bei längerem Stehen in angerührtem Zustand schnell ab. Man muß die Farbe jedesmal vor dem Gebrauch erneut aufrühren. Ein Bleimennigeanstrich braucht 5 bis 10 Tage zum vollkommenen Durchtrocknen. Folgt ein neuer Anstrich zu früh, hält er nicht. Achtung: Bleimennige allein ist nicht wetterbeständig. Es müssen mindestens 2 Anstriche mit wetterbeständiger Farbe (Öl, Standöl, Kunstharzfarbe) folgen!

Wash-Primer Dies ist ein universeller Untergrundanstrich mit sehr guter Haftfähigkeit für alle Arten von Metallen.
Ähnliche Eigenschaften haben die sogenannten Haftgründe. Diese Materialien werden auch als Zweikomponenten-Material geliefert. Grundfarbe und Zusatzlösung mischen im Verhältnis etwa 2:1; den fertig angerührten Grund 30 Minuten stehen lassen; dann binnen 48 Stunden verarbeiten. Also nicht zuviel auf einmal anmachen! Auf diese Grundierung läßt man, wenn sie trocken ist, einen Voranstrich (Kunstharz-Metallgrund rotbraun) und zwei Deckanstriche mit Kunstharzlack folgen.

Rostumwandler und Rost-Primer Leichte Rostbildungen (Flugrost), wie sie auf blanken Eisenuntergründen schnell entstehen, können mit Rostumwandlern oder Rost-Primern beseitigt werden. Für Arbeiten an schwer zugänglichen Stellen stellen sie eine wesentliche Arbeitserleichterung dar.
Rostumwandler werden vor dem Anstrich aufgetragen. Man läßt die dickflüssige Masse etwa 12 Stunden einwirken und wäscht dann mit Wasser nach. Das ist unbedingt nötig, weil überschüssige Rostumwandler aggressiv wirken können. Rost-Primer werden dagegen dem eigentlichen Schutzanstrich beigemengt; hier wird der Rost im Zuge des Farbauftrags und Trocknens umgewandelt.

Gartenmöbel (Eisenteile)

Diese Anweisung gilt auch für vergleichbare Teile aus Eisen, wie Balkongeländer u. ä. Gründlich entrosten. Zwei Voranstriche mit Kunstharz-Bleimennige oder Metallgrund rotbraun. Dann entweder Anstrich mit Kunstharzvorstreichfarbe und Lackieren mit Kunstharzlack oder zweimaliges Lackieren mit Kunstharzlack.

Anstriche auf Metall 51

Heizkörper, Rohre

Farbwahl Rohre und Heizkörper sollen nicht Aufmerksamkeit auf sich lenken, sondern zurücktreten. Ich empfehle:
entweder Anstrich in gebrochenem Weiß (Weiß mit Buntzusatz). Paßt zu fast allen Wandtönen.
Vorteil: Braucht nicht erneuert zu werden, wenn die Wand neu gestrichen wird;
oder Anstrich im Ton der Wand, aber keinesfalls dunkler als diese;
oder Anstrich in Schwarz, wenn ein Heizkörper ringsherum verkleidet ist und sich unter dem Fenster befindet. Er tritt dann überhaupt nicht in Erscheinung;
nicht dagegen Anstrich in Aluminiumbronze; das sieht kalt und kitschig aus.
Geeignete Körperfarben Es ist empfehlenswert, fertige Heizkörperfarben und Heizkörperlacke zu verwenden. Die im Handel erhältlichen sind meist weiß. Sollen dunkle Farbtöne erreicht werden, eignen sich am besten die in vielen Farbtönen erhältlichen Kunstharzlacke (S. 53 ff.).
Vorarbeiten Heizkörper und Rohre müssen vor einem Anstrich gründlich mit Spachtel und Drahtbürste gereinigt werden. Sie müssen frei sein von Fett, Rost, Farb- und Putzspritzern.
Ein vorhandener, gut erhaltener Anstrich kann wieder überstrichen werden. Neue Heizkörper werden vielfach von den Herstellern mit einem Rostschutzanstrich versehen, damit sie nicht während des Transports und des Einbaus rosten. Nicht jeder derartige Schutzanstrich eignet sich als Anstrichuntergrund. Um die Eignung zu prüfen, macht man mit der Spitze des Taschenmessers einen Gitterschnitt (auf 1 cm² Fläche 10 senkrechte und quer darüber 10 waagerechte Schnitte, also je 1 mm Abstand) in die Farbschicht. Platzt sie an der Schnittstelle zackig aus, so muß die Schicht entfernt werden, weil sie später mit dem Neuanstrich abplatzen würde.

Ofenrohre

Auch Heizkörperfarben halten nicht die Temperaturen aus, die an der Oberfläche eines Ofenrohrs entstehen. So sehr man wünschen mag, Ofenrohre hell im Wandton zu streichen – aus praktischen Gründen ist das unzweckmäßig. Am besten ist ein Anstrich mit Graphit, den man anschließend mit einer Bürste blankbürstet, oder gute Aluminiumbronze. Nur weiß emaillierte Ofenrohre sind hitzebeständig.

Fahrräder

Die starke Beanspruchung des Fahrradrahmens durch Stoß und Kratzer verlangt eine sehr gute Haftung des Anstrichs. Der alte Anstrich ist nach Möglichkeit zu entfernen – Drahtbürste – sehr gut haftende Lackflächen werden an den Rändern der abgestoßenen Stellen glattgeschliffen. Es folgt ein Anstrich mit Haftgrund (ein fertig käufliches Grundiermittel, das Anstrichen auf Metallgrund eine besonders gute Haftung verleiht). Er ist nach dem Trocknen sorgfältig mit feinem Glaspapier zu schleifen.
Den Abschluß bilden zwei Anstriche mit Schlagfestlack. Es gibt Markenfabrikate (»Ducolux« · »Glassomax« · »Herbol« schlagfest) in allen Farbtönen, die man sich wünschen kann.

---

17 Von der Kunst des Lackierens

Allgemeines

Vorbereiten des Untergrundes Flächen, die lakkiert werden sollen, müssen eben und glatt sein. Dazu werden sie mit Glaspapier sorgfältig abgeschliffen (Naturholzflächen in Faserrichtung); die Kanten vorsichtig behandeln (S. 138 f.). Danach wird die Fläche abgekehrt, mit feuchtem Leder abgeledert, Ecken werden ausgeblasen. Geht man zur Kontrolle mit der flachen Hand über die Fläche, so spürt man auch noch Staubteilchen, die das Auge kaum wahrnimmt.
Vorbereiten des Lacks Kälte behindert das einwandfreie Verlaufen des Lacks. Die Rillen, die die Pinselborsten hinterlassen, verschwinden dann nicht ganz. Die Fläche soll aber spiegelglatt werden. Der Arbeitsraum beim Lackieren soll deshalb mäßig erwärmt sein, bei starker Kälte

52 Anstrich und Dekoration

soll man auch den Lack im Wasserbad leicht anwärmen. Ist Lack infolge längeren Stehens durch Häute verunreinigt, wird er mit einem Farbsieb (S. 26) oder sehr feinem Gewebe (Damenstrümpfe) durchgesiebt.

Pinsel Gute Pinselqualität ist Voraussetzung des Gelingens. Am besten reserviert man einige Pinsel ausschließlich für Lackierungen und bewahrt sie gesondert auf (hängend in Halböl, S. 27, oder Spangol). Vor dem Lackieren spült man den Pinsel nochmals in tadellos reinem Terpentinölersatz aus. Dann wird er sorgfältig ausgeschwenkt. Das geht am besten, indem man den Pinselstiel rasch zwischen beiden Handflächen hin und her dreht. Es darf kein Terpentin im Pinsel zurückbleiben, sonst läuft beim Lackieren der Lack rückwärts aus dem Pinsel.

Der so gesäuberte Pinsel wird in den Lack getaucht und zunächst »durchgearbeitet«. Man nimmt dazu eine kleine Lackmenge gesondert ab. Der Pinsel wird wiederholt eingetaucht und am Rührholz wieder ausgedrückt, bis er ganz gleichmäßig Lack aufgenommen hat.

Ebenso geht man vor, wenn man mit einem Pinsel von einer Farbe zur anderen übergehen will: erst mit Terpentinersatz oder einem im Handel erhältlichen Pinselreiniger (»Moltoclar«) säubern, ausschwenken, dann in der neuen Farbe zunächst gründlich durcharbeiten, es entstehen sonst Streifen im Ton der alten Farbe. Den zum Durcharbeiten abgenommenen Lack kann man für untergeordnete Anstrichflächen mit verwenden.

Kein Staub! Staub ist der Todfeind frischen Lacks. Keine unnötigen Bewegungen! Saubere, nicht staubende Arbeitskleidung und Kopfbedeckung sind erforderlich.

Arbeitsweise Lack – im Gegensatz zu Ölfarbe – fängt bei ungleichmäßigem oder zu dickem Auftrag an zu laufen. Es entstehen »Gardinen«. Deshalb soll man die zu lackierenden Teile soweit möglich waagerecht lagern; muß die Fläche aber senkrecht lackiert werden, den Lack so dünn und so gleichmäßig wie möglich auftragen. Zu dickes Auftragen nennt man auch »Schwemmen«. Besonders hüten muß man sich, wenn man an den oberen Ecken und Kanten von Türfüllungen zu lackieren beginnt. Zu fett lackierte Ecken und Kanten verursachen stets ein Laufen des Lackes.

Verschlichten Gleichmäßigen Auftrag erreicht man durch Verschlichten, d. h. mehrmaliges Durcharbeiten der aufgetragenen Farbe mit dem

Pinsel in wechselnder Richtung: erst senkrecht, dann – sobald die Fläche gleichmäßig bedeckt ist – waagerecht, am Schluß nochmals in der ersten Richtung. Jedesmal ganz dünn! Beachten Sie, daß dieses Verschlichten hintereinander weg geschieht, im Gegensatz zu mehreren aufeinander folgenden Anstrichen (Grundierung · Zwischenanstrich · Deckenanstrich usw.), bei denen jeweils das Trocknen des vorhergehenden abgewartet werden muß.

Für jede Fläche benötigt man ihrer Größe entsprechend eine bestimmte Lackmenge, die es zu treffen gilt. Nicht »schwemmen«, aber auch nicht zu »dürr« auftragen.

Das Verschlichten kann bei kleineren Flächen so geschehen, daß schon nach einmaligem Eintauchen genug Lack auf der Fläche ist. Große Flächen müssen meist zuerst »regional« verschlichtet werden, ein Türblatt z. B. in 6 Abschnitten. Am Schluß aber müssen Sie noch einmal in beiden Richtungen über die Fläche im ganzen gehen; hierbei keine neue Farbe mehr mit dem Pinsel aufnehmen – also rasch arbeiten!

Reihenfolge Bei Füllungstüren lackiert man erst die Füllungen, dann die Rahmen; von diesen zuerst die Querteile, dann die Längsteile. Lackierte Fenster und Türen bleiben offen, damit die Falze trocknen können und nicht verkleben. Nach dem Trocknen reibt man die Falze noch mit Talkum ein.

Die Lacke

Lackierungen erfüllen in schönster Weise den doppelten Sinn eines Anstrichs: sie geben angestrichenen Flächen (oder auch ungestrichenen) Schönheit, Glätte, Glanz – oder auch Mattglanz, und sie schützen durch ihre Härte und Widerstandsfähigkeit die Fläche gegen chemische und mechanische Einwirkungen, besser als ein Anstrich allein das vermag. Gute Lackanstriche kann man durch Abwaschen reinigen.

Lacke sind Lösungen von Harzen oder Kunstharzen in flüchtigen Lösungsmitteln. Verdunstet das Lösungsmittel, so bleibt auf der Fläche eine dünne harte Schicht zurück, der sogenannte Lackfilm.

Klarlack und Lackfarbe Zunächst müssen wir uns mit folgender Unterscheidung vertraut machen: Spricht der Fachmann von Lack, so meint er gewöhnlich den Klarlack. Das Überziehen von Naturhölzern oder Anstriche mit Klarlack nennt man Klarlackierung. Werden dem klaren Lack feinangeriebene Körperfarben zugesetzt (weiß oder bunt), so spricht man von Lackfarbe (oder auch von Emaillack oder Emaille, weil ein Anstrich mit Lackfarbe [pigmentiertem Lack] in der Wirkung etwa dem glasartigen gebrannten Überzug entspricht, den wir sonst unter dem Namen Emaille kennen. Der Vergleich bezieht sich nur auf das Aussehen, die Technik des Emaillierens hat im übrigen mit Lackieren nichts zu tun). Sowohl Klarlacke wie Lackfarben kann man verarbeitungsfertig kaufen.

Lackarten (Übersicht) Die Farbenindustrie bietet Lacke in kaum zu übersehender Mannigfaltigkeit an. Um einen Überblick zu gewinnen, betrachten wir nachfolgend die Hauptgruppen. Hier muß ich Ihre Geduld, verehrter Leser, wahrscheinlich auf die Probe stellen. Ich vermute, Sie möchten, wenn Sie bis hierher gelangt sind, nun endlich zu Farbtopf und Pinsel greifen. Die Lacke müssen wir aber durchmustern, damit wir für den jeweiligen Zweck das Richtige und Schönste auswählen können.

In großen Zügen kann man unterscheiden: Öllacke · Kunstharzlacke · Spirituslacke · Nitrolacke · Chlorkautschuklacke · chemisch härtende Lacke · Acryllacke

Öllacke Die Gruppe der Öllacke enthält neben den Harzbestandteilen fette Öle, und zwar in verschiedenem Maße. Die »fetten« Lacke mit reichlichem Ölgehalt eignen sich für Außenverwendung. Solche fetten Außenlacke sind z. B. Luftlacke und Bootslacke, Halbfette und magere Öllacke sind nicht witterungsbeständig und dienen für Innenlackierungen. Solche Lacke sind: Dekorationslacke · Sitzmöbellacke · Schleiflacke · Fußbodenlacke · Heizkörperlacke.

Als Verdünnungsmittel für sämtliche Öllacke dient wie bei Ölfarben Terpentinöl oder Terpentinölersatz.

Bootslack Wasserbeständigkeit zeichnet die Bootslacke aus. Sie sind nach 4 bis 6 Stunden staubtrocken, nach 24 Stunden durchgehärtet.

Schleiflack Dieser Lack trocknet schnell, so daß er nach kurzer Zeit, 1–2 Tagen, mit Wasser und wasserfestem Schleifpapier geschliffen werden kann. »Schleiflack« nennt man sowohl die Technik des Schleifens lackierter Flächen (»Holzoberfläche« S. 141 f.) wie auch den für diese Technik geeigneten Lack. Das kann Klarlack wie pigmentierte Lackfarbe sein.

Fußbodenlack Hartes Durchtrocknen und Tritt-

festigkeit zeichnen die Fußbodenlacke aus. Von Fußbodenanstrichen handelt ein eigener Abschnitt S. 48 f.

Heizkörperlack Lacke für Heizkörper müssen 70 bis 80 Grad vertragen und elastisch sein, um der Wärmeausdehnung des Metalls zu folgen. Hiermit ist die Gruppe der Öllacke beendet.

Kunstharzlacke (Schlagfestlacke) Kunstharzlacke sind universell verwendbar, innen und außen, für jede Art Untergrund. Wie der Name »Schlagfestlacke« andeutet, sind sie äußerst widerstandsfähig gegen Druck und Stoß, außerdem haften sie gut am Untergrund und sind wetterbeständig. Kunstharzlacke werden staubtrocken in etwa 4 Stunden, erhärten in etwa 24 Stunden. Sie werden – je nach Einzelvorschrift – mit Terpentinölersatz oder Kunstharzverdünnung verdünnt. Sie sind teurer als Öllacke.

Spirituslacke Spirituslacke sind in Spiritus gelöste Harze. Man nennt eine solche Lösung auch »Schellack«. Da Spiritus als Lösungsmittel sehr flüchtig ist, trocknen solche Lacke sehr schnell; man verwendet sie deshalb für Handläufe in Treppenhäusern. Trockenzeit nur 30 bis 60 Minuten. Es gibt klare Spirituslacke und Spirituslackfarben. Die klaren Lacke dienen auch als Politur oder Mattierung für Naturhölzer, ferner zum Isolieren von Ästen und harzhaltigen Stellen in Holzuntergründen (S. 45). Sie sind auch als Isoliermittel für Wasser- und Rauchflecken, Teeranstriche und durchblutende ältere Anstriche mit Anilinfarben (aus Steinkohlenteer gewonnen) verwendbar.

Wegen der schnellen Trocknung muß man mit diesen Lacken rasch umgehen. Man trägt sie schnell mit einem weichen Pinsel auf, Polituren mit einem Stoffballen.

Verdünnungsmittel ist Spiritus.

Nitrolacke (Zelluloselacke) Nitrolacke sind in Speziallösungsmitteln gelöste Nitrozellulose unter Zusatz von Harzen und Weichmachern. Sie trocknen binnen 30 Minuten, sind als Klarlacke und Lackfarben im Handel. Als Verdünnungsmittel dient Nitroverdünnung oder Azeton. Nitrolacke lösen Ölfarbenuntergründe auf.

Wegen ihres raschen Trocknens werden Nitrolacke gewöhnlich nicht gestrichen, sondern gespritzt (S. 56 f.)

Zaponlack verwendet man zum Überziehen blanker Metallteile (Messing, Kupfer), die der Luft ausgesetzt sind und ohne Überzug schnell oxydieren würden. Der Lack ist wasserhell, än-

54 Anstrich und Dekoration

dert das Aussehen der Metalloberfläche nicht, schützt sie aber vor Oxydation.

Es folgen jetzt zwei Gruppen von Lacken, die sich durch ganz außerordentliche Widerstandskraft auszeichnen.

Chlorkautschuklacke Überall wo von einem Anstrich hohe Widerstandskraft gegen chemische Einwirkungen verlangt wird: bei Unterwasserbauten, Schwimmbädern, Beton- und Zementfußböden, zementhaltigen Putzflächen und Platten – da verwendet man Chlorkautschuklacke: Lösungen von Chlorkautschuk in geeigneten Lösungsmitteln unter Zusatz von Harzen und sogenannten Weichmachern. Diese Lacke können nicht verseifen, sie werden von alkalischen Untergründen (ist auf S. 34 erläutert) nicht angegriffen. Sie sind in einer Stunde staubtrocken, bis zum völligen Durchhärten brauchen sie einige Tage. Chlorkautschuklacke verlangen eine Grundierung mit Spezialgrundierungsmitteln, die von den Herstellerfirmen vorgeschrieben werden, ebenso verlangen sie ein Spezialverdünnungsmittel, das man zusammen mit dem Lack kauft. Man unterscheidet Chlorkautschuklacke für Innenanstriche, Außenanstriche und Unterwasseranstriche.

Chemisch härtende Lacke Dies ist eine Gruppe von Lacken, die an Widerstandsfähigkeit und Härte alles früher Bekannte übertreffen. Sie sind bekannt als

DD-Lacke · Mehrkomponentenlacke · Polyesterlacke · Polyurethanlacke · kalthärtende Lacke · Reaktionslacke · Versiegelungslacke.

Diese Lacke sind beständig gegen Lösungsmittel · Öle · Fette · Fettsäuren · Mineralöl · Trichloräthylen · Seifen · Sodalaugen · Salzlösungen, dazu sehr widerstandsfähig gegen mechanische Einwirkungen wie Kratzen, Scheuern, Stoßen.

Solche Lacke werden im allgemeinen geliefert in getrennten Bestandteilen, die erst bei der Verarbeitung zusammenkommen: ihre chemische Reaktion läßt den widerstandsfähigen Lackfilm entstehen. Man bekommt entweder 3 Bestandteile: Lack · Härter · Verdünnung, oder nur 2, nämlich Lack und einen Härter, dem das Verdünnungsmittel bereits beigemischt ist. Eine halbe bis eine ganze Stunde vor Gebrauch werden diese Bestandteile nach Vorschrift gemischt. Dabei soll man nicht mehr Lack mischen, als man gerade braucht; einmal gemischter DD-Lack erhärtet nach etwa 8 Stunden und ist dann unbrauchbar. Polyesterlacke sind höchstens 15 bis 20 Minuten

offen. Es gibt neuerdings jedoch auch sogenannte Einkomponentenlacke.

Es gibt diese Lacke als Klarlacke (Glasur) und als farbige Lacke (Emaille) in verschiedenen Farbtönen. Man streicht mit 1 kg Klarlack etwa 12 bis 15 qm Fläche, mit 1 kg Emaille etwa 8 bis 12 qm. Die Trockenzeit beträgt etwa 5 bis 7 Stunden.

Anwendung: Chemisch härtende Lacke braucht man hauptsächlich, um säure- und alkalibeständige Anstriche in Labors, Molkereien, Küchen, Badezimmern, um treibstoffeste Anstriche an Tankanlagen herzustellen. Man verwendet sie weiter an Wandflächen für Sockel, auf Zementfußböden, für Metalluntergründe, für Außenanstriche wie Bootslackierung. Eines der wichtigsten Anwendungsgebiete: Parkettfußböden, Bänke, Stühle, Tischplatten erhalten mit diesen Lacken hochglänzende, fast unverletzbare Überzüge. Der größte Feind dieser Lacke ist Wasser im Untergrund. Bei Neubauten ist daher äußerste Vorsicht geboten.

Verarbeitung: Diese »Wunderlacke« sind gefährlich und verlangen bei der Verarbeitung außergewöhnliche Vorsichtsmaßregeln. Zunächst sind sie in flüssigem Zustand stark feuergefährlich. Die getrocknete Lackschicht ist dagegen weitgehend glutbeständig.

Die Gebrauchsanweisungen der Hersteller müssen peinlich befolgt werden. Allgemein gilt:

1. Hände schützen durch Hautschutzsalbe oder Gummihandschuhe.

2. Atmungswege schützen. Das geschieht vor allem durch ständige Frischluftzufuhr, durch dauerndes Durchlüften des Raumes.

3. Erfolgt der Auftrag mit einem Spritzapparat, muß der Arbeitende eine Schutzmaske mit Filter tragen. Dieses Verfahren kommt für den Laien aber nicht in Betracht.

4. Wer zu Asthma oder Bronchialkatarrh neigt, soll diesen Lacken fernbleiben. Treten Beschwerden beim Arbeiten auf, unverzüglich den Arzt heranziehen.

5. Pinsel, die mit diesen Lacken in Berührung kamen, sind anschließend sofort mit dem Spezialverdünnungsmittel zu säubern, sie werden sonst steinhart und gänzlich unbrauchbar.

Acryllacke Weil die in den bislang marktbeherrschenden Kunstharzlacken enthaltenen hohen Lösemittelanteile eine große Umweltbelastung darstellen, hat man versucht, Lacke zu entwickeln, die deutlich weniger Lösemittel enthalten. Mit den neuen Acryllacken, auch Wasserlacke genannt, stehen mittlerweile Produkte zur Verfügung, die nur noch 5−20 Prozent organische Lösemittelanteile enthalten. Bei Acryllakken, die das Umweltzeichen »Blauer Engel« tragen, sind es maximal 10 Prozent Lösemittel.

Wasserlacke stellen Dispersionen dar, bei denen Acrylharze den Lackkörper bilden. Als Dispersionen bezeichnet man die sehr feine Verteilung von nicht löslichen Teilchen in einer Flüssigkeit, ohne daß diese sich entmischen und absetzen.

Alle wassergelösten Acryllacke können bis zu einem gewissen Grad durch Zugabe weiteren Wassers verdünnt werden.

Rohes Holz quillt beim Grundieren durch den Wasseranteil des Lacks etwas auf, daher sollte man hochwertige Oberflächen bereits vor dem Lackieren wässern und feinschleifen. Zum Verstreichen von Wasserlacken werden Pinsel mit Kunststoffborsten benutzt, denn Naturborsten quellen ebenso wie Holz auf

Klarlack oder Lackfarbe? Ob man Klarlack oder pigmentierten Lack braucht, ergibt sich im allgemeinen aus der Aufgabe. So braucht man zu allen Lackierungen, die den Untergrund durchscheinen lassen sollen (Lasieren), Klarlack. Soll man farbige Anstriche mit Klarlack oder mit entsprechend getönter Lackfarbe überziehen? Da ist ein Unterschied zu machen: Helle Anstriche nicht mit Klarlack überziehen, weil dieser trotz seiner Transparenz (Durchsichtigkeit) immer

einen leichten gelblichen Ton hat, der auf dem hellen Anstrich sichtbar wird. Dunkle Anstriche kann man sowohl mit Klarlack wie mit pigmentiertem Lack überziehen. Ausnahme: Blau stets mit blaugetöntem Lack streichen; der gelbliche Ton des Klarlacks verfärbt es sonst ins Grünliche.

Naturfarben Als Alternative zu den erheblichen Umweltbelastungen, die durch viele Anstrichmittel hervorgerufen werden, bieten einige Hersteller heute konsequent umweltfreundliche Naturfarben an. Die führenden Produzenten von Naturfarben haben sich in einer Arbeitsgemeinschaft zusammengeschlossen und arbeiten nach folgenden Grundsätzen:

− Verwendung natürlicher Rohstoffe, die chemisch nicht oder nur geringfügig verändert werden;
− Einsatz von Rohstoffen aus der Pflanzenwelt soweit wie möglich, also von nachwachsenden Produkten;
− die Produkte sind deshalb in der Regel biologisch abbaubar in unbedenkliche Zwischen- und Endprodukte;
− bei den Herstellungsverfahren drohen nicht die üblichen Gefahren der Großchemie;
− keine Gefährdung des Verbrauchers und der Umwelt;
− es werden keine neuen, unbekannten und naturfremden Stoffe in die Biosphäre eingebracht.

18 Ausbessern von Blech- und Lackschäden am Auto

Kleinere Blechschäden ausbeulen und den Anstrich ausbessern, Roststellen oder kleinere durchgerostete Stellen instandsetzen: das kann man mit etwas Geduld und Geschick selber machen. Die Arbeit vollzieht sich in drei Schritten: 1. Ausbeulen (bei Verformungen) und Entrosten, 2. Spachteln und Schleifen, 3. Lackieren.

Ausbeulen Man muß, wenn irgend möglich, von beiden Seiten (innen und außen) an die Schadstelle herankommen. Bei Türen muß deshalb die innere Verkleidung abgenommen werden. Ein der Karosserie entsprechend vielseitig geformter Vorhalteklotz aus Holz oder Metall wird von innen gegengehalten; von außen klopft man das Blech mit dem Hammer vorsichtig glatt. Am besten gehts mit speziellen Ausbeulhämmern: für größere Beulen Holz-, Kunststoff-

oder Gummihammer; für kleinere Beulen mittelgroßer geradbahniger Eisenhammer.

Entrosten Leichter Rostansatz, wie er sich unter Witterungseinflüssen an gefährdeten Stellen der Karosserie bildet, aber auch an Blechschäden, die nicht sofort instandgesetzt werden, kann man meist auf mechanischem Weg entfernen. Drahtbürste, Topfbürste, Scheibenbürste (an Kombiwerkzeugen), auch Rostumwandler sind nur in Grenzen wirksam. An schlecht zugänglichen Stellen kratzt man den Rost mit Spachtel, Messer, Schraubenzieher heraus. Alle mit Rost behafteten Flächen schleift man am besten mit groben, scharfem Schleifpapier, entweder mit Schleifklotz aus Kork oder Gummi (Bild).

Zum maschinellen Schleifen eignen sich Exzenter- und Schwingschleifer (S. 485 f.).

56 Anstrich und Dekoration

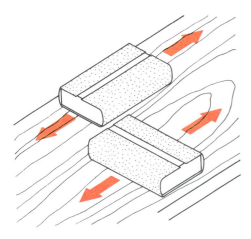

Schleifklotz aus Kork oder Gummi mit darübergespanntem Schleifpapier

Am sichersten und mit Gefühl kann man schleifen, wenn Antriebsmaschine und Schleifteller nicht durch die gerade Welle verbunden sind, sondern durch ein Winkelgetriebe. Auch soll man den Teller nicht ganzflächig aufdrücken, sondern leicht gekantet, so daß er nur mit knapp der Hälfte seiner Fläche aufliegt.

Spachteln Auf keinen Fall sollte man eine ausgebeulte bzw. entrostete Stelle anschließend einfach mit Lack überspritzen. Es muß erst eine vor allem glatte, tragfähige Grundlage für die abschließende Lackschicht geschaffen werden: durch Spachteln.

Dazu brauchen wir als Material Zweikomponenten-Polyesterspachtel, als Werkzeug eine oder mehrere Spachteln (z. B. Japanspachtel, Bild S. 25). Der Spachtelkitt wird auf einem Holzbrett nach Vorschrift des Herstellers angemacht. Nur so viel, wie in 4 bis 6 Minuten zu verarbeiten ist, danach ist die Masse schon zu hart; ziemlich dicker Auftrag möglich. Spachtel sauber halten! Eventuell mehrere Arbeitsgänge.

Nach 20 Minuten ist die Masse hart und kann geschliffen werden. Wer sich an größere (durchgerostete) Schadstellen heranwagt, kann einen Polyester-Spachtelkitt mit Kunststoff-Fasern verwenden. Die Fasern schaffen eine sehr haltbare Verbindung mit dem Blech und überbrücken auch größere Löcher.

Eine besonders schöne, feinporige Oberfläche erzielt man, wenn man der beschriebenen Spachtelung noch eine Feinspachtelung mit Nitro-Kombinationsspachtel folgen läßt. Dieses Material darf nur in dünner Schicht – evtl. mehrmals – aufgetragen werden.

Schleifen Die gespachtelte Fläche wird mit feinkörnigem, wasserfestem Schleifpapier (Körnung 380) naß glatt geschliffen.

Bei ebenen Flächen mit dem Schwingschleifer (S. 527). Übergänge zur alten, bleibenden Lackfläche mit einem Schleifklotz gut verschleifen.

Lackieren Für eine kleine Schadstelle genügt die handelsübliche Sprühdose. Aber der Farbton muß genau stimmen. Für größere Flächen kommt das im folgenden Abschnitt geschilderte Lackieren mit der Spritzpistole (mit Kunstharz-Autolack) in Frage.

19 Spritzen

Die Technik des Spritzens – das mühelose Aufsprühen des Lacks, die schöne gleichmäßige Fläche, die dabei entsteht – hat gerade für den Laien etwas Bestechendes.

Die Spritztechnik ermöglicht gegenüber der Anstrichtechnik eine wesentliche Verkürzung der Arbeitszeit und außerdem die Verarbeitung sehr schnell trocknender Anstrichmittel, die beim Streichen unter dem Pinsel antrocknen und kein sachgemäßes Verarbeiten erlauben würden.

Was kann man spritzen? So gut wie alles, vorausgesetzt, daß zwei Bedingungen erfüllt sind: Man muß ein Spritzgerät besitzen, und die vorbereitenden Arbeiten müssen in sinnvollem Verhältnis zum erstrebten Erfolg stehen.

Spritzgeräte Die Spritzanlagen in Handwerksbetrieben arbeiten gewöhnlich mit einem Druckkessel, der durch einen Motor und Kompressor unter gleichbleibendem Druck gehalten wird. Diese Anlagen kosten 900 bis 3 500 DM; solche, die das Spritzgut gleichzeitig erhitzen, sind noch teurer. Sie kommen für den Heimwerker nicht in Betracht. Für ihn gibt es jedoch im Handel Niederdruckspritzgeräte, die keinen Kessel haben,

sondern (nach dem Prinzip des Staubsaugers) den Luftstrom unmittelbar zur Pistole leiten. Bekannte Fabrikate sind u. a. »Chiron«, »Sprayit«. Die im Bild gezeigte Bosch-Spritzpistole (s. Abb. unten) ist ein leistungsfähiges Niederdruckgerät. Luft bezieht die Spritzpistole aus einem Vorsatzkompressor (s. Abb. unten), der mit seiner Membran Druckluftmenge von etwa 55 l pro Minute und kurzfristig bis 6 Atü erzeugt.
Die Spritzpistolen solcher Geräte sind vielseitig verwendbar. Mit entsprechenden Spezialdüsen lassen sich Lackfarben, Dispersionsfarben, Konservierungs- und Rostschutzmittel, ebenso Effektfarben, mühelos verspritzen.

Materialien Man verwendet hauptsächlich Spritzfarben auf Kunststoffbasis, manchmal auch Nitrolacke und vom Hersteller fertig gelieferte Mischungen (Kombinationslacke). Für Spritzarbeiten sollten nur Markenartikel (wie z. B. »Ducolux«, »Herbol-Schlagfest«, »Glassomax«, »Spieß-Hecker«) verwendet werden, und zwar für sämtliche Arbeitsgänge das Material einer einzigen Firma: Grundierfarbe – Spachtelkitt – Vorlack – Kunstharzlack.

Viskosität Anstrichmittel gibt es dick- und dünnflüssig. Den Grad der Flüssigkeit nennt man Viskosität. Bei Farbspritzen ist ein bestimmter Flüssigkeitsgrad notwendig, damit die Farbe aus der Spritzpistole gelangen kann und sich richtig verteilt. Man muß deshalb die Lacke meist verdünnen. Während Dispersions-, Kalk- und Leimfarben einfach mit Wasser verdünnt werden können, braucht man für Lacke jeweils ein besonderes Verdünnungsmittel (Nitroverdünnung,

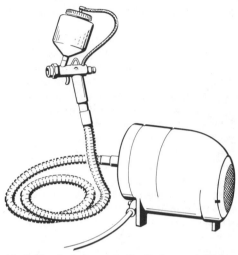

Niederdruck-Spritzgerät für Farben und Lacke, Imprägnierungs-, Feuerschutz- und Desinfektionsmittel. Rechts der Gebläsemotor

Kunstharzverdünnung). Die verdünnte Farbe verdunstet schneller und läßt den Lack schneller anziehen.
Die Verdünnungsmittel kan man auch zum Reinigen von Meßbecher und Pistole benützen. Es geht aber auch mit dem billigeren Waschbenzin. Benützt man Wasser als Verdünnungsmittel, genügt aber Wasser nicht zum Auswaschen, weil sonst Rostgefahr besteht. Hier ebenfalls Benzin benützen.
Bosch liefert zu der erwähnten Spritzpistole einen Meßbecher mit Auslauföffnung, mit dem man prüfen kann, ob das Anstrichmittel den

Spritzpistole PSP 250 von Bosch (mit eingebautem Kompressor)

58 Anstrich und Dekoration

richtigen Grad von Dick- oder Dünnflüssigkeit (Viskosität) besitzt.

Vorarbeit Vorarbeiten sind stets erforderlich. Da die Umgebung des zu spritzenden Gegenstandes gegen den Farbnebel geschützt sein muß, wird das Spritzen sich in der Regel nur dann lohnen, wenn umfangreiche Anstricharbeiten gemacht werden sollen, wenn die zu spritzenden Gegenstände beweglich sind und so in Keller oder Garage zusammen behandelt werden können oder wenn es sich um schwer zugängliche Objekte wie Heizkörper, Keller mit vielen Leitungsrohren u. ä. handelt.

Wer ein befriedigendes Ergebnis erzielen will, muß vor dem Spritzen sorgfältig spachteln und schleifen. Das Spachteln erfolgt in der Regel zwei- bis dreimal (Kopalspachtel). Die trockene Spachtelschicht wird mit wasserfestem Schleifpapier, Körnung 320, naß geschliffen. Dazu wird die Fläche mit einem Schwamm etwas angefeuchtet, dann glattgeschliffen, aber nicht durchgeschliffen. Den Schleifschlamm entfernt man mit Schwamm und Leder. Wenn die geschliffene Fläche über Nacht geruht hat, kann man den Vorlack spritzen. Auch dieser muß, wie eben beschrieben, glattgeschliffen werden. Vor dem Auftrag der Schlußlackierung wird wieder eine Ruhepause eingelegt. Vor dem Schlußauftrag ist die Fläche gründlich zu reinigen: erst mit Leder abreiben, dann mit Reinigungstuch, das Staubteilchen bindet, säubern.

Handhabung der Spritzpistole Die Pistole muß mit leichter Hand und lockerem Handgelenk geführt werden. Wenn es sich ermöglichen läßt, die Fläche zum Spritzen waagrecht legen. Zuerst spritzt man z. B. die Kanten der Platte oder Tür, dann wird die Fläche gespritzt. Die Fläche wird systematisch von einem Ende zum anderen mit Spritzbahnen überdeckt (von links nach rechts und wieder zurück). Die einzelnen Spritzbahnen müssen sich überlappen. Etwa 4 bis 5 cm greift der neue Farbstrahl noch auf den vorhergehenden über. So entsteht eine einheitlich verlaufende Fläche. Ist die Fläche einmal durchgespritzt, wendet man sie quer und spritzt jetzt den zweiten Auftrag im Kreuzgang.

Erster Auftrag

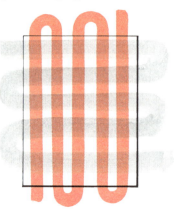

Zweiter Auftrag im Kreuzgang

richtig

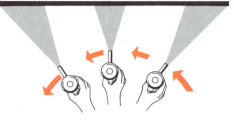

falsch

Die Spritzbahnen sollen genau parallel verlaufen

Der Abstand von der Fläche beträgt allgemein 25 bis 30 cm. Zu dichtes Heranrücken führt zu dickem Farbauftrag. Auch soll der Abstand zur Fläche immer gleich bleiben. Ecken oder kleine Verzierungen spritzt man mehrmals mit ganz kleinen, leichten Spritzstößen.
Neue Holzflächen Sie werden, wenn sie einen Anstrich erhalten sollen, zunächst grundiert. Nach dem Trocknen wird die Oberfläche geschliffen (Korund Körnung 180). Danach wird zum erstenmal mit Öl- oder Lackspachtel gespachtelt. Die gespachtelten Flächen zunächst grob verschleifen, damit die Fläche geebnet wird. Anschließend Körnung 220 verwenden.
Bei allen neuen Holzuntergründen sollten Ecken und Kanten durch Schleifen gebrochen, d. h. leicht abgerundet werden. Nur so erhalten auch diese Stellen einen ausreichenden Lackfilm.
Guterhaltene Lackierungen an Türen Die Flächen werden naß mit Siliciumcarbidpapier Körnung 360 geschliffen, abgeledert und über Nacht getrocknet. Nachbessern der kleinen Schäden mit einem Vorlack. Diese Stellen nach dem Trocknen leicht schleifen, dann spritzen.
Heizkörperanstriche Besonders bei neuen Untergründen können hier Schwierigkeiten auftreten. Heizkörperfarben müssen hitzebeständig sein, wenigstens bis 80° C, sonst wird der Anstrich gelb bis braun.
Alle neuen Heizkörper sind mit Rostschutzanstrichen versehen. Vor einem Lackanstrich durch einen Gitterschnitt wie folgt prüfen:
Ein Quadrat von 1 cm Seitenlänge wird mit einem spitzen Messer in 10 × 10 Teile senkrecht und waagrecht geteilt. Führt dieses Zerschneiden des Rostschutzanstriches zum Abplatzen von Filmteilchen, ist der Grundanstrich unbrauchbar und muß entfernt werden.
Neue Heizkörper sind häufig rostig und schmutzig. Die an vielen Stellen oft schwer zugänglichen Objekte reinigt man mit einem rauhen Jutelumpen und Petroleum.
Rohre werden entsprechend behandelt. Auf die sorgfältige Reinigung von alten Putzresten, Wandanstrichen ist zu achten.
Zum Spritzen von Heizkörpern braucht man eine Verlängerung (Bild).
Auto Soll ein Wagen mit einigermaßen gut erhaltener Lackschicht neu gespritzt werden (über einzelne Schadstellen S. 55 f.), muß der alte Lack mit Wasserschleifpapier (Körnung 380) sorgfältig naß geschliffen werden, bis die ganze Fläche

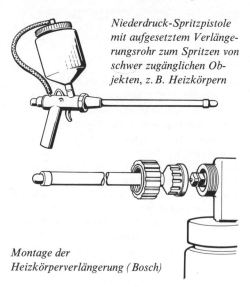

Niederdruck-Spritzpistole mit aufgesetztem Verlängerungsrohr zum Spritzen von schwer zugänglichen Objekten, z. B. Heizkörpern

Montage der Heizkörperverlängerung (Bosch)

matt ist. Auch hier eignet sich am besten eine Antriebsmaschine mit Gummischleifteller (vgl. S. 529). Die weitere Arbeit vollzieht sich in drei Schritten: Vorbehandeln von Schadstellen · Abdecken der zu schützenden Teile · Spritzen.
Bei Beulen und Dellen, deren Lack ganz abgeplatzt oder rissig ist, sind diese Stellen sowie ein Übergangsstreifen zum normalen Lack bis aufs Metall abzuschleifen. Danach spachteln mit Polyesterspachtel (2mal), etwas dick auftragen, denn anschließend muß nochmals geschliffen werden (Korund Körnung 320). Die Schadstellen mit Haftgrund (Zinkchromatgrund) vorspritzen, dann nachspachteln und nochmals schleifen (400 naß).
Was nicht mit gespritzt werden soll – also Chromteile, Glas, Gummidichtungen – wird mit Zeitungspapier und Klebestreifen (z. B. Tesa) sorgfältig abgedeckt. Zuerst die Grenzzonen mit Klebestreifen genau verkleben, dann die verbleibenden größeren Flächen abdecken.
Das Spritzen gelingt dem Laien am besten auf liegenden horizontalen Flächen (deshalb Zurückhaltung gegenüber Wänden und Decken!). Da beim Auto aber nun mal senkrechte Flächen vorhanden sind, ist besonders auf folgendes zu achten: 1. Lack auf die vom Hersteller vorgeschriebene Viskosität genau einstellen. 2. Spritzpistole überprüfen, alle Schrauben und Gewinde fest anziehen. 3. An einer senkrechten Platte einen Versuch machen. 4. Beim eigentlichen Spritzen zweimal dünn auftragen, nach dem ersten Auftrag den Lack etwas anziehen lassen.

60 Anstrich und Dekoration

20 Tapezieren

Über Tapetengeschmack

Räume mit Tapeten auszustatten, gilt heute weithin als selbstverständlich. Etwa 75% aller Wandflächen im Bundesgebiet sind mit Tapeten versehen. Im allgemeinen wird ein tapezierter Raum als wärmer und wohnlicher empfunden. Außer dem einfachen Anstrich gibt es kein anderes Material zum Schutz und Schmuck der Wände, das preiswerter ist als die Tapete.

Was auf S. 18 f. über die farbliche Gestaltung von Wand und Decke gesagt ist, gilt auch für das Tapezieren. Helle Tapete weitet den Raum, dunkle engt ihn ein. Zimmer mit mäßiger Belichtung nicht dunkel tapezieren! Für Nordzimmer warme, freundliche Töne – für Südzimmer eher kühlere Grautöne oder mäßig warme Pastelltöne (S. 23).

Haben Sie sehr gute Möbel? Dann wählen Sie eine zurückhaltende Tapete! Gute Möbel kommen nicht zur Geltung vor starkfarbigen oder auffallend gemusterten Tapeten. Wollen Sie Bilder aufhängen? Dann vermeiden Sie Tapeten mit prägnanten zeichnerischen Mustern. Bild und Tapetenmuster stören einander oft. Haben Sie kleine Räume? Dann vermeiden Sie große Muster auf der Tapete. Sie verkleinern den Raum. Sind Ihre Räume hoch oder niedrig? Senkrechte Streifen lassen einen Raum höher erscheinen; sie sind nicht geeignet für ohnehin hohe Räume, die zugleich schmal sind. In hohen Räumen kann man die Decke etwas dunkler tapezieren als die Seitenwände, das läßt den Raum niedriger erscheinen.

Im allgemeinen sollte man die Tapete bis in die Ecke zwischen Wand und Decke führen. Nur bei sehr großen und hohen Räumen kann man an eine Aufteilung der Wandfläche in Felder, sogenannte Panneaux, denken. Das verursacht aber zusätzliche Arbeit und setzt gestalterische Erfahrung voraus.

Man kann auch Decke und Wand einheitlich tapezieren. Das gibt eine schöne geschlossene Raumwirkung. Bei Decken, die durch Balken und Vorsprünge unterbrochen ein unregelmäßiges Aussehen haben, empfiehlt sich das Mittapezieren unbedingt.

Es müssen nicht alle vier Wände gleich sein! Man kann eine Wand abweichend von den übrigen tapezieren, z. B. die eine Stirnwand in einem schmalen Raum. Dabei wird man diese Wand durch stärkere Farbgebung oder ausgeprägteres Muster hervorheben, die übrigen zurückhaltend, d. h. einfarbig tapezieren. Zwei verschiedenartige Muster vertragen sich kaum. Nischen – freilich nicht ganz kleine – kann man durch eine abweichende Tapete abheben: Eßnische · Sitzecke · Leseecke · Arbeitsecke · Spielecke. Achten Sie auch bei Räumen, die durch Durchlässe oder Türen verbunden sind, auf gutes Zusammenstimmen.

So wenig der Mensch ständigen Lärm aushält, so wenig vertragen Auge und Gemüt ständig »laute« Farben! Je kühner das Experiment, mit um so mehr Sorgfalt muß man wählen. Eine einfarbige, beigefarbene oder lichtgraue Tapete kann kaum etwas verderben. Starke Farben und ausgeprägte Muster verlangen Raumgefühl und Farbgeschmack.

Beurteilen Sie eine Tapete niemals nur aus dem Leseabstand! Fast unifarbene Tapete, deren Muster man auf der ganzen Wandfläche kaum wahrnimmt, kann dabei unruhig erscheinen. Umgekehrt kann ein größeres Muster, das im Musterbuch besticht, unter Umständen einen ganzen Raum »totschlagen«. Am besten betrachtet man bei der Auswahl eine Tapete aus etwa zwei Meter Abstand und nach Möglichkeit in der Rolle oder auf tapezierten Tafeln.

Tapetenarten

Tapeten auswählen macht Freude. Die Kollektionen reichen von der einfachen, billigen Naturtapete bis zu wertvollen Vinyl-, Textil- oder Metalltapeten. Um Enttäuschungen zu vermeiden, sollte man bei den ersten Tapezierversuchen nicht zur billigsten Tapete greifen, die eventuell nicht lichtbeständig ist; auch kann das verhältnismäßig leichte Papier, wenn es nach dem Einkleistern etwas zu lange geweicht hat, leicht einreißen. Man sollte auch nicht ins andere Extrem fallen und mit kostspieligen Spezialtapeten beginnen, deren Verarbeitung einige Übung und Erfahrung voraussetzt.

Früher konnte man Tapete einfach als bedrucktes Papier definieren. Verbesserte oder neue Techniken der Herstellung und die Verwendung anderer Materialien haben zu einem ausgeweiteten Begriff geführt. Die Verdingungsordnung für Bauleistungen versteht unter Tapete jedes der Wandbekleidung dienende Material, bei dem die der Wand zugekehrte Seite aus Papier besteht, das sich also in herkömmlicher Weise tapezieren läßt. Bedruckte Tapeten werden bis auf wenige Ausnahmen im Rotationsdruck hergestellt. Dabei sind unterschiedliche Druckverfahren gebräuchlich.

Hochdruck Es wird mit Walzen gedruckt, bei denen die druckenden Musterteile erhaben ein- oder ausgearbeitet sind. Für jede Farbe ist eine Druckwalze (aus Hartholz oder Gummi) erforderlich. Beim Hochdruckverfahren können auch Ölfarben und Lacke als Druckfarben verarbeitet werden. Die meisten Tapeten werden in dieser Drucktechnik hergestellt.

Tiefdruck Die druckenden Stellen liegen vertieft in den Druckwalzen.

Prägedruck Durch dieses Verfahren erhalten Tapeten eine strukturierte Oberfläche oder ein erhabenes Muster.

Siebdruck Ein Drucksieb wird so beschichtet, daß die druckenden Stellen durchlässig bleiben. Die nicht druckenden Teile des Siebes werden undurchlässig abgedeckt. Die Farbe wird mit einer Rakel verteilt und durch das Sieb auf das zu bedruckende Material aufgetragen.

Textiltapeten Diese Tapeten werden in unterschiedlichen Verfahren hergestellt. Gewebe aus Naturfasern wie Jute, Leinen oder Seide, aber auch aus Kunstfasern, werden auf Papier kaschiert. Besondere Effekte lassen sich durch das Mitverarbeiten von Metallfäden erzielen. Der Dessinierung sind kaum Grenzen gesetzt. Zu den Textiltapeten kann man auch die Velourtapete rechnen: Der Fond aus Papier oder aus papierkaschiertem PVC erhält einen Musteraufdruck aus Leim, in den die Textilfasern eingestaubt werden, heute meist auf elektrostatischem Wege.

Oberflächenqualitäten von Tapeten

100% waschbare Tapeten können mit einer weichen, nassen Bürste unter geringem Zusatz eines neutralen Reinigungsmittels oder von Seife behandelt werden, ohne daß sich Farbtonänderungen oder erkennbare Beschädigungen zeigen. Tapeten dieser Kategorie können auch von starken Verschmutzungen, soweit sie sich auf der Oberfläche der Tapete befinden und nicht einge-

drungen sind, durch Abwaschen bzw. leichtes Scheuern gereinigt werden.

Waschbeständige Tapeten können mit einem weichen, nassen Schwamm abgewaschen werden, ohne daß sich Farbtonänderungen oder erkennbare Beschädigungen zeigen. Bei diesen Tapeten können frische, noch nicht eingedrungene Flecke mit einem weichen, nassen Schwamm beseitigt werden.

Wasserfeste Tapeten können mit einem weichen, feuchten Schwamm abgetupft werden, ohne daß sich Farbtonänderungen zeigen. Etwa hervorgetretener frischer Kleister kann bei diesen Tapeten mit einem feuchten Schwamm oder Tuch entfernt werden.

Papiertapeten

Naturell-Tapete Gedruckt mit Leimfarbe im Hochdruckverfahren. Leichtes holzhaltiges Papier. Grundton ist der Papierton, der nicht vollständig von Farbe überdeckt wird. Das sichtbar bleibende Papier neigt zum Vergilben. Preiswerteste Tapetenart. Wasserfest.

Reliefdruck-Tapete Tiefdruckverfahren mit pastosem Farbauftrag. Mittelschweres, holzhaltiges Papier. Wasserfest.

Leichte Fond-Tapete Leichtes, holzhaltiges Papier. Gedruckt mit Leimfarbe im Hochdruckverfahren. Das Papier ist ganz durch Farbe abgedeckt, dadurch lichtbeständig. Wasserfest.

Mittelschwere Fond-Tapete Im Hochdruckverfahren hergestellt. Mittelschweres, holzfreies Papier. Lichtbeständig, waschbar.

Schwere Fond-Tapete Schweres, holzhaltiges Papier. Hochdruck mit Ölfarben. Das Papier ist ganz mit Farbe abgedeckt. Lichtbeständig, 100% waschbar, abziehbar.

Fond-Tapete als Wechselgrund Entspricht leichter Fond-Tapete. Die Oberfläche ist so ausgerüstet, daß sie für nachfolgende Tapezierungen als Wechselgrund verwendet werden kann. Lichtbeständig, waschbar.

Prägetapete Schweres, mehrschichtiges Papier. Prägedruck. Prägung bleibt standfest. Lichtbeständig, waschbar.

Kunststofftapeten

PVC-Tapete auf Papier kaschiert, entweder glatte Oberfläche oder Oberfläche thermoplastisch (d. h. unter Wärmeeinwirkung) verformt, oder Reliefstruktur aufgeschäumt. Alle 100% waschbar.

62 Anstrich und Dekoration

Textiltapeten
Kettfäden auf Trägerschicht aus Papier, oder Gemische aus Lurexfäden auf Papier kaschiert, oder Seidengewebe (Jutegewebe, Leinengewebe) auf Papier kaschiert. Velourstapete: Kunstfaser auf Papierträger, elektrostatisch beschichtet.
Naturstofftapeten
Japangrastapete: Grasfasergewebe auf Papier kaschiert. Korktapete: dünne Korkplättchen auf Papier kaschiert.
Metalltapeten
Metallfolie auf Papier kaschiert. Im Tiefdruck- oder Kupfertiefdruckverfahren behandelt.
Wandbildtapeten
Bildtapete nach Bildmotiv im Siebdruckverfahren gedruckt. Fototapete nach Fotovorlage auf Spezial-Fotopapier.

Wie viele Tapetenrollen brauchen wir?

Raum-umfang in Metern	Anzahl der Rollen bei einer Raumhöhe von		
	2,1–2,35 m	2,4–3,05 m	3,1–4 m
6	3	4	5
10	5	7	9
12	6	8	11
15	8	10	14
18	9	12	17
20	10	14	19
24	12	16	23

Die Tabelle gilt für gemusterte Tapeten. Türen und Fenster sind bereits berücksichtigt. Die meisten handelsüblichen Tapeten sind 0,53 m breit und je Rolle 10,05 m lang. Die Breite von 0,53 m bezieht sich auf die tapezierfertige kantenbeschnittene Tapete. Benutzen Sie die Tabelle nur zur überschlägigen Berechnung des Bedarfs! Zur Ermittlung des genauen Bedarfs gilt folgendes:
1. Man zählt alle Wandbreiten, ohne Fenster und Türen zusammen, z. B.:
$1 \cdot 3 \cdot 2 \cdot 2,5 \cdot 3 \cdot 2,5 = 14$ m.
2. Um 1 m Wandfläche zu tapezieren, werden 2 Bahnen benötigt, denn eine Bahn ist rund einen halben Meter breit. Für 14 m werden demnach 28 Bahnen benötigt.
3. Wieviele Bahnen sich aus einer Rolle von 10,05 m schneiden lassen, hängt von der Raumhöhe und vom Verschnitt ab. Dieser ergibt sich aus einer Zuschnittzugabe von 5—10 cm (weil die Räume meist nicht überall gleich hoch sind) und bei großgemusterten Tapeten einer Zugabe für den Rapport (d. h. dem Abstand, in dem das Muster sich wiederholt). Die Rapporthöhe ist in den Musterbüchern auf der Tapetenrückseite angegeben. Wenn die Rapporthöhe in der Bahnenlänge nicht aufgeht, kann der Verschnitt im ungünstigsten Fall eine Rapporthöhe ausmachen. Bei einer Raumhöhe von 2,55 m und einer Zuschnittzugabe von 10 cm ergibt sich eine Bahnenlänge von 2,65 m; es lassen sich aus einer Rolle also 3 Bahnen schneiden. Die Reststücke verwendet man über den Türen und unter den Fenstern.
4. Der Rollenbedarf ergibt sich, wenn man die Anzahl der benötigten Bahnen durch die Zahl der Bahnen teilt, die man aus einer Rolle schneiden kann. In unserem Beispiel: $28 : 3 = 9,3 =$ aufgerundet 10 Rollen.

Der Untergrund
Untergründe müssen trocken, fest, glatt und sauber sein.

Neuer Mörtel- und Gipsputz
muß lufttrocken sein. Eventuell vorstehende Sandkörnchen werden mit Spachtel oder Holzklotz abgestoßen. Nicht schleifen! Nach dem Abfegen empfiehlt sich ein Voranstrich mit verdünntem Leim, Kleister oder einer Streichmakulatur. Bei Gipsputz anstelle der Makulatur lieber ein Tiefgrundiermittel verwenden, das auch ein loses Putzgefüge festigt.
Sichtbetonflächen müssen auf durchschlagende Schalungsöle oder andere Trennmittel überprüft werden; sie sind nötigenfalls mit neutralen Reinigungsmitteln abzuwaschen oder mit einem Tiefgrundiermittel zu behandeln.
Gipskartonplatten werden mit Tiefgrund vorbehandelt, damit beim Renovieren die Tapete ohne Beschädigung der Platten abzulösen sind.
Dämmstoff- und Spanplatten sind ebenso zu präparieren – zusätzlich jedoch noch mit einer verdünnten Disperionsfarbe als Haftgrund vorzustreichen.
Holz ist als Tapeziergrund wegen seiner »Ledigkeit« weniger geeignet. Soll es doch tapeziert werden, so klebt man Nesselstoffstreifen über die zuvor verspachtelten Fugen und Stöße. Eine Bretterwand wird man aus praktischen Gründen ganz mit Nessel überspannen, um späterer Rißbildung in der tapezierten Fläche vorzubeugen.

Metalluntergründe werden, um ein Durchrosten zu vermeiden, mit Alufolie überklebt, die man vor dem Tapezieren noch mit einer verdünnten Dispersionsfarbe überstreicht, damit die Tapete haften kann.

Lack- und Ölfarbflächen sind für die Tapetenhaftung zu glatt. Sie müssen deshalb zunächst mit Ablauge-Präparaten gereinigt und angerauht, dann mit verdünnter Dispersionsfarbe vorgestrichen werden, damit die Tapete haftet.

Alte Tapeten sollten restlos entfernt werden. Wenn's nicht anders geht, nimmt man ein Tapeten-Ablösemittel zur Hilfe. Danach sind eventuell vorhandene Putzschäden und Wandrisse sorgfältig mit Putzspachtelmasse auszubessern.

Untertapeten überdecken größere Schäden und Mängel im Untergrund. Sie können aus Styropor, Wollfilzpappe und anderen Materialien bestehen. Beim Verarbeiten unbedingt die Vorschriften des Herstellers beachten.

Wärme-Isolierung durch isolierende Untertapete
Die heutige Bauweise sorgt nicht immer für ausreichenden Wärmeschutz. Geringe Mauerstärken, vor allem bei Außenwänden, können zu Schwitzwasser- oder Schimmelbildung führen, oder die Wand »strahlt Kälte aus«. Nicht ganz so tragisch, aber unschön ist es, wenn sich an unter Putz liegenden Betonbalken oder Unterzügen Feuchtigkeit niederschlägt und mit Staub vermischt.

Derlei Schäden lassen sich verhindern oder beseitigen mit einem neuartigen Isolierstoff (»Thermopete«), einem Harzschaum, in dem winzige Lufträume zellen- oder blasenförmig ausgebildet sind. Der Wärmedämmwert dieses Materials in 5 mm Stärke entspricht dem einer trockenen Vollziegelmauer von 10 bis 12 cm Dicke. Die Anbringung ist besonders wirksam an der Innenseite von Außenwänden, Giebeln, Mansarden, wo der Temperaturunterschied zwischen außen und innen Schwitzwasser und Schimmelpilze hervorrufen kann. Die Dämmwirkung ist natürlich in beiden Richtungen vorhanden: an heißen Tagen verhindert sie ein Überhitzen des Innenraumes. Die Bahnen sind 2,60 m lang und 1 m breit, die Stärken 2 und 5 mm. Für Innenräume ist eine Untertapete von 2 mm Stärke gebräuchlich.

Besondere Vorarbeiten Stark alkalische Untergründe müssen, besonders wenn Bronzedruck- und Metalltapeten verklebt werden sollen, mit einem Nachisolierungsmittel behandelt werden. Fragen Sie in solchen Fällen den Fachmann! Flecke, die durch die Tapete durchschlagen könnten, werden mit Isolieranstrich oder Isolierfolie abgedeckt.

Hilfsmittel und Werkzeug

Tisch Eine feste Auflage, etwa 2,50 m lang, ist erforderlich, z. B. eine auf Böcke gelegte Platte, mindestens 60 cm breit. Im Handel gibt es preiswerte zusammenklappbare Tapeziertische. Behelfsmäßig: zwei aneinandergestellte Tische.

Leiter – auf S. 26 beschrieben.

Lot · Schlagschnur · Metermaß – auf S. 25 und S. 94 gezeigt.

Schere oder Tapetenschneider Eine große Papierschere genügt, doch geht das Zuschneiden besser mit einem Tapetenschneider, wie ihn das Bild zeigt.

Kleister nach Herstellervorschrift ansetzen, am besten schon am Vortag. Grundsatz: Lieber dicken Kleister dünnauftragen als umgekehrt.

Streichbürste (S. 28). Zum Bestreichen der Tapetenbahnen mit Kleister, am besten eine schon etwas abgenützte.

Gummiroller Zum Andrücken der frisch geklebten Tapetenbahnen. Behelfsmäßig drückt man die Bahnen mit einer weichen Bürste oder einem weichen Tuch an.

Ausleihen Alle benötigten Werkzeuge und Hilfsmittel kann man im Fachgeschäft (Farben- oder Tapetenhandlung) ausleihen.

Werkzeug zum Tapezieren

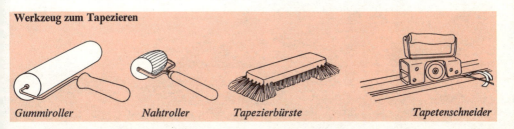

Gummiroller   *Nahtroller*   *Tapezierbürste*   *Tapetenschneider*

So sieht's aus . . .

... und so wird's gemacht

Türposter sind auch von Laien einfach anzubringen. Man braucht weder Werkzeug noch Leim, denn das Türposter ist auf der Rückseite vorgeklebt. Zur Montage wird die Tür ausgehängt, hingelegt und gesäubert.

Die Türklinke wird abmontiert und die Größe der Tür gemessen.

Das Türposter mit einer Schere so beschneiden, daß es etwa 1 cm an allen 4 Seiten übersteht.

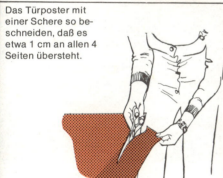

Eine Wanne (evtl. Badewanne) mit Wasser füllen und zuerst den oberen Teil des Decors ca. 25 Sek. im Wasser weichen lassen.

Den Teil mit den Rückseiten gegeneinander aus dem Wasser nehmen und kurz abtropfen lassen. Danach an der Tür anbringen und mit einem Lappen vorsichtig glattreiben. (Kleinere Blasen verschwinden beim Trocknen.) Zu beachten: die Teile vergrößern sich im Wasser etwas!

Der untere Teil wird in der gleichen Weise angefeuchtet (4 + 5) und Kante an Kante mit dem oberen Teil angebracht

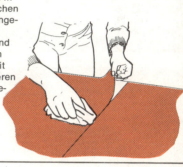

Leim auf der Vorderseite kann vorsichtig mit einem feuchten Lappen abgewischt werden.

Das Trocknen dauert ca. 5 Stunden. Danach werden die Kanten mit einem Tapetenmesser geradegeschnitten. Damit das Decor beim Öffnen und Schließen der Tür nicht schmutzig wird, können Sie es während es noch feucht ist mit einem Tapetenmesser auch etwas kleiner schneiden als die Tür. Nach der Montage wird die Klinke angebracht und die Tür wieder eingehängt.
Danach treten Sie zurück und ... aaahhh!

Türposter zu beziehen bei Scandecor Deutschland GmbH, 6070 Langen, Robert-Bosch-Str. 1–3

1

2

3

4

1 Flure sind häufig eng. Durch die Querbetonung des Musters erscheint der Raum geweitet. Für die Deckentapete, die Türen und den Fußboden wurden Farben ausgewählt, die im Blütenmuster der Tapete bereits enthalten sind.

3 Die schlichte Einrichtung aus hellem Kiefernholz wird durch eine Tapete abgerundet, deren Muster und Farben an handgewebtes Leinen erinnern. Die Farben der Tapete, heller, fast weißer Fond und rot-braune Karos, tragen zur heiteren Grundstimmung des Raumes wesentlich bei.

2 Bei vorhandenen älteren Möbeln bietet sich die Verwendung von Tapeten an, deren Muster sich an klassischen Vorbildern orientiert. Der hohe Raum wirkt durch das Kleben einer Deckentapete, die dunkler als die Seitenwände sind, niedriger.

4 Zu vielen Tapeten gibt es aus dem Hauptmuster abgeleitete Begleittapeten und passende oder abgestimmte Stoffe. Beim Aufbau eines Altbauerkers wurden die dadurch gegebenen Kombinationsmöglichkeiten voll ausgespielt.

Fotos: Deutsches Tapeten-Institut, Frankfurt/Main

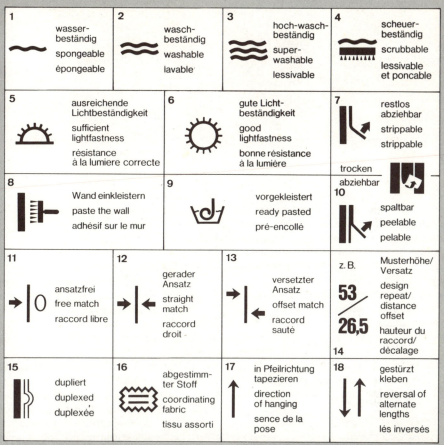

Grafik: Deutsches Tapeten-Institut

1. *Kleisterflecken mit feuchtem Schwamm abtupfen*
2. *Verschmutzung mit nassem Schwamm reinigen*
3. *Verschmutzung mit leichter Seifenlauge reinigen*
4. *wasserlösliche Verschmutzung mit milden Scheuermitteln reinigen*
5. *ausreichend lichtbeständig*
6. *gut lichtbeständig*
7. *Tapete läßt sich ohne Rückstand trocken abziehen*
8. *nur den Untergrund mit Kleister/Kleber einstreichen*
9. *rückseitige Klebeschicht durch Wasser aktivieren*
10. *Oberschicht läßt sich trocken abziehen – Untergrund bleibt als Makulatur an der Wand*
11. *Muster beim Kleben nicht beachten*
12. *Muster in gleicher Höhe nebeneinander!*
13. *Muster auf nächster Bahn um die Hälfte verschieben*
14. *Musterhöhe in cm. Bei Versatz um die Hälfte verschieben*
15. *Prägung bleibt beim Tapezieren erhalten*
16. *es gibt passende Stoffe dazu*
17. *Pfeilspitze immer in Richtung Decke*
18. *jede 2. Bahn auf den Kopf stellen*

68 Anstrich und Dekoration

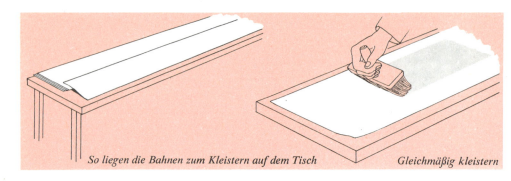

So liegen die Bahnen zum Kleistern auf dem Tisch   *Gleichmäßig kleistern*

Zuschneiden
Länge der Tapetenbahnen = größte Raumhöhe plus 5–10 cm Zugabe. Alle Bahnen (ausgenommen senkrechte Streifen- und Uni-Tapeten) an der gleichen Stelle im Rapport abschneiden. Das ist wegen des sauberen Musterlaufs an der Wand wichtig.
Dann werden die Tapetenbahnen übereinander gelegt (Schaumseite nach unten) und so eingestrichen, daß die darunter liegenden Bahnen keinen Kleister abbekommen.
Jetzt werden die Tapetenbahnen von oben $2/3$ und von unten $1/3$ eingeschlagen. Am oberen Rand sollten zudem 5 cm umgeknickt werden, damit an der Decke keine Kleisterflecken entstehen.

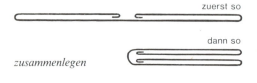

zusammenlegen   zuerst so / dann so

Die Tapeten nur so lange weichen lassen, bis die Außenkanten nicht mehr aufklaffen.

Kleben
Das eigentliche Tapezieren beginnt an einem Fenster. Die erste Tapetenbahn jeder Wand sollte genau ausgelotet werden. Wichtig: Keine ganzen Bahnen um die Ecke kleben, 1 cm genügen als Überhang (das gilt auch für Mauervorsprünge, Kaminecken usw.). Dieses Verfahren erleichtert die Arbeit und verhindert Spannungen in der Tapete.
Die nächste Bahn wird dann sauber in die Ecke eingelotet und festgeklebt.
Das Ankleben der Bahnen erfolgt stets von der Mitte zu den Seiten hin. Mit der Tapezierbürste werden alle Luftblasen seitlich herausgedrückt. An der Decke drückt man nun den überstehenden Tapetenteil mit der Schere fest in die Ecke, um die Bahn dann etwas abzuziehen und an der Druckmarkierung abzuschneiden. An der Fußleiste soll die Tapete ohne Überstand eingepaßt werden.

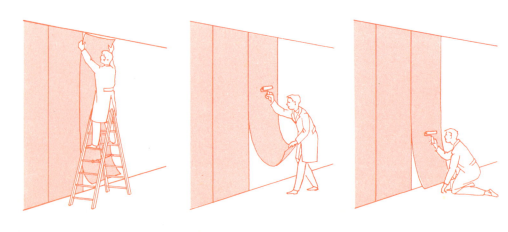

Elektrische Leitungen, Armaturen, Rohre
Sicherung stets vorher ausschrauben. Von Schaltern und Steckdosen Deckel abnehmen. Nach dem Kleben Löcher für die Steckdosenbuchsen usw. in die Tapete stoßen oder schneiden. Deckel wieder aufsetzen. Wo eine elektrische Leitung für eine Lampe aus der Decke tritt (Deckenauslaß), Tapete sternförmig ausschneiden, dann andrücken und genau beschneiden. Man kann auch die Stelle um den Deckenauslaß herum mit einem Tapetenrest verkleben. Leitungsrohre ebenfalls mit zugeschnittenen Tapetenstreifen verkleben.

Besondere Hinweise Die Hersteller beschreiben verschiedene Wege, um das spätere Ablösen einer abgenützten Tapete zu erleichtern:
1. Von Vinyl-, Textil- und Metalltapeten kann man die obere Schicht bei einem Tapetenwechsel einfach abziehen. Der Papierträger bleibt auf der Wand sitzen. Es gibt auch Papiertapeten aus spaltbaren Papieren, bei denen man genau so verfahren, also, wenn es ans Neutapezieren geht, die obere Schicht in trockenen Bahnen ablösen und die untere Schicht als Makulatur auf der Wand belassen kann.
2. Tapetenpapiere werden bereits in der Fabrik an der Rückseite präpariert, daß sich die alten Tapetenbahnen später trocken restlos entfernen lassen.
3. Vor dem Tapezieren wird eine Spezialmakulatur auf die Wand geklebt, deren Oberfläche so beschaffen ist, daß jede normale Tapete einwandfrei auf ihr haftet, sich aber beim Tapetenwechsel leicht in Bahnen, und zwar ohne vorheriges Anfeuchten, entfernen läßt.
4. Es gibt inzwischen ein Material, das den beschriebenen Zweck genauso erfüllt, aber so hergestellt ist, daß es im Neubau als erste Tapete verwendet werden kann. Später wird sie einfach überklebt.

21 Linoleum und ähnliche Fußbodenbeläge

Linoleum ist ein seit vielen Jahrzehnten bewährter Belag. Es ist bei richtiger Pflege außerordentlich haltbar. Es gibt Linoleumbeläge, die seit 50 Jahren begangen werden und noch einwandfrei aussehen. Die glatte Oberfläche ist gut zu reinigen. Linoleum ist elastisch, wirkt schalldämmend und hat eine geringe Wärmeleitfähigkeit, wird also als fußwarm empfunden. Besonders schalldämmend wirkt Korklinoleum.
Es gibt einfarbiges Linoleum von lichten bis zu sehr gedeckten Tönen in Grau · Braun · Rot · Grün · Blau; schwach gemustertes (Jaspé · Moiré · Granit · Marmor) und nach Art von Teppichen gemustertes Inlaid-Linoleum. Das Muster ist dabei nicht aufgedruckt, sondern zusammengesetzt aus verschieden gefärbten Linoleummassen, so daß es durch die ganze Stärke des Belages hindurchreicht und sich nicht abtreten kann.
Stärken Für Fußböden kommen als Stärken hauptsächlich in Frage 2,0 · 2,5 · 3,2 mm, bei Korklinoleum 3,5 · 4,5 · 6,7 mm.
Fliesen Linoleum kann auch in Form von Fliesen verlegt werden. Das erfordert große Sorgfalt. Ich empfehle, diese Arbeit nicht selbst zu machen.
Linoleum in Küche und Bad Linoleum kann ohne Bedenken in Küchen verlegt werden, in denen der Boden während der Arbeit und beim Säubern nur in normalem Ausmaß von oben feucht wird. In Wirtschaftsküchen und in Bädern, wo die Böden dauernd stärkerer Feuchtigkeit ausgesetzt sind, wo täglich mit Wasser gereinigt wird, wo manchmal Wasser auf dem Fußboden steht, soll man Linoleum nicht verlegen. Wasser, das längere Zeit steht, weicht das Linoleum auf, dringt an Nähten und Kanten unter den Belag, kann wasserlösliche Kleber lösen und Filzpappe zum Faulen bringen. Weist ein derartiger Raum bereits Linoleumbelag auf, ist es zweckmäßig, an den Fußleisten zusätzlich enganliegende Viertelstableisten anzubringen, wie es das Bild zeigt.

Zusätzliche Befestigungsleiste
für Linoleumböden, die der
Feuchtigkeit ausgesetzt werden

70 Anstrich und Dekoration

Lagern und Abwickeln Die 2 m breiten Rollen dürfen nur stehend aufbewahrt werden. Abwickeln soll man sie niemals in kaltem Zustand, das Linoleum kann sonst brechen. Man läßt die etwas gelockerte Rolle in einem geheizten Raum so lange stehen, bis auch die inneren Windungen durchwärmt sind. Achten Sie beim Einkauf mehrerer Rollen auf genaue Übereinstimmung des Farbtons!

Der Unterboden

Als Unterboden für Linoleum ist jeder Boden geeignet, der vollkommen trocken, rissefrei, eben und fest ist und diese Eigenschaften dauernd behält.

Linoleum auf Holzböden Erfüllen Holzböden diese Bedingungen? Nicht immer befriedigend. Man kann vorstehende Nägel versenken, vorstehende Äste abhobeln. Man kann lose Dielenbretter festnageln, ausgetretene vielleicht umdrehen. Man kann auch auf Holzböden Unebenheiten, Risse, Fugen, Löcher mit Ausgleichsmasse füllen, siehe unten. Da Holz jedoch arbeitet (S. 89), wird der Boden einige Zeit später nicht mehr ganz eben sein. Die einzelnen Bretter zeichnen sich ab, Trittkanten zeichnen sich durch bis zur Oberfläche des Linoleums, das sich an diesen Stellen schneller abtritt.
Eine Zwischenlage von Filzpappe (siehe S. 71) mildert solche Erscheinungen, verhindert sie aber nicht ganz.
Ein gutes Verfahren, alte, federnde oder stark ausgetretene Holzböden für neues Belegen geeignet zu machen, besteht darin, daß man die gesamte Fläche zuerst mit etwa 10 mm dicken Preßspanplatten auslegt. Nach genauem Zupassen werden die Platten mit sogenannten Schraubennägeln auf dem Unterboden befestigt. Die Nägel oder Schrauben müssen breite, flache Köpfe haben, weil zu kleine Köpfe sich durch die Platten hindurchziehen. Die Platten können durch ihre Stabilität auch erhebliche Unebenheiten des alten Bodens überbrücken; sehr tief ausgetretene Stellen können mit Sperrholz, Pappe, Hartfaserplatten (Kanten nach außen abgeschrägt) aufgefüllt werden.
Auch stark ausgetretene Stufen kann man in ähnlicher Weise für neues Belegen vorbereiten. Die ausgetretenen Vorderkanten werden abgehobelt und mit Leisten aufgedoppelt, ausgetretene Stellen werden aufgefüllt, dann wird die Trittfläche mit Hartfaserplatte belegt, auf der der Li-

noleumbelag glatt aufliegt. Zum Kantenschutz werden gleitsichere Gummischienen mit Spezialkleber auf die Stufenkante geklebt.
Folgendes ist beim Belegen von Holzböden außerdem zu beachten: Der Boden muß gut ausgetrocknet sein. In Neubauten soll man ihm dafür ein Jahr Zeit lassen. Filzpappe, auf die man bei Estrich manchmal verzichten kann, ist bei Holzboden stets erforderlich. Als Klebemittel dient Kunstharzkleber. Man erhält diese und alle sonstigen unten aufgeführten Hilfsstoffe in den Fachgeschäften, die Linoleum führen.
Im übrigen gilt das im folgenden beschriebene Verfahren beim Verlegen auch für Holzunterböden.

Ausgleichen Unebenheiten im Unterboden werden ausgeglichen mit Ausgleichsmasse. Kleinere Stellen gleicht man mit der Spachtel aus. Größere Vertiefungen zieht man mit einer Leiste glatt und glättet mit der Spachtel nach.
Abstaubende und absandende Estriche streicht man mit verdünntem Kitt vor. Der Voranstrich soll mindestens einen Tag trocknen. Sie werden beim weiteren Arbeitsgang noch sehen, daß sachgemäßes Linoleum-Verlegen seine Zeit braucht. Auch sehr poröse Unterböden sollen einen derartigen Voranstrich bekommen.

Estrich herstellen Wie man einen geeigneten Estrich-Untergrund selbst herstellt, ist erläutert auf S. 261.

Werkzeug und Hilfsmittel für das Verlegen

Besen · Schnur oder Schlagschnur (S. 25) zum Markieren von Linien · Kreide zum Markieren · Schere · Winkel · Stahllineal zur Führung beim Schneiden · Messer (scharf, spitz, kräftig), besser Spezialmesser · kleiner Eisenhobel zum Glätten der Linoleumkanten · selbstgefertigte Spachtel aus Holz oder Preßspan zum Aufstreichen der Klebemasse · Sandsäcke zum Anreiben und Beschweren; als Behelf können zum Anreiben Bohnerbesen oder Lappen, zum Beschweren schwere Gegenstände (Bücher) genommen werden.

Ausgleichsmasse Unebenheiten des Unterbodens werden mit Ausgleichsmasse gefüllt. Man kann sie fertig kaufen oder selbst bereiten: 1 Raumteil Sulfit-Ablaugekitt mit 3 Raumteilen Wasser verrühren, dann nach und nach so viel Stuckgips hineingeben, bis eine gut streichbare Masse entsteht. Gute Ausgleichsmassen sind auch fertig im Handel erhältlich.

Verlegen von Linoleum

Filzpappe Eine weiche Pappe, hergestellt aus Papier und Lumpenfasern. Zu empfehlen sind die Stärken 500 g/qm und 800 g/qm.
Klebemittel Als Klebemittel dienen: Kopalschnellbinder (Kopalharzkitt, spirituslöslich) für alle Böden;
T-Kitt (wasserlöslich) nur für ganz trockene Böden, hauptsächlich für Holzböden, nicht für Magnesit-Estriche;
Bitumenkitt (benzollöslich) zum Verkleben von Isolierpappe, für Linoleum nicht zu empfehlen.

Arbeitsgang

Erstes Zuschneiden und Auslegen In welcher Richtung sollen die Bahnen im Zimmer liegen? Grundregel: Die Bahnen sollen auf die Hauptfensterwand zulaufen. Ausnahme: Längsmuster sollen in der Längsrichtung des Raumes ausgelegt werden.
Bei gemustertem Linoleum (Inlaid-Linoleum) muß beim Zuschneiden und Auslegen (wie bei Tapetenbahnen) auf das Zusammenstimmen des Musters gesehen werden. Die Bahnen werden so ausgelegt, daß an jeder Stoßstelle die eine Bahn über die andere 2 cm übersteht. An den Kopfenden der Bahnen gibt man für je 5 m Länge etwa 2 cm zu, denn Linoleum geht beim Verlegen in der Länge etwas ein. An den Längsseiten der Bahnen ist es umgekehrt; man schneidet sie so zu, daß zwischen Wand und Bahnkante etwa 3 bis 4 mm frei bleiben, denn in der Breite dehnt sich das Linoleum etwas aus. So bleibt der Belag ein bis zwei Tage ungeklebt liegen, um sich zunächst dem Unterboden anpassen zu können. Korklinoleum soll dagegen gleich von der Rolle, also ohne auszuliegen, geklebt werden.
Erstes Kleben Linoleum wird in ganzer Fläche aufgeklebt. Beim ersten Kleben aber bleibt beiderseits der Nahtlinie zweier Bahnen erst noch ein etwa 12 cm breiter Streifen von Klebstoff frei, wird also noch nicht mitgeklebt.
Zum Kleben schlägt man die Bahn etwa bis zur Raummitte zurück. Auf den frei gewordenen Unterboden wird jetzt mit der Spachtel (am besten gezahnte Spachtel) gleichmäßig die Klebemasse aufgetragen – nicht mehr als etwa 4 qm auf einmal. Liegt der Kitt zu lange offen, bildet sich eine Haut, die die Klebewirkung vermindert. Der Auftrag muß gleichmäßig sein. Zu schwacher Auftrag klebt unzureichend. Zu dikker Auftrag bindet zu langsam ab und kann Blasenbildung im Gefolge haben. Die zurückgeschlagene Bahn wird nun in das Kittbett eingelegt und mit einem Sandsack oder schweren Bohnerbesen (Blocker) festgerieben.
Wartezeit Nach diesem Kleben folgt eine Wartezeit von 2 bis 3 Tagen. So lange braucht der Kitt zum vollständigen Abbinden. Der Belag darf während dieser Zeit noch nicht mit Möbeln belastet werden. Diese Wartezeit ist noch wichtiger als das Auslegen zum Anpassen an den Untergrund. Nur wer sich diese Zeit läßt, wird ein auf die Dauer befriedigendes Arbeitsergebnis haben.
Endgültiges Einpassen · Beschneiden der Bahnränder Die Kopfenden der Bahnen werden mit der Wand abschneidend zugeschnitten. Bei den seitlichen Bahnrändern haben wir bisher 2 cm überstehen lassen:

Warum das? Die untenliegende Kante wird geschont und bleibt unverletzt. Zum endgültigen Einpassen werden die Kanten gewechselt. Die untere kommt nach oben:

An der jetzt obenliegenden Bahn wird mit dem Lineal eine gute Kante angeschnitten; entlang dieser schneiden wir jetzt die untere Bahn passend ab:

Zum Beseitigen von Unebenheiten, die beim Schneiden entstehen, ist ein kleiner Eisenhobel praktisch.
Zweites Kleben Die Bahnränder werden aufgebogen und durch einen dazwischengestellten Gegenstand, z.B. eine Büchse, hochgehalten, während man den Unterboden säubert und mit Klebemasse einstreicht. Das geht Stück für Stück, jedesmal wird gleich anschließend das Linoleum angedrückt, festgerieben und beschwert. Genauso geht man bei den Kopfenden der Bahnen vor.

72 Anstrich und Dekoration

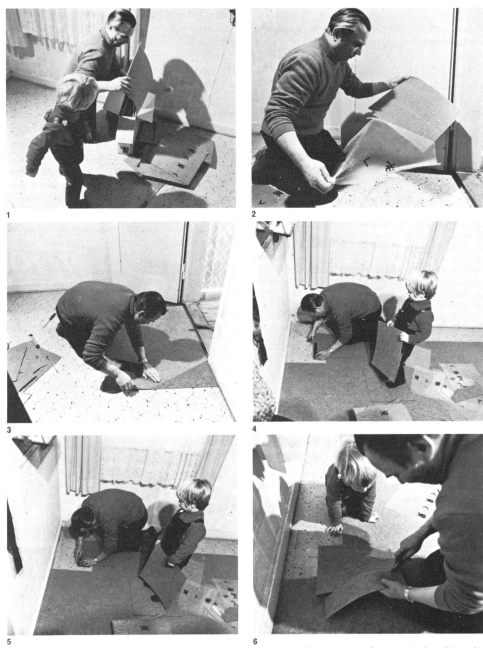

Selbstklebende DLW-Teppichfliesen: 1 *Zimmer ausräumen, Fliesen auspacken* · 2 *Schutzfolie abziehen; auf Pfeile achten (alle Fliesen in dieselbe Richtung)* · 3 *Platten dicht aneinanderstoßen und mit der Hand fest anreiben* · 4 *Für den verbleibenden Rand genau Maß nehmen, Maße mit Schneiderkreide auf Fliese übertragen* · 5 *Mit Teppichmesser entlang Stahllineal abschneiden* · 6 *Geübte schneiden auch »in die Luft«; Fliesenstück fest anreiben und mit Schraubenzieher unter Sockelleiste drücken – Teppichfliesen können statt auf den Unterboden auch auf ein Spezialpapier geklebt werden; sie lassen sich dann, z. B. bei einem Umzug, mitsamt Papier abnehmen.* Werkfotos DLW, Bietigheim

Verlegen von Teppichfliesen 73

1 *Lose zu verlegende DLW-Teppichfliesen sollen auf diesem durch Stöckelabsätze beschädigten Boden verlegt werden · 2 Eine Fliesenreihe von der Tür bis zur Raummitte auslegen. Mittelfliese beschweren. Von ihr aus zweite Fliesenreihe senkrecht zur ersten auslegen · 3 Das entstandene Kreuz so lange verschieben, bis es wenigstens an zwei Enden an die Wand stößt. So spart man Verschnitt. Dann Mittelfliese mit Doppelklebeband endgültig fixieren · 4 Unebene Stellen oder Aussparungen im bisherigen Belag (Bild) werden mit Pappe ausgeglichen · 5 Zuschneiden und Einpassen der Randfliesen: Zuerst auf eine (im Bild helle) Unterlage aus Filz oder Pappe ein Reststück an die Innenkante der schon verlegten Fliese anlegen · 6 Legt man jetzt eine Vollfliese darauf, die dicht an die Wand angestoßen ist, so bleibt von dem darunterliegenden Reststück genau die Fläche frei, die den noch auszufüllenden Randabschnitt bedeckt · 7 Mit dem Teppichmesser wird am Stahllineal entlang der noch fehlende Streifen maßgerecht abgeschnitten; ist das Zimmer nicht genau rechtwinklig, ist auch er »schief« · 8 Die Aussparung am Türprofil wird sehr genau ausgemessen. Maße mit Schneiderkreide auf Fliese einzeichnen und danach ausschneiden · 9 Hier wird die genau passend zugeschnittene Fliese für den Türrahmen eingepaßt.*   *Werkfotos DLW, Bietigheim*

74 Anstrich und Dekoration

Reinigung und Pflege

Zur täglichen Reinigung wird Linoleum gekehrt, mit feuchtem oder trockenem Lappen gewischt, gebohnert, ohne daß neues Wachs aufgetragen wird.

Die gründliche Reinigung von Zeit zu Zeit geschieht am besten mit warmem Seifenwasser. Bevor der Boden mit guter Hartbohnermasse dünn eingerieben wird, muß er ganz trocken sein. Bürsten mit Blocker gibt Mattglanz, Abreiben mit wollenem Tuch Hochglanz.

Wer sein Linoleum nicht vor der Zeit ruinieren will, beherzige:

Nicht wachsen ohne vorheriges Reinigen!
Kein Wachs auf feuchtes Linoleum bringen!
Gutes Wachs verwenden! Dünn auftragen! Boden niemals mit Wasser überschwemmen!

Im Handel sind neuerdings Pflegemittel, die Reinigen und Wachsen in einem Arbeitsgang leisten.

Gummibeläge

Gummiböden sind außerordentlich widerstandsfähig, haben gute Schalldämpfung, sind leicht zu pflegen. Es gibt Beläge in Bahnen, 10 m lang und 100 oder 125 cm breit, auch Fliesen, die aus solchen Bahnen geschnitten werden. Die Stärken sind meist 3 bis 5 mm; es gibt zweischichtige Beläge, bestehend aus einer Grundschicht und einer farbigen Gehschicht.

Fachleute raten davon ab, Gummiböden selbst zu verlegen. Erforderlich ist ein unbedingt ebener Unterboden, der nicht absandet, staub- und fettfrei und völlig trocken ist und bleibt. Um die Trockenheit zu gewährleisten, nimmt man als Unterschicht meist einen Asphaltestrich, den der Fachmann herstellen muß. Ungeeignet sind im allgemeinen Böden, die nicht unterkellert sind, Zementböden – außer wenn mehrere Jahre durchgetrocknet –, Holzböden.

Das Aufkleben geschieht mit Spezial-Gummiklebern. Untergrund und Belag-Rückseite werden bestrichen. Vor dem Aufdrücken muß das im Kleber enthaltene Lösungsmittel verdunstet sein.

Pflege Wichtig ist bei der Pflege, daß der Boden vor dem ersten Begehen mit einem Spezialpflege-Hartwachs zwei- bis dreimal dünn eingerieben wird. Der Hartwachsfilm soll vor dem Begehen einige Stunden durchhärten können. Übliche Bohnerwachse, wie sie für Linoleum und Holzböden verwandt werden, sind nicht geeignet.

Reinigung durch Fegen und trockenes Nachreiben. Verschmutzten Boden mit klarem Wasser abwaschen, nicht überschwemmen. Nur bei hartnäckiger Verschmutzung ein mildes Reinigungsmittel zusetzen – »Pril«, »Rei« oder ein Spezial-Gummireinigungsmittel. Nachwachsen etwa wöchentlich einmal.

22 Einfache Dekorationsarbeiten

Stoffe spannen

Eine Wandfläche mit Stoff zu bespannen, ist häufig an Kleiderablagen erwünscht, wenn es sich um eine gestrichene Wand handelt, die abfärbt. Natürlich kann man in solchen Fällen die Fläche auch tapezieren; die Tapete wird wie der Stoff ringsum durch eine schmale Leiste abgeschlossen. Auch Türen bespannt man mit Stoff; eine solche Tür gibt dem Raum Wärme. Manchmal bespannt man einen Sockel ringsum an den Wänden.

Material Für Kleiderablagen und Sockel eignen sich Bastmatten, die naturfarbig oder auch in Buntfarben wie Gelb, Grün, Rot zu haben sind. Als Sockelbespannung nimmt man auch Rupfen.

Für Kleiderablagen, Türen, Bespannung ganzer Wandflächen eignen sich die meisten Stoffarten bis zu wertvoller Seide. Bedingung ist nur, daß sie sich nicht zu leicht verzerren oder reißen.

Nesselbespannung Manche Wandteile müssen zuerst überspannt werden, bevor sie Anstrich oder Tapete aufnehmen: stark arbeitende Holzflächen (aus Massivholz, nicht aus Sperrholz), ferner Kaminwände und Stellen, an denen Holz und Putz zusammenstoßen und immer wieder zur Rissebildung führen. Als Bespannung wählt man hier Nessel, ein dünnes, aber kräftiges Baumwollgewebe. Das Arbeitsverfahren entspricht dem unten erläuterten.

Folien Kunststoff-Folien eignen sich gut für Wandbespannungen. Sie sind unempfindlich, leicht mit Wasser und Seife zu reinigen, wirken schallschluckend. Über die Verarbeitung Näheres im Siebenten Teil dieses Buches.

Kräuselbespannung Folien wie Stoffe kann man auch gekräuselt spannen. Man näht dazu am oberen und unteren Rand der Stoffbahnen einen etwa 3 cm breiten Saum ein. Durch diesen werden Leisten geschoben. Zum Aufkräuseln schiebt man den Stoff zusammen. Man braucht etwa die doppelte Stoffbreite, um eine gefällige Wirkung zu erreichen und die Stöße der einzelnen Bahnen unsichtbar zu machen.

Untergrund Für alle Stoffbespannungen muß der Untergrund völlig trocken sein. Auf feuchtem Untergrund faulen die Stoffe.

Zusammennähen Ist die zu bespannende Fläche breiter als eine Stoffbahn, kann man die Bahnen einzeln spannen und die Stöße durch Leisten überdecken. Will man die Bahnen zusammennähen, werden sie mit den Vorderseiten aufeinandergelegt und durch eine einfache Naht verbunden; die Naht soll dabei 1 cm von der Stoffkante eingerückt sein. Bei Bast rückt man besser 2 cm ein. Bei gemusterten Stoffen muß man beim Zusammennähen der Bahnen auf den »Rapport«, das Zusammenstimmen der Musters, achten.

Hilfsmittel Ist der Stoff passend geschnitten, sind die Bahnen soweit nötig zusammengenäht (der Außenrand braucht nicht gesäumt zu werden), so legen wir bereit: Metermaß · Lot (oder Wasserwaage) und Schlagschnur zum Markieren der Senkrechten · langes Lineal · weichen Bleistift · Schere · kleinen bis mittleren Hammer · Zange; Stifte (für den Stoff Kammzwecken, kurze Nägel mit breitem Kopf; für die Leiste dünne Stifte mit kleinem Kopf); Umrandungsleiste, passend zugeschnitten (auf die »Gehrung« – S. 95 – muß beim Schneiden der Leiste geachtet werden. Hat man vorher alles genau gemessen, kann man die Leiste beim Einkauf auch gleich zurechtschneiden lassen); bei Zementgrund Werkzeug und Material zum Dübeln (S. 230 f.).

Arbeitsgang Das Spannen beginnt stets in der Mitte der oberen Stoffkante. Diese wird zuerst mit einem Stift angeheftet. Auch alle weiteren Stifte schlägt man zunächst nur wenig ein. Erst wenn die ganze Fläche glatt sitzt, werden sie festgeschlagen. Die Heftnägel können weiteren Ab-

stand haben; beim Festschlagen dichter nageln. Man spannt zuerst die Oberkante von der Mitte aus gleichmäßig nach beiden Seiten. Dann kommt die Unterkante, wieder von der Mitte ausgehend. Während dieses Arbeitsganges prüft man den senkrechten Fall der Bahnen und des Musters mit Lot oder Wasserwaage. Zum Schluß werden die Seitenkanten geheftet. Die seitliche Begrenzung markiert man mit der Schlagschnur oder mit langem Lineal und angedeutetem Bleistiftstrich. Außenkanten etwa 2 cm umschlagen. Auf Zementgrund, wenn die Stifte nicht halten, müssen zunächst ringsherum Dübel eingesetzt werden (S. 231 ff.).

Leiste Erst wenn das Spannen beendet ist, wird die Begrenzungsleiste aufgesetzt. Sie soll nicht den Stoff halten, sondern nur die Kanten – evtl. die Nagelnähte zwischen den Einzelbahnen – überdecken. Damit die Stifte nicht auffallen, werden die Köpfe beim Nageln der Leiste abgekniffen. Es gibt auch Stahlnadeln ohne Köpfe.

Bilder aufhängen

Bilder oder nicht? Ob Bilder – und was für Bilder: das ist Geschmackssache. Wenn Bilder – dann gute! Und Bilder, zu denen man eine persönliche Beziehung empfindet. Gute Reproduktionen sind besser als schlechte Originale.

Wie rahmen? Ein Ölgemälde wird ohne Glas gerahmt, ebenso Reproduktionen von Ölbildern. Drucke dieser Art werden auf eine feste Unterlage aufgezogen, z. B. eine Hartfaserplatte. Überzieht man sie mit einer schützenden Kunststoffschicht (z. B. Herbol PT), so sind sie haltbarer und haben einen leichten Glanz, der sie Originalen ähnlicher macht. Aquarelle, Stiche, Radierungen kommen unter Glas und erhalten in der Regel einen Passepartout, eine Umrandung aus weißlichem oder getöntem Karton. Nur wertvolle Bilder vertragen wertvolle Rahmen. Viele moderne Bilder sehen besser aus in schlichten Rahmen aus naturfarbenem oder leicht getöntem Holz als in Goldrahmen. Über Aufhängung ohne Rahmen S. 168.

Wo aufhängen? Bilder verlangen einen ruhigen Hintergrund. Starkfarbige oder hervortretend gemusterte Tapeten oder Wandbespannungen dulden Bilder kaum. Die Farbstimmung des Bildes soll zu der des Raumes – Wandton, Teppich, Vorhänge, Einrichtung – im Einklang stehen; sie kann aber auch einen wirkungsvollen Kontrast dazu bilden.

Anstrich und Dekoration

Der Zuschnitt der Wandfläche ist zu berücksichtigen. Ein schmaler senkrechter Wandstreifen zwischen Tür und Schrank verträgt kein Bild von ausgesprochenem Querformat. Die breite Fläche über einem langen Bücherregal verlangt Querformat oder vielleicht mehrere Bilder in einer Reihe.
Ein großes Bild braucht Raum zur Entfaltung. Man hängt es für sich. Kleinere Bilder kann man in Gruppen anordnen. Gruppen sollen möglichst aus Bildern gleichen Formats, verwandten Inhalts, ähnlichen Charakters gebildet werden: z.b. 3 Jagdstiche, 4 alte Städtebilder. Solche Gruppen kann man ziemlich dicht hängen; bei einem querlaufenden Fries aus mehreren Bildern darf der seitliche Abstand kleiner sein als die Breite des einzelnen Bildes. In Treppenhäusern läßt man die Bilder dem Anstieg der Treppe folgen.
Mit Regeln, wie sie hier stehen, ist es wie mit den Regeln der Etikette: Sicherer Geschmack mag sich ungestraft über sie hinwegsetzen.
Wie hoch aufhängen? Hier gibt es eine Regel, die fast ohne Ausnahmen gilt: der Bildhorizont sei in Augenhöhe des Betrachters. Der Unerfahrene pflegt Bilder fast immer zu hoch zu hängen.
Arten der Befestigung Eins ist falsch auf jeden Fall: den berühmten Nagel in die Wand schlagen – wobei man dann erst eine Mauerfuge suchen muß und einige kaum mehr zu beseitigende Löcher im Putz hinterläßt. Bilderhaken, oft X-Haken genannt, werden durch Stahlstifte gehalten. Man braucht keine Fugen zu suchen. Je nach Schwere des Bildes nimmt man Haken mit 1, 2 oder 3 Stiften. Wen der messingfarbene Haken stört, der kann sich bei kleineren Bildern mit dem Stahlstift allein begnügen.
Für sehr schwere Bilder ist ein Dübel oder ein Haken in die Wand zu setzen (S. 230f.). In Repräsentativräumen hängt man Bilder auch an (mottensicheren!) Schnüren auf, die an Nägeln oder Ziernägeln oben an der Abschlußkante der Wandverkleidung (Bespannung, Tapete) befestigt werden.
Weiteres zur Technik der richtigen Bildaufhängung unter »Bilderrahmen«, S. 167 ff.
Ein Bild hängt schief – Abhilfe S. 168.

Vorhänge, Gardinen

Eingeputzte Schiene Wo die Möglichkeit der Umgestaltung besteht – bei Neubau, Umbau, gründlicher Renovierung –, sollte man prüfen, an welchen Stellen eingeputzte Vorhangleisten verwendet werden können. Sie eignen sich namentlich für Vorhänge an Nischen, Türen, Durchlässen. Bei Fenstern ist zu beachten, daß eine Schiene, die oben in der Fensternische eingeputzt wird, sich 10 cm vor dem Fensterbrett befinden soll.
Neue Plastikschienen Neu sind Plastikschienen, die nur 6 mm dick sind, so flach also, daß das Einputzen entfallen kann.
Vorhangleisten Fertig käufliche Vorhangleisten erhält man in Holz, Metall und Kunststoff in allen gewünschten Farben, Profilen und Abmessungen. Man sollte sich für eines der verschiedenen im Handel befindlichen Systeme entscheiden und dann in der ganzen Wohnung bzw. im ganzen Haus durchgehend Schienen dieses Systems verwenden.
Länge Wie lang soll die Leiste sein? Bei Fenstern bzw. Öffnungen bis zu etwa 1,30 m Breite soll sie beiderseits etwa 20 cm überstehen, damit die aufgezogenen Gardinen nicht vor dem Fenster hängen und Licht wegnehmen. Bei breiten Fenstern läßt man die Leiste besser etwas mehr überstehen – etwa 25 bis 30 cm, damit die Stoffmenge in aufgezogenem Zustand Platz findet.
Befestigung An der Oberseite des Brettes sitzen zwei Halter für Wandeisen. Die Wandeisen können fest in die Wand eingelassen sein; in älteren Wohnungen ist das meist der Fall. Wenn Möglichkeit besteht, ist es besser, Buchsen in die Wand einzulassen, in die passende Eisen einfach hineingesteckt werden. Die Haltevorrichtungen an der Vorhangleiste sollen seitlich etwas verschiebbar sein. So kann man sie nachrücken, wenn sich herausstellt, daß ihr Abstand dem der Wandeisen nicht genau entspricht.
Laufschienen An der Unterseite des Brettes sitzen eine oder mehrere Laufschienen. Im Bild ist die obere (dem Zimmer zugekehrte) Schiene in der Mitte geteilt. Sie ist bestimmt für eine geteilte Übergardine, die nach beiden Seiten aufgezogen werden kann. Dahinter befindet sich die durchgehende Schiene für die Untergardine (Store).

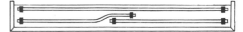

Auf den Schienen laufen Rollen oder andere Gleitkörper, versehen mit Greifern oder Haken zur Befestigung des Vorhangstoffes. Das folgende Bild zeigt, wie der Haken häufig an der Gleitrolle befestigt ist:

Vorhänge 77

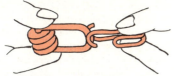

Feststeller An die äußeren Enden der Laufschienen kommt je ein Feststeller, bei geteilter Schiene auch an die freien Enden in der Mitte. Die Feststeller werden verschieden angebracht, je nachdem wie das Aufziehen erfolgen soll. Die Vorhangseite, die fest bleiben soll, erhält einen Feststeller zwischen den beiden letzten Gleitrollen; die andere Seite erhält den Feststeller außerhalb der letzten Laufrolle.

Bemessung des Stoffs Vorhänge und Gardinen müssen reichlich bemessen werden: nach dem Seitenmaß, wenn und soweit sie in Falten hängen sollen; nach dem Längenmaß, weil sie an der Oberkante einen schmalen und an der Unterkante einen breiteren Saum bekommen. Außerdem ist Eingehen beim Waschen zu berücksichtigen.

Der Seite nach verlangt bereits mäßiger Faltenwurf etwa die doppelte Breite. Soll eine Gardine voll in Falten gelegt werden, braucht man bis fast zur dreifachen Breite, wie das Bild zeigt:

Um die Länge zu bestimmen, wird zunächst vor der Vorhangleiste bis zum Fensterbrett (für halblange Vorhänge) oder bis knapp über den Fußboden (für lange Vorhänge) gemessen, dazu gibt man 20 bis 40 cm für den unteren Saum, den man am besten doppelt einschlägt, weil die Vorhänge so glatter fallen. Dazu kommt noch eine Zugabe für das Einlaufen. Sie kann gering sein bei wertvollen Stoffen wie Velours, den man stets chemisch reinigen läßt. Sie muß größer sein für Stoffe, die gewaschen werden. Die Waschkante wird oben eingeschlagen, aber nicht umgenäht.

Befestigen Sind die Gleitrollen mit Häkchen versehen, näht man ein Tragband an den oberen Rand des Stoffes. Je nach Gardinenstoff ist Tragband zu verwenden, das beim Waschen einläuft oder – wie Perlonstores – unverändert bleibt. Sonst verzerrt sich die Gardine nach der Wäsche. Etwa 1 cm des Vorhangs soll oberhalb des Tragbandes als Kante stehenbleiben.

Raffen Die Schnur, die durch das Tragband läuft, dient als »Kräuselschnur« zum Raffen des Vorhangs.

Man darf die Schnur nach dem Raffen nicht ab-

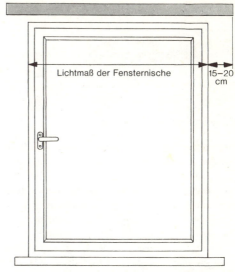

Länge der Vorhangstange bei Normalfenstern

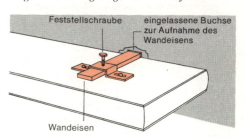

Vorhangleiste   *Feststeller (feste Vorhangseite)*

Feststeller (bewegliche Vorhangseite)

Aufhängung einer Gardine am Tragband

Anstrich und Dekoration

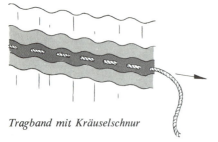

Tragband mit Kräuselschnur

schneiden, damit man zum Waschen den Stoff wieder zur vollen Breite auseinanderziehen kann. Zur Befestigung kann man die herunterhängenden Enden mit Schnäppern an die Gardine festklemmen oder die Schnur zu Knäueln wickeln, die man mit Sicherheitsnadeln unsichtbar unter der Vorhangleiste an der Gardine ansteckt.
Ich empfehle, zunächst die Vorhänge fertig einzuhängen, dann die ganze Leiste mitsamt den Vorhängen an den Wandeisen zu befestigen. Für den Ungeübten ist das Arbeiten an der bereits montierten Leiste unbequem und ermüdend.
Federnde Vorhangstange Für Vorhänge in Nischen, Duschecken u. ä. gibt es federnde Vorhangstangen aus Leichtmetall (eloxiert), auf der Kunststoffringe gleiten. Sie braucht weder angeschraubt noch angedübelt zu werden, sondern klemmt sich mit Hilfe eines patentierten Federmechanismus (»spirella«) fest gegen die beiden Seitenwände.
Scheibengardinen Für Scheiben- oder Spanngardinen an Fenstern und verglasten Schränken verwendet man leichte Stoffe, die durch Stäbe gespannt werden. Erst messen, dann kaufen! Einfache Spanngardinen erfordern etwa 100% Faltenzugabe. Die Haken für die Stangen sollen in senkrechter und waagerechter Richtung gut 2 cm auswärts vom Rande der Scheibe sitzen. Sind die Fensterrahmen mit Winkeleisen verstärkt, sollen die Haken innerhalb des Winkels angebracht sein.

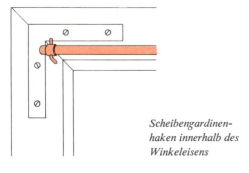

Scheibengardinenhaken innerhalb des Winkeleisens

Ober- und Unterkante der Stoffbahn erhalten einen 2 cm breiten Saum, durch den die Stange gesteckt wird. Eine Zugabe für das Eingehen beim Waschen ist erforderlich.
Rollo Für schmale Fenster verwendet man auch (statt Gardinen oder zusätzlich, zum Verdunkeln) Rollos, die fertig zu kaufen sind. Breite und Länge vor dem Kauf genau ausmessen! Die Trägerwinkel für die Rolle werden am Fensterrahmen mit Schrauben, auf Wand und Decke mit Dübeln und Schrauben befestigt.
Vorhangschiene mit Beleuchtung Im Handel gibt es montagefertige Schienen mit Leuchtstoffröhren (vor oder hinter dem Vorhang) und entsprechenden Blenden.
Stoffwahl Noch ein paar allgemeine Hinweise für Vorhänge:
1. In einem Raum sollen nicht zu viele stark gemusterte Flächen sein: Tapete, Teppich, Vorhänge, Polstermöbel, Flügeldecke und ähnliches können nicht alle auffallende Muster tragen. Man nimmt zu ruhigen Wand- und Bodenflächen gemusterte Vorhänge, zu lebhaften Teppichen (Orientmuster) und Wänden dagegen ruhige – einfarbige oder schwach gemusterte – Vorhänge.
2. Je großzügiger Sie verfahren beim Planen und Gestalten von Vorhängen, desto besser die Wirkung. So wird man z.B. zwei dicht nebeneinander liegende Fenster mit einer über beide hinweggehenden Vorhangleiste verbinden, so daß bei zugezogenem Vorhang eine einzige große Fläche entsteht. In schmalen Räumen mit der Fensterwand an der Schmalseite kann man die ganze Fensterwand mit dem Vorhang überdecken.
3. Für die Sonnenseite lichtechte Stoffe!

Läufer und Teppiche

Unterlagen Haltbarkeit und Elastizität von Läufern und Teppichen werden durch Unterlagen verbessert. Für ältere Orientteppiche sind Unterlagen oft unentbehrlich.
Unterteppiche werden u. a. aus Filz, Korkfilz, Preßkork, bituminierter Pappe, Nadelfilz mit Kautschukbeschichtung hergestellt. Solche Unterlagen gleichen kleinere Unebenheiten aus, dämmen den Trittschall, schonen Teppich und Unterboden. Sie können, sofern die Unterseite rutschfest gearbeitet ist, lose auf den Boden gelegt werden. Sollen sie verklebt werden, so muß dies vollflächig geschehen, und zwar mit Laufrichtung der Bahnen quer zu eventuell vorhande-

Läufer und Teppiche 79

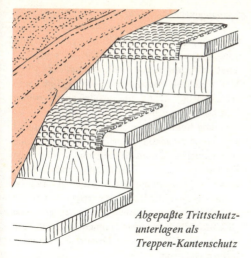

Abgepaßte Trittschutzunterlagen als Treppen-Kantenschutz

durch eine Stange gehalten werden, deren Halterungen fast unmittelbar am Läufer sitzen. Die Stange wird durch zwei seitlich angebrachte Ösen gehalten, die bei Holztreppen einzuschrauben, bei Steintreppen einzuzementieren sind. Über den ausgelegten Läufer werden die Stangen in die Ösen geschoben. Das ist besonders einfach, wenn die Ösen mittels Scharnieren aufzuklappen sind. Zum Schluß werden beide Enden des Läufers, wie vorher beschrieben, mit Fußbodendübeln gespannt.

Die richtige Laufrichtung von Unterboden, Unterteppich und Teppichboden

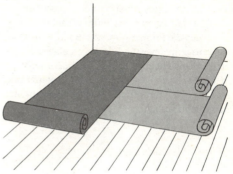

nen Dielen. Der Teppichboden selbst muß dann, wenn es sich um Bahnware handelt, wiederum quer zum Unterteppich (und damit parallel zu den Dielen) liegen.

Fußbodendübel Läufer liegen besser, wenn sie gespannt sind. Dazu braucht man Fußbodendübel aus Messing:

Die Hülse wird bei Holzboden eingeschlagen, bei Steinboden einzementiert. Man braucht etwa 3 bis 4 Dübel an jedem Ende des Läufers. Die Schraube wird durch den Stoff gedrückt und in die Hülse geschraubt. Die Enden des Läufers sind zuvor mit Einfaßband – in allen Farben in Fachgeschäften käuflich – einzufassen.

Läufer dehnen sich allmählich und müssen dann nachgespannt werden. Da man die Hülsen kaum versetzen kann, muß man den Läufer kürzen und das eine Ende neu einfassen.

Zwei Läufer stoßen zusammen Man läßt die Kanten scharf aneinanderstoßen und befestigt jeden Läufer für sich mit Fußbodendübeln. Es ist nicht zu empfehlen, einen Läufer unter den anderen zu schieben: an den so entstehenden Wülsten nützt sich der Läufer schnell ab; außerdem bilden sie ein Stolperhindernis.

Auf gerader Treppe Ein Läufer auf einer Treppe, der nicht richtig befestigt ist, wird zur Ursache ständigen Ärgers, wenn nicht sogar unangenehmer Unfälle. Der Läufer muß auf jeder Stufe

Läufer-Halterungen:

Runde Läuferstange mit Eicheln

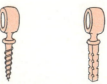

Ösen für Läuferstangen zum Einschrauben und Einzementieren

Aufklappbarer Stangenhalter (für schmale Treppen)

Dreikant-Läuferstange, sehr stabil, mit aufklappbarem Seitenhalter, der (wie links sichtbar) eine Aussparung aufweist, welche die Stange aufnimmt

Anstrich und Dekoration

Auf Wendeltreppe Bei einer gewendelten Treppe sind die Auftritte an der Außenseite breiter als an der Innenseite. Es gibt zwei Wege, mit dieser Schwierigkeit fertig zu werden:
1. Den Läufer passend zuschneiden. Dazu benutzt man als Schablone eine Bahn Packpapier von der Breite des Läufers. Man legt sie auf die Treppe, schlägt die überflüssigen Teile ein, überträgt die Maße auf den Läufer, zerschneidet ihn und näht die Stücke zusammen. Vorteil: Exakter Sitz. Nachteil: Der Läufer kann weder (gleichmäßiger Abnützung wegen) auf der Treppe verschoben noch an anderer Stelle verwendet werden.
2. Die Läuferteile, die an der Innenseite der Treppenrundung überschüssig sind, müssen eingeschlagen und zu einer Keilfalte vernäht werden. Es werden die Punkte A mit A_1, B mit B_1 usw. jeweils zusammengenäht. Die eingeschlagenen Falten werden nicht abgeschnitten, sondern verdeckt an die Setzstufe gelegt und an der im unteren Bild gestrichelten schrägen Linie nochmals mit der Hauptbahn vernäht.

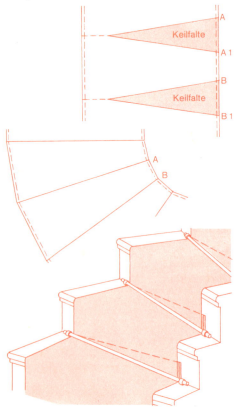

Keilfalten im Wendeltreppenläufer

Spannteppiche

Spannteppiche machen Bodenflächen warm und durchgehend angenehm begehbar. Sie sind allerdings teurer als Beläge aus Linoleum oder PVC. Man verlegt sie überwiegend einfarbig (uni), weil der einfarbige Belag eine großzügigere, ruhige Raumwirkung ergibt.

Sisal und Kokos Teppiche aus diesem Material sind verhältnismäßig rauh und hart, sie haben eine lebhafte Gesamtwirkung und leisten gute Dienste vorwiegend in Vorräumen und Gängen.

Bouclé Haargarnteppiche aus diesem Material verwendet man für stark strapazierte Böden. Sie wirken warm und wohnlich und eignen sich auch als Untergründe für echte Teppiche und Brücken. Wie bei Sisal gibt es viele Grautöne und starkfarbige Nuancen.

Velours ist schalldämmend; er sollte wegen seiner weichen, samtigen Oberfläche nur in Räumen verlegt werden, die auch im übrigen verhältnismäßig aufwendig ausgestattet sind. Viele Farbtöne, Breiten von 70 cm bis 4,57 m.

Nylon und Perlon Diese Kunstfasern ergeben einen etwas anderen Oberflächencharakter als herkömmliche Textilien. Es werden Teppiche mit kurz-, mittel- und langfloriger Oberfläche hergestellt. Wenn die Oberfläche langfloriger Teppiche etwas zerzaust wirkt, kann man sie glattbürsten. Teppiche aus diesen Geweben sind sehr haltbar und gut zu pflegen.

Wolle mit Dralon Aus einem Gemisch von je 50% Wolle und Dralon wird Auslegware verschiedener Struktur und Dicke hergestellt. Die Kunststoffbeimischung bewirkt eine bemerkenswerte Unempfindlichkeit gegen Schmutz. Diese Teppiche sind auf der Rückseite gummiert und können vollflächig aufgeklebt werden, vgl. unten. Sie liegen aber auch ungeklebt flach und faltenlos. Breite bis 5 m.

Filz mit PVC Kombinationen aus Filz und PVC gehören strenggenommen nicht zu den Spannteppichen. Sie sind hier erwähnt, weil die Filzunterlage den Boden ähnlich weich und gut begehbar macht wie ein Teppich.

Unterböden Spannteppiche lassen sich auf allen trockenen, sauberen glatten Unterböden verlegen. Holzböden sollen eben und frei von größeren Rissen sein. Risse und Unebenheiten führen dazu, daß der Teppich sich stellenweise schnell abtritt. Man kann Holzböden abschleifen und Fugen mit schmalen Leisten füllen; doch erreicht man den

Spannteppiche

besten Effekt, wenn man den ganzen Boden mit Hartfaserplatten belegt, wie S. 70 für Linoleumverlegung empfohlen und beschrieben.
Böden mit Linoleum-, Gummi- und PVC-Belägen eignen sich gut für Spannteppiche. Estriche in Neubauten sind ebenfalls geeignet. Asphalt kann, weil er keiner Austrocknung bedarf, sofort belegt werden. Zement- und Gipsestriche müssen völlig ausgetrocknet sein. Sisal z. B. zieht sich bei Feuchtigkeit zusammen; trocknet der Estrich aus, so dehnt sich der Belag, und Falten sind unvermeidlich.
Sollen auf Zementestrich Spannarbeiten ausgeführt werden, so müssen rundum im Boden Dübelleisten einzementiert werden. Wer einen besonders warmen Boden haben will, kann unter den Spannteppich eine Lage Filzpappe (oder Zeitungspapier) legen.
Das Verlegen Grundsätzlich kann man Spannteppich sowohl lose legen wie vollflächig aufkleben wie spannen. Nicht jedes Material eignet sich aber für jede Verlegungsart.
Bouclé hat den Vorteil, daß Vorder- und Rückseite von völlig gleicher Struktur sind, so daß der Teppich nach einiger Zeit gewendet werden kann. Man wird also diese Teppiche nicht kleben.
Es ist zweckmäßig, möglichst breite Bahnen zu nehmen, damit die Anzahl der Nähte beschränkt wird. Die Nähte sollen immer in der Richtung des einfallenden Lichts liegen. Das Nähen erfolgt, nachdem alle Bahnen geschnitten sind, von der Rückseite. Je zwei Bahnen werden mit den Vorderflächen zueinander zusammengelegt und dicht an der Kante mit Leinen- oder Nylonfaden »überwendlich« zusammengenäht (Bild). Wer nicht nähen will, kann die Bahnen auch von der Rückseite durch unter die Stöße gelegte Streifen aus Nessel oder Packpapier, etwa 15 cm breit, zusammenkleben. Zum Kleben dienen Spezialkleber (Lackofix, Haftkleber).
Die einfachste, auch vom Laien auszuführende Art des Verklebens geschieht mit doppelseitigem Teppich-Klebeband. Der Teppich muß dazu genau die Größe des Raumes besitzen. Das läßt sich am leichtesten erreichen, wenn Sie nicht Bahnen aneinanderreihen, sondern gleich einen raumgroßen Teppich in einem Stück kaufen; es gibt ja Teppichböden bis zu 5 m Breite. Allerdings müssen Sie sich beim Kauf erkundigen, ob sich dieser Teppich zum Verlegen auf Klebeband eignet.
Der Belag wird paßgerecht ausgelegt, die Kanten sind zunächst umzuschlagen. Entlang der Fußleiste wird jetzt (auf fettfreiem Unterboden, Bohnerwachs u. ä. vorher entfernen!) der Klebestreifen aufgebracht – Schutzstreifen obenauf! – und mit einem Lappen fest an den Boden gedrückt.
Jetzt den Schutzstreifen bei flacher Reißrichtung vorsichtig abziehen.
Der Teppich ist dann paßgenau aufzulegen und mit einem breiten Hammer fest anzuklopfen.
Das vollflächige Verkleben erfordert einen sorgfältig vorbereiteten Unterboden, wie er bei PVC-Böden verlangt wird. Die beachtliche Dicke der Teppichböden darf nicht darüber hinwegtäuschen, daß nur auf einwandfreiem Untergrund ge-

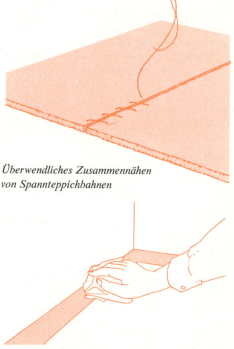

Überwendliches Zusammennähen von Spannteppichbahnen

Das Aufbringen des doppelseitigen Klebestreifens bei zurückgeschlagenem Teppich

Abziehen des Schutzstreifens

82 Anstrich und Dekoration

klebt werden kann. Vermeiden Sie das Verlegen gemusterter Ware, da hier die Schwierigkeiten des Rapports hinzukommen! Gewebte Ware wird fadengerade verlegt, das heißt so, daß der Flor bei sämtlichen Bahnen in derselben Richtung verläuft; er soll möglichst vom Licht weggehen. Alles Schneiden muß ebenfalls »fadengerade« erfolgen, so z. B. bei Schlingenware durch vorheriges Ausziehen eines Florfadens und rückseitiges Schneiden in dieser Fadengasse.

Geklebt wird am besten mit Dispersionsklebern. Helle Kunstharzkleber (z. B. Sichotex) mit langen »offenen Zeiten« eignen sich auch, sind aber schwieriger zu verarbeiten. Das Verkleben selbst geht etwa wie beim PVC-Kleben vonstatten, es wird jeweils eine zurückgeschlagene Bahnenhälfte eingestrichen und festgeklebt. Beim Verkleben mehrerer Bahnen sollte man von der Mitte her beginnen. Alle Kantenstöße werden leicht »gestaucht«, d. h. gegenseitig aneinander »herangedrückt«, wobei kleine Korrekturen möglich sind. Vorsicht: Eindrücken des Flors in den Kleber führt zu auffälligen Stößen! Die verklebte Naht müssen Sie zuletzt mit einer Roßhaar- oder Nylonbürste senkrecht »beklopfen«. An den Fußleisten muß das Übermaß sofort mit senkrechtem Messerschnitt (Spezialmesser S. 70) an der Stahlschiene abgeschnitten werden. Ein Viertelstab aus Holz kann als Abschluß gesetzt werden; er ist fest auf den Flor zu drücken.

Teppichfliesen Teppichfliesen lassen sich leicht verlegen und bieten den Vorteil, daß man verschmutzte oder beschädigte Fliesen auswechseln kann. Abmessungen meist 50 × 50 cm, Material Filz, Perlon, Dralon; besonders dick und widerstandsfähig Hengafeld-Fliesen, die Tierhaare enthalten. Manche Fliesen haben einen Klebstoffauftrag auf der Rückseite. Andere werden ganz ohne Klebstoff verlegt. Vgl. hierzu die Bildtafeln S. 72, 73.

23 Einfache Polsterarbeiten

Das Material Der Laie wird in erster Linie lose Kissen herstellen und beziehen bzw. neu beziehen können. Ein ideales Polstermaterial für solche Zwecke stellen Schaumgummi und Kunstschaumstoff dar. Schaumgummi enthält natürliches Latex, während Kunstschaumstoff aus rein synthetischen Stoffen hergestellt wird.

Schaumgummi ist erhältlich in Platten bis zur Größe 1 m × 2 m in Dicken von 10, 12, 15, 20, 25 und 30 mm in vollen Platten, während Platten in größeren Dicken von 25 bis 60 mm an der Unterseite röhrenförmige Aussparungen haben.

Es gibt verschiedene Weichheitsgrade. Für Sitzkissen auf Bänken und Stühlen sowie als Schaumstoffmatratze nimmt man festeres Material, während mittelweiche Sorten für Sitzkissen über Federkernen und ganz weiche für Rückenpolster (mit und ohne Federkern) geeignet sind.

Kunstschaum gibt es bei Plattengrößen bis 1 m × 2 m in den Dicken 2, 3, 4, 5, 6, 8, 10, 12, 15, 20, 25, 30, 35, 40, 50, 60, 80 und 100 mm. Aus Kunstschaum gibt es auch vorgefertigte Teile in Form von Kissen, Platten, Rückenlehnen für Sessel, Matratzen. Das Material wird praktisch in allen Farben hergestellt, so daß man es auch offenliegend vielfältig verwenden kann. Abfallschnitzel dienen wie Federn als Füllung für Kisseninlets. Endlich gibt es ein Plattenmaterial, das aus einer Mischung von Gummihaar und Kunstharzbindemittel besteht und das sich besonders gut zum Herausschneiden von losen Kissen, z.B. für Eckbänke, eignet. Auf eine so geschnittene Platte soll

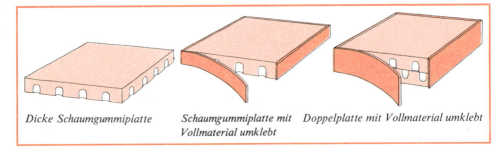

Dicke Schaumgummiplatte *Schaumgummiplatte mit Vollmaterial umklebt* *Doppelplatte mit Vollmaterial umklebt*

Einfache Polsterarbeiten

man noch eine dünne Lage Kunstschaumstoff aufkleben.

Das Zuschneiden des Polstermaterials Wer nicht fertige Teile im gewünschten Maß kauft, muß zunächst zuschneiden. Dazu nimmt man Maß und Form mit einer Schablone von dem zu belegenden Gegenstand, z.B. der Eckbank, ab und überträgt sie auf das Material. Mit weichfließendem Kugelschreiber kann man unmittelbar auf die Platten zeichnen. Als Schneidwerkzeug dient eine Schere oder ein scharfes Messer. Die Schere vor dem Schneiden in Wasser tauchen; so franst der Schnitt nicht aus. Kurven werden mit einer Rasierklinge vorgeritzt, dann mit der Schere nachgeschnitten.

Verschiedene Möglichkeiten der Kantengestaltung Platten aus Schaumgummi von 30 bis 40 mm Dicke, wie man sie zum Belegen einer Eckbank braucht, haben bereits an der Unterseite röhrenförmige Aussparungen. Die Kanten der Platten sind dagegen geschlossen. Dies nützt man beim Zuschneiden in der Weise aus, daß man für die Vorderkanten der Kissen eine volle Plattenkante benutzt. Entsteht durch einen Schnitt in der Mitte einer Platte eine Seitenfläche mit röhrenförmigen Aussparungen, so wird sie mit Vollmaterial umklebt. Diese Streifen müssen, wenn der Polsterkörper eine rechtkantige Form bekommen soll, genau in der Stärke der Platte gehalten sein. Klebt man, um dickere Kissen zu haben, zwei Schichten Polstermaterial aufeinander, so müssen die Kantenstreifen so breit geschnitten werden, wie beide Platten zusammen dick sind. Ein derart zusammengefügtes Kissen erhält durch Einfügen einer Kunstschaumeinlage eine gewölbte Form. Auf die gleiche Weise kann man dem Polster auch Keilform geben. Sollen die Kanten nicht scharf sein, sondern abgerundet erscheinen, so schneidet man die Streifen für die Schmalseiten (auch Seitenböden genannt) um eine Streifenstärke schmäler als die Kissendicke. Der Streifen wird dann auf Mitte aufgeklebt, die überstehenden Flächen werden mit Kleber bestrichen, zusammengebogen und geklebt. So entstehen schöne, abgerundete Kanten.

Eine andere Möglichkeit, die Seitenböden zu runden, besteht darin, fertige Profilstäbe zu verwenden, die es in vielen Formen zu kaufen gibt.

Für dünne Kissen kann man auf die Seitenböden verzichten. Man schrägt die beiden aufeinandergelegten Platten ab und klebt die Schnittflächen zusammen. Auch derartige Kissen können mit einer Einlage aus Kunstschaum, Schaumgummi oder auch anderem Füllmaterial gewölbt werden; doch muß man darauf achten, daß die Einlage nicht bis zu den Kanten herausreicht.

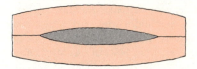

Doppelplatte, durch Kunstschaumeinlage gewölbt

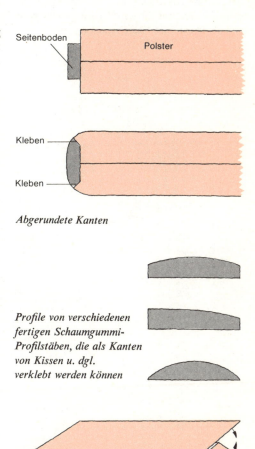

Abgerundete Kanten

Profile von verschiedenen fertigen Schaumgummi-Profilstäben, die als Kanten von Kissen u. dgl. verklebt werden können

Zusammenkleben der beiden Platten an den schrägen Schnittkanten ergibt gewölbte Kissenform

84 Anstrich und Dekoration

Das Kleben Mit Spezialklebern können geklebt werden: Schaumgummi auf Schaumgummi · Schaumstoff auf Schaumstoff · Schaumgummi bzw. Schaumstoff auf Holz oder Gewebe. Es ist zweckmäßig, den Kleber beim Einkauf des Polstermaterials mit einzukaufen, und zwar jeweils den, der vom Hersteller des Materials hergestellt oder empfohlen wird. Der Kleber soll dünnflüssig und gut verstreichbar sein. Es werden stets beide zu klebende Flächen eingestrichen. Nach 5 Minuten sind sie gewöhnlich so weit abgetrocknet, daß man kleben kann – jedoch Gebrauchsanweisungen beachten. Ein Fläschchen Verdünnung zusätzlich zu besitzen, empfiehlt sich; man braucht es, um Flecken zu entfernen und die Hände von Kleberresten zu säubern.

und die Hände von Kleberresten zu säubern. (Vgl. hierzu S. 505 ff.)

Der Bezug Bei kantigen Kissen von einiger Dicke schneidet man am besten jedes der 6 Teile für sich zu. Beim Zuschneiden ist darauf zu achten, daß die Laufrichtung des Stoffes für die Schauseiten überall gleich ist; bei gemustertem Stoff besonders darauf achten. Die Teile werden lose auf das Kissen gelegt (Stoffrückseite nach außen, so daß die Nähte gleich passend gesteckt werden können), zunächst geheftet, soweit nötig nachgeschnitten. Anschließend näht man die Nähte von Hand oder mit Maschine endgültig zusammen. Die letzte Naht an einer Schmalseite bleibt offen und wird, nachdem der Bezug übergestülpt wurde, von Hand zugenäht.

Zweiter Teil

Holzarbeiten

1 Die Werkstatt

Ich denke, ich brauche nicht lange zu begründen, warum ich dem Arbeiten mit Holz in diesem Buche breiten Raum widme. Holz ist noch immer unser universalster Werkstoff. Gerade der Laie kann mit einfachem Werkzeug aus Holz viele schöne und praktische Dinge fertigen. Auch ist dem Nichtfachmann durch die elektrischen Kombiwerkzeuge (S. 477 ff.) ein weiteres Arbeitsgebiet erschlossen worden. Schließlich treten bei der Holzbearbeitung so viele Grundvorgänge auf, die man fast immer und überall bei praktischer Betätigung braucht (Nageln · Bohren · Leimen · Schrauben), daß es lohnt, sie ausführlich zu betrachten.

Der Arbeitsraum

In unserem nördlichen Klima, stets vom Regen bedroht, können wir Holzarbeiten, die mehr sind als ganz kurze Gelegenheitsreparaturen, nicht im Freien ausführen. Wir brauchen einen geschlossenen Raum. Am besten ist natürlich ein eigener Werkstattraum. Denken Sie an Säge- und Hobelspäne und an den vielen Staub, der vor allen Dingen beim Arbeiten mit elektrischen Kombiwerkzeugen entsteht!
Der Arbeitsraum soll möglichst natürliches Licht haben. Künstliches Licht sollte bei Tage nur ein Notbehelf sein. Soweit man es benötigt, soll es blendfrei und ausreichend hell sein. Darüber mehr im Teil »Elektrizität«. Denken Sie auch an eine Schukosteckdose, besser noch an zwei, damit Sie Maschinen, Lötkolben und andere Geräte in Betrieb nehmen können.

Trocken soll der Raum sein, nicht zu kalt und nicht zu warm. Viele Arbeitsgänge, besonders beim Verleimen von Holz, gelingen nur bei gemäßigter Temperatur. Bei starken Temperaturschwankungen bildet sich Schwitzwasser.
Noch zwei Hinweise zum Thema Arbeitsraum:
1. Ist der Raum durch einen Kohlenofen beheizt, achten Sie bitte auf die Brandgefahr durch Späne und andere Holzabfälle.
2. Da die meisten Hölzer (Bretter und Leisten), mit denen Sie arbeiten, lange und sperrige Gegenstände sind, sollte der Arbeitsraum nicht klein sein. Je beschränkter aber der Platz, desto peinlicher die Ordnung!

Werktisch, Werkbank

Die Hobelbank Die ideale Werkfläche für Schreinerarbeiten ist die Hobelbank. Die Größe richtet sich nach Platz und Geldbeutel. Zu empfehlen ist eine mittelgroße Bank von 1,50 bis 1,80 m Plattenlänge. An der Vorderseite links und an der rechten Seite sind zwei Spanneinrichtungen, Zangen genannt, die auf einer mit Gewinde versehenen Spindel hin und her laufen. Sie halten jedes Werkstück rasch und bequem fest.
Die linke Zange nennt man Vorderzange, die rechte Hinterzange. Beide müssen zügig laufen und in einer festen Führung gleiten. Gewinde von Zeit zu Zeit ölen!
Bankhaken Diese eisernen Kloben werden in die Aussparungen der Bankvorderseite und in diejenigen der Hinterzange eingesetzt. Zwischen die

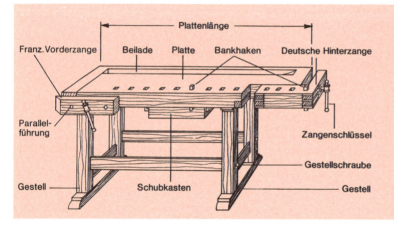

Die Hobelbank und die Benennungen ihrer wichtigsten Teile

leicht oben herausstehenden Bankhaken wird das Werkstück eingespannt.
Die oberen Stirnflächen der Bankhaken sind kein Amboßersatz. Zurücktreiben nur mit dem Hammerstiel! Durch Schlagen mit dem Hammerkopf entstehen Grate, an denen man sich leicht verletzen kann. Ist einmal ein Grat entstanden, so muß man ihn sauber abfeilen.
Platte Die wichtigste Forderung an die Platte der Hobelbank: sie muß eine völlig ebene Fläche bilden. Das kann man leicht nachprüfen, indem man (wie es das Bild zeigt) zwei Latten genau parallel auf die Platte legt und dann darüber visiert. Eine von vornherein windschiefe Platte ist unbedingt zurückzuweisen.
Gestell Das Bankgestell darf nicht wackeln. Keile und Schrauben nachziehen.
Zusatzgeräte Der in der Höhe verstellbare Bankknecht dient als Unterstützung beim Hobeln langer Einzelstücke. Für große Flächen nimmt man Böcke (Schragen) zur Unterstützung.
Unterbringung des Werkzeugs Kleinzeug liegt handgerecht in der Beilade der Hobelbank. Wohin mit dem Werkzeug? Der Platz unter der Werkbank sollte nur in Ausnahmefällen als Werkzeugplatz dienen, und wenn, dann möglichst als Kipplade. Räumen Sie aber bitte ab und zu die Hobel- und Sägespäne heraus.
Zeugrahmen Das Werkzeug ist richtig untergebracht in einem an der Wand hängenden Zeugrahmen oder Werkzeugkasten, so daß man es ohne Verrenkung und ohne sich bücken zu müssen greifen kann. Wenn Sie sich nicht gleich einen Werkzeugkasten kaufen wollen oder sich noch nicht an die Selbstanfertigung wagen (S. 164), dann ist zunächst eine gelochte Hartfaserplatte an der Wand sehr günstig. An Drahthaken oder -bügeln hängen Sie das Werkzeug übersichtlich auf. Möglichst nicht legen, denn die Schneiden werden leicht stumpf.
Behandlung der Hobelbank Die Platte soll von Zeit zu Zeit mit Leinöl eingelassen werden (mit einem gutgetränkten Lappen überwischen). Das bietet Schutz gegen Verziehen der Platte; auch lassen sich Leim- und Farbflecke dann leichter entfernen.
Arbeiten, welche die Platte verschinden können, z. B. das Geradeklopfen von Nägeln, wird man nicht auf der Platte, sondern auf einem beigelegten Hartholz- oder Eisenstück ausführen. Nicht auf den Bankhaken!
Bedenken Sie, daß die Spindel für Holzarbeiten

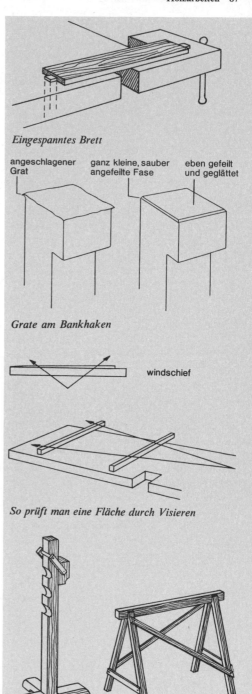

Eingespanntes Brett

angeschlagener Grat | ganz kleine, sauber angefeilte Fase | eben gefeilt und geglättet

Grate am Bankhaken

windschief

So prüft man eine Fläche durch Visieren

Bankknecht   *Bock*

88 Hobelbank · Unfallverhütung

gebaut ist. Sie ist kein Schraubstock etwa zum Biegen eines Metallrohres. Der eiserne Schraubstock – mit dem wir uns beim Arbeiten mit Metall näher befassen (S. 293) – kann zusätzlich, an einem Hartholzklotz befestigt, in die Hobel- oder Werkbank gespannt werden.

Kleine Hobelbank Speziell für Heimwerker und Bastler werden neuerdings von der Industrie Hobelbänke hergestellt.

Der Werktisch Für andere als reine Schreinerarbeiten ist eine Hobelbank allerdings nicht gut geeignet. Auch die Befestigung von Mehrzweckmaschinen ist schwierig. Deshalb ist für die Hauswerkstatt ein Werktisch oder eine Werkbank vorzuziehen. Die Platte sollte aus etwa 4 cm starken Bohlen bestehen. Sie wird auf einem Bockunterbau stabil befestigt. Einen solchen Arbeitstisch kann man selbst herstellen (s. S. 151). Einfacher und für den Anfang genügend ist es, einen stabilen Tisch von entsprechender Größe durch Querverstrebungen zu versteifen.

Ein solcher Werktisch, ergänzt durch Schraubzwingen oder andere Spannvorrichtungen, reicht für die meisten Schreinerarbeiten aus. Zum Hobeln darf er nicht zu hoch sein. Die Handgelenkhöhe des Arbeitenden, wenn er aufrecht mit zwanglos hängenden Armen vor dem Werktisch steht, ist am günstigsten. Der Tisch soll fest stehen: Legen Sie auf zwei zwischen dem Gestell befestigte Querbretter einen kräftigen Steinbrocken oder ein Stück Eisenschiene. Aufgeschraubte Strebeleisten zwischen den Tischbeinen verhindern das Wackeln. Über Unterlegen zu kurzer Tischbeine S. 185.

Der Tisch soll auch auf glattem Boden nicht rutschen: da helfen unter die Füße genagelte Gummiplatten oder Lederflecken. Es ist unzweckmäßig, ihn an der Wand zu befestigen oder am Fußboden zu verschrauben. Manche Arbeiten machen sich

leichter, wenn man die Werkbank einmal drehen oder weiter in den Raum schieben kann. Ideal ist es, Hobelbank und Werktisch zu haben. Sie können die Werkteile aus dem Weg legen und haben auch einen festen Platz für Ihr Elektro-Kombiwerkzeug.

Tischhobelbank Eine vorhandene Werkbank kann durch eine auflegbare Tischhobelbank für Schreinerarbeiten brauchbar gemacht werden. An dieser Bank fehlt die Vorderzange; verkröpfte Bankhaken ermöglichen das Einspannen.

Zehn Gebote zur Unfallverhütung

1. Die wichtigste Voraussetzung für unfallfreies Arbeiten ist Sauberkeit und Ordnung in der Werkstatt.
2. Scharfes und gepflegtes Werkzeug ist weniger gefährlich als stumpfes, rostiges oder schadhaftes.
3. Die Hemd- oder Jackenärmel hochkrempeln, und zwar nach innen einschlagen. Keine Zipfel!
4. Fingerringe ablegen!
5. Werkzeuge möglichst unter Verschluß halten, vor allem aber giftige oder brennbare Flüssigkeiten!
6. Arbeiten Sie nie in einer durch Alkohol gehobenen Stimmung!
7. Auch kleine Verletzungen stets sofort durch einen Verband schützen! Wunde vorher nicht auswaschen; nur kurz ausbluten lassen. Bei stärkeren Verletzungen stets Arzt aufsuchen. Wo eine Heimwerkstatt ist, soll auch ein Verbandskasten im Hause sein!
8. Feuergefahr besteht:
beim Rauchen während des Hobelns
beim Arbeiten mit Farben und Lacken
beim Arbeiten mit Klebern
durch Selbstentzündung alter Öl- und Fettlappen oder öliger Späne.
Deshalb: Nicht in der Werkstatt rauchen!
9. Alle Holzbearbeitungsmaschinen haben eine sehr hohe Drehzahl und sind deshalb besonders gefährlich. Die zugehörigen Schutzvorrichtungen sind unbedingt zu verwenden. Alle sich drehenden Teile sollen soweit wie irgend möglich gegen Berührung ummantelt sein. Sägeblätter, Messer und dgl. sind sorgfältig festzuschrauben.
10. Wer Maschinen anschafft und wer Verwandte oder Freunde in der Werkstatt arbeiten läßt, sollte unbedingt eine Haftpflichtversicherung abschließen. Vorhandene Maschinen ausdrücklich im Versicherungsschein aufführen!

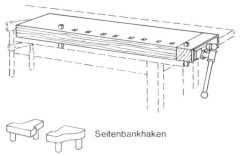

Seitenbankhaken

ULMIA-Tischhobelbank

2 Der Werkstoff

Eigenschaften des Holzes

Holz ist ein lebendig gewachsener Werkstoff, aufgebaut aus einzelnen Zellen, die nicht alle gleichmäßig sind. Für die Bearbeitung bringt diese Tatsache manche Schwierigkeit.
Die Zellen Die Masse der Zellen im aufrecht wachsenden Stamm hat etwa die Form eines oben und unten geschlossenen winzigen Röhrchens. Sind die Zellen mit Feuchtigkeit gefüllt, schwellen sie an, das heißt, die Röhrchen werden dicker, jedoch fast gar nicht länger. Trocknen sie aus, so werden sie dünner, jedoch kaum kürzer. Jegliche Änderung im Feuchtigkeitsgehalt der das Holz umgebenden Luft verändert bereits die unzähligen Holzzellen.
Holz arbeitet Die Folge daraus: das Holz »arbeitet«. Es arbeitet immer, auch noch, nachdem es verarbeitet wurde. Und zwar arbeitet es wegen der Form seiner Zellen stärker in der Querrichtung als in der Längsrichtung.
Das Werfen Holz schrumpft nicht nur, sondern es »wirft« sich auch: es wird rinnenförmig hohl. Diese Erscheinung beruht auf dem Wachstumsvorgang des Holzes. Im Frühjahr, wenn die Säfte schießen, bilden sich weite Zellen mit dünnen Wänden. Zur Trockenzeit bilden sich dagegen enge Zellen mit dickeren Wänden. Das ergibt die Jahresringe (Bilder S. 90).
Die ringförmige Schichtung der Zellen bewirkt, daß ein von der Außenstelle des Stammes abgeschnittenes Brett sich beim Trocknen wirft; und zwar wird stets die der Stammitte zu liegende Seite des Brettes (»rechte Seite«) rund, die nach außen liegende Seite hohl werden.
Es ist niemals gleichgültig, wo und wie ein Brett aus dem Stamm herausgeschnitten ist, und ebensowenig, wo und wie es im Werkstück eingesetzt wird. Aus welchem Teil des Stammes ein Brett stammt, sehen Sie an den Stirnseiten.

So arbeitet Massivholz

»Rechte Seite oben« Bei einem Brett, das auf einer Unterlage angenagelt oder sonst befestigt wird, legt man die »rechte Seite nach oben« – ein Merksatz! Dann wird es sich kaum aufwerfen, jedenfalls aber an den Rändern fest aufliegen bleiben.
Weil Holz in verschiedener Richtung verschieden stark arbeitet, darf man niemals ein längeres Stück Querholz auf Längsholz aufleimen, ebensowenig umgekehrt. Werden Längsholz und Querholz verbunden, muß die Verbindung arbeiten können, also einen kleinen Bewegungsspielraum behalten. Man wird also nageln, schrauben, durch Beschläge oder Sonderkonstruktionen verbinden, aber nicht leimen.

richtig
hohl
falsch
rund
linke Seite des Brettes
Herzseite „rechte Seite"

Nach dem Trocknen hat sich das falsch genagelte rechte Brett rinnenförmig aufgeworfen

Die wichtigsten Holzarten

Wir betrachten hier die Holzarten, die für eine Verarbeitung durch den Laien hauptsächlich in Betracht kommen: Fichte · Kiefer · Lärche · Buche · Eiche. Andere heimische Hölzer werden zwar vom Möbelschreiner verarbeitet, in der Heimwerkstatt aber selten vorkommen. Die Nadelhölzer Fichte, Kiefer und Lärche sind Weichhölzer, die übrigen Harthölzer.
Fichte Das Holz der Fichte, auch Rottanne genannt, ist billig und leicht zu bearbeiten, daher für einfache Holzarbeiten am besten geeignet. Fichtenholz sieht gelblichweiß aus, ist leicht, weich, elastisch, sehr tragfähig, gut spaltbar und harzhaltig. Es ist ziemlich dauerhaft, solange es entweder ganz im Wasser oder ganz an der Luft bleibt. Im Wechsel von naß und trocken wird es bald stockig.
Dem Fichtenholz sehr ähnlich ist das der Tanne (Weißtanne).

Werkstoff Holz

Kiefer Das Holz der Kiefer, auch Föhre, Forche, Kiene genannt, hat ähnliche Eigenschaften wie das der Fichte, es ist jedoch härter, fetter (kieniger) und wetterbeständiger.

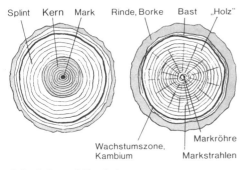

Splintholz- und Kernholzstamm

Kernholz und Splintholz Im Gegensatz zur Fichte ist die Kiefer ein Kernholzbaum. Der Stamm zeigt innen einen dunklen Kern mit dem darum liegenden helleren Splint. Das Kernholz ist fester und widerstandsfähiger.

Blaustreifigkeit Das weiche Splintholz ist anfällig gegen Insekten und Pilze. Bei der Kiefer kommt häufig eine bläuliche Verfärbung des Splintes vor. Die Festigkeit wird dadurch nicht beeinträchtigt. Man muß aber vor der Oberflächenbehandlung imprägnieren (s. S. 140).

Maserung Die am geschnittenen Holz sichtbare, je nach Holzart mehr oder weniger schöne Linienstruktur wird Maserung genannt. Sie ergibt sich durch das gerade oder schräge Anschneiden der verschiedenen Zonen und Jahresringe des Baumstammes beim Sägen.

Lärche Die Lärche, ein Kernholzbaum wie die Kiefer, hat breiten Kern und schmalen Splint. Das Holz ist wertvoller, von schöner, gelborange getönter Farbe und äußerst wasserbeständig.

Buche Das Holz ist schwer, hart, fest und gut spaltbar. Es arbeitet jedoch sehr stark. Im Wasser wird es rasch schwarz und verdirbt. Deshalb nicht dort verwenden, wo es feucht werden kann. Buche läßt sich gut dämpfen und dann biegen (siehe S. 117).

Eiche Die Eiche ist ein Kernholzbaum. Der Splint, schmal und grauweiß, vermorscht in kurzer Zeit. Das gelblichbraune Kernholz dagegen ist äußerst dauerhaft, hart, fest und zäh, im Wasser von fast unbegrenzter Beständigkeit. Eiche ist stark gerbsäurehaltig und empfindlich gegen Eisen (Nägel, Schrauben). Vorsicht! Durch Eisenrost entstehen blauschwarze Flecken, die nicht mehr zu entfernen sind.

Ausländische Hölzer

Neben den heimischen Holzarten werden heute auch gute tropische Hölzer bei uns angeboten. Unter den vielen Arten nenne ich Sapeli-Mahagoni, Abachi, Makoré und Limba aus Afrika, Teak aus Indien und Balsaholz aus Südamerika. Wegen der guten Wachstumsbedingungen sind diese Hölzer weitgehend astfrei.

Sapeli Das Holz ist dunkelrotbraun, mittelschwer, ähnlich dem Mahagoni mit meist gewundenen Fasern. Es ist jedoch gut zu bearbeiten.

Abachi Das einheitlich hellgelbe, sehr leichte Holz ist sehr elastisch und ähnlich zu verarbeiten wie andere Weichhölzer. Schrauben und Nägel halten nicht gut; besser leimen.

Makoré Ein rötliches Hartholz, das im Möbelbau starke Verbreitung als preiswertes Furnierholz gefunden hat. Es dient auch zur Herstellung von Parkett.

Limba Das mittelschwere Holz ist hellgelbbraun mit olivfarbenem Schimmer und zeigt interessante Strukturen. Vorsicht beim Bohren und Drechseln, denn das Holz springt leicht.

Teakholz Das goldbraune, harte Holz ist weitgehend bekannt. Die Struktur ist der Eiche ähnlich, die Farbe jedoch schöner. Der starke Ölgehalt verhindert das Rosten der Nägel, erlaubt jedoch keine Politur. Behandlung mit Teaköl. Durch mineralische Bestandteile wird das Holz im Wetter leicht gräulich.

Balsaholz Das leichteste Holz der Welt ist wegen seiner geringen Druckfestigkeit nur für den Modellbau geeignet. Es kann kaum gehobelt werden. Verarbeitung mit scharfem Messer und Schleifpapier. Es hält keine Nägel oder Schrauben, leimt sich aber gut.

Lichtempfindlichkeit Zu allen Angaben über Aussehen und Farbe ist zu beachten: Alle Hölzer sind lichtempfindlich und ändern im Laufe der Zeit unter dem Einfluß der ultravioletten Strahlen des Sonnenlichtes ihre Farbe. Dunkle Hölzer werden heller, helle dunkeln nach.

Holz zum Schnitzen Vor allem eignen sich feste, kurzfaserige Hölzer, ganz besonders das weiche Lindenholz. Es zeigt keine ausgesprochene Faserrichtung. Wenn man jedoch beim Arbeiten die Faserrichtung beachtet, sind auch weitere Hölzer wie Eiche und andere Harthölzer geeignet.

Holzarbeiten

Holz zum Drechseln Wir suchen hierzu möglichst dichtes und schöngemasertes Holz aus, vor allem die heimischen Laubhölzer. Rotbuche wird zu einfachen Werkstücken verarbeitet. Wo Aussehen und Maserung wichtig sind, nimmt man Nußbaum, Kirsche, Birne oder auch Kiefer. Wurzelholz gibt besonders schöne Zeichnungen. Für Spielzeug und andere bemalte Stücke sind Linde und Ahorn gut geeignet. Eiche und Esche nur für gröbere Arbeiten. Die letzteren sind wegen ihrer langen, zähen Fasern schwieriger zu verarbeiten.

Die wichtigsten Holzfehler

Beim Einkaufen und Bearbeiten von Holz achte man auf die möglichen Fehler:
Drehwuchs Man erkennt Drehwuchs, indem man über die Enden eines Brettes visiert: Das Brett ist »windschief« verzogen. Ein solches Brett wird sich immer wieder verziehen. Es ist für Schreinerarbeiten wertlos.
Trockenrisse Die meist durch falsches Trocknen entstandenen Risse sind unangenehm, machen jedoch nicht das ganze Brett unbrauchbar. Kleine Risse verleimt man, größere schneidet man heraus und setzt in den Ausschnitt Brettstücke ein.
Aststellen Astfreies Holz ist selten und teuer, denn jeder Baum hat irgendwo Äste. Man unterscheidet die runden oder ovalen Äste in Seitenbrettern von den Flügelästen, die nur in den Mittelbrettern vorkommen. Flügeläste beim Zuschnitt herausfallen lassen. Unter den runden Ästen gibt es fest eingewachsene und durchfallende. Die letzteren haben einen schwarzen Rand und sitzen locker. Kleine feste Äste beläßt man, größere wird man ausbohren und ausstopfen.
Harzgallen Eingewachsene und mit Harz gefüllte Hohlräume nennt man Harzgallen. Sie stören bei der weiteren Verarbeitung. Einzelne Harzgallen kann man auskratzen oder ausbrennen. Harzgallen nie überstreichen! Drücken durch jeden Anstrich! (S. 45)
Krummer Wuchs An sich gesundes Holz, doch meistens voller Spannungen und sehr schwer zu bearbeiten.
Verziehen Alle Bretter werden hohl, wie im Abschnitt über das Werfen schon erwähnt (S. 89). Seitenbretter verziehen sich am stärksten. Man trennt sie am besten auf und verarbeitet sie als Leisten oder schmale Ware.
Krankes und nagelhartes Holz Eine Pilzerkrankung des Holzes in ihrer Art zu erkennen, erfordert ein Fachstudium. Der Laie kann aber gesundes und krankes Holz unterscheiden. Gesundes Holz ist fest, normal gefärbt, klingt hell, darf keinen modrigen Geruch haben. Krankes Holz ist meist verfärbt, klingt dumpf, läßt sich mit dem Fingernagel wesentlich leichter ritzen als gesundes. Über Schädlinge S. 139 f.
Wer Werkholz kauft, achte aufmerksam darauf, daß ihm nicht sogenanntes nagelhartes Holz angedreht wird. Bei Fichtenholz kommt das nicht selten vor. Nagelhartes Holz ist rötlich streifig, dabei sind – wie man mit dem Fingernagel leicht feststellt – die dunkleren Streifen wesentlich härter als die helleren Schichten. Nagelhartes Holz arbeitet stark, verzieht sich und reißt dadurch. Es sollte nicht verarbeitet werden.

Einkauf und Pflege von Massivholz

Nur gutes und gesundes Holz kaufen! Mit Ihren Werkzeugen und Einrichtungen können Sie keine Holzfehler ausgleichen.
Es gibt heute schon Fachgeschäfte für die Bedürfnisse des Klein-Schreiners. Er kann aber auch zur Holzhandlung gehen.
Einfacher, bequemer und sicherer ist es für den Amateur, sich vom Schreiner eine Reihe gleichstarker und gleichbreiter Bretter zu kaufen. Die Bretter sollen bereits auf der Abrichte- und Dickenhobelmaschine auf die gewünschte Stärke gebracht sein und eine genaue Winkelkante besitzen. Die parallele Breite wird an der Kreissäge geschnitten. Es ist unzweckmäßig, daß der Laie dies alles von Hand zu machen versucht.

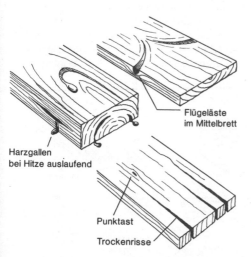

Harzgallen bei Hitze auslaufend
Flügeläste im Mittelbrett
Punktast
Trockenrisse

92 Holzfehler · Sperrholz

Brettstärken Die Stärke von ungehobelten Brettern wird oft in Zoll angegeben. Der Laie kann sich auf wenige Stärken beschränken: 1zöllig = 24 mm stark · ¾zöllig = 18 mm stark · ½zöllig = 12 mm stark.
Berechnung in qm Die Menge rechnet man in Quadratmetern. Man kauft z. B. 4,5 qm Fichtenbretter, ¾ Zoll stark. Natürlich bringt man beim Verarbeiten möglicherweise nur 2 oder 3 Quadratmeter Fertigfläche heraus.
Lagerung Gehobelte Bretter werden in einem trockenen Raum auf ein ebenes und sauberes Unterlagbrett geschichtet, immer exakt eines auf das andere, die längeren unten, die kürzeren oben. Zum Schluß kommt ein Schlußbrett darüber. Stapel gegen Zug, Sonne und Feuchtigkeit schützen.
Holzstapel In dieser Form kann man nur trockene und genau ebene Ware eine Zeitlang lagern. Sind die Bretter rauh oder gar noch feucht, darf niemals Brett auf Brett gelegt werden. In diesem

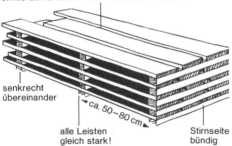

So sieht ein vorbildlicher Holzstapel aus

Fall kommen zwischen die Bretter genau gleich starke Leistchen als Stapelhölzer. Sie können bis zu 1 m voneinander entfernt sein und müssen genau übereinander liegen, damit sich die Bretter nicht durchbiegen. Vor Nässe schützen. Von Zeit zu Zeit umsetzen.

Sperr-, Span- und Faserplatten

Es bedarf, wie wir gesehen haben, einiger Kunstfertigkeit, Naturholz zu verarbeiten und seinen Eigenschaften Rechnung zu tragen. So sind in neuerer Zeit Werkstoffe entwickelt worden, die zwar viele Vorzüge des Holzes besitzen, aber wenig oder fast gar nicht arbeiten. Diese Platten bestehen zwar aus Naturholz als Ausgangsstoff, aber wer die Platte verarbeitet, braucht sich über Faserrichtung, Jahresringe usw. nicht viel Gedanken zu machen. Darum sind solche Platten für den Nichtfachmann der ideale Werkstoff.
Tischlerplatte Zwei Arten von Sperrplatten sind für unseren Zweck zu unterscheiden. Die erste besteht aus einer stärkeren Mittellage, meist aus schmalen Nadelholzleisten, auf die beiderseits ein Deckfurnier aufgeleimt ist. Die Faserrichtung der Decklagen verläuft senkrecht zu der der Mittellage. Die Mittellage kann nun wenig oder nicht arbeiten, sie ist »abgesperrt«. Diese Art heißt Tischlerplatte. Man unterscheidet »Block-« und »Stäbchenplatten«. Die letzteren sind besser und teurer. Man braucht sie für feine Oberflächenarbeiten.
Schichtenplatte Die zweite Art besteht aus einer ungeraden Zahl (3 · 5 · 7 · 9 oder mehr) von gleichstarken (richtiger gleichschwachen) Holzlagen. Die Faserrichtung jeder Schicht läuft senkrecht zu der vorhergehenden. Solche Platten heißen Schichtenplatten. Sie werden vorwiegend als schwache Platten (0,5 bis 6 mm) verwendet, z. B. im Flugzeugmodellbau.
Schichtenplatten können bei starken Temperatur- und Feuchtigkeitsschwankungen krumm, wellig oder windschief werden. Derartige Platten sollen möglichst nicht als freie Flächen, z. B. zu Türen, verwandt werden. Sie dienen hauptsächlich als Füllungsflächen, in Rahmen eingespannt oder auf Rahmen geleimt, sowie als Rückwände.

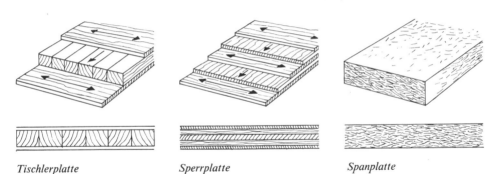

Tischlerplatte   *Sperrplatte*   *Spanplatte*

Kunststoffverschweißte Schichtenplatte Auf dem Markt gibt es heute auch kunststoffverschweißte Schichtenplatten, die auf Grund des besonderen Herstellungsverfahrens auch außen (als Türen, Fensterläden, Wände, ja Dachflächen) verarbeitet werden können. Da sie die Vorzüge der Schichtenplatte mit Wetterbeständigkeit vereinen, sind sie für viele Heimwerker zum bevorzugten Werkstoff geworden. Die Stärken sind 8, 12 und 16 mm, die Plattengrößen 244×122 cm und 183×122 cm (Teilfaktor 61). 1 qm wiegt bei 8 mm Stärke 5,20 kg. Herstellerfirmen für die Bundesrepublik: Joh. Wissler GmbH, Großostheim bei Aschaffenburg. Conrad Deines jun. GmbH, Hanau am Main, u. a. Unter der Bezeichnung PAG-Holz sind heute auch kunststoffverpreßte Sperrholzformteile auf dem Markt, die aber in ihren Eigenschaften mehr dem Kunststoff ähneln als dem Holz (vgl. S. 486). Wegen ihrer Härte sind sie vom Laien kaum noch zu bearbeiten.

Holzspanplatte, Holzfaserplatte Je mehr man die einzelnen Holzstücke verkleinert, aus denen eine Platte besteht, um so geringer die Gefahr des Verwerfens und Verziehens. Spanplatten und Faserplatten sind aus ganz kleinen Holzteilchen und Bindemitteln hergestellt. Die Späne für die Spanplatte sind keine Abfälle, vielmehr wird Stammholz auf Spezialmaschinen zerspänt, getrocknet, mit feinzerstäubtem Bindemittel untermischt, dann unter Hitzeeinwirkung gepreßt.

Als Bindemittel dienen bei der Spanplatte Phenol- oder Harnstoffharze, bei der Faserplatte meist Kresolharz.

Die Platten werden mit veredelter Oberfläche oder ohne diese geliefert. Häufige Liefergröße der Platten: 125×250 cm, dazu Teilungsmaße. Bekannte Fabrikate sind: »Variante X« · »Neoplax« · »Novopan« · »Duroplan« · »Struktoplan«. Spanplatten sind billiger als Sperrholz, Faserplatten billiger als Spanplatten. Stärken ab 6 mm bis zu 40 mm. Faserplatten dienen bei Möbeln oft als Rückwand, Füllplatten, Unterkonstruktion.

Für die Verarbeitung von Spanplatten stellen die Lieferfirmen gewöhnlich genaue Anweisungen zur Verfügung. Hier einige allgemeine Verarbeitungshinweise:

Die Platten sind stehfest und spannungsfrei, bilden deshalb auch gute Untergründe für anschließende Oberflächenbehandlungen. Sie haben gute Schall- und Wärmedämmung.

Die Oberflächen können gebeizt, gefärbt, gewachst, mattiert oder mit Farbe gestrichen, furniert oder mit Kunststoffplatten beklebt werden. Wegen ihrer glatten standfesten Flächen sind sie der ideale Werkstoff für den Laienhandwerker. Freiliegende Kanten müssen unbedingt geschützt werden. Am besten geschieht das durch Anleimer oder Umleimer.

Leichtspanplatten können gesägt, gebohrt, genagelt und geschliffen werden. Zum Verleimen nimmt man im allgemeinen Kunstharzleime. Sollen Plattenelemente aneinandergefügt werden, so kann das durch stumpfes Zusammenleimen, Dübeln, Nuten oder Federn geschehen. Schrauben an den Plattenkanten halten nicht gut. Es ist also besser, die Platten zusammenzudübeln.

Einkauf In größeren Städten gibt es Plattenhandlungen als Spezialgeschäfte. Man kann sich die Platten auch vom Schreiner liefern lassen, gleich auf die gewünschte Größe zugeschnitten. Die meisten Plattenhandlungen liefern nur in den Herstellungsmaßen, welche bis zu 4,50 m Länge und 1,65 m Breite gehen. Die gängigen Größen entnehmen Sie der Preisliste eines Fachgeschäftes. Der Schreiner kann die Platten auch mit bestoßenen Kanten liefern. Natürlich muß man ihn für Transport, Zuschneiden, Bestoßen und Zubringen bezahlen. Auch beim Händler hat ein zugeschnittenes Stück einen etwas höheren Quadratmeterpreis als eine ganze Platte.

Lagerung Alle Platten müssen vor Feuchtigkeit geschützt werden. Sie gehören nicht ins Freie, nicht in den Keller. Sie werden in einem trockenen Innenraum (Kälte schadet nicht) möglichst senkrecht aufgestellt. Als Unterlage dient ein Brettstreifen, und nun kommt es darauf an, sie möglichst dicht an die Wand und möglichst genau parallel zur Wand aufzustellen. Dicht: d. h. Bodenkanten nicht aneinanderschließen, damit die fast senkrechte Stellung der ersten Platte sich nicht allmählich in eine Schräglage der äußeren Plattenlagen verwandelt. Parallel: man hält die Platte an der Mitte der Oberkante und lehnt sie so an, daß beide Ecken gleichzeitig die Wand berühren. Berührt eine Ecke die Wand vor der anderen, steht die Platte windschief; dadurch kann sie sich verziehen. Auf alle Platten schreibt man gut leserlich – am besten gleich bei der Anlieferung – mit Bleistift an mehreren Stellen ihre Stärke. Das erspart Suchen und Verwechslungen. Vorsicht beim Stapeln! Umfallende Plattenstapel können lebensgefährlich sein.

Furnierte Platten Faserplatten und auch Sperrplatten sind heute mit Edelholzfurnieren versehen im Handel; sie eignen sich gut für Wandverkleidungen.

Kunststoffbeschichtete Platten Faserplatten und Spanplatten werden im Handel auch mit einseitiger oder beidseitiger Beschichtung aus Kunststoff angeboten.

3 Das Werkzeug

Mit dem hier aufgeführten Grundbestand an Werkzeugen und Geräten können Sie die in diesem Buche beschriebenen Holzarbeiten und eine ganze Reihe weiterer sauber und selbständig ausführen. Man kann den Bestand leicht nach oben erweitern. Doch unüberlegte Anschaffungen nützen nichts, sie belasten und hemmen. Nicht auf die Menge, sondern auf die Güte des Werkzeugs kommt es an. Wer mit einem bescheidenen Grundbestand anfängt und noch nicht für alle Techniken Werkzeug besitzt, verwendet die jeweils einfachere Technik: Nageln statt Schrauben, Schrauben statt Dübeln usw.
Nur einwandfreies und vorgerichtetes Werkzeug kaufen! Vorgerichtet heißt: durch Schärfen, Richten, Schränken usw. voll verwendungsfähig gemacht.
In der folgenden Liste ist erläutert, was Sie wissen müssen, bevor Sie das betreffende Stück kaufen. Am Ende des Abschnittes finden Sie zusammengestellt, welche Werkzeuge Sie für die einfachsten Arbeiten unbedingt brauchen (S. 106, 107). Am Schluß der Liste sind die beiden wichtigsten Arbeiten der Werkzeugpflege gesondert besprochen: das Schärfen von Schneidwerkzeugen (S. 107) und das Zurichten von Sägen (S. 107 ff.). Im Abschnitt »Arbeitsgänge« (S. 109 ff.) ist erläutert, was Sie wissen müssen, bevor Sie Ihr Werkzeug verwenden.

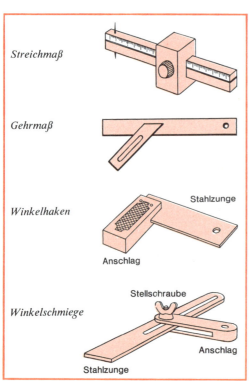

Streichmaß

Gehrmaß

Winkelhaken

Winkelschmiege

Werkzeug zum Zeichnen und Reißen

1 Bleistift, mittelhart (2 oder HB) · 1 Bleistift, hart (etwa 2 H) (besser: Reißnadel, Reißahle, Spitzbohrer, S. 102) · 1 Meterstab oder Stahlbandmaß · 1 Streichmaß · 1 Gehrmaß · 1 Winkelhaken · 1 Winkelschmiege.
Meterstab, Stahlbandmaß Die Länge dieser Meßwerkzeuge soll für Innenarbeiten 2 m betragen.
Der Meterstab soll an den Gelenken durchgenietet sein. Gelenke ölen! Meterstäbe mit einem schwarzen oder roten Strich am Rande sind sogenannte Schwundmaßstäbe zur Herstellung von Gußmodellen. Sie sind länger, also ungeeignet. Das Stahlbandmaß hat einen leicht gewölbten Querschnitt, damit es eine gewisse Steife behält.
Streichmaß (Verstellbares Anschlagmaß) Mit dem Streichmaß werden alle Linien gezogen, die parallel zur Außenkante laufen. Ein Streichmaßriß ist wesentlich genauer als ein Bleistiftriß. Das Streichmaß hat zwei verstellbare Stäbe, die Anreißstifte tragen. Streichmaße mit 4 Stäben sind für den Laien nicht zu empfehlen. Da die Spitzen sich verbiegen können oder auch nachgefeilt werden, soll man sich nicht auf die Skala verlassen,

sondern durch einen Probriß prüfen, bevor man das ganze Stück anreißt.

Gehrmaß Echte Gehrung nennt der Schreiner einen Winkel von 45°. Das Gehrmaß dient zum Anreißen eines solchen Winkels. Es kann behelfsmäßig ersetzt werden durch die auf 45° eingestellte Winkelschmiege.

Winkelhaken (Anschlagwinkel) Dieses rechtwinklige Maß dient zum Anreißen aller rechten Winkel sowie zur ständigen Kontrolle der Arbeit. Der Winkelhaken soll aus Metall sein. Holzwinkel verziehen sich leicht.

Winkelschmiege Winkel zwischen Holzverbindungen von anderer Größe als 45° nennt der Schreiner »falsche« Gehrung. Solche Winkel werden mit der Winkelschmiege gemessen.

Feststellbarer Zirkel Zum Anreißen von Kreisen oder Kreisstücken dient der Reißzirkel (Spitzzirkel).
Für größere Kreise nimmt man am besten eine Holzleiste, in die man an dem einen Ende einen spitzen Nagel als Drehpunkt einschlägt. Im erforderlichen Abstand wird eine Kerbe eingeschnitten, in ihr werden Bleistift oder Reißnadel geführt.

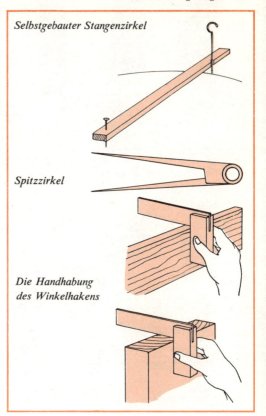

Selbstgebauter Stangenzirkel

Spitzzirkel

Die Handhabung des Winkelhakens

Werkzeug zum Sägen

1 Spannsäge (Absetzsäge für Schreiner) · 1 Fuchsschwanz · 1 Feinsäge mit gekröpftem Griff · 1 Stichsäge · 1 Laubsäge mit Blättern.

Spannsäge (mit mittlerer Zahnung) Diese Säge brauchen Sie zu allen genauen Sägearbeiten an stärkeren Brettern.

Fuchsschwanz (mit kräftiger Zahnung) Für unsere Zwecke am besten ca. 40 cm lang, ohne Rükken, mit »schwach auf Stoß« gefeilten Zähnen. Zum Zuschneiden von Platten (Sperr- und Spanplatten) und für gröbere Schnitte.

Feinsäge Sie wird manchmal ungenau als »kleiner Fuchsschwanz« bezeichnet, hat aber kein schräges Blatt. Nehmen Sie einen gekröpften Rücken und einen schwenkbaren Griff.

Stichsäge (Lochsäge) Zum Sägen von Löchern und Schweifungen.

Vielzweck-Sägen Für die kleine Werkstatt sind Sägen mit auswechselbaren Blättern günstig, mit denen sowohl Holz und Kunststoffe als auch Metall gesägt werden können.

Laubsäge Kaufen Sie eine stabile Säge, kein Kinderspielzeug, denn mit den entsprechenden Sägeblättchen bestückt ist sie sehr vielseitig verwendbar.

Laubsägebogen

Alle Sägen sollen »gebrauchsfertig« gekauft werden, d. h.: gerichtet, geschränkt und gefeilt. Da sie sich beim Arbeiten abnützen, muß man trotzdem etwas vom Zurichten einer Säge verstehen. Darüber S. 107 ff. Sägeblätter rechtzeitig schärfen und von Zeit zu Zeit ölen.

Formsäge Der Laubsäge ähnlich, doch stabiler gebaut. Zum Herstellen von Schweifungen und Ausschnitten in stärkerem Holz.

Teflon-Belag Sägeblätter mit Teflonbeschichtung bleiben sauber und rostfrei, haben besonders gute Schnittleistung.

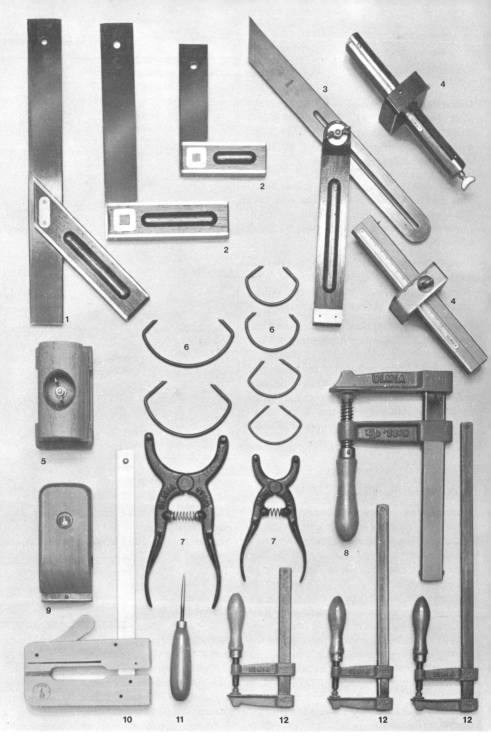

1 Gehrmaß · 2 Präzisions-Winkel · 3 Präzisionsschmiege · 4 Streichmaße · 5 Schleifklotz · 6 Gehrungs-Spannklammern · 7 Spreizzangen · 8 halbschwere Parallel-Schraubzwinge · 9 Ziehklinge 10 leichte Leimzwinge mit Exzenterspannung · 11 Spitzbohrer · 12 leichte Parallel-Schraubzwingen

Werkzeugfabrik Georg Ott, Ulm

Werkzeug zum Stemmen

3 bis 6 Stemmeisen · 1 Holzhammer (Klüpfel) (s. Foto S. 98).

Stemmwerkzeuge Entgegen der landläufigen Ansicht besteht ein Unterschied zwischen Stemmeisen und Stecheisen: Das Stemmeisen hat einen rechteckigen Querschnitt, das Stecheisen hat seitlich abgeschrägte Fasen. Lochbeitel haben einen kräftigen Querschnitt und ein besonders starkes Heft. Der Zimmermann benutzt sie. Für besondere Arbeiten benötigt man Hohleisen.
Der Griff der Stemmwerkzeuge soll zum besseren Halten auf zwei Seiten abgeflacht sein. Er soll am Heft und am Schlagende eine Zwinge haben. Die Eisen sollen vorgeschliffen und fest in das Heft eingepaßt sein. Zunächst genügen 3 Eisen: 6 mm, 10 mm und 16 mm breit. Ergänzung: 8 mm, 12 mm, 20 mm. Das wichtigste ist eine saubere, scharfe Schneide. Die Eisen deshalb immer aufhängen und nicht herumliegen lassen. Schneiden schleifen ist schwer (s. S. 107). Eisen nie als Meißel, Schraubenzieher oder Spachtel verwenden! Nur für Holz!
Für Schnitzarbeiten und zum Drechseln gibt es Spezialeisen.

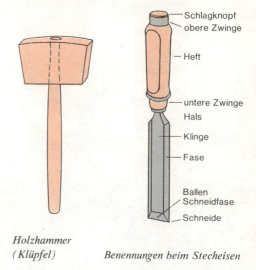

Holzhammer (Klüpfel) *Benennungen beim Stecheisen*

Holzhammer (Klüpfel, Klüppel) Zum Schlagen auf die Stemmwerkzeuge nimmt man den Holzhammer. Er ist elastischer als der Eisenhammer und beschädigt die Griffe nicht. Für Bildhauerarbeiten gibt es einen zierlicheren Klüpfel, rund, Kopf und Stiel aus einem Stück gedrechselt.

Werkzeug zum Hobeln

1 Schlichthobel · 1 Doppelhobel · 1 kleine Rauhbank (Fügehobel) · 1 Fügelade (Stoßlade). Zusätzlich erwünscht: 1 Putzhobel · 1 Simshobel · 1 Schabhobel. Sehr praktisch: Feilhobelgeräte (z.B. Surform) (s. Fotos S. 98, 99).
Der Anfänger soll zu Beginn immer einen neuen oder fast neuen Hobel benutzen. An alten und abgenutzten Hobeln gewöhnt man sich leicht falsche Handgriffe an.

Schlichthobel Schlicht heißt einfach. Das Werkzeug hat ein einfaches Eisen, im Gegensatz zum Doppelhobel.

Doppelhobel Bei diesem Hobel liegt auf dem Hobeleisen ein zweites Eisen, die »Klappe« auf.

Rauhbank Dieses Werkzeug ist groß und ziemlich unhandlich. Gewicht und Länge sind jedoch für die Wirksamkeit ausschlaggebend.

Fügelade Dies ist ein Hilfsgerät zum Bestoßen von Brettkanten und Anhobeln von Gehrungen (45°-Winkeln). Anleitung zum Selbstherstellen auf S. 152, 153.

Putzhobel Den ziemlich teuren Putzhobel sollte erst benutzen, wer die richtige Hobelführung ge-

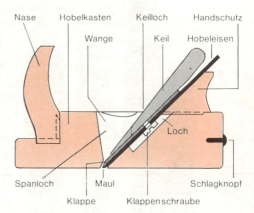

Doppelhobel im Schnitt

lernt hat. Er wird nur für feinste Arbeiten benutzt. Niemals auf feuchtem Holz!

Simshobel Hier ist das Hobeleisen genauso breit wie der Hobelkasten. Er ist erforderlich zum Aushobeln von Fälzen an Türen und Fenstern. Der Doppelsimshobel mit Klappe ist schwierig zu richten, nur für sehr Geübte.

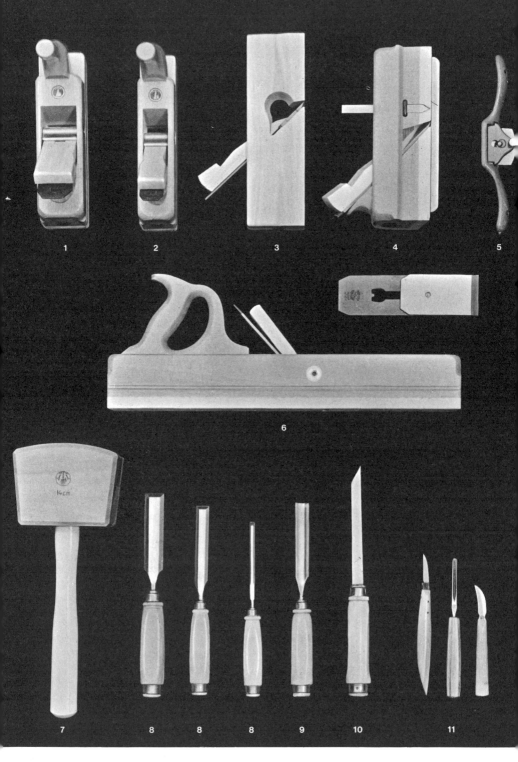

1 Doppelhobel · 2 Schropphobel · 3 Simshobel · 4 Grathobel · 5 Schabhobel · 6 Hobeleisen, Rauhbank · 7 Klüpfel · 8 3 Stecheisen · 9 Hohlbeitel · 10 Lochbeitel · 11 3 Schnitzmesser. Georg Ott, Ulm

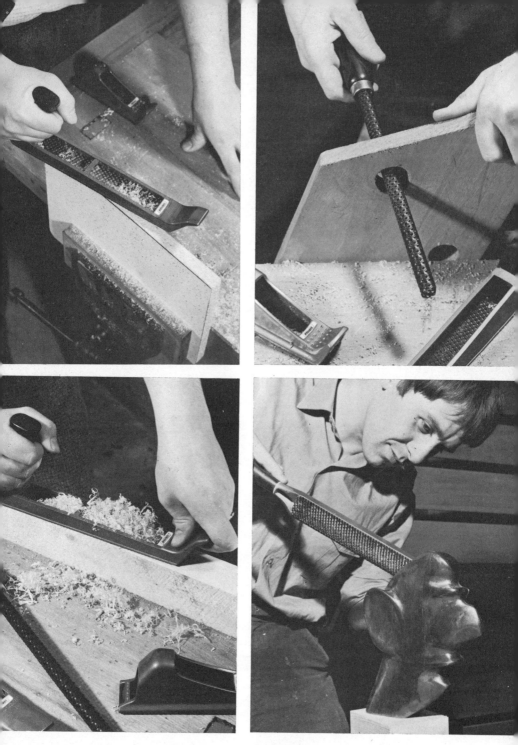

Oben links: Eine mit Resopal belegte Spanplatte wird mit dem Surform-Hobel bearbeitet · Oben rechts: Herausarbeiten eines Loches mit der Surform-Rundfeile · Unten links: Abhobeln eines Kantholzes mit Surform-Standardhobel · Unten rechts: Die Surform-Werkzeuge eignen sich auch für Bildhauerarbeit in Holz

Stanley Werkzeuggesellschaft mbH, Wuppertal 2

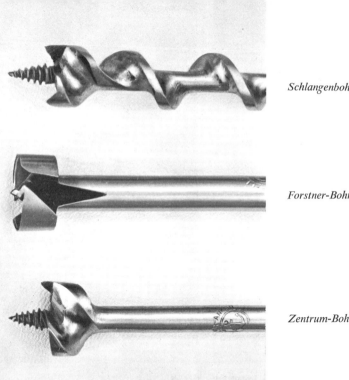 Schlangenbohrer

 Forstner-Bohrer

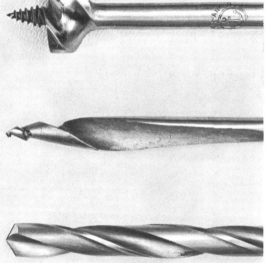 Zentrum-Bohrer

 Nagelbohrer (Schneckenbohrer)

 Spiralbohrer

 Ausreiber (Krauskopf)

 Ausreiber

Werkzeug zum Bohren und Schrauben

Schabhobel (Kantenhobel, Schinder) In einem Gußstück mit zwei seitlichen Handgriffen wird das kurze einfache Eisen durch eine Eisenklappe festgehalten (Foto siehe S. 98). Dieser Hobel erleichtert das Abschrägen von Kanten, das Ausformen einer Schweifung u. ä. Ein in Aussehen und Handhabung ähnliches Werkzeug ist das Ziehmesser.
Man kennt für Sonderzwecke weitere Hobel wie Nuthobel, Grathobel, Wangenhobel.
Raspel Dieses Werkzeug gehört zu den Feilen (S. 316), dient aber speziell für Holzarbeiten, und zwar zum Ausrunden von Ecken und Kanten. Nachhobeln und Nachschleifen notwendig!
Feilhobelgeräte (SUR-FORM, TRESA-PLANE u. a.) Sie vereinigen die Vorteile einer Feile mit denen eines Hobels, indem sie durch die Anordnung von Schneiden mit dazwischenliegenden Löchern die Späne ableiten und die Arbeitsfläche frei von Verstopfung halten. Die gleichen Schneidblätter können in hobel- oder feilenartige Geräte eingesetzt werden. (Fotos S. 99)
Nach einem ähnlichen Prinzip arbeiten runde Fräseinsätze für Kombi-Maschinen (z. B. Zenser, Stichlinge).
Universalhobel Ganz aus Metall. Hobelmesser wird nicht geschliffen, sondern nach Abnützung weggeworfen und durch neues ersetzt. Einstellschraube für Schneidtiefe.

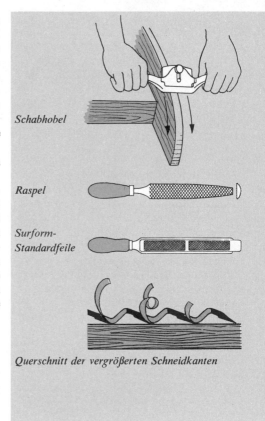

Schabhobel

Raspel

Surform-Standardfeile

Querschnitt der vergrößerten Schneidkanten

Werkzeug zum Bohren und Schrauben

1 Bohrwinde · 1 Handbohrmaschine · Bohrer · 1 Spitzbohrer · 1 Drillbohrer · 1 Tiefensteller (ersatzweise Bohrmanschetten) · Ausreiber · 2 bis 3 Schraubenzieher · 1 Schraubenschlüssel, verstellbar (S. 320).
Bohrwinde Eine gute Bohrwinde hat an den Drehstellen Kugellager. Sie sollte ein Backenfutter und eine Knarre mit verstellbarem Leerlauf (rechts und links) haben.
Handbohrmaschine Siehe S. 318.
Elektrische Bohrmaschine s. Achten Teil.
Bohrer Vier Arten von Bohrern sind hauptsächlich zu unterscheiden: Spiralbohrer, Forstnerbohrer, Schlangenbohrer und Schneckenbohrer/Nagelbohrer (siehe Foto S. 100).
Spiralbohrer, wie sie auch für Metallarbeiten verwendet werden (S. 318), nimmt man für Löcher unter 6 mm; Schlangenbohrer (sie sollten Einfachgewinde haben) für Löcher von 6 mm bis

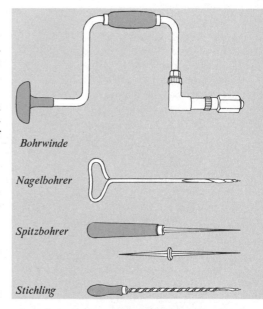

Bohrwinde

Nagelbohrer

Spitzbohrer

Stichling

Holzarbeiten

32 mm. Forstnerbohrer verwendet man, wenn nicht durchgebohrt werden soll und das Bohrloch unten eine ebene Fläche haben soll. Alle drei Bohrer geben genau zylindrische Bohrlöcher.

Der **Schnecken-** oder **Nagelbohrer,** der sowohl mit Handgriff als auch mit Vierkantschaft zum Einsetzen in die Bohrwinde geliefert wird, gibt unten spitz zulaufende Löcher.

Drillbohrer Für feine Bohrungen, besonders beim Basteln, mit verschiedenen Einsätzen.

Spitzbohrer (Vorstecher, Ahle) Kein Bohrer im eigentlichen Sinne. Zum Vorstechen kleiner Löcher und zum Anreißen von Bearbeitungslinien.

Stichling Dieses Bohrwerkzeug ist wenig bekannt, aber billig und vielseitig.
Vorn ist ein Nagelbohrer und dahinter eine lange Stange mit einer Art spiralförmiger Säge. Ein Bohrloch können Sie durch Raspeln mit dem Schaft zu jeder Größe und Form bringen. Bohrt auch Balken! Durchmesser von 5 bis 10 mm.

Ausreiber (**Krauskopf**) Wir brauchen ihn, um Senkschraubenköpfe unter die Holzoberfläche zu versenken, und zum Ausreiben von Dübellöchern. Zunächst reicht einer von 8 mm Durchmesser, als zweiten nehmen Sie 12 mm.

Tiefensteller Dieses Gerät, am Bohrschaft montiert, verhindert, daß zu tief gebohrt wird. Nicht für Elektro-Bohrer! Mit einem durch-

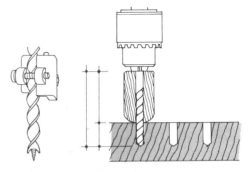

Tiefensteller   Bohrmanschette

bohrten Holzklötzchen erreichen Sie dasselbe. Genau auf Länge schneiden: das herausstehende Bohrerende entspricht der Bohrtiefe. Alle Ecken und Kanten der Bohrmanschette rundschleifen. Verletzungsgefahr!

Schraubenzieher Erforderlich sind mindestens 3 Größen. Für Elektroarbeiten mit Isoliergriff! Schraubenzieher mit Einsätzen sind universale Werkzeuge. Für schwergängige Schrauben gibt es Hebelschraubenzieher mit Ratsche (Upat).

Drillschraubenzieher Durch Spiralnuten im Schaft dreht sich der Schraubenzieher beim Andrücken. Das Nachfassen, bei dem der Schraubenzieher leicht aus dem Schlitz gleitet, ist hierbei unnötig. Auch mit auswechselbaren Einsätzen.

Werkzeug zum Drechseln

1 Drechselbank (Zusatzgerät zum Elektro-Kombiwerkzeug) · verschiedene Einspannvorrichtungen · mehrere Drechselstähle.

Drehbank Die »Garnitur« besteht aus dem Antrieb (Spindelkasten), dem Reitstock und dem Untersatz mit der Werkzeugauflage, alles auf einer unteren Schiene befestigt.

Antrieb Bei den elektrischen Kombiwerkzeugen verwendet man die Bohrmaschine als Antrieb. Die Maschine wird in einer Halterung verschraubt; in das Bohrfutter wird die Einspannvorrichtung eingesetzt.

Reitstock Das Gegenlager zur Einspannung bildet der Reitstock. Dort ist eine Körnerspitze, oft mit einem Kugellager, eingebaut. Ein Hebelvorschub vereinfacht die Arbeit und ermöglicht auch Bohrarbeiten.

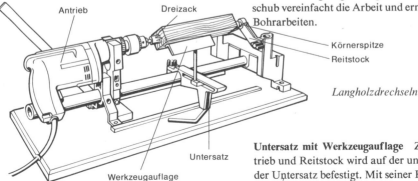

Langholzdrechseln

Untersatz mit Werkzeugauflage Zwischen Antrieb und Reitstock wird auf der unteren Schiene der Untersatz befestigt. Mit seiner Hilfe kann die

Werkzeug zum Drechseln

Werkzeugauflage in jeder gewünschten Stellung festgespannt werden.

Einspannvorrichtungen

Dreizack Langholz wird auf der Antriebsseite in den Dreizack eingeschlagen und auf der Gegenseite durch die Körnerspitze gehalten.
Backenfutter Drei- und Zweibackenfutter kommen aus der Metalldreherei, erlauben es, kleine Gegenstände frei einzuspannen und ohne Körnerspitze zu drehen. Vorsicht! Die schnelldrehenden, eckigen Backen sind gefährlich.
Schraubenfutter Flache Gegenstände wie Schalen und Deckel werden auf dem Schraubenfutter befestigt.
Planscheibe Größere flache Werkstücke werden von rückwärts an eine Planscheibe geschraubt.

Drechselstähle

Schroppröhre Mit diesem Eisen bringt man das rohe unrunde Werkstück in eine zylindrische Form. Ähnlich dem Hohleisen.
Formröhre Dient zum Feindrehen und Schlichten. Verschiedene Größen.
Meißel Dieses Eisen ist im Gegensatz zum Stemmeisen schräg angeschliffen und besitzt beiderseits eine Fase. Es dient zum Saubermachen und Schlichten glatter Flächen. Für Spezialaufgaben, besonders zum Ausdrehen von Hohlräumen, gibt es eine Menge Sondereisen wie Ausdrehhaken, Falz- und Nutstähle.
Bohrer Neben den gebräuchlichen Schreinerbohrern, wie Spiral-, Schlangen- und Forstnerbohrer (s. Foto S. 100) benutzt der Drechsler noch Löffelbohrer.
Meßgeräte Neben dem Meterstab braucht der Drechsler in der Hauptsache einen »Außen- und Innentaster« sowie eine Schublehre, möglichst mit Storchschnabel (S. 297).
Raspeln und Raspelscheiben Als Hilfswerkzeuge sind verschiedene Rundraspeln nützlich. Auch Raspelscheiben, die man in das Einspannfutter einsetzt, sind zweckmäßig.

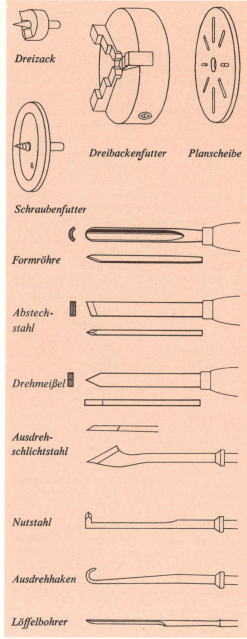

Dreizack

Dreibackenfutter *Planscheibe*

Schraubenfutter

Formröhre

Abstechstahl

Drehmeißel

Ausdrehschlichtstahl

Nutstahl

Ausdrehhaken

Löffelbohrer

Werkzeug zum Nageln

1 Allgemein-Hammer, »Familienhammer«, etwa 500 g · 1 Schreinerhammer, etwa 300 g · 1 kleiner Hammer, etwa 100 g, evtl. Magnethammer · 2 Versenker · 1 Beißzange · 1 Hebel-Vorschneider
Allgemeines über den Hammer Sie sehen, ich habe drei Hämmer aufgeführt. Der »allgemeine

104 Holzarbeiten

Familienhammer« allein genügt nicht. Ein Hammerstiel soll aus geeignetem Hartholz (Esche · Weißbuche · Hickory) sein. Von Zeit zu Zeit wird er mit feinem Glaspapier gesäubert und mit gutem Kunstharzlack (S. 53 f.) eingelassen. Der Kopf muß einwandfrei fest auf dem Stiel sitzen. Bemerkt man, daß der Stiel splittert oder reißt, sofort aufhören zu hämmern! Daß der Kopf abfliegt, während der Stiel heil ist, ist im übrigen bei richtiger Verkeilung ausgeschlossen. Wie man einen neuen Stiel einsetzt und festkeilt, ist auf S. 184 beschrieben.

Nachschlagen Hat sich der Sitz durch Nachtrocknen des Holzes etwas gelockert, schlägt man den Hammerstiel mit seinem unteren Ende – Hammerkopf nach oben zeigend – auf Werktisch oder Hobelbank. Dabei zieht sich der Kopf fest. Niemals – auch nicht beim Einsetzen eines neuen Stiels – mit einem zweiten Hammer den Stiel in den Kopf hineinschlagen! Damit der Kopf beim Nachschlagen nachrutschen kann, darf der Hammerstiel an der Stelle, wo er in den Kopf einmündet, keinen vorstehenden Absatz haben.

Sollte sich durch Aufschlagen des Hammers auf Eisen an der Bahn ein Grat bilden, ist dieser sofort mit der Sägefeile abzufeilen.

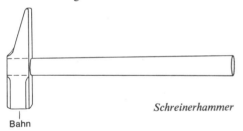

Schreinerhammer

Bahn

Schreinerhammer (Tischlerhammer) Dies ist für Holzarbeiten der wichtigste Hammer. Bei einem Gewicht von 300 g soll der Stiel etwa 30 cm lang sein. Ein kürzerer Stiel ermöglicht keinen zügigen Schlag. Der Stiel soll einen ovalen, der Hand angepaßten Querschnitt haben und gegen das Ende verdickt sein.

Kleiner Hammer Für zierliche Arbeiten, Eintreiben von Furnierstiftchen, kleinen Messingnägeln, für Verglasungen, Bilderrahmenarbeit und ähnliches dient dieser kleine Hammer, dessen Stiel ebenfalls 25 bis 30 cm lang sein und zum Kopf passen soll. Kraftproben bekommen ihm nicht. Derartige Hämmer gibt es als Magnethämmer. Der magnetische Kopf hält kleine Stifte und Nägel beim Einschlagen fest, so daß keine Hilfe durch die zweite Hand erforderlich ist. Die Handhabung erfordert jedoch Übung.

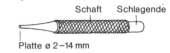

Versenker

Platte ø 2–14 mm

Versenker (Senkstift, Versenkstift) Er dient zum Versenken von Nagelköpfen, aber auch zum Stanzen kleiner Löcher, zum Lösen festgefressener Schrauben u. a. In jedem Werkzeugbestand sollten 2 Stück vorhanden sein. Die Unterplatte muß eben sein und darf keinen Grat haben. Versenker dienen nur zum Nachschlagen, denn der gut gehärtete Stahl bricht bei jeder Biegung ab. Auch Dornlöcher in Lederriemen lassen sich gut mit dem Versenker stanzen. Als behelfsmäßigen Versenker können Sie auch einen umgedrehten Nagel verwenden. Bei Reihen-Nagelungen können Sie auf diese Weise das Stauchen und das Versenken kombinieren.

Beißzange (Kneifzange) Diese Zange, möglichst kräftig, dient zum Entfernen von Nägeln und zum Festhalten von Metall, aber nicht zum Abkneifen von Nägeln. Dabei wird sie überbeansprucht, besonders wenn man mit Hammerschlägen nachhilft. Die Schneide wird dabei schartig und faßt nicht mehr.
Zum Schärfen wird die Schneide nur von innerhalb der Rundung gefeilt.

Hebel-Vorschneider Diese Zwickzange mit Übersetzung ist das richtige Werkzeug zum Abzwicken von Nägeln und Draht. Nicht zum Herausziehen von Nägeln verwenden, weil schon bei geringem Druck der Nagel durchgekniffen wird.

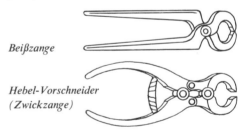

Beißzange

Hebel-Vorschneider (Zwickzange)

Flachzange mit langem Schnabel Obwohl diese Zange hauptsächlich für Metall- und Elektroarbeiten dient, ist sie sehr praktisch zum Halten kleiner Nägel (siehe S. 300).
Zur Ergänzung haben Sie sicher ohnehin eine Kombinationszange. Außerdem wird in jedem Werkzeugkatalog noch eine Vielzahl weiterer Zangen angeboten.

Werkzeug zum Einspannen und Verleimen

Schraubzwingen · Schraubknechte · Kleinzwingen · Kleinschraubstock · Spachtel · Leimpinsel (ohne Eisenteile) · Gefäße

Spannwerkzeuge werden gebraucht zum Festhalten und Pressen der Werkteile beim Verleimen. Da die Werkstücke unterschiedliche Größe und Form haben, gibt es die verschiedensten Spannwerkzeuge.
Die gebräuchlichsten sind die Schraubzwingen. Die ganz großen nennt man Schraubknechte. Während die Schraubzwingen am Ende ihres verschieblichen Armes eine Gewindespindel zum Nachspannen besitzen, spannen Exzenterzwingen (Richa, Klemmsia) durch Umlegen eines einseitig gelagerten Hebels.
Da die Außenflächen eines Werkstücks nicht immer gleichlaufen, muß man passende Holzstücke als Zulagen zwischen die Zwingenarme klemmen. Für manche Zwingen gibt es auch verschiedene Gummizulagen zu kaufen.
Spannringe und Gehrungsklammern sind für kleinere Arbeiten, besonders für das Verleimen von Rahmen, geeignet. Es gibt Klammern, die man von Hand, andere, die man mit einer Spreizzange ansetzt. Beim Modellbau sind oft Wäscheklammern und Gummiringe brauchbar.
Kleinschraubstock Dieses für den Bastler praktische Gerät hat Eisenbacken; bei empfindlichen Arbeiten Hartholzbacken zulegen. Das Gerät wird in die Hobelbank eingespannt oder mit Zwingen angeschraubt. Es kann bei manchen Arbeiten die Vorderzange der Hobelbank ersetzen.
Tischparallelspanner Dieses Gerät, eine Art Parallelschraubstock, wird entweder an der Werkbank angeschraubt oder mit Flügelschrauben angeklemmt; es ersetzt bei kleineren Arbeiten die Vorderzange an der Werkbank (Hobby-Rex, Hobelfix).

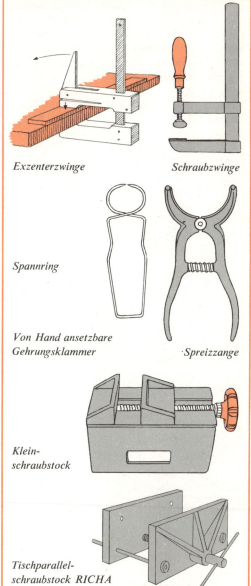

Exzenterzwinge *Schraubzwinge*

Spannring

Von Hand ansetzbare Gehrungsklammer *Spreizzange*

Kleinschraubstock

Tischparallelschraubstock RICHA

Werkzeug zur Oberflächenbehandlung

Schleifklotz · Schleifpapier · Stahlwolle · Ziehklinge · Schwamm · Pinsel

Schleifklotz Immer nur mit einem Schleifklotz arbeiten (möglichst Linden- oder Pappelholz), dessen Unterseite genau eben sein soll. Schleifklötze aus Kork liegen zwar leichter in der Hand, sind aber zu weich und passen sich den Unebenheiten des Brettes an. Man kann mit ihnen keine restlos ebene Fläche erzielen.

Schleifpapier Zum Schleifen gehört gutes Schleifpapier in der richtigen Körnung. Man kauft es in ganzen Bogen unter Angabe des Verwendungszwecks. Schleifpapiere für Metall sind für Holz ungeeignet.

106 Holzarbeiten

Schleifpapier besteht aus einer Unterlage aus Papier oder Leinwand, darauf sind Schleifkörner ausgestreut und durch ein Bindemittel festgehalten. Zum Holzschleifen darf das Papier keine Eisenkörner aufweisen; beim späteren Beizen treten sonst schwarze Pünktchen auf, die kaum zu entfernen sind.
Körnung Die Körnung wird durch Zahlen bezeichnet; für die Heimwerkstatt sind die Nummern 80 · 120 · 150 zu empfehlen. Je höher die Nummer, desto feiner die Körnung.
Ziehklinge Dieses Werkzeug ist ein einfaches rechteckiges Stahlblech, 0,8 bis 2 mm dick und etwa 15 × 8 cm groß. Es wird zum Glätten von Hartholz- und Furnier-Oberflächen verwendet. Es wirkt durch einen scharfen angefeilten Grat, mit dem man ähnlich wie beim Hobeln allerfeinste Späne abschabt. Über das Schärfen S. 107.

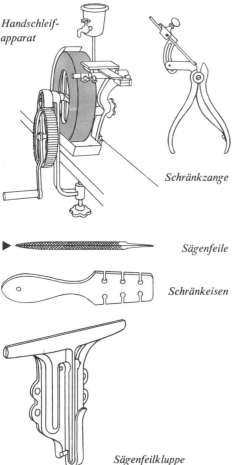

Handschleifapparat

Schränkzange

Sägenfeile

Schränkeisen

Sägenfeilkluppe

Werkzeug zur Werkzeugpflege

1 Handschleifapparat · 1 Schleifstein (Schmirgelscheibe) · 1 Abziehstein · 1 Schränkeisen oder Schränkzange · 1 Sägenfeilkluppe · Lappen · Petroleum · Öl · Fett · Leinöl
Handschleifapparat mit Schmirgelscheibe Der Apparat hat Handkurbel, Übersetzungstrieb, Werkzeugauflage und eine Schmirgelscheibe »für Holzbearbeitungswerkzeug«. Beachten Sie die Angaben der Lieferfirma. Im Zweifelsfalle immer die feinere Körnung! Mindestdurchmesser der Scheibe 13 cm. Zu kleine Scheiben schleifen dicke Eisen hohl!
Abziehstein Erst der Abziehstein gibt dem Eisen die feine Schärfe. Bei den »Wassersteinen« erfolgt das Abziehen unter Beigabe von Wasser, auf die »Ölsteine« wird Petroleum gegeben. Vorsicht beim Wasserstein! Wenn das Eisen schlecht abgetrocknet wird, rostet es. Die Unterseite des Steines sollte rauh, die Oberseite fein sein.
Schränkeisen, Schränkzange Eines dieser beiden Werkzeuge braucht, wer seine Säge völlig selbst richtet und sie nicht zum Richten einem Fachmann gibt.
Sägenfeile Eine scharfkantige Dreikantfeile (bei Bandsägen runde Kanten). Weiteres über Feilen im Abschnitt Metall S. 315 f.
Sägenkluppe (Feilkluppe) Zum Einspannen der Säge beim Feilen der Zähne. Behelfsmäßig kann man auch zwei breite Hartholzleisten mit Schraubzwingen nehmen, die man in die Vorderzange der Hobelbank einspannt.

Grundausrüstung mit Werkzeug

Selbst wer nicht viel handwerkt, aber einen normalen Haushalt führt, sollte folgende Werkzeuge haben:
1 Meterstab · 1 Fuchsschwanz · 1 Hammer 500 g · 1 Beißzange · 1 oder 2 Nagelbohrer · 1 Flachzange · 1 oder 2 Schraubenzieher

Für die erste Grundausrüstung der Holzbearbeitung kommen dazu:
1 Anschlagwinkel (Winkelhaken) · 1 Schraubstock · 1 Feinsäge · 1 Stemmeisen, 10 mm · 1 Stecheisen, 16 mm · 1 Holzhammer · 1 Raspel · 1 Doppelhobel · 1 Versenker, 4 mm · 1 Bohrwinde

mit Einsätzen · 1 Schleifstein · 1 Abziehstein · 1 Hammer 100 g
Die Grundausrüstung vervollkommnet sich dann durch folgende Werkzeuge:
1 Streichmaß · 1 Gehrmaß · Spannzwingen · 1 Spannsäge · weitere Stemm- und Stecheisen · 1 Schlichthobel · 1 Schabhobel · 1 Hammer 300 g · 1 weiterer Versenker · 1 Hebelvorschneider · 1 Spitzbohrer · weitere Schraubenzieher · 1 Wasserwaage
Weiteren Anschaffungen sind, außer durch den Geldbeutel, keine Grenzen gesetzt.

Das Schärfen von Schneid- und Stemmwerkzeugen

Langsam, langsam! Die Übersetzung am Schleifapparat vermittelt der Schmirgelscheibe eine beträchtliche Geschwindigkeit. Nicht zu schnell drehen! Zu hohe Schleifgeschwindigkeit oder zu starkes Andrücken vermehrt die Reibungswärme. Wird das Eisen so weit erhitzt, daß es eine dunkelblaue Farbe zeigt (»anblaut«), so hat es seine Härte verloren! Deshalb: »Langsam, langsam, weil's pressiert!«, wie die Schwaben sagen.
Eine Büchse mit kaltem Wasser neben den Schleifstein stellen. Eisen von Zeit zu Zeit eintauchen, wenn man fühlt, daß es warm wird. Ist es so heiß, daß es beim Eintauchen zischt, so war es bereits zu spät!
»Gegen das Eisen« Alle Holzbearbeitungswerkzeuge werden »gegen das Eisen« geschliffen: Die Drehrichtung des Steines läuft gegen das herangeführte Eisen.
Stecheisen, Stemmeisen, Lochbeitel müssen in der Schneide genau rechtwinklig geschliffen werden.
Spiegelfläche Spiegelfläche nennt man die obere, ganz glatte und polierte Fläche der Eisen. Sie muß blankgehalten werden. Hat sich Rost angesetzt,

muß die Fläche erst wieder spiegelblank abgezogen werden, will man eine brauchbare Schnittkante erzielen.
Die Fase Die Schleiffase darf nicht zu kurz und nicht zu lang sein. Eine zu kurze Fase schneidet nicht, sondern keilt, drückt das Holz seitwärts ein. Eine zu lange Fase bricht leicht aus.
Die Schräge der Fase muß ganz gleichmäßig durchlaufen. Da der Schleifstein rund ist, wird der Anfänger die Fase fälschlicherweise leicht hohl schleifen. Bessere Schleifmaschinen haben einen Schlitten, in dem das Eisen in einer Führung an der Scheibe entlanggeführt wird.
Nach dem Schleifen Eisen trockenwischen.
Bei Elektromaschinen ist der Schleifstein meistens schmaler als die Werkzeugschneide. Dann muß die Schneide gleichmäßig hin und her geführt werden.

Abziehen von Schneiden

Abziehen Abziehstein mit Petroleum bzw. Wasser anfeuchten. Spiegelseite eben auflegen und mit einigen flachen Kreisbewegungen abziehen. Der beim Schleifen entstandene Grat legt sich dabei zur Fasenseite um.
Fasenseite abziehen: etwas angehoben auflegen, einige Male hin und her streichen ohne Druck, dann kreisförmig weiter.
Niemals trocken abziehen! Spiegel- und Fasenseite abwechselnd auflegen, bis der Grat verschwunden ist.
Nicht zu lange abziehen! Spiegelseite besonders schonen! Den Stein auch zum Rand zu benutzen, sonst bekommt er eine Vertiefung in der Mitte. Stein ab und zu mit sauberem Lappen abwischen und neu tränken.
Nicht zu oft schleifen! Ein gut geschliffenes Eisen kann man mehrere Male abziehen, oft ist die Schneide beim zweiten oder dritten Abziehen besser als beim ersten.

Das Richten von Sägen

Ein scharfer Sägeschnitt genau am Riß verlangt eine gut gerichtete Säge. Eine Zeitlang genügt die neue Säge – gebrauchsfertig gekauft! – allen Anforderungen. Dann wird sie stumpf. Man kann

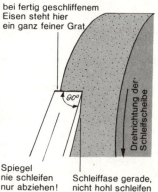

Schleifen von Schneiden

Holzarbeiten

sie dann zum Nachrichten dem Fachmann geben, möglichst mehrere Sägen gleichzeitig. Das Richten von Sägen ist eine Aufgabe für den Fachmann, doch es steht nichts im Wege, daß Sie durch Übung auch hierin zum Fachmann werden.
Abrichten, Schränken, Durchfeilen Drei Arbeitsgänge sind zu unterscheiden:
Abrichten: die ungleich gewordenen Zähne werden gleich hoch und dann Zahn für Zahn in die richtige Größe gefeilt.

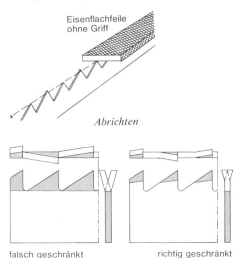

Abrichten

falsch geschränkt   richtig geschränkt

Schränken

Schränken mit altem Hobeleisen

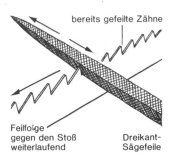

Feilfolge gegen den Stoß weiterlaufend   Dreikant-Sägefeile   *Durchfeilen*

Schränken: die Zähne werden abwechselnd, immer einer nach links, einer nach rechts, seitlich ausgebogen.
Durchfeilen: die Zähne werden scharf gemacht.
Von diesen Arbeiten ist die letztere, das Durchfeilen, am häufigsten erforderlich und am leichtesten auszuführen. Man kann also die abgerichtete und geschränkte Säge mehrmals durch Nachfeilen wieder schärfen.
Vorbereitung Das Blatt wird gesäubert und in die Feilkluppe eingespannt (S. 106).
Abrichten Der erste Akt des Abrichtens besteht darin, daß man mit einer nicht zu groben Eisenflachfeile, die in ganzer Länge aufliegen soll, die Zähne gleich hoch feilt.
Anschließend werden die Zähne, die eben abgestumpft wurden, »vorgefeilt«; das heißt, sie bekommen wieder eine richtige Spitze und die richtige Form. Das ist beim Richten von Sägen der mühseligste Teil der Arbeit.
Schränken Das wechselseitige Ausbiegen der Zähne ist nötig, damit das Blatt frei durch den Sägeschnitt laufen kann. Das Ausbiegen muß sehr behutsam geschehen. Es wird nur der obere Teil des Zahnes ein wenig ausgebogen, nicht der ganze Zahn geknickt, sonst bricht er ab.
Erst jeden zweiten Zahn nach einer Seite, dann die dazwischenliegenden nach der anderen Seite biegen. Wie stark geschränkt wird, richtet sich nach dem Zweck der Säge. Grobe Sägen werden stärker geschränkt als Feinsägen.
Das Schränken geschieht mit einem Schränkeisen oder der Schränkzange. Mit dieser geht es gleichmäßiger. Im Notfall kann man eine Säge auch mit dem Schraubenzieher oder mit einem vorher stumpf geschliffenen, alten Hobeleisen schränken. Man setzt das Eisen in jede zweite Zahnlücke und dreht dann mit Gefühl leicht seitlich. Die beiden Zähne weichen dann nach entgegengesetzten Seiten aus. Eile ist beim Schränken auf keinen Fall am Platz, sonst fehlen der Säge nachher einige Zähne.
Durchfeilen Man beginnt am oberen Ende des Blattes, »gegen den Stoß«. Um die gleichmäßige Schrägstellung und Schärfe der Zähne sicherzustellen, wird die Feile in der einmal begonnenen Haltung gelassen und mit ganz gleichmäßigen Strichen geführt.
Schärfen der Ziehklinge Die Ziehklinge ist ein kleines Stahlblech, dessen Kanten gegratet sind. Diese Grate, welche für die Hobelwirkung der Klinge wichtig sind, müssen von Zeit zu Zeit nach-

gearbeitet werden. Dazu braucht man außer einer Flachfeile auch einen sogenannten Ziehklingenstahl. Man kann aber auch eine abgeschliffene und polierte Feile dazu verwenden.
1. Die Ziehklinge mit Zulagen in den Schraubstock einspannen.
2. Die Schneidkante mit der Flachfeile sauber feilen; nicht senkrecht, sondern längs der Kante.
3. Die Ziehklinge flach auf die Tischkante legen und unter Beigabe von ein paar Tropfen Öl den Ziehklingenstahl kräftig in flachem Winkel zu der Kante der Klinge hin und her reiben. Dadurch wird ein kleiner Grat nach außen gedrückt.
4. Im nächsten Arbeitsgang wird nun dieser Grat nach oben gedrückt, indem man den Ziehklingenstahl senkrecht von unten nach oben führt. Nicht mehr so stark drücken, denn der umgekantete Grat muß absolut gerade und ohne Vertiefungen sein. Wenn man die Klinge auf beiden Seiten mit einem Grat ausstattet, kann man zügiger und länger arbeiten (vgl. S. 139).

Schärfen der Ziehklinge

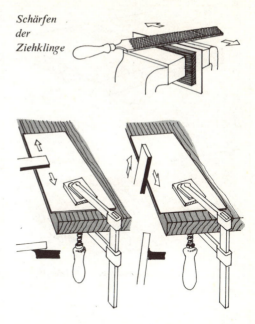

4 Arbeitsgänge (Techniken)

Probieren geht über Studieren. Die beste Anleitung kann die praktische Erfahrung nicht ersetzen. Aber sie kann verhindern, daß der Lernende zahllose Fehler macht, und bewirken, daß er von Anfang an den richtigen Weg betritt.

Der Anfänger soll mit den einfacheren Techniken anfangen. Das sind: Sägen, Nageln, Schrauben, Dübeln, Feilen, Schleifen.

Wer diese Techniken durchprobiert hat und in die Eigenheiten (und Tücken) des Werkstoffs eingedrungen ist, beginne mit den schwierigeren Techniken wie dem Hobeln von Flächen. Auch das Zinken und Schlitzen in allen seinen Abarten und das Zurichten von Werkzeugen verlangen erhebliche Handfertigkeit. Ganz ohne Werkstattanleitung sind die Techniken schwer zu erfassen. Wer sie lernen will, sollte einige Male der Arbeit eines Könners aufmerksam zuschauen. Wer sich über gelegentliche Behebung kleiner Haushaltspannen hinaus mit Holzarbeiten planmäßig befaßt, wird schnell merken, daß ein gutes Einvernehmen mit einem tüchtigen und möglichst benachbarten Schreiner die eigene Arbeit am besten fördert. Bedenken Sie dabei, daß für den Handwerksmeister, der nicht aus Liebhaberei arbeitet, sondern seinen Lebensunterhalt damit verdient, Zeit Geld ist.

Aufreißen, Reißen und Zeichnen

Jede Arbeit beginnt – nachdem sie auf dem Papier fertig geplant (S. 147), nachdem Material und Werkzeug bereitgelegt sind – mit dem Aufreißen, Zusammenzeichnen und Anreißen. Diese drei Begriffe und Arbeitsgänge sind sauber auseinanderzuhalten.

Aufreißen: Aufzeichnen der Umrisse auf das rohe Brett, um es danach zuzuschneiden.
Zusammenzeichnen: Markieren der »Winkelkante« an jedem Stück, Markieren der Stücke nach ihrer Zusammengehörigkeit und Lage.
Anreißen: endgültiges und genaues Reißen der Arbeitskanten, Schnittlinien, Bohr-, Nagel-, Schraubenlöcher usw.

Aufreißen Das Aufreißen erfolgt mit kräftigem Bleistiftstrich. Niemals mit Kopierstift, Tintenstift, Kugelschreiber! Ein feucht gewordener Kopierstiftstrich ist praktisch nicht mehr zu entfer-

110 Holzarbeiten

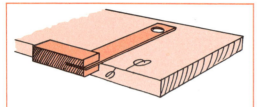

Das Winkelzeichen φ markiert die Winkelkante

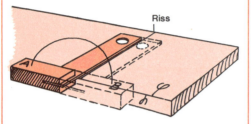

Zum Prüfen der Winkelhaltigkeit wird der Winkel umgeschlagen

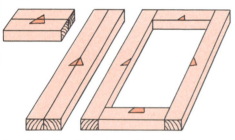

Das Dreieckszeichen △ markiert die Zusammengehörigkeit

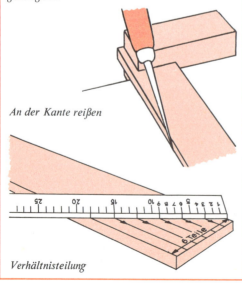

An der Kante reißen

Verhältnisteilung

nen und kann sogar durch Farbanstrich durchschlagen.
Jede falsche oder ungenaue Linie wird sofort entfernt oder durch Überschlängeln unschädlich gemacht.
Beim Aufreißen auf Massivholz wird mit Zugabe gearbeitet: man gibt bei den Längen ganz wenig, bei den Breiten etwas mehr zu. Beim Sägen wird dann nicht nochmals nach Augenmaß zugegeben, sondern genau am Riß gearbeitet.
Bei Sperrplatten wird beim Aufreißen und Zuschneiden nichts zugegeben. Man nimmt an, daß man das endgültige Maß einhalten kann – solange man nicht in den Riß hineinsägt oder -hobelt.
Beim Aufreißen fehlerhaftes Holz möglichst wegfallen lassen.
Zusammenzeichnen, Winkelkante Jedes zugerichtete Holzstück muß eine Winkelkante aufweisen. So nennt man die markierte Eckkante zwischen zwei genau rechtwinklig zueinander liegenden Seitenflächen. Diese Winkelkante zuerst herstellen und mit Winkelzeichen markieren. Alle weiteren Maße werden von dieser Kante aus angewinkelt und gemessen. Der Winkelhaken wird stets hier angeschlagen. Vom Beachten der Winkelkante hängt die Exaktheit des ganzen Stückes ab. Am einfachsten wird der Laie vom Schreiner maschinell vorbereitete Bretter kaufen, die schon eine Winkelkante haben.
Zum Anzeichnen der Zusammengehörigkeit werden die Stücke zuerst unter Berücksichtigung der Jahresringe, der rechten und linken Seite sinnvoll zusammengeordnet, dann mit Dreieckszeichen markiert, so daß spätere Verwechslungen ausgeschlossen sind. Im Kopf behalten kann man das nicht!
Anreißen 1. Zum genauen Anreißen dient ein harter, scharf gespitzter Bleistift oder ein Spitzbohrer (Reißahle · Reißnadel). Alle Risse sollen scharf sichtbar, aber nicht in das Holz hineingraviert sein.
2. An der Kante reißen, nicht vor der Kante.
3. Alle zu einer Kante parallelen Risse ausschließlich mit Streichmaß ziehen. Der Riß wird ziehend geführt, also nicht senkrecht ins Holz drücken. Ohne Streichmaßriß keine exakte Arbeit.
4. Kleine Risse im Holz oder schräger Faserverlauf leiten den Riß gern in eine falsche Richtung.
Verhältnisteilung Häufig kommt die Aufgabe vor, eine Strecke in gleichmäßige Teile zu teilen, z. B. beim Nageln oder Schrauben. Nehmen wir

an, ein Brett von 13 cm Breite soll in 6 gleiche Abschnitte geteilt werden – so daß 5 Schrauben in gleichem Abstand untereinander und von den Kanten gesetzt werden können:
1. Meterstab oder Lineal mit Nullmarke an eine Kante anlegen. So drehen, daß die andere Kante gerade mit einer durch 6 leicht teilbaren Zahl angeschnitten wird, z. B. 18.
2. Strecke bei 3 · 6 · 9 · 12 · 15 cm mit Spitzbohrer markieren.
3. Durch jeden dieser Punkte Parallele zur Längskante ziehen.

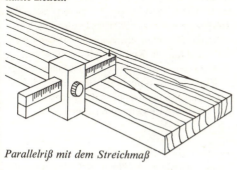

Parallelriß mit dem Streichmaß

Einspannen

Grundsatz: Jedes Werkstück wird zur Bearbeitung eingespannt, damit der Arbeitende mit beiden Händen frei und sicher arbeiten kann.
Stets wird an der Druckstelle zwischen Holz und Spannwerkzeug ein sauberes, glattes Holzstück als »Zulage« beigelegt, damit das Werkstück keine Druckstellen bekommt.
Besonders wichtig ist sorgfältiges Einspannen beim Bohren.
Brettstücke, die zum Aushobeln in die Hobelbank gespannt werden, müssen satt aufliegen. Oft arbeitet sich das Brett durch die Klemmung der Bankhaken einige Millimeter in die Höhe und liegt hohl. Man schlägt die Bankhaken mit dem Ende des Hammerstiels weiter in die Bank, bis das Brett festliegt.

Sägen

Die wichtigste Arbeit bei der Holzbearbeitung ist das Sägen. Mit Sägen bezeichnet der Fachmann immer das Schneiden des Holzes quer zur Faser. Schneiden längs zur Faser nennt man Trennen.
Den saubersten und besten Schnitt erreichen Sie mit einer gut geschränkten und scharfen Spannsäge. Die während der Ruhezeit entspannte Säge wird vor dem Gebrauch gespannt. Dann wird das Sägeblatt leicht nach links verdreht, damit der Rahmen nicht den Blick auf den Schnitt verdeckt. Das Sägeblatt muß kontrolliert werden, damit es nicht verwunden ist. Visieren Sie über den Rücken des Sägeblattes. Rückenlinie und Zähne müssen in einer Ebene liegen.

Mit Rückziehen beginnen Säge kräftig festhalten, aber nicht krampfhaft packen. Mit Gefühl und Verstand arbeiten. Niemals mit Vorstoßen des Blattes beginnen, sondern stets mit einem »Rückziehen«. Beim Vorstoßen hüpft das Blatt gern vom Riß und nicht selten in den Zeigefinger der haltenden Hand.
Nur beim Vorstoßen aufdrücken, denn durch die Stellung der Zähne schneidet die Säge nur beim Vorstoß. Leicht und locker zurückziehen, sonst ermüden Sie schnell, werden verkrampft, und der Schnitt wird unsauber. Achten Sie beim Ansetzen und während des Sägens immer darauf, daß das Sägeblatt senkrecht zum Brett steht, die Schnittkante wird sonst schief. Vor dem endgültigen Durchsägen halten Sie das abfallende Stück fest und sägen nur sehr vorsichtig weiter. Sie verhindern dadurch, daß das letzte Stück absplittert. Noch besser ist ein kleiner Einschnitt von der Gegenseite.

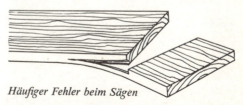

Häufiger Fehler beim Sägen

Am Riß sägen Jeder Sägeschnitt hat eine gewisse Breite. Sägen Sie einfach auf dem Riß entlang, so fällt rechts und links des Risses ein Streifen Holz weg. Es ist unmöglich, daß mehrere auf diese Weise gesägte Stücke später zueinander passen. Das ist besonders schmerzlich beim »Schlitzen«, dem Verbinden zweier Holzstücke mit Schlitz und Zapfen. Also erst überlegen, auf welcher Seite des Risses gesägt werden muß, und dann genau am Riß arbeiten.
Legen Sie beim Ansetzen der Säge den linken Daumennagel neben den Riß und benutzen ihn als Anlage für das Sägeblatt.
Vorsicht beim Schneiden von Sperrholzplatten! Die feinen Furniere splittern besonders auf der Unterseite leicht ab. Als Hilfsmaßnahme kann man über den Riß ein Klebeband kleben.

112 Holzarbeiten

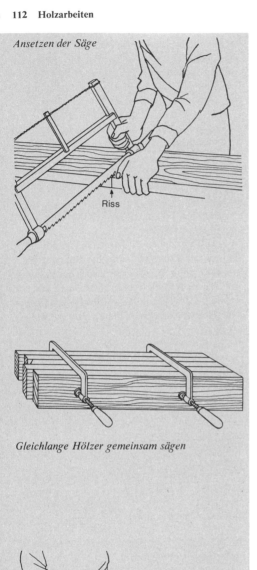

Ansetzen der Säge

Gleichlange Hölzer gemeinsam sägen

Trennen mit Keil

Brauchen Sie mehrere Bretter oder Leisten von gleicher Länge, dann spannen Sie die einzelnen Stücke mit Schraubzwingen zusammen und übertragen die angerissene Länge mit dem Winkelhaken auf die übrigen Hölzer. Nun können Sie alle Stücke gemeinsam mit einem Schnitt sägen. Hier ist es besonders wichtig, daß die Säge senkrecht gehalten wird.
Zum Trennen können Sie das Sägeblatt noch weiter abwinkeln, damit die Mittelstrebe nicht anstößt. Bei breiteren Brettern den Fuchsschwanz benutzen. Beim Trennen müssen Sie besonders darauf achten, daß Sie am Riß bleiben, denn die Holzfasern lenken die Säge leicht ab.
Sollte das Sägeblatt etwas klemmen, kann man mit einem kleinen Keil im Sägeschnitt abhelfen. Nicht zu weit sägen! Ein verkehrter Schnitt längs der Faser läßt sich unter Umständen durch Einleimen eines Spans ausflicken. Ein falscher Schnitt quer zur Faser ist nicht zu reparieren.

Hobeln

Hobeln ist nicht leicht. Noch schwerer ist es, einen Hobel so zu richten, daß ohne großen Kraftaufwand die Späne herausflitzen und die Fläche glatt und eben zurückbleibt. Am besten, Sie schauen einem Fachmann zu und »stehlen mit den Augen«.
Anforderungen an den Hobel Das Eisen muß scharf sein. Nicht der scharfe, sondern der stumpfe Hobel birgt die meisten Verletzungsmöglichkeiten. Die Sohle des Hobels sei stets rein, völlig eben und leicht geölt. Ohne ebene Hobelsohle bekommen Sie keine ebene Hobelfläche.
Anforderungen an den Doppelhobel Mit einem guten Doppelhobel lassen sich die Hobelvorgänge am besten ausprobieren. Er hat auf dem Eisen ein zweites, die Klappe. Läuft die Richtung der Holzfaser »gegen das Eisen«, besteht die Gefahr, daß das Eisen in das Holz einreißt. Ein sauberes Putzen der Fläche zu makelloser Ebenmäßigkeit und Glätte wird deshalb mit dem einfachen Hobel nicht gelingen. Beim Doppelhobel verhindert die Klappe das Einreißen, sie bricht den Span.
Neben der Schärfe des Eisens ist beim Doppelhobel die richtige Lage der Klappe Voraussetzung für den Erfolg. Steht sie zu weit vor, »stopft« der Hobel. Steht sie zu weit zurück, verfehlt sie ihren Zweck, das Holz reißt ein. Liegt sie nicht eben und fest auf dem eigentlichen Hobeleisen, zwängen sich Späne zwischen Eisen und Klappe, und bald ist das Hobelmaul verstopft.

Hobeln

Der Anfänger richte die Klappe so, daß sie 1 mm hinter der Schneide des Hobeleisens beginnt. Durch Übung wird er bald herausbekommen, wann man mehr »Eisen zeigt«, wann weniger. Bei feineren Arbeiten und bei hartem Holz läßt man das Eisen nur Bruchteile eines Millimeters vor der Klappe stehen. Bei gleichmäßigem Kiefernholz kann sie weiter zurückliegen.

Hobel prüfen Außerdem werden wir vor dem Arbeitsbeginn den Hobel auf Schärfe und richtigen Sitz von Eisen und Klappe prüfen. Die Handhaltung zeigt das Bild.

Das Hobeleisen sollte nur 1 mm über die Unterseite des Hobels herausragen und genau parallel mit der Fläche sein. Sitzt das Eisen schief, so muß man es lockern, geraderichten und wieder festkeilen. Das Lockern des Eisens geschieht durch einen Schlag auf das Hinterende des Hobelkastens – häufig befindet sich dort ein besonderer Schlagknopf. Ein leichter Schlag links und rechts gegen den Keil und ein kurzer, kräftiger Schlag auf den Schlagknopf müssen genügen, das Eisen zu lockern. Ist das nicht der Fall, so war es zu fest gekeilt.

Erst einspannen Bevor wir den eigentlichen Vorgang des Hobelns betrachten, erinnern wir uns, daß wir jedes Werkstück zur Bearbeitung fest einspannen. Der Fachmann hobelt in Einzelfällen frei, das steht nur ihm zu. Wird mit Zwingen festgespannt, muß man erst die eine Hälfte des Brettes vornehmen, dann nach dem Umspannen die andere. Zulage nicht vergessen.

Was verboten ist Niemals feuchtes Holz hobeln. Es zieht Fäden und reißt bei Gegenfaser leicht ein. Niemals Farbe oder Lack mit dem Hobel entfernen, dafür gibt es Abbeizmittel (S. 46). Die Bankhaken dürfen nicht über das Brett vorstehen. Einhobeln in einen Bankhaken beschädigt Hobeleisen, Sohle und Bankhaken.

Handhaltung Fassen Sie den Hobel so mit der rechten Hand, daß der Daumen links am Keil, die übrigen Finger rechts am Keil und an der Kastenwand aufliegen. Die linke Hand faßt den Hobel an der Nase. Der Hobel muß fest und sicher gehalten werden. Je lockerer der Griff, desto leichter verletzt man sich. Am meisten ist der kleine Finger der linken Hand gefährdet. Er kann sich an den vielleicht doch etwas vorstehenden Bankhaken klemmen oder sich an einer scharfen Holzkante schneiden. Beim Bestoßen an der Fügelade (siehe S. 114 unten) ist dagegen der Zeigefinger gefährdet.

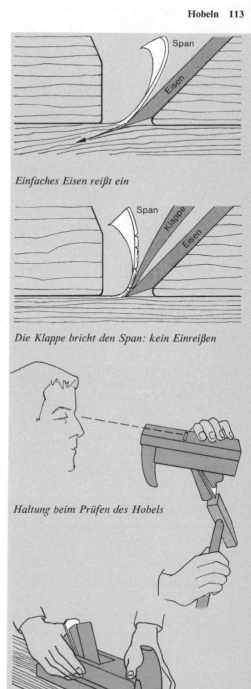

Einfaches Eisen reißt ein

Die Klappe bricht den Span: kein Einreißen

Haltung beim Prüfen des Hobels

Handhaltung beim Hobeln

Holzarbeiten

Fehler Der gute Hobler setzt gleichmäßig Strich neben Strich. Das ist leichter gesagt als getan. Nur viel Übung führt hier zum Können. Die hauptsächlichsten Fehler des Anfängers entstehen durch ungenügend feste Handhaltung. Dadurch wird beim Ansatz und am Ende des Brettes zuviel fortgenommen. Ebenso ist es mit den Seitenkanten. Dabei entstehen gewölbte Flächen. Außerdem achtet der Anfänger nicht genügend auf den Faserverlauf, der auch innerhalb einer Fläche wechseln kann. Dabei reißen Splitter aus. Grundregel: Immer mit der Faser hobeln.

Da in der Heimwerkstatt im allgemeinen mit Preßplatten, mit vorgehobelten Brettern oder bereits zugerichteten Flächen gearbeitet wird, kommen an Hobelarbeiten hauptsächlich drei in Betracht: Bestoßen von Kanten, Kantenbrechen, Verputzen kleiner Flächen.

Kanten bestoßen und brechen

Bestoßen ist das Abhobeln der Kante eines Brettes oder einer Leiste zu einer ebenen Fläche. Kantenbrechen heißt, einer Kante durch leichtes Darüberfahren mit Hobel oder Schleifpapier die Schärfe nehmen. Eine gebrochene Kante ist reißfester. Die Kanten an den Unterflächen von Stuhlbein, Tischbein usw. müssen z. B. unbedingt gebrochen (abgeschrägt) sein; sonst reißen sie, z. B. wenn das Möbelstück verschoben wird, leicht ein. Zum Bestoßen dient die Rauhbank. Da sie schwer ist, braucht man bei schwachen Brettern nur wenig Druck. Auch hier ist darauf zu achten, daß nicht nur am vorderen und hinteren Ende, sondern vor allem auch in der Mitte Holz weggenommen wird. Hat man das Gefühl, in der Mitte der Kante eine leichte Höhlung ausgehobelt zu haben, so ist die Kante wahrscheinlich gerade – gerade.
Beim Aufeinandersetzen zweier bestoßener Kanten zu einer Fuge wird man oft feststellen, daß sie in der Mitte aufeinandersitzen, aber an den Enden ein wenig auseinanderklaffen. Eine solche »Spitzfuge« platzt nach dem Verleimen mit ziemlicher Sicherheit wieder auf. Dann lieber eine »Hohlfuge«, die in der Mitte etwas Spiel hat, aber sich an den Enden fest zusammenpreßt.
Beim Kantenbrechen wird der Hobel schräg entlang der Kante geführt, um die Fasern des Holzes ziehend abzuschneiden.
Kanten, besonders an schwachen Brettern und Platten, werden am besten an der Fügelade bearbeitet. Wie man eine Fügelade selbst anfertigt, ist auf S. 152f. beschrieben.
Die Fügelade wird auf der Hobel- oder Werkbank festgespannt, das zu fügende Brettstück wird mit der linken Hand fest daraufgepreßt. Bei Brettern, die anschließend zusammengeleimt werden sollen, werden die beiden zu fügenden Kanten jeweils zusammen behobelt, so daß immer die gleiche Hirnseite am Anschlagklotz der Fügelade angelegt wird.
Zusammengehöriges zusammen bearbeiten Wir können das als ganz allgemeinen Grundsatz notieren: Stücke, die gleichartig und von gleichen Abmessungen sein müssen, damit das fertige Werkstück »sitzt«, werden stets zusammen bearbeitet.
Verputzen Verputzen nennt man das Sauberhobeln von Flächen. Es geschieht mit dem Doppelhobel, es sei denn, es ist bereits ein Putzhobel (S. 97) vorhanden.
Betrachten Sie eine mit der Maschine vorgerichtete Fläche im Schräglicht, so erkennen Sie kleine Schlagwellen, hervorgerufen von den Messern der Hobelwelle. Eine solche Fläche sauber zu überhobeln, dazu bedarf es eines Hobels mit scharfem Eisen, das völlig gerade und an den Seitenkanten ein wenig angerundet ist; einer fein eingestellten Klappe, die nur »wenig Eisen zeigt«; und endlich einer Holzfläche, die frei ist von Harz oder Schmutz.

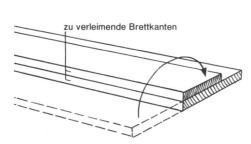

Kanten zusammennehmen ...

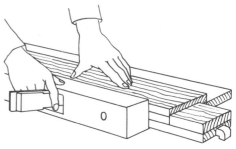

... und in der Fügelade bestoßen

An einer Seite beginnend, ist so zu hobeln, daß jeder Hobelzug den vorherigen ein wenig überschneidet; ein Viertel der Eisenbreite soll sich auf bereits gehobelter Fläche befinden.
Bestoßen von Hirnholz Diese Stirnflächen dürfen nur mit einem überscharfen Putzhobel bearbeitet werden. Vorsicht! Nur von der Seitenkante her bis zur Mitte arbeiten, denn wenn Sie über die Kante hinaus hobeln, splittert das Langholz.
Kleine Querschnitte spannt man mit einer Zulage in die Bank, oder man hobelt an der Fügelade.

Stemmen

Zur Herstellung der verschiedenen Holzverbindungen arbeitet man mit Stech- oder Stemmeisen sowie mit dem Stechbeitel. Stemmen muß man, wenn man Überplattungen, Schlitze oder Zapfenlöcher herstellen will. Auch für das Zinken brauchen wir das Stecheisen. Zu allen Stemmarbeiten Werkstück richtig einspannen, so daß es satt aufliegt, also nicht federt oder hohl liegt.
Bei flachen, dem Schnitzen ähnlichen Arbeitsaufgaben wird mit der Hand »abgestochen«. Das – in diesem Fall meist breite – Eisen wird sorgsam und fest mit beiden Händen geführt.
Beim Stechen einer Nut oder einer Überplattung sägt man die Seitenwände zunächst mit einer Feinsäge bis zur erforderlichen Tiefe ein. Dann wird das zwischen den Schnitten stehende Holz in dünnen Schichten abgetragen. Bei sehr breiten Nuten machen Sie am besten mehrere Sägeschnitte, entsprechend der Breite Ihres Eisens. Das Ausstechen wird dann einfacher.
Schlitze und Verzahnungen werden ebenfalls vorgesägt. Dann wird begonnen, indem man am unteren Ende des Schlitzes senkrecht einstemmt. Die glatte Spiegelseite des Eisens muß dabei zur Grundfläche des Schlitzes zeigen. Dann stemmt man schräg gegen den Stich ein kleines dreieckiges Stück Holz heraus. Mit Wechsel zwischen senkrechten und schrägen Stichen stemmen Sie etwa bis zur Mitte aus, drehen dann das Werkstück und arbeiten genau so, bis der restliche Klotz herausfällt. Zu dieser Arbeit nehmen Sie den Klüpfel.
Ähnlich arbeiten Sie auch beim Stemmen eines Zapfenloches. Zuerst mit dem Eisen an der Kopfseite senkrecht zur Faser einstechen und dann mit schrägem Stich abwechselnd das Holz herausstemmen. Soll das Loch durchgestemmt werden, dann ebenfalls nach der Hälfte von der anderen Seite gegenarbeiten. Als Anfänger arbeiten Sie am

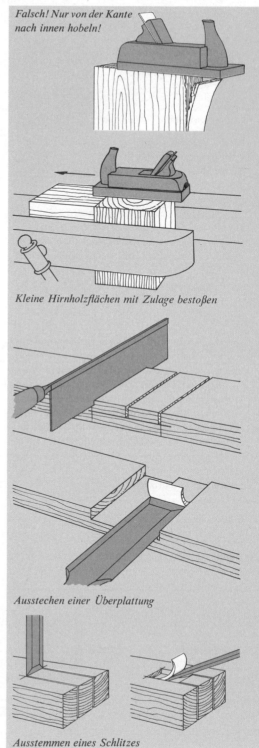

Falsch! Nur von der Kante nach innen hobeln!

Kleine Hirnholzflächen mit Zulage bestoßen

Ausstechen einer Überplattung

Ausstemmen eines Schlitzes

116 Holzarbeiten

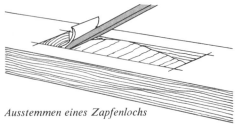

Ausstemmen eines Zapfenlochs

besten zunächst etwas innerhalb des Risses und arbeiten die genaue Form dann hinterher aus.
Bei leichteren Stemmarbeiten kann man das Eisen mit dem Hammer schlagen, jedoch nicht mit der Bahn, sondern mit der Breitseite des Kopfes. Zu jeder kräftigen oder länger dauernden Arbeit nimmt man den Klüpfel.
Bei Verwendung des Lochbeitels ist die Stemmlochbreite stets genau gleich der Eisenbreite. Es richtet sich also die Stemmlochbreite nach den verfügbaren Eisen.

Feilen

Nur der Bastler wird bei feinen Holzarbeiten mit kleinen Feilen arbeiten. Für größere Arbeiten braucht man die Raspel. Man braucht sie zum Richten von Hirnholzflächen, zum Abrunden von Werkstücken und zum Ausschweifen. Vorsicht! Wie beim Hobeln immer von der Kante nach innen arbeiten, denn sonst reißen Späne. Bei der normalen Raspel muß noch mit Hobel oder Glaspapier nachgearbeitet werden. Wenn Sie eine der neuen Hobelfeilen (S. 101) nehmen, müssen Sie nicht mehr nacharbeiten.

Bohren

Den Bohrer brauchen wir bei Holzarbeiten in der Hauptsache zum Herstellen von Schrauben- oder Dübellöchern sowie zum einfacheren Herstellen von Zapfenlöchern.

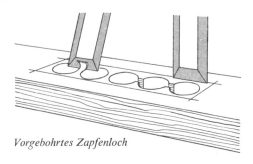

Vorgebohrtes Zapfenloch

Wir benutzen dazu die Bohrleier oder eine Elektrobohrmaschine. Die eigentlichen Bohrer werden in das Bohrfutter dieser Geräte eingesetzt. Wollen wir Schraubenlöcher vorbohren, dann setzen wir in die Leier einen entsprechend starken Nagelbohrer ein und bohren fast bis zur Schraubenlänge vor. Bei Senkkopfschrauben wird das Bohrloch mit dem Krauskopf (Ausreiber) so weit ausgerieben, daß der Schraubenkopf bei kräftigem Anziehen in einer Ebene mit der Holzoberfläche sitzt. Bei einer Maschine können wir nur Spiralbohrer verwenden, darum wird erst mit einem dünnen Bohrer fast bis auf Schraubenlänge vorgebohrt; dann mit einem Bohrer in Schraubenschaftstärke auf Schaftlänge nachbohren. Bei Schrauben in Hirnholz nur ganz dünn vorbohren, in weichem Hirnholz die Bohrung ganz fortlassen.

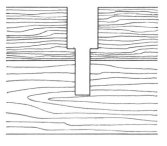

Vorgebohrtes Schraubenloch

Zum Bohren von Dübellöchern nimmt man in der Handleier den Forstnerbohrer, in der Maschine den entsprechenden Spiralbohrer.
Müssen Sie eine größere Anzahl Löcher mit der gleichen Tiefe bohren, dann empfiehlt sich ein Tiefensteller oder eine selbst angefertigte Bohrmanschette (S. 102).
Werkstück immer fest einspannen, denn Sie brauchen zur Führung des Bohrers beide Hände. Bohrer schräg auf den Punkt ansetzen, dann, bevor Sie mit dem Drehen beginnen, den Bohrer exakt senkrecht richten. Sie können die Bohrrichtung später nicht mehr ändern. Das Loch würde schief bleiben, der Bohrer aber abbrechen.
Wenn Sie den Bohrer wieder herausbekommen wollen, nicht rückwärts drehen! In gleicher Richtung weiterbohren und dabei den Bohrer zurückziehen.
Sollen mehrere Werkstücke die gleiche Bohrung bekommen, dann zusammenspannen und zusammen bohren.
Aufpassen bei durchgehenden Bohrlöchern! Nie-

Feilen · Bohren · Holz biegen 117

Das Abdecken eines Schraubenlochs

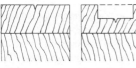

| Bohrer genau im Anrißpunkt einsetzen | Erste Bohrung 4 bis 6 mm tief zur Aufnahme des Stopsel-Plättchens | Zweite Bohrung: Vorbohren für die Schraube | Bei Hartholz Ausreiben für den Senkkopf der Schraube | Schraube einziehen und Plättchen einleimen | Eben putzen |

mals so lange bohren, bis der Bohrer durchfällt und auf der Unterseite Fransen vorstehen, sondern aufhören, sobald die Spitze ein wenig durchstößt, und dann von der anderen Seite gegenbohren.

Das Abdecken eines Schraubenlochs Man kann die Schraubenköpfe durch Überleimen mit Holzplättchen sauber verdecken:
1. Vor dem Bohren einige käufliche runde Holzplättchen beschaffen. Sie sollen etwas größer sein als der Durchmesser der Schraubenköpfe. Sie müssen nicht unbedingt aus der gleichen Holzart bestehen wie das Werkstück. Sie können als Schmuck wirken, vorausgesetzt, daß sie sauber und genau eingesetzt sind.
Wer solche Plättchen selbst herstellen will, muß beachten, daß es Langholzplättchen sein müssen.
2. Mit dem Schlangenbohrer, der den gleichen Durchmesser hat wie die Plättchen, ein Loch bohren, etwas weniger tief als das Plättchen dick ist. Bohrer dabei am angerissenen Schraubenloch einstechen. Danach für Schaft und Gewinde bohren, ausreiben, Schraube einschrauben, Plättchen mit etwas Leim darüberleimen. Die Faserrichtung des Plättchens soll ebenso laufen wie die des übrigen Werkstücks. Ist die Leimung trocken, das Plättchen auf die Ebene der Holzoberfläche schleifen oder hobeln.

Holz biegen

Nicht nur der Modellbauer, auch der Heimschreiner wird ab und zu gebogenes Holz verarbeiten wollen. Grundsatz: Je kleiner der Holzquerschnitt, desto leichter das Biegen. Zweiter Grundsatz: Je schärfer die Krümmung, desto schwerer das Biegen. Dritter Grundsatz: Trockenes Holz läßt sich niemals formbeständig biegen; das Holz muß zum Biegen heiß und feucht sein.

Arbeitsgang Als Arbeitsbeispiel nehmen wir eine Holzleiste, die an einem Kinderbettchen (Himmelbett) den Vorhang tragen soll. Wir setzen sie zusammen aus zwei gleichen und gleichlaufenden Leisten (Buchenholz, noch besser Nußbaum-Splintholz, Querschnitt etwa 25×6 mm). Die Leisten werden zuerst zusammen – aber unverleimt – gebogen, dann miteinander verleimt.

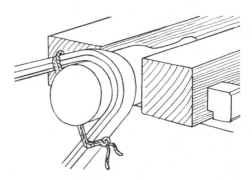

So wird das zu biegende Stück über die Rundung gespannt

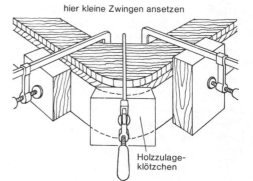

So werden die Leisten zum Verleimen eingespannt

118 Holzarbeiten

1. Wasser zum Kochen bringen in einem Topf, der groß genug ist, daß man die Leisten in das Wasser biegen kann. Vielleicht ist eine alte Backform oder Kastenform zu »requirieren«. Beide Leisten zusammen mit der zu biegenden Stelle einige Minuten über das kochende Wasser halten.
2. Leisten ins Wasser hineinbiegen, mit einem Stein beschweren (Eisen gibt schwarze Flecken) und etwa 5 Minuten im Wasser lassen.
3. Inzwischen einen runden Gegenstand (Kochtopf, Bierflasche), dessen Rundung etwas stärker gekrümmt ist als die erstrebte Biegung, bereitstellen, sauberes weißes Papier oder Löschpapier darüberlegen.
4. Biegung mit Schnur über die Rundung spannen. Das geht leichter, als man erwartet. Allerdings, beim Biegen muß man »mit Gefühl« vorgehen. Wenn die Außenfaser platzt, ist das Experiment mißlungen.
5. Vollständig trocknen lassen. Wenn es schnell gehen soll, kann ein Fön (Haartrockner) helfen.
6. Sind die Leisten ganz trocken (nicht nur außen), werden sie an einer Brettlehre eingespannt und verleimt.

Das Drehen in Holz

Man unterscheidet verschiedene Arten des Drechselns: Einfaches Runddrehen · Ovaldrehen · Gewundenes Drehen.
Einfaches Runddrehen Für den Laien kommt nur solche Drechselarbeit in Frage, wie sie durch die neuen Mehrzweckmaschinen möglich gemacht wird (S. 102). Zwei verschiedene Drechselarten sind dabei zu unterscheiden: Das Drehen von Langholz und von Querholz.
Drehen von Langholz Aus Langholz dreht man längliche Gegenstände – Füße, Ständer, Spielzeugfiguren –, die man zwischen Dreizack und Körner ausdreht. Früher wurde vornehmlich gespaltenes Holz verwendet, bei dem die Fasern ihren natürlichen Verlauf behalten. In den Großstädten ist man heute auf den Holzhandel angewiesen, der nur gesägte Vierkanthölzer anbietet. Bis zu 4 cm Dicke können diese in der Drehbank verwendet werden, ohne daß die Kanten gebrochen werden müssen.
Arbeitsgänge 1. Auswahl und Zuschneiden des Holzes auf Länge. Etwas zugeben! Keine Äste!
2. Mit Diagonalen auf beiden Stirnflächen die Mitte markieren.
3. Genau zwischen dem Dreizack und der Kör-

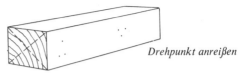
Drehpunkt anreißen

nerspitze einspannen. Bei Körnern mit Vorschub muß man die Spitze in der endgültigen Lage feststellen.
4. Einstellen der Werkzeugauflage. Dabei den Rohling mit der Hand drehen, damit man sicher ist, daß er beim Drehen nicht gegen die Auflage schlägt.
5. Vor dem Drehen die richtigen Werkzeuge auswählen (S. 103). Für weiches Holz benötigt man Eisen mit langer flacher Fase, während man für Hartholz kurz und steil angeschliffene Eisen braucht.
6. Den Rohling in Drehung versetzen und dann mit der Schroppröhre die rohe Zylinderform drehen. Dabei das Eisen mit beiden Händen halten und auf der Auflage abstützen. Bei Weichholz flach und hoch über der Drehachse ansetzen, bei Hartholz steiler und tiefer, näher zur Mitte.

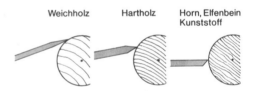
Ansatzwinkel der Eisen

7. Durch Entlangführen des Eisens am Drehstück langsam die Rundform ausdrehen.

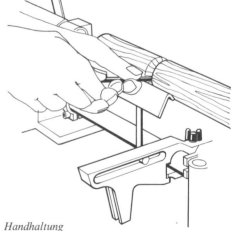
Handhaltung beim Langholzdrechseln

Drechseln · Nageln

8. Auf dem Zylinder mit Bleistift die Längsmaße eintragen und dann mit den entsprechenden Eisen langsam die Endform ausarbeiten. Durchmesser mit dem Außentaster kontrollieren.
9. Zum Schluß mit dem Meißel, bei Profilen mit der Formröhre feindrehen. Glattschleifen.
10. Überschüssige Enden mit dem Meißel abstechen oder nach dem Ausspannen mit der Säge abschneiden und versäubern.

Freidrehen von Langholz Soll an einem Stück Langholz auch die Hirnseite bearbeitet oder ausgehöhlt werden (Knopf, Dose), so wird das Stück nur einseitig in ein Futter eingespannt. Je nachdem, wo Sie drehen, muß dann die Auflage verstellt werden.

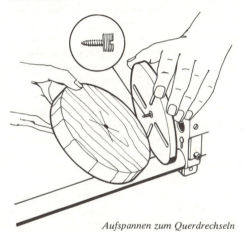

Aufspannen zum Querdrechseln

Das Drehen von Querholz Größere flache Rundstücke werden aus Querholz gedreht. Bei Gegenständen, bei denen sowieso eine mittlere Bohrung angebracht wird (Fußplatten), nimmt man das Schraubenfutter.
Arbeitsgang 1. Größe mit dem Zirkel auf einer entsprechend starken Bohle anzeichnen und roh aussägen. Festlegen der Mitte.
2. Vorbohren und Aufschrauben der Rohform auf das Schraubenfutter (S. 103).
3. Genaues Einstellen der Auflage. Oftmals nachstellen.
4. Beim Drehen zunächst die Kanten brechen, dann Ausarbeiten der Unterseite.
5. Ausspannen des Werkstückes und umgekehrt wieder aufschrauben. Dann Drehen der Vorderseite. Da das drehende Holz an der Kante Langholz und Hirnholz zeigt, muß vorsichtig gearbeitet werden. Am besten nimmt man Eisen mit nur einer Fase. In der Mittelhöhe ansetzen. Das Eisen

sollte ein möglichst langes Heft haben, damit man eine größere Haltekraft hat.

Soll im Werkstück keine Bohrung zu sehen sein, arbeitet man mit einer planeben gerichteten Zulagescheibe. Auf diese wird das Werkstück mit einer Papierzwischenlage aufgeleimt. Damit das Stück wieder abgeweicht werden kann, nimmt man Glutinleim. Nach Fertigstellung des Rückens leimt man dort ein weiteres Zulagestück auf und markiert die Mitte bei eingespanntem Stück mit dem Körner. Dann vorbohren und umgekehrt einspannen. Ist das Drehstück sehr groß, so kann man es mit mehreren Schrauben auf der Planscheibe befestigen.

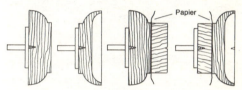

Befestigen einer Schale auf dem Schraubenfutter
Einspannen mit Zulagescheibe

Nageln

Nageln sowie Nageln plus Leimen sind die beiden einfachsten Mittel, zwei Holzteile fest miteinander zu verbinden. Für den Handwerksmeister, der eine ganze Reihe erprobter Holzverbindungen beherrscht, gilt Nageln mit gewissem Recht als zweitrangige Technik. Für den Laien aber gilt: besser gut genagelt als schlecht geschraubt oder gezinkt.

Nägel und Drahtstifte Längst nicht alles, was der Laie als »Nagel« anspricht, wird auch vom Fachmann so benannt. Nur die beiden ersten in der folgenden Übersicht sind Nägel. Fast alle »Nägel« sind Drahtstifte, aus Stahldraht hergestellt, mit rundem Kopf und durchlaufend gleichstarkem Schaft. Außer Eisenstiften gibt es auch Stifte aus Messing, Kupfer und Leichtmetall, ferner solche, die aus Eisen bestehen, aber außen vermessingt, verkupfert, verzinkt oder mit einem anderen Schutzüberzug versehen sind. Für alle Nägel aus Nichteisenmetallen leicht vorbohren!

Maße Die Maße aller Stifte sind genormt. Nägel und Stifte werden in Paketen geliefert. Die Etiketten zeigen unter anderem zwei Zahlen, die Länge und Stärke angeben: Die erste zeigt die Stärke des

120 Holzarbeiten

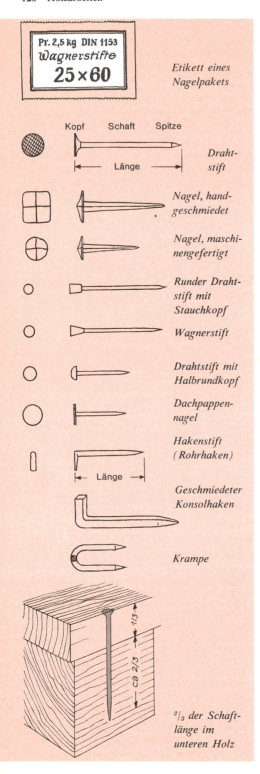

Etikett eines Nagelpakets

Drahtstift

Nagel, handgeschmiedet

Nagel, maschinengefertigt

Runder Drahtstift mit Stauchkopf

Wagnerstift

Drahtstift mit Halbrundkopf

Dachpappennagel

Hakenstift (Rohrhaken)

Geschmiedeter Konsolhaken

Krampe

$^2/_3$ der Schaftlänge im unteren Holz

Nagelschaftes in Zehntel-Millimetern. Die zweite zeigt die Länge in Millimetern. »25/60« bedeutet: 2,5 mm stark, 60 mm lang. Die Etiketten sind je nach Art der Stifte verschieden gefärbt.

Nageltypen Die folgende Übersicht enthält die gebräuchlichen Nägel und Stifte. Der Fachmann kennt ihrer noch viel mehr.

Drahtstift, auch Schreinerstift genannt mit geriffeltem Senkkopf. Der Ausdruck »Senkkopf« bedeutet nicht, daß der Nagel gut versenkbar wäre; dazu ist der breite Kopf ungeeignet. Schaftquerschnitt rund oder quadratisch. Stärken 1,8 bis 9 mm · Längen 35 bis 310 mm.

Aufbewahrung Alle Nägel müssen vor Feuchtigkeit geschützt gelagert werden.

Nagelkasten Die einzelnen Sorten und Größen hält man getrennt in einem Nagelkasten. Die Fächer nicht tiefer als 3 cm sonst kann man aus den schmalen Fächern schlecht etwas herausgreifen. In die Fächer schüttet man nur eine gewisse Menge, der Rest wird im Paket belassen.

Die Pakete werden geschlossen verwahrt. An der Vorderseite wird ein »Sichtnagel« durchgesteckt.

Schraubgläser Eine praktische Art, Nägel, Schrauben und anderes Kleinzeug zu verwahren: Man nimmt Gläser mit Schraubdeckel – also Honig- oder Marmeladegläser – und schraubt die Deckel mit je zwei Schrauben fest an die Unterseite eines Fachbodens (Regalbretts). Die Gläser werden von unten aus- und eingeschraubt. Das ist übersichtlich und platzsparend.

Tips fürs Nageln Außer dem geeigneten Hammer brauchen wir den richtigen Nagel. Als Festmaß für die Länge gilt: etwa $^2/_3$ der Schaftlänge des Nagels sollen in das untere Holz eindringen. Für die Stärke merken wir uns vor allem, daß der Anfänger meist zu starke Nägel wählt. Der Nagel soll Halt geben, ohne das Holz zu sprengen. Nägel nicht in Öl tauchen, das ergibt einen Ölfleck. Richtig vorbohren ist besser!

Abzwicken und Stauchen Beim Einschlagen eines Nagels in schwaches Holz besteht die Gefahr, daß die Nagelspitze das Holz aufsprengt. Dagegen gibt es die beiden im Bild gezeigten Abhilfen: Abzwicken der Nagelspitze mit der Zange oder Stauchen der Nagelspitze mit dem Hammer. Der abgestumpfte Nagel hat eine verminderte Keilwirkung.

Anreißen Eine sorgfältige Nagelung wird zunächst sauber angerissen. Die Nagellinie wird mit dem Streichmaß gezogen, die Nagellöcher werden in regelmäßigen Abständen mit dem Bleistift

Nägel und Nageln

markiert. Der Streichmaßriß soll ganz locker und fein sein, damit keine Kerbe sichtbar bleibt!
Vorbohren Drahtstifte sind nicht sehr hart. Sie biegen sich um oder laufen quer. Bei hartem Holz soll man stets vorbohren. Ebenso immer an den Kanten eines Werkstückes, damit das Holz nicht aufplatzt. Gebohrt wird mit Spiralbohrern etwas schwächer als der Schaft des Nagels. Die Tiefe des Loches soll etwa $^2/_3$ der Schaftlänge betragen. Holz fest einspannen und genau gerade bohren, denn Spiralbohrer brechen leicht.
Weitere Tips Hammer immer am Stielende anfassen. Beim Nageln nicht auf den Hammer, sondern auf den Nagelkopf sehen, sonst ist Ihr Daumen der Leidtragende.
Kleine Stifte, die sich schlecht mit den Fingern halten lassen, steckt man durch ein Streifchen Karton, wie es die Abbildung zeigt, und schlägt sie dann mit einigen leichten Schlägen fest.
Bei breiteren Brettern zwei versetzte Reihen nageln.
Versetzt schräg nageln Der Halt einer Nagelreihe wird ganz wesentlich verstärkt, wenn man versetzt-schräg nagelt, wie es die Abbildung erläutert.
Rahmenecke Nie in der Gehrung nageln! Sonst gerät ein Nagel bei beiden Teilen auf die Außenecke. Das hält nie!

Arbeitsgang beim Nageln einer Kastenkante

1. Bretter aneinanderpassen, Sitz kontrollieren.
2. Nagellinie mit dem Streichmaß anreißen.
3. Nagellöcher mit dem Meterstab einteilen. Über die Verhältnisteilung S. 110f.
4. Brettstück fest auflegen, wenn irgend möglich festspannen (Hobelbank, Schraubzwinge). Will man »durchnageln« (darüber S. 122), durch Unterlegen für freien Raum unter der Nagelstelle sorgen.
5. Den ersten Nagel an einem Ende der Reihe, Heftnagel genannt, nur zu $^2/_3$ einschlagen, ebenso den Heftnagel am anderen Ende.
6. Jetzt erst nochmals die richtige Lage der zu verbindenden Teile nachprüfen. Stimmt sie nicht: Heftnagel heraus und nachrichten, dann Heftnagel wieder einschlagen.
7. Die übrigen Nägel – versetzt-schräg! – einschlagen, so daß sie noch ein wenig herausstehen.
8. Heftnagel eintreiben.
9. Alle Nägel mit passendem Senkstift ganz ein-

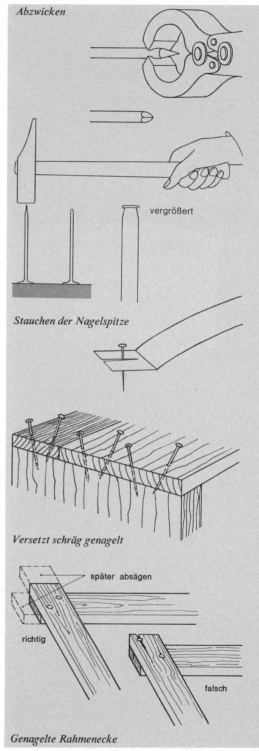

Abzwicken

vergrößert

Stauchen der Nagelspitze

Versetzt schräg genagelt

später absägen

richtig

falsch

Genagelte Rahmenecke

122 Holzarbeiten

treiben, bis etwa 2 bis 3 mm unter der Holzoberfläche.
10. Sauber verkitten.
Durchnageln Um die Verbindung besonders haltbar zu machen, wählt man die Nägel so lang, daß sie an der Rückseite hinausstehen und umgeschlagen werden können.

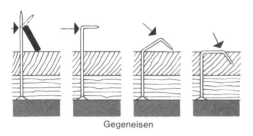

Durchnageln — Gegeneisen

Beim Umschlagen wird, wie das Bild zeigt, zunächst ein Flacheisen (Schraubenzieher, alte Dreikantfeile oder dgl. je nach Größe der Nägel) angelegt und das letzte Stück der hinausragenden Nagelspitze angewinkelt. Dann wird das ganze Nagelstück umgeschlagen, bis sich die Nagelspitze fest in das Holz einbeißt: dabei wird ein kräftiger Hammer oder ein Eisenstück zum Gegendruck unter den Nagelkopf gepreßt.
Die Nagelenden kann man entweder in der Richtung der Holzfaser umlegen: so lassen sich die Enden besser bis an oder unter die Holzoberfläche treiben, das Holz kann aber dabei springen. Werden die Nägel dagegen quer zur Richtung der Holzfasern umgelegt und eingeschlagen, so ist die Haftung besser, doch wird es kaum gelingen, die umgelegte Schaftlänge so weit hineinzuschlagen, daß sie mit der Holzoberfläche eine Ebene bildet.
Beinageln Ist ein Holzstück mit einer ebenen Fläche, auf der es steht, zu verbinden, so kann

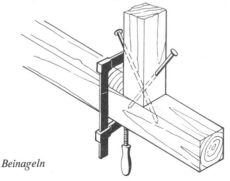

Beinageln

man beinageln. Wie das Bild zeigt, werden die Nägel dabei schräg eingetrieben. Man muß die Nägel hoch genug ansetzen, sie reißen sonst durch.
Nägel herausziehen Einen Nagel, der nicht versenkt ist, versucht man mit der Beißzange am Kopf zu packen. Wichtig ist, daß man dabei stets ein Stück Stahlblech – z. B. eine alte Ziehklinge – unter die Druckstelle der Zange legt. Sonst entstehen häßliche Druckstellen im Holz. Wenn sich der Kopf nicht packen läßt, insbesondere wenn er versenkt ist, muß man notgedrungen mit einem Stecheisen eine Kerbe freistechen. Vorsicht! Scharten!
Sind Brettstücke durch Nägel mit Stauchköpfen (Bild S. 120) zusammengenagelt, wird man nicht erst versuchen, sie mit der Zange zu fassen, sondern die Verbindung durch Auseinanderkeilen der beiden Holzteile sauber lösen. Geht das nicht, treibt man die Nägel, anstatt sie herauszuziehen, mit einem schlanken Versenkstift so tief wie möglich in das Holz hinein. Keilt man jetzt die Brettstücke vorsichtig auseinander, so werden die Nägel im unteren Holz steckenbleiben, die Köpfe sich durch das obere Holz hindurchziehen. Nach der Trennung zieht man die Nägel heraus.
Lösen einer durchgenagelten Verbindung Sind die Nägel auf der Rückseite umgeschlagen, müssen die Spitzen zuerst mit Schraubenzieher oder Spitzbohrer angehoben und mit der Zange aufgerichtet werden. Durch leichte Schläge kann man dann die Nägel etwas zurücktreiben und darauf entweder die Bretter auseinanderkeilen oder die Nägel vom Kopfende her herausziehen.

Schrauben

Die Schraubverbindung ist haltbarer als die Nagelung, trotzdem besser lösbar, unentbehrlich für Beschläge und Montageverbindungen.
Schraubenpakete Schrauben kauft man einzeln oder paketweise. Die Normalpakete enthalten 144 Stück. Das Etikett zeigt durch seine Farbe das Material an: Eisenschrauben = grün, Messingschrauben = gelb usw. Es zeigt ferner eine schematische Abbildung der Schraube.

Holzschrauben

Die linke Zahl gibt die Stärke des Schraubenschafts an, die rechte Zahl nennt die Länge; beides in mm gemessen.

Schraubentypen Die folgende Übersicht enthält die wichtigsten Holzschrauben. Eine »Holzschraube« besteht nicht etwa aus Holz, sondern ist für Holz bestimmt.

Flachkopfschraube, Senkkopfschraube Der Kopf steht nicht über die Holzoberfläche vor, kann auch ganz versenkt werden. Diese Schraube wird am häufigsten verwendet. Stärken von 1,3 bis 10 mm · Längen von 5 bis 150 mm.

Zierkopfschraube Eine Flachkopfschraube, in deren Kopf ein Metallgewinde eingeschnitten ist. In dieses wird eine Zierdeckplatte eingeschraubt.

Schloßschraube, Schraubenbolzen Kennzeichnend ist der Vierkantansatz unterhalb des flachgewölbten Rundkopfes. Er verhindert, daß der Schaft sich beim Andrehen der Mutter mitdrehen kann.

Arbeitsgang bei Verschraubung 1. Schrauben nach Art, Stärke, Länge bestimmen, beschaffen bzw. auswählen, in benötigter Anzahl bereitlegen. Bei der Wahl der Schraubenlänge ist zu beachten, daß die Gewinde im Hirnholz schlechter haften als im Langholz. Für Hirnseiten deshalb etwas längere Schrauben nehmen und wenig vorbohren.
2. Schraubenzieher bereitlegen, richtige Größe durch Einpassen ausprobieren. Nicht passende Schraubenzieher werden die Schrauben und das Werkstück beschädigen.
3. Passenden Bohrer auswählen, im allgemeinen $2/3$ der Stärke der Schraube. Bei größeren Schrauben wird zweimal vorgebohrt, und zwar erst in genauer Schaftstärke für den Schaft, dann in $2/3$ der Gewindestärke für das Schraubengewinde.
4. Schraubenlinie mit Streichmaß anreißen, Abstände mit Metermaß einteilen – wie beim Nageln (S. 120).
5. Die Werkstücke mit Zwingen, evtl. durch einige Heftnägel, in passender Stellung zusammenfügen.
6. Bohrlöcher genau winkelrecht einbohren. Als Faustmaß für die Bohrtiefe gilt $2/3$ der Schraubenlänge. Bei Leichtmetallschrauben in Hartholz muß mehr, in Weichholz kann weniger vorgebohrt werden.
Ganz kleine Schraubenlöcher, besonders in Weichholz, werden lediglich mit dem Spitzbohrer etwas vorgeschlagen. Mit dem Spitzbohrer werden auch die Einstichlöcher der Schlangenbohrer genau fixiert.

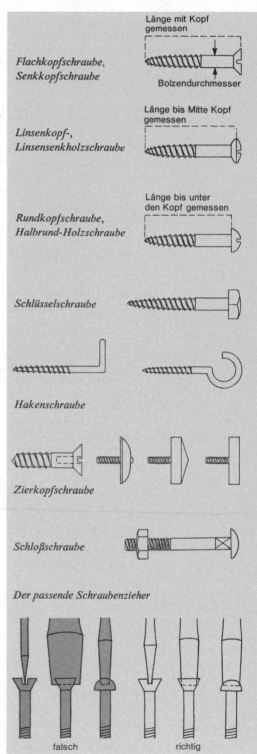

Flachkopfschraube, Senkkopfschraube

Linsenkopf-, Linsensenkholzschraube

Rundkopfschraube, Halbrund-Holzschraube

Schlüsselschraube

Hakenschraube

Zierkopfschraube

Schloßschraube

Der passende Schraubenzieher

124 Holzarbeiten

7. Bohrlöcher ausreiben, so weit, daß der Senkkopf nach kräftigem Anziehen mit dem Schraubenzieher knapp unter die Holzoberfläche kommen wird.

8. Schrauben durch Entlangziehen an einem Stück Wachs oder einer Paraffinkerze leicht einwachsen. Sie laufen dann besser und rosten weniger. Aber nicht einölen! Das gibt unschöne Ölflecke im Holz.

9. Schrauben einziehen.

10. Alle Schlitze in eine Flucht ausrichten.

11. Grate, die sich etwa am Schlitz des Schraubenkopfes beim Eindrehen gebildet haben, mit einer feinen Eisenfeile sauber entfernen. Derartige Grate können häßliche Verletzungen hervorrufen.

Leimen und Kleben

Voran drei Tips für den Einkauf von Klebstoffen:
1. Nicht mehr kaufen, als man in absehbarer Zeit zu verwenden gedenkt.
2. Zwischen Leimform und Leimart unterscheiden. »Tafelleim« bezeichnet nur die Form und nicht die Qualität.
3. Keine eigenen Mischungsexperimente! Gebrauchsfertige gute Markenleime kaufen.

Haltbarkeitsprobe Die Haltbarkeit prüft man auf sehr einfache Weise. Zwei gehobelte Holzstücke werden verleimt und vorschriftsmäßig getrocknet. Schlägt man die beiden Stücke auseinander, so muß bei einwandfreier Leimung die Holzfaser neben der Leimfuge reißen.

Die Klebstoffe

Wir unterscheiden drei Gruppen von Klebstoffen:
Leime im engeren Sinne. Es kommen zwei Arten in Frage: Glutinleime (Warmleime) und Kunstharzleime (Kaltleime);
Kleber, deren Hauptkennzeichen darin besteht, daß sie sofort haften;
Alleskleber, meist Zellulose-Lösungen, in Tuben fertig käuflich, für kleine Arbeiten, insbesondere auch Papierklebe- und Kittarbeiten. Der Umgang mit ihnen ist einfach; werden sie zum Holzkleben benutzt, sind die unten ausgeführten Richtlinien für Verleimung zu beachten.

Glutinleim

Glutinleime bestehen aus tierischen Abfallstoffen

(Knochen, Leder u. dgl.). Die gute alte Leimtafel ist aus Glutinleim.

Vorzüge Billig · in trockenem Zustand beliebig lange aufzubewahren · leicht reparable Leimung · keine Verfärbung der Fugen · leicht zu verdünnen oder zu strecken · hohe Bindekraft · füllkräftig (leimt auch nicht völlig ebene Fugen).

Nachteile Nicht wasserfest und feuchtigkeitsfest, daher nur für Möbelbau. Nicht pilzfest. Vor allem: Man muß richtig mit ihm umgehen.

Zubereitung Der Leim wird in kaltem Wasser eingeweicht, bis er auch im innersten Kern biegsam, gallertartig ist. Die Einweichzeit hängt ab von der Form – eine Tafel braucht 6 bis 10 Stunden, Leimperlen 1 bis 2 Stunden –, aber auch von der Art des Leims. Gut ist die Leimsubstanz, wenn das Wasser nach dem Quellen noch ganz klar ist, die Form der Leimstücke zwar vergrößert, aber nicht verlaufen ist, und wenn der Leim weder säuerlich noch übel riecht. Keinesfalls zur Beschleunigung des Aufweichens warmes Wasser nehmen.

Nur so viel Leim zum Quellen ansetzen, wie zu verarbeiten ist.

Der gequollene Leim wird ohne weitere Wasserzugabe im Wasserbad durch Erhitzen bis auf $60°$ zerlassen und ist dann gebrauchsfertig. Keinesfalls mehr erhitzen oder gar kochen lassen! Glutinleim verliert seine Bindekraft, wenn er über $70°$ erhitzt wird. Glutinleim muß warm verarbeitet werden, daher der Name Warmleim.

Verarbeitungshinweise 1. Nur frischen Leim verwenden; alten, gesäuerten wegschütten.
2. Keine Eisengefäße und keine Pinsel mit Eisenzwinge verwenden; Eisen färbt den Leim schwarz.
3. Alle Leimflächen gut vorwärmen, natürlich ohne sie anbrennen zu lassen.
4. Die Leimbrühe – vom Fachmann »Flotte« genannt – fett- und seifenfrei halten.
5. Geleimte Teile ausreichend pressen, darüber unten.

Kunstharzleime

Alle Kunstharzleime kauft man gebrauchsfertig in kleinen Dosen; Gebrauchsanweisung verlangen und beachten.

Vorzüge Kunstharzleime haben einige erfreuliche Eigenschaften: wasserbeständig oder wasserfest (je nach Sorte) · unempfindlich gegen Gärung und Pilze · kalt zu verarbeiten, auch die Holzflächen brauchen nicht vorgewärmt zu werden (aber nicht bei Frost oder starker Kälte leimen!) · bequem zu handhaben, da streichfertig in der Dose.

Nachteile Bei einer Fehlleimung kann der Leim nicht wieder aufgelöst werden. Manche Kunstharzleime, z. B. Kauritleim, verlangen einen besonderen Härtezusatz, durch den der Leim erst abbindefähig wird. Kauritleim verlangt ferner genaueste Paßfugen und vorschriftsmäßige Leimgabe. Für exakte und erfahrene Arbeiter.

Trotz dieser Nachteile wird der Laie für viele Verwendungszwecke die Kunstharzleime wegen ihrer einfacheren Handhabung bevorzugen.

Allgemeines für Verleimungen

Für alle Verleimungen gilt: Nur trockenes Holz und glattgehobelte, dichte Fugen leimen einwandfrei. Pinsel und Gefäße gut und so bald wie möglich reinigen. Leimgut und Leim fettfrei halten. Nur bei Zimmertemperatur verleimen. Nie verschiedene Leime mischen. Alte Leimreste sind von den Holzteilen zu entfernen.

Pressen und Abbinden Alle Leimungen verlangen bis zum völligen Abbinden Druck. Die erforderliche Preßzeit schwankt je nach Leim zwischen Minuten und vielen Stunden. Es ist eine Eigenheit eiliger Anfänger, daß sie Leimteile zu früh aus der Pressung nehmen, so daß die Fuge bei der Weiterbehandlung wieder aufgeht. Größere Leimungen soll man immer über Nacht stehenlassen.

Wird die geleimte Stelle gleich nach dem Leimen zusätzlich genagelt oder verschraubt, ist kein weiteres Einspannen zur Pressung erforderlich. In allen übrigen Fällen brauchen wir eine Vorrichtung zum Einspannen, und es ist nötig, daß man diese vor dem Leimen ausprobiert. Es gehört oft Findigkeit dazu, das Spannzeug wirksam anzusetzen.

Für normale Werkstücke nimmt man zum Pressen die üblichen Zwingen und Knechte (S. 105). Für leichtere Arbeiten, z. B. Verleimen von Gehrungen bei Bilderrahmen, nimmt man Spannringe, Spannklammern. Beim Modellbau genügt manchmal ein Gummiring.

Für größere Arbeiten, z. B. Zusammenleimen größerer Flächen aus mehreren Brettern, lohnt es sich kaum, entsprechende Schraubknechte zu kaufen. Man baut sich eine Einspannvorrichtung, die mit Hilfe von Holzkeilen den nötigen Druck erzeugt. Auf zwei genügend lange Bretter schrauben Sie auf jeder Seite einen Holzklotz. Der Abstand der Halteklötze auf jedem Brett muß so viel größer sein als das Werkstück, daß Sie auf einer oder auf beiden Seiten die Keile einklemmen können. Sollten Sie zuviel Luft gelassen haben, so können Sie den Zwischenraum mit einem Beilageholz ausfüllen – was noch den Vorteil hat, daß Sie beim Eintreiben der Keile die Werkstückkante nicht beschädigen.

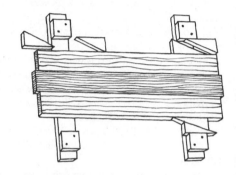

Spannvorrichtung mit Keilen

Etwas schwieriger herzustellen, dafür aber immer wieder zu verwenden, ist eine verstellbare Spannvorrichtung aus zwei vorgebohrten Holzleisten, die durch zwei starke Mutterschrauben zusammengehalten werden. Man legt die zu verleimenden Bretter zwischen die Leisten und schraubt zusammen. Wir benötigen außerdem Zulagebrettchen und Keile, die zwischen die Schraubenbolzen und das Werkstück geklemmt werden, wie es die Abbildung zeigt.

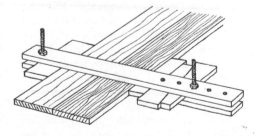

Bei jedem Ansetzen von Preßwerkzeug ein sauberes Holzklötzchen als »Zulage« zwischen Holzfläche und Spanngerät legen, um Druckstellen zu vermeiden. Spanngerät niemals gewaltsam zudrehen. Ist die Fuge ungenau gearbeitet oder schlecht geleimt oder ist das Spannwerkzeug falsch angesetzt, würde auch der Druck einer hydraulischen Presse nichts nützen.

126 Holzarbeiten

Kleber

Die Schwierigkeiten beim Leimen liegen für den Laien beim Erwärmen des Leims und beim Pressen der Werkstücke. Außerdem ergibt sich oft die Notwendigkeit, verschiedene Materialien – Holz, Kunststoffe, Glas, Metall – miteinander zu verbinden, was mit Leim nicht möglich ist. Zusammen mit der stürmischen Entwicklung der Kunststoffe wurden in den letzten Jahren aus denselben Grundstoffen Kleber geschaffen, die diese Schwierigkeiten überwinden. Heute steht fast für jede Aufgabe ein entsprechender Klebstoff zur Verfügung. Fragen Sie bitte im Fachgeschäft, welcher Kleber für Ihre Aufgabe der richtige ist.
Vorteile Kein Erwärmen, kein Pressen der Werkstücke. Kurze Abbindezeit.
Nachteile Kein Nachziehen und Verschieben möglich, klebt sofort. Verhältnismäßig teuer. Oft feuergefährlich.
Gebrauchsanweisung Ähnliche Arbeitsweise wie beim Flicken eines Fahrradschlauches mit Gummilösung.

1. Beide zu klebende Flächen mittels einer Kammspachtel mit Kleber bestreichen.
2. Abwarten, bis der Aufstrich angetrocknet ist. Länge der Wartezeit siehe Gebrauchsanweisung. Nicht berühren, kein Staub.
3. Flächen genau in richtiger Lage, zunächst mit einer Kante, anlegen und dann aufeinanderpressen.
4. Flächen mit mäßigem Druck überreiben (Bügeleisen), so daß keine Luftblasen entstehen können.
Damit ist das Verkleben fertig. Zum völligen Abbinden braucht der Kleber zwar noch einige Zeit, aber die geklebten Werkstücke können schon bald weiterverarbeitet werden. Auch hier ist die Gebrauchsanweisung zu beachten.
Viele Aufgaben, die der Laie aus Mangel an Ausrüstung früher nicht lösen konnte, sind heute durch die Kleber lösbar geworden (z. B. Furnieren, S. 142 ff.). Vorsicht! An einem Musterstückchen feststellen, ob der Kleber das Holz verfärbt.

5 Feste Holzverbindungen des Schreiners und des Zimmermanns

Holzverbindungen des Schreiners

Die wichtigste Aufgabe bei der Holzbearbeitung besteht im Zusammenfügen der einzelnen Bretter, Leisten und Flächen zu Rahmen, Gestellen, Kästen usw. Für Schreinerarbeiten nimmt man in der Hauptsache Leim. Es versteht sich, daß die Verbindung um so fester ist, je größer die Flächen sind, die miteinander verleimt werden. Diese Überlegung führt zu einer Reihe verschiedener Holzverbindungen, die man durch Nageln oder Schrauben zusätzlich stabiler machen kann.
Niemand wird hoffentlich auf den Gedanken kommen, eine Holzverbindung an einem kostbaren Werkstück erstmalig auszuprobieren! Selbstverständlich müssen Sie jede Verbindung zunächst zur Übung an einem Probestück aus Abfallholz ausführen. Sie werden selbst bemerken, daß einige Arten beträchtliches handwerkliches Geschick erfordern.
Rahmenverbindung stumpf gestoßen Nicht sehr haltbar, auch durch Nageln kaum zu festigen (gedübelt S. 130). Sitzt der stumpfe Stoß nicht an der Ecke, so kann er durch Beinageln haltbarer gemacht werden (ähnlich wie bei der Gehrung S.127).

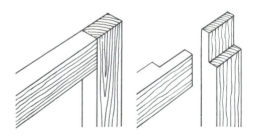

Rahmen stumpf gestoßen   Rahmenecke überplattet

Überplattung an der Ecke Von beiden Holzteilen wird die Hälfte der Stärke weggenommen, »abgesetzt«. Die Verbindung ist ganz einfach, wird aber mit Sicherheit schief, wenn Sie nicht haargenau am Riß sägen.

Feste Holzverbindungen

Überplattung in der Mitte Ähnlich wie an der Ecke. Das Ausstemmen ist jedoch schwieriger.
Schlitz und Zapfen Eine der häufigsten Verbindungen. Im Bild unten eine »zusammengeschlitzte« Eckverbindung.
Stemmloch Diese Verbindung dient u. a. zum Verbinden von Füßen und Stegen bei Möbeln. Hier kann man den Schlitz für den Zapfen nicht sägen, sondern muß bohren und stemmen.
Durch Verdübeln oder Verkeilen können diese Verbindungen noch haltbarer gemacht werden.

Überschobene Schlitz-Zapfen-Verbindung Teils aus Schönheitsgründen verwendet. Ebenfalls aus Schönheitsgründen wird oft statt einer Überplattung die Ecke auf Gehrung gearbeitet.
Zurückgesetzter Zapfen Bei manchen Arbeiten werden aus Schönheitsgründen der Schlitz und das Stemmloch nicht voll durchgeführt. Der Zapfen ist dadurch nicht sichtbar. Viel gebraucht bei Tischeckverbindungen. Schwierig!
Stumpfe Gehrung Diese sehr einfache Verbindung kennen Sie vom Bilderrahmen her.

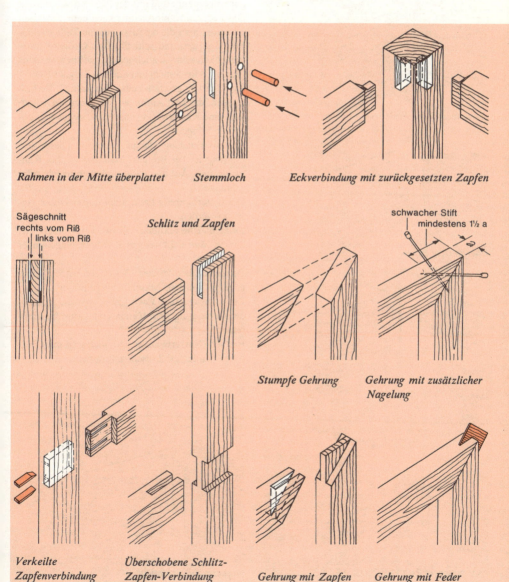

Rahmen in der Mitte überplattet   Stemmloch   Eckverbindung mit zurückgesetzten Zapfen

Sägeschnitt rechts vom Riß   links vom Riß   Schlitz und Zapfen   schwacher Stift mindestens 1½ a

Stumpfe Gehrung   Gehrung mit zusätzlicher Nagelung

Verkeilte Zapfenverbindung   Überschobene Schlitz-Zapfen-Verbindung   Gehrung mit Zapfen   Gehrung mit Feder

128 Holzarbeiten

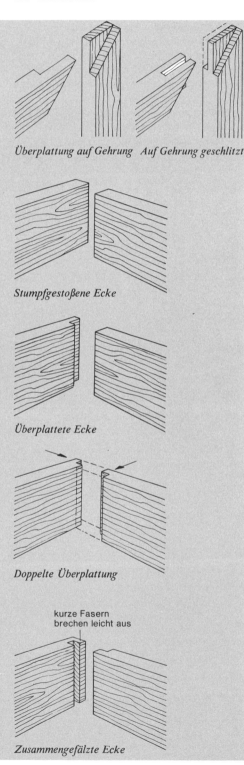

Überplattung auf Gehrung   *Auf Gehrung geschlitzt*

Stumpfgestoßene Ecke

Überplattete Ecke

Doppelte Überplattung

kurze Fasern
brechen leicht aus

Zusammengefälzte Ecke

Die beiden Holzteile werden in passendem Winkel »stumpf zusammengeschnitten« (genau anreißen – genau am Riß sägen!); dann auf einem untergelegten Stück Papier fest zusammengeleimt. Nicht sehr haltbar.
Mit zusätzlicher Nagelung   Da Hirnholz schlecht leimt, wird die einfach stumpf geleimte Gehrung nicht gut halten. Man kann sie zusätzlich nageln.
Mit Feder   Ein eleganterer Weg, die Haltbarkeit zu verbessern, besteht im Einsetzen einer »Feder«. Die Ecke muß zuerst geleimt sein. Dann wird sie gut eingespannt und mit der Säge eingeschnitten. Die Feder wird eingeleimt; nach dem Trocknen schneidet man die herausstehenden Teile mit der Feinsäge weg und schleift glatt. Größere Rahmenecken können auch schräg gedübelt werden. Nur bei Maschineneinspannung möglich!
Auf Gehrung geschlitzt oder überplattet   Verbindungen, die dem Anfänger nicht anzuraten sind. Wer eine Kleinkreissäge hat, wird sie leichter zustande bringen.
Kastenverbindung stumpf gestoßen   Diese Verbindung ist bei Brettern haltbarer als bei Rahmenleisten. Auf alle Fälle zusätzlich nageln oder schrauben!
Diese Verbindung kann auch durch Dübel verstärkt werden.
Einfache Überplattung   Etwas, jedoch nicht viel besser. Man sieht weniger Hirnholz. Nageln oder schrauben!
Doppelte Überplattung   Kann von beiden Seiten genagelt werden. Maschinenverbindung.
Zusammengefälzte Ecke   Eine typische Maschinenverbindung, zur Handarbeit kaum zu empfehlen.
Einfache Nutverbindung   Ähnlich setzt man Zwischenwände und Zwischenbretter ein.

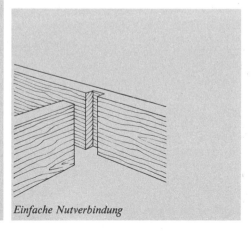

Einfache Nutverbindung

Abgesetzte Nutverbindung Eine saubere und unauffällige Verbindung. Noch schwieriger als die vorhergehende. Von vorn nicht zu sehen.

Das Zinken Die haltbarsten und vornehmsten Eckverbindungen sind die Zinkungen. Sie verlangen viel Denkarbeit (wo muß ich sägen?) und sehr exaktes Arbeiten. Vorher an einem Muster üben.

Gezinkte Ecke Diese Holzverbindung besteht aus »Zinken« und »Schwalbenschwänzen«.

An den genau winkelrecht bearbeiteten Kanten der zueinandergehörigen Bretter reißt man die gegenseitigen Brettstärken sauber an. Dann reißt man die Schwalbenschwänze nach untenstehendem Schema auf. Die Zinken werden schmaler als die Schwalbenschwänze. Nun werden nach der Zeichnung zunächst die Zinken angerissen, eingesägt und ausgestemmt (S. 115).

Die fertigen Zinken werden senkrecht auf das Gegenbrett gesetzt und mit dem Spitzbohrer angerissen. Die Schwalbenschwänze werden jetzt ebenso wie die Zinken ausgearbeitet. Beim Zusammenfügen zeigt sich, ob Sie genau gearbeitet haben. Lieber etwas zu knapp als zu weit!

Halbverdeckte Zinkung Wenn Sie die Schublade Ihres Schreibtisches aufziehen, so finden Sie wahrscheinlich, daß Seitenteil und Vorderstück der Schublade auf diese Weise verbunden sind.

Verdeckte Zinkung Die sorgfältigste Eckverbindung; von außen ganz unsichtbar. Übungsstück für Gesellenprüfung!

Fingerzinken Dies ist die einfachste Zinkung. Sie wird hauptsächlich maschinell hergestellt. Nicht so haltbar wie die Schwalbenschwanzzinkung.

Doppelzapfenverbindung Ähnlich wie die Fingerzinken, gute Verbindung von Zwischenbrettern. Sorgfältige Arbeit erforderlich.

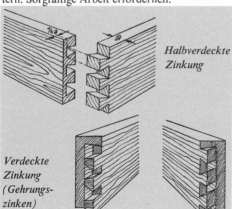

Halbverdeckte Zinkung

Verdeckte Zinkung (Gehrungszinken)

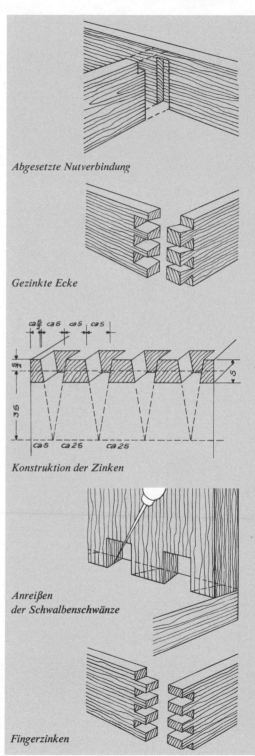

Abgesetzte Nutverbindung

Gezinkte Ecke

Konstruktion der Zinken

Anreißen der Schwalbenschwänze

Fingerzinken

130 Holzarbeiten

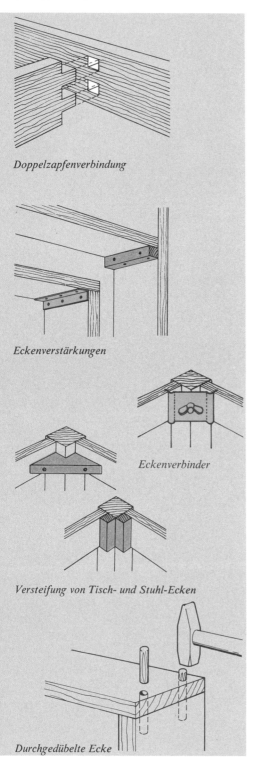

Doppelzapfenverbindung

Eckenverstärkungen

Eckenverbinder

Versteifung von Tisch- und Stuhl-Ecken

Durchgedübelte Ecke

Eckenverstärkungen Durch Anordnung von Beilagen kann man die Leim- und die Schraubfläche vergrößern. Stark beanspruchte Ecken kann man auch durch das Einschrauben von Metallwinkeln versteifen. Für Tisch- und Stuhlbeine gibt es spezielle Eckenverbinder.

Vom Dübeln

Ohne Metall kann man zwei Holzteile sauber und dauerhaft mit eingeleimten Dübeln verbinden. Holzdübel sind Langholzstäbe von rundem Querschnitt. Man kann Dübel kaufen in bestimmten Längen oder als Dübelstangen in verschiedenen Stärken, von denen man die benötigte Länge jeweils selbst herunterschneidet.
Stärken Die Dübelstangen haben Durchmesser von 3 bis etwa 20 mm. Gewöhnlich wird man Dübel von 6, 10 oder 14 mm Durchmesser verarbeiten. Die Dübelstangen bestehen aus Buchenholz. Weichholz ist nicht verwendbar.
Quelldübel Praktisch sind Quelldübel. Sie werden bei der Herstellung stark gepreßt. Im Bohrloch quellen sie unter der Feuchtigkeit des Leims wieder auf. Auch in einem zu großen Bohrloch sitzen sie nach dem Aufquellen sehr fest.
Durchdübeln und Zusammendübeln Wird eines der beiden zu verbindenden Werkstücke von außen durchgebohrt, so spricht man von »Durchdübeln«, dagegen von »Zusammendübeln«, wenn die Dübelung von außen unsichtbar bleibt.
Durchgedübelte Eckverbindung 1. Die beiden Holzteile in ihrer endgültigen Lage fest zusammenspannen (Zwingen, Heftnägel).
2. Dübelmittelpunkt sauber anreißen (Winkelhaken und Streichmaß).
3. Bohrpunkt mit Spitzbohrer markieren, genau dort mit Schlangenbohrer von der Stärke des Dübels einsetzen. Bohrrichtung genau einhalten. Dazu gehören Augenmaß und etwas Übung. Tiefe des Bohrloches durch Tiefensteller, Bohrmanschette oder Nachprüfen mit Stift einhalten. Beide Holzteile werden gemeinsam gebohrt.
4. Bohrspäne aus dem Loch sorgfältig entfernen.
5. Nicht zu dickflüssigen Leim in das Dübelloch geben. Dübel einschlagen, bis er aufsitzt. Rechtzeitig aufhören! Zuviel Leim sprengt das Langholz, oder er spritzt unter hohem Druck heraus.
6. Wenn der Leim trocken ist, etwa überstehendes Dübelstück mit Feinsäge absägen und sauber verschleifen.

Dübeln in Holz

Zusammendübeln Dübelung, die von außen unsichtbar bleibt. Dies ist viel schwerer. Die Werkteile müssen getrennt gebohrt werden.
1. Brettflächen mit Winkelzeichen (S. 110) nach außen zusammenspannen. Mit Streichmaß, Winkelhaken und Spitzbohrer die Kreuzpunkte für die Mitte der Dübellöcher markieren.
2. Dübellöcher mit Bohrwinde genau senkrecht einbohren. In Längsholz Tiefe nicht über 2 Dübeldurchmesser, bei 10-mm-Dübel also nicht über 20 mm. In Hirnholz tiefer dübeln – bis 4 Dübeldurchmesser.

Mit Streichmaß und Winkelhaken werden die Dübellöcher markiert

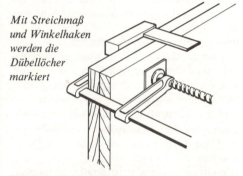

3. Ränder der Dübellöcher mit Ausreiber etwas ausreiben, damit Holzfasern oder Leimteilchen Platz haben und die Fuge gut dicht werden kann.
4. Dübel von Länge schneiden: 2 mm kürzer als die Tiefe der Bohrlöcher zusammen. Die Dübel dürfen auf keinen Fall zu lang sein, sonst schließt die Fuge nicht!
5. Dübel einsetzen wie oben. Unter Pressung trocknen lassen.

Markieren der Dübellöcher durch Furnierstift Beim Zusammenfügen von Möbelstücken wird häufig ein einfaches Zusammenspannen nicht möglich sein. Man verfährt dann wie folgt:

1. Dübelpunkte an einem Werkteil vorreißen. In jedem Dübelpunkt ein kleines Stiftchen (Furnierstift) einschlagen und so abzwicken, daß es etwa 2 mm vorsteht.
2. Werkteil mit Stiftchen auf das Gegenstück passend aufsetzen. Ein leichter Hammerschlag treibt die Stiftchen in das gegenüberliegende Brett und markiert die dortigen Dübelpunkte.
3. Stiftchen herausziehen. Dübellöcher ausbohren. Weiteres Verfahren wie oben.

Bohrschablone Da bei vielen Werkstücken, die zusammengedübelt werden, die gleiche Dübelarbeit mehrfach vorkommen kann, baut man sich in diesem Fall eine Bohrschablone aus Hartholz. Mit ihrer Hilfe können viele Ungenauigkeiten vermieden werden. Sie wird mit ihrem Anschlag an das Werkstück geklemmt und führt in ihren Bohrlöchern den Bohrer genau. Bohrlöcher mit Wachs oder Talkum glätten.

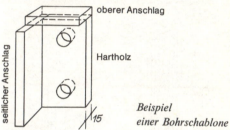

Beispiel einer Bohrschablone

Nut und Feder Wenn Sie eine Tischkreissäge haben, mit der Sie die Nuten schneiden können, dann ist eine Nut- und Feder-Verbindung einfach und gut herzustellen. Die Feder muß in der Dicke genau in die Nuten passen, in der Breite ist die Feder ca. 3 mm schmaler.
Dübel und Federn sind auch mit einseitiger Verleimung möglich. Dadurch gut lösbare Verbindung.

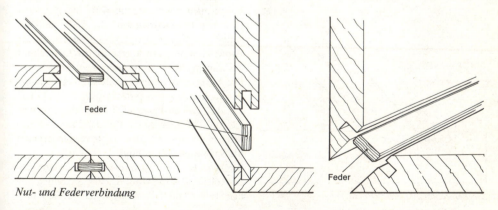

Nut- und Federverbindung

132 Holzarbeiten

Balken

Zwischenraum ca. 1 cm

Säule

Balken + Säule

nicht so · sondern so

Zapfenverbindung

Verstärkung durch Brettlaschen · *Ecküberplattung mit Zapfen*

Abstützung durch Kopfbug

nicht zu kurz

Druckkraft

½ ½

t = ¼ h

h

Strebenknotenpunkt mit Versatz

Holzverbindungen des Zimmermanns

Diese Holzverbindungen unterscheiden sich, trotz gewisser Ähnlichkeiten in manchen Dingen, grundlegend von den vorher behandelten. Sie werden beim Holzbau angewendet. Die wichtigsten Merkmale sind:

1. Die Verbindungen müssen große Kräfte übertragen können (Dächer, Fachwerkwände).
2. Es werden meistens ungehobelte Hölzer von großen Querschnitten (Balken) verwendet.
3. Die Verbindungsstellen werden nie geleimt, höchstens genagelt oder in seltenen Fällen geschraubt (Holznägel, Metallaschen, Kralldübel, Bolzenschrauben).

Beim Zusammenfügen von Hölzern zu Baukonstruktionen müssen die Verbindungen so hergestellt werden, daß die wirkenden Kräfte aufgenommen und richtig übertragen werden können. Im folgenden sind die häufigsten zimmermannsmäßigen Holzverbindungen zusammengestellt.

Zapfenverbindung zwischen Balken und Säule Hier wird eine Auflagerkraft auf die Säule als Druck übertragen. Holz kann bei Druck in der Faserrichtung etwa viermal soviel Kraft aufnehmen als bei Druck rechtwinklig zur Faserrichtung. Bei der Holzsäule handelt es sich um Druck in der Faserrichtung. Hier muß beachtet werden, daß sich dieser Druck an der Auflagerfläche für den Balken rechtwinklig zur Faserrichtung auswirkt. Die Auflagerfläche muß demnach so groß sein, daß die zulässige Beanspruchung rechtwinklig zur Faser nicht überschritten wird. Diese Fragen der Statik werden hier nicht deshalb erläutert, damit der Leser etwa statische Berechnungen anstellen soll. Er soll aber wissen, daß bei der Zapfenverbindung die Schwächung der Auflagerfläche des waagerechten Holzes soweit als möglich vermieden werden muß.

Holz arbeitet. Deshalb muß die Tiefe des Zapfenloches etwas größer gestemmt werden als der Zapfen. Damit kann aber über den Querschnitt des Zapfens keine Kraft übertragen werden. Die Auflagerfläche einer Säule kann durch angenagelte Brettlaschen verstärkt werden. Der Druck auf den Balken kann auch dadurch gemindert werden, daß man einen Teil der Last auf freie Streben übernimmt. Gleichzeitig vermindert man die Spannweite (Kopfbug).

Streben Beim Holzbau spielen Streben eine große Rolle (vgl. Dachstuhl S. 246). Sie bilden mit den Stützen und Balken zusammen Dreiecke und

Holzverbindungen des Zimmermanns 133

geben den Bauwerken Halt. Nach DIN 1052 darf die Einschnittiefe nicht größer sein als $1/4$ der Balkenhöhe.

Beim Zuschneiden der Hölzer macht man sich zweckmäßigerweise eine Schablone mit Brettern, auf der der Knotenpunkt in wahrer Größe aufgezeichnet wird.
Der Arbeitsgang ist folgender:
Zunächst trägt man das Einschnittsmaß t an.
Nun stellt man die Schräge der Versatzung mit dem Winkel fest. Dadurch ist auch die zweite Schräge bestimmt.
Die ausgesägte Brettschablone dient dann zum Anreißen der Konstruktionshölzer.
Bei den behandelten Versatzungsbeispielen können über die Strebe nur Druckkräfte übertragen werden. Sollen auch Zugkräfte aufgenommen werden, so sind besondere Vorkehrungen erforderlich, z. B. Schraubenbolzen oder aufgenagelte Brettlaschen. Die klassische Konstruktion hierfür ist der Brustzapfenversatz mit Holznagel.
Aufklauung beim Sparren Die Zeichnung läßt die Befestigung eines Dachsparrens erkennen.
Überplattungen Im Gegensatz zu den Schreinerverbindungen müssen diese Verbindungen ohne Leim halten. Deshalb sind die Konstruktionen leicht abgewandelt:
Das gerade Hakenblatt mit Keilen verbindet zwei Längshölzer.
Der doppelte Kamm ergibt eine unverschiebliche Kreuzung von zwei Hölzern.
Das Schwalbenschwanzblatt kann Zugkräfte aufnehmen.

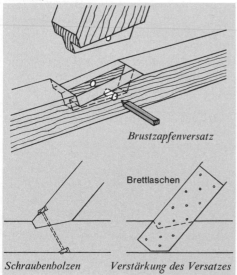

Brustzapfenversatz

Brettlaschen

Schraubenbolzen   *Verstärkung des Versatzes*

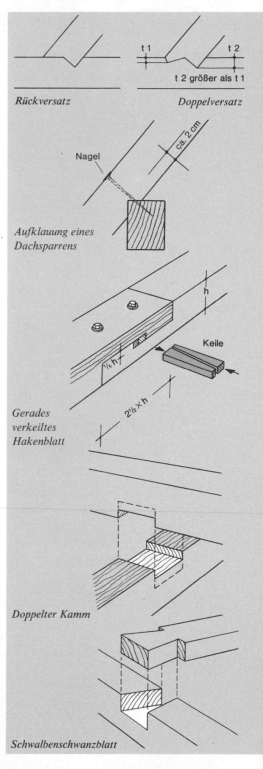

Rückversatz   *Doppelversatz*

Aufklauung eines Dachsparrens

Gerades verkeiltes Hakenblatt

Doppelter Kamm

Schwalbenschwanzblatt

6 Lösbare und bewegliche Holzverbindungen

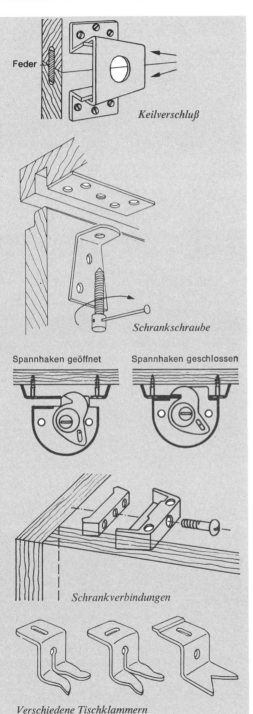

Keilverschluß

Schrankschraube

Spannhaken geöffnet Spannhaken geschlossen

Schrankverbindungen

Verschiedene Tischklammern

Lösbare Verbindungen mit Keil- oder Exzenterverschluß Keil- und Exzenterverschlüsse ergeben eine augenblicklich lösbare Verbindung von Regal- oder Schrankteilen. Es gibt einfache Ausführungen, die aufgeschraubt, und Spezialausführungen, die eingelassen werden. Vor dem Befestigen des Verschlusses müssen die zu verbindenden Teile in ihrer Zusammengehörigkeit durch einige Dübel genau fixiert sein.

Schrankbeschläge Im Handel ist eine große Zahl aufsetzbarer und einlaßbarer Beschläge zu haben. Sie arbeiten mit Schrauben oder Drehkatzenverbindung.

Tischklammern Tischklammern verbinden Platte und Zargengestell bei Tisch, Stuhl, Bank, Hokker. Es gibt Klammern mit Querschlitz und mit Längsschlitz, damit man bei Platten aus Massivholz den Längsschlitz der Klammer stets senkrecht zur Richtung der Holzfaser stellen kann. Die Anbringung geht wie folgt vor sich:
1. Platte mit der Unterseite nach oben auf den sauberen Werktisch legen.
2. Das Gestell in der endgültigen Lage aufsetzen und durch je einen Heftnagel an zwei gegenüberliegenden Innenecken befestigen.
3. Lage der Tischklammern festlegen. Dabei zuerst zwischen Tischplatte und Klammer ein Stück Furnier oder Karton legen. Dann die Klammer so gegen die Zarge setzen, daß die Spitzen senkrecht eindringen können. Klammer mit einigen genauen Hammerschlägen fest in die Zarge einschlagen. Als Gegendruck größeren Hammer mit Zulage an die Außenwand der Zarge pressen, damit diese nicht federt.
4. Kartonstück bzw. Furnier wegziehen, Klammer festschrauben mit Rundkopfschraube, die genau passen muß. Die Klammer muß sich dabei fest an die Platte heranziehen. Die Schraube darf nicht durch die Platte stoßen, Länge vorher genau messen.

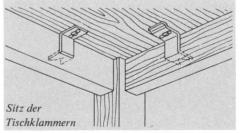

Sitz der Tischklammern

Lösbare Holzverbindungen

Bettbeschlag Ein einfacher und gut lösbarer Beschlag ist der normale Bettbeschlag. Beide Teile werden versenkt. Sie müssen an beiden Werkstücken gemeinsam genau angerissen werden.
Montageverbindungen mit Rampa- oder Trioschrauben Unter der Vielzahl von Schrauben und Spezialgeräten sind die Rampaschrauben bekannt. Das Prinzip der Verbindungen, wie es unsere Zeichnungen veranschaulichen: Das eine der beiden zu verbindenden Werkstücke trägt eine Muffe, die außen und innen ein Gewinde hat. Das Außengewinde hält die Muffe im Holz fest. Das Innengewinde nimmt die Schraube auf, mit der das zweite Werkstück angeschraubt wird. Die Montageverbindung ist sauber, dauerhaft und jederzeit gut lösbar. Arbeitsablauf:
1. Teile zusammenpassen und -zeichnen.
2. Zusammenspannen (Zwingen, Heftnägel).
3. Bohren. In den meisten Fällen muß durch das erste Werkstück in das zweite durchgebohrt werden. Dazu zuerst mit Bohrer von der Stärke des Schaftes der Innenschraube so weit bohren, bis die Spitze gerade 1 mm in das Unterholz eingedrungen ist und sich dort markiert. Dann die Zusammenspannung lösen.
4. Zweiten stärkeren Bohrer nehmen. Stärke wie der Kern (nicht das Gewinde) der Gegenschraube (Mutter). In dem durch das Durchbohren markierten Punkt ansetzen und etwas tiefer bohren als die Länge der Gegenschraube. Die Bohrrichtung beider Löcher muß genau übereinstimmen.
5. Gegenschraube einziehen. Dazu gibt es besondere Eindreheisen. Das Außengewinde preßt sich fest ins Holz.
6. Zusammenschrauben. Die Muffen sollen nicht gefettet werden.
Einem ähnlichen Zweck dienen RAMPA-Einschlagmuttern, deren Muffe nicht eingeschraubt, sondern eingeschlagen wird.
Für das Zusammenfügen von Möbelstücken gibt es noch eine große Menge weiterer Beschläge:
Scharnierband (dazu S. 333 f., wo mehr über Drehbeschläge steht.) Beim Anbringen ist folgendes zu beachten:
1. Lage sorgfältig anreißen: erst mit dem Winkelhaken die Lage festlegen, dann mit Streichmaß – das genau nach dem Bandlappen eingestellt wurde – das auszuhebende Holz der Breite und der Tiefe nach anreißen, und zwar nur so weit, wie tatsächlich weggestemmt werden muß.
2. Holzfläche einspannen, Lappenbreite vorkerben. Dann mit einem breiten und scharfen Stech-

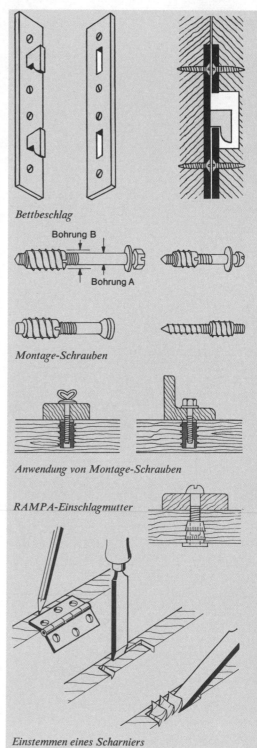

Bettbeschlag

Montage-Schrauben

Anwendung von Montage-Schrauben

RAMPA-Einschlagmutter

Einstemmen eines Scharniers

136 Holzarbeiten

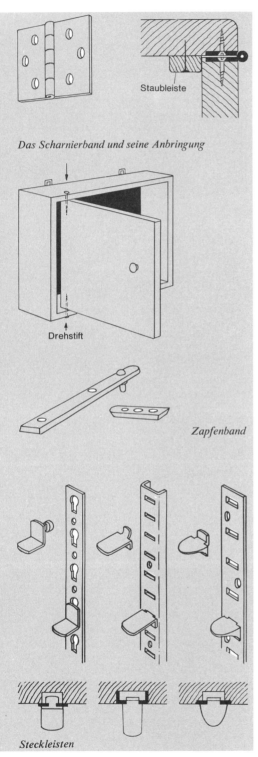

Das Scharnierband und seine Anbringung

Drehstift

Zapfenband

Steckleisten

eisen, genau am Tiefenriß einstechend, das wegfallende Holz sauber und glatt ausstechen.
3. Scharnier einprobieren. Genau in der Mitte der Lappenlöcher mit dem Spitzbohrer die Bohrung für die Schrauben vorstechen.
4. Vorbohren mit Spiralbohrer, Schrauben einziehen. Am Schluß alle Schraubennuten in gleiche Flucht richten.

Drehstift Ein sehr einfacher Drehbeschlag ist der Drehstift. Die Klappe wird, wie das Bild zeigt, lediglich gehalten durch zwei Nägel oder Schrauben, die in die gegenüberliegenden Hirnkanten eingeschlagen oder eingedreht sind. Dabei muß ganz genau angerissen werden, niemals nach Augenmaß. Der Einstichpunkt an der Klappe wird exakt mit dem Streichmaß angerissen und mit dem Spiralbohrer genau senkrecht durchgebohrt.

Klavierband Wie der Name sagt, wird es beim Befestigen von Klavierdeckeln verwendet. Es ist nichts als ein sehr langes Scharnierband, das über die ganze Höhe einer Tür geht. Für leichte Schranktüren sehr gut. Läßt sich verhältnismäßig leicht montieren. Genau arbeiten (S. 337).

Zapfenband Das Zapfenband entspricht in seiner Arbeitsweise dem Drehstift. Das Anschlagen ist nicht ganz einfach, schwieriger sogar als das von Scharnierbändern.

Fachbodenträger Träger für Zwischenböden in Regalen und Schränken, leicht einzubauen, gibt es in vielen Ausführungen. Das wichtigste beim Einbauen: Die Bohrlöcher für die Hülsen genau maßgerecht anreißen, sonst sitzen die Träger »windschief« zueinander. Zum Einbohren der Hülsen nimmt man am besten Forstner- oder Spiralbohrer (S. 100). Tiefensteller bzw. Bohrhülse benützen! Die Hülsen werden mit dem Hinterende eines Versenkers in das Bohrloch eingeschlagen.

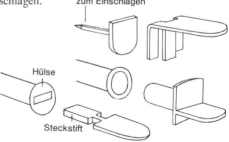

Fachbodenträger

Steckleisten An Stelle der einzeln einzulassenden Steckstifte können ganze Lochschienen eingelassen oder aufgeschraubt werden.

Verschluß durch Schnäpper Für Schränke, in denen nichts Wertvolles lagert, verwendet man heute keine Schlösser mehr, sondern Schnäpper. In diesem sitzt eine Walze oder Kugel aus Metall bzw. Hartgummi. Der Schnäpper wird am Türrand montiert; am Schrank befestigt man eine kleine Raste aus gepreßtem Blech. Durch eine eingebaute Feder wird die Walze hinter den Wulst der Raste gepreßt und hält die Tür zu. Zuerst den Schnäpper montieren und dann durch Probieren die Lage der Raste genau festlegen.

Magnetverschluß Zu einem Magneten – das wissen wir aus der Schule – gehört ein Anker. Er wird vom Magneten angezogen. Das weitere ist ganz einfach: Am Türrahmen des Schrankes wird der Magnet mittels einer Holzschraube befestigt. An der gegenüberliegenden Stelle der Tür wird der Anker, ein Stückchen Eisenblech, mit einer Federung festgemacht. Wirft man die Tür nun mit leichtem Schwung zu, so wird etwa bei einem Zentimeter Abstand die Kraft des Magneten wirksam. Das Öffnen muß mit einem kleinen Ruck geschehen, denn die Kraft des Haftens ist ganz erheblich. Die hochwertigen Magnete sind sehr empfindlich. Durch Hämmern, Erschütterungen, Werfen und starke Erwärmung verlieren sie rasch ihre magnetische Kraft. Es gibt auch runde Magneten, die man in eine genaue Bohrung stramm eindrückt.

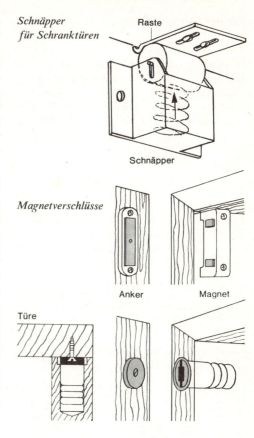

Schnäpper für Schranktüren

Magnetverschlüsse

7 Die Holzoberfläche

Die Oberfläche aller Werkstücke aus Holz sollte noch eine abschließende Behandlung erfahren. Sie schützt das Holz und schmückt das Werkstück.

Die Behandlung richtet sich nach dem Verwendungszweck und nach der Art des Materials. Massivholz und Platten verlangen verschiedene Arten der Behandlung (Tabelle S. 138).

Platten werden im allgemeinen nicht hergestellt, um sie als Naturholz sichtbar zu lassen. Man streicht sie mit Farbe, oder ihre Oberfläche wird mit Holzfurnieren bzw. Kunststoff beklebt. Wenn Sie sich bei der Auswahl und beim Zuschnitt Mühe machen, können Sie unter den Sperr- oder Tischlerplatten auch solche finden, deren Oberfläche Sie sichtbar lassen können. In jedem Falle müssen Sie die Schnittkanten besonders bearbeiten (Umleimer oder Kantenfurnier). Furnierte Flächen benötigen zum Abschluß noch eine Oberflächen-Behandlung wie Hartholz.

Übersicht

Schleifen Säubern und Glätten der Fläche mit Schleifpapier.
Abziehen mit der Ziehklinge Glätten von Hartholzflächen oder Furnieren.
Imprägnieren Anstreichen oder Tränken mit einem Schutzmittel gegen Feuchtigkeit und Schädlinge.
Färben Eintönen mit einer Farblösung.
Beizen Abtönen mit einem chemischen Mittel

138 Holzarbeiten

das durch chemische Reaktion einen Farbton hervorruft.

Ölen Einlassen mit Öl.

Wachsen Überziehen mit Wachspaste.

Bleichen Aufhellen mit chemischen Mitteln und Beseitigen von Flecken.

Streichen mit Dispersionsfarbe (S. 42 ff.). Einfaches Anstrichmittel auf allen Untergründen. Nicht sehr widerstandsfähig gegen Verschmutzen und Verkratzen. Oder mit Kunstharzfarbe (S.44 ff.).

Mattieren Überziehen mit Mattierung.

Lackieren Lacküberzug und Nachschliff mit Stahlwolle.

Polieren Behandeln mit verschiedenen Polituren. Beim Polieren werden nach Schleifvorgängen erst alle Poren zupoliert, dann wird die Fläche mit einer spiegelnden glasklaren Deckschicht überzogen.

Da diese Arbeit viel Erfahrung und genaue Kenntnis der einzelnen Poliermittel verlangt, ist sie vom Laienhandwerker kaum durchzuführen. In jedem Fall den Rat des erfahrenen Fachmannes einholen, da jedes Holz andere Poliermittel verlangt.

Furnieren Überleimen mit einer schwachen Deckschicht aus Holz.

Bekleben mit Kunststoffplatten. Ähnlich wie Furnieren (vgl. S. 142 ff.).

Schleifen

Das Glattschleifen einer Fläche kann oft das schwierige Hobeln (Putzen) ersetzen. Besonders Platten und Flächen mit gewelltem Faserverlauf wird man statt des Hobelns lieber schleifen. Eine gut geschliffene Fläche ist die Grundlage jeder weiteren Oberflächenbehandlung.

Wässern Fast jede Holzfläche hat Druckstellen, entstanden durch die Bearbeitung mit der Maschine oder durch Stöße und Schläge aller Art. Sie müssen vor dem Schleifen hochquellen. Dazu wird die Fläche »gewässert«.

Mögliche Behandlungen der Holzoberfläche
(■ = Behandlungsart möglich)

	Massivholz		Platten	Tischler-	Span-	Hartfaser-	Weichfaser-
	Weichholz	Hartholz	Sperrpl.	platten	platten	platten	platten
Schleifen	■	■	■	■	■		
Abziehen mit Ziehklinge		■					
Imprägnieren	■						
Färben	■	■	■	■			
Beizen	■	■	■	■			
Ölen	■						
Wachsen	■	■	■	■			
Bleichen	■	■	■	■			
Streichen mit Dispers.-Farbe	■	■	■	■	■	■	■
Mattieren	■	■	■	■	■		
Lackieren	■	■	■	■	■		
Polieren	■						
Furnieren			■	■	■		
Bekleben mit Kunststoff-Folie	■	■	■	■		■	
Bekleben mit Kunstst.-Platten			■	■	■		
Kantenfurnier Umleimer			■	■	■		

Schleifen · Imprägnieren 139

Mit einem sauberen Schwamm oder Lappen wird die Fläche mit heißem Wasser gut angefeuchtet. Das Holz muß ausreichend heiße Feuchtigkeit bekommen, damit sich die Druckstellen ausgleichen können; aber nicht mehr: Anfeuchten heißt nicht baden. Alles überschüssige Wasser ist unverzüglich mit einem fast trokkenen Schwamm wieder abzunehmen.
Bevor das Schleifen beginnt, muß das Holz wieder völlig getrocknet sein.
Unterläßt man das Wässern, so drücken sich die Preßstellen später beim Anbringen eines Überzuges, z. B. einer Lackierung, hoch; es entstehen häßliche Buckel, die kaum mehr zu beseitigen sind.
Vor dem Schleifen müssen Fehlstellen und Harzgallen ausgebessert sein.
Der Schleifvorgang Das Schleifen beginnt mit einem groben Schleifpapier (Nr. 80). Die Körnung muß sauber und scharf sein. Verschmutztes Papier ist zum Schleifen von Holz ungeeignet. Von Zeit zu Zeit wird das Papier an der Werktischkante ausgeklopft. Stumpf gewordenes Papier ersetzen. Alle groben Schleifstriche quer zur Holzfaser drücken sich besonders stark ein. Deshalb sind alle Striche in dieser Richtung mit Vorsicht auszuführen, wie überhaupt das Schleifen »mit Gefühl« gemacht werden muß. Immer wieder nachsehen, ob sich etwa an der Unterseite des Klotzes Harz- oder Leimteilchen festgesetzt haben! Zum Abschluß wird stets mit feinem Papier (Nr. 120 oder 150) längs der Holzfaser geschliffen.

Abziehen mit der Ziehklinge

Dieses Werkzeug (vgl. S. 108), mit dem man bei einiger Übung spiegelglatte Oberflächen erreichen kann, ist wenig bekannt. Das feine Stahlblech hat an der Kante einen scharfen Grat, mit dem wie beim Hobel Späne abgeschabt werden, allerdings viel feinere. Es wird meist für Furnieroberflächen gebraucht und ist nur auf Hartholz wirksam.

Haltung der Ziehklinge

Man faßt die Ziehklinge am besten mit beiden Händen und hält sie leicht geneigt zur Arbeitsfläche. Der Grat der Klinge liegt schräg zur Holzmaserung, die Ziehrichtung ist allerdings parallel zur Maser. Eine scharfe Klinge schneidet feine Späne. Schabt sie Holzmehl ab, dann ist sie stumpf. (Über das Schärfen S. 108 f.)

Imprägnieren

Imprägnieren zum Schutz gegen Schädlinge ist erforderlich bei allen Werkstücken, die an die freie Luft kommen und dem Wetter ausgesetzt bleiben, ebenso für die, die in feuchte Räume wie Waschküche oder feuchte Keller kommen. Bauholz ist stets zu imprägnieren, dazu im folgenden Teil S. 248.
Holzschädlinge Holz als organisches Material ist dem Befall von pflanzlichen und tierischen Schädlingen ausgesetzt. Das sind zahlreiche Pilzarten (Hausschwamm, Bläuepilz u.a.), verschiedene Insektenlarven (Hausbock, Holzameisen, Holzwürmer u.a.) und Schwämme. Diese kommen hauptsächlich beim Bauholz vor, ebenso Hausbock und Holzameisen. Die sogenannten »Holzwürmer« (Käferlarven) fühlen sich im trockenen Möbelholz am wohlsten.
Holzschutzmittel Da die Verluste durch diese Schädlinge sehr beträchtlich sind, hat man wirksame Mittel zum Holzschutz entwickelt. Sie kommen als Flüssigkeiten, Pasten oder wasserlösliche Salze in den Handel. Ölprodukte sind unter anderen Xylamon, Karbolineum und Basileum. Die wasserlöslichen Schutzmittel sind hauptsächlich Zinkchloride (u.a. Kulba – auch Feuerschutzmittel), Quecksilberverbindungen (Sublimat), Kupfervitriol, Arsensalze (u.a. Rütgers, Basilit) und Fluorverbindungen (u.a. Wolmansalze). Viele Mittel sind Mischungen aus verschiedenen dieser Substanzen, um einen möglichst in jeder Richtung wirkenden vorbeugenden Schutz zu erreichen.
Verarbeitung Es gibt Mittel zum Streichen, zum Spritzen und zum Tauchen. Hierbei wird das Holz längere Zeit in einen Bottich mit entsprechender Lösung eingetaucht.
Wie Sie schon aus den Namen ersehen haben, handelt es sich bei diesen Mitteln meistens um giftige Substanzen, die auch später eine gewisse Giftwirkung, vor allem auf Lebensmittel, nicht verlieren. Arbeiten Sie deshalb immer genau nach den Gebrauchsanweisungen. Das ist auch deshalb

140 Holzarbeiten

nötig, weil die Wirkung nur bei genauer Einhaltung der angegebenen Konzentrationen andauert. Das Holz muß so tief wie möglich getränkt werden.

Möbel Die Imprägnierungsflüssigkeit muß beim Innenausbau stets geruchlos und wasserhell sein; sie darf die Weiterbehandlung des Stückes mit Anstrich, Lack oder anderen Überzügen nicht beeinträchtigen. Kleinere Imprägnierungsarbeiten an Möbelstücken kann man ohne weiteres selbst machen.

Holzwurm Kleine Bohrlöcher oder herausbröselndes Bohrmehl deuten auf die Tätigkeit des Holzwurms. Man bekämpft solchen Befall wirksam mit »Xylamon LX-härtend« oder einem entsprechenden gleichwertigen Mittel. Dieses Mittel wird im Spritzkännchen geliefert. Man spritzt es in die Bohrlöcher ein.

Blaustreifigkeit Die Blaustreifigkeit des Kiefernholzes (S. 90) verringert dessen Haltbarkeit nicht, solange das Holz nicht mit Feuchtigkeit in Berührung kommt; da sich Blaustreifigkeit aber bei Feuchtwerden des Holzes ausbreitet und dann Deckanstriche und Überzüge zerstört, soll man blaustreifiges Holz stets vorbeugend behandeln.

Färben

Unterschied zwischen Färben und Beizen Die beiden Begriffe »Färben« und »Beizen« werden im Sprachgebrauch des Alltags oft nicht klar geschieden. Es handelt sich aber um zwei ganz verschiedene Prozesse:
Färben heißt: eine Holzfläche mit einer Farblösung (Erdfarben · Teerfarben · Lasurfarben) behandeln. Die Fläche nimmt dabei im wesentlichen (Einzelheiten gleich unten) den Farbton an, den die angesetzte Farblösung zeigt.
Beizen heißt: eine Holzfläche behandeln mit einem chemischen Mittel, das im Holz einen Farbton hervorruft. Hier kann die Beize fast wasserhell sein oder als Lösung einen ganz anderen Farbton haben als der am Schluß auf dem Holz entstandene Farbeffekt.
Noch ein wesentlicher Unterschied: Beim Färben kehrt sich die Hell-Dunkel-Wirkung der Jahresringe des Holzes um. Die hellen weichen Streifen eines Brettes nehmen viel Farbstoff auf und werden dadurch besonders dunkel. Beim Beizen dagegen bleiben die hellen Stellen hell, die dunklen dunkel; die Wirkung ist natürlicher.

Eine sauber geschliffene Holzfläche im Naturton, nur mit einem Schutzüberzug versehen, wirkt gewöhnlich schöner als eine gefärbte.

Farbstoff erhält man in Farbenhandlungen oder Drogerien; am meisten verwendet wird Nußbaum-Körner-Beize (Kasseler Braun). Das Farbpulver wird in lauwarmem Wasser aufgelöst. Die Lösung bleibt eine Zeitlang stehen, dann wird sie in ein anderes Gefäß gegossen; der Satz ist nicht mit zu verarbeiten, sondern wegzuschütten. Das Ansetzen soll am Tage vor dem Färben geschehen. Ein Zusatz von 10 v. H. Salmiakgeist verstärkt die Wirkung.

Gerät Außer einem Gefäß, das nicht aus Eisen oder Eisenblech sein soll, brauchen wir einen breiten Pinsel oder einen Schwamm.

Vorbereitung des Werkstückes Das Holz ist vor dem Färben zu schleifen wie im vorhergehenden Abschnitt beschrieben. Dann sauber abstauben. Nach dem Färben kann man nicht mehr schleifen! Farblösungen und Beizen können in der Umgebung häßliche Flecken verursachen; deshalb gefährdete Gegenstände abdecken und Arbeitskleidung anziehen.

Erst Farbprobe! Der Farbton auf dem Holz ist ohne eine sorgfältige ·Farbprobe reine Glückssache. Dazu gehört ein Probebrettchen aus dem Holz des Werkstücks, wie dieses vorbereitet. Die angesetzte Farblösung kann man durch Zugabe von Wasser und nötigenfalls Salmiakgeist verdünnen, bis man den gewünschten Farbton zu haben glaubt. Dann auf das Probebrettchen aufstreichen und völlig trocknen lassen – erst am trocknen Stück zeigt sich der endgültige Farbton.

Ein etwaiger späterer Schutzüberzug (Lack, Mattierung) verändert die Farbwirkung; deshalb muß das Probestück den Überzug erhalten, der für das Werkstück vorgesehen ist.

Außerdem ist zu beachten: Weiches Holz saugt mehr Farbe auf als Hartholz. Ferner ist die Hirnseite saugfähiger als Längsholz. Zum Ausgleich die Hirnseite vor dem Farbanstrich mit klarem Wasser anfeuchten. Stets erst nach völligem Trocknen an den nächsten Arbeitsvorgang gehen; es können sonst kaum zu entfernende Flecken entstehen.

Beizen

Überstreicht man ein helles Eichenbrett mit wasserklarem Salmiakgeist, so verfärbt sich nach

Färben · Beizen · Wachsen · Lackieren   141

kurzer Zeit das Holz rötlich-braun: ein Beispiel für eine echte Beizung.

Beizen ist schwierig. Wer beizen will, kauft am besten die in Büchsen fertig zusammengestellten Räucherbeizen. Zum Auswählen der Farbe bekommt man in den Farbenhandlungen Farbmusterbogen vorgelegt. Um mit der daraufhin eingekauften Beize genau den gleichen Ton zu erzielen, tut man gut, wie vorher beschrieben, erst Probestücke zu beizen. Arbeitsgang:

1. Holzflächen wässern, gut schleifen; vor dem Beizen außerdem die Holzporen in Längsrichtung sorgfältig ausbürsten.
2. Stets in einem warmen und trockenen Raum arbeiten.
3. Saubere Beizgefäße (nicht aus Eisen) und Pinsel (nicht mit Eisenring) verwenden.
4. Sauberes, möglichst abgekochtes Wasser nehmen.
5. Mengen genau abwiegen oder als Lösungen abmessen; Gebrauchsanweisungen auch in allen übrigen Punkten genau beachten.
6. Probestücke beizen, Trocknung abwarten.
7. Flächen schwimmend naß beizen; dann die überschüssige Flüssigkeit abnehmen.
8. Lieber zu hell beizen als zu dunkel. Ein zu heller Ton ist leicht zu vertiefen.
9. Beizung völlig trocknen lassen, ehe weitergearbeitet wird.
10. Alte Beizen wegschütten, keine Reste aufheben.

Ölen

Zur Schutzbehandlung für Werkbank und Werkzeug dient das Einlassen mit Öl. Man nimmt am besten Leinöl oder Leinölfirnis. Auftragen mit Lappen oder Pinsel. Einige Tage trocknen lassen.

Wachsen

Zum Wachsen nimmt man gutes Bohnerwachs oder Schuhcreme, farblos oder weiß. Das trockene Holz wird gut abgebürstet, dann wird eine möglichst dünne Schicht aufgerieben. Dickes Auftragen verklebt die Poren, gibt Schmutzecken und weiße Flecken. Eine zweite dünne Schicht, nach völligem Trocknen der ersten aufgetragen, ist dagegen sehr zu empfehlen. Nach dem Trocknen nachbürsten mit einer festen Roßhaarbürste. Spätere Pflege der gewachsten Fläche durch Abreiben mit einem weichen wollenen Lappen.

Der Wachsüberzug ist nicht wasser-, wärme- oder kratzfest, deshalb für Möbelstücke kaum geeignet. Zwar erreicht man auf einfache Weise einen schönen Mattglanz; aber bald setzt sich Staub an, Wasserflecke bilden Ringe; das Holz wird unansehnlich und ist schwer wieder vom Wachs zu befreien.

Lackieren, Mattieren

Ein Lacküberzug ist ebenso leicht aufzubringen wie Wachs, aber dankbarer und haltbarer. Über das Lackieren ist im Teil »Anstrich« ausführlich gesprochen (S. 51 ff.). Hier besprechen wir als Arbeitsbeispiel das Überziehen einer Holzfläche mit Mattlack, unter anschließendem Abziehen mit Stahlwolle.

Der Lack   Am meisten zu empfehlen ist ein guter Kunstharz-Mattlack oder Hartgrund, verarbeitungsfähig verdünnt; dazu kauft man eine kleine Flasche der zugehörigen Verdünnung. Niemals mische man mehrere Lacke miteinander, auch wenn sie ganz ähnlich aussehen und riechen; statt einer flüssigen Mischung wird eine milchige, gallertartige Masse entstehen.

Arbeitsgang   1. Werkstück wässern, trocknen lassen, sauber schleifen; Staub durch Ausbürsten in Längsrichtung entfernen.
2. Nur in einem temperierten Raum arbeiten.
3. Erst Probestücke lackieren!
4. Nur auftragen mit einem breiten Lackpinsel oder einem Bausch weißer Putzwolle. Man kann rasch Strich neben Strich setzen oder mit dem nachfolgenden Strich jeweils warten, bis der vorhergehende etwas angezogen hat. Wenig Druck ausüben. Zwei oder auch drei schwache Schichten sind besser als eine dicke. Etwa seitlich herablaufende Lacktränen müssen unverzüglich weggenommen werden.
Die fertige Fläche darf keine Flecken oder Streifen zeigen; sie muß einen gleichmäßigen matten Glanz haben. Hirn-Enden mehrmals mit Lack einlassen.
5. Nicht rauchen! Lack und Lacklösungsmittel sind feuergefährlich, manchmal sogar explosiv.
6. Lackpinsel in Lösungsmittel auswaschen und sorgfältig verwahren.

Stahlwolle   Die lackierte Fläche wird weiter verfeinert und geglättet, wenn man die völlig getrocknete Fläche mit Stahlwolle abzieht. Stahlwolle ist ein ausgezeichnetes Schleifmittel zum Abziehen lackierter oder polierter Flächen (auf Rohholz

142 Holzarbeiten

soll sie nicht verwendet werden). Stahlwolle nicht verwechseln mit den Stahlspänen, mit denen man Parkettböden abzieht. Sie ist besonders für den hier beschriebenen Zweck hergestellt, ist weich, langfaserig, nicht gekräuselt, scharfkantig. Man kann sie in verschiedenen Feinheitsgraden kaufen. Man schneidet das Paket der Länge nach mit einer Schere auf. Die in sauberen Lagen darin liegende Stahlwolle wird nicht einfach herausgerissen. Man wickelt vielmehr einen etwa 50 cm langen Streifen um die vier Finger der linken Hand und schneidet diesen dann mit der Schere ab. Nicht abreißen: dabei verletzt man sich leicht, auch wird der benötigte »Ballen« nicht gleichmäßig.

Gute Stahlwolle darf nicht rostig werden.

Das Abziehen Der abgenommene Bausch wird von den Fingern gestreift und flach (nicht als rundes Knäuel) zusammengenommen. Dann arbeitet man mit mäßigem Druck über die Fläche, Strich neben Strich setzend. Dabei muß die Längsrichtung der Stahlfasern stets quer stehen zur Holzfaser und zur Schleifrichtung. Mit Gefühl und etwas Übung kommt man zu einer wunderbar glatten und gleichmäßigen Fläche. Mit Gefühl – denn tut man zuviel des Guten, schleift man Streifen in die Lackschicht oder schleift sie gar gänzlich durch.

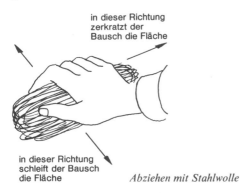

Abziehen mit Stahlwolle

Zum Abziehen größerer Flächen kann man die Stahlwolle, anstatt sie mit der Hand zu führen, auch um einen Schleifklotz wickeln.

Furnieren

Furnieren nennt man das Überziehen eines Werkstückes mit einer ganz dünnen Holzlage, dem sogenannten Deckfurnier. Da edle Hölzer selten und teuer sind, werden billige Hölzer, vor allen Dingen Tischler-, Holzspan- oder Sperrplatten, durch das Überziehen mit einem Edelholzfurnier veredelt. Fast alle unsere Möbel sind furniert.

Sägefurnier Ganz schwaches Brett – 1 bis 3 mm stark –, mit der Säge vom Massivholzblock abgetrennt. Das weitaus beste Furnier, im Aussehen dem Naturbrett völlig gleich; aber sehr teuer.

Messerfurnier Vom gedämpften Holzblock wird mit einem sehr breiten Messer Blatt um Blatt abgehoben. Blattstärke 0,2 bis 1,5 mm.

Schälfurnier Rundstämme werden in großen Dämpf- und Kochgruben gründlich gedämpft, dann gegen ein feststehendes breites Messer gedreht. Dabei entsteht – wie beim Abrollen einer Papierrolle – eine lange Bandfläche.

Das Schälfurnier ist billig, aber nicht sehr schön. Es zeigt, weil es ziemlich gleichlaufend mit den Jahresringen geschnitten ist, keine natürliche Maserung.

Einige Regeln Massivhölzer nur in Ausnahmefällen furnieren; stets muß das Furnier dieselbe Faserrichtung aufweisen wie das Unterholz.

Bei Sperrplatten immer die Furnierfaser senkrecht zur Faserrichtung der letzten Deckschicht aufkleben.

Bei Spanplatten ist die Furnierrichtung gleichgültig.

Immer auf beiden Seiten mit dem gleichen Material furnieren. Für Unterflächen und Rückseiten kann man vielleicht Furnierabfälle nehmen.

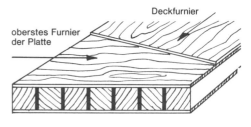

Tischlerplatte mit Deckfurnier

Große Flächen zu furnieren oder ganze furnierte Möbel herzustellen, wird die Leistungsfähigkeit des Heimwerkers übersteigen.

Der Tischler leimt mit Glutinleim. Wie Sie schon auf S. 124 f. erfahren haben, gehört dazu das Anwärmen der Werkstückes. Im allgemeinen wird diese Technik für den Laien zu kompliziert sein. Er nimmt besser einen Kleber. Denken Sie aber daran, daß Sie dann die Lage des Furniers nicht mehr korrigieren können (S. 126).

Arbeitsgang 1. Stellen Sie die Größe der Fläche fest, die Sie furnieren wollen.
2. Bedenken Sie beim Einkauf, daß Sie höchstwahrscheinlich einigen Verschnitt haben. Je mehr Sie auf gutes Zusammenpassen der Maserung Wert legen (Spiegelfurnier, Kreuzfugenfurnier), um so mehr Abfall werden Sie haben. Nehmen Sie kein zu breites Furnier.

Furniermesser

3. Nun legen Sie die Furnierstreifen mit der rechten Seite so zusammen, wie sie später aneinandergesetzt werden sollten. Schneiden Sie die Kanten mit dem Furniermesser (Sägemesser) gerade, am besten an einem Stahllineal oder an einer geraden Latte. Vorher entlangvisieren!
4. Nach dem Schneiden die einzelnen Blätter nochmals zusammenlegen und zusammenzeichnen (S. 110).
5. Um die Kanten genau passend zu bekommen, müssen wir sie noch richten. Wir legen in der Mitte der Werkbank das Furnier zwischen zwei abgerichtete Bretter, so daß die Kante etwa 2 cm vorsteht. Nun fahren wir mit dem auf die Seite gelegten fein eingestellten Hobel (am besten mit der Rauhbank) an der Kante entlang. Vorsicht, das Blatt ist dünn!
6. Nun endgültig zusammenpassen. Am besten kleben Sie die Furnierstreifen auf der rechten Seite mit einem Papierklebestreifen zusammen, dann können sie sich nicht verschieben.
7. Die sauber abgerichtete und sauber geschliffene Oberfläche des Werkstückes wird mit grobem Glaspapier aufgerauht.
8. Jetzt beide Flächen (das Furnier von links) dünn mit Kleber einstreichen (S. 126).
9. Hat der Kleber angezogen, dann das Furnierblatt passend von der einen Seite zur anderen auf das Werkstück auflegen.
10. Nun das Furnier fest anreiben, damit keine Blasen entstehen.
11. Das überstehende Furnier wird mit dem Stecheisen bis auf 1 bis 2 mm vom Rand abgestochen. Der Rest wird mit dem Hobel sauber beigehobelt.

Wenn Sie eine Tischlerplatte oder Sperrholz furnieren wollen, sollten Sie vorher die unschönen Kanten ebenfalls verdecken. Das geschieht am besten mit einem Anleimer, der aus dem gleichen

Spiegelfurnier

Klebestreifen

Kreuzfurnier

Zusammensetzen der Furnierstreifen

Aufkleben des Deckfurniers.

Anleimer (Massivholz)·

schräger Stoß

Kantenfurnier

Holz besteht wie das Furnier; falls es sich um gebogene Flächen handelt, mit einem etwas stärkeren Kantenfurnier.
Hirnholz vorher mit Leim tränken, bei Tischlerplatten eventuell ausspachteln; sonst klebt das Kantenfurnier nicht. Die Kanten müssen vor der Fläche furniert werden. Kleben wie gebogenes Holz (s. S. 117 f.).
Die Oberfläche wird dann geschliffen und behandelt wie auf S. 141 f. beschrieben.
Kleinere Flächen kann man auch mit Tischlerleim verleimen. In diesem Fall vorher Platte und Furnier mit einem Bügeleisen aufwärmen; das Furnierblatt mit einem dazwischengelegten Papier warm aufbügeln.

Holzeinlegearbeit (Intarsien)

Schon im Altertum hat man die Oberfläche von Werkstücken durch Einarbeiten oder Aufleimen von wertvollen Materialien bereichert und geschmückt. Außer edlen Hölzern wurden Elfenbein, Perlmutter, Edelsteine und Edelmetalle verwendet. Die Techniken waren ebenfalls vielfältig. Weit verbreitet war die Arbeitsweise, kleine Stücke aus Holz oder Bein in eine massive Grundfläche einzuarbeiten. Heute, im Zeitalter der Furniere, werden meist aus verschiedenen Holzarten zusammengefügte Flächen auf eine Unterlage geleimt.
Material In der Hauptsache wird man sich mit der Verarbeitung von Furnieren beschäftigen, die in Stärken von 0,6–0,8 mm in fast unübersehbarer Reichhaltigkeit zu haben sind. Da die benötigten Flächen nicht groß sind, werden Sie bei einer Holzhandlung oder bei Ihrem Schreiner auch unter den Abfällen noch viel Brauchbares finden. Interessant sind vor allem auch Furniere, die wegen ihrer geringen Größe nicht für andere Zwecke brauchbar sind; z. B. Wurzelhölzer und Maserfurniere mit sehr schönen Wolkenbildungen. Furniere immer trocken und dunkel lagern, denn jedes Holz verändert bei Licht seine Farbe.
Werkzeuge Erfreulicherweise benötigen wir für Intarsienarbeiten neben den wichtigsten Schreinergeräten nur wenige zusätzliche Werkzeuge: Furnierschneidemesser · Furniersäge · Laubsäge · Drillbohrer · Furniernadeln · Stahllineal · Klebestreifen und Papier.
Zurichten der Furniere Bei der Bearbeitung müssen die Furniere vollständig eben sein. Wellige Flächen müssen vorher gestreckt werden.

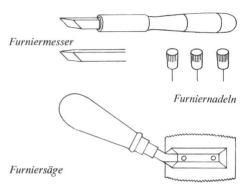

Furniermesser

Furniernadeln

Furniersäge

Die einseitig angefeuchteten oder auch mit einer dünnen Leimbrühe eingesprengten Blätter werden mit Papierzulage (unbedruckt!) zwischen glatten Metallplatten gepreßt. Leicht anwärmen. Haben Sie keine Photo- oder Kopierpresse, so können Sie die Metallplatten auch zwischen zwei Bretter mit Schraubzwingen einspannen. Die gestreckten Blätter unter leichtem Druck aufbewahren.
Werkzeichnung Bei der Auswahl des Motivs oder beim Entwurf der Skizze legen Sie sich immer auch die Furniere zur Hand, denn der Entwurf sollte wesentlich vom Material bestimmt werden. Denken Sie daran, daß die Intarsie keine Abart der Malerei ist, sondern Flächenschmuck aus Holz. Zeichnen Sie die endgültigen Umrisse scharf und genau auf Transparentpapier (durchsichtiges Zeichenpapier). Man muß von der Zeichnung Lichtpausen machen können.

Beispiel einer Werkzeichnung

Alte Messertechnik Hierbei werden auf eine massive Unterplatte (Spanplatte, Sperrholz) die Einzelteile Stück für Stück angepaßt und verleimt.
Arbeitsgang 1. Mehrere Lichtpausen der Zeichnung anfertigen. Auswählen der Furniere.
2. Übertragen der Zeichnung auf die Grundplatte, indem man sie mit Hilfe von Graphitpapier durchpaust. Kein Blaupapier! Färbt!
3. Aus der Lichtpause wird nun ein Teilstück herausgeschnitten; unter dieser Öffnung schiebt man das ausgewählte Furnier so lange hin und her, bis die gewünschte Maserung auftritt.

4 Befestigen von Lichtpause und Furnier mit Furniernadeln auf der Arbeitsplatte.
5. Schneiden Sie nun mit dem Furniermesser präzise entlang den Lochkanten das Furnierplättchen aus.
6. Haben Sie auf diese Weise mehrere Stücke beisammen, dann kleben Sie diese auf die Grundplatte.
7. Nach der gleichen Technik fügen Sie Stück für Stück an. Beim Anpassen können Sie mit dem Messer die Außenkanten der bereits geklebten Plättchen nachschneiden.
Für diese Technik brauchen Sie viele Lichtpausen. Wenn Sie nicht das Loch, sondern das ausgeschnittene Teilstück über das Holz legen und danach schneiden, kommen Sie mit 2 bis 3 Zeichnungen aus. Der Faserverlauf kann aber dann nicht mehr so gut kontrolliert werden.

Neue Messertechnik I Bei dieser Arbeitsweise klebt man die Teilstückchen nicht direkt auf das Holz, sondern seitenverkehrt auf ein Papier und klebt dann die ganze fertige Arbeit auf das Werkstück.

Arbeitsgang 1. Herstellen einer seitenverkehrten Lichtpause. Darauf klebt man die Teilstückchen.
2. Aufspannen der Lichtpause auf eine Unterlagsplatte. Papier leicht anfeuchten und am Rand mit Tesakrepp festkleben. Nach dem Trocknen muß das Blatt vollständig glatt sein.
3. Mit rechtsseitigen Lichtpausen werden die einzelnen Teile ausgearbeitet, wie vorher beschrieben, und umgekehrt in die Lichtpause eingeklebt. Achtung: nur Glutinleim (Knochenleim), denn das Papier muß später wieder abgeweicht werden.
4. Das fertige Blatt wird auf die Grundplatte auffurniert (S. 143).

Neue Messertechnik II Bei diesem Verfahren behält man eine gute Übersicht über die Arbeit, denn hier werden die einzelnen Teilstücke in ein großes Grundfurnier eingesetzt.

Arbeitsgang 1. Das Grundfurnier in der gewünschten Größe mit Furnierklebestreifen zusammensetzen (S. 143). Die Ränder zum Schutz mit Tesakrepp umkleben.
2. Die Zeichnung spiegelbildlich auf die linke Seite des Grundfurniers durchpausen. Kein Blaupapier!
3. Beginnend mit den wichtigsten Teilen, schneidet man aus dem Grund ein Stück heraus. Genau arbeiten!
4. Das ausgeschnittene Stück benutzt man als Schablone und schneidet das einzusetzende Teilstück danach.
5. Einsetzen des neuen Teils in die Grundfläche mittels Furnierklebestreifen.
6. In gleicher Technik Stück für Stück einsetzen. Man kann die fortschreitende Arbeit dabei gut verfolgen.
7. Auffurnieren der fertigen Arbeit.

Neue Messertechnik II

Sägen Bei schwierigen Formen oder starken Furnieren können die Teile auch mit der Laubsäge ausgeschnitten werden. Dabei ist genaues Arbeiten nötig. Diese Sägetechnik, früher weit verbreitet, als es noch keine dünnen Furniere gab, ist heute hauptsächlich durch den Doppelschnitt interessant.

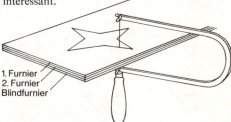

Sägen mit Doppelschnitt

Man verbindet 2 bis 4 verschiedenfarbige Furnierblätter mit einem untergelegten Blindfurnier zu einem Paket (Nägelchen oder Tesakrepp) und sägt alle Furniere gemeinsam aus. Die Innenstücke des einen Holzes passen genau in die Negativform des anderen. Es entstehen Fugen in Sägeblattstärke, die man von links auskittet.

Oberfläche Nach dem Furnieren der gesamten Fläche werden alle Papiere sorgfältig entfernt, indem man mit einem heißen, nicht zu nassen Putzwollebausch die Oberfläche abreibt. Anschließend trockenreiben. Nach dem Trocknen kräftig durchbürsten und mit Hartgrund einlassen. Abschleifen, Abziehen oder Ebenputzen ist zu gefährlich. Die Arbeit wird leicht beschädigt!

8 Werkstücke

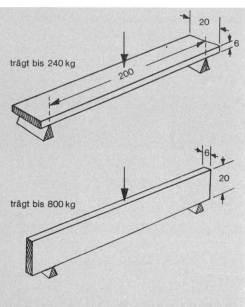

Tragfähigkeit

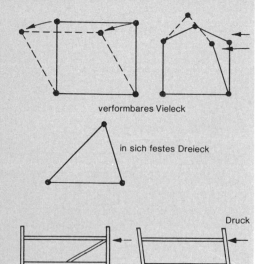

Steifheit gegen Verformung

Wer die hier beschriebenen Stücke anfertigen will, sollte die vorher behandelten Techniken, soweit sie für das einzelne Stück gebraucht werden, beherrschen. Die Werkstücke sind nur Beispiele. Sie zeigen, wie man die Technik am Werkstück anwendet und wie man überhaupt ein Werkstück plant und ausführt. Beispiele nur sind es auch insofern, als Sie die Maße, die hier mit Durchschnittswerten angegeben sind, nach Ihren Wünschen abwandeln können und sollen.

Festigkeit und Steifheit Einer der wichtigsten Punkte, die vor dem Arbeitsbeginn stets zu überlegen sind, ist die Stabilität des Werkstücks. Es handelt sich um die gleiche Überlegung, die Architekt und Bauingenieur für jedes Bauwerk anstellen müssen.

Tragfähigkeit Die Tragfähigkeit eines Bauteiles aus Holz, das Druck auszuhalten hat, ist ganz verschieden je nach seiner Lage. Betrachten Sie die Zeichnungen. Es handelt sich in beiden Beispielen um ein Holzstück von 120 cm^2 Querschnitt. Eine fachmännische Berechnung (und ebenso die praktische Probe) ergibt, daß das flachliegende Brett nur 240 kg trägt, das hochkant stehende Brett aber 800 kg.

Wer sich mit dem Bau von Segelflug-Modellen befaßt hat, weiß, wie man unter Berücksichtigung der statischen Zusammenhänge oft mit unwahrscheinlich schwachen Holzstärken auskommt.

Steifheit gegen Verformung Den zweiten wichtigen Gesichtspunkt ersehen Sie ebenfalls am besten aus den Bildern: Die viereckige Konstruktion und ebenso die fünfeckige werden sich leicht verbiegen, sobald sie einem seitlichen Druck oder Zug ausgesetzt werden. Dagegen ist das Dreieck in sich fest, nicht verformbar. Die praktische Auswirkung zeigt jedes Regal. Hat es keine Rückwand und keine anderweitige Versteifung, so wird es bei seitlichem Druck einfach zusammenklappen. Also jede derartige Konstruktion entweder mit Leisten versteifen oder ihr eine feste Rückwand geben! Die Rückwand wirkt als Verstrebung.

Planmäßiges Arbeiten

Wer Freude an seiner Arbeit haben will, arbeitet überlegt, planmäßig und – übrigens – mit sauberen Händen.

Hauptpunkte für Plan und Gang der Arbeit:
1. Was will ich?
2. Läßt sich die Sache herstellen? Kann ich sie herstellen? Welche Techniken muß ich beherrschen? Stabilität überlegen, siehe oben.
3. Zeichnung mit allen Maßen.
4. Alles Benötigte in einer Liste zusammenstellen: Holzteile (Art, Maße) · Beschläge · Zubehör.
5. Alles beschaffen und bereitlegen.
6. Werkzeug nachsehen, wenn nötig schärfen.
7. Platz zum Arbeiten frei machen.

Werkzeichnung Bevor wir mit der Beschreibung von einzelnen Werkstücken beginnen, müssen wir noch ein Wort über die Werkzeichnung sagen. Einfache Werkstücke werden Sie noch mit dem Aufreißen der Maße direkt auf den Hölzern zuwege bringen; bei größeren Arbeiten müssen Sie vorher eine Zeichnung anfertigen.

Am besten geht es, wenn Sie eine Reißschiene und zwei Zeichenwinkel haben (einen 45°-Winkel und einen mit 30° und 60°). Sie können dann auf Ihrem Tisch zeichnen: Papier mit Tesafilm an der Tischplatte befestigen; die Reißschiene nur an einer Seite anlegen, sonst stimmt die Zeichnung nicht.

Um einen Überblick über das Werkstück zu bekommen, zeichnen wir es von vorn, von oben und von der Seite im Maßstab 1:10 (10 cm des fertigen Stückes entsprechen 1 cm auf dem Papier). 1 m entspricht demnach 10 cm in der Zeichnung. Nun zeichnen wir in die Ansicht auch die Innenteile ein und machen Schnitte daraus: Horizontalschnitt waagerecht durch das Stück. Querschnitt, wenn nötig Längsschnitt.

In diesen Plan schreiben wir die Maße ein: die Zwischenmaße (Holzstärken, Zwischenabstände), die Gesamtaußengrößen (Höhe, Tiefe, Länge).

Aus Platzgründen sind die Zeichnungen in diesem Buch nicht im Maßstab 1:10 gezeichnet. Es ist nicht schlimm, wenn Ihre Zeichnung nicht schön wird; nur die Maße sollten Sie genau errechnen.

Wenn Sie sich überlegt haben, welche Eckverbindungen Sie anwenden wollen bzw. können, reißen Sie diese Verbindungen in natürlicher Größe 1:1 als Schnitt auf. Das können Sie auf dem Papier machen, oder aber, wie es der Schreiner tut, mit dem Anschlagwinkel auf einem Stück Holz. Nur von der Winkelkante aus zeichnen (S. 110)! Nur wenn Sie sich über Ihre Arbeit vorher Klarheit verschafft haben, werden Sie später keine Enttäuschungen erleben.

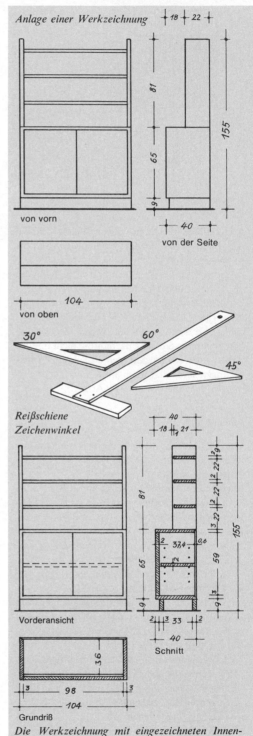

Anlage einer Werkzeichnung

von vorn

von der Seite

von oben

Reißschiene
Zeichenwinkel

Vorderansicht

Schnitt

Grundriß

Die Werkzeichnung mit eingezeichneten Innenteilen und -maßen

148 Holzarbeiten

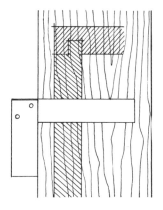

Detailzeichnung mittels Anschlagwinkel

Materialliste Nach der Zeichnung stellen Sie nun Ihren Materialbedarf zusammen. Alle Einzelbretter werden nach Länge, Breite und Dicke zusammengefaßt, die Stückzahl festgestellt. Bei der Länge müssen Sie für die Bearbeitung etwas zugeben. Je weniger Erfahrung, desto mehr Längenzugabe. Auch Platten werden so festgelegt, ebenso die Beschläge und die Nägel oder Schrauben, damit Sie Samstag nachmittag nicht mit der Arbeit aufhören müssen, weil die Schrauben ausgegangen sind! Erst wenn alles Material beisammen ist, beginnen wir mit der Arbeit.

Einkauf

Ehe wir das benötigte Material kaufen, nochmals einige Ratschläge, die bereits an verschiedenen Stellen erwähnt wurden:
Massivholz Massivholz sollte nur in Breiten bis etwa 15 cm verarbeitet werden. In größeren Breiten arbeiten die Bretter zu stark und werden reißen. Wollen Sie breitere Flächen verarbeiten, müssen Sie mehrere Bretter zu einer entsprechenden Platte zusammenleimen.
Die Oberfläche von Massivholz können Sie »natur« belassen, färben, beizen oder eventuell mit Stoff oder Kunststoffolien bespannen. Sie sollten sie nie furnieren oder mit einer Kunststoffplatte bekleben. Dafür haben Sie den großen Vorteil, daß die Kanten immer schönes Naturholz zeigen und keinen Umleimer benötigen. Das ist für den Laien eine große Vereinfachung.
Platten Platten gibt es praktisch in jeder notwendigen Größe im Handel, so daß das schwierige Leimen von Flächen entfällt.
Die Platten können Sie streichen, mit Stoff oder Folie überziehen, furnieren und auch mit Kunststoffplatten bekleben; »natur« belassen können Sie eventuell ausgesuchte Tischlerplatten und Sperrhölzer.
In jedem Fall müssen die sichtbaren Kanten bearbeitet werden (Umleimer, Kantenfurnier, Spachtelung samt Anstrich).
Nicht alle gezeigten Holzverbindungen eignen sich für das Plattenmaterial. Am besten eignen sich Dübel sowie »Nut- und Feder-«Verbindungen. Auch Stemmlöcher lassen sich sauber herstellen. Allerdings brauchen Sie wegen der wechselnden Faserrichtung ein superscharfes Stemmeisen.
Überlegen Sie also, welches Material für Ihre Aufgabe am geeignetsten ist, und ob Sie besser Bretter zu Platten zusammenleimen können, oder ob Sie lieber die Kanten bearbeiten. Sie werden jede Technik unter den nachfolgend gezeigten Werkstücken wiederfinden.
Zum Anfang werden Sie sich sicher nicht an einen Bücherschrank wagen. Wir üben lieber an einfachen Lattenkonstruktionen, die genagelt und im Keller jeder Wohnung gebraucht werden. Dort ist es auch nicht so wichtig, wenn noch nicht alles stimmt, denn dort kommen Ihre Gäste selten hin! Arbeiten Sie aber trotzdem so sorgfältig wie möglich, denn Sie wollen doch mit größerem Können auch Dinge herstellen, die Sie mit Stolz in Ihrer Wohnung zeigen können. Abgesehen von der Freude am gelungenen Stück können Sie dabei einiges Geld sparen, denn gerade bei Holzarbeiten ist der Lohnanteil viel höher als die Materialkosten. Wenn der Handwerker außerdem noch ins Haus kommen muß, zahlen Sie dazu die Wegestunden und Fahrtkosten.

Kellerregal

Der Einbau von Gestellen im Keller gehört zu den häufigsten, Gott sei Dank auch einfachsten Arbeiten im Haushalt. Größe, Höhe und Länge richten sich nach dem vorhandenen Platz. Im allgemeinen benötigen wir nur ungehobelte Latten. Als Eckpfosten nehmen wir kräftige Kanthölzer 5/5 cm oder 4/6 cm Querschnitt und schneiden sie auf die Länge zu. Dann werden im Abstand von 25 cm bis 35 cm Traghölzer so aufgenagelt, daß eine Art Leiter entsteht. Darauf nageln wir die übrigen Latten in der Art eines Holzrostes, Lattenabstand 3 bis 4 cm. Für die Traghölzer und für den Lattenrost nehmen wir

Einfache Regale

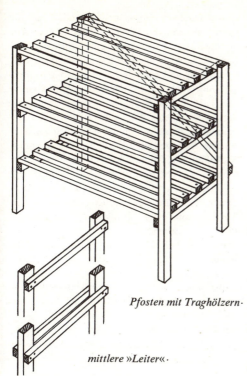

Pfosten mit Traghölzern

mittlere »Leiter«

die ortsüblichen Dachlatten 24×48 mm oder 30×50 mm; senkrecht gestellt tragen sie mehr. Wird das Regal wesentlich länger als 1 m, dann müssen Sie in der Mitte noch eine weitere Tragleiter einbauen. Diese erhält an beiden Seiten Tragsprossen.

Steht das Regal zwischen zwei Wänden, so wird der Lattenrost an Ort und Stelle eingenagelt. Zuerst stellt man die Tragleitern auf; dann heftet man oben und unten eine Latte an, um die Gestelle festzuhalten; darauf wird von unten nach oben der Rost eingenagelt. Ein solches Regal ist standfest. Soll es jedoch frei im Raum stehen, müssen Sie zur Versteifung hinten noch eine Querstrebe einbauen.

Gestell für Weinflaschen

Weinflaschen sollen nicht stehen, sondern liegen, und zwar still liegen, ohne hin und her zu rollen. Die Fächer müssen mindestens 34 cm lichte Tiefe haben, denn so lang sind Weinflaschen (auch 1-Liter-Flaschen sind nicht länger).
Wenn Sie, weintrinkender Leser, jetzt ein stabiles Regal im Keller haben, sich aber darüber ärgern, daß die Flaschen ins Rollen kommen, sobald Sie eine herausnehmen, so rate ich Ihnen zu einem einfachen Weg: Leisten, 18×36 mm stark, mindestens 16 cm lang, werden in Abständen von 6—7 cm auf den Fachboden genagelt oder geschraubt.
Etwas weniger Arbeit, dafür etwas mehr Kosten haben Sie, wenn Sie in einer Baustoffhandlung gewellte Holzleisten kaufen, die man als Unterlage für Welleternit am Bau benutzt.

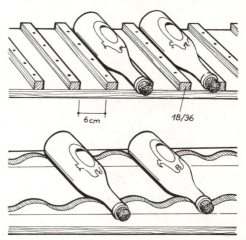

Die Weinflaschen ruhen hier sicher auf dem oben beschriebenen, mit Leisten benagelten Fachboden

Obsthurde mit ausziehbaren Lattenrosten

Diese Obsthurde wird ähnlich hergestellt wie das Kellerregal auf S. 148. Oben und unten sowie auf der Rückseite Versteifungen einbauen, damit ausreichender Halt da ist. Die Lattenroste werden

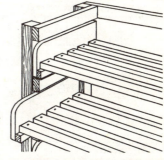

Obsthurde mit ausziehbaren Lattenrosten

150 Holzarbeiten

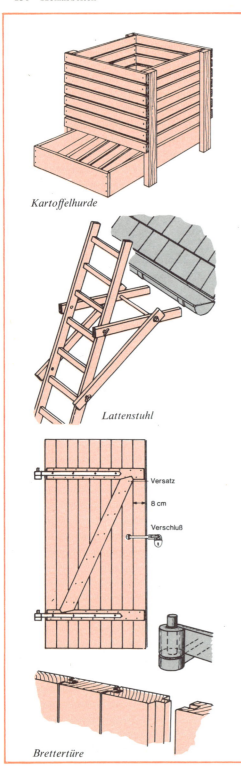

Kartoffelhurde

Lattenstuhl

Brettertüre

ähnlich der Zeichnung ausgeführt. Damit man gut ausziehen kann, müssen die Latten gehobelt sein und die Roste oben wie unten eine Führung haben.
Kartoffelhurde Lagernde Kartoffeln sollen Luft bekommen und geschützt sein gegen Feuchtigkeit, die vom Kellerboden aufsteigen könnte. Eine Kartoffelhurde ist hier die beste Lösung; sie nimmt auch wenig Platz ein. Der im Bild sichtbare vorstehende Teil unten ist keine Schublade, sondern fest. Der schräge Lattenrost läßt immer Kartoffeln zum Herausnehmen nach vorn rutschen. Das vordere Brett müssen Sie unbedingt versetzt schräg (S. 121) nageln, damit es dem Druck standhält. Oder wollen Sie einen ersten Versuch mit einer gezinkten Eckverbindung (S. 129 f.) machen?
Stärke der Eckpfosten etwa 6×6 cm, Latten mindestens 2 cm stark, Lattenzwischenräume etwa 2 cm.
Lattenstuhl Falls Sie an Ihrem Haus selbst Reparaturen und Anstreicharbeiten an Dachrinne und Gesims durchführen wollen, dann erweist sich ein Lattenstuhl für die Leiter als praktisch. Er schützt Dachkante und Dachrinne vor Beschädigungen.

Genagelte Brettertüre

Für Keller oder Stalltüren verwendet man meistens die hier gezeigte Brettertüre. Sie ist stabil, schließt jedoch nicht dicht, denn sie wird ohne Rahmen verwendet. Wir machen sie seitlich ungefähr 6 cm breiter und oben ungefähr 3 cm höher als die Türöffnung.
Material Fichtenholz
Türbretter beidseitig gehobelt mit Nut und Feder, 24–30 mm stark
2 Querleisten und 1 Strebeleiste gehobelt, 36×100 mm
2 Bänder mit Rollkloben (S. 333 ff.)
1 Verschluß je nach den Gegebenheiten
Arbeitsgang 1. Festlegen der Größe und Zuschneiden der Bretter auf ungefähre Länge.
2. Zusammenfügen der Bretter zu einem Türblatt mit Hilfe der Spannvorrichtung (von S. 125). Nicht leimen!
3. Die Lage der Querleisten und der Strebeleiste auf dem Türblatt anreißen. Überlegen Sie, wie die Türe aufschlagen soll! Die Leisten kommen immer auf die Innenseite der Türe, und die Strebe wird immer vom unteren Drehpunkt nach oben geführt.

Werktisch

4. Nun an Querleisten und Strebe den Versatz genau anreißen und einpassen (S. 110). Es ist wichtig, daß der Versatz überall genau sitzt, denn nur dann kann er die Kräfte übertragen. Hat der Versatz Luft, wird die Tür schief hängen. Damit das Querholz nicht absplittert, muß vor dem Versatz etwa 8–10 cm Holz sein. Vor dem Einbau bei allen Leisten an den obenliegenden Kanten mit dem Hobel eine kleine Fase anarbeiten.
5. Nagellöcher anreißen.
6. Türe zusammennageln. Eine solche Türe wird immer entweder durchgenagelt oder verschraubt. Kein Leim!
7. Nach dem Nageln die Ober- und Unterkante mit der Spannsäge im Winkel gerade schneiden. Mit dem Hobel nachstoßen und die Kanten brechen.
8. Die Länge der Bänder soll ungefähr $3/4$ der Türbreite betragen. Die Bänder werden auf den Querleisten oder auf der Bretterseite aufgesetzt, je nachdem ob die Türe nach innen oder nach außen aufgehen soll. Die Befestigung geschieht immer durch die Querleisten. Man nagelt entweder mit Schmiedenägeln (S. 120), die auf der anderen Seite vernietet werden, oder schraubt mit Schloßschrauben. Rundkopf immer außen.
9. Festlegen der Punkte für die Rollkloben nach der Türe. Stemmen der Dollenlöcher und Einzementieren der Rollkloben. Nicht gleich einhängen!
10. Verschluß anbringen und die Türe mit einem Holzschutzmittel streichen. Eisenteile vor dem Montieren mit Bleimennige (S. 50), später mit Ölfarbe streichen.

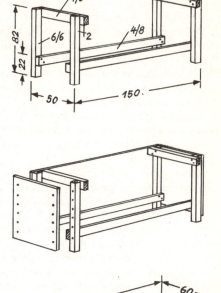

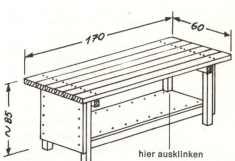

Einfacher Werktisch: die Reihenfolge des Zusammenbauens

Ein einfacher Werktisch

Nicht jeder will sich eine Hobelbank kaufen. Es ist aber nicht schwer, sich selbst einen stabilen Werktisch zu bauen.
Als Material dient gesundes, gehobeltes Fichtenholz, für die Platte gedämpftes 30 mm dickes Buchenholz. Die Arbeitshöhe der Platte soll der Höhe des Handgelenks des Arbeitenden entsprechen (etwa 0,85 bis 0,90 m). Länge der Platte 1,20 bis 1,70 m, Tiefe 0,50 bis 0,70 m.

Material Platte: 6 Buchenbohlen 10 cm breit, 170 cm lang, 30 mm dick.

Gestell: 4 Kanthölzer 6/6 cm, ca. 82 cm lang
2 Kanthölzer 4/8 cm, 52 cm lang
2 Kanthölzer 4/8 cm, 150 cm lang
1 Spanplatte 68 cm hoch, 150 cm lang, 13 mm dick (Rückwand)
2 Spanplatten 68 cm hoch, 52 cm breit, 13 mm dick (Seitenwände)
1 Spanplatte 44 cm breit, 150 cm lang, 19 mm dick (Ablage)
16 Rundkopfschrauben 6 mm $\varnothing$, 70 mm lang
24 Flachkopfschrauben 6 mm $\varnothing$, 70 mm lang
36 Flachkopfschrauben 4 mm $\varnothing$, 35 mm lang

152 Holzarbeiten

Arbeitsgang 1. Die 4 Tischbeine 6/6 cm zusammen auf Länge schneiden und die unteren und oberen Querverbindungen anreißen.
2. Die unteren und oberen Verbindungshölzer paarweise gemeinsam genau ablängen, die Schraubenlöcher anreißen und bohren.
3. Verschrauben der unteren und anschließend der oberen Verbindungshölzer mit den Tischbeinen (Rundkopfschrauben).
4. Anreißen, Bohren und Versenken der Schraubenlöcher 4 mm ⌀ an den Spanplatten der Rück- und Seitenteile. Schraubenabstand ca. 11 cm.
5. Verschrauben der Seitenteile und des Rückteils mit dem Gestell genau rechtwinkelig. Versenkte Flachkopfschrauben 4 mm ⌀.
6. Zurichten und Aufschrauben der Bohlen für die Arbeitsplatte. Buchenholz arbeitet sehr stark, deshalb verbinden Sie die Bohlen mit Dübeln oder durch eine Nut- und Federverbindung.
Die Dübellöcher werden an den Schmalseiten der Bretter im Abstand von etwa 25 cm gebohrt; Durchmesser 10 mm. Im anderen Fall wird die Nut 8 mm breit und 10 mm tief gesägt; die Feder aus 8 mm starkem Sperrholz wird 18 mm breit. Dübel und Feder nur in einem Brett verleimen. Das Gegenbrett ohne Leim anfügen. Wenn Sie das erste Brett mit dem Gestell verschraubt haben, hämmern Sie das nächste Brett gegen das erste. Legen Sie immer ein Zulageholz dazwischen! Wenn Sie Dübel oder Feder vorn abfasen, erleichtern Sie diese Arbeit. Einen festen Stand erreicht man, indem man das Gestell auf der Ablage mit großen Steinen oder Eisenschienen belastet. Untergenagelte Gummi- oder Lederstückchen verhindern das Rutschen der Füße.
Das fertige Gestell mit Leinöl einlassen oder mit Ölfarbe streichen, damit es nicht zu sehr verschmutzt.
Anstelle einer Vorderzange können Sie einen Tischparallelspanner (S. 105) oder eine ähnliche vielseitige Einspannvorrichtung anbringen.

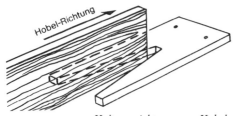

Haltevorrichtung zum Hobeln

Zum Hobeln von Kanten ist eine einfache Haltevorrichtung leicht anzufertigen. Befestigung durch Stifte oder Schrauben.
Auch eine Klemmzange mit entsprechender Brettunterstützung ist eine wirksame Hilfe. Ein keilförmiges Bohlenstück von der Dicke der Tischplatte wird zusammen mit einem Zwischenstück mit kräftigen Schlüsselschrauben links vorn an den Werktisch angeschraubt. Dazu brauchen wir zur Unterstützung des Werkstückes noch 2 bis 3 Schiebeleisten etwa 30 × 30 mm stark und 30 cm lang, die durch Bandeisenschellen oder eine Lochleiste gehalten werden. Gegen Herausfallen mit Arretierungen versehen.

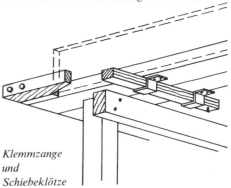

Klemmzange und Schiebeklötze

Fügelade (Stoßbrett)
Die an verschiedenen Stellen schon erwähnte Fügelade ist ein wichtiges Hilfsgerät zum Bestoßen von Brettkanten und zum Anhobeln von Gehrungen. Sie besteht aus einem Auflagebrett mit zwei aufgeleimten Brettstücken, gegen die

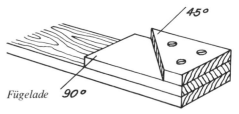

Fügelade

das zu bestoßende Brettstück angeschlagen wird: eines mit rechtem Winkel, eines mit Gehrung. Das Auflagebrett ist 70 bis 90 cm lang, 10 bis 12 cm breit und 18 bis 22 mm stark. Beim Aufleimen der Stoßbretter mit gleichlaufender Faser kommt es hauptsächlich auf das genaue Einhalten der Winkel an. Das rechteckige Stoßbrett wird zuerst mit einem nicht zu tief eingetriebenen Heftnagel befestigt, die Lage mit dem Winkelhaken genau eingestellt, dann ein zweiter Heft-

Fügelade · Schneidlade

nagel eingeschlagen, die Lage mit dem Winkelhaken nochmals nachgeprüft. Dann Auflagebrett abnehmen, Leim aufstreichen, aufsetzen, Heftnagel in die vorhandenen Löcher schlagen. Zwingen ansetzen. Holzzulagen nicht vergessen. Etwa herausgetretenen Leim entfernen.
Beim zweiten Auflagebrett kommt es auf die genaue Lage der Gehrung an. Nach dem zweiten Aufleimen alle Kanten noch einmal sauber hobeln. Zum Schluß erhält die Stoßlade an einem Ende ein Loch, damit sie handgerecht an der Wand aufgehängt werden kann.

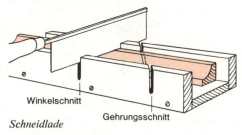

Schneidlade

Schneidlade

Profilgehrungen und Winkel genau schneiden: dazu hilft die Schneidlade. Man kann sie fertig kaufen, aber auch selbst herstellen. An ein Hartholzbrett, etwa 30 cm lang, 5 bis 7 cm breit, das genau parallele Kanten haben muß, werden die beiden Wangen, ebenfalls Hartholz, geleimt und geschraubt. Die Führungsschnitte – ein Winkelschnitt und ein Gehrungsschnitt – müssen haargenau angerissen und eingesägt werden.

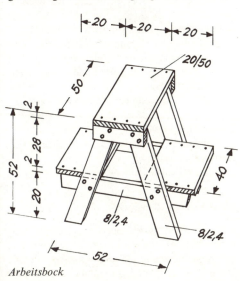

Arbeitsbock

Arbeitsbock

Dieser ist als Auflage beim Sägen oder als Stufentritt in Werkstatt und Haushalt immer brauchbar.

Material Für den Bock Bretter, 8 cm breit und 24 mm dick: 4 Stück 61 cm lang, 2 Stück 58 cm lang, 2 Stück 18 cm lang.
Für die Stufen Bretter oder Spanplatten, 20 cm breit und 20 bis 24 mm dick: 2 Stück 40 cm lang, 1 Stück 50 cm lang. 34 Flachkopfschrauben, 4 mm $\varnothing$, 35 mm lang.

Arbeitsgang 1. Aufreißen des Gestells in natürlicher Größe, damit die Schrägen genau werden.
2. Zuschneiden genau nach Riß, Markieren der Schraublöcher und Vorbohren 4 mm samt Versenken.
3. Zusammenschrauben der zwei Tragböcke. Obere Verbindung außen, die untere innen.
4. Anreißen, genaues Zuschneiden und Vorbohren der Stufenplatten. Es schadet nichts, wenn die Stufen aus 2 nebeneinanderliegenden Brettern gemacht werden. Achtung bei Naturholz: „Rechte Seite" oben! (S. 89).
Zwei dieser einfachen Böcke zusammen mit einem darübergelegten Brett geben ein brauchbares Gerüst für Innenarbeiten.

Bank aus genuteten Brettern

Diese Bank, die auch als Couchtisch verwendet werden kann, schrauben wir aus massiven Fichten- oder Kiefernholzbrettern zusammen.

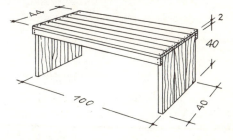

Material Bretter 10 cm breit, 100 cm lang, 22 mm dick: 6 Stück mit Nut und Feder, 2 Stück ungenutet
6 Bretter 15 cm breit, etwa 45 cm lang ungenutet, 30 mm dick
24 Flachkopfschrauben zum Schrauben in Hirnholz 4 mm $\varnothing$, 50 mm lang
24 Flachkopfschrauben 4 mm $\varnothing$, 40 mm lang
Kaufen Sie fertig gehobelte Bretter mit Winkelkante.

Arbeitsgang 1. Zusammenlegen der genuteten Sitzbretter und Anzeichnen der Außenbretter.
2. Bei den Außenbrettern einmal die Feder, beim gegenüberliegenden Brett die Nut abtrennen. Mit dem Hobel die Kanten bestoßen oder auf der Hobel- bzw. Bandschleifmaschine richten.
3. Je 3 der 30 mm dicken Bretter zu 2 Platten zusammenleimen. Spannen (S. 125).
4. Probeweises Zusammennuten der Sitzbretter und genaues Messen der Sitzbreite. Der Sitz sollte 42 bis 46 cm breit sein. Von dieser Breite ziehen Sie 2 mal 22 mm = 44 mm ab; so dick sind die beiden Stützbretter.
5. Das gefundene Maß auf den zusammengeleimten Fußstücken aufreißen. Die Maserung steht senkrecht. Höhe 40 cm.
6. Alle Stücke genau zuschneiden und bestoßen.
7. Anreißen und Vorbohren der Schraubenlöcher. In jedes Brett kommen zwei Schrauben. Im Hirnholz nicht vorbohren. Ausreiben.
8. Verschrauben der beiden Seitenbretter. Dabei die Fußstützen mit Diagonalleisten in ihrer Stellung fixieren.
9. Sitzbretter aufschrauben.
10. Versäubern und die Oberfläche behandeln. Wenn Sie die Bank natur belassen und im Freien verwenden wollen, arbeiten Sie mit verchromten Messingschrauben. Sie können als Material ausländisches Nadelholz (Oregon- oder Pitchpine) nehmen, das in ausgezeichneter Qualität zu haben ist.

Bank mit Schaumgummipolstern

Man kann mehrere Bänke nebeneinander stellen oder auch eine lange Bank mit entsprechenden Zwischenstützen bauen. Stützweite ca. 1,00 m. Auf die Bank Schaumgummikissen auflegen, die Sie fertig kaufen und selbst beziehen können (s. S. 82). Sitzhöhe mit Polster rd. 40 cm, Sitztiefe ohne Rückpolster etwa 50–55 cm.

Quadratischer Couchtisch

Bei diesem Tisch aus ausgesuchtem Fichten- oder anderem Nadelholz wird die verleimte Platte mittels Tischklammern am verleimten Fußgestell befestigt.

Quadratischer Couchtisch

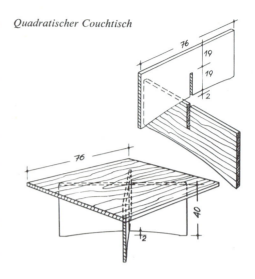

Material 6 Bretter 12×72 cm, 30 mm dick, 8 Bretter 10×72 cm, 20 mm dick, 8 Tischklammern (S. 134), 8 Rundkopfschrauben, 3 mm ∅, 18 mm lang.

Arbeitsgang 1. Die 30 mm dicken Bretter werden zur Platte zusammengeleimt.
2. Aus den 20 mm dicken Brettern werden die 2 Teile der Fußstütze je 40×72 cm zusammengeleimt. Je Stück 4 Bretter. Die Fasern laufen beim fertigen Tisch waagerecht.
3. Anreißen, Zeichnen und Ablängen der Holzteile. Fußstücke unten leicht ausschweifen. Der Tisch steht dann besser, denn kein Fußboden ist ganz eben.
4. Anreißen und Einsägen der Mittelschlitze.
5. Zusammenpassen und Verleimen der Fußstücke zu einem Kreuz. Auf den rechten Winkel achten! Von oben mit Latten und Stiften leicht fixieren.
6. Auf der Unterseite der Platte die Diagonalen anreißen.
7 Alle Teile versäubern.
8. Platte und Fußkreuz mit Hilfe der Tischklammern verbinden.
9. Oberflächenbehandlung.

Wandtisch und Klapptisch

Auf einfache Weise können wir auch einen Tisch in eine Nische einbauen. Er wird an beiden Seiten auf Wandbohlen 40×60 mm aufgelegt, die mit Dübeln an die Wand geschraubt sind. Spannweite bis ca. 1,20 m. Derselbe Tisch kann, eventuell vor einer Tür, auch klappbar angebracht werden. An der Scharnierseite sollte allerdings die Wandbohle etwa 50–60 mm stark sein, da der Tisch um die Plattenstärke von der Wand zurückstehen muß.

Befestigung der Wandtische

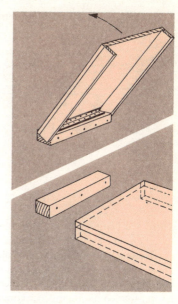

Runder Tisch mit Kunststoffplatte

Bei diesem Tisch aus einer Spanplatte verwenden wir Stahlfüße, die im Handel erhältlich sind. Schneiden Sie vorher die Plattengröße aus Papier aus, denn man täuscht sich bei runden Flächen leicht über die Größe. Üblich sind Platten von 75 bis 120 cm Durchmesser. Das Plattenmaterial kaufen Sie etwa 5 cm größer als das fertige Stück. Erkundigen Sie sich vorher, in welcher Größe die von Ihnen gewünschten Kunststoffplatten im Handel sind, denn im Gegensatz zum Holzfurnier sollten Sie diese Platten nicht stoßen.

Material

1 Spanplatte 80 × 80 cm, 30 mm dick
2 Kunststoffplatten 80 × 80 cm
1 oder mehrere Furnierstreifen aus Edelholz, Gesamtlänge 240 cm, 4 cm breit, ca. 1 mm dick
4 Stahlfüße 40 cm lang aus Vierkantrohr mit angearbeiteter Schraubplatte
16 Linsenkopfschrauben 3,5 mm ⌀, 25 mm lang, Kleber (Pattex oder von der Kunststoffirma empfohlenen Kleber).
Arbeitsgang 1. Anreißen der runden Tischplatte von 75 cm ⌀ auf der Spanplatte.
2. Zuschneiden mit der Stichsäge und Ausgleichen der Kante mit Raspel und Schleifpapier.
3. Aufkleben einer Kunststoffplatte (S. 486). Zum Ausrichten der Platten legen Sie zwei dünne Stäbchen dazwischen, die Sie leicht herausziehen können, wenn Sie die Platten fixiert haben.
4. Auf der Rückseite der Kunststoffplatte entlang dem Rand der Spanplatte mit einem Stecheisen oder einem Spitzbohrer einritzen; die überstehenden Teile mit scharfem Ruck abbrechen.
5. Kante mit Raspel und Feile versäubern.
6. Die andere Seite genauso bekleben, die Platte könnte sich sonst verziehen.
7. Die mit Glaspapier geglättete Kante mit dem Kantenfurnier umkleben. Dabei die scharf geschnittene und gerichtete Kante des Furniers an der Oberseite des Tisches ausrichten, damit

Runder Tisch

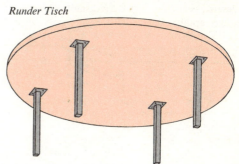

dort möglichst keine Nacharbeit nötig wird. Die Oberfläche der Kunststoffplatte würde dabei leicht beschädigt. Kantenfurnierstreifen und Kunststoffumleimer gibt es in Bastlergeschäften fertig zu kaufen.
8. Anreißen der Bohrlöcher für die Füße.
9. Schraubenlöcher zweistufig mit 1,5 mm und 3,5 mm vorbohren (S. 116).
10. Füße verschrauben.
11. Kantenfurnier mit Mattierung oder Lakkierung versehen.

Tischchen fürs Krankenbett

Von diesem Tischchen kann der Kranke essen; da die Tischfläche hochzuklappen und in Schräglage festzustellen ist, kann er daran auch lesen oder schreiben.

Krankentischchen

Seiten und Platte sind aus 16 bis 20 mm starkem Sperrholz. Die beiden Seitenteile sind verbunden durch zwei Querstege aus Massivholz, die durch Dübel befestigt sind. Die Dübel können durchgebohrt werden, S. 131. Damit die Querstege besser halten, werden die Bohrlöcher etwas schräg angesetzt, siehe Bild. Vier Dreiecksklötzchen in den Ecken erhöhen den Halt.

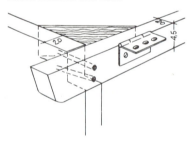

Krankentischchen: Ecke des Gestells vor dem Aufsetzen der Platte

Die Platte wird mit zwei Scharnierbändern angeschlagen. Außerdem kommt an jede Seite ein Stellbügel mit Klemmschraube. An der Vorderseite erhält die Platte eine etwa 4 mm vorstehende Leiste, damit Bücher und anderes nicht herunterrutschen. Alle Kanten sauber verrunden. Das fertige Tischchen sauber schleifen und lackieren.

Allgemeines über Regale

Die einfachsten Möbel, an die sich der Laie zuerst wagen kann, sind die Regale. Da man sich daran gewöhnt hat, Bücher, Gläser und Kunstgegenstände nicht mehr hinter Türen und Glas zu verstecken, sind sie in jeder Wohnung gebräuchlich geworden. Beim Umzug haben zerlegbare Regale den Vorteil, daß man nur einen Stapel Bretter verpacken muß. Die Herstellung ist einfach. Das einzige Problem ist die Behandlung der Kanten und der Oberfläche. Am einfachsten ist das gestrichene Brett (S. 44 ff.). Sie können die Bretter auch mit Selbstklebefolien beziehen, furnieren (S. 142), mit Kunststoffplatten bekleben oder auch in naturbelassenem Massivholz herstellen. Der Abstand und damit die Anzahl der Regalbretter ergeben sich aus dem Zweck des Regals. Hier die wichtigsten Bücherformate: klein bis 15 × 20 cm, normal bis 19 × 23, groß bis 24 × 30 cm. Zeitschriften: bis 26 × 34 cm; Aktenordner: 30 × 33 cm.

Regal in Türnische

In vielen Altbauwohnungen finden wir noch Türen, die nicht mehr benützt werden. Hier ergeben sich viele Möglichkeiten, durch Einbau von Regalen nutzbringenden Platz zu schaffen. Die Länge und Breite der einzelnen Bretter richten sich nach der vorhandenen Türnische.
Für ein offenes Regal mit sichtbarer Rückwand benötigen wir folgendes Material:
1 Rückwand ca. 90 × 200 cm, 16 bis 20 mm dick. Die Größe müssen Sie an Ihrer Türe ausmessen.
4 bis 6 Regalbretter ca. 20 × 90 cm, 20 bis 24 mm dick, je nach Spannweite und Last. Bücher sind schwer. Die Länge sollte 5 mm kleiner sein als das Türlicht.
16 bis 24 kleine Eisenwinkel, vorgebohrt und nicht größer als die Brettdicke.
30 Senkkopfschrauben 3 mm ⌀, Länge entsprechend der Brettstärke.
40 bis 50 Senkkopfschrauben 2 mm ⌀, 20 mm lang, zum Anschrauben der Winkel.

Arbeitsgang 1. Vorhandene Türe aushängen und wegstellen; sie wird nicht mehr gebraucht.
2. In den rückwärtigen Türfalz die Rückwand einpassen.
3. Schraubenlöcher anreißen und vorbohren. Schraubenabstand bei dünnen Platten 15 cm, bei dickeren Platten entsprechend größer bis 30 cm.
4. Die Unterkante der Regalfachböden an der Türnische anreißen. Im allgemeinen richtet man die Fachböden mit der Wasserwaage aus; wenn die vorhandene Türbekleidung allerdings sehr schief ist, empfiehlt es sich, von der oberen Bekleidung herunter zu messen.
5. Die Lage der Auflagerwinkel einmessen und die Schraubenlöcher anreißen.
6. Der Holzart entsprechend vorbohren oder vorstechen.
7. Die Auflagerwinkel mit dem senkrechten Lappen nach oben anschrauben.
8. Bretter einlegen und kontrollieren, ob sie nicht wackeln. Eventuell die Winkel nachrichten.
9. Rückwand streichen und in den Falz schrauben.
10. Regalbretter um die vordere Kante herum an Oberseite und Unterseite mit Folie bekleben. Selbstverständlich können Sie die Rückwand auch tapezieren, mit Stoff bespannen oder sogar furnieren. Wollen Sie die Türe nicht herausnehmen, dann schlage ich vor, diese mit einem gerüschten oder gefältelten Stoff zu bespannen, nachdem Sie die Klinke entfernt haben. Wollen Sie die Fachböden verstellbar machen, dann kaufen Sie sich 4 Lochschienen so hoch wie das Türlicht und für jedes Fachbrett die vier passenden Stecker. Die sichtbaren Lochschienen sehr genau einmessen und sauber anschrauben. Sorgfältige Arbeit ist nötig, damit am Ende alle Stecklöcher auf gleicher Höhe liegen.

Wandregal mit Loch- oder Nutschienen

Ein gutes Regal können Sie mit Hilfe von Lochschienen und Konsolen herstellen, die in großer Auswahl im Handel angeboten werden. Der Abstand der Lochschienen sollte nicht über 1 m sein, lieber etwas kleiner. Die Schienen werden mit der Wasserwaage genau senkrecht und waagerecht angerissen, damit die Löcher genau die gleiche Höhe haben. Die Schienen werden mit Kunststoffdübeln an die Wand geschraubt (S. 234 f.).

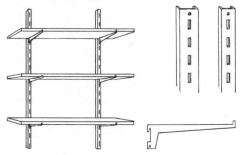

Regal mit Lochschienen   Lochschiene und Träger

Als Fachbretter können Sie einfache Nadelholzbretter nehmen, welche Sie mit Nut und Feder auf die nötige Breite zusammenfügen. Die vordere Feder muß abgeschnitten werden.

Großes Wandbord

Für größere Wandborde gibt es große Metallkonsolen zu kaufen. Abstand der Tragkonsolen etwa 60 cm. Der Festigkeit und der Schönheit zuliebe ist hier das Wandbrett durch untergeleimte und verschraubte Leisten verstärkt.

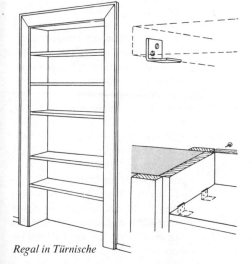

Regal in Türnische

Wandbord auf Konsolen

Zerlegbares Bücherregal

Ein solches Regal ist leicht herzustellen. Die meiste Arbeit machen die vielen Steckerbuchsen, die man genau einbohren muß. Wenn Sie sich aber auf bestimmte Höhen festlegen, haben Sie weniger Arbeit. Es genügt auch ein untergeschraubter Alu-Winkel für die Auflage. Die vertikalen Seitenbretter müssen an der Wand befestigt werden, am besten mit je einem Bettbeschlag oben und unten. Genau anreißen! Damit das Regal seitlich nicht wackelt, wird eine Reihe Regalbretter oben oder unten mit Z-Winkeln eingehängt.

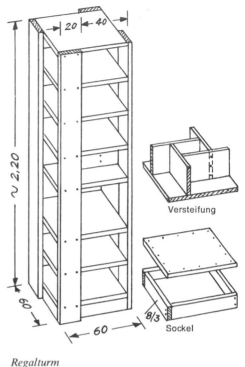

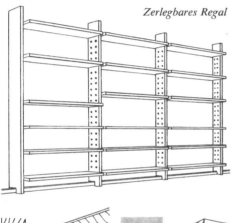

Zerlegbares Regal

Regalturm

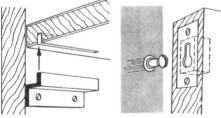

Brettanhängung mit Z-Winkel

Wandbefestigung mit Schlüssellochblech

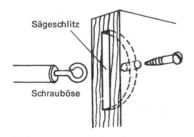

Wandbefestigung mit Schrauböse

Regalturm

Ein vielseitig verwendbares Möbel, das frei im Raum aufgestellt wird. Höhe ca. 2,20 m, deshalb darf die Grundfläche nicht zu klein sein. Mindestens einmal muß, möglichst in halber Höhe, eine Versteifung eingebaut sein. Alle Fachbretter sind fest verbunden, am besten verleimt. Deshalb müssen Sie die Abstände der Fächer genau überlegen, damit Sie alles richtig unterbringen können: Bücher, Zeitschriften, Radio, Platten, Plattenspieler usw.
Die 8 Fachbretter aus Spanplatten 60/60 cm, 19 mm stark, werden zwischen 4 senkrechte Bretter, 22/220 cm, 20 mm stark, eingeleimt. Vorher wird das unterste Brett auf einen Rahmen aus Leisten 8/3 cm geleimt. In das 4. oder 5. Feld leimen sie dann die kreuzförmige Versteifung ein (4 Bretter 20 mm stark und 40 cm lang). Die Höhe richtet sich nach der von Ihnen festgelegten Fachhöhe. Vergessen Sie nicht, bei der Rechnung die Holzstärken der Fachbretter zu berücksichtigen.

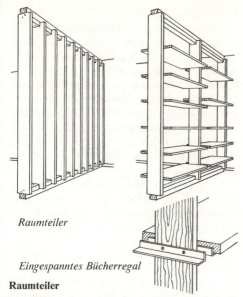

Raumteiler

Eingespanntes Bücherregal

Raumteiler

Zur Unterteilung großer Räume in intimere Bereiche benutzt man gern leichte, transparente Trennelemente. Hier ein einfacher Raumteiler aus schmalen Nadelholzbrettern. Nur ausgesuchtes Holz verwenden, etwa 80 × 20 mm. Zunächst wird an Boden und Decke je ein Brett entsprechend der Länge des Raumteilers befestigt. Zwischen diesen werden die genau auf Länge eingepaßten senkrechten Bretter mit Abstandshölzern eingebaut; Abstand etwa 15 cm. Durch Anschrauben von Aluminiumwinkeln 20 × 20 mm und 20 cm Länge und Einlegen von Fachböden kann man in ähnlicher Konstruktion ein raumtrennendes Regal einbauen. Abstand der senkrechten Elemente dann etwa 80 cm.

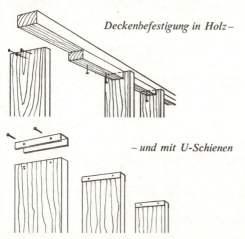

Deckenbefestigung in Holz –

– und mit U-Schienen

Eine andere Befestigung (für sorgfältige Arbeiter) ist durch Anbringen von 8 cm langen U-Schienen an Decke und Boden möglich. Jede Tragstütze wird dann in die Schienen eingeschoben und mit einer Schraube festgehalten.

Regal für Schuhe oder Gerät, genagelt

Für 4 Paar Schuhe nebeneinander sind etwa 90 cm breite Fächer erforderlich. Diese Maße sind im folgenden Beispiel zugrunde gelegt. Die Fächer sind hier 90 × 33 cm groß, lichte Höhe 20 cm.
Die Seitenwände sind 86 cm hoch. Der obere Fachboden steht etwas vor, so daß ein Vorhang angebracht werden kann, der die unteren Fächer verdeckt. Dieses Regal hat keine durchgehende Rückwand, aber hinter jedem Fachboden einen Querriegel.
Als Material ist Massivholz, Sperrholz oder Spanplatte, 14 bis 20 mm stark, geeignet.

Schuhregal

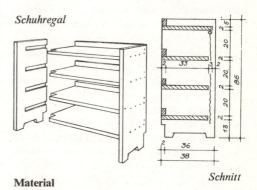

Schnitt

Material

2 Seitenbretter 86 × 38 cm, 20 mm dick
1 Abdeckbrett   92 × 36 cm, 20 mm dick
3 Fachbretter   92 × 33 cm, 20 mm dick
4 Querriegel   94 × 5 cm, 20 mm dick
66 Nägel   45 mm lang
1 Vorhangschiene 90 cm lang

Arbeitsgang 1. Anreißen und Zuschneiden aller Holzteile. Bei Sperrplatten kann man so zuschneiden, daß nur wenig weggehobelt zu werden braucht. Bestoßen je einer Kante.
2. Die gleichbreiten Teile zusammenheften und genau auf Breite hobeln.
3. Da alle zwischen den Seitenwänden liegenden Teile (Oberboden, 3 Zwischenböden) genau gleich lang sein müssen, werden sie gemeinsam (mit zwei Zwingen fest zusammengeschraubt) in der Länge bestoßen. Das ist ein wenig schwierig.

Holzarbeiten

Von außen auf die Mitte zu hobeln – nicht umgekehrt. Vordere Ecke 1 cm tief ausklinken.
4. Das gleiche geschieht mit den 4 Querriegeln.
5. Die Seitenwände zurichten, die Nuten und Ausklinkungen für die Querriegel anreißen.
6. Die Nuten mit der Feinsäge oder Kreissäge vorschneiden und auf 1 cm Tiefe ausstemmen. Sie enden 7 cm vor der Vorderkante. Die Breite ist genau die Dicke der Fachbretter.
7. Sämtliche Nagellöcher sorgfältig mit Winkelhaken und Meterstab vorreißen. Die Arbeit hält nur, wenn die Nägel in die Mitte der Stirnflächen der Fachböden kommen, und sie sieht nur gut aus, wenn die Nägel regelmäßig sitzen.
8. Zusammennageln wie im Abschnitt Nageln S. 121 f. ausführlich beschrieben.
9. Anstrich oder Lackierung nach Wunsch.
10. Vorhangschiene anbringen.

Blumenkästen

Als Material kommen Fichten- oder Kiefernbretter in Betracht: noch besser – aber teurer – Eiche; niemals aber Buche. Sperrholz ist ebenfalls ungeeignet. Für einen Kasten von 80 × 25 × 20 cm Größe sind etwa 22 mm starke Bretter angebracht. Ist der Kasten noch länger, müssen die Bretter stärker sein.

Arbeitsgang 1. Man schneidet zunächst zwei lange Bretter, von denen jedes ein Seiten- und ein Stirnbrett ergeben soll. Das bedeutet in unserem Beispiel – wenn die ebengenannten Abmessungen als Außenmaße zugrunde liegen: 80 cm für Seitenbretter +21 cm für Stirnbretter (nicht 25 cm, da die Holzstärken der Seitenwände abzurechnen sind) +1 cm für Sägeschnitt und Hobelverlust = 102 cm Zuschnitt.

2. Die beiden Bretter mit zwei leichten Heftnägeln zusammenheften und gemeinsam gleich breit aushobeln. Dann erst die Stirnbretter absägen.
3. Kasten zusammennageln, versetzt schräg. Rechte Seite des Holzes außen.
4. Boden zuschneiden, hobeln und aufnageln. Die Kanten läßt man zunächst ein wenig vorstehen und hobelt sie dann bündig ab, damit mehrere Kästen aneinandergestellt werden können.
5. Unter den Boden zwei Auflageleisten nageln. Bekommt der Boden keine Luft, verfault das Holz.
6. Ob es angebracht ist, in den Boden einige Löcher zu bohren, damit das Wasser ablaufen kann – zu dieser Frage nehme ich nicht Stellung, da sich die Blumenzüchter darüber nicht einig sind. Für das Holz wäre es auf jeden Fall gut!
7. Ölfarbanstrich nur außen. Innen Fäulnisschutz! (S. 47.)
Es genügt nicht, daß der Kasten steht und »unter normalen Verhältnissen« kaum herunterfallen kann. Die kleinen Schößlinge werden zu hohen Pflanzen, in denen sich der Wind fängt. Für die Befestigung nimmt man in den meisten Fällen am besten Bandeisen oder käufliche Halter.

Wandregal

In gleicher Nageltechnik können wir auch verschiedene Wandregale herstellen. Sie sind nichts anderes als Blumenkästen, mit dem Boden an die Wand gehängt; nur die Abmessungen werden andere sein. Sie müssen sich nach dem richten, was Sie unterbringen wollen (S. 157).
Ein normales Bücherregal von 20 cm Tiefe, 25 cm lichter Höhe und einer Länge von 80–100 cm wird für fast alle Ihre Büchergrößen ausreichen.

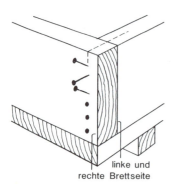

linke und rechte Brettseite

Versetzt schräg nageln, rechte Brettseite außen

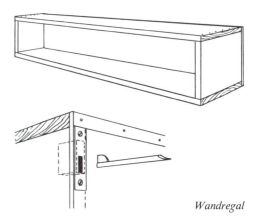

Wandregal

Wollen Sie allerdings auch Zeitschriften und größere Bücher unterbringen, so nehmen Sie folgende Maße: 25 cm tief, 30 cm lichte Höhe. In diesem Regal können Sie Ihre Zeitschriften querliegend aufbewahren.
Materialbedarf Wegen der Breite der Bretter nehmen Sie am besten Spanplatten. Die Rückwand kann dünn sein: 3–4 mm Sperrholz oder Hartfaserplatte.
2 Bretter 80 × 20 cm, 20 mm stark
2 Bretter 25 × 20 cm, 20 mm stark
1 Rückwand 80 × 29 cm, 4 mm stark
2 Langlochbleche zum Aufhängen
2 Konsolhaken samt Dübel
Arbeitsgang wie beim Blumenkasten, jedoch sorgfältiger ausgeführt. Nach dem Zusammenbau an der Rückseite der senkrechten Teile die Aussparungen für die Konsolhaken anreißen und ausstemmen bzw. ausbohren. Nägel versenken. Kanten und Flächen versäubern. Entweder anstreichen oder bei ausgesuchtem Naturholz die Oberfläche mit klarem Lack behandeln (S. 47). Wenn Sie gleich mehrere Kästen herstellen, können Sie durch Reihung neben- und übereinander, mit Einzelaufhängung oder Stapelung ganze Regalwände zusammenstellen. Die Variationsmöglichkeiten sind unbegrenzt.

Regal für Schallplatten

Das Maß der Plattenhüllen (33 × 33 cm) bestimmt hier die Innenmaße. Damit die stehenden Platten sich nicht verziehen, sind Zwischenwände alle 10 cm notwendig. Diese Wände 5 bis 6 mm dick. Die Befestigung geschieht am besten mit kleinen U-förmigen Schienen, die überall erhältlich sind. Wollen Sie das Regal nicht tiefer machen als die Bücherregale, dann können Sie die Zwischenwände schräg stellen und dadurch die Fächer genügend tief machen. Diese Lösung zeigt unsere Abbildung.

Werkzeugkasten

In der gleichen Grundkonstruktion wie der Blumenkasten entsteht auch der im Haushalt so wichtige Werkzeugkasten. Die Maße richten sich nach dem Werkzeug. Richtmaße: Länge 55 cm, Breite 25 cm, Höhe 20 cm. Die Höhe des Griffes wird nach den senkrecht hängenden Stecheisen und Schraubenziehern bemessen: etwa 35 cm. Höhe der Lochleiste 16 cm über dem Kastenrand. Durchmesser der Bohrungen in der Steckleiste: 2 cm, 2,5 cm und 3 cm. Griffleiste und Lochleiste werden zwischen die senkrechten Halteleisten genagelt; sie sind also genauso lang wie der fertige Kasten. Der Kasten wird stabiler, wenn Sie den Griff anschrauben.
Beim Bau des Kastens können Sie auch einmal die Schwalbenschwanz-Zinkung probieren. Gelingt es nicht so ganz, ist es hier nicht tragisch. Als Material können Sie sowohl Massivholz wie auch Spanplatten verwenden. Bei den harten Platten sollten Sie die Nagellöcher mit dem Spitzbohrer vorstechen.

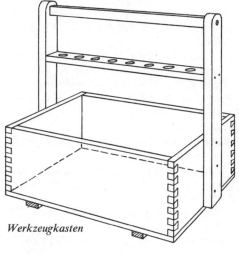

Werkzeugkasten

Bücherregal gedübelt

Hier ein Vorschlag für ein Regal mit verstellbaren Fachböden und Rückwand. Das ist schon fast ein Schrank, nur daß er noch keine Türen hat.

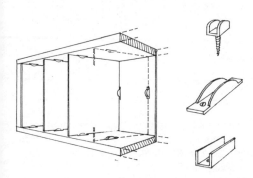

Plattenregal

162 Holzarbeiten

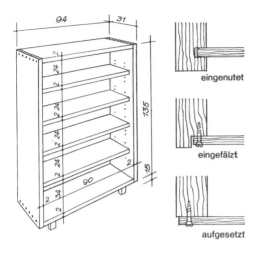

Bücherregal gedübelt *Drei Befestigungen für die Rückwand*

Die Länge der Fächer ist in unserem Beispiel mit 90 cm angenommen. Dafür genügt eine Brettstärke (Massivholz) von 18 bis 20 mm. Beträgt die freie Länge der Fachböden 1,20 bis 1,40 m, so müssen die Bretter 22 bis 27 mm stark sein. Bücher sind schwer! Während für die Fachböden Massivholz genommen wird, können die Seitenwände aus Massivholz, Sperr- oder Spanplatten geschnitten werden, Stärke mindestens 20 mm; als Rückwand dient eine Hartfaserplatte, 6 mm stark.

Die Fachböden werden auf Fachbodenträger mit Hülsen gelegt (S. 136). Die Hülsen werden (nach sehr sorgfältigem Anreißen) in senkrechten Abständen von 2 bis 4 cm eingesetzt. Jeder Boden kann auf vier verschiedene Höhen eingestellt werden.

Materialbedarf Für das abgebildete Regal gilt die folgende Liste:
2 Seitenwände 135 × 31 cm, 20 mm dick
2 feste Abschlußbretter 90 × 31 cm, 20 mm dick
4 Fachböden 90 × 29 cm, 20 mm dick
1 Rückwand 91 × 132 cm, 5 bis 6 mm stark
24 Dübel 10 mm ⌀, 6 cm lang
4 Füße aus Vierkantrohr zum Anschrauben, 15 cm lang
16 Linsenkopfschrauben, 4 mm ⌀, 15 mm lang
64 Hülsen für Fachbodenträger
16 Fachbodenträger.

Arbeitsgang 1. Bretter zurichten, reißen.
2. Bretter zuschneiden, zusammenzeichnen.
3. Alle Teile mit gleichen Abmessungen gemeinsam bearbeiten (S. 125): erst mit schlanken Stiften zusammenheften und von Breite hobeln, dann auf Länge (an den Hirnseiten) bestoßen. Beim Lösen der Heftnägel Zulage unter Beißzange nicht vergessen!
4. Bohrlöcher anreißen und bohren, Hülsen für Fachbodenträger einsetzen.
5. Dübellöcher anreißen, Boden und Seitenteile zusammenspannen und gemeinsam bohren.
6. In die Seitenwände sowie in Unter- und Oberboden Längsnuten für die Rückwand einschneiden.
7. Eine Seitenwand mit Ober- und Unterboden zusammendübeln (S. 131).
8. Rückwand in die Nuten einschieben.
9. Rechtwinklig ausrichten und die zweite Seitenwand durchdübeln.
10. Fachböden einpassen. Alle Kanten sauber verschleifen.
11. Oberflächenbehandlung.
12. Füße anreißen, vorbohren und verschrauben.

Schränke mit Türen

Durch zwei Türen können Sie das vorher beschriebene Regal zu einem richtigen Schrank machen. Das Herstellen von Türen ist schwierig: Maschinenarbeit! Bei einiger Übung können Sie jedoch einige einfache Türen anfertigen. A (überfälzt) und B (stumpf einschlagend) sind die gebräuchlichsten Türanschläge. Sie erfordern hohe Präzision und können nur mit den entsprechenden Einrichtungen gut hergestellt werden.

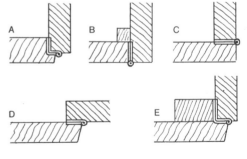

Der Türfalz (A) ist ohne Maschinen kaum herzustellen, und das Einpassen einer stumpf einschlagenden Tür (B) erfordert einen erfahrenen Handwerker. Einfacher und auch für den Laien ausführbar ist die stumpf aufliegende Türe, welche in ganzer Fläche den Schrankkörper abdeckt (C).

Die Befestigung ist mit einem einfachen Stangenscharnier (Klavierband, S. 136) möglich. D und E sind Abwandlungen von C und auch von Nichtfachleuten anzufertigen.

Um das gedübelte Bücherregal auf S. 162 mit Türen zu versehen, benötigen wir 2 Platten 20 bis 25 mm dick, je 47 × 135 cm groß, sowie 2 Stangenscharniere 135 cm lang mit den entsprechenden Schrauben.

Zuerst schrauben Sie die Stangenscharniere an der Rückseite der Türblätter fest. Dann legen Sie die Türen auf den Schrankkörper, den Sie vorher mit dem Rücken auf den Boden gelegt haben, und markieren die Lage des Scharniers und der Schraubenlöcher. Zunächst nur am Ende und in der Mitte festschrauben; dann mit beiden Türflügeln probieren, ob Sie noch nachrichten müssen. Verschließen Sie jeden Türflügel mit einem Magnetverschluß (S. 137).

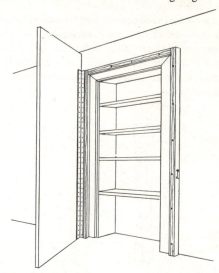

Schrank in Türnische

Bücherschrank

Wenn Sie den Schrank verschließen wollen, müssen Sie einen Flügel mit Innenriegeln feststellen, während der andere das Schloß erhält, welches in den ersten Türflügel schließt. Am besten nehmen Sie ein aufgesetztes Kastenschloß, das auf der Innenseite der Tür aufgeschraubt wird. Das durchgebohrte Schlüsselloch wird mit einer Abdeckplatte sauber überdeckt.

Schrank in Türnische

Wenn Sie Ihr Regal, das Sie in eine Türnische eingebaut haben (S. 156) mit einer attraktiven Tür unsichtbar machen wollen, dann lesen Sie folgendes Rezept:

Befestigen Sie rings um die Bekleidung der betreffenden Türe eine Leiste mit Dübeln an der Wand. Die Leiste muß ein paar Millimeter über die Bekleidung vorstehen und sollte mit der Wasserwaage genau ausgerichtet werden. Im allgemeinen wird eine Leiste 30 × 30 mm genügen.

Nun wird an diese Leisten eine Platte als Tür angeschlagen, die etwa 10 mm breiter sein soll als die Leistenaußenkanten. Die Höhe richtet sich nach der oberen Leiste oder Ihren Wünschen: Sie können die Platte bis zur Decke gehen lassen oder die Höhe nach einem vorhandenen Schrank richten. Die Platte, die Sie ganz nach Ihren Vorstellungen streichen, mit Stoff bespannen oder auch mit einem Großfoto bekleben können, wird an einer Seite mit einem Stangenscharnier befestigt und an der anderen Seite mit einem Haken gehalten.

Schiebetüren

Mit Leichtmetallprofilen, die heute bei jeder Eisenwarenhandlung erhältlich sind, kann auch der Heimwerker einfache Schiebetüren bauen. Hierbei wird oben und unten in den Möbelkorpus je eine Doppelmetallschiene eingeschraubt. Da die meisten dieser Schienen für Glasschiebetüren gedacht sind, können darin nur Türen aus höchstens 6 mm starkem Sperrholz laufen. Die Größe ist daher begrenzt (etwa 50 × 60 cm). Um die Standfestigkeit zu erhöhen, schrauben und leimen wir an die äußeren senkrechten Kanten Griffleisten zur Versteifung.

164 Holzarbeiten

Größere und deshalb auch stärkere Türen bauen wir ein, indem wir statt der Doppelschiene zwei entsprechend große Einzelschienen nebeneinander anschrauben. Bei stärkeren Türblättern können die Griffe eingelassen werden.
In die unteren Schienen legt man Kunststoff- oder Hartholzgleitschienen ein. Gewellte Leisten verringern die Reibung. Denken Sie daran, daß der obere Falz tiefer sein muß als der untere, denn die Tür muß zum Herausnehmen nach oben geschoben werden.

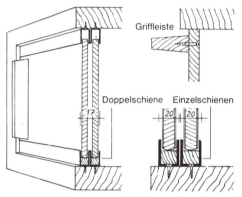

Doppelschiebetür.

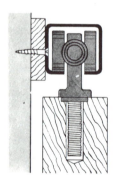

Aufhängung für große Türen

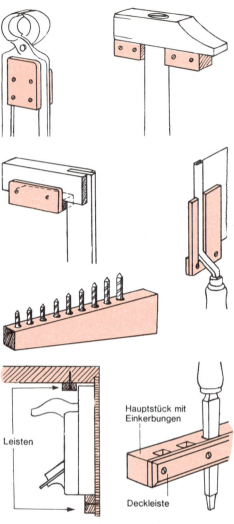

Große Türen und auch solche, die höher sind als breit, werden oben in Rollenlaufwerken aufgehängt. Die verdeckte Anbringung ist jedoch kompliziert.

Hängender Werkzeugkasten (Zeugrahmen)

Den Werkzeugkasten selbst, mit oder ohne Türen, können Sie nageln, leimen, schrauben oder zinken je nach Übung. Wichtig sind die einzelnen Haltevorrichtungen für die Werkzeuge. Die Art der Vorrichtungen und die Einteilung muß ihrem Werkzeugbestand entsprechen.

Kasten mit Einsatzfächern

Dieser Kasten dient zum geordneten Aufbewahren von Nägeln, Schrauben, Knöpfen u. ä. Als Material dient für die Bodenplatte Sperrholz oder Hartfaserplatte, für die Seitenbretter Fichte oder Kiefer; Hartholz läßt sich schlecht nageln – und der Kasten in unserem Beispiel soll genagelt werden.
Zuerst die Größe und Einteilung der Fächer festlegen. Die Fächer sollen nicht zu hoch sein, höchstens 4 cm, damit man mit den Fingern gut in die Ecken langen kann, um kleine Stiftchen herauszuholen. Die Fächer sollen auch nicht zu klein

Zeugrahmen · Schubladen

Zwei Seiten- und vier Zwischenbrettchen gemeinsam von Länge schneiden

Vier Stück gemeinsam reißen

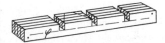

Drei Stück gemeinsam ausklinken –

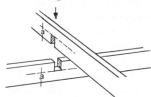

– sonst klappt es nicht beim Übereinanderstecken

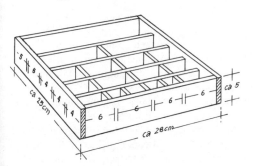

So sieht der fertige Kasten aus

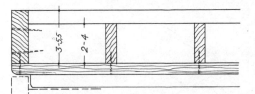

Aufeinanderstecken mehrerer Kästen

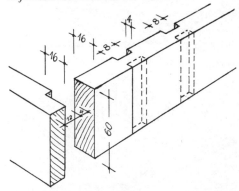

Nuten für verstellbare Fächer

ebenfalls geleimt und durch Stiftchen gehalten. Es ist mißlich, wenn es nicht gleichmäßig anliegt, weil sich dann Gegenstände des Inhalts unten einklemmen.
Dieses Kästchen gelingt nur, wenn alle Risse peinlich genau mit Streichmaß und Winkelhaken gemacht werden.
Wenn Sie Fächer von veränderbarer Größe haben wollen, schneiden Sie in die Querbrettchen senkrechte Nuten. Arbeitsgang:
Gemeinsam anreißen (S. 109). Genau am Riß sägen (S. 111 f.). Ausstechen der Nuten (S. 115). Die Zwischenbrettchen werden nur von oben eingeschoben.

sein; braucht man ein paar sehr zierliche Fächer, kann man Pappeinsätze kleben. Wenn Sie sich den hier gezeigten Kasten bauen wollen, so halten Sie sich am besten auch an den im Bild gezeigten Arbeitsgang. Es kommt darauf an, alle gleichlangen Bretter zusammengeheftet zu bearbeiten. Auch die Einschnitte zum Überstecken auf die Gegenbrettchen werden zusammen eingesägt; die Gruppen erst auseinandergenommen, wenn sie ganz fertig bearbeitet sind. Die Bretter werden, wo sie übereinanderzustecken sind, mit Kaltleim (Kunstharzleim) geleimt; an den übrigen Stellen geleimt und mit leichten Stiften genagelt. Das Bodenbrett kommt zum Schluß darunter, es wird

Schubladen

Nicht einfach herzustellen sind Schubladen (Schubfächer). Sie müssen genau nach Maß und Winkel aus gut getrocknetem Holz angefertigt werden, sonst passen sie nicht oder klemmen. Da die Zugkräfte immer durch den Griff auf die Vorderseite der Schublade ausgeübt werden, ist es notwendig, die Verbindung zwischen Vorderstück und Seitenbrettern fest gegen Zug herzustellen. Die Führung muß so geschehen, daß die Schublade leicht läuft. Sie darf aber auch nicht nach vorn kippen, wenn sie beim Herausziehen das Übergewicht bekommt.

166 Holzarbeiten

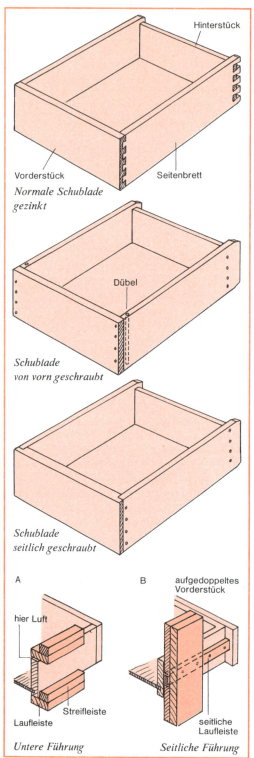

Normale Schublade gezinkt

Schublade von vorn geschraubt

Schublade seitlich geschraubt

Untere Führung

Seitliche Führung

Der Anschlag beim Hereinschieben ist immer hinten angebracht. Schubladen sollen nicht zu hoch sein. Innenhöhe je nach Zweck 5–12 cm.

Normale Schublade Die Seitenbretter sind mit Vorderstück und Rückbrett durch Schwalbenschwanzverbindung verbunden (gezinkt) (S. 129). Dies ist die beste Verbindung gegen Zug. Wegen des schöneren Aussehens macht man eine verdeckte Zinkung (siehe Bild), sofern man nicht ein aufgedoppeltes Vorderstück verwendet. Der Boden ist in eine Nut im Vorderstück und in den Seitenbrettern eingeschoben. Das Rückbrett wird auf den Boden aufgesetzt. Die Schublade läuft auf der Unterseite der Seitenbretter.

Schublade von vorn geschraubt Hier ist das Vorderstück nicht eingezinkt, sondern von vorn stumpf gegen die Seitenbretter geschraubt. Da Schrauben im Hirnholz nicht so fest sitzen, daß sie die auftretenden Zugbelastungen halten können, ist hier in die Seitenbretter ein Langholzdübel eingelassen. Die Schrauben finden nun im Längsholz des Dübels einen festen Halt. Der Durchmesser des Dübels beträgt $2/3$ der Seitenbrettstärke. Die Rückwand ist von der Seite geschraubt.

Schublade seitlich geschraubt Das Vorderstück ist bei diesem Beispiel so weit ausgefälzt, daß man die Seitenbretter von der Seite her an das Vorderstück schrauben kann. Bei kleinen Schubladen reicht diese Befestigung zusammen mit einer guten Verleimung aus.

Führung der Schublade Hierfür gibt es die verschiedensten Möglichkeiten.

A. Die übliche ist, die Schublade zwischen zwei Leisten, den Laufleisten, gleiten zu lassen. Die obere verhindert das Kippen. Die seitliche Führung geschieht durch Streifleisten. Wenn man die Laufleiste breit genug macht, kann gleich eine weitere Schublade neben der ersten laufen. Ebenso kann auf der oberen Laufleiste eine weitere Schublade gleiten.

B. Wenn Sie die Höhe besser ausnutzen und die zwischenliegenden Laufleisten einsparen wollen, dann wählen Sie eine Führung mit seitlich an die Schublade geschraubten Laufleisten. Die erforderliche Führungsnute entsteht dadurch, daß in entsprechendem Abstand Futterbretter an den Innenwänden des Schrankes befestigt werden. Das Vorderstück muß seitlich so weit überstehen, daß die Laufleiste abgedeckt ist.

C. Dieselbe Laufleiste wie bei B., jedoch oben angebracht, verwendet man oft zum Aufhängen von

Schubladen unter Platten. Die Führung bilden zwei entsprechend genutete Holzleisten, die unter die Platte geschraubt sind.
D. Auch der Boden kann als Führung dienen. Hier wird die Führung ähnlich wie bei B erreicht (Futterbretter mit Abstand).
Die Widerstands- und Gleitfähigkeit der Laufleisten wird erhöht, wenn man sie mit einem glatten Kunststoffstreifen belegt.
In jedem größeren Bastlergeschäft erhalten Sie heute bereits fertige Schubladen verschiedener Art und Größe, teilweise zum Selbstzusammenbauen. Es ist ratsam, sich zuerst die Schubladen zu kaufen und dann die Maße des Werkstückes danach auszurichten.

Teleskop-Schienen Um die Schubladen besser ausnützen zu können, benutzt man oft Teleskop-Schienen auf Rollen (z. B. Geze-Schuba), auf denen die Lade vollständig herausgezogen werden kann, ohne zu kippen. Vor dem Schrauben in der Höhe und Tiefe sehr genau anreißen!

Bilderrahmen

Die Bilderrahmenleisten kaufen Sie im Fachgeschäft oder bei Ihrem Schreiner. Das Zusammenbauen können Sie dagegen selber machen. Die Größe des Rahmens richtet sich nach der Bildgröße. Rahmenausschnitt sollte ein wenig kleiner sein als das Bild selbst.

Arbeitsgang 1. Anreißen der Rahmengröße und Zuschneiden mit der Feinsäge auf der Gehrungslade (S. 152 f.).
2. Aufreißen und Zuschneiden der rückwärtigen Abdeckplatte aus Pappe (nicht zu dünn). Beachten Sie, daß diese Platte jeweils um die Falzbreite größer ist als die vordere Rahmenöffnung.
3. Zusammenpassen der Teile.
4. Nun wird der Rahmen stumpf geleimt und genagelt. Legen Sie dabei die Abdeckpappe in den Falz, dann bleibt der Rahmen beim Spannen rechtwinklig.
5. Als Spannvorrichtung können Sie die auf S. 105 erwähnten Gehrungsspanner verwenden. Es genügt jedoch, wenn Sie den Rahmen entsprechend den nebenstehenden Zeichnungen mit einer kräftigen Schnur und Zulageklötzchen bis zum Trocknen verspannen.
6. Große Rahmen können Sie durch Einleimen einer Feder versteifen (S. 128). Bei fertig lackier-

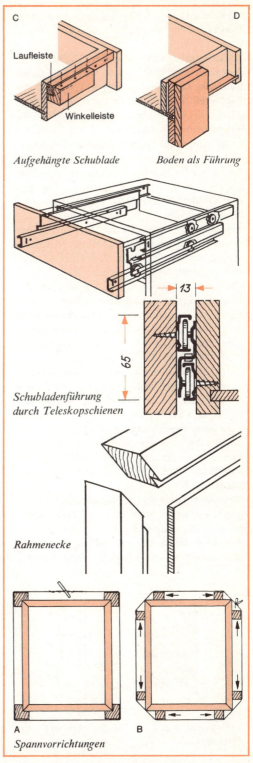

Aufgehängte Schublade *Boden als Führung*

Schubladenführung durch Teleskopschienen

Rahmenecke

Spannvorrichtungen

ten Rahmen leimen Sie zur Versteifung hinten ein Dreieck aus dünnem Sperrholz über die Rahmenecke.

7. Glasscheibe zuschneiden in der Größe der Abdeckplatte aus Pappe. Dann nach gründlicher Reinigung Glas, Bild und Abdeckpappe in den Falz legen und von hinten mit Glaserstiftchen oder -dreiecken nageln. Anschließend von hinten mit Klebestreifen abdichten.

8. Aufhänger anbringen. Bei kleinen Bildern genügt eine parallel zur Wand liegende Öse oder ein dreieckiger Drahthaken mit Scharnier zum Umklappen (erleichtert das Einhängen in Wandhaken). Größere Bilder erhalten eine Ringschraube, die von hinten in den Rahmen gedreht wird.

Aufhängung Achten Sie bei Bildern mit nur einem Aufhänger darauf, daß dieser ganz genau in der Mitte sitzt. Hängt das Bild trotzdem schief, können Sie mit hinten an der unteren Ecke angeklebtem Schleifpapier das Schrägrutschen verhindern. In ganz aussichtslosen Fällen schlagen Sie unten neben dem Rahmen einen kleinen Nagel in die Wand, der nur wenige Millimeter heraussteht. Der Nagelkopf wird dann abgezwickt. Wen der Anblick des kleinen Stütznagels stört, der kann unsichtbar an den beiden unteren Rahmenecken einige Stiftchen in die Rückseite schlagen und kurz vor der Holzoberfläche abzwicken. Es bleiben kleine Spitzchen stehen, die das Bild nicht mehr rutschen lassen. Allerdings muß es zum Staubwischen usw. sehr behutsam abgenommen und wieder aufgehängt werden, weil die Stifte leicht Tapete oder Wandanstrich zerkratzen können.

Mit zwei Aufhängern können Sie das Bild immer gerade aufhängen, wenn Sie beim Nageleinschlagen sorgfältig genug vorgehen.

Außerdem gibt es die in Ausstellungen, Museen und repräsentativen Räumen üblichen Aufhängung der Bilder an Schnüren oder Drähten, die hoch oben an der Wand an einer Befestigungsleiste oder Abschlußkante enden (vgl. S. 74).

Wandfeuchtigkeit In ein an der Wand anliegendes Bild kann Feuchtigkeit übergehen, was Werfen von Pappe und Rahmen und Faltenbildung am Bild zur Folge hat. Schon durch wenige Millimeter Abstand zur Wand lassen sich solche Schäden vermeiden: Man leimt hinter die 4 Rahmenecken 2 bis 3 mm dicke Korkscheibchen (von Flaschenkorken heruntergeschnitten) oder schlägt kleine Nägel (Blauköpfe) als Abstandshalter ein. Es ist stets ein Vorteil, wenn so Luft hinter dem Bild vorbeistreichen kann. Größere Bilder mit Ringschraube stehen ohnehin oben von der Wand ab und hängen leicht vornübergeneigt. Das ist vielfach auch ein Vorteil für die Betrachtung.

Bilder ohne sichtbaren Rahmen Bei manchen Bildern verzichtet man auf die sichtbare Rahmung. Fotovergrößerungen und Drucke werden oft auf eine starke Pappe (Hartfaserplatte) aufgezogen. Vorher wird die Pappe durch einen einfachen gehobelten Rahmen verstärkt. Rahmen und Pappe gemeinsam zusammenleimen und spannen. Dann Kanten bearbeiten.

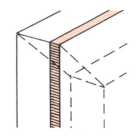

Rahmen für aufgeklebte Bilder

Noch einfacher ist das Aufziehen auf eine etwa 10 mm starke Holzspanplatte. Zum Aufhängen schrauben Sie an die Rückseite eine ausgefälzte Leiste, die man aus zwei Teilen einfach zusammenleimen kann. Von der Leiste schneiden Sie dann zwei Stücke, ca. 5 cm lang, die umgekehrt an die Wand geschraubt werden; wenn nötig mit Dübeln (S. 229). Unten hinter der Platte werden zwei Abstandsklötzchen in gleicher Stärke angebracht. Die Leisten werden dann ineinander gehängt, wie die Zeichnung zeigt. Ist das Bild nicht sehr schwer, kann man die Leiste auch auf zwei Nägel mit großen Köpfen hängen. Notfalls genügen auch Aussparungen in der Platte bzw. im verdeckten Rahmen, in welche die Nagelköpfe oder Haken eingreifen.

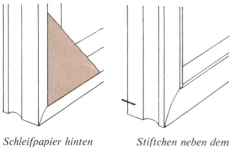

Schleifpapier hinten am Rahmen   *Stiftchen neben dem Rahmen*

Bilderrahmen · Paravent

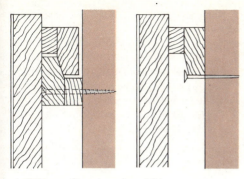

Aufhängung für rahmenlose Bilder

Aufziehen von Fotos Diese Arbeit ist leichter, als man denkt. Sie können heute von jedem Bild, auch aus Zeitschriften, Fotovergrößerungen in fast jedem Format machen lassen. Fotos aus Zeitschriften sind allerdings in Rasterdruck hergestellt. Das Bild ist aus einer großen Menge einzelner Punkte von verschiedener Größe zusammengesetzt, die bei einer starken Vergrößerung deutlich in Erscheinung treten. Das kann je nach Motiv auch seinen Reiz haben. Bei Strichzeichnungen ist diese Gefahr nicht vorhanden.
Das Großfoto muß etwas größer sein als die Platte. Zum Kleben nimmt man weißen Buchbinderkleber (Planatol o. ä.) und bestreicht damit die Platte und die Rückseite der Vergrößerung. Nach kurzer Antrockenzeit – Firmenvorschrift beachten – wird das Foto vorsichtig auf die Platte aufgelegt (ähnlich Furnier S. 142 ff.) und von der Mitte nach den Rändern hin mit einem sauberen Lappen angerieben. Von der Rückseite her wird nun der überstehende Rand mit einem scharfen Messer abgeschnitten. Die Kanten können Sie nun mit Plakatfarbe streichen oder mit einem passenden farbigen Klebestreifen überziehen. Sie können auch Streifen aus Tonpapier oder Buchbinderleinen nehmen.
Man kann Bilder auch ganz ohne Rahmen aufhängen: Legen Sie das Bild zwischen zwei Glasscheiben und befestigen Sie diese mit Spiegelklammern, die Sie überall bekommen, so an der Wand, wie auch Ihr Waschtischspiegel befestigt ist.

Paravent

Ähnlich wie die festen Raumteiler dienen Paravents zum Unterteilen großer Räume oder zum Abschirmen einzelner Möbelgruppen. Sie bestehen meist aus mehreren Rahmen oder Platten, die zusammenlegbar und transportabel sind. Hier ein dreiteiliger Wandschirm mit durchscheinender Kunststoff-Folie.

Material (für einen Rahmen)

2 Leisten 30 × 20 mm, 175 cm lang
2 Leisten 30 × 20 mm, 50 cm lang
8 Rundstäbe 10 mm ⌀, 56 cm lang
2 Nagelleisten 10 × 20 mm, 54 cm lang
8 Dübel 5 mm ⌀, 2 cm lang
20 Nägel 3 cm lang
1 transparente Plastikfolie 180 × 55 cm.
Wollen Sie einen dreiteiligen Wandschirm bauen; dann benötigen Sie dieses Material 3mal; außerdem für die Gelenke im ganzen 12 Leder- oder Kunstlederstreifen 4 × 10 cm und 24 verzinkte Linsenkopfschrauben mit gewölbten Unterlagscheiben.

Rahmen für Paravent

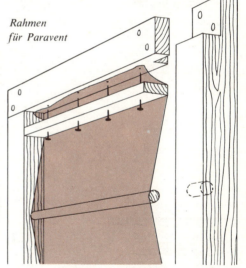

Verbindungslaschen

Arbeitsgang 1. Alle Leisten genau auf Länge schneiden.
2. Die Ecküberplattung anreißen und ausarbeiten.
3. Die Löcher für die Rundstäbe anreißen und 12 mm tief einbohren.
4. Zusammenleimen der Eckverbindungen, gleichzeitig Einsetzen der Rundstäbe. Verbindungsstellen mit Schraubzwingen pressen. Auf den rechten Winkel achten!

Holzarbeiten

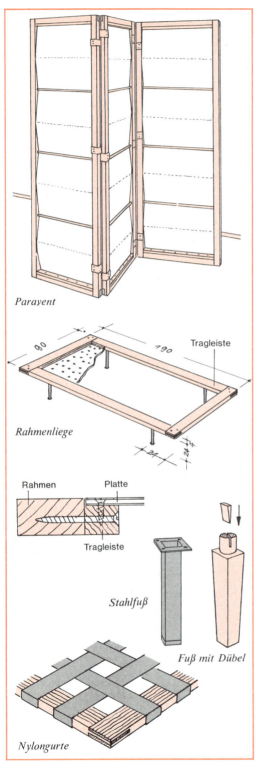

Parayent

Rahmenliege

Stahlfuß

Fuß mit Dübel

Nylongurte

5. Rahmen versäubern, Kanten brechen und schleifen.
6. Rahmen mattieren oder streichen.
7. Die Folie mit der Nagelleiste innen in den Rahmen einnageln und dann im Zick-Zack durch die Rundstäbe ziehen, spannen und auf der Gegenseite mit der anderen Nagelleiste annageln.
8. Die fertigen Rahmen werden durch die Lederstreifen miteinander verbunden.

Rahmenliege

Diese Liege ist besonders geeignet zum Auflegen von Schaumgummimatratzen und nicht sehr schwierig herzustellen.

Materialbedarf

2 Rahmenschenkel 190 × 12 × 4 cm
2 Rahmenschenkel 90 × 12 × 4 cm
2 Tragleisten 166 × 3 × 3 cm
2 Tragleisten 60 × 3 × 3 cm
4 Füße (Hartholz) 26 × 5 × 5 cm
4 Hartholzdübel 2,5 cm ⌀, 8 cm lang
1 Sperrholzplatte 4–5 mm stark, 66 × 166 cm.

Arbeitsgang 1. Alle Hölzer anreißen.
2. Ungefähr auf Länge schneiden.
3. Paarweise genau auf Maß hobeln und zeichnen.
4. Schlitze und Zapfen genau sägen und ausstemmen. Richtig am Riß sägen (S. 111).
5. Sperrholzplatte anreißen, genau zuschneiden.
6. Rahmen zusammenpassen und genau rechtwinklig leimen. Dazu kann man gut die zugeschnittene Platte benutzen. Jede Ecke von beiden Seiten verschrauben. Nach dem Trocknen die Ecken bearbeiten und versäubern.
7. Füße auf Länge schneiden, mit Hobel oder Raspel Schräge anarbeiten und Dübellöcher 25 mm ⌀ ausbohren. Dübel einleimen.
8. Im Rahmen Dübellöcher anreißen und ausbohren.
9. Die Tragleisten von innen so in den Rahmen schrauben, daß die Sperrholzplatte mit der Rahmenoberkante bündig liegt.
10. Die Platte mit Luftlöchern versehen. Entweder alle 15 cm mit dem Schlangenbohrer Löcher von 20 mm ⌀ bohren, oder alle 6 cm mit dem Spiralbohrer ein Loch von 5 mm ⌀. Dann die Platte mit den Tragleisten verschrauben.
11. Die Dübel an den Füßen oben schlitzen, dann im Rahmen verleimen, von oben verkeilen (auch mit Leim), und nach dem Trocknen die Dübel eben bearbeiten.
12. Oberflächenbehandlung nach Wunsch.

Statt der Sperrholzplatte können Sie auch eine fertig gelochte Platte kaufen. Sollte die Matratze nicht fest liegen, dann versehen Sie den Rahmen noch mit einer nach oben ca. 3 bis 5 cm überstehenden Leiste. Statt der Holzfüße sind auch Stahlfüße möglich, die Sie im Eisenwarengeschäft kaufen.

Einbauschrank in Dachschräge

Durch den Einbau eines Schrankes in die Dachschräge gewinnen Sie Schrankraum an einer Stelle, wo Sie sonst kaum einen normalen Schrank hinstellen können. In den meisten Fällen brauchen wir nur Vorderseite mit Türen, Boden und Zwischenbretter; Rückwand und Seitenwände sind durch die Wand gegeben. Bauen Sie einen Rahmen für die Vorderseite und setzen in diesen Rahmen die Türen ein (S. 150). Brauchen Sie eine Seitenwand, dann wird auch hierfür ein Rahmen gebaut, der mit einer Hartfaserplatte geschlossen wird, oder Sie passen eine 19 mm starke Spanplatte als Seitenwand ein. Rahmenhölzer ungefähr 3×6 cm stark, fertig gehobelt.

Kasperltheater

Die Zeichnung zeigt alles Nötige. Vorn ist der Bühnenrahmen, der natürlich einen Vorhang zum Ziehen und oben auch eine Beleuchtung haben sollte. Seitlich ist je ein Stützrahmen mit Scharnieren am Bühnenrahmen befestigt. Zur Aussteifung beim Aufstellen und zum Aufstützen ein Querbrett, mit Zapfen eingesetzt.

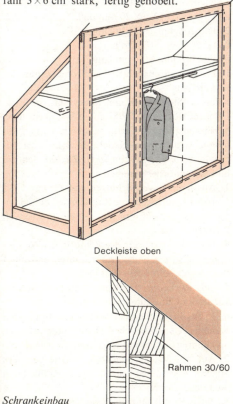

Schrankeinbau unter Dachschräge

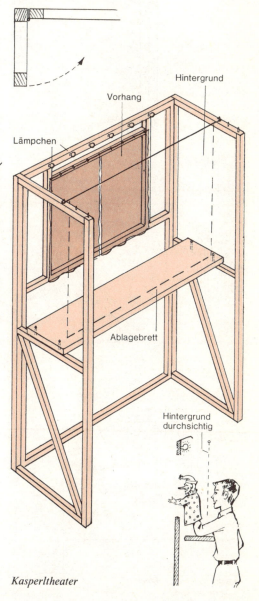

Kasperltheater

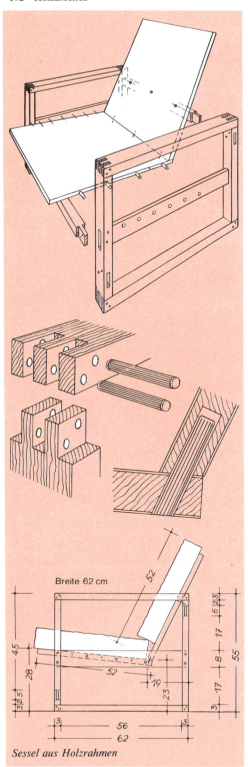

Sessel aus Holzrahmen

Sessel aus Holzrahmen

Dieser Sessel mit eingelegten Schaumstoffkissen (S. 80) ist in der Höhe für einen Couchtisch gedacht. Wenn Sie ihn für einen höheren Tisch gebrauchen wollen, sollten Sie die Maße nicht willkürlich verändern. Bei einem bequemen Sitzmöbel müssen alle Maße in einem bestimmten Verhältnis zueinander stehen. Nehmen Sie dann die Maße eines Sessels, der Ihnen für Ihren Zweck richtig und bequem erscheint, und übertragen Sie diese auf die hier verwendete Konstruktion.

Zwischen zwei durch Querleisten verbundene Holzrahmen sind Sitz- und Rückenbrett eingesetzt. Alle Verbindungen sind zusätzlich durchgedübelt. Eine einfache Arbeit für Besitzer einer elektrischen Bohrmaschine.

Material

4 senkrechte Leisten 30 × 50 mm, 55 cm lang
4 waagerechte Leisten 30 × 50 mm, 62 cm lang
2 Querleisten 30 × 50 mm, 62 cm lang
2 Seitenbretter 20 × 80 mm, 62 cm lang
2 Platten 52 × 52 cm, 20 mm dick
26 Dübel 6 mm ⌀, 5 cm lang
8 Dübel 6 mm ⌀, 3 cm lang
8 Dübel 10 mm ⌀, 6 cm lang
10 Linsenkopfschrauben, verchromt 4 mm ⌀, 5 cm lang
1 Polster (Sitz) 55 × 52 cm, 10 cm dick
1 Polster (Rücken) 45 × 52 cm, 8 bis 10 cm dick

Arbeitsgang 1. Fertig gehobelte Leisten aus möglichst astreinem Nadel-, Buchen- oder Eichenholz auf Länge schneiden; Zapfen, Schlitze und Stemmlöcher anreißen.

2. Ausstemmen von Schlitzen und Zapfen.

3. Unter Leimzugabe die Rahmen und die Seitenbretter zusammenfügen und mit entsprechenden Zulagen pressen.

4. Nach dem Erhärten des Leims in den Verbindungsstellen die Dübellöcher bohren und unter Leimzugabe verdübeln (S. 131).

5. Das Rückenbrett entsprechend dem Sitzwinkel an der Unterseite anschrägen.

6. In das Sitzbrett und in das Rückenbrett an den Kanten die erforderlichen Dübellöcher anreißen und bohren (vorher mit Nägeln zusammenheften)

7. Auf den Seitenbrettern die genaue Lage des Sitzbrettes samt den Dübellöchern anreißen und die Löcher bohren.

8. Sitzbrett mit Dübeln sowie die vordere und hintere Querleiste mit ihren Zapfen einleimen.

9. Den anderen Rahmen dagegenleimen und das Ganze entsprechend verspannen. Achten Sie darauf, daß das ganze Gefüge winkelrecht ist.
10. Nach dem Festwerden des Leims die Verbindungsstellen der Querleisten bohren und dübeln.
11. Das Rückenbrett in das Sitzbrett eindübeln.
12. Das Sitzbrett von außen mit den Seitenbrettern verschrauben.
13. Am Rückenbrett die Schraubenlöcher sauber anreißen und dann mit der hinteren Querleiste verschrauben.
14. Mit Hobel und Schleifpapier alle Flächen und Dübel versäubern und die Kanten brechen.
15. Einlassen mit Mattierung (S. 141).
16. Kissen anfertigen und einlegen (S. 82).
Die Platten müssen vor dem Verarbeiten ein Kantenfurnier erhalten (S. 143) oder vor dem Zusammenbau gestrichen und an den Kanten verspachtelt werden.

Sessel mit Metallrahmen

Dieser Sessel ist ganz ähnlich konstruiert wie der Holzrahmensessel. Hier bauen Sie das ganze Gestell aus Metall. Dafür gibt es Vierkantrohre aus Aluminium mit entsprechenden Verbindungsstücken zu kaufen. Durch Schläge mit dem Gummihammer werden die Zapfen der Verbindungsstücke in die zugeschnittenen Rohrstücke eingetrieben. Die Verbindung ist einfach und stabil. Das Sitzbrett wird durch kleine Schraubenbolzen mit dem Rahmen verschraubt, in den vorher die entsprechenden Löcher gebohrt wurden. Das Rückenbrett wird in das Sitzbrett eingedübelt und mit dem rückwärtigen Querstab verschraubt. Mutter nach innen und in der Platte versenken.

Sessel aus Massivholz

Für diesen Sessel eignet sich massives Nadelholz (Fichte, Lärche) besonders gut. Sitz und Rücken aus Massivbrettern sind mit je zwei schräggeschnittenen Seitenbrettern verschraubt, die gleichzeitig auch die Füße bilden. Rücken- und Sitzteil werden an jeder Seite mit zwei Schraubenbolzen verbunden. Sie können diesen Sessel auch als Klappsitz ausbilden. Dann wird auf jeder Seite nur ein Schraubenbolzen als Drehlager eingebaut. Dabei nicht nur unter die Mutter und den Schraubenkopf eine Unterlagsscheibe einlegen, sondern auch in die Mitte zwischen die Seitenbretter. Kontermutter nicht vergessen!

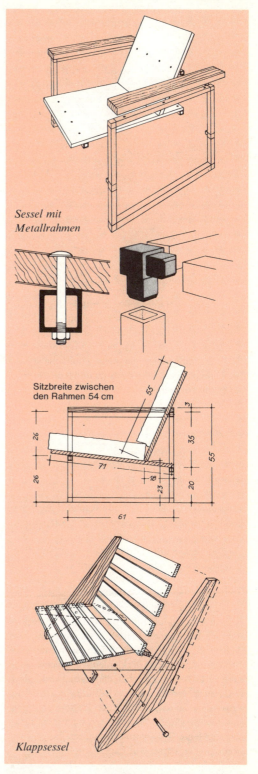

Sessel mit Metallrahmen

Klappsessel

174 Holzarbeiten

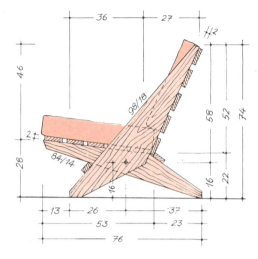

Den genauen Drehpunkt ermitteln Sie durch Probieren mit zwei Pappschablonen in natürlicher Größe und einem Nagel. Im aufgeklappten Zustand muß der Sitzwinkel genau stimmen. Beim Zusammenklappen müssen die Teile genau ineinander liegen. Lage der Sitz- und Rückenbretter genau bestimmen!

Wandtäfelung

Grundsätze 1. Als Verkleidungsmaterial eignen sich Naturholzbretter, Span- oder Sperrplatten, Hartfaserplatten, Gipskartonplatten usw.
2. Die Verkleidung kommt niemals unmittelbar auf Mauerwerk oder Putz. Sie wird auf 2 bis 3 cm starken Latten befestigt, die ausgerichtet und unterfüttert eine ebene Arbeitsfläche bilden. Die Latten werden auf Dübeln mit der Wand verschraubt. Abstand von Latte zu Latte höchstens 60 cm; bei dünnen Platten (4–6 mm) nur die Hälfte. Das genaue Maß richtet sich nach den Abmessungen der zu verkleidenden Fläche.
3. Der Luftraum zwischen den Latten verhindert ein Feuchtwerden der Verkleidung. Ist die Wand besonders feucht, werden die Plattenrückseiten mit Ölanstrich (S. 44) versehen oder durch dahintergelegte Bitumenpappe isoliert. Bei starker Feuchtigkeit besser den Fachmann holen!
4. Um die Isolation gegen Schall und Kälte zu verbessern, kann man Matten aus Glaswolle oder Steinwolle hinter die Täfelung legen.
5. Nach dem Bostik-Pad-Verfahren können Sie ohne Unterlattung Platten und Bretter direkt mit der Wand verkleben. Auch auf Klinker- und rohen Betonwänden ist dies möglich, wenn die Wand trocken ist.
Arbeitsgang: a) Die horizontalen Klebestreifen, ca. 60 cm Abstand, auf der Rückseite der Verkleidung anreißen. So genau wie möglich auf die Wand übertragen.
b) Die Rückseite der Verkleidung und die Wand entlang der angezeichneten Linie ca. 2 bis 3 cm breit mit Spezialkleber einstreichen.
c) In den Kleber auf der Rückseite der Verkleidung werden kleine Schaumstoffplättchen gedrückt und nochmals mit Kleber überstrichen.
d) Nach ca. 20 bis 30 Minuten Wartezeit werden die Verkleidungsbretter auf der Sockelleiste ausgerichtet und fest angedrückt.
6. Die Oberfläche der Platten kann man lasieren (S. 47), lackieren (S. 141) oder auch mit Stoff oder Folie bespannen (S. 495 ff.). An Ort und Stelle mit einem Probestück ausprobieren. Die Oberflächenbehandlung wird am besten vorgenommen nach dem Zuschneiden und Anpassen der Platten, aber vor dem endgültigen Befestigen.
7. Die Stöße zwischen den Platten kann man auf verschiedene Weise behandeln: siehe Zeichnungen. Wenn Sie breite, sichtbare Fugen zwischen den Platten wünschen, müssen Sie als Unterlattung gehobeltes Material verwenden und die Plattenkanten sowie die sichtbaren Flächen der Lattung vor der Montage bearbeiten.

Wandtäfelung

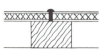

Dekorativer Zwischenraum, Plattenkanten abgeschrägt und furniert oder deckend gestrichen

Plastik-Keder (Wulststreifen) in der Fuge

Dehnungsfuge durch Profilleiste abgedeckt

Wandtäfelung

Senkrechte Verbretterung Die notwendige Unterlattung wird waagerecht angebracht. Die unterste Latte bleibt als Fußsockel sichtbar und soll deshalb gehobelt sein, wenn Sie dort nicht einen Sperrholzstreifen als Sockel einpassen wollen. Die hier gezeigte Verbretterung besteht aus genuteten Brettern, die in den Nuten eine unsichtbare Nagelung erlauben. Mit Versenker arbeiten. Die Bretter kaufen Sie fertig vorgerichtet. Dann genau auf Länge zuschneiden. Die Lage der Bretter überprüfen Sie mit der Wasserwaage, denn die Anschlußkanten sind nicht immer senkrecht.
Eine gute unsichtbare Befestigung ist auch mit Vilinhaken möglich. Die sichtbaren Brettkanten werden nicht mehr beschädigt, was beim Nageln in den Falz leicht vorkommt.
Als Material dienen ausgesuchte Fichtenbretter, Kiefer, Pitch- oder Redpine, Oregon usw.

Waagerechte Verbretterung Hier wird die Unterlattung senkrecht angebracht mit einer Abschlußlatte oben und unten. Wenn die Wand länger ist als die Bretter, müssen Sie die Bretter stoßen. Achten Sie auf eine gute Verteilung der Stöße wegen des harmonischen Aussehens und im Hinblick auf den günstigsten Verschnitt.

Schallschluckende Verbretterung Hier arbeitet man mit ungenuteten Brettern, die mit Abständen von etwa 1 cm verlegt werden. Abstandsklötzchen erleichtern die Arbeit. Da die Nägel oder Schrauben sichtbar bleiben, müssen sie sorgfältig vorher angerissen werden. Zwischen die Unterlattung nagelt man Platten aus Stein- oder Glaswolle. Dieses leicht fasernde Material muß mit einem leicht durchlässigen dunklen Nessel überspannt werden.
Die gleichen schallschluckenden Wirkungen erzielt man mit gelochten oder geschlitzten Platten (Hartfaser oder Gipskarton). Diese Platten schlucken selbst nicht, sondern bringen durch ihre Löcher das dahinterliegende Schluckmaterial zur Wirkung. Je zahlreicher und je größer die Löcher sind, desto besser.

Verkleidung eines Dachraumes Diese Arbeit ist verhältnismäßig einfach, weil mit den Holzsparren schon eine Unterkonstruktion zur Verfügung steht. Sind diese allerdings nicht genau in Flucht, muß man mit einer Auflattung und Zulagen ausgleichen. Zwischen die Sparren bringt man eine Wärmeisolierung, gehalten von seitlich angenagelten Latten. Hier ist eine Verbretterung ge-

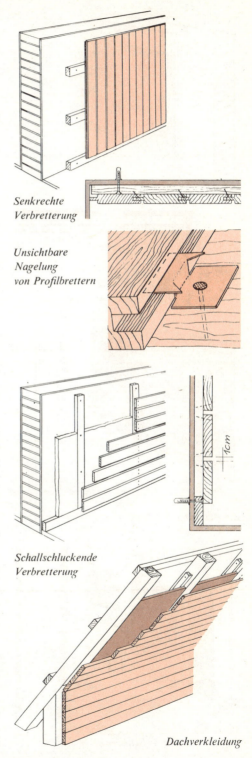

Senkrechte Verbretterung

Unsichtbare Nagelung von Profilbrettern

Schallschluckende Verbretterung

Dachverkleidung

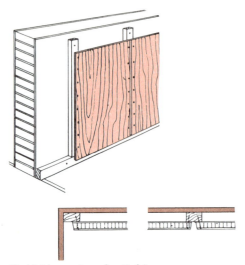

Verkleidung mit großen Tafeln

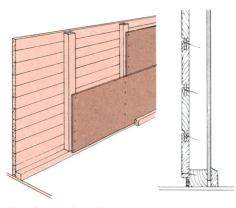

Zwischenwand mit Traggerüst

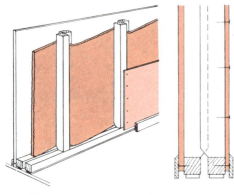

Schallhemmende Zwischenwand

zeigt. Jede andere Art der Verkleidung ist auch möglich.

Verkleidung mit großen Tafeln Unterkonstruktion wie vorher besprochen. Material 8–10 mm starke Span- oder Sperrholzplatten. Ist die Breite der Tafeln größer als 80 cm, eine Zwischenlatte einbauen.

Wenn Sie die Platten bespannen wollen, dann vor dem Anbringen. Stoff oder Folie um die Kanten ziehen und rückseitig mit Tapezierstiften nageln. Bei Stoff können Sie die Platten mit Stauchkopfstiften (S. 120) bei vorsichtiger Arbeit eventuell unsichtbar aufnageln. Bei Folie bleibt die Nagelung sichtbar (Zierkopfnägel verwenden!).

Täfelung mit kleinen Feldern Bei dieser Arbeit müssen die waagerechten und senkrechten Latten entsprechend den Stößen angeordnet werden, so daß entlang der Plattenzwischenräume genagelt werden kann. Hierbei können dünne Platten (4–6 mm) verwendet werden.

Zwischenwand Hier wird ein Rahmengestell als Traggerüst eingebaut (Beinageln S. 122). Die Verkleidung ist beliebig. Im gezeigten Beispiel ist die eine Seite verbrettert, die andere mit Gipskartonplatten verkleidet. Diese Wand ist hellhörig. Eine schallschluckende Einlage, in die Wand geklebt oder genagelt, ergibt eine gewisse Verbesserung.

Schalldämmung Diese Verkleidung dient dem Schallschutz gegenüber benachbarten Räumen. Die Unterkonstruktion wird hier ähnlich der Zwischenwand als freistehender Rahmen ausgebildet, der mit der Wand möglichst kaum Verbindung haben soll. Die Wand sowie Boden-, Decken- und Seitenanschlüsse werden zuerst mit Platten aus Glas- oder Steinwolle belegt. Dann den Rahmen einpassen. Er ist wegen der Isolierung in Höhe und Breite etwa 2–3 cm kleiner als die Wand. Befestigung nur mit wenigen Nägeln oder Schrauben, möglichst seitlich. Jede Befestigung überträgt Schall! Verkleidung mit Gipskartonplatten ungelocht (S. 177).

Schallhemmende Zwischenwand Die Schallhemmung wird dadurch erreicht, daß man zwei vollständig getrennte Wände nebeneinander aufstellt. Sie dürfen miteinander keine Verbindung haben. Einbau ähnlich wie bei einer schallhemmenden Verkleidung. Um Wandstärke zu sparen, sind die wenig belasteten Schwellen schmal gehalten. Die breiteren Tragstützen sind oben und unten angeschrägt, damit sie die zweite Schwelle nicht berühren – wie in der Zeichnung zu erkennen. Die

Verkleidung auf beiden Seiten muß verschieden stark sein.
Gipskartonplatten Diese Platten bestehen aus Gips, der auf beiden Seiten mit Karton überzogen ist. Sie können gesägt, gebohrt, geschraubt und genagelt werden (Spezialnägel und -schrauben). Breite 1,25 m; Länge je nach Stärke 2,50 m bis 4,50 m; Stärken 9,5 · 12,5 · 15 · 18 mm. Spannweite der Unterlattung höchstens 62,5 cm, Nagelabstand höchstens 15–20 cm. Die Längskanten sind mit Karton ummantelt und leicht abgefast, die Schmalseiten scharfkantig abgeschnitten.

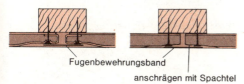

Fugenbespachtelung bei Gipskartonplatten

Die Verspachtelung der Fugen mit einem Spezialmörtel und einem Fugenbewehrungsstreifen ist schwierig und muß genau nach Firmenvorschrift durchgeführt werden. Man kann die Platten aber auch, wenn man die Kanten versäubert hat, mit Stoßfugen von einigen Millimetern verlegen (Plättchen in der Fugenstärke dazwischenlegen) oder Deckleisten verwenden.
Beschichtete Hartfaserplatten Diese mit einem Überzug aus Kunststoff oder Einbrennlack versehenen Platten (»Wirus-Dekor«, »Cato« u. a.), mit und ohne Kacheleinteilung, sind ein preiswerter Ersatz für Fliesenbeläge. In vielen Farben lieferbar. Bearbeitung mit der Feinsäge von der Lackseite her. Man kann die Platten sichtbar verschrauben, sie werden jedoch meistens geklebt; entweder direkt auf die gesäuberte und von Farbresten gereinigte Wand oder auf einen Rost von 30 cm Lattenabstand.
Der Kleber wird nach Firmenvorschrift zuerst auf Platte und Wand mit dem Kammspachtel aufgetragen. Nach dem üblichen Antrocknen (10 bis 15 Min.) wird die Platte von unten nach oben an die Wand gepreßt und angeklopft.
Die Platten können stumpf gestoßen, die Fugen später mit Farbe angeglichen werden. Für den Abschluß der Platten und die Stöße, vor allen Dingen an den Innen- und Außenecken, gibt es Fugenschienen aus Leichtmetall und Kunststoff. Die Leisten werden vorher genau zugeschnitten und auf Gehrung eingepaßt. Als letztes wird das obere Abschlußprofil eingesetzt.

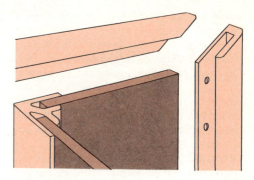

Halteprofile für Schichtplatten

Für die Verkleidung hinter Wasch- oder Spülbekken stellen einige Firmen Platten in verschiedenen Größen her, bei denen die Kanten leicht abgerundet und ebenso überzogen sind wie die Vorderflächen. Diese Platten montiert man am besten an den Ecken mit Linsenkopf- oder Zierschrauben auf Dübeln.
Vor dem Verarbeiten immer die Vorschriften der Herstellerwerke studieren.

Anschluß der Täfelung an Fenster und Türen

Besondere Überlegungen sind notwendig, wenn eine Wandverkleidung an Fenster und Türen angepaßt werden muß.
Anschluß an Fenster Zuerst müssen Sie feststellen, ob der in der Zeichnung sichtbare »Abstand a« groß genug ist, d. h. ob vollständiges Öffnen des Fensters noch möglich bleibt, wenn die seitliche Wand der Fensternische (Laibung) verkleidet wird. Ist er nicht ausreichend (Fall A der Zeichnung), lassen Sie die Verkleidung wie dort gezeigt abschließen. Ist der Abstand a groß

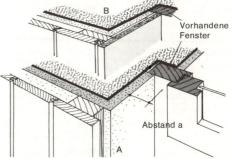

Anschluß an Fenster bei senkrechter Verbretterung. Fall A: Abstand a klein. Fall B: Abstand ausreichend für Verkleiden der Fensternische

genug, können Sie die Fensternische ringsum mit einer Spanplatte auskleiden (Fall B der Zeichnung), die eine Oberflächenbehandlung passend zur übrigen Täfelung erhält.

Die zweite Zeichnung zeigt die waagrechte Verbretterung, wobei vorausgesetzt ist, daß der Abstand a eine Verkleidung der Fensternische zuläßt. Fall C: Die Stirnseiten der Wandbretter bleiben sichtbar. Fall D: Sie sind durch eine zusätzliche Eckleiste abgedeckt.

Türanschluß Hier macht es einen wesentlichen Unterschied, ob die Wandverkleidung auf der Türseite liegt (Fälle A und C) oder auf der Gegenseite (Fälle B und D).

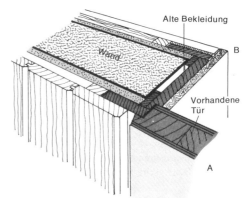

Türanschluß Wandverbretterung

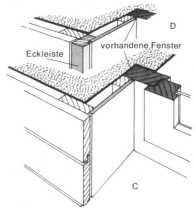

Anschluß an Fenster bei waagrechter Verbretterung

Auf der Türseite kann man entweder das Türblatt unverändert lassen (A, mit senkrechter Verbretterung), dann liegt die Oberfläche der Täfelung in einer Ebene mit dem Türblatt – oder man kann die Tür verkleiden (B, mit waagrechter Verbretterung), dann sollte die Täfelung durch geeignetes Unterfüttern auf eine Flucht mit der verkleideten Türoberfläche gebracht werden.

Auf der Gegenseite kann man die Verbretterung entweder mit der alten Türbekleidung abschließen lassen (D) oder die Innenwand der Türnische mitverkleiden (B).

Auf zwei Dinge ist bei senkrechter Verbretterung außerdem zu achten: 1. Beim letzten Brett an der Tür- oder Fensteröffnung Nut oder Feder wegschneiden. 2. Schmale Restbretter, die sich ergeben, wenn die Wandbreite sich nicht glatt durch die Brettbreite dividieren läßt, verwenden Sie nicht an Tür oder Fenster, sondern lieber in der Raumecke.

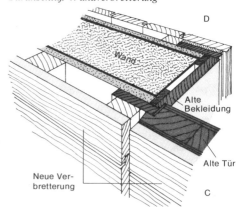

Türanschluß einer waagerechten Wandverbretterung. Fall C: Türseite, Türblatt mitverkleidet, Wandbretter in einer Flucht. Fall D: Gegenseite, Verbretterung schließt an der Türnische ab.

Einbau eines Zwischenbodens

Wie bereits auf S. 19 angedeutet, tut es hohen, schmalen Räumen oder Gängen gut, wenn man sie durch Einbau einer Zwischendecke etwas niedriger macht. Gleichzeitig ergibt sich so ein willkommener Abstellplatz. Die Stärke der Konstruktion richtet sich nach der Breite des Raumes und der gewünschten Belastung. Es empfiehlt sich, Kanthölzer 40×60 mm zu nehmen. Der Abstand der Querlatten sollte ungefähr 60 cm betragen. Der genaue Abstand richtet sich nach der Länge der Konstruktion und auch nach der Plattengröße der vorgesehenen Abdeckung.

Arbeitsgang 1. Anreißen und Ablängen der Holzteile.

2. Anreißen und Ausklinken (S. 110 f.) der Längshölzer an den Ansatzstellen der Querhölzer.

3. Schraubenlöcher zur Wandbefestigung in den Längshölzern anreißen und bohren.

Wandtäfelung · Zwischenboden

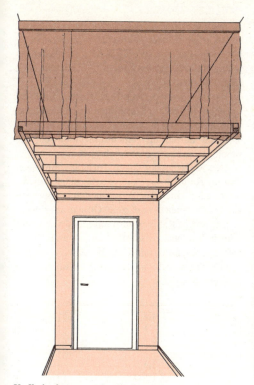

Kofferboden unter der Decke

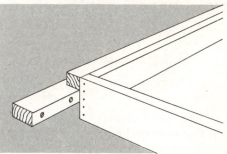

Aufgelegte Rahmendecke

9. Die Unterseite können Sie nun ebenfalls mit Hartfaserplatten verkleiden und dann streichen oder tapezieren. Die Stöße müssen vorher mit Nesselstreifen überklebt werden (S. 81).
Sie können jedoch auch die Unterkonstruktion sichtbar lassen. Dann müssen die Kanthölzer gehobelt sein, und die Arbeit sollte sehr genau ausgeführt werden. Die Deckentafeln und die Leisten können Sie verschiedenfarbig streichen. Als vorderer Abschluß dient ein Vorhang, der an der Decke montiert wird (S. 76f.).
Nach dem gleichen Prinzip können Sie verschiedenartige Zwischendecken bauen. Zum Beispiel:
1. Begehbare Balkone, wenn der Raum sehr

4. Höhe des Einbaues an der Wand anreißen. Messen Sie nur einmal vom Fußboden und dann mit der Wasserwaage entlang der Wand, denn der Fußboden ist nicht immer eben.
5. Zeichnen Sie durch die Schraubenlöcher der Längshölzer die Punkte an der Wand an. An diesen Stellen Dübel einsetzen.
6. Längshölzer anschrauben.
7. Anreißen, Ausklinken und Einpassen der Querhölzer. Die Querhölzer werden von oben an die Längshölzer genagelt.
8. Von oben nun eine Bodenplatte aus 4-mm-Hartfaserplatte aufnageln.

hoch ist. Vielleicht sogar einen Schlafbalkon mit Steigleiter! Die Holzdimensionen müssen entsprechend gewählt werden:
Wandbohlen: 10 × 6 cm, Querbalken 12 × 6 cm
Abstand der Querbalken etwa 60 cm.
2. Transparente (mit Stoff oder Kunststoffolie bespannte) Rahmen, die von oben beleuchtet werden können. Leichte Kontruktion! Eventuell frei aufgelegt (siehe Abbildung), damit die Lichtquelle zugänglich bleibt.

Türe für den Kofferboden

Material Rahmenhölzer 30 × 80 mm
2 Türflächen aus Sperrholz 10–15 mm stark je nach Größe
Anschlagleiste 30 × 16 mm
2 Klavierbänder oder 4 Scharnierbänder
1 verkröpfter Riegel, 1 Schnapper, 1 Türknopf, Deckleisten 15 × 15 mm
Arbeitsgang 1. Die gehobelten und gerichteten Rahmenhölzer werden angerissen und an den Ekken überplattet oder mit Schlitz-Zapfenverbindung zu einem Rahmen zusammengefügt und verleimt.

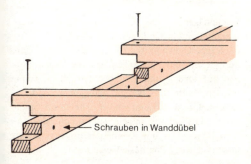

Schrauben in Wanddübel

Holzarbeiten

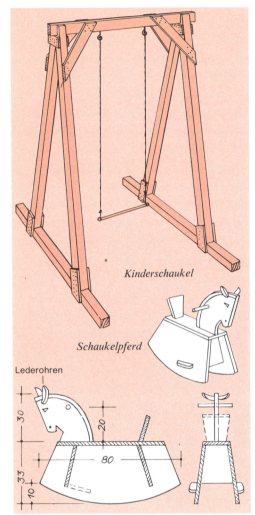

Kinderschaukel

Schaukelpferd

Lederohren

Gedrechselte Leuchter Der dreiteilige Leuchter wird aus Edelholz gedreht. Die Figur ist bunt bemalt. Arme und Kerzenhalter werden gesondert gedreht und eingeleimt.

2. Die Türblätter werden so groß hergestellt, daß sie in der Mitte etwa 1–2 mm Luft gegeneinander haben und rundum so viel größer sind, als der Beschlag breit ist. Kanten hobeln (Türanschlag nach Detail D, S. 162).
3. Zuschneiden der Deckleiste. Kanten brechen. Leiste an die rechte Türhälfte anleimen und nageln, so daß noch die Hälfte der Breite übersteht.
4. Beide Türhälften gemeinsam einpassen, die Beschläge anreißen und anschrauben.
5. Den Riegel an der linken Türhälfte anbringen und im Rahmen die Aussparung einstemmen.
6. An der rechten Türhälfte einen Schnäpper sowie außen einen Knopf zum Öffnen anbringen.
7. Der fertige Rahmen wird mit Steinhaken oder Dübelschrauben zwischen Wänden und Decke befestigt und unten am Kofferboden verschraubt.
8. Oberflächenbehandlung nach Wunsch und Können (S. 137 f.).

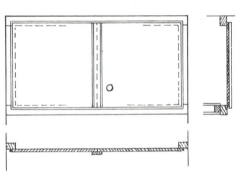

Tür des Kofferbodens

Riegel und Rahmenaussparung

Spielzeug und Kleingeräte

Schaukelgerüst Das Gerüst für Ihre Kinderschaukel im Garten können Sie aus Kanthölzern 6×6 cm, Querholz 6×10 cm, nach der Zeichnung leicht selbst herstellen. Da alle Verbindungen auf Druck und Zug beansprucht werden, müssen die Brettlaschen gut genagelt werden.

Schaukelpferd Ein einfach herzustellendes Spielzeug! Man kann es nageln, schrauben oder dübeln, je nach Lust und Können. Beim Anstreichen lassen Sie Ihrer Phantasie freien Lauf.

Vorhangblende mit indirekter Beleuchtung Die Blende sollte über die ganze Wand geführt werden, auch wenn das Fenster schmaler ist. Das waagerechte Brett wird mit handelsüblichen Winkeleisen in die Wand gedübelt. Die Vorderblende schrauben Sie gegen dieses Vorhangbrett. Wollen Sie die Blende furnieren, müssen Sie beide Teile unsichtbar zusammendübeln (s. S. 130).

Modelleisenbahnanlage, klappbar In einer normalen Wohnung ist die Unterbringung einer Modelleisenbahn immer schwierig, besonders wenn sie durch liebevoll konstruiertes Gelände und umfangreiche elektrische Einrichtungen sperrig und empfindlich geworden ist. Hier der Vorschlag, sie wie ein Klappbett einzubauen. Selbstverständlich können Sie die Maße der Zeichnung abwandeln, aber denken Sie daran, daß zwischen der Lage des Drehpunktes, der Plattenhöhe im abgeklappten Zustand und zwischen der Tiefe des Schrankumbaus Zusammenhänge bestehen. Vielleicht tut es auch ein handelsübliches Klappbett? Bei der hier vorgeschlagenen Bank können Sie Aufbauten bis zu 30 cm Höhe unterbringen.
Noch ein Wort zur Plattenkonstruktion:
Als Oberplatte nehmen wir eine 16 mm starke Tischlerplatte. Da wir viel schrauben und bohren müssen, ist eine Spanplatte nicht so gut geeignet. Diese Platte wird mit dem 10 cm hohen Rahmen verschraubt und verleimt. Da die Unterstützungspunkte weit auseinanderliegen, muß die Platte noch durch Diagonalen und Querriegel versteift werden, die alle mit geschraubt und geleimt werden müssen. An der Unterseite bringen wir mit Rampaschrauben (S. 135) eine Platte an, die unsere Elektroinstallation schützt.

Fütterungskasten für Hühner Ein sparsames Gerät, das Ihr Hühnerfutter trocken hält, können Sie nach dieser Zeichnung herstellen. Der aufklappbare Deckel wird mit Dachpappe abgedeckt.

Vogelhäuschen

Wenn Sie nicht die Enttäuschung erleben wollen, daß das liebevoll gezimmerte Häuschen leer bleibt, müssen Sie sich die Erfahrungen der Vogelkenner zunutze machen und es auf die Lebensgewohnheiten der Vogelart zuschneiden, die darin nisten soll. Die Maße, insbesondere auch der Durchmesser des Fluglochs, müssen eingehalten werden.

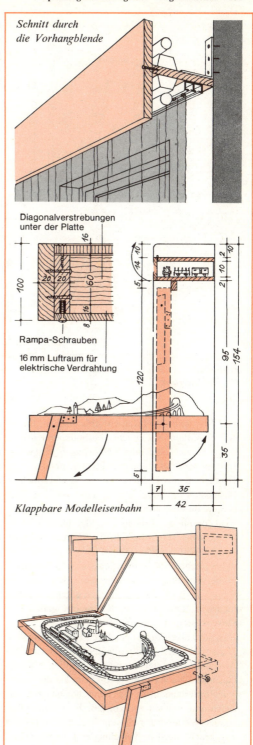

Schnitt durch die Vorhangblende

Klappbare Modelleisenbahn

182 Holzarbeiten

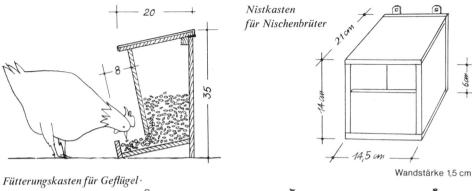

Fütterungskasten für Geflügel

Nistkasten für Nischenbrüter

Nistkasten für Höhlenbrüter

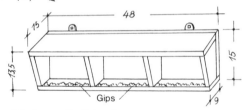

Nistkasten für Schwalben

Innenmaß 16 × 16 cm

Futterkasten für Meisen

Für Nischenbrüter (Hausrotschwänzchen, Bachstelze) genügt ein einfacher halboffener Kasten, der an Hauswänden oder Ställen angebracht wird. In der Farbe des Untergrundes streichen. Höhlenbrüter wie Meisen oder Stare brauchen Nistkästen mit Fluglöchern; dabei ist darauf zu achten, daß die Vorderseite klappbar konstruiert wird, damit der Kasten gereinigt werden kann (August bis September). Keine Sitzstange! Stare und Meisen brauchen keine. Stare sind gesellig, daher mehrere Kästen beieinander aufhängen; Höhe vom Boden etwa 5 bis 6 m. Meisenkästen 4 bis 5 m hoch hängen; in geschützten Gärten niedriger. Die Maße in Klammern gelten für Starenkästen, die anderen für die Meisen.
Den Schwalben kann man durch Herstellung von Nistgeräten den Nestbau wesentlich erleichtern. Aufhängen an den normalen Nistplätzen unter Gesimsen. Nach Art des Untergrundes streichen.
Vogelfutterhäuschen Das Häuschen ist nach der Zeichnung einfach zu arbeiten. Eventuell sollte an der Wetterseite noch ein Wandstück (Glas) angebracht werden. Verschneites Futter gefriert und wird schlecht. Bei diesem Futterkasten wer-

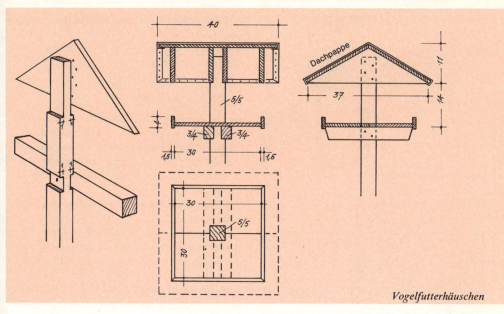

Vogelfutterhäuschen

den Sie allerdings nicht vermeiden können, daß Amseln, Spatzen und sogar Eichhörnchen die schwächeren Vögel wie die Meisen zeitweilig verdrängen. Deshalb hat man spezielle Meisenfutterkästen entwickelt. Aufhängung freischwebend zwischen zwei Bäumen oder an der Hauswand. Deckel abnehmbar. Eine Seitenwand aus Glas. Um die Vögel an den unteren Einflug zu gewöhnen, hängen wir Sonnenblumenkerne oder Walnußschalen mit ungesalzenem Fett in der Einflugöffnung auf. Futterfüllung nur mit Hanf und Sonnenblumenkernen.

Weitere Ideen können Sie an Hand der in den Beispielen vorkommenden Konstruktionsmerkmale in die Tat umsetzen: Sie brauchen ein Schränkchen für Ihre Farbdias, die Hausfrau ein Besenfach an der Abstellkammer-Tür, die Kinder eine Spielzeugkiste; zu Weihnachten soll eine Puppenstube »nach Maß« entstehen; eine alte Spiralfedermatratze würde durch einen Holzumbau zur modernen Liege; ein Klapptischchen auf dem engen Balkon löst das Platzproblem; ein Unterstellhäuschen könnte die Gartenwerkzeuge vor Regen schützen – und so weiter.

9 Was tue ich, wenn ...

... der Hammerstiel zerbrochen ist?

1. Einen neuen Stiel zugerichtet kaufen, der in das Öhr des Hammerkopfes paßt und nicht zu kurz ist: für Schreinerhammer etwa 35 cm.
2. Hammerkopf aufsetzen und einige Male kräftig mit dem hinteren Ende des Stiels auf die Werkbank schlagen, so daß sich der Kopf festzieht. Niemals mit zweitem Hammer auf Stiel oder Kopf schlagen! Zieht sich der Kopf nicht richtig fest, Stiel durch einige Striche mit Hobel oder Feile passend machen.

Nach dieser Probe Hammerkopf wieder entfernen, schrägen Schlitz für Keil einschneiden.
3. Schmalen Keil anfertigen.
4. Hammer zusammensetzen, Kopf festschlagen, Keil mit etwas Leim bestreichen, eintreiben.
5. Etwa über den Hammerkopf vorstehendes Holz mit der Feinsäge absägen.
6. Zum Schluß wird der Stiel mit Zelluloselack (S. 54) eingelassen und mit Stahlwolle abgezogen.

184 Holzarbeiten

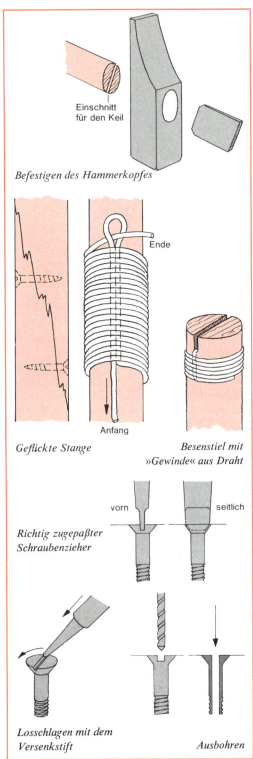

Befestigen des Hammerkopfes
Geflickte Stange
Besenstiel mit »Gewinde« aus Draht
Richtig zugepaßter Schraubenzieher
Losschlagen mit dem Versenkstift
Ausbohren

7. Erst nach mehrmaliger Benutzung entscheiden, ob der Stiel die richtige Länge hat oder noch etwas zu kürzen ist. Gegebenenfalls absägen und das Stielende gut verrunden.

... eine Stange gebrochen ist?

Ist ein Besenstiel zerbrochen, dann kaufen Sie einen neuen. Es gibt aber auch wertvolle Rundstangen. Diese können verleimt werden, wenn es sich um einen langen, gesplitterten Bruch handelt.
1. Bruchstelle unter Druck verleimen (einspannen!).
2. Wenn genug Platz ist, von beiden Seiten versenkt verschrauben.
3. Umwickeln mit dünnem Bindfaden. Den Schnuranfang in einer langen Schlinge so über den Bruch legen und überwickeln, daß auf der einen Seite der Anfang, an der anderen Seite eine Schlaufe hervorsteht. Das Ende des Bindfadens durch die Schlaufe stecken und am Schnuranfang festziehen.
4. Mit Firnis überziehen.

... der Besenstiel locker ist?

Entweder benutzen Sie die käuflichen, aufsetzbaren Gewindehülsen oder Sie machen sich ein Gewinde an den Stiel.
1. Einen schmalen Sägeschnitt quer in das Stielende schneiden.
2. Nehmen Sie einen mittelstarken Draht, ungefähr 30 cm lang. Den Anfang legen Sie in den Schlitz und klopfen das überstehende Ende an den Stiel. Dann den Draht dicht an dicht um den Stiel wickeln.
3. Den Draht festhalten und den Besen wie auf ein Gewinde aufschrauben. Überstehendes Ende abzwicken.

... eine Holzschraube sich nicht lösen will?

1. Über eine gewisse Grenze hinaus nützt bloße Kraftanstrengung nichts, sie würde den Schraubenkopf nur verschinden.
2. Vielleicht kann man der Schraube noch beikommen mit einem Schraubenzieher, der haarscharf in den Schlitz paßt. Eventuell zuschleifen.
3. Erwärmen des Schraubenkopfes mit einem Lötkolben oder einem heißgemachten Eisenstück. Während des Abkühlens läßt er sich vielleicht bewegen, und das ist ein Anfang.

4. Größere Schrauben lassen sich manchmal durch Schlagen mit dem Versenkstift lösen, wie es das Bild zeigt. Das kann sogar noch helfen, wenn die eine Hälfte des Schraubenkopfes bereits abgebrochen ist.

5. Hilft das alles nichts, muß die Schraube ausgebohrt werden: erst einen ganz schwachen Spiralbohrer nehmen, dann einen stärkeren, evtl. einen dritten noch stärkeren – bis man mit einer Spitzzange oder einem feinen hakenförmigen Draht die Reste aus dem Schraubenloch entfernen kann.

6. Bei allen diesen Versuchen darf das umliegende Holz nicht verschunden werden!

7. Schrauben aus Messing, Leichtmetall, überhaupt aus NE-Metallen lieber gleich ausbohren, denn ihr weiches Material setzt dem Bohrer keinen großen Widerstand entgegen, während es den Kopf um so leichter abbrechen läßt. Vgl. S. 320.

... eine Holzschraube von selbst locker wird?

1. Man tropft Klebstoff (Leim oder Alleskleber) in das Schraubenloch und dreht die Schraube wieder ein.

2. Man füllt das Loch mit einem Holzspan aus, den man vorher mit Klebstoff bestrichen hat, und schraubt dann wieder ein.

3. Mutterschrauben, die locker sind, umwickelt man mit etwas Werg, Wolle oder Baumwollfaden und dreht dann die Mutter fest.

... der Tisch oder Stuhl wackelt?

Entweder stehen die Füße nicht gleichmäßig auf – oder der Tisch geht aus dem Leim. Wenn das erste der Fall ist, fragen wir uns:

1. Hat der Tisch die Schuld oder der Fußboden? (Ich spreche im folgenden vom Tisch; für den Stuhl gilt alles in gleicher Weise, überhaupt für jedes Möbel mit 4 Beinen.)

2. Liegt die Schuld nicht beim Fußboden – Tisch auf den Kopf stellen, zwei genau gleich breite Leisten über die Fußpaare legen und darüber visieren, wie es das Bild zeigt, um zu ermitteln, welches von den vier Beinen der Übeltäter ist.

3. Ist ein Bein länger als die anderen drei, muß es verkürzt werden. Um wieviel? Das zeigt die Visierleiste, wie das Bild deutlich macht. Jetzt kommt es aber darauf an, genau anzureißen (mit scharfem Bleistift). Der Vorgang wird über Eck wiederholt, so die zweite Seite angerissen. Nun

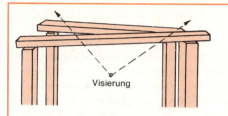

So wird der Übeltäter ermittelt –

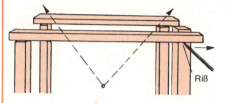

– so das zu kürzende Stück angerissen

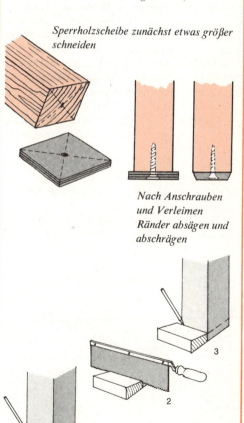

Anreißen der Tischbeine zum Kürzen

genau am Riß absägen. Kanten mit der Feile brechen.
4. Nehmen wir jetzt an, ein Bein sei kürzer als die übrigen drei. Dann haben wir die Wahl, entweder das eine Bein zu verlängern – dann behält der Tisch seine bisherige Höhe – oder die anderen drei zu verkürzen – dann wird der Tisch niedriger. Soll das zu kurze Bein verlängert werden und handelt es sich nur um 1 bis 3 mm, so kann man einfach eine Leder- oder Gummischeibe unternageln, besser noch leimen.
Fehlt mehr, so wird auf die gesäuberte und eben gearbeitete Unterfläche eine Sperrholzscheibe, etwas überstehend, aufgeleimt und verschraubt. Kopf der Schraube versenken! Nach dem Trocknen werden die überstehenden Kanten mit Säge, Stecheisen und Feile beigearbeitet.
5. Wenn die drei Beine auf die Länge des vierten gekürzt werden sollen, stellt man den Tisch auf eine tadellos ebene Unterlage. Dann schiebt man unter den kurzen Fuß einen Keil, bis der Tisch nicht mehr wackelt. Direkt an der Tischbeinkante wird auf dem Keil ein Strich gezogen, und an diesem Riß wird der Keil abgesägt. Mit der an die Tischbeine angelegten Schnittfläche wird die Höhe des abzusägenden Teiles markiert.
6. Dasselbe Verfahren ist anzuwenden, wenn man sich entschließt, ein Möbelstück im ganzen niedriger zu machen.
Wackelt der Tisch oder Stuhl, weil seine Verbindungen nicht mehr fest sind, so müssen wir uns entschließen, ihn neu zu verleimen. Der Arbeitsgang hierbei ist folgender:
1. Die lockeren Verbindungen lösen und alle Flächen vom alten Leim befreien.

2. Neu verleimen und spannen. Wenn Sie keine Spannknechte von der entsprechenden Größe haben, dann nehmen Sie einen kräftigen Strick, den Sie zweimal in Höhe der Verleimung um den Tisch legen und dann durch Verdrehen mit einem eingeschobenen Spannholz immer weiter anspannen. An den Ecken Zulagen unterlegen.
3. Damit die Tischbeine bei dieser Arbeit unten den richtigen Abstand behalten, legen Sie Latten von der genauen Länge dazwischen.
4. Die Ecken können Sie noch durch Zulagen (S. 130) versteifen.

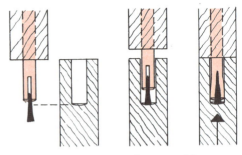

Alte lockere Dübel mit Keilen neu verleimen

5. Handelt es sich um lockere Dübel, so kann man sie durch Einarbeiten von Keilen wieder stramm machen. In den Dübel wird mit der Feinsäge ein Schnitt gemacht, in den ein kleiner Keil so eingesetzt wird, daß Dübel plus Keil etwas länger sind als das Bohrloch tief ist. Beim Eintreiben des Dübels in das Bohrloch wird der Keil in den Schlitz des Dübels gedrückt und treibt diesen auseinander.

... eine furnierte Fläche beschädigt ist?

1. Das Furnier hat sich an einzelnen Stellen gelöst: Schneiden Sie mit einem scharfen Messer das Furnier in der Faserrichtung auf. Mit einem Holzspan bringen Sie nun Leim oder Kleber unter das Furnier und pressen dann mit einem Holzklotz und einer Zwinge oder durch Beschweren die Stelle fest. Anschließend die Oberfläche nacharbeiten.
2. Flecken auf der Oberfläche: Abschleifen (evtl. sogar Abhobeln) der ganzen Oberfläche, bis sie wieder ganz gleichmäßig ist. Dann neue Oberflächenbehandlung (S. 141 f.).
3. Durchgebrannte Stellen oder mechanische Beschädigungen: das Furnier muß ausgeflickt werden. Suchen Sie ein Furnierstück aus dem

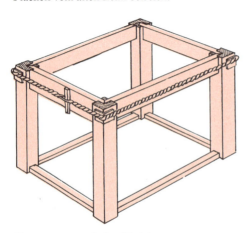

Verspannung nach dem Verleimen

gleichen Holz, das der beschädigten Stelle auch in der Maserung möglichst gleicht. Heften Sie mit einigen Stiften das neue Stück so auf die Fläche, wie die Maserung am besten paßt. Nun schneiden Sie mit einem scharfen Messer das neue und das alte Furnier gleichzeitig aus. Die Form des Einsatzstückes hängt von der Maserung ab. Rechtwinklig ist nicht immer günstig. Innerhalb der Schnittlinie wird das alte Furnier sauber ausgestochen, die Klebefläche gesäubert. Dann das neue Furnier einpassen, die Oberfläche schleifen und das Ersatzstück mit Kleber aufkleben (S.126). Die gesamte Oberfläche muß nun – wie oben Ziff. 2 – eine neue Oberflächenbehandlung erfahren.

4. Druckstellen im Holz können durch mehrfaches Anfeuchten oder in ernsteren Fällen durch Hochdämpfen beseitigt werden. Beim Dämpfen wird ein feuchter Lappen mit einem heißen Bügeleisen oder Lötkolben erhitzt. Vorsicht: nicht aufs Holz geraten, sonst gibt es Brandspuren! Dieses Verfahren ist nur bei rohen Hölzern anzuwenden; behandelte Oberflächen werden durch das Wasser und die Hitze verfärbt.

... Holz an der Wand und in der Ecke schimmelt?

Wenn Holz schimmelt, wirken stets zwei Ursachen zusammen: Feuchtigkeit und fehlende Luftbewegung. Deshalb läßt man beim Aufstellen von Möbeln stets etwas Luft zwischen Wand und Rückwand des Möbelstücks. Im allgemeinen sorgt dafür schon die Fußleiste.

Anders kann es bei Einbaumöbeln, eingebauten Regalen in Küchen, Speisekammer, Keller u. ä. sein. Bildet sich hier Schimmel, so ist die erste Frage: Woher kommt die Nässe? Sie kann z.B. kommen unter Spülbecken und Ausguß von Tropfwasser, in der Nähe einer Wasserleitung von Schwitzwasser, das im Sommer als Tröpfchen außen am Rohr hängt, in der Küche durch Wasserdampf und Kochdunst, die sich an der Wand niederschlagen. Wenn möglich, die Quelle der Feuchtigkeit durch bessere Isolierung beseitigen.

Der zweite Schritt: Dafür sorgen, daß die Luft an der Rückseite vorbeistreichen kann. Fachböden sollen mit der hinteren Kante nicht an der Mauer liegen, sondern durch einen Ausschnitt 2 bis 3 cm Luft erhalten. Noch besser sind Roste aus schmalen Leisten mit entsprechenden Zwischenräumen. Holzteile, die schon Schimmel angenommen hatten, werden vor der Wiederverwendung gründlich trockengelegt und gelüftet. Holzteile für den Keller sind zu imprägnieren. Soll Holz, das Schimmel trug, einen Anstrich erhalten, muß es besonders sorgfältig ausgetrocknet werden.

Bitte beherzigen Sie die Lehre dieses Abschnitts bei jeder Neuanlage. Sorgen Sie insbesondere dafür, daß Hängeschränke, wie man sie jetzt vielfach in Küchen montiert, durch auf der Rückseite angesetzte Klötzchen oder Leisten Abstand von der Mauer erhalten. Im Neubau kann der Wandputz erst etwa nach einem Jahr als »trocken« angesehen werden.

... die Treppe knarrt?

Das Knarren rührt daher, daß durch das Schwinden des Holzes die Verbindungen zwischen der Trittstufe und dem senkrechten Setzholz locker geworden sind, der Tritt nicht mehr voll aufliegt und sich durchbiegen kann. Durch Anbringen eines Zulegeholzes läßt sich da viel erreichen. Ist die Treppe von unten zugänglich, so keilen wir eine Leiste entsprechender Stärke in die Nute der senkrechten Setzstufe. Dann verleimen und verschrauben.

Ist jedoch die Untersicht verputzt, so können wir ein Zulageholz, etwa 30 mal 30 cm stark, vorn unter dem Überstand befestigen (unterkeilen, leimen und schrauben) – oder, was noch besser ist, ein Brett von der Höhe der Stufe genau auf Druck einsetzen. Das Brett muß so sitzen, daß es den Druck voll aufnimmt. Trockenes Holz nehmen.

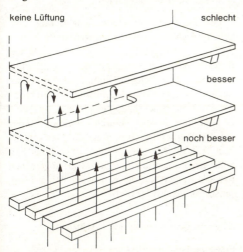

Richtige Belüftung schützt vor Schimmelbildung

188 Holzarbeiten

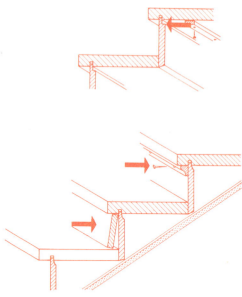

Oben: Zulageholz von unten befestigt · Mitte: von vorn · Unten: Neues Brett unter dem Überstand

... der Handlauf schiefert (splittert)?

Handlauf ist der Teil des Treppengeländers, auf dem die Hand entlanggleitet; und was »schiefern« ist, macht die Zeichnung schnell klar.
Entweder die Schadenstelle ganz heiß wässern, so daß Schiefer und Poren sich aufrichten. Völlig trocknen lassen. Ein darüber gebundener Stoff-Fleck verhindert solange jede Berührung. Mehrmals mit Kunstharzlack einlassen. Ist der Lack ganz fest, wird mit Schleifpapier ausgeebnet und dann noch einmal mit verdünntem Lack und fast trockenem Lappen darüberlackiert. Zum Schluß mit Stahlwolle abziehen (S. 141).

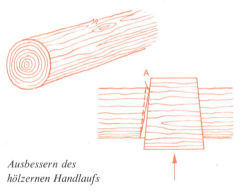

Ausbessern des hölzernen Handlaufs

Oder besser: Die Schadenstelle aussägen und durch ein Flickstück aus möglichst gleichartigem gutem Holz ersetzen. Das Flickklötzchen bekommt eine konische Form. Paßt es nicht genau (im Bild bei A), wird es mit einer Zwinge festgespannt. Dann sägt man mit der Feinsäge noch einmal im Schnitt entlang, so daß das Klötzchen seitlich Luft bekommt und nachgeklopft werden kann, bis es paßt.
Das Klötzchen wird eingeleimt, mit Feinsäge, Hobel und Schleifpapier auf Form und Querschnitt des Handlaufs gebracht und am Schluß lackiert.

... die Zimmertür anstößt?

Um zu verhindern, daß die aufschlagende Tür mit der Klinke gegen die Wand oder ein Möbelstück schlägt, wird sie abgestoppt. Dazu wird ein käuflicher Gummi-Puffer auf den Fußboden geschraubt. Der Stopper sollte so weit wie möglich, mindestens aber um die halbe Türbreite, vom Drehpunkt entfernt sein: die Tür wirkt als Hebel und die Bänder können gelockert werden.
Die Befestigungsschrauben müssen lang und stark genug sein. Für Hartböden (Zementestrich) nimmt man Steinschrauben, die in den Boden einzementiert werden (hierzu S. 231 und S. 334). Neuerdings sind auch magnetische Türstopper auf dem Markt, die zusammen mit einem Metallplättchen am Türblatt die Türe nicht nur stoppen, sondern auch festhalten.

... die Zimmertür Mängel hat?

1. Die Türe schließt nicht mehr richtig: Das Schließblech muß nachgefeilt werden (S. 346).
2. Die Türe hängt schief: Wenn es nicht sehr viel ist, kann man nach Aushängen der Türe die schiefen Dorne durch leichte Hammerschläge wieder richten. Genügt das nicht, müssen die Fischbänder durch einen Schreiner neu eingesetzt werden.
3. Die Türe schleift: Durch Unterlagscheiben auf den Dornen die Türe anheben. Das geht jedoch nur soweit, wie die Türe oben Spiel hat. Sonst muß unten am Türblatt etwas abgeraspelt werden. Immer von der Kante zur Mitte feilen, sonst splittert das Holz ab!

... es zur geschlossenen Tür hereinzieht?

Erste Feststellung: An welcher Stelle zieht es durch? Es gibt da vier Möglichkeiten:

...die Zimmer- oder Schranktür klemmt

1. durch das Schlüsselloch, 2. zwischen Tür und Fußboden, 3. seitlich zwischen Tür und Falz, 4. seitlich zwischen Bekleidung und Mauerwerk.

1. Wie stark es durch ein gewöhnliches Schlüsselloch ziehen kann, spüren Sie an einem kalten Wintertag an der Innenseite einer Haustür. Abhilfe: Anschrauben eines Schlüsselschildes mit Deckscheibe.

2. Um den Spalt zwischen Tür und Fußboden bzw. Schwelle abzudichten, gibt es industriell hergestellte Türdichter. Sie sitzen bei geschlossener Tür dicht am Boden und heben sich beim Öffnen der Tür automatisch an.
Man kann auch einen Streifen Roßhaarbürstenband mit kleinen Tapezierstiftchen unternageln; mitunter genügt ein schmaler Filzstreifen.

3. Ist der Schluß zwischen der Tür und den seitlichen Falzen oder dem oberen Falz mangelhaft, werden Streifen aus Filz oder Schaumgummi gegen die Falze geklebt oder mit Blaukuppen genagelt. Sie sehen das in dem unteren Bild. Praktisch sind selbstklebende Schaumgummistreifen, die es in verschiedenen Breiten gibt.

4. In Neubauten ist es nicht ganz selten, daß es seitlich neben der Türbekleidung hereinzieht (Pfeil im Bild unten links). In diesem Falle fehlt wahrscheinlich die Abdeckleiste außen an der Bekleidung, oder sie sitzt nicht fest. Die Leiste, falls vorhanden, wird abgenommen, der Spalt zwischen Bekleidung und Wand mit Schaumgummistreifen oder Werg ausgestopft. Werg kauft man beim Seiler oder im Installationsgeschäft. Man preßt einen genügend breiten Strang in den Spalt und bringt darüber die Deckleiste (wieder) an.

... die Zimmertür oder Schranktür klemmt?

1. Feststellen, wo (genau) die Tür klemmt. Tür langsam und mit Gefühl schließen. An der Stelle, wo die Tür im Falz reibt, ein Papierblatt zwischenlegen. Es wird nur dort eingeklemmt werden, wo die Tür klemmt.

2. Feststellen, ob nicht ein Fremdkörper im hinteren Falz oder am Rand des Türblattes sitzt, insbesondere zuviel Farbe. Falz mit Stecheisen ausputzen, mit Schleifpapier überschleifen.

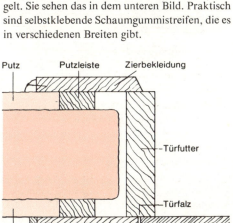

Waagerechter Schnitt durch einen Türrahmen mit Futter und Bekleidung

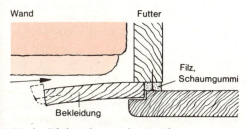

Wo der Pfeil ist, kann es hereinziehen

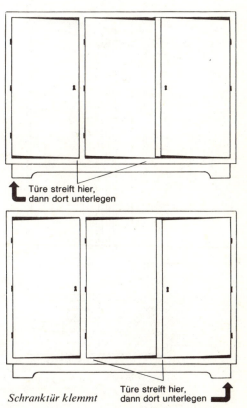

Schranktür klemmt

3. Die Tür kann klemmen, weil das Möbelstück seitlich schief steht. Dann Füße des Möbelstücks unterkeilen, wie es die Bilder erläutern.
4. Prüfen, ob das Streifen auf verbogene Drehbeschläge zurückzuführen ist. Wenn ja, Beschläge abschrauben, nachbiegen, wieder festschrauben.
5. Hilft das alles nichts, muß der Hobel her, und zwar der Simshobel. Tür zum Abhobeln unbedingt aushängen bzw. abschrauben. Das Schloß nach Möglichkeit drin lassen. Über den Schloßstulp nicht hobeln, lieber das Schließblech vom Falz abheben und dort nachhobeln (Versetzen des Schlosses geht selten ohne Beschädigungen ab).

Modernisieren von Füllungstüren Dies geschieht durch Aufleimen von großen Hartfaser-, Span- oder Sperrholzplatten auf die ganze Türfläche. Es genügt eine geringe Plattenstärke, sofern Sie große Füllungen unterfüttern. Achten Sie darauf, daß die Platte an der Falzseite entsprechend kleiner sein muß. Nachdem die Beschläge entfernt sind und die Tür abgeschliffen ist, kleben Sie die neue Platte mit Kleber auf. (Siehe auch S. 155)

... das Fenster undicht ist?

Liegt es daran, daß die Beschläge locker sind, dann müssen diese ein wenig mehr vertieft werden, damit das Fenster wieder stramm geht.
Sind jedoch die Rahmen so weit geschwunden, daß die Fälze undicht geworden sind, dann hilft nur Einkleben von Dichtungsstreifen, die im Handel erhältlich sind.

... ich eine Fensterscheibe einsetzen will?

Material 1 Stück Pappe von der Größe der Scheibe · Fensterglas, nach Größe · Glaserkitt · Stiftchen.
Werkzeug Zange · Schraubenzieher oder Stemmeisen · Lineal · Glasschneider · Breites Stemmeisen · Kittmesser oder Küchenmesser (aus einem alten Küchenmesser kann man durch Abtrennen laut Zeichnung und Glattfeilen des Schnitts ein Kittmesser machen).

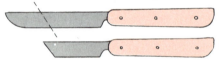

Kittmesser, aus altem Küchenmesser selbst gemacht

Bauglas · Dicken Fensterglas, kommt als »Bauglas« in verschiedenen genormten Stärken in den Handel. Folgende Dicken kommen für Fenster in Frage:

einfache Dicke (»e. D.« abgekürzt)	1,9 bis 2,2 mm dick
4/4 Glas	2,2 bis 2,5 mm dick
6/4 Glas	2,8 bis 3,3 mm dick
8/4 Glas	3,6 bis 4,2 mm dick

4/4 Glas genügt für Scheiben bis 50 × 80 cm.
Bauglas · Qualitäten Es gibt drei Güteklassen. Sorte 1 darf nur ganz kleine und unauffällige Fehler (Bläschen, Streifen) haben. Bei Sorte 2 sind etwas stärkere Fehler zugelassen, auch Wellen dürfen hier sichtbar sein; doch kann diese Sorte neben Sorte 1 noch für Wohnräume verwandt werden. Sorte 3, auch Gärtnerglas genannt, dient zum Verglasen von Treibhäusern und für ähnliche Zwecke.
Glaserkitt Als Kitt zum Einglasen von Fenstern nimmt man Leinölkitt, den man gebrauchsfertig in der Drogerie oder im Farbengeschäft kauft. Nur so viel, wie man braucht, denn durch Liegen wird der Kitt »streng«! Mit Leinöl kann man ihn vielleicht wieder brauchbar machen.

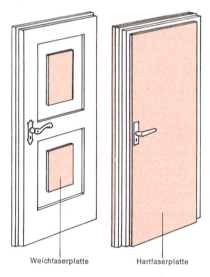

Weichfaserplatte · Hartfaserplatte

Schnitt · *Türverkleidung* · hier um Falzbreite zurückbleiben

Einkitten einer Fensterscheibe

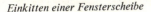

Erst Falz säubern

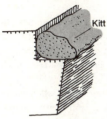

Kittstreifen einlegen

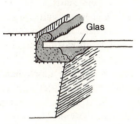

Scheibe in Kitt eindrücken

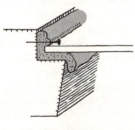

Mit Glaserstiftchen befestigen

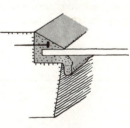

Kitt nachfüllen und glattziehen

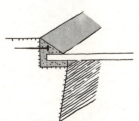

Unten herausquellenden Kitt wegnehmen

Arbeitsgang 1. Das Fenster aushängen und auf eine waagerechte Unterlage legen.
2. Den Falz des Rahmens von allen Scherben, Stiftchen und Kittresten säubern. Bei neuen Rahmen auf Grundierung achten, denn sonst fällt der Kitt heraus (S. 45).
3. Messen der Scheibengröße. Den Falz mitmessen, aber darauf achten, daß auf allen Seiten 2 bis 3 mm Spielraum zwischen Holz und Scheibe bleiben. Holz arbeitet, Glas nicht!
4. Schneiden Sie sich aus Pappe eine genaue Schablone und probieren Sie, ob sie paßt. Rahmen sind nicht immer genau rechtwinklig.
5. Genaues Anzeichnen der Maße auf die Scheibe mit einem Fettstift.
6. Das Zuschneiden der neuen Scheibe ist der schwierigste Teil der Aufgabe. Anzustreben ist, die Scheibe gleich genau auf das endgültige Maß zuzuschneiden. Beim Nachschneiden entsteht oft Bruch.
Zum Schneiden muß die Scheibe eben und flächig aufliegen; am besten eignet sich eine auf den Tisch gelegte Sperrplatte. Die Scheibe muß trocken sein. Die Unterlage soll nicht federn. Das Schneidwerkzeug muß gleichmäßig senkrecht zur Glasfläche gehalten werden.
Nehmen Sie zum Glasschneiden ein Stahlrädchen. Es nützt sich zwar schnell ab, aber ein neues ist nicht sehr teuer. Schneiddiamanten halten zwar lange, sind aber teuer und empfindlich. Beim Anlegen des Lineals darauf achten, daß es so weit von der gewünschten Schnittlinie zurücksteht, wie der Abstand der Schneide von der Außenkante des Werkzeugs ausmacht. Der Schneider wird ganz nahe an der oberen Stirnkante angesetzt und mit gleichmäßigem, nicht zu starkem Druck in ruhigem Strich – in einem Zuge! – nach unten geführt. Dabei muß ein knirschendes Geräusch zu hören sein.
Schneiden Sie nicht, ohne zuvor an ein paar kleineren Abfallstücken geübt zu haben!
Jetzt wird die geritzte Linie genau auf die Tischkante gelegt. Durch einen leichten Schlag mit dem Griffende des Glasschneiders läßt sich das Glas abbrechen; der Glasschneider hat auch eine Einfräsung zum Abknicken des wegfallenden Glasstreifens.
Einkitten Die Bilder zeigen, wie es weitergeht: Kitt in den sauberen Falz streichen. Scheibe leicht mit den Rändern in den Kitt eindrücken. Scheibe mit Glaserstiftchen befestigen (bei Holzrahmen). Statt eines Hammers benutzt man die

192 Holzarbeiten

Fase eines breiten Stemmeisens, die auf der Scheibe entlanggleiten kann. Eisenrahmen (Kellerfenster) haben gewöhnliche Löcher, durch die man kleine Befestigungsstifte treiben kann. Restlichen Falz mit Kitt füllen und mit dem Messer zu einer schrägen Fläche glattziehen. Auf der Gegenseite herausgequollenen Kitt abstreifen.
Die Oberfläche des Kittstreifens kann man mit Kreidepulver fein überpudern. Fettspuren auf dem Glas mit trockener Schlämmkreide entfernen.

... Doppelscheiben haben möchte?

Ein Fenster mit nur einer Scheibe ist für den Bauherrn billig, für den Bewohner aber teuer. Die Wärme des Zimmers wird durch die dünne Scheibe nach außen abgeführt. Als Mittel dagegen kennt man die Doppel- und Verbundfenster, deren Luftzwischenraum gut isoliert. Wenn Sie aber nur ein einfaches Fenster haben, dann können Sie durch Einbau einer zweiten, inneren Scheibe die Isolierung verbessern. Die neue Scheibe, ca. 18 bis 20 mm größer als das Rahmenlichtmaß, wird durch eine Falzleiste 30/15 mm rundum gehalten. Der Falz soll 6 bis 7 mm breit und 10 mm tief sein. Die Leisten genau auf Gehrung einpassen, alle 15 cm Schraubenlöcher vorbohren. Auf den Fensterrahmen und in den Falz der Leisten einen Schaumstoffstreifen einkleben. Auf das horizontal liegende Fenster die Scheibe auflegen und die Leisten verschrauben. Möglichst an einem trockenen Tag arbeiten, damit keine feuchte Luft zwischen die Scheiben gerät, sonst beschlagen sie leicht. Noch besser ist es, wenn Sie von unten in den alten Rahmen ein Loch bohren, das mit einem Glaswollestopfen verschlossen wird.

Doppelscheiben-Isolierglas Sie können die gleiche Wirkung mit industriell gefertigtem, aus zwei Scheiben bestehenden Isolierglas erzielen. Alle Fabrikate haben folgende Eigenschaften gemeinsam:
1. Die beiden Scheiben werden in der Fabrik fest zu einer Art luftdichtem Kasten verbunden.
2. Die Luft im Zwischenraum wird nach einem Spezialverfahren getrocknet, damit die Scheiben nicht beschlagen.
3. Die Scheiben werden genau nach dem bestellten Maß hergestellt. Sie können dann nicht mehr bearbeitet werden. Der Luftzwischenraum isoliert gegen Kälte und in gewissem Maße auch gegen Schall.

Voraussetzung für eine Umrüstung alter Holzfenster auf Isolierverglasung sind Fensterflügel, die noch völlig »gesund« und statisch für eine höhere Gewichtsbelastung geeignet sind. Dies zu beurteilen, ist nicht immer ganz leicht. Im Zweifelsfall wird Ihnen der Lieferant des Isolierglases beratend zur Seite stehen.

Die Fensterbänder sind fast immer ausreichend stabil, um das zusätzliche Gewicht der zweiten Scheibe und der notwendigen Profile zu tragen. Einfach verglaste Rahmen, die eine Umrüstung erlauben, sind zwischen 40 und 56 mm dick, meist weisen sie das Standardmaß von 42 mm auf. Von diesen Dimensionen gehen unsere Umbau-Vorschläge aus. Sehr alte Fensterrahmen mit nur 36 mm Rahmendicke dürften in der Regel für eine Umrüstung zu schwach sein.

Die erforderlichen Isolierglasscheiben werden in jedem gewünschten Maß passend angefertigt. Für die Bestellung sollte ein Fachmann das Maß aufnehmen. Er wird die Umbaukriterien und die notwendige Verklotzung der neuen Scheiben berücksichtigen.

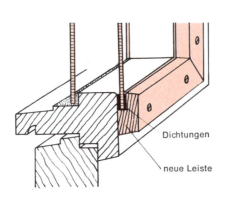

Dichtungen

neue Leiste

Doppelfenster

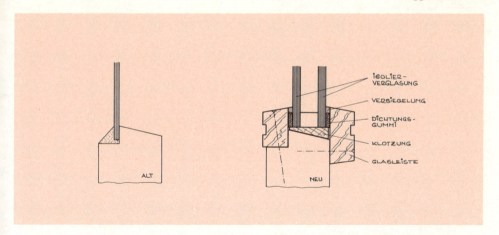

1. Aus dem alten Fensterrahmen sehr sorgfältig den Kitt entfernen und die Scheibe herausnehmen. Dazu am besten Stecheisen und Simshobel verwenden. In den Kittfalz dann eine neue Anschlagleiste schrauben (bei Unebenheiten mit Silikon abdichten). Nun Vorlegeband so auf die Leiste kleben, daß für die spätere Versiegelung 3 bis 4 mm Raum bleiben. Auf der unteren Schräge an der Innenseite entsprechend dem Neigungswinkel zugeschnittene Hartholzklötzchen befestigen. Anschließend das Isolierglas einsetzen und die innere Glashalteleiste (ebenfalls mit Vorlegeband beklebt) aufschrauben. Zuletzt die Scheibe beidseitig mit Silikon versiegeln.

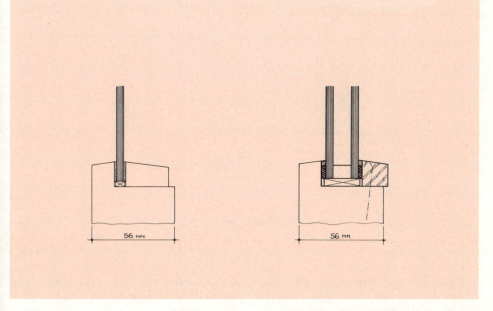

2. In den meisten Häusern, die nach dem 2. Weltkrieg gebaut wurden, haben die Holzrahmen der Fenster schon einen Falz mit Anschlag, in dem die Einfach-Scheibe sitzt. Die Breite von üblicherweise 56 mm erlaubt ohne größeren Aufwand die Umrüstung auf Isolierglas. Auch hier sind der alte Kitt und die Einfach-Verglasung mit Stecheisen und Simshobel sorgfältig zu entfernen. Bei der ohnehin waagerechten Auflagefläche im Falz ist lediglich die Breite der Glasleiste anzupassen. Das Isolierglas ruht wiederum auf Hartholzklötzen.

194 Holzarbeiten

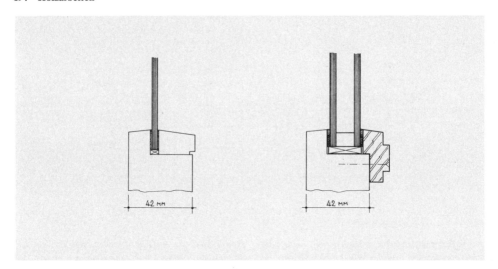

3. Der prinzipielle Aufbau und der Ablauf der Umrüstung dieses schmaleren Rahmens gleicht dem eines 56-mm-Rahmens. Hier muß aber eine neue Glashalteleiste angefertigt und eingesetzt werden, die an der senkrechten Fläche des Rahmens verankert wird. Die skizzierte Profilierung der Halteleiste dient allein der Optik.

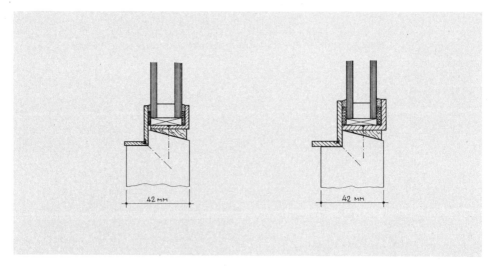

4. Als Alternative zur reinen Holzrahmen-Umrüstung bietet sich die Verwendung von Alu-Winkelprofilen an, links mit 25 × 15 mm, rechts mit 30 × 20 mm Schenkellänge dargestellt. Beide Varianten sind bei 42 mm breiten Holzrahmen möglich. Die größeren Alu-Profile wirken wuchtiger und stabilisieren den Holzrahmen deutlich. Sie werden daher bevorzugt bei sehr großen Fensterflächen eingesetzt.

Dritter Teil

Rund um den Bau

196 Rund um den Bau

1 Was man vorm Bauen vom Bauen wissen muß

Bauen ist nicht Privatsache

Alles Bauen geht nicht nur den einzelnen Bauherrn an, sondern auch die Nachbarn und die Öffentlichkeit: die Versorgung mit Wasser, die Möglichkeit, Abwässer und Abfälle zu beseitigen, die Versorgung mit Strom und Gas, der Verlust landwirtschaftlich genutzter Flächen durch Bebauung, der Ausbau von Straßen und Verkehrsnetzen, die Veränderung von Stadt oder Landschaft durch Baumaßnahmen: es ist klar, daß Staat und Gemeinde hier planend und ordnend eingreifen müssen.

Dieses Buch ist kein Ratgeber für Baulustige – obwohl nicht der kleinste Nutzen, den Sie vom Lesen haben werden, gerade darin besteht, daß Sie als Bauherr mit Architekt und Handwerkern sachkundig sprechen und klare Wünsche äußern können. Das eben Gesagte gilt auch für jede nennenswerte Veränderung an bestehenden Bauwerken: Es darf nicht jeder bauen, wo und wie er will, und ebensowenig darf er an- oder umbauen oder erweitern, wie es ihm gefällt.

Bauaufsichtsbehörden Beabsichtigte Baumaßnahmen müssen vor Arbeitsbeginn der Bauaufsichtsbehörde – in Landkreisen dem Landratsamt, in Städten der Baubehörde des Stadtrats (nicht überall gleich benannt) – zur Genehmigung angezeigt werden. Ab und zu kommt es vor – das geht dann gewöhnlich durch die Zeitungen –, daß ein vorwitziger Baulustiger gezwungen wird, seinen ohne Genehmigung errichteten Bau wieder abzureißen.

Bauleitplanung Die Bauleitplanung umfaßt den Flächennutzungsplan und den Bebauungsplan. Nach § 2 Bundesbaugesetz sind die Bauleitpläne von den Gemeinden in eigener Verantwortung aufzustellen, sobald und soweit es erforderlich ist. Die Bauleitpläne sind von der Gemeinde über die untere Verwaltungsbehörde (Landratsamt) der höheren Verwaltungsbehörde zur Genehmigung zuzuleiten.

Die Flächennutzungspläne weisen u. a. die künftigen Baugebiete aus.

Die Bebauungspläne legen vor allem »Art und Maß der baulichen Nutzung« fest. Von besonderer Bedeutung ist, daß nach dem Bundesbaugesetz ein ordnungsgemäß genehmigter Bebauungsplan rechtswirksam ist.

Im Bebauungsplan wird zum Beispiel festgelegt, daß die Müllerstraße diese oder jene Breite haben muß, wie ihr Verlauf im Gelände ist, daß an dieser oder jener Stelle ein Kinderspielplatz anzulegen ist, daß hier oder dort eine Grünanlage zu schaffen ist, wie die einzelnen Grundstücke zu parzellieren sind, welchen Abstand die Gebäude von den Grundstücksgrenzen haben müssen oder welche Fläche des Grundstückes bebaut werden darf, welche Art der Bebauung (Reihenhäuser, freistehende Einfamilienhäuser usw.) zugelassen ist, wieviel Geschosse gebaut werden dürfen und wie groß das Verhältnis der Summe der Geschoßflächen zur Grundstücksfläche (Geschoßflächenzahl) sein darf. Ferner können gestalterische Einzelheiten, z. B. Dachform, Gesimsausbildung, Vorgartenanlagen, rechtsverbindlich festgelegt werden.

Baugesetze Die Ordnung des Bauens wird im wesentlichen geregelt durch das Bundesbaugesetz und durch die Bauordnung.

Das Bundesbaugesetz (Bundesgesetz) schafft die Rechtsgrundlage für die Bauleitplanung, für den Bodenverkehr, die bauliche und sonstige Nutzung des Bodens und für die Enteignung von Boden. Die Bauordnung (Ländergesetz) regelt vor allem die technischen Einzelheiten des Bauens: Standsicherheit der Gebäude, Baustatik, Schutz gegen Wärme, Kälte, Schall, konstruktive Einzelheiten, Zulassung neuer Baustoffe, Schutz vor gesundheitsschädlichen Einwirkungen, ferner die Fragen der Bauaufsicht (Genehmigungsverfahren, Bauüberwachung). Sie enthält außerdem Bestimmungen zum Schutze der am Bau tätigen Personen.

Das Baugenehmigungsverfahren

Nach Art. 86 der Bayerischen Bauordnung (Beispiel; in anderen Bundesländern ist das Verfahren ähnlich) ist der Antrag auf eine Baugenehmigung (Bauantrag) schriftlich bei der Gemeinde einzureichen. Diese legt ihn, sofern sie nicht selbst zur Entscheidung zuständig ist, mit ihrer Stellungnahme unverzüglich der Kreisverwaltungsbehörde (Landratsamt) vor. Kreisfreie Städte sind selbst zur Entscheidung zuständig; auch nichtkreisfreien Orten kann das Innen-

Was man vorm Bauen vom Bauen wissen muß 197

ministerium das Recht einräumen, über Bauanträge selbst zu entscheiden.
Dem Bauantrag sind als Bauvorlagen beizufügen:
1. der Lageplan, Maßstab nicht kleiner als 1:1000, aufgestellt auf Grund der amtlichen Flurkarte;
2. Bauzeichnungen, Maßstab 1:100, über Fundamente, Grundrisse, Schnitte, Ansichten;
3. Baubeschreibung;
4. die erforderlichen Nachweise der Standsicherheit, des Wärme- und Schallschutzes und des Brandschutzes. Bei Ein- und Zweifamilienhäusern wird der Nachweis der Standsicherheit und des Wärme- und Schallschutzes nicht gefordert. Legt sie der Bauherr jedoch mit vor, muß die Behörde auch diese Vorlagen prüfen;
5. die erforderlichen Angaben über Grundstücksentwässerung und Wasserversorgung.

Der Bauherr oder ein von ihm bevollmächtigter Vertreter und der Entwurfsverfasser (Architekt) haben den Bauantrag und die Bauvorlagen zu unterschreiben. Es kann gefordert werden, daß besondere Vordrucke für den Bauantrag verwendet werden.

Behandlung des Bauantrages Zum Bauantrag sollen die Behörden und Stellen gehört werden, die Träger öffentlicher Belange sind und deren Aufgabenbereich berührt wird.

Beteiligung der Nachbarn Lageplan und Bauzeichnungen sind den Eigentümern der benachbarten Grundstücke vom Bauherrn oder seinem Beauftragten zur Unterschrift vorzulegen. Die Unterschrift gilt als Zustimmung. Fehlt die Unterschrift, so wird der Eigentümer der benachbarten Grundstücke schriftlich durch die Gemeinde vom Bauantrag benachrichtigt; ist der Eigentümer nur unter Schwierigkeiten zu ermitteln, so genügt die Benachrichtigung des unmittelbaren Besitzers. Hat ein Nachbar nicht zugestimmt oder wird seinen Einwendungen nicht entsprochen, so ist ihm eine Ausfertigung der Baugenehmigung zuzustellen.

Baugenehmigung Die Baugenehmigung ist zu erteilen, wenn das Vorhaben den öffentlichen Vorschriften entspricht. Die Baugenehmigung bedarf der Schriftform. Eine Ausfertigung der mit einem Genehmigungsvermerk zu versehenden Bauvorlagen ist dem Antragsteller mit der Baugenehmigung zuzustellen.

Rechtsmittel Der Bauherr (Antragsteller) kann gegen die vollständige oder teilweise Versagung der Baugenehmigung vorgehen. Ihm stehen Widerspruch (höhere Bauaufsichtsbehörde = Regierung) und Anfechtungsklage (Verwaltungsgericht) zur Verfügung. Widerspruch und Anfechtungsklage stehen auch dem Nachbarn zur Verfügung.

Mit dem Bau darf nach der Erteilung der Baugenehmigung begonnen werden. Wegen des Nachbarrechtes kann jedoch der Fall eintreten, daß der an sich rechtmäßig begonnene Bau wieder eingestellt werden muß.

Vorbescheid Schon bevor der Bauantrag eingereicht ist, kann auf schriftlichen Antrag des Bauherrn zu einzelnen in der Baugenehmigung zu entscheidenden Fragen vorweg ein schriftlicher Bescheid (Vorbescheid) erteilt werden. Ein solcher Vorbescheid spart oft Ärger und Geld.

Welche Baumaßnahmen sind genehmigungspflichtig? Da die Bestimmungen nicht einheitlich sind, läßt sich nur folgende allgemeine Richtschnur geben. Genehmigungspflichtig sind:
alle Neu- und Umbauten, die das Landschaftsbild erheblich beeinflussen,
alle Neubauten für gewerbliche Zwecke,
alle Neu- und Anbauten mit Feuerstätten,
alle Neu- oder Anbauten für das Einstellen von Kraftfahrzeugen,
alle Neu- und Anbauten für die Lagerung von leicht entzündlichem Material,
alle Veränderungen an bestehenden Gebäuden, die die Tragkonstruktion oder das Aussehen maßgebend beeinflussen.

Daraus läßt sich nicht für jeden Einzelfall mit Sicherheit entnehmen, ob eine Maßnahme der Genehmigung bedarf. Eine Holzlege kann auf dem Land frei, in der Großstadt genehmigungspflichtig sein. Man muß deshalb frühzeitig zur Aufsichtsbehörde gehen, am besten gleich mit einer vorläufigen Zeichnung, und klären, ob ein Eingabeplan verlangt wird.

Festigkeit von Gebäuden Die Bauordnung enthält weiter Bestimmungen darüber, welche Anforderungen an die Tragfähigkeit der einzelnen Baukonstruktionsteile wie Mauern, Decken, Dachstühle, Treppen, Träger usw. zu stellen sind. Sie legt Mindestabmessungen und Berechnungsgrundlagen fest.

Brandgefahr Die Brandgefahr einzudämmen, ist ein wichtiges öffentliches Interesse, denn alljährlich gehen Millionenwerte des Volksvermögens in Rauch und Flammen auf. Deshalb enthält die Bauordnung Vorschriften über Errichtung und

Rund um den Bau

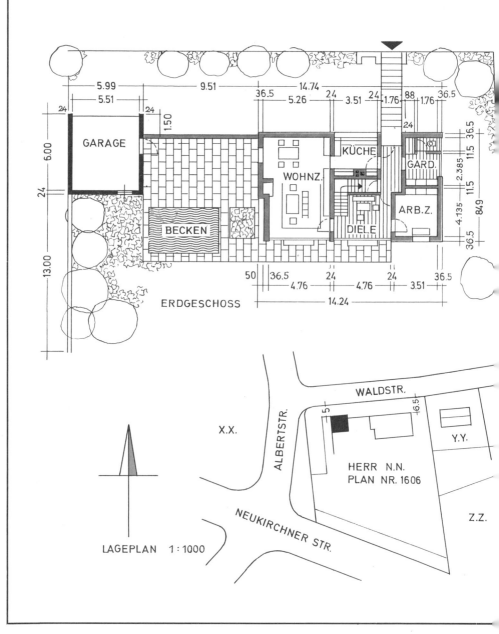

HERRN N.N. AUF DEM PLAN NR. 1606 IN DER WALDSTR. M: 1:100

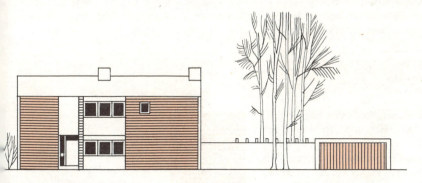

ANSICHT VON NORDEN

ANSICHT VON SÜDEN

KIESPRESSDACH
2 LAGEN 500 gr/m² BIT.-
PAPPE, ISOLIERUNG,
B 225

HLZ 1 4/150

B 120

SCHNITT GARAGE

BAUHERR: N.N.
ANGRENZER: X.X. Y.Y. Z.Z.
ARCHITEKTEN: ERNST HOLZNER
             U. FRIEDR. ZANDT
             MÜNCHEN

Ausführung von Brandmauern, über Kamine, das Aufstellen von Öfen, Rauchrohre, Abschluß von Treppenhäusern und Speichern usw.
Unfallschutz Unfälle am Bau sind nicht selten. Die Bauordnung enthält Vorschriften für den Schutz aller am Bau Tätigen.
Verantwortliche Bauleitung Für alle genehmigungspflichtigen Baumaßnahmen ist der Aufsichtsbehörde ein verantwortlicher Bauleiter zu benennen. Er trägt die Verantwortung für die plangerechte Ausführung des Baues entsprechend den Eingabeplänen, für die Beachtung der anerkannten Regeln der Baukunst, sämtlicher Vorschriften über Baumaßnahmen, der Vorschriften über Unfallverhütung.
Als verantwortlicher Bauleiter wird nur zugelassen, wer die fachlichen und charakterlichen Voraussetzungen erfüllt.

2 Das Mauerwerk

Die schützende Mauer, die Lasten trägt und ableitet, die Menschen, Tiere und Gegenstände bergend umschließt, besteht in unserer Vorstellung fast stets aus den Ziegeln von gebranntem Ton, wie sie schon die alten Völker vor Jahrtausenden kannten. Die Römer waren Meister im Brennen und Verbauen von Ziegeln. Jeder Ziegelstein mußte bei ihnen das Siegel, »sigillum«, seines Herstellers tragen; daraus ist wahrscheinlich unser Wort »Ziegel« entstanden.
Die Abmessungen der Mauerziegel sind in Deutschland durch das Normblatt DIN 105 verbindlich festgelegt.
Normalformat Grundlage der Normierung ist das Normalformat:
24 cm lang × 11,5 cm breit × 7,1 cm hoch.
Mit Ziegeln dieses Formats können Wände mit den Dicken (Stärken) 11,5 cm, 24 cm, 36,5 cm, 49 cm, 61,5 cm usw. (Steigerung um jeweils 12,5 cm = 1 Steinbreite + 1 cm Mörtelfuge) gemauert werden.
12 Schichten Ziegel des Normalformats ergeben einen Meter Mauerwerkshöhe.

Normalformat (NF)
12 Schichten je (7,1 cm Ziegel
+ je 1,2 cm Fuge)
= 1 m Mauerwerkshöhe

Dünnformat Ziegel des Dünnformats unterscheiden sich vom Normalformat nur in der Höhe: 24 cm lang × 11,5 cm breit × 5,2 cm hoch.
Die möglichen Wandstärken sind die gleichen wie beim Normalformat. Auf 1 m Mauerwerkshöhe gehen 16 Schichten.
Dünnformatige Ziegel geben unverputztem Ziegelmauerwerk (»Verblendmauerwerk«) ein gefälliges Aussehen.

Dünnformat (DF)
16 Schichten (je 5,2 cm Ziegel
+ je 1,2 cm Fuge)
= 1 m Mauerwerkshöhe

Hochformat Das dritte geläufige Format ist 24 cm lang × 11,5 cm breit × 11,3 cm hoch. Wandstärken wie oben; auf 1 m Mauerwerkshöhe gehen 8 Schichten. Beim Vermauern dieser Hochformatziegel sind der Aufwand an Arbeitszeit und der Bedarf an Mörtel geringer. Der Hochformatziegel ist wirtschaftlicher.

Hochformat ($1^1/_2$ NF)
8 Schichten (je 11,3 cm Ziegel
+ je 1,2 cm Fuge)
= 1 m Mauerwerkshöhe

Zusammenstellung der Vorzugsgrößen

a	b	c	d
	Maße in mm		
	Länge	Breite	Höhe
Dünnformat (DF)	240	115	52
Normalformat (NF)	240	115	71
$1^1/_2$ NF = 2 DF	240	115	113
$2^1/_4$ NF = 3 DF	240	175	113

Sonderformate Neben den bisher aufgeführten Formaten werden eine Reihe anderer hergestellt, insbesondere für 30-cm-Mauerwerk, aber auch sogenannte Großblockziegel. Die Mauerleistung ist mit großformatigen Steinen natürlich höher als mit Normalformaten. Beispiele für Sondermaße zeigt die folgende Zusammenstellung.

Das Mauerwerk

Härtegrade von Ziegeln

Verschiedene Zusammensetzung des Rohmaterials (Tonerdegemisch) und verschiedene Brennvorgänge ergeben bestimmte festgelegte Härtegrade (Festigkeiten), die von den Normausschüssen überwacht werden.

Mz 100 Mz heißt Mauerziegel. Die Zahl 100 bedeutet: Der Stein ist so druckfest, daß er einer Belastung von 100 kp je Quadratzentimeter Fläche standhält. Dieser Stein kann für die meisten Umfassungs- und Zwischenmauern verwendet werden.

Mz 150 Wie die Kennziffer sagt, hat dieser Stein eine Druckfestigkeit von 150 kp/cm², aus Sicherheitsgründen darf er freilich bis an diese Grenze heran nicht belastet werden. Dieser Stein wird am häufigsten vermauert.

VMz 250 VMz heißt Vormauerziegel. Dieser Hartbrandziegel ist besonders widerstandsfähig, kann große Lasten aufnehmen, z. B. als Mauerpfeiler; kann wegen seiner Oberflächenhärte auch für Beläge verwendet werden (Ziegelpflaster); hält sich gut gegen Witterungseinflüsse; im Freien unverputzt zu verwenden.

Quadrat *Waben o. rund* *Rechteck*

Beispiele für Lochungsarten *Gitter* *Rund*

Klinker Der Klinkerstein, aus besonderem Tonerdegemisch gebrannt bei so hoher Temperatur, daß die Tonteilchen verschmelzen (verglasen), ist äußerst fest und nimmt kaum Wasser auf. Er dient für schwer belastete Mauerteile und solche, deren Oberflächen starken Beanspruchungen ausgesetzt sind, wie Pfeiler, Untermauerung von Trägerauflagern, Kamine über Dach, Beläge, gemauerte Treppen, Verblendmauerwerk.

Vollziegel | *Hochlochziegel*

Mz DF ungelocht gelocht	Mz NF	HLz NF	HLz 1½ NF	HLz 2¼ NF	HLz 2,3 NF
24×11,5×5,2 cm	24×11,5×7,1 cm	24×11,5×11,3 cm (auch mit Griffloch)	24×17,5×11,3 cm	30×14,5×11,3 cm

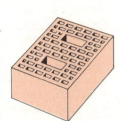 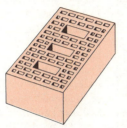  

Großblockziegel | *Langlochziegel*

HLz 3,75 NF	HLz 4,5 NF
30×24×11,3/17,5/23,8 cm	36,5×24/30×11,3/17,5/23,8

Beispiele für Mauerziegel

Vollstein · Lochstein

Neben Format und Härtegrad ist als dritte Eigenschaft der körperliche Aufbau des Ziegels von Bedeutung. Ziegel werden sowohl als Vollsteine wie als Lochsteine hergestellt. Welcher Stein vorzuziehen ist, hängt vom Verwendungszweck ab. Der Vollstein isoliert besser gegen Schall, aber schlechter gegen Kälte. Unser Fachmitarbeiter verwendet als erfahrener Architekt den Vollstein vor allem für Wohnungstrennwände, für Außenmauern und sonstige Zwischenwände dagegen den Lochstein.

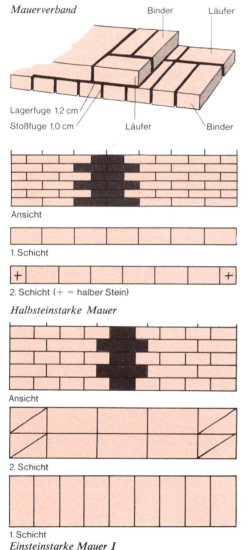

Mauerverband
Halbsteinstarke Mauer
Einsteinstarke Mauer I

Der Mauerverband

Alle Mauerkonstruktionen haben gemeinsam das Prinzip, Einzelsteine – Natursteine oder künstliche Steine – so ineinander zu legen und zu verkitten, daß eine geschlossene Verbundwirkung entsteht: der Mauerverband. Damit die Verbindung von Ziegeln und Mörtel zu einem tragfähigen Gefüge wird, müssen die Steine nach einem bestimmten System an- und übereinander geordnet werden.

Anhand der Zeichnung können wir uns folgende Benennungen einprägen: Die waagerechte Fuge zwischen zwei Ziegelschichten heißt Lagerfuge und ist in der Regel 1,2 cm dick. Die senkrechte Fuge zwischen zwei Ziegeln heißt Stoßfuge und ist normalerweise 1 cm dick. Der Ziegel, der mit seiner Längsachse in der Laufrichtung der Mauer liegt, heißt Läufer, der querliegende heißt Binder. **Keine Stoßfugen übereinander!** Die Hauptregel für den Mauerverband: Es dürfen keine Stoßfugen übereinander liegen. Daraus ergeben sich fast alle weiteren Regeln.

Halbsteinstarke Mauer Dieser Verband besteht, wie Sie im Bilde sehen, nur aus Läufern und heißt deshalb auch »Läuferverband«. Diese Mauer, 11,5 cm stark, ist in der bloßen Ansicht sofort kenntlich, denn bei jeder Mauer, die stärker ist als eine Steinbreite, zeigt die Ansicht wechselnd Läufer und Binder.

Einsteinstarke Mauer Bei dieser Mauer, 24 cm stark, besteht abwechselnd eine Schicht aus Bindern, die andere aus Läufern. Am Anfang und am Ende der Läuferschicht liegen je zwei dreiviertellange Steine als Läufer nebeneinander. Deshalb nennt man diesen Mauerverband auch »Blockverband mit Dreiviertelsteinen« (Bild I). Entspricht die Länge der Mauer nicht einer bestimmten (ganzzahligen) Anzahl von Steinbreiten mit

den jeweils dazugehörigen Stoßfugen, so werden Maueranfang und Mauerende ungleich (Bild II).
Eineinhalbsteinstarke Mauer Dieser Verband ist $1^1/_2$ Steinbreiten = 36,5 cm stark. In der Ansicht sehen wir – wie bei der einsteinstarken Mauer – immer abwechselnd eine Schicht Läufer und eine Schicht Binder. Jedoch hat die einzelne Schicht jeweils auf einer Seite Läufer, auf der anderen Binder. Der Verband ist wiederum durch dreiviertellange Steine erreicht.

Bild I zeigt eine Mauer in der Länge von 10 ganzen Steinbreiten mit den dazugehörigen 9 Stoßfugen. Die beiden Enden jeder Schicht gleichen einander.

Bild II zeigt eine $9^1/_2$ Steinbreiten lange Mauer. Hier sind Anfang und Ende jeder Schicht ungleich, aber das Ende jeder Schicht gleicht dem Anfang der folgenden.

Rechtwinklige Mauerecke Bei rechtwinkligen Mauerecken denkt man sich den Mauerkörper in zwei Teile zerlegt. Diese Zerlegung geschieht durch eine »Hauptstoßfuge«, die in der einen Schicht senkrecht, in der darauffolgenden waagerecht durchbindet. Als durchbindende Schicht nimmt man die »Läuferschicht« (die in der Ansicht Läufer zeigt).

Wieviel Steinbreiten gehen auf die Mauerlänge?

Diese Berechnung sieht verschieden aus, je nachdem, ob die Mauer frei steht oder an einem Ende angebaut oder an beiden Seiten eingebaut ist.
Bei freistehender Mauer Wie lang wird eine freistehende Mauer mit 10 Steinbreiten? Die Stirnseite eines Steines ist 11,5 cm breit, einschließlich der dazugehörigen Stoßfuge 12,5 cm. Da bei freistehender Mauer auf 10 Steinbreiten 9 Stoßfugen treffen, lautet die Rechnung: $10 \times 12,5$ cm = 125 cm − 1 cm (1 Stoßfuge) = 124 cm.

Hat man Freiheit im Bestimmen der Mauerlänge, so wird man sie auf ganze Steinbreiten festsetzen. Wie ist es, wenn die Mauerlänge genau gegeben und die Anzahl der Steinbreiten zu ermitteln ist? Nehmen wir an, die Mauerlänge steht mit 180 cm fest, so ist zu rechnen: $180 + 1 = 181$ cm : 12,5 cm ≒ rund 14,5 Steinbreiten. Geringe Differenzen bis zu einer halben Steinbreite können bei der Bemessung der Stoßfugen ausgeglichen werden. Soll diese Mauer in 24 cm Stärke ausgeführt werden, so ist sie so anzuordnen, wie es die Abbildung Seite 204 unten zeigt.

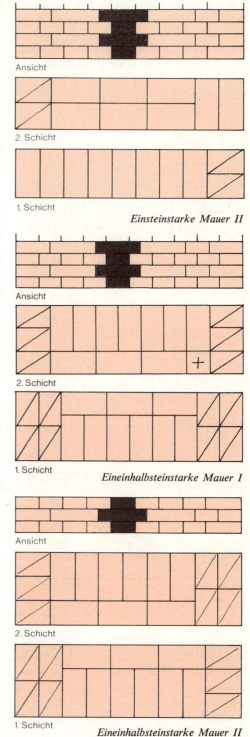

Einsteinstarke Mauer II

Eineinhalbsteinstarke Mauer I

Eineinhalbsteinstarke Mauer II

Am rechten Ende liegen drei Binder – warum? Weil bei Verwendung von zwei Läufern an dieser Stelle ein Stück Stoßfuge übereinander käme.
Bei einseitig angebauter Mauer Hier trifft auf jede Steinbreite eine Stoßfuge. Anzahl der Steinbreiten

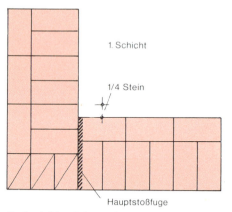

Rechtwinklige Mauerecke — 1. Schicht

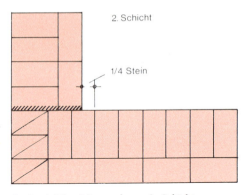

Rechtwinklige Mauerecke — 2. Schicht

Das Auszählen der Steinbreiten bei einer freistehenden Mauer

mal 12,5 cm gibt daher die Mauerlänge. Eine Mauer aus 10 Steinbreiten wird 125 cm lang. Umgekehrt: Mauerlänge in cm : 12,5 = Anzahl der Steinbreiten. Beispiel: Länge der einseitig angebauten Mauer 140 cm. Anzahl der Steinbreiten = 140 : 12,5 = (rund) 11,2. Elf Steinbreiten ergeben 137,5 cm Mauerlänge. Die Differenz von 2,5 cm wird auf die 11 Stoßfugen verteilt, deren jede dadurch um rund 0,2 cm vergrößert wird. Also 1,2 cm für jede Stoßfuge.

Bei beidseitig angebauter Mauer Ist die Mauer beidseitig angebaut (eingebaut), treffen 11 Stoßfugen auf 10 Steinbreiten. 10 Steinbreiten ergeben so 10 × 12,5 cm + 1 cm = 126 cm Mauerlänge. Umgekehrt: Mauerlänge – 1 cm : 12,5 = Anzahl der Steinbreiten. Hierfür ein Beispiel:
Es soll eine Nische von 165 cm lichter Weite zugemauert werden. 165 – 1 = 164 : 12,5 = (rund) 13 Steinbreiten. Da 13 Steinbreiten ohne Fugen gerechnet 13 × 11,5 = 149,5 cm ergeben, muß die Differenz zu 165 cm – also 15,5 cm – auf die 14 Stoßfugen verteilt werden. Jede Fuge wird rund 1,1 cm breit.

Der Mauermörtel

Mörtel sind breiartige Mischungen aus Wasser, Bindemittel und Zuschlagstoffen wie Sand, Kleingestein u. ä. Weitere Zusätze können dem Mörtel besondere Eigenschaften wie größere Oberflächenhärte, Wasserundurchlässigkeit, Farbtönung verleihen.
Die Bindemittel Als Bindemittel dienen pulverisierte Stoffe, die sich nach dem Anmachen verfestigen (»Abbinden« heißt dieser Vorgang) und dabei die Zuschlagstoffe fest miteinander verkitten. Die wichtigsten Bindemittel sind Kalk, Zement und Gips.
Nach der Art des Abbindeprozesses unterscheidet man Luftkalkmörtel und Mörtel.
Luftkalkmörtel Luftkalkmörtel erhalten durch das bloße Verdunsten des Anmachwassers keine Festigkeit. Das Abbinden geschieht hier dadurch, daß luftbindende Kalke aus der Luft Kohlensäure aufnehmen; dadurch gewinnen sie eine gesteinsartige Festigkeit. Dieser Vorgang dauert lange, besonders bei dicken Mauern; deshalb werden heute reine Luftkalke kaum mehr als Bindemittel für Mauermörtel verwendet.
Bindemittel für Luftkalkmörtel sind Gips, Weißkalk und Graukalk.

Mauermörtel

Mörtel mit hydraulischen Bindemitteln Sie erhärten, indem sich die Stoffe in den Bindemitteln mit dem Anmachwasser chemisch verbinden. Der Abbindeprozeß ist kürzer als bei Luftkalkmörteln; derartige Mörtel erhärten auch unter Wasser, sofern ein Wegspülen verhindert wird. Mörtel mit hydraulischen Bindemitteln haben als Bindemittel Zement oder Wasserkalke (hydraulische Kalke).

An jedem Gebäude haben verschiedene Arten von Mörtel ihren bedeutsamen Anteil. Mörtel verbindet die Einzelsteine zum Mauerwerk. Das Mörtelband der Lagerfuge gibt den Steinen die verbindende Schicht, es verteilt die Belastung gleichmäßig im Mauerstück. Die Stoßfugen geben die Verbindung in der Längsflucht. Das ist erst die eine Seite der Sache, denn der Mörtel hat seine zweite wichtige Aufgabe als Verputz. Doch darüber sprechen wir später, hier geht es nur um den Mauermörtel.

Bestandteile des Mauermörtels Als Bindemittel für Mauermörtel wird hydraulischer Kalk bevorzugt. Er ist einfach zu verarbeiten und erreicht nach verhältnismäßig kurzer Zeit große Festigkeit; er bedarf keiner Vorbehandlung und kann sofort zur Mörtelbereitung gemischt werden. Als Sand verwendet man Grubensand oder Flußsand (frei in der Natur vorkommend, aus Kies durch Sandgitter herausgeworfen) oder Quetschsand (maschinell zerkleinertes Kies- oder Splittgestein) in der Korngröße bis zu 3 mm. Der Sand soll frei sein von erdigen und lehmigen Bestandteilen. Bei Flußsand ist Vorsicht geboten, weil die Flüsse mehr und mehr durch chemische und sonstige Abwässer verunreinigt sind.

Bezieht man Sand für Mauermörtel beim Sandwerk, so genügt in der Regel die Angabe »Mauersand«.

Mischungsverhältnis Für die große Masse der Ziegelmauern genügt ein Mischungsverhältnis von 1 : 3 – ein Raumteil Kalkpulver auf drei Raumteile Sand. Man muß wissen, daß beim Mischen eine erhebliche Verdichtung der Masse eintritt, so daß 3 Teile Sand und 1 Teil Kalk nicht 4, sondern nur 3 Raumteile ergeben. Man nennt diese Verdichtung auch »Mörtelausbeute«.

Wieviel Wasser zugeben? Das richtet sich nach der Art des Sandes. Man gibt so viel Mischwasser zu und mischt so lange, bis der Mörtel breiig und geschmeidig ist.

Geräte zum Mörtelmischen

Mörtelkasten Zusammengenagelt aus etwa 3 cm starken Brettern. Faßt etwa 80 Liter. Zum Mischen kleinerer Mörtelmengen. Mit Traggriffen. Die Holzteile sind durch Nagelung und zusätzlich durch Bandstahl verbunden.

Mörtelpfanne (groß) Aus etwa 3 cm starken Brettern. Bauweise wie oben: Nagelung und Bandstahl. Faßt bei einer Größe von 150 × 250 × 30 cm etwa 1000 Liter.

Blattschaufel Meist dreieckige Form. Zum Einschaufeln des Sandes.

Gießkanne oder angeschlossener Wasserschlauch Zum Zugeben des Mischwassers.

Mörtelrühre, Mörtelhacke Rechteckig oder dreieckig, aus Schmiedeeisen, mit Holzstiel – meist Fichte. Zum Verrühren des Mörtels.

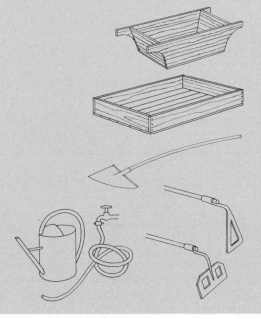

Mörtelzubereitung Das Mischen kleinerer Mengen kann von Hand erfolgen. Kleinste Mengen bis etwa 80 Liter fertiger Mörtelmasse können im Mörtelkasten gemischt werden, größere bis etwa 1000 Liter in der Mörtelpfanne. Das Mischen geht am besten, wenn man zuerst den Sand mit dem Kalkpulver in trockenem Zustand innig vermischt und dann das Mischwasser zugibt, wobei die gesamte Masse mit der Mörtelrühre vermengt wird.

Dieser Mörtel braucht keine »Liegezeit«, er kann sofort nach der Aufbereitung verwendet werden. Andererseits soll man nur so viel zubereiten, wie an einem Tag verarbeitet werden kann. Die hydraulischen Mörtel verlieren an Bindekraft und damit an Festigkeit, wenn sie »aufgemacht«, d. h. nach beginnender Erstarrung wieder mit Wasser zur breiigen Masse verrührt werden.

Kalkzementmörtel Werden besondere Festigkeitsanforderungen gestellt, z. B. beim Vermauern von Leichtbauplatten (S. 216), verwendet man gern Kalkzementmörtel, früher auch verlängerter Zementmörtel genannt. Das ist ein Kalkmörtel mit einem Zusatz von Portlandzement, in der Regel gemischt im Verhältnis 1 : 1,5 : 8, d. h. 1 Raumteil Zement und 1,5 Teile Kalkpulver auf 8 Raumteile Sand.

Zementmörtel Besondere Festigkeit erreicht Zementmörtel, der nur aus Portlandzement, Sand und Wasser besteht. Je nach den Anforderungen an den Mörtel schwankt das Mischungsverhältnis zwischen 1 : 1 und 1 : 4 – also 1 Raumteil Zement auf 1 bis 4 Raumteile Sand. Für Mauermörtel genügt in der Regel das Verhältnis 1 : 3.

Zementmörtel 1 : 1 bis höchstens 1 : 2 kann man als wasserdicht ansehen, wenn sie gut am Untergrund haften und genügend stark aufgebracht sind. Höherem Wasserdruck halten sie nicht stand. Die Wasserdichtigkeit von Zementmörtel wird erhöht durch Zusätze, am einfachsten durch eine geringe Menge (etwa 2 v. H. des Zementgehalts) gelöster Schmierseife, die dem Anmachwasser zugegeben wird.

Errechnen des Materialbedarfs

Bevor die Arbeit beginnt, müssen wir ein wenig rechnen. Als Grundlage dient der Rauminhalt des herzustellenden Mauerwerks, errechnet aus Länge mal Breite mal Höhe. Als Beispiel nehmen wir die Aufgabe: Ein Kellerraum in einem bestehenden Gebäude soll durch eine 11,5 cm starke Trennwand unterteilt werden. Die Trennmauer soll eine Türöffnung bekommen, 90 cm breit und 1,90 m hoch.

Da Gebäude und Kellerdecke bereits bestehen, hat die Mauer außer ihrem Eigengewicht keine Lasten aufzunehmen. Sie ist reine Trennmauer. Sie bedarf auch keiner besonderen Fundierung, wenn der Kellerboden – wie es üblich ist und wie wir hier annehmen wollen – aus 2 cm starkem Zementestrich auf etwa 10 cm starkem Rauhbeton besteht und der Baugrund unberührtes kiesiges Material ist.

Errechnen des Rauminhalts Die Wand in unserem Beispiel hat einen Rauminhalt von 4,00 (Länge) × 0,115 (Dicke) × 2,16 (Höhe) = 0,994 cbm. (Um im Ergebnis Kubikmeter zu erhalten, müssen alle Längen in m ausgedrückt sein.) Davon ist jedoch die Maueröffnung abzuziehen: 0,90 (Breite) × 1,90 (Höhe) × 0,115 (Dicke) ergibt 0,197 cbm. Tatsächlicher Rauminhalt des herzustellenden Mauerwerks 0,994 – 0,197 = 0,797 cbm.

Bedarf an Ziegelsteinen Bei Normalformatsteinen von 24 × 11,5 × 7,1 cm rechnet man auf 1 cbm

Errechnen des Materialbedarfs

Mauerwerk 370 Steine. Unsere Mauer erfordert demnach 0,797 × 370 = 295 Steine.
Bei Hochformatziegeln von 24 × 11,5 × 11,3 cm rechnet man 260 Steine pro Kubikmeter. Das ergibt in unserem Fall 0,797 × 260 = 208 Steine.

Bedarf an Mörtel Für 1 cbm Mauerwerk aus Normalformat-Ziegeln rechnet man 270 Liter Mörtel. Demnach brauchen wir 0,797 × 270 = 215 Liter. Bei Hochformatmauerwerk ist der Mörtelbedarf 180 Liter für 1 Kubikmeter, hier also 0,797 × 180 = 144 Liter.

Bedarf an Kalk und Sand Für 215 Liter Mörtel kann man wegen des Ausbeute-Verlustes als Sandbedarf etwa die gleiche Menge annehmen – also 215 Liter Sand. Für Kalkmörtel im Mischungsverhältnis 1 : 3 braucht man demnach 215 : 3 = rund 72 Liter Kalkpulver. Diese Rechnung ergibt zwar reichliche Werte; jedoch geht beim Mischen so kleiner Mengen immer etwas verloren.

Kostenvergleich Diese Stoffbedarfswerte lassen bereits eine Kostenermittlung zu.
Läßt man die eigene Arbeitszeit außer Ansatz, ergibt sich etwa folgender Vergleich:

Normalformatmauerwerk (1 cbm)
370 Steine Mz 150 (ohne Transport an die Verwendungsstelle),
das Tausend zu DM 308,–   DM 113,90
270 Liter Kalkmörtel (ohne eigene Arbeitszeit), je Liter 0,09 DM   DM 24,30
DM 138,20

Hochformatmauerwerk (1 cbm)
260 Steine HLz 150 (Hochlochziegel 1½ NF mit der Festigkeit von 150 kp/cm^2),
das Tausend zu DM 323,–   DM 83,90
180 Liter Mörtel, je Liter 0,05 DM   DM 16,20
DM 100,10

Zeitbedarf

Schon der Vergleich der Materialkosten zeigt, daß Hochformatmauerwerk wirtschaftlicher ist. Bereits bei der Herstellung der Ziegel ist das kleinere Format wesentlich lohnintensiver. Noch größer wird der Preisunterschied, sobald man einen bescheidenen Stundenlohn für die Vermauerung ansetzt, denn mit hochformatigen Ziegeln läßt sich schneller mauern.

Wieviel Zeit braucht man? Der Fachmann rechnet für 1 cbm Mauerwerk bei Normalformat etwa 6 Facharbeiter- (Maurer-) Stunden und 3 Hilfsarbeiterstunden; bei Hochformat etwa 5,4 Facharbeiter- und 2,8 Hilfsarbeiterstunden.

Es ist noch kein Meister vom Himmel gefallen. Wer als Laie zu mauern anfängt, soll für Arbeiten kleineren Ausmaßes etwa das Doppelte dieser Werte annehmen.

Es empfiehlt sich, den Arbeitsbeginn möglichst früh am Tag zu legen, damit man am Abend noch bei Tageslicht aufhören und sich über das frisch entstandene Mauerstück freuen kann. Auch der Maurer, der mit der sprichwörtlich gewordenen Pünktlichkeit dieses Berufs Feierabend macht, wird nie versäumen, seine Tagesarbeit noch einmal zu mustern.

Arbeitskleidung

Drillichzeug, in jedem Berufskleidungshaus zu kaufen, ist die richtige Arbeitskleidung für Maurer- und ähnliche Außenarbeiten. Am Bau tragen es, nach ungeschriebenem Gesetz, die Maurer in Weiß, die Hilfsarbeiter in Blau. Welche Farbe nehmen Sie?

Wichtig sind feste Schuhe aus Leder oder Gummi, die man unmittelbar nach der Arbeit mit Wasser abwäscht, damit nicht Zementteile verkrusten.

Arbeitsgeräte

Berliner Maurerkelle Diese Kelle, auch Schwanenhalskelle genannt, hergestellt aus kräftigem geschmiedetem Blech (meist mit Hals aus einem Stück geschmiedet), wird vorwiegend in Norddeutschland zum Mauern benutzt. Der Griff ist aus Holz. Das Kellenblatt ist so kräftig, daß sich mit der Ecke auch Steine behauen lassen.

Bayerische Maurerkelle Diese Kelle hat ein dünneres Kellenblatt mit Holzgriff. Sie wird in Süddeutschland sowohl zum Mauern wie zum Putzen benutzt.

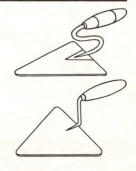

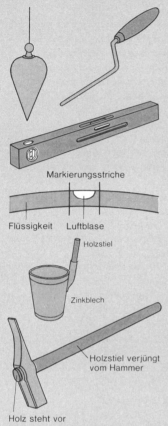

Fugeisen, Fugkelle Zum Verschließen der Fugen mit Zement-Schweiß-Mörtel bei unverputzt bleibendem Mauerwerk, z. B. Klinkern.

Senklot Aus Eisen, blank gedreht, mit abschraubbarer Messingöse zum Befestigen einer Schnur. Gewicht 150 bis 500 g. Zum Ermitteln der Lotrechten, z. B. bei Mauerwerk.

Wasserwaage In eine Latte aus feuchtigkeitsunempfindlichem Holz (meist Teakholz) sind mit Messingbeschlägen eine horizontale und eine vertikale Libelle eingesetzt. Die Libelle ist eine leicht gekrümmte Glasröhre, gefüllt mit Flüssigkeit. Eine kleine Luftblase wandert je nach Stellung der Latte auf und ab. Sie muß genau zwischen den Markierungsstrichen einspielen, dann ist die waagerechte bzw. lotrechte Lage hergestellt.

Maurerschapfer Gefäß aus Zinkblech mit 2 Liter Inhalt, Griff aus Holz. Schöpfgefäß z. B. zum Anschütten der aufgelegten Steinschicht mit Wasser.

Rheinischer Maurerhammer Maurerhammer haben ein »Gehäuse«, das den Holzstiel aufnimmt. Bei der hier gezeigten Form verjüngt sich der Stiel vom Hammerkopf weg. Das dicke Ende des Stiels ragt vorn etwas über den Hammer hinaus. Beim Anschlagen eines Steines schlägt man mit dem Überstand.

Münchner Maurerhammer Hier verjüngt sich der Stiel zum Hammer hin. Der Stiel hat am hinteren Ende einen Metallreif, das Holz steht etwa 2 mm über ihn hinaus. Man kann mit diesem hinteren Ende des Stiels schlagen.
Beide Hämmer werden mit der Breitseite zum Anschlagen von Steinen benutzt, mit dem spitzen Ende zum Behauen. Sie dienen auch zum Nageln.

Flachmeißel, Spitzmeißel Werkzeuge aus geschmiedetem und gehärtetem Stahl zum Brechen von Öffnungen und Schlitzen in Mauerwerk und Beton.

Maurerfäustel Aus Schmiedeeisen, 1000 bis 5000 g schwer, zum Brechen mit Meißeln.

Die Flasche Bier ist für einen rechten Maurer und einen, der es werden will, so gut wie unentbehrlich.

Werkzeug zum Mörtelmischen: S. 205
Werkzeug zum Putzen: S. 220
Werkzeug zum Betonmischen: S. 224

Maurerlatte Holzlatte 1,50 bis 2,50 m lang, 10 cm breit, 3,5 cm dick.

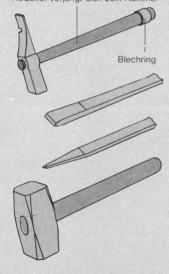

Gerät und Technik des Mauerns

Die Technik des Mauerns

Mit dem Mauern, das Männer wie Winston Churchill als sportliche Freizeitbeschäftigung hoch schätzen, ist es wie mit vielen handwerklichen Arbeiten: es ist im Prinzip ganz einfach, aber die perfekte Ausführung ist gleichwohl nicht ganz leicht und erfordert Übung. Wichtig ist, daß man alles mit Ruhe und Gründlichkeit macht; denn was gemauert ist, steht für Jahrzehnte.

Beim Mauern im Freien ist man von Witterung und Jahreszeit abhängig. Mauern im Winter führt leicht zu Frostschäden und sollte ohne Fachkenntnisse unterlassen werden. Auch bei anhaltenden Regenperioden soll man die Arbeit unterbrechen und das bereits hergestellte Mauerwerk mit Brettern, Pappe o. dgl. abdecken.

Aufstich Liegen Werkzeug und Baustoffe bereit, so beginnt die Arbeit mit dem »Aufstich«. So nennt der Maurer das Festlegen der einzelnen Höhenschichten. Man nimmt in der Regel eine Latte vom Mindestquerschnitt 3 × 5 cm, stellt sie genau senkrecht und zeichnet die einzelnen Schichten einschließlich der Lagerfugen an.

In unserem Beispiel – Trennwand im Keller – brauchen wir keine Aufstichplatte, wir können die Schichthöhen an den bestehenden Querwänden anzeichnen. Dazu brauchen wir Bleistift, Mauerlatte, Meterstab und Wasserwaage.

Da die Lagerfuge 1,2 cm stark sein soll, beträgt die Schichthöhe bei 7,1 cm hohen Normalziegeln 1,2 + 7,1 = 8,3 cm. Unsere Mauer wird 216 cm hoch. 216 : 8,3 = 26 Schichten. Genau gerechnet, ergibt sich für eine Schicht – da wir alle Fugen schön gleichmäßig machen wollen – eine Höhe von 216 : 26 = 8,308 cm. Vom Boden beginnend ziehen wir an beiden Querwänden alle 8,308 cm einen etwa 12 cm langen Bleistiftstrich.

Die Türöffnung soll 190 cm hoch werden. Deshalb muß die 23. Schicht (23 × 8,308 = 191) das Auflager für den Türsturz geben. Sie wird besonders kenntlich gemacht. Die Differenz von 1 cm bei der Höhe der Türöffnung kann später durch Putz ausgeglichen werden.

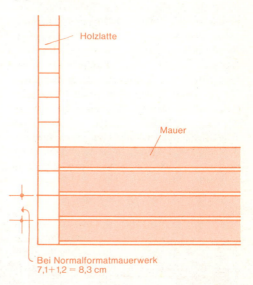

Bei Normalformatmauerwerk
7,1+1,2 = 8,3 cm

Schmatzen Die neue Mauer muß einen seitlichen Halt an den bestehenden Wänden bekommen. Dazu werden in diesen beiden Wänden an den Anstoßstellen mit Hammer und Meißel Öffnungen, sogenannte Mauerschmatzen, geschlagen. Sie müssen so breit sein wie die neue Mauer – also 11,5 cm – und mindestens $^1/_4$ Stein, also 6 cm tief. Bei nicht belasteten, nachträglich einzuziehenden Mauern sind sie nicht in jeder Schicht erforderlich: es genügt, wenn in jeder 4. Schicht ein Stein der neuen Mauer in die alte hineinragt.

Der Verband Damit wir einen richtigen Verband erhalten (keine Stoßfugen übereinander) und in jeder vierten Schicht $^1/_4$ Stein in die Schmatzen hineinragen lassen können, empfiehlt sich der unten gezeichnete Verband.

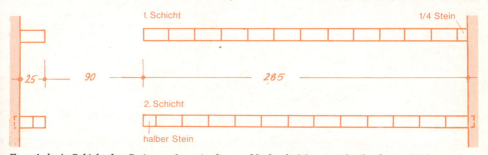

Etwa jede 4. Schicht den Stein um 6 cm in die anschließende Mauer einbinden lassen (Schmatze)

Isolieren Betonboden im Keller wird unter physikalischen Einflüssen von Zeit zu Zeit Feuchtigkeit zeigen. Damit sie in der neuen Ziegelmauer nicht aufsteigen kann, isolieren wir sie durch eine Papplage vom Boden. Ein 12 cm breiter Streifen 500er Isolierpappe (1 Quadratmeter wiegt 500 g) wird auf den Estrich gelegt. Eine besondere Befestigung ist nicht erforderlich.

Die erste Schicht Nun – endlich! – kann das Mauern losgehen. Auf den ausgelegten Pappstreifen wird die unterste Lagerfuge als Mörtelband gleichmäßig mit der Mauerkelle aufgezogen. Nachdem die Steine aufgelegt sind, wird diese erste Schicht mit der Mauerlatte »angeschlagen«, d. h. die Steine werden der Seite und der Höhe nach ausgerichtet. Auf die Steinlage wird mit dem Mauerschöpfer eine geringe Menge Wasser geschüttet. Darauf werden die Stoßfugen »ausgekellt«, d. h. mit Mörtel geschlossen. Bei diesem Auskellen tritt leicht der Mörtel aus den Fugen – besonders bei der nur 11,5 cm starken Mauer – und macht das Ganze unansehnlich. Deshalb hält man beim Füllen stets den durch Handschuh oder »Gummifinger« geschützten Finger oder ein Holzstückchen vor die Fuge.

Jede weitere Schicht entsteht im gleichen Arbeitsgang: Mörtelband aufziehen, Steine legen, anschlagen, auskellen.

Da gebrannte Ziegel nicht auf Millimeter maßgenau sind, wird unsere schwache Mauer nur auf der Seite, von der angeschlagen wird, ganz glatt werden. Die Rückseite wird geringe Unebenhei-

1 Einrichten an der Schmalseite der Mauer: linke Hand hält Wasserwaage, rechte Hand verschiebt Steine
2 Einrichten an der Längsseite der Mauer
3 Anschlagen: linke Hand hält Maurerlatte, rechte Hand den Hammer
4 Anschlagen: hier Einrichten in der Waagerechten
5 Übergießen der eingerichteten Steinschicht mit dem Schöpfgefäß (»Erst Wasser, dann Mörtel«)
6 »Auskellen«: linke Hand verhindert Vorquellen des Mörtels, rechte füllt die Stoßfugen

ten aufweisen, die allerdings die Putzhaftung verbessern. Erst bei Mauern in der Stärke von 3 Steinbreiten (36,5 cm) und mehr kann man von beiden Seiten anschlagen.

Türsturz Jede Maueröffnung muß oben abgeschlossen werden durch ein Glied, das die Mauerlast aufnimmt und auf die seitlichen Auflager ableitet. Man kann einen Bogen mauern oder einen Stahlträger einsetzen; praktisch ist für unseren Zweck allein ein »Fertigsturz«, bestehend aus hochwertigem Stahlbeton mit Rundstahleinlagen, in passender Größe zu kaufen im Baustoffhandel oder beim Betonwerk. Die Einlage muß in der Zone der Zugbeanspruchung, also unten liegen. Man kann meist das Ende der Stäbe an der Stirnseite des Fertigsturzes sehen; ist das nicht der Fall, sind Ober- und Unterseite gekennzeichnet. Der Sturz wird auf ein Band aus Zementmörtel (etwa 1 : 3) aufgelegt, die waagerechte Lage mit der Wasserwaage geprüft.

Neuere Wandbaustoffe

In dem Bestreben, Wandbaustoffe zu schaffen, die möglichst alle physikalischen, wirtschaftlichen und gestalterischen Anforderungen erfüllen, hat die Baustoffindustrie neue Stoffe entwickelt. Einige bereits bewährte seien hier behandelt.

Der Porotonstein Poroton ist ein Wandbaustoff aus gebranntem Ton, der die günstigen Eigenschaften des Ziegels mit den technischen und wirtschaftlichen Vorzügen moderner Baustoffe vereint: niedriger Dauerfeuchtegehalt; hohe Wärmedämmfähigkeit, verbunden mit guter Wärmespeicherfähigkeit; Volumenbeständigkeit; hohe Dampfdiffusionsfähigkeit; geringes Gewicht bei hoher Druckfestigkeit; einfache Verarbeitung.

Dem aufbereiteten Rohton wird vor dem Verpressen aufgeschäumtes Polystrol in Form fein-

POROTON-Leichtziegel

Wand-dicke	Abmessungen in cm			Format-Kurz-zeichen	Materialbedarf pro/m²		Arbeits-zeit-bedarf
					Ziegel	Mörtel	
cm	L	B	H		Stück	Liter	Std.
11,5	24,0	11,5	7,1	NF	50	26	1,00
	24,0	11,5	11,3	2 DF	32	19	0,80
	30,0	11,5	11,3	2,5 DF	27	18	0,70
14,5	30,0	14,5	11,3	3,2 DF	27	23	0,80
17,5	24,0	17,5	11,3	3 DF	32	29	1,30
	30,0	17,5	11,3	3,75 DF	26	27	1,10
24,0	24,0	11,5	7,1	NF	99	65	1,45
	24,0	11,5	11,3	2 DF	66	50	1,30
	24,0	17,5	11,3	3 DF	45	40	1,20
	24,0	24,0	11,3	4 DF	32	31	1,10
	24,0	24,0	23,8	8 DF	16	26	0,90
	24,0	30,0	11,3	5 DF	26	35	1,10
	24,0	30,0	17,5	7,6 DF	17	22	1,00
	24,0	30,0	23,8	10 DF	13	19	0,80
30,0	30,0	24,0	11,3	5 DF	32	50	1,45
	30,0	24,0	17,5	7,6 DF	21	34	1,25
	30,0	24,0	23,8	10 DF	16	26	0,95
	30,0	36,5	23,8	15 DF	11	22	0,95
36,5	36,5	24,0	11,3	6 DF	33	60	1,35
	36,5	24,0	23,8	12 DF	16	30	1,25
	36,5	30,0	23,8	15 DF	13	29	1,14

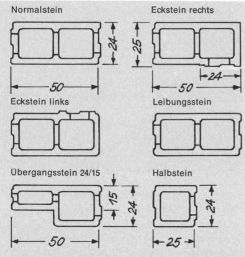

Abmessungen der Durisol-Normalsteine für Wohnungsbau

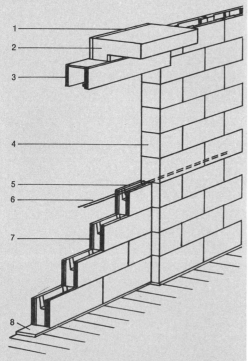

Aufbau einer Durisol-Außenwand: 1 Wärmedämmung · 2 Stahlbetondecke · 3 Fertigteil-Rolladenkasten · 4 Leibungsstein · 5 Übergangsstein · 6 2 Stahleinlagen $\varnothing$ 10 mm 80 cm in die anschließende Wand einbinden · 7 Normalstein 15 cm · 8 Mörtelbett (im Erdgeschoß auf Feuchtigkeitssperre)

ster luftgefüllter Perlen beigemischt. Während des Brennprozesses entstehen abgeschlossene Poren, die u. a. die hohe Wärmedämmung bewirken.

Das Vermauern erfolgt wie beim Ziegelmauerwerk in horizontalen Schichten; die Stoßfugen werden voll mit Mauermörtel gefüllt. Auch der Mauermörtel ist der gleiche wie beim Ziegelmauerwerk.

Auskünfte erteilt: IG Poroton, 43 Essen 1, Manderscheidtstraße 8 b.

Der Kalksandstein Dieser Mauerstein hat in den letzten Jahren eine enorme Verbreitung gefunden.

Das Rohmaterial besteht aus 7 bis 10% gemahlenem Feinkalk und 90 bis 93% hochquarzhaltigem Feinsand. Aus diesem Gemenge, das einen leichten Wasserzusatz erhält, werden in Pressen unter hohem Druck (400 kp/cm^2) die Steine geformt. Hierbei entsteht eine erste chemische Reaktion. Nun werden die Steine in einen Härtekessel gebracht und hochgespanntem Dampf (16–18 atü) bei 200 °C ausgesetzt; dabei läuft eine zweite chemische Reaktion ab. Man kann den Vorgang als Versteinerung bezeichnen.

Die besonderen Vorzüge des Kalksandsteins sind: Maßhaltigkeit (daher eignet sich der Stein besonders auch für Sichtmauerwerk); hohe Druckfestigkeit (150, 250, 350 kp/cm^2); hohes Wärmespeichervermögen, verbunden mit gutem Wärmeschutz; guter Schallschutz; Frostbeständigkeit beim »Verblender« (Festigkeit 250 kp/cm^2).

Die Abmessungen sind die gleichen wie beim Ziegelstein. Das Grundmaß (Normalformat) ist also auch hier 24 · 11,5 · 7,1 cm. Es gelten die gleichen Verbandregeln wie beim Ziegelstein. Für den Mauermörtel verwendet man 1 Teil hochhydraulischen Kalk und 3 Teile Mauersand (möglichst kein gebrochenes Material). Wasser so viel zugeben, daß ein breiiger Mörtel entsteht.

Für die Verfugung bei Sichtmauerwerk wird folgende Mörtelmischung empfohlen: 1 Teil Portlandzement, 1 Teil Traßpulver (nicht Traßzement), 5 Teile Feinquarzsand. Wasser nur so viel zugeben, daß eine erdfeuchte Mischung entsteht. Eine zu hohe Wassermenge würde ein Schwinden der Verfugung zur Folge haben.

Kalksandstein-Information, Entenfang 15, 3000 Hannover 21.

Der Schalungsstein Der aus Kiessandbeton hergestellte Schalungsstein hat seinen Namen daher,

daß er wie eine Schalung mit Beton gefüllt wird. So entsteht eine tragende Wand.
Der Normalstein ist 24 cm dick, 50 cm lang und 25 cm hoch. Da die Schalung eingespart wird, setzt sich dieser Stein für die Herstellung von Betonwänden besonders bei »Selbstmachern« immer mehr durch.

Arbeitsgang 1. Auf das vorbereitete Fundament (Beton) wird ein Mörtelband (Zementmörtel 1:3) als Lagerfuge für die unterste Schicht aufgebracht. Darauf wird horizontal und fluchtgerecht die erste Schicht Schalungssteine gesetzt. Die Steine werden ohne Stoßfuge dicht aneinandergefügt.
2. Auf die unterste Schicht werden nun ohne Mörtel zwei weitere Schichten verbandgerecht satt aufeinander und satt nebeneinander verlegt.
3. Wenn nun drei Schichten Schalungssteine übereinander angeordnet sind, erfolgt das Ausgießen mit Beton. Für den Beton verwendet man Zuschlagstoffe (Kiessandgemenge) in der Körnung 0−30 mm, Portlandzement (PZ 350) und Wasser. Das Mischungsverhältnis Zement : Zuschlagstoffe richtet sich nach der Beanspruchung der Mauer (statische Beanspruchung und Witterungseinflüsse). Im allgemeinen wird man mit dem Mischungsverhältnis 1:6 auskommen. Wasser gibt man so viel zu, daß ein gut plastischer Beton entsteht, damit ein sattes Ausfüllen der Hohlräume gewährleistet ist. Der eingefüllte Beton muß durch Stochern (mit einem Lattenstück) verdichtet werden.
Nach dem Ausgießen der untersten drei Schichten kann sogleich wieder weitergebaut werden: immer drei Schichten Steine, dann wieder Verguß.
Für Kelleraußenwände ist eine Steindicke von mindestens 30 cm zu empfehlen.

Die Durisol-Bauweise Durisol ist Holzspanbeton. Der daraus hergestellte Schalungsstein (Normalstein 24 cm dick, 50 cm lang, 25 cm hoch) ist wetterfest, gegen Feuchtigkeit widerstandsfähig und nicht brennbar. Er ist leicht (der Normalstein wiegt nur etwa 9 kg) und läßt sich unschwer mit Säge, Beil und Bohrer bearbeiten. Infolge seiner besonderen Struktur ist er stark wärmeisolierend und atmungsaktiv.
Die Verarbeitung der Durisol-Schalungssteine ist einfach. Die Steine werden trocken, also ohne Mörtel, neben- und aufeinandergesetzt und mit Beton ausgefüllt. Dadurch entsteht ein beiderseits isoliertes massives Mauerwerk. Im einzel-

nen ist der Arbeitsvorgang genauso, wie gerade beim Schalungsstein geschildert.
Beratung durch: Isotex Baustoffwerke, 8910 Landsberg/Lech, Postfach 2 20 89 10.

Fassadenverkleidung mit Eternitplatten

Eternitplatten sind Verkleidungsplatten der Herstellerfirma Eternit AG. Es gibt sie in verschiedenen Strukturen (gewellt oder glatt), Eigenschaften (je nach Verwendungszweck), Größen, Stärken und Farben.
Die Konstruktion einer Fassadenverkleidung ist abhängig von ihrer Aufgabe. Soll nur ein Regen- und Windschutz erreicht werden, so wird die Konstruktion direkt auf die Umfassungsmauer aufgebracht.

Arbeitsgang Auf das Mauerwerk (1) werden im Abstand von 50 cm, lotrecht verlaufend, Holzlatten 4/6 cm mit nichtrostenden Holzschrauben und Dübeln angebracht (vertikale Konterlattung) (2).
Auf der vertikalen Konterlattung werden nun Holzlatten 3/5 cm (4), waagerecht verlaufend, mit verzinkten Nägeln befestigt. Der Abstand dieser horizontalen Lattung ist abhängig von der Plattengröße.
Auf die horizontale Lattung werden nun mit nichtrostenden Spezialnägeln (Einkauf mit den Platten) die Fassadenplatten (5) angebracht.
Zwischen der vertikalen Konterlattung entsteht eine Hinterlüftung. Es muß allerdings dafür gesorgt werden, daß die Luft unten zu- und oben

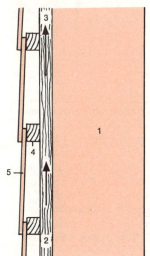

Eternit-Verkleidung für Regen- und Windschutz: 1 Mauerwerk · 2 Senkrechte Lattung · 3 Richtung der Hinterlüftung (zwischen den Latten) · 4 Waagerechte Lattung · 5 Eternit-Fassadenplatten

ausdringen kann (Schlitze nicht verschließen) (3). Soll zu diesem »Wettermantel« auch noch eine Wärmedämmung erreicht werden, so muß zunächst auf das Mauerwerk eine Dämmplatte (z. B. 30 mm gepreßte Glasfaserplatte) aufgebracht werden. Die Dämmplatten können durch Kleben (Spezialkleber) oder auch durch Schrauben und Dübel befestigt werden. Der weitere Aufbau kann dann wie geschildert erfolgen. Diese Konstruktion zeigt die zweite Zeichnung. Man kann diese Dämmschicht auch zwischen die vertikale Konterlattung einordnen. Dabei muß aber die Stärke der Konterlattung mindestens um 3 cm größer sein als die Dicke der Dämmschicht, damit ein Raum für die Hinterlüftung bleibt.

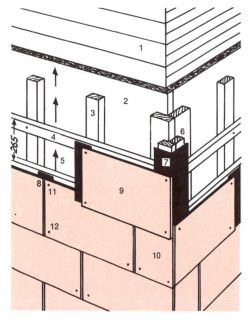

*Fassadenverkleidung mit Verkleidungsplatten Format 600/300 mm, hier auf horizontaler Lattung mit Wärmedämmung hinter Konterlattung:
1 Mauerwerk · 2 Wärmedämmplatte · 3 Konterlattung (Befestigung mit Holzschrauben in Nylondübeln) · 4 Horizontal-Lattung 3/5 cm · 5 Hinterlüftung · 6 Senkrechte Eckbretter · 7 Bitumen-Pappe 100 mm breit · 8 Bitumen-Pappstreifen, straff gespannt · 9 Eternit-Platten, Format 600/300 mm · 10 Eternit-Paßplatte · 11 Verzinkte Schieferstifte (je Platte 2 Stifte) · 12 Nichtrostende Spezialnägel (je Platte 3 Nägel)*

Gasbeton-Mauerwerk

Gasbeton, als Baustoff im Vordringen, wird in Fabrikationsbetrieben aus Sand, Kalk, Zement unter Wasserzusatz und Beigabe eines Treibmittels hergestellt, das (ähnlich wie Hefe im Teig) beim Abbindeprozeß eine Vielzahl kleiner Poren bildet. Gasbeton hat dadurch ein geringes Gewicht (500 bis 700 kg/cbm) und eine sehr gute Dämmwirkung. Seine Vorteile im einzelnen sind:
niedrige Wandgewichte (statischer Vorteil),
geringere Wanddicken für Außenwände,
Fugen- und damit Mörtelanteil wegen der großformatigen Steine und Platten gering, damit weniger Feuchtigkeit im Rohbau (wichtig für Winterbau) und erhöhte Dämmwirkung, da jede Fuge als Kältebrücke wirkt,
leichte Senkung der Heizungskosten,
kürzere Bauzeit,
leichtes Bearbeiten (Sägen, Nageln, Bohren, Fräsen) und damit leichteres Verlegen von Installationsleitungen.
Für ein bekanntes Fabrikat, YTONG (YTONG AG, 8000 München 40, Hornstr. 3) ergeben sich z. B. als Materialbedarf:

Mauerwerk aus Blöcken

| Länge | Dicke | benötigte Stückzahl | |
cm	cm	für 1 m^3	für 1 m^2
49	17,5	46	8
61,5	30	22	6,4

Mauerwerk aus Platten

| Länge | Dicke | benötigte Stückzahl | |
cm	cm	für 1 m^3	für 1 m^2
49	7,5	107	8
49	15	54	8

Blöcke und Platten aus YTONG sind 24 cm, plangeschliffene Blöcke und Platten 25 cm hoch, Blöcke und Platten, die auch in weiteren Größen geliefert werden, können wie Ziegelmauerwerk mit Kalkmörtel oder Kalkzementmörtel vermauert werden. Für den Verband gilt auch hier: keine senkrechten Fugen übereinander!
Besondere Vorteile bieten plangeschliffene Blöcke und Platten. Der Fugenanteil wird hier bei Verwendung von Planblockmörtel so gering, daß die Wand praktisch als homogen gelten kann. Hierdurch wird der Dämmwert nochmals erhöht; auch brauchen derartige Wände nicht mehr verputzt zu werden. Man kann sie sofort spachteln

YTONG-Gasbeton 1 Abgleichen der Schicht mit dem Schleifbrett · 2 Auftragen des Planblockmörtels mit gezahnter Plankelle · 3 Versetzen des Planblocks · 4 Einrichten des Planblocks mit dem Gummihammer

Fotos YTONG AG.

oder tapezieren. Für die Verarbeitung ist allerdings besonderes Werkzeug erforderlich. Auch kann der Putz nur entfallen, wenn eine unbedingt genaue Verarbeitung erreicht wurde. Es ist zweckmäßig, die Mauerflucht vor Arbeitsbeginn durch senkrecht aufgestellte Latten oder Kanthölzer zu fixieren. An diese Hilfskonstruktion wird dann angemauert.

Planblockmörtel ist als trockenes Pulver im Baustoffhandel erhältlich. Die zuzusetzende Wassermenge ist auf den Säcken angegeben.

Werkzeuge für das Mauern mit YTONG-Planblöcken und -Planplatten

Gummihammer Für das Einrichten der Blöcke.

Plankelle Zum Auftragen des Planblockmörtels, hergestellt für alle Wanddicken: 10 · 12,5 · 15 · 17,5 · 20 · 25 · 30 cm.

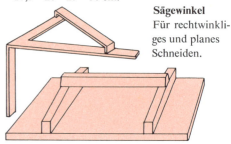

Sägewinkel Für rechtwinkliges und planes Schneiden.

Schleifbrett Zum Ausgleichen von Unebenheiten – mit Ersatzbespannung.

3 Leichtbauplatten

Holzwolle-Leichtbauplatten sind geeignet zur Wärmedämmung von Außenwänden, Fassaden, Decken, zum Dachgeschoßausbau; zur Schall- und Wärmedämmung von Decken und Trennwänden, auch als selbsttragende schalldämmende Trennwände. Sie bilden einen guten Haftgrund für Putz, Mörtel und Beton. Ihre Lebensdauer ist nahezu unbegrenzt. Sie sind unverputzt »schwerentflammbar« (DIN 4102), mit 15 mm dickem Putz »feuerhemmend«, (DIN 4102). Maße und Eigenschaften sind genormt: Format 50 ×200 cm, Dicken 15, 25, 35, 50, 75 und 100 mm.

Heraklith ist die bekannteste und verbreitetste Holzwolle-Leichtbauplatte. Als Bindemittel bei der Herstellung wird Magnesit verwendet, der der Platte eine vorteilhafte Elastizität verleiht. Wie anderswo, ist hier der Markenname beinahe zu einer Gattungsbezeichnung geworden, so daß der Laie oft alle Arten von Holzwolle-Leichtbauplatten »Heraklith« nennt.

Andere Holzwolle-Leichtbauplatten haben als Bindemittel meist Zement. Verschiedene Bezeichnungen.

Mehrschicht-Leichtbauplatten aus Polystyrol-Hartschaumstoff mit Beschichtung aus mineralisch gebundener Holzwolle. Leicht im Gewicht, hoher Wärmedämmwert. Die Holzwolleschicht bildet einen guten Haftgrund für Putz, Mörtel und Beton.

Heratekta ist eine der bekanntesten Mehrschicht-Leichtbauplatten. Die Holzwolle-Deckschicht ist mit Magnesit gebunden.

Allgemeine Hinweise Leichtbauplatten dürfen nicht zum Verkleiden von Rauch- und Abgasrohren verwendet werden. Sie sind beim Lagern und an der Verwendungsstelle vor Feuchtigkeit zu schützen. Zum Teilen der Platten genügt eine scharfe Säge und eine feste, ebene Unterlage.

Verband Einerlei ob Leichtbauplatten befestigt oder frei aufgestellt werden – sie sollen stets im Verband angeordnet sein, d. h. senkrechte Fugen dürfen nicht übereinanderstehen.

Nageln Zum Nageln von Leichtbauplatten nimmt man rostgeschützte Leichtbauplatten-Nägel (mit angepreßter Unterlegscheibe) – erhältlich im Baustoffgeschäft.
Anhalt für die Abmessungen der Stifte:
Plattendicke (cm) 1,5   2,5   3,5   5,0
Nägel (mm)   3,1/50 3,1/60 3,4/70 3,8/90

Putzbewehrung Für das Anbringen von Innenputz auf Leichtbauplatten müssen alle Plattenfugen mit mindestens 80 mm breiten verzinkten Drahtnetzstreifen (z. B. rifusi-Baunetzband mit rechtwinkelig angebogenen Stahlheften zur Befestigung) so bewehrt werden, daß die Bewehrung im Spritzbewurf eingebettet ist. Ebenso ist bei ein- und ausspringenden Ecken sowie Anschlüssen zu anderen Baustoffen oder Bauteilen zu verfahren, allerdings empfiehlt es sich hier, etwa 20 cm breite, verzinkte Drahtnetzstreifen zu verwenden. Erst weiterarbeiten, wenn der Spritzbewurf erhärtet und weißgetrocknet (evtl. rissig) geworden ist.

Andere Leichtbauplatten Zur Dämmung gegen Erschütterungen, Geräusche und Kälte ist die Korkplatte in verschiedenen Ausführungen bewährt. Für den Wärme- und Schallschutz von Decken und Wänden werden vielfach Platten aus gepreßter Glas- oder Steinwolle verwendet. Auch die chemische Industrie bietet hervorragende Dämmplatten an (z. B. aus dem Schaumstoff Polystyrol). Auch Leichtbauplatten aus Schilfrohr, aus Gips und anderen Stoffen werden beim Baustoffhandel geführt. Für Spezial-Dämmungen gibt es weitere Arten.

Erhöhung des Dämmwertes einer Außenmauer Hierzu eignen sich verschiedene Dämmplatten. Als Beispiel sei die Heratekta-Dreischichtplatte genannt, eine Leichtbauplatte aus Polystyrol-Hartschaumstoff mit beidseitiger Heraklithbeschichtung; Hersteller: Deutsche Heraklith AG, 8346 Simbach/Inn, Heraklithstr. 8.

Soll die Dämmplatte an der Außen- oder Innenseite der Mauer angebracht werden? Die Dämmwirkung ist in beiden Fällen dieselbe. Außendämmung wäre bauphysikalisch besser: da sich die massive Wand stärker aufheizt und wirkt so erhöht wärmespeichernd. Doch bei der Notwendigkeit, Heizkosten zu sparen, also selbst eine Zentralheizung immer zu unterbrechen, wenn die Witterungsumstände es zulassen, ist Innendämmung vorzuziehen. Die Dämmplatten hemmen den Wärmefluß in die Massivwand, während im umgekehrten Fall erst die Massivwand aufgeheizt werden muß, bis die dem Raum zugeführte Wärme diesem auch zugute kommt. Deshalb sei hier die Anbringung der Heratekta-Platten an der Innenseite der Außenwand behandelt. Die Dämmwirkung der Wand wird um so besser, je dicker die Platte gewählt wird!

Platten-dicke	Leichtbau-plattennägel	Unterstützungshölzer		Mitten-abstand
	Länge	Breite $\geq$	Dicke $\geq$	$\leq$ bei Wänden
mm	mm	mm	mm	mm
25 35	60 70	50	30	500 670
50 75	90 110 (oder Schrauben mit Beilagscheibe)	60	40	1000

Abmessungen und Aufbau (Dreischichtplatte)

Dicke (mm)		25	35	50	75
Aufbau:					
Deckschicht	(mm)	5	5	5	5
Polystyrol	(mm)	15	25	40	65
Deckschicht	(mm)	5	5	5	5

Anbringung durch Anblenden oder Nageln, ferner durch Anbetonieren (sogenannte verlorene Schalung, hier nicht behandelt).

Anblenden Der massive Untergrund muß eben und staubfrei sein. Die Platten werden dicht gestoßen im waagrechten Verband nur punkt- oder streifenförmig angeblendet (d. h. angeklebt). Je Platte ($= 1 \text{ m}^2$) sind mindestens 15 Klebepunkte oder 5 Klebestreifen (siehe Bild) vorzusehen. Nur Klebemörtel (Baukleber) verwenden: Verarbeitungsvorschriften der Hersteller beachten. Einige Fabrikate (ohne Anspruch auf Vollständigkeit): Ardurit X 7 G Haftzement (Ardex-Chemie GmbH, 5810 Witten-Annen, Friedrich-Ebert-Str. 45–63). Ceresit-Dünnbettkleber (Ceresit-Werk GmbH, 4750 Unna, Friedrich-Ebert-Str. 32). Disbon-Klebemörtel 200 und 209 (Disbon-Gesellschaft mbH, 6105 Ober-Ramstadt, Roßdörfer Str. 50). Herbol-Hepal (Herbol-Werke Herbig-Haarhaus AG, 5000 Köln 30, Vitalisstraße 198–226). PK-Baukleber (GBK-GmbH, 8715 Iphofen).

Zur Abstützung bis zur Erstarrung des Klebemörtels und gleichzeitig zur zusätzlichen Haftsicherung 6 genügend lange Nägel pro Quadratmeter einschlagen: je nach Untergrund rostgeschützte Leichtbauplattennägel bzw. Drahtnägel mit Kunststoffunterlegscheibe oder Hartstahlnägel, ebenfalls mit Kunststoffscheibe. Bei besonders hartem Untergrund Hardo-Universal-Befestigungselemente, Stahl verzinkt, mit Kunststoffscheibe verwenden.

Nageln auf Latten Zunächst werden auf der ebenen und gesäuberten Mauer senkrecht verlaufende Unterstützungshölzer (Latten) angebracht (angeschraubt, an Dübeln befestigt). Es ist empfehlenswert, die Latten vor Anbringung mit einem Holzschutzmittel, z. B. Xylamon, zu imprägnieren.

Die *Heratekta*-Dreischichtplatten werden quer zu den Latten dicht gestoßen im Verband angenagelt: je Latte und Plattenbreite mit mindestens 3 rostgeschützten Leichtbauplattennägeln. Nagellänge für die einzelnen Plattendicken siehe Tabelle. Für 75 mm dicke Platten empfiehlt sich Anschrauben.

Anblenden von HERATEKTA-Dreischichtplatten auf Mauerwerk. Zusätzliche Sicherung durch Nägel o.ä.

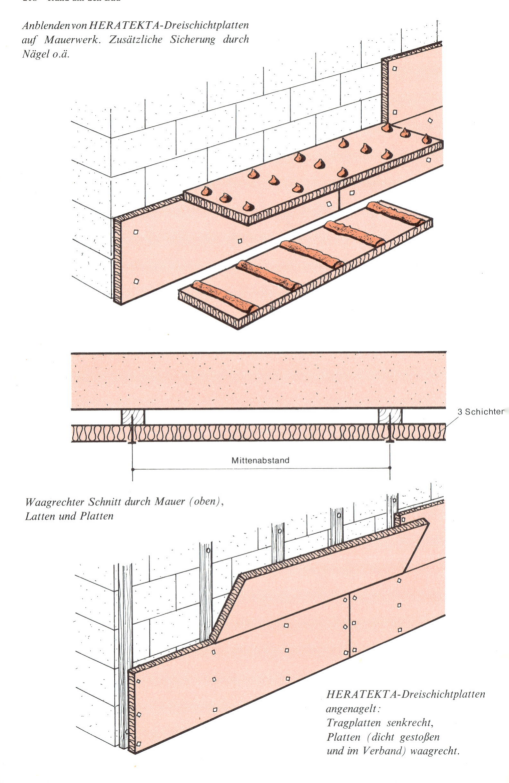

Waagrechter Schnitt durch Mauer (oben), Latten und Platten

HERATEKTA-Dreischichtplatten angenagelt: Tragplatten senkrecht, Platten (dicht gestoßen und im Verband) waagrecht.

4 Putz

Der Putzmörtel

Die Aufgabe des Mörtels als Mauermörtel haben wir schon besprochen. Ebenso wichtig ist seine Aufgabe als Verputz. Er gleicht die Unterschiedlichkeit der Steinabmessungen aus und gibt eine ebene, gefällige Oberfläche, er gibt der Wand Wetterschutz und Wärmedämmung, er beeinflußt besonders als Zierputz den Gesamteindruck eines Gebäudes erheblich.

Guter Putzmörtel muß ganz verschiedenen Anforderungen gerecht werden. Auf der einen Seite soll er sich innig mit dem Mauerwerk verbinden, soll die Mauer gegen Feuchtigkeit und Witterungseinflüsse schützen, isolierend wirken, eine gewisse Oberflächenhärte haben und gestaltend wirken. Andererseits soll er die Mauer nicht hermetisch abdichten, sondern das Entweichen von Feuchtigkeit und das Zudringen von Luftkohlensäure noch ermöglichen.

Käme es auf Festigkeit allein an, würde man nur hydraulische Bindemittel und vor allem Zement verwenden. Dadurch würde aber das Mauerwerk zu sehr abgedichtet, und es bestünde die Gefahr, daß die Putzschale die Elastizitätsbewegungen des Mauerwerks nicht mitmacht und reißt. Dieser Gefahr wegen bevorzugen viele Architekten für Verputzarbeiten nicht ausschließlich hydraulische Bindemittel.

Der richtige Kalk Man kauft sich in der Baustoffhandlung am zweckmäßigsten pulverisierten gelöschten Weißkalk, z. B. »Schwenk-Edelkalk« (in Säcken zu 40 kg). Dieser Kalk braucht keine »Liegezeit« (Einsumpfungszeit), kann also nach der Mörtelbereitung sofort verarbeitet werden (im Gegensatz zu anderen Kalkarten).

Mischverhältnis Der Putzmörtel wird gemischt im Verhältnis 1:2,5 bis 1:3, das heißt ein Raumteil des vorher erwähnten Kalkpulvers auf 2,5 bis 3 Raumteile Sand. Als Sand ist Grubensand am besten geeignet. Geringe lehmige Beimengungen im Sand erhöhen zwar die Geschmeidigkeit des Mörtels, mindern aber die Festigkeit und begünstigen die Rissebildung.

Arbeitsvorgang bei der Mörtelbereitung Zuerst wird das Kalkpulver mit Wasser vermengt (Mörtelkasten), dann der Sand zugegeben. Wird der Mörtel zu steif, Wasser nachgeben.

Noch einige Sonderarten des Mörtels:

Gipsmörtel Der aus Gips, Sand und Wasser bestehende Gipsmörtel wird in der Hauptsache für Stuck- und Estricharbeiten verwandt. Er erhärtet sehr rasch, ist aber feuchtigkeitsempfindlich.

Gipskalkmörtel Häufig als Putzmörtel verwendet, besonders für Decken, wird Gipskalkmörtel, ein Kalkmörtel mit einem Zusatz von Gips. Putz aus diesem Mörtel ist widerstandsfähiger als reiner Kalkputz, doch verträgt Gips keine Feuchtigkeit. Gipskalkmörtel bindet schneller ab als Kalkmörtel, muß daher schnell verarbeitet werden. Wegen des schnellen Abbindens bereitet man nur kleinere Mengen und gibt den Gips erst unmittelbar vor der Verarbeitung zu. Man gibt etwa 30 Liter fertig gemischten Kalkmörtel in den Mörtelkasten, macht dann im Kasten eine kleine Fläche bis zum Boden frei und schüttet in den frei gemachten Raum 6 bis 8 Liter Wasser. In dieses Wasser wird das Gipspulver geschüttet (für die hier angenommene Menge etwa 5 Liter). Erst wenn der Gips sich unter gutem Durchrühren völlig im Wasser gelöst hat, wird die Gipsmilch innig mit dem Kalkmörtel verrührt. Nun schnell verarbeiten! Erstarrter Gipsmörtel ist nicht mehr verwendbar. Wünscht man für Arbeiten im Freien einen schnell erstarrenden Mörtel, so gibt man statt des Gipses – der wegen seiner Empfindlichkeit gegen Nässe hier ungeeignet ist – dem Kalkmörtel Romanzement zu. Dieser Mörtel eignet sich namentlich für größere Putzstärken, für Gesimse, zum Einputzen von Tür- und Fensterstöcken.

Putzen von Außenwänden

Außenputz soll in mit Sicherheit frostfreier Zeit angebracht werden; ist außen und innen zu putzen, kommt der Innenputz zuerst. Außenputz ist in mindestens zwei Schichten aufzutragen (Unterputz und Oberputz), besser in drei (Unterlage · Putzleib · Deckputz). Das verbessert die Haftung. Putzmörtel mit der Kelle anzuwerfen, erfordert Geschick und einige Übung. Die Anwerfbewegung muß aus dem Handgelenk (nicht aus Ellenbogen- oder Schultergelenk) kommen. Wer es zum ersten Male machen will, sollte vorher an einer Probewand etwas üben.

Geräte für den Putz

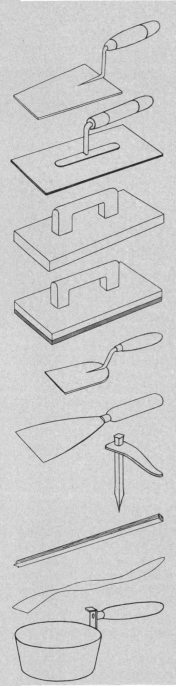

Putzer- oder Gipskelle Kelle zum Anwerfen des Putzmörtels. In manchen Gegenden, z.B. Oberbayern, benutzt man dazu jedoch die dreieckige leichte Maurerkelle (S. 207).

Traufe Aus Stahlblech, mit Holzgriff; verwendet zum Abziehen (zum ersten Glattstrich) von Deckenputz und zum Glätten von Zementestrich.

Reibbrett (Brettreibe) Meist aus Pappel- oder Kiefernholz, mit ganz glatter Brettfläche. Zum Grobverreiben von Putzflächen und zum Aufziehen von Schweißmörtel etwa 15×30 cm; zum Feinverreiben von Putzflächen etwa 11×23 cm.

Filzreibbrett (Reibefilz) Reibbrett wie vor, die Reibfläche jedoch belegt mit einer etwa 1,5 cm starken Filzauflage. Der Filz wird aufgenagelt oder geklebt, er soll etwa 1 mm über die Brettkante hinausstehen. Dient zum Feinreiben von Schweißputzflächen. Der Filz wird dabei öfters in Wasser getaucht.

Kellenspachtel Aus Stahlblech mit Holzgriff. Zum Schließen kleiner Putzporen und Unebenheiten. Sehr zweckmäßig auch für Gipsarbeiten, z.B. Setzen von Dübeln.

Malerspachtel Kann an Stelle der Kellenspachtel verwendet werden.

Putzhaken Aus Schmiedeeisen. Dient zum Befestigen von Putzlatten. Stets in eine Mörtelfuge einschlagen.

Putzlatte Kiefern- oder Fichtenlatte, etwa 24 mm stark, hauptsächlich zum Abziehen des angeworfenen Mörtels, auch für Markierungen. Man soll immer mehrere Latten bereit haben.

Lanzette (Stukkateureisen) Dient zum Schließen von Unebenheiten in Putzflächen.

Gipserpfännchen Gefäß aus Zinkblech zum Anmachen von Gips. Auch Gefäße aus Gummi sind gut geeignet.

Putz 221

Spritzwurf mit dünnflüssigem Zementmörtel. Mauerstruktur noch sichtbar

Putzstreifen 15 cm breit anwerfen und mit Latte und Wasserwaage lotrecht abziehen

So sieht die abgezogene Putzleiste aus – alle 1,50 m ein Streifen

Zwischenflächen anwerfen, mit Putzlatte zickzackförmig abziehen

Glattreiben durch kreisende Bewegungen mit dem Reibbrett

Zementspritzwurf Als unterste Schicht ist am besten nicht der eben beschriebene Kalkmörtel geeignet, sondern ein »Zementspritzwurf«: 1 Raumteil Portlandzement auf 2,5 Raumteile scharfkörnigen reinen Sand, dünnflüssig mit Wasser angemacht und mit der Kelle so dünn aufgespritzt, daß die Mauerwerksfugen nicht ganz geschlossen werden, vielmehr der zweiten Putzlage noch Halt bieten können.

Putzleib Die zweite Schicht besteht aus Kalkmörtel der vorhin beschriebenen Art und Mischung. Um eine glatte Putzfläche zu bekommen, wirft man zunächst im Abstand von etwa 1,50 m mit der Kelle senkrechte Putzstreifen an, etwa je 15 cm breit, zieht sie mit einer Latte senkrecht ab und reibt sie mit dem Reibbrett glatt.

Haben diese Streifen leicht angezogen, d.h. sind sie durch Feuchtigkeitsabgabe leicht erhärtet (nach einigen Stunden), so wird mit der Kelle die Fläche zwischen den Streifen beworfen und die so entstandene Schicht mit der Latte senkrecht von unten nach oben abgezogen, wobei die Latte zickzackförmig hin und her gleitet. Sind noch Unebenheiten vorhanden, werden sie nochmals beworfen und abgezogen. Darauf wird die ganze Fläche schnell mit dem Reibbrett abgerieben. Reibt man zu lange, wird der Putz »tot«, d. h. in seinem Erhärtungsprozeß beeinträchtigt.

Deckschicht Diese dritte und oberste Schicht (Deckputz, Zierputz) kann wiederum aus unserem Kalkmörtel bestehen. Handelt es sich um eine Wind und Wetter ausgesetzte Fassade, wird dem Bindemittel Kalk zweckmäßig noch ein wasserabweisendes Mittel, z. B. »Ceresit«, zugegeben.

Diese Schicht soll etwa 1:2,5 gemischt sein; der Mörtel, ziemlich breiig angemacht, wird in dünner Schicht angeworfen und mit dem Reibbrett verrieben.

Außenputz soll die Handarbeit nicht verleugnen. Weiche Belebung der Putzfläche ist natürlicher als mathematische Präzision. Glatter Putz ist besser als gekünstelter Zierputz, der irgendwelche Muster zeigt oder nachahmt; auch bietet er Schmutz und Ungeziefer wenig Angriffspunkte.

Ungestörtes Abbinden Alle Mörtel verlangen einen ungestörten Abbindeprozeß. Gefährlich ist Frost. Das Anmachwasser im Mörtel gefriert zu Eiskristallen, die infolge ihrer Volumenvergrößerung (10 Liter Wasser dehnen sich zu 11 Liter Eis aus) den Mörtel sprengen. Es gibt Frostschutzmittel zum Beimengen. Sicherer ist es, Arbeiten mit Mörtel nur in frostfreier Zeit auszuführen,

mit Ausnahme von Arbeiten im Hausinnern, wenn auch die Mörtelbereitung an frostgeschützter Stelle erfolgen kann.
Starke Sonnenbestrahlung entzieht frisch verarbeitetem Mörtel das Anmachwasser zu rasch. Besonders Mörtel mit hydraulischen Bindemitteln (Wassermörtel) brauchen aber dieses Wasser zum Erhärten und sind deshalb gegen Sonnenstrahlung zu schützen.

Innenputz

Das Mauerwerk ist mit scharfem Besen abzukehren. Der Putz haftet einwandfrei, wenn die Fugen nicht bis zu den Steinkanten voll ausgefüllt sind. Es genügen zwei Schichten, der Zementspritzwurf kann entfallen. Die Unterschicht besteht aus Kalkmörtel und wird genauso aufgebracht, wie eben beim Außenputz (Putzleib) gezeigt.
Feinputz mit Schweißmörtel Der Feinputz wird in verschiedenen Gegenden Deutschlands verschieden ausgeführt. Ich beschreibe zuerst den in vielen Gegenden üblichen Verputz mit Schweißmörtel, auch Schweißputz genannt oder – weil das Verreiben mit dem Filz geschieht – Filzputz. Dieser Mörtel besteht aus Kalk (meist Kalkteig, man kann aber auch hier den erwähnten »Edelkalk« verwenden) und Schweißsand. Das ist feiner Sand mit einer Korngröße bis etwa 0,2 mm, der in der Natur frei vorkommt. Man mischt 1 Raumteil Kalk mit 2,5 Raumteilen Schweißsand unter Zugabe von so viel Wasser, daß ein dickflüssiger Mörtelbrei entsteht.

Da im frei vorkommenden Schweißsand größere Sandkörner enthalten sein können, schickt man vor dem Verarbeiten das Mörtelgemisch – nicht den Sand vor dem Mischen! – durch ein feinmaschiges Drahtsieb, im Handel unter dem Namen »Schweißsandsieb« zu kaufen. Das Sieb, am besten seitlich mit Brettern gefaßt, wird auf den Mörtelkasten gestellt, der Mörtel auf die Siebfläche geschüttet und mit Kelle oder Mörtelrühre durchgerührt.
Zum Auftragen legt man Mörtel mit der Kelle auf das Reibbrett, das Brett mit der Längsseite gegen die Wandfläche gelegt und etwas angekippt, so daß der Mörtel zur Wand rutscht. Unter gleichmäßigem zickzackförmigem Hin- und Herschieben führt man dann das Brett aufwärts und trägt den Mörtel auf die Unterschicht. Glattreiben mit dem Reibbrett, anschließend mit dem Reibefilz, in kreisender Bewegung, wobei der Filz ab und zu in Wasser zu tauchen ist. Durch dieses Filzen entsteht eine glatte, geschlossene Putzschicht.
Gipsglättputz In anderen Gegenden nimmt man Gipsbrei – Gips und Wasser –, der mit Stahlblech (»Traufe«, S. 220) aufgezogen und vollständig geglättet wird. Die perfekte Ausführung erfordert Geschick und Übung; der Maurer überläßt sie oft dem Stukkateur als Spezialisten.
Deckenputz Für Deckenputz nimmt man besser drei Lagen, als unterste wieder den soeben beim Außenputz erwähnten Zementspritzwurf. Die zweite Lage ist Kalkmörtelputz 1:2,5, wie beim Wandputz, jedoch mit etwas Gipszusatz; der Feinputz ist wieder Schweißmörtel.

5 Beton

Zement · Zuschlagstoffe · Wasser

Beton ist ein Gemenge aus Zement (als Bindemittel, welches das »Abbinden«, das Erhärten bewirkt), Zuschlagstoffen (Kiessand oder andere Steinmischung) und Wasser.
Zement Für die meisten Betonarbeiten und für alle hier besprochenen Zwecke verwenden wir Portlandzement der Güte Z 350. Er wird in seiner Herstellung vom Normenausschuß überwacht und ist kenntlich an dem Normenzeichen auf dem Papiersack.
Zement ist, wie wir schon wissen (S. 204), ein hydraulisches Bindemittel: er erhärtet durch Verbindung mit Wasser. Er muß deshalb trocken gelagert werden. Man soll nach Möglichkeit nur

frischen Zement verarbeiten. Bei altem Zement besteht die Gefahr, daß er durch Aufnehmen von Luftfeuchtigkeit schon teilweise abgebunden hat. Das ist nicht rückgängig zu machen.

Zuschlagstoffe Art, Güte und Zusammensetzung der Zuschlagstoffe sind für die Güte des Betons ebenso wichtig wie der Zement. Am besten ist ein Gemisch von Kies und Sand geeignet. Vielleicht ist Ihnen schon aufgefallen, wie sich manchmal an der Oberfläche einer Betonmauer ein Stein herauslöst. Genaues Zusehen zeigt dann oft, daß der Stein mit einer feinen Lehmschicht überzogen ist, die das Zudringen von Zementmilch verhindert hat, so daß dieser Stein nicht fest mit der übrigen Masse verkittet werden konnte. Wir lernen daraus: Zuschlagstoffe müssen frei von lehmigen und erdigen Bestandteilen sein, wenn Rissebildung oder stellenweiser Zerfall ausgeschlossen bleiben sollen.

Auswaschen Hat man nur lehmiges Material zur Verfügung, z. B. auf Grund örtlicher Gegebenheiten, so kann man es, solange es sich um kleinere Mengen handelt, vor Verwendung selbst waschen: Ein Rahmen, etwa 1×2 m groß, wird zusammengenagelt aus 25 bis 30 cm breiten, 3 cm starken Brettern. Als Boden bekommt er ein feinmaschiges starkes Gitter oder ein engdurchlochtes Stahlblech, Lochdurchmesser etwa 3 mm.

Der Kasten wird auf Lagerhölzer gestellt, der Kies hineingeschüttet und unter Umschaufeln mit einem kräftigen Wasserstrahl abgespült. Unvermeidlich ist dabei, daß mit den unerwünschten Lehm- und Erdteilen auch der erwünschte Feinsand ausgespült wird. Das gewaschene Material muß deshalb mit reinem Sand vermengt werden.

Korngröße Auch die Korngröße ist wichtig. Am günstigsten ist ein Kiessand-Gemisch folgender Zusammensetzung:

30 Gewichtsteile 0–3 mm Durchmesser
20 Gewichtsteile 3–7 mm Durchmesser
50 Gewichtsteile 7–30 mm Durchmesser

Nicht immer hat man für kleinere Arbeiten die Möglichkeit, ein so zusammengesetztes Gemisch zu bekommen oder herzustellen. Dann schafft eine Erhöhung der Zementmenge Ausgleich. (Genaue Mischverhältnisse s. folgenden Abschnitt.) Untergeordnete Betonarbeiten kann man mit reinem kiesigem Aushubmaterial ohne Bedenken durchführen, sofern das Material mit Sand gut durchsetzt ist und die größeren Steine ab etwa 5 cm Durchmesser beim Mischen ausgesondert werden.

Das Mischwasser Als Mischwasser können außer dem gewöhnlich verwendeten Leitungswasser alle in der Natur frei vorkommenden Gewässer benutzt werden, soweit sie nicht stark verunreinigt sind. Ungeeignet ist stark salzhaltiges Wasser. Vorsicht in der Nähe landwirtschaftlicher Anlagen: das Wasser darf nicht verjaucht sein. Der Beton erreicht seine höchste Festigkeit, wenn man nur so viel Wasser in die Mischung gibt, wie der Zement für den Abbindevorgang braucht. Das ist verhältnismäßig wenig. Jede weitere Wassermenge mindert die Bindekraft des Zements.

Die richtige Mischung

Beton für verschiedene Zwecke erfordert verschiedenartige Mischung. Um den Bedarf errechnen und die Bestandteile richtig dosieren zu können, muß man nach bestimmten Erfahrungswerten Raumteile in Gewichtsteile umrechnen. Das erläutern die folgenden Beispiele. Als Zuschlagstoff ist dabei Kiessand angenommen, der frei ist von lehmigen und erdigen Bestandteilen, der als maximale Korngröße etwa 50 mm aufweist und der reichlich Sand in sich hat – wie er oft in der Natur vorkommt.

Mischverhältnis für Betonwände Für Betonwände ist das Mischungsverhältnis 1 : 8, d. h. 1 Raumteil Portlandzement auf 8 Raumteile Zuschlagstoffe, meist ausreichend.

Errechnung des Bedarfs Den Baustoffbedarf errechnen wir, wie beim Ziegelmauerwerk, nach der Raummenge des fertigen Betons: Länge mal Breite mal Höhe.

Als Beispiel diene der Umfassungsbeton für einen Sandkasten. Maße wie in der Zeichnung angegeben:

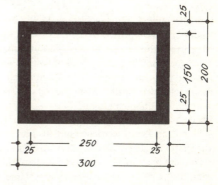

Die Höhe über Gelände soll 30 cm betragen. Für unser Beispiel nehmen wir ein Fundament unter

224 Rund um den Bau

Gelände als vorhanden an. Ist es neu anzulegen, kommt die entsprechende Höhe dazu.

Die Gesamtlänge unserer Betonmauer ist 2,50 (nicht 3,00 – sonst werden die Eckstücke doppelt gezählt!) + 2,50 + 2,00 + 2,00 = 9,00 m. 9,00 × 0,25 (Breite) × 0,30 (Höhe) = 0,675 cbm Rauminhalt.

Für 1 cbm fertigen Beton rechnet man erfahrungsgemäß 1,2 cbm Zuschlagstoffe (mehr als 1 cbm wegen der Verdichtung beim Mischen und beim Stampfen). Für unsere Mauer brauchen wir 0,675 × 1,2 = 0,810 cbm (810 Liter) Kiessand.

Beim Mischungsverhältnis 1:8 brauchen wir den 8. Teil dieser Menge an Zement. 0,810:8 = rund 0,101 cbm Zement (101 Liter). Wieviel kg sind das? Ein handelsüblicher Sack Zement hat 1 Zentner = 50 kg, das entspricht einem Rauminhalt von 38 Liter. Wir brauchen 101 Liter. 101:38 = 2,64. Wir brauchen 2,64 Sack Zement (132 kg).

Wieviel Mischwasser gehört dazu? Bei erdfeuchtem Beton (der hier am günstigsten ist) und Handmischung (s. unten) rechnet man beim Mischungsverhältnis 1:8 auf 1 cbm fertigen Beton 110 Liter Wasser. 0,675 × 110 = rund 75. Wir brauchen 75 Liter Mischwasser.

Magerbeton Als Unterlage für begehbare Plattenbeläge und begehbare Zementestriche (auch als Fundamentbeton unter Gelände für geringe Belastung) verwendet man Magerbeton. Bei gleicher Güte der Zuschlagstoffe wie vorher zugrunde gelegt verlangt er ein Mischungsverhältnis von 1:10 bis 1:12 (Zement : Zuschlagstoffe).

Stoffbedarf: Hier kann man für 1 cbm fertigen Beton als Erfahrungswert einen Bedarf von 1,25 cbm an Zuschlagstoffen annehmen.

Bei Mischung 1:10 braucht man den zehnten Teil dieser Menge an Zement. 1250 Liter:10 = 125 Liter Portlandzement = rd. 3,29 Ztr. = 165 kg. Bei Mischung 1:12 braucht man 1250:12 = 104 Liter Portlandzement = rd. 2,74 Ztr. = 137 kg. Mischwasserbedarf für 1 cbm Fertigbeton 100 Liter. Den Stoffbedarf für den konkreten Fall errechnet man, indem man den Rauminhalt der herzustellenden Fertigbetonmasse mit den Richtwerten für 1 cbm malnimmt.

Feinbeton Feinbeton (Sandbeton) dient zur Herstellung von Zementestrichen und als Mörtelbett für Plattenbeläge (S. 261 u. 284). Als Zuschlagstoff dient hier Quetschsand oder reiner Grubensand bis 3 mm Korngröße (daher der Name, Beton mit grobkörnigem Kiessand nennt man Rauhbeton). Damit die feinen Sandkörner zu fester Be-

tonmasse verkittet werden, bedarf es einer größeren Zementmenge. Mischverhältnis: In der Regel nimmt man 1 Raumteil Portlandzement auf 4 Raumteile Sand.

Stoffbedarf: Für 1 cbm fertigen Sandbeton braucht man etwa 1,1 cbm Sand. Zement braucht man bei Mischverhältnis 1:4 den vierten Teil davon, also 1100 Liter:4 = 275 Liter Zement = rd. 7,24 Ztr. = 362 kg.

Die Zugabe von Mischwasser muß sehr vorsichtig geschehen. Estrichbeton soll so trocken wie möglich gehalten werden; deshalb nur so viel Wasser zugeben, bis nach mehrmaligem innigem Mischen ein erdfeuchter Beton entsteht. Da Feinsande eine sehr unterschiedliche Fähigkeit zur Wasseraufnahme zeigen, kann man nur einen ungefähren Richtwert angeben: auf 1 cbm Fertigbeton 130 Liter Mischwasser.

Als kleines **Beispiel** diene die Aufgabe, einen Kellerraum, 2,50 × 4 m groß, mit einer 2 cm starken Schicht Feinbeton (Zementestrich) zu versehen. Unterbeton (Rauhbeton) sei hier vorhanden.

2,50 × 4,00 × 0,02 = 0,2 cbm Fertigbeton. Sandbedarf 1,1 (siehe oben) × 0,2 = 0,220 cbm Feinsand.

Zementbedarf 220:4 = 55 Liter = rd. 1,45 Ztr. = 72,5 kg.

Wasserbedarf 130 × 0,2 = 26 Liter.

Vergußbeton Um seine Aufgabe zu erfüllen (Ausgießen von Fugen bei Plattenbelägen S. 274), muß dieser Beton dünnflüssig angemacht werden. Da die große Mischwassermenge die Bindekraft des Zements beeinträchtigt, muß mehr Zement zugesetzt werden. Mischverhältnis: 1 Raumteil Portlandzement auf 2 Raumteile Sand. Als Sand nimmt man hier gewaschenes Material bis 3 mm Korngröße.

Das Handmischen von Beton

Werkzeug und Gerät 1 Mischbrücke, eine ebene Fläche von etwa 1,50 × 3 m Größe, aus Stahlblech oder mindestens 24 mm starken Brettern. Blech oder Brett auf Riegellager genagelt. Querschnitt der Riegel etwa 8 × 8 cm, Abstand 60 cm. Die Mischbrücke kann man selbst herstellen.

1 Mörtelpfanne, nur bei Vergußbeton (s. oben) an Stelle der Brücke

2 Blattschaufeln

1 Eisenrechen

2 Gießkannen oder Schlauchanschluß an Wasserleitung

1 Schubkarren
1 Betonstampfer, aus Schmiede- oder Gußeisen, mit etwa 1,60 m langem Holzstiel.

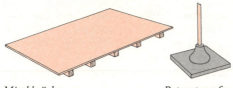

Mischbrücke *Betonstampfer*

Arbeitsgang Auf die aufgestellte Mischbrücke die trockenen Zuschlagstoffe – Kiessand oder Sand – zu einem länglichen Haufen von 200 cm Länge, 60 cm Breite und etwa 30 cm größter Höhe anschütten. Den trockenen Portlandzement – unter Beachtung des jeweiligen Mischverhältnisses – über die ausgeschütteten Zuschlagstoffe verteilen.
Jetzt folgt die Hauptsache beim Betonmischen: das trockene, innige Vermengen von Zement und Zuschlag. Sehr gut geht es, wenn zwei Mann, sich gegenüberstehend, gleichzeitig den Haufen umschaufeln (darum stehen zwei Schaufeln in der Werkzeugliste) – am allerbesten, wenn ein dritter dabei das umgeschaufelte Material sogleich mit dem Eisenrechen durchkämmt.
Erst wenn das trockene Mischgut völlig gleichmäßig vermengt ist, gibt man mit Gießkanne oder Schlauch unter weiterem Schaufeln das Mischwasser zu, in geringen Mengen und mit schwachem Wasserstrahl, damit nicht Zement fortgespült wird.
Es wird beim Handmischen oft der Fehler gemacht, eine zu große Wassermenge zuzusetzen, weil man sich das Mischen erleichtern will oder beim ersten Umschaufeln den Eindruck hat, das Mischgut sei zu trocken – wenn das Wasser noch nicht gleichmäßig auf die ganze Masse verteilt ist.
Ist der Beton gemischt, soll er unverzüglich verarbeitet werden.

Arbeitsgänge einteilen Auf einer Mischbrücke der angegebenen Größe kann man in einem Arbeitsgang etwa 0,2 cbm Zuschlagstoffe verarbeiten. Größere Mengen wird man in Raten von ungefähr dieser Größe einteilen. In unserem Beispiel Umfassungsmauer für Sandkasten hatten wir (S. 223 f.) als Gesamtbedarf errechnet 0,810 cbm Zuschlagstoffe · 132 kg Portlandzement · 75 Liter Mischwasser.

Diese Menge wird man zum Mischen auf der Mischbrücke in 4 Raten zerteilen von je 0,203 cbm Zuschlagstoffen · 33 kg Portlandzement · 19 Liter Mischwasser.

Mischen von Vergußbeton Wegen der erforderlichen großen Wasserzugabe kann man Vergußbeton (S. 224) nicht auf der Mischbrücke mischen. Man nimmt in diesem Fall den Mörtelkasten und rührt dort das Gemisch unter Wasserzugabe mit der Mörtelrühre an. Aber vorher – wie immer beim Betonmischen – zuerst Zement und Zuschlag trocken sorgfältig mengen! Der Vergußbeton wird zweckmäßig mit Kübeln an die Verwendungsstelle geschafft.

Verarbeitung von Beton in Schalung Zwei allgemeine Ratschläge voraus: 1. Betonarbeiten nur bei Temperaturen von $+5°$ C an aufwärts durchführen! 2. Nach jeder Arbeit mit Beton Geräte, Werkzeug und Schuhe gut reinigen – Betonreste verhärten sonst.

Schalung Die breiige Betonmasse verlangt überall, wo sie nicht eine waagerechte Fläche bedecken soll, bis zum Erhärten eine Schalung. Für die hier beschriebenen Arbeiten kleineren Ausmaßes kommt nur Holzschalung in Betracht. Wir brauchen:

Werkzeug und Gerät Bretter, mindestens 24 mm stark, Breite beliebig, Anzahl nach Bedarf
Kanthölzer, Mindestquerschnitt 6×10 cm
Rundhölzer, Mindestdurchmesser 8 cm, zum Abstützen (»Abbolzen«)

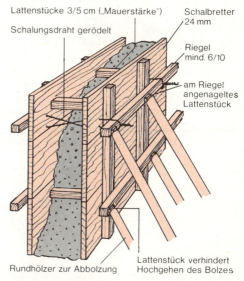

Beton in der Schalung

kurze Lattenstücke, Querschnitt etwa 3×5 cm, so lang wie die geplante Wand stark ist

Nägel 31/70 (3,1 mm⌀, 70 mm lang)

Schalungsdraht, etwa 3 mm Durchmesser

Schalungszwingen, in der Wirkungsweise ähnlich Schraubzwingen (S. 105), können den Draht ersetzen. Auch hat die Industrie »Patentschalungen« entwickelt. Die Anschaffung solcher Dinge lohnt nur, wenn man sie öfters verwenden kann.

1 Schlegel (Holzhammer)

1 Hammer etwa 500 g

1 Bohrer mit 5 mm Durchmesser

1 Kombizange

Betonstampfer · Schaufel · Reibbrett.

Einbringen des Betons Das Betongemisch wird durch Einschaufeln in Lagen von etwa 20 cm in die Schalung eingebracht. Die Lagen werden durch gleichmäßiges Stampfen mit dem Betonstampfer verdichtet. Je dichter die Betonmasse, desto fester wird sie! Die Oberfläche des eingebrachten Betons wird mit dem Reibbrett glatt verrieben.

Der Abbindeprozeß Um den Abbindevorgang (Festwerden) nicht zu stören, muß man den Beton vor starker Sonnenbestrahlung, zu schnellem Austrocknen, eventuell einbrechendem Frost und vor Regen (Auswaschen) schützen. Am besten deckt man die Betonoberfläche mit Brettern oder Rupfen ab und feuchtet die Oberflächen nach jeweiligem Abtrocknen leicht an. Es darf jedoch nicht mit starkem Wasserstrahl gespritzt werden, auch dürfen sich keine Pfützen auf den Betonflächen bilden: sonst entstehen an den Oberflächen Haarrisse.

Der Abbindeprozeß des Betons bei Verwendung von Portlandzement Z 350 dauert etwa 90 Tage. Die Festigkeit, die der Beton nach Abschluß dieses Erhärtungsvorganges erreicht hat, behält er fast unbegrenzt bei, wenn nicht zerstörende Einflüsse einwirken. Der verhältnismäßig lange Zeitraum bis zum vollständigen Erhärten bedeutet nicht, daß der Beton so lange in der Schalung bleiben müßte oder erst nach dieser Zeit beansprucht

werden könnte. Bei normaler Witterung (Temperaturen um 20° C) genügt es, wenn Betonwände etwa eine Woche eingeschalt bleiben. Nach etwa 28 Tagen Abbindezeit kann Beton in der Regel seine vorgesehene Belastung aufnehmen.

Sichtbeton Erfährt der Beton nach dem Ausschalen keine Oberflächenbehandlung mehr, so spricht man von Sichtbeton. Auskleiden der Schalung mit Sperrholz oder Hartfaserplatten gibt besonders schöne Sichtflächen.

Ein Wort über Stahlbeton

Betonarbeit ist keine Spielerei – das weiß jeder. Daß sie auch keine Hexerei ist, werden Sie beim Durchlesen dieser Abschnitte festgestellt haben. Die Arbeit des Laien hat aber ihre Grenzen. Sie hat haltzumachen vor Aufgaben größeren Ausmaßes – und vor dem Stahlbeton, den man früher Eisenbeton nannte.

Manche Stoffe sind sehr druckfest. Beton zum Beispiel. Andere sind sehr widerstandsfähig gegen Zugbeanspruchung. Stahlseile zum Beispiel. Holz hat die angenehme Eigenschaft, gegen Druck wie gegen Zug ziemlich gleichmäßig Widerstand zu leisten. Was es mit Zug und Druck auf sich hat, sieht man sogleich, wenn man einen Radiergummi zur Hand nimmt und durchbiegt. Außen wirkt Zug, der bis zum Zerreißen führen kann, innen wirkt Druck, in der Mitte liegt eine Schicht, in der weder Druck noch Zug wirkt. Aus dem Wunsche, den Idealbaustoff zu finden, der in noch höherem Maße als Holz gleichzeitig Druck- und Zugkräfte aufnehmen kann, wurde der Stahlbeton entwickelt. Der Beton nimmt den Druck auf, der eingelegte Rundstahl – der deshalb immer dort liegen muß, wo Zugkräfte auftreten – den Zug.

Stahlbetonarbeiten, wie sie in Betracht kommen für Stürze · Decken · Balkonplatten · Säulen · Fundamentplatten u.a., erfordern Fachkenntnisse und sollen nur vom Fachmann ausgeführt werden.

6 Mauerdurchbruch

Trennmauer oder Tragmauer? Soll eine Öffnung für Tür, Fenster, Speisendurchreiche o. ä. in eine bestehende Mauer gebrochen werden, so beginnt die Überlegung mit der Grundfrage: Handelt es sich um eine reine Trennmauer – oder hat die zu durchbrechende Mauer Lasten zu tragen (darüberliegende Wand, Decke, Dachstuhl)? Allein aus der Stärke der Mauer läßt sich das nicht mit Sicherheit entscheiden. Es kommt vor allem im Kleinhausbau vor, daß Tragmauern nur halbsteinstark (11,5 oder 12 cm) sind, andererseits können unbelastete Mauern aus feuerpolizeilichen Gründen oder zur Schalldämmung stärker sein.

Die Antwort auf unsere Frage kann man im allgemeinen einer Planunterlage entnehmen. Sie zeigt, wie die Mauern übereinanderstehen und wie die Decken verlegt sind, ob also die fragliche Mauer als Deckenauflager dient. Unbedingt erforderlich ist, die Planunterlage an Ort und Stelle genau mit den wirklichen Verhältnissen zu vergleichen – für den nicht so seltenen Fall, daß während der Bauausführung aus irgendwelchen Gründen vom Plan abgewichen worden ist. In jedem Zweifelsfall, insbesondere wenn kein brauchbarer Plan vorhanden ist, muß der Baufachmann zu Rate gezogen werden. Von Bedeutung ist für die Beurteilung von Durchbrüchen auch das Material, aus dem die Mauer besteht: z. B. hat eine Betonmauer in sich eine bessere Verspannung als eine Mauer aus großformatigen Hohlblocksteinen.

Ergibt die Prüfung, daß es sich um eine tragende Mauer handelt, so bedeutet das zwar nicht, daß man auf den Durchbruch verzichten muß, wohl aber soll man darauf verzichten, ihn selbst vorzunehmen. Eine solche Mauer muß während der Arbeit, solange bis ein Sturz über der Durchbruchsöffnung eingezogen ist, »abgebolzt« werden, d. h. so abgestützt, daß die Abbolzung – die selbst auf tragfähigen Teilen stehen oder bis zum Baugrund durchgeführt werden muß – die Last der Mauer während der Arbeit aufnimmt. Das erfordert große Sachkenntnis und Erfahrung.

Schmale Öffnungen In einem Fall braucht man sich durch die Tragmauer nicht abschrecken zu lassen: wenn die gewünschte Öffnung von geringer Breite ist, bis höchstens 50 cm. Allerdings muß eine solche Öffnung genügend weit unter dem Deckenauflager liegen, damit die Deckenlasten sich nach beiden Seiten verteilen können. Der Abstand von der obersten Stelle der Öffnung bis zur Decke muß mindestens 60 cm betragen. Der Arbeitsgang ist genau so, wie er für das gleich folgende Beispiel ausführlich erläutert wird, einschließlich des Einziehens eines Sturzes, der auch hier erforderlich ist. Doch wird die Öffnung hier nicht bis zur Decke hinauf durchgebrochen.

Vorsicht mit waagerechten Mauerschlitzen

Schwerste Unfälle sind dadurch entstanden, daß Mauern einstürzten, die durch einen waagerecht laufenden Schlitz geschwächt waren. Solche Schlitze werden meist geschlagen für nachträglich verlegte Installationsleitungen, die unter Putz liegen sollen. Es ist unverantwortlich, eine Mauer so zu schwächen, wie es das linke Bild zeigt. Das verträgt unter Umständen nicht einmal eine reine Trennmauer.

Durchbruch einer Trennmauer

Für unsere weitere Betrachtung nehmen wir als Beispiel die Aufgabe: Im Erdgeschoß eines Einfamilienhauses ist in eine 11,5 cm starke Ziegelmauer eine Öffnung zu brechen. Das Gebäude ist nur erdgeschossig, das Dachgeschoß nicht ausgebaut. Die endgültige Öffnung (nach dem Verput-

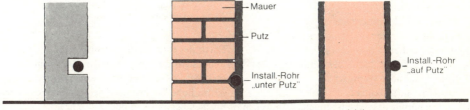

falsch — richtig — richtig

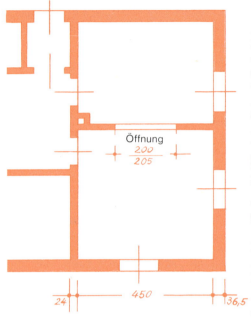

des Fußbodens mit Zeitungen, Packpapier o. ä., Abdecken der Arbeitswege innerhalb des Hauses, Entfernen von Vorhängen, Wegrücken und Abdecken von Möbeln – wird im Einzelfall sehr verschieden lange dauern. Für die folgenden Arbeiten können Sie als Richtwerte annehmen: Ausbrechen der Öffnung und Lagern der Steine 8 Stunden. Einziehen des Sturzes einschließlich Aufmauern des Mauerteils über dem Sturz mit vorhergehender Mörtelbereitung 5 Stunden. Verputzen der rohen Mauerteile (Rauhputz und Feinputz) einschließlich Putzmörtelbereitung 7 Stunden. Das sind zusammen etwa 20 Stunden Arbeitszeit, den später folgenden Anstrich nicht gerechnet.

Das Ausbrechen der Öffnung

Bei der unbelasteten Trennmauer ist keine Abbolzung erforderlich, es muß aber ein Streifen der Mauer von ihrer obersten Schicht an ausgebrochen werden.

Aufzeichnen der Öffnung Dies ist zu berücksichtigen, wenn wir jetzt die auszubrechende Fläche mit Bleistift auf die Putzfläche unserer Wand zeichnen. Wir berücksichtigen ferner, daß der Sturz beiderseits ein Auflager von etwa 25 cm braucht, und daß die sichtbaren Leibungen mit etwa 2,5 cm verputzt werden müssen.

zen) soll 200 cm breit und 205 cm hoch sein und keine Tür erhalten, sondern offen bleiben, weil so der Eindruck des Wohnraums vergrößert wird. Die Raumhöhe ist 2,49 m (Rohbaumaß).

Werkzeug Außer dem Werkzeug zur Mörtelbereitung (S. 205) brauchen wir zusätzlich Brechhammer und Brechmeißel.

An Baustoffen und Hilfsmaterial brauchen wir:
250 Liter Putzsand (der hier auch für das Ergänzungsmauerwerk verwendet wird)
100 Liter Putzkalkpulver
 30 Liter Schweißsand
  2 Liter Weißkalkteig (gelöschter Kalk)
 10 kg Baugips
  1 Fertigbetonsturz, Länge 2,50 m, Breite 11,5 cm, Höhe etwa 16 cm (fertig beim Betonwarenhändler zu kaufen)
    mindestens 4 Holzlatten, 2,10 m lang, 10 cm breit, etwa 2 cm dick.

Ablauf und Zeitbedarf Die Hauptschritte der Arbeit – nachdem alles Werkzeug und Gerät bereitliegt – sind:
1. Arbeitsbereich vorbereiten
2. Öffnung ausbrechen
3. Sturz einziehen
4. Mauerstück über dem Sturz aufmauern
5. Rohe Mauerteile verputzen
6. Anstrich mit Kalkfarbe.

Die Vorbereitung des Arbeitsbereichs – Abdecken

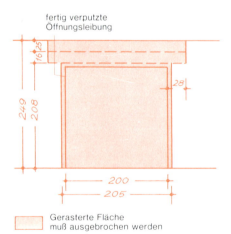

Bevor der erste Hammerschlag ertönt, wird jetzt mindestens auf einer Seite der Mauer ein Gerüst errichtet; 3 Gerüstbretter werden über drei etwa 60 cm hohe Gerüstböcke gelegt. Denn das Ausbrechen beginnt von oben.

Unterhalb der Decke wird eine kleine Fläche Putz abgeschlagen, so daß die einzelnen Steine und Fugen zu sehen sind. Dann wird mit Hammer und Meißel die oberste Steinschicht herausgebrochen. Dieser Anfang ist das schwerste Stück, die weiteren Schichten lassen sich leichter lösen. Immer schichtweise von oben nach unten vorgehen, am seitlichen Rand der Öffnung die Steine von oben her mit dem Meißel abschlagen.

Die herausgebrochenen Steine werden abschnittsweise gereinigt und gelagert; sie sollen nicht während der Arbeit auf dem Gerüst liegenbleiben, weil sie das Gerüst belasten und die Arbeit behindern.

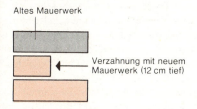

Da wir beim Ausbrechen sind, können wir auch gleich für das wiederherzustellende Mauerstück oberhalb des Sturzes die Schmatzen (S. 209) herausschlagen. Haben wir Normalformatsteine, ergeben sich in unserem Beispiel noch drei Schichten oberhalb des Sturzes, so daß nur eine Schmatze auf jeder Seite erforderlich ist.

Der Sturz

Es wäre ein Zufall, wenn die Unterkante des Sturzes (das Sturzauflager) gerade mit der Lagerfuge einer Steinschicht zusammenfiele. Wahrscheinlich wird die nächstliegende Lagerfuge etwas tiefer liegen. Man muß dann den Sturz auf eine Unterlegschicht legen. Man nimmt dazu Klinker- oder

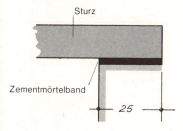

Betonplatten, bei geringeren Differenzen kann man auch ein Band aus Zementmörtel (Mischungsverhältnis etwa 1 : 3) einziehen. Bevor der Sturz aufgelegt wird, ist die waagerechte Lage der Auflager mit der Wasserwaage zu kontrollieren. Bevor das Mauerstück über dem Sturz zugemauert wird, werden die Anschlußstellen von Mörtelresten gesäubert und leicht angefeuchtet. Für den Mörtel kann man hier – um nicht für das kleine Mauerstück besondere Materialien anschaffen zu müssen – Putzsand und Putz-Kalkpulver verwenden (1 Raumteil Kalkpulver auf 3 Raumteile Sand); dabei ist es zweckmäßig, ein wenig Portlandzement beizugeben.

Verputzarbeit

Als Putz kommen die beiden im Abschnitt »Innenputz« (S. 222) beschriebenen Lagen in Betracht: als Unterlage ein Kalkmörtel, als Feinputz Schweißsandmörtel.

Vor dem Auftragen der ersten Schicht werden die Anschlußstellen zum alten Putz gut abgekehrt und leicht angefeuchtet. Dann wird der Unterputz an die Wandflächen angeworfen und in Höhenabschnitten von etwa 50 cm mit der Putzlatte abgezogen. Das geht gut, da man auf beiden Seiten Anschluß an den alten Putz hat – doch müssen die Latten entsprechend lang sein.

Geringe Unebenheiten, die nach dem Abziehen noch sichtbar sind, werden nochmals überworfen, dann wird die ganze Putzfläche mit dem Reibbrett zugerieben. Der Unterputz soll aber keine ganz glatte Oberfläche bekommen, damit der Feinputz gut haftet.

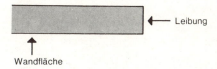

Verputzen der Leibung Haben die Wandflächen den Unterputz erhalten, kommt die Leibung dran, und das ist erheblich schwieriger. Zuerst wird die Unterseite des Sturzes vorgenommen. Um da eine scharfe und waagerechte Kante zu erzielen, wird beiderseits des Sturzes eine Putzlatte befestigt, deren untere Kante mit der Wasserwaage genau waagerecht ausgerichtet ist und um die Putzstärke über die Unterkante des Sturzes vorsteht.

Die Latten grenzen den Raum ab, der mit Putz zu füllen ist. Der Putz muß mit der Kelle kräftig angeworfen werden, am besten in mehreren dünnen Lagen. Ganz leicht ist das nicht, ab und zu wird bestimmt ein Batzen wieder herunterfallen...

Die Zugabe von einer Maurerkelle Gips auf etwa 20 Liter Mörtel erleichtert diese Arbeit. Allerdings muß man dann rasch arbeiten, weil der Gipszusatz ein schnelleres Anziehen des Mörtels bewirkt. Und man wird nur jeweils kleine Mörtelmengen mit Gips versetzen. Für den Unterputz der Sturzunterseite sind hier etwa 10 Liter Mörtel erforderlich. Mit einem kurzen Brettstück, etwa 30 cm lang, kann man jetzt an den Unterkanten der Putzlatten entlang sauber abziehen und anschließend mit dem Reibbrett verreiben. War dem Unterschichtputz Gips zugesetzt, können die Latten sofort entfernt werden.

Mauer Wandputz Putzlatten

Mauerwerk einen Teil der Putzfeuchtigkeit rasch aufnimmt. Geringe Unebenheiten an den Putzkanten kann man mit dünnflüssigem Putzmörtel noch ausgleichen.

Feinputz Der Feinputz ist sofort anschließend aufzubringen. Die Feinputzschicht, etwa 2 mm stark, wird nicht angeworfen wie der Rauhputz, sondern mit dem Reibbrett von unten nach oben aufgezogen. Die Oberfläche wird zunächst mit dem Reibbrett zugerieben, dann mit dem Reibfilz durch kreisförmiges Reiben vollständig glattgerieben. Wenn die Feinputzschicht rasch anzieht, kann man sich das Glattreiben dadurch erleichtern, daß man den Reibfilz öfter in Wasser taucht. Sorgfältig muß an der Anschlußstelle zum alten Putz gearbeitet werden, damit der Übergang nach dem Anstrich möglichst nicht mehr zu erkennen ist.

Anstrich Als Anstrich – nach genügendem Austrocknen des Putzes – kommt Kalkfarbe in Betracht, damit der frische Putz auch nach dem Farbanstrich noch weiter austrocknen kann. (Über das Anstreichen mehr S. 37 ff.)

An den seitlichen Leibungen ist die Sache einfacher. Die Latten werden jetzt senkrecht angebracht. Der Mörtel braucht keinen Gipszusatz. Er wird trotzdem schnell anziehen, weil das alte

7 Einsetzen von Dübeln und Haltern

In vielen Wohnungen droht ständig die Gefahr, daß Handtuchhalter, Garderobenleiste oder gar das Toilettenschränkchen im Bad mit Inhalt zu Boden fallen. Wer als Hausvater dagegen Dübel ordentlich einzusetzen vermag, dem ist einiger Respekt sicher.

Die richtige Stelle Wenn möglich, soll ein Dübel nicht im Putz, sondern im Mauerwerk sitzen. Bei Beton- oder Ziegelmauern kann man im allgemeinen an jeder gewünschten Stelle ein Loch schlagen. Man muß allerdings darauf achten, daß Sturzausbildungen unberührt bleiben. Anders ist es bei Hohlblockmauerwerk. Wird die Luftkammer eines Steines zerstört, entsteht sofort eine Stelle unzureichender Wärmedämmung, eine Kältebrücke. In der Luftkammer wird der

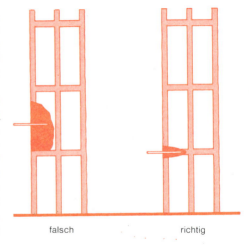

falsch richtig

Dübel auch schwierig zu befestigen sein. Deshalb sucht man bei Mauern dieser Art besser die Fugen auf.

Dübel und Dübelmasse

Im Hausinnern kann man einen Dübel aus Weichholz verwenden. Man kann ein einzelnes Stück trapezförmig zurechtschneiden; braucht man mehrere Dübel, schneidet man von einem 1 bis 2 cm starken (je nach späterer Belastung) Brett einen Streifen in der erforderlichen Länge quer zur Faserrichtung mit dem Fuchsschwanz ab und spaltet diesen Streifen in Trapeze auf.

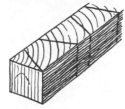

Im Freien wird man besser einen Dübel aus Hartholz wählen. Dübel aus Holz haben allerdings überhaupt den Nachteil, daß sie beim Einsetzen etwas Feuchtigkeit anziehen und dadurch quellen. Wenn die Feuchtigkeit wieder abgegeben wird und das Holz schrumpft, kann der Dübel zwar bei richtiger konischer Form kaum herausfallen, aber doch sich lockern. Der Fachmann empfiehlt deshalb, statt Holzdübel die von der Industrie gelieferten fertigen Metallhalter, z.B. Vorhanghülsen, zu verwenden.

Dübelmasse aus Gips Dübelmasse aus Gips ist nur verwendbar in trockenen Räumen und wenn die Beanspruchung des Dübels nicht zu stark ist. Die Dübelmasse wird am besten nicht in einem Blechgefäß bereitet, sondern in einem Gipsgeschirr aus Gummi, weil es sich einfacher säubern läßt. Man läßt den übriggebliebenen Gips im Gummitopf hart werden; drückt man dann den Topf zusammen, springt der Gips ab. Die Zubereitung von Gipsmasse erfolgt entgegen vielen Hausfrauenregeln über das Auflösen von Pulvern in Flüssigkeit: Zuerst kommt Wasser ins Gefäß, etwa so viel, wie man fertige Gipsmasse haben will; dann wird das Pulver daraufgestreut – so lange, bis sich aus Gipspulver und Wasser ein weicher Brei (nicht zu streng) anrühren läßt.

Dübelmasse aus Zement Wo Gips wegen seiner Feuchtigkeitsempfindlichkeit oder seiner begrenzten Tragfähigkeit nicht geeignet ist, verwendet man Portlandzementmörtel als Dübelmasse: ein strenger Brei aus einem Raumteil Zement und drei Raumteilen scharfkörnigem reinem Sand. Während Gipsmasse so rasch erhärtet, daß der Dübel oder Halter kurz nach beendeter Arbeit die vorgesehene Last tragen kann, braucht Zementmörtel ziemlich lange, bis er anzieht. Der eingesetzte Dübel oder Halter muß in völliger Ruhe gehalten, ein schwererer vorstehender Gegenstand muß unterstützt werden. In dem unten zuletzt behandelten Arbeitsbeispiel können die Halter erst nach einer Woche ihre volle Last aufnehmen.

Dübel in der Zimmerwand

Anzeichnen Die Einsetzstelle wird durch zwei sich kreuzende Bleistiftstriche – einer senkrecht, einer waagerecht genau nach Wasserwaage – bezeichnet. Die Striche müssen so lang sein, daß die Enden sichtbar bleiben, wenn das Loch ausgestemmt ist.

Mehrere Dübel Sollen mehrere Dübel in einer Flucht sitzen, macht man mit Hilfe der Wasserwaage einen genau senkrechten oder waagerechten Strich und teilt dann die Abstände ein. Für senkrechte Striche kann man statt der Wasserwaage auch ein einfaches Lot verwenden (schwerer Gegenstand wie Schraubenmutter an Bindfaden hängend) oder auch die vom Maler verwendete Schlagschnur (S. 25).

Stemmen Beim Ausstemmen mit Hammer und Meißel wird der Fußboden abgedeckt, oder man läßt sich eine alte Schuhschachtel unterhalten. Das Loch soll so groß sein, daß der eingesetzte Dübel allseitig von Dübelmasse umgeben wird. Das Loch muß sich nach innen zu erweitern, denn der Dübel wird, damit er nicht herausfallen kann, mit der breiten Seite nach innen eingesetzt.

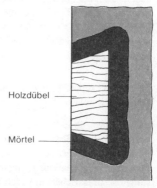

Einsetzen Ist die Dübelmasse bereitet, wird das Dübelloch mit einem Pinsel von Stein- und Mörtelteilchen gesäubert und dann angefeuchtet. Die Dübelmasse wird einmal kurz durchgerührt, dann in das Loch gestrichen, selbstverständlich nicht die ganze Höhlung voll, denn der Hauptteil des Raums wird ja vom Dübel beansprucht, den man jetzt in die Masse drückt und so weit hineindrückt oder mit dem Hammer hineinschlägt, bis die Vorderfläche mit dem Verputz abschneidet. Um den Dübel herum werden entweder die noch vorhandenen Lücken mit Gips gefüllt, oder der überschüssige herausgequollene Gips wird abgekratzt; nach kurzer Wartezeit kann man die Fläche mit möglichst senkrecht gehaltener Spachtel fein abkratzen und glätten. Später soll man nicht mehr an der Fläche herumarbeiten; der Gips verliert sonst an Bindekraft. Nun mag der Dübel zwar halten, aber es ist wahrscheinlich ein recht häßlicher Fleck in der Wand entstanden. Hat die Wand einen Farbanstrich, kann man mit sauberem Wasserpinsel mit etwas Wasser um den Fleck herumfahren, so daß sich ringsherum der Farbanstrich löst, und dann mit dem Pinsel die gelöste Farbe nach innen auf den Dübelfleck wischen. Erfahrene Leute behaupten, daß sich der Fleck bei einer einfarbigen Wand so völlig zum Verschwinden bringen läßt. Es ist nützlich, vorher mit Vorstecher oder Spitzbohrer ein Loch in die Dübelmitte zu stechen, damit man sie wiederfindet.

An einer tapezierten Wand läßt sich ein Dübel unauffällig anbringen, wenn man ein Rechteck von der reichlichen Größe des Dübellochs mit Bleistift auf der Tapete anzeichnet, das Rechteck unten und beiderseits mit dem Messer einschneidet, dann unter die Tapete fährt und das Rechteck löst und es schließlich nach oben klappt, bis die Arbeit beendet ist. Hat man außerdem die umliegende Tapete durch vorsichtig mit Reißnägeln, Stecknadeln oder Tesakrepp angeheftete Zeitungsbogen geschützt, wird später nach Herunterklappen und Ankleben des Tapetenstücks kaum etwas zu sehen sein.

Halter für Teppichstange als Arbeitsbeispiel für Dübelarbeit außen

Die Stange Eine Teppichstange soll an einer vorhandenen Außenmauer – 24 cm Ziegelmauerwerk (etwa Garagenwand) – angebracht werden. Die freistehende allseitig zugängliche Teppichstange ist praktischer, in vielen Fällen wird man aber aus Raumgründen die Teppichstange an der Mauer wählen. Die Länge der Stange richtet sich nach der Breite des größten zu klopfenden Teppichs; nehmen wir an, dieser sei 3 m, soll die Stan-

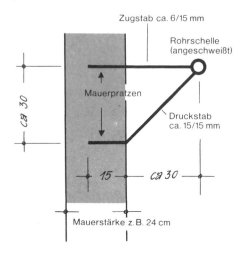

So sehen die Halter für die Teppichstangen aus

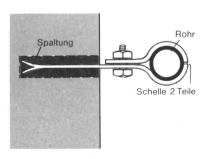

Das Einsetzen ohne Holzdübel und ohne Schalung am Beispiel einer Rohrschelle

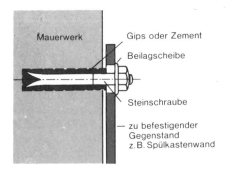

Das Einsetzen ohne Holzdübel und ohne Schalung am Beispiel einer Steinschraube, die einen Spülkasten o. ä. hält

ge 3,40 m lang sein. Verzinktes Wasserleitungsrohr mit einem Durchmesser von etwa 40 mm ist gut geeignet.

Die Halter Halter aus Schmiedeeisen kann man kaufen oder vom Schlosser zurichten lassen. Sie bestehen, wie das Bild zeigt, aus einer Rohrschelle – in die die Stange eingeschoben wird – und zwei Stäben, Zugstab und Druckstab, die am Ende gespalten sein sollen (sog. Mauerpratzen), damit sie fest im Mörtel haften.

Bei 3,40 m langer Stange kommen die Halter etwa 3,10 m auseinander. Die Höhe der Stange richtet sich nach der Körpergröße des Klopfenden, für mittelgroße Personen soll die Höhe nicht über 1,80 betragen, sonst gehen Auflegen und Klopfen unnötig schwer.

Ausstemmen Bei der 24 cm starken Mauer werden die Löcher durch die ganze Wandstärke gehen, und da angeschlagene Steine besser ganz herausgenommen werden, sind sie so groß wie ein Stein (querliegende Binder). Die Lochwände werden von Mörtelresten befreit. Die angrenzenden Steine dürfen nicht aus dem Verband gelockert werden. Besteht diese Gefahr, werden ihre Fugen auf etwa 2 cm Tiefe angekratzt und nach sauberem Ausfegen und Anfeuchten beim Einsetzen des Halters wieder mit Zementmörtel verschlossen.

Einsetzen ohne Verschalung Im allgemeinen kann man Steinschrauben und Rohrschellen (ohne Holzdübel zu setzen) durch Eindrücken in das mit Gips bzw. Zement gefüllte Loch befestigen. In unserem Beispiel aber muß der Halter in seiner endgültigen Lage durch eine Hilfskonstruktion befestigt werden, am besten mit Draht aufgehängt und durch Latten unterstützt. Die Löcher sind zu säubern und anzufeuchten, bevor die Masse eingefüllt wird.

Den oben (S. 231) empfohlenen Mörtel kann man ohne Schalung verarbeiten und durch Nachstochern verdichten.

Einsetzen mit Verschalung Man kann die Löcher auch ausgießen. Der Mörtel muß, damit er die Löcher gut ausfüllt, dünnflüssig sein, d. h. er braucht mehr Wasser, und das erfordert wiederum mehr Zement; Mischung hier: 1 Raumteil Portlandzement auf 2 Raumteile Sand.

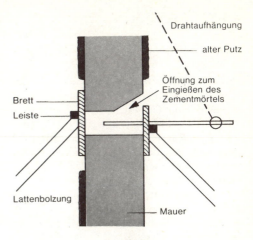

Das Einsetzen mit Verschalung (Ausgießen mit dünnflüssigem Zementmörtel)

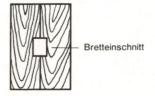

Die Bretterschalung, von vorn gesehen

Der dünnflüssige Mörtel verlangt eine Schalung. An der Rückseite soll das Loch durch die Schalung gut verschlossen sein. Auf der Vorderseite muß die Schalung eine Öffnung für den Halter haben und eine zweite zum Einfüllen des Mörtels. Die Schalung soll erst nach einer Woche entfernt werden, vorsichtig, damit der Halter nicht durch Anstoßen gelockert wird. Nun kann man den beim Ausstemmen abgefallenen Putz ergänzen und den Halter mit Rostschutzfarbe streichen. Erhöhten Rostschutz erreicht man, wenn man den ganzen Halter, auch die eingemörtelten Teile, vorher zweimal mit Mennige streicht (S. 50). Wie oben gesagt, darf der Halter erst nach einer Woche voll belastet werden. Die ganze Arbeit ist nur in frostfreier Zeit auszuführen.

8 Patentdübel

Einfacher und arbeitssparender als das Einmauern von Holzdübeln oder Mauerankern ist das Dübeln mit Patentdübeln.

Im Handel werden heute Spezialdübel für jeden Zweck, für jedes Gewicht und jeden Untergrund angeboten. Aus dem fast übergroßen Angebot werden hier die für den Heimwerker wichtigsten Arten beschrieben.

Der Arbeitsvorgang beim Dübeln ist denkbar einfach: Sie bohren ein Loch in die Wand, stecken einen Patentdübel hinein und schrauben den Gegenstand fest.

Zuvor sollten Sie jedoch einiges überlegen: Wie groß muß der Dübel sein? Je größer der Dübel, desto größer die Tragkraft. Wählen Sie die Dübel nach Größe, Gewicht und Eigenschaft des Gegenstandes.

Bücherregale und Hängeschränke haben ein großes Gewicht. Aber auch Handtuchhalter und Kleiderhaken brauchen größere Dübel, da sie ständig benutzt oder bewegt werden.

Je weicher die Wand, desto größer der Dübel! In Beton hält der Dübel fester als in Schwemmstein.

Es ist sinnvoll, wenn Sie an einer später verdeckten Stelle ein Probeloch bohren. Das Bohrmehl von Putz ist fast immer weißlich-grau oder graugelblich. Wird das Bohrmehl rot, so haben Sie Mauerziegel vor sich. Bei grauem Bohrstaub handelt es sich um zementgebundene Materialien, z. B. Beton, Zement-Hohlblocksteine, Bimssteine, Gasbeton oder ähnliches. Aus Gipsdielen besteht die Wand, wenn sich der Staub rein weiß zeigt. In diesem Fall müssen Sie mit überlangen Dübeln arbeiten. Zunehmender Kraftaufwand beim Bohren zeigt größer werdende Dichte des Materials an.

Bohrloch, Dübel und Schraube müssen genau aufeinander abgestimmt werden. Bei den meisten Patentdübeln ist auf der Packung – zum Teil auch auf dem Dübel selbst – angegeben: Dübeldurchmesser · Bohrerdurchmesser · Schraubendicke von ... bis ...

Ein Patentdübel ist so konstruiert, daß der ungebrauchte Dübel genau in das vorgebohrte Loch paßt, dann aber durch die eingedrehte Schraube auseinandergetrieben oder gespreizt wird. Diese Schraube drückt so stark gegen die Dübelwände, daß diese fest an die Wandungen des Bohrlochs gepreßt werden. Ist das Bohrloch zu groß, oder die Schraube zu dünn, wird der Dübel nicht genügend an die Bohrlochwand gedrückt und sitzt locker.

In der Wahl der Dübel ist man nicht immer frei: Hat zum Beispiel eine Regalschiene aus Metall eine bestimmte Bohrung, so gibt es keine andere Möglichkeit, als über die passende Schraube den Dübel und den entsprechenden Bohrer zu bestimmen.

Bei Dübelungen in Beton und Mauerwerk ist das Schlagen des Dübelloches die Hauptarbeit. Man verwendet hierzu entweder einen Steinbohrer, der mit dem Hammer geschlagen wird, oder eine Schlagbohrmaschine. Beim Schlagen des Dübelloches von Hand ist darauf zu achten, daß der Steinbohrer nach jedem Hammerschlag leicht gedreht wird. Bei der Schlagbohrmaschine sind für Beton und Mauerwerk Widia-Steinbohrer zu verwenden; hat die Maschine Zweiganggetriebe, ist mit der niedrigeren Umdrehungszahl zu bohren. Arbeiten Sie immer nur mit Schlagbohrwerk – außer bei Loch- und Hohlkammersteinen!

Bohrtiefe Das Bohrloch für den Dübel muß etwas tiefer sein, als der Dübel lang ist, denn dieser sitzt am festesten, wenn die Schraube im eingedrehten Zustand mit der Spitze etwas durch den Dübel hindurchragt. Ist der Putz bröcklig, oder ist auf der festen Wand noch eine Isolierplatte angebracht, sollten Sie den Dübel in das feste Mauerwerk durchschieben.

Sie müssen dann die Dicke dieser Schichten zu Ihrer Dübellänge hinzurechnen und entsprechend tiefer bohren. Am ersten Bohrloch probieren, wie dick diese Schicht ist.

Haben Sie nur wenige Löcher zu bohren, dann genügt es, wenn Sie sich mit Farbstift eine Markierung an den Bohrschaft machen. Das Zeichen hält sich jedoch bei mehreren Löchern nicht. Dauerhafter ist ein schmaler Streifen Klebeband, als Ring um den Schaft geklebt.

Müssen Sie viele gleiche Löcher bohren, benützen Sie einen Abstandshalter: entweder ein Holzklötzchen oder eine selbstgerollte Hülse aus Papier und Klebestreifen. Achtung: innen immer Papier, sonst klebt die Hülse am Bohrer.

Bohren durch Glas- und Keramikfliesen In Küchen und Badezimmern muß oft durch Wand- oder Bodenfliesen gebohrt werden. In diesem Fall nie mit dem Schlagbohrwerk anbohren! Keramik- und Vinylfliesen werden mit einem Widia-Bohrer, Glas mit einem *Glasbohrer* durchbohrt. Dann erst mit Schlagbohrwerk tiefer bohren.

Kunststoff-Spreizdübel Unter der großen Zahl der im Handel erhältlichen Bohrdübel sind für den »Selbermacher« die Kunststoff-Spreizdübel auch Patentdübel genannt, am besten zu verwenden.

Neben den Namen Upat-Ultra, Fischer S, Tox-Combi sind auch viele andere Kunststoffdübel im Handel, die sich für die meisten Arbeiten vorzüglich eignen. Diese Dübel, der Länge nach gespalten, spreizen sich beim Eindrehen der Schraube auseinander und pressen ihre verzahnten Außenflächen gegen das Bohrloch. Angearbeitete Sperrzungen oder Flossen verhindern das Drehen. Sie sind brauchbar für fast alle Mauerarten, vom Beton und Ziegelmauerwerk bis zum Gasbeton. Bei Mauerwerk mit Hohlräumen sind sie meistens noch ausreichend.

Es ist gut, wenn Sie ein abgestimmtes Grundsortiment von Dübeln mit dazu passenden Bohrern und Schrauben im Vorrat haben. Für den Haushalt ist eine Anzahl von Dübeln mit 5 mm, 6 mm und 8 mm Durchmesser zu empfehlen. Dübel mit 10 mm benötigen Sie nur für sehr schwere Gegenstände, wie Wandschränke.

Dübel mit Faserstoffeinlage Die runde Metallhülse dieses Dübels ist mit einem imprägnierten Faserstoff gefüllt, welcher durch die eingedrehte Schraube auseinandergedrückt wird. Der Dübel wird aufgewölbt und fest gegen die Wand des Bohrloches gepreßt.

Bei diesem Dübel ist es notwendig, die Schraube mit dem Hammer leicht vorzuschlagen, damit sich der Faserstoff spreizt. So wird verhindert, daß sich der Dübel beim Einschrauben dreht. Am besten geeignet in harten Wänden.

Knetdübel Alle bisherigen Dübel verlangen ein gut gebohrtes Loch, in welches der Dübel genau paßt. Sie werden jedoch auch Wände finden, in denen es nicht möglich ist, ein genaues und sauberes Loch zu bohren. Natursteinmauerwerk, grobkörniger Beton oder auch zu weiche Mörtelschichten lassen den Bohrer aus der Richtung laufen, so daß das Loch groß, unregelmäßig und oft schief wird. Hier hilft der Knetdübel. Eine

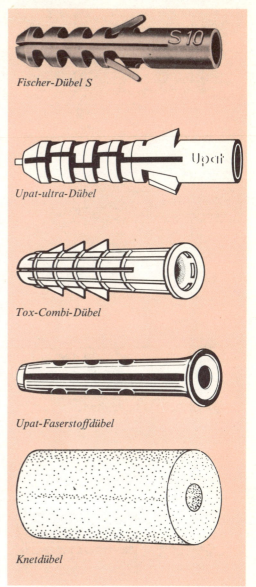

Fischer-Dübel S

Upat-ultra-Dübel

Tox-Combi-Dübel

Upat-Faserstoffdübel

Knetdübel

Spezialdübelmasse wird in Form kleiner Röllchen verkauft. Man legt sie ins Wasser, bis keine Bläschen mehr aufsteigen, und kann sie dann kneten. Man drückt die Masse mit einem kleinen Stöckchen oder Nagelkopf fest in das vorner gesäuberte und angefeuchtete Loch. Eine kleine Gummispritzflasche ist für das Ausblasen und Anfeuchten gut. Wenn die Masse eines Dübels nicht ausreicht, nehmen Sie mehrere. Sie können die Schraube sofort ein paar Windungen eindrehen und nach fünf Minuten fest einschrauben.

236　Rund um den Bau

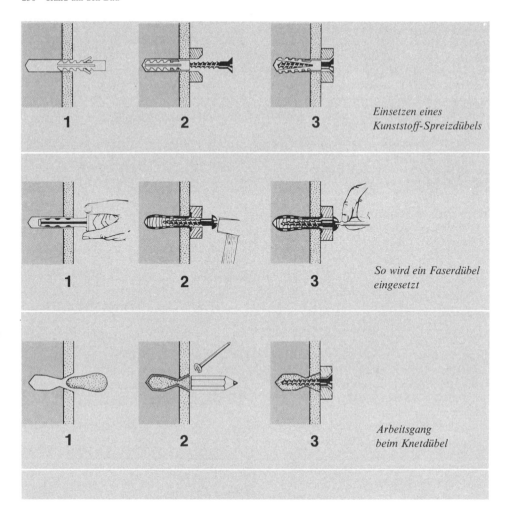

1　2　3　Einsetzen eines Kunststoff-Spreizdübels

1　2　3　So wird ein Faserdübel eingesetzt

1　2　3　Arbeitsgang beim Knetdübel

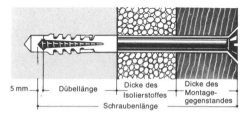

Vertieft sitzender Dübel

Dübel vertieft einsetzen Bei Wänden, deren Putz weich und bröcklig ist, ebenso bei Wänden, die mit weichen Isolierplatten verkleidet sind, muß man das Loch so tief bohren, daß man den randlosen Dübel hineinstecken kann, bis er im festen Mauerwerk sitzt. Die Schraube muß dann entsprechend länger sein.

Dübel mit Gegenkonus (Upat-Trix-Dübel) Zum Befestigen besonders schwerer Gegenstände verwendet man Metallspreizdübel. Sie werden mit passender Metallschraube geliefert. Durch das Eindrehen der metrischen Schraube wird ein Metallkonus in die geschlitzte Metallhülse gezogen. Dadurch spreizt sich die Hülse und verankert sich fest im Bohrloch. Die reichlich bemessene Kunststoffkappe deckt das Bohrloch ab. Einmal befestigte Gegenstände können beliebig oft an- und abmontiert werden. Den Upat-Trix-Dübel gibt es in 8 verschiedenen Ausführungen, z. B. mit Haken, Ösen, Bügel.
Fischer-Dübel SB Eine ganze Serie von montagefertigen Dübeln mit eingedrehten Haken, Ösen, Schrauben oder Gewindestangen. Fünf Formen sind abgebildet; es gibt noch einige mehr.

Patentdübel 237

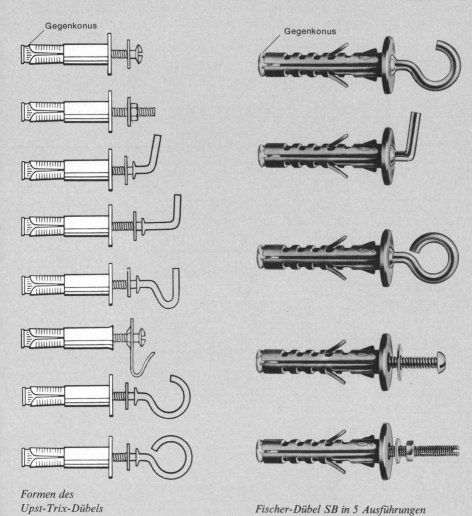

Formen des Upst-Trix-Dübels

Fischer-Dübel SB in 5 Ausführungen

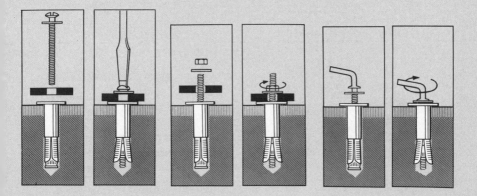

So vielseitig ist das Reich der Dübel

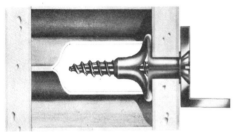

Befestigung mit Fischer-Niet-Anker an einer Gipsverbundplatte

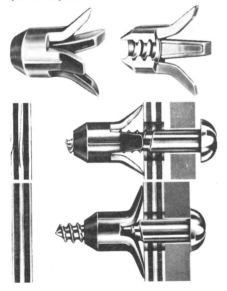

Fischer-Anker A. Oben: Ansicht und Schnitt Darunter: Montage

Spezialdübel für Sonderfälle
Spreizdübel Für das Befestigen an dünnen Platten benutzt man Spreizdübel, die sich beim Schrauben hinter der Platte aufspreizen.
Fischer-Niet-Anker NA Dieses Befestigungselement ist bestimmt für Hohlraummontagen sowie für Blech- und Plattenverbindungen bis zu 16 mm Gesamtdicke. Es besteht, wie die Bilder zeigen, aus zwei Schenkeln. Wird die Schraube angezogen, so bauschen sich die Schenkel hinter der Platte auf. Das Bild (Befestigung mittels Niet-Anker NA an einer Gipsverbundplatte) läßt erkennen, wie sich die Schenkel spreizen und der Montage Halt geben.
TOX-Tri-Allzweckdübel Die Konstruktion dieses neuartigen Erzeugnisses ist in seiner Wirkungsweise einzigartig.
Dieses Produkt kann man wie einen herkömmlichen Spreizdübel verarbeiten, wobei besonders zu vermerken ist, daß die Dreiteilung des Dübelmantels eine gute, zentrische Schraubenführung sowie eine große Anpreßfläche bzw. hohe Haltewerte gewährleistet. Die verschiedenen Sperrkanten und Drehsicherungsrippen am Dübelhals ergeben eine besonders gute Verkrallung gegen Verdrehung im Mauerwerk.
Völlig neuartig ist, daß dieser Dübel durch extreme Ausknickung der am Dübelende zusammengehaltenen Mantelteile in einer Segmentverbindungsstelle praktisch gleichzeitig die Wirkungsweise eines Kippdübels hat, und deswegen vorzüglich an Hohldecken usw. verwendet werden kann, wobei die Material-Version »P« bei extremer Ausknickung empfohlen wird.
Der Dübel wird in zwei Material-Qualitäten geliefert, nämlich PE (Polyäthylen) für mühelose Handverschraubung und P (Polyamid) für Schrauber und Ratschen.

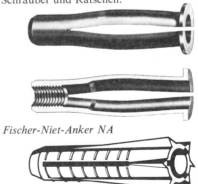

Fischer-Niet-Anker NA

TOX-Tri-Allzweckdübel

Fischer-Anker A Ein Befestigungselement für Montagen an Gipswänden, Platten und Weichstoffplatten mit einem Hohlraum oder Isolierstoff von mindesten 18 mm Tiefe. Oben ist der Anker in Ansicht und im Schnitt gezeigt. Die beiden Bilder darunter erläutern die Montage: Der Anker wird mit dem Kopf in das Bohrloch gesteckt. Die Schraube wird zuerst durch den zu befestigenden Gegenstand gesteckt und dann in das Gewinde des Ankers eingedreht. Die Spitze der Schraube durchstößt dabei den Anker. Dann schiebt man den Anker mit der Schraube durch das Bohrloch.

TOX-Federklappdübel Oft gibt es Hohldecken oder Hohlwände, bei denen nur eine Verankerung auf der Rückseite einen soliden Halt ermöglicht. Hierfür gibt es den TOX-Federklappdübel. Das ist ein Bolzen mit metrischem Gewinde, auf dem zwei federnd zusammenklappbare Metallschenkel angebracht sind. Man bohrt das Loch, steckt den Dübel hindurch, wobei die Schenkel ein- und auf der Rückseite wieder ausklappen. Mit dem Festschrauben entsteht eine sichere Verankerung. Die abgebildete Dübelform mit Schlitzschraube eignet sich besonders auch zur Anbringung von Gardinenschienen. Es gibt auch eine Form mit offenem Rundhaken, die sich zum Aufhängen von Lampen eignet.

Fischer-Nylonkippdübel K Außer dem hier gezeigten Modell gibt es weitere Formen. Das Prinzip ist jedoch immer dasselbe: Der Tragebalken wird mit einem Führungsband hinter die Wandung oder Platte gebracht. Dort kippt der Balken, und nun kann in sein Gewinde ein Deckenhaken oder eine Holzschraube eingedreht werden. Das überstehende Nylonband wird abgeschnitten, sobald der Balken festgezogen und der Stopfen eingedrückt ist. Die Hohlraummontage, die solche Kippdübel ermöglichen, ist wichtig für Hohlwände und abgehängte Decken, wie sie bei Fertighäusern vorkommen.

Fischer-Universaldübel FU Ein Dübel, der in Beton und Vollmauerwerk ebenso hält wie im Hohlraum. Zudem ist er in der Abmessung 6 × 45 D bestens als Durchsteckanker für Sanitärgegenstände oder beispielsweise Fußleisten geeignet. In festen Baustoffen wird der Dübelkörper gespreizt, bei Hohlraummontagen knickt der Dübel beim Anziehen der Schraube seitlich aus.

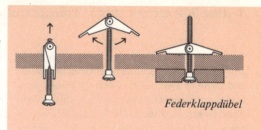

Federklappdübel

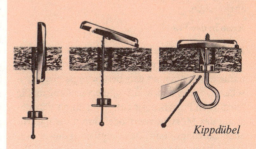

Kippdübel

1. Der Kippdübel wird durch das Bohrloch geschoben. 2. Der Balken legt sich hinter der Bohrlochwandung quer. 3. Balken mit Nylonband anziehen. Stopfen in Bohrloch drücken. Schraube anziehen.

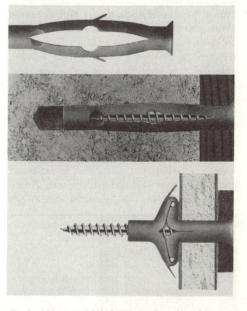

Fischer-Universaldübel FU zur Durchsteckmontage in festen Baustoffen und in Hohlräumen.

9 Risse in Wand und Decke · Putzschäden

Risse in Gebäuden treten in mannigfacher Form auf, können die verschiedensten Ursachen haben und harmlos oder auch höchst gefährlich sein. Der sorgfältige Hausherr wird nicht einfach Risse flicken oder flicken lassen, sondern versuchen, sich über die Ursache klarzuwerden, um sie anzugreifen.

Risse in der Wand

Putzrisse Bei Neubauten zeigen sich bald nach Fertigstellen oder nach der ersten Heizperiode, namentlich innen an den Berührungsstellen zwischen Decken und Mauern, die verhältnismäßig harmlosen Putzrisse; sie entstehen durch Verdunstung des Mörtelwassers oder durch die natürlichen Setzungs- und Dehnungsbewegungen einzelner Baustoffe und des ganzen Baukörpers. Besonders treten sie auf, wenn »fetter« Mörtel – lehmiger Sand oder übermäßige Kalkzugabe – verwendet wurde. Diese Risse werden bei der ersten Wiederholung des Wand- und Deckenanstrichs zugestrichen.

Eingebaute Holzteile Häufig entstehen Risse an Stellen, wo Holzteile, besonders Holzsäulen, in Mauern eingesetzt werden und die ganze Fläche mit einer Putzschicht überdeckt wird. Das Holz arbeitet, die Bewegung überträgt sich auf den Putz, der Putz reißt. Von vornherein vermeidet man das, indem man dem Holz für seine natürliche Bewegung genügend Platz läßt und mit dünnen Latten zwischen Holz und Putzträger (meist »Heraklith«-Platten) einen Hohlraum läßt. Nachträglich kann man die Rissebildung abstellen, indem man den Putz abschlägt, die Holzsäule mit Ziegelgewebe überspannt, das nach beiden Seiten etwas überstehen soll, und neu verputzt. Ziegelgewebe besteht aus Drahtgeflecht mit Ziegelsternchen an den Kreuzungsstellen. Es wird in Bahnen von 1 m Breite hergestellt.

Unterbrochene Mauerverbindung Stärkere Rissebildung an der Verbindungsstelle zweier senkrecht aufeinanderstoßender Mauern sind ein Alarmzeichen: sie zeigen an, daß die Verbindung der beiden Mauern unterbrochen ist. Ist nur eine der beiden Mauern belastet, hat sie sich möglicherweise »gesetzt« und damit die Verbindung unterbrochen. In diesem Falle läßt man die Setzung dieser Mauer zuerst zum Abschluß kommen – das ist etwa ein Jahr nach Errichtung der Fall. Dann kann man, wie oft zur Beseitigung leichterer Fliegerschäden mit Erfolg geschehen, in jeder Stockwerkshöhe dreimal (oben, Mitte, unten) ein Loch in die Verbindungsstelle schlagen und hier neu vermauern. »Man« heißt jedoch hier soviel wie »Baufachmann«, er allein soll Arbeiten dieser Art ausführen.

Durchgehende Risse Ein ebenso ernstes Warnzeichen sind durchgehende senkrechte Risse in Außen- oder Mittelmauern. Die Ursache kann liegen in mangelhafter Tragfähigkeit, übermäßigen Setzungen, Längsdehnungen. In jedem Fall muß der Fachmann heran.

Risse in Kellermauern Besondere Aufmerksamkeit verdient Rissebildung in Kellermauern, weil sie häufig auf ein Ausweichen des Baugrundes zurückgeht. Zwar ist nicht nur Kies als Baugrund geeignet; weniger tragfähiger Grund, z. B. Lehmboden, verlangt jedoch andere Abmessungen bei den Fundamenten. Auch heute noch werden nicht wenige Gebäude auf schlecht tragfähigen Grund gestellt. Auch die Grundwasserverhältnisse sind von Bedeutung, Steigen und Sinken des Grundwasserspiegels beeinflussen die Tragfähigkeit des Bodens. In allen diesen Fällen ist der Fachmann heranzuziehen; vor neuen Baumaßnahmen stets bei der Baubehörde Erkundigungen über Grundwasserverhältnisse einziehen!

Leichtsteinwände In Leichtsteinwänden entstehen Risse durch starke Erschütterungen oder infolge falscher Vermauerung. Haarrisse sind unbedeutend. Stärkere Risse erfordern Gegenmaßnahmen. Meist genügt es, die Fugen zwischen den Steinen auszukratzen, von Staub zu säubern und mit Zementmörtel neu zu verschließen. Damit die Putzfläche einheitlich wird, muß dabei gewöhnlich der gesamte Wandputz erneuert werden.

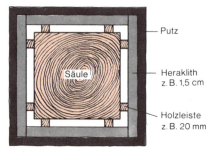

Schnitt durch eine richtig eingebaute Holzsäule

Risse in Wand und Decke · Putzschäden

Leichtbauplatten Falsche Verlegung oder falsche Ausbildung der Fugen ist auch die gewöhnliche Ursache bei Rissen in Wänden aus Leichtbauplatten. Gleichgültig, ob solche Platten vermauert oder auf eine Unterkonstruktion (Dachsparren oder Riegelgerippe) genagelt werden – die Fugen sollen in jedem Fall vor dem Aufbringen von Putz mit Gewebestreifen überdeckt werden. Ist das versäumt worden, muß man den Putz entfernen, die Fugendeckstreifen aufnageln und neu verputzen.

Risse in der Decke

Harmlose Putzrisse In Decken kommen zunächst die gleichen harmlosen Putzrisse vor wie in Wänden. Bei Holzbalkendecken haben sie ihre Ursache in der natürlichen Bewegung des Holzes der Deckenschalung. Sie können kaum auftreten, wenn man für die Deckenschalung schmale – nicht über 10 cm breite – Bretter verwendet und zwischen ihnen etwa 1 cm Zwischenraum läßt. Bei sogenannten Massivdecken – Stahlbetondecken, Decken aus Betonfertigteilen, Decken aus Beton in Verbindung mit Stahlträgern u. a. – ist die Ursache meist nicht Belastung, sondern Bewegung quer zur Tragrichtung.

Moltofill Zum Verspachteln harmloser Risse in Wand und Decke hat sich Moltofill bewährt, ein weißes Pulver, das ähnlich wie Gips zu verarbeiten und in Baustoffhandlungen, Drogerien und Farbgeschäften zu kaufen ist.

Andere Deckenschäden Verschwinden diese Risse nicht mit dem zweiten Anstrich, sind stärkere Risse vorhanden oder zeigt gar die ganze Decke Durchbiegungen, so muß zwar noch kein schwerer Schaden vorliegen, jedenfalls aber ein Fachmann herangezogen werden. Er wird feststellen, ob Konstruktions- oder Bemessungsfehler vorliegen oder z.B. eine das Normalmaß nicht überschreitende Durchbiegung.
Jeder Holzbalken biegt sich nämlich unter Belastung, ja sogar ohne Belastung, allein durch sein Eigengewicht, etwas durch, mag das auch dem bloßen Auge nicht wahrnehmbar sein. Die statischen Vorschriften sehen ein Durchbiegungsmaß von $1/300$ der Stützweite als zulässig an; demnach darf ein Balken von 6 m Stützweite eine Durchbiegung bis zu 2 cm aufweisen. Ist sie stärker, kann der Balken immer noch tragfähig sein, es rückt aber die Gefahr heran, daß die Decke von ihren Auflagern abgleitet.

Stahlträger in Holzbalkendecke Wir erwähnen noch einen Sonderfall, der uns zugleich Gelegenheit gibt, die Konstruktion einer Holzbalkendecke im Prinzip zu betrachten. Risse im Deckenputz treten auf an Stellen, wo ein Stahlträger – zur Aufnahme einer darüberliegenden Mauer – in eine Holzbalkendecke eingelegt wurde. Die Risse brauchen nicht zu bedeuten, daß der Träger zu schwach sei. Sie rühren gewöhnlich daher, daß Stahl andere Elastizitätseigenschaften hat als Holz.
Das Bild zeigt die normale Konstruktion: die Deckenschalung – meist 18 mm starke Bretter – ist von unten gegen die Balken genagelt; unter der Schalung sind Rohrmatten (gewöhnlich Bahnen von 1 m Breite) mit verzinktem Draht und Rohrhakenstiften angenagelt. Diese Schicht dient als Putzträger für den Deckenputz.

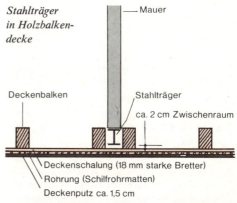

Stahlträger in Holzbalkendecke

Mauer
Deckenbalken
Stahlträger
ca. 2 cm Zwischenraum
Deckenschalung (18 mm starke Bretter)
Rohrung (Schilfrohrmatten)
Deckenputz ca. 1,5 cm

Der Stahlträger ist im Bilde in der Anordnung gezeigt, in der er keine Risse hervorrufen wird: Unterkante 2 cm höher als die der Holzbalken. Rissebildungen unter einem falsch verlegten Stahlträger kann man nachträglich beseitigen, indem man eine Bahn des oben (S. 240) erwähnten Ziegelgewebes – nach Entfernen des alten Putzes – auf den vorhandenen Putzträger legt, gut mit der Deckenschalung vernagelt und neu verputzt.

Andere Putzschäden, insbesondere an Fassaden

Feuchtigkeit Bröckeln ganze Putzflächen ständig ab, wie man es z.B. nicht selten in Treppenhäusern erlebt, so ist meist Feuchtigkeit die Ursache; oft zeigt sich gleichzeitig eine weißlich-mehlige Schicht an der Putzoberfläche. Es hat keinen Zweck, hier etwa einfach den Putz zu erneuern, solange nicht der Ursprung des Feuchtigkeitszustroms aufgedeckt ist. Oft steigt Feuchtigkeit vom Baugrund her auf. Die dann notwendigen Isoliermaßnahmen – waagerechtes Durchschneiden der Mauer, Einlegen einer Isolierschicht (meist Pappe

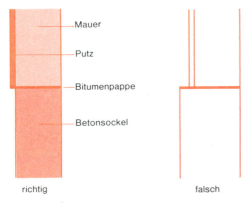

und Metalleinlagen), sorgfältiges Austrocknen vor Neuverputzen – verlangen den Fachmann, und zwar ein auf solche Arbeiten eingestelltes Spezialunternehmen.

Treiben von Kalkteilchen   Löcher bis zu Handtellergröße können in frischen Putzflächen entstehen, wenn für die Bereitung des Putzmörtels Sumpfkalk (Weißkalkteig) verwendet wurde, der nicht gut gelöscht und nicht genügend abgelagert war. Die nicht gelöschten Kalkteilchen ziehen Feuchtigkeit an, vergrößern ihr Volumen und sprengen die Putzschicht. Vereinzelte Löcher dieser Art kann man mit Schweißsandmörtel (S.222) mit Gipszusatz verschließen. Vorher sind die ungelöschten Kalkstücke auszustechen. Bei größeren derartigen Schäden muß die ganze Schicht abgeschlagen und erneuert werden.

Ausblühungen   Verfärbungen und Zerstörungen im Putz können auch vom vermauerten Steinmaterial herrühren, seltener bei Ziegelsteinen, häufiger bei Steinen aus Schlacke oder Ziegelsplitt. Schutz: Einkauf guter Steine im anerkannten Fachgeschäft. Ist das Malheur passiert, muß nicht selten das Mauerwerk ausgewechselt werden.

Durchfeuchteter Fassadenputz   Manchmal zeichnen sich bei Regenwetter die Fugen des Mauerwerkes stark auf dem Fassadenputz ab, ein Zeichen dafür, daß der Putz durchfeuchtet wird. Kommt das einmal vor, ist es ungefährlich; wiederholt es sich, leidet der Putz Schaden. Ein wasserabweisender Anstrich schützt (S. 43 f., 49 f.). Wolkenartige Verfärbungen im Fassadenputz, die vom Sockel ausgehen und sich nach oben ausdehnen, beruhen meist darauf, daß ein falsch ausgebildeter Sockel das Niederschlagswasser nicht ablaufen läßt. Ist der Sockel falsch angelegt, kann man den hindernden Vorsprung streifenartig abschrägen: die durch die Brecharbeit entstandenen Unregelmäßigkeiten werden mit Zementmörtel ausgeglichen.

Abschrägen des Sockels

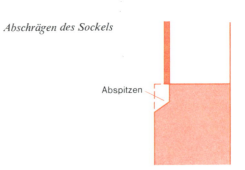

Überall, wo Putz erneuert werden muß, kommt es darauf an, das Mauerwerk zuerst von Putzresten aller Art zu befreien, dann die Fugen mit einem harten Gegenstand, z. B. der Spitze einer Bauklammer, etwa 1 cm tief auszukratzen sowie das Mauerwerk sauber abzukehren und austrocknen zu lassen, bevor neuer Putz aufgebracht wird.

Schwamm   Der gefährlichste aller Putzzerstörer ist der echte Hausschwamm. Wegen dieser Gefährlichkeit und weil er sein schädliches Wirken keineswegs allein auf den Putz richtet, behalten wir ihm einen eigenen Abschnitt vor (S. 248).

Fleckenbeseitigung · Vergipsen von Rissen   Soll eine Putzfläche einen Anstrich erhalten, braucht sie oft noch eine weitere Vorbehandlung (S. 37).

10 Dachkonstruktionen

Bauholz

Über die allgemeinen Eigenschaften des Holzes, über die wichtigsten Holzarten und Holzfehler können Sie sich, falls Sie den Abschnitt über Arbeiten mit Holz noch nicht gelesen haben, auf S. 137 orientieren.

Eignung der Holzarten Seine wichtigste Verwendung findet Bauholz in Form von Deckenbalken und Konstruktionshölzern für Dachstühle. Deshalb bevorzugt man langfaseriges Holz. An erster Stelle steht hier die Fichte; wo die Empfindlichkeit des Fichtenholzes gegen wechselnde Feuchtigkeit hindernd im Wege steht, bevorzugt man Kiefer. Der Verwendung des mittelharten, widerstandsfähigen Lärchenholzes als Bauholz sind durch seinen höheren Preis Grenzen gesetzt. Buchenholz wird wegen seines starken Arbeitens, seiner Riß- und Feuchtigkeitsempfindlichkeit als Bauholz weniger verwendet, außer für Türschwellen, Treppenstufen und zuweilen für Unterlagebretter. Das äußerst beständige Eichenholz nimmt man, weil es nicht sehr elastisch ist, weniger für Balken, dagegen gern für stark beanspruchte Säulen, Schwellen, Unterlagehölzer, Streben. Außerdem spielt es eine bedeutsame Rolle im Innenausbau, besonders für Parkettböden. Eiche muß vor dem Einbau gut ausgetrocknet sein. Eichenholz zählt zu den »schwer entflammbaren« Baustoffen!

Holzfehler Von den S. 91 besprochenen Holzfehlern macht der spiralförmige Drehwuchs den Stamm für Balken ungeeignet, weil er die Tragfähigkeit stark beeinträchtigt. Auch stärkere Rissebildung, die manchmal den Kern gänzlich vom Splint trennt, schließt die Eignung als Bauholz aus.

Angelaufenes Holz Blaue, rötliche oder auch schwarze Verfärbungen, die hauptsächlich im Splint auftreten und darauf zurückgehen, daß der Baum in der warmen Jahreszeit gefällt wurde und in der Rinde am Waldboden liegenblieb, beeinträchtigen in der Regel die Güte des Bauholzes nicht; doch muß derartiges »angelaufenes« Holz gut austrocknen können, es muß vor Feuchtigkeit unbedingt geschützt sein, darf nicht mit feuchten Bauteilen (Mörtel) in Berührung kommen. Angelaufenes Holz ist anfällig gegen Schädlinge. Dazu S. 139.

Güteklassen Bauholz wird in die Güteklassen I bis III eingeteilt. Die genormten Bestimmungen berücksichtigen: Beschaffenheit (Fäule, Risse, Streifenbildung, Wurmfraß u.a.) · Schnittklasse (scharfkantig geschnitten, fehlkantig geschnitten, sägegestreift) · Maßhaltigkeit (Genauigkeit des Schnittes) · Feuchtigkeitsgehalt · Jahresringbreite (breite Jahresringe geben weiches Holz) · Astansammlungen · Astdurchmesser · Faserverlauf (am besten parallel zur Schnittkante) · Krümmung des geschnittenen Holzes.

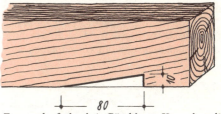

Faserverlauf der bei Güteklasse II noch zulässigen Neigung 1:8

Die große Masse des verwendeten Bauholzes gehört der Güteklasse II an.

Schnitt durch einen Balken mit vier Fehlkanten

Feuchtes Bauholz Nicht ganz ausgetrocknetes Bauholz kann in der Regel unbedenklich eingebaut werden, sofern es in eingebautem Zustand völlig austrocknen kann, also auf mindestens einer Seite von frischer Luft umspült wird.

Balkenauflager Beim Auflager kommen Holz und Mauerwerk in Berührung. Hier kommt es darauf an, daß das Holz an der Stirnseite einen Luftraum von etwa 2 cm behält. Außerdem ist es trocken einzumauern: es darf keine Mörtelschicht zwischen Stein und Holz kommen.

Das Sparrendach Diese Konstruktion wird besonders für steilere Dächer gewählt. Je ein Sparrenpaar mit dem zugehörigen Deckenstreifen bilden das Tragwerk (Dreigelenktragwerk). Ist keine Massivdecke vorhanden, kann für jedes Sparrenpaar ein Binderbalken angeordnet werden. Ein wesentlicher Vorteil des Sparrendachs liegt darin, daß es freien, nutzbaren Dachraum bietet. Allerdings können keine breiten Dachfenster angeordnet werden; die Tragfähigkeit der Konstruktion würde dadurch beeinträchtigt.

Die Sparren, die beim Pfettendach nur auf Biegung beansprucht werden, werden hier sowohl auf Biegung wie auf Druck beansprucht. Die Druckkräfte in der Längsrichtung der Sparren haben eine Beanspruchung der Massivdecke (bzw. der Binderbalken) auf Zug zur Folge.

Die Verankerung gegen Windsog an den Fußpunkten muß sehr sorgfältig vorgenommen werden. Die Verankerungsmittel sollen gleich bei der Herstellung der Decke mit einbetoniert werden. Wenn man nur Aussparungen anordnet und die Anker erst nachträglich setzt und ausgießt, wird die erforderliche Tragfähigkeit meist nicht mehr erreicht.

Wie die Zeichnungen deutlich machen, müssen die Anschlüsse hier anders als beim Pfettendach ausgebildet werden.

Das Kehlbalkendach Hier handelt es sich um ein Sparrendach, bei dem zur waagerechten Aussteifung Riegel oder Zangen (Kehlbalken) zwischen je zwei gegenüberliegenden Sparren angeordnet sind.

Der Dachraum läßt sich gut ausnutzen, vor allem können die Kehlbalken gleich die Decke für einen ausgebauten Dachraum bilden. Für die Statik des Tragwerkes gelten die gleichen Grundsätze wie beim Sparrendach.

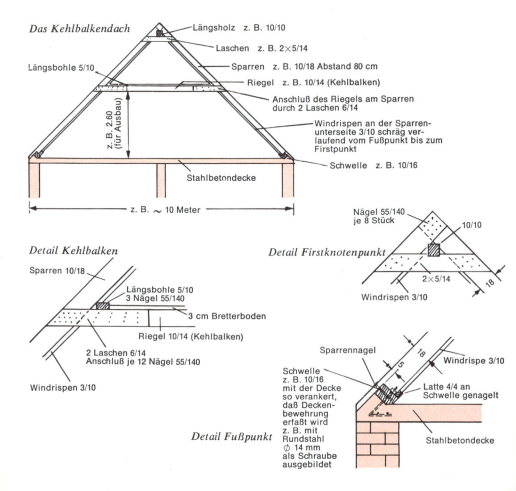

Nageltabelle

Nur runde Drahtstifte verwenden. Nageldicke nach dünnstem Holz bestimmen. Im allgemeinen fettgedruckte Werte wählen, bei nassem oder weitringigem Holz die dicken, bei trockenem oder engringigem die dünnen Nägel bevorzugen. Die zulässigen Belastungen sind zu ermäßigen: Bei Stoßlaschen von Zuggliedern um 10%, wenn mehr als 10, und um 20%, wenn mehr als 20 Nägel hintereinander angeordnet sind; bei Anschlüssen von Brettern, Bohlen u. dgl. an Rundholzflächen um $1/3$,

Mindestabstände der Nägel: in der Kraftrichtung 15 d vom belasteten, 7 d vom unbelasteten Rande; 10 d untereinander: winkelrecht zur Kraftrichtung 5 d vom Rande, 5 d nebeneinander.

(d = Durchmesser; l = Länge; min l = Mindestlänge)

Holzdicke mm	Nägel d in $1/10$ mm, l in mm	Zulässige Belastung je Nagel in kg einschnittig	zweischnittig
20 22	28×65	30	60
	31×70	37,5	75
	34×90	45	90
24	31×70	37,5	75
	34×90	45	90
	38×100	52,5	105
26 28	34×90	45	90
	38×100	52,5	105
	42×110	62,5	125
30 35	38×100	52,5	105
	42×110	62,5	125
	46×130	72,5	145
40	42×110	62,5	—
	46×130	72,5	145
	55×140	95	190
45	46×130	72,5	145
	55×140	95	190
50	46×130	72,5	—
	55×140	95	—
	55×160	95	190
55	55×140	95	—
	55×160	95	190
	60×180	110	220
60	55×140	95	—
	60×180	110	220
	70×210	145	290
70	60×180	110	—
	70×210	145	290
	75×230	160	320
80	70×210	145	—
	75×230	160	320
	80×260	175	350

Nägel d in $1/10$ mm	für Holzdicke mm	Nägel min l in mm	Zulässige Belastung je Nagel in kg einschnittig	zweischnittig
28	20, 22	65	30	60
31	20	70	37,5	75
	22	**70**		
	24	70		
34	20	90	45	90
	22, 24	**90**		
	26, 28	90		
38	24	100	52,5	105
	26, 28	**100**		
	30, 35	100		
42	26, 28	110	62,5	125
	30, 35	**110**		
	40	110		—
46	30, 35	130	72,5	145
	40	**130**		
	45	130		
	50	130		—
55	40	140	95	190
	45	**140**		
	50	140		—
	50	**160**		190
	55	140		
	55	**160**		180
	60	140		—
60	55	180	110	220
	60	**180**		
	70	180		—
70	60	210	145	290
	70	**210**		
	80	210		—
75	70	230	160	320
	80	**230**		
80	80	260	175	350

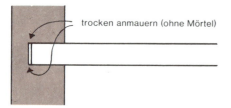

Balkenauflager (Draufsicht)

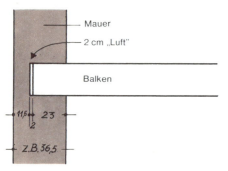

Balkenauflager (Schnitt)

Holzteile, die durch Putz umkleidet werden, sollen einen Bewegungsspielraum behalten, am besten einen Luftraum (gebildet durch Latten zwischen Holz und Verkleidung). Alle eingebauten Holzteile sollten außerdem einen Schutzanstrich erhalten. Dazu S. 139.

Drei Arten der Dachkonstruktion

Man muß unterscheiden zwischen Pfettendach, Sparrendach und Kehlbalkendach. Grundlage der Holzkonstruktionen ist die Normvorschrift DIN 1052.

Eine besondere Rolle spielen bei den Holzkonstruktionen die Verbindungsmittel wie Anker, Schrauben und Nägel. Bei der Nagelverbindung ist besonders darauf zu achten, daß der verwendete Nagel der Brettstärke entspricht. Die umstehende Tabelle enthält die Werte für alle Holzdicken von 20 bis 80 mm.

Das stuhlgestützte Pfettendach Pfetten sind waagerecht angeordnete, parallel zum Dachfirst verlaufende Balken. Das in der Zeichnung dargestellte Pfettendach ist durch einen zweifach stehenden Stuhl gestützt. Die Mittelpfetten werden in einem Abstand von 3 bis 4 m durch Säulen unterstützt. Die hierdurch entstehende Konstruktion nennt man Binder. Zum Binder gehört auch das bei der Unterstützung anfallende Sparrenpaar. Die Sparren zwischen den Bindern haben einen Abstand von 70 bis 80 cm.

Die Konstruktion muß nicht nur die Belastung aus den Eigengewichten (Dachdeckung und Konstruktion) sowie aus Schneelast und Winddruck aufnehmen können, sondern auch durch Verankerung an den darunter liegenden Bauteilen (siehe Details) gegen Abheben durch Windsog gesichert werden.

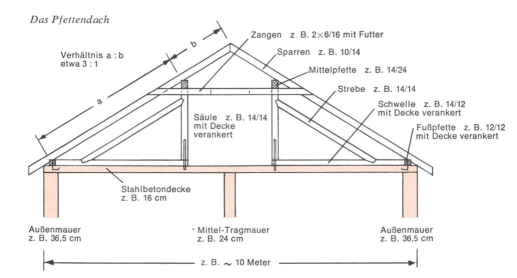

Das Pfettendach

Pfettendach · Sparrendach 247

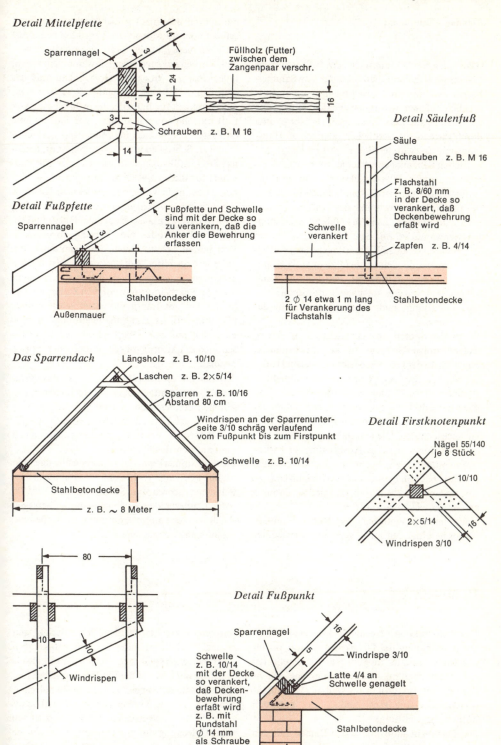

248 Rund um den Bau

Achtung – Schwamm!

Alle möglichen Erkrankungen des Holzes und des Hauses werden von Laien oft unter dem Sammelbegriff »Schwamm« zusammengeworfen. Tatsächlich müssen wir unterscheiden mindestens zwischen Fäulniserscheinungen, hervorgerufen durch Pilze, dem eigentlichen oder echten Hausschwamm (gleichfalls eine Pilzerkrankung) und tierischen Schädlingen verschiedener Art.

Während andere Pilzerkrankungen von der Brutstätte Waldboden herrühren, befallen die Keime des echten Hausschwamms das Holz erst in eingebautem Zustand. Es ist also falsch, zu behaupten, Schwamm sei mit dem frischen Holz in ein Gebäude gekommen. Richtig dagegen ist, daß bereits vom Waldboden her befallenes Holz besonders schwammgefährdet ist. Feuchtigkeit, Dunkelheit und warme, stehende Luft begünstigen die Entfaltung und Ausbreitung auch des Schwamms.

Wenn die Sporen des Hausschwamms (kleine wurzelförmige Erreger) zu keimen beginnen, zeigt sich an der Oberfläche des befallenen Holzes ein weicher, feuchter Flaum, der sich allmählich zu einem dicken Fadengeflecht verwandelt. Von diesem Geflecht aus verbreiten sich in großer Zahl feine Fäden, die immer wieder geflechtartige Gewächse bilden. Die einzelnen Gebilde vereinigen sich durch ständige Ausbreitung zu großen Flächen und saugen buchstäblich alle erreichbaren Holzteile auf. Dann trocknet der Schwamm zu einer lederartigen Masse ab, ohne jedoch dadurch an Gefährlichkeit zu verlieren.

Vom Hausschwamm befallene Holzteile müssen restlos beseitigt und sofort verbrannt werden. Da die Sporen des Pilzes jedoch auch in der Putzschicht oder im Mauerwerk liegen können, müssen auch diese Bauteile sorgfältig untersucht werden. Vorbeugen gegen den Schwamm kann man, indem man nur trockenes Holz einbaut und das eingebaute Holz vor Feuchtigkeit schützt. Das gilt besonders für Bauteile, die nicht allseitig von Luft umspült werden können, wie Balkenköpfe (Auflager der Balken im Mauerwerk), Fußbodenlager, Schwellen u. ä. Gefährlich ist es, feuchten Deckenfüllstoff einzubringen oder gar Bauschutt für diesen Zweck zu verwenden. Gefährlich ist es, nicht völlig ausgetrocknete Holzteile mit luftundurchlässigen Stoffen zu verkleiden, etwa nicht ganz ausgetrocknete Holzfußböden mit Linoleum oder Gummibelag abzudecken. Den besten Schutz bieten die chemischen Imprägnierungsmittel. Am wirksamsten ist die Imprägnierung, wenn die Holzkonstruktionsteile nach der Bearbeitung und vor dem Zusammenbau in ein Bad mit Imprägniermittel gelegt werden (Tränkkessel). Ist Tränkung nicht möglich, muß man sich auf eine Oberflächenbehandlung beschränken (Auftrag durch Pinsel oder Spritzpistole).

Ein bekanntes Imprägniermittel ist das Xylamon. Dieses Mittel gibt es in verschiedenen Zusammensetzungen und Farbtönen. Bei der Verarbeitung ist Vorsicht geboten, es enthält Giftstoffe. Genaue Verarbeitungsanleitungen findet man auf den Behältern.

Größte Aufmerksamkeit verdienen alle feuchten, verfärbten, mit mehl- oder schimmelartigen Schichten überzogenen Stellen im Bauholz. Bei jeder Unklarheit ist ein Fachmann zu befragen. Auch die Schwammbekämpfung ist Sache eines erfahrenen Fachmanns.

11 Bedachungen

Dachkonstruktion · Schalung · Dachhaut Das Dach besteht aus der Dachkonstruktion, die im vorigen Abschnitt ausführlich dargestellt ist, der Dachschalung (Verkleidung des Dachraumes mit Brettern o. ä.) und der Dachhaut (Dacheindeckung einschließlich der eventuell nötigen Dachlattung).

Die Dachhaut muß immer als Einheit mit den Rinnen und Ablaufrohren zur Niederschlagsbeseitigung betrachtet werden. Scharblech, Dachrinnen, Rinnenabläufe, Kamineinfassungen, Dachfensterverkleidungen verdienen die gleiche Aufmerksamkeit wie die Eindeckung selbst.

Arten von Bedachungen Als älteste Dachdeckungen findet man in Mitteleuropa Stroh und Schilfrohr, in Gebirgsgegenden auch Holzschindeln und Abdeckung durch einfache mit Steinen beschwerte Bretter. Neben diese »weichen« Deckungen treten Hartbedachungen aus Schiefer und gebrannten Ziegeln. In einzelnen Gegenden finden sich Deckungen aus Sandstein- oder Kalksteinplatten. In neuerer Zeit haben sich Deckungen aus verschiedenen Blechen (verzinkte Eisen- oder Stahlbleche · Kupferblech · Zinkblech · Blei · Leichtmetall), aus Pappe, aus Glas verbreitet. Hinzu treten Betonplatten, Asbestzementplatten (z. B. Eternit) und verschiedene Kunststoffe. Alle Bedachungsarten erfordern, sollen sie ihren Zweck erfüllen, richtige Aufbringung und eine bestimmte Neigung (Dachneigung). Wir befassen uns im folgenden hauptsächlich mit dem Ziegeldach und werfen daneben einen kurzen Blick auf einige andere Arten.

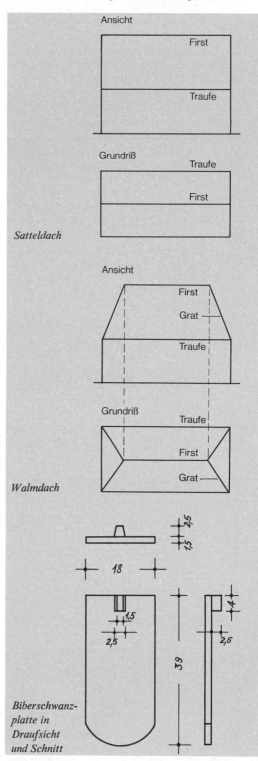

Satteldach

Walmdach

Biberschwanzplatte in Draufsicht und Schnitt

Ziegeldeckungen

Dachziegel sind wetterbeständig (wenn richtig gebrannt), sie geben schöne und belebte Dachformen und -flächen. Jede Ziegelart verlangt eine ganz bestimmte Dachneigung. Für fast alle Arten gibt es Formstücke aus Glas, die wie Ziegel eingesetzt werden können und dem Dachraum Licht geben. Fast alle Arten werden ferner mit oder ohne »Engobe« hergestellt. Das ist eine Farbschicht auf der sichtbaren Oberfläche der Ziegel, die das Aussehen verschönt und die Ziegel dichter macht.

Biberschwanz Die Biberschwanzplatte ist eine ebenflächige Ziegelplatte, die zum Einhängen auf der Dachlatte eine »Nase« am oberen Rande der Unterfläche hat. Der untere Abschnitt kann gerade, segmentförmig, halbkreisförmig oder dreieckig sein. Die Gradschnittplatte wird oft für Doppeldeckungen bevorzugt. Einfachdeckung, Doppeldeckung und Kronendeckung sind die drei mit Biberschwänzen möglichen und gebräuchlichen Deckungsarten.

Einfachdeckung Einfachdeckung verwendet man wegen ihres geringen Ziegelbedarfs für untergeordnete Bauten. Auf die Dachstuhlkonstruktion, in der Regel auf die Sparren, werden Dachlatten, etwa 3×5 cm stark, im Abstand bis zu 22 cm waagerecht aufgenagelt.
Die Platten werden reihenweise nebeneinander auf die Latten gehängt. Die unterste Reihe am Dachfuß legt man doppelt (Doppelschar). Die Längsfugen zwischen je zwei nebeneinander lie-

genden Platten werden durch die folgende Lage nicht ganz überdeckt; damit hier keine Feuchtigkeit eindringen kann, legt man unter diese Fugen Streifen aus Blech oder Pappe, am häufigsten jedoch aus Holz. Die »Holzspließe« sollen nicht geschnitten, sondern gespalten und zum Schutz gegen Fäulnis mit einem Imprägnierungsmittel (S. 139) getränkt sein. Die Einfachdeckung mit Biberschwänzen eignet sich nur für Dachneigungen von etwa 45 bis 50°.

Doppeldeckung Das Biberschwanzdoppeldach zählt zu den am meisten gewählten Eindeckungen. Die Dachlatten (Querschnitt meist 3×5 cm) haben hier nur einen Abstand von 14 bis 16 cm. Auf jeder Lattenreihe hängt eine Ziegellage, nur am First und an der Traufe werden auf einer Latte zwei übereinanderliegende Ziegelreihen aufgelegt. Die Längsfugen der übereinanderliegenden Ziegellagen sind versetzt. Wegen des geringen Lattenabstandes liegen überall zwei, auf kurze Strecken sogar drei Ziegellagen übereinander. Deshalb wird dieses Dach sehr dicht, es schützt auch weitgehend gegen »Flugschnee« (Pulverschnee, den der Wind durch die Fugen einer Dachdeckung treibt) und gegen Rußteilchen, die von den Kaminen kommen. Es ist allerdings verhältnismäßig schwer. Eine entsprechend tragfähige Dachkonstruktion ist deshalb Voraussetzung. Das Biberschwanzdoppeldach eignet sich für Dachdeckungen zwischen 30 und 60° Neigung.

Kronendeckung Die dritte Eindeckungsart mit Biberschwänzen heißt Kronendeckung. Der Lattenabstand beträgt etwa 28 cm, auf jeder Latte hängen zwei Ziegelreihen übereinander, die Längsfugen gegeneinander versetzt. Da die Latten hier stärker beansprucht werden, brauchen sie einen Querschnitt von etwa 4×6 cm. Die Dachfläche ist sehr dicht, das ganze Dach recht schwer. Das Kronendach wirkt im Aussehen unruhiger (belebter) als die beiden vorher beschriebenen. Ein Vorteil besteht darin, daß für Ausbesserungsarbeiten die Ziegel sich wegen des großen Lattenabstandes leicht von der Unterseite aus herausnehmen lassen. Kronendeckung eignet sich für Dachneigungen von 35 bis 60°.

In manchen Gegenden Deutschlands pflegen die Dachdecker die einzelnen Biberschwanzplatten mit Mörtel aneinander zu kitten und die Fugen zu verstreichen. Auch wird manchmal bei Doppeldeckung ein durchlaufender Pappstreifen zwischen die Lagen gelegt. Erforderlich ist beides nicht.

Pfannendach Beim gleichfalls weitverbreiteten Pfannendach liegt auf jeder Latte eine Ziegelreihe; die Dichte und Festigkeit wird dadurch erreicht, daß die einzelnen Ziegel (Pfannen) im Gegensatz zur Biberschwanzplatte allseitig in einen Falz des Nachbarziegels eingreifen. Bei der Flachdachpfanne ist der Falz besonders sorgfältig durchdacht und gestaltet, unter Berücksichtigung der richtigen Wasserabführung an den Berührungsstellen der Ziegel, so daß man mit dieser Pfanne noch Dächer bis zu einer flachsten Neigung von etwa 20° abdecken kann. Der Lattenquerschnitt beträgt etwa 3×5 cm, der Abstand etwa 34 cm, doch muß man sich beim Einkauf von Pfannen den richtigen Abstand angeben lassen; die einzelnen Fabrikate weichen voneinander ab.

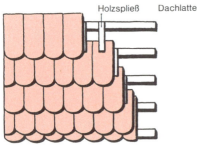

Einfachdeckung mit Biberschwänzen

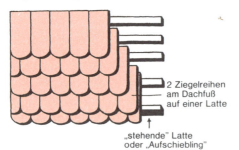

Doppeldeckung mit Biberschwänzen

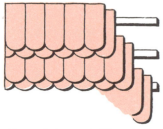

Kronendeckung mit Biberschwänzen

Das Pfannendach ist leichter als das Biberschwanzdoppeldach, bietet allerdings auch dem Wind leichter Zugang. Zur Sturmsicherung soll jede fünfte Pfanne mit Draht an der Latte befestigt werden. Pfannen soll man nach Möglichkeit nicht halbieren; man wählt deshalb die Abmessungen der Dachfläche in beiden Richtungen als ganzzahliges Vielfaches der Deckbreite bzw. Deckhöhe der Pfanne. Dachflächen lassen sich mit Pfannen schön gestalten.

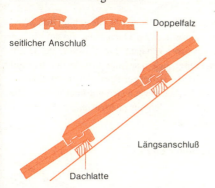

Das Ineinandergreifen der Dachpfannen

Falzziegeldach Dem Pfannendach verwandt ist das Falzziegeldach, weil auch hier die Ziegel mit Falzen ineinandergreifen. Das Dach ist leicht, billig, einfach zu decken und instandzusetzen. Es gibt verschiedene Systeme, im allgemeinen ist die Wasserabführung nicht so günstig wie bei der Flachdachpfanne, auch die ästhetische Wirkung der Dachfläche weniger befriedigend. Lattenstärke 3×5 cm, Lattenabstand zwischen 33 und 35 cm. Als unterste Grenze der Dachneigung gilt etwa 25°.

Mönch und Nonne Fast nur noch an mittelalterlichen Bauten können wir die sehr schwere, sehr teure und sehr schöne »Mönch-und-Nonnen-Deckung« bewundern. Die Ziegel sind fast durchweg in Mörtel verlegt. Heute findet man Mönch und Nonne noch als Zierdeckung für Gartenmauern oder bei Restaurierungen.

Mönch und Nonne

Abdecken von Firsten und Graten Bei allen Eindeckungsarten werden Firste und Grate mit tonnenförmigen Hohlziegeln abgedeckt, die durch Mörtel mit der Eindeckungsfläche verbunden werden. Dafür hat sich Haarkalkmörtel bewährt, das ist Kalkmörtel 1:2 (d.h. ein Raumteil Kalkteig [gelöschter Kalk] auf 2 Raumteile Sand), der mit Rinderhaaren vermengt wird. Die Haare geben der Mörtelmasse einen festen Zusammenhalt, so daß sie kaum abbröckelt. Zu beachten ist, daß der Ziegel nicht ganz mit Mörtel ausgefüllt sein darf.

Hohlziegel am First

Schäden an Ziegeldächern

Der gute Hausherr prüft sein Dach nicht nur nach dem Wirbelsturm oder wenn Wasser in die Wohnstube dringt. Regelmäßige Prüfung – am besten monatlich einmal – auf undichte und feuchte Stellen verhütet größere Schäden.

Schadhafte Ziegel Die Ursache von Undichtigkeiten kann zunächst bei den einzelnen Platten liegen. Gebrochene Ziegel müssen durch einwandfreie ersetzt werden. Es kommt auch vor, daß die Oberfläche der Platten abblättert, »abmehlt«. Solche Platten haben als Folge nicht einwandfreien Brennens eine poröse Oberfläche, Wasser dringt ein und sprengt bei Frost die Ziegeloberfläche. Einzige Abhilfe: die schadhaften Ziegel ersetzen und »das nächste Mal« nur einwandfreie Platten von anerkanntem Fabrikat kaufen.

Undichte Anschlußstellen Sind die einzelnen Platten einwandfrei, wird die undichte Stelle gewöhnlich eine Anschlußstelle (Kamineinfassung, Einfassung eines Entlüftungsrohrs u. ä.) sein. In diesem Fall rate ich davon ab, die Stelle einfach mit Mörtel zu verstreichen. Es ist besser, den Dachdecker zu rufen.

Schwitzwasser An der Unterseite dichter Dachdeckungen, insbesondere bei Biberschwanzdoppeldächern, finden sich mitunter feuchte Stellen, auch wenn ein Eindringen der Nässe von außen her ausgeschlossen erscheint. Hier handelt es sich um Kondens- oder Schwitzwasser. Es kann zu Fäulnisbildung an Dachlatten und Dachstuhl führen und so großen Schaden anrichten. Die Ursache der Schwitzwasserbildung liegt im Unterschied der Temperatur im Freien und im Dachraum und in unzureichender Lüftung. Die erforderliche ständige Lüftung des Dachraums erreicht man am besten, indem man in den untersten Ziegellagen nahe am Dachfuß und oben nahe am First etwa alle 2 m Lüftungsziegel anordnet. Dadurch bildet sich ein Luftstrom an der Unterseite der Dachfläche.

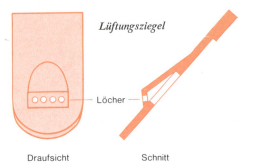

Draufsicht   Schnitt

Schäden an Firstziegeln Da die Formziegel (Firstziegel) an First und Grat mit der Dachdeckung vermauert (vermörtelt) werden, kann hier im Laufe der Zeit der Mörtel abbröckeln. Es ist in diesem Fall nicht gut, einfach wieder Mörtel darüberzustreichen. Man soll den Firstziegel abnehmen, alle alten Mörtelreste beseitigen und dann neu verlegen – mit Haarkalkmörtel (S. 251). Wem das zu umständlich ist, der kann auch Kalkzementmörtel nehmen: 1 Raumteil Kalkpulver auf 2,5 Raumteile Sand mit geringem Zusatz von Portlandzement. Beim Aufmörteln daran denken, daß der Firstziegel nicht völlig mit Mörtel ausgefüllt sein, sondern nur an den Rändern eine Mörtelverbindung mit der Dachfläche bekommen soll. Risse in Firstziegeln haben meist zur Ursache, daß der Ziegel zu sehr mit Mörtel gefüllt war; dehnt sich dann die Mörtelmasse, springt er. Gerissene Firstziegel werden durch vorschriftsmäßig gemörtelte neue ersetzt.

Dachdeckerarbeit ist gefährlich! Wenn Sie aus diesem Abschnitt gelernt haben, das Dach Ihres Hauses vielleicht zum ersten Mal mit sachverständigen Augen zu mustern und einfache Arbeiten selbst auszuführen: bitte denken Sie daran, daß Dachdecken ein gefährlicher Beruf ist, der Schwindelfreiheit verlangt. Der Laie soll sich beschränken auf Instandsetzungen, die von innen vorgenommen werden können, und auf Arbeiten an niedrigen Dächern (Stall · Schuppen · Garage · Gartenlaube usw.), aber niemals auf hohen Dächern herumturnen.

Dachdeckung mit Eternit

Wie bei der Fassadenverkleidung erwähnt, sind die als »Eternit« bekannten Verkleidungsplatten ein Erzeugnis der Eternit AG; es gibt ähnliche Platten von anderen Firmen unter anderen Handelsnamen.

Eternit-Platten gibt es für alle Dachneigungen; man muß jeweils die richtige auswählen. Als Beispiel behandeln wir hier ein Dach mit 25° Neigung.

Soll das Dach nur gegen Niederschlag und Wind schützen, werden die Dachlatten 4/6 cm einfach auf die Sparren genagelt. Der Abstand der Dachlatten richtet sich nach der Größe der Eternit-Platte. Er muß soviel geringer sein als das Plattenmaß, so daß die Platten sich gut überdecken. Die Dachlatten werden mit nichtrostenden Spezialnägeln befestigt.

Ungedämmtes Eternit-Dach, belüftet

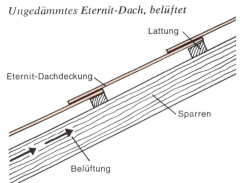

Wärmegedämmtes Eternit-Dach, belüftet

Dachdeckung mit Eternit · Blechdach

Die beschriebene einfache Konstruktion schützt nicht unbedingt gegen Staub und Flugschnee. Eine Dichtungsschicht aus »Internit«-Platten gewährleistet diesen Schutz. Solche Platten, relativ dünn, eben, Grundmaß 125/250 cm, bestehen überwiegend aus Zellulose, sie sind dadurch flexibel und leicht zu nageln.
Diese Dichtungsplatten werden auf die Sparren genagelt. Darauf werden – gleichlaufend mit den Sparren – Konterlatten 4/6 cm genagelt; auf die Konterlatten – jetzt quer zu den Sparren – die Dachlatten und auf diese die Außenhaut.
Eine Wärmedämmschicht (z. B. aus Heraklith-Platten 5 cm) kommt dagegen an die Innenseite der Sparren. Die Eternit AG bietet für diesen Zweck eine Spezialplatte (»Isoternit«) an, die Feuerschutz bietet und die gestrichen wie auch tapeziert werden kann.

Blechdach (Arbeitsbeispiel)

Jede Dachform, steil oder flach, läßt sich sturmsicher und regendicht mit Blech eindecken. Den Vorteilen der Blechdeckung (leichtes Gewicht der Dachhaut, damit Dachstuhl leichter und billiger, lange Haltbarkeit) stehen Nachteile gegenüber wie die geringe Wärmeisolierung und das trommelnde Geräusch, das starker Regen hervorruft. Verschiedene Arten von Blechdächern sind zu unterscheiden:
Pfannendach: Am einfachsten auszuführen, deshalb unten als Arbeitsbeispiel gewählt. Flachste zulässige Dachneigung etwa 10°, d. h. 15 cm Gefälle auf den Meter.
Wellblechdach: Neigungsgrenze wie oben. Arbeitsgang wie Pfannendach. Die folgende Anleitung kann auch für ein Wellblechdach – und auch für ein Dach aus Well-Eternit – benützt werden.
Falzdach: Aus glatten Blechen, auch für ganz flache Dächer geeignet. Nur vom Fachmann auszuführen.
Thyssendach: Blechpfannen bis 12 m lang, 0,75 m breit. Verlegung wie Pfannendach, aber freitragend bis 12 m.
Material Die im Bild rechts gezeigte Garage soll ein Pfannendach bekommen. Von den im Bild gezeigten Bauteilen benötigen wir:
14 Normalpfannen 200 × 85 cm. Für Dachbedeckung soll die Blechstärke, wenn keine Vorschalung vorhanden ist, wegen der Begehbarkeit nicht unter 0,63 mm betragen.

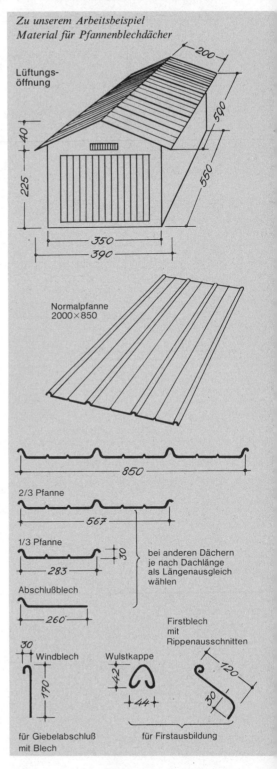

Zu unserem Arbeitsbeispiel
Material für Pfannenblechdächer

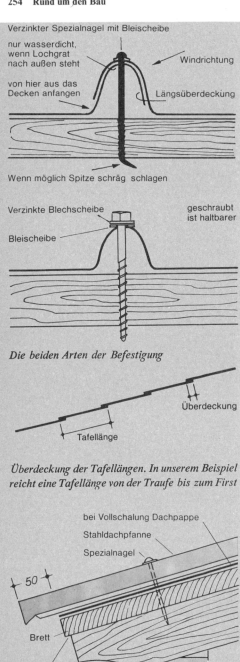

Die beiden Arten der Befestigung

Überdeckung der Tafellängen. In unserem Beispiel reicht eine Tafellänge von der Traufe bis zum First

Die Ausbildung einer Traufe bei Vollschalung

12 m Firstblech mit Rippenausschnitten
6 m Wulstkappen
4 Blechstreifen je 2 m lang und 5 cm breit
4 Windbleche je 2 m lang
150 Spezialnägel mit Bleischeiben für Dachpfannen und Firstbleche.
  Bei Verwendung von Schrauben sind Beilag- und Bleischeiben gesondert zu verlangen.
75 Decknägel für die Blechstreifen am Giebelabschluß (entfallen bei Anbringung von Windbrettern).

Wenn der Giebelabschluß mit Windbrettern versehen wird, entfallen Blechstreifen und Windbleche. Dafür sind dann notwendig:

4 Bretter je 12 cm breit, 2 cm dick, 2,10 m lang.
35 Stück Nägel 7 cm lang.

Schwitzwasserbildung Gelangt feuchte, warme Luft bei kühlerer Außentemperatur unmittelbar an die Unterseite des Blechdaches, so wird sie sich daran niederschlagen und allmählich abtropfen, eventuell auch vorübergehend als Rauhreif gefrieren. Nur durch dauernde Belüftung oder Isolierung der Unterseite läßt sich Schwitzwasserbildung vermeiden. Bei Verlegung der Bleche auf Vollschalung bringt man zur Isolierung gegen Schwitzwasser eine leichte Dachpapplage auf der Schalung an.

Auf Latten verlegte Pfannenbleche belüften sich durch die Rippen der Bleche.

Bei beheizten Garagen ist für entsprechende Isolierung und besonders gute Belüftung zu sorgen. In unserem Beispiel wären, selbst wenn die Garage nicht beheizt wird, Belüftungsöffnungen – mit Drahtgitter verschlossen – an beiden Giebelseiten oberhalb der Garagendecke zweckmäßig (s. die Zeichnung Seite 253).

Arbeitsgänge Alles Wesentliche geht aus den Zeichnungen hervor.

Bei Reparaturen oder Erneuerung einzelner Pfannenbleche ist zu beachten, daß Bleche nur noch in den Normalpfannenmaßen zu haben sind. »Süddeutsche« Pfannenbleche in den Abmessungen 2000 × 840 und 1000 × 410 mm gibt es nicht mehr.

Pappdach · Glasdach

Pappe Pappdächer setzen sich mehr und mehr durch, nicht nur für untergeordnete Bauten. Sie sind leicht und verhältnismäßig billig.

Die Industrie stellt zwei grundsätzlich verschiedene Arten von Dachpappe her: Teerpappe und Bitumenpappe. Teerpappe ist etwas billiger, muß jedoch in bestimmten Zeitabständen (6 Jahre sind ein Erfahrungssatz) nachgestrichen werden. Bitumenpappe braucht im allgemeinen keine Nachbehandlung; sie kann durch Feuchtigkeit nicht zerstört werden. Man verwendet sie vor allem, wo Nachstreichen nicht oder schwer möglich ist. Für den Laien sind beide Arten oft nur am Aufdruck der Banderole zu unterscheiden.

Pappbedachungen müssen sehr sorgfältig ausgeführt werden. Wichtig ist eine völlig ebene, starre Unterlage. Besonders geeignet ist Beton; soll ein Holzdachstuhl mit Pappe abgedeckt werden, muß er zuerst eine geschlossene Bretterschalung von mindestens 24 mm Stärke bekommen. Die Arbeitsbewegung des Holzes (S. 89) ist eine Gefahr; sie überträgt sich auf die Papplagen und kann sie zum Reißen bringen. Hagelschlag ist gefährlich für Pappdächer. Je starrer die Unterlage, desto besser überstehen sie ihn.

Pappdächer sollen stets in mindestens zwei, besser in drei Lagen übereinander aufgebracht werden. Die Stöße der Lagen werden gegeneinander versetzt und mit Spezialmasse verklebt.

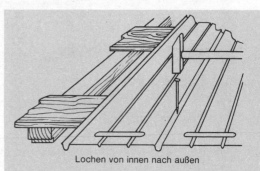

Lochen von innen nach außen

Vorlochen der einzelnen Teile. Die Nagellöcher sind vor dem Auflegen mit einem Durchschlag (Seite 323) von unten nach oben durchzuschlagen

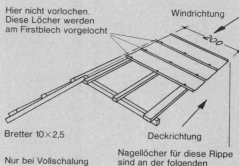

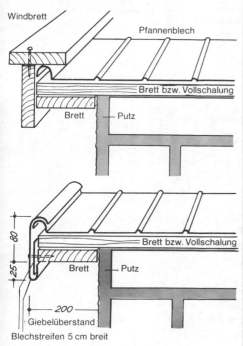

Giebelabschluß wahlweise in zwei verschiedenen Ausführungen. Die obere Ausführung wirkt besser und wird häufiger angewendet

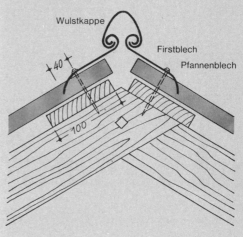

Firstausbildung

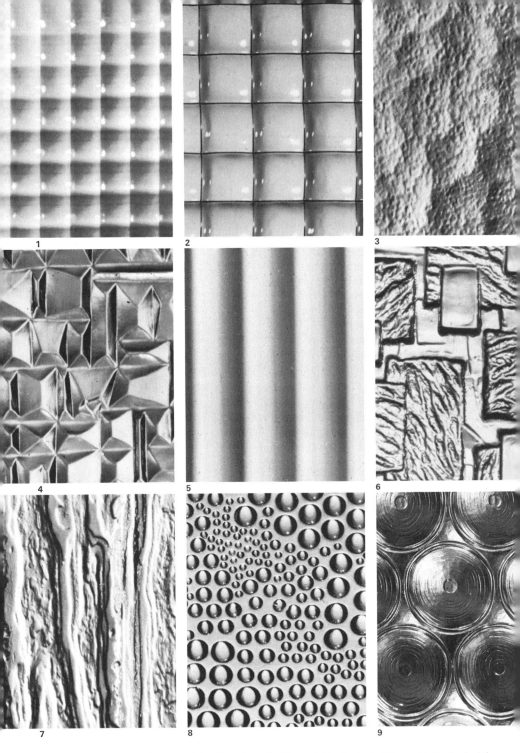

Gußglas – eine Auswahl *1 Edelit-Glas doppelseitig · 2 Drahtokulit-Glas · 3 Kathedralglas · 4 Ornamentglas, Abstrakto · 5 Edelit-Glas einseitig · 6 Ornamentglas, Neolit · 7 Ornamentglas Silvit · 8 Ornamentglas, Croco · 9 Butzenglas   Gußglas-Werbung, Köln*

1 Balkonbrüstung mit Schutzwänden aus Drahtornamentglas Kosmos · 2 Ornamentglas Circo als Isolierverglasung eines Dielenfensters

Gußglas-Werbung, Köln

Haustür aus Aluminium mit Drahtornamentglas Croco in Weiß *Gußglas-Werbung, Köln*

Undichte Stellen Undichte Stellen, die mitunter bei Pappdächern auftreten und Feuchtigkeit eindringen lassen, können am Stoß der einzelnen Bahnen liegen oder auch auf Zerstörung der Pappe selbst zurückgehen. Die Stöße können nachgeklebt und überstrichen (nicht nageln, ältere Pappe kann brechen!), beschädigte Pappe muß ausgewechselt werden. Liegt die Pappe auf Holzschalung, so muß man nachsehen, ob die Feuchtigkeit die Schalung unter der Schadenstelle angegriffen hat. Wenn ja, muß sie ebenfalls erneuert werden.

Glas Für Glasdächer wird meist Drahtglas (Glastafeln mit Drahtnetzeinlage) verwendet. Die Stoßstellen zwischen den Tafeln bilden das Hauptproblem. Dabei hat sich das kittlose Glasdach durchgesetzt. Solche Dächer ebenso wie die begehbaren und befahrbaren Glasdächer aus Glasbausteinen mit Stahlbetonrahmen sind Spezialkonstruktionen, die man nur einer erfahrenen Firma anvertrauen soll.

Gußglas als Gestaltungselement

Als Trennwand, als Abschirmwand für Terrassen, für Türen, für Garderoben – in vielfältiger Weise wird Gußglas heute als Bau- und Gestaltungselement verwendet. Die Fotos zeigen Beispiele.

12 Dachrinnen

Form und Abmessungen

Die für ein Dach erforderliche Rinnengröße wird aus der Dachgrundfläche, die an ein Regenrohr angeschlossen ist, und der Neigung der Dachfläche errechnet. Man kann für Blechrinnen von folgenden angenäherten Werten ausgehen:

Zuschnitt-breite des Blechs (mm)	Anz. d. Rinnenstücke, die sich aus einer Tafel von 2 m Länge schneiden lassen	Durch-messer (mm)	reicht aus für Dachgrund-fläche von m²
400	5	185	180
330	6	160	125
275	7	130	90
250	8	120	75
200	10	90	40

Hierbei ist die zweckentsprechendste und meistverwendete Form, die halbrunde Rinne, zugrunde gelegt.

Das Material: Kunststoff

Dachrinnen werden aus Kupfer, Aluminium, Zink, verzinktem Stahlblech und Asbestzement hergestellt; Kupfer ist am haltbarsten. Für die Montage durch den Laien sind jedoch Rinnen aus Kunststoff (PVC) am besten geeignet.

Die Hersteller von Rinnen und Regenfallrohren aus Kunststoff (Gebrüder Anger GmbH. & Co., 8 München 8; Fulgurit-Vertriebsgesellschaft mbH., 3050 Wunstorf; E. Schmitz KG, 5376 Nettersheim, Eifel) liefern montagefertige Bauelemente mit Montageanleitung. Die Rinnen der beiden erstgenannten Firmen sind hellgrau, die der dritten silbergrau. Durch Anstreichen mit Vinoflex-Farben kann man den Rinnen auch eine andere Farbe geben; wegen der Korrosionsbeständigkeit des Materials ist jedoch ein Anstrich nicht erforderlich.

Die Rinnen und Rohre aus PVC werden bei Temperaturen unter 0 Grad schlagempfindlich; im Winter ist bei Arbeiten mit diesem Material deshalb Vorsicht geboten.

Montage · Allgemeines

Dachrinnen sollen als vorgehängte Rinnen mit mindestens 3 cm Abstand vom Haus angebracht werden; so kann aus- oder überlaufendes Wasser nicht ins Haus eindringen. Die Außenkante soll 15 mm tiefer liegen als die dem Haus zugekehrte, damit überlaufendes Wasser nach vorn abläuft. Das Gefälle soll 3 mm je laufenden Meter betragen. Bei Rinnen mit geklebten Nähten soll die Gefällstrecke (vom höchsten zum tiefsten Punkt der Rinne) nicht länger als 12 m sein. Alle diese Forderungen (im wesentlichen auch die folgende Anleitung zur Montage) gelten gleichermaßen auch für Rinnen aus Metall.

Anbringung der Halter Rinnenhalter gibt es mit 2 Federn oder mit Feder hinten und Kantung vorn. Zuerst sind der höchste und der tiefste Halter für die vorgesehene Gefällstrecke anzubringen. Am höchsten Punkt soll der Halter mit der

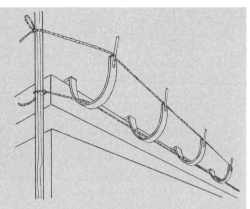

Anbringen der Rinnenhalter nach 2 gespannten Schnüren

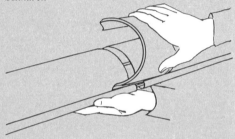

Verbinden der Rinnenstöße durch einfache Verbindungsklammer

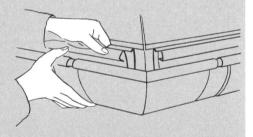

Verbinden und Abdichten am Rinnenwinkel wie zwischen Rinnenteilen

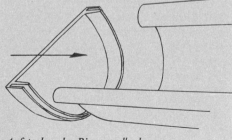

Aufstecken des Rinnenendbodens

Hinterkante etwa 1 cm unter der Dachkante enden. Der tiefste Halter muß um das für die Rinnenlänge erforderliche Gefälle tiefer sitzen. Jetzt wird zwischen den tiefsten Punkten der beiden Halter und entlang der zukünftigen Rinnenvorderkante je eine Schnur gespannt. Unter Ausrichtung auf diese Schnüre sind nun die übrigen Halter zu setzen, je Dachsparren ein Halter; bei Betondächern und anderen Dächern ohne Sparren soll der Abstand von Halter zu Halter 70 cm betragen. Das genaue Hinbiegen der Halter erleichtert der Rinnenhakenbieger, ein besonderes Werkzeug, verzinkt mit Hartholzgriffen.

Einlegen und Verbinden der Rinnenteile Die Rinnenstücke (Lieferlänge 4 m) auf benötigte Länge zuschneiden, Schnitt entgraten. Nach dem Einlegen in die Halter Federn nur lose umbiegen, damit die Rinne sich ausdehnen kann.
Dichtschnüre einlegen! 2 cm Zwischenraum zwischen den Stücken ermöglicht Dehnung.
Anger- und Fulgurit-Rinnen lassen sich ohne Werkzeug und ohne Kleben durch eine Verbindungsklammer zusammenschließen; dies gilt auch für die Rinnenwinkel.
Bei anderen Kunststoffrinnen müssen die Nähte geklebt (bei Blechrinnen je nach Material gelötet oder genietet) werden. Entsprechendes gilt für die Rinnenendböden, die entweder nur aufzustecken oder zu kleben sind.

Traufstreifen Der Spalt zwischen Dachkante und Innenkante der Rinne kann mit Traufstreifen überdeckt werden. Soll dies geschehen, müssen die Halter bündig eingelassen sein, damit die Traufstreifen glatt aufliegen. Die Federn der Halter sind vor Einlegen der Streifen in die hintere Rinnenkantung entsprechend zu kürzen. Die Stöße zwischen den Streifen sind entweder einfach mit Traufband zu überdecken oder zu kleben – je nach Fabrikat. Alle 50 cm werden die Traufstreifen von besonderen Blechhaften gehalten, die auf der Dachschalung mit verzinkten Stiften befestigt werden, wie es die Schnittzeichnung zeigt.

Regenfallrohre Auch diese Teile gibt es aus Kunststoff; sie entsprechen den S. 387 ff. besprochenen. Werden die Fallrohre an die Kanalisation angeschlossen, müssen sie zum Schutz gegen mechanische Zerstörung bis 1,50 cm Höhe über Gelände aus Gußeisen bestehen. Die Regenfallrohre werden mit Stahlrohrschellen in 2,5 cm Abstand von der Wand befestigt; die Schellen sind jeweils unter den Rohrmuffen anzubringen.

Dachrinnen · Fußböden 261

Vereisung Eisbildung an der Traufe verhindert eine elektrische Beheizung der Rinnen und Fallrohre.

Verstopfung Regenrohre können verstopft werden durch Laub, Bruchstücke von Dachplatten und Mörtel; bei bewohnten Dachgeschossen gelangen Gebrauchsgegenstände in die Dachrinnen und werden beim nächsten Regen zum Regenrohr geschwemmt. Ein Laubfänger verhindert derartige Pannen.

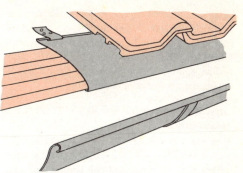

Traufstreifen zwischen Dachkante und Dachrinne

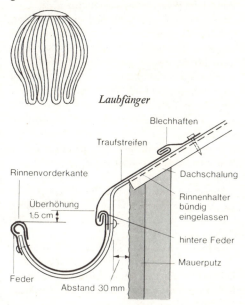

Rinne mit Traufstreifen; der Schnitt läßt die Befestigung mittels Blechhaften erkennen

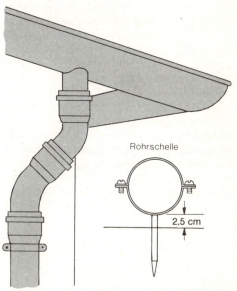

Anbringen der Regenfallrohre mittels Schellen

13 Fußböden

Ein Fußboden besteht in der Regel aus einer Tragschicht und einer Gehschicht. Entsprechend ihren verschiedenen Aufgaben bestehen beide Schichten aus verschiedenem Material. Die tragende Aufgabe erfüllt eine Holzbalkendecke oder eine Massivdecke aus Stahlbeton. Die Gehschicht besteht aus Stein (Naturstein · Kunststein · Estrich · Platten · Fliesen) oder Holz (Parkett · Dielen) oder Belag (Linoleum · Gummi · Kunstharz).

Die Beläge sind im ersten Teil des Buches, S. 69 f., und im Kunststoff-Teil, S. 480 ff., behandelt.

Die Gehschicht in Wohnzimmern soll Tritt- und Stoßgeräusche nicht aufkommen lassen; sie soll verschleißfest sein, »fußwarm«; sie soll gut aussehen. Schallarm wirken »weiche« Böden wie Filz, Teppiche und Gummi; harte Böden sind Stein, die meisten Estriche, Holz. Ob ein Boden »warm« ist, hängt zunächst ab von der Isolierschicht, die zwischen Tragschicht und Gehschicht angeordnet wird, aber nicht allein von ihr: Eine Tischplatte aus Glas oder Kacheln wird sich stets kälter anfühlen als die Tischbeine aus Holz, auch wenn beide Gegenstände die gleiche Temperatur haben. Glas entzieht dem berührenden Körper sehr rasch Wärme; bei Holz vollzieht sich dieser Übergang wesentlich langsamer. Je besser also die Wärmeleitfähigkeit eines Stoffes, um so kälter fühlt er sich an – und umgekehrt. Als warm empfinden wir Gehschichten aus Holz, Filz, Teppichen, Gummi, auch Steinholz, einer Spezialmasse, die der Fachmann aufbringt.

Herstellung eines einfachen Kellerfußbodens aus Zementestrich

Kies als Untergrund Zementestrichboden für Keller oder Garage verlangt eine tragfähige Kiesschicht als Unterlage. Auf den Kies kommt eine etwa 10 cm dicke Schicht Rauhbeton, darauf die etwa 2 cm starke Oberschicht aus Feinbeton. Wenn der Baugrund aus Kies besteht, kann der Unterbeton unmittelbar daraufgebracht werden. Andernfalls ist zunächst eine 15 bis 20 cm starke grobe Kiespackung erforderlich.

Festlegen der Bodenhöhe Vor Arbeitsbeginn ist die Oberflächenhöhe des fertigen Bodens festzulegen. Die in den Raum führende Tür ist dabei zu berücksichtigen. Soll das Türblatt in den Raum aufschlagen, muß der fertige Boden hier 2 cm tiefer liegen als der Boden im Vorraum. Die dadurch entstehende 2 cm hohe Kante ergibt den unteren Anschlag für die Tür.

Die Oberfläche der Unterschicht aus Rauhbeton muß 2 cm tiefer liegen als die Oberfläche der 2 cm starken Oberschicht aus Feinbeton. In dieser Höhe sind vor dem Aufbringen des Unterbetons Festpunkte zu markieren: Einschlagen kurzer Pflöcke oder auch eingelegte Ziegelsteine, deren Oberkanten mit der Wasserwaage ausgerichtet werden.

Behelfsmäßig kann man die Waagerechte auch ermitteln, indem man ein selbst hergestelltes Lot hängen läßt und von dieser Senkrechten mit einem Winkel die Waagerechte abnimmt.

Einen rechten Winkel kann man selbst herstellen: Ein Dreieck, dessen Seitenlängen sich wie 3:4:5 verhalten, hat stets einen rechten Winkel. Zwei Lattenstücke, etwa 70 bis 90 cm lang, werden mit einem Nagel zusammengeheftet, wie es das Bild zeigt. Das genaue Maß von 60 bzw. 80 cm wird angetragen. Eine dritte Latte, über 100 cm lang, erhält zwei Markierungen im genauen Abstand von 100 cm.

Befestigt man die dritte Latte, wie es das untere Bild zeigt, auf den beiden ersten, so entsteht ein rechtwinkliges Dreieck.

Selbstverständlich kann man für die Längen der Latten auch andere Vielfache von 3:4:5 nehmen, z. B. 30:40:50 cm; 45:60:75 cm; 120:160:200 cm.

Rauhbeton (Mischung) Der Rauhbeton ist zu mischen aus Portlandzement und Kiessand im Verhältnis 1:10 bis 1:12 (Raumteile), die Masse soll nur so viel Wasser enthalten, daß sie erdfeucht ist. Über das Mischen S. 223.

Rauhbeton (Aufbringen) Der Beton wird in etwa 60 cm breiten Streifen aufgebracht, mit der Schaufel gleichmäßig verteilt und festgestampft. Die Oberfläche muß im ganzen genau waagerecht, sie braucht aber im einzelnen nicht völlig eben zu sein. Die Oberfläche braucht man nicht mit Latte oder Reibbrett glattzuziehen. Sie bleibt rauh, damit die nachfolgende Schicht gut haftet. Die Festpunkte (Pflöcke, Steine) werden im Zuge der Arbeit entfernt.

Zeitabstand Zwischen dem Aufbringen der Unterschicht und dem Aufbringen des Feinbetons kann eine beliebig lange Zeit vergehen. Die Oberschicht kann auch unmittelbar folgen. Wichtig ist, daß die Feinbetonschicht für einen Raum möglichst an einem Tage aufgebracht werden soll. Es entstehen sonst Unregelmäßigkeiten in der Fläche.

Feinbeton Der Feinbeton besteht aus reinem Sand mit Korngröße bis zu 3 mm und Portland-

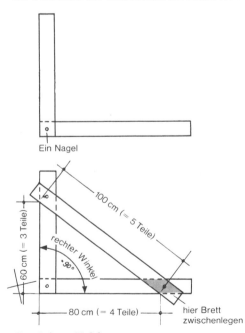

So wird aus Holzlatten ein rechtwinkliges Dreieck hergestellt

zement im Mischungsverhältnis 1:3. Die Masse soll nur erdfeucht sein.

Zum Aufbringen werden in Abständen von 2 m Latten auf den Unterbeton gelegt, 2 cm stark, und mit der Wasserwaage ausgerichtet, so daß ihre Oberkanten die spätere Oberfläche markieren. Der Beton wird aufgebracht, mit der Maurerkelle auf Streifen von etwa 80 cm Breite verteilt und abgezogen mit einem Brett oder einer Latte, die auf den ausgelegten Latten entlanggleitet.

Die Latten bleiben liegen, bis der Belag hergestellt ist. Dann zieht man sie zurück, füllt die Rillen, die sie hinterlassen, nachträglich mit Feinbeton und reibt nun die ganze Fläche mit dem Reibbrett glatt.

Glattstreichen und Walzen Auch bei nur erdfeuchtem Beton wird sich Feuchtigkeit an der Oberfläche ansammeln. Man streut gleichmäßig Zementpulver auf die Fläche und wartet, bis dieser Zement Feuchtigkeit angezogen hat, sich also dunkel färbt. Jetzt kann man mit einer Glättkelle aus Stahlblech die Fläche glattstreichen; dabei schließen sich die Poren.

Auf einem so behandelten Estrich könnte man ausrutschen. Man walzt ihn daher mit einer Estrichwalze, die ein sternchenförmiges Muster in die Oberfläche eindrückt.

Kellerfußboden mit Belag

Soll ein Kellerraum längerem oder ständigem Aufenthalt dienen – z. B. als Spielzimmer, Bügelzimmer, Trinkstube, Heimwerkstatt –, so ist der blanke Estrich zu kalt. Zweckmäßig ist ein Belag. In diesem Fall muß der Unterboden aber eine Isolier- und Dämmschicht erhalten. Der Boden hat dann 4 Schichten: Rauhbeton · Isolier- und Dämmschicht · Zementestrich · Belag.

Rauhbeton Mischen und Aufbringen der Rauhbetonschicht wie im vorigen Beispiel. Ihre Oberfläche muß jedoch hier ganz eben und glatt sein. Das läßt sich erreichen, wenn man eine dünne Schicht weichen Feinbeton aufbringt und mit der Latte abzieht. Dieser Beton soll mindestens eine Woche abbinden, bevor man die Arbeit fortsetzt.

Isolier- und Dämmschicht Als Isolierschicht gegen Grundfeuchtigkeit dienen zwei Lagen verklebter Bitumenpappe auf dem Rauhbeton, als Dämmschicht gegen Kälte eine mindestens 3 cm starke Platte aus vorgepreßter Mineralwolle oder Glasfaser. Sie muß jedoch davor geschützt werden, daß Feuchtigkeit aus dem aufzubringenden Estrich in sie eindringt. Wir decken sie also mit einer leichten Bitumenpappe oder mit Bitumenpapier ab.

Feinbeton Die Feinbetonschicht soll mindestens 4 cm stark sein. Mischung wie im vorigen Beispiel. Um gegen Rissebildung vorzubeugen, ist es gut, wenn man in diese Schicht ein Drahtgewebe, sogenanntes Estrichgewebe, einlegt. Die Oberfläche wird hier nicht geglättet, sondern nur abgerieben. Diese Schicht muß 4 Wochen abbinden, bevor ein Belag eingebracht werden kann. Ständig gute Lüftung des Raums ist Bedingung. Die 4 Wochen sind ein Mindestmaß, hohe Luftfeuchtigkeit kann sie steigern.

Belag Über Fußbodenbeläge aus Linoleum und die Technik des Verlegens ist Näheres auf S. 69ff. ausgeführt.

Terrazzo

Den Zementestrichen verwandt sind Terrazzoböden. Als Zuschlagstoff (S. 222) dienen hier Natursteinkörner, die nach dem Abschleifen der Oberfläche als Schleiffläche sichtbar werden. Verschiedenste Farbtönungen lassen sich erreichen. Solche Böden können – ebenso wie Estriche mit anderen Bindemitteln als Zement: Gips, Magnesit, Bitumen – nur erfahrene Fachleute herstellen. Tragfähige Grundlage ist unbedingte Voraussetzung: Risse in Terrazzoböden sind sehr schwer zu beseitigen.

Bodenbelag aus Platten

Platten für Windfänge und Dielen, sowohl aus Naturstein wie Kunststeinplatten, werden ebenso wie Steinzeugplatten für Bäder und Waschräume auf einer Unterschicht aus Beton in Zementmörtel verlegt, die Fugen mit Zementmörtel ausgegossen. Im Abschnitt »Plattenbeläge im Freien« ist das etwas ausführlicher beschrieben. Die Zeichnung zeigt im Schnitt einen mit Platten belegten Fußboden:

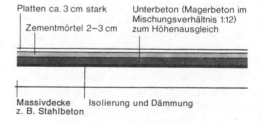

Als Scheuerleiste wird beim Anschluß an die Mauer ein Sockelstreifen aus dem gleichen Material angeordnet, solche Streifen kann man in Breiten von 8 bis 10 cm kaufen. Der Streifen wird mit Zementmörtel an der Mauer befestigt:

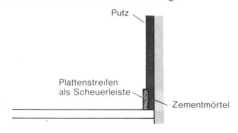

Wandplatten

Die üblichen Wandplatten für Bäder und Küchen (Fliesen) sind aus einem Tongemisch gepreßt und gebrannt und mit einer ebenfalls gebrannten Glasur überzogen. Plattenform und -größe sind genormt: Grundmaß 15×15 cm. Bei der Farbwahl ist Vorsicht am Platz gegen starke Farben, die im kleinen Stück prächtig aussehen, in der großen Fläche aber zu aufdringlich wirken.

Selbst verlegen? Einen dauerhaften Wandbelag selbst auszuführen, ist nicht geradezu unmöglich, aber auch nicht leicht. Wer sich daran versuchen will, sollte unbedingt zunächst ein kleines Probestück herstellen, um etwas Erfahrung zu sammeln und sich zu überzeugen, ob ihm eine exakte und tadellos aussehende Arbeit gelingt.

Spritzwurf Die Mauer erhält zuerst einen Spritzwurf aus dünnflüssigem, scharf körnigem Zementmörtel (S. 221). Der Mörtel wird mit der Maurerkelle angeworfen, so dünn, daß die Fugen des Mauerwerks nicht ganz geschlossen werden. Die Platten können erst verlegt werden, wenn diese Schicht einige Tage abgebunden hat.

Keile Damit die Fugen schön gleichmäßig etwa 2 mm breit werden, schnitzt man aus 5 cm langen Holzstäbchen Keile, die am schwächeren Ende 2 mm stark sind. Die Keile werden zwischen die Platten gesteckt und erst zum Verfugen herausgenommen.

Das Verlegen Der Zementmörtel wird aus 1 Teil Portlandzement und 3 bis 4 Teilen Sand gemischt (S. 206). Die Platten sind vor dem Verlegen in Wasser zu legen. Beim Verlegen nimmt man die einzelne Platte aus dem Wasser, läßt ablaufen, bestreicht die Rückseite mit Zementmörtel (der Fachmann sagt: Man »mörtelt die Platte an«), schneidet die Mörtellage an den Rändern der Platte glatt ab und drückt die Platte gegen die Wand. Durch Klopfen mit dem Kellenstiel wird sie in die richtige Lage gebracht.

Verfugen Ist die ganze Fläche belegt, werden die Keile herausgenommen. Das Verfugen kann beginnen. Dazu nimmt man entweder Portlandzement – das ergibt eine dunkelgraue Färbung – oder weißen Zement (»Dyckerhoff-Weiß«), wenn die Fugen weiß aussehen sollen. Ein praktisches Werkzeug zum Verfugen ist ein etwa 30 cm langes Holzbrettchen, in dessen Längsseite ein Gummistreifen eingelassen ist. Damit wird der Ausfugmörtel in die Fugen gedrückt. Gips ist zum Verfugen ungeeignet. Seine Treibwirkung würde die Platte herausdrücken oder gar beschädigen. Unmittelbar nach dem Ausfugen muß der gesamte Belag sorgfältig gereinigt werden, damit nicht Zementreste auf der Oberfläche erhärten.

Lose Platten Löst sich eine einzelne Platte aus dem Verband, während das Mörtelbett an der Mauer bleibt, so befestigt man sie nicht mit Mörtel, sondern mit einem Spezialklebstoff, den man in Plattenhandlungen kaufen kann.

Holzfußböden: Unterkonstruktion

Die Zeichnung zeigt im Schnitt eine Holzbalkendecke als Wohnungstrenndecke mit Parkettboden. Der Balkenabstand beträgt etwa 80 cm. Von besonderer Bedeutung ist neben den statischen Anforderungen der Wärme- und Schallschutz (DIN 4108 und 4109). Um Schallbrücken zu vermeiden, dürfen die Fußbodenbretter (hier der Blindboden) nicht direkt auf die Balken genagelt werden.

Von unten ist die Deckenschalung aus Fichtenbrettern gegen die Balken genagelt. Diese Bretter sollen nur etwa 8–10 cm breit sein; von Brett zu Brett ist etwa 1 cm Zwischenraum zu lassen, weil das Holz arbeitet. Die Deckenschalung trägt Rohrmatten als Putzträger, gegen diese ist der Deckenputz geworfen. An Stelle der hölzernen Deckenschalung und der Rohrmatten nimmt man auch Leichtbauplatten, die mit versetzten Stößen an die Balken genagelt, mit Fugendeckstreifen versehen werden und dann als Putzträger dienen.

Zwischen den Balken ruht auf Latten (die mit kräftigen Nägeln an den Balken befestigt sind) der Fehlboden. Dieser wird mit Bitumenpapier über-

zogen, darauf liegt die über die Balken geführte Mineralwollfilzmatte und darauf eine etwa 8 cm starke, absolut trockene, saubere Sandschüttung ohne Feinkorn. Wegen des Gewichtes dieser Auffüllung müssen die Deckenbalken entsprechend bemessen sein. Das Gewicht ist für die Dämmwirkung erforderlich.

Blindboden Die Gehschicht besteht in der dargestellten Deckenkonstruktion aus Parkett. Zwischen Lager und Parkett ist noch ein hölzerner Blindboden. Will man auf den Blindboden verzichten, kann Parkett nur im sogenannten Schiffsverband verlegt werden:

Im Schiffsverband verlegtes Parkett

Für einen Dielenboden braucht man den Blindboden nicht, die Dielenbretter werden unmittelbar auf die Lager genagelt.

Massivdecke mit Fußbodenlager Soll ein Holzboden auf eine Massivdecke – z.B. Kellerdecke aus Stahlbeton – kommen, so braucht man hierzu Lagerhölzer, entweder vierkantige Riegel von etwa 6×8 cm Querschnitt oder zweiseitig beschnittene Rundhölzer, von denen die Rinde restlos entfernt wird. Die Lagerhölzer sollen vor dem Einbau mit geeigneten Holzschutzmitteln getränkt oder zumindest gestrichen werden.

Die Lager werden in Abständen von etwa 60 cm verlegt (für Parkett 50 cm). An der Unterseite der Lagerhölzer werden Streifen aus Mineralwollplatten, z.B. aus Glasfaser 24/20 mm, angeklebt. Diese Streifen werden um die Stirnenden der Lagerhölzer herumgeführt, damit diese keine direkte Berührung mit den Wänden haben (Schallbrücken!). Das Ausrichten der Lagerhölzer erfolgt durch Keile zwischen der Betondecke und dem Isolierstreifen. Einschieben von Sperrholzstückchen zwischen Keile und Isolierstreifen erleichtert die Arbeit.

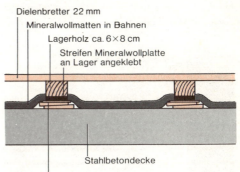

Holzfußboden auf Massivdecke Rechts: Detail des Lagerholzes

Vor Auflegen des Fußbodens wird zwischen den Lagerhölzern die Isolierung, z.B. Bahnen aus

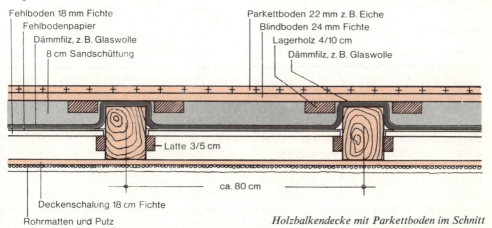

Holzbalkendecke mit Parkettboden im Schnitt

Mineralwolle, eingebracht. Eine besondere Befestigung der Lager an der Betondecke ist nicht erforderlich.
Die Lager sollen in der Längsrichtung des Raumes laufen. So laufen quer dazu die Fußbodenbretter in der kürzeren Richtung und brauchen wenig gestoßen zu werden.

Geklebte Holzböden Auf Massivdecken geht man mehr und mehr dazu über, eine Dämmschicht und Estrich auf den Beton zu bringen und darauf mit einer Spezialmasse Parkettboden zu kleben. Solche Arbeiten wie überhaupt das Verlegen von Parkett sind dem Fachmann vorbehalten. Wir befassen uns im folgenden nur noch mit Dielenböden.

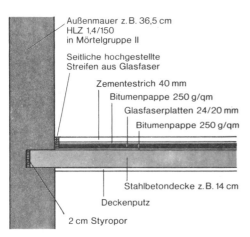

Beispiel einer massiven Geschoßdecke mit Wärme- und Schallschutz. (Auf den Zementestrich wird der Bodenbelag geklebt.)

Holzdielen: Verlegung und auftretende Schäden

Verlegen Die Dielenbretter sollen wenn möglich so lang sein, wie der Raum breit ist, damit Stöße vermieden werden. Genau sollen sie 2 cm kürzer sein – so hat das Brett Raum zum Arbeiten; die 1 cm breite Fuge wird durch die Sockelleiste verdeckt.
Die Dielenbretter kauft man zugeschnitten und gehobelt. Sie haben auf einer Längsseite eine Nut, auf der andern eine Feder. Das erste Brett wird 1 bis 2 cm von der Mauer entfernt aufgelegt und von oben genagelt – die Nut nach außen zeigend. Alle weiteren Bretter werden verdeckt genagelt, wie es das Bild zeigt:

Fußbodenbretter mit Nut und Feder, verdeckt genagelt

Der fertig verlegte Boden muß glattgehobelt werden, weil beim Verlegen Unebenheiten an den Brettkanten entstehen können. Er wird dann mit Leinölfirnis eingelassen und nach dem Trocknen gewachst – sofern nicht eine andere Art der Oberflächenbehandlung in Betracht kommt: Anstrich, Lasur (S. 48).

Schäden Es können auftreten: Pilzerkrankungen · starke Fugenbildung · welliges Erheben einzelner Flächen oder Bretter · Durchbiegen · Knarren.

Fäulnis Fäulniserscheinungen fordern unverzügliche Maßnahmen. Das befallene Brett ist sofort herauszunehmen und an der Unterseite zu untersuchen. Oft geht die Erkrankung von der Unterkonstruktion aus. Feuchte und schlechte Auffüllung – z.B. aus Bauschutt – ist meist die Wurzel des Übels.
Zeigt nur die Oberseite Befall, ist das Brett auszuwechseln. Ist auch die Unterseite befallen, ist der gesamte Belag zu erneuern, die Unterkonstruktion gründlich zu untersuchen. Schlechte Teile sind zu erneuern, die übrigen gut auszutrocknen und neu zu imprägnieren (S. 139 f.), bevor ein neuer Belag aufgebracht werden kann.
Wegen der Nut-Feder-Verbindung ist es nicht ganz einfach, ein einzelnes Brett zur Untersuchung herauszunehmen. Liegt das Brett in Wandnähe, nimmt man den Boden vom Rande her auf. Andernfalls muß man das Brett wahrscheinlich aufsplittern und stückweise herausreißen.

Fugenbildung, Wellen Diese beiden Erscheinungen haben ihre Ursache im Schwinden und Quellen des Holzes. Sie treten zwangsläufig auf, wenn feuchte Bretter verlegt werden oder wenn ausgetrocknete Bretter in Räume kommen, in denen noch starke Baufeuchtigkeit herrscht. In diesem Fall nehmen die Bretter zunächst Luftfeuchtigkeit auf und quellen, danach trocknen sie und schwinden wieder. Eichenholz macht in dieser Beziehung am wenigsten Kummer. Stets soll Holzboden erst verlegt werden, wenn die Räume durch ausgiebiges Lüften und nötigenfalls Beheizen durchgetrocknet sind. Nach dem Verlegen soll der Boden alsbald begangen werden, damit sich Spannungen ausgleichen. Starke Fugen sind behelfsmäßig zu schließen durch Einschlagen von

Holzspanen oder Ausgießen mit sogenanntem flüssigen Holz, das durch chemischen Prozeß erhärtet. Dauerhafte Abhilfe bietet nur das – freilich umständliche und kostspielige – Aufnehmen und Neuverlegen des ganzen Bodens.
Wellige Erhebungen kann man oft durch neues Festnageln beseitigen.
Das Nageln kann in diesem Fall nur offen von oben geschehen, doch kann man die Nagelköpfe anschließend versenken (S. 104) und die Löcher auskitten. Man nimmt am besten Stahlstifte, weil sie auch in einen harten Unterboden eindringen.

Aufgewellter Dielenboden wird niedergenagelt, die Nägel werden versenkt

Durchbiegen Zu großer Balkenabstand · zu geringe Brettstärke · falsches Einbringen der Auffüllung: das sind die möglichen Ursachen für Durchbiegungen. Die Aufzählung zeigt, daß Abhilfe nur möglich ist, wenn man den Boden neu verlegt. Sehr schwere Möbel – Bücherschränke vor allem – stelle man wenn möglich so auf, daß die Füße auf jeweils einen Balken treffen.

Knarren Knarrt ein einzelnes Brett, so ist Abhilfe möglich. Wahrscheinlich wird es windschief gewachsen sein. Man ersetzt es durch ein neues. Über das Herausnehmen siehe oben unter »Fäulnis«. Beim Einsetzen des trockenen Ersatzbrettes muß man vom Anschlußbrett die Feder abstemmen. Das neue Brett wird von oben genagelt, die Nagelköpfe werden versenkt.

Einem Fußboden, der in ganzer Ausdehnung jeden Darüberschreitenden mit freundlichem Knarzen begrüßt, kann man nur mit freundlicher Duldung begegnen – oder mit gut gefülltem Geldbeutel. Es kann sein, daß sich die Unterkonstruktion verzogen hat, so daß der ganze Boden federt und damit knarren kann. Das kann der Fachmann abstellen, indem er die Lager sorgfältig neu unterkeilt. In anderen Fällen kann selbst der Fachmann nicht helfen.

14 Öfen und offene Kamine

Die Beheizung unserer Wohnungen

Während früher durchweg Einzelfeuerstätten – hauptsächlich Kohle- und Holzöfen – für die Erwärmung der Wohnräume sorgten, ist heute die Mehrzahl aller Ein- und Mehrfamilienhäuser mit Zentralheizung ausgestattet.
Moderne öl- oder gasbefeuerte Zentralheizungen verbinden die wesentlich wirtschaftlichere Ausnutzung der im Brennstoff gebundenen Energie mit dem Komfort der problemlos verfügbaren Wärme. Dennoch erfreuen Öfen und Kamine sich seit einigen Jahren wieder großer Beliebtheit. Man installiert sie als Ergänzung zur Zentralheizung, um einerseits den Reiz des »echten« Feuers zu genießen und andererseits die Zentralheizung zu entlasten oder während der Übergangszeit auch ganz zu ersetzen.

Strahlung und Konvektion

Beim Betrieb eines Ofens oder eines offenen Kamins entsteht Strahlungswärme, die sich von der Feuerstelle bzw. dem erhitzten Außenmantel des Ofens geradlinig im Raum ausbreitet. Strahlungswärme gleicht der Sonnenstrahlung, wird daher vom Menschen als besonders angenehm empfunden. An den Außenflächen eines Ofens erwärmt sich gleichzeitig die vorbeistreichende Luft. Sie steigt nach oben, kühlt sich langsam ab und fällt in einem Kreislauf an der gegenüberliegenden Raumseite wieder nach unten. Diese Konvektion führt stets zu gewissen Staubaufwirbelungen und kann bei empfindlichen Personen unter Umständen die Atemwege belasten.

Der Kachelofen

Aus der offenen Feuerstelle haben sich vor etwa 4000 Jahren die ersten Lehm- und Stein-Hausbacköfen entwickelt. Als Kachelofen hat dieser Ofentyp im bäuerlichen Bereich später eine weitgehende Perfektion erfahren.
Man unterscheidet heute zwei Typen von Kachelöfen: den Kachelgrundofen, bei dem sehr viel

Rund um den Bau

Masse aufgeheizt und Strahlungswärme abgegeben wird, und den Warmluftkachelofen, der einen gußeisernen Heizeinsatz besitzt und einen höheren Anteil an Konvektionswärme erzeugt. Gemeinsam ist allen Kachelöfen die äußere Mantelfläche aus gebrannten Kacheln. Die Öfen sind ortsfest und werden in handwerklicher Arbeit an Ort und Stelle aufgebaut.

Kaminöfen

Aus Skandinavien ist ein Ofentyp zu uns gekommen, der die Vorteile eines eisernen Holzofens mit der anheimelnden Ausstrahlung des Feuers im offenen Kamin verbindet. Der Kaminofen läßt sich in der Regel sowohl mit offenen als auch mit geschlossenen Türen betreiben. Bei offenen Ofentüren hat man ungehinderten Blick auf die brennenden Holzscheite. Geschlossene Türen dagegen verleihen dem Kaminofen einen wesentlich höheren Wirkungsgrad. Es entweicht deutlich weniger Energie mit den heißen Rauchgasen ungenutzt durch den Schornstein.

Offene Kamine

Der angesprochene schlechte Wirkungsgrad einer offenen Feuerstelle hat dafür gesorgt, daß der klassische offene Kamin heute kaum noch Bedeutung hat. Will man eine befriedigende Heizleistung erzielen, so muß ein offener Kamin zumindest optimiert werden.

Häufig ist seine Feueröffnung überdimensioniert: Sie sollte nicht größer als der achtfache Schornsteinquerschnitt sein. Durch Herabziehen des Sturzes oder einfaches Aufmauern des Feuerraumbodens läßt sich die Öffnung verkleinern.

Ideal ist bei geeigneten Dimensionen des Feuerraums das nachträgliche Einsetzen einer gußeisernen Kaminkassette. Der offene Kamin wird damit zu einem Heizkamin mit Warmlufterzeugung. Dichtschließende Ofentüren sind die wichtigsten Bauteile der Kaminkassette. Damit der Blick aufs Feuer erhalten bleibt, kann man Türen mit feuerfester Verglasung wählen.

Der Abgasverlust beträgt nach dem Umbau eines offenen Kamins mit einem Einsatz statt vorher 80–90 Prozent nur noch 35–40 Prozent. Der Luftverbrauch reduziert sich durchschnittlich von 300–500 m^3/h auf ganze 40 m^3/h. Die

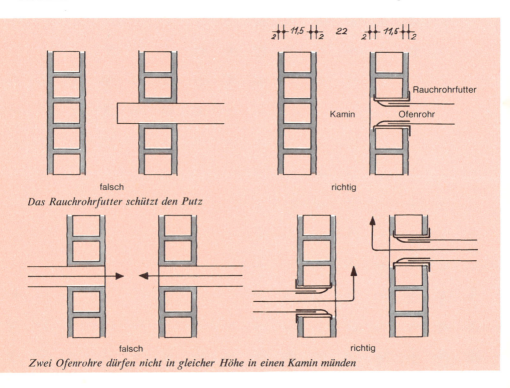

Das Rauchrohrfutter schützt den Putz

Zwei Ofenrohre dürfen nicht in gleicher Höhe in einen Kamin münden

Abgase werden meist durch einen Wärmetauscher geleitet, der Konvektionswärme an den Raum abgibt. Man verbraucht nach dem Umbau wesentlich weniger Holz und hat keine Probleme mehr mit schlechtem Zug des Kamins, weil die Abgasmengen kleiner geworden sind, während die Rauchgastemperatur höher liegt als vorher.

Zu beachtende Vorschriften

Das Ofenrohr von Einzelfeuerstätten muß bei seiner Einführung in den Schornstein dicht abschließen. Einfaches Einmauern und Verputzen führt durch Ausdehnung des Rauchrohres beim Heizen unweigerlich zu Rissen, durch die Rauchgase austreten können. Deshalb stets ein Rauchrohrfutter in den Schornstein einsetzen, in das man dann das Ofenrohr schiebt. Damit optimaler Zug gewährleistet ist, dürfen niemals zwei Ofenrohre auf gleicher Höhe in den Kamin geführt werden.
Bei modernen Schornsteinen mit einem aus Ton gebrannten Innenrohr muß die Öffnung für den nachträglichen Anschluß eines Rauchrohres mit einem Kranz von Bohrlöchern hergestellt werden. Anschlagen des Innenrohrs mit Hammer und Meißel kann zu teilweiser Zerstörung des Tonrohrs führen.

Haben Sie einen Ofen an den Schornstein angeschlossen, müssen Sie die Feuerstätte vom zuständigen Bezirksschornsteinfegermeister abnehmen lassen.

Feuerschutz

Grundsätzlich empfiehlt es sich, den Schornsteinfeger bei allen Maßnahmen, die den Umbau oder die Neueinrichtung einer Feuerstätte betreffen, schon im Vorfeld einzuschalten. Er berät Sie unter anderem über Mindestabstände zu brennbaren Bauteilen und Möbeln sowie über die Vorschriften zur Sicherung brennbarer Böden unter und vor Feuerstätten.

15 Was man von der Ölheizung wissen sollte

Ist Ölheizung teuer?

Diese Frage hört man immer wieder. Mit einem schlichten »Ja« oder »Nein« ist sie nicht zu beantworten. Zu beachten ist:
Anschaffungspreis Ein guter Zimmer-Ölofen ist etwa 20% teurer als ein Allesbrenner. Eine Zentralheizungsanlage für ein Zweifamilienhaus mag für Ölheizung (Ölbrenner, Tank, Installation) etwa 7000,– DM mehr kosten als für Koks.
Arbeitsersparnis Die Bedienung eines Einzelölofens ist einfacher als die eines Kohlenofens. Eine ölgefeuerte Zentralheizung kann vollautomatisch betrieben werden. Ein thermostatischer Regler (Wärmefühler im Zimmer oder vollautomatisch über Außenfühler) reguliert die Ölzufuhr. Man stellt lediglich die gewünschte Raumtemperatur auf einer Skala ein. Vielfach macht die Umstellung auf die arbeitsparende Ölheizung es möglich, den Haushalt nun ohne Personal zu versorgen.
Bequemlichkeit Bei Ölheizung braucht man keine Asche wegzuräumen. Die Ruß- und Staubentwicklung ist unbedeutend. Die Anlage ist immer betriebsbereit. Da eine Tonne Öl den Heizwert von etwa zwei Tonnen Koks hat, vermindert sich auch das Transportgewicht. Nicht zu vergessen: Auch der Kohlenkeller wird eingespart!
Betriebskosten Bei größeren Anlagen ist Ölfeuerung mindestens ebenso wirtschaftlich wie Koksfeuerung. Bei kleineren Anlagen (Einfamilienhaus) ist Ölheizung gegen Koksheizung etwa im Verhältnis 1:1,4 teurer. Zu beachten ist bei diesem Vergleich, daß Ölheizung wegen der äußerst bequemen Bedienung in der Übergangszeit gewöhnlich mehr in Betrieb gesetzt wird; ferner und vor allem, daß die Vorteile der Sauberkeit, Bequemlichkeit und Arbeitsersparnis sich nicht unmittelbar in Geldwert ausdrücken lassen.
Heizöl Durch DIN 51 603 sind folgende Kurzbezeichnungen für Heizöl festgelegt:

ES	=	extra schwerflüssig
S	=	schwerflüssig
M	=	mittelflüssig
L	=	leichtflüssig
EL	=	extra leichtflüssig

270 Rund um den Bau

Als Heizöl darf nur ein Produkt bezeichnet werden, das bei der Verarbeitung von Rohöl, Steinkohle, Braunkohle oder Ölschiefer anfällt.

Zum Bezug von Heizöl braucht man einen Zollerlaubnisschein. Die Lieferfirma hilft bei der Erledigung der Formalitäten.

Vordringen der Ölheizung In kohlearmen Ländern kennt man Heizöl als Brennstoff sei Jahrzehnten. Das Vordringen der Ölheizung in Deutschland in den letzten Jahren hat mehrere Gründe: veränderte Kohlensituation · Bau moderner Raffinerien in Deutschland, in denen Heizöl als Nebenprodukt anfällt · Zwang zur Arbeitsvereinfachung im Haushalt: berufstätige Ehefrau, Mangel an Dienstpersonal, veränderte Lebensgewohnheiten.

Zentralheizung mit Ölfeuerung

Prinzip Die Verwendung von Öl als Brennstoff besagt zunächst noch nichts über die Art der Heizungsanlage. Die häufigste, auch wirtschaftlichste, darum hier allein betrachtete Art ist die Warmwasserheizung mit Kessel, Kamin, Rohrsystem für Wasser-Vor- und Rücklauf und Radiatoren (Heizkörpern). Die Ölflamme bestreicht die Glieder des Kessels, das Wasser in diesen Gliedern wird erhitzt und zur Zirkulation durch die Radiatoren gebracht (vgl. hierzu S. 375: Warmwasserheizung). Damit die Ölflamme voll wirksam werden kann, muß der Kessel eine bestimmte Tiefe haben. Der Feuerraum braucht zum Schutz der Kesselwände eine Ausmauerung mit Schamottematerial (nicht bei Stahlkessel).

Der Tank Mindestens einen Jahresbedarf sollte der Tank fassen (kleines bis mittleres Zweifamilienhaus: 6000 l · Drei- bis Vierfamilienhaus: 10 000 l). Er kann entweder im Keller oder außerhalb des Gebäudes in frostfreier Tiefe liegen und soll so angeordnet sein, daß er vom schweren Tankwagen aus ohne Schwierigkeit beschickt werden kann. Die Leitung vom Tank zum Brenner muß außerhalb des Gebäudes ebenfalls in frostfreier Tiefe verlegt werden. Zweckmäßig ist dann ein kleiner Zwischentank vor dem Brenner, in dem das Öl schon vor seinem Eintritt in den Brenner etwas angewärmt wird.

Der Tankeinbau direkt in das Erdreich ist nur mehr zulässig, wenn es sich um einen doppelwandigen Tank handelt. Bei einwandigen wird eine Stahlbetonwanne um den Tank gefordert; Kosten hierfür bei einem Einfamilienhaus etwa 14 000,– DM.

Bei Neubauten wird der Tank jetzt meist im Kellergeschoß untergebracht; hier genügt einwandige Ausführung. Allerdings müssen die den Tank umschließenden Wände die Aufgabe einer Wanne erfüllen. Auch nachträglicher Tankeinbau im Kellergeschoß ist möglich. Man verwendet hierbei Rechteck-Ölbehälter aus Stahlblech, die erst im Keller zusammengeschweißt werden.

Wichtig ist, daß jeder Tank – ob im Keller oder außerhalb des Hauses – eine Entlüftungsleitung ins Freie erhält. Die Heizraumrichtlinien (insbesondere für den Feuerschutz) sind zu beachten. Die Bauaufsichtsbehörden geben Auskunft.

Genehmigungspflichtig Ölfeuerungsanlagen sind auch bei nachträglichem Einbau genehmigungspflichtig. Für jede Anlage ist der Verwaltungsbehörde (Landratsamt, Stadtverwaltung) ein Baugesuch vorzulegen.

Der Brenner In Deutschland werden viele Fabrikate angeboten. Die richtige Wahl kann nur der Fachmann treffen. Der Laie soll wissen: Um das Öl einwandfrei und wirtschaftlich zu verbrennen, muß es in feinste Teilchen zerlegt und mit Luft vermischt werden. Das ist die Aufgabe des Brenners. Der gebräulichere Brennertyp für Wohnhäuser ist der Öldruckzerstäuber. Das Öl wird mit etwa 7 Atmosphären Druck durch eine Düse gedrückt. Dabei wird es zerstäubt und mit Verbrennungsluft gemischt. Die Zündung erfolgt an einem elektrischen Lichtbogen (ähnlich der Zündung durch die Zündkerze beim Verbrennungsmotor im Kraftfahrzeug). Entsteht keine Flamme oder erlischt sie wieder, so werden Ölzufuhr und Gebläse automatisch abgeschaltet. Andere Formen wie Luftdruckzerstäuber, Rotationszerstäuber arbeiten geräuschvoll und kommen nur für große Anlagen in Betracht. Beim Zimmerölofen hat man Verdampfungsbrenner.

Richtig planen Architekt und Zentralheizungsbauer müssen gemeinsam die richtige Lösung für eine gegebene Aufgabe finden. Nicht jede Firma, die schon lange Zentralheizungen baut, hat die nötige Erfahrung im Ausbau von Ölanlagen!

Tips zur Wartung der Ölzentralheizung

Filter wechseln Die Ölheizungsanlage beginnt am Öltank. Außerhalb des Gebäudes eingegrabene Erdtanks sind zweischalig aufgebaut. Ein Warnsystem meldet jedes Leck an das Kontrollgerät im Heizungsraum. Erdtank und Alarmeinrichtung müssen alle fünf Jahre vom TÜV überprüft werden.

Heizöltanks im Keller stehen in einer gemauerten Wanne mit einem dreilagigen Schutzanstrich. Sie benötigen zwar viel Platz, sind aber besser zu kontrollieren und garantieren – weil frostgeschützt – stets die gleiche Fließfähigkeit (Viskosität) des Heizöls.

Vom Tank führt eine doppelte Kupferrohrleitung zum Brenner. Eine Pumpe saugt das Öl über die Zuleitung aus dem Tank an und preßt es mit einem Druck von rund 10 bar in die Zerstäuberdüse. Überschüssiges Öl fließt über die Rückleitung wieder zum Tank. Das vom Tank kommende Öl wird, um Verschmutzungen der Düse zu verhindern, durch eine an der Außenwand des Kessels montierte Filterpatrone mit Schauglas geleitet. Nach jeder Heizperiode sollte diese Patrone ausgewechselt werden. Man schaltet dazu zunächst die Heizung am Hauptschalter aus, damit sie während der Wartungsarbeit nicht anspringt. Dann wird das über dem Filter befindliche Zulaufventil geschlossen. Eine Schüssel als Auffanggefäß unterstellen und das Schauglas von Hand abschrauben. Nun liegt die Filterpatrone frei. Mit einer leichten Drehbewegung läßt sie sich lösen, um sie durch die neue Patrone zu ersetzen. Anschließend das Schauglas wieder aufschrauben, das Zulaufventil öffnen und die Heizung wieder anschalten. Verstellen Sie die Steuerung der Kesseltemperatur nun so, daß der Brenner sofort anspringt. Das Gebläse läuft dann, und die Pumpe arbeitet ebenfalls. Weil aber der Filter durch das Wechseln der Patrone völlig geleert war, wird beim ersten Startversuch noch nicht genügend Öl angesaugt, um die Leitung wieder ganz zu füllen. Der Brenner wird sich daher abschalten und »Störung« anzeigen. Drücken Sie deshalb die Starttaste direkt am Brenner. Er schaltet sich dann erneut ein. Gegebenenfalls muß man diesen Vorgang mehrfach wiederholen, bis die Ölleitung wieder vollständig entlüftet ist. Die Kesseltemperatur anschließend wieder auf den normalen Wert stellen.

Achtung: das beim Filterwechsel aufgefangene Öl und die alte Filterpatrone müssen fachgerecht entsorgt werden.

Brennkammer reinigen Ruß und Ablagerungen auf den Innenwänden der Brennkammer verhindern, daß die von der Brennerflamme erzeugte Energie optimal zur Erwärmung des Kesselwassers genutzt wird. Ein Teil der wertvollen Energie entweicht dann ungenutzt mit den heißen Rauchgasen durch den Schornstein. Daher sollte die Brennkammer mindestens einmal im Jahr gründlich gereinigt werden. Auch vor dieser Arbeit die Heizung am Hauptschalter abschalten. Der Kessel muß vor der Reinigung abgekühlt sein.

Vor der Brennkammer befindet sich ein Deckel, auf dem der eigentliche Brenner an einem Flansch sitzt. Löst man die Schrauben des Brennkammerdeckels, kann man ihn wie eine Tür öffnen und seitlich wegklappen. Achten Sie darauf, daß Ölleitungen und Kabel dabei nicht abgeknickt werden. Im Brennraum können sich Keramikeinsätze oder abgewinkelte Blechstreifen befinden, mit denen die Verbrennung bzw. der Zug beeinflußt werden. Diese Teile entnehmen. Merken Sie sich aber genau ihre Position.

Zu jedem Kessel liefert der Hersteller einen Satz speziell abgestimmter Bürsten zur Reinigung der Brennkammer mit. Benutzen Sie grundsätzlich nur diese Werkzeuge und vor allem keine scharfkantigen Gegenstände. Insbesondere moderne Niedertemperaturkessel sind innen mit einer Beschichtung versehen, deren Beschädigung zu Korrosionsschäden führen kann. Entfernen Sie die abgebürsteten Verbrennungsrückstände mit Handfeger und Kehrschaufel. Ein Allzweckstaubsauger ist ideal, um alle Ecken und Winkel zu erreichen.

Wenden Sie sich nun der Rückseite des Kessels zu. Dort befindet sich unterhalb des Abgasrohres eine Reinigungsklappe, die sie öffnen, um auch dort angefallene Schmutzpartikel zu entnehmen. Zuletzt sollte auch das Abgasrohr über die Revisionsöffnung von Ablagerungen befreit werden.

Den Brenner warten Im Ölbrenner wird das Heizöl unter hohem Druck durch die Einspritzdüse gepreßt. Gleichzeitig führt ein Gebläse Luft über eine Wirbelscheibe an der Düse vorbei. Ein Hochspannungstrafo erzeugt mit zwei Elektroden im Sprühbereich der Düse einen Lichtbogen, der das zerstäubte Öl entzündet. Eine Fotozelle überwacht diesen Vorgang. Registriert sie das Licht der Flamme, läuft der Brenner solange, bis die von der Steuerung vorgesehene Kesseltemperatur erreicht ist. Entzündet sich das Öl-Luft-Gemisch nicht, schaltet die Fotozelle den Brenner nach dem Startversuch ab, und die Störungslampe leuchtet auf. Durch Drücken der Störungstaste kann man den Brenner dann von Hand erneut starten. Führen auch mehrere Startversuche zu keinem Erfolg, kann es daran liegen, daß die Fotozelle durch Ruß verschmutzt ist. Zur Überprüfung wird – nach Ausschalten der Heizung – das Brennergehäuse abgenommen, die Fotozelle herausgezogen und gereinigt. Die Betriebsanleitung des Geräts verrät Ihnen, wo die Fotozelle bei Ihrem Brennertyp sitzt. Springt der Brenner anschließend wieder an, muß die Rußbildung durch Überprüfung und Neueinstellung des Brenners behoben werden. Die Einstellung des Geräts sollten Sie unbedingt einem Heizungsfachmann überlassen, weil dazu neben Spezialkenntnissen auch besondere Meßgeräte erforderlich sind.

Umwälzpumpe Wenn die Heizung in Betrieb ist, sorgt eine ständig laufende Umwälzpumpe dafür, daß das Heizwasser sich in einem Kreislauf zwischen Heizkessel und Heizkörpern bewegt.
Nach längeren Abschaltzeiten kann es zu mechanischen Störungen an dieser Pumpe kommen. Wird beim Wiederanschalten der Heizung nach der Sommerpause zwar der Kessel heiß, doch die Heizkörper bleiben kalt, ist es möglich, daß sich der Anker der Umwälzpumpe festgesetzt hat. Die Pumpe ist in diesem Fall warm oder heiß, während die Anschlußrohre kalt bleiben.
Um die Pumpe wieder gängig zu machen, schließt man die Absperrventile davor und dahinter und löst dann die Schraube auf ihrer Stirnseite. Sie ist von einem Pfeil umgeben, der die Drehrichtung der Pumpe anzeigt. Die herausgedrehte Schraube macht eine Öffnung frei, an deren Ende sich der Anker befindet. Mit einem dünnen Schraubendreher kann man in einen Schlitz des Ankers fassen und ihn durch Drehen in Pfeilrichtung wieder gängig machen. Ist der Strom noch eingeschaltet, dreht sich die Pumpe selbständig weiter. Nun die Verschlußschraube wieder einsetzen und die Absperrventile öffnen.
Liegt der Fehler im elektrischen Teil der Umwälzpumpe muß der Heizungsfachmann zu Rate gezogen werden.

16 Ausbauten · Anbauten · Nebengebäude

Ausbau von Dachräumen

Genehmigungspflicht In der Regel sind Ausbauten von Dachräumen genehmigungspflichtig, weil sie die Konstruktion und, wenn Dachfenster (Dachgaupen) angeordnet werden, auch das Aussehen des Gebäudes beeinflussen. Frühzeitige Rücksprache mit der Bauaufsichtsbehörde und Eingabeplan sind erforderlich.
Zur Anordnung und Gestaltung von Dachfen-

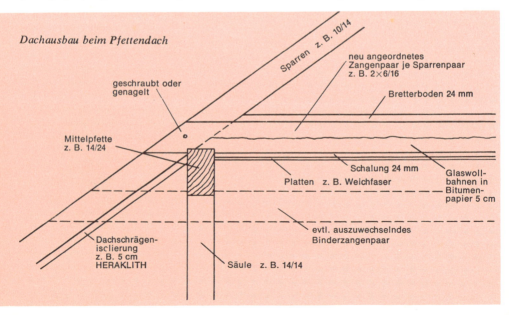

Dachausbau beim Pfettendach

stern sollte immer der Rat eines Architekten eingeholt werden. Ein falsch gesetztes oder gestaltetes Dachfenster kann das Aussehen des ganzen Gebäudes beeinträchtigen. Beispiele für diese Wahrheit finden Sie in jeder Straße. Lösungen, die für ein Gebäude richtig sind, können nicht ohne weiteres auf ein anderes übertragen werden. Allgemeiner Grundsatz: Die Dachfläche soll so wenig wie möglich unterbrochen werden.

Die Decke Auf den Seiten 243–247 sind die drei wichtigsten Dachkonstruktionen dargestellt.

Wer einen Dachraum ausbauen will, muß sich stets zuerst fragen: Wie kann die raumabschließende Decke geschaffen werden? Keinesfalls dürfen beim Ausbau tragende Konstruktionshölzer entfernt werden.

Beim Kehlbalkendach liegen die Verhältnisse am einfachsten. Man braucht nur Dämmung und Verkleidung, denn die Kehlbalken können die Decke bilden.

Beim Sparrendach läßt sich die raumabschließende Decke dadurch schaffen, daß die Konstruktion zum Kehlbalkendach erweitert wird.

Beim Pfettendach sind im allgemeinen die Zangen nur bei den Bindern (in Abständen von etwa 3 bis 4 m) angeordnet. Eine raumabschließende Decke läßt sich am einfachsten anbringen, indem bei jedem Sparrenpaar ein Zangenpaar angeordnet wird. Wird dadurch die Dachraumhöhe (die im Lichten noch mindestens 2,30 m betragen soll) zu gering, kann das Zangenpaar auch über der Mittelpfette angeordnet werden (Zeichnung). In diesem Fall muß aber das Binderzangenpaar nach oben versetzt werden.

Man muß sich darüber klar sein, daß das Gewicht der neuen Decke die Dachkonstruktion zusätzlich belastet. Das Gewicht der Decke ist darum so gering wie möglich zu halten. Dies gilt besonders für die Dämmstoffe.

Zwischenwände Zwischenwände werden zweckmäßig als Leichtbauwände ausgeführt, z.B. in 7 cm starken Heraklithplatten. Da solche Wände von den Decken aufgenommen werden können, braucht man nicht auf darunterliegende Mauern Rücksicht zu nehmen. Allerdings, Rücksicht ist zu nehmen auf die Lage der darunterliegenden Deckenbalken. Die neue Wand soll entweder auf einen solchen Balken zu stehen kommen oder, falls sie rechtwinklig zu den Deckenbalken steht, auf einen Riegel gestellt werden, der mit den Balken verschraubt oder vernagelt wird.

Einputzen von Holzteilen Müssen Holzteile wie Säulen, Streben, Balken beim Ausbau eingeputzt

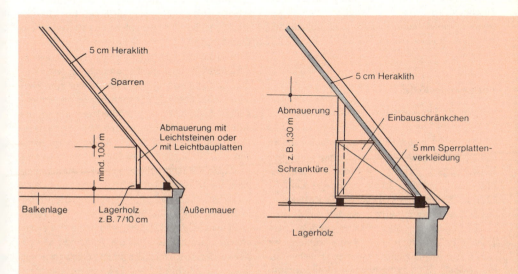

Senkrechte Abmauerung der Dachschräge   *Dachschräge mit Einbauschrank (vergrößert)*

(Zu beiden Zeichnungen: Bei Massivdecke Lagerholz nicht erforderlich.)

274 Rund um den Bau

werden, so sind sie vorher mit Bitumenpappe zu isolieren und mit einem Putzträger (Gewebe wie zum Überdecken der Stöße von Bauplatten, S. 216) zu überspannen. Um Putzrisse zu vermeiden, soll dieser Putzträger beiderseits etwa 10 cm auf die anstoßende Wand übergreifen.

Dachschrägen Gewöhnlich müssen Dachschrägen in die entstehenden Räume einbezogen werden. Früher galt die so entstehende »Mansarde« (der Ausdruck, beiläufig gesagt, geht zurück auf den französischen Architekten Mansard) als minderwertig; heute weiß man solchen Räumen sehr reizvolle Wirkungen abzugewinnen.

»Heraklith«-Platten, 5 cm stark, werden mit verzinkten Drahtstiften gegen die Dachsparren genagelt, vor dem Verputzen werden die Stoßfugen mit Deckstreifen aus Jutegewebe oder Drahtnetz überspannt, S. 216. Für die senkrechte Abmauerung, deren Höhe mindestens noch 1 m betragen soll, eignen sich ebenfalls Heraklithplatten, hier 7 cm stark, oder 10 cm starke Gasbetonplatten. Der Winkel hinter der Abmauerung läßt sich gut für Einbauschränke ausnützen. In diesem Fall ist die Dämmschicht an den Sparren bis zum Dachfuß herunterzuführen. Mit Sperrholz verkleidet, bildet sie die Rückwand des Schrankes. Der Schrank besteht im übrigen, wie im Schnitt zu sehen, aus einer Türwand, Unter- und Oberboden und den Seitenwänden, welche die Fachböden tragen. Die hier erforderlichen Holzarbeiten: Zuschneiden · Leimen · Schrauben · Beschläge · Oberflächenbehandlung usw. sind im zweiten Teil dieses Buches erläutert.

Trinkstube im Keller

Beispiel für den Ausbau von Kellerräumen

Ausbauten im Keller sind meist einfacher als im Dachgeschoß, weil Trennwände ohne besondere Vorkehrungen errichtet werden können. Bei Mauerdurchbrüchen ist Vorsicht geboten, S. 227f. Im Keller soll möglichst nur feuchtigkeitsbeständiges Material verbaut werden, für Mauern z. B. Ziegelsteine oder Gasbetonblöcke. Als Trinkstube wird man einen Raum wählen, der vom Kellervorplatz unmittelbar zu erreichen ist. **Betonwände** Sind die bestehenden Wände Betonmauern, werden sie auf der Innenseite mit einer Dämmschicht versehen und verputzt oder verkleidet (vgl. S. 221).

Trennwand Ist eine neue Trennwand zu errichten, gilt die Anweisung auf S. 209. Man mauert eine 11,5 cm starke Ziegelmauer mit Kalkmörtel 1:3. Als Verputz dient rauher Kalkputz, wie eben beschrieben (schöner: Kalksandsteinmauer, vgl. S. 212).

Fußboden Ziegelpflaster aus hartgebrannten Vollziegeln paßt gut zum Charakter einer Trinkstube. Die Steine werden flach in ein 1,5 cm starkes Zementmörtelbett verlegt und mit Zementmörtel verfugt. Die Gehfläche kommt dadurch um etwa 9 cm höher. Das erfordert eine Stufe vor dem Zugang, die ebenfalls aus Hartbrandziegeln gemauert werden kann.

Für die Einrichtung empfehle ich eine kräftige Eckbank und einen recht kräftigen Holztisch, dazu Stühle oder Hocker aus Holz; keine Polstermöbel. Und recht viele gute Flaschen!

Wohin mit den Flaschen?

Wein in Flaschen soll so gelagert werden, daß der Korken umspült ist. Eine ebenso zweckmäßige wie reizvolle Lösung unseres Problems ergibt sich durch Aufmauern von gebrannten, unglasierten Tonrohren (Drainrohren). Ihre Abmessungen sind in DIN 1180 festgelegt. Die Länge beträgt einheitlich 33 cm. Folgende lichte Weiten (Innendurchmesser) sind lieferbar: 6,5 cm, 8 cm, 10 cm, 13 cm, 16 cm, 20 cm. Für unsere 0,7-Liter-Flaschen wählen wir Rohre mit 8 cm, für Literflaschen und Sektflaschen solche mit 10 cm lichtem Durchmesser.

Nun suchen wir uns in Keller oder Trinkstube ein geeignetes Wandstück. Es soll nicht an einer Kaminwandung oder an der Trennmauer zum Heizungskeller liegen. Zu bevorzugen ist die Außenmauer. Je nach Weinvorrat überlegen wir uns die Anordnung der Rohre und machen eine Skizze. Das wichtigste dabei ist, die Rohre so anzuordnen, daß ein harmonisches Bild entsteht. Darauf wird man erst recht achten, wenn das Mauerstück ins Kellertrinkstübchen kommen soll.

So selbstverständlich die Anordnung der Rohre in der Zeichnung aussieht – der Unkundige würde nach dem Schlüssel suchen, wäre nicht das Netzsystem eingezeichnet, das die gedachten Mittelpunkte der Rohrkreise verbindet: es setzt sich aus lauter gleichseitigen Dreiecken zusammen. Bei der Festlegung der Seitenlänge ist von den zu verwendenden Rohren auszugehen. Bei der Austeilung ist darauf zu achten, daß die Rohrwan-

Trinkstube im Keller 275

dung etwa eine Dicke von 1 cm hat und daß sich die Rohre nicht berühren sollen. Die Fugenbreite soll mindestens 1,2 cm betragen.

In unserem Beispiel werden Rohre für 0,7-Liter-Flaschen verwendet (8 cm lichter Durchmesser), nur in dem umschließenden Mauerwerk sind links und rechts 8 Rohre mit 10 cm lichtem Durchmesser angeordnet. Hier sind natürlich die verschiedensten Varianten möglich.

Vermauert werden die Rohre und die Ziegel mit hydraulischem Kalkmörtel (1 Teil hydraulischer Sackkalk, 3 Teile Sand). Beim Vermauern ist darauf zu achten, daß die Rohre genau im Netzsystem liegen. Man kann sich an der Wand einige Hilfspunkte markieren und mit einer Schnur die richtige Lage kontrollieren. Weiter soll man darauf achten, daß die Rohrsichtflächen frei vom Mörtel bleiben. Gerade das leuchtende Rot soll erhalten bleiben (Lumpen zum Abwischen bereithalten). Der Vermauerungsmörtel soll etwa 1,5 cm hinter der Rohrvorderkante bleiben. Herausquellenden Mörtel entfernen.

Wenn alles aufgemauert ist, werden die Fugen mit Weißkalkmörtel (1 Teil gelöschter Kalkbrei mit 2,5 Teilen Sand) verfugt. Der Mörtel wird dabei mit Spachtel, Lanzette oder Fugeisen in die Fugen gedrückt und mit dem Fugeisen eingepreßt und glattgestrichen. Dabei soll aber die Rohr- bzw. Steinkante immer noch einige Millimeter über den Fugenmörtel vortreten.

Nach dem Verfugen die Ziegelsichtflächen mit Lappen reinigen, eventuell mit Öl oder besser mit Wachs etwas einreiben. Dadurch wird das Ziegelrot noch leuchtender, der Farbkontrast zu den nach einigen Tagen hellweißen Fugen noch besser. Es gibt auch chemische Mittel zum Entfernen von Mörtelschlieren, z. B. FEFIX (in Drogerien erhältlich).

Für die Trinkstube: Die Flaschen ruhen in Tonrohren

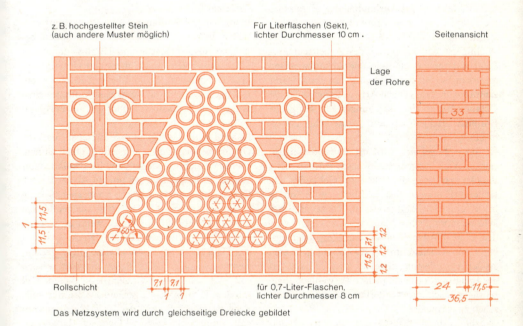

Das Netzsystem wird durch gleichseitige Dreiecke gebildet

17 Außenarbeiten rings ums Haus

Allgemeines über Erdarbeiten

Die Arbeitskleidung wird bei Erdarbeiten besonders beansprucht. Das wichtigste ist gutes Schuhwerk; zu empfehlen sind kräftige Gummistiefel. An Werkzeug und Geräten brauchen wir: Spaten, Schaufeln, Pickel, einige Bretter von mindestens 24 mm Stärke, etwa 20 cm Breite und etwa 4 m Länge, mindestens 1 Schubkarren, am besten mit Luftreifen.

Achtung: Bei genehmigungspflichtigen Bauten darf mit dem Erdaushub erst nach Erteilung der Bauerlaubnis durch die Bauaufsichtsbehörde begonnen werden!

Vor Arbeitsbeginn machen wir eine Skizze des Grundstücks und zeichnen die Flächen ein, die während der Arbeiten zum Lagern der verschiedenen Baumaterialien gebraucht werden. In der Fachsprache nennt man das den Baustelleneinrichtungsplan. Diese Skizze ist auch beim kleinsten Vorhaben erforderlich, weil sonst die Gefahr besteht, daß man das Aushubmaterial an falscher Stelle lagert und dann während der Bauzeit umsetzen muß.

Wichtig ist der Zeitpunkt des Arbeitsbeginns. Liegt zwischen dem Ende der Aushubarbeiten und dem Beginn der Betonarbeiten ein längerer Zeitraum, besteht je nach Art des Baugrundes die Gefahr, daß an den Böschungen der Baugrube Erdreich nachrutscht und zusätzliche Arbeit macht.

Ist das alles geklärt, wird die Baugrube ausgesteckt. Vier eingemessene und eingewinkelte Pflöcke markieren die Ecken des Gebäudes. Da Kellerumfassungen fast durchweg in Beton in beiderseitiger Schalung oder aus einem feuchtigkeitsunempfindlichen Mauerwerk hergestellt werden, ist beim Aushub daran zu denken, daß ringsherum ein Arbeitsraum von etwa 50 cm, gemessen an der Aushubsohle, zuzugeben ist. Je nach Art des Baugrundes ist eine mehr oder weniger abgeschrägte Böschung erforderlich, um ein Nachrutschen zu vermeiden.

Um die Aushubtiefe festzulegen, nehmen wir den Bauplan zur Hand und stellen im gezeichneten Querschnitt des Gebäudes die Unterkante des Kellerfußbodens fest.

Von den vorher geschlagenen Pflöcken muß nun das Maß a (50 cm Arbeitsraum plus Zugabe für die Böschung) nach beiden Achsen zugemessen werden. So erhalten wir die oberen Ecken der Baugrube.

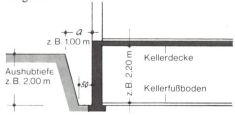

Maße für die Baugrube

Nun legen wir als Randbegrenzung der Baugrube Bretter aus. Wer keinen luftbereiften Schubkarren hat, legt auch auf den Fahrwegen zur Verkarrung des Aushubmaterials Bretter. Die Fläche für die Lagerung des Aushubmaterials haben wir schon in unserer Baustelleneinrichtungsskizze festgelegt.

Wenn wir uns die Baugrube im Querschnitt vorstellen, so haben wir oben den Mutterboden, bestehend aus Grasnarbe und Humus, dann eine Übergangsschicht und endlich den Unterboden, der z.B. Kiessand, Lehm oder Geröll sein kann. Unangenehm wird es, wenn es sich um gesteinsartige Bodenformationen oder gar um Fels handelt.

Es wird häufig gesagt und geschrieben, daß die Grasnarbe besonders vorsichtig abzunehmen, ebenso vorsichtig zu lagern und in Abständen mit Wasser zu besprengen sei, um ein Absterben des Grases zu verhindern. Diese Sonderbehandlung ist sinnvoll, wenn die Grasnarbe aus gepflegtem Rasen besteht. Sie ist sinnlos, wenn es sich um eine Wiesennarbe handelt, die den Ansprüchen des Hausbesitzers in spe sowieso nicht genügt, wenn also später neuer Rasen eingesät werden soll. Wir nehmen die Grasnarbe in diesem Fall mit dem Humus weg, lagern aber diese wertvolle Erde gesondert. Besteht der Unterboden aus annähernd reinem Kies-Sand-Gemisch, das als Zuschlagstoff für Betonarbeiten dienen kann, so lagern wir auch die Zwischenschicht gesondert.

Beim Ausheben gehen wir, um eine Gefährdung durch vielleicht ausrutschende Erdmassen zu vermeiden, von einer nicht zu kleinen Fläche aus. Ist die Aushubtiefe erreicht, wird »vom Boden« weg gearbeitet: Man »unterpickelt« die Wand und hebt das nachrutschende Erdreich weg.

Tiefe Gräben, Versitzgruben und ähnliches auszuheben, ist gefährlich (vgl. S. 395). Die erforderliche Abbolzung wird im allgemeinen nur der Fachmann ausführen können.

Soll die gesondert gelagerte Humuserde für neu anzulegende Rasenflächen verwendet werden, wird sie durch ein Gitter geworfen, um Steine und grobe Unkrautwurzeln auszuscheiden.

Ein wohlgemeinter Rat zum Schluß: Ziehen Sie bei allen Schaufelarbeiten Lederhandschuhe an. Die Blasen kommen beim »Gelegenheitsschipper« schon nach ein bis zwei Stunden!

Der Gartenzaun

Genehmigungspflicht Einfriedungen an Straßenfronten beeinflussen das Straßenbild und sind deshalb genehmigungspflichtig. Bevor Material gekauft oder gar mit der Arbeit begonnen wird, ist deshalb bei der Bauaufsichtsbehörde, am besten durch persönlichen Besuch, zu erkunden, welche Vorschriften für Höhe und Gestaltung des Zaunes zu berücksichtigen sind. Wahrscheinlich wird verlangt werden, daß ein Eingabeplan vorgelegt wird, der Konstruktion und Gestaltung des geplanten Zaunes zeigt.

Einfacher Holzzaun Der Zusammenbau eines einfachen Holzzaunes, ausreichend für den Hintergarten, gibt keine besonderen Probleme auf. Man nimmt geschälte Rundholzstangen oder auch vierkantige Latten. Die Holzteile sollen in jedem Fall mit einem Imprägnierungsanstrich versehen werden (S. 139 f.). Die zugespitzten Pfahlenden kann man zum besseren Schutz noch über einer offenen Flamme kurz ankohlen. Die Stäbe werden senkrecht nebeneinander oder gitterartig auf die querlaufende Bindstange genagelt.

Verankern von Pfählen Mehr Überlegung verlangt das Setzen und Verankern der Pfähle. Die zugespitzten Pfähle werden mit einem schweren Holzhammer eingetrieben. Axt, Eisenhammer und auch leichter Holzhammer sind ungeeignet. Den schweren Schlegel kann man selbst herstellen, indem man in einen großen Hartholzklotz einen Stiel einläßt (S. 184, Einsetzen eines Hammerstiels).

Erdbohrer

Es ist zweckmäßig, das Loch mit einem Erdbohrer vorzubohren oder auch mit einem spitzen Eisen (Pfahleisen) vorzuschlagen. Die Eckpfo-

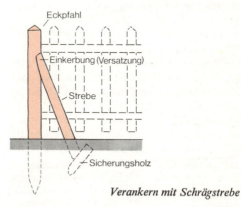

Verankern mit Schrägstrebe

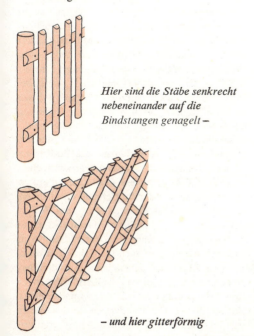

Hier sind die Stäbe senkrecht nebeneinander auf die Bindstangen genagelt –

– und hier gitterförmig

sten müssen durch eine schräge Strebe oder durch Drahtverspannung besonders gesichert werden. Wie das Bild zeigt, soll der Eckpfahl eine Einkerbung für die Strebe haben. Damit die Strebe nicht nachrutschen kann, kommt ein Sicherungsholz gegen ihr unteres Ende. Während das Verankern mit Schrägstrebe nach der Innenseite erfolgt, muß das Verspannen mit Draht nach der

Außenseite geschehen. Der Knebel ermöglicht Straffziehen und späteres Nachspannen. Als Anker dient eine Steinplatte, eine Metallplatte oder ähnliches; praktisch ist ein ausgedienter Kanaldeckel. Der Anker wird eingegraben.

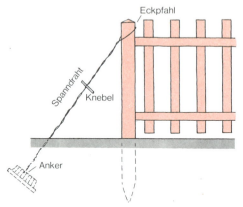

Verankern mit Drahtverspannung

Pfahlköpfe Die Pfähle sollen oben keine waagerechte Fläche haben, es dringt sonst zu schnell Nässe ins Holz. Man schneidet sie schräg zu, entweder in einer Fläche oder von 2 Seiten wie ein Dach. Das geht selbstverständlich erst nach dem Einschlagen, weil man dazu die waagerechte Fläche braucht. Zusätzlich kann man die abgeschrägten Flächen durch ein Brettstück oder eine Scheibe aus Zinkblech schützen.

Fertigbetonsäulen Der Baustoffhandel bietet Säulen aus Fertigbeton an, die man nur einzugraben braucht, etwa 60 bis 80 cm tief. Nicht immer ergeben sie ein befriedigendes Aussehen. Der Zaun sieht besser aus, wenn er nicht sichtbar unterbrochen wird. Das erreicht man bei der im nächsten Bild erkennbaren Anordnung. Dort ist ein Zaun gezeigt, wie er vielfach als seitliche Begrenzung von Grundstücken dient. Die Fertigbetonsäulen wird man hier in Abständen von etwa 3 m eingraben. Als Bindstangen (die waagerecht laufenden Riegel) dienen meist halbierte,

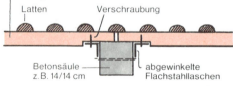

Bei dieser Anordnung bleibt die Betonsäule von außen unsichtbar

ungeschälte Fichtenstangen. Die Latten werden aus dünnen Fichtenstämmchen geschnitten. Zum Schutz gegen Ungeziefer sollen Bindstangen und Latten mit Schutzmitteln getränkt oder gestrichen werden (S. 137 ff).

Gehobelter Lattenzaun auf Betonsockel mit Eingangspforte

Wir nehmen als Arbeitsbeispiel einen Zaun aus gehobelten Latten auf Betonsockel: Höhe des Betonsockels 40 cm, Höhe des gesamten Zauns 1,20 m. Wenn Sie dieses Beispiel genau durchgehen, wird es Ihnen nicht schwerfallen, es Ihren Bedürfnissen entsprechend abzuwandeln. Die Länge der durch den Zaun abzuschließenden Front nehmen wir mit 18 m an. Die Gartentür erhält eine lichte Weite von 1,20 m. Betonpfeiler ordnen wir nur beiderseits der Gartentür an; ihr Querschnitt sei 30 × 40 cm. Zur Befestigung der Bindstangen werden T-Eisen in den Sockel einbetoniert. Sie müssen, da sie 30 cm tief im Sockel sitzen sollen, je etwa 1,10 m lang sein. An die T-Eisen werden durchbohrte Flacheisen geschweißt. An diese Eisen werden die Bindstangen geschraubt.

Zeitpunkt Für die Herstellung des Zauns muß eine möglichst niederschlagsarme Periode zwischen Frühjahr und Herbst gewählt werden.

Arbeitsablauf 1. Ausmessen im Gelände, Anfertigen einer Skizze mit Maßangaben, die auch als Unterlage für das Errechnen des Materialbedarfs dient. 2. Material einkaufen und bereitlegen. Werkzeug bereitlegen. 3. Fundamentgraben ausheben. 4. Fundament betonieren. 5. Pfeiler betonieren. 6. Sockel betonieren, dabei T-Eisen einbetonieren. 7. Nach genügendem Erhärten des Betons Bindstangen und Latten befestigen.

Gesamtmenge an Beton Wie tief man fundiert, hängt von der Beschaffenheit des Bodens ab. Man muß einige Schürflöcher anlegen und sehen, in welcher Tiefe unter dem Gelände man auf gewachsenen Kiessand trifft. Nehmen wir an, in unserem Fall seien das 50 cm, so genügt das als Fundamenttiefe; für die Pfeiler wird man aber auf 80 cm Tiefe gehen. In lehmigem oder humusartigem Erdreich müßte man auch für das Sockelfundament auf 80 cm Tiefe gehen. Um den Rauminhalt zu berechnen, zerlegen wir die Betonmasse in die drei Teile Fundament (für Sockel und Pfeiler), Sockel, Pfeiler. Das Fundament für den Sockel ist 18 m (Länge der Front) – 1,20 m (Gartentür-

Gartenzaun mit Betonsockel

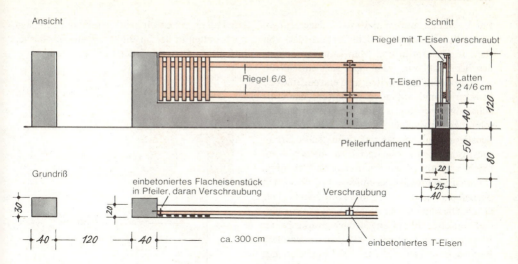

Plan des hier beschriebenen Zaunes mit Betonsockel und Holzriegeln

breite) – 40 cm (Pfeilerbreite) – 40 cm (zweiter Pfeiler) = 16 m lang. Das Fundament ist 50 cm tief, 0,25 m stark. Rauminhalt 16 × 0,5 × 0,25 = 2 cbm.
Rauminhalt der beiden Pfeilerfundamente: 2 × 0,40 × 0,40 × 0,50 = 0,16 cbm.
Gesamter Fundamentbeton 2,16 cbm. Da die Fundamentgräben wahrscheinlich nicht in genau 25 cm Breite ausgehoben werden können, runden wir auf 2,50 cbm auf.
Sockelbeton 16,0 × 0,20 × 0,40 = 1,280 cbm.
Pfeilerbeton 2 × 0,30 × 0,40 × 1,20 = 0,288 cbm.
Sockel und Pfeiler zusammen = 1,568 cbm.
Mischverhältnisse Für das Fundament kommt Rauhbeton 1:10 in Betracht = 1 Raumteil Portlandzement auf 10 Raumteile Grobkies. Für 1 cbm derartigen Beton braucht man rund 1,3 cbm Kies. Für 2,5 cbm demnach 3,25 cbm.
Bedarf an Kiessand Sockel und Pfeiler bestehen aus Stampfbeton 1:6, wobei als Zuschlagstoff absolut reines Kiesmaterial, Korngröße bis 30 mm, genommen werden soll. Hier muß man 1,15 cbm Kiessand für 1 cbm Fertigbeton rechnen. Wir brauchen also 1,568 × 1,15 = 1,803 cbm.
Bedarf an Zement Für das Fundament, Mischung 1:10, brauchen wir auf 3,25 cbm Kiessand 0,325 cbm Zement. Für Pfeiler und Sockel, Mischung 1:6, brauchen wir 1,803:6 = rund 0,301 cbm Zement. Gesamtbedarf an Portlandzement 0,625 cbm. Umgerechnet auf Gewicht (S. 223 f.) ergibt das rund 17 Sack Zement.
Bedarf an Schalbrettern Schalungsholz brauchen

wir nur für Sockel und Pfeiler, denn das Fundament soll ohne Schalung eingebracht werden (das geht allerdings nur, wenn das Erdreich nicht nachrutscht). Gesamtfläche der benötigten Schalung:
Für Sockelbeton: je Seite 8 Bretter 400 cm lang, 20 cm breit; ergibt 16 m Länge × 40 cm Höhe = 6,4 qm; für beide Seiten 12,80 qm.
Für Pfeilerbeton: je Pfeiler 6 Bretter 120 cm lang, je 3 Bretter zusammen 40 cm breit, ergibt 0,96 qm. Dazu 6 Bretter 120 cm lang, je 3 Bretter zusammen 34,8 cm breit, ergibt 0,84 qm. Für 2 Pfeiler 2 × 1,80 qm = 3,60 qm.
Gesamtbedarf 16,40 qm.

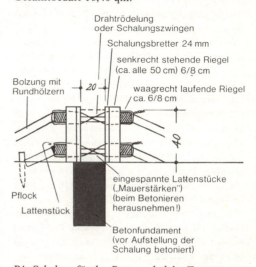

Die Schalung für den Betonsockel des Zaunes

280 Rund um den Bau

Für Verschnitt muß man 10 v. H. dazurechnen. So ergibt sich der beachtliche Bretterbedarf von rund 18 Quadratmetern. Man kann ihn wesentlich herabmindern, wenn man sich entschließt, abschnittsweise zu arbeiten, also erst ein Stück zu betonieren und abbinden zu lassen, dann die Schalung abzunehmen und für den nächsten Abschnitt zu verwenden.

Sonstiges Schalungsmaterial Um den Bedarf an sonstigem Schalungsmaterial zu überschlagen, macht man am besten eine Skizze der Schalung. Die waagerechten Riegel laufen auf beiden Seiten oben und unten über die ganze Länge des Sockels durch. Die senkrechten Riegel werden in Abständen von etwa 50 cm angeordnet. Stärke beider Riegelarten mindestens 6×10 cm. In unserem Beispiel brauchen wir für das Einschalen des Sockels:

Längsriegel 4×16 m	= 64	lfdm
senkrechte Riegel 64 Stück je 40 cm lang	= 25,60	lfdm
	= 89,60	lfdm

Sollen die Pfeiler gleichzeitig eingeschalt werden, kommen noch etwa 18 laufende Meter hinzu. Die Längsriegel können beliebig gestückelt sein, doch muß der Stoß immer an einem senkrechten Riegel liegen, und die Enden der Einzelstücke müssen verrödelt sein. Zum Verrödeln dient Schalungsdraht von etwa 3 mm Durchmesser.

Endlich brauchen wir zum Abbolzen Rundhölzer oder auch Kanthölzer vom Querschnitt der Riegel, und wir brauchen Holzstücke von der genauen Stärke des Sockels – also 20 cm –, die bis zum Beginn des Betonierens zwischen die beiden Schalungswände geklemmt werden.

T-Eisen Eisenträger sollen etwa alle 3 m gesetzt werden. In unserem Beispiel brauchen wir 5, dazu zwei an den Enden des Zaunes, wenn dort kein andersartiger Anschluß vorhanden ist.

Bindstangen und Latten Die Länge der Bindstangen ist oben und unten je 18 m minus 2 m (Tür und Pfeiler) = zusammen 32 m. Stärke etwa 8×8 cm. Die Latten wählen wir 24×60 mm stark. Der Abstand zwischen 2 Latten soll der Lattenbreite entsprechen, also 6 cm. Wir brauchen also auf je 12 cm laufender Zaunlänge eine Latte. In unserem Fall brauchen wir etwa 134 Latten.

Zwischen dem Unterende der Latte und dem Sockel soll 3 cm Zwischenraum sein. Die Latten werden demnach 77 cm lang – sofern wir nicht oben eine einfache Abdeckleiste anbringen wollen, wie sie die folgende Zeichnung zeigt. In diesem Fall brauchen wir in der gesamten Zaunlänge noch Latten in der im Bild angegebenen Stärke, und die Zaunlatten werden nur 74 cm lang.

Schnitt durch die Oberkante mit Abdeckleiste

Tür Bei dieser Berechnung ist die Tür noch außer acht gelassen. Soll sie in entsprechender Ausführung hergestellt werden, sind dafür noch mal 2 Querriegel erforderlich, dazu ein diagonal laufender Riegel zur Versteifung, dazu etwa 10 Latten von je etwa 1,15 m Länge.

Nägel Zur Befestigung der Latten auf den Bindstangen dienen Nägel 31/70.

Fundieren Der Fundamentgraben wird mit Pickel und Schaufel ausgehoben. Das ausgehobene Material beseitigt man sofort, es stört sonst. An möglichst zentraler Stelle wird die Mischbrücke aufgestellt und der Fundamentbeton gemischt. Er wird lagenweise in den Graben geschaufelt und dort festgestampft. Der Graben wird bis zur Höhe des Geländes mit Beton gefüllt. Erdstücke vom Rand des Grabens sollen nicht in die Betonmasse kommen. Die obere Fläche soll rauh bleiben, damit sich der Sockelbeton gut mit dem Fundament verbindet.

Man kann das Fundament in mehreren Abschnitten betonieren. Dazu hebt man am besten erst ein Grabenstück aus und betoniert es, öffnet dann erst das nächste. Steht der Graben längere Zeit offen, wird er zusammenrutschen.

Pfeiler betonieren Mehr Arbeit machen die Betonteile in Schalung. Wir beginnen mit den Pfeilern. Zum Herrichten der Schalung sind an Werkzeug erforderlich:

Spannsäge · Bohrer, etwa 6 mm Durchmesser · Handbeil · Hammer · Beißzange · Wasserwaage · Für jeden Pfeiler brauchen wir 4 Brettafeln zum

Einschalen, jede 1,20 m hoch (Höhe der Pfeiler), zwei davon 40 cm, zwei 34,8 cm breit. Die Einzelbretter werden durch aufgenagelte Querbretter zu Tafeln verbunden. Wir brauchen zwei Tafeln der links im Bild gezeigten Art und Abmessung, zwei der anderen. Die 4 Tafeln werden zu einem Kasten zusammengefügt. Auf die Querbretter kommen zur Versteifung der Schalung Querriegel 6 × 10 cm, die beiderseitig überstehen, damit man die Drahtrödelung anbringen kann.

Der verrödelte Kasten wird mit Hilfe der Wasserwaage über dem Fundament genau senkrecht gestellt und allseitig mit Rundhölzern oder Riegeln festgebolzt. An den Fuß jeder Abbolzung kommt ein Pflock.

Nun könnte der Pfeilerbeton bereitet und eingebracht werden – aber die Pfeiler sollen noch Aussparungen erhalten für einen Briefkasten, für Klingelleitung, Türöffnerleitung, für die Befestigung der Tür. Die Aussparungen werden zweckmäßig gleich durch Holzklötze an der Innenseite der Schalung freigehalten. Für die elektrischen Leitungen wird ein Wasserleitungsrohr – etwa ½ Zoll – einbetoniert. Die Betonmischung für einen Pfeiler soll in einem Arbeitsgang gemischt und eingebracht werden, damit der Pfeiler ein gleichmäßiges Aussehen bekommt. Vor dem Einbringen werden die Schalungsflächen gut mit Wasser angefeuchtet, dann wird in Lagen von nur 10 cm eingeschaufelt und gut festgestampft, besonders an den Kanten.

Die Oberfläche wird mit dem Reibbrett völlig glattgerieben. Eine leichte Schräge von etwa 1 cm fördert das Ablaufen des Niederschlagswassers. Nach Beendigung der Arbeit wird die Oberfläche mit Brettern, Papiersäcken o. ä. abgedeckt. Tritt in den nächsten Tagen Sonnenbestrahlung auf, ist der frische Beton mehrmals täglich mit Wasser vorsichtig anzufeuchten. Die Schalung kann frühestens nach 4 Tagen vorsichtig entfernt werden; besser ist es, eine Woche zu warten.

Sockel betonieren Die Schalung für den Sockel kann man in Anbetracht ihrer geringen Höhe am Boden zusammennageln: die senkrechten Riegel in Abständen von 50 cm nebeneinander hinlegen und die Bretter daraufnageln. Die Schalung soll etwa 5 cm höher sein als der spätere Beton.

Die so gewonnenen Tafeln werden beiderseits des Fundamentgrabens aufgestellt, die Längsriegel mit einigen Nägeln angeheftet. Lattenstücke von 20 cm Länge werden zwischen die beiden Wände gesteckt. Dann wird das ganze Gefüge mit Scha-

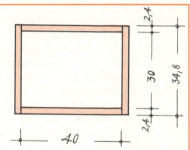

Die vier Brettafeln zum Einschalen des Pfeilers

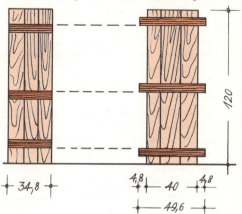

Die Einzelbretter sind durch Querbretter zu Tafeln verbunden

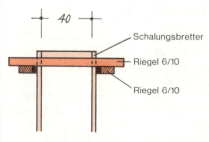

Die Versteifung des Schalungskastens durch Querriegel (Ansicht)

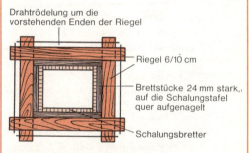

Der Schalungskasten in Draufsicht

282 Rund um den Bau

lungsdraht gerödelt und seitlich abgebolzt. Das Abbolzen benutzt man, um die Schalung in die endgültig richtige Lage zu bringen. Betonbereitung und Einbringen wie bei den Pfeilern angegeben. Die 20 cm langen Hölzer werden beim Betonieren jeweils herausgenommen, dagegen bleibt der Schalungsdraht im Beton; die Enden werden später, wenn nach einer Woche Abbindezeit die Schalung entfernt wird, mit scharfer Beißzange unmittelbar an der Betonoberfläche abgezwickt. Nimmt man Schalungszwingen, braucht man keinen Rödeldraht.

Die Oberkante des Sockels ist vor dem Einbringen des Betons an der Innenseite der Schalung mit Bleistrich – unter Zuhilfenahme einer 3 m langen Latte und der Wasserwaage – anzuzeichnen. Ebenso sind die Markierungen für die T-Eisen anzubringen. Diese müssen beim Einbetonieren durch Latten und Draht allseitig befestigt werden, damit sie beim Betonieren und während des Erhärtens ihre richtige Lage behalten. Nach dem Entfernen der Schalung sollen zwei weitere Wochen vergehen, bevor die T-Eisen durch das Anschrauben der Bindstangen und das Aufnageln der Latten einer Belastungsprobe ausgesetzt werden.

Bindstangen und Latten Einen gleichmäßigen Sitz der Zaunlatten erreicht man, wenn man auf den Bindstangen zuerst die Lattenaufteilung anzeichnet – in unserem Fall alle 6 cm ein Strich –, dann in Abständen von 3 m je eine Latte anbringt und über die Köpfe dieser Richtlatten eine waagerechte Schnur spannt, an der die übrigen Latten ausgerichtet werden.

Die Holzteile des Zaunes müssen durch Anstrich gegen Fäulnis und tierische Schädlinge geschützt werden. Darüber S. 139.

Nachbearbeiten des Sockels Die Betonoberflächen erhalten durch steinmetzmäßige Überarbeitung ein gefälligeres Aussehen, sie werden einem Naturstein ähnlich. Solche Arbeiten müssen vom Steinmetz ausgeführt werden, und zwar frühestens nach 8 Wochen Abbindezeit für den Beton.

Andere Zaunausführungen Das vorstehende Arbeitsbeispiel dürfte die äußerste Grenze dessen darstellen, was der Laie auf diesem Gebiet zu leisten vermag, nachdem er Erfahrungen bereits gesammelt hat. Ich habe es ausführlich geschildert, weil es leicht abgewandelt werden kann, z. B. sinngemäß auch für eine Ausführung von Sockel und Pfeilern in Ziegelmauerwerk statt in Beton zugrunde gelegt werden kann.

Ein Sandkasten für die Kinder

Wo ist der richtige Platz für den Sandkasten? Die spielenden Kinder sollen nach Möglichkeit vom Küchenfenster aus beobachtet werden können und nicht in der prallsten Sonne sitzen. Wie groß soll die Sandfläche sein? Man rechnet je Kind 1,5 qm Fläche – zu große Enge bringt Streit. Die Umfassung eines Sandkastens kann aus Holz, Beton oder Mauerwerk bestehen. Gegen Holz spricht, daß der Wechsel von Feuchtigkeit und Trockenheit die Lebensdauer einschränkt.

Ausführung in Holz Die Ausführung ist einfach. Vier kräftige vierkantige Eckpfeiler werden zugespitzt und in den Boden geschlagen. Spitzen ankohlen zum Schutz gegen Faulen. Holzschutzanstrich zweckmäßig (S. 139). Die Seitenbretter werden von außen an die Pfeiler geschraubt. Die Höhe der Einfassung soll etwa 40 cm betragen. An einer Seite kann man von oben ein Sitzbrett aufschrauben. Als Sitze kann man auch kleinere dreieckige oder viertelkreisförmige Bretter auf die Ecken schrauben. Zum Schutz gegen Verletzungen werden die Schrauben versenkt (S. 117), alle Holzkanten abgefaßt oder gerundet (S. 114). Füllung: feiner gewaschener Sand. Bringt man jedoch den Sand ohne Unterlage einfach ein, läuft Regenwasser schlecht ab. Besser ist es, den Boden etwas auszuheben, eine Schicht grober Steine einzubringen und darauf den Sand. Noch besser, zwischen Gestein und Sand eine Schicht flachgelegter Ziegelsteine in Sandbettung zu verlegen.

Ausführung in Mauerwerk Einen Kasten aus Beton haben wir auf S. 223 als Beispiel erwähnt. Die Dauerhaftigkeit des Betons mag freilich für diesen Zweck eher ein Nachteil sein: der Kasten ist sehr schwer zu beseitigen, wenn er einmal nicht mehr benötigt wird. Wir besprechen hier eine Ausführung in Mauerwerk, Innenmaße von 3×1 m. Zuerst sind auf einer Fläche von etwa $3,50 \times 1,50$ m Rasen und Humus bis auf etwa 50 cm Tiefe abzuheben. Dann wird ein Fundament aus Rauhbeton 1:10 (vgl. Zaunfundament) betoniert, etwa 10 cm hoch und 24 cm breit. Darauf wird die Mauer errichtet, 24 cm stark (Mauerverband S. 202), aus gut gebrannten Vollziegelsteinen mit Kalkzementmörtel (S. 206). Die Mauer wird bis etwa 25 cm Höhe über Gelände ausgeführt. Die beim Mauern nicht ganz bis zur Steinkante geschlossenen Fugen werden anschließend mit einem Mörtel aus Schweißsand und Zement glatt verschlossen. Die Mauer kann dann unverputzt bleiben.

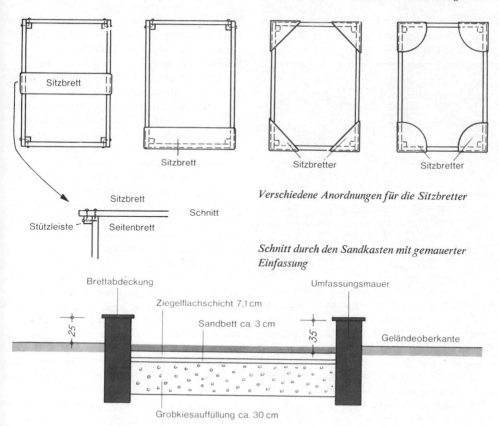

Verschiedene Anordnungen für die Sitzbretter

Schnitt durch den Sandkasten mit gemauerter Einfassung

Auf die Maueroberfläche kommt zweckmäßig ein Belag gehobelter Bretter, Kanten selbstverständlich gebrochen (S. 114). Zur Befestigung dieser Bretter werden Holzdübel gleich in die Fugen an der Maueroberseite mit eingemauert, an denen die Bretter mit Holzschrauben (Linsenkopf oder versenkte Köpfe, S. 117) angeschraubt werden. Das Füllen mit Sand ist bei der Ausführung in Holz (S. 282) beschrieben.

Plattenbeläge im Freien

Auswahl der richtigen Platte Platten, die im Freien verlegt werden, müssen beständig sein gegen Feuchtigkeit und Frost. Platten mit poröser Oberfläche springen unter Frosteinwirkung auf. Je dichter die Platte in Oberfläche und Zusammensetzung, desto beständiger ist sie. Eine Reihe von Natursteinen, auch Kalksteinen (Marmoren), ist gut geeignet. Kalksteinplatten mit schiefrigem Aufbau dagegen sind wenig geeignet. Zu diesen zählt im allgemeinen (es gibt Ausnahmen) die wegen ihres schönen Aussehens beliebte Solnhofener Platte. Es ist nicht ratsam, sie im Freien zu verlegen, meist treten schon nach der ersten Frostperiode Abschieferungen (Abblätterungen) auf.
Zementgebundene Kunstplatten Im Baustoffhandel in vielen Abmessungen und Farben zu haben, unempfindlich und daher gut geeignet, bleiben aber in der ästhetischen Wirkung hinter Natursteinen zurück.
Gebrannte Ziegelplatten Ziegelsteine und die wie diese hergestellten Ziegelplatten ergeben befriedigende Beläge. Man verwendet insbesondere Hartbrandsteine flach verlegt (Plattengröße 11,5 × 24 cm) wie auch Klinkerplatten. Klinker sind haltbarer; Hartbrandsteine wirken, an Rasen grenzend, farblich besser.
Form · Tragfähigkeit Die unregelmäßig begrenzte Platte fügt sich der Natur, z. B. einer Rasenfläche, ungezwungen ein. Die Tragfähigkeit muß verschieden sein, je nachdem ob ein begehbarer (Gartenweg) oder befahrbarer Belag (Garagenzufahrt) hergestellt werden soll. Endlich wird

man für manche Zwecke eine bruchrauhe Oberflächenbeschaffenheit vorziehen, für andere geschliffene Glätte.

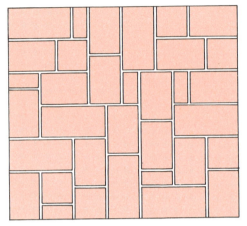

Platten von rechteckigem Format lassen sich in verschiedenen Mustern zu einer belebt wirkenden Fläche ordnen. Gestalterisch befriedigend ist der sogen. Römische Verband, wie ihn die Zeichnung wiedergibt. Für dieses Beispiel wurden als Plattengrößen 40 × 20 cm · 40 × 40 cm · 40 × 60 cm und 40 × 80 cm benutzt. Auch bei anderen Plattengrößen müssen die Seitenverhältnisse 1:0,5 · 1:1 · 1:1,5 und 1:2 sein.
Anteilige Stückzahl in Prozent der Gesamtfläche:
Plattengröße   1:0,5   rund   18 %
                        1:1   rund   18 %
                        1:1,5   rund   44 %
                        1:2   rund   20 %
Flächenanteil in Prozent der Gesamtfläche:
Plattengröße   1:0,5   rund   7 %
                        1:1   rund   13 %
                        1:1,5   rund   50 %
                        1:2   rund   30 %

Untergrund Beläge für mäßige Belastung (Fußgänger), die sich der Natur einfügen sollen und bei denen es nicht auf absolut ebene Fläche ankommt, werden mit einer Kiesauffüllung als Unterbett auf Sand verlegt. Beläge für höhere Ansprüche an Tragfähigkeit und Ebenmäßigkeit werden auf Beton gelegt. Einzelheiten bei den folgenden Arbeitsbeispielen.

Sitzplatz in Gartenfläche Die Humusschicht in der Größe des geplanten Plattenbelages vollständig entfernen. Der so entstandene Höhenunterschied wird bis auf 10 cm unter Gelände wieder ausgeglichen durch eine Auffüllung aus reinem Kies. Den Kies durch ausgiebiges Stampfen gut verdichten. Dann kommt eine etwa 10 cm starke Schicht Rauhbeton darauf: 1 Teil Portlandzement auf 10 Teile Kies. Die Oberfläche dieser Schicht bleibt rauh, damit der jetzt aufzubringende Zementmörtel (1 Teil Portlandzement auf 4 Teile Kiessand) gut haftet. In die 3 cm starke Zementmörtelschicht werden die Platten verlegt. Eine ebene Fläche erreicht man am leichtesten, wenn man in Abständen von etwa 2 m mit Hilfe von Latte und Wasserwaage einzelne Platten auf die richtige Ebene bringt und die übrigen Platten dann mittels Latte nach diesen ausrichtet. Der Verlegemörtel soll wenig Wasser enthalten.
Die Fugen werden mit Zementschlämme (nur Zement und Wasser) ausgegossen. Bei breiteren Fugen – über 3 mm – nimmt man besser einen dünnflüssigen Vergußmörtel aus 1 Raumteil Portlandzement und 1 Raumteil scharfkörnigem Quetschsand (oder Grubensand, wenn ganz rein). Vor dem Ausgießen ganze Plattenfläche mit Wasser besprengen. Damit keine Reste des Vergußmörtels an den Plattenoberflächen haftenbleiben und dort erhärten, werden die Platten nach dem Vergießen der Fugen sofort mit Sägemehl oder trockenem Schweißsand abgerieben. Erst etwa nach einer Woche soll der Belag vorsichtig begangen werden. In den ersten zwei Wochen nach dem Verlegen ist es zweckmäßig, den neuen Belag bei Sonnenbestrahlung vorsichtig mit Wasser zu besprengen. Diese Anweisung gilt gleichermaßen für zementgebundene Kunstplatten, Klinkerplatten und auch für Natursteinplatten. Bei Naturstein ist besonders auf die Wetterbeständigkeit zu achten. Werden farbige Marmorplatten verlegt, darf der Verlegemörtel (1:4 wie oben) nur so viel Wasser enthalten, daß er ein erdfeuchtes Aussehen hat. Höherer Wassergehalt im Zementmörtel kann bei den Platten Verfärbungen hervorrufen.

Gartenweg mit Hartbrandziegeln Das kräftige Rot hartgebrannter Ziegelsteine belebt die Gartenfläche. Die Steine werden gewöhnlich trocken verlegt. Entfernen der Humusschicht, Einbringen von Kies und Feststampfen wie eben geschildert. Darauf wird ein trockenes Gemisch aus 1 Teil Portlandzement und 4 Raumteilen Sand etwa 3 cm stark aufgebracht. In dieses Zementsandbett werden die Steine mit etwa 1 cm breiten Fugen flach verlegt. Auch hier sind verschiedene Verlegemuster möglich, auch Schrägverband. Die Fugen werden ebenfalls mit dem trockenen Zement-Sand-Gemisch ausgefüllt. Die fertige Fläche wird sorgfältig abgekehrt – ohne daß die Fugen dabei ausgekehrt werden – und leicht mit Wasser besprengt.

Plattenstreifen als Garagenzufahrt

Befahrbare Beläge erfordern widerstandsfähiges Material: Betonplatten, Natursteinplatten (wenn hart und mindestens 4 cm stark), starke Klinkerplatten. Hier ist die Kiesschicht sehr sorgfältig zu verdichten, der Unterbeton im Verhältnis 1:8 zu mischen und 12 cm stark einzubringen, der Zementmörtel als Plattenbett ist 1:3 zu mischen. Die ganze Fläche zwischen Straßenrand und Garagentor mit Platten zu belegen, ist unzweckmäßig. Der so entstehende »Plattensee« ist teuer und im Aussehen oft unbefriedigend. Es genügt, zwei Plattenstreifen anzuordnen. Gut geeignet sind Quarzbetonplatten, 6 cm stark, 40×40 cm groß; unsichere Fahrer nehmen 50×50 cm große Platten. Bei dem im Bild gezeigten Beispiel erfordert jeder Streifen 16 Platten: 16×0,40 m = 6,40 m; der Rest von 10 cm wird auf die Fugen verteilt. Wie groß soll der Abstand zwischen beiden Streifen sein? Das richtet sich nach der Größe Ihres Wagens. Der Abstand der Mittellinie soll der mittleren Spurweite des Fahrzeuges entsprechen. Beim Volkswagen z. B. sind das 1,30 m.

Seitliches Abrutschen der Räder vom Plattenstreifen und Lockerung der Platten werden verhindert, wenn man beiderseits jedes Streifens Betonbretter anbringt, deren Oberkante etwa 1,5 cm höher liegt als die Oberfläche der Platten. Dann ergibt sich ein Querschnitt der Zufahrt, wie ihn das Bild unten zeigt. Das Verlegen einer solchen Zufahrt erfordert folgende Arbeitsgänge:

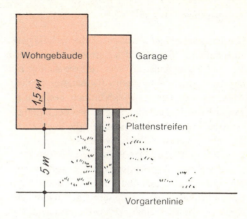

1. Die Mitten der künftigen Plattenstreifen am Boden anzeichnen.
2. Humusschicht beiderseits dieser Mittellinien abheben. Die Aushubstreifen müssen etwa 80 cm breit gemacht werden: Plattenbreite plus Stärke von zwei Betonbrettern plus Raum für das seitliche Anbetonieren der Bretter.
3. Kies auffüllen bis etwa 12 cm unter Gelände. Feststampfen.
4. Betonbretter einsetzen und beiderseits anbetonieren, wie im Bild unten gezeigt.
5. Unterlagbeton 1:8 etwa 10 cm stark (vom Kies ab gerechnet) einbringen, die Bretter wirken dabei wie eine seitliche Schalung.
6. Zementmörtel aufbringen, Platten legen.
7. Fugen ausgießen, Zementschlämme wie oben beschrieben.
8. Humus ergänzen, Rasen wo erforderlich nachsäen.
9. Befahren frühestens nach 14 Tagen.

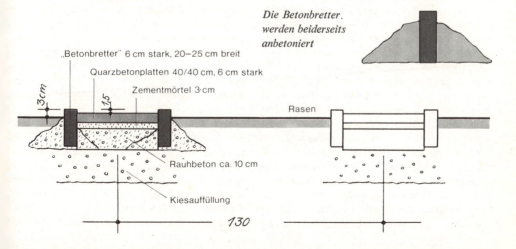

Die Betonbretter werden beiderseits anbetoniert

130

Anlegen einer Terrasse

Genehmigungspflicht beachten Erfordert die neu zu schaffende Terrasse das Durchbrechen einer Tür durch eine Außenmauer, wird die Anlage in der Regel genehmigungspflichtig sein, weil sie das Aussehen des Gebäudes wesentlich beeinflußt. Man wird also vor Arbeitsbeginn mit der Bauaufsichtsbehörde (S. 196) sprechen, die auch über formale Gesichtspunkte Rat erteilt.

Der richtige Platz Der Platz für eine Terrasse soll vier Forderungen entsprechen: er soll sonnig sein, gegen Wind geschützt, von Straße und Nachbargrundstücken nicht einzusehen, gut zugänglich von Wohnzimmer, Speisezimmer oder Diele.

Die Tür Ist eine Fensteröffnung vom Wohnzimmer zum vorgesehenen Terrassenplatz vorhanden, legt man die Terrassentür zweckmäßig in diese Öffnung, weil so keine neue Sturzausbildung erforderlich wird. Eine Fenstertür – das ist nichts anderes als ein bis zum Boden reichendes ein- oder zweiflügeliges Verbundfenster – sieht mit ihrer großen Glasfläche in den meisten Fällen befriedigend aus. Die Tür kann man bei einem Bauschreiner in Auftrag geben. Als Beschläge kann man Dreh-Kippbeschlag, z. B. Roto-Rekord V, wählen. Für die Verglasung ist 6/4 angemessen, S. 190. Soll zur Sicherung der neuen Tür ein Rolladen angebracht werden, ist zu bedenken, daß dafür eine besondere Sturzausbildung erforderlich ist. Für einen Klappladen gilt das nicht.

Höhe der Terrasse Die Höhe richtet sich hauptsächlich nach der Höhe des Zimmerfußbodens. Höher als diesen wird man die Terrasse keinesfalls legen, weil dann Niederschlagswasser zum Zimmer hin ablaufen könnte. Wird der Austritt der Terrasse ohne Stufen ausgebildet, soll der Terrassenbelag etwa 2 cm tiefer als der Zimmerfußboden liegen. Das ist bequem; allerdings besteht die Gefahr, daß bei Schneefall Feuchtigkeit ins Innere dringt und daß Niederschlagswasser von der Terrasse in den Fassadenputz einzieht, weil der Terrassenbelag fast an die Putzkante anschließt. Eine Stufe am Terrassenaustritt vermeidet diese Gefahren. Die Stolpergefahr ist hier erfahrungsgemäß unbedeutend. Die Stufe soll etwa 15 cm hoch und mindestens 30 cm breit sein.

Die Umfassungsmauer Die Mauer kann auf dreierlei Weise ausgeführt werden: das Mauerwerk bleibt sichtbar, es wird durch Anschüttung verdeckt oder es wird verblendet. Kräftig muß die Mauer in jedem Fall sein, denn sie hat die

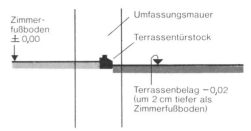

Terrassenaustritt ohne Stufe

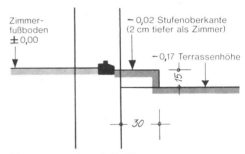

Terrassenaustritt mit Stufe

Schubkräfte aus der Auffüllung und die Belastung aus der Nutzung der Terrasse aufzunehmen.

Mauer bleibt sichtbar Die Mauer wird am besten in Beton ausgeführt. So widersteht sie der Witterung und sieht gut aus. Die Ausführung entspricht der beim Sockel für den Gartenzaun beschriebenen (S. 278 f.). Das Betonfundament muß etwa 60 cm tief im Boden sitzen. Für die Mauer – je nach Höhe 25 bis 30 cm stark – ist beiderseitige Schalung erforderlich. Die sichtbare Außenfläche kann steinmetzmäßig überarbeitet werden.

Mauer angeschüttet Wird die Mauer angeschüttet, braucht man auf das Aussehen keine besonderen Rücksichten zu nehmen. Auf ein Betonfundament werden Betonschalungssteine aufgemauert und anschließend mit Beton ausgegossen, wie S. 212 f. beschrieben. Als Mauermörtel dient Zementmörtel 1:3. Die Mauer wird beiderseitig 2 cm stark mit Zementmörtelputz versehen, die Putzoberfläche völlig glattgerieben oder mit Zement glattgestrichen.

Mauer verblendet Diese dritte Ausführung ist am schönsten und – wie so oft im Leben – am teuersten. Die Mauer kann wiederum aus Betonschalungssteinen mit beiderseitigem Zementputz bestehen. Die Blendmauer wirkt am besten als Natursteinmauer. Bruchsteine – z. B. Tuff · Marmor · Sandstein – werden trocken im Verband aufeinandergelegt. Der Raum zwischen beiden Mauern

wird mit gesiebter Humuserde ausgefüllt, so kann man den Terrassenrand mit Blumen bepflanzen.
Auffüllen der Terrasse Der durch die Mauer umschlossene Raum wird nach Entfernen der Humusschicht mit grobem Kies gefüllt. Je höher die Füllung, desto sorgfältiger muß verdichtet werden (übergießen mit Wasser, stampfen). Sonst treten nachträglich Setzungen auf, die sich auf den Belag übertragen. Am besten ist es, wenn das Material Zeit zum Setzen hat, indem man z. B. Umfassungsmauer und Auffüllung im Herbst herstellt, Unterbeton und Belag erst im folgenden Frühjahr. Damit die Terrasse in der Zwischenzeit nicht zu unfreundlich aussieht, kann man eine Schicht groben Sand aufbringen, die man im Frühjahr wieder entfernt.
Plattenbelag Für das Belegen mit Platten gilt das im vorigen Abschnitt Ausgeführte: Unterbeton 10 cm stark (Rauhbeton 1:10 bis 1:8), Platten in Zementmörtel verlegen, Fugen ausgießen usw. Es kommen nur wetterbeständige Platten wie zementgebundene Kunststeinplatte, wetterfeste Natursteinplatte und Klinker in Betracht.

Offene Grillfeuerstelle im Garten (Barbecue)

In Sitzplatznähe, doch nicht zu nahe am Gebäude (Brandgefahr) und nicht im Windschatten einer Mauer, auf einer Fläche von 1 × 1,5 m den Rasen in Stücken von 20 × 20 cm abheben und stapeln. Rasenflächen immer zueinander, Stapel regelmäßig anfeuchten. Erdreich 50 cm tief ausheben, Sohle mit 15 cm starker Rauhbetonschicht (Mischungsverhältnis mit Portlandzement 1:10) betonieren.
Zwei Pfeiler, je 11,5 cm (Steinbreite) × 49 cm (2 Steinlängen + Fuge) stark, 13 Schichten = 108 cm hoch, aus wetterbeständigen Lochsteinen VMz 250 Normalformat aufmauern. Mauermörtel (Zementmörtel 1:3) steinbündig abziehen, Mörtelreste an Steinsichtflächen sofort mit Lumpen abreiben.
Aus gehobelten Brettern oder Sperrholzplatten und gehobelten Leisten Schalung für Betonplatte 49 × 91 × 5 cm herstellen. Beton aus 1 Teil Portlandzement PZ 350 und 4 Teilen gewaschenem Rundsand 0 bis 7 mm Korngröße. Nur so viel Wasser zugeben, daß nach kräftigem Mischen plastischer, aber noch nicht flüssiger Beton entsteht. Damit die Platte Dehnungsspannungen aus Temperaturwechsel aufnehmen kann, werden in die Mitte der Plattendicke 5 mm starke Be-

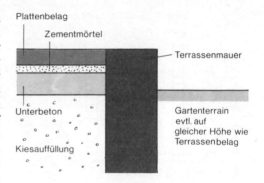

Umfassungsmauer sichtbar

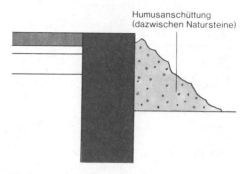

Umfassungsmauer angeschüttet

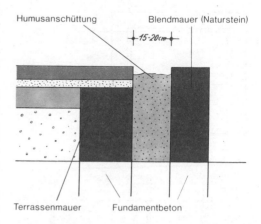

Umfassungsmauer verblendet

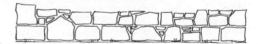

Blendmauer aus Natursteinen geschichtet

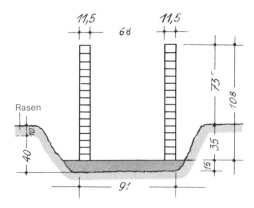

Erdaushub und Pfeiler

tonrundstähle oder Eisendrähte in etwa 8 cm Abstand nach beiden Richtungen eingelegt. Stäbe wegen Rostgefahr nicht ganz bis zum Plattenrand führen. Beton durch Klopfen gut verdichten, Oberfläche mit Traufe glattreiben.
Platte dann mit Papier oder Strohmatten abdecken, vor Sonne und Regen schützen. Platte nach einem Tag Abbindezeit und an den folgenden 6 Tagen mit Wasser besprengen. Nach etwa 14 Tagen kann sie vorsichtig ausgeschalt werden.
Auf die Pfeiler ein 1 cm starkes Zementmörtelband, darauf die Platte legen. Rings um den Plattenrand hochgestellte wetterbeständige Ziegellochsteine aufmauern. Das Mörtelband für die Ringmauer muß Luftdurchlässe haben. Auf den Feuerungsraum kann man einen Rost aus Rundstahl legen, zweckmäßig nichtrostenden Stahl verwenden.

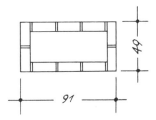

Steinverband der Ringmauer (von oben)

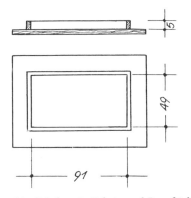

Die Schalung in Schnitt und Draufsicht

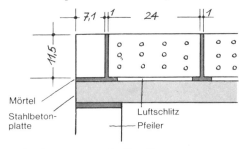

Ecke der Ringmauer im Detail

Vierter Teil

Vom Umgang mit Metallen

1 Werkstoff Metall

Wer nicht mit Metallen umzugehen versteht, wird bei vielen Arbeiten schnell an eine unüberschreitbare Grenze stoßen. Wer aber einige grundlegende Bearbeitungstechniken kennt und beherrscht, kann sich fast überall helfen.

In unserer häuslichen Umgebung begegnen uns hauptsächlich Eisen (Stahl), Kupfer, Messing (eine Legierung), Blei, Zinn, Zink, Aluminium (Leichtmetall). Allerdings begegnen sie uns kaum in chemisch reiner Form. Durch Zusammenschmelzen mit anderen Metallen (Legierungen), durch geringe metallische Zusätze (Mangan, Chrom, Nickel u. a.) oder durch geringe Beimischung nichtmetallischer Stoffe (Kohlenstoff, Silizium, Schwefel) gibt man den Metallen ganz bestimmte Eigenschaften wie Dehnbarkeit, Zähigkeit, Zugfestigkeit, Schmiedbarkeit, Spanbarkeit, Härte usw.

Blei, Aluminium, Zinn, Zink, Kupfer sind Metalle, die sich leicht biegen und mit einem Messer ritzen lassen; Späne sind leicht abzunehmen. Das wichtigste harte Metall ist der Stahl.

Stahl und Eisen

Was ist Eisen, was ist Stahl? Darüber besteht beträchtliche Verwirrung. Gehen Sie in eine »Eisenwarenhandlung« und verlangen »Winkeleisen« oder ein Stück »Eisenblech«, dann erhalten Sie das Gewünschte, aber es ist »Winkelstahl« und »Stahlblech« – und das Geschäft würde sich richtiger »Stahlwarenhandlung« nennen. Durch Normvorschriften ist festgelegt:
Stahl ist jedes schmiedbare Eisen: Stäb- und Formstähle, Bleche, Nieten, Nägel, Schrauben usw. Die Bezeichnung Eisen ist deshalb nur noch verwendbar
für Eisen als chemisches Element,
für Roheisen (wie es aus dem Hochofen kommt),
für Gußeisen (das spröde Material, aus dem die Herdringe bestehen).
Man spricht daher richtig von: Stahlblech, Winkelstahl, T-Stahl usw.

Baustahl Für alle Schlosserarbeiten, die der Laie bewältigen kann, ist der einfache Baustahl ausreichend. (Der hochwertige Werkzeugstahl dient zur Herstellung von Werkzeugen.) Baustahl ist ausreichend zäh und fest, kann auf Druck, Zug, Biegung, Verdrehung und Stoß beansprucht werden.

Baustahl wird in den gezeigten wichtigsten Formen gehandelt. Die Stangen sind üblicherweise 3 bis 6 m lang, kürzere Stücke kann man in der Werkstatt eines Schlossers bekommen.

Formstähle werden verwendet z. B. für Stahltüren, feuerhemmende Türen (Garage, Heizraum, Speicher), Tür- und Fensterrahmen, Ofenteile.

Kupfer

Kupfer ist ein sehr weiches Metall, beständig gegen Witterungseinflüsse, von großer Leitfähigkeit für Wärme und Elektrizität. Es kann hart und weich gelötet werden (S. 323), läßt sich gut kalt verformen. Infolge seiner großen Dehnbarkeit läßt sich ein Kupferstreifen leicht auf das Vierfache seiner Breite aushämmern, ist also ausgezeichnet geeignet für Treibarbeiten (S. 307). Kupfer wird durch Hämmern hart und läßt sich dann nur schwer bearbeiten. Ausglühen macht es wieder weich.

Ausglühen Das beim Hämmern verdichtete innere Gefüge eines Metalls wird durch Ausglühen – Erhitzen bis Kirschrotglut – wieder gelockert. Der Handwerker benutzt dazu Schmiedefeuer

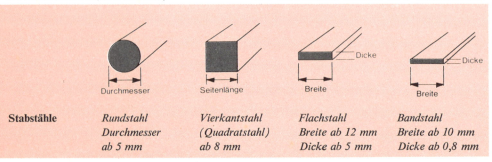

Stabstähle | Rundstahl Durchmesser ab 5 mm | Vierkantstahl (Quadratstahl) ab 8 mm | Flachstahl Breite ab 12 mm Dicke ab 5 mm | Bandstahl Breite ab 10 mm Dicke ab 0,8 mm

oder Schweißbrenner. In der Heimwerkstatt nehmen wir Herdfeuer, Gasflamme oder Lötlampe. Die Lötlampe ist vorzuziehen, weil man bei ihr die Hitzezone besser kontrollieren kann. Zum Glühen im Herdfeuer hält man das Werkstück mit einer Feuerzange, denn das Maul üblicher Werkzeugzangen ist gehärtet; die Härte könnte durch das Erhitzen verlorengehen.
Nicht stärker erhitzen als bis zur Kirschrotglut! Bei Weißglut »verbrennt« Stahl und wird unbrauchbar. Kupfer und Messing dürfen nach dem Ausglühen in kaltem Wasser abgeschreckt werden. Abgeschreckter Stahl jedoch wird hart (Grundlage des Härtens): er muß langsam auskühlen.

Verwendung Kupfer dient für kunstgewerbliche Arbeiten, Dachdeckungen, sonstige Klempner-Bauarbeiten, wird viel verwendet für Legierungen und in der Elektrotechnik, endlich für Gefäße und Geschirre. Jedoch müssen Kupfergefäße für Lebensmittel innen verzinnt werden, weil sich sonst der giftige Grünspan bilden kann. Zinn ist widerstandsfähig gegen organische Säuren, und seine chemischen Verbindungen sind nicht giftig.

Patina Auf Kupfer und auf Bronze (Legierung aus Kupfer und Zinn) bildet sich im Freien unter der Einwirkung von Kohlensäure und Feuchtigkeit (jedoch nicht in Industriegebieten mit ruß- und schwefelgeschwängerter Luft) der mattglänzende grüne Überzug, der Patina genannt wird und Dächern, Statuen u. ä. einen eigenartigen Reiz verleiht. Das Kunsthandwerk stellt Patina auch künstlich her. Patina ist chemisch gesehen Kupferkarbonat (Kupfer + Kohlensäure).

Grünspan Grünspan ist von ähnlicher Farbe, hat aber sonst nichts mit Patina gemein. Grünspan entsteht, wenn Säuren (Lötwasser) und Salze auf Kupfer oder Messing einwirken. Grünspan bildet im Gegensatz zu Patina keine Schutzschicht für das Metall; er frißt weiter und zerstört es wie der Rost das Eisen. Grünspan ist stark giftig. Grünspan ist chemisch gesehen Kupferazetat (Kupfer + Essigsäure).

Messing

Messing ist eine Legierung aus Kupfer und Zink, Kupferanteil 60 bis über 90 v. H. Die Farbe ist Hellgelb bis Goldgelb, je nach Kupferanteil, nähert sich schließlich dem Kupferrot. Messing mit hohem Kupfergehalt wird auch Tombak genannt. Messing läßt sich gut gießen (Türdrücker aus Messing), in weichem (ausgeglühtem) Zustand gut biegen und treiben; je höher der Kupferanteil, um so besser. Messing wird verwendet für Schloß- und Beschlagteile, Holzschrauben, kunstgewerbliche Arbeiten, in der Elektrotechnik. Lötmessing dient zum Hartlöten.

Blei

Blei ist das schwerste unter den unedlen Metallen. Es sieht blaugrau aus, verliert an der Luft durch Oxidation an der Oberfläche schnell den metallischen Glanz. Blei ist weich, zäh, dehnbar, biegsam, gut zu gießen (Silvester!), auch im kalten Zustand leicht zu bearbeiten. Durch Zusatz von 15 v. H. Antimon erhält es die dreifache Härte (Hartblei).
Blei wird angegriffen durch frischen Kalk- und Zementmörtel, durch Kohlen- und Salpetersäure, durch Essig und durch weiches Wasser. Daher dürfen für Wasserleitungen keine Bleirohre verwendet werden, wenn die Wasserhärte unter 6° (chemische Härtegrade, S. 356) beträgt; man nimmt dann Bleirohre mit Zinneinlage. Näheres über die Giftigkeit des Bleies siehe S. 30.

Zinn

Zinn ist silberweiß, sehr widerstandsfähig gegen Luft und Wasser, läßt sich leicht gießen (Zinn-

Formstähle   *U-Stahl*   *Winkelstahl*   *T-Stahl*   *Z-Stahl*
Höhe in cm angeben, z. B.   *Schenkellänge und Dicke in mm angeben, z. B.*   *Fußbreite und Höhe in cm angeben, z. B.*   *Höhe in cm angeben z. B.*
⊏ 3 cm   ∟ 40×40×4 mm   ⊥ 10×5 cm   ⌐ 4 cm

292 Vom Umgang mit Metallen

krüge, -teller, -figuren), schaben, schneiden, dehnen. Beim Biegen von Zinn hört man ein Knistern, das aus der Reibung der Kristalle herrührt, den sogenannten »Zinnschrei«. Zinngegenstände, die längere Zeit unter +18° C gelagert werden, können zu einem grauen Pulver zerfallen (»Zinnpest«). Im allgemeinen tritt der Zerfall jedoch erst bei Kältegraden ein. Kupfergefäße, in denen Lebensmittel aufbewahrt werden, müssen verzinnt sein. Zinn ist widerstandsfähig gegen organische Säuren.

Zink

Zink ist bläulichweiß, rostet nicht, ist gut lötbar, sehr wetterbeständig. Im Freien bildet sich an der Oberfläche nach kurzer Zeit eine Oxydschicht, die das Zinkblech vor weiterem chemischen Angriff schützt.

Zink ist bei gewöhnlicher Temperatur sehr spröde, bricht daher leicht beim Abkanten; man muß es möglichst rund und quer zur Walzfaser biegen.

Von allen Metallen dehnt sich Zink bei Erwärmung am stärksten aus, etwa dreimal mehr als Eisen. Für Treibarbeiten muß es, um geschmeidig zu werden, auf 100 bis 120° erwärmt und in handwarmem Zustand weiterverarbeitet werden.

Zink ist leicht lösbar durch Säuren, aber widerstandsfähig gegen Laugen (deshalb verzinkte Waschgefäße und Eimer). Zerstörend wirkt die Verbindung mit anderen Metallen. Frischer Kalk, Zement und Kanalgase greifen Zink stark an. Verzinkte Gefäße sind für Lebensmittel ungeeignet, weil sich unter Einwirkung organischer Säuren schädliche Salze bilden. Solche Gefäße sind an den »Zinkblumen« leicht zu erkennen, die ähnlich aussehen wie Eisblumen am Fenster.

Leichtmetall

Aluminium Reines Aluminium ist silberglänzend, nur $1/3$ so schwer wie Stahl, gut dehnbar, biegsam, läßt sich hämmern und treiben. Durch Hämmern wird es hart, durch Ausglühen wieder weich. Die Glühfarbe kann man beim Aluminium schlecht mit dem Auge erkennen. Wenn ein Holzspan, auf das erhitzte Aluminium gedrückt, zu rauchen beginnt, ist die Glühtemperatur erreicht. An der Luft überzieht sich Aluminium mit einer schützenden Oxydschicht. Wird es mit schweren Metallen, z.B. mit Stahl oder Kupfer, zusammengebaut, so bildet sich, sobald Feuchtigkeit zutreten kann, ein kleines elektrisches Element. Dabei wird das Aluminium allmählich zerstört.

Legierungen Durch Zusammenschmelzen mit Kupfer, Magnesium, Mangan, Nickel, Silizium entstehen Legierungen mit bestimmten gewünschten Eigenschaften: Festigkeit, Härte, Verformbarkeit. Manche erreichen die Festigkeit guten Stahls. Vom Hersteller werden die einzelnen Sorten mit Kennfarben kenntlich gemacht. Handelsbezeichnungen sind u.a.: »Duraluminium«, Kennfarbe dunkelrot · »Hydronalium«, Kennfarbe grüngelb · »Anticorodal«, Kennfarbe weiß. Für gewöhnliche Schlosserarbeiten kommt vor allem »Anticorodal« in Betracht. Es ist zu kaufen in Blechen, Bändern, Stangen, Profilen, Drähten.

Bleche

Der Spengler – auch Klempner, Flaschner, Blechner genannt – verarbeitet hauptsächlich Bleche. Abmessungen und Eigenschaften sind genormt. Beim Einkauf soll man stets den Verwendungszweck angeben. Bleche von 0,1 bis 3 mm Dicke heißen Feinbleche.

Schwarzblech Für Ofenrohre, Ofenbleche, Backbleche, Kohleneimer dient Stahlblech (Schwarzblech). Normalformat der Tafel 1×2 m. Im Freien wegen Rostgefahr ungestrichen nicht zu verwenden.

Verzinktes Blech Verzinktes Stahlblech ist witterungsbeständig, wird u.a. gebraucht für Blechdächer, Wasserbehälter, Garagentore, Dachrinnen. Haushaltgeräte wie Eimer und Waschgefäße sind aus Stahlblech hergestellt und nachträglich verzinkt. Gebräuchliche Stärken: 0,63 mm (5 kg/qm) und 0,75 mm (6 kg/qm). Elektrolytisch verzinkte Bleche sind für Verwendung im Freien nicht geeignet.

Verbleites Blech Ein Stahlblech mit dünnem Bleiüberzug wird verwendet für Abgasleitungen, Benzinbehälter, Ölgefäße. Verboten für Eßgeschirr. Abmessungen wie beim verzinkten Blech.

Weißblech Weißblech ist verzinntes Stahlblech, im Handel unter vielerlei Bezeichnungen, übliche Tafelgröße 76×53 cm. Verarbeitet wird es für Haushaltungsgegenstände (»Konservenblech«). Um es für runde Arbeiten geschmeidig zu machen, zieht man Weißblech vor dem Bearbeiten über dem Knie oder einem weich umwickelten Rohr oder Sperrhaken hin und her. Versäumt

man das, kann das Blech beim Runden Knicke bekommen, die kaum zu beseitigen sind.
Zinkblech Nur aus Zink bestehend, vom Laien oft mit verzinktem Blech verwechselt, rostet nicht, dient insbesondere für Bauarbeiten und Waschgefäße. Normaltafel 1 × 2 m.
Kupferblech Kupferblech gibt es in weicher (geglühter), hartgewalzter und halbhartgewalzter Qualität; die Oberfläche kann roh, blank gebeizt oder poliert sein. Normaltafel 1 × 2 m. Verwendung für Kupferdächer, Fensterbleche, kunstgewerbliche Arbeiten. Für Koch- und Eßgeschirre nur verzinnt (Grünspan!).
Messingblech Für kunstgewerbliche Arbeiten. Qualität weich (geglüht), mittelhart, federhart. Oberfläche gebeizt oder poliert (ein- oder zweiseitig). Lieferbar in Tafeln und Rollen.
Aluminium-Blech Qualitäten weich, halbhart, hart. Verwendet für Blitzableiter, Aluminiumdächer, Milchtanks, Haushaltgeschirre. Aluminium-Folien dienen zum Verpacken von Lebensmitteln (Butter). Legierungen S. 292.

2 Werkbank · Schraubstock · Unterlagen

Die Werkbank

Ein ausgedienter Tisch als Werkbank ist eine Notlösung. Für Metallarbeiten sind Platte und Unterbau nicht stabil genug. Besser ist es, eine richtige Werkbank zu kaufen oder selbst anzufertigen. Eine Anleitung zum Bau einer einfachen Werkbank finden Sie im Teil »Holzarbeiten« auf S. 151. Für Metallarbeiten soll die Platte aus 5 cm starker Buchenbohle bestehen, wenigstens an der Kante; der Unterbau sehr stabil aus Holz oder auch Stahl. Für Metallarbeiten genügen als Abmessungen: 80 cm hoch, 60 bis 70 cm tief, 140 cm lang.

Werkbank

Der Schraubstock

Flaschenschraubstock Der Flaschenschraubstock ist aus Stahl geschmiedet, unempfindlich gegen Schläge, verträgt rauhe Behandlung. Backen gehärtet. Nachteil: Backen nur in einer bestimmten Stellung parallel.
Folgende Ausführungen kommen in Betracht:

Backenbreite	90	100	110	120 mm
Gewicht	14–16	18–20	23–25	28–30 kg

Parallelschraubstock Empfehlenswert für die Heimwerkstatt. Die Backen stehen in jeder Lage parallel, halten so das Werkstück bei jeder Spannweite gleich gut fest. Aus Stahlguß für normale Beanspruchung, aus geschmiedetem Stahl für hohe Beanspruchung.
Richtige Anbringung Der Platz über dem Fuß der Werkbank gibt den besten Halt. Die Stütze des Flaschenschraubstocks wird am Fuß der Werkbank angeschraubt. Der Parallelschraubstock wird mit Schloßschrauben oder Vierkant-

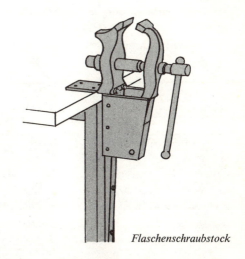

Flaschenschraubstock

294 Vom Umgang mit Metallen

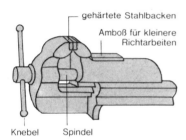

Parallelschraubstock, hintere Backe beweglich

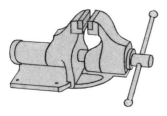

Parallelschraubstock, vordere Backe beweglich

Schutzbacken für Schraubstock

holzschrauben möglichst nahe der Kante befestigt. Flaschenschraubstöcke öffnen sich nach vorn (zum Arbeitenden), Parallelschraubstöcke nach vorn oder nach hinten.

Anbringungshöhe: Steht der Arbeitende vor dem Werktisch und stützt die Faust unter das Kinn, soll sein Ellenbogen die Oberkante des Schraubstockes gerade berühren. Um die richtige Arbeitshöhe zu erreichen, kann man den Schraubstock mit einer Bohle unterlegen (wenn er sonst zu niedrig sitzt) oder einen Lattenrost auf den Boden legen (wenn der Schraubstock sonst zu hoch sitzt).

Nur mit Handkraft einspannen Es ist falsch, ein Rohr auf den Knebel zu stecken, um schärfer anziehen zu können; ebenso falsch, etwa mit dem Hammer auf den Knebel zu schlagen. Der Schraubstock ist so konstruiert, daß er mit Handkraft ausreichend festgezogen werden kann.

Schutzbacken verwenden! Zwischen den gehärteten Stahlbacken werden Werkstücke beim Einspannen leicht verformt. Man schützt sie durch Schutzbacken aus Hart-PVC, Kupfer, Blei, Aluminium oder auch Holz. Vielfach genügen aber selbst zu fertigende Backen aus Schwarzblech.

Die Backen schützen nicht nur das Werkstück, sondern auch das Werkzeug. Abgleitende Meißel, Feilen, Sägen werden durch Aufstoßen auf die gehärteten Backen leicht stumpf und unbrauchbar.

Pflege Der Schraubstock ist nicht gerade empfindlich; aber er ist Ihnen dankbar, wenn Sie bei Feierabend das eingespannte Werkstück herausnehmen; wenn Sie die Spindel von eingedrungenen Feilspänen reinigen und öfters leicht ölen.

Werkstück nicht einseitig in den Schraubstock spannen!

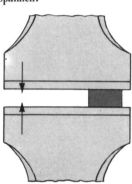

Falsch!
Einseitig eingespannt

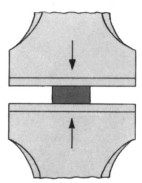

Richtig!
Backenmitte spannt

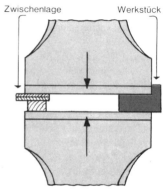

Richtig! Einseitig eingespannt, aber mit Zwischenlage auf der Gegenseite

Werkbank · Schraubstock · Unterlagen

Feilkloben

Zum Einspannen kleinerer Werkstücke (z. B. Schlüssel, Bolzen, Zapfen). Zum Festspannen längerer Bleche kann man zwei Winkelstähle in den Schraubstock spannen, zwischen die das Blech gelegt wird. Die freistehenden Enden der Winkelstähle spannt man mit dem Feilkloben zusammen.

Unterlagen

Amboß Für die Heimwerkstatt genügt ein Tischamboß. Die Bahn ist gehärtet und glatt poliert. Gebräuchliche Größen:

Höhe	55	75	95	120 mm
Bahnlänge	140	180	220	280 mm
Gewicht	0,75	1,5	2,5	4,5 kg

Richtplatte Zum Richten verzogener Werkstücke (Stabstahl, Blech); aus Grauguß mit glattgehobelter Oberfläche.
Größen: 5 und 6 cm dick, Bahngröße von 30×30 cm bis 70×70 cm. Eine kleinere Ausführung – 40×40 cm Bahngröße – wiegt 80 kg.
Behelfsmäßig kann jede ebene Stahlplatte zum Richten dienen, sofern sie eine tadellos glatte Oberfläche aufweist.

Weiche Unterlagen Als weiche nachgiebige Unterlage z. B. für das Lochen und Treiben nimmt man entweder einen Hartholzklotz (die Stirnseite) oder einen Bleiklotz (Bleiamboß). Einen Bleiamboß kann man durch Zusammenschmelzen von Blei in einem Gefäß selbst herstellen.

»Hart auf hart«

Was passiert, wenn man mit dem Hammer kräftig auf den Amboß schlägt? Bitte probieren Sie das nicht aus! Es könnte geschehen, daß ein Stück des Hammers absplittert! Merken Sie sich als Grundsatz: Was im Leben manchmal unvermeidlich ist, daß es nämlich »hart auf hart« geht: Beim Umgang mit Metallen soll das nicht geschehen! Unsere Werkzeuge bestehen aus hochwertigem Werkzeugstahl, und sie sind obendrein gehärtet. Überall? Betrachten wir einen Meißel. Wäre er in seiner ganzen Länge gehärtet, könnte er leicht brechen und würde Prellschläge verursachen. Deshalb ist nur die Schneide gehärtet. Zum Schaft nimmt die Härte allmählich ab, und der Meißelkopf ist weich. So werden die Hammerschläge federnd und elastisch aufgenommen, der Meißelkopf kann nicht splittern. Nur weil der

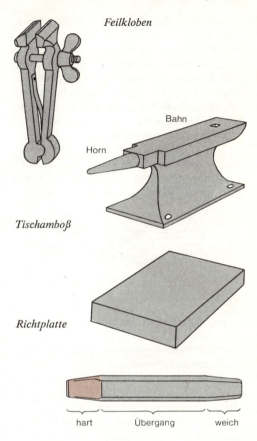

Feilkloben

Tischamboß

Richtplatte

Hart und weich beim Meißel

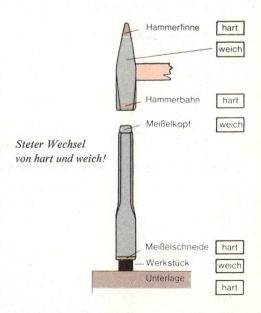

Steter Wechsel von hart und weich!

Meißelkopf weich ist, kann sich an ihm ein »Bart« (Grat) bilden.
Bei der Feile ist die Angel weich, bei der Säge die Mitte des Sägeblattes, beim Bohrer der Schaft. Beim Hammer sind Bahn und Finne gehärtet, beim Amboß die Oberfläche. Beim Gebrauch von Werkzeugen soll es nie »hart auf hart« gehen. Steter Wechsel von hart und weich – wie das Bild zeigt – ist erforderlich. Sonst leiden die Werkzeuge. Dieser Grundsatz ist auch beim Ablegen von Werkzeugen zu beachten. Kein Durcheinander und Aufeinander! Ordnung erleichtert nicht nur die Übersicht; sie schont auch die Werkzeuge.

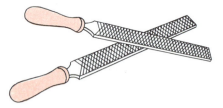

So werden die Feilen schnell stumpf

Gehärtete Werkzeuge können nur an der Schleifscheibe bearbeitet werden.
Beim Hämmern haben wir es stets mit drei Dingen zu tun: Hammer · Werkstück · Unterlage. Das Werkstück reagiert verschieden, je nachdem ob Hammer und Unterlage beide hart sind oder eines davon weich ist.
Harte Unterlage – harter Hammer Sind Hammer und Unterlage hart, ist der »Leidtragende« der zwischen ihnen liegende Werkstoff. Auf seiner Oberfläche bilden sich die Eindrücke des Hammers und der Unterlage ab. An den Schlagstellen wird er dünn und streckt sich. Bei Stabstählen ist das ohne wesentliche Bedeutung, aber Stahlbleche und weicheres Material wie Kupfer, Messing, Leichtmetall können mit harten Werkzeugen erheblich verformt werden (absichtlich) oder aus der Form geraten (unabsichtlich).
Die Werkstoffe werden durch das Hämmern hart und damit auch spröde. Wird zu lange gehämmert, können Risse auftreten. Ausglühen (S. 290 f.) macht das gehämmerte Werkstück wieder weich. Stahl darf aber nach dem Ausglühen nicht abgeschreckt werden; er wird sonst hart.
Harte Unterlage – weicher Hammer Um leichte Stahlbleche und weiches Material zu richten, muß man mit einem Hammer arbeiten, der weicher ist als der Werkstoff: Holzhammer, Aluminiumhammer, Gummihammer. Das Werkstück wird dann nicht im Querschnitt geschwächt, sondern nur gerichtet. Es kann in das weichere Material des Hammers »ausweichen«. Man sieht keine Hammerschläge.
Was machen Sie mit einer verbogenen Schraube? Aussichtslos? Nein, man kann sie geraderichten, wenn man sich eines weichen Hammers bedient.
Weiche Unterlage – harter Hammer Schlägt man auf ein Blech, das auf weicher Unterlage (Holzklotz, Bleiamboß) oder ganz frei liegt, so weicht der Werkstoff in die Unterlage hinein aus und bekommt eine Beule. Man kann ihn auf diese Weise plastisch verformen – die Grundlage der Treibarbeiten.
Nützen Sie diese Erkenntnisse, wenn Ihr Wagen einen kleinen Blechschaden hat!

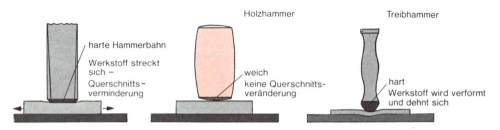

Harte Unterlage — *Harte Unterlage* — *Unterlage weich (Blei, Holz – auch Luft!)*

3 Messen und Anreißen

Folgende Werkzeuge, die schon an anderer Stelle aufgezählt sind, dienen auch zum Messen und Anreißen auf Metall:
Meterstab · Bandmaß · Winkel · Winkelschmiege (S. 94) · Senklot · Wasserwaage (S. 208). Folgende Werkzeuge werden darüber hinaus hauptsächlich verwandt:

Schublehre Zum genauen Messen von Durchmessern, Dicken, Bandstärken.
Auf dem Schenkel mit dem Schieber ist eine Millimetereinteilung. Der Schieber mit dem sogenannten Nonius ermöglicht das Ablesen von Zehntel-Millimetern; auf dem Nonius ist die Strecke von 9 mm in 10 gleiche Teile geteilt.

Mikrometer Zum genauen Feststellen der Stärke bei Blechen. Man dreht an der Hülse, bis die beiden Backen das Blech berühren. Durch die Gefühlsschraube wird ein zu festes Anziehen vermieden.

Zirkel Zum Zeichnen von Kreisen, Kreisbögen, zur Kreisteilung, zum Übertragen von Maßen.

Stangenzirkel Die Zirkelspitzen sind auf der Stange verschiebbar und feststellbar. Für große Kreise.

Innentaster Zum Messen und Vergleichen von Rohr-Innendurchmessern, Bohrungen und Hohlräumen. Schenkel gerade, Tastlippen stumpf und gehärtet.

Außentaster Zum Messen von Dicken und Rohr-Außendurchmessern. Gebogene Schenkel. Die Schenkel dürfen beim Messen nicht federn. Ablesen mit Maßstab oder Schublehre.

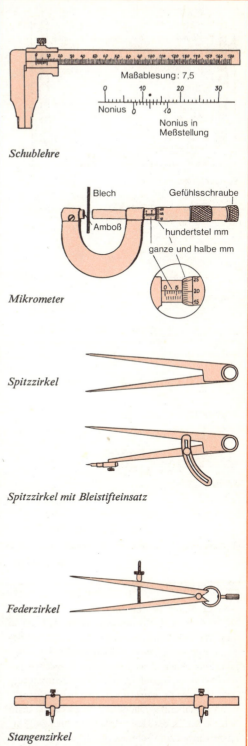

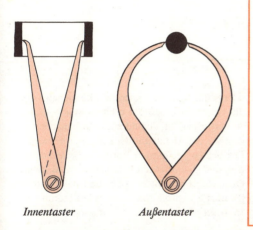

Innentaster   *Außentaster*

298 Vom Umgang mit Metallen

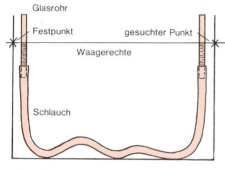
Schlauchwasserwaage

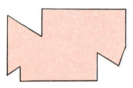
Anreißschablone

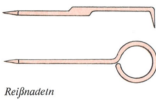
Reißnadeln

Körner

Schlauchwasserwaage Zum Höhenvergleich zweier entfernter Punkte. In die beiden Enden eines Gartenschlauches ist je eine Glasröhre gesteckt, mit einer Markierung versehen.

Anreißschablone Zum genauen Anreißen von Umschlägen und Falzen.

Reißnadel Zum Anreißen von Blechen. Auf Schwarzblech nimmt man Messingnadeln, die einen gut sichtbaren Strich hinterlassen.

Körner Zum Ankörnen (Markieren) wichtiger Punkte.

Beim Anreißen zu beachten Allgemein gilt, was auf S. 109 für Holzarbeiten gesagt ist, entsprechend auch für Metallarbeiten. Beachten Sie insbesondere:

1. Vorher überlegen, maßgerechte Zeichnung anfertigen.
2. Messen und Anreißen nur auf glatter Unterlage: Tisch · Werkbank · Reißbrett.
3. Oberfläche nicht verkratzen.
4. Auf Leichtmetall keinen Kopierstift benutzen (Zerstörungsgefahr).
5. Linien zum Abkanten von Blechen nicht mit der Reißnadel ausführen, sondern nur mit Bleistift (Graphitstift).
6. Bei schwierigen Zuschnitten erst ein Papiermodell in natürlicher Größe herstellen, dieses auflegen, beschweren oder ankleben, dann anreißen.
7. Zugaben für Verstärkungen, Versteifungen, Abkantungen und Verbindungsnähte nicht vergessen.
8. Darauf achten, daß entweder möglichst wenig Abfall entsteht oder daß die Abfallstücke noch verwendbar sind.

4 Strecken · Stauchen · Richten · Biegen (spanlose Bearbeitung)

Strecken und Stauchen

Von spanloser Bearbeitung spricht man, wenn ein Werkstück verformt wird, ohne daß Späne vom Werkstoff abgehoben werden. Spanlose Bearbeitungstechniken sind Richten, Biegen, Treiben, Schmieden. Das Arbeiten mit Blechen geschieht überwiegend in spanloser Bearbeitung. Am leichtesten verformbar ist ein Werkstück, wenn es glühend gemacht ist: das geschieht beim Schmieden. In der Heimwerkstatt fehlen die Voraussetzungen zum Schmieden. Was sehr stark verformt werden muß, müssen wir dem Schmied oder Schlosser anvertrauen. Wir können uns aber die Erkenntnis, daß das erhitzte Metall leichter zu verformen ist, ab und zu zunutze machen, indem wir das Metall mit der Lötlampe erwärmen. Die beiden wichtigsten Vorgänge beim Schmieden sind das Strecken (Werkstück wird länger, Querschnitt vermindert sich) und das Stauchen (Werkstück wird kürzer, Querschnitt nimmt zu). In beschränktem Ausmaß können wir Werkstücke auch in kaltem Zustand strecken und stauchen. Beides geschieht auf harter Unterlage, das Strecken mit der Finne, das Stauchen mit der Bahn des Hammers.

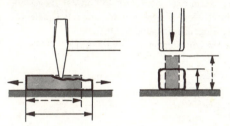

Strecken:
mit der Hammerfinne

Stauchen:
mit der Hammerbahn

Die Grenze liegt dort, wo das Material durch das Hämmern hart und spröde wird und einreißt. Die Streckgrenze läßt sich hinausschieben, wenn man das Werkstück mehrmals bis zur Rotglut ausglüht (S. 290f.).

Werkstoffe, die kalt gestaucht werden sollen (wie beim Nieten, S. 322f.), müssen weich und zäh sein (Nietstahl).

Richten

Bei der Bearbeitung (Hämmern, Meißeln, Fehlschläge, falsches Einspannen), beim Transport und durch übermäßige Beanspruchung werden Werkstücke verformt und müssen »gerichtet« werden. Wenn Sie einen krummen Nagel geradeklopfen, handelt es sich, fachlich ausgedrückt, um »Richten«. Kleine Werkstücke kann man zwischen den Backen des Schraubstockes vorrichten. Zum Richten weicher Werkstücke dürfen Sie nur weiche Hämmer nehmen!

Stabstahl Verbogenen Stabstahl legt man mit der Hohlseite auf eine feste, glatte Unterlage (Amboß, Richtplatte), unter die Auflegestellen Bleche oder Flachstahlstücke. Dann schlägt man das Stück mit dem Hammer gerade. Kontrolle durch Visieren.

Ist ein breiteres Stück der Seite nach verbogen, wird man mit der beschriebenen Methode nicht viel erreichen. Es ist dann besser, das Stück flach aufzulegen und die Innenseite der Biegung mit der Finne des Hammers so lange zu strecken, bis das Stück gerade ist. (Siehe auch S. 304 »Schweifen«!)

Winkelstahl Verzogenen Winkelstahl spannt man in den Schraubstock und biegt ihn mit dem verstellbaren Schraubenschlüssel zurecht.

Draht Verbogenen Draht kann man richten, indem man ein Ende in den Schraubstock spannt und den Draht durch zwei Hölzer zieht, die durch Feilkloben oder mit der Hand zusammengehalten werden. Das geht allerdings nur bei dünnem, geschmeidigem Draht. Der Elektriker (S. 445f.) empfiehlt darum dieses Verfahren.

Stärkeren Draht richtet man, indem man ihn auf ebener Unterlage (Amboß · Polierstock · Richtplatte) unter ständigem Drehen mit kleinem Handhammer bearbeitet. Leichte Schläge! Bei weichen Drähten (Kupfer · Messing · Aluminium) nimmt man Holz- oder Gummihammer, die das Metall nicht so leicht beschädigen.

Biegen

Streckgrenze wird bei schwachem Werkstoff nicht überschritten

Je stärker der Werkstoff, desto größer die Streckung. Wird die Streckgrenze überschritten, reißt der Werkstoff.

Biegeradius

Starken Werkstoff deshalb innen nicht scharfkantig biegen

Mehrfaches Biegen (Schließkloben für Riegel)

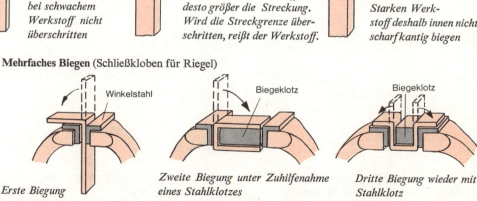

Erste Biegung

Zweite Biegung unter Zuhilfenahme eines Stahlklotzes

Dritte Biegung wieder mit Stahlklotz

Biegen

Beim Biegen ist zu beachten, wie auch im Abschnitt »Rund um den Bau« S. 226 auseinandergesetzt, daß sich der Werkstoff auf der Außenseite streckt, an der Innenseite staucht, während in der Mitte die »neutrale Faser« verläuft. Der zulässige Biegeradius für Stahl, Messing, Kupfer beträgt etwa das Ein- bis Zweifache der Dicke. Um diesen Biegeradius einzuhalten, muß man über eine abgerundete Kante biegen. Das Biegen wird erleichtert, wenn man den Werkstoff an der Biegestelle erhitzt. Auf S. 299 unten einige Beispiele für das Biegen kräftiger Metallstücke.
Biegen von Blechen (»Abkanten«) s. S. 303.

5 Techniken der Blechbearbeitung

Werkzeuge für die Blechbearbeitung:

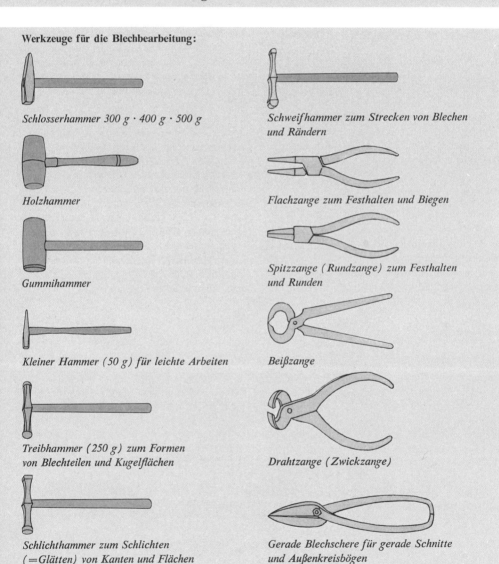

Schlosserhammer 300 g · 400 g · 500 g

Schweifhammer zum Strecken von Blechen und Rändern

Holzhammer

Flachzange zum Festhalten und Biegen

Gummihammer

Spitzzange (Rundzange) zum Festhalten und Runden

Kleiner Hammer (50 g) für leichte Arbeiten

Beißzange

Treibhammer (250 g) zum Formen von Blechteilen und Kugelflächen

Drahtzange (Zwickzange)

Schlichthammer zum Schlichten (=Glätten) von Kanten und Flächen

Gerade Blechschere für gerade Schnitte und Außenkreisbögen

Techniken der Blechbearbeitung 301

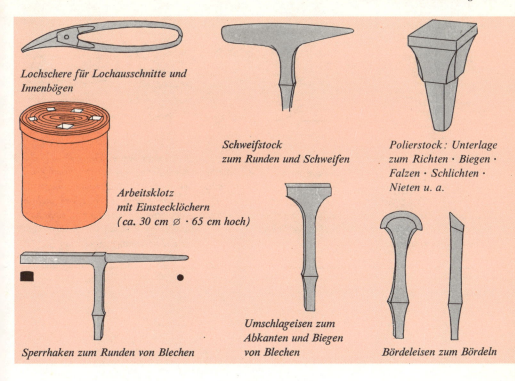

Lochschere für Lochausschnitte und Innenbögen

Arbeitsklotz mit Einstecklöchern (ca. 30 cm ⌀ · 65 cm hoch)

Schweifstock zum Runden und Schweifen

Polierstock: Unterlage zum Richten · Biegen · Falzen · Schlichten · Nieten u. a.

Sperrhaken zum Runden von Blechen

Umschlageisen zum Abkanten und Biegen von Blechen

Bördeleisen zum Bördeln

Verbeultes Blech richten

Verbeultes oder verzogenes Blech wird geradegerichtet, indem man die Beule bearbeitet. Das geschieht auf harter, ebener Unterlage (Richtplatte) mit dem Holzhammer. Man schlägt auf die Beule selbst, das Material wird dabei verdichtet, »gestaucht«. Dieses Verfahren ist nur anwendbar bei dünnem Stahlblech und bei Blechen aus weichem Metall (Kupfer, Messing, Leichtmetall). Gelingt das nicht oder erscheint das Blech von vornherein zu stark, gehen wir einen anderen Weg. In diesem Fall dürfen Sie keinesfalls auf die Beule selbst schlagen. Das Verfahren besteht vielmehr darin, das Blech um die Beule herum ebenso zu strecken,

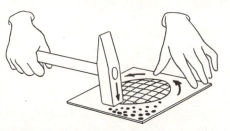

Richten eines verbeulten Bleches durch Strecken der um die Beule liegenden Blechteile

wie es bei der Beule ohnehin schon der Fall ist. Auf harter Unterlage mit hartem Hammer werden die Schläge spiralenförmig um die Beule herum geführt, sie nehmen dabei nach außen hin an Stärke zu.

Dieses Richten verlangt einige Übung – ebenso wie Bördeln, Schweifen, Falzen.

Zuschneiden

1. Dem Zuschneiden geht das Anreißen (S. 298) voraus.
2. Schneiden Sie mit der Handblechschere nur Bleche, soweit die Muskelkraft der Hand ausreicht. Die Schere ist schnell ruiniert, wenn Sie etwa mit dem Hammer auf den Handgriff schlagen.
3. Benützen Sie die Blechschere zu nichts anderem als zum Blechschneiden.
4. Blechscheren besitzen einen Hohlschliff. Wegen dieses besonderen Schliffs soll man Blechscheren nicht selbst schleifen.
6. Die Scherenbacken leicht einfetten.
7. Alles Weitere zeigen die Bilder:

Gerader Schnitt (mit gerader Blechschere)

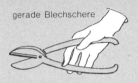

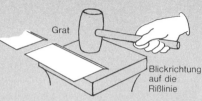

Handhaltung:
Zeigefinger zwischen die beiden Schenkel, er muß die zugedrückte Schere wieder öffnen. Beim Zudrücken der Schere den Handballen nicht in das Griffende bringen

Schneiden:
Schere nachschieben, ehe sie geschlossen ist, aber auch nicht zu weit öffnen! Der schmale Streifen liegt immer rechts der Schere

Nach dem Schneiden:
Beim Schneiden bildet sich ein Grat, das heißt, die Schnittkante biegt sich ein wenig nach unten. Blech nach jedem Schnitt glattschlagen. Grat nach unten legen, damit die Schärfe nicht den Holzhammer beschädigt

Außenbogen (mit gerader Blechschere)

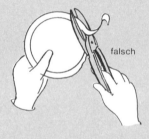

Sorgfältige Scherenhaltung! Schnittrichtung im Uhrzeigersinn!

Schere verdeckt den Strich. Anriß schlecht sichtbar (Papierschere wird so angewendet)

Innenbogen (mit Lochschere)

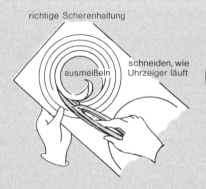

Beim Ausschneiden ganzer Böden erst annähernd vorschneiden, genügend stehenlassen, dann genau auf Riß schneiden

Abkanten, Umschlag

1. Das Aufbiegen des Bleches in jedem Winkel – damit eine nahezu eckige oder leicht gerundete Kante entsteht – heißt Abkanten.
2. Wird eine Kante ganz herumgebogen und leicht zugeschlagen, so nennt man das einen Umschlag.
3. Man wandert nicht mit den Hammerschlägen auf dem Werkstück entlang, schlägt vielmehr immer auf die gleiche Stelle der Unterlage, während man das Werkstück langsam mit der linken Hand weiterschiebt, und zwar stets vom Körper weg.
4. Unebenheiten, die beim Kanten entstehen, werden durch leichte Schläge mit dem Schlichthammer entfernt.
5. Bei kleineren Blechen ist die Arbeit des Abkantens und Umschlagens nicht schwer. Bei großen Längen ist es recht schwierig, eine ganz gleichmäßige und saubere Kante herauszubringen. Man geht dann besser zum Spengler oder Schlosser, dessen Maschinen eine gleichmäßige Abkantung oder Rundung herstellen.
6. Den Arbeitsgang zeigen die Bilder.

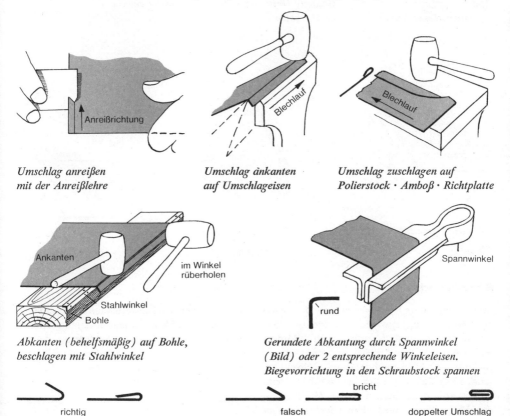

Umschlag anreißen mit der Anreißlehre

Umschlag ankanten auf Umschlageisen

Umschlag zuschlagen auf Polierstock · Amboß · Richtplatte

Abkanten (behelfsmäßig) auf Bohle, beschlagen mit Stahlwinkel

Gerundete Abkantung durch Spannwinkel (Bild) oder 2 entsprechende Winkeleisen. Biegevorrichtung in den Schraubstock spannen

richtig — falsch — doppelter Umschlag

Umschlag im Schnitt

Drahteinlage

Zur Verstärkung und Versteifung kann die Blechkante eine Drahteinlage erhalten. Als Blechbreite zum Umschließen des Drahtes benötigt man das 2½fache der Drahtstärke. Beispiel: 3 mm Drahtstärke · 7,5 mm Blechbreite zum Umschlagen anreißen (mit Zirkel oder Anreißlehre).

Man arbeitet wie beim Blechschneiden und Abkanten sitzend vor dem Arbeitsklotz. Das Werkstück wird während des Schlagens langsam vom Körper weg weitergeschoben. Flinke, leichte Schläge aus dem Handgelenk! Weites Ausholen ist unnötig und ermüdet. Weiterer Arbeitsgang:

304 Vom Umgang mit Metallen

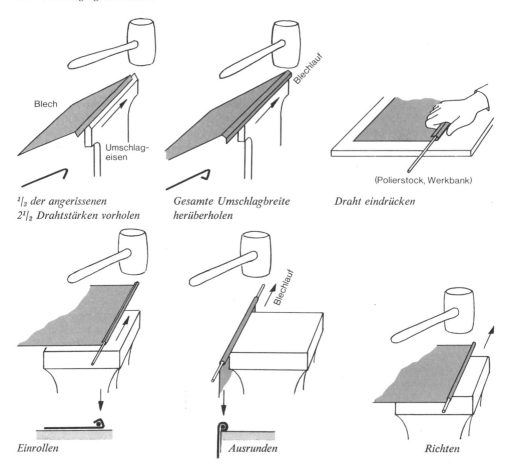

$1/3$ der angerissenen
$2^1/_2$ Drahtstärken vorholen

Gesamte Umschlagbreite
herüberholen

Draht eindrücken
(Polierstock, Werkbank)

Einrollen

Ausrunden

Richten

Bördeln und Schweifen

Soll auf ein rundes Rohr oder eine runde Büchse ein Boden aufgefalzt werden, so sind zwei verschiedene Arbeitsgänge erforderlich: Bördeln und Schweifen. Diese Arbeiten sind etwas schwieriger als das Abkanten und das (nachfolgend beschriebene) Falzen bei geraden Blechen: denn beim gekrümmten Blech muß der Werkstoff an den Verbindungskanten einmal gestaucht (gebördelt), zum anderen gestreckt (geschweift) werden.

Zum Bördeln brauchen wir ein Bördeleisen (S. 301) oder als Behelf ein Rohr oder rundes Stahlstück, dazu Holzhammer und Schlichthammer. Zum Schweifen brauchen wir eine flache Unterlage (Amboß, Polierstock, Richtplatte), Schweifhammer und Schlichthammer. Statt des Schweifhammers kann man als Behelf bei gröberem Werkstoff die Finne des Schlosserhammers nehmen. Bei schmalen Rändern kann auch der Holzhammer an die Stelle des Schweifhammers treten. Beim Schweifen müssen die Schläge am Außenrand am stärksten geführt werden und sich nach innen zu leicht verlieren.

Falzen

Die Falznaht bietet für Blechverbindungen, die nicht gelötet werden können oder sollen, eine haltbare Verbindung, die bei sachgemäßer Ausführung auch gegen Flüssigkeiten dicht hält – außer gegen dünnflüssige Stoffe wie Benzin oder heißes Wasser. Je nach Blechdicke beträgt die Breite der Falznaht etwa 3 bis 10 mm. Beim Zuschneiden des Bleches muß die entsprechende Breite zugegeben werden.

Alle Bleche können gefalzt werden; Zinkblech

Bördeln

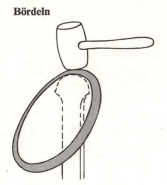

Linke Hand dreht Blech, rechte holt mit leichten, flinken Schlägen Bord zu leichter Schräge herum

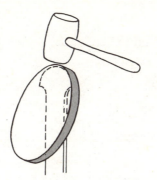

Bei folgenden Rundgängen Bord weiter herumholen bis zum rechten Winkel

Geraderichten des Bodens

Schweifen

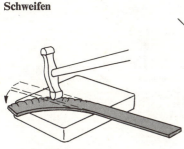

Schweifen eines geraden Streifens. Die Schläge strecken den Werkstoff an der Außenseite

Schweifen des Randes am runden Gefäß

Schlichten des Schweifrandes

jedoch wegen seiner Sprödigkeit nur in geraden Nähten und nur in der Walzrichtung.

Einfacher Falz für runden Boden Zum Auffalzen des Bodens auf ein rundes Gefäß wird zunächst der Rand geschweift und der Boden gebördelt (siehe vorigen Abschnitt). Dann steckt man den gebördelten Boden über die Ausschweifung und schlägt mit der Finne des Schlosserhammers zu. Ein solcher einfacher Falz kann genügen für Ofenrohrkapseln, Kohleneimer u. ä.

Doppelfalz für runden Boden Guten Halt und sichere Dichtung erreicht man, wenn man den einfachen Falz nochmals herumholt und zuschlägt, wie es die nachfolgenden Bilder deutlich zeigen. Die Dichtung verbessert man weiter, wenn man vor dem Falzen ein Papierblatt zwischen die zu verbindenden Stücke legt und es mit einfalzt.

Einfacher Falz für runden Boden

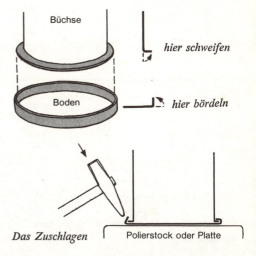

Das Zuschlagen

Falzen

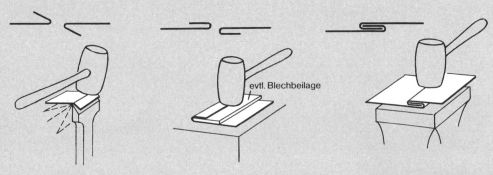

Ankanten auf dem Umschlageisen   *Leicht zuschlagen*   *Einhängen und Falz zuschlagen*

Durchsetzen verhindert Herausspringen des Falzes

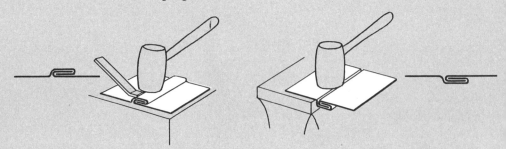

Falz durchsetzen mit Flachstahl, Setzmeißel o. ä.

Dann Werkstück umdrehen und Falz nach innen durchsetzen, hart an scharfer Kante

Doppelfalz für runden Boden

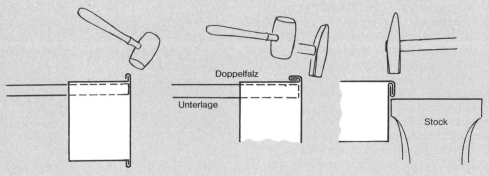

Sperrhaken, Rohr oder oben rundliche Eisenschiene im Schraubstock befestigen. Den einfachen Falz allmählich herumholen

Doppelfalz mit Holzhammer zuschlagen; mit Schlichthammer oder Schlosserhammer nachschlichten

Die rundgewordene Außenkante kantig hämmern

Falzen · Runden · Treiben 307

Runden

Um Blech zu runden, d. h. ihm eine zylindrische Form zu geben, braucht man einen Sperrhaken oder als Behelf ein rundes Rohr oder ein glattes Rundholz. Das Runden erfolgt, nach Anrunden der Blechenden mit dem Holzhammer, durch freies Ziehen mit der Hand. Man zieht unter gleichmäßigem Druck rechts herum. Vollendung der Form und Nachrichten mit dem Holzhammer.
Einzelheiten zeigen die Bilder:

Anrunden der Blechenden auf Sperrhaken *Behelfsmäßiges Anrunden auf einem Rohr* *Fertigrunden durch Ziehen mit der Hand*

6 Treiben von Metallen

Die Möglichkeit, Bleche durch Hämmern plastisch zu verformen, eröffnet vor allem dem kunsthandwerklich interessierten Heimwerker ein weites Feld der Betätigung. Die Arbeitsweisen, die dabei angewendet werden, sind unter dem Namen »Treiben« zusammengefaßt. Das Treiben beruht auf der Dehnbarkeit der Metalle. Es wird angewandt für die Herstellung von Schalen, Becken, Gefäßen, Teilen von Beleuchtungskörpern u.ä. Das feine Treiben von Schriften oder Reliefs nennt man Ziselieren.

Werkstoffe Alle Metalle lassen sich mehr oder minder gut treiben. Ihre Eignung für diese Technik hängt von ihrer Dehnbarkeit und Geschmeidigkeit ab. Hervorragend geeignet für Treibarbeiten sind Kupfer-, Messing- und Aluminiumbleche. Auch Schwarzblech (gewalztes Stahlblech ohne weitere Oberflächenbehandlung) kann getrieben werden, aber nicht im gleichen Maße wie die genannten Werkstoffe. Die Blechstärken dürfen nicht zu groß genommen werden, im allgemeinen sind sie je nach Größe des Werkstückes zwischen 0,5 bis 1 mm zu wählen.

»Hammer und Amboß« bei Treibarbeiten

Vom Verständnis der Wechselwirkung zwischen Hammer und Amboß hängt in entscheidendem Maße der Erfolg der Arbeit ab. Die Vorgänge im Metall beim Treiben lassen sich auf das Strecken und Stauchen (S. 298) zurückführen.
Im Abschnitt »Hart auf hart« (S. 295) ist bereits Grundsätzliches über die Wirkung verschiedenartiger Hämmer und Unterlagen auf den Werkstoff gesagt.

Unterlagen Eine besondere Unterlage spielt bei Treibarbeiten häufig eine wichtige Rolle: das Luftpolster. Es ist immer dort zu finden, wo der Werkstoff nicht ganz auf der eigentlichen Unterlage aufliegt. Manchmal kann dies beabsichtigt sein, manchmal unbeabsichtigt. Beim Richten von Blech mit hartem Hammer auf harter Unterlage wird eine Aufwölbung zuerst gestaucht, solange die Unterlage ein Luftpolster ist. Bei weiterem Hämmern, d. h. wenn der Werkstoff in enger Berührung mit der Unterlage ist, tritt eine Streckung ein.
Eine Schalenform kann dadurch geschaffen werden, daß man ein Blech mit einem Ring zusammenspannt (entweder auf der Platte der Werkbank oder im Schraubstock) und mit dem Treibhammer auf der »Unterlage Luft« das Blech von innen her heraustreibt.
Harte Hämmer und Unterlagen müssen für Treibarbeiten glatt und poliert sein. Besonders bei so weichen Werkstoffen wie Kupfer und Messing

308 Vom Umgang mit Metallen

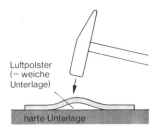
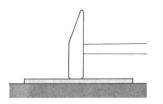
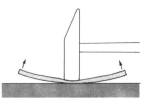

Werkstoff ist an der Schlagstelle bis zum Auftreffen auf die Unterlage gestaucht worden

Durch weiteres Hämmern wird der Werkstoff an der Schlagstelle gestreckt

drückt sich jede Unebenheit und Rauheit von Hammer und Unterlage wie ein Prägestempel im Werkstoff ab. Wenn notwendig, müssen Hammer und Unterlage mit feinem Schleifpapier geglättet und poliert werden.
Wichtig ist die Form der Unterlagen. Sie müssen sich der Krümmung des Werkstückes anpassen. Meist werden der Polierstock mit ebener Bahn und eine pilzförmige »Faust« mit verschiedenen Krümmungsradien ausreichen. Außer diesen beiden wichtigsten harten Unterlagen gibt es noch Fäuste verschiedener Formen. Dazu zählen natürlich auch die Unterlagen, die ohnehin für die Blechbearbeitung gebraucht werden, wie Sperrhaken, Schweifstock, Börlel- und Umschlageisen. Dem Erfindungsreichtum bei der Selbstherstellung von Unterlagen sind im übrigen keine Grenzen gesetzt. Rohre, Ringe, Rund-, Flach-, Vierkantstäbe werden durch Formfeilen und anschließendes Glätten verwendbar. Für weichen Werkstoff wie Kupfer, Messing und Aluminium reicht die Härte dieser Unterlagen aus Baustahl völlig aus. Eine für Treibarbeiten vielseitig verwendbare Unterlage gibt ein Stück Eisenbahnschiene ab, deren eines Ende mit der Schleifmaschine abgerundete Kanten erhält. Unterlagen müssen fest eingespannt sein, entweder im Arbeitsklotz oder im Schraubstock.
Für Richtarbeiten ist eine ebene Stahlplatte mit glatter Oberfläche besser geeignet als eine Richtplatte mit rauher Gußoberfläche.

Hämmer Für Treibarbeiten benötigt man: Treibhammer (Kugelhammer),
Schlichthammer mit einer quadratischen oder kreisförmigen ebenen Bahn. Dieser Hammer dient zum Glätten (Schlichten) des Werkstückes. Beim Hämmern muß darauf geachtet werden, daß er mit der ganzen Oberfläche den Werkstoff trifft, weil sonst Kerben in das Material geschlagen werden. Der Gebrauch dieses Hammers erfordert einige Übung;
Schlosserhammer,
Holz- oder Gummihammer (siehe S. 300).
Setzmeißel (Punzen): sie stellen gewissermaßen eine verlängerte Hammerbahn dar und werden verwendet, wenn mit dem Hammer allein gewisse Stellen (Ecken, Kanten) des Werkstückes nicht mehr erreichbar sind. Diese Werkzeuge haben Meißelform, jedoch keine Schneide. Je nach dem Verwendungszweck können sie eine ebene, gewölbte, runde oder viereckige Arbeitsfläche haben. Man kann sie für die Bearbeitung weichen Werkstoffes durch Zurechtfeilen von Rund- oder Vierkantstahl selbst herstellen, für die Bearbeitung von Stahlblech ist Werkzeugstahl (gehärtet) vorzuziehen.
Ausglühen Durch das Hämmern wird das innere Gefüge der Werkstoffe verdichtet, der Werkstoff wird hart und bei weiterem Hämmern spröde. Reißt er ein, dann wird das Werkstück wertlos. Setzt der Werkstoff einer fortdauernden Bearbeitung stärkeren Widerstand entgegen, dann muß er ausgeglüht werden: Nur auf Kirschrotglut (dunkelrot) erwärmen. Bei Aluminium erkennt man die Glühtemperatur schlecht. Prüfen mit Holzspan. Kupfer, Messing, Aluminium können sofort in kaltem Wasser abgeschreckt werden, die Zunderschicht platzt dabei ab. Schwarzblech auskühlen lassen!

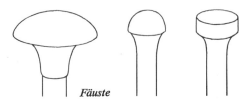

Fäuste

»Treiben« und »Einziehen«

Eine Schalenform kann aus einem ebenen Blech auf zwei Arten zustande kommen:

1. Die Schale wird von innen aus bearbeitet, der Schalenboden wird durch Hämmern auf weicher Unterlage (Bleiamboß, Stirnseite eines Hartholzklotzes) nach außen geschlagen. Diese Arbeitsweise ist das eigentliche »Treiben«. Die Materialstärke nimmt dabei ab, der Außendurchmesser der Schale kann dabei größer werden als der ursprüngliche Durchmesser des Bleches.

2. Die Schale wird von außen her bearbeitet, der Schalenrand wird nach innen gezogen. Diese Art der Treibarbeit ist das »Einziehen«. Die Materialstärke nimmt dabei zu, der Außendurchmesser wird kleiner als der ursprüngliche Blechdurchmesser.

»Treiben« und »Einziehen« sind die bei der plastischen Verformung sich ergänzenden grundlegenden Arbeitstechniken. Steter Wechsel beider ermöglicht die freie Formgebung von Blechen.

Das Treiben Schlägt man mit einem Treibhammer auf ein Blech, das auf weicher Unterlage aufliegt, dann entsteht eine Beule. Beult man rund um diese Vertiefung das Blech weiterhin ein und zwar so, daß man die letzte immer erweitert, dann entsteht die Schalenform. Eine Schale ist also die Summe aller kleinen Vertiefungen.

Der Werkstoff wird dabei nach unten gedehnt und bleibt unter der ursprünglichen Materialstärke, in Richtung auf den Rand nimmt die Stärke allmählich wieder zu.

Ist die Schalenform durch das Bearbeiten mit dem Treibhammer bereits vorhanden, dann läßt sich der Boden dadurch vertiefen, daß man ihn durch Bearbeiten mit einem flachbahnigen Hammer auf harter, der Wölbung entsprechender Unterlage weiterhin streckt. Der Streckung sind durch das immer dünner werdende Material Grenzen gesetzt. Die Streckung erfolgt vom Mittelpunkt des Bodens aus. Die Hammerschläge werden in konzentrischen Kreisen herumgeführt. Die Schalenöffnung ist auf der Unterlage nach unten gerichtet.

Das Einziehen Soll der Durchmesser bei einer aufgezogenen Schale gegenüber dem ursprünglichen Durchmesser verkleinert werden, dann muß man »einziehen«. Die Unterlage ist hart, als Werkzeuge dienen Holzhammer, Gummihammer; geschickte Heimwerker können auch den Schlosserhammer (Bahn mit abgerundeter hinterer Kante) benützen. Das Einziehen zur Schalen-

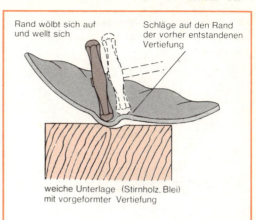

Treiben: *Bearbeitung der Form von innen*

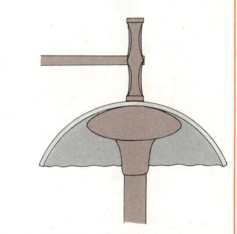

Strecken des Schalenbodens

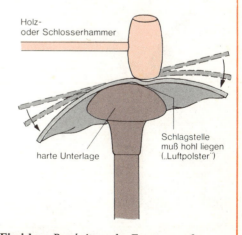

Einziehen: *Bearbeitung der Form von außen*

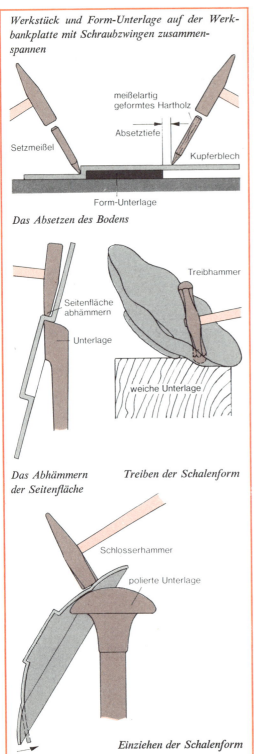

Werkstück und Form-Unterlage auf der Werkbankplatte mit Schraubzwingen zusammenspannen

Das Absetzen des Bodens

Das Abhämmern der Seitenfläche

Treiben der Schalenform

Einziehen der Schalenform

form erfolgt vom Boden zum Rand hin. Das Werkstück wird mit der Öffnung nach unten schräg zur Unterlage gehalten und liegt etwas hohl auf. Mit dem Hammer wird unter ständigem Drehen der Werkstoff hinter der Aufliegestelle nach innen getrieben (»eingezogen«). Die Schläge werden wieder in konzentrischen Kreisen um den Mittelpunkt herumgeführt, die Schläge der nächsten Reihe treffen auf den oberen Rand der Aufwölbung.

Arbeitsbeispiel: Schale aus Kupfer oder Messing
Werkstoff Wir verwenden 0,8 bis 1 mm starkes Kupfer- oder Messingblech. Mit dem Zirkel werden 2 Kreise mit 300 mm ⌀ und 100 mm ⌀ (Boden) angerissen. Ankörnen ist bei weichem Material nicht notwendig.
Zuschneiden Mit der Blechschere wird das Blech grob zugeschnitten, so daß ein etwa 2–3 mm breiter Rand zum Riß noch stehen bleibt. Dann erst wird der restliche Span am Riß abgenommen. Mit Schlichtfeile den Grat entfernen, damit keine »Fleischhaken« stehen bleiben!
Ausglühen Das Blech wird nunmehr, gleichmäßig über die Fläche verteilt, bis zur Dunkelrotglut erwärmt und dann in Wasser sofort abgeschreckt.
Absetzen des Bodens Das Werkstück wird auf eine kreisrunde Form-Unterlage (Durchmesser 100 mm), die eine Scheibe aus Stahl oder Hartholz oder auch ein Ring sein kann, mit einer Schraubzwinge auf die Werkbank festgespannt. Die Unterlage muß die Stärke der erwünschten Absetztiefe (etwa 5 mm) haben. Mit einem meißelartig zugespitzten Hartholz wird im Abstand der Absetztiefe schräg gegen die untere Kante der Form-Unterlage gearbeitet. Der Boden tritt nach oben heraus. Mit einem Ring als Unterlage (Innen-⌀ = Boden-⌀) entsprechend von innen her verfahren.
Dann mit Setzmeißel auf glatter Unterlage die Bodenkanten schärfer ausarbeiten (»durchsetzen«).
Die Seitenfläche des Bodens wird auf der runden Kante einer Unterlage (Bördeleisen, Schiene) leicht abgehämmert, damit sie hart wird und bei der weiteren Bearbeitung nicht mehr nachgibt. Dabei nicht auf die Kanten schlagen!
Treiben der Schalenform Als Unterlage dient entweder ein Hartholzklotz (Stirnseite) oder ein Bleiamboß. Das Treiben erfolgt mit dem Treibhammer von der oberen Bodenkante aus. Das Werkstück wird schräg auf die Unterlage aufge-

setzt, in etwa 1 cm Abstand von der Kante wird der Werkstoff in die Unterlage getrieben. Die Schläge sind ringförmig um den Mittelpunkt des Werkstückes zu führen. Beule neben Beule setzen, und zwar trifft der Schlag immer auf den Rand der vorhergehenden Vertiefung. Die linke Hand führt in drehender Bewegung das Werkstück, die rechte Hand hämmert immer auf die gleiche Stelle der Unterlage. Der Schlag muß in die Unterlage gehen. Je näher man dem Rand der Schale kommt, desto mehr wellt sich dieser. Der durch die Aufwölbung bewirkten Stauchung setzt der Werkstoff Widerstand entgegen. Die entstehenden Falten dürfen nicht übereinander geraten, weil sie sonst nicht mehr geglättet werden können. Je nach der gewünschten Form wird das Arbeitsverfahren wiederholt.

Ausglühen Das Werkstück muß vor der Weiterbearbeitung durch Ausglühen wieder geschmeidig gemacht werden.

Einziehen Soll der äußere Durchmesser der Schale verkleinert werden, dann wird die Schalenwölbung von außen her eingezogen. Als Unterlage eignet sich eine pilzförmige Faust oder eine Eisenbahnschiene mit abgerundeten Kanten. Die Schale liegt – Öffnung nach unten – an der Schlagstelle etwas hohl auf der Unterlage auf. Nun wird der Werkstoff mit der Kante des Holzhammers nach innen getrieben. Auch hierbei Schlag neben Schlag ringförmig bis zum Schalenrand setzen. Die Hammerkante trifft immer den Rand der Aufwölbung. Auch mit dem Schlosserhammer kann man einziehen. Der Schlosserhammer muß an der Hinterkante der Bahn abgerundet sein. Die Mitte der Hammerbahn muß dabei auf den oberen (hohl liegenden) Rand der Aufwölbung treffen (»Unterlage Luft«): der eine Teil der Hammerbahn staucht dann die Aufwölbung, der andere glättet beim Schlag die vorher eingezogene Reihe. Diese Methode hat den Vorteil, daß der bereits eingezogene Teil des Werkstückes hart gemacht wird und bei der Weiterbearbeitung nicht mehr nachgibt.

Beizen Hat das Werkstück seine Form gefunden, die mit abwechselndem Treiben und Einziehen erreicht wird, dann ausglühen und beizen: Zum Kupferbeizen wird verdünnte Schwefelsäure genommen (2/3 Wasser, 1/3 Säure in Glas oder Keramikgefäß mischen. Die Säure wird dem Wasser langsam zugegeben, nicht umgekehrt!). Mit einem Lappen (mit Holzklammer halten!) wird die Schwefelsäure auf das Metall aufgetra-

gen. Etwas Zeit zum Einwirken lassen. Anschließend unter fließendem Wasser gründlich abspülen, dann mit Sand oder Vim kräftig abreiben. Trocknen lassen, noch besser: Mit Sägespänen trockenreiben. Messing mit verdünnter Salzsäure beizen.

Abhämmern Mit dem Abhämmern soll die endgültige Formgebung, die Oberflächenbeschaffenheit und Härte des Werkstückes erreicht werden. Das Werkstück muß dazu vollkommen blank sein, damit die Hammerschläge sichtbar werden und kontrolliert werden können. So wenig wie möglich nach dem Abbeizen mit Fingern die Fläche berühren, Kupfer eventuell mit Sand nochmals nachreiben, Messing mit der Messingbürste bearbeiten.

Boden spannen Der Schalenboden des Arbeitsstückes soll blank bleiben, d. h. er soll keine Hammerabdrücke zeigen. Die Schale, Öffnung nach unten, auf eine ebene polierte Unterlage mit dem Boden legen und mit dem Schlichthammer den Boden spannen. Zuerst mit ganz leichten Schlägen im Mittelpunkt beginnen. Es findet dabei eine Streckung des Werkstoffes statt, er wölbt sich leicht auf. Die Schläge werden nun um den Mittelpunkt kreisförmig geführt und nehmen mit der Entfernung vom Mittelpunkt allmählich etwas an Intensität zu. (Die Streckung muß nach außen hin stärker werden!). Es ist einige Übung dazu notwendig, deshalb die Stärke der Schläge nicht zu stürmisch steigern. Wenn im Mittelpunkt eine Aufwölbung bleibt, dann zeigt dies an, daß die Streckung noch nicht ausreichend war. Der Boden kann mit Hilfe eines Hartholzklötzchens auf einer glatten Platte noch etwas nachgerichtet werden.

Spannen des Bodens

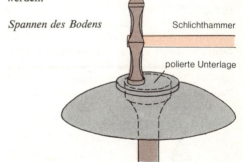

Schlichthammer

polierte Unterlage

Seitenfläche des Bodens abhämmern Am Bördeleisen oder anderer geeigneter Unterlage werden mit dem Schlichthammer die Kanten noch ausgeglichen, dann wird die Seitenfläche abgehämmert.

Abhämmern der Schalenform Die Schale wird mit der Öffnung nach unten auf eine entsprechend gekrümmte Unterlage gelegt und die Schalenwand von außen abgehämmert. Um das charakteristische Hammerschlagmuster zu erzielen, wählt man zum Abhämmern einen Hammer mit schwach gekrümmter Bahn, die Unterlagestelle, auf der gehämmert wird, soll etwa die gleiche Krümmung aufweisen. Der Hammer prägt sich außen ab, die Unterlage innen. Soll die innere Seite blank bleiben, dann muß die Unterlagenkrümmung genau der Schalenkrümmung entsprechen. Beim Abhämmern darf das Werkstück an der Schlagstelle keinesfalls hohl liegen, weil sonst Beulen entstehen.

Vom Schalenboden her wird nun wieder kreisförmig Schlag neben Schlag in gleichmäßiger Stärke geführt (nicht zu stark hämmern, Hammer höchstens etwa 5 cm hochheben) bis zum Rand. Die linke Hand führt das Werkstück, rechte Hand führt den Hammer immer auf die gleiche Stelle der Unterlage. Abdruck neben Abdruck setzen. Die freien Finger der linken Hand stützen sich an die Unterlage. Nicht auf die Kante hämmern! Etwa 5 mm vom äußeren Rand entfernt das Abhämmern einstellen, wenn der Rand noch umgebördelt werden soll. Sonst durchhämmern, jedoch letzte Reihe mit schwächerem Schlag!

Bord umschlagen Der äußere Rand wird in etwa 1 cm Breite an der Kante einer Unterlage mit dem Holzhammer unter ständigem Drehen umgebördelt und dann abgehämmert.

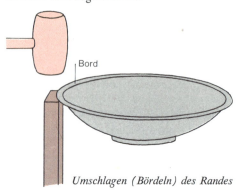

Umschlagen (Bördeln) des Randes

Letzter Schliff Die fertig geformte Schale wird mit Beize, Sand, Vim oder feinem Schleifpapier gesäubert und nach dem Trocknen mit Zaponlack überstrichen. Man kann sie auch innen verzinnen lassen.

Es ist für den Anfänger empfehlenswert, wenn er sich zuerst an kleineren Werkstücken versucht (Aschenbecher, Teile von Beleuchtungskörpern u.ä.). Die dabei gewonnenen Erfahrungen kommen ihm bei größeren Werkstücken zugute.

7 Meißeln · Sägen · Feilen · Bohren (spanabhebende Bearbeitung)

Meißeln

Beschaffenheit des Meißels Meißel sollen nicht zu lang sein, sie federn sonst. Wichtig ist der Keilwinkel. Für weiche Werkstoffe soll er 40 bis 60° betragen, für harte 60 bis 70°. Ein Bart, der sich am Kopf des Meißels gebildet hat, muß unbedingt entfernt werden. Er ist gefährlich, nämlich für den Daumen; durch Splitter, die abfliegen können, auch für die Augen. Der Bart ist am Schleifstein abzuschleifen. Schleifen der Schneide s. S. 107.

Verwendung des Meißels Den Meißel brauchen wir in folgenden Fällen:
Zum Trennen von Werkstücken: S. 313.

Zur Spanabnahme, wenn viel weggenommen werden muß und man sich langes Feilen ersparen will: S. 313.
Zum Lösen von Nietverbindungen: S. 323.
Zum Entfernen festgerosteter Schraubenmuttern: S. 320.

Richtiges Meißeln Zuerst anreißen, dabei Bearbeitungszugabe für später notwendiges Feilen nicht vergessen!

Der Blick ist grundsätzlich auf die Meißelschneide gerichtet und nicht auf den Meißelkopf – sonst werden die Schläge unsicher.

Hammerschläge nicht aus dem Ellenbogen, sondern aus der Schulter. Die Schläge müssen die Mitte des Meißelkopfes treffen, der Hammer kann sonst abgleiten.

Schwache Werkstücke werden beim Meißeln verformt und müssen vor der Weiterverarbeitung gerichtet werden.

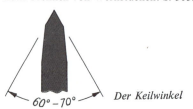

Der Keilwinkel

Meißeln · Sägen · Feilen · Bohren   313

Trennen

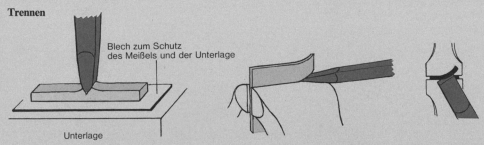

Trennen mit Flachmeißel *Trennen eines starken Bleches im Schraubstock* *Meißel schräg ansetzen*
Hintere Schraubstockbacke wirkt abscherend

Spanabnahme

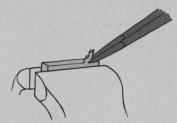

Nicht bis zum Ende durchmeißeln, weil sonst der Werkstoff an der Kante einreißt, sondern   *Werkstück umspannen und von der anderen Seite den Rest abmeißeln*

Meißelhaltung bei der Spanabnahme

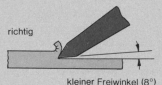

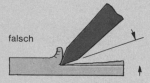

richtig   falsch   falsch

kleiner Freiwinkel (8°)   zu kleiner Freiwinkel   Freiwinkel zu groß

Meißel gleitet aus dem Werkstoff   *Meißel dringt in den Werkstoff*

Meißeln großer Flächen

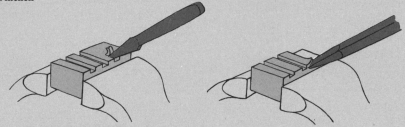

Mit dem Kreuzmeißel Nuten einziehen   *Die Stege mit dem Flachmeißel entfernen*

314 Vom Umgang mit Metallen

Aushauen einer Rundung bei Blech

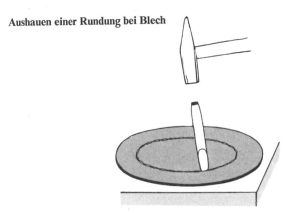

Einkerben mit Blechmeißel *Herausschlagen. Kerblinie liegt frei über der Kante der Unterlage*

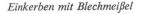

Meißeln von Durchbrüchen (starke Werkstücke)

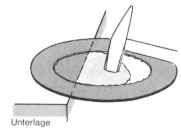

Vorbohren *Stege mit schräg angesetztem Meißel,*
Bohrlöcher dicht nebeneinander *am besten Trennstemmer, durchstemmen*

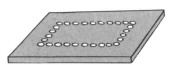

Flachmeißel

bogenförmige Schneide

Aushaumeißel

Kreuzmeißel

2 Schneiden

Trennstemmer

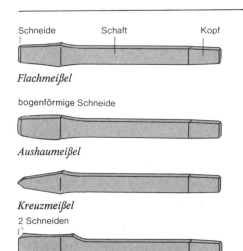

kleiner Ansatzwinkel *Das richtige Ansetzen der Metallsäge*

Achtung, Splitter! Beim Meißeln abfliegende Metallsplitter gefährden die Augen. Beim Meißeln von Metall Schutzbrille tragen! Umgebung wenn nötig durch Schutzschirm sichern!

Für die verschiedenen Bearbeitungsarten unterscheidet man folgende Formen des Meißels:

Flachmeißel Zum Trennen von Werkstücken in gerader Richtung und zur Spanabnahme.

Aushaumeißel Zum Aushauen von Blech (Trennen). Auch Blechmeißel genannt. Breite, bogenförmige Schneide.

Kreuzmeißel Zum Aushauen von Nuten (Spanabnahme).

Trennstemmer Zum Durchstemmen vorgebohrter Platten (Trennen). Auch Durchtreiber genannt.

Sägen

Beim Metallsägen zu beachten: 1. Die Zähne der Metallsäge sind nichts anderes als eine Reihe kleiner, glasharter Meißel, meist wellenförmig hintereinander angeordnet. Die Säge arbeitet »auf Stoß«. Die Zahnspitzen müssen zur Flügelmutter hin, also vom Arbeitenden weg zeigen. Beim Sägen nur in der Stoßrichtung Druck geben; beim Zurückziehen Druck vermindern.

2. Werkstück so in den Schraubstock spannen, daß die Schnittkante knapp neben dem Schraubstock liegt.
3. Säge ansetzen an der dem Körper abgewandten Kante des Werkstückes, in leichtem Winkel, unter leichtem Druck (Bild links unten). Leichtes Einfeilen der Kante mit einer Dreikantfeile erleichtert das Ansetzen der Säge.
4. Blatt beim Sägen nicht ölen; die Zähne greifen sonst schlecht an.
5. Sägeblatt bei Nichtbenutzung entspannen.

Metallsägeblatt Das Blatt ist meist zweischneidig, hat gewellte Zahnung, ist 30 cm lang.

Stichsäge für Metall Das Metallsägeblatt kann ausgetauscht werden gegen ein Blatt zum Holzsägen.

Feilen

Der Feilenhieb Das Feilenblatt trägt schräg zur Achse Einkerbungen, die man »Hieb« nennt. Ein Feilenblatt mit nur einem Hieb nennt man »einhiebige« Feile; solche Feilen braucht man für Feilarbeiten an weichen Werkstoffen (Zinn · Blei · Aluminium). Feilen für harte Werkstoffe erhalten gekreuzt zum ersten Hieb (Unterhieb) einen zweiten Hieb (Oberhieb). Dadurch ist die Oberfläche in kleine meißelartige Zähnchen aufgeteilt.

Schlosserfeilen Schlosserfeilen, auch Dutzendfeilen genannt, gibt es in den 6 im Bild gezeigten Formen. Gebräuchliche Längen bis 40 cm.

Grober und feiner Hieb Je härter der Werkstoff, desto feiner muß der Hieb sein. Feilen werden in folgenden Hiebarten hergestellt:
Schruppfeilen: grober Hieb · grober Span (grobe Bearbeitung)
Bastardfeilen: mittlerer Hieb · mittlerer Span (mittelfeine Bearbeitung)
Schlichtfeilen: feiner Hieb · feiner Span (Feinbearbeitung, Glätten).
Bei den Schlichtfeilen unterscheidet man Halbschlicht-, Schlicht- und Feinschlichtfeilen.

Schlüsselfeilen Kleine Feilen, etwa 10 cm lang, nennt man Schlüsselfeilen oder Raumfeilen. Die Formen entsprechen denen der Dutzendfeilen.

Zinnfeilen Diese einhiebigen Feilen sind für weiche Werkstoffe bestimmt. Längen 20 bis 30 cm.

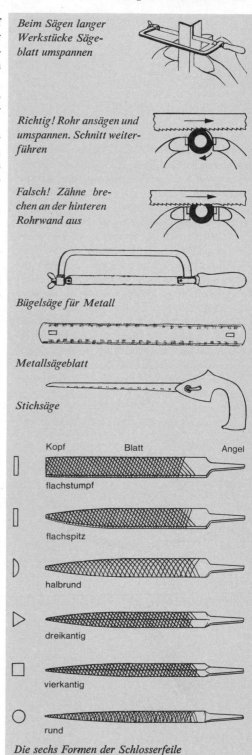

Beim Sägen langer Werkstücke Sägeblatt umspannen

Richtig! Rohr ansägen und umspannen. Schnitt weiterführen

Falsch! Zähne brechen an der hinteren Rohrwand aus

Bügelsäge für Metall

Metallsägeblatt

Stichsäge

Kopf Blatt Angel
flachstumpf
flachspitz
halbrund
dreikantig
vierkantig
rund

Die sechs Formen der Schlosserfeile

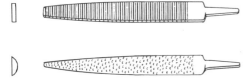

Zinnfeilen (Zinnraspeln)

Sitz des Feilenheftes Die Feilenangel muß gerade und fest im Heft sitzen. Schiefer oder lockerer Sitz erschwert genaues Arbeiten und birgt Verletzungsgefahr. Zum Einsetzen wird das Heft stufenförmig in 3 Weiten ausgebohrt. Beim Aufstoßen nur das Blatt anfassen!

Richtiges Einspannen Werkstück am besten im Parallelschraubstock einspannen, so daß die zu befeilende Fläche etwa 6 mm über den Schraubstockbacken steht. Das Werkstück darf beim Befeilen nicht federn! Schutzbacken aus Blech nicht vergessen! Die Feile trifft sonst beim Abgleiten auf die gehärteten Schraubstockbacken.

Handhaltung Die rechte Hand umfaßt das Feilenheft. Daumen liegt oben, sonst Verletzungsgefahr beim Abgleiten. Der Ballen der linken Hand liegt am Feilenende auf. Bei kleineren Feilen wird das Feilenende mit Daumen und Zeigefinger der linken Hand gehalten.

Gleichmäßigen Druck auf beide Enden der Feile ausüben. Die Spanabnahme geschieht beim Vorstoßen. Beim Zurückziehen daher Druck vermindern.

Die Feile wird im Winkel von etwa 45° über das Werkstück geführt, dabei erfolgt eine seitliche Verschiebung um etwa eine halbe Feilenbreite. Die Feilrichtung wechselt ständig um etwa 90°. An den Schattierungen (Feilstrich) erkennen Sie, ob Sie die ganze Fläche des Werkstücks erfassen. Wo Genauigkeit erforderlich, häufig kontrollieren durch Auflegen einer Winkelkante, Darüberstreichen und Visieren gegen das Licht.

Zur Feinbearbeitung mit der Schlichtfeile wird die Feile anders gefaßt: Daumen und Finger beider Hände greifen das Feilenblatt und führen die Feile senkrecht zur Feilenachse über das Werkstück.

Man kann dabei die Feile mit Kreide überziehen, damit sich keine Feilspäne festsetzen.

Zapfenfeilen Werkstück zuerst senkrecht zwischen Blechbacken einspannen, so daß die gewünschte Zapfenhöhe über den Schraubstock ragt. Feile mit der glatten Schmalseite auf die Backen aufsetzen. Zapfen achtkantig feilen. Dann wird mit einer zugleich stoßenden und wiegenden Bewegung der Feile die Rundung gefeilt.

Behandlung von Feilen Fassen Sie nicht mit den Fingern auf die Feilfläche! Das Hautfett »schmiert«, die Feile greift schlecht an. Feilen nie durcheinander und aufeinander werfen (S. 295). Beim Gebrauch sollen die Feilen geordnet rechts neben dem Schraubstock liegen.

Haben rohe, noch nicht bearbeitete Werkstücke eine Zunderschicht, die ersten Striche mit einer alten Feile abnehmen. Neue Feilen werden sofort stumpf, weil die Zunderschicht äußerst hart ist. Auch gehärtete Werkstücke nicht zu feilen versuchen!

Feilspäne aus der Feile entfernen mit einer Feilbürste oder einem angeschärften Messingblech.

Bohren

Bohrmaschine Die Handbohrmaschine genügt vielen Erfordernissen einer Heimwerkstatt. Viel Freude machen elektrische Bohrmaschinen, die als Antrieb für alle möglichen Werkzeuge einen großen Anwendungsbereich haben. Näheres im Kapitel über Heimwerkermaschinen.

Spiralbohrer (genauer »Wendelbohrer«) Die Bohrer sind »spiralig« geformt mit zylindrischem Schaft, Durchmesser 1 bis 10 mm. Der Spitzenwinkel für normale Spiralbohrer beträgt 116°. Vgl. S. 101.

Haltung beim Feilen

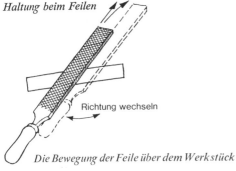

Die Bewegung der Feile über dem Werkstück

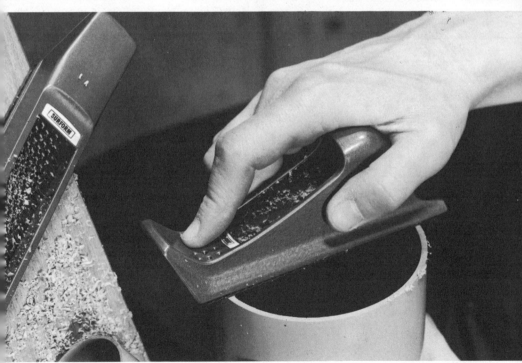

Oben: Leichtmetallbearbeitung mit der Surform-Standard-Feile. Hier werden die Profilkanten eines Schaufensterrahmens aus Aluminium paßgerecht gefeilt · Unten: Auch Kunststoffe lassen sich mit Surform-Werkzeugen bearbeiten. Hier das Bearbeiten eines Plastikrohrs mit dem Surform-Blockhobel.
Stanley Werkzeuggesellschaft mbH, Wuppertal 2

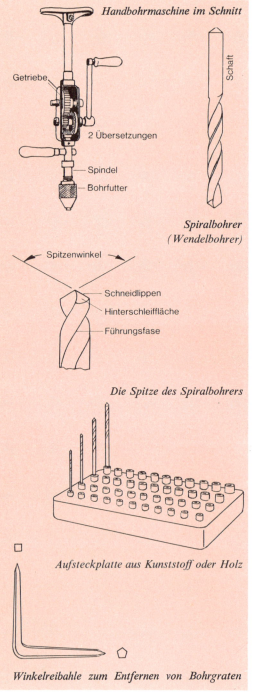

Handbohrmaschine im Schnitt

Spiralbohrer (Wendelbohrer)

Die Spitze des Spiralbohrers

Aufsteckplatte aus Kunststoff oder Holz

Winkelreibahle zum Entfernen von Bohrgraten

Ein guter Weg, Bohrer schnell zu ruinieren, besteht darin, daß man sie durcheinander in eine Schachtel wirft und so aufbewahrt. Metallbehälter zur sortierten Bohreraufbewahrung kann man fertig kaufen, Aufsteckplatten aus Holz selbst herstellen.

Das Schleifen von Bohrern an der Schleifscheibe ist sehr schwierig. Ich rate davon ab, es selbst auszuführen. Sobald der Schneidewinkel etwas zu klein oder zu groß ist, der Winkel der Schneidelippen ungleichmäßig u. ä., ist die Leistung unbefriedigend, und der Bohrer wird schnell wieder stumpf.

Richtig einspannen Das Werkstück muß fest eingespannt sein, damit es nicht herumgeschleudert werden kann, entwerder im Schraubstock oder mit Schraubzwingen (S. 105) – in diesem Fall weiche Unterlage nicht vergessen!

Richtig eingespannt sein muß auch der Bohrer im Futter der Bohrmaschine. Die Bohrerspitze darf nicht schleudern. Bei einer elektrischen Bohrmaschine wird der Bohrer mit Hilfe eines Bohrfutterschlüssels im Bohrfutter festgespannt. Der Schlüssel wird in eines der 3 Löcher des Bohrfutters eingeführt, der Zahnkranz wird gedreht bis der Bohrer festsitzt. Dann den Schlüssel in alle 3 Löcher einsetzen und kurz nachspannen!

Richtig bohren 1. Bohrloch genau anreißen.
2. Bohrloch mit Körner (S. 298) markieren. Die Ankörnung gibt der Bohrerspitze eine Anfangsführung.
3. Der Bohrer muß genau senkrecht zur Arbeitsfläche stehen. Er kann sonst abgleiten oder brechen.
4. Wird während des Bohrens die Richtung verändert, kann der glasharte Bohrer sehr leicht abbrechen.
5. Vorsicht, wenn die Bohrspitze an der Rückseite des Werkstückes austritt! Druck vermindern und mit viel Fingerspitzengefühl den dort entstehenden Grat so weit schwächen, bis er durchbricht.
6. Größere Bohrlöcher erst mit kleinem Bohrer vorbohren, dann mit passendem Bohrer ausbohren.
7. Zum Entfernen des beim Bohren entstehenden Grates dient die Winkelreibahle oder ein Bohrer größeren Durchmessers.

8 Schraubverbindung

Schrauben · Muttern · Schlüssel

Schrauben Schrauben sind genormt. Für die Bezeichnung der Schraube ist der Bolzendurchmesser maßgebend. Für jeden Bolzendurchmesser ist die Steigung und die Schlüsselweite der zugehörigen Mutter festgelegt. Alle Maße sind in mm angegeben.
Schrauben gleichen Bolzendurchmessers gibt es in verschiedener Länge, je nach dem Verwendungszweck. Eine zu lange Schraube kann man mit der Metallsäge kürzen. Dazu zwischen Holzbacken in den Schraubstock spannen. Nicht abmeißeln – dadurch verformt sich die Schraube.
Schraubengewinde sind allgemein rechtsgängig. Linksgewinde gibt es u. a. an rechten Fahrradpedalen und an den Schraubverschlüssen von Propangasflaschen.

Schlitzschrauben Schlitzschrauben werden mit dem Schraubenzieher angezogen. Die Namen für die Kopfformen entsprechen denen von Holzschrauben (S. 123). Die Madenschraube (Gewindestift) wird in das Werkstück versenkt. Blechschrauben verwendet man zur Verbindung von Blechen bis zu 2 mm Stärke. Beim Eindrehen der Blechschraube in das vorgebohrte Loch schneidet sie sich selbst das Gewinde.

Schlüsselschrauben Das nebenstehende Bild zeigt die gebräuchlichsten Kopfformen. Die Schloßschraube, auch Flachrundschraube, dient zum Verbinden von Holz- und Metallteilen. Gewöhnlich liegt der Flachkopf am Holz auf, der Vierkantteil im Holz, das entsprechend auszustemmen ist; die Mutter liegt am Metall auf. Die Innensechskantschraube wird verwendet, wenn ein Gabelschlüssel wegen Platzmangels nicht angesetzt werden kann oder der Schraubenkopf im Werkstück versenkt werden soll.

Muttern Die Vierkantmutter gibt dem Schlüssel einen festeren Sitz. Die Flügelmutter kann mit der Hand gelöst werden.

Schlüssel Die Schlüsselweiten werden in mm angegeben. Gute Schlüssel aus Chrom-Vanadium-Stahl behalten ihre Schlüsselweite; schlechte Schlüssel weiten sich aus.

Umgang mit Schrauben

Festziehen einer Mutter Richtig: Genau passende Schlüssel verwenden. Falsch: Schlüssel, der

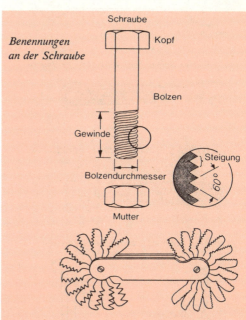
Benennungen an der Schraube

Gewindeschablone zum Feststellen der Steigung

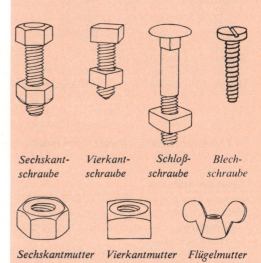

Sechskant- Vierkant- Schloß- Blechschraube   schraube   schraube schraube

Sechskantmutter Vierkantmutter Flügelmutter

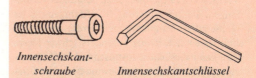

Innensechskant-
schraube   Innensechskantschlüssel

Schraubenschlüssel (»Gabelschlüssel«)

Verstellbarer Schraubenschlüssel »Engländer«

Verstellbarer Schraubenschlüssel »Franzose«

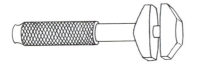

Ausbohren einer abgebrochenen Schraube

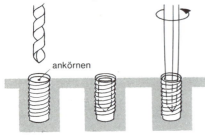

| Bolzen mit Spiralbohrer ausbohren | Bohrung stets kleiner als Bolzendurchmesser | Vierkantdorn festklemmen, Schraube lösen |

»ungefähr« paßt; er kann abgleiten und zu schmerzhaften Verletzungen führen. Richtig: Maßvoll anziehen, mit Gefühl – und nur mit Handkraft. Falsch: Mit dem Hammer auf den Schlüssel schlagen oder ein Rohr auf den Schlüssel stecken zur Verstärkung der Hebelkraft. Wird der Schraubenbolzen zu stark auf Dehnung beansprucht, kann er reißen.

Lösen einer Mutter Ist eine Mutter so festgezogen oder festgerostet, daß sie sich mit dem Schlüssel nicht lösen läßt, Gewinde so mit Petroleum oder »Caramba« einschmieren, daß die Flüssigkeit in die Gewindegänge dringt (evtl. das ganze Stück in Petroleum legen). Hilft das nicht, kann man die Mutter mit der Lötlampe erwärmen, so daß sie sich ausdehnt; wenn das wegen der Nähe brennbarer Stoffe nicht geht, durch Auflegen eines glühenden Stahlstücks oder einer Feuerzange. Hilft das auch nicht, muß die Mutter mit dem Meißel in Bolzenrichtung aufgeschlagen werden.

Ausbohren Ist der Kopf einer festsitzenden Schlitzschraube im Metall versenkt oder der Bolzen im Gewindeloch abgebrochen, ist Ausbohren der letzte Ausweg. Das kann versucht werden wie in der Zeichnung dargestellt oder mit Hilfe eines Schraubenausdrehers, der im Fachgeschäft erhältlich ist.

Richten eines Gewindebolzens Verbogene Gewindebolzen kann man im Schraubstock zwischen Blei- oder Holzbacken geraderichten. Richten durch Schlag nur auf weicher Unterlage (Holz, Bleiamboß) mit weichem Hammer (Holz, Aluminium). Gewindegänge vorsichtig nachfeilen.

9 Gewindebohren (Schneiden von Innengewinden)

Ärger mit Schrauben Eine festgerostete Mutter ist noch kein Unglück. Selbst wenn Gewalt angewendet werden muß (siehe oben), kann mühelos Ersatz beim Eisenwarenhändler um die Ecke beschafft werden.

Peinlicher ist es, wenn die Schraube nicht in einer Mutter, sondern in einem Muttergewinde des Werkstückes festgerostet sitzt. Schraubenverbindungen, die der Witterung (Kraftfahrzeug) oder wechselnden Temperaturen (Herde) ausgesetzt sind, lassen sich häufig besonders schwer lösen. Man kann versuchen, rostlösende Mittel (Petroleum, »Caramba«) in die Gewindegänge zu bringen (einige Zeit einwirken lassen!) und dann die Schraube herauszudrehen. Oft ist dazu jedoch erheblicher Kraftaufwand nötig. Eine gewaltsam herausgedrehte Schraube ist meist beschädigt. Wenn sie ein abgeflachtes Gewindeprofil oder deformierte Gänge zeigt, gehört sie zum Alteisen! Besonders unangenehm ist es, wenn bei gewaltsamen Aktionen, wie z. B. auch beim Ausbohren abgebrochener Schrauben, das Muttergewinde im Werkstück in Mitleidenschaft gezogen wird. Hier ist ein Austausch nicht mehr möglich. Ein sicheres Mittel, Muttergewinde zu zerstören, besteht darin, die Schraube beim Einsetzen zu verkanten und nun das Eingreifen in die Gewindegänge mit Gewalt zu erzwingen. Auch wer Schrauben zu stark anzieht, kann das Muttergewinde unbrauchbar machen. Die Wertlosigkeit solcher Verbindungen zeigt dann der »ewige Gang« einer Schraube an.

Wo ein Gewinde »ausgeleiert« ist oder wo für eine Schraubenverbindung keine durchgehende Bohrung am Werkstück angebracht werden kann, für sogenannte Sacklöcher also, muß ein Innengewinde geschnitten werden.

Welches Gewinde? Am häufigsten hat es der Heimwerker mit »metrischem Gewinde« zu tun; Gewinde an Rohren haben Zollmaße (1 Zoll = 25,4 mm). Metrische Gewinde werden in mm gemessen, das Maß bezeichnet den Bolzendurchmesser der Schraube (oder Innendurchmesser der Gewindebohrung). »M 5« bedeutet: metrisches Gewinde – 5 mm Bolzendurchmesser. Die Schraubenlänge kann verschieden sein. Sie richtet sich nach dem Verwendungszweck. Deswegen wird für jede benötigte Schraube auch noch die Schaftlänge angegeben, z. B. M 5 × 20.

Gewindebohren Vor dem Schneiden der Gänge mit dem Gewindebohrer muß zuerst das Kernloch mit dem entsprechenden Spiralbohrer vorgebohrt werden (Kern = zylindrischer Teil des Schraubenbolzens ohne Gewindeprofil). Nachstehende Tabelle mit häufig vorkommenden metrischen Gewinden gibt die zu verwendenden Spiralbohrer an:

Gewindedurchmesser in mm	Spiralbohrer für Kernloch in mm	Gewindedurchmesser in mm	Spiralbohrer für Kernloch in mm
3	2,5	6	5
3,5	2,9	8	6,7
4	3,3	10	8,4
5	4,2	12	10

Für Gußeisen und Messing sind die Spiralbohrer um 0,1–0,2 mm kleiner zu wählen.

Gewindebohrer Die Gewindegänge werden mit einem Satz Gewindebohrer (3 Stück) in die Wandung der Bohrung geschnitten. Die Bohrer sind nach der Reihenfolge ihrer Anwendung gekennzeichnet: Vorschneider (1 Ring), Mittelschneider (2 Ringe), Fertigschneider (3 Ringe). Jeder dieser kegelförmig zugeschliffenen Bohrer tritt ein Stück weiter in die Wandung ein, bis der Fertigschneider endgültig das Gewindeprofil formt. Wenn die Gewindetiefe nicht größer ist als 1½ Gewindedurchmesser (also für dünnere Werkstücke), kann man einen längeren Einzelbohrer verwenden, der alle drei Gewindebohrer in sich vereinigt: den Muttergewindebohrer.

Das Kernloch wird etwas angesenkt, damit der Vorschneider eine bessere Anfangsführung erhält. Beim Schneiden muß ausgiebig mit Öl geschmiert werden, am besten eignet sich dazu Schneidöl (Bohröl), auch Petroleum oder Terpentinöl. Gewinde in Gußeisen werden trocken geschnitten.

Windeisen Zur Führung des Bohrers dient ein Windeisen, das über den Vierkant des Bohrers gesteckt wird. Bei Verwendung von Schraubenschlüsseln oder Zangen besteht die Gefahr des Verkantens: das Gewinde wird schief oder der glasharte Bohrer bricht ab. Gewindebohrer senkrecht ansetzen, eventuell durch Anlegen eines Winkels prüfen! Hat der Bohrer gegriffen, dann wird er ohne Druck, aber mit Gefühl gleichmäßig – nicht ruckweise – weitergedreht. Ab und zu wird der Bohrer etwas zurückgedreht, damit die Spanlocken abbrechen, die Späne durch die Nuten des Bohrers abgeführt werden und das Schmiermittel an die Schneidstellen gelangt. Mittel- und Fertigschneider werden zuerst mit der Hand in das Gewindeloch eingeschraubt, ehe das Windeisen angesetzt wird. Bei nicht durchgehenden Gewindelöchern, sogenannten Sacklöchern, muß darauf geachtet werden, daß der Gewindebohrer nicht auf dem Grund aufsitzt, weil er sonst leicht abbricht. Solche Sacklöcher müssen tiefer ausgebohrt werden als das benötigte Gewinde. Die abgeführten Späne beim Bohren sammeln sich am Grund und müssen des öfteren entfernt werden.

Wenn ein ausgeleiertes Gewinde neu geschnitten werden muß, dann den bisherigen Gewindedurchmesser mit dem nächst höheren Kernlochdurchmesser vergleichen. Mit dem entsprechenden Spiralbohrer das neue Kernloch bohren. Ist

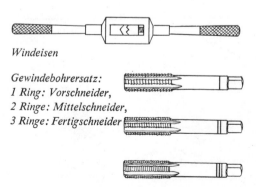

Windeisen

Gewindebohrersatz:
1 Ring: Vorschneider,
2 Ringe: Mittelschneider,
3 Ringe: Fertigschneider

also z.B. ein 4-mm-Gewinde zerstört, dann auf 4,2 mm aufbohren. Das neu zu schneidende Gewinde wird dann das Maß M 5 haben (vgl. S. 379). Über Außengewinde an Rohren S. 380.

Entfernen abgebrochener Gewindebohrer Steht der Bohrerschaft über das Werkstück hinaus, kann er mit der Zange durch Linksdrehung entfernt werden. Wenn er zu fest sitzt, kann man ihn durch leichte (!) seitliche Schläge mit Hilfe eines Durchschlags (Bild S. 323) etwas lockern. Der Bohrerschaft ist im Bohrloch abgebrochen: Die Nuten zur Spanabführung dienen als Angriffsfläche für den Ansatz einer Spitzzange oder eines Durchschlages. Durch Linksdrehung, nötigenfalls unterstützt durch leichtes Klopfen mit dem Hammer, wird der Gewindebohrer herausgedreht. Mißlingt die Entfernung des Bohrers, dann kann nur ein Mechaniker mit einem Gewindebohrer-Auszieher helfen.

»Rostgefährdete« Schrauben Ein Tip, der es manchmal überflüssig macht, ein Gewinde neu schneiden zu müssen: Es empfiehlt sich, »rostgefährdete« Schrauben vor dem Eindrehen mit Öl zu schmieren. Sind sie höheren Temperaturen ausgesetzt (Auspuff, Herd), dann Graphit als Schmiermittel benützen.

10 Nietverbindung

Denken Sie nicht gleich an das Dröhnen der Niethämmer auf einer Schiffswerft, wenn Sie die Überschrift lesen! Mit einigen einfachen Werkzeugen kann man durchaus zu Hause nieten. Man kann diese Fertigkeit brauchen z. B. bei Dachrinne, Aschenkasten, beim Blechdach (Quernähte), beim Befestigen von Griffen und Stielen an Gefäßen, beim Reparieren von Schlössern.

Nietformen Die Kopfformen der Niete entsprechen denen der Schrauben. Es gibt demnach Niete mit Halbrundkopf, Flachrundkopf, Linsenkopf, Senkkopf. Zu Hause werden wir hauptsächlich Blech nieten. Dafür ist der Flachrundniet geeignet, der auch Blechniet genannt wird.
Die Niete sollen aus dem gleichen Metall bestehen wie die zu verbindenden Teile.

Nietnaht Zuerst wird die Nietnaht angerissen. Die einfache Naht besteht aus einer Reihe Niete; die Doppelnaht, die besser hält und dichtet, aus zwei Reihen, wobei die Niete gegeneinander versetzt sind.

Lochen Nietlöcher werden gelocht, gestanzt oder gebohrt; bei schwächeren Blechen durchgeschlagen mit dem Lochmeißel (Durchschlag). Dazu Werkstück auf weiche Unterlage legen.
Bei stärkeren Werkstücken werden die Löcher mit der Bohrmaschine gebohrt. Der Niet muß sich mit etwas Spiel durch das Loch hindurchstecken lassen.
Die beiden Werkstücke müssen beim Schlagen oder Bohren der Löcher fest zusammengehalten werden durch Feilkloben (S. 295) oder durch Zusammennieten der Endlöcher.

Nieten Zum Nieten selbst brauchen wir außer Unterlage, Hammer und passenden Nieten noch zwei Hilfsmittel, die in einem Stück vereint sein können: Nietzieher und Kopfmacher. Den Arbeitsgang zeigt die Zeichnung.

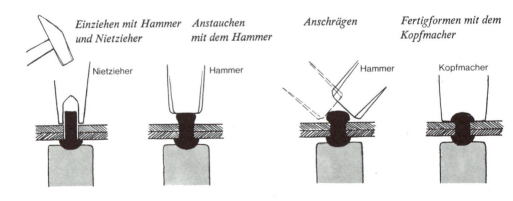

Einziehen mit Hammer und Nietzieher — *Anstauchen mit dem Hammer* — *Anschrägen* — *Fertigformen mit dem Kopfmacher*

Nietverbindung · Lötverbindung

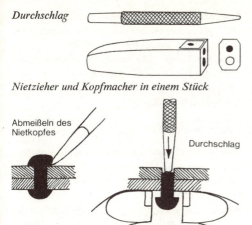

Durchschlag

Nietzieher und Kopfmacher in einem Stück

So wird eine Nietverbindung wieder gelöst

Blindniet mit Dorn vor und nach dem Nietvorgang

Die Nietzange im Augenblick des Nietens

Blindnieten Durch Blindnieten kann man Teile verbinden, die nur von einer Seite zugänglich sind, z. B. an Autokarosserien. Blindnieten kann auch in anderen Fällen angewendet werden, soweit keine extremen Anforderungen an Festigkeit oder Dichtheit gestellt werden. Blindnieten ist einfach, das Werkzeug (Nietzange) nicht teuer. Blindniete sind Hohlniete aus Aluminium, Kupfer, auch Stahl, die auf einem Dorn stecken. Der Niet wird in das Nietloch gesteckt, der Dorn in die Zange eingeführt. Der Schließdruck zieht den Dorn hoch und staucht dabei das entgegengesetzte Ende des Blindniets. Am Schluß reißt die Zange den Dorn ab.

Nietfehler

Bohrung zu groß oder Niet zu schwach | zu kurzer Niet | schief angestaucht | zu langer Niet | schief gebohrt | zu wenig eingezogen | zu stark eingezogen

11 Lötverbindung

Löten ist das Verbinden von Metallteilen durch ein anderes Metall oder Metallgemisch mit niedrigerem Schmelzpunkt, das sogenannte »Lot«. Das Lot wird in flüssigem Zustand zwischen die Metallteile gebracht und schafft beim Erstarren die Verbindung.

Weichlöten

Zum Weichlöten dienen Lote, deren Schmelzpunkt unter 330° C liegt – in der Hauptsache das sogenannte Lötzinn, eine Zinn-Blei-Legierung. Weichlötnähte sind biegsam; sie haben nur eine verhältnismäßig geringe Festigkeit. Zunächst behandeln wir die Lötwerkzeuge.
Lötkolben Der Lötkolben besteht aus Kupfer, das die Wärme gut aufnimmt und ableitet, und ist befestigt an einem Eisenstiel mit Holzgriff.

Der Form nach unterscheidet man Hammer- und Spitzkolben. Der Spitzkolben dient hauptsächlich für Innen- und Ecklötungen, also für schwer zugängliche Stellen.
Die Größe des Kolbens muß sich nach der Schwere, Dicke und Wärmeleitfähigkeit der zu verbindenden Stücke richten. Der Bastler, der zunächst nur einen Kolben anschafft, nimmt einen Hammerkolben von 200–300 g Gewicht.
Zum Erhitzen des Kolbens dient hauptsächlich die Lötlampe, die weiter unten ausführlich behandelt ist. Der elektrische Kolben erhitzt sich selbst durch einen eingebauten Widerstand. Elektrische Lötkolben mit mehreren Schaltstufen (z. B. für 40, 60 und 100 Watt) sind vielseitiger verwendbar. Gaskolben werden durch einen Schlauch an die Gasleitung (Stadtgas oder Flüssiggas) angeschlossen.

324 Vom Umgang mit Metallen

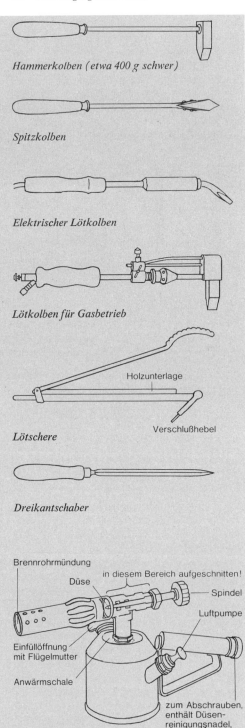

Hammerkolben (etwa 400 g schwer)

Spitzkolben

Elektrischer Lötkolben

Lötkolben für Gasbetrieb

Lötschere — Holzunterlage, Verschlußhebel

Dreikantschaber

Brennrohrmündung, Düse, in diesem Bereich aufgeschnitten!, Spindel, Luftpumpe, Einfüllöffnung mit Flügelmutter, Anwärmschale, zum Abschrauben, enthält Düsenreinigungsnadel, evtl. 2. Düse

Die Lötlampe und ihre Teile

Lötschere Zum Zusammenhalten von Lötnähten. Die Holzunterlage (siehe Bild) ist angebracht, weil Holz ein schlechter Wärmeleiter ist.
Dreikantschaber Mit dem Schaber säubert man nach dem Löten die Lötnähte von überflüssigem Lötzinn. Es gibt Schaber, bei denen eine Seite hohlgeschliffen ist.

Umgang mit der Lötlampe

Wer mit der Lötlampe arbeiten will, muß ihre Konstruktion und die Bedienung kennen. Leichtsinnige Handhabung kann zu Bränden und Verletzungen führen.
Füllen Die Lampe wird nach Abschrauben der Flügelmutter mit dem für das jeweilige Modell vorgeschriebenen Brennstoff gefüllt, jedoch nur zu $^4/_5$, damit beim Anwärmen sich bildende Gase Platz haben. Die Flügelmutter ist mit der Hand fest wieder aufzuschrauben. Ab und zu muß man sich überzeugen, daß die Dichtung gut ist.
Anwärmen Anwärmen ist nötig, um die Vergasung des Benzins einzuleiten. Man füllt dazu die Anwärmschale mit Spiritus und entzündet ihn. Eine Benzinflamme würde rußen und die Brennerdüse verkrusten.
Anzünden Kurz vor dem Verlöschen der Anwärmflamme gibt man zwei oder drei Stöße mit der Luftpumpe und öffnet dann die Lampe durch leichtes Linksdrehen der Spindel. Sollten die entströmenden Gase nicht sofort Feuer fangen, hält man ein Zündholz an die Brennrohrmündung.
Regulieren Drehen der Ventilspindel nach links ergibt eine größere Flamme, nach rechts eine kleinere. Außerdem kann man mit der Luftpumpe mehr Druck geben. Jede Lampe wird ausgelöscht durch Zudrehen der Spindel nach rechts.
Lötbrenner Für kleinere Arbeiten sind die Flüssiggas (Propan, Butan) betriebenen Lötbrenner gut geeignet. Gas in auswechselbaren Kartuschen. Anwärmen entfällt.

Lötzinn

Die Lötzinn oder Zinnlot genannte Legierung besteht aus Zinn und Blei. Je höher der Zinnanteil, desto niedriger im allgemeinen der Schmelzpunkt. Je höher der Zinngehalt, desto stärker knistert es, wenn Sie eine ans Ohr gehaltene Zinnstange abbiegen (Zinnschrei, S. 291 f.). Weil Blei giftig ist, darf zum Löten von Eßgefäßen nur Lot von höchstens 10 v. H. Bleigehalt genommen werden. Die Zinn-Blei-Lote sind genormt. Die

Kennzahl bezeichnet den Zinnanteil in v.H.
Hier einige häufig gebrauchte Lote:

Löt-zinn	Schmelz-punkt	Verwendung
30	248°	Bauspenglerei, grobe Spenglerarbeiten
33	242°	Zinkblech, verzinktes Blech
40	223°	Kupfer, Messing, Weißblech
98	230°	Eßgeschirre

Flußmittel (Lötmittel)

Eine Lötstelle muß, wie gleich noch näher zu besprechen ist, metallisch rein sein. Sie würde sich aber, zumal bei der zum Löten erforderlichen Erwärmung, sogleich wieder mit dem Luftsauerstoff verbinden (oxydieren), wenn wir das nicht verhindern würden. Dazu dient das Flußmittel. Es hat die Aufgabe, die beim Erwärmen entstehenden Oxydhäutchen aufzulösen, neues Oxydieren durch Abschließen der Lötstelle von Luftsauerstoff zu verhindern und dem Lot Platz zu machen, sobald es zu fließen beginnt. Das Flußmittel wird auf die saubere Lötstelle mit einem Pinsel, der nur diesem Zweck dient, aufgetragen.

Lötwasser Dieses einfachste Flußmittel besteht aus verdünnter Salzsäure (etwa 1:1), in der Zinkschnitzel bis zur Sättigung aufgelöst sind. Um Lötwasser selbst anzusetzen, braucht man einen Steinzeugtopf, der wegen der Gasentwicklung und des Aufbrausens bei der Zersetzung die zehnfache Größe der Säuremenge haben soll. Das Ansetzen darf nur im Freien geschehen, da sich Wasserstoff bildet, der explosionsgefährlich ist. Lötwasser wird benutzt für alle Metalle mit Ausnahme von Zink, verzinkten Blechen, Aluminium und Aluminiumlegierungen.

Pasten An Stelle von Lötwasser wird für Lötungen an empfindlichen Apparaten, z.B. Meßinstrumenten, säurefreie Lötpaste (Lötfett) verwandt (im Handel erhältlich).

Salzsäure Für Zink und verzinktes Blech dient als Flußmittel etwa 1:1 verdünnte Salzsäure.

Kolophonium Wo eine saubere Lötnaht verlangt wird, dient Kolophonium als Flußmittel. Im Handel gibt es Kolophoniumzinn: eine Röhre aus Lötzinn mit Kolophonium im Innern, das bei Erwärmung herausfließt und auf die Lötfläche tritt. Dieses Mittel ist bestens geeignet für Lötungen an Kupferdrähten, darum empfiehlt es der Elektriker auf S.447.

Bleilötung Hier dient als Flußmittel Stearin oder Rindertalg, auf die Lötstelle aufgetragen, oder auch Kolophonium, auf die Lötstelle gestreut.

Aluminiumlötung Für Aluminium gibt es Spezial-Fluß- und Lötmittel, die nach der mitgelieferten Anweisung anzuwenden sind. Aluminium läßt sich schlecht löten. Festigkeit und chemische Beständigkeit der Lötung sind begrenzt.

Vorbereitungen zum Löten

Drei Voraussetzungen müssen vor Beginn des Lötens erfüllt sein: Die Lötstellen müssen metallisch rein sein. Ein Flußmittel muß aufgetragen werden. Der Kolben muß verzinnt werden.

Säubern der Lötstellen Das Lot ist nicht etwa eine Art Klebstoff für Metalle; es bildet vielmehr bei ausreichender Temperatur mit dem Werkstoff des Arbeitsstücks eine hauchdünne Legierung. Deshalb ist erstes und wichtigstes Erfordernis: die Lötstelle muß metallisch rein sein. Ist sie es nicht, so bildet sich im besten Fall eine Klebestelle, die sich mit geringem Kraftaufwand wieder aufreißen läßt.

Auch wenn das Metall äußerlich blank aussieht: es ist nicht chemisch rein – und in der Regel außerdem mechanisch verschmutzt. Man säubert es entweder mechanisch: durch Feilen, Schaben, Bürsten oder Schleifen mit Schmirgelpapier – oder chemisch: mit verdünnter Salzsäure (1:1).

Verzinnen des Kolbens Da wir über Flußmittel bereits gesprochen haben, gehen wir gleich zum Verzinnen des Kolbens über.

Die Kolbenspitze soll beim Löten nicht nur das Lot aufnehmen und auf die Lötstelle bringen, man muß mit ihr auch das Zinn über die Naht ziehen. Das geht nur, wenn die Kolbenspitze verzinnt ist. Das Zinn haftet sonst nicht.

Der Kolben wird zunächst erwärmt, bis die Flächen ein purpurnes Farbenspiel zeigen. Beim Erwärmen mit der Lötlampe erwärmt man am besten vom stumpfen Ende her, damit die Spitze nicht »verbrennt«.

Mit einer nicht zu groben Feile wird die Lötbahn des Kolbens jetzt metallisch blank gefeilt. Nun tritt sogleich dasselbe Problem auf, wie wir es für die Lötstellen bereits kennen: Die blankgefeilte Kolbenspitze überzieht sich sofort wieder mit einem Oxydhäutchen. Wir brauchen auch hier ein Flußmittel. Ein flüssiges Mittel (Lötwasser) oder ein halbfestes (Lötfett) wäre aber unpraktisch.

Als Flußmittel für den Kolben – und für das Zinn – dient hier ein Salmiakstein. Er bewahrt die Kolbenbahn vor einer Oxydhaut und entfernt die bläulich schimmernde Oxydhaut des erwärmten Zinns. Das Verzinnen geht so vor sich, daß man den gut erwärmten Kolben mit einem Tropfen Zinn auf dem Salmiakstein hin- und herreibt. Nach öfterem Erhitzen verliert der Kolben seine glatte Lötbahn, das Verzinnen muß wiederholt werden. Ein schlecht verzinnter Kolben lötet nicht einwandfrei.

Der Lötvorgang

1. Lötnaht anreißen.
2. Lötstellen mit Flußmittel bestreichen und übereinanderlegen. Wenn ein Grat vorhanden ist, kommt er nach innen:

3. Mit einem Holzstäbchen oder der Zinnstange die Enden andrücken und schwach heften, d. h. durch einen Tropfen Zinn miteinander verbinden.
4. Nun kann man die zusammengehefteten Teile in die Lötschere (Bild S. 324) spannen, behelfsmäßig auch zwischen zwei Holzstäbchen. Ist das geschehen, so kann man anschließend die ganze Naht in einem Zuge löten. Andernfalls lötet man besser schrittweise, d. h. man lötet erst weiter, wenn das Zinn an der vorher gelöteten Stelle erstarrt ist.
5. Haltbar wird die Lötung nur, wenn die Nahtbreite gut von Zinn durchflossen wird. Der Kolben muß dazu ausreichend erhitzt sein (sonst fließt das Lot nicht in die Fugen); er darf aber nicht zu heiß sein (sonst verbrennt das Lot und ergibt eine rauhe körnige Lötnaht). Für eine schmale Lötnaht wird die Kolbenbahn genau in Richtung der Naht gehalten: Die linke Hand drückt die Zinnstange neben der Lötnaht auf, die rechte nimmt mit dem Kolben tropfenweise Zinn ab, bringt es auf die Naht und zieht es diese entlang. Für eine breite Lötnaht von großer Festigkeit läßt man das Zinn direkt von der Zinnstange auf die Naht tröpfeln, bringt es wieder zum Schmelzen und zieht es mit dem Kolben weiter. Beachten Sie die Kolbenstellung!
6. Nach dem Löten die Naht gut mit einem feuchten Lappen reinigen, weil Reste des Flußmittels das Metall angreifen.
7. Das außen an der Naht anhaftende Zinn trägt nicht, wie manchmal angenommen wird, zur Haltbarkeit der Naht bei. Nur das in der Naht sitzende Zinn gibt den Halt, und zwar um so besser, je dünner die Lotschicht ist.

Das außen haftende Lötzinn wird daher entfernt. Das geschieht bei groben Arbeiten zunächst mit der Zinnraspel (S. 316), im übrigen mit dem Drei-

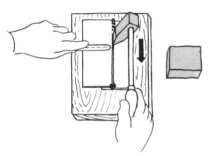

Die Enden der Lötnaht werden mit je einem Zinntropfen geheftet

Kolbenhaltung für eine schmale Lötnaht

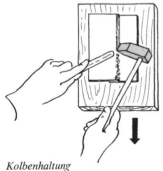

Kolbenhaltung für eine breite Lötnaht von großer Festigkeit

kantschaber (Bild S. 324). Beachten Sie jedoch, daß man auf verzinkten, verzinnten und verbleiten Blechen nicht feilen und schaben darf, um den Überzug nicht zu beschädigen.

Der Schaber hat eine angeschliffene Kante. Durch Schleifen einer Kante kann man aus einer alten Dreikantfeile selbst einen Schaber herstellen. Die angeschliffene Kante (niemals die Spitze) wird über das Blech gezogen. Die Schneidkante darf dabei keinesfalls in der Streichrichtung nach vorn zeigen; sie schneidet sonst wie ein Meißel. Schaber werden wie Schneidwerkzeuge am Schleifstein geschliffen und auf einem Ölstein abgezogen (Werkzeugpflege S. 106).

8. Nach dem Schaben kann man die Naht noch mit Schmirgelpapier abreiben. Stets in der Nahtrichtung reiben!

Einzelhinweise Für Kupferlötungen braucht man einen ziemlich großen Kolben, weil Kupfer die Wärme schnell ableitet. Die Lötung hält besser, wenn man die Naht vorher verzinnt. Man tropft dazu ein wenig Zinn auf die schräg gehaltene Lötfläche und zieht es mit dem Kolben nach unten.

Zinkbleche dürfen nicht mit zu heißem Lötkolben behandelt werden (Schmelzpunkt des Zinks bei 410°). Für Zinkblechlötungen nimmt man am besten einen schweren breiten Kolben, der die ganze Naht bedeckt. Bei langsamem Vorgehen stets nur eine kurze Strecke bearbeiten.

Aluminium mit dem Kolben weichzulöten, gelingt schwer. Das Löten wird hier überwiegend mit Spezial-Loten und -Flußmitteln mit der Flamme ausgeführt. Die Lötnaht bei Aluminium ist nicht korrosionsbeständig.

Hartlöten

Wenn an die Verbindungsstelle höhere Anforderungen gestellt werden (Hitzefestigkeit, Hämmerbarkeit) oder wenn die Lötnaht der Farbe des Werkstücks möglichst angenähert werden soll (kunstgewerbliche Gegenstände), wendet man die Hartlötung an. Die dabei verwandten Silber- und Messinglote haben einen höheren Schmelzpunkt.

Als Flußmittel dient Streuborax, eine Mischung aus gebranntem Borax, Kochsalz und Pottasche. Handelsübliche Flußmittel sind angeteigt und werden mit dem Pinsel aufgetragen.

Niedrigschmelzende, silberhaltige Hartlote (Arbeitstemperatur über 600° C), die mit dem Fluß-

mittel bereits ummantelt sind, können leicht auch vom Heimwerker verarbeitet werden.

Die zu lötende, möglichst eng zu haltende Fuge wird von Schmutz gesäubert und mit der Lötflamme erwärmt. Gleichzeitig wird etwas Flußmittel vom Lötdraht abgeschmolzen und in die Fuge gebracht. Das Lot selbst wird so lange an der Spitze erwärmt, bis es schmilzt und in die Fuge läuft. Das Lot dann erkalten lassen, Reste des Flußmittels mit Wasser und Bürste entfernen.

Was der Laie nicht löten soll

Lötungen an Gefäßen und Tanks, die Flüssigkeiten wie Benzin, Benzol, Spiritus, Petroleum enthielten, sollen dem Fachmann vorbehalten bleiben. Auch in entleerten Gefäßen finden sich nicht selten in toten Winkeln, unter Nähten und Falzen noch Reste der Flüssigkeit. Unter der Hitzeeinwirkung beim Löten können auch ganz geringe Mengen bereits zu Explosionen führen.

»Kaltlöten«

Unter diesem Begriff – der eigentlich irreführend ist, da es sich um keine »Lötung« handelt – versteht man die Verbindung zweier Metallteile mit Hilfe einer Paste, die auf die Verbindungsstellen aufgetragen wird. Besser als von »Kaltlötmitteln« sollte man von »Metallklebern« sprechen. Diese Mittel enthalten feinstes Aluminiumpulver und Kunstharze und sind pastenförmig angemengt. An der Luft erhärtet die Masse und kann geschmirgelt, gefeilt, gebohrt oder anderweitig bearbeitet werden. Kaltlötmittel sind in einem erstaunlichen Maß auch hitzefest. Auch ungleichartige Materialien wie Metall, Beton, Glas lassen sich miteinander verbinden. Der Verwendungsbereich von Kaltlötmitteln ist damit noch nicht erschöpft. Sie können zur Ausbesserung schadhafter Karosserien verwendet werden, zum Abdichten von Dachrinnen, Rohren, zur Beseitigung von Lecks in Gefäßen und Behältern u. ä. Die Verarbeitungsweise wird vom Hersteller jeweils angegeben. Auf die Reinigung der Lötstellen muß größte Sorgfalt verwandt werden. Ohne Zweifel wird das Metallkleben in Zukunft eine immer wachsende Bedeutung gewinnen, da es einfach anzuwenden ist und eine erstaunliche Festigkeit ergibt. Vgl. zum Umgang mit Klebern auch die Tabellen S. 505 ff.

12 Lichtbogenschweißen

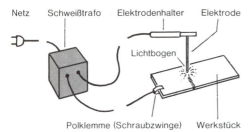

Schema einer Lichtbogenschweißanlage

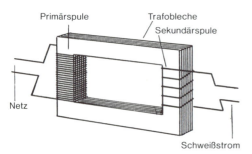

Prinzip des Schweißtransformators (Trafo, Umspanner)

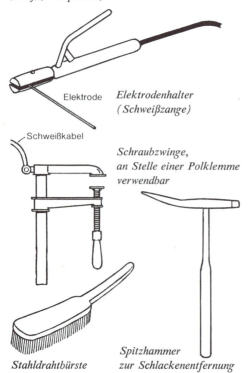

Stahldrahtbürste — *Spitzhammer zur Schlackenentfernung*

Elektrode — *Elektrodenhalter (Schweißzange)*
Schweißkabel
Schraubzwinge, an Stelle einer Polklemme verwendbar

Die neuerdings hergestellten kleinen Schweißtransformatoren (Umspanner), die mit einer 10-Ampere-Absicherung (träge) an das 220-Volt-Lichtnetz angeschlossen werden können, öffnen dem Metall-Heimwerker ein Gebiet, das ihm bisher wegen der Größe und Kostspieligkeit der Anlagen verschlossen war.

Gute Geräte haben mindestens 2 Regelbereiche. Ein Überhitzungsschutz gewährt zusätzliche Sicherheit. Das Schweißen ist durchaus keine »Schwarze Kunst«. Wer die nötige Handgeschicklichkeit aufbringt, wird nach kurzer Übung damit zurechtkommen und kann sich an Geländer, Gitter, Gartentüren und -tore, Zaunpfosten aus T- oder Winkelstahl, Tischgestelle und andere Konstruktionen heranwagen.

Beim Lichtbogenschweißen wird die Wärme eines elektrischen Lichtbogens benutzt, um Metalle zu verflüssigen. Der Lichtbogen entsteht bei hoher Stromstärke zwischen zwei Polen eines Stromkreises, wenn sie einander nahekommen. Im Schweißtransformator wird der Netzstrom auf diese Stärke umgespannt. Ein Pol des Stromkreises der Sekundärspule wird mit einer Klemme oder Schraubzwinge an das Werkstück angeschlossen; den anderen Pol bildet die Elektrode, ein dünner Eisenstab, den ein Mantel aus mineralischen Stoffen umgibt.

Zubehör Wir brauchen außer dem Transformator
Elektrodenhalter (Schweißzange), vollisoliert
Polklemme oder Schraubzwinge mit Schweißkabel
Stahlbürste und Spitzhammer zum Entfernen der Schlacke
Schutzschild (vors Gesicht zu halten) oder Schutzhaube (mit Bändern befestigt, nach oben zu klappen, läßt Hand frei zum Halten des Werkstücks)
Lederhandschuhe
Schutzschürze gegen Metall- und Schlackenspritzer.

Unfallgefahr Gefahren können entstehen aus der elektrischen Energie, der Strahlen- und Wärmewirkung des Lichtbogens und der Gasentwicklung.

Werkstück und Elektrode stehen unter Spannung. Solange der Lichtbogen brennt, besteht für den Arbeitenden keine Gefahr. Gefahr durch Berühren der unter Spannung stehenden Teile

(Werkstück, Unterlage, Elektrode) kann beim »Leerlauf« (= höchste Spannung) entstehen, wenn der Arbeitende auf leitendem Untergrund steht, schweißfeucht ist oder nasse Kleidung trägt. Die Leerlaufspannung ist auf den Geräten angegeben; sie muß unterhalb der Gefahrengrenze von 70 Volt liegen. Der Schweißer sollte sich stets durch isolierende Unterlagen (Brett, Gummimatte) gegen Stromdurchgang schützen, Handschuhe tragen und im Freien nicht bei Regen oder Schnee schweißen.

Der grelle Lichtbogen enthält gefährliche ultraviolette und infrarote Strahlen, beide unsichtbar. Sie können das Auge schädigen, Bindehautentzündung hervorrufen (»verblitzte Augen«, erst nach Stunden merkbar, aber keine Dauerschädigung). Sie können auf der ungeschützten Haut Verbrennungen (Sonnenbrand) hervorrufen. Deshalb: nicht Sonnenbrille oder Schweißbrille, sondern Schutzschild mit dunklem Spezialglas! Kinder von der Arbeitsstelle fernhalten. Gefährliche Strahlen können auch durch Spiegelung ins Auge gelangen.

Gegen glühende Eisen- und Schlackenspritzer schützen Handschuhe und schwer entflammbarer Schurz. Brennbares aus der Nähe entfernen. Wo Rauchen verboten ist, darf nicht geschweißt werden. Die beim Schweißen entstehenden Gase enthalten Stickoxyde und müssen durch gute Lüftung entfernt werden.

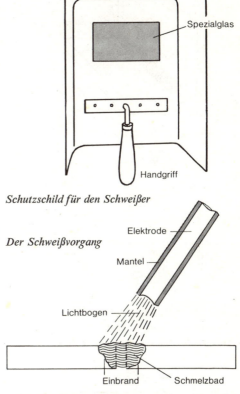

Schutzschild für den Schweißer

Der Schweißvorgang

Schweißvorgang Der Lichtbogen schmilzt den Stahl des Werkstücks und bildet dabei ein Schmelzbad; außerdem kommt auch die Elektrode zum Schmelzen und geht tröpfchenweise in das Schmelzbad über. Beim Erstarren des Schmelzbades werden die Werkstückteile fest verbunden. Die Elektrode muß ummantelt sein, nackte Elektroden sind für Wechselstrom unbrauchbar. Die mineralischen Stoffe des Mantels schmelzen mit. Die beim Erstarren hieraus entstehende Schlacke mit Spitzhammer und Drahtbürste, Metalltropfen mit Feile oder Meißel entfernen.

Für kleine Schweißumspanner sind Titandioxyd-Elektroden von 1,5 bis 2,5 mm Kerndurchmesser mit mitteldicker oder sehr dicker Umhüllung geeignet. Je schwächer das Werkstück, desto schwächer soll die Elektrode gewählt werden. Je schwächer die Elektrode, desto geringer die benötigte Stromstärke. Der Regelbereich der Trafos reicht meist von 40 bis 110 Ampere.

Das Werkstück wird zweckmäßig auf eine leitende Unterlage gestellt (Blech, Rost, Schiene), die Schweißzwinge oder -klemme an Unterlage oder Werkstück befestigt.

Der Lichtbogen wird gezündet, indem man mit der Elektrode auf das Werkstück tupft oder über die Schweißstelle streicht und den Elektrodenabstand einhält. Der Abstand Elektrode–Werkstück soll dem Durchmesser der Elektrode entsprechen. Bei richtiger Führung der Elektrode entsteht eine leicht auftragende Schweißraupe von gleichartiger Struktur.

Es empfiehlt sich, zuerst Übungen durchzuführen: Auftragschweißungen auf starkem Blech und Verbindungen zweier Stücke. Elektrode nicht senkrecht, sondern etwa 70° geneigt über die Naht führen, in gerader Linie; Pendeln nur bei stärkerem Material nötig. Waagerechte Nähte sind leichter zu schweißen als senkrechte; letztere müssen von unten nach oben geschweißt werden. Bei zu starkem Strom wird der »Einbrand« zu tief und das Werkstück geschwächt (siehe Bild); bei zu niedriger Stromstärke entsteht keine ausreichende Bindung.

330 Vom Umgang mit Metallen

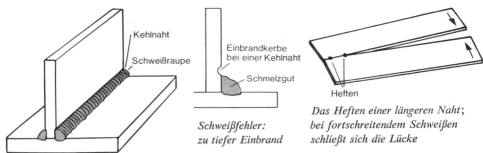

*Schweißfehler:
zu tiefer Einbrand*

*Das Heften einer längeren Naht;
bei fortschreitendem Schweißen
schließt sich die Lücke*

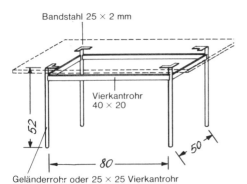

Kehlnaht und Schweißraupe

Couchtisch: Zusammensetzung des Gestells

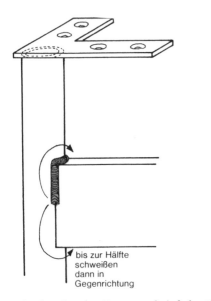

*Anschweißen der Zargen und Aufschweißen der
Winkel. Bandstahl 25 × 2 mm im rechten Winkel
aufschweißen. Schenkellänge außen 70 mm, jeder
Schenkel 2 Bohrungen 4 mm*

Die Schweißnaht zieht sich beim Erkalten zusammen. Dadurch und durch die einseitige Erwärmung beim Schweißvorgang können Verziehungen am Werkstück auftreten. Längere Nähte erfordern unbedingt gerade, von Fett, Rost, Schmutz freie Nahtkanten und werden zuerst in Abständen von 3 bis 5 cm geheftet, wobei die Enden zuerst auseinanderklaffen (»Vorgabe«). Dann können die Werkstücke vor dem endgültigen Schweißen nochmals richtig zueinander gestellt werden.
Arbeitsbeispiel (Couchtisch aus Stahlrohren)
Material 4 Geländerrohre, 1 Zoll Durchmesser oder quadratisch 25×25 mm – je 52 cm lang. Vierkantrohre mit rechteckigem Querschnitt 40×20 mm als Zargen - 2 von 50, 2 von 80 cm Länge; etwa 60 cm Bandstahl 25×2 mm.
Arbeitsgang 1. Rohre auf Länge sägen, auf rechte Winkel an den Schnittstellen achten. Zargen für stumpfe Naht vorbereiten, bei runden Tischbeinen Rundung ausfeilen.
2. Zargen 4 cm unterhalb der Tischplatte anschweißen. Erst heften! Nach dem Richten die Schweißnaht nicht in einer Richtung herumführen, sondern zum Schutz gegen Verziehung nur bis zur Hälfte, dann vom Ausgangspunkt in entgegengesetzter Richtung. Wenn möglich Werkstücke beim Schweißen mit Schraubzwingen festspannen. Winkelrichtigkeit in der Horizontalen durch Messen der Diagonalen überprüfen, in der Senkrechten durch Anlegen eines Winkels.
3. Auf die Tischbeine oben je 2 Bandstahlstücke in rechtem Winkel laut Zeichnung aufschweißen; vorher Schraubenlöcher bohren.
4. Untere Öffnungen der Tischbeine durch Aufschweißen eines kreisrunden Bleches oder Aufstecken einer im Handel erhältlichen Kunststoffkappe abdecken.
5. Schweißnähte säubern und glätten.
6. Tischgestell mit Nitrolack streichen oder spritzen.
7. Tischplatte aufsetzen und anschrauben.

13 Die Metalloberfläche

»Flecken« auf Metallen können auf mechanischem und chemischem Weg entfernt werden, um das blanke Metall zum Vorschein zu bringen. Mit Ausnahme von Eisen ist bei allen Metallen, die in Haus und Hof vorkommen, die Bildung einer Oxydhaut ein sicherer Schutz vor einer Zerstörung. Rost jedoch geht keine feste Verbindung mit dem blanken Metall ein. Er »frißt« weiter bis zur völligen Zerstörung.

Bei Gegenständen aus Kupfer, Messing, auch Aluminium, ist oft der blanke Metallglanz erwünscht; er kann nur erhalten werden durch einen Überzug mit farblosem Zaponlack. Bei Berührung mit der Luft setzt die Oxydation wieder ein. Für die Metallpflege im Haushalt sind im allgemeinen Putzmittel wie z. B. Sidol ausreichend. Stärkere »Flecken« werden durch Scheuern mit Vim oder Sand entfernt.

Für Heimwerker, die selbst Werkstücke aus Metall anfertigen, seien zusätzlich einige Hinweise für die Behandlung und Verschönerung der Metall-Oberfläche gegeben.

Eisen und Stahl Rost kann mechanisch entfernt werden mit Stahlbürste, Feile, Schaber, Schleifmaschine, Schmirgelpapier, Sand und Vim. Starker (abblätternder) Rost wird zuerst mit einem Schlosserhammer (evtl. Spitzhammer), unter Umständen auch unter Zuhilfenahme eines Meißels, bis zur Grundschicht abgeklopft. Dann folgt die restliche Entrostung mit den obengenannten Mitteln.

Gründlicher als die mechanische Entrostung wirkt die Entrostung durch Säureeinwirkung. Sie wird angewandt, wenn für die Weiterbearbeitung ein völlig reiner Metalluntergrund erforderlich ist, wie z.B. beim Verzinken, Verzinnen oder Galvanisieren von Werkstücken aus Stahl. Dazu werden die Werkstücke in schwache Säurebäder gelegt, der Rost wird dabei von der Säure (Salzsäure) »aufgefressen«. Diese Art der Entrostung wird im wesentlichen für industrielle Zwecke angewendet.

Auch mit »Rostumwandlern« kann Rost beseitigt werden. Diese Mittel wandeln den Rost auf chemischem Wege in eine korrosionsfeste Eisenverbindung um. Zuerst muß der lose Rost mechanisch entfernt werden, dann wird der Rostumwandler mit dem Pinsel aufgetragen. Die Rostumwandler sind aber wegen der Schwierigkeit der Dosierung nicht problemlos. Überschüssige Rostumwandler wirken aggressiv, deshalb behandelte Flächen gründlich mit Wasser nachspülen (vgl. S. 50).

Werkstücke aus Stahl (z.B. kunstgeschmiedete Gegenstände) schützt man vor Rost durch das Schwarzbrennen, ein sehr altes Verfahren. Das Werkstück wird mit Leinöl bestrichen und mit der Flamme (Kohlenfeuer, Gas- oder Lötlampenflamme) mehrmals erwärmt, nur auf etwa 400 Grad. Das Werkstück darf nicht ins Glühen kommen. Das Leinöl wird dabei eingebrannt. Das Verfahren kann mehrmals wiederholt werden. Nach dem Abbrennen wird die schwarzgebrannte Fläche mit einem eingewachsten Lappen nachgerieben.

Kupfer Kupfergegenstände, die angelaufen sind, kann man mechanisch mit dem Universalmittel Vim naß oder trocken kräftig abreiben, dann abspülen. Der Glanz wird erhöht durch ein Metallputzmittel oder eine Polierpaste, wie sie auch der Autofahrer zur Lackpflege verwendet. Ein sehr leicht herzustellendes Hausmittel, um stark angelaufenes Kupfer (auch Messing) wieder auf Hochglanz zu bringen, ist eine Lösung aus etwa 1 Eßlöffel unverdünntem Essig und 1 Teelöffel Salz. Diese Lösung wird mit einem Lappen auf das Metall aufgetragen. Einwirken lassen, dann gründlich abspülen. Mit Vim nachreiben (die alkalische Wirkung des Vim ist hierbei sehr günstig), eventuell auch wieder mit Metallputzmittel oder Polierpaste.

Soll stark angelaufenes Kupfer (auch patiniertes) blank gemacht werden, verwendet man verdünnte Schwefelsäure. Mischungsverhältnis: 2 Drittel Wasser, 1 Drittel konzentrierte Schwefelsäure. Im Glas- oder irdenen Gefäß ansetzen, die Säure vorsichtig dem Wasser zugeben, nicht umgekehrt! Je nach Größe kann das Werkstück entweder eingetaucht oder mit einem getränkten Lappen bestrichen werden. Lappen nicht mit der Hand, sondern mit Holzklammer oder säurefestem Handschuh halten (Achtung auf Kleider). Beize einige Minuten einwirken lassen, Werkstücke gründlich abspülen, am besten mit Sägespänen trocken reiben.

Messing wird mechanisch wie Kupfer gereinigt, auch die Essig-Salz-Lösung ist wirksam wie bei Kupfer.

Zum Beizen von Messing verwendet man verdünnte Salzsäure (1 Teil Wasser, 1 Teil Salzsäure). Weitere Behandlung wie Kupfer.
Aluminium reinigt man am besten mechanisch mit Vim; ist Glanz erwünscht, mit Polierpaste nachreiben oder mit käuflichem Aluminiumputzmittel behandeln.
Die chemische Reinigung mit Ätznatron ist für den Heimwerker nicht zu empfehlen.

Zink kann mit verdünnter Salzsäure (1:1) gereinigt werden.
All diese Maßnahmen zur »Fleckentfernung« können es allerdings nicht verhindern, daß das Metall sofort wieder mit der Oxydation beginnt. Abhilfe schafft nur der vollständige Abschluß vom Luftsauerstoff durch einen Lack- oder Fett-(Wachs-)überzug. Für das Lackieren von Metallen nimmt man Zaponlack (S. 54).

14 Beschläge

Übersicht über die Beschläge Beschläge nennt der Fachmann alle aus Metall gefertigten Vorrichtungen, um Türen oder Fenster zu bewegen, festzuhalten oder zu verstärken. Man unterscheidet Baubeschläge und Möbelbeschläge. In diesem Abschnitt behandeln wir hauptsächlich Baubeschläge. Doch unterscheiden sich beide Gruppen häufig nur durch die Abmessungen, und beim Anschlagen sind die gleichen Grundsätze zu beachten. Über Möbelbeschläge außerdem S. 134 f.
Die wichtigsten Baubeschläge sind Bänder (mit den zugehörigen Kloben), Riegel (am Schluß dieses Abschnittes erwähnt), Schlösser (Abschnitte 15 bis 18).
Für Hebefenster und -türen, Schwingfenster, Verbundfenster, Schiebe- und Faltschiebefenster und

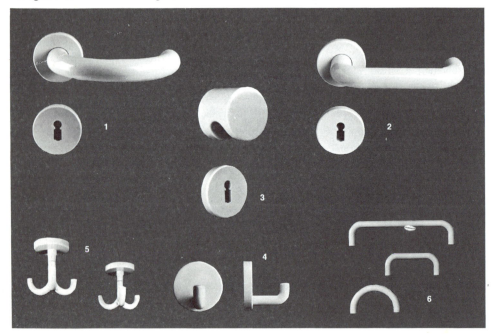

Bild 1 Türdrückergarnitur · Bild 2 Türdrückergarnitur · Bild 3 Wechselgarnitur für Haus- oder Flurabschlußtür · Bild 4 Handtuchhaken · Bild 5 Dreifachhaken · Bild 6 Möbelgriffchen · Alle HEWI-Beschläge aus bruchfestem Nylon. Hochglänzende Oberfläche in den Farben Rot, Grün, Gelb, Blau, Grauweiß, Weiß, Schwarz, Braunoliv. Bei allen Beschlägen unsichtbare Verschraubung. Heinrich Wilke GmbH, Arolsen.

-türen benötigt man Sonderbeschläge, die nur der Fachmann anschlagen soll. Sie sind hier nicht behandelt.
Band und Kloben Jedes Drehgelenk an Tür und Fenster besteht aus zwei Teilen: Band und Kloben. Ihre Partnerschaft ist unerläßlich. Der Kloben ist an Türstock oder Mauerwerk angebracht, das Band an der Tür.
Manche Drehverbindungen sind deutlich in Band und Kloben zu unterscheiden (linkes Bild); bei anderen ist der Kloben als Stocklappen (Bandkloben) ausgebildet (rechtes Bild).

Sichtbare Bänder

Bei Zimmer- und Wohnungstür soll das Band möglichst wenig zu sehen sein. Wo dieses Erfordernis keine Rolle spielt (z. B. Kellertür) oder wo die Stabilität es erfordert (z. B. schweres Garagentor), wird jedoch ein sichtbares Band angeschlagen.
Langband Dieses Band wird auf das Holz aufgesetzt, also nicht eingelassen. Je schwerer die Tür, desto länger muß es sein: für Lattenverschläge reichen 30 bis 40 cm, für ein Gartentor mit Balkenrahmen bis 120 cm – alle Längen als Handelsware käuflich. Zum Befestigen kommen in das erste Loch eine Schloßschraube (S. 319), in die übrigen Holzschrauben (S. 122 f.). Aufnageln ist nicht zu empfehlen.
Kreuzband Auch Kreuzbänder werden meist aufgesetzt; man verwendet sie allein, meist aber als drittes (mittleres) Band neben Lang- oder Winkelbändern.
Befestigung: durch Schloßschrauben (bei schweren Bändern mehrere) und Holzschrauben. In der Regel soll der Schraubenkopf der Schloßschraube am Holz aufliegen (dazu für den vierkantigen Schraubenhals vierkantig ausstemmen), die Mutter am Band. Bei Türen aber, die einen Raum abschließen, muß es umgekehrt sein, damit das Band nicht von außen abgeschraubt werden kann: Mutter auf der Holzseite (Beilagscheibe unterlegen); Schraubenkopf auf der Bandseite (dazu Schraubenloch im Band vierkantig feilen).
Winkelband Hier ist der Querriegel als Winkel ausgebildet. Die Schenkel können gleich lang oder ungleich sein. Das Winkelband wirkt nicht nur als Teil des Drehgelenks; es dient gleichzeitig als Verstärkung der darunterliegenden Holzteile. Deshalb und aus Gründen der Symmetrie setzt man dem Winkelband an der anderen Seite des

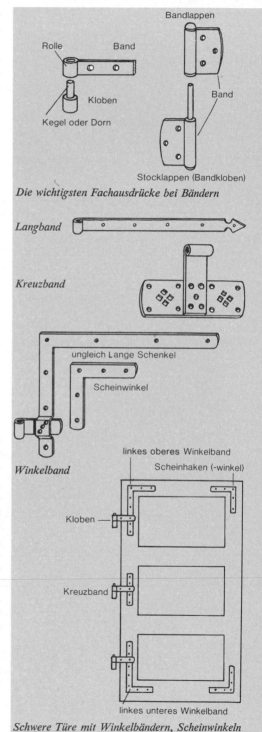

Die wichtigsten Fachausdrücke bei Bändern

Schwere Türe mit Winkelbändern, Scheinwinkeln und zusätzlichem Kreuzband als Verstärkung

334 Vom Umgang mit Metallen

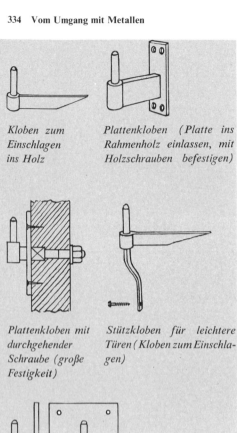

Kloben zum Einschlagen ins Holz

Plattenkloben (Platte ins Rahmenholz einlassen, mit Holzschrauben befestigen)

Plattenkloben mit durchgehender Schraube (große Festigkeit)

Stützkloben für leichtere Türen (Kloben zum Einschlagen)

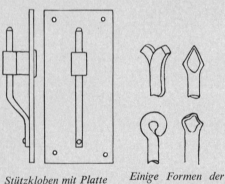

Stützkloben mit Platte

Einige Formen der Steinschraube

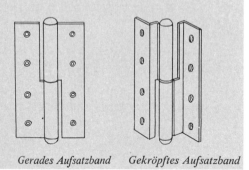

Gerades Aufsatzband

Gekröpftes Aufsatzband

Türblattes sogenannte Scheinwinkel (Scheinhaken) entgegen, vor allem bei Flügeltüren und Fenstern.
Das Winkelband wird entweder ins Holz eingelassen oder z. B. bei gewöhnlichen Fensterläden (Klappläden) aufgesetzt. Beim Einkauf müssen Sie angeben, ob das Band aufgesetzt oder eingelassen werden soll, denn bei aufgesetzten Bändern sind die Kanten abgerundet, einzulassende Bänder haben scharfe Kanten. Winkelbänder mit Scheinwinkeln gibt es ebenso wie Kreuzbänder in den Fachgeschäften. Befestigung mit Schloßschrauben und Holzschrauben.
Zierformen Die aufgezählten sichtbaren Bänder gibt es in Zierformen. Man kann sie fertig kaufen, auch vom Schlosser machen lassen, wenn man will nach eigenem Entwurf. So macht man aus der Not der Sichtbarkeit eine Tugend und gibt einer Tür, z. B. in einer Bauernstube, einen bestimmten Stil.
Rostschutz Bänder, die der Witterung ausgesetzt sind, sollen vor dem Anschlagen allseitig einen Rostschutzanstrich bekommen (S. 49 f.).
Kloben · Arten und Befestigung Spitzkloben zum Einschlagen nimmt man für gering beanspruchte Türen (Lattentüren). Plattenkloben können stärker beansprucht werden, noch stärker mit durchgehender Schraube. Stützkloben verwendet man, wenn die Tür so schwer oder das Türfutter so beschaffen ist, daß ein einfacher Kloben keine ausreichende Festigkeit bietet. Stützkloben gibt es wiederum zum Einschlagen, als Plattenkloben und mit durchgehender Schraube (diese Form ist in der Abbildung nicht enthalten).
In Mauerwerk setzt man Kloben mit Steinschraube. Über das Einsetzen finden Sie Näheres auf S. 232 f. Auch solche Kloben können als Stützkloben ausgebildet sein.

»Unsichtbare« Bänder

Da man für Zimmertüren und Fenster Bänder vorzieht, die möglichst wenig in Erscheinung treten, werden Sie in Ihrer Wohnung vorwiegend die folgenden Formen vorfinden.
Gerades Aufsatzband Dieses Band – fälschlich oft Scharnier genannt – dient für Türen ohne Falz, sogenannte stumpfe Türen. Für gefalzte Türen braucht man gekröpfte Aufsatzbänder. Den Unterschied verstehen Sie an Hand der beiden Schnittzeichnungen rechts oben.
Der Stocklappen wird eingelassen (nicht aufge-

setzt) in den Türstock, der Bandlappen in die Stirnseite des Türblattes (Rahmens). Der in der Schnittzeichnung angegebene Abstand von 2 mm zwischen Rolle und Holz ist erforderlich, damit beim Drehen der Tür keine Anstrichfarbe abgeschabt wird.

Rechts und links Dieser Unterschied ist wichtig auch für die nachfolgend beschriebenen Bänder: Betrachten Sie die Tür von der Seite, auf der die Rolle sichtbar ist. Liegt die Rolle jetzt rechts, so müssen Sie ein »rechtes« Band einkaufen, sonst ein linkes.

Gekröpftes Aufsatzband Dieses Band für gefalzte Türen hat rechtwinklig gebogene Lappen. Beim Einkauf müssen Sie außer »Rechts« und »Links« (siehe oben) die Falztiefe beachten. Der Abstand von der Rolle zur Kröpfungskante muß der Falztiefe entsprechen. Gekröpfte Aufsatzbänder sind für die gebräuchlichen Falztiefen passend zu kaufen.

Fischband Für Wohnungs-, Zimmertüren und Fenster wird am häufigsten das Fischband – auch Einstemmband genannt – gewählt. Der Name hat nichts mit einem Fisch zu tun, sondern kommt vom französischen Wort »ficher« = einstemmen, ausfugen.

Die beiden abgeschrägten Lappen werden in vorher gestemmte Schlitze in Tür und Türstock gesteckt und durch von außen eingeschlagene Stifte festgehalten. Sie sind damit unsichtbar. Für Türen mit schwachem Futterholz nimmt man Bänder mit schmalerem Stocklappen. Alle gebräuchlichen Größen – auch für Möbeltüren – gibt es fertig im Handel.

Das rechts gezeigte Band hat eine schraubenförmig ansteigende Gleitfläche. Dadurch hebt sich die Tür beim Öffnen an und kann Hindernisse wie einen davor liegenden Teppich übersteigen. Die schrägen Laufflächen bewirken außerdem, daß sich die Tür durch ihr Gewicht von selbst schließt. Bei voll geöffneter Tür verhindert eine Rast das Zufallen. Zum Öffnen der Tür muß etwas mehr Kraft aufgewendet werden. Der obere Türfalz muß für ein steigendes Band etwas tiefer gelegt werden.

Einbohrband Einbohrbänder finden in letzter Zeit eine immer weitere Verbreitung. Sie werden sowohl im Möbelbau wie auch als Baubeschläge für Türen und Fenster verwendet. An Stelle der Lappen hat das Einbohrband Gewindezapfen, die konisch verlaufen und in das Holz der Türe (bzw. des Fensterrahmens) und des Stockes ein-

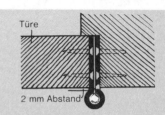

Sitz des geraden Aufsatzbandes (stumpfe Tür)

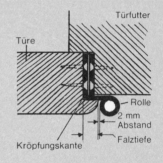

Sitz des gekröpften Aufsatzbandes (gefalzte Tür)

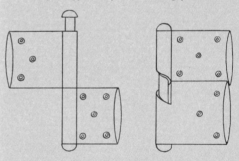

Fischband (hier mit Steckstift)   *Fischband »auf Rolle steigend«*

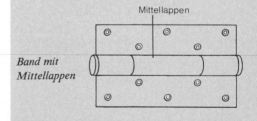

Band mit Mittellappen

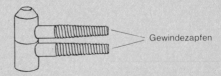

Einbohrband

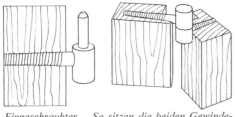

Eingeschraubter Kloben *So sitzen die beiden Gewindezapfen des Einbohrbandes im Holz*

Vorrichtungen zum Vermindern der Reibung

Eine Tür soll »leicht gehen«. Die Reibung von Rolle auf Kloben erschwert den Gang. Bei dauernder Benutzung nützen sich die Laufflächen ab, die Tür kann sich senken. Die Reibung wird vermindert durch Beilagringe – aus Stahl, Messing oder Leichtmetall, je nach dem Material des Bandes.

Eine Tür, die sich gesenkt hat, kann man durch Aufstecken solcher Ringe auf den Kegel (Dorn) wieder anheben. Das Senken geht meist nicht darauf zurück, daß sich die Lage der Bänder verändert; vielmehr gibt die Holzkonstruktion der Tür durch Schwinden des Holzes nach. Beschläge mit Scheinwinkeln (S. 333) wirken dem entgegen.

Bei Aufsatz- und Fischbändern ist die Reibung gering, wenn in der Rolle des Bandlappens ein Zapfen angebracht ist, der so auf dem Kegel aufsitzt, daß eine Fuge zwischen den Lappen bleibt. Die Fuge stört das Auge, man legt einen Beilagring ein.

Besonders leichtgängig sind Bänder und Scharniere, die auf Kugellagern laufen.

Scharnier Scharniere nennt man die Bänder, deren Lappen zahnartig ineinandergreifen. Sie geben – wie Bänder mit Mittellappen – eine gute Führung und verhindern ein Senken der Tür. Die beiden Bandlappen sind durch Steckstifte (S. 335) verbunden; Scharniere können deshalb verwendet werden für Türen, die sich nach dem Anschlagen nicht mehr heben lassen.

Das Anschlagen erfolgt wie beim Aufsatzband (S. 334). In Ausnahmefällen kann man ein Scharnier auch so anbringen, daß die beiden Lappen sichtbar sind. Die Drehachse (= Mittelachse des Stifts) muß dann genau in die Stoßfuge fallen.

Scharniere werden häufig verwendet als Möbelbeschläge, insbesondere auch für Türen, Klappen,

geschraubt werden. Der Bohrungsdurchmesser muß so bemessen sein, daß sich die Gewindegänge beim Eindrehen in das Holz einschneiden. Einbohrbänder erlauben nachträgliche Lagerkorrekturen durch einfaches Ein- oder Ausdrehen der Gewindezapfen, z. B. wenn sich die Türe gesenkt hat. Das Anschlagen wird mit Hilfe einer Bohrlehre vorgenommen, durch die die Lage der Bohrlöcher genau fixiert werden kann. Zu Einbohrbändern können die benötigten Werkzeuge und Vorrichtungen einschl. einer Montageanleitung mitgeliefert werden: Bohrlehre, Stufenbohrer für konische Gewindezapfen und ein Montiereisen.

Steckstift Für Türen, die sich nach dem Anschlagen (z. B. wegen niedriger Decke) nicht mehr in die Höhe heben lassen, verwendet man Bänder mit Steckstiften. Der Stift – erkennbar in der Abbildung des Fischbandes – wird beim Einhängen der Tür von oben durch die Bandteile gesteckt. Es gibt sowohl Aufsatzbänder wie Fischbänder mit Steckstift. Bänder mit Mittellappen und Scharniere (siehe unten) haben immer Steckstifte.

Mittellappen Für schwere Türen nimmt man Bänder mit Mittellappen. Die Tür kann sich nicht senken und hat eine verbesserte Führung. Auch gekröpfte Aufsatzbänder und Fischbänder sind mit Mittellappen erhältlich.

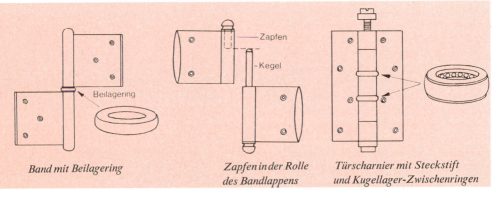

Band mit Beilagering *Zapfen in der Rolle des Bandlappens* *Türscharnier mit Steckstift und Kugellager-Zwischenringen*

Deckel mit waagerecht liegender Drehachse. Die Verzahnung der Bänder verhindert ein seitliches Verschieben. Der Stift ist beim Möbelscharnier meist an den Enden gestaucht und deshalb nicht herausnehmbar.

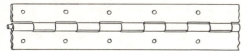

Klavierband (Möbelbeschlag)

Klavierband Das Klavierband ist ein Scharnier, das über die ganze Drehachse der Türe reicht. Es wird für stumpfe Türen verwandt und in der Stoßfuge so aufgesetzt oder eingelassen, daß die Drehachse (Mitte des Stifts) etwa 1 mm Abstand von der Holzoberfläche hat. Es gibt eine ausgezeichnete Führung. Die Rolle ist aber in ganzer Länge der Tür außen sichtbar.

Winke für das Anschlagen von Bändern

Der Laie wird nicht so leicht in die Lage kommen, eine Zimmertür anschlagen zu müssen. Es ist ihm auch nicht zu raten; allerhand Übung und Erfahrung gehören dazu. Doch bei untergeordneten Türen und bei Möbeln wird er Bänder auch selbst anschlagen. Deshalb einige kurze Tips dazu:
1. Grundsätzlich zuerst das Band an der Tür, dann erst am Türstock anschlagen.
2. Die Befestigungsschrauben müssen aus dem gleichen Material wie die Bänder sein.
3. Die Drehachsen beider Teile eines Drehbeschlags müssen haargenau in einer Linie liegen.
4. Das Einpassen geht am besten, wenn man den Türstock (Rahmen) waagerecht legen kann, wenn er also noch nicht eingebaut ist.
5. Rollen dürfen nicht auf dem Holz aufliegen, sie schaben sonst den Anstrich ab und bremsen.
6. Soll ein Band eingelassen werden, so daß es mit der Holzoberfläche abschließt, so benutzt man das Band selbst als Schablone zum Anreißen der Umrißlinien und Bohrlöcher. Über Stemmarbeiten S. 115 f.
7. Eine Falztür (Zimmertür) soll oben etwa 2 mm »Spiel« haben (Platz für den Farbanstrich!). Das seitliche Spiel richtet sich nach der Art des Bandes. Bei Aufsatzbändern und Scharnieren bleibt auf der Bandseite kein Spiel, weil hier die beiden eingelassenen Lappen bei geschlossener Tür aufeinanderliegen. Sind bei solchen Bändern Türstockfalz und Tür nicht genau gehobelt, kann die Tür klemmen! Eine Zimmertür mit Fischbändern erhält auf der Bandseite etwa 2 mm, auf der Schloßseite bis zu 5 mm Spiel.
8. Zum Anschlagen eines Fischbandes müssen Schlitze in Tür und Türstock gestemmt werden. Dazu nimmt man einen besonders geformten Stechbeitel, das Fischbandeisen. Der Laie soll sich aber eher am sichtbaren Band, am Aufsatzband oder Scharnierband versuchen. Das Anschlagen von Fischbändern ist nicht einfach.

Die Tür quietscht

Zum Schmieren einer quietschenden Tür braucht man außer Öl oder Fett noch etwas Vorsicht und Bedachtsamkeit. Drei Fälle sind denkbar.
Ölloch Am einfachsten ist das Ölen, wenn das Türband ein Ölloch hat. Bei guten neueren Bändern ist das gewöhnlich der Fall. Das Loch finden Sie beim Fischband 1,5 cm vom oberen Rand entfernt. Wenig Öl! Einige Tropfen hineingeben. Dabei Wollappen bereithalten, um danebenlaufendes Öl gleich abzuwischen. Tür mehrmals bewegen, dann nötigenfalls noch ein wenig Öl nachgeben.

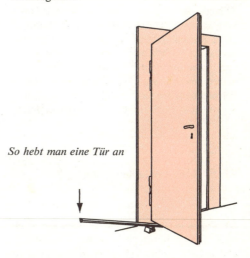

So hebt man eine Tür an

Tür anheben Ist kein Ölloch vorhanden, so muß die Tür angehoben werden, damit wir an die Kegel (Drehzapfen) herankommen. Anheben, aber nicht aushängen! Das geschieht mit einem Hebel, der über ein Klötzchen gelegt wird. Der Ansatzpunkt des Hebels muß möglichst nahe am Drehpunkt der Tür liegen, sonst verbiegen sich die Bänder. Nicht ruckweise anheben, sondern langsam, mit Gefühl.

Langsam – das ist aus mehreren Gründen nötig: einmal, weil man vorher nicht sehen kann, wie lang die Drehzapfen (Dorne) sind. Sie sind manchmal überraschend kurz, und schon fällt die Tür ins Zimmer. Das ist besonders unangenehm bei sogenannten gedoppelten Türen – das sind Türen, die aus zwei Holzflächen zusammengearbeitet sind. Sie können ein Gewicht bis zu zwei Zentner haben. Ebenso unangenehm ist es bei Türen, die drei oder mehr Bänder haben. Eine solche Tür wieder einzuhängen, besonders wenn die Zapfen noch gleich lang sind, aber nicht ganz genau in einer Flucht stehen, ist ein Geduldsspiel. Langsam anheben, auch deshalb, damit man rechtzeitig merkt, ob die Tür sich überhaupt ausheben läßt oder ob sie vielleicht gleich an ein Profil oder eine Putzleiste anstößt. Wird ein Fenster ruckweise angehoben, kann die obere Kante leicht ein Stück Putz wegschlagen.

Steckstifte anheben Läßt sich die Tür nicht ausheben, so ist anzunehmen, daß die Steckstifte der Türbänder herausnehmbar sind – denn irgendwie muß die Tür ja hineingekommen sein! Die Stifte schlägt man mit Hilfe eines stabilen Schraubenziehers hoch. Erst einen Stift hochschlagen, ölen, wieder einsetzen – dann den nächsten, damit die Tür nicht herausfallen kann.

Diese Ratschläge sind für den Laien bestimmt, der es sich einfach machen will. Der Fachmann fügt hinzu: Besser, die Tür aushängen, altes verharztes und mit Staub verkrustetes Fett mittels Petroleumlappen entfernen, dann die Bänder mit rotem Maschinenfett (Staufferfett) einfetten.

Ein Wort über Riegel

Der Riegel, empfehlenswert für Türen und Tore, die nur von einer Seite geöffnet und verschlossen werden sollen, ist ein so einfacher Beschlag, daß wenige Worte über ihn genügen. Die Platte wird mit Holzschrauben am Türblatt befestigt; der Riegel greift in einen Kloben oder ein Schließblech am Türstock ein, je nachdem ob sich die Tür nach innen oder außen öffnet. Im letzteren Fall verwendet man in der Regel einen gekröpften Riegel. Wissen müssen Sie außerdem für den Einkauf, daß man für eine einflügelige Tür den einfachen Türriegel braucht, für eine zweiflügelige den längeren Stangentürriegel.

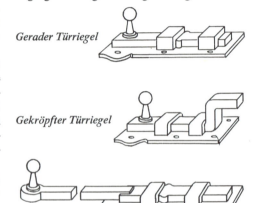

Gerader Türriegel

Gekröpfter Türriegel

Gerader Stangen-Türriegel für zweiflügelige Tür (auch gekröpft erhältlich)

15 Sind Sie Schloßbesitzer?

Sie ahnen, lieber Leser, was gemeint ist: Wahrscheinlich bewohnen Sie kein fürstliches Schloß – aber in Ihrer Wohnung besitzen Sie eine Fülle von Schlössern: an Haus- und Wohnungstür, an jeder Zimmertür, an Schreibtisch, Bücher- und Wäscheschrank, an Koffern und Aktentaschen. Alle tun sie ihren Dienst; man kümmert sich nicht um sie, gibt ihnen vielleicht noch nicht einmal ab und zu ein wenig Öl. Wenn aber eines versagt, nicht mehr auf- oder zugeht, wenn wir ohne Schlüssel vor verschlossener Wohnungstür stehen, dann erfordern sie plötzlich unsere Aufmerksamkeit. Wer ein wenig Bescheid weiß über ihren Bau und ihre Funktion, kann sich oft selbst helfen. Er kann das richtige Schloß für den jeweiligen Zweck wählen; er kann ein Schloß selbst anbringen (»anschlagen«); er kann kleine Schäden beheben, Schlüssel selbst anfertigen, einfache Schlösser öffnen, wenn der Schlüssel verloren ist.

Viel ärgerlicher noch tritt ein Schloß in unser Bewußtsein, wenn es einmal durch einen »Unbefugten« geöffnet werden sollte. Wer Gerichtsverhandlungen gegen Einbrecher beiwohnt, sieht immer wieder, wie erstaunlich leicht viele Leute

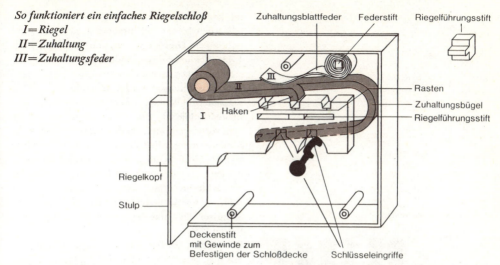

So funktioniert ein einfaches Riegelschloß
I = Riegel
II = Zuhaltung
III = Zuhaltungsfeder

es denen machen, die es auf fremdes Eigentum abgesehen haben. Ein zu einfaches, zu schwaches, falsch angebrachtes oder defektes Schloß ist geradezu eine Einladung für den Einbrecher! Wäre es nicht gut, wenn das Wissen von den Schlössern nicht nur zur »Berufsausbildung« des Langfingers gehörte, wenn wir vielmehr alle den Schlössern Aufmerksamkeit schenken würden, um unser Eigentum zu sichern?
Allerdings, Schlösser sind heute manchmal nicht mehr ausreichend. Alarmanlagen können zusätzliche Sicherheit geben, denn Einbrecher scheuen Lärm und Licht. Eine einfache Alarmanlage zum Selbstbau ist S. 464 f. beschrieben. Es gibt auch alarmgesicherte Zylinder-Schlösser, die auf falsche Schlüssel reagieren. Wer sich eingehend über Einbruchssicherungen und Alarmanlagen unterrichten möchte, kann die nächstgelegene Beratungsstelle der Kriminalpolizei aufsuchen. In Deutschland gibt es über 10 000 Patente für Schlösser; doch die Mechanik der meisten Schlösser läßt sich auf einfache Elemente zurückführen, die wir jetzt betrachten.

Wie funktioniert ein Schloß?

Kastenschloß · Einsteckschloß Wir betrachten ein einfaches Kastenschloß. Kastenschlösser sind solche, die außen sichtbar an der Tür sitzen, während Einsteckschlösser im Holz der Tür verschwinden.
Riegel und Falle Riegel heißt das Stück, das beim Drehen des Schlüssels aus dem Stulp herauskommt. Der Riegel hat rechteckigen Querschnitt.

Falle heißt das Stück, das durch den Türdrücker bewegt wird und die Tür verschlossen hält, auch wenn der Riegel nicht schließt. Unser Schloß soll zunächst nur einen Riegel haben.
Bitte machen Sie sich an Hand der Zeichnung mit den Benennungen der Teile vertraut.
Der Riegel erhält seine Führung durch die viereckige Öffnung im Stulp und durch den Riegelstift, der im Schloßboden vernietet sitzt.
In die Aussparungen am oberen Teil des Riegels (Rasten) greift unter dem Druck der Zuhaltungsfeder der Rastenhaken ein.
Was tut der Schlüssel? Zweierlei:
1. Er hebt den Zuhaltungsbügel (hinter dem Riegelschaft, gestrichelt gezeichnet) und hebt damit den Zuhaltungshaken aus seiner Raste.
2. Zugleich transportiert er, indem er in die abgerundeten Aussparungen unten am Riegel greift, den Riegel vor oder zurück, so weit, bis der Haken in die nächste Raste fällt.
Das oben gezeigte Schloß ist zweitourig. Für Schränke gibt es auch eintourige Schlösser. Die unbeweglichen Teile sind im Schloßboden versenkt vernietet. Die Schloßdecke ist bei billigen Schlössern aufgenietet, bei besseren aufgeschraubt.

Verstärkte Sicherheit durch Veränderungen am Schlüssel

Es leuchtet ein, daß es leicht wäre, ein einfaches Riegelschloß zu öffnen. Man braucht nur einen einfachen Sperrhaken (»Dietrich«), der den Zuhaltungsbügel heben und den Riegel transportie-

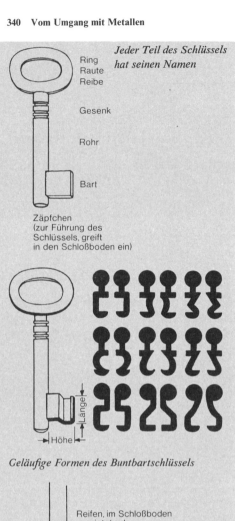

Jeder Teil des Schlüssels hat seinen Namen

Geläufige Formen des Buntbartschlüssels

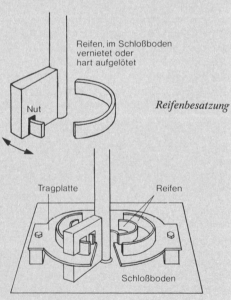

Mittelbruchbesatzung

ren kann. Jedes Schloß, das ein Mindestmaß an Sicherheit bieten soll, braucht zusätzliche Vorrichtungen. Drei Wege werden beschritten:
1. Der Schlüssel, insbesondere der Schlüsselbart, erhält eine bestimmte Form.
2. Die Zuhaltungen werden vervielfacht.
3. Beide Möglichkeiten werden kombiniert.

Buntbartschlüssel Für Zimmertüren verwendet man vorwiegend einfache Buntbartschlüssel, d.h. Schlüssel mit geschweiften Bärten. Solche Schlüssel gibt es in allen möglichen von Buchstaben oder Zahlen abgeleiteten Formen. Worin besteht die verstärkte Sicherheit? Nur darin, daß allein ein Schlüssel mit dem »richtigen« Bart sich durch das Schlüsselloch – das die gleiche Form hat – einführen läßt.

Der Vorzug solcher Schlösser liegt in ihrer Robustheit. Auch kann man die Buntbartschlüssel fertig kaufen, sie brauchen oft nicht einmal nachgearbeitet zu werden. Nötigenfalls kann man Bart und Rohr mit einer Raumfeile (S. 315) ohne Schwierigkeit auf das Profil des Schlüssellochs zurechtfeilen. Beim Einkauf müssen Sie das Profil so angeben, wie es sich von der Reibe, also vom Schlüsselgriff aus gesehen darbietet. Einen Abdruck stellt man her, indem man ein mit erwärmtem Wachs überzogenes Holztäfelchen auf das Schlüsselloch drückt. Bei Einsteckschlössern muß man dazu das Schloß erst ausbauen.

Hohlschlüssel Schlösser, die nur einseitig geöffnet werden sollen, insbesondere an Kästen, Schubladen, Koffern, erhalten zusätzliche Sicherheit durch Hohlschlüssel; ein Dorn ist am Schloßboden eingenietet, das Schlüsselrohr ist am Ende hohl. Vorkommende Mängel: Läßt sich bei solchen Schlössern der Schlüssel schlecht einführen, so hat sich wahrscheinlich der Dorn gelockert, durch häufige Benutzung oder weil er schlecht vernietet war. Abhilfe: Schloß ausbauen, Dorn festnieten.

Reifenbesatzung Diese für einfache Schlösser häufig gebrauchte Sicherung besteht darin, daß man an Schloßboden oder -decke ringförmig um den Drehpunkt des Schlüssels Blechstreifen oder Stifte anbringt:

Der Schlüssel muß an der Stirnseite des Bartes eine passende Nut haben. Hat er sie nicht, läßt er sich nicht drehen. Sie können demnach stets am Schlüssel erkennen, ob eine Reifenbesatzung vorliegt.

Zwei Reifenbesatzungen erhöhen die Sicherheit, insbesondere in Kombination mit einem Hohlschlüssel.

Schlüsselbart für Reifen- und Mittelbruchbesatzung

Hauptschlüssel für Mittelbruchbesatzung

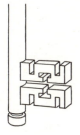
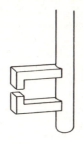

Vorkommende Mängel: Läßt sich ein Schlüssel in einem Schloß mit Reifenbesatzung nicht drehen, so ist die Besatzung wahrscheinlich gelockert (schlecht vernietet oder verlötet) oder durch Gewaltanwendung (falschen Schlüssel) verbogen. Abhilfe: Schloß herausnehmen, Deckel abnehmen. Verbogene Besatzung durch Biegen mit Rundzange richten, bis Probeschließungen eine einwandfreie Funktion ergeben. Gelockerte Besatzung vernieten oder löten (möglichst Hartlötung).
Mittelbruchbesatzung Bei älteren Schlössern findet sich nicht selten die Mittelbruchbesatzung – eine Reifenbesatzung, die nicht auf Schloßboden oder -decke, sondern einer eigens angeordneten Tragplatte zwischen beiden befestigt ist. Der Schlüsselbart ist dafür eingeschnitten, von diesem Einschnitt gehen die Nuten für die Reifen aus. Durch einen entsprechend geformten Schlüssel ist die Besatzung leicht zu umgehen. Sie eignet sich gut für einfache Hauptschlüsselanlagen, z. B. in Geschäftshäusern.
Mittelbruchbesatzung kann mit Reifenbesatzung und Hohlschlüssel kombiniert sein. So entstehen die reizvollen Schlüsselformen alter Schlösser.

Vorkommende Mängel: wie bei der Reifenbesatzung. Neuerdings dreht man Platte und Besatzung aus einem Stück Messing; solche Schlösser sind weniger empfindlich.

Chubb-Schlösser

Alle bisher beschriebenen Schlösser sind wegen ihrer begrenzten Sicherheit nur für untergeordnete Zwecke geeignet. Für Haus- und Wohnungstüren, Geschäftsräume, wichtige Behälter verwendet man Schlösser mit mehreren Zuhaltungen, die nach ihrem Erfinder Chubb-Schlösser (sprich Schubschlösser) genannt werden.
Wenn Sie sich in das Bild vertiefen, verstehen Sie die Funktion ohne viel Kommentar. Mehrere Zuhaltungsblätter (aus Messing) liegen übereinander, an einem Dorn (Drehzapfen) drehbar befestigt. Ihre Unterkanten stehen in der Ruhelage verschieden tief. Der Schlüsselbart muß entsprechend gestuft sein. Die Stufe nächst dem Zäpfchen transportiert den Riegel. Die übrigen Stufen heben jede ein Zuhaltungsblatt an. Gewöhnlich ist die erste Stufe 2,5 mm stark (Stärke des Riegelschaftes), die übrigen 2 mm (Stärke der Zuhaltungsblätter). Die verschiedenen Bartstufen heben die Blätter so an, daß der Führungsstift durch seine »Gasse« gleiten kann, bis die Zuhaltungen ins nächste Fenster einrasten. Für Schlösser, die von beiden Seiten geöffnet werden sollen, müssen die Bartstufen symmetrisch sein. Die äußerste oder die innerste Stufe greift und bewegt den Riegel. Je größer die Zahl der Zuhaltungen (man kann sie am Schlüssel ablesen), desto größer die Sicherheit. Bei einem Chubbschloß, das nur einseitig zu öffnen ist, kann man, wenn der Schlüssel verloren und vielleicht in unrechte Hände gefal-

Chubb-Schloß während des Schlüsseleingriffs

Der Riegelstift wandert gerade durch die Gasse. Ist er in seiner ganzen Breite in einem der Fenster, so rasten die Zuhaltungsblättchen nach unten und halten ihn fest

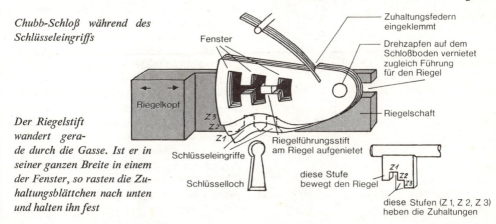

342 Vom Umgang mit Metallen

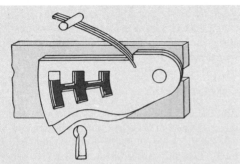

Überscherende Zuhaltungen geben verstärkte Sicherheit (kein Anhaltspunkt für das Stufenbild des Schlüssels)

Zylinderschloß im Schnitt

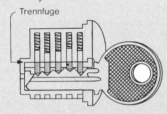

Richtiger Schlüssel: Stifte ausgeglichen, Kern kann gedreht werden

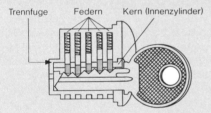

Falscher Schlüssel: Stifte sperren den Kern

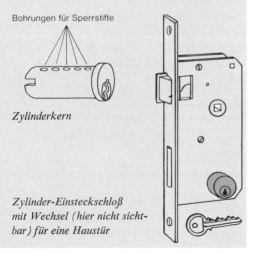

Zylinderkern

Zylinder-Einsteckschloß mit Wechsel (hier nicht sichtbar) für eine Haustür

len ist, zwei beliebige Zuhaltungen vertauschen und nun einen neuen Schlüssel anfertigen. Der alte schließt dann nicht mehr.

Einfache Chubb-Schlösser für Haus- und Zimmertüren haben meist 4, schwere Chubb-Schlösser haben bis zu 7 Zuhaltungen. Die Zahl der Verstellmöglichkeiten (d. h. der möglichen Schlüsselformen) wächst schnell mit der Zahl der Zuhaltungen:

Zuhaltungen	3	4	5	6	7
Verstellmöglichkeiten	6	24	120	720	5040

Die tatsächliche Sicherheit solcher Schlösser ist noch größer, als diese Zahlen erkennen lassen, weil man das Stufenbild verschieden gestalten und dem Schlüssel außerdem Buntbartform (Schweifungen und Längsnuten) geben kann.

Überscherende Zuhaltungen Zuhaltungen mit gleicher Hubhöhe kann man in der Ruhelage abtasten, so die Schlüsselform herausbekommen und dann einen Nachschlüssel anfertigen.»Überscherende« Zuhaltungen mit verschieden hohen Fenstern bieten eine weitere Sicherheit. Das Abtasten der Unterkanten gibt hier keine Grundlage für das Anfertigen eines Nachschlüssels.

Moderne Sicherheitsschlösser (Zylinderschlösser)

Eine noch größere Sicherheit als die bisher dargestellten Systeme bieten die modernen Sicherheitsschlösser, die man wegen der zylindrischen Form ihres Hauptteils auch Zylinderschlösser nennt. Qualitativ hochwertige Zylinderschlösser sind sehr genau gearbeitet. Ein Stahlkern verhindert das Aufbohren.

Vorzüge Die Vorzüge des Zylinderschlosses: fast unbegrenzte Verstellmöglichkeit; kleiner Schlüssel; Dietriche können nicht angesetzt werden; ohne Kenntnis des Schlüsselprofils ist es praktisch unmöglich, die Stifte gleichzeitig richtig anzuheben; das Schlüsselloch ist »undurchsichtig«; Zylinderschlösser eignen sich ausgezeichnet für Hauptschlüsselanlagen. Für diese muß ein Schließplan vom Fachgeschäft oder Handwerker angefertigt werden, nach dem die Zylinder mit den entsprechenden Schlüsseln vom Herstellerwerk geliefert werden. Verlorengegangene Schlüssel von Hauptschlüsselanlagen werden nur gegen Vorlage des ausgehändigten Sicherungsscheines und des Schließplanes nachgefertigt. In Fachgeschäften können jedoch gewöhnliche Zylinderschlüssel mit einer Fräsvorrichtung in kurzer

Zeit angefertigt werden, sofern ein gut passender Originalschlüssel zur Verfügung steht.
Arbeitsweise Die Zeichnung zeigt den wesentlichen Vorgang: Der Eingriff des (passenden) Schlüssels hebt die Stifte so weit hoch, daß der über jedem Stift stehende Sperrstift – den eine Feder nach unten drückt – nach außen gedrängt wird. In dieser Stellung kann der Kern (Zylinder) gedreht werden. Einzelheiten schenken wir uns, denn wir wollen uns nicht vornehmen, Zylinderschlösser selbst auszubessern; das überlassen wir dem Fachmann. Einbauen dagegen können wir sie selber.
Zylinderschlösser gibt es für alle möglichen Verwendungen; die wichtigsten führen wir hier vor:
Zylinder-Einsteckschloß Das im Bild gezeigte Schloß hat Riegel, Falle und Wechsel (S. 342). Ähnliche Ausführungen, etwas leichter, gibt es für Zimmertüren, daneben auch gleichartige Schlösser nur mit Riegel, also ohne Falle, und ebenso Fallenschlösser ohne Riegel.
Einbauzylinder Ein einfaches Riegelschloß kann man durch Einsetzen eines Einbau-Sicherheitszylinders in ein Sicherheitsschloß verwandeln. Eine Einbauanleitung der Herstellerfirma erhalten Sie beim Kauf eines solchen Zylinders mitgeliefert. Wie Sie in der Zeichnung sehen, wird der Zylinder gehalten durch eine Schraube, die vom Stulp aus zum Zylinder führt.
Das Bild zeigt einen Doppelzylinder, der von beiden Seiten schließbar ist. Es gibt daneben Einzelzylinder zum Einbauen, die nur von einer Seite schließbar sind, und verlängerte Zylinder zum Einbauen in Kastenschlösser.
An der Zeichnung erkennen Sie auch, daß außen am Zylinder ein Bart (auch Nase genannt) sitzt; er übernimmt die Rolle, die beim gewöhnlichen Schloß der Schlüsselbart spielt. Bei abgezogenem Sicherheitsschlüssel steht die Nase schräg.
Beim Einkauf eines Einbauzylinders müssen Sie angeben, ob es sich um »Rechts«-Schloß oder »Links«-Schloß handelt, dazu S. 347 oben.
Die wichtigsten Fabrikate für Zylinderschlösser (nicht nur für Einbauzylinder) sind »Wilka« · »BKS« · »Zeiß-Ikon«.
Zylinder-Kasten-Riegelschloß Hat eine Wohnungstür nur ein gewöhnliches Türschloß, so erreicht man zusätzliche Sicherheit durch das sehr einfach anzubringende Zylinder-Kasten-Riegelschloß, das links und rechts verwendbar ist.
Sie haben, wie Sie auch in der Zeichnung erkennen, die Wahl zwischen einer Ausführung mit

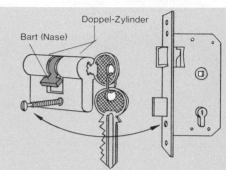

Sicherheits-Einbauzylinder (hier Doppelzylinder, von beiden Seiten zu schließen)

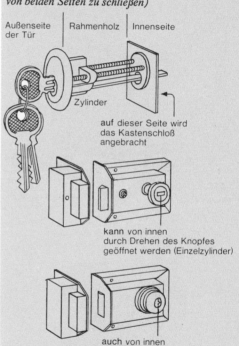

Zylinder-Kasten-Riegelschloß

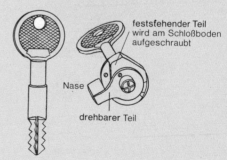

Einbau-Sicherung mit Kreuzbartschlüssel

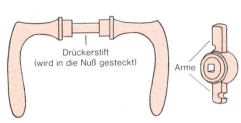

Türdrücker (der Laie sagt »Klinke«)   *Nuß*

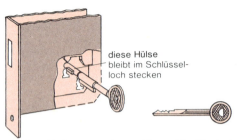

Schlüssellochsperrer, kurze Form für Einsteckschloß

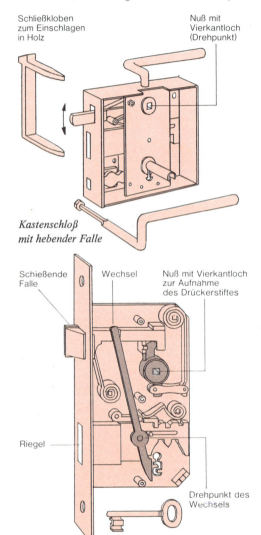

Kastenschloß mit hebender Falle

Einsteckschloß mit schießender Falle und Wechsel für Buntbartschlüssel. Sicherheitszylinder kann nachträglich eingebaut werden und übernimmt Funktion des Schlüssels

Einzelzylinder, bei der Sie den Riegel von der Innenseite aus durch einfaches Drehen des Knopfes öffnen und schließen; und einer Ausführung mit Doppelzylinder, die auch von innen nur mit Schlüssel zu öffnen ist (bei Glastüren verwendet).

Einbau-Sicherung Die einfachste und billigste Art, ein Türschloß in ein Sicherheitsschloß zu verwandeln, besteht im Einsetzen einer Einbau-Sicherung. Die Sicherung mit ihrer kurzen gedrungenen Form verschwindet im Schloß, so daß äußerlich keine Veränderung wahrzunehmen ist.

Schlüssellochsperrer Den einfachen Schlüssellochsperrer erwähnen wir hier – obwohl er kein Zylinderschloß darstellt –, weil man ihn ebenfalls am gewöhnlichen Schloß zur zusätzlichen Sicherheit verwendet. Der Sperrer wird eingeführt und gedreht; nach Abzug des Sperrschlüssels bleibt die Hülse im Schlüsselloch stecken. Sperrzeug kann jetzt nicht eingeführt werden. Die Hülse wird mit dem Sperrschlüssel wieder entfernt.

Für gelegentliches zusätzliches Sichern eines Schlosses – z.B. für die Dauer eines Urlaubs – kann man dieses Behelfsmittel verwenden. Für dauernde Sicherung rate ich Ihnen zum oben beschriebenen Zylinderschloß.

Die Falle

Schlösser an ständig benutzten Zimmertüren haben außer dem Riegel die Falle, die durch den Türdrücker (Klinke) geöffnet, im übrigen durch Federdruck stets geschlossen gehalten wird. Der Vierkantstift des Drückers steckt in der sogenannten Nuß, die drehbar zwischen Boden und Decke des Schlosses gelagert ist. Die Arme der Nuß können je nach Schloßkonstruktion verschieden geformt sein.

Hebende Falle Die hebende Falle dreht sich um einen Punkt. Sie kommt nur bei Kastenschlössern vor.

Schießende Falle Die schießende Falle führt eine geradlinige Bewegung aus. Kastenschlösser können anstatt einer hebenden Falle wie die Einsteckschlösser auch eine schießende haben. Im Bild sehen Sie, daß ein Schloß mit schießender Falle außer der Zuhaltungsfeder zwei weitere Federn hat: eine wirkt auf die Nuß, hält den Drücker; die andere drückt die Falle nach vorn.

Wechsel Bei Haus und Wohnungstüren, die nur auf der Innenseite einen Drücker haben, muß man die Falle von der Außenseite mit dem Schlüssel öffnen können. Das ermöglicht der »Wechsel« genannte Hebel. Er ist drehbar am Riegel befestigt. Der Schlüsselbart erfaßt und bewegt ihn, jedoch nur bei zurückgezogenem Riegel.

16 Ein Schloß anschlagen

Kastenschloß oder Einsteckschloß?

Beide Arten haben Vor- und Nachteile. An einer glatten Zimmertür beeinträchtigt ein Kastenschloß das Aussehen. Es kommt freilich auf die Art des Raumes an. Zu einer Bauernstube oder Trinkstube kann das Kastenschloß gut passen. Wo es auf die Sichtbarkeit des Schlosses nicht ankommt – bei Keller, Speicher, Kammer, Schrank, Schublade – können wir eine Kastenschloß unbedenklich verwenden. Es hat den Vorzug, daß die Anbringung wesentlich einfacher ist. An seinen Kanten kann man sich allerdings vielleicht verletzen.

Aus ästhetischen Gründen wird man jedoch meist ein »unsichtbares« Einsteckschloß bevorzugen – vorausgesetzt, daß das Holz der Tür genügend stark ist. Zwar werden sehr schmale Einsteckschlösser hergestellt. Aber ein Mindestmaß darf nicht unterschritten werden, wenn die Festigkeit des Schlosses nicht leiden soll. (Ein Kastenschloß unterliegt diesen Beschränkungen nicht.) Bei einer Zimmertür soll beiderseits des Einsteckschlosses mindestens 4 mm Holz stehenbleiben. Bei Schranktüren und Schubladen kann es weniger sein. Haustüren sind gewöhnlich aus stärkerem Holz, Haustür-Einsteckschlösser entsprechend stärker. Zu bedenken ist stets, daß bei Einbau eines Einsteckschlosses die Tür durch den eingestemmten Schlitz an einer wichtigen Stelle stark geschwächt wird. Bei Türen unter 36 mm Stärke Kastenschloß verwenden! Gewöhnliche Zimmertüren sind 40 mm stark.

Einlaßschlösser Ein Mittelding zwischen Kasten- und Einsteckschloß ist das Einlaßschloß. Es wird nur im Möbelbau verwendet. Man stemmt an der Innenseite der Tür (oder der Schublade) eine Aussparung aus und schlägt das Schloß so an, daß die Schloßdecke mit der Holzfläche eine Ebene bildet.

Die richtige Größe Zu berücksichtigen sind: die erwünschte Sicherheit, die Stärke des Rahmenholzes und das Aussehen. Ferner darf das Dornmaß (siehe Abbildung) nicht zu klein sein. Liegt der Drücker – oder der Knopf an der Außenseite einer Haus- oder Wohnungstür – zu dicht an der Türkante, klemmt man beim Schließen die Finger; da das Schlüsselloch genau unter der Nuß liegt, ist man auch beim Schließen mit dem Schlüssel behindert.

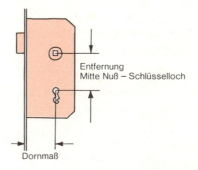

Entfernung Mitte Nuß – Schlüsselloch

Dornmaß

Der senkrechte Abstand vom Schlüsselloch zur Nuß ist von Bedeutung, wenn Sie ein Langschild zu einem vorhandenen Schloß kaufen. Das Normalmaß dieses Abstandes ist für Zimmertüren 72 mm, für Wohnungstüren 92 mm.

Auswärts · Einwärts · Rechts · Links

Diese vier Begriffe muß man kennen, wenn man ein Türschloß kaufen will. Die beiden ersten spielen nur eine Rolle bei Kastenschlössern. Das Kastenschloß muß sich in dem Raum befinden,

Vom Umgang mit Metallen

Auswärts-Kastenschloß mit Schließblech

Schließbleche

Auswärts-Kastenschloß, hebende Falle · *Auswärts-Kastenschloß, schießende Falle (unten Öffnung für Nachtriegel)* · *Einsteckschloß*

So sitzt das Schließblech beim Kastenschloß · *So sitzt das Schließblech beim Einsteckschloß*

Stumpf in den Falz schlagende Tür

Tür mit Überfalz

Einwärts-Kastenschloß: hebende Falle – stumpfe Türe · *Schließkloben*

---

der versperrt werden soll. Andernfalls könnte jemand, der eindringen will, einfach den Schloßkasten abschrauben. Schlägt die Tür in den Raum, der versperrt werden soll, brauchen wir ein »Einwärts-Schloß«, schlägt sie nach der anderen Seite, ein »Auswärts-Schloß«. Für das Einsteckschloß, das im Holz der Tür sitzt, spielt dieser Unterschied keine Rolle.

Nun kommt es außerdem darauf an, ob die Tür nach links oder nach rechts aufschlägt. Das gilt für Kasten- und Einsteckschlösser gleichermaßen.

Es gibt demnach bei Kastenschlössern vier Arten: Rechts-Auswärts · Rechts-Einwärts · Links-Auswärts · Links-Einwärts. Bei Einsteckschlössern gibt es nur Rechts und Links. Was heißt Rechts und was heißt Links? Das regelt für Einsteckschlösser eine DIN-Vorschrift, für Kastenschlösser (bisher) die allgemeine Übung. Unglücklicherweise sind beide einander in zwei Fällen genau entgegengesetzt! Die Zeichnung rechts oben läßt Sie aber die richtige Wahl treffen.

Anschlagen eines Kastenschlosses

Hier müssen wir unterscheiden: zunächst zwischen Auswärts- und Einwärts-Kastenschloß.

Auswärts Beim Auswärts-Kastenschloß befindet sich am Türstock ein Schließblech.

Das Schließblech sieht verschieden aus, je nachdem ob es für ein Schloß mit hebender oder mit schießender Falle bestimmt ist. Vom Schließblech für ein Einsteckschloß unterscheiden sich beide Arten dadurch, daß sie verschieden große Schenkel haben. Das Schließblech wird so befestigt, daß der kürzere Schenkel im Falz liegt.

Einwärts, Tür ohne Falz Für Einwärts-Schlösser ist noch ein Unterschied zu beachten, der beim Auswärts-Schloß keine Rolle spielt: Schlägt die Tür stumpf in den Falz oder hat sie einen Überfalz?

Hebende Falle Hat das Schloß eine hebende Falle, so kommt an den Türstock ein Schließkloben.

Bei dieser Ausführung bleibt der Kloben sichtbar. Das sogenannte Vorbauschloß dagegen hat eine Kappe, die den Kloben verdeckt hält, solange die Tür geschlossen ist.

Schießende Falle Für das Einwärts-Kastenschloß mit schießender Falle kommt an den Türstock eine Schließkappe.

Ein Schloß anschlagen 347

Aus diesem Bild können Sie die Bezeichnung des gerade benötigten Schlosses entnehmen

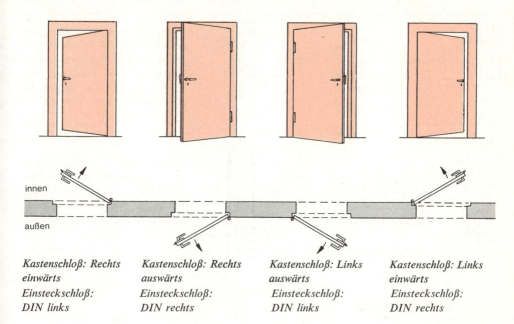

Kastenschloß: Rechts einwärts
Einsteckschloß: DIN links

Kastenschloß: Rechts auswärts
Einsteckschloß: DIN rechts

Kastenschloß: Links auswärts
Einsteckschloß: DIN links

Kastenschloß: Links einwärts
Einsteckschloß: DIN rechts

Tür mit Überfalz Hat die Tür einen Überfalz und soll ein Einwärts-Kastenschloß mit schießender Falle bekommen, so muß der Überfalz dazu ausgeklinkt (weggestemmt) werden.
Hat das Schloß eine hebende Falle, braucht man den Überfalz nicht oder nicht ganz wegzustemmen. Das richtet sich nach der Form des Überfalzes. Hat er ein halbrundes Profil (wie im folgenden Bild gezeichnet), wird man ihn wegnehmen. Hat der Falz kein gerundetes Profil, so kann man den Stulp mit der Vorderkante des Falzes bündig abschließen lassen.

Das Vorbauschloß macht den Kloben unsichtbar

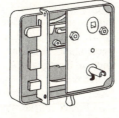

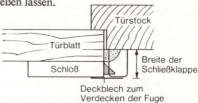

Einwärts-Kastenschloß: schießende Falle, Tür mit Überfalz. Der (punktierte) Überfalz muß weggestemmt werden

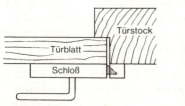

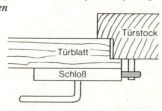

Einwärts-Kastenschloß: schießende Falle – stumpfe Türe   *Schließkappe*

Einwärts-Kastenschloß mit hebender Falle. Stulp schließt bündig mit Türfalz ab

Anschlagen eines Einsteckschlosses

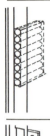

1 *Schloß in Falz legen. Größe des Schlitzes anzeichnen. Mit Schlangenbohrer, Stärke etwas unter Schlitzbreite, ausbohren*

2 *Wände zwischen Bohrlöchern einreißen. Schlitz mit Stechbeitel säubern und auf Maß bringen. Schloß einstecken zum Anzeichnen der Stulpgröße. Holz in Stulpstärke ausstemmen*

3 *Schloß als Schablone zum Auszeichnen der Drückeröffnung und des Schlüssellochs benutzen. Öffnungen durchbohren*

4 *Nachdem das Schloß sitzt, Schließblech an Falle hängen. Tür schließen. Lage an Türstock markieren; jedoch 1–2 mm höher montieren, damit Falle und Riegel nicht streifen*

17 Allerlei Pannen mit Schlössern

Vor verschlossener Tür

Fast jeder hat schon einmal mehr oder weniger verzweifelt vor der verschlossenen Haus- oder Wohnungstür gestanden. Ein einfacher Hinweis, der keine Kenntnisse in der Metallbearbeitung voraussetzt: Kluge Leute schützen sich, indem sie einen zweiten Haus- und Wohnungsschlüssel bei einem vertrauenswürdigen Nachbarn oder beim Hausmeister hinterlegen.
Was tun, wenn man das versäumt hat oder nicht tun kann? Wie weit man sich selbst helfen kann, hängt jetzt davon ab, wie die Tür verschlossen ist:
Erster Fall: Die Tür ist nur »zugeschnappt« (z. B. vom Winde zugeschlagen), es hält also kein Riegel die Tür zu, sondern nur die Falle.
Zweiter Fall: Der Riegel von Schlössern mit einfacher Zuhaltung ist geschlossen.
Dritter Fall: Der Riegel von Chubb- oder Zylinderschlössern ist geschlossen.
Fall 3 können wir gleich erledigen: Zylinderschlösser ohne Kenntnis des Schlüssels auf »sanfte« Art zu öffnen, ist praktisch unmöglich. Auch ein Chubbschloß zu öffnen, gelingt selbst einem Schlosser nicht immer. Bei mehr als 4 Zuhaltungen ist es ohnehin aussichtslos. Wenn nun aber schon Gewalt angewendet werden muß, dann überlassen Sie diesen Fall dem Fachmann.

Eine Beschädigung der Türe kann zwar auch er jetzt nicht mehr vermeiden, aber er wird sie auf Grund seiner Erfahrung in Grenzen halten können.
Die folgenden Hinweise gelten sinngemäß auch für Möbelschlösser.
Die Haus- oder Wohnungstür ist zugeschnappt
Hierbei ist also nur die Falle eingerastet. Handelt es sich um ein Schloß mit einfacher Zuhaltung oder um ein Chubb-Schloß, dann kommt es, wie Sie sich aus dem Bild auf S. 344 erinnern werden, nur darauf an, den Wechsel zu fassen und zu bewegen. Dazu ist nur ein einfacher Sperrhaken (Dietrich) aus kräftigem rechtwinklig gebogenem Draht erforderlich. Mit etwas Gefühl – und nach einigem Probieren – werden Sie den Wechsel fassen. Die Zuhaltungen halten ja nur den Riegel fest, nicht den Wechsel. Das Griffende des Sperrhakens wird abgewinkelt oder zu einem Ring gebogen.
Was aber tun, wenn eine Türe mit Zylinderschloß zugefallen ist? Hier können Sie durch das Schlüsselloch kein Sperrzeug einführen. In diesem Fall entfernen Sie den aufgeschraubten Drückerknopf. Darunter wird nun meist schon die Nuß des Einsteckschlosses durch die Bohrung im Türblatt

sichtbar. Fassen Sie nun den verstemmten Kopf des Vierkantdornes in der Nuß mit einer Zange und drehen Sie damit die Falle zurück. Bei einer nicht durchgehenden Drückerbohrung muß das die Nuß verdeckende Holz des Türblattes zuerst mit Stemmeisen oder Bohrer entfernt werden. So leicht ist es, eine nur zugeschnappte Tür zu öffnen! Die bloß zugeschnappte Tür ist geradezu eine Einladung für Einbrecher! Selbst ein Zylinderschloß bietet nur dann Sicherheit, wenn der Riegel betätigt wurde!

Schlüsselschilder, deren beide Teile durch das Türblatt hindurch mit durchgehenden Schrauben verbunden sind, können nicht entfernt werden!

Riegel ist vorgeschoben Wenn der Riegel vorgeschoben ist, können also nur Schlösser mit einfacher Zuhaltung, wie sie z. B. für Zimmertüren üblich sind, ohne große Schwierigkeiten geöffnet werden. Man benötigt dazu nur einen Sperrhaken, mit dem man versucht, den Zuhaltungsbügel zu heben und gleichzeitig den Riegel zu fassen und zu bewegen. Betrachten Sie noch einmal die Zeichnung des Schlosses auf S. 344!

Schlüsselloch für Buntbartschlüssel

Sperrhaken, vereinfachte Form

Buntbart Handelt es sich um ein Schloß mit Buntbart-Schlüssel (S. 340), so müssen Sie dem Sperrhaken die vereinfachte Form des Schlüssellochs geben.

Hohlschlüssel Bei Schlössern für Hohlschlüssel (S. 340), wie sie besonders an Möbeln zu finden sind, hindert uns der Dorn, einen einfachen Sperrhaken einzuführen. Wir brauchen jetzt einen Sperrhaken folgender Form:

Sperrhaken für Schlösser mit Dorn

Dieser Haken besteht aus ausreichend kräftigem Stahlblech. Das vordere Ende muß so gerundet werden (am besten mit dem Hammer auf entsprechend geformter Unterlage), daß er sich um den Dorn schmiegt.

Im Haushalt hat man meist mehrere Hohlschlüssel, von denen kein Mensch mehr weiß, zu welchem Schloß sie gehören. Ist die Bohrung im Schlüssel groß genug, lassen sie sich oft durch Befeilen des Bartes in ein Sperrzeug verwandeln.

Reifenbesatzung Hatte der Schlüssel eine Nut auf der Stirnseite des Bartes? Dann hat das Schloß Reifenbesatzung (S. 340f.). Der Reifen muß umgangen werden mit einem Sperrhaken, der nach vorne gebogen ist:

Mittelbruchbesatzung Um diese Besatzung (S. 341) zu umgehen, muß der Sperrhaken nach hinten zurückgebogen sein:

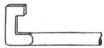

Kombination Ist Hohlschlüssel mit einer Besatzung kombiniert, muß der Sperrhaken beiden Bedingungen entsprechen.

Schleichwege Manchmal läßt sich das Schloß gleichsam hinterrücks überlisten: Man kann, wenn man sich auf der Bandseite befindet und das Band Steckstifte hat (S. 335), die Stifte nach oben herausziehen oder -schlagen; in Ausnahmefällen vielleicht auch die Bänder abschrauben. Man kann die Tür dann seitlich herausnehmen. Das Schloß kann anschließend ausgebaut werden. Bei Türen und Schubladen ohne Falz kann man oft mit einer feinen Stichsäge in den Spalt fahren und den Riegel absägen.

Wenn der Bart ab ist

Wenn der Bart durch Gewaltanwendung im Schloß abgebrochen ist und festgeklemmt im Schloß sitzt, wird er mit Haken aus starkem Draht (Dietrich) gelockert, bis er im Schloß nach unten fällt. Nach dem Öffnen mit zweitem Schlüssel oder Sperrhaken Schloß ausbauen.

Tür schnappt nicht ins Schloß

1. Ist vielleicht die Feder der Türfalle erschlafft? Das prüft man, indem man die Falle mehrmals mit der Hand eindrückt. Vielleicht muß das Schloß nur geölt werden?
2. Ist vielleicht ein Fremdkörper im Türfalz, insbesondere auf der Seite der Türbänder? Eventuell Farbe? Wenn ja, Türfalz mit Stemmeisen abfahren, mit Schleifpapier überschleifen.

350 Vom Umgang mit Metallen

3. Trifft beides nicht zu, prüfen, ob nur die Falle oder nur der Schloßriegel oder beide nicht einrasten.

4. Tür bei zugetriebenem Riegel (also Schloß zugeschlossen) an die Bekleidung anlehnen. Die genaue Lage von Riegel und Falle auf der Seite des Schließblechs anreißen. Die Risse mit dem Winkelhaken um die Kante herum auf das Schließblech übertragen.

5. Ergibt sich, daß Falle und Riegel der Höhe nach richtig liegen, muß die Vorderseite des Fallenloches abgefeilt werden, wie im Bild gezeigt.

6. Liegen Falle und Riegel zu tief, hat sich also die Tür auf der Schloßseite gesenkt, so kann es genügen, je einen Beilagring auf die beiden Bolzen der Drehbeschläge zu schieben. Das geht aber nur, wenn zwischen Tür und oberem Falz genügend Luft vorhanden ist.

7. Geht das nicht, müssen die Öffnungen im Schließblech weiter ausgefeilt werden. Jedes Ausfeilen vorher anreißen. Riegel und Falle müssen oben und unten etwas Luft haben. Muß nur ein winziges Stück weg, kann man es bei angeschraubtem Schließblech abzufeilen versuchen. In allen übrigen Fällen muß das Schließblech abgenommen und zum Feilen in den Schraubstock gespannt werden.

8. Macht die erforderliche Korrektur mehr als 2 mm aus, nicht feilen, sondern das Schließblech nach oben oder unten versetzen.

Schloß schließt nicht

Ein Schloß muß schnell oder langsam gleichermaßen ohne Störung betätigt werden können. »Hakt« es, dann liegt eine Störung vor, die man gleich beseitigen soll, will man nicht dauernden Ärger in Kauf nehmen, bis das Schloß eines Tages den Dienst versagt (bestimmt dann, wenn es am ungelegensten kommt!).

Ausbauen Zunächst ist das Schloß auszubauen. Bei Türschlössern muß man dazu nicht nur die Befestigungsschrauben lösen, sondern auch den Drücker abnehmen. Die Drückerteile werden durch eine Madenschraube oder einen kleinen Keil (Splint) zusammengehalten. Man entfernt diesen, indem man einen stumpfen Nagel entsprechender Stärke von der Unterseite des Drückers eintreibt, so weit, bis man den Keil glatt mit der Zange fassen und herausziehen kann. Ein Einsteckschloß (S. 345), das nach dem Abnehmen des Drückers noch fest im Holz sitzt, löst sich durch leichtes Klopfen auf den etwas eingesteckten Drückerstift.

Öffnen Das Schloß wird durch Abschrauben der Schloßdecke geöffnet. Ist die Schloßdecke aufgenietet und also nur mit Gewalt zu entfernen (bei einfachen Möbelschlössern), so werfen Sie das Schloß ruhig weg und setzen ein neues ein. Es kann sich nur um ein billiges Schloß handeln. Bei abgenommener Schloßdecke versuchen wir, durch Probeschließungen die Ursache des Übels

Schließblech-Korrekturen, wenn die Tür nicht einschnappt

Falle

Riß

Riegel

Anreißen am Schließblech

Fallenloch

Riß

Riß

wegfeilen

Seitliches Ausfeilen   *Korrektur der Höhe nach*

zu ergründen. In Betracht kommen Nietfehler und Federbrüche.

Nietfehler Bei der Besprechung der Reifenbesatzung und der Mittelbruchbesatzung (S. 340 f.) wurde schon einmal darauf hingewiesen, daß die Reifen sich durch Abnützung oder Gewaltanwendung lockern können. Sie behindern dann den Schließvorgang. Waren sie vernietet, kann man sie neu vernieten. Waren sie verlötet, kann man den Schaden durch Hartlötung (S. 327) selbst beheben.

Nietfehler können im übrigen vor allem an den Schloßstiften entstehen, die eingenietet sind: Riegelstift, Nußanschlagstift, Anschlagstift für den Nachtriegel. Besonders wenn der Riegelstift gelockert oder abgebrochen ist, gibt es Störungen, weil der Riegel dann keine Führung hat.

Ist ein genieteter Stift locker, ist er festzuklopfen. Die Grundsätze des Nietens finden Sie auf S. 322 f. erläutert. Ist ein Stift abgebrochen, muß der noch festsitzende Teil herausgeschlagen werden. Das geschieht mit Hammer und Durchschlag (Ersatz: stumpfer Nagel) auf den leicht geöffneten Backen des Schraubstocks. Wenn Sie sich daran versuchen wollen, einen neuen Stift einzusetzen, so müssen Sie ihn zunächst aus einem entsprechend großen Stahlstück zurechtfeilen und mit einem Zapfen zum Vernieten versehen. Über Zapfenfeilen S. 316. Dann wird der Zapfen im Schloßboden versenkt vernietet (Bild).

So wird ein Zapfen versenkt vernietet

mit größerem Bohrer ansenken

hier stauchen (vernieten)

dann schlichten, bis Niet mit der Oberfläche abschließt

Federbruch Die verschiedenen Federn sind im Bild S. 344 sichtbar. Ihr Bruch ist eine häufige Störungsursache.

Ersatzfedern gibt es in allen gängigen Größen im Fachgeschäft, das Schlösser und Schlosserbedarf führt. Beim Einkauf Maß des Federstiftes angeben oder Schloß mitnehmen.

Der Einbau ist einfach. Die Feder wird so auf den vierkantigen Federstift gesetzt, daß sie einen leich-

ten Druck ausübt. Die stärkste Feder ist die Nußfeder, denn sie muß den Drücker hochhalten. Eine alte Schlosserregel sagt: Man muß die Falle mit der Nase zurückdrücken können – dann ist die Federspannung richtig.

Ein zu langer Federarm muß verkürzt werden. Nichtgehärteter Federstahl kann mit Blechschere oder Meißel auf Länge gebracht werden. Bei gehärtetem Federstahl muß das zu entfernende Stück zuerst ausgeglüht werden (S. 290 f.). Wenn nicht ausgeglüht wird, darf gehärteter Federstahl nur an der Schleifscheibe getrennt werden.

Schloß überschlägt sich

Wenn Sie ein zweitouriges Schloß (S. 339) schnell schließen und der Riegel fällt von der Ruhelage gleich in die Endstellung, dann hat sich das Schloß »überschlagen«. Ein Schloß, bei dem das passiert, hat seine Tücken. Sie tun gut daran, den Fehler gleich zu beseitigen.

Die Ursache liegt darin, daß die Zuhaltung (des einfachen Riegelschlosses) zu hoch gehoben wird. Das aber kann zwei Gründe haben: Entweder ist der Schlüsselbart zu hoch (neu angeschaffter Schlüssel) – oder der Zuhaltungsbügel ist nach unten verbogen.

Wenn Sie das Schloß ausbauen und öffnen, so sehen Sie beim Probeschließen, wie das Malheur zustande kommt: Der Zuhaltungshaken hat bei einer schnellen Schließbewegung keine Zeit zum Einrasten. Entweder steht er, wenn der Riegel zum Stehen kommt, gleich in der übernächsten Raste – oder (falls der Schwung dazu nicht ausreichte) zwischen der zweiten und dritten Raste. Das ist am unangenehmsten, weil häufig in dieser Stellung der Schlüssel nicht mehr in die Schlüsseleingriffe greift; das Schloß kann dann nicht mehr geöffnet werden, wenn nicht die Zuhaltung zufällig durch die Erschütterungen des Probeschließens noch zum Einrasten veranlaßt wird.

Am geöffneten Schloß sehen Sie auch, welcher der beiden Fälle hier vorliegt. Der Rastenhaken muß beim Schließvorgang knapp über den Rand des Riegels gleiten. Ist der Bügel nach oben verbogen, so kann der Haken nicht mehr aus der Raste gelöst, der Riegel nicht bewegt werden. Ist er aber nach unten verbogen, so überschlägt sich das Schloß.

Liegt die Ursache nicht am Zuhaltungsbügel, so muß durch Abfeilen die Barthöhe des Schlüssels vermindert werden.

352 Vom Umgang mit Metallen

Störungsursachen beim Chubb-Schloß

Beim Chubb-Schloß (S. 341) sind zunächst alle
Fehler möglich, die beim einfachen Riegelschloß
auftreten; dazu andere, die auf den Eigenheiten
dieses komplizierteren Schlosses beruhen, vor allem Bruch der Zuhaltungsfedern und Abnutzung
der Zuhaltungsblättchen.

Bruch der Zuhaltungsfeder Wenn bei einem
Chubb-Schloß der Schlüssel »hakt« und der Riegel sich erst nach mehrmaligem Hin- und Herbewegen des Schlüssels transportieren läßt, dann
deutet das auf den Bruch einer Zuhaltungsfeder.
Ein Zuhaltungsblättchen, dessen Feder gebrochen ist, wird nach dem Schließvorgang nicht
mehr in die Ruhelage zurückgedrückt. Beim neu-
erlichen Schließen wird es durch die benachbarten
Blättchen mit hochgehoben, und zwar über die
Höchstlage hinaus. So sperrt es den Riegelstift.
Erst durch das Hin- und Herbewegen des Schlüssels rutscht es dann wieder in seine Arbeitslage.
Das Austauschen einer Zuhaltungsfeder können
Sie auch beim Chubb-Schloß selbst erledigen. Zuhaltungsfedern gibt es im Fachgeschäft. Sie sind
nur so breit wie die Zuhaltungsblättchen (etwa
2 mm).
Die Federn sind – wie im Bild S. 344 erkennbar –
im Schlitz der Zuhaltungsblätter eingeklemmt,
»verstemmt«. Sie müssen zuerst mit der Zange
den Rest der defekten Feder entfernen, dann die
auf Länge gebrachte neue Feder einklemmen und
mit dem Hammer leicht »verstemmen«, bis sie
festsitzt.

Abgenützte Zuhaltungsblätter Die Blätter sind
aus Messing, einer weichen Legierung. Hat der
Schlüsselbart einen Grat, nützen sie sich schnell ab.
Dann hakt der Schlüssel ebenfalls. Achten Sie darauf, daß die Schlüsselstufen keinen Grat haben!

Ein wenig Pflege

Schlösser verlangen nur ein Minimum an Pflege –
aber dieses Mindestmaß sollten Sie ihnen ange-
deihen lassen! Wenn sie erst den Dienst versagen,
kann es recht unangenehm werden.

Wenn Sie die Tür streichen, besonders wenn sie
liegt, ohne das Schloß ausgebaut zu haben, müssen die Schloßöffnungen mit Papier abgedeckt
werden. Auch beim Fallen- und Riegelkopf darf
keine Farbe eindringen. Moderne Lacke werden
beim Trocknen so hart, daß schon geringe Mengen die Funktion des Schlosses beeinträchtigen.
Ist das Unheil geschehen, müssen sie durch Schaben sorgfältig entfernt werden, ebenso Farbreste,
die sich zwischen Riegel- oder Fallenkopf und
Stulpöffnung festsetzen.
Ein zäh gehendes Schloß von außen – ohne Ausbauen – mit Öl zu schmieren, hat nur Sinn, wenn
vom Stulp aus ein Ölrohr in das Schloßinnere
führt. Im übrigen ist es wertlos, ein Schloß von
außen durch Falle oder Schlüsselloch zu schmieren: es wird innen zwar stellenweise mit Öl beträu-
felt, aber die entscheidenden Stellen erreichen Sie
so nicht. Zum Ölen muß das Schloß ausgebaut
werden. Das geöffnete Schloß mit einem Lösungsmittel (Benzin, Nitroverdünnung) reinigen. Zum
Ölen nur harzfreies Öl verwenden. Am ungeeig-
netsten ist Salatöl. Binnen kurzer Zeit würde das
Schloß schwerer gehen als zuvor! Die Schmierung mit Öl ist für Schlösser im Innern des Hauses ausreichend. Allerdings wird auch das beste
Öl im Laufe der Zeit durch Staubaufnahme dick
und zäh. Zylinderschlösser dürfen überhaupt
nicht mit Öl geschmiert werden. Die Präzisions-
mechanik des Zylinderschlosses würde ein Verkrusten und Dickwerden des Öles übelnehmen.
So mancher Kraftfahrer hat es schon erlebt, daß
bei starker Kälte die Schlösser und Klinken seines
Wagens sich nur mehr schwer oder gar nicht bewegen ließen. Am besten ist für Schlösser aller Art
die Schmierung mit reinem Graphit. Vorteile:
Ausbau des Schlosses nicht notwendig, kein Dickwerden des Schmiermittels bei Kälte, kein Ver-
harzen. Graphitpulver in Zerstäuberkännchen
aus Plastik (sie haben die Form von Ölkännchen)
ist in Fachgeschäften erhältlich. Das Graphitpulver wird durch Druck auf den Behälter durch das
Schlüsselloch bzw. die Fallenöffnung in das
Schloß geblasen und erreicht dabei auch verbor-
gene Stellen.

18 Schlüssel feilen

Zum Schluß lernen wir Schlüssel für Chubbschlösser feilen. Als Werkzeug brauchen wir eine Schublehre (S. 297) und Raumfeilen (Schlüsselfeilen, S. 315), dazu zum Einspannen Schraubstock, Feilkloben (S. 295), ein Steckholz (Bild), ferner als Hilfsmittel ein 2 bis 3 mm starkes Bleiblech (selbst herzustellen, s. unten), endlich als wichtigstes Stück einen »Rohling«. Das ist ein Schlüssel mit »Vollbart«, aus dem die gewünschte Form erst herauszufeilen ist. Der Bart muß etwas länger und höher sein als der des späteren Schlüssels. Rohlinge kann man kaufen; auch solche, die bereits eine Schweifung der benötigten Form aufweisen; mit ihnen geht die weitere Arbeit leichter.

Nach vorhandenem Modell

Hier müssen wir eine genaue Kopie des vorhandenen Schlüssels herstellen.
Die Bartlehre Jetzt brauchen wir das oben genannte Bleiblech. Man kann es selbst herstellen, indem man in einem Gefäß (Büchse) so viel Blei zum Schmelzen bringt, daß der Boden 3 mm hoch mit Metall bedeckt ist.
In das Blech wird ein Loch gebohrt, so groß, daß das Zäpfchen des Modellschlüssels glatt durchgesteckt werden kann. Das Zäpfchen darf kein Spiel haben.
An Stelle des Bleiblechs kann man für den jetzt folgenden Bartabdruck auch Seife, Wachs oder Gips nehmen. Diese Stoffe haben aber den Nachteil, daß die Kanten beim Einpassen des neuen Schlüssels leicht beschädigt werden.
Der Modellschlüssel wird senkrecht in den Schraubstock gespannt, das Bleiblech auf den Bart gelegt. Durch leichtes Hämmern auf das Blech (leichtes! sonst werden die Stufen des Modells verbogen) entsteht ein Abdruck des Bartes: unsere »Bartlehre«.
Feilen des Schlüsselrohrs Jetzt ist das Rohr zur benötigten Stärke abzufeilen. Der »bartlose« Teil des Rohres wird auf dem Steckholz gefeilt (Bild), der Bartteil des Rohres durch Längsfeilen. Rundung durch Schublehre laufend kontrollieren. Am Ende muß das Zäpfchen des neuen Schlüssels in die Bartlehre passen.
Feilen der Schweifung Jetzt wird der Schlüssel eingespannt, die Reibe über einen Dorn (Draht oder Keil, siehe Bild S. 354 oben) gesteckt. Mit

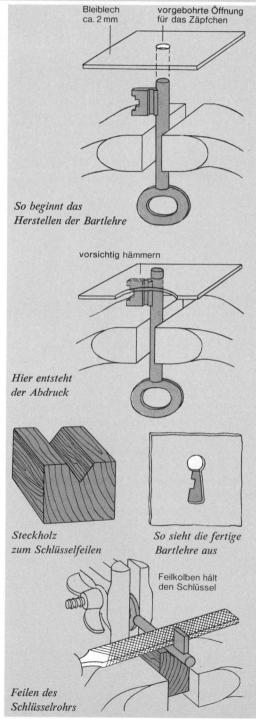

So beginnt das Herstellen der Bartlehre

Hier entsteht der Abdruck

Steckholz zum Schlüsselfeilen

So sieht die fertige Bartlehre aus

Feilen des Schlüsselrohrs

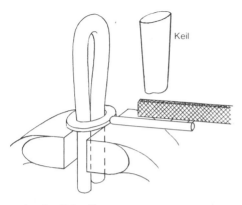

Feilen der Schweifung

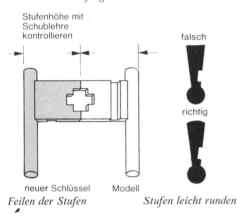

Feilen der Stufen — *Stufen leicht runden*

Schlüsselfeilen formen wir das Profil der Schweifung, bis es in die Bartlehre paßt. Das Profil muß auf seiner ganzen Länge die gleiche Stärke aufweisen und der Schlüsselachse gleichlaufen. Kontrollieren mit Schublehre.
Feilen der Stufen Jetzt ist noch das Stufenbild zu feilen. Der Schlüssel wird – Bart nach oben – der Länge nach in die Schraubstockbacken gespannt. Breite und Höhe der Stufen am Modell mit der Schublehre messen. Ständig mit dem Modell vergleichen. Die Stufen müssen oben etwas gerundet sein. Die Oberfläche wird schließlich mit der Schlichtfeile oder mit Schleifpapier geglättet. Durch Probeschließungen am geöffneten Schloß wird die Schließfähigkeit des Schlüssels erprobt.

Feilen ohne Modell

Ist kein alter Schlüssel da, muß der Schlüssel an Hand von Probeschließungen gefertigt werden. Das klingt beängstigend, ist aber nicht ganz so schlimm (einfach ist es auch nicht), weil wir ja alles am geöffneten Schloß ausprobieren können. Da die Arbeitsgänge den eben geschilderten entsprechen, können wir uns hier kürzer fassen.
1. Als Bartlehre dient das Schlüsselloch. Rohr und Bartprofil werden zurechtgefeilt, bis sie das Schlüsselloch leicht, aber ohne zuviel »Luft« passieren. Riegel und Zuhaltung dabei entfernen.
2. Riegel wieder einbauen. Erste Schlüsselstufe (bei Chubb-Schloß) auf Höhe feilen, bis sie den Riegel in jeder Stellung gut gleitend faßt und transportiert. Breite dieser Stufe gleich Riegelbreite.
3. Unterste Zuhaltung auf den Riegel legen und in Arbeitsstellung bringen – die Stellung, in der der Riegelstift frei in der Gasse steht. In dieser Stellung muß die zweite Bartstufe bei Schlüsseldrehung die Zuhaltung hochhalten. Diese Stufe auf Höhe feilen, bis sie gleitend dem Kreisbogen am Zuhaltungsblatt folgt, also während der Riegelbewegung die Zuhaltung hochhält. Breite der Stufe entspricht der Stärke des Zuhaltungsblättchens – Messen mit Schublehre. Die Bewegungsfreiheit der lose aufeinanderliegenden Blättchen muß berücksichtigt werden.
4. Weitere Stufen entsprechend feilen.
5. Der Bart muß so lang sein, daß er ohne zu klemmen zwischen Schloßboden und Schloßdecke bewegt werden kann.
6. Schlüsselstufen abrunden, das Ganze schlichten und glätten.

Fünfter Teil

Wasser und Gas

1 »Unser täglich Wasser«

Herkunft Da Seewasser (Salzwasser) ungenießbar ist, kommen für Trinkwasser in Betracht: Regenwasser, das Süßwasser der Flüsse und Seen, Quellwasser, Grundwasser. Regenwasser – besser gesagt Niederschlagwasser, denn das in der Luft enthaltene Wasser geht als Regen, Nebel, Tau, Hagel, Schnee nieder – gilt als rein, obwohl es aus der Luft mitgerissene kleine Bestandteilchen und Gase enthält. Von mineralischen Bestandteilen ist es frei.

Was an Niederschlagwasser im Boden versickert, speist den unterirdischen Grundwasserstrom, der sich mit einer Geschwindigkeit von 3 bis 4 m in 24 Stunden abwärts bewegt. Stößt das Grundwasser auf eine wasserundurchlässige Schicht, staut es sich und fließt langsam den Flüssen und dem Meere zu. Grundwasser von 6 m unter der Oberfläche und tiefer ist gewöhnlich keimfrei und, falls es nicht aus Moorboden stammt, ohne weiteres als Trinkwasser verwendbar, denn die Bodenschichten wirken als Filter. Auch Quellwasser rührt in der Regel von Niederschlagwasser her, das in die oberen Erdschichten eindringt. Es ist das beste Trinkwasser, farblos, bakterienfrei, luft- und kohlensäurehaltig, erfrischend.

Unsere Flüsse sind meist im Anfang ihres Laufes rein, werden aber dann durch Abwässer der Städte und Fabriken mit Bakterien, Salzen, Krankheitsstoffen verunreinigt, so daß ihr Wasser, wie auch das Wasser der meisten Binnenseen, nur nach Aufbereitung (Reinigung) als Trinkwasser verwendbar ist. Gereinigt wird es in Kies- und Sand-Filteranlagen; auch von gelöstem Eisen wird es durch intensive Belüftung und Filterung größtenteils befreit.

Anforderungen Leitungswasser soll frei sein von Krankheitserregern, frei von fremdartigem Geruch und Geschmack, klar, farblos und möglichst gleichmäßig kühl (9–12° C) im Sommer wie im Winter; außerdem soll es Behälter und Rohre nicht angreifen.

Weiches und hartes Wasser Der Unterschied zwischen hartem und weichem Wasser beruht darauf, daß im harten Wasser Kalk, Gips und Salze, sogenannte Härtebildner, gelöst sind. Ganz weich, praktisch frei von solchen Beimengungen, ist das Regenwasser. Die Hausfrau nimmt es gern zum Waschen, der Gärtner zum Gießen; auch die Industrie, unser größter Wasserverbraucher, wünscht meist weiches Wasser. Unser Trinkwasser, sowohl aus der Leitung wie aus Brunnen, ist gewöhnlich hart, weil Grund- und Quellwasser im Erdinnern Mineralien aufnehmen. Im einzelnen hat die unterschiedliche Bodenbeschaffenheit ganz verschiedene Härtegrade zur Folge. Man mißt die Härte des Wassers nach Graden, wobei ein (deutscher) Härtegrad 1 Teil Kalk auf 100 000 Teile Wasser entspricht (= 1 Gramm Kalk auf 100 Liter). Der menschliche Organismus braucht hartes Wasser.

Wasserversorgung

Speicherung Das in Filteranlagen gereinigte Wasser wird gespeichert in Hochbehältern (im Gebirge) oder in Wassertürmen (im Flachland). Liegt das Gewinnungsgebiet höher als der Behälter, fließt es mit natürlichem Gefälle dorthin, sonst wird es gepumpt. An manchen Orten beginnt die Verteilung schon von der Druckleitung aus, die zum Hochbehälter führt.

Verteilung Druckrohrstränge – meistens Guß- oder Stahlrohre – führen das Wasser in die Versorgungsgebiete. Dort wird es über ein strahlen- oder netzartiges Rohrsystem auf die Straßenzüge verteilt. Einzelne Abschnitte können durch Absperrschieber vom Netz getrennt werden.

Hausanschluß Das Grundstück ist durch eine Anschlußleitung mit dem Straßenhauptwasserrohr verbunden. Ist eine Straße berohrt, besteht für die Anlieger Anschlußpflicht.

Wasserzähler Bevor die Leitung sich im Hause weiter verzweigt, führt sie zum Wasserzähler

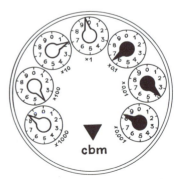

Dieser Wasserzähler zeigt einen Verbrauch von 8419 cbm und 638 Liter an

(Wassermesser). Er muß frostfrei und jederzeit erreichbar angebracht sein, Zuleitungen so kurz wie möglich. Einbau, Versetzen, Auswechseln, Entfernen des Messers, ebenso seine Unterhaltung sind ausschließlich Sache des Wasserwerks. Der Arbeitsbereich des Installateurs beginnt erst jenseits des Privatabsperrventils an der Verteilungsleitung.
Wasserzählerschacht Bei nicht unterkellerten Häusern, z. B. Wochenendhäuschen, muß für den Wasserzähler ein eigener Schacht gebaut werden, meistens 1 m hinter der Anwesensgrenze. Genaue Bestimmungen der Wasserwerke schreiben u. a. vor, daß er unfallsicher abgedeckt sein und Steigeisen haben muß. Der Besitzer des Anwesens haftet für Sauberhaltung, Abdeckung und unfallsichere Besteigbarkeit.
Verteilungsleitungen Die Leitungen im Hause bestehen gewöhnlich aus verzinktem Stahlrohr; in Gebieten, in denen das Wasser die Verzinkung angreift, nimmt man Blei- oder Hartbleirohre, bituminierte Stahlrohre, Kupfer- oder Kunststoffrohre. Die Leitung wird vom Zähler aus meist an der Wand dicht unter der Kellerdecke weitergeführt. Die Steigleitung zieht von da möglichst senkrecht nach oben. Die Zuleitungen zu den Verbrauchsstellen sollen kurz sein. Leitungen sollen nicht an kalten Außenwänden liegen. Wasserleitungen unter Putz können einfrieren, vor allem in Nebenräumen. Eine sauber verlegte Leitung über Putz braucht als einwandfreie technische Lösung nicht zu stören.
Sind mehrere Steigleitungen vorhanden, soll jede ihren eigenen Absperrhahn und Entleerungshahn haben, damit bei Reparaturen oder Frost nicht gleich die Wasserzufuhr fürs ganze Haus gesperrt werden muß. Jeder Absperrhahn erhält zweckmäßig sein Schildchen, »Küche«, »Bad« usw. Befindet sich eine Wasserauslaufstelle im ungeheizten Dachraum, so muß die Rohrleitung ein Stockwerk darunter an leicht zugänglicher Stelle einen Absperrhahn mit Entleerung haben.

In frostgefährdeten Häusern sollte, damit die Bewohner bei abgesperrten Steigleitungen nicht ohne Wasser sind, in der Kellerleitung ein Notauslaufhahn angebracht sein, für jeden Bewohner zugänglich und möglichst in der Nähe einer Abflußstelle. Wo und wie, muß der Installateur entscheiden.
Entleeren Um bei Frostgefahr oder zu Reparaturen eine Leitung zu entleeren, wird der betreffende Absperrhahn geschlossen, der Entleerungshahn und sämtliche Auslaufhähne werden geöffnet.
Hydranten Das Wasser für Feuerwehr, Sprengwagen und zum Spülen der Straßenkanäle wird aus den Hydranten genannten Wasserauslässen entnommen. Es gibt Unterflur- und Überflurhydranten. Damit man die Unterflurhydranten und Absperrschieber bei Dunkelheit und Schnee auffindet, sind an Häusern, Mauern, Zäunen, Ständern Hinweisschilder angebracht. Sie tragen den Kennbuchstaben H für Hydrant, S für Schieber, daneben die Angabe der Rohrweite in mm. Der Hydrant, der zum abgebildeten Schild gehört, befindet sich vom Schild aus 2,5 m nach rechts (weil »2,5 m« rechts steht), die untere Zahl 6,5 bezeichnet den Abstand in gerader Richtung, vom Schild nach vorn gemessen.

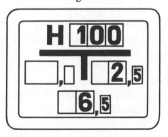

Behandlung und Pflege sanitärer Einrichtungsgegenstände

Von sanitären Einrichtungen wie Waschbecken, Klosettbecken, Badewanne erwarten wir, daß sie ein Leben lang halten. Dazu bedürfen sie pfleglicher Behandlung. Die roten oder gelben Zettel mit der Aufschrift »Gebrauchsanweisung«, die man beim Neukauf solcher Dinge erhält, sollte man sorgsam verwahren, und zwar an einem ein für allemal für diesen Zweck vorbestimmten Platz in Schrank oder Schreibtisch.
Emaille ist ein glasartiger Schmelz auf Gußeisen oder Stahlblech. Emaillierte Gegenstände sind auch wie Glas zu behandeln – das heißt: Im-

358 Wasser und Gas

mer nur mit weichem Putzmittel reinigen, niemals mit Sand, sandhaltigem Putzmittel oder gar Schmirgelpapier! Fremdkörper, z. B. Farbschichten, die fest auf der Emaille haften, entfernt man mit Warmwasser und Topfbürste (Topfreiniger) oder durch Reiben mit einem weichen Holzstück.

Ein harter Gegenstand, der in oder auf ein emailliertes Gefäß fällt, bringt die Emailleschicht zum Platzen. Bei Arbeiten, bei denen diese Gefahr besteht, stets für Abdeckung sorgen! Rostige Eimer, Blechbüchsen, Gießkannen und ähnliches niemals zum Füllen in Badewanne oder Waschbecken stellen! Es gibt Firmen, die Emailschäden an Ort und Stelle beheben.

Eingebaute Badewanne Bei eingebauten (eingekachelten) Badewannen verdienen die Fugen Aufmerksamkeit; zunächst die Fuge zwischen Wannenrand und Platten. Es ist zweckmäßig, den nichtemaillierten Wannenrand zu überstreichen, das verhütet ein Gelbwerden der Fuge. Dringt Feuchtigkeit durch die Fuge in die Wand, ist sie sorgfältig auszukratzen und mit weißem Zement neu auszufüllen.

Offene Fugen innerhalb der die Wanne umgebenden Täfelung entstehen durch Erschütterungen, auch durch das Arbeiten von noch nicht ganz ausgetrockneten Trägerbalken im Fußboden sowie durch Setzbewegungen im Baukörper. Damit nicht Wasser ins Gemäuer eindringt – wenn Sie es lieben, kräftig zu duschen, würde es schnell beim Nachbarn oder »Untermieter« ankommen –, müssen solche Fugen verstrichen werden. Man nimmt dazu Marmorzement, ein weißes Pulver, das, mit Wasser zu einem dicken Brei angerührt, mit der Spachtel fest in die Fugen gedrückt und glattgestrichen wird.

Holzteile Den Einlegerost aus Holz im Spül-becken stellt die erfahrene Hausfrau möglichst oft nach gründlicher Säuberung zum Trocknen vors Küchenfenster. Selten denkt sie an die Schutzleiste aus Holz, die am Rande des Spülbeckens sitzt. Auch sie muß ab und zu abgeschraubt, gereinigt und an der Luft getrocknet werden.

Neue Holzteile dieser Art von Zeit zu Zeit mit Leinölfirnis einlassen, sie halten dann länger.

Hartsteingut Waschbecken und Klosettbecken bestehen nicht aus emailliertem Metall, sondern aus keramischem Werkstoff, Hartsteingut oder Kristallporzellan. Sie können daher leicht beschädigt werden oder zerbrechen, was z. B. beim Entleeren von Eimern zu beachten ist.

Die glänzende glasierte Oberfläche keramischer Gegenstände ist leicht zu reinigen. Wasser und Seife genügen meist. Fachgeschäfte (Drogerien) führen geeignete weitere Putzmittel. Sand und sandartige Putzmittel sind zu vermeiden.

Nicht wenige Hausfrauen nehmen Salzsäure zum gründlichen Reinigen, insbesondere des Klosettbeckens. Zu empfehlen ist das nicht: die Oberfläche, auch bei Emaille, ist stets porös, die Säure arbeitet sich hinein und richtet auf die Dauer Schaden an, die glänzende Oberfläche geht verloren. Stark verdünnte Salzsäure kann man einmal zum Entfernen hartnäckiger Schmutzstellen nehmen, wenn man sofort gut nachspült.

Achtung Säure!

Niemals wiedergutzumachende Schäden an Leben und Gesundheit sind wiederholt dadurch entstanden, daß Säuren und andere schädliche Flüssigkeiten in Trinkgefäßen, z. B. Bierflaschen, verwahrt wurden. Säuren gehören in die sechskantig geformten Giftflaschen, wie sie der Apotheker verwendet!

2 Der Wasserhahn

Der gewöhnliche Auslaufhahn

Der einfache Auslaufhahn besteht aus dem mit der Leitung verschraubten Unterteil und dem Oberteil, eingeschraubt in die nach oben zeigende Öffnung des Unterteils.

Durch die Mitte des Oberteils führt die Hahnspindel, versehen oben mit dem Bedienungsgriff, unten mit einem groben Außengewinde, das zusammen mit dem Innengewinde am Fuße des Oberteils beim Öffnen und Schließen Halt und Führung gibt. In das untere Ende der Spindel ist der Hahnkegel (Ventilkegel) eingelassen, und zwar so, daß er sich drehen läßt, aber nicht herausfallen kann. Auf einer runden Metallplatte, dem Hauptteil des Hahnkegels, ist an einem kurzen Schraubgewinde mit einer kleinen Mutter die Dichtungsscheibe aus Gummi, Leder oder Kunst-

Der Wasserhahn

Einfacher Auslaufhahn im Schnitt

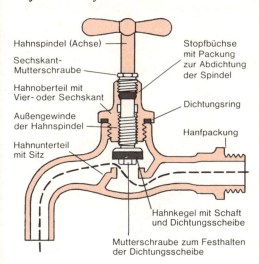

Hahnspindel (Achse)
Sechskant-Mutterschraube
Hahnoberteil mit Vier- oder Sechskant
Außengewinde der Hahnspindel
Hahnunterteil mit Sitz
Stopfbüchse mit Packung zur Abdichtung der Spindel
Dichtungsring
Hanfpackung
Hahnkegel mit Schaft und Dichtungsscheibe
Mutterschraube zum Festhalten der Dichtungsscheibe

stoff befestigt. Neben flachen Scheibchen werden auch halbkugelige Dichtungen aus Gummi verwendet, bei ihnen fällt die kleine Schraubenmutter weg.

Beim Zudrehen drückt der Hahnkegel die Dichtungsscheibe auf den Hahnsitz und unterbricht damit den Wasserdurchlauf.

Damit beim Aufdrehen des Hahnes oben an der Spindel kein Wasser austreten kann, ist unterhalb der Sechskantschraube die Stopfbüchse eingebaut.

Undichte Hähne

Undichte Stopfbüchse Tritt beim Gebrauch des Hahns oben Wasser aus, erfüllt also die Stopfbüchse ihre Funktion nicht, so versuche man zunächst, die Sechskantschraube vorsichtig anzuziehen, damit die Packung dichter wird. Hat das keinen Erfolg, löst man die Schraube – die Leitung braucht dabei nicht abgesperrt zu werden – und zieht mit einer Häkelnadel oder einem ähnlichen spitzen Gegenstand die Dichtungsschnur heraus. Sie muß durch eine neue ersetzt werden, am besten durch eine im Handel erhältliche Talgschnur, notfalls durch eine mit Talg getränkte Hanfschnur. Die neue Dichtungsschnur wird rechtsdrehenderweise um die Spindel gelegt und mit einem flachen Stäbchen oder Schraubenzieher tief hineingedrückt, damit eine feste Packung entsteht. Darauf wird die Sechskantschraube – die übrigens auch eine etwas andere Form haben kann – wieder in das Gewinde geschraubt, mit Druck nach unten – und mit Fingerspitzengefühl.

Der Hahn tropft Tropfen kann verschiedene Ursachen haben. Es zu ergründen, muß auf jeden Fall zunächst die Leitung abgesperrt, der Hahn geöffnet und das Oberteil herausgeschraubt werden. Manchmal hat sich ein Fremdkörper zwischen Hahnsitz und Dichtung festgesetzt. Oder die Dichtung ist abgenutzt (hart und brüchig) und muß erneuert werden. Dazu wird die kleine Mutterschraube, die die Scheibe festhält, mit der Flachzange entfernt. Ist die neue Dichtung angeschraubt, überzeugt man sich, bevor man Oberteil wieder auf Unterteil schraubt, ob der zwischen beiden Teilen sitzende Dichtungsring noch einwandfrei ist. Wenn nötig, ist er gleich mit auszuwechseln; notfalls ist hier eine Dichtung auch durch Umwickeln mit einigen Hanffäden zu erreichen. Erst nach dem Zusammenbau darf der Hahn wieder zugedreht werden. Beim Einkaufen von Dichtungsringen und -scheiben nehmen Sie am besten die alten Stücke jeweils mit, denn Größen und Formen sind recht verschieden. Gewöhnlich benutzt man als Entleerungshähne $1/4''$-Hähne, für Waschbecken $3/8''$, in der Küche $1/2''$ ($''=$Zoll; 1 Zoll$=25,4$ mm).

Bevor die Hauswasserleitung oder einer ihrer Stränge abgestellt wird, muß man andere Hausinwohner verständigen – nicht nur höflichkeitshalber, denn unter Umständen haftet man für Schäden, die durch die Absperrung oder Wiederinbetriebnahme in anderen Wohnungen entstehen.

Defekter Hahnsitz Tropfen kann auch darauf beruhen, daß der Hahnsitz durch das ständig durchströmende Wasser – besonders durch gechlortes – beschädigt (porös geworden) ist. In diesem Fall muß er durch den Installateur nachgefräst werden. Ist der Hahnsitz nur verkalkt, genügt Abreiben mit feinem Schmirgelpapier.

Man kann das Fräsen auch selbst besorgen, wenn man sich einen Fräsapparat beschafft. Ein einfacher Handfräsapparat besteht aus einer etwa bleistiftdicken Spindel, dem Handrad zum Drehen, einem oder zwei konischen Gewindekörpern und der Frässcheibe, die radial angeordnete Zähne hat und in den Größen $3/8$, $1/2$, $1/4$ und 1 Zoll zu haben ist.

Bei dem S. 360 abgebildeten Fräser kann der Druck durch eine feine Regulierschraube mit Gegendruckfeder genau eingestellt werden. Das schont den Hahnsitz.

Ob der Hahn nachgefräst werden muß, sieht man,

wenn man nach Abschrauben des Hahnoberteils mit Taschenlampe oder Zündholz von oben hineinleuchtet. Ist der Hahnsitz – also die ringförmige Wulst, auf die beim Zudrehen des Hahnes die Dichtungsscheibe drückt – schadhaft, zerfressen, nicht glatt, muß mit Fräser nachgeglättet werden. Man stellt fest, welcher Teil des Gewindekörpers in das Gewinde des Hahnes paßt, steckt es über die Spindel und schraubt dann die Frässcheibe mit den Zähnen nach unten an. So kann man den Apparat mit der Hand in den Hahn einschrauben, das Fräsen kann beginnen.

Man dreht das Handrad unter leichtem Druck. Keinesfalls mehr abfräsen, als nötig ist, um eine glatte Fläche zu bekommen – deshalb ständig nachschauen.

Die scharfen Frässpäne müssen restlos entfernt werden. Wo ein kleiner Wasserstrahl nichts schaden kann – im Freien, in Waschküchen –, geschieht das durch mehrmaliges kurzes Öffnen und Schließen des Absperrhahnes; andernfalls muß man durch Einschütten von Wasser die Frässpäne ausspülen. Nach dem Spülen kann das Oberteil aufgeschraubt, der Hahn geschlossen und der Absperrhahn geöffnet werden. Durch nochmaliges volles Öffnen des Auslaufhahnes nachspülen.

Ähnliche Fräser gibt es auch für Schwimmerkugelhähne in Klosettspülkästen. Es gibt auch Hähne mit auswechselbarem eingeschraubtem Hahnsitz aus widerstandsfähigeren Metallegierungen oder aus Kunststoff.

Verchromte Hähne über Waschbecken und Badewannen haben vielfach eine Schutzkappe über dem Oberteil. Will man einen solchen Hahn auseinandernehmen, muß zuerst der Sterngriff entfernt und diese Schutzkappe abgeschraubt werden.

Wie man Wasserhähne anfaßt

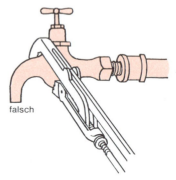

falsch

Nicht mit der Zange den Hahnkörper anfassen

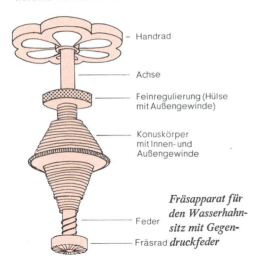

- Handrad
- Achse
- Feinregulierung (Hülse mit Außengewinde)
- Konuskörper mit Innen- und Außengewinde
- Feder
- Fräsrad

Fräsapparat für den Wasserhahnsitz mit Gegendruckfeder

richtig

Schraubenschlüssel an dem Sechskant ansetzen

Überdrehtes Gewinde Ist das Spindelgewinde eines Hahnoberteils überdreht, kann man sich für einige Zeit behelfen durch Auflegen einer dickeren oder zweiten Dichtungsscheibe.

Fließgeräusch Haben Sie eine Reparatur beendet und danach durch Öffnen des Absperrhahnes den Wasserzulauf wieder freigegeben, so hören Sie das Fließgeräusch (Rauschen) des einlaufenden Wassers. Dauert aber das Rauschen an, nachdem die Leitung gefüllt ist, so ist entweder in der Zwischenzeit ein Hahn geöffnet und nicht mehr geschlossen worden, oder Sie haben bei der Reparatur einen Fehler gemacht. Auf jeden Fall sperren Sie das Wasser sofort wieder ab und gehen der Ursache des Geräusches nach.

Der Konushahn

Der Konushahn, auch Kegelhahn, Kükenhahn, Reiberhahn genannt, dient als Absperrvorrichtung bei Waschkesseln, Wasserschiffen an Küchenherden, Waschmaschinen und Wäschepressen, Bierfässern, als Umstellhahn an Badebatterien und für ähnliche Zwecke, wo der Hahn dem auslaufenden Wasser keinen erheblichen Widerstand zu leisten braucht, ferner als Gashahn. Er besteht aus dem äußeren Gehäuse und dem inneren Konuskörper mit Handgriff. Die Mutterschraube am unteren Ende des Konuskörpers verhindert ein Herausziehen.

Wird der Hahn undicht und tropft oder läßt er sich schwer betätigen, so kann das auf Oxydation oder Kalkansatz an der Dichtungsfläche liegen. Es kann auch das Hahnenfett, das sich bei diesem Hahn an der Dichtungsfläche befinden muß, eingetrocknet sein.

Einfetten Zum Herausnehmen des Konuskörpers wird die Mutterschraube am unteren Ende gelöst. Dann kann man den Konus reinigen und frisch einfetten mit Hahnenfett oder Hirschtalg. Bei kleineren Hähnen achtgeben, daß kein Fett den Durchgang verlegt!

Einschleifen Ist der Konus so rauh und angefressen, daß durch Neueinfetten keine Abdichtung zu erreichen ist, muß er samt seinem Gehäuse frisch eingeschliffen werden. Wer das selbst machen will, kauft ein wenig Schleifpaste oder stellt sie selbst her aus feinem Schmirgelpulver oder Bimssteinpulver oder feinem gestoßenem Glas, vermengt mit einigen Tropfen Öl oder Wasser. Wenig Schleifpaste wird auf die Dichtungsflächen gestrichen, der Konus wieder ins Gehäuse gesteckt und durch Hin- und Herdrehen unter Aufdrücken eingeschliffen. Sind durch ausgiebiges Schleifen alle Unebenheiten an den Dichtungsflächen beseitigt, werden Gehäuse und Konus gereinigt, mit Hahnenfett oder Hirschtalg eingestrichen und wieder zusammengesetzt.

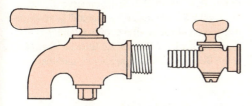

Ansicht eines Konus-Auslaufhahns   *Gashahn*

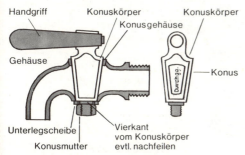

Schnitte durch einen Konus-Auslaufhahn

3 Klosettspülung

Der Spülkasten und seine Wirkungsweise

Wasserspülung erfolgt durch Spülkästen, die entweder hoch oder tief (unmittelbar über dem Becken) angebracht sein können, oder durch Druckspüler. Wir betrachten zuerst den noch am weitesten verbreiteten hochhängenden Spülkasten.

Hochhängender Spülkasten Damit das Wasser ausreichende Druckwirkung hat, soll die Unterkante des Kastens etwa 2,00 m über dem Fußboden liegen. Das Spülrohr vom Kasten zum Becken muß eine lichte Weite von mindestens 30 mm haben, soll möglichst senkrecht laufen und in sanftem Bogen in das Becken münden. Der Kasten kann aus Gußeisen, Beton, einem keramischen Werkstoff oder Kunstharz bestehen, mit oder ohne geräuschdämpfendem Deckel.

Saugwirkung Die Wirkungsweise beruht auf dem physikalischen Prinzip der Saugwirkung. Sie kennen sicher das Verfahren, mit Hilfe einer gebogenen Röhre oder eines Schlauches ein Gefäß zu entleeren oder die Flüssigkeit in ein tieferstehendes Gefäß umzufüllen. Mit Mund oder Luftpumpe saugt man etwas Flüssigkeit in den längeren Arm – oder man füllt zuvor Schlauch oder Röhre ganz mit Flüssigkeit – und öffnet dann das tieferliegende Ende. Die in diesem längeren Arm nach unten fallende Flüssigkeit übt eine Saugwirkung aus, sie schafft einen verdünnten Raum hinter sich. Da die atmosphärische Luft auf die Oberfläche der Flüssigkeit drückt, fließt der Inhalt des oberen Gefäßes so weit aus, bis der Spiegel an die Öffnung des kurzen Schenkels gesunken ist. Die Absaugwirkung bei Geruchverschlüssen, auch das unangenehme Absaugen von Schmutzwasser in die Reinwasserleitung und das bei Kohlenbadeöfen vorkommende Zusammengedrücktwerden beruhen auf diesem Prinzip, und ebenso der Spülkasten.

Das obere Bild zeigt im Schnitt einen normalen Spülkasten, gefüllt, im Ruhezustand. Die Füllung geschieht durch das (hier von rechts kommende) Rohr aus der Wasserleitung. Am Ende dieses Zuleitungsrohres sitzt ein Hahn (Schwimmerkugelhahn, Schwimmerventil), verbunden durch die quer übers Bild laufende Hebelstange (aus Messing) mit dem Schwimmer (Schwimmerkugel) aus Kupfer oder Kunststoff. Der Schwimmer hebt und senkt sich mit dem Wasserspiegel. Bei normaler Wasserhöhe drückt die Schwimmerkugel durch den Hebel das Schwimmerventil zu, es läuft kein Wasser mehr zu. Sobald Wasser abfließt, sinkt der Schwimmer, öffnet damit das Ventil, es fließt wieder Wasser zu. Bitte beachten Sie, wenn Sie die Zeichnung studieren, daß diese Zu-

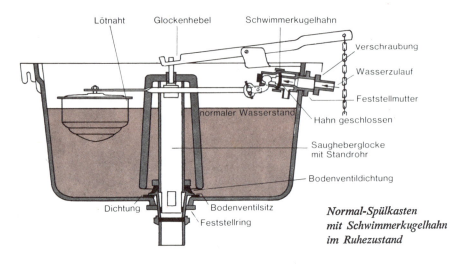

Normal-Spülkasten mit Schwimmerkugelhahn im Ruhezustand

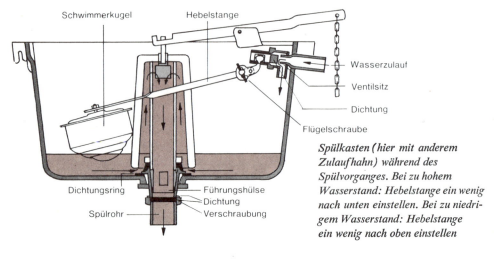

Spülkasten (hier mit anderem Zulaufhahn) während des Spülvorganges. Bei zu hohem Wasserstand: Hebelstange ein wenig nach unten einstellen. Bei zu niedrigem Wasserstand: Hebelstange ein wenig nach oben einstellen

laufvorrichtung Hahn–Hebel–Schwimmer nicht in Verbindung steht mit der jetzt zu betrachtenden Auslaufvorrichtung.
Die Kette, die den Spülvorgang auslöst, hängt am äußeren Ende des Glockenhebels. Am anderen Ende dieses Hebels hängt die Saugheberglocke (aus Gußeisen, Blei oder keramischem Werkstoff). Im Ruhezustand sitzt die Glocke mit dem darin befindlichen Standrohr unten fest auf, so daß das Bodenventil geschlossen ist und kein Wasser ablaufen kann.
Wird jetzt durch Ziehen am Handgriff der Glockenhebel am äußeren Ende heruntergezogen, hebt sich innen die Glocke. Das Bodenventil öffnet sich. Wasser fließt durch das Spülrohr ab. Wird der Glockenhebel in dieser Stellung festgehalten, so entleert sich die gesamte Wassermenge auf diesem Wege, und sobald das geschehen ist, fließt auch das (infolge Sinkens des Schwimmers) neu zufließende Wasser sofort ab.
Normalerweise wird am Handgriff nur kurz gezogen. Die Glocke senkt sich also sofort wieder und verschließt das Bodenventil. (Im unteren Bild hat sich die Glocke bereits wieder gesenkt.) Jetzt kommt das Saugprinzip zur Geltung. Die geringe Wassermenge, die beim kurzen Anheben der Glocke abfließen konnte, übt eine Saugwirkung aus. Der atmosphärische Luftdruck, der auf die Wasseroberfläche wirkt, bekommt jetzt gewissermaßen die Oberhand. Er drückt Wasser in der Glocke empor, bis dahin, wo es durch Öffnungen im Standrohr (die im Ruhezustand über dem Normalwasserspiegel liegen) in dieses Rohr treten und durch das Spülrohr nach unten stürzen kann. So wird alles Wasser abgesaugt, bis der Wasserspiegel im Kasten unter den unteren Rand der Glocke gesunken ist.
Sobald man sich diese Arbeitsweise einmal klargemacht hat, versteht man leicht die möglichen Störungen im Spülprozeß und die Abhilfe. Zuvor noch ein Wort über die zweite Art von Spülkästen.
Tiefhängender Spülkasten Der tiefhängende Spülkasten – gleich über dem Becken angebracht, meist aus Hartsteingut – arbeitet nicht nach dem Saugprinzip. Er entleert sich durch die Stoßwirkung des ausströmenden Wassers. Man braucht hier eine größere Wassermenge, nämlich 16 bis 20 Liter gegen 8 bis 12 Liter beim hochhängenden Kasten, und man braucht ein weiteres, nämlich 50 mm messendes Spülrohr. Die Verbindung zwischen Spülrohr und Klosett stellt ein Spül-

rohrverbinder her. Wird diese Verbindung undicht, muß der im Bilde sichtbare Gummiring erneuert werden.

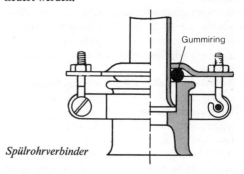

Spülrohrverbinder

Störungen

Ist alles in Ordnung, muß das Wasser im Klosettbecken nach abgeschlossenem Spülvorgang ruhig stehen; es darf kein Wasser mehr nachlaufen. Die gewöhnlichste Störung besteht darin, daß trotzdem ständig Wasser läuft. Wir gehen die möglichen Ursachen der Reihe nach durch:
Falscher Wasserspiegel Der Hebel vom Schwimmer zum Schwimmerventil kann falsch eingestellt sein. Der Winkel zwischen Hebel und Ventil kann nachgestellt werden durch eine Flügelschraube, bei anderen Ausführungen durch eine besondere Stellschraube. Solange der Winkel falsch eingestellt ist, kann es sein, daß entweder das Wasser zu hoch steigen muß, bevor sich der Zufluß schließt: dann läuft ständig Wasser nach. Es kann auch sein, daß der Wasserspiegel zu niedrig ist: dann ist die Spülwirkung zu gering.
Schwimmer undicht Die Schwimmerkugel kann klemmen oder undicht sein. Die undichte Kugel füllt sich mit Wasser, es fehlt der Auftrieb. Eine defekte Schwimmerkugel aus Kunststoff muß ersetzt werden. Eine Schwimmerkugel aus Kupfer wird gewöhnlich an der Naht undicht. Man sticht durch die Mitte des Bodens ein kleines Loch und entfernt durch Schütteln das eingedrungene Wasser. Dann wärmt man sie leicht an, damit etwa darin verbliebene Wasserreste verdunsten. Dann kann man die Naht und die zur Entleerung durchgestochene Öffnung nach vorherigem Blankmachen verlöten (über Löten S. 323); die Kugel soll dabei nicht zu stark erhitzt werden; sie könnte sonst platzen – wie eine aufs Feuer gestellte geschlossene Wärmflasche.
Schwimmerhahn defekt Der Fehler kann am Schwimmerhahn liegen. Man baut ihn – selbst-

verständlich nach Absperren des Wassers – durch Lösen der äußeren Verschraubung und der Feststellmutter am Kasten aus. Eine schadhafte Schwimmerhahndichtung muß ausgewechselt werden. Ist der Sitz des Ventils uneben, kann der Hahn nachgefeilt oder glattgefräst werden. Hilft das nicht oder erscheint es zu schwierig, muß ein neuer herbei.

Bodenventil defekt Läuft das Wasser gleich nach der Spülung, bevor der Spiegel im Kasten seinen Normalstand wieder erreicht hat, ununterbrochen weiter, wird das Bodenventil defekt sein. Das festzustellen, muß man – nach dem Absperren der Zuleitung – die Glocke vom Hebel abheben. Jetzt sieht man, ob nur die Gummidichtung am Bodenventil erneuert werden muß, oder ob der Sitz des Ventils porös ist. Im letzteren Fall kann man, wenn man geschickt genug ist, durch feines Feilen und Nachschmirgeln die Sitzfläche wieder glätten; sonst muß das Ventil auf der Drehbank nachgedreht oder erneuert werden.

Zu starker Zufluß Manchmal entleert sich der Spülkasten selbsttätig und läuft, obwohl alle Innenteile in Ordnung sind. Die Ursache liegt dann in einem zu starken Wasserzufluß: der Kasten füllt sich schneller, als er abläuft; durch den nicht abreißenden Wasserzustrom sinkt der Spiegel nicht unter den unteren Glockenrand, die Saugwirkung bleibt dauernd bestehen. Abhilfe: Drosseln des Zuflusses am Absperrhahn.

Herausspringen der Glocke Wird mit zu starkem Ruck gezogen, kann die Glocke aus dem Glockenhebel herausspringen. Zur Abhilfe muß gewöhnlich der Glockenhebel etwas nach unten gebogen werden. Herausspringen der Glocke kann auch durch eine schadhafte Führungshülse verursacht werden. Sie ist zu ersetzen. Spülkästen, bei denen das Heben der Glocke durch einen Drücker anstatt durch Ziehen am Strang ausgelöst wird, sind gegen dieses Übel weitgehend gefeit.

Rostbildung In einem gußeisernen, nicht emaillierten Kasten kann sich im Laufe der Zeit eine Rostschicht bilden. Rostteilchen springen ab, legen sich auf den Sitz des Bodenventils und machen es undicht. Ein solcher Kasten muß abgenommen, gut ausgetrocknet, dann mit Drahtbürste und Spachtel gründlich vom Rost befreit werden. Der Kasten wird dann zwecks Rostschutz mit Mennige gestrichen (S. 50).

Schwitzwasser Besonders im Sommer sieht man außen am Spülkasten und an Wasserleitungsrohren Wassertropfen hängen. Es sieht manchmal aus, als wenn das Wasser durch die Wandungen nach außen dränge. Es handelt sich jedoch um harmloses Schwitzwasser, also um Luftfeuchtigkeit, die sich bei Berührung mit den kalten Außenwänden von Rohr oder Kasten niederschlägt – der gleiche Vorgang wie beim Beschlagen einer Fensterscheibe.

Druckspüler

Um ein Klosettbecken richtig zu säubern, die Fäkalienstoffe flüssig durch den Geruchverschluß in die Abflußleitung zu schleusen, müssen mindestens 8 bis 10 Liter Wasser binnen höchstens 10 bis 12 Sekunden durch das Becken fließen. Beim Spülkasten erreicht man das durch entsprechende Größe des Kastens. Für Druckspüler bestehen, damit die gleiche Spülleistung sichergestellt wird, besondere Einbauvorschriften der Wasserwerke. Druckspüler verlangen eine weite Zuflußleitung und ausreichenden Wasserdruck. Sie haben eine lange Lebensdauer.

Richtige Einstellung Für die Instandhaltung von Druckspülern ist am wesentlichsten, daß Zeit und Wasserdruck richtig eingestellt sind. Durch einen richtig eingestellten Druckspüler soll bei normalem Wasserdruck etwa ein Liter je Sekunde fließen. Falsche Einstellung kann, abgesehen von ungenügender oder auch zu starker Spülwirkung (Spritzen über das Becken hinaus oder auch aus dem Belüftungsventil, das hier »Rohrunterbrecher« genannt wird), auch zu plötzlichem Schließen des Druckspülers führen. Die plötzlich gehemmte Wassermenge verursacht Schläge und ratternde Geräusche, die bis ins Nachbarhaus hörbar sind, unter Umständen auch Rohrbrüche. Manche Druckspüler haben Außenregulierung. Bei ihnen wird die durchlaufende Wassermenge eingestellt durch eine Regulierschraube, die oberhalb des Wasserzulaufs sitzt. Andere haben eine automatische Einstellung im Inneren.

DAL-Druckspüler als Beispiel Dieser weitverbreitete Spüler wird wie ein Wasserhahn eingeschraubt und ist dann sofort betriebsfertig. Seine Automatik paßt sich dem Wasserdruck an, so daß Falscheinstellung unmöglich und Regulieren nicht notwendig ist.

Die Zeichnung zeigt das Standardmodell in geschlossenem Zustand und läßt zugleich die Wirkungsweise erkennen: Beim Herabdrücken des Hebels 10 werden Hülse 4, Hubstift 5, Brücke 7 sowie Kegel 6 (mit Dichtung 11) angehoben und

dieser 1 mm hoch geöffnet. Durch die entstehende Öffnung fließt Wasser aus der Druckkammer 17 zum Klosettbecken ab. Der Kolben 8 und die fest mit ihm verbundenen Teile 9, 18, 12, 2 lassen sich nun beim weiteren Herabdrücken des Hebels 10 leicht ganz anheben. Unter der Kolbendichtung 2 kann jetzt das Wasser vom Leitungsanschluß 23 direkt zum Klosettbecken fließen.
Sobald man den Hebel 10 wieder losläßt, zieht die Feder 14 die zuvor angehobenen Teile und damit den Entlastungskegel 6 auf seinen Sitz im Kolben 8 zurück, ebenso den Kolben selbst mit seiner Dichtung 2. Das Zulaufwasser, das jetzt durch die Düse D in die Druckkammer 17 einströmt, drückt gleichfalls den Kolben nach unten und bewirkt ein festes Schließen. Damit endet der Spülvorgang.
Der Normalspüler liefert etwa 8 Liter Wasser je Spülung. Durch Herausdrehen der Schraube 21 läßt sich die Spüldauer verkürzen und damit Wasser sparen; doch sollten 6 Liter je Spülung nicht unterschritten werden, damit die Abflußleitung nicht verstopft wird.
Bei Frostgefahr kann man durch Hineindrehen der Frostschraube, die sich seitlich am Gehäuse befindet und deshalb in unserer Schnittzeichnung nicht sichtbar ist, ein ständiges leichtes Rinnen herbeiführen und damit die Gefahr des Einfrierens verringern.

Störungen Läuft das Wasser dauernd, zunächst den Hebel 10 kräftig auf- und niederdrücken. Ist die Druckausgleichsdüse verstopft, so reinigt sie sich dabei eventuell von selbst. Außerdem Frostschraube zurückdrehen.
Hilft das nicht oder liegt eine Störung anderer Art vor, muß der Druckspüler auseinandergenommen werden:
1. Deckel 3 abschrauben; nicht zerkratzen!
2. Entlastungskegel 6 losschrauben, herausheben und reinigen. Wenn nötig, Dichtung 11 erneuern.
3. Kolben 8 nach oben herausnehmen. Düse D reinigen, dazu nur 0,2 mm dicken Stahldraht verwenden, Düse nicht aufweiten!
4. Kolbendichtung 2 und Manschette 18, sofern schadhaft, erneuern. Ring 9 über der Manschette fest anziehen.
5. Kolben 8 einsetzen. Dabei sollen keine Falten an der Ledermanschette entstehen.
6. Entlastungskegel 6 so einschrauben, daß unbedingt ein Vorhub von 1mm verbleibt.
7. Deckel 3 wieder aufschrauben; die zugehörige Dichtung 13 wenn nötig erneuern.

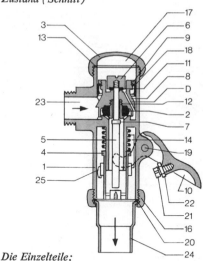

DAL-Automatik-Druckspüler in geschlossenem Zustand (Schnitt)

Die Einzelteile:

1 *Gehäuse*
2 *Kolbendichtung*
3 *Deckel*
4 *Hülse*
5 *Hubstift*
6 *Kegel*
7 *Brücke*
8 *Kolben*
9 *Kolbenring*
10 *Hebel*
11 *Entlastungsdichtung*
12 *Kolbenschraube*
13 *Deckeldichtung*

14 *Feder*
16 *Überwurfmutter*
17 *Druckkammer*
18 *Ledermanschette*
19 *Hebelschraube*
20 *Fiberdichtung*
21 *Hubeinstellschraube*
22 *Hubeinstellmutter*
23 *Leitungsanschluß*
24 *Lötstutzen*
25 *Öffnung* (*Rohrunterbrecher*)

Reinigen der Düse

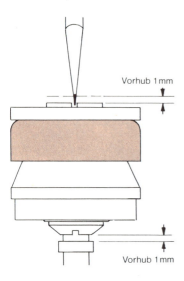

Vorhub beachten!

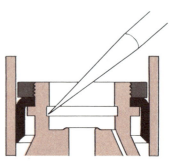

Um die Feder 14 zu erneuern, muß Lötstutzen 24 mit Spülrohr abgeschraubt (Überwurfmutter 16) und zur Seite gehalten werden. Nach Herausschrauben der Hebelschraube 19 und Abnehmen des Hebels 10 fallen Hülse 4 mit Hubstift 5 und Feder 14 nach unten heraus. Dichtungssatz mit Feder ist im Installationshandel erhältlich.

Herausheben des Kolbens

4 Störungen an Wasserleitungen

Verseuchung der Reinwasserleitung durch Schmutzwasser

Daß es gesundheitsgefährdend wäre, wenn Schmutzwasser in die Frischwasserleitung dränge, bedarf keiner Ausführung. Nach den amtlichen Vorschriften über das Verlegen von Wasserleitungen sind alle Anlagen so einzurichten, daß unter keinen Umständen Flüssigkeiten in die Reinwasserleitung zurückgesaugt werden können. Trotz ordnungsgemäßer Anlage kann das aber passieren, wenn Schläuche, die an Auslaufhähnen hängen, z.B. in der Waschküche, an Spül- und Ausgußbecken, in Schmutzwasser hineinragen, und wenn der Auslaufhahn dabei geöffnet (oder undicht!) ist. Wird nämlich in diesem Augenblick das tiefer gelegene Zuleitungsrohr entleert, so entsteht in ihm eine Saugwirkung (Unterdruck), die das Schmutzwasser aufzieht. Ein Rohrbelüfter schließt diese Gefahr aus. Für Gartenwasserhähne sind Belüfter (Bild S. 382 oben) zwingend vorgeschrieben.

Geräusche in der Leitung

Fließgeschwindigkeit Übermäßige Geräusche werden durch große Fließgeschwindigkeiten verursacht. Große Fließgeschwindigkeiten entstehen in sehr langen waagerechten Leitungen (deshalb sollen die Zuleitungen von der Steigleitung zur Entnahmestelle kurz gehalten werden), in zu engen Leitungen und – was auf zu enge Leitung hinausläuft – durch Auslaufhähne, die im Verhältnis zu den Rohren zu groß sind, oder auch durch zu viele Hähne. Wenn in dieser Beziehung beim Einbau der Anlage etwas versäumt wurde, hilft nur Auswechseln der Rohre oder Hähne durch den Fachmann.

Singendes Geräusch Die Ursachen eines singenden oder surrenden Geräuschs kann man selbst beseitigen: lose Kegel in Hähnen, ausgeleierte Hahnspindeln, undichte Stopfbüchsen, lose Dichtungsscheiben.

Bei Druckspülern Das heftige Geräusch bei Druckspülern ist durch ihre Konstruktion bedingt, daher nicht zu vermeiden. Der Druckspüler hat einen »Rohrunterbrecher«, der als Luftventil wirkt, das während der Spülung große Luftmengen ansaugt, die sich mit dem Spülstrahl vereinigen und im Becken als Luftblasen wieder ausscheiden. Der Rohrunterbrecher verhindert damit ein Rücksaugen von Schmutzwasser in die Reinwasserleitung. Näheres über Druckspüler S. 364 ff.

Frostschutz

Schäden Nicht wenige Prozesse werden geführt über Schäden, die durch eingefrorene Wasserleitungen entstanden sind, an den Leitungen selbst, an Kohlen- und Gasbadeöfen, Klosetts, Geruchverschlüssen, darüber hinaus an Gebäuden und Einrichtung. Wer soll das bezahlen – Mieter oder Vermieter? Auf jeden Fall ist der Mieter für seinen Bereich mit verantwortlich. Fast alle Stoffe dehnen sich bei Erwärmung aus, verkleinern also bei Abkühlung ihr Volumen. Das Wasser macht von dieser Regel eine Ausnahme. Es ist am dichtesten bei $+4°$ C. Gefriert es, so nimmt es als Eis mehr Raum ein als vorher die Flüssigkeit. Frierendes Wasser in Felsspalten sprengt härtestes Gestein. Frierendes Wasser in der Leitung sprengt die stärksten Rohre und Behälter.

Daraus können wir gleich eine wichtige Erkenntnis schöpfen. Man hört nicht selten die Meinung, das Auftauen eingefrorener Wasserleitungsrohre sei gefährlich, weil die Leitungen dabei platzen könnten. In Wahrheit erfolgt, aus dem eben erwähnten Grunde, die Zerstörung der Rohre meist beim Einfrieren – nur tritt der Schaden gewöhnlich erst im Augenblick des Auftauens in Erscheinung, weil jetzt das Wasser vom festen zum flüssigen Zustand zurückkehrt und nun durch die schon vorher entstandenen Risse dringen kann!

Vorbeugung Der einzig vernünftige Rat, den man auf diesem Gebiet geben kann, lautet: Es darf nie so weit kommen, daß eine Leitung einfriert. Vorbeugen!

Laufenlassen genügt nicht Hier können wir gleich noch einer irrigen Meinung entgegentreten: daß es genüge, die Auslaufhähne in feinem Strahl laufen zu lassen. Das bietet zwar bei mäßiger Kälte einen gewissen Schutz, denn bewegtes Wasser gefriert nicht so leicht wie stehendes. Bei stärkerer Kälte kann jedoch der auslaufende Strahl ebenfalls gefrieren und ein Schaden entstehen, der ebenso groß ist wie bei geschlossenen Hähnen. In regelmäßig benutzten Räumen innerhalb des Wohnbereichs wie Bad, Schlafzimmer, Klosett, die nicht beheizt sind, genügt es gewöhnlich, daß man die Temperatur bei einbrechender Kälte kontrolliert und, sobald sie auf 2 bis $3°$ sinkt, durch Offenlassen der Türen und Geschlossen-

lassen der Fenster einen Wärmeausgleich mit den beheizten Räumen herstellt. Wenn nötig stellt man ein kleines Heizgerät, Elektro- oder Petroleumofen, in die gefährdeten Räume.

Leitungen entleeren In allen anderen Fällen müssen die Leitungen bei Beginn der Frostgefahr abgesperrt und entleert werden. Das gilt zunächst für alle Leitungen im Freien (Gartenleitungen) und für alle Leitungen in unbenutzten Gebäuden (Wochenendhaus!). Es ist ferner erforderlich bei leichtgebauten Häusern und allen Leitungen, die aus baulichen Gründen oder aus Unkenntnis an Außenwänden, Hauseingängen, Dachböden verlegt wurden – auch wenn sie gut isoliert sind. Bedenkt man, daß bei starkem Frost der Boden bis zur Tiefe von 1,20 m und mehr einfriert, so ist klar, daß auch gute Isolierung versagen kann.

Wasserzähler schützen Ist der Wasserzähler an einer frostgefährdeten Stelle angebracht, so ist zu empfehlen, ihn sowie die zu ihm führende Leitung vom Eintritt in das Haus an zu schützen durch einen mit Torfmull, Stroh oder Glaswolle gefüllten Holzverschlag.

Durchführung des Entleerens Ist die gesamte Leitung oder ein Strang zu entleeren, so wird der Absperrhahn geschlossen, der Entleerungshahn geöffnet. Er muß auch ganz geöffnet bleiben, sonst könnte sich die Leitung eventuell durch nicht ganz schließende Absperrhähne wieder langsam füllen und doch einfrieren. Alle übrigen Hähne im betreffenden Leitungsabschnitt müssen ebenfalls geöffnet werden, die höchstgelegenen, z. B. auf dem Speicher, eingeschlossen. Erst das Öffnen dieser Hähne schafft einen Ausgleich zwischen äußerem und innerem Druck und macht die Leitung ganz wasserfrei.

Behälter und Geräte Alle Wasserbehälter im Leitungsbereich sind gleichfalls zu entleeren. Zum Entleeren von Einzelgeräten wird der Absperrhahn vor dem Gerät geschlossen, alle Entleerungs- und Auslaufhähne werden geöffnet. Kohlenbadeöfen werden entleert durch das unten am Ofen sitzende Entleerungshähnchen (evtl. Schlauch anstecken). Klosettspülkasten durch Ziehen am Griff entleeren. Warmwasserbereiter mit Gasbetrieb haben eine Entleerungsschraube. Die Ansicht ist irrig, daß das Brennenlassen der kleinen Zündflamme genüge, um das Einfrieren zu verhindern. Die von ihr entwickelte Wärme ist ungenügend.

Wiederauffüllen Nach der Frostperiode werden zum Wiederauffüllen alle Entleerungs- und Aus-

368 Wasser und Gas

laufstellen geschlossen, der Absperrhahn wird vorsichtig geöffnet. Gleich danach sind alle Auslaufstellen zu überprüfen. Gas- und Kohlebadeöfen sind vor dem Auffüllen zu entlüften, d. h. kräftig mit kaltem Wasser durchzuspülen, damit Luftreste mitgerissen werden.

Das Auftauen eingefrorener Leitungen

Wenn das Unheil nun doch passiert ist? Nicht jede eingefrorene Leitung muß platzen. Beginnt nämlich das Einfrieren in einem kalten Raum am Auslaufhahn und schreitet von dort in Richtung wärmerer Teile fort, so wird das Wasser in dieser Richtung zurückgedrängt, anstatt das Rohr zu sprengen.

Wo beginnen? Fängt man in der Mitte an, kann sich bei übermäßiger Erwärmung Dampf bilden und das Rohr platzen. Der besseren Übersicht halber ist es am praktischsten, an einem Ende, in der Regel an der Auslaufstelle, zu beginnen. Wo eine Leitung gefroren ist, merkt man bei leichtem Beklopfen mit einem Hammer am Klang.

Heiße Tücher oder Sandsäcke Ein ungefährliches Auftauverfahren besteht darin, Säckchen mit vorher erhitztem Sand oder mit heißem Wasser getränkte Tücher (möglichst saugfähig) auf die Rohre aufzulegen. Es empfiehlt sich, die Wand durch Pappe o. ä. vor der Nässe zu schützen.

Lötlampe Stärker wirken eine oder zwei Lötlampen. (Die Handhabung von Lötlampen ist auf Seite 324 erklärt.)

Um die Wand vor zu großer Hitze zu schützen, schiebt man eine Blech- oder Asbestplatte dazwischen; Gardinen und andere leicht brennbare Gegenstände sind aus der Umgebung zu entfernen.

Das Auftauen mit größeren Lötlampen und anderen offenen Flammen überläßt man besser dem Fachmann, da es gefährlich ist.

Das Erwärmen wird fortgesetzt, bis das Wasser frei aus dem offenen Auslaufhahn tritt.

Elektrische Auftaugeräte Installationsgeschäfte verfügen über elektrische Geräte zum Auftauen. Mit ihnen kann man verdeckt in Erdboden und Wänden liegende Leitungen in kurzer Zeit auftauen.

Elektrische Rohrwärmer für Wasser- und Ölleitungen Für kleinere Leitungen, die frostgefährdet sind, aber gleichwohl nicht abgestellt und entleert werden könne, gibt es elektrische Rohrwärmer. Sie werden im Keller oder auch unter dem Hahn an den gefährdeten Steigstrang angeschlossen und erwärmen ihn so weit, daß das Wasser zirkuliert und nicht gefriert. Derartige Geräte sind billig, der Stromverbrauch ist gering. Für die Beheizung von WC-Räumen sind Allgas-Heizgeräte zugelassen, die bei 600 kcal Stundenleistung keine Abgasleitung brauchen.

5 Warmwasserbereitung

Die unterschiedlichen Systeme

Für die Versorgung von Ein- und Mehrfamilienhäusern mit warmem Wasser gibt es eine Reihe sehr unterschiedlicher Systeme. Grundsätzlich unterscheidet man zunächst zwischen zentraler und dezentraler Warmwasserbereitung. Am weitesten verbreitet ist die mit der Ölheizung kombinierte zentrale Warmwasserversorgung. Ihr großer Vorteil: im gesamten Haus ist nur eine Heizquelle in Betrieb, und selbst bei gestiegenen Ölpreisen wird das Wasser im Verhältnis zu elektrischen Heizsystemen immer noch sehr preiswert erwärmt.

Im Sommer allerdings, wenn die Raumheizung abgeschaltet ist, arbeitet der Kessel, weil er nur noch in größeren Abständen zur Aufheizung des Brauchwassers in Betrieb geht, mit einem sehr niedrigen Wirkungsgrad. In dieser Zeit kann es sinnvoll sein, den Standspeicher nicht über den Kessel, sondern mit einer elektrischen Heizpatrone auf Temperatur zu halten. Auch die Kombination mit einem Sonnenkollektor, der in dieser Zeit sogar kostenlose Heizenergie liefert, ist zu erwägen.

Ein anderer Nachteil der zentralen Warmwasserbereitung liegt in den erheblichen Leitungsverlusten auf dem Weg vom Speicher bis zu den einzelnen Verbrauchsstellen.

Durch einzelne, direkt an der jeweiligen Zapfstelle installierte Warmwasserbereiter werden diese Nachteile ausgeschaltet. Doch auch die dezentrale Warmwasserversorgung ist nicht immer die ideale Lösung. Wird das Wasser in kleinen Speichern bereitgehalten, gibt es Abstrahlverluste und oft

Möglichkeiten der Warmwasserzubereitung

befriedigt die Speicherkapazität nicht den aktuellen Bedarf. Durchlauferhitzer als weitere Alternative bieten nicht immer den gleichen Benutzungskomfort wie die Versorgung aus einem zentralen Speicher.

Warmwasserbereitung mit Elektrogeräten

Elektrisch beheizte Speicher und Durchflußgeräte können ohne großen Installationsaufwand zur Versorgung einzelner Zapfstellen oder für Gruppen von Zapfstellen eingesetzt werden. Man integriert sie in die bereits vorhandene Kaltwasserleitung. Die elektrischen Anschlüsse solcher Geräte müssen meist einzeln abgesichert werden, so daß beim nachträglichen Einbau eventuell neue Kabel zu verlegen sind.
Energiebedarf Alle Elektrospeicher strahlen auch bei guter Isolierung Wärme ab. Diese Verluste reduzieren den Wirkungsgrad der Geräte. Speicher haben im Verhältnis zu Durchlauferhitzern geringe Anschlußwerte. Entsprechend lang sind die Aufheizzeiten. Bei einem 10-l-Speicher mit 2-kW-Anschluß beispielsweise dauert es 18 Minuten, bis das Wasser auf 60 °C erwärmt ist.
Untertischspeicher Zur Versorgung von Waschbecken oder Küchenspülen werden häufig Untertischspeicher mit 5 l Inhalt eingesetzt. Es handelt sich dabei um sogenannte drucklose Geräte. Öffnet man den Warmwasserhahn, fließt kaltes Wasser durch ihre spezielle Mischarmatur in den Speicher und drückt das warme Wasser hinaus. Nach dem Schließen des Hahns heizt das Gerät sofort wieder auf die eingestellte Temperatur nach. Dabei dehnt sich das Wasser im Speicher aus. Am Auslaufhahn beginnt es zu tropfen. Dieses Tropfen ist für Untertischspeicher typisch und kann nicht durch stärkeres Zudrehen des Auslaufventils verhindert werden. Wichtig beim Anschluß eines Untertischspeichers: Bevor das Gerät ans Stromnetz angeschlossen wird, muß durch Öffnen des Warmwasserhahns dafür gesorgt werden, daß sich der Speicher vollständig mit Wasser füllt! Ansonsten heizt das Gerät trocken auf, was zu sofortigem Durchbrennen führt.
Durchlauferhitzer Im Gegensatz zu Speichern ist bei elektrischen Durchlauferhitzern die Entnahmemenge nicht begrenzt. Will man hohe Temperaturen erzielen, ist die Durchflußmenge jedoch entsprechend gering. Durchlauferhitzer haben meist Anschlußwerte von 18 oder 21 kW. Sie benötigen einen Drehstromanschluß mit eigener Sicherung.
Übliche Durchlauferhitzer werden durch einen hydraulischen Schalter betätigt, der bei einer bestimmten Durchflußmenge reagiert. Die gewünschte Temperatur wird durch Zumischen kal-

Wasser und Gas

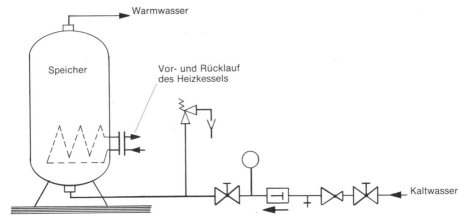

Anschluß eines Warmwasserspeichers an die Kaltwasserleitung.

ten Wassers erreicht. Daher ist es beim Betrieb von Duschen sehr schwierig, die Wunschtemperatur exakt einzustellen und zu halten. Wesentlich komfortabler sind dagegen moderne, elektronisch geregelte Durchlauferhitzer, bei denen jede Temperatur stufenlos vorgewählt werden kann und durch die elektronische Steuerung der Heizleistung unabhängig von der Durchflußmenge konstant gehalten wird. Diese neue Technik ist zwar deutlich teurer, bietet neben dem erhöhten Komfort aber auch eine bessere Energieausnutzung. Zudem verkalken diese Geräte nicht so schnell wie herkömmliche Durchlauferhitzer.

Warmwasserbereitung mit Gas

Gas ist ein besonders sauberer Energielieferant. Steht Erdgas zur Verfügung, müssen nicht wie beim Heizen mit Öl aufwendige Lagereinrichtungen bereitgehalten werden. Einzelne Warmwasserbereiter für Gasbetrieb benötigen jedoch stets einen Abgasanschluß.
Wie bei den elektrisch betriebenen Geräten unterscheidet man auch hier zwischen Durchlauferhitzern und Speichern.
Installationsarbeiten sowie Wartung und Reparaturen müssen bei Gasgeräten aus Sicherheitsgründen ausnahmslos dem Fachmann überlassen werden.

Zentrale Warmwasserversorgung

Man unterscheidet hier zwischen Brauchwasserspeichern, die mit dem Heizkessel eine Geräteeinheit bilden, und solchen, die neben dem Kessel stehen und mit einem Wärmetauscher beheizt werden. Beim separaten Speicher ist die Wahl der Größe freigestellt, und man kann zusätzlich auch Solarenergie einspeisen oder Wärmepumpen anschließen.
Desweiteren können auch Warmwasserspeicher für die zentrale Versorgung installiert werden, die völlig unabhängig von der Zentralheizung arbeiten. Sie werden mit Gas oder Strom betrieben bzw. nutzen die Sonnenenergie mit Hilfe eines Kollektors. Allen zentralen Warmwasserspeichern ist gemeinsam, daß sie direkt an die Kaltwasserleitung angeschlossen werden. Weil im Innern des Speichers der gleiche Druck wie in der Wasserleitung herrscht, sind entsprechende Sicherungen erforderlich. Bei Leitungsdrücken von mehr als 6 bar ist vor dem Speicher ein Druckminderer zu installieren. Um die Ausdehnung des sich erwärmenden Wassers auszugleichen, muß zudem ein Sicherheitsventil vorgesehen werden, das bei 6 bar anspricht. Weil in der Aufheizphase Wasser aus diesem Sicherheitsventil entweicht, wird es mit einem Ablauf kombiniert. Will man das Entweichen von Wasser während des Aufheizens verhindern, kann in die Anlage auch ein auf die Speicherkapazität abgestimmtes Ausdehnungsgefäß integriert werden.

Warmwasserverteilung Um die Wärmeverluste im Rohrsystem so gering wie möglich zu halten, plant man die Steigleitung so, daß die Zapfstellen ungefähr gleich weit von der Verteilung entfernt liegen. Damit vermeidet man unnötig lange Rohrwege. Unerläßlich ist natürlich auch eine wärmedämmende Ummantelung der Rohre.

Zirkulationsleitung Öffnet man eine weit vom Speicher entfernt liegende Zapfstelle, so dauert es geraume Zeit, bis warmes Wasser austritt. Will man diese Wartezeit vermeiden, kann man eine Zirkulationsleitung anlegen. Darunter versteht man eine dünne Rohrleitung, die kurz vor der obersten Zapfstelle abzweigt und zum Warmwasserspeicher zurückführt. Das sich im oberen Bereich des Rohrsystems abkühlende Wasser wird schwerer und fließt dann durch die Zirkulationsleitung nach unten. Warmes Wasser aus dem Speicher fließt nach. Bei ungünstigen Leitungsverhältnissen muß eine Zirkulationspumpe integriert werden, die den Umlauf ständig in Gang hält. Diese Pumpe läßt sich auch mit einem Zeitschalter kombinieren, der den Kreislauf beispielsweise während der Nachtstunden unterbricht. Grundsätzlich erhöht eine Zirkulationsleitung den Energieverbrauch. Dafür wird aber eine erhebliche Menge an Wasser gespart.

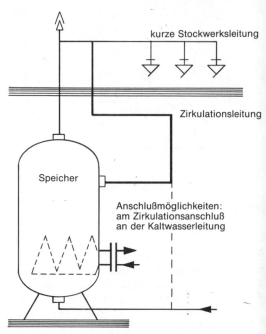

Anschluß einer Zirkulationsleitung am Warmwasserspeicher.

Warmes Wasser durch Sonnenenergie

Sonnenkollektoren Obwohl die Sonne in unseren Breiten nur 1300 bis 1900 Stunden im Jahr scheint – am Äquator dagegen rund 4000 Stunden – lohnt es sich durchaus, diese kostenlose Energiequelle zur Erwärmung von Brauchwasser anzuzapfen. Mit technisch ausgereiften Sonnenkollektoren, die einen hohen Wirkungsgrad aufweisen, können in den Monaten März bis Oktober über 90 Prozent des Brauchwasserbedarfs befriedigt werden. Solaranlagen für die Warmwasserbereitung sparen fossile Brennstoffe und sind gerade dann am effektivsten, wenn herkömmliche Anlagen besonders unwirtschaftlich arbeiten.

Funktionsweise Sonnenkollektoren sind als flache Kästen aufgebaut. Hinter einer Glasscheibe liegt ein von nicht gefrierender Wärmeträger-Flüssigkeit durchströmter Kollektorkörper. Seine Oberfläche ist zur besseren Aufnahme der Sonnenstrahlung schwarz gefärbt. Die Unterseite des Kollektorgehäuses ist gegen Wärmeverlust isoliert.
Eine Umwälzpumpe transportiert die Wärmeträger-Flüssigkeit, die je nach Sonnenscheinintensität und Wirkungsgrad des Kollektors 40 bis 90 °C heiß werden kann, zum Wärmetauscher im Brauchwasserspeicher der zentralen Warmwasserversorgung des Hauses. Nach Abgabe der Wärme fließt das Medium wieder zum Kollektor zur erneuten Aufheizung.

Installationsaufwand und Kosten Gegenüber einer üblichen Anlage zur Erwärmung des Brauchwassers müssen zur Nutzung der Sonnenenergie zusätzlich die Kollektoren, die Rohrleitungen, eine Umwälzpumpe sowie relativ einfache Regel- und Sicherheitseinrichtungen installiert werden. Die Größe der Kollektoren richtet sich nach dem Bedarf an warmem Wasser. Als Faustregel gilt: pro Person werden 100 bis 200 l Warmwasserspeicher-Inhalt benötigt und für 100 l Speicherinhalt braucht man 1,5 bis 2 m² Kollektorfläche.

Die Kosten für eine Solaranlage liegen heute bei rund 5000 Mark (ohne Montage). Sehr einfache Systeme, in Eigenleistung installiert, können deutlich preiswerter sein. In weniger als 10 Jahren hat sich eine Kollektoranlage in der Regel amortisiert. Teilweise wird die Nutzung der Sonnenenergie auch durch Steuervorteile oder direkte Zuschüsse zu den Projekten öffentlich gefördert.

Notwendige Voraussetzungen Für den Betrieb von Sonnenkollektoren zur Brauchwassererwär-

372 Warmwasserbereitung

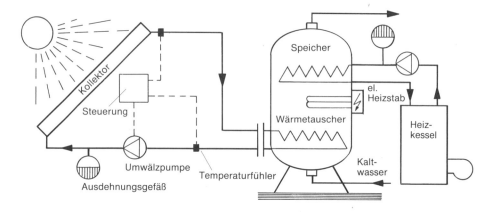

Warmwasserbereitung mit Sonnenenergie.

mung benötigt man eine geneigte Dachfläche in Süd- oder Südwestlage. Man kann die Kollektoren aber auch auf das Flachdach einer neben dem Haus stehenden Garage plazieren. In diesem Fall sollten die Kollektoren mit Hilfe entsprechender Unterkonstruktionen zur Sonne geneigt aufgestellt werden. Das örtliche Bauamt gibt Auskunft über Vorschriften, die aus baurechtlicher Sicht eventuell zu beachten sind.

Vom Kollektor zum Warmwasserspeicher müssen eine Vor- und eine Rücklaufleitung verlegt werden. Hier wählt man meist Kupferrohr (22 × 1 mm). Daneben ist ein Kabel für den Temperaturfühler am Sonnenkollektor erforderlich.

Bei der Planung eines Neubaus wird man einen bis zum Dach führenden Installationsschacht vorsehen. Bei Altbauten besteht häufig die Möglichkeit, die Leitungen durch einen ungenutzten Schornstein zu führen.

Vor dem Kauf von Sonnenkollektoren sollte man die Angebote verschiedener Firmen einholen und vergleichen. Am besten läßt man sich Referenzobjekte in der Nähe nachweisen, um die Erfahrungen der Betreiber zu erfragen. Die Garantiezeit für die Anlage sollte mindestens 5 Jahre betragen. Auch der Wartungsbedarf, Reparaturmöglichkeiten und Lieferung von Ersatzteilen sind bei der Kaufentscheidung zu berücksichtigen.

6 Warmwasserheizung

Arbeitsweise

Wärmespender für Zentralheizungen sind Koks, Stadtgas, Erdgas und Heizöl. Wärmeträger sind Dampf, Luft oder Wasser. Vorzüge der Warmwasserheizung: leicht regulierbar entsprechend der Außentemperatur, einfacher und sauberer Betrieb, Kosten verhältnismäßig gering. Nur diese Art der Zentralheizung betrachten wir hier.

Prinzip Das Bild zeigt, wie das durch die Kerze erwärmte Wasser im linken Rohr aufsteigt. Der Behälter A nimmt das Ausdehnungswasser auf. Das Wasser fließt weiter in den Behälter im rechten Abschnitt der Leitung. Hier staut es sich und gibt einen großen Teil seiner Wärme an die Luft ab. Das abgekühlte und damit schwerere Wasser fällt nach unten, wo es seinen Kreislauf von neuem beginnt. Sobald der Wasserstand durch Überkochen, undichte Rohrstellen u. ä. unter die Linie B–B sinkt, hört der Kreislauf auf. Es wird keine Wärme mehr im rechten Gefäß abgegeben, das Wasser verdampft allmählich, und die Anlage ist ohne Wärmeträger (Wasser).

Denken Sie sich anstelle der Kerze den Heizkessel und anstelle des rechten Gefäßes einen Heizkör-

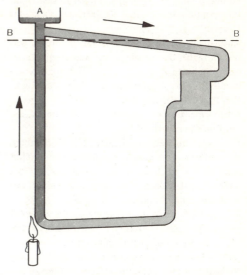

per, so haben Sie das Modell einer Warmwasserheizung. Genaugenommen ist es ein Modell einer der beiden Arten der Warmwasserheizung, nämlich der mit oberer Verteilung.

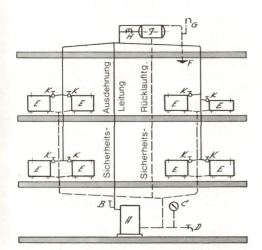

Warmwasserheizung mit oberer Verteilung
A Kessel · B Thermometer · C Hydrometer · D Füll- u. Entleerhahn · E Heizkörper · F Überlauf · G Entlüftung · H Regulier-T · I Ausdehnungs-Gefäß · K Absperrventil (durchgezogene Linie = Vorlauf, --- = Rücklauf, -·- = Entlüftungsleitung)

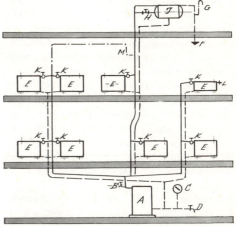

Warmwasserheizung mit unterer Verteilung

A Kessel · B Thermometer · C Hydrometer · D Füll- u. Entleerhahn · E Heizkörper · F Überlauf · G Entlüftung · H Regulier-T · I Ausdehnungs-Gefäß · K Absperrventil · L Lufthahn · M Sturz

Obere Verteilung Das Wasser steigt vom Heizkessel zunächst senkrecht durch die Steigleitung (Vorlaufleitung) zum Ausdehnungsgefäß im Dachgeschoß oder im höchsten Stockwerk, von da durch fallende Vorlaufleitungen zu den Heizkörpern und durch Rücklaufstränge zurück zum Kessel.

Ausdehnungsgefäß Dieses Gefäß hat außer seiner Aufgabe, das Ausdehnungswasser aufzunehmen, auch den Zweck, aus dem Wasser ausscheidende Luft ins Freie treten zu lassen. Das Regulier-T ist eingebaut, damit im Ausdehnungsgefäß selbst eine schwache Zirkulation stattfindet, die ein Einfrieren verhindert.

Das Gefäß muß einen sichtbaren Überlauf haben, der entweder zu einem Ausgußbecken geleitet oder besser noch bis zum Kesselhaus geführt wird. Über das Dach soll er wegen der Gefahr des Einfrierens nicht hinausgeführt werden.

Untere Verteilung Die Warmwasserheizung mit unterer Verteilung verteilt das Warmwasser durch Vorlauf-(Verteilungs-)Leitungen bereits im Keller; die Leitungen liegen meist an der Kellerdecke. Steigstränge (Ausdehnungsstränge) führen zu den Heizkörpern, Rücklaufstränge leiten das abgekühlte Wasser zurück in den Keller zum Kessel.

Bei dieser Anlage können etwaige Luftansammlungen nicht ohne weiteres zum Ausdehnungsgefäß aufsteigen. Sammeln sie sich an den höchsten Stellen der Leitungen, so können sie die Zirkulation unterbrechen. Deshalb führt man hier von den Endsträngen dünne Entlüftungsleitungen zum Ausdehnungsgefäß oder zum Ausdehnungsstrang, der ja zu diesem Gefäß führt. Die Entlüftungsleitung muß dabei vor ihrer Einmündung einen Sturz von 50 cm haben, damit kein Wasser in ihr zirkulieren kann. Die Entlüftungsleitung ist entbehrlich, wenn die oberen Heizkörper mit kleinen Lufthähnchen versehen sind. Beim Füllen der Anlage müssen diese Hähnchen mit einem Steckschlüssel geöffnet werden, bis alle Luft entwichen ist und Wasser austritt – andernfalls kann das Wasser nicht zirkulieren.

Zirkulation Auftrieb und Umlaufgeschwindigkeit sind in Anlagen mit unterer Verteilung etwas geringer als in Anlagen mit oberer Verteilung. Sie erfordern deshalb stärkere Verteilungsleitungen. Stets ist es für die Zirkulation am günstigsten, wenn das Gebäude möglichst hoch, die waagerechte Ausdehnung dagegen möglichst kurz ist, denn in liegenden Leitungen entsteht nur Reibungswiderstand, aber kein Auftrieb.

Behandlungshinweise

Nachfüllen Die Anlage bleibt stets mit Wasser gefüllt, auch im Sommer. Entleert wird sie nur zu Instandsetzungen und zum Schutz gegen Einfrieren, falls der Betrieb im Winter ausgesetzt wird. Nachfüllen ist selten erforderlich, da nur geringe Wassermengen durch Verdunstung verlorengehen. Wird das Wasser bei unaufmerksamer Bedienung bis zum Siedepunkt (100° C) erhitzt, kocht es über. Dabei entsteht in der Leitung durch das herausstoßende Wasser ein heftiges Poltergeräusch – ein Alarmzeichen! Der Heizkessel kann durch Überhitzen beschädigt werden. Nachfüllen darf man nur, wenn die Anlage außer Betrieb ist, es können sonst gefährliche Spannungen im Kessel auftreten. Muß eine Anlage infolge falscher Bedienung, Überkochen, Leckstellen oder wiederholter Reparaturen häufig entleert und wieder gefüllt werden, besteht die Gefahr überstarker Kesselsteinbildung. Das verringert die Heizwirkung, kann unter Umständen sogar zum Durchbrennen des Kessels führen. Auch bildet sich bei ständigem Wechsel von Luft und Wasser in Rohren und Heizkörpern verstärkt Rost; das verringert die Lebensdauer der Anlage.

Schutz gegen Kesselstein durch Wasseraufbereitung Kesselstein kann sich nicht bilden, wenn hartes Wasser zuvor eine Wasseraufbereitungsanlage (z. B. Dosophos-Apparat) durchfließt und später nicht über 90° erwärmt wird. Eine hinter dem Wasserzähler eingebaute Wasseraufbereitungsanlage schützt die Rohre der Wasserleitungs- und Heizungsanlage sowie alle im Haus installierten Warmwasserbereiter vor Verkalkung. Jeder Installateur kann solch Apparate einbauen. Eine Anlage mit 3 kg Füllung, ist ausreichend für ein Zweifamilienhaus. Nach einem Wasserverbrauch von 500 000 l (500 cbm) muß 1 kg Füllsubstanz nachgefüllt werden. Die gleichen Apparate, mit Füllsubstanz zum Entchloren versehen, geben Gewähr dafür, daß das Wasser entchlort ist: Wer empfindliche Fische hält, weiß das zu schätzen.

Entlüftung Bei abgelegenen Heizkörpern, besonders im untersten Stockwerk (z. B. in der Garage), ist häufig auch ein kleiner Entlüftungshahn angebracht, weil solche Körper wegen großer Entfernung vom Hauptstrang durch eine Entlüftungsleitung nicht genügend entlüftet werden können. Wird ein solcher Körper nicht genügend warm, so ist anzunehmen, daß Luft in ihm sitzt und den

Warmwasserheizung

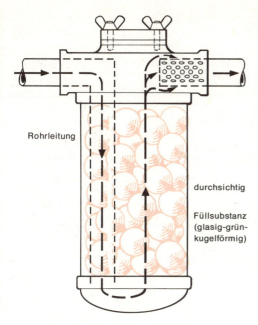

Wasseraufbereitungsanlage, etwa halbe natürliche Größe, für 1 kg Füllung. Die Füllsubstanz löst sich auf und hält die Härtebildner (Kalk und Magnesium) schwebend im Wasser. Bei Wasserentnahme fließen die Härtebildner mit aus, und Kesselstein kann sich nicht festsetzen

Wasserlauf behindert. Mit dem kleinen Steckschlüssel, der zum Entlüftungshahn gehört, öffnet man das Hähnchen, nicht ohne vorher ein Gefäß (Flasche, Topf, Gießkanne) unter die Auslaßöffnung zu halten (unter Umständen Schlauch verwenden). Es wird dann zuerst nur Luft ausströmen, dann Luft untermischt mit Wasserspritzern. Die Entlüftung ist beendet, wenn ein gleichmäßiger Wasserstrahl austritt.

Wärmeschutz Zum Schutz gegen Wärmeverluste und Einfrieren sollen Heizrohre, die nicht zu beheizende Räume durchlaufen, isoliert werden (S. 385). Das Ausdehnungsgefäß im Dachraum und die zu ihm führenden Rohre sind zu schützen, am besten durch eine Holzverschalung, ausgefüllt mit Sägemehl, Torfmull oder Glaswolle.
Wird im Winter die ganze Anlage außer Betrieb gesetzt, muß sie entleert werden. Teile ganz abzuschalten, ist im Winter nicht ratsam. Man soll auch nichtbenutzte Räume leicht mitheizen.

Heiztemperatur Die Vorlauftemperatur der Warmwasserheizung, also die Temperatur des vom Kessel zu den Körpern strömenden Wassers, richtet man nach der Außentemperatur. 60° bis 90° C geben eine milde, angenehme Ausstrahlung der Körper. Überkochen ist dabei unmöglich. Über 90° C darf man die Temperatur keinesfalls treiben. Hier beginnt die kritische Temperatur, die Staubverschwelung oder Staubversengung hervorruft. So nennt man das bei dieser Temperatur beginnende langsame Verkohlen organischer Staubteilchen. Durch diese Verschwelung entstehen die rußigen Wände hinter den Heizkörpern.

Wasserschalen Zentralheizung mache trockene Luft, sagt man und stellt Wasserschalen auf die Körper. Das Trockengefühl rührt aber daher, daß Staubteilchen auf den Körpern und Rohren verschwelen, dann in die Luft wirbeln und sich auf die Schleimhäute legen. Wer daher Körper und Rohre tadellos sauberhält, kann auf die Schalen (die Zuchtstätten für Bazillen sind) verzichten.

Anstrich der Heizkörper Metallbronze (Aluminiumbronze) hindert die Wärmeabgabe. Man nimmt sie daher nicht für Heizkörper, dagegen für durchlaufende Rohre, die keine oder wenig Wärme abgeben sollen.
Über Heizkörperanstriche S. 51.

Verkleidung Obwohl für die Heizwirkung ein ganz ungehindertes Strömen der Luft wünschenswert ist, entschließt man sich häufig, die Heizkörper zu verkleiden. Die Verkleidung soll auf jeden Fall viel durchbrochen sein, vor allem oben. Mindestens 60 v. H. der Gesamtfläche sollen frei sein. Die Art der Verkleidung richtet sich nach der Eigenart der jeweiligen Einrichtung. Sperrholz ist ein geeignetes Material. Im Handel gibt es auch Metallplatten mit durchbrochenen Mustern.

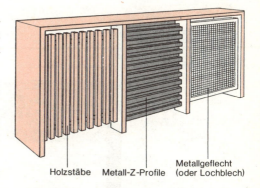

Drei Beispiele für Heizkörperverkleidungen

7 Legen einer Gartenwasserleitung

Als Arbeitsbeispiel wählen wir die Aufgabe, die im Bild gezeigte Gartenwasserleitung selbst zu installieren. Installieren heißt, die Einzelteile wie Rohre, Winkel, Hähne zu einer betriebsfertigen Anlage zusammen- und einbauen.

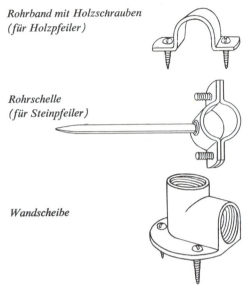

Rohrband mit Holzschrauben (für Holzpfeiler)

Rohrschelle (für Steinpfeiler)

Wandscheibe

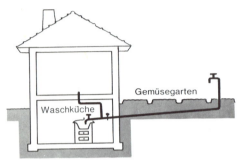

Die Wasserleitung in ihrer Lage zu Haus und Garten

Rohre Wegen der Rostgefahr verwenden wir verzinktes Stahlrohr. Es gibt Rohre mit geschweißter Längsnaht und nahtlose Rohre (Mannesmann-Rohre). Für die bei Hausleitungen auftretenden Drücke genügen die stumpf zusammengeschweißten Rohre.
Der Durchmesser richtet sich nach Wasserdruck, Zahl der Auslaufstellen, Länge der Leitung und Anzahl der Winkel oder Bögen. Für unsere Leitung, zusammen knapp 7 m lang, mit nur zwei Winkeln und einem Auslauf, genügt ein Rohr mit ½″ (Zoll; 1 Zoll = 25,4 mm) Durchmesser. Käme eine zweite Auslaufstelle hinzu, müßte man bis zur ersten Zapfstelle ein ¾″-Rohr nehmen.

Fittings Die Verbindungsstücke, Fittings genannt, bestehen aus Temperguß oder Weichguß; für Wasserleitungen haben sie einen Oberflächenschutz durch Eintauchen in ein Zinkbad (Feuerverzinkung). Die Industrie stellt eine Fülle von Fittings in allen notwendigen Größen und Formen her. Eine Zusammenstellung sehen Sie auf S. 383.

Anschluß In unserem Beispiel beginnt die Leitung in der Waschküche im Kellergeschoß. Hier ist bereits ein Absperrhahn mit Entleerung und einer Verschraubung von ½″ Durchmesser vorhanden. Der Entleerungshahn ist erforderlich, um die (nicht frostfreie) Gartenleitung bei Ein-

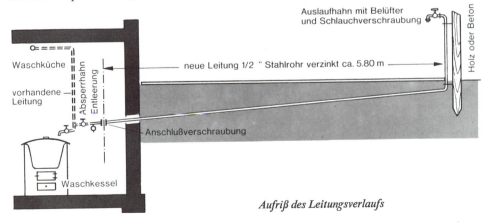

Aufriß des Leitungsverlaufs

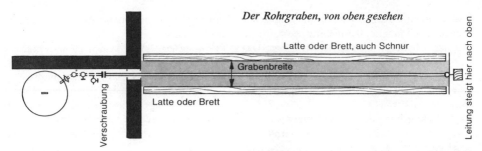

Der Rohrgraben, von oben gesehen

bruch des Winters zu leeren. Ist eine solche Anschlußmöglichkeit nicht vorhanden, müssen Absperr- und Entleerungshahn und Anschlußverschraubung durch den zugelassenen Installateur eingesetzt werden.
Die Leitung verläuft unterirdisch mit einem leichten Gefälle zum Hause hin, damit sie entleert werden kann. Unterhalb der Auslaufstelle biegt sie nach oben, befestigt an einem Pfeiler aus Holz oder Beton.

Materialbedarf

7 m Stahlrohr, verzinkt, $1/2''$
2 Winkel verzinkt, $1/2''$
1 Auslaufhahn mit Belüfter und
  Schlauchverschraubung, $1/2''$
1 Rohrband mit Holzschrauben
  (wenn Holzpfeiler)
  oder
1 Rohrschelle
  (wenn Steinpfeiler) etwa
Dichtungsstoffe, Hanf, Öl

Die S. 376 oben rechts abgebildete Wandscheibe, auf Holz mit Schrauben zu befestigen, kann an Stelle eines Rohrbandes verwendet werden.
Über die ebenfalls verwendbaren Leitungsrohre aus Kunststoff s. S. 386 ff.

Weg der Rohrleitung, Ausmessen und Materialeinkauf

Die Arbeit beginnt (vor dem Materialeinkauf!) damit, daß Sie den günstigsten Platz für die Zapfstelle aussuchen, von der aus Sie alle Beete gut mit dem Schlauch erreichen und die kürzesten Wege beim Gießen haben. Von ihr aus soll die Leitung möglichst ohne Biegung zur Anschlußstelle im Haus führen. Jeder Winkel mehr vermindert den Wasserfließdruck und kostet Geld. Ist der Rohr-

weg festgelegt, so wird nach genauem Ausmessen die Materialliste zusammengestellt und das Material eingekauft.
Rohrgraben und Mauerdurchbruch Der Rohrgraben wird gerade abgesteckt (Latten, Bretter, Schnur) und mit leichtem Gefälle zum Hause zu nicht tiefer ausgehoben, als es der Anschluß im Hause erfordert. Die Rohre werden am besten in Kies gebettet, weil feuchter Humus das Metall angreifen kann.
Das Loch durch die Mauer soll nicht größer sein als unbedingt erforderlich. Dicke Mauern bricht man von beiden Seiten her durch, nachdem die beiden Ausgangspunkte maßgerecht festgelegt wurden. Allgemeines über Mauerdurchbrüche finden Sie auf S. 227 ff.
Schutzrohr Nach den Vorschriften über den »Bau und Betrieb von Wasserleitungsanlagen in Grundstücken« (DIN 1988) sind Leitungen, die durch Umfassungsmauern führen, in Schutzrohre zu legen. Schutzrohre müssen in der Lichtweite mindestens 20 mm größer sein als der äußere Durchmesser das Leitungsrohres. Das Schutzrohr selbst ist dicht einzumauern. Mit einem fettigen Dichtstrick (Denso-Wickel) und einem plastisch bleibenden Abdichtmittel (Densoplast) ist der

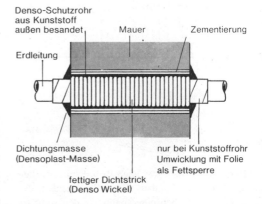

Schutzrohr für Umfassungsmauer

Zwischenraum zwischen Wasser- und Schutzrohr abzudichten. Für unser Beispiel ergeben sich dazu folgende Überlegungen und Arbeitsgänge. Das Leitungsrohr $^1/_2$ Zoll hat einen äußeren Durchmesser von 21 mm. Einzumauern ist ein Schutzrohr mit etwa 40 mm Lichtweite; Länge entsprechend der Mauerdicke.
Nach Dichtprüfung der Wasserleitung wird der Raum zwischen Leitungs- und Schutzrohr mit Strick ausgefüllt: Man legt außerhalb des Schutzrohres entsprechende Windungen um das Leitungsrohr und drückt sie mit einem passenden Holzstab ins Schutzrohr. Die beiden Enden der Durchführung werden so mit plastisch bleibendem Kitt verstrichen, daß das Schutzrohr samt der ums Rohr laufenden Mauerfuge abgedeckt ist.
Diese Mauerdurchführungen verhüten Rohrbrüche bei Mauersenkungen, das Eindringen von Wasser und Gas in den Keller und geben einen sicheren Rostschutz. Die Materialkosten für eine Mauerdurchführung von 40 cm Länge ohne Einzementierung betragen einschließlich des Schutzrohres kaum mehr als 14,– DM.

Festspannen von Rohren und Armaturen

Rohrzange   Um Rohre und Fittings nicht einzudrücken, werden sie mit der Rohrzange angefaßt.

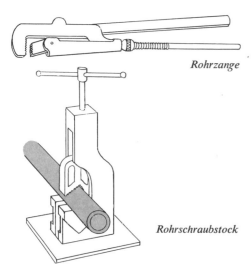

Rohrzange

Rohrschraubstock

Rohrschraubstock   Müssen Rohre zum Bearbeiten, z. B. zum Trennen, Gewindeschneiden, Zusammenschrauben, eingespannt werden, so ist am zweckmäßigsten der Rohrschraubstock. Die gezahnten Backen halten das Rohr und hindern es am Mitdrehen.

Prismenbeilage   Wer keinen Rohrschraubstock besitzt und deshalb zum Einspannen den normalen Schraubstock (S. 293 f.) benutzt, muß eine geeignete Beilage zwischen Schraubstockbacken und Rohr bringen, die einerseits das Rohr festhält, es anderseits vor dem Verdrücken schützt. Dafür sind die hier gezeigten Prismenbeilagen geschaffen.

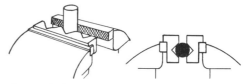

Prismenbeilagen

Klemmbacken   Dem gleichen Zweck dient das gezahnte Klemmfutter, das zweiteilig mit Feder (wie abgebildet), aber auch einteilig zu haben ist

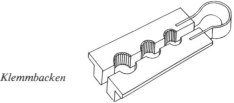

Klemmbacken

Schutzbacken   Müssen empfindliche Teile, insbesondere Armaturen, in den Schraubstock gespannt werden, erhalten sie zum Schutz gegen Verkratzen ebenfalls eine Beilage. Sie kann behelfsmäßig aus Leder, Pappe oder nicht zu hartem Holz bestehen. Praktisch sind die hier gezeigten Bleibacken. Solche Schutzbacken gibt es auch in Leichtmetall. Siehe auch S. 294.

Schutzbacken

Trennen von Rohren

Auch in unserem einfachen Beispiel kommen wir nicht darum herum, Rohre abzutrennen: das lange und das kurze Stück müssen passend geschnitten werden.
Bei Rohren kleineren Durchmessers genügt die Metallsäge. Der dabei entstehende geringe Grat ist mit wenigen Feilenstößen zu beseitigen.

Rohrabschneider   Für Rohre größeren Durchmessers eignet sich der Rohrabschneider. Das erste Bild zeigt, wie das Werkzeug bei der Benutzung ständig um das Rohr herumgeführt wird. Das zweite Bild zeigt die Wirkungsweise (die im Prinzip bei allen Ausführungen gleich ist): eine Schraubspindel drückt auf das Rädchen, ein Bügel dient als Widerlager. Der Druck wird von Zeit zu Zeit durch Anziehen der Spindel gesteigert.

Das dritte Bild zeigt, wie man den Grat nach dem Abschneiden abfräst. Man kann ihn auch abfeilen. Die Rohrkante wird dabei leicht gebrochen, d. h. es wird ihr durch Abschrägen die Schärfe genommen.

Gewindeschneiden

Gewinde Nach unseren Normvorschriften werden die Außengewinde an Rohren konisch geschnitten, sie verjüngen sich nach dem Rohrende zu. Die Innengewinde der Fittings sind dagegen zylindrisch geschnitten, also mit gleichbleibendem Durchmesser, ohne Verengung.

Für das Zusammenschrauben bedeutet das: bei den ersten Drehungen wird das Gewindeteil sich leicht aufdrehen, erst die weiteren Drehungen lassen die Gewinde tiefer eingreifen, die letzten Gänge geben den festen Halt und die Dichtigkeit.

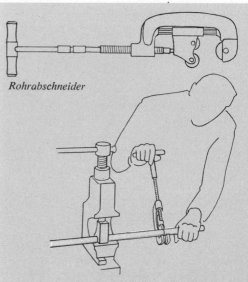
Rohrabschneider

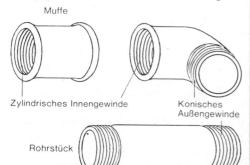

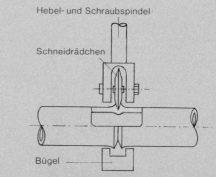
Das Abschneiden eines Rohres mit dem Rohrabschneider

Die Wirkungsweise des Rohrabschneiders

Länge der Gewinde Nach den Normvorschriften soll die Länge der Gewinde betragen:
bei 2-Zoll-Rohren . . . . 26 mm
bei $1^1/_2$ und $3/_4$ Zoll . . . . 21 mm
bei 1 Zoll . . . . 19 mm
bei $3/_4$ Zoll . . . . 17 mm
bei $1/_2$ Zoll . . . . 15 mm

Schneidkluppen Zum Gewindeschneiden dient die Schneidkluppe. Die auf den Zeichnungen S. 383 erkennbaren Hauptteile sind das Gehäuse, in ihm die Schneidbacken (austauschbar für verschiedene Rohrstärken), eine Führung sowie ein

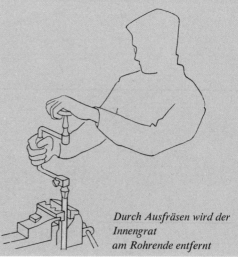
Durch Ausfräsen wird der Innengrat am Rohrende entfernt

Wasser und Gas

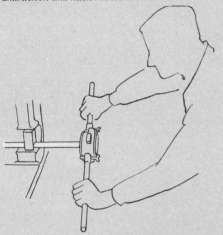

Schneiden eines Rohrgewindes I: Kluppe senkrecht zur Rohrachse ansetzen, Hebelarme gleichmäßig andrücken und nach rechts drehen

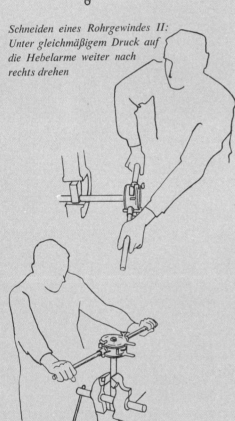

Schneiden eines Rohrgewindes II: Unter gleichmäßigem Druck auf die Hebelarme weiter nach rechts drehen

Rohrgewindeschneiden, behelfsmäßig im Schraubstock, von oben

oder zwei Hebel. Wer keine Kluppe hat und auch keine leihen kann, kann die Gewinde beim Fachmann schneiden lassen, alle übrigen Arbeiten trotzdem selbst ausführen.

Handhabung Da wir die Fittings auf alle Fälle fertig kaufen, brauchen wir uns nur mit dem Schneiden von Außengewinden zu befassen. Dazu wird die Kluppe genau nach Bedienungsanweisung eingestellt. Die Stellschraube wird festgedreht, die Kluppe auf das Rohr gesteckt. Damit kein schiefes Gewinde entsteht, muß die Führung leicht am Rohr anliegen, die Kluppe muß im rechten Winkel zur Rohrachse angesetzt sein, die Schneidbacken müssen an das Rohrende stoßen. Das Schneiden beginnt, indem die beiden Hebelarme gleichmäßig angedrückt werden und das Gerät nach rechts gedreht wird. Dann wird unter etwas stärkerem Druck auf die Hebelarme weitergedreht, bis das Gewinde die richtige Länge hat. Vor dem Schneiden und zwischendurch wird die Gewindestelle mit Öl bestrichen (mit Pinsel).

Ist die richtige Länge erreicht, wird die Gewinde-Feststellschraube (wenn vorhanden) gelöst und nochmals eine halbe Umdrehung gemacht, um den beim Schneiden entstandenen Grat zu entfernen. Um die Kluppe abzunehmen, muß man sie bei älteren Modellen wieder über das Gewinde zurückdrehen. Neuere Formen lassen sich öffnen und abheben. Anweisung beachten!

Das Außengewinde soll so geschnitten sein, daß das zugehörige Formstück mit Innengewinde bis auf $2/3$ des Außengewindes mit der Hand aufgedreht werden kann. Läßt es sich nicht oder zu wenig aufdrehen, muß das Außengewinde nachgeschnitten werden. Sitzt es dagegen nicht fest (schlottert), so ist das Gewinde zu tief geschnitten. Dann bleibt keine Wahl, als das Gewinde abzuschneiden und neu anzufangen.

Ein schlecht geschnittenes Gewinde bringt Ärger; wenn nicht sofort, dann später. Vielleicht erhöht es auf heimtückische Weise die Wasserrechnung.

Dichten und Zusammenbauen

Das Bild auf S. 382 zeigt schematisch alle für unseren Fall benötigten Teile in ihrer Zusammengehörigkeit. Wir haben vier Gewinde zu schneiden, dann kann das Zusammenschrauben beginnen. Jedoch nicht ohne Dichtung!

Dichten Das Rohr wird in den Rohrschraubstock gespannt (oder in den Schraubstock, dann aber nicht ohne Klemmfutter). Beim Einspannen

Billigste Rohrgewinde-Schneidkluppe mit einteiligen Schneidbacken

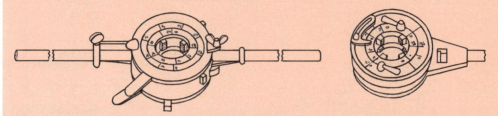

Schneidkluppe mit verstellbaren Schneid- und Führungsbacken   *Ratschenkluppe*

von Rohren – das gilt auch für das Gewindeschneiden – soll das zu bearbeitende Rohrende, um Verwindungen zu vermeiden, nicht weiter als 15 bis 20 cm aus dem Schraubstock vorstehen. Wenige Hanffäden werden nun breit und gleichmäßig, unter festem Anziehen und nach rechts drehend, in das Gewinde gelegt und mit Öl, Fett oder einem Dichtungskitt rechtsherum bestrichen.

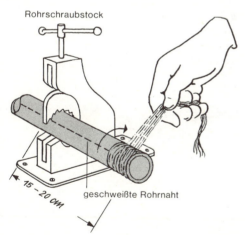

Das Dichten: Rohrgewinde mit Hanfpackung versehen. Hanf oben auflegen. Anfang mit linkem Daumen festhalten. Festwickeln

Zusammenbauen Dann wird das Verbindungsstück aufgedreht. Mit der Hand so weit es geht, dann mit der Rohrzange so weit, daß der letzte Gewindegang noch sichtbar bleibt. Alle frei hängenden Hanffäden sind sauber zu entfernen. Auf keinen Fall dürfen Hanffäden in das Rohrinnere hineinragen. Zu viel und zu locker gelegter Hanf dreht sich beim Verschrauben wieder heraus und macht die Verbindung undicht. Niemals mit Gewalt drehen! Keine zu große Zange verwenden! Das Verbindungsstück kann reißen. Geht das Verschrauben erst schwer und dann plötzlich ganz leicht, so ist höchstwahrscheinlich das Verbindungsstück (Fitting) am Rande geplatzt. Dann heißt es ausbauen. Ja nicht flicken!

Die Rohrzange ist stets winkelrecht zur Achse anzusetzen. Die Zange muß das Rohr fast ganz umfassen. Ausgleiten verursacht Beschädigungen.

Werden mehrere Rohre hintereinander verbunden, geschieht das durch Muffen. Beim Dichten und Zusammenschrauben hintereinanderliegender Rohre ist darauf zu achten, daß das jeweils vorhergehende Rohr und die mit ihm vielleicht verbundenen Armaturen oder Verbindungsstücke sich nicht mitdrehen und dadurch ihre Richtung verändern oder sich aufdrehen. Man muß dazu dicht an der Schraubstelle mit Rohrzange bzw. Schraubschlüssel gegenhalten (Zeichnungen S. 382 unten).

In unserem Beispiel wird die Arbeit wie folgt vor sich gehen:

1. Je 1 Stück von 5,80 m und 1 m Länge zuschneiden (Länge einer Rohrstange etwa 6,00 m).
2. Gewinde an ein Ende des 5,80 m langen Stücks schneiden (und das vorhandene Gewinde nachschneiden).
3. Winkel unter Beilegen der Hanfpackung aufschrauben.
4. Rohr am anderen Ende mit Gewinde versehen, unter Dichtung verschrauben mit dem vom Anschluß abgeschraubten Verschraubungsteil.

382 Wasser und Gas

Hier sehen Sie übersichtlich zusammengestellt sämtliche Rohre, Fittings und Armaturen für die in diesem Abschnitt beschriebene Wasserleitung (Messing-Auslaufhahn mit Belüfter und Schlauchverschraubung $^1/_2"$)

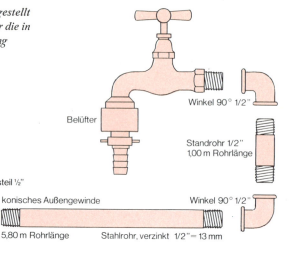

5. Rohr in den Rohrgraben legen, Ende mit der Verschraubung durch das Mauerloch führen, die beiden Verschraubungsteile der Anschlußstelle unter Zwischenlegen eines Dichtungsringes verschrauben. Beim Verschrauben muß das Gegenstück festgehalten werden.
6. Gewinde an beiden Enden des kurzen Rohrstücks (Standrohr) schneiden, sie mit Hanfpackung versehen; dann Winkel oder Wandscheibe aufschrauben.
7. Unteres Ende des Standrohrs in den Winkel am liegenden Rohr einschrauben.
8. Durch mehrmaliges kurzes Öffnen des Absperrhahns im Keller Leitung durchspülen, um sie von Fremdkörpern zu befreien, die sich später an den Dichtungsscheiben festlegen und den Hahn undicht machen könnten.
9. Auslaufhahn am Winkel anschrauben. Anfassen nicht mit Rohrzange, sondern mit passendem oder verstellbarem Schraubenschlüssel (Abbildung S. 320).
10. Standrohr am Pfeiler mit Schelle oder Rohrband oder Wandscheibe mit Schrauben befestigen.
11. Absperrhahn öffnen und die Anlage auf Dichtigkeit überprüfen.
Einem kurzen Standrohr kann man durch einen Zementsockel (unter Verzicht auf den Pfeiler) Halt geben. Im Abschnitt »Rund um den Bau« finden Sie alle Anweisungen für Betonarbeit.
Werden Rohre zum Probieren und Messen in den Graben gelegt – das gleiche gilt für **das Durchführen durch das Mauerloch** –, sind ihre Öffnungen provisorisch zu verschließen durch Holzpfropfen oder die im Handel erhältlichen verschraubbaren Stopfen (für Innengewinde) oder Kappen (für Außengewinde).
Die vorstehende Anleitung können Sie auch benutzen, um eine Brause (Dusche) im Garten zu schaffen.

Das Aufdrehen eines Rohrwinkels mit der Rohrzange. Prismenbeilage nicht vergessen!

Beim Zusammenschrauben muß man dicht neben der Schraubstelle »gegenhalten«

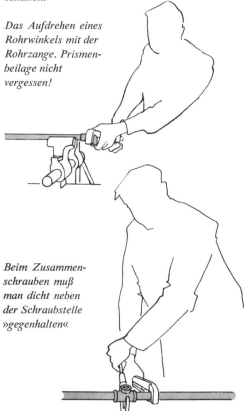

Rohre und Fittings 383

»Metallbaukasten für Erwachsene«

Sollten Sie am Umgang mit Rohren und Fittings Gefallen finden, so können Sie viele andere nützliche Dinge, wie Schutzgeländer für Außentreppen, Vorrichtungen zum Wäschetrocknen, Einfassungen für Planschbecken, Zäune, daraus zusammenbauen. Vorrichten und Zusammenbau gehen im Prinzip auf die gleiche Weise vor sich, wie sie hier beschrieben wurden. Kataloge der Fachgeschäfte über Geländerfittings geben vielerlei Anregungen.

Einen regelrechten »Metallbaukasten für Erwachsene« hat man mit Rohren von 33,7 mm Durchmesser und Rohrverbindern (»Klemmfix«) für rechtwinklige und schräge Verbindungen. Die Klemmfix werden beim Zusammenbau mittels einer Madenschraube fest mit dem Rohr verbunden. Die benötigten Rohrlängen können mit Rohrabschneidern (S. 380) oder mit der Metallsäge von größeren Rohren abgeschnitten werden. Die Bauelemente eignen sich für den Bau von Geländern, Gestellen, Gerüsten, Regalen, Stellwänden, Einfriedungen, Arbeitstischen (Werkbänken), Gartenlauben usw. Eine gute Verankerung erhöht die Stabilität; für in die Höhe strebende Konstruktionen ist sie sehr wichtig.

Als Arbeitsbeispiel ist ein einfaches Klettergerüst für Kinder in der Zeichnung dargestellt. Die benötigten Rohrlängen und Klemmfix-Formen sind der Zeichnung zu entnehmen. Eine mögliche Gefahrenstelle sind die offenen Rohrenden. Es ist am besten, sie mit einem Holzpfropfen zu verschließen.

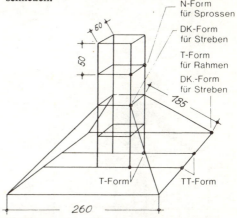

Einfaches Klettergerüst für Kinder

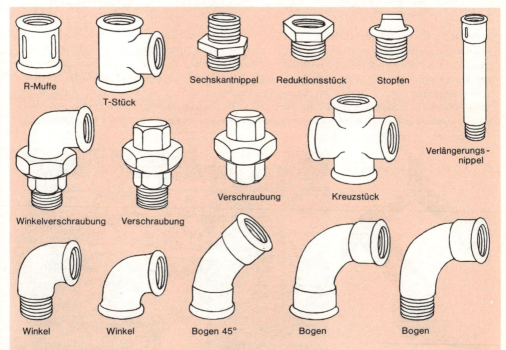

Temperguß-Fittings (Verbindungsstücke für Rohre). Die hier gezeigten gebräuchlichen Formen sind durch Installations- und Fachhandel zu beziehen

384 Rahmenkonstruktion

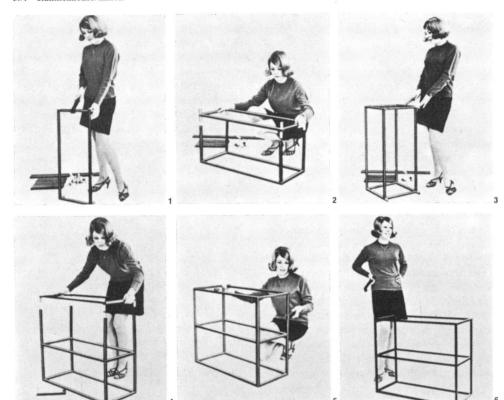

1 Für Metallkonstruktionen wird das SÜSSCO-Vierkant-Rohrverbinder-System einfach mit Eckverbindern zusammengesteckt. Eine einfache Drehung mit dem Spezialschlüssel schließt die Verbindung. 2,3 Eine einfache Rahmen-Konstruktion. (Rohrlängen und Zubehör werden nach den benötigten Maßen geliefert.) 4, 5, 6 So entsteht ein Doppelrahmen, der, entsprechend verkleidet, als Regal oder Ablagetisch dient. 7 Drehen mit diesem Spezialschlüssel schließt die Verbindung. 8 Die Metallkonstruktion dieser hübschen Bar ist aus dem SÜSSCO-Vierkant-Rohrverbinder-System zusammengesetzt – wie oben gezeigt durch einfaches Zusammenstecken und anschließendes Festziehen mittels Drehung um 45° oder 90°.

8 Das Isolieren von Rohrleitungen

Da Wärmeverluste aus ungeschützten Rohrleitungen die Betriebskosten erhöhen, machen sich Isolierungen immer bezahlt. Sie können auch angezeigt sein, wenn die Erwärmung bestimmter Räume unerwünscht oder schädlich ist. Bei Kaltwasserleitungen unterbindet Isolieren die lästige Schwitzwasserbildung.

Für den Heimwerker am einfachsten ist das Umwickeln der Rohre mit Isolierschnur. Man kann so Rohre jeder Dicke ebenso wie alle Bögen isolieren. Zum Isolieren von Kaltwasserleitungen gegen Schwitzwasser eignet sich billige Isolierschnur von 30 mm Durchmesser.

Das Wickeln erfolgt so, daß die Windungen fest um das Rohr und eng aneinander liegen; Unebenheiten (Buckel) mit einem Klopfholz beseitigen. Statt Schnur kann man auch Isoliermatten verwenden, die entsprechend den Rohrdicken zuzuschneiden sind. Sie werden mit Kunststoff-Folie oder Draht befestigt.

Für gerade Rohre kann man im Handel erhältliche Isolierschalen (mit oder ohne angeschäumter PVC-Folie) verwenden. Die 1 m langen Schalen werden auseinandergedrückt und über das Rohr gestülpt; sodann wird – nach Abziehen des Schutzpapiers – die selbstklebende Überlappung aufeinandergedrückt.

Für Bögen, Winkel, Abzweige gibt es im Handel passende Formstücke aus Folie, die man am besten an Hand einer originalgroßen Skizze des zu isolierenden Teiles kauft.

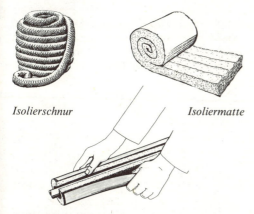

Isolierschnur   Isoliermatte

Isolierschale (beim Auseinanderziehen)

Bei Bögen, Winkeln und Abzweigen wird die montierte Folie mit losem Material ausgestopft.

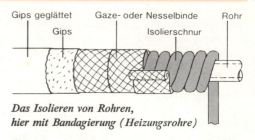

Das Isolieren von Rohren, hier mit Bandagierung (Heizungsrohre)

Dann kann eine frisch angerührte Gipsmasse mit der Hand etwa 10 mm dick ringsherum auf die Wicklung aufgetragen werden. Damit der Gips nicht zu schnell erhärtet, setzt man ihm als Verzögerungsmittel Knochenleim oder Policosal zu. Vor dem Erhärten wird der Gips, damit eine glatte zylindrische Oberfläche entsteht, mit einer Latte (s. Bild) abgezogen. Für einen eventuell folgenden Anstrich (mit Kalk- oder Binderfarbe) ist Glätten mit feuchtem Pinsel oder Gummischeibe von Vorteil.

Abziehlatte aus Buchen- oder Eschenholz

Heizungsrohre Für Temperaturen bis 450° C sind Schnüre aus Glaswatte verwendbar, die mit Drahtgewebe überzogen in Dicken von 30, 40, 50 und 60 mm geliefert werden. Im allgemeinen genügen 30 mm. Unmittelbar nebeneinanderliegende Rohre können gemeinsam umwickelt werden. Sind die Schnüre weich, ist beim Wickeln darauf zu achten, daß sie nicht geschwächt werden, also die Isolierdicke erhalten bleibt. Anfang und Ende der einzelnen Schnüre sind mit Bindedraht am Rohr zu befestigen. Die Arbeit ist gut, wenn die Schnüre gleichmäßig dicht und fest sitzen und nur wenig Unebenheiten mit dem Klopfholz zu beseitigen sind.

Ist ein Anstrich vorgesehen oder sind auf Grund großer Wärmeschwankungen Risse zu befürchten, sollte die Isolierung bandagiert werden (Zeichnung) mit dünnen Gaze- oder Nesselbinden, die mit 2 cm Überdeckung fest und gleichmäßig gewickelt und mit sämig angerührtem Gips 10 mm dick überzogen werden. Damit die frische Gipsmasse nicht abfällt, soll man sie schichtweise aufbringen und jede Schicht erst etwas abtrocknen lassen.

9 Leitungen aus Kunststoff

Für Wasserversorgung und Entwässerung werden mehr und mehr Rohre aus Kunststoff verwendet. In saurem, aggressivem, metallzerstörendem Erdreich bewähren sie sich besonders.

Wasserversorgung

Während Warmwasserdruckrohre aus PP (Polypropylen) nur zusammengeschweißt werden können, so daß ihre Verlegung dem Fachmann vorbehalten bleibt, lassen sich Kaltwasserdruckrohre aus PE (Polyäthylen) und PVC (Polyvinylchlorid) durch den Laien verarbeiten. Man kann sie auf verschiedene Weise verbinden.

PE (Polyäthylendruckrohr) eignet sich nur für Erdverlegung, nicht für Verlegung in Gebäuden. Die im Abschnitt 7 beschriebene Gartenwasserleitung kann man mit diesem Rohr herstellen. Rohre mit Außendurchmessern von 20 bis 160 mm werden in Ringen bis 1000 m Länge geliefert; Rohre mit Außendurchmessern von 160 bis 1200 mm in Stangen von 5 bis 12 m Länge. Vorteile dieser Rohre: geschmacksfrei, ungiftig, geruchlos, achtmal leichter als Stahl, elastisch, biegsam, beständig gegen aggressive Böden, gegen gechlortes Wasser, gegen Säuren, Laugen und Salze, sehr glatte Oberfläche (geringe Reibungsverluste), frostsicher. Von vagabundierenden Strömen wird es nicht zerstört, von Ratten nicht angefressen.

Verbinden Während die unlösbare Verbindung von Polyäthylenrohren im Schweißverfahren nur vom Fachmann hergestellt werden kann, ist die nachfolgend beschriebene lösbare Rohrverbindung durch Fittings mit konischer Quetschabdichtung vom geübten Laien ohne weiteres auszuführen. Zunächst betrachten Sie bitte, um den Arbeitsgang zu verstehen, die fertige Verbindung: Der untere Teil der Zeichnung stellt die Außenansicht, der obere Teil einen Schnitt dar. Sie sehen im Schnitt, daß die beiden Rohrenden aufgeweitet und über ein nach beiden Seiten abgeschrägtes Stück geschoben sind. Auf der Außenseite ist je eine Muffe übergeschoben. Die beiden Muffen werden durch eine geschraubte Kappe zusammengehalten.

In der Praxis fängt die Arbeit damit an, daß Sie die Rohre mit Säge oder Messer gerade abschneiden, entgraten und die Innenkanten etwas abschrägen.

Die Verbindungsteile werden der Reihenfolge entsprechend aufgeschoben:

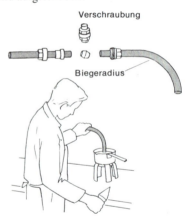

Das Rohrende wird etwa 3 cm lang in kochendem Wasser angewärmt. Mit einem Aufweitdorn kann das jetzt plastisch gewordene Rohrende aufgeweitet werden. Kein Öl benützen!

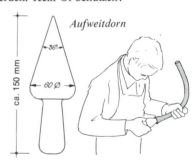

In das plastisch gewordene Rohrende Aufweitdorn einschieben

Wasserversorgung 387

Das aufgeweitete Ende langsam auf dem Dorn abkühlen lassen. Nun die Verbindung ohne Schmiermittel zusammenfügen und verschrauben. Etwas trockener Graphit kann in das Gewinde gegeben werden. Nach 20 Minuten Überwurfmutter nochmals nachziehen.
Übergangsstücke von Stahlrohr auf Kunststoffrohr in Messing, in Temperguß und Kunststoff gibt es im Handel.

Biegen Der kleinste Biegeradius beträgt beim Biegen in kaltem Zustand das 20fache des Rohrdurchmessers, beim Biegen in warmem Zustand das 8fache des Rohrdurchmessers. Angewärmt wird mit kochendem Wasser.

Verlegehinweise Polyäthylenrohr in Frostschutztiefe (1,20 bis 1,80 m) verlegen. Wegen der starken Wärmeausdehnung (sechsmal größer als bei Stahl) einen Verlegungszuschlag zur vermessenen Länge geben und das Rohr im Graben leicht geschlängelt verlegen. Die Grabensohle soll von Schotter und scharfkantigen Steinen frei sein; beim Auffüllen soll kein grober Aushub unmittelbar aufs Rohr kommen.
Hauseinführungen erfolgen mittels Schutzrohr, wie auf S. 377 beschrieben.
Eingefrorene Leitungen nicht mit Flamme (Lötlampe) auftauen, sondern mit Warmluft oder heißem Wasser.
Metallverbindungen, die in die Erde kommen, mit Kunststoffolie und Denso-Binde (im Installationshandel erhältlich) umwickeln.

PVC hart (Polyvinylchlorid) Kaltwasserdruckrohr aus diesem Material kann innerhalb wie außerhalb von Gebäuden verlegt werden. Die Rohre werden in Stangen von 3–12 m Länge geliefert. Durchmesser 6 bis 400 mm. Einige wichtige Eigenschaften: geschmacksfrei, sechsmal leichter als Stahl, Wärmeausdehnung siebenmal stärker als bei Stahl, verwendbar für Temperaturbereiche bis 40°C, bei 130°C gut zu formen. Richtungsveränderungen sollen grundsätzlich mit Fittings ausgeführt werden, die Rohre also nicht gebogen werden. Auf die große Wärmeausdehnung ist bei Verlegen und Befestigen Rücksicht zu nehmen.

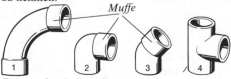

Fittings für Rohe aus PVC hart: 1 Bogen · 2 Winkel 90° · 3 Winkel 45° · 4 T-Stück

Verbinden Das Abtrennen von Rohrstücken geschieht mit einer feinzahnigen Säge. Das Verbinden geschieht durch Verkleben. Zuerst werden die zu verklebenden Flächen gründlich gesäubert, und zwar mit »Tangit«-Reiniger, den man auf Rollen-Krepp-Papier aufsprüht. Jedes Papierstück nur einmal verwenden! Die Flächen müssen vor dem Verkleben völlig trocken sein. Tangit-Kleber gut umrühren. In die Muffe Tangit in achsialer Richtung nur dünn einstreichen, auf dem Rohrende dagegen fett auftragen. Klebestelle ohne Verdrehung schnell zusammenschieben und in der richtigen Lage einige Sekunden festhalten. Den außen entstandenen Wulst aus Kleber mit Kreppapier sofort abwischen. Die Klebestelle 5 Minuten nicht bewegen.
Bei Rohrdurchmesser bis 25 mm mit Rundpinsel 8 mm (unlackiert, Naturborsten) arbeiten.

Schnell ohne gegenseitiges Verdrehen zusammenschieben

Kupferrohr mit PVC-Mantel Seit 1957 gibt es ein Kupferrohr, das mit einem PVC-Stegmantel versehen ist. Der Fachmann verwendet es gern wegen seiner außerordentlichen Isolierfähigkeit gegen Schall und Wärme.
Kupferrohre lassen sich bequem biegen sowie leicht und schnell verlegen. Die Verbindungen werden mit Flamme weich (Zinn) oder hart (Silber) gelötet. Rohre für Warmwasser sollen hartgelötet werden. Nach der Lötung wird der PVC-Mantel wieder aufgeklebt.

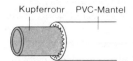

Wicu-Rohr (Wärme-isoliertes Cu-Rohr)

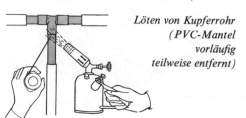

Löten von Kupferrohr (PVC-Mantel vorläufig teilweise entfernt)

10 Abwasser

Hausentwässerung Ab 1.1.1974 gelten für die Rohr- und Formstücke aus Kunststoff neue Bestimmungen. Die bisherigen dünnwandigen Rohre aus PVC hart dürfen nur noch da verwendet werden, wo kein warmes Wasser abgeleitet wird. Nach wie vor sind sie zugelassen für Lüftungsleitungen, Regenfalleitungen, Balkonentwässerung, Anschlußleitungen für Klosett-, Pissoir-, Decken- und Bodenabläufe.
Für die Ableitung von Warmwasser sind nunmehr zugelassen: Wandverstärkte Rohre aus PVC hart · Hochtemperatur-(HT)-Rohre aus PP (Polypropylen) · Rohre aus PE-(Polyäthylen)-hart.

Grundstücksentwässerung
Für Leitungen, die aus dem Keller hinaus durch Erdreich zum Revisionsschacht führen, verwendet man KG-Rohr rotbraun, das ebenfalls aus PVC hart besteht. Der Fachmann kann solche Rohre durch Schweißen verbinden. Der Heimwerker kann sie auf einfache Weise mit Hilfe von Muffen verbinden.

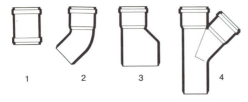

4 Arten von Verbindungsstücken für KG-Rohr rotbraun aus PVC hart: 1 Überschiebmuffe für Rohrstücke ohne Muffe · 2 Bogen · 3 Übergangsrohr · 4 Abzweig

Der mitgelieferte Dichtungsring aus Gummi wird in Muffensicke eingelegt. Das Rohrende wird mit Gleitmittel bestrichen. Dann werden die Rohre zusammengesteckt. Diese verblüffend einfache Verbindung ist absolut dicht. Beim Einkauf der Rohre werden Anleitungen für Verbinden und Verlegen mitgeliefert.

Verbinden von »KG-rotbraun« durch Muffen und Dichtungsring

Der Weg des Abwassers

In der Zeichnung sehen Sie, wie Abwasser von der Versitzgrube in den Boden sickert und sich über einer wasserundurchlässigen Schicht sammelt. Wenige Meter daneben ragt das Pumprohr des Trinkwasserbrunnens in den Grund. Ein unmöglicher Zustand! ruft jedermann aus. Gewiß, aber vor hundert Jahren noch war es der Normalzustand auch in Kulturstaaten. Erst als man die Rolle der Bakterien als Krankheitserreger erkannt

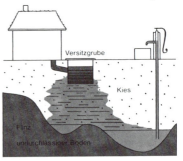

So werden Untergrund und Brunnenwasser durch Abwässer verseucht

hatte, ging man daran, Abwässer systematisch abzuleiten und unschädlich zu machen – einer der wichtigsten Gründe für den Rückgang der großen Seuchen. Jede Vernachlässigung unseres Systems der Abwässerbeseitigung würde neue Gefahren heraufbeschwören. Deshalb ist das Gebiet durch strenge gesetzliche Vorschriften geregelt.

Geruchverschlüsse Im Abfluß eines Klosettbeckens steht stets in bestimmter Höhe Wasser. Warum? Dieses sogenannte Sperrwasser läßt Abwasser nach unten abfließen, versperrt aber den schädlichen und übelriechenden Kanalgasen, die aus den unterirdischen Kanalisationsrohren aufsteigen, den Zugang in unsere Räume. Trocknet das Sperrwasser bei wochenlanger Nichtbenutzung des Abflusses aus, so machen sich diese Gase sogleich bemerkbar.
Auch die anderen Abflüsse in unseren Wohnungen – Waschbecken, Badewannen, Spülbecken, Ausgüsse – haben einen entsprechenden Geruchverschluß (auch Knie, Siphon oder Traps genannt), nur daß das Sperrwasser bei ihnen nicht von außen sichtbar ist. Es gibt verschiedene Arten solcher Verschlüsse. Wie die Bilder erkennen lassen, funktionieren sie alle nach dem gleichen

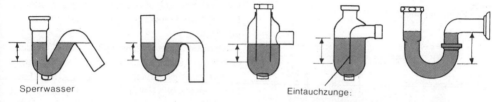

Sperrwasser   Eintauchzunge:

Fünf verschiedene Arten von Geruchverschlüssen, auch Knie, Siphon oder Traps genannt. Sinkt das Sperrwasser bis unterhalb der Eintauchzunge, so treten die Kanalgase in den Raum

Prinzip. Alle Ablaufstellen müssen einen Geruchverschluß haben. Eine Ausnahme machen nur in bestimmten Fällen Regenrohre und Hofsinkkästen in sehr großen Höfen, die zugleich zur Entlüftung der Kanäle dienen.

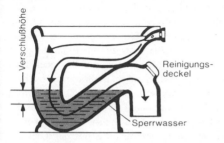

Entwässerungsplan Für jedes Grundstück, das bebaut wird, muß bei der Aufsichtsbehörde ein Entwässerungsplan eingereicht werden. Hausbesitzern ist dringend anzuraten, die genehmigten Pläne sorgfältig aufzubewahren.

Leitungen im Hause Alle Rohrleitungen sollen einfache, klare Linien und wenig Gefälleknickpunkte haben. Verbindungen müssen fachgemäß gedichtet sein; undichte Stellen können ein ganzes Gebäude durchfeuchten.

Von der Ablaufstelle führt ein kurzes Verbindungsstück aus Gußeisen, Blei, Zink, Kunststoff oder verzinktem Stahlrohr zur Falleitung, die gewöhnlich aus Gußeisen besteht. Unter dem Kellerfußboden verwendet man Rohre aus Steinzeug (Tonrohre), ebenso im Freien.

Reinigung Manche Städte leiten die Abwässer zur Reinigung auf große Ackerflächen (Rieselfelder). Das hat aber verschiedene Nachteile und läßt sich nicht überall anwenden. In anderen Städten werden die ankommenden Abwässer im sogenannten Rechenhaus von Sand und groben Beimischungen wie Lumpen und groben Küchenabfällen befreit und dann in Kläranlagen geleitet. Ein einzelnes solches Becken, bis etwa 25 × 25 m groß und 15 m tief, enthält an beiden Längsseiten Absetzrinnen, durch die der Schlamm in den darunterliegenden Faulraum sinkt. Hier macht er einen Fäulnisprozeß durch. Nach einigen Monaten ist er ausgefault und kann zur Felddüngung verwendet werden. Das beim Faulprozeß entstehende Faulgas (Methan) steigt nach oben, wird aufgefangen und in Rohrleitungen dem Gaswerk zugeführt, von wo es, mit Stadtgas gemischt, in die Haushalte strömt.

Hauskläranlagen

In Gebieten ohne öffentliches Kanalisationsnetz müssen die Hausabwässer in eigenen Kleinkläranlagen gereinigt werden. Es ist verboten, nicht geklärte Abwässer in das Erdreich, in Flüsse, Seen, Bäche, offene Gräben und Teiche abzuleiten.

Hauskläranlagen müssen genügend groß sein und regelmäßig und sachgemäß gewartet werden. Einzelheiten der Bauart bestimmt die Behörde.

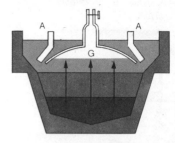

Schnitt durch ein Klärbecken · A Absetzrinne · F Faulraum · G Gasglocke

Wo laufende behördliche Kontrolle fehlt, wird die Wartung oft vernachlässigt (wichtig für Wochenendhaus-Besitzer). Manchmal wird der Deckel übersandet, oder es wächst gar Rasen darüber, die Anlage gerät in Vergessenheit. Eines Tages

Wasser und Glas

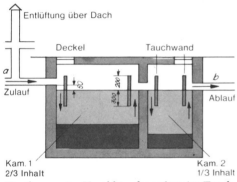

Zweikammerige Hauskläranlage alter Art. Tauchrohr oder -wand verhindert Ausfließen von Schlamm von Kammer zu Kammer und in die Versitzgrube

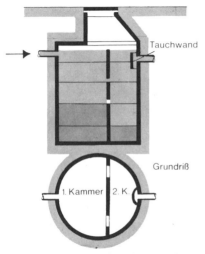

Faulgrube neuer Art (aus fabrikmäßig hergestellten Betonringen)

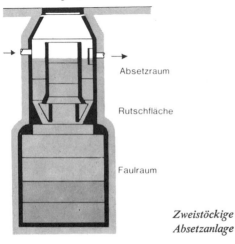

Zweistöckige Absetzanlage

wundert man sich über übelriechendes Wasser im Keller, über feuchte Mauern, Schäden in Beton und Putz u. ä.

Gartenbesitzer mögen bedenken, daß die Grube einen wertvollen Dünger liefert. Der Schlamm muß allerdings zunächst mit Erde, Laub, Torfmull vermischt (Komposthaufen) längere Zeit ruhen, bevor er auf die Beete gebracht werden kann.

Anlagen alter und neuer Art Anlagen älterer Bauart, aus zwei oder drei Kammern bestehend, werden an Ort und Stelle betoniert, Anlagen neuerer Art in Einzelteilen (Stahlbetonringe) fabrikmäßig angefertigt und an der Baustelle zusammengebaut.

Entleerung Anlagen beider Arten sind zu räumen, sobald der Bodenschlamm in der ersten Kammer $2/5$ der Nutztiefe erreicht hat, mindestens aber einmal jährlich. Dabei muß etwa $1/6$ des ausgefaulten Schlammes zur Fortpflanzung des Fäulniserregers (»Impfung«) auf den nachkommenden Frischschlamm im Faulraum verbleiben. Schwimmdecken sind abzuheben. Zum Reinigen bedient man sich eines Schöpfgefäßes, das an einer langen Stange befestigt ist, oder man beauftragt ein Abfuhrunternehmen mit der Grubenentleerung.

Störungen an der Abwasseranlage

Achtung, Gas! Eine Warnung voraus: In Brunnenschächten, Klär- und Versitzgruben bilden sich Gase, die schwerer als Luft sein können. Sie senken sich zum Boden hin, verdrängen dort die Luft und rufen, wenn sie eingeatmet werden, in schweren Fällen Erstickungen mit Todesfolge hervor. Wer in eine solche Grube steigen will, entlüfte zuvor 30 Minuten durch Fortnahme des Deckels. Beim Besteigen der Grube soll man sich durch Anseilen sichern und einen zweiten Mann dabeihaben. Machen sich in der Grube durch geringste Anzeichen von Benommenheit, Übelkeit, Schwindelgefühl oder Atemnot Sauerstoffmangel oder Giftgas bemerkbar, so ist diese sofort zu verlassen und nochmals längere Zeit zu lüften.

Absturzgefahr Alle Gruben müssen sorgfältig verschlossen, offene Gruben auch im eigenen Grundstück und auch bei nur vorübergehendem Öffnen durch geeignete Absperrung abgegrenzt werden. Wer das unterläßt, gefährdet Menschenleben, besonders Kinder, und ist haftpflichtig.

Rückstauungen Eine der unangenehmsten Pannen an der Abwasseranlage kann auftreten in Kellern, in denen sich offene Kellereinläufe (Sinkkästen, Gullys) befinden, wie es häufig z. B. bei Waschküchen im Kellergeschoß der Fall ist. Alle Kanalleitungen eines Netzes bilden ein verbundenes System, in dem nach dem Gesetz der Gleichheit (kommunizierende Röhren) das Wasser überall bis zur gleichen Höhe aufsteigt. Überall, wo Wasserablaufstellen in Häusern unter der Höhe der Straßenoberkante oder unter dem höchsten bekannten Hochwasserstand liegen, müssen sie deshalb mit einem doppelten Rückstauverschluß versehen sein. Er verhindert, daß das Wasser bei Gewitterregen und Wolkenbrüchen durch Rückstauung im Keller ebenso hoch steigt wie in den Kanälen.

Ein solcher Verschluß hat eine selbsttätig wirkende Sperrvorrichtung und zusätzlich eine von Hand zu bedienende, außerdem eine Reinigungsöffnung. Ist der selbsttätige Teil nicht in Ordnung und gleichzeitig der von Hand zu bedienende Teil nicht geschlossen, so kommt es zu Kellerüberschwemmungen; ebenso natürlich, wenn entgegen der Vorschrift kein solcher doppelter Rückstauverschluß eingebaut ist. Feuchte Mauern und verdorbene Lebensmittel sind die Folge, vom Ärger und Schmutz nicht zu reden. Es ist deshalb wichtig, daß solche Verschlüsse frei zugänglich bleiben, also nicht z. B. durch lagernde Kohlen zugedeckt werden, und daß Hausbesitzer und Mieter sich regelmäßig – mindestens halbjährlich – vom guten Zustand der Absperrvorrichtung überzeugen. Einmal jährlich soll man sie öffnen und reinigen. Der Handverschluß ist nur zum Ablaufen zu öffnen, sonst geschlossen zu halten.

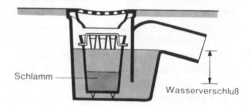

Einfacher Sinkkasten (darf nicht eingebaut werden in Kellern, in denen Rückstaugefahr besteht)

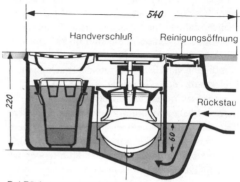

Kellerablauf mit doppeltem Rückstauverschluß

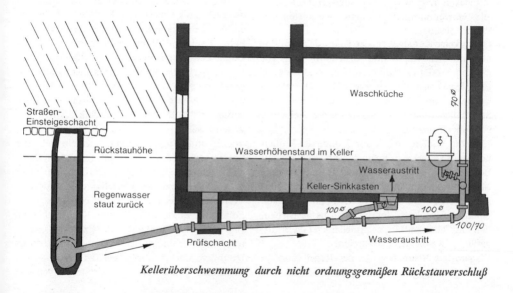

Kellerüberschwemmung durch nicht ordnungsgemäßen Rückstauverschluß

392 Wasser und Gas

Luftverunreinigung Sobald das Sperrwasser in Geruchverschlüssen austrocknet, treten die übelriechenden und schädlichen Kanalgase ins Hausinnere. Ausgetrocknete Geruchverschlüsse sind deshalb mit Wasser nachzufüllen. Das Austrocknen der Geruchverschlüsse, wenn sie lange Zeit nicht benützt werden, kann durch Aufgießen von Speiseöl auf das Sperrwasser stark verzögert werden. Außer durch Austrocknen kann das Sperrwasser auch durch Absaugen verschwinden. Stürzt eine größere Wassermenge durch das Fallrohr, weil z. B. im Oberstock ein Eimer sehr schwungvoll ausgegossen wurde und die über Dach gehende Entlüftungsleitung verstopft oder das Fallrohr zu eng ist, so kann im Fallrohr ein Unterdruck entstehen, der das Sperrwasser anderer Ausläufe wegsaugt. Es gibt auch Spezial-Geruchverschlüsse, die so konstruiert sind, daß sie ein Absaugen ausschließen. Sie sind überall zugelassen. Wer feststellt, daß Sperrwasser öfters durch Absaugung verschwindet, rufe den Fachmann.

Frostschutz der Geruchverschlüsse Auch das Sperrwasser in den Geruchverschlüssen kann einfrieren. Bleiben Wohnung oder Haus nur kurze Zeit unbeheizt und unbenutzt, kann man dem Sperrwasser etwas Viehsalz beimischen oder auch ein Frostschutzmittel, wie es dem Kühlwasser der Kraftfahrzeuge beigemischt wird.

Der sicherste Schutz bei längerer Abwesenheit besteht darin, das Sperrwasser zu entfernen. Das geschieht durch Öffnen der Reinigungsschraube (die danach wieder anzuschrauben ist), beim Klosettbecken muß man ausschöpfen. Hat man eine alte Fahrradpumpe, kann man auch mit ihr das Wasser absaugen.

Damit keine Kanalgase in den Raum dringen können, müssen Ablauf und Überlauföffnung gut mit Leder- oder Gummiplatte abgedeckt oder mit Pfropfen verschlossen werden. Das Klosettbecken kann man mit einem festen Papierballen oder Stoffballen verstopfen. Vergessen Sie nicht, ihn vor Inbetriebnahme wieder zu entfernen!

Undichte Muffen Auch durch undichte Muffen können Kanalgase dringen, ebenso Feuchtigkeit. Behelfsmäßig kann man sie selbst nachdichten. Man holt die alte Dichtung mit dem Schraubenzieher heraus. Der freigemachte Spalt wird nach gutem Austrocknen dünn mit Firnis bestrichen, dann mit Diamantkitt, eventuell auch Glaserkitt, gefüllt. Mit Spachtel glattstreichen.

Eingerostete Schrauben In der Regel versehen Abwasserleitungen jahrelang ihren Dienst, ehe einmal eine Verstopfung (darüber gleich anschließend) Anlaß gibt, Reinigungsöffnungen oder sonstige Verschlüsse aufzumachen. Häufig sind dann die Mutterschrauben festgerostet. Nicht mit Gewalt lösen! Man betropft das Gewinde mit Petroleum oder Terpentinöl. Diese dünnen Öle dringen schnell in die feinsten Ritzen, das Losdrehen geht dann leichter.

Wollen Sie beim Wiederanziehen der Schrauben einem erneuten Festrosten vorbeugen, bestreichen Sie die Schrauben mit einem dünnen Brei aus Graphit und Schmieröl oder Talg. So geschützte Schrauben lösen sich leicht noch nach Jahren.

Baumwurzeln Im Boden liegende Steinzeugleitungen sind durch Baumwurzeln gefährdet, wenn ihre Muffen schlecht dichten. Die nahrungsuchenden Saugwurzeln dringen durch den Muffenspalt, finden hier dauernde Feuchtigkeit, durchwuchern und verstopfen das ganze Rohr. Vorbeugung durch einwandfreie Leitungen; an gefährdeten Stellen verlegt man statt Tonrohren Gußrohre mit Strick- und Bleidichtungen. Ist der Schaden aber passiert, nützen sogenannte Wurzelschneider nichts; die Leitung muß aufgegraben und auseinandergenommen werden, was sehr kostspielig ist.

Die häufigste Störung: Verstopfungen

Vorbeugen gegen Verstopfungen Verstopfungen verhüten ist besser als Verstopfungen beseitigen. Dazu gehört als erstes, daß Gebrauchsgegenstände, auch die kleinsten, wie Knöpfe und Nadeln, daß Küchenabfälle, Sand, Asche, Haare, Lappen, Fette, Laub und ähnliches nicht in die Abflußkanäle kommen, sondern in den Mülleimer! Das Klosett darf nicht durch härteres oder zusammengeballtes Papier belastet werden. Beim Ausgießen von Wasch- und Putzwasser ist darauf zu achten, daß nicht Bürsten oder Wäschestücke mit eingeschleust werden.

Wasch- und Ausgußbecken müssen ein Sieb oder Sperrkreuz, Sinkkästen (Gullys) müssen Rost- und Schlammfänger haben. Die Schlammeimer in Abläufen sind alle Vierteljahre zu entleeren. Verrostete Eimer müssen ersetzt werden.

Fette, Öle, Brennstoffe, Säuren, Karbidschlamm sind gefährlich für alle Kanäle (Explosionsgefahren). In gewerblichen Betrieben müssen sie durch besondere Vorkehrungen beseitigt werden.

Trotz aller Vorsicht kommen Verstopfungen vor;

sie sind der gewöhnliche Anlaß, daß der Laie sich mit der Abwasseranlage beschäftigen muß.

Häufig liegt das Übel gleich unter dem Sieb oder Sperrkreuz. Fremdkörper wie Haare und Fasern krallen sich an der Unterseite des Siebbodens oder Kreuzes fest. Man kann sie von oben entfernen mit einem 2 bis 3 mm starken Draht, der am Ende zu einem Häkchen gebogen ist.

Reinigungsspirale Hilft ein Draht nicht, hilft vielleicht die Reinigungsspirale. Man kann sie in jedem Fachgeschäft für Installation kaufen, Längen von 1 m aufwärts. An einem Ende ist eine Kurbel, am anderen eine Rohrkralle. Man fährt mit der Spirale bequem durch die Windungen von Geruchverschluß und Anschlußleitung. Durch Vor- und Zurückschieben und durch kräftiges Drehen an der Kurbel lockert man mit der Rohrkralle die verstopften Stellen. Kurbel nur rechts drehen, damit die Spirale geschont wird und damit sich nicht die Kralle abschraubt und im Rohr steckenbleibt. Nur wenn die Kralle im Rohr steckenbleibt, dreht man nach beiden Seiten, um sie zu lösen. Kräftiges Nachspülen mit heißem Wasser, das möglichst schnell in das Becken geschüttet wird, schwemmt die gelösten Schmutzteile hinweg.

»Pumpfix« Ein recht praktisches Werkzeug zum Beseitigen von Verstopfungen nennt sich »Ausgußreiniger Pumpfix«. Es besteht aus einem kräftigen halben Gummiball, befestigt an einem Holzstiel. Ohne die Reinigungsschraube am Geruchverschluß zu lösen, setzt man den Gummirand fest um die Ablaufstelle auf. Durch kurzes kräftiges Auf- und Abwärtspumpen entsteht im Rohr wechselnd Sog und Druck und lockert die Schmutzteilchen. Heiße Wassernachspülung schwemmt sie weg. Soweit ein Überlauf vorhanden ist (die knapp unter dem oberen Wannen- oder Beckenrand sitzende Öffnung, die das Überlaufen verhindert), muß er beim Pumpen mit Papierballen, Gummiplatten o. ä. luftdicht zugehalten werden.

Auch ein verstopftes Klosettbecken kann mit dem »Pumpfix« gereinigt werden. Das Bild zeigt zugleich das vorher beschriebene Reinigen mit einem Hakendraht. Der Deckel an der Rückseite des Beckens kann eingeschraubt oder eingekittet sein, vielfach fehlt er bei neueren Fabrikaten auch ganz.

Chemische Mittel Chemische Mittel unter Namen wie »Frißdurch«, »Rohrfrei« gibt es im Handel. Sie sind sehr wirksam; der Umgang mit ihnen

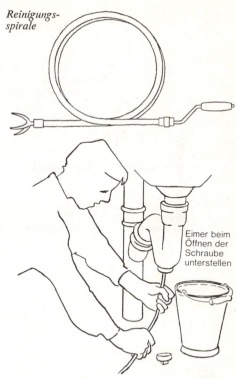

Reinigen eines Abflusses mit Reinigungsspirale

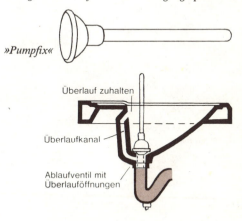

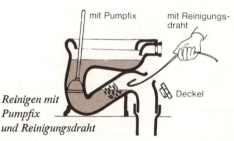

Reinigen mit Pumpfix und Reinigungsdraht

394 Wasser und Gas

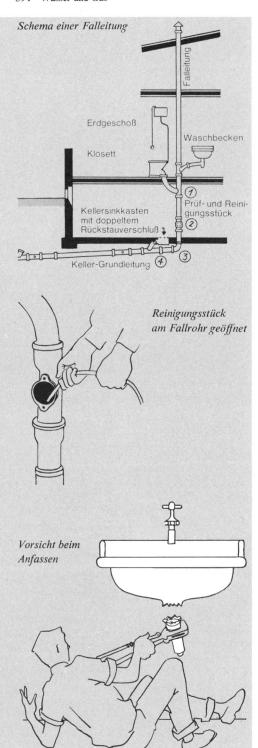

Schema einer Falleitung

Reinigungsstück am Fallrohr geöffnet

Vorsicht beim Anfassen

verlangt aber Umsicht und Vorsicht. Für leichtere Fälle kann man ein Reinigungsmittel wie etwa »Imi« nehmen; es erfordert keine besonderen Vorsichtsmaßnahmen.

Vor Anwendung der ätzenden Reinigungsmittel sind Klosettdeckel abzumontieren oder aufzuklappen, Teppiche, Linoleum, Farben und Fußböden durch Pappe gegen Spritzer zu schützen. Aluminium- und Zinkblechrohre werden durch solche Mittel angegriffen und dürfen nicht behandelt werden. Für Eisen- und Steinzeugrohre, für Glas, für Becken aus Porzellan, Steingut und Emaille sind die Mittel unschädlich. Das Pulver darf nicht mit feuchten Händen angefaßt werden. Spritzer an Haut und an Kleidern sind sofort mit Essig abzuwaschen. Das etwa im verstopften Becken stehende Wasser ist durch Ausschöpfen zu entfernen. Man schüttet – je nach Gebrauchsanweisung – bis zur Hälfte des Doseninhalts in das Becken und gießt sofort 1 Liter kochendes Wasser hinzu. Die Mischung schäumt stark auf, daher zurücktreten, Vorsicht vor Spritzern und Dämpfen. Diese Mittel zersetzen Verstopfungsstoffe wie Fett, Seifenreste, Küchenabfälle, Haare, sogar Kesselsteinablagerungen. Nachspülen mit heißem Wasser ist auch hier erforderlich.

Verstopfte Falleitung Verstopfung der Fall- oder Grundleitung äußert sich gewöhnlich darin, daß Schmutzwasser, das in den Ausguß gegossen wurde, in einem anderen, tiefer liegenden Ablauf, z.B. im Klosett oder im Stockwerk darunter, wieder austritt. Wohnen Sie nun in einem Ort mit öffentlichem Kanalnetz, so ist die Selbsthilfe hier zu Ende, denn Arbeiten an Fall- und Grundleitungen, die an die allgemeine Kanalisation angeschlossen sind, darf nur der Fachmann ausführen. Das Bild oben macht zunächst deutlich, daß bei verstopfter Falleitung der »Pumpfix« nicht hilft, weil die Falleitung weiter oben durch Entlüftungsleitung oder andere Ausflüsse entlüftet ist, so daß keine Saugwirkung entsteht. Tritt im gezeigten Beispiel Schmutzwasser, das im Waschbecken abfließt, im Klosettbecken aus, so muß die Ursache unterhalb der Einmündung des Klosettabflusses (Punkt 1) liegen. Ist der Ablauf vom Sinkkasten (Punkt 4) frei, so liegt die Verstopfung wahrscheinlich im Bogen (Punkt 3). Reinigen kann man zunächst wieder mit Draht oder Spirale, soweit diese von der Reinigungsschraube am Klosettbecken aus bis in das Fallrohr hinunterreichen. In manchen Fällen hilft auch eine kräftige Druckwasserspülung mit einem Schlauch, der

Sickerdole · Sickerschacht 395

von der Reinigungsöffnung des Klosetts oder vom Punkt 2 aus möglichst tief in die Rohrleitung geschoben wird.
Ist beides ohne Erfolg, müssen die Schrauben am Prüfstück (Reinigungsstück) im Keller (Punkt 2) gelöst werden. Vielleicht stürzt beim Öffnen Schmutzwasser heraus, das aufgefangen werden muß, wenn kein Sinkkasten vorhanden ist. Von dieser Öffnung aus fährt man nach oben oder unten, je nachdem wo die Verstopfung liegt, mit Draht oder Spirale durch das Fallrohr. Will man ein chemisches Mittel anwenden, muß es, falls die Verstopfung oberhalb des Prüfstücks liegt, in das Klosettbecken geschüttet werden, andernfalls in das Prüfstück.

Vorsicht beim Anfassen! Nicht mit Gewalt! Zum Ab- und Festschrauben von Rohren und Reinigungsschrauben darf man nicht zu große Rohrzangen oder Schraubenschlüssel nehmen. Man verliert sonst das Gefühl dafür, was dem Material zugemutet werden kann. Geruchverschlüsse aus Hartblei sind mit besonderer Vorsicht zu behandeln. Was im Bild S. 394 unten passiert, kostet ein neues Becken, also rund 100 DM – ganz abgesehen von der Verletzungsgefahr, zumal wenn der Arbeitende auf einer Leiter steht.

11 Anlegen von Sickerdole oder Sickerschacht zum Ableiten kleinerer Wassermengen

Sickerdole im Garten

Wenn im Garten kein Abwasserkanal vorhanden ist, kann man selbst auf einfache Weise und mit geringen Kosten eine Anlage schaffen, um Wasserbehälter, Brunnentröge, Planschbecken und ähnliches ablaufen zu lassen. Voraussetzung ist, daß es sich um kleinere Wassermengen handelt, denn eine solche selbstgebaute Anlage ist nur bis etwa 1,25 m tief. Voraussetzung ist ferner, daß das ablaufende Wasser keinen schädigenden Einfluß auf das Grundwasser haben kann, also frei ist von Schlammstoffen, gewerblichen Abfallstoffen, Resten von Schädlingsbekämpfungsmitteln.

Die benötigten Teile Das Bild zeigt den Aufbau der Anlage und auch alle benötigten Teile.
Als Brunnentrog ist hier ein Betonbecken angenommen. Man kann auch ein gebrauchtes Öl- oder Benzinfaß nehmen. In den Boden ist ein Ablaufventil mit Sperrkreuz oder Sieb einzusetzen. In dem einzementierten oder eingeschraubten Ablaufventil steckt ein Überlaufrohr. Es kann aus

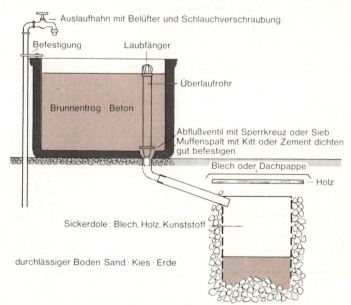

Die hier im Schnitt gezeigte kleine Sickerdole ist ausreichend für den Garten (Laubfänger s. S. 260)

Zink- oder verzinktem Blech bestehen. Es sorgt dafür, daß das Becken sich nur bis zur gewünschten Höhe füllt. Am oberen Ende soll es ebenfalls ein Sperrkreuz oder Sieb haben. Wegen des im Herbst anfallenden Laubes setzt man außerdem einen Laubfänger auf. Die Einzelteile bekommt man im Installationsgeschäft, vielleicht auch bei einem Altmetallhändler.

Unter dem Ablaufventil sitzt unten im Boden ein gebogenes Rohrstück, darauf ein gerades Stück, das bis zur Sickerdole reicht. Die Rohre, die aus Gußeisen, verzinktem Stahl, Steinzeug oder auch Kunststoff bestehen können, sollen 50 bis 60 mm Durchmesser haben und müssen fest ineinanderstecken. Nimmt man hierzu Blechrohr, muß es innen und außen mit Bitumen oder Asphalt überstrichen werden.

Als Dole dient ein rundes Gefäß – z. B. eine Holztonne, ein Ölfaß, eine verzinkte Ölkanne o. ä. – mit einem Durchmesser von 30 bis 40 cm und einer Höhe von 35 bis 45 cm. Je größer, desto schneller geht das Versickern vor sich. Der Boden des Gefäßes wird entfernt, der Deckel erhält eine Öffnung zum Einführen der Leitung. Auch die Seitenwände werden, damit das Versickern schneller geht, mit 2 bis 3 cm großen Löchern versehen.

Dole aus Kunststoff

Die ganze eben beschriebene Anlage kann aus Kunststoff (PVC) hergestellt werden und ist dann von praktisch unbegrenzter Lebensdauer.

Über PVC-Rohre finden Sie alles Wissenswerte vorn auf S. 387. Die Abdeckplatte läßt sich wie aus Holz auch aus PVC zuschneiden.

Für die Dole brauchen wir entweder ein PVC-Rohr von etwa 33 cm Durchmesser, 40 cm lang, oder wir biegen sie aus einer PVC-Platte selbst zurecht. Die Platte muß etwa 100 × 40 cm groß und 3 mm dick sein und zum Biegen auf etwa 130° C erwärmt werden. Der Handwerker macht das im Wärmschrank. Der Laie kann mit weicher, fächelnder Flamme (Lötlampe) anwärmen, langsam und geduldig: PVC brennt zwar nicht, bildet aber bei zu starker Erwärmung Blasen, färbt sich schwarz und verkohlt schließlich.

Die Löcher können wie bei Holz mit Bohrer oder Lochsäge hergestellt werden.

Das Einsetzen Man hebt ein rundes Loch aus, so weit, daß nach dem Einsetzen des Gefäßes noch eine Schicht groben Gesteins außen herumgepackt werden kann. Auch auf den Boden der Grube kommt eine Kiesschicht. Man gräbt, bis man auf wasserdurchlässigen Boden stößt: Sand, Erde, Kies. Man soll aber nicht tiefer gehen als 1,25 m Aushub. So weit kann man bei einigermaßen standfähigem Boden ohne Einschalung oder Verbolzung ausheben, ohne daß eine ins Gewicht fallende Unfallgefahr entsteht. Wo tiefere Anlagen erforderlich sind, überläßt man die Arbeit einem Fachmann.

Ist die Dole eingesetzt, legt man einen gut imprägnierten und mit Dachpappe abgedeckten Brettboden, eine Blechplatte oder Kunststoffplatte aus PVC über die Dole, bevor die Grube

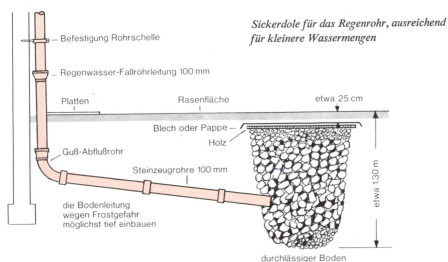

Sickerdole für das Regenrohr, ausreichend für kleinere Wassermengen

wieder mit Erdreich eingeebnet wird. Die Abdeckung soll etwas größer sein als der Durchmesser des Gefäßes.

Sickerdole für Regenrohr

Eine solche Dole kann man auch anlegen, um vom Dach abfließendes Regenwasser versickern zu lassen. Eine Anlage wie die im Bild gezeigte reicht jedoch nur aus für kleinere Wassermengen, wie sie vom Dach etwa eines Stalles, Schuppens oder sonstiger kleiner Nebengebäude kommen. Man kann hier auf das Gefäß verzichten und einfach ein so tiefes Loch graben, bis man auf durchlässigen Boden kommt; es wird mit Steinen angefüllt. Zweierlei ist zu beachten:
1. Sorgfältiges Abdecken ist hier erforderlich zum Schutz gegen Eindringen von Erde.
2. Die Sickerdole muß 2 bis 3 m von der Hausmauer entfernt liegen. Läge sie näher, könnte Regenwasser die Mauer durchnässen und sogar in den Keller dringen. Diese Vorschrift gilt ebenso für die nachfolgend beschriebenen Sickerschächte.

Sickerschacht, gemauert

Leistungsfähiger als eine Sickerdole ist ein Sickerschacht. Er wird angelegt, wenn es gilt, öfters größere Wassermengen abzuführen.
Arbeitsgang Grube ausheben bis auf durchlässigen Boden. Eine Sickeranlage, die in Ton- oder Lehmboden endet, ist zwecklos. Aushub wegen der Gefahr des Nachrutschens nicht unmittelbar am Grubenrand ablagern. Ist eine Grube tiefer als 1,25 m erforderlich, überläßt man die Arbeit dem Fachmann.
Wie das Bild zeigt, werden Ziegelsteine kreisförmig aufgeschichtet. Es genügt, jede 4. bis 5. Lage mit einer Mörtelfuge zu versehen. Das Mauern ist auf S. 209 beschrieben. Der Raum rings um die Mauer ist mit grobem Gestein zu füllen.
Ein solcher Schacht ist abzudecken mit einem Deckel aus Stahlbeton. Man kann ihn fertig kaufen. Wer mit Beton umzugehen weiß (S. 222 f.), kann ihn auch selbst herstellen. Die oberste Steinlage wird so gemauert, daß ein Rand bleibt, auf den der Deckel fest aufgesetzt werden kann.

Sickerschacht aus Stahlbetonringen

Ringe aus Stahlbeton von 50 bis 60 cm Durchmesser mit Sickerlöchern erhält man in Betonwerken. Die Grube muß so geräumig ausgehoben werden, daß man darin arbeiten kann. Die Grube wird gut 1 m tief gemacht, so daß 2 Ringe, je 50 cm hoch, aufeinandergestellt werden können. Der obere Ring braucht keine Sickerlöcher zu haben. Die Ringe haben Quetschfugen (Bild unten), die zum Zusammensetzen gut angefeuchtet und mit Zementmörtel verbunden werden. Das Umgehen mit den Stahlbetonringen verlangt zwei Mann und einige Vorsicht. Ein Ring von 50 cm Durchmesser

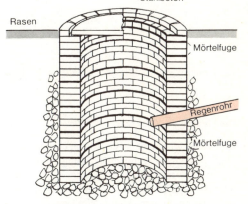

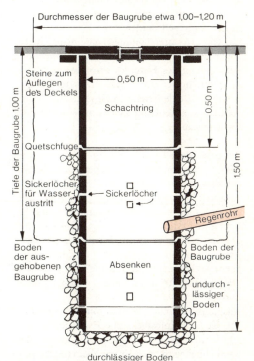

wiegt 95 kg, ein Ring von 60 cm Durchmesser 115 kg. Die waagrechte Stellung des unteren Ringes ist vor dem Aufsetzen des oberen mit der Wasserwaage zu prüfen. Steht der Ring schief, entstehen schiefe Wände, das Ganze kann einstürzen. Auch hier wird der Raum um die Ringe herum mit grobem Gestein gefüllt.

Ist bei 1 m Tiefe noch kein durchlässiger Boden erreicht, kann man noch einen Ring tiefer bauen, ohne dazu die Grube vertiefen zu müssen. Man setzt einen Ring auf die Bodenfläche der Gruben und lockert mit Maurerhammer oder Hacke das Erdreich außen und innen, so daß der Ring langsam tiefer sinkt. So verfahren die Brunnenbauer. Einen auf diese Weise vertieften Schacht zeigt das Bild S. 397 unten.

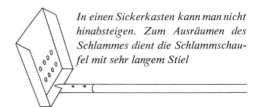

In einen Sickerkasten kann man nicht hinabsteigen. Zum Ausräumen des Schlammes dient die Schlammschaufel mit sehr langem Stiel

12 Leuchtgas, Stadtgas, Spaltgas, Erdgas

Die Flamme als Werkzeug

Der perfekte Diener Gasförmige brennbare Stoffe sind ideale Brennstoffe. Streng genommen muß jeder Brennstoff, ob Öl, Benzin, Holz, Kohle oder der Talg der Kerze, erst zu Gas verwandelt sein, bevor er brennen kann. Beim Gas als Brennstoff kann die Wärme mit sofortiger Wirkung stufenlos geregelt werden.

Das Gas in unseren Leitungen nannte man früher Leuchtgas, dann Stadtgas. Mit der zunehmenden Verwendung des Erdgases wurde es mehr und mehr durch das aus Erdgas erzeugte Spaltgas verdrängt. Beide Arten von Gas werden voraussichtlich in absehbarer Zeit vom reinen Erdgas abgelöst sein.

Der gefährliche Diener Stadtgas, erkennbar an seinem eigentümlichen süßlichen Geruch, enthält das giftige Kohlenoxyd. Einatmen führt zu schweren Bewußtseinsstörungen und zum Tode. Erdgas ist nicht giftig. Bei Sauerstoffmangel besteht aber Erstickungsgefahr. Spaltgas und Erdgas sind geruchlos. Deshalb wird diesen Gasen ein Geruchstoff beigemischt (Tetrahydrothiophen); so können schon geringe Mengen unverbrannt ausgeströmten Gases wahrgenommen werden.

Ausgeströmtes Gas, das sich mit Luft vermischt hat, ist hochexplosibel. Eine Explosion im umschlossenen Raum kann ein Gebäude zerreißen. Beim Umgang mit Gas ist vor allem folgendes zu beachten: Gashähne sorgfältig schließen. Bei längerer Abwesenheit Haupthahn schließen. Unbenutzte Brennstellen abschalten. Speisen nicht überkochen lassen, damit nicht überkochende Flüssigkeit die Flamme auslöscht. Leitungen und Geräte in Ordnung halten. Sollte einmal der Zustrom an Gas aussetzen, alle Brennstellen schließen, auch Zündflammen und Haupthahn.

Erdgas Für die Verbrennung von Erdgas ist nur ein Brenner mit Erstluft (wie der Bunsenbrenner S. 401) geeignet. Beim Einkauf eines neuen Gasgerätes deshalb ein Gerät mit Allgasbrenner verlangen.

Riecht es hier nach Gas? Das richtige Verhalten, wenn Geruch oder vielleicht ein feines Zischen auf Gasausströmung deuten:
1. Jegliches Feuer augenblicklich löschen und jede Möglichkeit der Flammen- und Funkenbildung ausschalten. Kein offenes Licht! Die brennende Zigarette, ja der winzige Kontaktfunke einer elektrischen Taschenlampe oder Klingel können genügen, um eine Explosion auszulösen.
2. Fenster und Türen weit öffnen, so daß Durchzug entsteht.
3. Prüfen, ob alle Hähne wirklich geschlossen sind.

Stadtgas (Leuchtgas) 399

4. Halten Gasgeruch oder Gasausströmung an, dann sofort die Gaswache verständigen (ersatzweise Feuerwehr oder Polizei). Jedes Gaswerk unterhält eine Tag und Nacht dienstbereite Gaswache, die solchen Meldungen unverzüglich nachgeht.

Ist die Gasrechnung zu hoch?
Ob Gas ungenutzt entweicht, kann man selber auf einfache Weise prüfen.

Gaszähler – Ablesen und Kontrolle Sie schließen am Abend, nachdem der Haushalt zur Ruhe gekommen ist, sämtliche Hähne und die Zündflamme am Gaswasserheizer. Dann lesen sie den Zählerstand ab und notieren ihn. Das Ablesen zeigt das Bild. Am nächsten Morgen sehen Sie den Zählerstand erneut an und vergleichen. Hat er sich nicht verändert, ist die Anlage dicht.

Der schlechte Verbraucher Ein Autofahrer braucht für die gleiche Strecke mit dem gleichen Fahrzeug bei gleicher Durchschnittsgeschwindigkeit mehr Kraftstoff als ein anderer, der rationeller fährt. Auch Hausfrauen arbeiten verschieden rationell. Zum richtigen Ausnützen der Gasenergie finden Sie einige Tips in diesem Abschnitt.

Der Untermieter Wenn Sie einem Mitbewohner die Mitbenutzung des Gasanschlusses gestatten, seiner Ehrlichkeit aber mißtrauen, so hilft vielleicht ein Münzautomat. Der Einwurf eines Geldstücks öffnet das Gasventil so lange, bis eine dem Geldwert entsprechende Gasmenge entnommen ist.

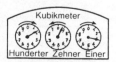 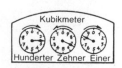

30. Juni: 193 cbm   31. Juli: 268 cbm
Gasverbrauch: 75 cbm

30. Juni: 2817,058 cbm   31. Juli: 3185,330 cbm
Gasverbrauch: 368,272 cbm

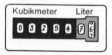 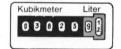

30. Juni: 3254,760 cbm   31. Juli: 3823,915 cbm
Gasverbrauch: 569,155 cbm

Der Installateur und die Axt im Haus

Der Bereich des Gaswerks Die Zuführungsleitungen bis zum Gaszähler und dieser selbst – er ist geeicht und plombiert – sind dem Gaswerk vorbehalten. Störungen an mehreren oder allen Flammen (Brennern) einer Anlage deuten darauf hin, daß der Fehler in diesem Bereich zu suchen ist. Das Gaswerk (die Gaswache) ist auch zuständig bei jedem Verdacht auf Gasausströmung.

Der Bereich des Installateurs Störungen an einzelnen Geräten oder Flammen (Brennern) deuten auf Mängel an der Innenanlage. Sie zu beheben, ist der Installateur berufen. Der zugelassene Installateur! Sie tun gut daran, die Frage nach dem schriftlichen Ausweis an jeden zu richten, der begehrt, sich in Ihrem Haushalt an Gasleitungen, Zähler und Geräten zu betätigen.

Die gleiche Frage ist angebracht gegenüber allen, die sich mehr oder weniger wortreich anbieten, Ihren alten Herd durch Wunderbrenner oder »Gassparer« zu »veredeln«. Der Installateur ist auch zuständig – mit ganz wenigen unten erwähnten Ausnahmen – für das Einstellen (Regulieren) aller Gasgeräte, ebenso für jegliches Neuanschließen von Geräten sowie für das Abbauen und gasdichte Verschließen bei einem Wohnungswechsel. Wenn Sie Bedenken haben, den Handwerker wegen »einer Kleinigkeit« zu bemühen – und das Regulieren ist manchmal wirklich nur ein Handgriff –, so benutzen Sie die Gelegenheit, ihn gleich mit der Kontrolle der gesamten Gas- und Wasserinstallation zu beauftragen, die einmal jährlich vorgenommen werden sollte.

Der Bereich der Selbsthilfe Wenn man die Hände von Gasgeräten und -leitungen lassen soll – wozu sprechen wir in diesem Buch über Gas? Aus vier Gründen: um die Werte, die in den Gasgeräten stecken, durch vernünftige Pflege und Handhabung zu erhalten; um durch sachgerechte Benutzung und einige kleine Tricks aus ihnen den größten Nutzen zu ziehen; um beim Kauf eines neuen Gasgeräts richtig beraten zu sein; um Gefahrenquellen zu erkennen und auszuschalten.

Der Gasherd

Brenner und Flamme Die Zuführungsleitung für jeden Brenner im Gasherd und Gaskocher endet in einer Düse. Das Rohr des Brenners schließt nicht unmittelbar an, so daß das durchströmende Gas Luft mitreißt, die sogenannte

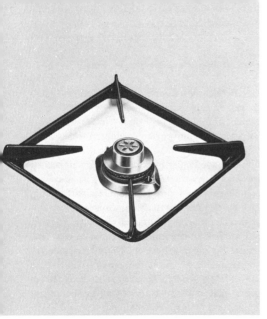
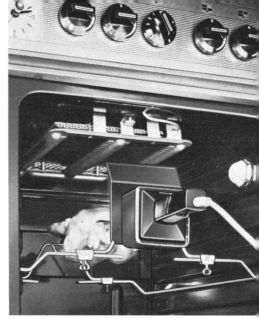

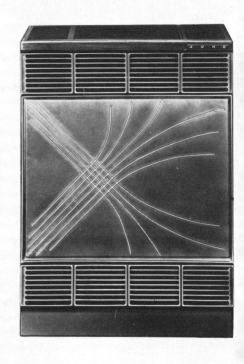

Oben links: Brenner mit Thermofühler einer automatisch arbeitenden Gaskochstelle · Oben rechts: Gasherd mit Zeituhr, Stark-Glühgrill und Motordrehspieß · Unten links: Gasheizherd zum Kochen, Backen und Raumheizen. Das Heizteil wird mit Piezozündung in Betrieb genommen · Unten rechts: Gasheizautomat mit dekorativer Kachelverkleidung.   Zentrale für Gasverwendung, Frankfurt

Erstluft. Am Brennerkopf tritt also bereits ein Gas-Luft-Gemisch aus. Die in ihm enthaltene Luft reicht noch nicht zur vollständigen Verbrennung aus. Das Gemisch verbrennt mit der

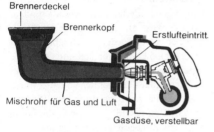

Gasherd-Brenner (Bunsenbrenner) im Schnitt

hellen bläulich-grünen Flamme, die als sogenannter grüner und kalter Kern sichtbar ist. Um den Kern herum liegt die eigentliche Hitzezone. Der Sog der Flamme reißt weitere Luft heran, die sogenannte Zweitluft. In dieser äußeren Zone verbrennt das Gas mit der bläulich-violetten, manchmal leise rauschenden Flamme, die jeder kennt. Haben die Flammen kleine gelbe Spitzen, so ist das kein gutes Zeichen. Sie entstehen, wenn bis zum Flammenende nicht genügend Zweitluft für eine vollständige Verbrennung angesaugt wird. Manchmal bringt man sie durch eine einfache Hahneinstellung zum Verschwinden. Gelingt das nicht, muß die Gasluftzufuhr des betreffenden Brenners nachgestellt werden. Das ist nur ein Handgriff; aber er soll dem Installateur überlassen werden.

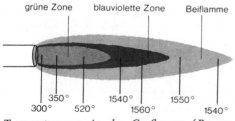

Temperaturzonen in der Gasflamme (Bunsenbrenner)

Der eben besprochene Brenner, bei dem das Gas auf seinem Anmarschweg schon einen Teil der benötigten Luft mitnimmt, heißt Bunsenbrenner nach dem deutschen Gelehrten Bunsen, der dieses Prinzip zuerst anwandte. Die Brenner am Gasherd sind von dieser Art. Einfacher gebaut ist der sogenannte Leuchtbrenner. Er hat keine Erstluft-

zufuhr. Der gesamte Luftbedarf wird erst beim Austritt des Gases angesaugt. Leuchtbrenner sind im Gaswasserheizer zu finden. Auch bei diesem Brenner deuten gelbe Flammenspitzen auf unvoll-

Leuchtbrenner

kommene Verbrennung. Wir kommen beim Gaswasserheizer kurz darauf zurück.

Backofen mit Thermostat Der Thermostat, eingestellt auf eine bestimmte – für den jeweiligen Ofeninhalt zweckmäßige – Wärmestufe, sorgt dafür, daß die Wärme schnell erreicht und dann während des ganzen Back- oder Bratvorgangs genau eingehalten wird. Von außen sehen Sie nur einen vergrößerten Schalterhahn mit einer Einstellskala von 1 bis 8. Welche Stufe ist richtig? Die Anweisung erhält man beim Einkauf oder findet sie an der Innenseite der Backofentür. Der Thermostat spart Zeit, Gas und Reinigungsarbeit. Im thermostatgesteuerten Ofen brennen die Flammen zuerst ganz groß, damit die eingestellte Temperatur schnellstens erreicht wird. Ist das der Fall, bewirkt ein Wärmefühler im Ofeninnern (ein Gegenstand, an dem Sie keinesfalls herumbasteln sollten), daß sich die Flammen automatisch kleinstellen.

Zentralzündung Zusätzliche Bequemlichkeit bietet die Zentralzündung oder automatische Zündung (»Bosch-Magnet-Zündung«). Eine ständig brennende Zündflamme – wie beim Gaswasserheizer – entzündet den Brenner, dessen Schalterhahn man öffnet. Auf folgendes ist dabei zu achten:

1. Die Zündflamme muß groß genug sein, um richtig durchzuzünden, aber sie soll nicht größer sein, denn je Millimeter Länge verbraucht sie stündlich etwa 1 Liter Gas. Die richtige Länge liegt gewöhnlich bei 18 mm. Beim Aufstellen des Herdes muß der Installateur die Zündflamme zusammen mit den Brennern einstellen.

2. Das Überzünden von der Zündflamme zu den Brennern geschieht durch Zündkanäle, in denen sich bei Freigabe der Gaszufuhr ein schnellzündendes Gasluftgemisch bildet. Das dauert manchmal einen Augenblick, der auch nach Sekunden bemessen sein kann, aber nicht länger sein soll, damit nicht unverbranntes Gas ausströmt. Die

Zündkanäle müssen sauber sein, die Brenner richtig in ihren Halterungen liegen. Manche Brenner haben eine eigene kleine Zünddüse dicht am Zündkanal. Diese Dinge richtig einstellen: das kann man selbst machen, wenn man beim Aufstellen des Herdes dem Fachmann genau zugesehen hat.

Zentralzündung: In der Mitte zwischen den vier Kochbrennern brennt die Zündflamme. Die oben sichtbaren gekreuzten Zündkanäle lassen die Brenner zünden, sobald der Schaltergriff geöffnet wird

Backofen mit Zentralzündung und Sicherung

Manche Herde zünden auch den Backofen von der Zündflamme her. In diesem Falle wird zunächst von der oberen Zündflamme eine untere

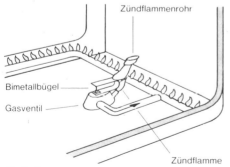

Backofen mit Zentralzündung und Bi-Metall-Sicherung

entzündet; diese wirkt auf die sogenannte Zündsicherung. Erst diese gibt den Hauptgasweg frei. Zündsicherungen gibt es in zwei Formen.
Eine Art besteht aus einem Bi-Metall-Streifen, einem Blechstreifen aus zwei aufeinandergeschweißten verschiedenartigen Metallen. Das äußere Metall wird an der Biegung durch die Zündflamme erwärmt. Es dehnt sich schneller aus als das innere. Das U schließt sich und öffnet dabei ein Sperrventil, das jetzt den Hauptgasweg freigibt. Nun zündet der Brenner vollends durch und gibt seine volle Wärmeleistung her. Wird der Hahn für den Ofen geschlossen, bleibt die Zündflamme brennen, um beim nächsten Öffnen erneut durchzuzünden.
Bei der zweiten Art der Sicherung – thermoelektrische genannt – läßt das durch die Zündflamme erwärmte Reglermetall ein elektromagnetisches Stromfeld entstehen, welches dann die Freigabe des Hauptgasweges bewirkt. Eine Stromleitung ist dazu keineswegs erforderlich! Würde hier das Zündflämmchen durch einen Zufall verlöschen (ein solcher Zufall ist bisher noch niemals bekanntgeworden), so würde die elektrische Feldwirkung aufhören, der ganze Gasweg für Hauptbrenner und Zündflämmchen würde abgesperrt.
Das vollgesicherte Gasgerät Herde, die mit dieser Art Sicherungen an den Kocherbrennern sowie im Backofen ausgerüstet sind, nennt man vollgesichert. Sie bieten verläßlichen Schutz gegen Vergiftungen und Explosionen (die im übrigen ganz überwiegend durch Unachtsamkeit entstehen und nicht durch Fehler an Anlagen). Ein solcher Herd kostet etwa 15% mehr als ein gewöhnlicher. Das ist nicht zuviel, um Leben und Eigentum gegen Unvorsichtigkeit – eigene und fremde, besonders die von Kindern – zu schützen. Die vollgesicherte Bauart gibt es auch bei Gaswasserheizer, Gaskühlschrank, Heizofen, Waschmaschine. Wir erwähnen sie nicht überall noch eigens. Nachträglich kann man solche Vollsicherung nicht einbauen.
Richtig kochen 1. Die Hitze geht auf die wirtschaftlichste Weise auf Topf und Inhalt über, wenn die Flammenspitzen 1 cm vom Topfrand entfernt bleiben. Die über den Topfboden hinausschlagenden Flammenspitzen sind reine Verschwendung! Also: breite und niedrige Töpfe sind am besten.
2. Volle Wärme – »Ankochwärme« – ist nur erforderlich, bis der Inhalt zum Kochen gebracht ist. Dann sofort Flamme klein stellen! Wenn Sie

mit zuviel Hitze kochen oder braten, brauchen Sie unnötig viel Wasser- und Fettzugabe.

3. Beim Kohlenherd wird der Backofen stets vorgeheizt. Manche Hausfrauen heizen auch den Gasbackofen stets vor. Aber nur manche Rezepte erfordern das. Bei allen übrigen ist es sparsamer, das Back- oder Bratgut in den kalten Ofen zu schieben und die Flammen für die ganze Dauer des Arbeitsvorgangs auf die gleiche Größe einzustellen.

Störungen Manchmal kommt es vor, daß die Gasflammen im Kocher heftig flackern. Wo noch uralte Gaszähler mit runden Bäuchen in Gebrauch sind, auf die man von Zeit zu Zeit Wasser aufgießen muß, liegt das an unzureichender Wasserfüllung des Zählers. Gasableser oder Gelderheber werden den Schaden auf Verlangen kostenlos beheben; wenn das zu lange dauert, kann man auch den Kundendienstmonteur des Gaswerks rufen. Aber nicht selbst aufgießen – Zähler bleibt Zähler und gehört zum Bereich des Gaswerks. Ist ein moderner Gaszähler mit Zahlenfeld (Bild S. 399) vorhanden, deutet ein Flackern aller Flammen auf Störung der Straßenzuleitung oder Steigleitung im Haus. Deshalb Meldung ans Gaswerk! Dabei angeben, ob das Übel sich auf mehrere Wohnungen oder das ganze Haus erstreckt.

Reinigung Nur ein saubergehaltener Herd funktioniert einwandfrei. Brenner, Innenteile des Brat- und Backofens und Auffangblech werden in eine Reinigungslauge – bereitet mit normalem Abwaschmittel – gelegt, anschließend mit einer weichen Bürste gesäubert (Emaille nicht schmirgeln und kratzen, S. 357), dann wieder richtig zusammengesetzt und eingebaut. Wenn Sie diese Operation in Abwesenheit der Hausfrau vornehmen, wird sie anschließend staunen, wie fachmännisch Sie den Herd »überholt« haben. Besser aber, Sie machen es ihr vor und empfehlen es ihr zur allmonatlichen Nachahmung.

Gaswasserheizer

Arbeitsweise Gaswasserheizer erhitzen das durchlaufende Wasser im Augenblick des Bedarfs und nur in der gerade benötigten Menge. Sie sind also keine Speicher. Gaswasserheizer haben gesicherte Zündflammen. Man kann den Hauptgashahn für den großen Brenner nur öffnen, wenn zuvor der Zündflammenhahn geöffnet wurde. Das Gerät fängt erst an zu arbeiten, wenn die Zündflamme brennt. Es dauert einige Sekunden, bis die Bi-Metall-Zündsicherung (S. 402) anspricht. Dann springen die Flammen an, sobald man den Warmwasserhahn aufdreht.

Regulieren Ist der Brenner des Gaswasserheizers nicht ganz richtig auf den örtlichen Gasdruck eingestellt, so sieht man über jeder straffen Grundflamme eine rötlichgelbe, weiche Flamme schweben. Das ist ein Fehler, der durch richtige Einstellung beseitigt werden muß. Gelingt das nicht durch Hahneinstellung, muß die Drosselschraube eingestellt werden. Das soll der Installateur machen. Notfalls kann man sich vom Installateur Schraube und Einstellvorgang am gleichartigen Gerät zeigen lassen und die Einstellung dann selber vornehmen.

Wer das gelernt hat, sollte unbedingt der Versuchung widerstehen, sein Gerät durch weiteres Verstellen »höherzutrimmen« wie einen Rennwagen. Vermehrte Gaszufuhr wird zwar das Wasser auf etwas höhere Temperatur bringen als bei Normaleinstellung. Aber: »Die letzten Grade sind die teuersten«; außerdem wird das Gerät überbeansprucht.

Anbringung Neue Wohnungen werden nach Möglichkeit so installiert, daß Küche und Bad nebeneinander liegen. Man hat dann kurze Zuleitungen und braucht nur einen Wasserheizer, den man am günstigsten in der Küche über dem Spülbecken anbringt. Das ist der Schwerpunkt des Bedarfs. Badewanne und Waschbecken werden mit angeschlossen.

Liegen die »Naßräume« weit auseinander, nimmt man besser zwei Geräte, für die Küche ein 5-Liter-, für das Bad ein 13-Liter-Gerät. Die Zahlen besagen, daß das eine Gerät pro Minute 5, das andere 13 Liter um 25° erwärmt. Läßt man weniger Wasser auslaufen, z.B. beim 5-Liter-Heizer nur 3 Liter pro Minute, so steigert sich die Wassertemperatur auf 60 bis 65°; entsprechend auch beim größeren Gerät.

Wärmewähler Eine technische Annehmlichkeit: Mit einem Drehknopf stellt man die gewünschte Wassertemperatur ein. Die so dem jeweiligen Verwendungszweck des Wassers angepaßte Wassertemperatur wird durch einen Wassermengenregler konstant gehalten. Beim Gerät ohne Wassermengenregler wird die Temperatur schwanken, sobald durch Zapfen an benachbarten Wasserhähnen der Wasserauslauf zu- oder abnimmt. Der Wassermengenregler gleicht das selbsttätig aus. Ein großer Vorteil zum Beispiel beim Duschen.

Gas sparen · Kesselstein vermeiden Bei jeder Benutzung wird das Innere des Geräts durch die starken Flammen aufgeheizt. Schließt man den Wasserhahn, so wird das in den Röhren stehenbleibende Wasser stark erhitzt. Kesselsteinablagerung ist die Folge, besonders bei hartem Wasser (S. 356). Was tun? Den Hauptgashahn am Wasserheizer schließen, kurz bevor der Heißwasserbedarf gedeckt ist. Dann läuft der Rest heißen Wassers aus, ohne daß nochmals nachgeheizt wird. Gerät und Geldbeutel werden gleichermaßen geschont.

Denselben Erfolg kann man auch »ferngesteuert« erreichen, also von einem Wasserhahn aus, der weiter vom Gerät entfernt ist. Man schließt den Warmwasserhahn für eine Sekunde und öffnet ihn dann ganz wenig, so daß der Rest heißen Wassers herausfließt, ohne daß der Brenner noch einmal aufflammt.

Sauberhaltung Im Gaswasserheizer trifft das in großer Menge verbrennende Gas beim Beginn des Zapfens immer auf ein kaltes Innengehäuse und eine kalte Rohrleitung. Sekundenlang schlägt sich dadurch eine Mischung aus Abgas und Schwitzwasser nieder, im Gehäuse und namentlich im oberen Lamellendurchgang, der dem Wasserkühler eines Autos ähnelt. Es entsteht ein staubähnlich aussehender Belag, der manchmal auch auf den Brennrost herunterfällt. Nach einigen Monaten Betrieb sieht man dann auf den Brennrohren und dem darunterliegenden Teller eine weißgraue Schicht, die Verbrennung und Leistung stören kann. Man entfernt sie mit einer weichen Bürste. Alte Zahnbürste genügt. Regulierschraube für die Zündflamme dabei nicht berühren und verstellen! Jedes Jahr, spätestens alle zwei Jahre, muß ein Handwerker Lamellen und Innenkörper gründlich reinigen, wenn das Gerät seine volle Lebensdauer erreichen soll.

Abgasleitung · Schornsteinanschluß Beim Verbrennen von Gas entstehen feuchte Abgase. Der Gaswasserheizer ist ein Gerät mit starker Augenblicksleistung. Das kleine Gerät für die Küche, dem stets nur wenige Liter Warmwasser auf einmal entnommen werden, kommt ohne eigene Abgasleitung aus. Sobald er aber z.B. für Kinder- oder Brausebäder längere Zeit in Betrieb bleiben soll, braucht er einen Schornsteinanschluß. Dasselbe gilt für alle anderen Gasgeräte mit starkem Verbrauch (Ausnahme S. 406).

Die heißen Abgase steigen in Abgasleitung und Schornstein nach oben. Es entsteht ein »Zug« wie im Kamin des Kohlenofens. Ist der Zug einwandfrei, entweichen die Abgase, und der Raum wird außerdem entlüftet. Zu starker Zug oder zu schwacher (Stauung) oder gar Rückstrom können dagegen Verbrennung und Abfließen der Abgase beeinträchtigen. Abgase, die sich im Innenraum stauen, sind gesundheitsschädlich.

Strömungssicherung Diese Vorrichtung – das trichterförmige Gerät, das bei den meisten Geräten eingebaut, bei älteren etwa 25 cm darüber nachgeschaltet ist – sorgt für einwandfreies Abfließen der Abgase. Im Innern liegt ein waagerechtes Prallblech. Das Bild auf S. 405 erläutert die Wirkungsweise.

Prüfung Das Funktionieren der Strömungssicherung kann man auf einfache Weise prüfen. Zwischen Gerät und Haube muß, wenn die Gasflammen brennen, ein Sog spürbar sein. Hält man ein Zündholz oder eine Kerzenflamme in die Nähe des Spalts, so muß sich die Flamme hineinbiegen. Ein kleiner Handspiegel – Glas oder Metall – kann ebenfalls zur Prüfung dienen. Bei geschlossenen Fenstern und Türen wird der Spiegel, der kalt sein muß, an den Schlitz gehalten. Bildet sich ein Niederschlag wie beim Beschlagen einer Fensterscheibe, so treten Abgase aus.

»Tauplattenprüfung«
mit einem Handspiegel

Die Abgasleitung gelegentlich zu prüfen, ist unbedingt ratsam. Es sind Fälle bekanntgeworden, in denen Vögel ihr Nest in die Abgasleitung gebaut und sie damit verstopft hatten. Wenn das auch ganz verschwindende Ausnahmen sein, so können doch schwere Unglücksfälle die Folge sein. Mangelhaftes Funktionieren der Abgasleitung macht sich durch schlechtes Brennen und Geruch bemerkbar.

Abgasklappe Solange das Gerät nicht arbeitet, hängt die Luftabführung vom Unterschied zwischen Innen- und Außentemperatur ab. In der

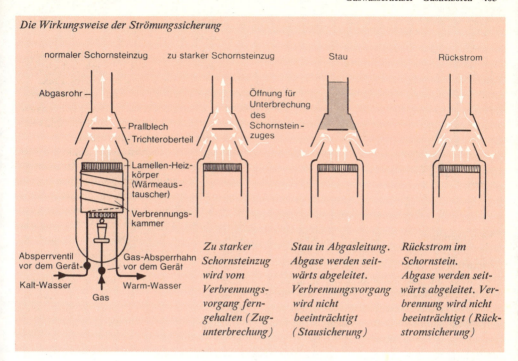

Die Wirkungsweise der Strömungssicherung

Regel wird sie gering sein und gerade das hygienisch erwünschte Maß an Entlüftung darstellen. Bei starker Kälte außen entweicht natürlich warme Raumluft auf diesem Wege. Wer das verhindern will, darf keineswegs die Strömungssicherung etwa zustopfen! Das Richtige ist eine selbsttätige Absperrklappe, die oberhalb der Strömungssicherung eingebaut wird. Von Hand zu verstellende Klappen wie bei Kohlenöfen üblich sind für Abgasleitungen nicht zulässig. Die warmen Abgase öffnen durch eine sich ausdehnende Feder (ähnlich der Bi-Metall-Sicherung, S. 404) die Klappe. Sobald das Gerät abgeschaltet wird und die Abgase ausbleiben, schließt sich die Klappe wieder und versperrt der Raumwärme den Ausgang.

Gasheizofen

Die richtige Größe Gasbetriebene Öfen gibt es vom kleinen Wandofen bis zum großen Zentralheizungskessel. Da Gasheizung eine Heizung »nach Maß« ist, muß die richtige Größe sorgfältig ermittelt werden: Raumgröße, Zahl, Größe und Dichtungsfähigkeit der Fenster und Türen, Lage des Raumes im Baukörper (Außenwände, Windseite u. a.), Art des Wärmebedarfs (kurzfristig oder dauernd) sind zu berücksichtigen. Es ist richtig, sich beim Wählen der Ofengröße und des Standortes durch einen Fachmann beraten zu lassen. Vielfach sind Gaswerke bereit, Garantien für bestimmte Heizleistungen zu übernehmen.

Eine überschlägige Ermittlung der richtigen Ofengröße kann nach folgender Tabelle erfolgen.

Wärmebedarf in kcal/h für 1 m³ Raum

Wohnraum	150
Badezimmer	175
Büro	100
Läden	90
Werkstätten	80

Ein Wohnzimmer mit 60 m³ erfordert demnach einen Ofen mit einer Heizleistung von 60 mal 150 = 9000 kcal.

Automatische Regelung Wie der Thermostat beim Backofen sorgt der Temperaturregler dafür, daß eine gewünschte und eingestellte Temperatur erreicht und gleichmäßig gehalten wird. Schwankungen beim Öffnen von Fenstern oder durch veränderte Außentemperatur gleicht er selbsttätig aus. Er wird zuerst vom Fachmann eingestellt; Veränderungen kann man selbst vornehmen, sobald man sich die Handgriffe hat erklären lassen.

Wasser und Gas

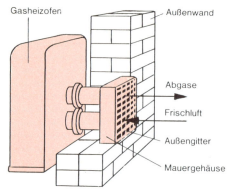

Gasofen mit direkter Abgasführung

Nicht überheizen Bei Geräten ohne selbsttätige Regelung ist zu beachten, daß sie in der Regel den Raum sehr schnell aufheizen. Sobald das erreicht ist, stellen Sie die Gaszufuhr klein, so daß nur noch so viel Wärme zugeführt wird, wie durch Mauern, Fenster, Türritzen nach draußen geht (Wärmegleichgewicht). Überheizen ist gesundheitsschädlich, macht anfällig gegen Erkältungen.

Schornsteinanschluß In der Regel müssen Gasöfen wie Wasserheizer an den Schornstein angeschlossen werden (S. 404). Es gibt jedoch auch Öfen mit direkter Abgasführung ins Freie. Sie werden an einer Außenwand aufgestellt, möglichst in einer Fensternische. Ein Mauerkastensystem saugt Frischluft von draußen an und führt die Abgase an Ort und Stelle ins Freie.

Die Pflege besteht im Abstauben Schlechte Zimmerluft im Winter rührt – außer von der meist geringeren Lüftung und den Ausdünstungen etwa feuchtgewordener Kleidung – in der Hauptsache davon her, daß auf dem Heizkörper oder Ofen Staubteilchen verschwelen oder verbrennen, die dann durch am Heizkörper erwärmte und bewegte Luft mitgetragen werden. Daher rühren auch die staubdunklen Stellen, die sich in der Nähe aller Öfen leicht an Wänden und Decken bilden. Regelmäßiges gründliches Abstauben begegnet dieser typischen Heizbelästigung. Dieser Hinweis gilt für alle Arten der Heizung.

13 Flaschen- oder Flüssiggas (Propan · Butan)

In Stadtrandgebieten und Orten abseits des Gasrohrnetzes, im Wochenendhaus, im Kleingarten, auf der Reise im Campingzelt, auch für Handwerk, Schiffahrt, Industrie wird Flüssiggas in Flaschen verwendet: Propan und Butan sind bei normalem Druck und normaler Temperatur gasförmige Stoffe; unter Druck von 5 Atmosphären gesetzt werden sie flüssig. In diesem Zustand kann man sie in Stahlflaschen speichern und transportieren.

Eigenschaften Je nach seiner Zusammensetzung hat Flüssiggas einen sechs- bis siebenmal höheren Heizwert als Stadtgas. Verkauft wird es nicht nach Raummenge (cbm), sondern nach Gewicht (kg). Ein Kilogramm Flüssiggas liefert die gleiche Wärmemenge wie knapp 3 cbm Stadtgas oder 10 bis 12 Kilowattstunden Strom.

Wegen des gegenüber Stadtgas etwa zehnmal höheren Druckes und des höheren Heizwertes müssen die Brenner – in Betracht kommen nur Bunsenbrenner (Leuchtbrenner verrußen) – anders gebaut sein; die Abmessungen sind so gewählt, daß die Leistung des Propan-Butan-Gemisches pro Zeiteinheit ungefähr der des Stadtgases gleichkommt.

Giftig ist das Flaschengas nicht, es enthält kein Kohlenoxyd. Es ist aber ohne Verbrennung bei freiem Austritt ebenso explosiv wie Stadtgas. Deshalb ist die gleiche Vorsicht wie beim Umgang mit Stadtgas geboten.

Erstickungsgefahr Flaschengas ist – im Gegensatz zu Stadtgas – schwerer als Luft. Es sinkt nach unten, sammelt sich wie Wasser in Vertiefungen. Verboten ist deshalb das Aufstellen von Flüssiggasflaschen und das Hantieren mit ihnen in Kellern und allen sonstigen Räumen, deren Boden tiefer als die Hoffläche liegt, auf Kellertreppen, und wegen der Kriechgefahr auch außen an Kellerfenstern. Das Gas verdrängt die Luft, jedes Lebewesen muß in ihm ersticken. Ansammlungen

Kleinflaschenanlage für Flüssiggas

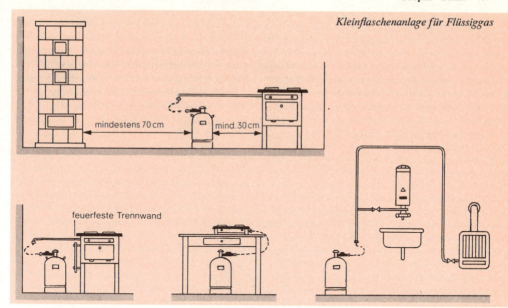

von Flaschengas halten sich lange, weil es sich sehr träge mit Luft vermischt.

Installation Für die Flaschengasversorgung sind nur bestimmte Unternehmen, sogenannte Hauptverteiler, behördlich zugelassen. Flüssiggasanlagen dürfen nur eingerichtet, unterhalten und instand gesetzt werden durch Unternehmen, die mit einem Hauptverteiler im Vertragsverhältnis stehen.

Flaschen Es gibt Klein- oder Haushaltsflaschen, Inhalt bis 14 kg. Sie reichen aus für einen Herd, Kocher oder Kleinwasserheizer. Sie dürfen innerhalb bewohnter Räume aufgestellt werden. Allerdings sind bestimmte Vorschriften zu beachten. Wer mit Flüssiggas umgeht, sollte sich die einschlägigen Vorschriften beschaffen (erhältlich bei der Lieferfirma für das Gas).

Großflaschenanlage für Flüssiggas

Kleinflaschenanlagen Mindestabstände bzw. festen Strahlungsschutz beachten · Feste Rohrleitung, Präzisionsstahlrohr 8 × 1 oder Gasrohr · Schlauchanschluß nur für Verbrauchsgeräte bis 0,3 kg Verbrauch je Stunde (Herde, Bunsenbrenner) · Absperrventile nur bei mehreren Verbrauchsgeräten · Außer der Gebrauchsflasche nur eine Reserveflasche bis 6 kg im gleichen Raum,

408 Wasser und Gas

bis 14 kg in getrenntem Raum zulässig · Groß-
flaschen mit 22 oder 33 kg Inhalt reichen für den
Bedarf größerer Gaswasserheizer, Herde, Raum-
heizöfen, Kühlschränke. Sie müssen außerhalb
des Hauses aufgestellt werden in einem nur von
außen zugänglichen verschlossenen Raum oder in
verschließbarem Schutzschrank aus nicht brenn-
barem Baustoff.

Großflaschenanlagen (Flaschen über 14 kg Füllung)
Die Flaschen sollen außerhalb des Hauses in
einem verschließbaren, unten entlüfteten Schrank
untergebracht sein, oder: Flaschenhals freistehend in einem nur von außen zugänglichen
Raum (nicht unter der Erde) mit Entlüftungsleitung vom Sicherheitsauslaß des Reglers · Höchst-
zahl der Gebrauchs- und Vorratsflaschen: 6 Stück
· Feste Rohrleitung, Präzisionsstahlrohr 12×1
mit lötlosen Verschraubungen (wie »Ermeto«)
oder Gasrohr · Hauptabsperrventil nach Eintritt der Leitung in das Haus, Absperrventil
vor jedem Verbrauchsgerät · Kein Propan in
den Keller!

Sechster Teil

Elektrizität

1 Achtung – Lebensgefahr!

Jede schlecht ausgeführte Arbeit kann Ärger, Zeit- und Geldverlust bringen. Aber eine gepfuschte elektrische Anlage bringt Lebensgefahr. Darum muß dieser Teil mit einer nachdrücklichen Warnung beginnen.
Bereits ein elektrischer Strom von 0,05 Ampere – der Strom, den unsere kleinste Gebrauchslampe, die 15-Watt-Lampe, aufnimmt – kann das menschliche Herz zum Stillstand bringen. Sicher haben Sie schon einige Male in Ihrem Leben einen elektrischen Schlag verspürt. Das war etwas unangenehm, aber mehr nicht. Das lag daran, daß Sie gerade gut isoliert standen. Unter ungünstigen Umständen wäre es nicht so gut abgegangen. Welches sind diese ungünstigen Umstände?
Ich will Ihnen zwei Beispiele erzählen.
Eine Hausfrau hatte ihren elektrischen Wasserkocher (Wassertopf mit eingebautem Heizwiderstand) an die Steckdose angeschlossen. In der Absicht, noch etwas Wasser nachzufüllen, ging sie – ohne den Stecker herauszuziehen – zum Wasserhahn. Als ihre rechte Hand den Wasserhahn ergriff, bekam sie einen elektrischen Schlag und fiel tot um.
Ein neunjähriger Bub stand in der halbgefüllten Badewanne. Als er die Brause des Kohlenbadeofens ergriff, bekam er einen Schlag und war sofort tot.
Wie ist das möglich? Das erste Beispiel ist leicht zu verstehen. Der Wasserkocher war defekt. Sein metallischer Teil stand unter Strom. Sobald die Frau durch Anfassen des Wasserhahns die Verbindung zur Erde herstellte, konnte der todbringende Strom fließen.
Im Laufe der Zeit stellen sich an fast allen elektrischen Leitungen kleine Fehler an der Isolation der Drähte ein. Dadurch können kleinste Ströme zur Erde abfließen. Die Erde ist ja ein vorzüglicher Leiter. Solche Fehlerströme können ganz beträchtliche Strecken in der Erde zurücklegen. Über Wasserleitung, Zentralheizung, Beton- oder Steinboden können solche Ströme in der Wohnung sein. Sie warten gewissermaßen nur darauf, bis die Verbindung zum Leitungsnetz wieder hergestellt wird – hergestellt durch den Menschen.
Wie ist aber das zweite Beispiel zu verstehen, bei dem gar keine elektrische Anlage mitzuspielen scheint?
Die Unfallspezialisten, die den Fall aufzuklären hatten, stellten durch Messung fest, daß zwischen Badewanne und Brause eine Spannung von 170 Volt bestand! Einen Stock tiefer hatte der Mieter einen Lüster angeschlossen. Dabei hatte er einen Anschlußdraht nicht richtig eingeführt oder nicht ordentlich mit Isolierband versehen. Das blankgebliebene Drahtstück berührte die metallische Abdeckung (Deckenschale) des Beleuchtungskörpers. Diese hatte Kontakt mit der Aufhängung und diese mit dem in die Decke eingeschraubten Haken, an dem die Lampe hing. Dieser Haken berührte ein Eisendrahtgeflecht, das unter dem Putz in der Zimmerdecke lag und bis zum Badezimmer durchlief. Das Drahtgeflecht berührte hier das Abflußrohr der Badewanne aus dem darüber gelegenen Badezimmer der oberen Wohnung. So stand die gefüllte Badewanne unter Strom. Sobald der Bub die Brause ergriff, stellte er die Verbindung zur Erde her, und das Unheil war geschehen.
Wer fehlerhafte elektrische Anlagen legt oder duldet, gefährdet sein Leben sowie das seiner Angehörigen und unbeteiligter Dritter. Er läuft auch

So geschah das Unglück in der Badewanne

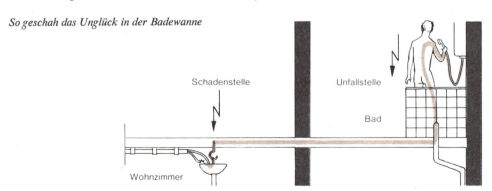

Gefahr, daß das Werk, welches ihn mit Strom beliefert, den Anschluß oder die weitere Stromlieferung verweigert. Ferner kann die Brandversicherung eine Fortführung des Versicherungsvertrages ablehnen oder wegen erhöhten Risikos einen Zuschlag verlangen. Außerdem wird selbstverständlich, wer eigenes oder fremdes Gut und Leben schädigt oder gefährdet, vom Strafrichter zur Rechenschaft gezogen. – Es ist bekannt, daß eine Taschenlampenbatterie oder auch eine Autobatterie dem Menschen gänzlich ungefährlich ist. Tatsächlich liegt die Gefahrengrenze etwa bei 60 Volt Spannung; was darunter liegt, ist harmlos. Sicherheitshalber hat man in der Fachwelt die Grenze auf 42 Volt festgelegt. Solche »Kleinspannung« ist vorgeschrieben für elektrische Anlagen, bei denen mit viel Feuchtigkeit und Dämpfen zu rechnen ist und die Gefahr einer Berührung mit stromführenden Teilen besteht. Warum nur für solche Anlagen und nicht für alle? Wäre dann nicht jede Gefahr ausgeschaltet? Ja. Aber: je höher die Spannung, um so wirtschaftlicher läßt sich ein Stromversorgungsnetz aufbauen und betreiben. Deshalb verwendet man bei der Energieübertragung durch Hochspannungsleitungen Spannungen bis zu mehreren hunderttausend Volt, und deshalb haben die Haushalte die bereits gefährlichen Spannungen von 110 und (jetzt überwiegend) 220 Volt.

Elektrisches Kinderspielzeug Eine wichtige Folgerung wollen wir daraus gleich ziehen, bevor wir zu unserem Hauptgedanken zurückkehren: für Kinderspielzeug niemals die normale Netzspannung! Vorschriftsmäßiges Kinderspielzeug darf nur bis 24 Volt Spannung haben. Eine Ausnahme hat man interessanterweise gemacht: Kinderkochherde und Kinderbügeleisen dürfen für eine Netzspannung für 220 Volt gebaut werden; allerdings werden dem Hersteller besondere Auflagen für die Isolation dieser Geräte gemacht. Ich sagte eben »vorschriftsmäßig«. Wer erläßt Vorschriften dafür? Selbstverständlich hat sich zunächst der Staat dieses Gebietes angenommen. So heißt es z. B. in einer bayerischen ministeriellen Verordnung vom 31.3.1937 (heute noch gültig): »Elektrische Anlagen dürfen nur durch Fachleute hergestellt und verändert werden ... Das Überbrücken von Sicherungen ist verboten ... Schadhafte elektrische Anlagen sind unverzüglich von einem Fachmann instandsetzen zu lassen.«
Die anderen Bundesländer haben entsprechende Bestimmungen.

VDE-Vorschriften Der Verband Deutscher Elektrotechniker (VDE) hat im Laufe der Zeit Richtlinien und Vorschriften für Errichtung und Betrieb elektrischer Anlagen aufgestellt, die Bände füllen und so umfangreich sind, daß auch der Fachmann, der sie beachten muß, sie nicht alle im Kopf haben kann, sondern ab und zu in seinem Vorschriftenbuch nachsehen muß. Außerdem können die Elektrizitäts-Versorgungs-Unternehmen (EVU) für ihr jeweiliges Netz den Installateuren noch besondere Auflagen machen. Ist nun das Auswechseln einer Steckdose oder die Reparatur eines Haushaltgeräts schon gleichbedeutend mit »Errichtung und Betrieb einer elektrischen Anlage«? Jawohl! In der VDE-Begriffserklärung heißt es: »Starkstromanlagen sind elektrische Anlagen mit Betriebsmitteln zum Erzeugen, Umwandeln, Speichern, Fortleiten, Verteilen und Anwenden elektrischer Energie zum Verrichten einer Arbeit, z. B. in Form von mechanischer Arbeit, zur Wärme- und Lichterzeugung oder bei elektrochemischen Vorgängen.«
Merken Sie sich deshalb bitte: Lassen Sie elektrische Anlagen vom Fachmann ausführen und instand halten! Lassen Sie die Finger davon – schon die Verwechslung von zwei Anschlußdrähten in einem Stecker oder einer Steckdose kann, ohne auf den Betrieb des Geräts Einfluß zu haben, Menschenleben in Gefahr bringen.

VDE-Prüfzeichen

VDE-Prüfzeichen Die Firmen, die Elektrogeräte bauen, sollen sich an die VDE-Vorschriften halten. Allerdings: soweit die Vorschriften nicht Gesetzeskraft erlangt haben, können sie nicht dazu gezwungen werden. Im Zeichen der Gewerbefreiheit sind Hersteller aufgetreten, die sich nicht an sie halten, leider oft zum Nachteil für die elektrische Sicherheit.
Für Geräte, die den Sicherheitsbestimmungen des VDE entsprechen, erteilt die Prüfstelle des Verbandes auf Antrag das abgebildete Prüfzeichen. Die Überprüfung von Geräten mit VDE-Zeichen wird während der weiteren Produktion regelmäßig wiederholt. Achten Sie beim Kauf auf dieses Zeichen. Es gewährleistet Ihnen ein einwandfreies Gerät.

412 Elektrizität

Können wir mit diesen Hinweisen das Kapitel »Elektrizität im Haus« bereits schließen oder höchstens noch über die defekte Sicherung sprechen (denn die dürfen Sie allein auswechseln)? Keineswegs! Aus zwei Gründen:
Erstens: Wenn man die Finger von der elektrischen Anlage lassen soll, so heißt das keineswegs, daß man nicht über sie Bescheid zu wissen braucht. Um etwa bei der Planung eines neuen Heimes die elektrische Anlage bestmöglich zu gestalten, oder um im bestehenden Haushalt die vielfältigen Möglichkeiten der Zeit- und Arbeitsersparnis durch elektrische Geräte voll auszunützen, muß man Bescheid wissen. Darum beginne ich diesen Teil mit einigen aufklärenden und beratenden Abschnitten über elektrische Anlagen und Geräte. Zweitens: Die Warnung bezieht sich nur auf Starkstromanlagen, also das normale Lichtnetz. Die Schwachstromtechnik dagegen, die elektrische Anlagen bis zu 60 Volt umfaßt, bietet dem

Betätigungsdrang eine ganze Reihe von Möglichkeiten. Von ihnen handeln die späteren Abschnitte.

Praktische Winke für Selbstmörder

Sie sparen Zeit, wenn Sie den Schnellkocher erst anschalten und dann (mit nachhängender Schnur) zum Wasserhahn gehen, um ihn zu füllen.
Wir haben kein Geld zum Wegwerfen. Eine mit kräftigem Draht geflickte Sicherung kann noch Jahre halten.
Während man in der Badewanne sitzt, kann man sich gleichzeitig mit dem Fön schon die Haare trocknen oder sich elektrisch rasieren.
Handwerker sind teuer. Das bißchen Leitung verlegen kann man auch selber.
Feiglinge lösen die Sicherungen, bevor sie eine Steckdose aufschrauben. Ein Mann hat das nicht nötig. Ein gelegentlicher Schlag stärkt die Nerven.

2 Wenn eine Sicherung durchbrennt...

Sie kennen das: Gerade hat man sich recht gemütlich niedergelassen – da ist es schon passiert: ein kleiner Blitz, ein sanfter Knall, und während die Gesellschaft im plötzlichen Dunkel verstummt ist, tönt es schon aus der Küche: »Ist dort auch das Licht aus?«
Im düsteren Licht des Adventskerzenstummels, den die Gattin in einer Küchenschublade ertastet hat, erkennen Sie, daß hinter der Scheibe einer Sicherungskappe das kleine grüne oder rote Kennplättchen liegt: Sicherung unbrauchbar. Manchmal ist nicht auf den ersten Blick erkennbar, welche Sicherung durchgebrannt ist. Das Kennplättchen ist nicht eindeutig herausgefallen. Dann müssen Sie die Sicherung herausschrauben und genauer betrachten. Wenn das Kennplättchen etwas absteht und sich mühelos herausziehen läßt, ist die Sicherung unbrauchbar. Wenn Sie nun eine Ersatzsicherung finden (oder schlimmstenfalls die Sicherung eines im Augenblick nicht benötigten Stromkreises herausnehmen können), dann ist alles gut. Allerdings: Es muß die gleiche Sicherung sein wie die vorher eingeschraubte. Grünes Plättchen = 6 Ampere, rotes Plättchen = 10 Ampere.

Vergessen Sie nicht, bevor Sie die neue Sicherung einsetzen, die defekte Stehlampe abzuziehen, in der Sie den Kurzschluß vermuten. Sonst wiederholt sich das Schauspiel augenblicklich. Sie müssen aber auch alle anderen Stromverbraucher abschalten, die eingeschaltet waren, als der Kurzschluß eintrat. Sonst bildet beim Einschrauben der neuen Sicherung der plötzlich einsetzende Strom an der Sicherung einen elektrischen Flammbogen und verschmort den Kontakt.
Außer dem schadhaften Elektrogerät kommen als Ursache für das Durchbrennen von Sicherungen in Betracht: Überlastung durch gleichzeitigen Anschluß mehrerer leistungsstarker Geräte (z. B. Backofen und Bügeleisen), Isolationsfehler in einer Leitung (nur durch Fachmann zu beheben), altersschwache Sicherung (selten).
Ist keine Ersatzsicherung da, so können Sie zu Bett gehen oder ins nächste Restaurant, doch hüten Sie sich vor der dritten Möglichkeit: Versuchen Sie nie, eine Sicherung zu flicken!
Das Flicken von Sicherungen ist verboten Warum? Die Sicherung soll den Leitungsdraht vom Zähler bis zur Steckdose und die angeschlossenen Geräte einschließlich ihrer Zuleitung vor Über-

lastung schützen. Der Strom, der durch einen Draht fließt, erwärmt diesen. Er erwärmt ihn um so mehr, je größer die Stromstärke, also die Ampere-Zahl. Ist die Sicherung geflickt, so kann bei neuerdings auftretendem Kurzschluß oder beim Anschließen eines Gerätes mit zu hohem Stromverbrauch der Leitungsdraht überhitzt werden und zu glühen anfangen. Dann beginnt die Isolation zu brennen, und schon ist der Ausgangspunkt für einen hübschen Brandherd geschaffen. Wäre z. B. in einer Stehlampe, die den oben geschilderten Zwischenfall verschuldet hat (Ständerlampen sind ein beliebter Aufenthaltsort der Kurzschlußteufelchen) weiterhin ein Isolationsfehler, der die geflickte Sicherung nicht zum Durchbrennen bringt, aber die Leitungsschnur stark erwärmt, so können sich Teppiche und Vorhänge alsbald zu einem flotten Zimmerbrand entzünden. Aus demselben Grunde darf man eine mit 6 A oder 10 A (Ampere) abgesicherte Leitung nicht mit höherem Wert sichern.

Vielleicht finden Sie es übertrieben, so nachdrücklich vor der geflickten Sicherung zu warnen. Aber jede Brandversicherung wird Ihnen gern bestätigen, daß der überwiegende Teil aller Brandschäden aus elektrischen Kurzschlüssen entsteht und daß diese immer wieder durch geflickte Sicherungen verursacht werden.

Übrigens: Auch bei geringfügigen Arbeiten, wie beim Auswechseln einer Glühlampe, sollen Sie stets vorher die Sicherung zurückschrauben – und davor alle Stromverbraucher abschalten! Ist z. B. ein Elektroherd eingeschaltet und Sie schrauben die Sicherung los, so entsteht hinter der Sicherung ein beträchtliches Feuerwerk, der metallische Teil der Sicherung kann mit dem Kontaktmetall geradezu zusammenschmelzen.

Sicherungsautomaten Wenn Sie jeden Ärger mit Sicherungen vermeiden wollen und insbesondere wenn Sie mit einer schlechten elektrischen Anlage gesegnet sind, bei der ab und zu ein Kurzschluß passiert, so besorgen Sie sich Sicherungsautomaten. Diese Automaten lassen sich wie Sicherungen einschrauben; auf der Stirnseite haben sie meist einen dicken schwarzen und einen kleinen roten Knopf. Die Leitung wird in Betrieb genommen (der Stromkreis geschlossen), sobald man den schwarzen Knopf drückt. Bei Kurzschluß oder Überlastung springt der schwarze Knopf heraus. Ist der Schaden behoben, drückt man ihn wieder hinein, und der Strom ist wieder da. Will man irgend etwas an einer Lampe arbeiten, so trennt man den Stromkreis durch einen einfachen Druck auf den roten Knopf, ohne daß man den Sicherungsautomaten herauszudrehen braucht.

Für den Haushalt haben diese Automaten eine fast unbegrenzte Lebensdauer.

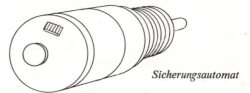

Sicherungsautomat

Ein kleiner Ratschlag noch: Es ist zweckmäßig, am Sicherungskasten kenntlich zu machen, welche Sicherung zu welchem Stromkreis gehört. Dazu genügen – wenn keine Einschiebevorrichtungen für Schildchen vorhanden sind – Kennbuchstaben mit Kreide oder Pinsel aufgemalt: Ke für Keller, D für Diele usw. Sie ersparen sich damit das Herumprobieren; Sie ersparen es vor allem Ihrer Frau, falls in Ihrer Abwesenheit eine Sicherung durchbrennt.

3 Wenn Sie ein neues Heim planen

Denken Sie beim Bau eines neuen Heimes rechtzeitig an die elektrische Anlage! Wenn der Zimmermann mit dem Dachstuhl anfängt, beginnen meistens auch schon die Elektromonteure mit ihrer Arbeit. In diesem Augenblick muß der Bauherr sich über seine Wünsche endgültig klar sein. Sind die Mauern erst verputzt, kosten Nachinstallationen Zeit, Geld und Ärger.

Leitungen

Isolierrohr Früher verlegte man elektrische Leitungen ausschließlich mit Isolierrohr: Zuerst werden die leeren Rohre verlegt; erst später werden die Drähte eingezogen, so wie man sie braucht. Spätere Änderungen sind dabei ohne erheblichen Arbeitsaufwand möglich.

Stegleitung Heute verwendet man bei Neubauten häufig die Stegleitung. Bei ihr sind die Drähte so in Isoliermaterial eingebettet, daß kein besonderes Rohr erforderlich ist. Die Leitung wird im Putz verlegt. An der Wand ist also keine Stemmarbeit zu leisten. Das Verlegen geht schnell und ist billiger als die Rohrverlegung. Spätere Änderungen sind allerdings immer unangenehm, manchmal unmöglich.

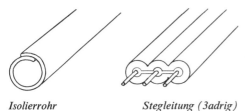

Isolierrohr   *Stegleitung (3adrig)*

Welche Leitungsart ist vorzuziehen? Wenn möglich die Rohrinstallation. Der Kostenanteil der elektrischen Anlage an der Gesamtbausumme eines Wohnhauses ist nur gering, er beträgt etwa 4 bis 5 v. H.
Erfordert die Bauart des Hauses (z. B. bei Betondecken, bei denen Stemmarbeiten für Rohrleitungen zu zeitraubend wären und auch die Tragfähigkeit beeinträchtigen könnten) das Verlegen von Stegleitungen, oder entschließt man sich aus Sparsamkeitsgründen zu dieser Leitungsart, so sollte man großzügig verfahren und lieber eine Leitung zuviel als zuwenig ziehen lassen.
Ist man sich für einen bestimmten Raum noch nicht schlüssig geworden, ob er eine Deckenleuchte erhalten und wo sie angebracht werden soll, so ist es besser, drei Deckenanschlüsse herzustellen als nur einen. Die Anschlußstellen, die dann nicht gebraucht werden, läßt man leer und verschließt das Rohrende so, daß nichts zu sehen ist. Braucht man eine Lampe an dieser Stelle, so öffnet man und braucht nur die erforderlichen Drähte nachzuziehen. Entsprechendes gilt für Wandleuchten.

Schalter

Vor dem Einziehen der Drähte – bei Stegleitung bereits beim Verlegen – muß man sich entscheiden, wie die einzelnen Beleuchtungskörper geschaltet werden sollen. Drei Arten der Schaltung sind zu unterscheiden: Ausschaltung, Serienschaltung, Wechselschaltung.
Ausschaltung Die einfachste und am meisten verwendete Schaltung ist die Ausschaltung. Mit ihr kann man die angeschlossene Beleuchtung von einem Schalter aus lediglich entweder ganz ein- oder ganz ausschalten. An Schalter und Lichtanschluß sind zwei Drähte erforderlich.
Serienschaltung Sollen zwei Lampengruppen eines Beleuchtungskörpers (Lüsters) oder zwei Wandleuchten wahlweise von einem Schalter aus ein- und ausgeschaltet werden können, verwendet man die Serienschaltleitung. Sie ist etwas komplizierter. Bei einem Kronleuchter mit fünf Lampen z. B. wird man die Gruppen so einteilen, daß zunächst zwei Lampen brennen, dann beim Weiterschalten alle fünf. Beim Abschalten verlöschen zuerst zwei Lampen, dann die restlichen drei. Die Serienschaltung benötigt drei Drähte, von denen einer stets besonders gekennzeichnet sein soll.

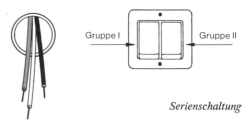

Gruppe I   Gruppe II

Serienschaltung

Wechselschaltung Wenn eine Beleuchtung von zwei verschiedenen Stellen aus wahlweise ein- und auszuschalten sein soll – insbesondere in Treppenhaus, Korridor, Diele, Schlafzimmer kommt das vor –, verwendet man die Wechselschaltung. Bei ihr führen zwei Drähte zum Beleuchtungskörper; an den Schaltern sind jeweils drei Drähte erforderlich. Die Entfernung der Schalter voneinander spielt keine Rolle.
Kreuzschaltung Man kann die Wechselschaltung erweitern, indem man z. B. noch an weiteren Türen oder auf mehreren Treppenabsätzen Schalter anbringt, so daß das gleiche Licht von vielen Stellen aus ein- und ausgeschaltet werden kann. Diese erweiterte Wechselschaltung nennt man Kreuzschaltung.
Doppelte Wechselschaltung Soll eine Serienschaltung (siehe oben) von zwei Stellen aus betätigt werden können, so brauchen wir die etwas komplizierte doppelte Wechselschaltung. Ein besonderer Schalter wird für diesen Zweck nicht hergestellt. Man löst die Aufgabe mit zwei Wechselschaltern. Am besten bringt man die zwei Schalter, die man an jeder Tür (Schaltstelle) braucht, in einer sogenannten Kombination unter, im doppelt großen Schaltergehäuse mit ge-

Kreuzschaltung

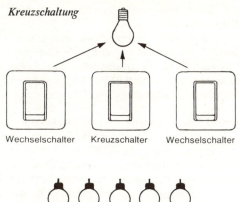

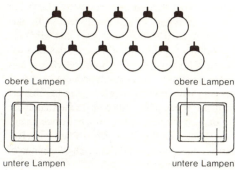

Doppelte Wechselschaltung

meinsamer Abdeckplatte. Kombinationen gibt es übrigens auch für Schalter und Steckdose, für Steckdose und Klingeldrücker und ähnliches, auch Dreizweckkombinationen, z.B. Außenbeleuchtung, Innenbeleuchtung und Türöffner.
Schalter in feuchten Räumen In feuchten Räumen soll man möglichst gar keine Schalter anbringen. Sie werden besser außerhalb des Raumes neben der Tür installiert. Ist das z. B. bei einem Badezimmer aus Platzgründen nicht möglich, so sollte hier ein Zugschalter verwendet werden. Er wird knapp unter der Decke angebracht und durch eine herabhängende Schnur bedient. Auf jeden Fall darf im Berührungsbereich der Badewanne, d. h. von ihrer Außenkante bis 0,6 m waagerecht und bis 2,25 m senkrecht entfernt, weder Schalter noch Steckdose angebracht werden.
Bei Räumen, deren Schalter außerhalb liegt, kann man schlecht kontrollieren, ob man beim Verlassen des Raums das Licht ausgeschaltet hat. Zweckmäßig sind für solche Räume Türen mit Glaseinsatz. Sind Sichttüren nicht möglich, kann man Schalter mit eingebauter Kontrollampe verwenden.
Schalterart In Wohnräumen verwendet man

heute ausschließlich Wippenschalter. Der Tastenteil soll möglichst großflächig sein, damit er auch mit dem Ellbogen bedient werden kann, falls man einmal die Hände nicht frei hat. Oft sind die Tasten selbstleuchtend.
Welche Höhe für den Schalter? Ein Kreis von Architekten hat eine zur DIN-Norm erhobene Empfehlung ausgearbeitet, die uns ebenfalls von dem lästigen blinden Tasten nach dem Schalter befreien soll: Schalter sollen grundsätzlich in Höhe der Türklinke angebracht sein. Nicht übel! Keine Schmutzflecke mehr auf der Tapete rund um den Schalter! Probieren Sie es beim nächsten Mal!

Steckdosen

Möglichst viele! In mancher Wohnung begegnet man dem wenig schönen Bild: eine Steckdose, darin ein Dreifachstecker, daran in wildem Knäuel drei Kabel. Will man ein Kabel abziehen, fallen alle drei heraus. Ältere kennen noch folgendes Bild in der Küche: In der Zuglampe eine Schraubfassung mit Steckvorrichtung; daran hängt einerseits das Rundfunkgerät auf dem Küchenschrank, andererseits das Bügeleisen. Das ganze Gehänge schwingt im Arbeitsrhythmus des Bügelns mit. Kein Wunder, wenn da etwas passiert!
Damit hat der VDE Schluß gemacht: seit 1959 dürfen Steckvorrichtungen, wie sie nachfolgend abgebildet sind, nicht mehr in den Handel gebracht werden. Ihre Verwendung ist unzulässig, gleich, ob es sich um normale oder um Schuko-Ausführungen handelt.
Das klingt hart; aber Sie brauchen keine Angst zu haben, daß die Polizei von Haus zu Haus geht und die verbotenen Steckvorrichtungen einsammelt. Sie können diese Teile ruhig aufbrauchen. Dem VDE kommt es nur darauf an, daß sie nicht mehr in den Handel kommen und damit allmählich aussterben.
Daraus ergibt sich ganz von selbst die Notwendigkeit, von Anfang an in einem Raum möglichst viele Steckdosen vorzusehen. Lassen Sie gleich für jede vorgesehene Steckdose eine Zwillings- oder Drillingssteckdose einbauen, an der man mehrere Geräte anstecken kann. Denken Sie auch an den Anschluß für Staubsauger und sonstige Bodenreinigungsgeräte in der Diele oder nahe der Zimmertür! Zweckmäßig ist die Kombination von Schalter und Steckdose. Steckdosen

416　Elektrizität

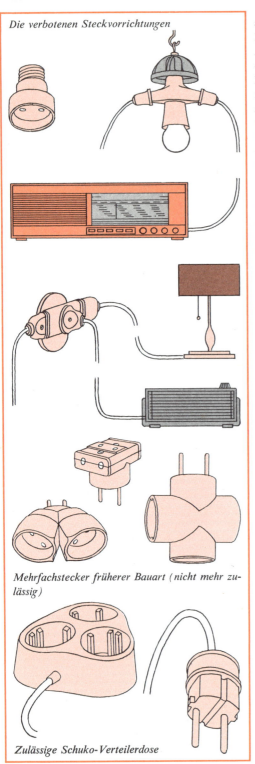

Die verbotenen Steckvorrichtungen

Mehrfachstecker früherer Bauart (nicht mehr zulässig)

Zulässige Schuko-Verteilerdose

auf offenem Balkon und Terrasse müssen einen Klappdeckel haben.

Allerdings bleibt weiterhin eine Möglichkeit, durch Zwischenschaltung eines Mehrfachstekkers auch an einer einzelnen Schuko-Steckdose mehrere Geräte anzuschließen. Das Bild unten zeigt die vorschriftsmäßige Einrichtung, eine Verteilerdose.

Im Bad Das Sorgenkind vieler Männer mit einem elektrischen Rasierapparat ist die Steckdose im Badezimmer. Nach der VDE-Vorschrift sind Steckdosen in Badezimmern erlaubt, wenn sie außerhalb des Berührungsbereichs (der bis 0,6 m waagerechter und bis 2,25 m senkrechter Entfernung von deren Außenkante gerechnet wird) der Badewanne angebracht werden. Ist das Bad dafür zu klein, so muß eine Sondersteckdose mit Trenntransformator verwandt oder die Steckdose aus dem Bad verbannt werden. Man kombiniert sie dann zweckmäßig mit dem Lichtschalter an der Badezimmertür, oder man schafft sich an anderer Stelle der Wohnung einen Platz zum Rasieren, mit Steckdose und elektrisch beleuchtetem Spezialrasierspiegel.

Welche Höhe für die Steckdose? Sie liegt im Ermessen des einzelnen und ist nur an eine Mindesthöhe gebunden: 30 cm vom Fußboden. Sind kleine Kinder im Hause, kann diese Höhe gefährlich werden. Es gibt für diesen Fall Schutzverschlüsse, welche bei Nichtbenutzung der Dose mit einem Schlüssel eingesetzt werden können.

Schuko-Steckdose Bisher sprachen wir nur von Steckdosen allgemein. Es gibt jedoch mehrere Arten von Steckdosen. Die früher übliche Dose mit zwei Buchsen und flacher Ausführung ist im Aussterben, in alten Anlagen darf sie jedoch noch aufgebraucht werden. Dann kam die Schuko-Dose (Schutz-Kontakt-Steckdose) mit den zwei Buchsen und den beiden Erdungskontakten. Sie ist derzeit die einzige zulässige Steckdose für eine Stromentnahme bis zu 15 Ampere.

Vor einigen Jahren kam eine Steckdose mit drei gewinkelten Buchsen versuchsweise auf den Markt. Wegen der schon sehr verbreiteten Schuko-Normung wurde sie aber vom VDE nicht mehr zugelassen. Auch sie darf noch aufgebraucht werden.

Wegen der zunehmenden Anschlußleistung unserer Haushaltgeräte wurde eine neue, genormte Schuko-Steckdose für eine Stromentnahme bis 25 Ampere entwickelt. Sie hat drei asymmetrisch angeordnete runde Buchsen. Der nur hierfür

Steckdosen

Nicht mehr zulässig!

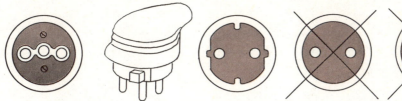

Schuko 25 A (5,5 kW)   *Schuko 15 A (3,3 kW)*   *Frühere Normaldose*   *Dreipol-Dose*
mit dazugehörigem Stecker

passende Stecker kann nur in einer Lage (Kabel nach unten hängend) eingesteckt werden.
Mit Nachdruck ist darauf hinzuweisen, daß das unsachgemäße Auswechseln einer alten zweipoligen Steckdose gegen eine Schukodose (und umgekehrt) höchste Gefahr mit sich bringt. Nur der Fachmann soll einen solchen Wechsel vornehmen!

4 Die Beleuchtung

Glühlampen

Die Glühlampe ist der erfolgreichste und in der ganzen Welt am meisten verbreitete Elektroartikel, billig dank fast vollautomatischer Massenfertigung (eine Kolbenblasmaschine stößt z.B. 50000 Glaskolben pro Stunde aus), zuverlässig dank millionenfacher Erprobung. Während aber für unsere Großeltern die Glühlampe noch der bestaunte Lichtbringer in einer dunklen Welt war (in entlegenen Gebieten der Erde ist sie es heute noch), sind unsere modernen Lichttechniker mit der alten ehrlichen Glühbirne, obwohl sie immer wieder verbessert worden ist, nicht mehr so recht zufrieden. Sie suchen nach neuen Wegen, und es scheint tatsächlich, daß die Glühlampe in der bisherigen Form das Ende ihrer Entwicklung erreicht hat.

Wie funktioniert so eine Glühlampe? Ein haardünner Draht ist zu einer Wendel aufgewickelt und wird durch den hindurchgehenden Strom auf eine Temperatur von 2500° C erhitzt. Er glüht. Aber, leider, von der gesamten Energie, die wir in den Draht hineinschicken, werden bestenfalls vielleicht 5 v. H. in Licht umgewandelt, der Rest in Wärme, die wir gar nicht haben wollen, die sogar empfindlich stören kann. Wenn Sie einige Stunden am Schreibtisch sitzen und haben dicht neben dem Kopf die Schreibtischlampe mit einer Glühbirne von 60 Watt oder mehr brennen, so können die Kopfschmerzen, die sich da nicht selten einstellen, von der geistigen Anstrengung kommen; häufig entstehen sie aber durch die abstrahlende Wärme der Glühlampe.

D-Lampe Bei der normalen Glühlampe beträgt die Lichtausbeute etwa 5 v. H. Bis auf 7 bis 8 v. H. hinaufgetrieben ist sie in der sogenannten Doppelwendel-Lampe, abgekürzt D-Lampe. Wie der Name sagt, wird hier bei der Fertigung der schon gewendelte Glühdraht noch einmal gewendelt.

K-Lampe Eine noch bessere Lichtausbeute (ohne daß sie wesentlich mehr kostet) bietet die sogenannte K-Lampe. Sie heißt so, weil ihr Kolben mit dem Edelgas Krypton gefüllt ist.

Lichtausbeute bei verschiedenen Lampenarten (normal – Doppelwendel – Krypton)

95 v. H. Wärme   *92 bis 93 v. H. Wärme*   *91 bis 92 v. H. Wärme*
5 v. H. Licht   *7 bis 8 v. H. Licht*   *8 bis 9 v. H. Licht*

Die wichtigsten Lampentypen (Osram)

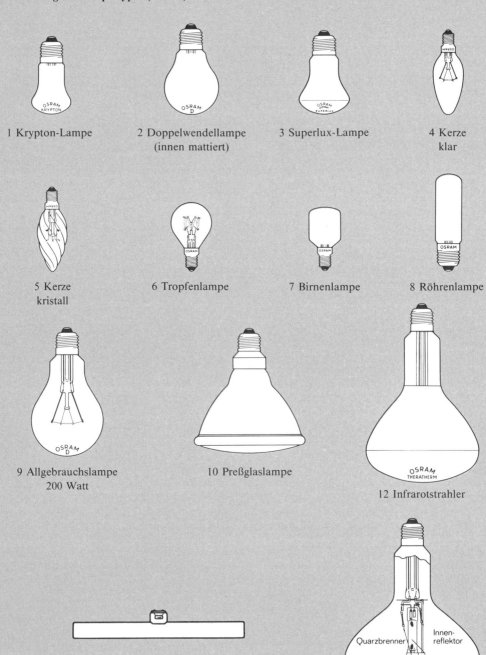

1 Krypton-Lampe
2 Doppelwendellampe (innen mattiert)
3 Superlux-Lampe
4 Kerze klar
5 Kerze kristall
6 Tropfenlampe
7 Birnenlampe
8 Röhrenlampe
9 Allgebrauchslampe 200 Watt
10 Preßglaslampe
12 Infrarotstrahler
11 röhrenförmige Glühlampen
13 UV-Strahler

Lampentypen 419

14 Nählichtlampe   15 Autolampe (asymmetrisch)   16 Halogen-Autolampe H 3   17 Halogen-Auto-Lampe H 4   18 Zwerglampe

19 »Lunetta«-Nachtlicht   20 Foto-Aufnahme-Lampe »Nitrophot-BR«   21 Halogenlampe 1000 W   22 Vacublitz AG 1   23 Blitzwürfel   24 Halogen-Proj.-Lampe

25 »partylux«   26 »happylux«   27 elektrische Weihnachtskerze   28 Effektleuchten

1–10 Lampen für den Wohnraum (Tisch-, Steh-, Pendelleuchten) · 11 Lampen für Flächenbeleuchtung, senkrecht oder waagrecht anzubringen (Küche, Bad, Spiegelbeleuchtung) · 12, 13 Lampen zur Bestrahlung · 14 Nählichtlampe · 15–18 Lampen für Autoscheinwerfer und Hilfslicht · 19 Orientierungslicht (Kinderzimmer, Krankenzimmer etc.) · 20, 21 Foto-Aufnahme-Lampen (für Fotografieren und Filmen) · 22, 23 Blitzlampen für Foto-Aufnahmen · 24 Projektorlampe · 25, 26 Partyketten · 27 Weihnachtskerze · 28 Leuchten für Effektlicht, Arbeitslicht, Hobby (gebündelter Lichtstrahl)

420 Elektrizität

Leuchtstofflampen – Eine Übersicht (Philips)

Lichtfarbe und Farbwiedergabeeigenschaft von TL-Leuchtstofflampen Im neuen DIN Normblatt 5035 »Innenraumbeleuchtung mit künstlichem Licht« wird die Farbwiedergabeeigenschaft in vier Stufen unterteilt, wobei Lampen der Stufe 1 die besten Farbwiedergabeeigenschaften besitzen.

Die Lichtfarben sind in der untenstehenden Tabelle in vier Gruppen unterteilt. Hierin bedeuten:

tw = tageslichtweiße Lichtfarben; Farbtemperatur im Bereich 6000 K. Gut mischbar mit natürlichem Tageslicht.

nw = neutralweiße Lichtfarben; Farbtemperatur im Bereich 4000 K. Mischbar mit natürlichem Tageslicht und Glühlampenlicht.

ww = warmweiße Lichtfarben; Farbtemperatur im Bereich 3000 K. Gut mischbar mit Glühlampenlicht.

gl = Glühlampenlichtfarbe; Farbtemperatur im Bereich 2700 K.

Warme Lichtfarben bei relativ niedrigen Beleuchtungsstärken erzeugen in Räumen, die der Entspannung dienen, eine behagliche Raumstimmung. In Arbeitsräumen dagegen schaffen hohe Beleuchtungsstärke und neutralweiße Lichtfarbe eine der Arbeit förderliche Atmosphäre. Tageslichtweiße Lichtfarben wirken bei niedrigen Beleuchtungsstärken unbehaglich. Bei hohen Beleuchtungsstärken können sie dagegen einen belebenden, frischen Eindruck hervorrufen.

Der Kolben hat eine eigenartige Form und, was ein Vorteil ist, er ist etwas kleiner als bei anderen Lampen gleicher Stärke. Ein Vorteil ist das zum Beispiel, wenn Sie eine kleine Kugelleuchte mit einer 60-Watt-Glühlampe ausstatten wollen. Geht die normale Glühlampe dieser Stärke nicht durch die Öffnung, so hilft die K-Lampe.

Grundsätzlich könnte man die Lichtausbeute der Glühlampe weiter steigern, indem man einfach die Temperatur am Glühfaden erhöht. Doch damit sinkt ihre Lebensdauer beträchtlich. Sie wissen sicher, daß es Foto-Blitzlampen gibt, die das Sonnenlicht ersetzen. Sie haben aber auch nur eine Lebensdauer von Minuten oder gar nur Sekunden oder deren Bruchteilen.

TL Standard-Programm

Typ	Abmessungen (mm)	
	Länge ohne Stifte	Ø
TL 4 W	136	16
TL 6 W	212	16
TL 8 W	288	16
TL 13 W	517	16
TL-D 15 W	438	26
TL-D 16 W	720	26
TL-D 30 W	895	26
TL-D 38 W	1047	26

TL-D Leuchtstofflampen – Super-80-Programm

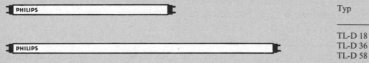

Typ	Abmessungen (mm)	
	o. Stift	Ø
TL-D 18 W	590	26
TL-D 36 W	1200	26
TL-D 58 W	1500	26

TL-U U-förmige Leuchtstofflampen

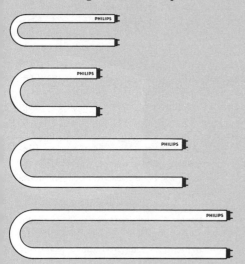

Typ	Abmessungen (mm)		
	o. Stift	Rohr-abstand	Ø
TL-U 16 W	370	56	26
TL-U 20 W	310	92	38
TL-U 40 W	610	92	38
TL-U 65 W	765	92	38

TL-E Kreisförmige Leuchtstofflampen

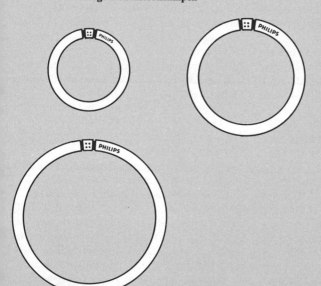

Typ	Abmessungen (mm)	
	Kreis-Ø außen max.	Rohr-Ø
TL-E 22 W	220	29
TL-E 32 W	312	32
TL-E 40 W	411	32

422 Elektrizität

Betriebsdauer Wie lange hält eine Glühlampe? Die Fabriken nennen als mittlere Lebensdauer 1000 Stunden. Meist hält sie erheblich länger. Allerdings, wie sonst im Leben, so auch hier: die äußerste Sparsamkeit ist nicht das wirtschaftlichste. Nach einer gewissen Brenndauer wird der Glühdraht dünner, und durch abgeschleuderten Metallstaub bedeckt sich das Innere des Kolbens allmählich mit einer schwarzen Schicht. Die Leuchtkraft sinkt. Es ist deshalb nicht wirtschaftlich, jede Glühlampe so lange zu verwenden, bis ihr Lebenslicht erlischt.

Ab und zu brennt eine Glühlampe nach verhältnismäßig kurzer Zeit durch. Passiert das einmal, so kann ein Fertigungsfehler vorliegen oder auch eine kurzzeitige Überspannung im Netz, welche die Lampe überlastet. Kommt es aber häufiger vor, so wird die Ursache eher in Erschütterungen oder Schwingungen des Gebäudes liegen, hervorgerufen meist durch vorbeifahrende schwere Fahrzeuge oder durch laufende Maschinen. Abhilfe: Aufhängen der Beleuchtungskörper an kleinen, weichen Spiralfedern. Es gibt im Handel auch »stoßfeste« Speziallampen mit besonderer Aufhängung des Glühdrahtes.

Reflektorlampen Es gibt Lampen in Pilzform. Im Innern ist, wie bei einem Scheinwerfer, ein Spiegel angebracht, der die Lichtstrahlen gebündelt auf einen bestimmten Punkt lenkt. Diese Lampen wurden für Anleuchtzwecke (Schaufenster) entwickelt; da sie aber in jede gewöhnliche Fasssung passen, können Sie sie auch im Heim verwenden, wenn Sie einen besonderen Beleuchtungseffekt dieser Art erzielen wollen.

Glimmlampe – die Lampe ohne Stromverbrauch Es gibt Glimmlampen (Philips), die einfach über Nacht unmittelbar in eine Schuko-Steckdose gesteckt werden können. Wärme entwickelt eine solche Glimmlampe nicht; das bringt den gewaltigen Vorteil: der Stromverbrauch ist so gering, daß nicht einmal der Zähler darauf anspricht. Sie kann die ganze Nacht brennen, ohne daß es einen Pfennig kostet. Natürlich kann man bei diesem Glimmlicht keine Zeitung lesen. Aber sie erhellt den Raum doch so weit, daß man sich zurechtfindet und die Gegenstände erkennt. Man kann sie benutzen als Nachtbeleuchtung im Kinderzimmer – bei Kindern, die sich im Dunkeln fürchten – oder im eigenen Schlafzimmer oder auf dem Korridor.

Umgang mit Glühlampen Nun noch ein paar Tips für den Umgang mit Glühlampen:

1. Wenn Sie eine Glühlampe schütteln und ein leichtes Klappern hören, so beweist das nicht, daß sie defekt ist. Meist handelt es sich um Glassplitterchen, die beim Einschmelzen mit in den Kolben gelangt sind.

2. Greifen Sie eine heiße Lampe nicht mit einem feuchten Lappen an. Sie springt dabei leicht auseinander. Das gleiche Schicksal erleidet sie, wenn sie in heißem Zustand einen kalten Wasserspritzer bekommt.

3. Jeder hat die Erfahrung gemacht, daß die Glühlampe beim Einschrauben nicht gerade ins Gewinde geht, sondern sich festklemmt. Man drehe die Lampe zuerst in der entgegengesetzten Richtung – also links herum –, bis das Lampengewinde in das der Fassung einrastet. Jetzt stimmen die Gewinde überein, und Sie können mühelos die Lampe im richtigen Drehsinn – rechts herum – festschrauben. Mühelos: das ist wichtig, denn wenn Sie Gewalt anwenden, lockert sich der Glaskolben in der Fassung, und die Lampe hat nur ein kurzes Leben. – Diese Methode des Einschraubens kann man sinngemäß auch bei anderen Gewinden, wie beim Einschrauben der Sicherungskappe, anwenden.

4. Beim Herausdrehen der kümmerlichen Reste einer zerplatzten Glühlampe kann man sich leicht verletzen. Zweckmäßig ist es, ein Papierknäuel oder einen nicht zu kleinen Lappen gegen die Reste zu drücken und so zu drehen.

5. Vergessen Sie nicht, daß Sie vor dem Einschrauben einer neuen Glühlampe erst die Leitung durch Herausdrehen der Sicherung stromlos machen sollen. Ein kleiner Stromübergang am Beleuchtungskörper kann Ihnen einen Schlag versetzen. Auch wenn er nicht tödlich wirkt, können Sie doch einen leichten Schock erleiden und dadurch beispielsweise von der Leiter fallen.

Die gebräuchlichen Leistungen bei Glühlampen sind $15 \cdot 25 \cdot 40 \cdot 60 \cdot 75 \cdot 100 \cdot 150$ Watt.

Leuchtstofflampen

Leuchtröhre und Leuchtstofflampe Die für Reklamezwecke verwendeten buntfarbigen Leuchtröhren, die unsere abendlichen Großstadtstraßen beleben, werden mit Hochspannung betrieben und kommen deshalb für Wohnräume nicht in Betracht. Die bunten Farben erzielt man durch verschiedenartige Gasfüllung, die rötliche z. B. durch Füllung mit Neon – weshalb der Laie auch die ganze Gruppe dieser Röhren oft fälschlich als Neonröhren zu bezeichnen pflegt.

Lichtverteilung: Bei Verwendung einer kopfverspiegelten Lampe direktes Licht nach unten und neutrales Streulicht in den Raum, blendfrei.
Anwendung: Eßplatz, Sitzgruppe, Arbeitsplatz; Mit höhenverstellbarem Pendel lieferbar.
Material, Veredlung: Opalglas; glatt oder seidenmatt. Die Lampe steht außerhalb des doppelwandigen, in einem Stück mundgeblasenen Leuchtenkörpers; dadurch bessere Reflektorwirkung.

Lichtverteilung: Neutrales Streulicht über die Wand blendfrei;
Anwendung: Sitzgruppe, Sitzecke, Diele, Halle, Treppenaufgang; als Reihe oder Gruppe.
Material, Veredlung: Klares Kristallglas; in einem Stück mundgeblasen; mit patinierter Oberfläche

Peill + Putzler   Glashüttenwerke GmbH
5160 Düren

424 **Elektrizität**

Im Gegensatz zur Leuchtröhre kann die Leuchtstofflampe, die die Glühlampe in vielen Bereichen – nicht nur in der Straßenbeleuchtung oder in Arbeitsräumen – großenteils verdrängt hat, an die übliche Netzspannung von 220 Volt angeschlossen werden. Diese Lampen werden in Längen von 15 cm bis 1,50 m hergestellt; die Form kann gerade, ringförmig oder U-förmig sein. Es gibt verschiedene Farbtöne, darunter auch »Warmlicht«. Die für die Rundung erforderlichen zusätzlichen Bauteile bedingen den höheren Preis.

»Kaltes Licht« Das Ideal der Lichttechniker ist das »kalte Licht«. Die Natur macht uns das bei gewissen Lebewesen, die Licht aussenden – wie die Glühwürmchen – vor. So gut kann es die Technik noch nicht. Aber mit der Leuchtstofflampe, die bei gleichem Energieverbrauch gegenüber der Glühlampe etwa die vierfache Lichtausbeute liefert, sind wir dem Ideal um einen großen Schritt nähergekommen.

Leuchtstofflampe im Heim? Da könnte zunächst die Farbe des Lichts im Wege stehen, die manche über dem Familientisch nicht mögen und die den Teint der Damen nicht ins günstigste Licht setzt. Die Industrie kommt jedoch diesem Einwand entgegen und hat in den letzten Jahren viele Farbtöne geschaffen, die sich dem Glühlampenlicht annähern.

Sehr viel kommt auf die richtige Anbringung an. Es gibt viele reizvolle Möglichkeiten.

Zu einem wesentlichen Teil wird der hohe Anschaffungspreis ausgeglichen durch die größere Wirtschaftlichkeit im Betrieb. Viele Firmen geben die Lebensdauer ihrer Leuchtstofflampen mit 7000 Stunden und mehr an – ein Vielfaches von der einer Glühlampe. Die Lebensdauer hängt aber gerade bei diesen Röhren wesentlich von der Häufigkeit des Ein- und Ausschaltens ab. An den meisten Stellen unserer Wohnungen schalten wir täglich viele Male ein und aus.

Als Arbeitsleuchte In einer anderen Verwendung hat die Leuchtstofflampe im Heim unbedingt ein Daseinsrecht: am Arbeitsplatz. Vor allem in der Küche und im Arbeitszimmer, am Schreib- und Zeichentisch also; schließlich auch, wenn Sie eine Heimwerkstatt besitzen oder nach der Lektüre dieses Buches einrichten, über dem Werktisch. Eine 40-Watt-Leuchtstofflampe über dem Arbeitstisch gibt Ihnen das Licht einer 150-Watt-Glühlampe, blendungsfrei und ohne lästige Wärme. Stehen Maschinen in der Heimwerkstatt, z. B. eine Kreissäge, ist Vorsicht gegen Leuchtstofflampe geboten. Ihr (bei Wechselstrom – nicht bei Drehstrom) etwas flimmerndes Licht kann irritieren und Gefahr bringen.

Sollten Sie für die ebengenannten Zwecke oder auch für einen sehr großen und sehr modern gestalteten Wohnraum zur Leuchtstofflampe greifen, so gehen Sie nicht von dem Grundsatz aus: »Das gleiche Licht für weniger Geld«, sondern sagen Sie sich: »Viel mehr Licht für das gleiche Geld.« Bringen Sie also z. B. in der Küche eine 40-Watt-Leuchtstofflampe an. Sie gibt – wie gesagt – das Licht einer 150-Watt-Glühbirne.

Helligkeitsregler

Mit einem elektronischen Helligkeitsregler kann man die Helligkeit von Beleuchtungskörpern stufenlos regeln. Der Regler, in der Fachsprache auch Dimmer genannt, ist in der Größe und Bauform eines Unterputzschalters ausgeführt. Die Regelung für eine Leuchte geschieht durch einen Drehknopf, das Ein- und Ausschalten entweder durch denselben Knopf (Drehung über eine Rasterstelle hinweg) oder einen eigenen Wippschalter. Der Einbau erfolgt wie der eines Schalters, der Anschluß der Drähte ist einem der Verpackung beigegebenen Schaltbild zu entnehmen. Erst aber die Leitung durch Herausnehmen der Stromkreissicherung stromlos machen!

Verwendet werden kann der Regler im Bereich von etwa 60 Watt bis 400 Watt, aber nur für Glühlampenlicht, also nicht für Leuchtstoffröhren. Unter 60 Watt arbeitet die Elektronik nicht mehr einwandfrei. Über 400 Watt wird sie überlastet. Deshalb ist eine Feinsicherung (Glasröhrchensicherung) vorhanden; sie ist unter der Gehäuseabdeckung zu finden. Sollte der Regler einmal nicht arbeiten, die Lampe dunkel bleiben, dann Sicherung nachsehen! Ein leichter Summerton gehört zur ordnungsgemäßen Funktion, darf also nicht als Störung angesehen werden. Auch ortsveränderliche Helligkeitsregler für Steh- oder Nachttischlampen werden angeboten. Der Regler bildet hierbei das Mittelstück einer Verlängerungsleitung (an einem Ende Schuko-Stecker, am anderen ein Kupplungsstück) und wird der Stehlampe vorgeschaltet. Der Preis für einen Regler, gleich welcher Ausführung, liegt zwischen 14,50 und 148,– DM.

Die Dunsthaube: Sie verhindert, daß sich Kochdunst ausbreitet und auf den Möbeln festsetzt: die Dunstabzugshaube, die sich immer mehr Hausfrauen über ihrem Herd einbauen lassen. Fachleute machen aber darauf aufmerksam, daß ständige Funktionsfähigkeit nur dann gewährleistet ist, wenn die Haube in den »Hausputz« einbezogen wird. Deshalb geben sie den Rat:
Der Fettfilter, der die festen Bestandteile des Küchendunstes (Fett, Staub usw.) aufnimmt und eine Verschmutzung des Gerätes verhindert, sollte bei normalem Betrieb alle zwei Monate erneuert werden. Ist das Gerät über Umluft betrieben und zusätzlich mit einem Carbo-Frischfilter ausgestattet, wird die Erneuerung dieses Filters – der die Geruchsstoffe bindet – etwa einmal jährlich empfohlen. Die Ersatzfilter sind über Fachhandel und Kundendienst erhältlich. *Werkbild Siemens*

426 Elektrizität

Besonderen Schutz bietet der hochempfindliche Fehlerstrom-Schutzschalter mit einem Nennfehlerstrom von 30 mA. Mit diesem Gerät sollten vor allem Steckdosenstromkreise geschützt werden.

Er schützt zum Beispiel beim Bügeln, wenn die Bügeleisen-Leitung beschädigt ist und spannungsführende Teile berührt werden.

Er schützt zum Beispiel beim Hobby-Basteln, wenn elektrische Werkzeuge benutzt werden, die schadhaft sind und deshalb Spannung am Gehäuse führen.

Werkbilder: Siemens

Elektrogeräte 427

Bild 1
Mit einem Direktheizgerät lassen sich kleinere Räume, wie z. B. hier das Bad, rasch erwärmen. Besonders praktisch ein Handtuchhalter, auch zum nachträglichen Einbau, der die Handtücher warm und trocken hält.

Bild 2
Leicht läßt sich eine farbige Dekorhaube mit wenigen Handgriffen über den Siemens-Durchlauferhitzer stecken. Man kann unter vier Farben wählen: Orange, Ockergelb, Moosgrün und Beige.
In den gleichen Farben gibt es Dekorsets als Sonderzubehör für Siemens-Speicher mit 80 und 100 Liter Inhalt und auch für den Großdurchlauferhitzer.

Bild 3
Die universelle Gartenpumpe gießt nicht nur Ihren Garten, sie versprüht auch Pflanzenschutz- und Düngemittel sowie Kalkfarben.

Bild 4
Drahtlose Fernbedienung vom Wohnzimmer-Sessel aus ist nicht mehr auf das Fernsehgerät beschränkt. Auch die Steh- oder Tischleuchte, das Leselicht im Schlafzimmer oder Kinderzimmer kann man jetzt drahtlos schalten und zudem noch dimmen.

Werkbilder: Siemens

1

3

2

4

Beleuchtungskörper und ihre Aufhängung

Die Formgestalter haben in den letzten Jahren viele neuartige Formen von Beleuchtungskörpern geschaffen und den Geschmack des Publikums in der Richtung auf moderne, sachliche Formen beeinflußt. Richten Sie sich beim Einkauf auf jeden Fall nach dem Charakter und der Einrichtung des betreffenden Raumes. Zweckmäßig ist es, sich ein Umtauschrecht zu sichern, denn nicht selten sieht das stolz erworbene Objekt im häuslichen Rahmen wesentlich anders aus als im Ausstellungsraum. Das gegenwärtige Angebot an Beleuchtungskörpern ist so reichhaltig, daß der Einzelhändler oder Elektromeister nur eine kleine Auswahl am Lager halten kann. Man hilft sich, damit der Kunde nicht zu viel herumlaufen muß, häufig so, daß der Elektromeister dem Kunden, der bei ihm nichts Passendes findet, eine Besuchskarte für eine Großhandlung gibt. Der Kunde wählt dort aus dem großen Angebot, bezahlt aber in seinem Einzelhandelsgeschäft.

Gegenwärtig sind Leuchten mit vielen schlanken Armen beliebt, an deren Enden kleine kugelige Glühlampen sitzen. Meist sind sie für Serienschaltung eingerichtet (siehe Abschnitt »Schalter«). Wenn Ihnen ein solcher Igel mit vielleicht zehn Stacheln gefällt, brauchen Sie nicht gleich Angst vor der Lichtrechnung zu bekommen. Schließlich verbraucht ein Lüster mit 10 Lampen von je 25 Watt – der mit 250 Watt eine strahlende Lichtfülle verbreitet – erst bei vierstündiger Einschaltung eine Kilowattstunde. Hinweisen möchte ich Sie auf die gute alte Zuglampe, die über dem Eßtisch nach wie vor praktisch sein kann.

In feuchten Räumen In feuchten Räumen – also Küche · Bad · Keller · Waschküche – sind Beleuchtungskörper erforderlich, die möglichst keine metallischen Teile haben, sondern aus Porzellan oder anderem Isolierstoff bestehen. Der Formgestaltung sind damit gewisse Schranken auferlegt. Die Kugelform hat sich bisher am besten bewährt, weil sie auch gegen Dampf abdichtet, wenn ein Gummiring zwischen Armatur und Kugel vorhanden ist. Beleuchtungskörper im Freien sollen ebenfalls nur Fassungen aus Porzellan oder Isolierstoff enthalten.

Das Anschließen von Beleuchtungskörpern

Montage und Anschluß eines Beleuchtungskörpers müssen sorgfältig ausgeführt werden. Was passieren kann, wenn man das vernachlässigt, haben Sie dem zu Anfang dieses Teils berichteten Beispiel entnehmen können. Vielleicht wird die Firma, die einen neuen Leuchtkörper liefert, den Anschluß kostenlos durchführen. Fachmännische Arbeit ist um so mehr zu empfehlen, als alle metallischen Beleuchtungskörper – ob Deckenleuchte oder Wandleuchte – die seit März 1959 hergestellt werden, laut VDE-Vorschrift mit entsprechenden Schutzmaßnahmen ausgeführt sein müssen. Ein unsachgemäßer Anschluß würde dabei nur noch die Unfallgefahr erhöhen. Außerdem muß die Aufhängeöse des Beleuchtungskörpers von seinen Metallteilen durch ein isoliertes Zwischenstück getrennt sein.

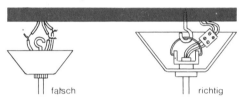

Deckenhaken und Lüsterklemme sind unerläßlich

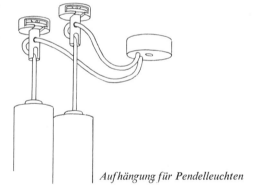

Aufhängung für Pendelleuchten

Beim Aufhängen einer Deckenlampe – für eine Wandleuchte gilt das Entsprechende – kommt es auf zwei Dinge an.

Erstens: Die Leitungsdrähte dürfen niemals den Beleuchtungskörper tragen. Sie müssen völlig zugentlastet sein. Man braucht also einen offenen Ringhaken, der in die Decke geschraubt wird. Ist unter dem Deckenverputz Holz, geht das ohne weiteres. Bei anderen Arten von Decken – in Neubauten hat man vielfach Beton – und ebenso an Wänden muß, wo nicht schon ein Haken angebracht ist, zunächst ein Dübel eingesetzt werden (siehe S. 230 ff.).

Zweitens: Die Leitungsdrähte dürfen mit den

Lampendrähten keinesfalls bloß zusammengedreht oder zusammengeknüpft werden. Sie werden stets mit einer Lüsterklemme zusammengeschlossen, die zweipolig ist bei einfacher Schaltung, dreipolig bei Serienschaltung. Von den blankgeputzten Drahtenden darf nicht ein Millimeter aus der Lüsterklemme herausragen!

Will man eine Leuchte nicht unter der üblichen Anschlußstelle (meist in Deckenmitte) aufhängen, braucht man eine Anschlußdose mit Klemmvorrichtung und muß ebenfalls für zugkraftfreie Befestigung der Zuleitungen sorgen. Fertige, vorschriftsmäßige Aufhängungen wie die abgebildete gibt es im Handel.

Reinigung Neu angeschlossen wird eine Leuchte nur selten; gereinigt sollte sie häufiger werden. Staub ist überall. Die Zimmerwärme treibt ihn nach oben, besonders während der Heizperiode. Auf den Schirmen, Schalen und Glühlampen läßt er sich nieder. Das vermindert die Leuchtkraft erheblich.

Vor dem Säubern wird die Sicherung losgedreht! Metallische Teile nur trocken abreiben, durch feuchtes Putzen geht der meist vorhandene Schutzlack ab. Schalen und Schirme je nach Material in kaltem oder warmem Wasser säubern. Bei den Glühlampen wird der Glaskörper – nur dieser – mit einem feuchten Lappen abgewischt.

5 Die wichtigsten elektrischen Geräte

Beim Einkauf eines Elektrogerätes soll man über drei Begriffe Bescheid wissen: Stromart · Spannung · Leistung.

Stromart Stromarten gibt es drei: Gleichstrom · Wechselstrom · Drehstrom. Drehstrom spielt in der modernen Versorgung die beherrschende Rolle. Während die großen industriellen Abnehmer ihn unmittelbar als Drehstrom verbrauchen, erhalten die Haushalte als Kleinverbraucher sozusagen nur einen Teil, nämlich den Wechselstrom, der dem Drehstrom entnommen wird. In Deutschland sind alle Haushaltsversorgungsnetze, auch soweit sie früher Gleichstrom hatten, auf Wechselstrom umgestellt. Im Ausland sollten Sie sich, bevor Sie ein mitgebrachtes Gerät einschalten, über die Stromart vergewissern, denn für einige Geräte ist sie von Bedeutung.

Spannung Im Unterschied zur Stromart ist die Spannung bei jedem Gerät von Bedeutung. Die übliche Spannung in Deutschland ist 220 Volt. Manche Netze haben noch 110 Volt. Der Kraftstrom für Werkstätten und Fabriken hat gewöhnlich 380 Volt. Viele Geräte, z. B. elektrische Trockenrasierer, können durch einen kleinen Schalter oder durch Umstecken des Kabels wahlweise auf 110 oder 220 Volt eingestellt werden. Niemals darf man ein Gerät an eine höhere Spannung anschließen als die, für die es gebaut oder eingestellt ist. Wird es an eine zu schwache Spannung angeschlossen, funktioniert es gar nicht oder unvollkommen, erleidet aber keinen Schaden.

Leistung Die Leistung, angegeben in Watt oder Kilowatt (1 kW = 1000 W), ist wichtig vor allem für unseren Geldbeutel, denn von der Leistung hängt der Stromverbrauch und damit die Stromrechnung ab. Ein 1000-Watt-Gerät, z. B. eine Kochplatte, verbraucht in einer Betriebsstunde eine Kilowattstunde, abgekürzt kWh. Darüber sprechen wir noch weiter im Abschnitt »Zähler · Tarif · Stromverbrauch«.

Leistungsschild eines Staubsaugers.
Oben (von links): Firmenzeichen · Type · VDE-Prüfzeichen. Mitte: lfde. Nummer · Zeichen für Schutzisolierung. Unten: Leistungsaufnahme · Stromart (Allstrom) · Spannung.

Leistungsschild Stromart, Spannung und Leistung sind auf jedem Gerät angegeben, gewöhnlich auf einem Blechschild, dem sogenannten Leistungsschild. Die Stromart ist häufig nur durch ein Zeichen angegeben: gerader Strich für Gleichstrom, Wellenlinie für Wechselstrom. Ist die Stromart nicht angegeben, kann das Gerät mit Gleichstrom oder Wechselstrom betrieben werden.

Die Schutzmaßnahmen

Die meisten elektrischen Unfälle entstehen durch defekte Haushaltgeräte mit unsachgemäßen Anschlußleitungen. Deshalb wurden vom VDE gerade für diese immer stärker verbreiteten Geräte eindeutige Vorschriften erlassen, um den Benützern unbedingte Sicherheit zu geben.

Man unterscheidet zwei Schutzmaßnahmen; eine muß bei jedem elektrischen Haushaltgerät angewandt sein, auch bei Stehlampen und Nachttischlampen. Nehmen wir erst die unkomplizierte. die Schutzisolierung. Leider läßt sich dieser Schutz nur in manchen Fällen anwenden, denn das Gerät muß ganz in Isolierstoff eingehüllt sein, wie es bei Staubsaugern, bei Haartrocknern oder auch bei vielen Küchenmaschinen der Fall ist. Diese Geräte müssen durch ein Zeichen, zwei ineinandergestellte Quadrate gekennzeichnet sein. Die Zuführungsleitung ist bei ihnen durchweg fest eingeführt. Es sind nur zwei Adern erforderlich. Am Ende muß ein Schuko-Stecker ohne Erdkontakte sein. Bestehen aber Anschlußleitung und Stecker aus einem Stück, so kann auf den Schuko-Stecker verzichtet werden; dafür ist dann ein eigens entwickelter Stecker zu verwenden, der in die Schuko-Dose paßt.

Nun zur anderen Schutzmaßnahme, zur Anwendung des Schutzkontaktes oder, wie der Fachmann sagt, zur »Nullung«. Davon werden alle elektrischen Geräte betroffen, deren Gehäuse metallische Teile aufweisen. Alle diese Geräte müssen mit einer dreiadrigen Zuführungsleitung versehen sein. Im Gerät muß die dritte, gelb/grüne Ader (früher rot) mittels einer gekennzeichneten Schraube an den Metallteilen befestigt werden. Am anderen Ende der Zuführungsleitung muß ein Schukostecker sein, und zwar so, daß diese dritte Ader (gelb/grün) auf die Erdungsschiene des Steckers kommt. Auch diese Schutzmaßnahme hat eine besondere Kennzeichnung: Welche Bedeutung hat nun diese Schuko-Ausführung? Jedes Gerät kann einmal einen Fehler in der Isolation bekommen. Dann stehen die metallischen Teile unter Strom, und der Bedienende ist gefährdet, sobald er sie berührt. Hat man eine Schuko-Steckdose (mit dem zugehörigen Anschlußkabel!), so wird in dem Augenblick, da das Metallgehäuse unter Strom tritt, die Sicherung durchgehen. Das Gerät ist sofort stromlos, und man weiß, daß es fehlerhaft ist. Wie geht das zu? Dem Fehlerstrom wird vom Gehäuse aus über

Erdungskontakt des Gerätesteckers – gelb/grüne Kabelader – Erdungskontakt des Schukosteckers – Steckdose ein guter Leitungsweg ins Netz bereitet. Der Fehlerstrom wird zum Kurzschluß.

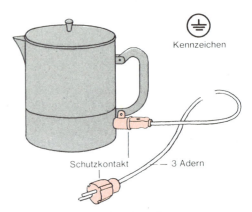

Wasserkocher mit Schutzkontakt

Wir lernen daraus: Die Schuko-Steckdose nützt nur, wenn das Gerät mit einem dreiadrigen Kabel, mit vorschriftsmäßigem Netzstecker und Gerätestecker angeschlossen wird. Hat das Kabel nur zwei Adern, so ist überhaupt kein Schutz vorhanden; im Gegenteil kann die Unfallgefahr dadurch größer werden.

Die klare Schlußfolgerung aus dieser Erkenntnis: Haben wir nur Schuko-Steckdosen in der Wohnung und verwenden wir nur Geräte mit Schuko-Ausrüstung und dreiadrigem Anschlußkabel, so sind Unfälle durch elektrische Geräte so gut wie ausgeschlossen.

Anschlußleitungen · Verlängerungsleitungen

Fast alle Geräte, die wir nachfolgend betrachten, werden an die Steckdose angeschlossen und brauchen daher eine biegsame und isolierte Anschlußleitung. Man nennt sie Anschlußkabel, wenn die äußere Umhüllung aus Weichgummi oder Kunststoff, Anschlußschnur, wenn die äußere Umhüllung aus einem Textilgeflecht besteht. Kabel oder Schnur, was ist besser? Das kommt auf den Zweck an. Das Gummikabel ist robuster. Bei Staubsauger und Küchenmaschine, bei denen das Kabel viel herumgezogen wird, ist Gummi besser. Im Wohnraum ist die Schnur am Platze, weil sie erstens beim Schleifen über Teppiche, an Vorhängen und Tapeten niemals Spuren hinterlassen kann, zweitens mehr Wärme verträgt als der

Gummimantel, und weil sie drittens in jeder gewünschten Farbe zu haben ist. In feuchten Räumen: nur Gummikabel!

Der Überlegung, ob Gummi oder Kunststoff, ob blau oder gelb, werden wir in Zukunft dadurch enthoben, daß nach den Empfehlungen des VDE alle Geräte bereits mit der dazu zweckmäßigen Anschlußleitung in der erforderlichen Länge ausgestattet werden sollen.

Gerätestecker

Fast jeder hat schon erlebt, daß es am Gerätestecker (manchmal auch Geräte-Steckdose genannt), der bisher bei Bügeleisen, Staubsauger, Heizplatte zum Anstecken der Schnur an das Gerät diente, wackelte, funkte oder schmorte. Auch die Stahldrahtspirale, durch welche die Anschlußleitung den Stecker verläßt, ist ein Übeltäter und an manchem Unfall schuld. Deshalb wird der Gerätestecker jetzt auch in die Verbannung geschickt. Solange noch alte Geräte in Gebrauch sind, beachten Sie bitte folgendes: Ein Schutz gegen elektrische Unfälle besteht nur dann, wenn der Erdungskontakt des Gerätesteckers mit dem metallischen Schutzkragen des gesteckten Gerätes innige Verbindung hat. Bei Gerätesteckern an elektrischen Wärmegeräten wie Bügeleisen oder Heizöfen ist zu beachten: Der Vorderteil des Gerätesteckers, der sich durch die Berührung mit dem Gerät stark erwärmen kann, soll aus einem wärmebeständigen Material bestehen. Gut ist Porzellan, noch besser ist Steatit, das man an seiner bräunlichgrauen Farbe erkennt. Beim Gerätestecker aus dem gewöhnlichen braunen Preßstoff würde das Vorderteil in der Wärme bald brüchig werden und schließlich auseinanderbrechen.

Verlängerungsschnur Bei den meisten elektrischen Geräten sind die fest eingebauten Anschlußleitungen zu kurz. Richtiger gesagt: In unseren Räumen sind zu wenig Steckdosen. Wenn nun aber ein Verlängerungskabel – dann nur mit drei Adern, Stecker und ein Kupplungsstück beide in Schuko-Ausführung! Eine andere Ausführung darf nicht mehr verkauft werden.

In einem modernen Haushalt sollte es überhaupt keine losen Kabel und auch keine Verlängerungsleitungen mehr geben! Voraussetzung dafür ist natürlich: genug Steckdosen in jedem Raum.

Noch ein wichtiger Hinweis: Achten Sie unbedingt darauf, daß alle elektrischen Spielsachen Ihrer Kinder einen andersartigen Stecker haben, der nicht in die Netzsteckdose eingeführt werden kann!

Bessere Bügeleisen!

Bei der Leinenwäsche vergangener Zeiten spielten leichte Schwankungen der Bügeltemperatur keine große Rolle. Die heute gebräuchlichen Gewebe erfordern dagegen ganz bestimmte, jeweils verschiedene Bügeltemperaturen:

Leinen	um 220° C
Baumwolle	um 195° C
Wolle	um 170° C
Seide	um 140° C
Kunstseide	um 120° C
Nylon, Perlon	um 95° C

Die Antwort des Technikers auf diese Entwicklung war das Reglerbügeleisen (Bügelautomat) mit Wählschalter für die Temperatur. Es hat zunächst mit 1000 Watt die doppelte Leistung eines hergebrachten Bügeleisens. Trotzdem verbraucht es nicht etwa mehr Strom, sondern sogar weniger.

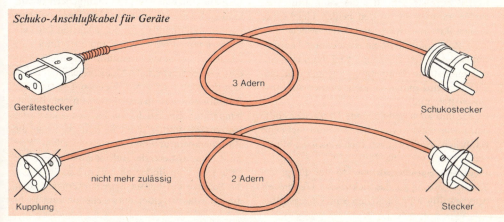

Schuko-Anschlußkabel für Geräte

Gerätestecker — 3 Adern — Schukostecker

Kupplung — nicht mehr zulässig — 2 Adern — Stecker

432   Elektrizität

Der Heizkörper schaltet sich nämlich automatisch ab, sobald er die am Wählschalter eingestellte Temperatur erreicht hat. Er schaltet sich wieder ein, wenn die Temperatur um etwa 10 Grad gefallen ist. Der Strom wird also nur in ziemlich kurzen Impulsen durch den Heizwiderstand geschickt. Weitere Vorteile des Automaten sind das geringere Gewicht und die wesentlich verminderte Unfallgefahr. Denn ein auf 150° C eingestelltes Reglerbügeleisen wird nicht heißer, selbst wenn Sie vergessen, es abzuschalten, bevor Sie in Urlaub fahren.

Elektrisch heizen

Es ist sehr bequem, eine Wohnung mit elektrischen Heizgeräten zu heizen; dagegen sprechen aber die hohen Stromkosten und die hohen Anschlußleistungen, die erforderlich sind. Ist z. B. ein Stromkreis mit einer 10 A-Sicherung (rotes Kennplättchen) abgesichert, kann man nur ein Heizgerät bis 2 kW anschließen, bei 16 A (graues Kennplättchen) könnte man noch ein Heizgerät mit 1 kW dazuschalten. 3 kW könnten für ein Wohnzimmer mit 20 m² Grundfläche gerade ausreichen. Aber außer der Beleuchtung dürfte man dann nichts mehr dazuschalten. Vollheizung einer Wohnung im Winter ist also mit den üblichen Heizgeräten nicht möglich.

Praktisch sind elektrische Heizgeräte jedoch in der Übergangszeit oder kleinen Räumen, wie zum Beispiel in einem Bad. Beim Kauf eines Gerätes achten Sie auf folgendes: Es sollte eine Leistung von 2 kW haben, am besten mit zwei Schaltern, je einen für die halbe Leistung. Außerdem sollte es ganz geschlossen und mit einem Lüfter versehen sein, der die kalte Luft vom Boden ansaugt, sie an den heißen Heizkörper vorbeiführt und durch ein Gitter wieder ausbläst. Zu empfehlen ist ein eingebauter Thermostat (siehe Speicherheizung), weil dann eine einmal eingestellte Temperatur automatisch eingehalten wird und man nicht immer aus- und einschalten muß.

Offene und auch hellglühende Heizgeräte sollte man nicht mehr verwenden. Sie sind nicht nur gefährlich, sondern geben auch wegen der Staubverbrennung schlechte Luft.

Elektrische Speicherheizung   In der Form der Speicherheizung ist das elektrische Heizen seit dem gewaltigen Preisauftrieb beim Öl gegenüber

der Ölheizung durchaus konkurrenzfähig geworden. Neben den Installationskosten fallen auch die Vorteile der Elektroheizung für die Folgezeit ins Gewicht; keine Sorgen mit der Bestellung, Lagerung und Bezahlung des Brennstoffes; keine Revisionskosten für Kamin, Brenner, Tanks; geruchfreier Betrieb; Kellerräume werden eingespart und können anderen Zwecken dienen. Man sollte sich, vor allem wenn man den Bau eines Eigenheimes plant, über beide Heizungssysteme genau informieren.

Das Speichergerät nutzt den verbilligten Nachtstrom, den die Elektrizitätswerke in der »Schwachlastzeit«, das sind die Nachtstunden meist zwischen 22.00 und 6.00, zur Verfügung stellen. Es hat einen Speicherkern: Formsteine aus Magnesit, einem Material, das ein hohes Massegewicht hat und sehr hohe Temperaturen verträgt. Die Steine haben waagrechte Rillen zur Aufnahme der Heizkörper und senkrechte Schlitze für die Luftführung. Da sie sehr schwer sind, werden sie erst am Aufstellort in den Geräterahmen eingesetzt. Nach jeder Lage Steine wird ein Heizkörper eingelegt. Der fertig gepackte Speicherkern wird mit dicken, hochwertigen Isolierplatten aus wärmeisolierendem Material umgeben. Während die Seiten- und Rückwand aus einer üblichen Blechverkleidung besteht, werden Vorderfront und Deckplatte in verschiedenen Dekors, auch gekachelt, angeboten. Die elektrischen Anschlüsse und die Schalteinrichtung sind an der Seite untergebracht. Unten im Gerät ist ein Tangentiallüfter: eine Lufttrommel mit Motor, der durch den außerhalb des Gerätes angebrachten Thermostaten ein- und ausgeschaltet wird.

Ist das Gerät eingeschaltet, wird der Speicherkern auf einige hundert Grad aufgeheizt (»Aufladung«). Die Wärmemenge, die eingespeichert werden soll, damit sie für den nächsten Tag ausreicht, kann entweder von Hand oder durch eine »denkende« Steuereinrichtung eingestellt werden. Ist die erforderliche Menge erreicht, schaltet sich das Gerät ab. Am folgenden Tag setzt der Raumthermostat, an dem die gewünschte Raumtemperatur eingestellt wurde, den Lüfter des Heizgerätes immer dann in Betrieb, wenn die Raumtemperatur unter den eingestellten Wert sinkt. Die rotierende Lufttrommel saugt die kalte Luft vom Boden ab und drückt sie durch die Schlitze des heißen Speicherkernes. Damit die am Austrittsgitter entweichende Luft nicht

Elektrisch heizen 433

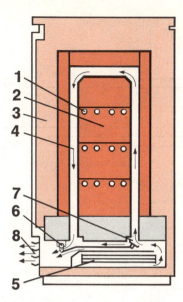

Elektrische Speicherheizung, Schnitt durch ein Hausgerät: 1 *Heizkörper* · 2 *Speicherkern* · 3 *Wärmedämmschicht* · 4 *Luftkanal* · 5 *Lüfter* · 6 *Feder für Mischklappe* · 7 *Mischklappe* · 8 *Warmluftaustritt*

zu heiß ist, wird sie vorher noch durch eine automatisch wirkende Klappe mit Kaltluft vermischt. Während der gesamten Betriebszeit wird übrigens das Gehäuse des Heizgerätes nicht mehr als handwarm. Die Lüfter der Heizgeräte arbeiten fast lautlos.

Einzelraumheizung Bei der Bestimmung des Anschlußwertes – also der kW-Zahl des Speichergerätes – muß vielerlei berücksichtigt werden: Größe und Art der Fenster · Art der Außenmauer · Lage des Raumes zur vorherrschenden Windrichtung. Im Allgemeinen wird nur ein erfahrener Fachmann den Wert richtig bestimmen können. Für ein Schlaf- oder kleines Kinderzimmer können 3 kW ausreichen, für Wohnräume mittlerer Größe 4 bis 8 kW. Im letzten Fall ist Drehstromanschluß nötig. Bei Wohnbauten, die in den letzten Jahrzehnten entstanden sind, ist das Drehstromnetz meist schon bis zu jeder Wohnung geführt. In alten Bauten müssen neue Leitungen vom Keller aus nachgezogen werden, was teuer ist; auch muß man hier auf die Belastungsfähigkeit des Bodens achten – ein 4 kW-Gerät wiegt etwa 400 kg. Die Zeichnung S. 434 zeigt, welche Anschlüsse für ein einzelnes Heizgerät erforderlich sind.

Der richtige Platz für das Heizgerät liegt fast immer unter dem Fenster. Da die heutigen Geräte nur 25 cm tief sind, passen sie in der Regel in die Fensternische. Abstand zwischen Geräterückseite und Wand etwa 3 cm.

Vom Elektrizitätswerk brauchen Sie einen neuen Zähler, der die Tarife »Tag« und »Nacht« unterscheidet. Er hat zwei Zählwerke. Ferner brauchen Sie eine Schaltuhr oder ein Rundsteuergerät, um von »T« auf »N« und zurück umzuschalten. Die Schaltuhr hat einen starren, fest eingestellten Zeitraum für den Nachttarif. Das Rundsteuergerät hingegen wird über einen kleinen Empfänger von der Schaltwarte des Elektrizitätswerkes aus eingeschaltet, sobald genügend billige Energie zur Verfügung steht.

Die Speicherheizung für eine Wohnung Soll eine ganze Wohnung mit Speicherheizung ausgestattet werden, so muß, nachdem der elektrische Leistungsbedarf ermittelt ist, zunächst festgestellt werden, ob die Versorgungskabel von der Straße her genügend große Querschnitte haben, ob die Hausanschlußsicherungen ausreichen, ob auch die Steigleitungen noch so weit belastet werden können. Das muß von einem Fachmann mit dem zuständigen Beamten des Elektrizitätswerkes geklärt werden. Eine solche Anlage wird mit einer elektronischen Steuerung (Auflade-Automatik) ausgestattet.

Die Aufladeautomatik hat zwei Aufgaben: 1. Bestimmung der Aufladedauer, 2. Bestimmung der Einschaltzeit.

1. Der Wärmebedarf für den nächsten Tag läßt sich annähernd bestimmen, wenn man weiß, welche Wärmemenge (»Restwärme«) am Abend noch im Speicherkern enthalten ist. Ein elektrischer Fühler meldet diesen Wert an das Steuerungsgerät. Die Außentemperatur wird ebenfalls durch einen elektrischen Fühler (»Witterungsfühler«) aufgenommen. Die Elektronik bestimmt aus beiden Werten die Ladedauer.

2. Außerdem bestimmt die Automatik den Zeitpunkt des Einschaltens. Die Aufladezeit soll so liegen, daß die Aufladung beendet ist, wenn die Niedertarifzeit endet. Ein Beispiel: Die Niedertarifzeit beginnt um 20 Uhr und endet anderntags um 6 Uhr. Die ermittelte Ladedauer beträgt, da die Witterung günstig und die Restwärme im Speicherkern hoch ist, nur 4 Stunden. Ohne Automatik würde die Speicherheizung um 20 Uhr eingeschaltet und wäre bereits um 24 Uhr voll geladen. Die Automatik löst die Einschaltung

434 Elektrizität

Schema einer Speicherheizung mit allen erforderlichen Leitungen:

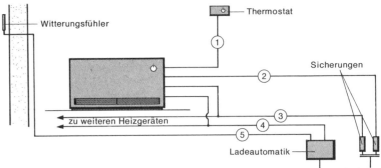

1 vom Thermostaten zum Gerät · 2 von der Sicherung zum Heizgerät · 3 von der Sicherung zum Lüfter · 4 Steuerungsleitung von der Automatik zum Gerät · 5 vom Witterungsfühler an der Außenmauer zum Steuergerät.

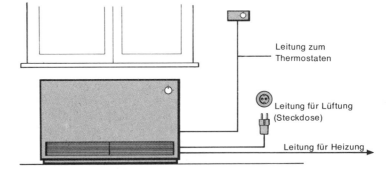

Die Anschlüsse für ein Speicherheizgerät

erst 4 Stunden vor Beendigung der Niedertarifzeit, also um 2 Uhr, aus. Das Laden ist um 6 Uhr beendet, die gesamte Wärmemenge steht für den neuen Tag zur Verfügung.
Die Verschiebung kommt nicht nur dem Verbraucher, sondern auch dem Stromlieferanten zugute: Ohne Steuerung würden alle Speicherheizungen fast gleichzeitig eingeschaltet. Das Elektrizitätswerk ist aber daran interessiert, daß sich die Belastung möglichst gleichmäßig über die Niedertarifzeit verteilt.
Heizungsanlage für ein Eigenheim Wer in einem neu zu errichtenden Eigenheim eine elektrische Speicherheizung plant, sollte für bestmögliche Wärmedämmung von Mauerwerk, Fußböden und Decken sorgen. Die anfänglichen Mehrkosten machen sich auf die Dauer bezahlt. Für Außenmauern den bewährten Ziegel (möglichst großformatig) oder ähnliche porige Bausteine! Die Verarbeitung dieser Steine muß so erfolgen, daß durchgehende Mörtelfugen möglichst vermieden werden. Mörtelfugen sind Kältebrücken. Die Ziegelhersteller kennen diese Probleme und stellen deshalb großformatige Ziegel her, bei denen keine senkrechte Mörtelfuge erforderlich ist. Bei richtiger Verarbeitung (nach Anweisung des Herstellers) unter Zuhilfenahme hierfür entwickelter Mörtelschlitten kann man bei diesen Ziegeln auch waagrecht durchgehende Fugen vermeiden. Der Mörtel wird hierbei mit dem Schlitten in zwei Bändern auf die Steinlage aufgetragen. Auf diese kommt die nächste Steinlage zu liegen. Zwischen den Mörtelbändern bleibt ein breites durchgehendes Luftband bestehen.
Eine derartige Verarbeitung bedingt natürlich mehr Arbeitsstunden. Deshalb werden auf vielen Baustellen diese Großformat-Steine leider nicht in dieser Weise vermauert.
Hat man auf die gute Wärmedämmung des Mauerwerks verzichtet (z. B. durch Verwendung von Betonsteinen) kann man sie auch nachträglich anstreben. Am besten wäre es, den ganzen Baukörper mit einer wärmedämmenden Schicht (Dämmputz, wärmedämmende Matten, Mehrschichtenplatten) zu umgeben. Bei der Fassade bereitet das allerdings Schwierigkeiten, die nur ein Baufachmann lösen kann. An sich wäre diese Art der Wärmedämmung ideal, denn so würde das ganze Mauerwerk als Wärmespeicher wirken.

Auch bei Böden und Decken spielt die Wärmedämmung eine erhebliche Rolle, sie wird oft bei Decken grob vernachlässigt. Die Wärme steigt im Raum nach oben und sucht sich den Weg durch die Decke zum Dachboden. Betondecken sollten von unten mit putzfähigen Dämmplatten (Mehrschichtenplatten) unterlegt werden. Auch oberhalb der Betonplatte, also im Dachboden, sollen, bevor der Estrich aufgebracht wird, Dämmplatten unterlegt werden. Man vermindert damit den Wärmeverlust für die Wohnräume und erreicht außerdem, daß der Dachboden im Winter kalt bleibt. Das ist wichtig, wenn auf dem Dach eine dicke Schneeschicht liegt. Dringt nämlich zuviel Wärme in den Dachboden, strömt sie unter den Dachfirst und bringt dort den Schnee zum Schmelzen. Das ungleiche Abschmelzen des Schnees ist aber für jedes Satteldach schädlich.

Die Fußbodenheizung

Die Fußbodenheizung wäre die ideale Raumheizung: Die vom Fußboden aufsteigende Wärme durchströmt den ganzen Raum; Fußkälte gibt es nicht. Warum wird diese Heizungsart trotzdem so wenig angewandt? Unsere Fußböden eignen sich schlecht zum Erwärmen. Parkettböden und PVC-Böden scheiden von vornherein aus. Da sie geklebt sind und sich bei Erwärmung dehnen und verspannen, besteht die Gefahr, daß sie sich vom Untergrund lösen. Die heute viel verlegten Teppichböden haben geringe Wärmedurchlässigkeit. Harte Bodenbeläge wie Kunst- oder Natursteinplatten sind das Richtige für eine Bodenheizung. In unserem Klima werden sie jedoch höchstens in Küche, Bad, Diele verwendet.
Eine zweite Schwierigkeit besteht darin, daß die Temperatur eines Fußbodens nicht allzu hoch sein soll, etwa 26 Grad. Wird das überschritten, wird es an den Füßen beim Sitzen und Stehen unbehaglich. Soll aber im Winter die Temperatur des ganzen Raumes auf 20 Grad gehalten werden, müßte die Bodentemperatur etwas höher gehalten werden als 26°
Schließlich bringt die Fußbodenheizung hohe Betriebskosten, denn sie ist keine Speicherheizung und muß deshalb den ganzen Tag über in Betrieb gehalten werden, während sie gerade in der billigen Nachtzeit nicht erforderlich ist. Weitere Kosten entstehen durch Tarifzuschläge, wenn die Anschlußleistung höher als 2 kW ist. In einer Küche oder in einem Bad bis etwa 5 m²

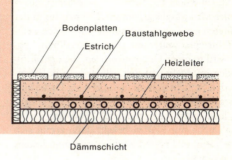

Schnitt durch die Schichten einer Fußbodenheizung

mag man mit einer Leistung von 2 kW gerade noch auskommen.
Also keine Fußbodenheizung? Wer, naß aus der Badewanne steigend, angewärmten Fußboden betreten möchte, und wer wünscht, daß die Hausfrau, die sich stundenlang in der heizungstechnisch meist benachteiligten Küche aufhält, keine kalten Füße bekommt, der sollte sich mit der Bodenheizung als Zusatzheizung vertraut machen. Die günstigsten Voraussetzungen bestehen bei einem Neubau. Hier muß das Heizungsproblem schon beim Rohbau bedacht werden. Die dicke Wärmedämmung auf dem Unterboden bringt es mit sich, daß die fertige Fußbodenoberkante wesentlich höher liegt als üblich. Will man die Fußbodenoberkante in dem ganzen Geschoß auf einer Ebene haben, also ohne Türanschlag, dann muß man auch die Böden der nicht fußbodenbeheizten Räume auf die gleiche Höhe bringen. Das bedeutet, daß die lichten Maße für die Türzargen etwas höher sein müssen als sonst. Auf den Unterboden kommt zunächst eine wärmedämmende Schicht, die wegen des Gewichtes der darauf kommenden Betonplatte belastungsfähig sein muß. Ihre Temperaturbeständigkeit soll mindestens 200 Grad betragen; das Isoliermaterial soll oben eine Aluminiumfolie tragen als Reflektor für die Wärmestrahlung. Auf diese Dämmschicht kommen die Heizmatten: nebeneinandergelegte Leiterschleifen aus hochwertigem Widerstandsmaterial, das von einer dicken, temperaturbeständigen Isolierschicht umgeben ist. Sind die Matten ausgelegt und die Anschlußleitungen verlegt, kommt ein Baustahlgewebe darauf. Es dient der späteren Festigkeit der darauf zu gießenden Betonplatte, der schnellen Wärmeverteilung und vor allem dem Schutz vor gefährlicher Berührungsspan-

nung bei einem Schadensfall. Der Temperaturfühler wird ausgelegt, der die Temperatur in der späteren Betonplatte aufnimmt und an den Temperaturregler weitergibt. Dieser einstellbare Regler wird in einer Unterputzdose nahe dem Fußboden untergebracht. Schließlich kann die Beton-Estrich-Schicht von mindestens 3 cm Dicke aufgetragen werden. Eine Änderung oder Reparatur ist jetzt nicht mehr möglich. Wird der Boden dann noch mit Platten belegt, dann ergibt sich eine gesamte Fußbodenschicht von mindestens 7 cm Stärke.

Es sei nochmals darauf hingewiesen, daß solche Heizungen, wenn sie einen Anschlußwert von 2 kW übersteigen, dem Elektrizitätswerk gegenüber meldepflichtig sind und mit einer Sondergebühr belegt werden.

Elektrisch kochen

Beim Kochen hat der elektrische Strom im Wettbewerb mit anderen Wärmequellen wesentlich günstigere Aussichten als beim Heizen, und zwar deshalb, weil das elektrische Kochgerät die Wärme so konzentriert auf Topf und Kochgut übertragen kann, daß wenig Wärmeverluste entstehen. Jeder weiß, daß ein Kohlenherd die Küche mit erwärmt, ein elektrischer Herd nicht.

Vollherd Der elektrische Vollherd mit Brat- und Backrohr und mehreren Kochplatten hat meist eine Gesamtleistung von über 5000 Watt. Ein Vollherd mit dieser Leistung wird entweder fest mittels einer Herd-Anschlußdose oder neuerdings mittels Stecker an eine 25-Ampere-Steckdose (s. S. 419) an die Leitung angeschlossen. Er erfordert einen besonderen Stromkreis mit Sicherung. Wird vom Stromlieferanten für Kochzwecke verbilligter Strom geliefert, braucht man dafür einen Zähler mit einer Umschalteeinrichtung für den neuen Tarif (Doppeltarifzähler) und eine Schaltuhr. Daran bei der Planung von Neubauten denken! Manche Werke verlangen bei elektrischen Vollherden die Anbringung eines »Schutzschalters« zum Schutz gegen Unfälle.

Stufenschaltung Um mit elektrischem Gerät wirtschaftlich zu kochen, muß man mit Verstand zu Werke gehen. Vor allem muß man von der Möglichkeit Gebrauch machen, die Heizleistung und damit auch die Temperatur in Stufen – auch Takte genannt – zu schalten. Man spricht von Viertakt-Schaltung, wenn eine Platte außer der Nullstufe drei Heizstufen hat. Die Stufe mit der höchsten Leistung heißt »Ankochstufe«, die schwächeren Stufen nennt man »Fortkochstufen«, die schwächste ist die »Warmhaltestufe«.

Automatische Regelung Sogenannte Blitz- oder Expreß-Kochplatten schalten nach einigen Minuten, sobald die erforderliche Wärme erreicht ist, automatisch auf die schwächere Fortkochleistung um. Bei manchen modernen Herden hat das Backrohr, manchmal auch die Kochplatte, automatische Regelung. Das Gerät stellt sich automatisch auf den am Wählschalter eingestellten Wert und hält ihn. Solange Strom zugeführt wird, leuchtet eine Kontroll-Lampe auf. Ist außerdem eine automatische Schaltuhr eingebaut, schaltet sich das Gerät nach der eingestellten Zeit automatisch ab. Verbrennen des Kuchens oder Bratens ist bei richtiger Einstellung ausgeschlossen. Automatische Geräte sind nur für Wechselstrom verwendbar. Ihre Leistung, meist über 2000 Watt, mutet hoch an. Sie sind aber in Wahrheit – ähnlich dem Reglerbügeleisen – sparsamer als Ausführungen ohne automatische Regelung.

Kochgeschirr Zum elektrischen Kochen gehört das richtige Geschirr. Leichte Töpfe, wie man sie auf dem Gasherd benutzt, sind unbrauchbar. Der Topf soll den gleichen Durchmesser wie die Platte haben, sonst geht Wärme verloren. Er soll einen massiven und völlig ebenen Boden haben. Sonst liegt zwischen Topf und Platte ein Luftpolster, das die Wärmeübertragung behindert. Man benutze also nur Elektro-Kochtöpfe, die in den genormten Größen der Kochplatten hergestellt werden.

Niemals trockenkochen! Niemals soll eine Platte »trockenkochen«. Ist das Kochgut im Topf vollständig verdampft, kann die Wärme nicht mehr an das Kochgut abgegeben werden. Da Luft ein guter Wärme-Isolator ist, also die Wärme schlecht ableitet, nimmt die Eigentemperatur der Platte –

Der richtige Topf   falsch   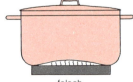 falsch    richtig

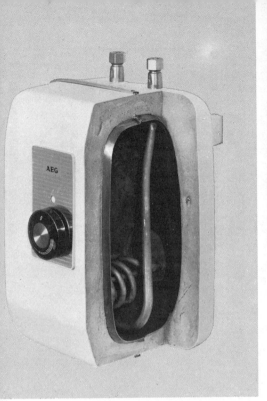
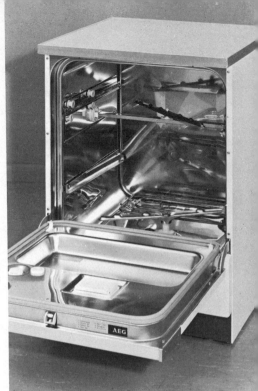

1 Untertisch-Heißwasserspeicher (AEG). Bei dieser Schnitt-Aufnahme erkennt man den Innenbehälter (Kupfer verzinnt), die Schaumstoff-Isolierung aus Polyurethan und den spiralförmigen Heizkörper, ebenfalls Kupfer verzinnt. 2 Die Aufnahme zeigt den Innenraum eines Geschirrspülers (AEG-Favorit); man erkennt die beiden Düsen-Sprüharme oben und unten. 3 Ein Fön im Schnitt. Unmittelbar hinter dem Luftaustritt befindet sich die Heizung, im runden Teil das Radialgebläse, in dessen Mitte der Motor. Ein eingebauter Übertemperaturschutz schaltet das Gerät bei Überhitzung selbsttätig ab; nach kurzer Abkühlung kann es durch Knopfdruck erneut eingeschaltet werden (AEG-Foen).

AEG-TELEFUNKEN, Nürnberg

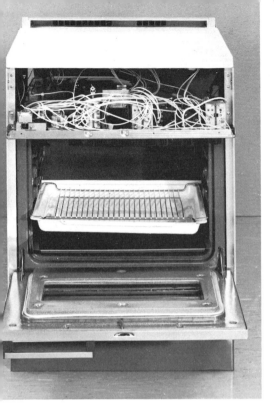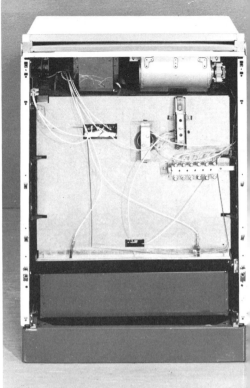

1 Elektroherd (AEG-Pyroluxe) von vorn gesehen mit heruntergeklappter Blende; Schaltelemente und Verkabelung dadurch sichtbar. 2 Rückansicht: man erkennt den isolierenden Blechmantel um den Bratofen, der für niedrige Außentemperatur während des selbsttätigen Reinigungsvorgangs sorgt. Oben links der Nachverbrenner, der Geruchbelästigung verhindert. 3 Der Innenaufbau eines Wärmespeichers: man erkennt den Speicherkern aus Magnesitsteinen, rechts davon einen der Heizkörper.

AEG-TELEFUNKEN, Nürnberg

und des Topfes – bis zum Glühen zu. Dasselbe passiert, wenn man die Platte einschaltet und dann vergißt, den Topf aufzustellen. Manche Herde haben eine Vorrichtung, die den Heizkörper beim Erreichen einer kritischen Temperatur automatisch zum Teil abschaltet und so das Trockenkochen ausschließt. Für das elektrische Kochen gibt es besondere Kochbücher.

Wasserkocher und Tauchsieder Um kleinere Mengen Wasser zum Kochen zu bringen, genügt der elektrische Wasserkocher oder der Tauchsieder. Der elektrische Wasserkocher soll einen Topf aus nahtlosem Messingblech mit Nickelüberzug haben. Für beide Geräte sollte man die Leistung nicht unter 1000 Watt wählen. Für beide Geräte ist die sogenannte Trockenauslösung wichtig. Das ist gewöhnlich ein roter Knopf in der Nähe des Anschlusses. Wird die Temperatur des Geräts durch Verkochen des Wassers zu hoch, springt er heraus und schaltet damit den Strom ab. Die Trockenauslösung kann auch mittels Thermokontakt unmittelbar am Heizkörper erfolgen; in diesem Fall ist sie von außen nicht sichtbar. Ohne diese Vorrichtung wird das Gerät bald defekt werden.

An beiden Geräten pflegt sich im Lauf der Zeit eine Kalkschicht abzusetzen. Bei sehr kalkhaltigem Wasser geht das ziemlich schnell. Diese Schicht läßt die Wärme schlecht durch und mindert die Leistung des Geräts. Sobald sich ein grauer Niederschlag zeigt, lasse man das Gerät eine Nacht in Essigwasser stehen. Dadurch löst sich der Kalk.

Warmwasser bereiten und speichern

Durchlauferhitzer Der Durchlauferhitzer erwärmt das Wasser »im Vorbeilaufen«. Man öffnet die Zapfstelle, das herauslaufende Wasser strömt an Heizelementen vorbei und erwärmt sich in Sekundenschnelle. Das bedarf einer erheblichen Heizleistung, und die erfordert eine eigene elektrische Leitung mit verstärktem Querschnitt und entsprechender Absicherung. Bei Anschluß an eine normale Leitung oder Steckdose muß man sich mit einer geringeren Wassermenge oder mit niederer Auslauftemperatur begnügen. Die niedere Temperatur hat den Vorteil, daß die Bildung des unerwünschten Kesselsteins im Gerät vermieden wird. Kesselstein bildet sich erst von etwa 55° C aufwärts.

Bisher wurden vielfach kleine Durchlauferhitzer verwendet, die lediglich auf den Kaltwasserauslauf aufzuschieben sind. Das ist nicht mehr zulässig; sie müssen jetzt ortsfest montiert sein.

Speicher Der Warmwasserspeicher (auch Boiler genannt) erwärmt das Wasser auf Vorrat und speichert es in einem wärmeisolierten Kessel. Speicher werden gewöhnlich mit billigem Nachtstrom angeheizt. Da die Erwärmung sich über einen größeren Zeitraum verteilt, liegt die Leistung im allgemeinen in den Grenzen anderer Haushaltsgeräte, so daß man keine besondere Zuleitung braucht. Je kürzer das Rohr vom Speicher zum Auslauf, um so geringer die Wärmeverluste.

Beim Durchlauferhitzer ist das Gas dem elektrischen Betrieb durch kürzere Aufheizzeit und Wirtschaftlichkeit überlegen.

Aus Sicherheitsgründen sollte die Höchsttemperatur für Warmwasserbereiter bei 85° C liegen. Bei höherer Temperatur bildet sich Dampf und steigt die Druckbeanspruchung. Weiteres über Boiler im Abschnitt »Wasser und Gas«, S. 371 f.

Der Kühlschrank

Absorber Beim sogenannten Absorber-Schrank wird der Kreislauf des Kältemittels – so seltsam das klingt – durch elektrische Heizung aufrechterhalten. Vorteil: der Schrank arbeitet völlig geräuschlos, weil er keine beweglichen Teile enthält. Nachteil: hoher Stromverbrauch. (Trotzdem ist Kühlen billiger als Heizen. Ein kleiner Absorber-Schrank verbraucht etwa für 25 Pfennig Strom pro Tag.) Absorber-Schränke gibt es auch für den Betrieb mit Gas.

Kompressor Die andere Bauart – der Kompressor-Schrank – arbeitet, wie der Name sagt, mit einem Kompressor, der von einem Elektromotor angetrieben wird. Ein solcher Schrank verbraucht gegenüber einem gleich großen Absorberschrank nur $\frac{1}{3}$ des Stroms. Im allgemeinen werden kleinere Schränke nach dem Absorber-, größere nach dem Kompressor-Prinzip gebaut. Absorber gibt es bis etwa 80 Liter Kühlraum, Kompressor-Schränke von etwa 60 Liter aufwärts.

Beide Arten benötigen keine besondere Leitung und können an jede Steckdose (Schuko) angeschlossen werden. Sie halten die Temperatur automatisch auf etwa +4°. Größere Schränke haben vielfach ein Tiefkühlfach. Die in diesem erzeugte Temperatur von –18° reicht aus, um Lebensmittel für lange Zeit aufzubewahren.

440 Elektrizität

Nicht zu klein! Welche Größe ist richtig? Das hängt ab von der Größe des Haushalts, von den Einkaufsmöglichkeiten und von den Lebensgewohnheiten, z. B. bei verschiedener Arbeitszeit der Haushaltsangehörigen. Mein Rat: Überlegen Sie sorgfältig, welche Größe Sie brauchen – und dann kaufen Sie einen Schrank, der anderthalb mal so groß ist. Ich habe noch niemand getroffen, dem sein Kühlschrank zu groß gewesen wäre.

Behandlung Hauptpunkte: richtig aufstellen (horizontal und mit genügend Abstand von der Wand); alle 1 bis 2 Wochen abtauen (sofern nicht Abtau-Automatik eingebaut), gründlich mit lauwarmer Spülmittel-Lösung reinigen und vor dem Wiedereinschalten austrocknen. Speisen stets abdecken bzw. einwickeln.

Gefriertruhe Die Gefriertruhe sollte an einen Stromkreis angeschlossen sein, der Lampen in Küche und Keller versorgt und somit stets unter Kontrolle ist, damit nicht durch einen unbemerkten längeren Stromausfall der Inhalt verdirbt. Manche Truhen haben ein akustisches Warnsignal (Klingel, Hupe), das natürlich durch einen anderen Stromkreis oder Schwachstrom versorgt werden muß. Bei längerer Abwesenheit Kontrolle der roten Warnlampe durch freundliche Nachbarn empfehlenswert!

Staubsauger

Handstaubsauger haben bis etwa 500 W Leistung; sie sollen nicht zu schwer und gut ausbalanciert sein. Bodenstaubsauger (auch als Klopfsauger zu haben) leisten bis 800 W. Staubsauger halten lange; nur die Kohlebürsten des Motors müssen vielleicht einmal ausgewechselt werden.

Elektrisch waschen

Antrieb Jede elektrische Waschmaschine braucht zunächst einen Antrieb für die Waschtrommel oder eine ähnliche bewegliche Einrichtung. Der dazu erforderliche Elektromotor hat eine verhältnismäßig kleine Leistung, etwa 200 Watt. Insofern könnte die Waschmaschine an jede normale Netzsteckdose angeschlossen werden.

Beheizung Da der Waschkessel jedoch elektrisch beheizt wird, ist eine erhebliche Leistung erforderlich. 2200 oder 3300 Watt – je nach Vorschrift des Elektrizitäts-Versorgungsunternehmens – sind die Höchstgrenze für den Anschluß an die normale Steckdose; für eine Maschine mit größerer Leistung ist ein besonderer Anschluß mit stärkerem Drahtquerschnitt erforderlich. Maschinen mit großem Fassungsvermögen brauchen Leistungen bis 6000 Watt.

Trockenschleuder Die Wäscheschleuder, die das lästige Auswringen ersetzt, ist ein bescheidener Stromverbraucher. Sie braucht nicht mehr als 200 Watt und kann ohne Bedenken überall angeschlossen werden.

Uhr und Schaltuhr

Elektrische Uhren sind in den Haushalt noch wenig eingedrungen. Zu unterscheiden ist zwischen normalen mechanischen Uhren, bei denen nur der Aufzug durch eine eingebaute Batterie betätigt wird, und den von der Elektroindustrie entwickelten Synchron-Uhren; diese haben mit den mechanischen Uhren, wie sie die Uhrenindustrie herstellt, kaum noch etwas gemeinsam. Sie werden durch einen winzigen Motor bewegt, der mit einer ständig gleichbleibenden Drehzahl läuft. Für den Antrieb der Zeiger sind nur ein paar Zahnräder erforderlich, die sich nur ganz geringfügig abnutzen. Reparaturen sind äußerst selten. Synchron-Uhren können nur an Wechselstrom angeschlossen werden. Sie gehen unbedingt genau, wenn das Netz frequenzgeregelt ist. Bei allen größeren Versorgungsnetzen ist das heute der Fall. Der Stromverbrauch ist ganz gering. Soll eine solche Uhr als Wanduhr verwendet werden, läßt man zweckmäßig eine Anschlußleitung legen, denn die baumelnde Anschlußschnur zur Steckdose sieht nicht gut aus.

Schaltuhr Vielseitig verwendbar ist die Schaltuhr. Sie hat etwa die Größe einer Handfläche und wird mit zwei Kontaktstiften unmittelbar in die Steckdose gesteckt. An der Vorderseite trägt sie zwei Buchsen für das durch Stecker anzuschließende Gerät, das geschaltet werden soll, und eine Zeitskala, an der sich die gewünschte Zeit einstellen läßt. Man kann das angeschlossene Gerät nach der gewünschten und eingestellten Zeit einschalten und auch ausschalten. Zum Beispiel kann man das Rundfunkgerät zum Nachrichtendienst oder früh zur Aufstehzeit einschalten lassen, um sich mit Musik wecken zu lassen; es sorgt auch dafür, daß der Empfänger nicht weiterläuft, wenn man beim Rundfunkhören einschlafen sollte. Auch jedes andere Gerät läßt sich anschließen, allerdings nur bis zu einer Leistung von 1500 Watt.

6 Zähler · Tarif · Stromverbrauch

Geht Ihr Zähler richtig?

Der Platz des Zählers Der unsympathischste Teil der elektrischen Anlage ist der Zähler – besonders wenn er sich noch an der Stelle der Wohnung befindet, an der man ihn keineswegs haben möchte. Geben Sie, wenn Ihr Zähler die ganze Diele verschandelt oder den Platz für einen schönen Einbauschrank wegnimmt, nicht unbedingt der Elektrofirma die Schuld. Die Versorgungsunternehmen pflegen nämlich für die Placierung des Zählers ganz bestimmte Anforderungen zu stellen. Er darf nicht in einem feuchten Raum angebracht und nicht durch Schränke oder Regale verstellt sein. Er muß gut zugänglich montiert sein, in Augenhöhe, und vor allem muß der Platz in unmittelbarer Nähe der senkrechten Zuleitung liegen.

Wenn Sie bauen, können Sie den Zähler ohne weiteres im Keller anbringen lassen, sofern der Keller einwandfrei trocken ist und sofern eine mechanische Beschädigung des Zählers ausgeschlossen erscheint.

Den Zähler unsichtbar machen Hängt der Zähler in der Wohnung an einem unglücklichen Platz, so kann man ihn mit einem Holzkästchen umschließen. Wenn Sie den Teil »Arbeiten mit Holz« durchgearbeitet haben, können Sie ein solches Schränkchen selbst bauen. Man streicht es zur Umgebung passend, kann es auch wie die Wand tapezieren. Ferner kann man den Zähler in ein Einbauregal oder einen Einbauschrank einbeziehen. Er bekommt dann ein Fach für sich. Schließlich kann man ihn, wenn die Mauer sehr stark ist, auch in einer Nische in der Wand verschwinden lassen. Das darf man freilich keinesfalls selber erledigen, denn der Zähler muß dazu verlegt werden.

Wie kontrolliert man den Zähler?

Sicher haben Sie schon die Aluminiumscheibe gesehen, die sich im Zähler hinter einem Fenster befindet und an einer Stelle eine rote oder schwarze Markierung hat, damit man die Umdrehung besser beobachten kann. Der Strom, der in der Wohnung verbraucht wird, fließt durch den Zähler und treibt dort die Scheibe, die mit einem Zählwerk gekuppelt ist. Je mehr Strom Sie verbrauchen, desto schneller läuft die Scheibe – und desto rascher springen auch die Zahlen des Zählwerks.

Ist in der Wohnung keine Lampe und kein sonstiges Elektrogerät eingeschaltet, so darf die Scheibe sich nicht von der Stelle rühren. Auch wenn Sie nach zwei Stunden wieder nachsehen, muß die Markierung noch an derselben Stelle stehen. Sollten Sie feststellen: »Und sie bewegt sich doch!«, so ist etwas nicht in Ordnung. Die Ursache eines solchen Fehlerstroms ist meist ein Isolationsfehler in einem Leitungsstück; nur der Fachmann kann das durch Messungen ermitteln. Derlei Störungen sind nicht selten in Neubauten, die bei Regenwetter gebaut und noch ungenügend ausgetrocknet sind. Als erste Hilfe kann man, soweit möglich, das heißt soweit der betreffende Wohnungsteil im Augenblick keinen Strom benötigt, die Sicherungen zurückschrauben.

Vielleicht haben Sie das Gefühl, daß Ihr Zähler zuviel anzeigt, Ihre Lichtrechnung also ungerechtfertigt hoch ist. Mit wenig Mühe kann man das selbst prüfen. Man braucht dazu ein Gerät mit einem Anschlußwert von 1000 Watt, oder auch mit 500 oder 2000 Watt, und man muß ein bißchen rechnen, was man aber in solchem Fall ganz gern tut.

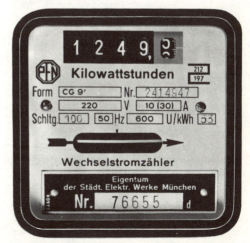

Auf jedem Zähler muß die Umdrehungszahl der Scheibe pro Kilowattstunde verzeichnet sein. Da steht z. B. »600 U/kWh«. Das heißt, wenn die

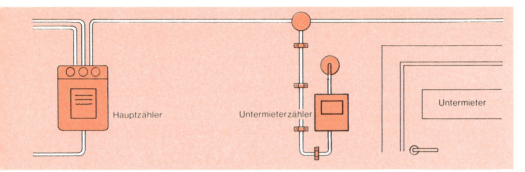

Scheibe sich in einer Stunde 600mal dreht, dann ist in dieser Stunde eine Kilowattstunde verbraucht worden.

Schließen Sie also ein 1000-Watt-Gerät an (und schalten, selbstverständlich, alles andere für diese Probe ab), so muß die Scheibe mit dieser Geschwindigkeit laufen. Wir brauchen nicht eine Stunde lang zu zählen. Eine Minute genügt. In unserem Beispiel (600 U/kWh und 1000-Watt-Gerät) muß die Scheibe in einer Minute 10mal (den 60. Teil von 600) umlaufen. Steht auf dem Zähler »1200 U/kWh«, dann 20mal.

Dieses Beispiel können Sie leicht auf andere Anschlußworte übertragen; wenn Sie gut rechnen können, auch auf andere als 500, 1000 oder 2000 Watt.

Zählen Sie – im ersten Beispiel – 12 statt 10 Umdrehungen pro Minute, so läuft der Zähler einwandfrei zu schnell, d. h. er zeigt zuviel an. Dann werden Sie ihn nachsehen lassen. Häufiger allerdings kommt es vor, daß ein Zähler zu langsam läuft, besonders nach mehrjähriger Betriebszeit. In diesem Fall werden Sie wahrscheinlich nicht gleich den Kontrolleur rufen? Aber das Elektrizitätswerk läßt alle Zähler nach einer bestimmten Frist überprüfen und neu eichen.

Ein Zähler für den Untermieter

Das unbehagliche Gefühl, daß die Stromrechnung nicht dem eigenen bescheidenen Verbrauch entspricht, kann (sofern es nicht auf Selbsttäuschung beruht) außer Isolationsfehlern oder ungenauem Zähler noch eine dritte Ursache haben: den Untermieter. Jeder kennt die leidigen Streitigkeiten über den Stromverbrauch des Untermieters. Beim möblierten Zimmer kann man sich zwar meist auf einen Pauschalbetrag einigen. Wird aber ein Leerzimmer oder ein größerer Teil der Wohnung untervermietet, so ist es fast immer zweckmäßig, einen eigenen Zähler dafür anbringen zu lassen. Das kostet zwar zunächst etwas – bei günstigen Leitungsverhältnissen vielleicht gute 180,– DM –, aber es erspart Ärger und wahrscheinlich auf die Dauer auch Geld.

Die Anbringung eines solchen Zählers können Sie nicht von Ihrem Elektrizitätswerk verlangen. Das will damit nichts zu tun haben; es hält sich an den Hauptmieter. Sie müssen selbst für Anschaffung, Montage und regelmäßiges Ablesen sorgen. Den Zwischenzähler muß man an der Stelle anbringen, wo die Leitung zu dem untervermieteten Raum von der Diele abzweigt. Da die Untermieterzähler wesentlich kleiner sind als gewöhnliche und da auch nicht die Vorschriften gelten, die beim Hauptzähler eingehalten werden müssen, können sie auch an einem sonst ungünstigen Platz angebracht werden.

Man liest am besten monatlich ab, trägt den Zählerstand in das Mietbüchlein ein und berechnet in diesem auch den zu zahlenden Betrag. Es ist billig, daß der Untermieter auch einen Teil der Grundgebühr trägt.

Die Tarife für elektrische Energie

Großabnehmer bekommen die Ware billiger. So ist es auch beim Strom. Da die Haushaltungen im Vergleich zu Industrie und Gewerbe eine bescheidene Verbrauchergruppe darstellen, müssen sie pro Kilowattstunde mehr bezahlen. Betrachtet man aber die Strompreise über mehrere Jahrzehnte, muß man gerechterweise zugeben, daß sie weit weniger gestiegen sind als alles andere. Daß die Preise für den elektrischen Strom von den Versorgungsunternehmen nicht willkürlich gesteigert werden können, dafür sorgt eine Bundes-Tarifordnung.

In seiner mehr als 50jährigen Geschichte wurde der alte Tarif immer wieder verändert. Neue Elemente kamen hinzu, andere fielen weg. Das hat ihn kompliziert und schwer verständlich gemacht. Der neue, seit dem 1. Juli 1990 geltende, Tarif ist wesentlich einfacher. Am Zähler ablesbare Größen bestimmen den Preis. Man sieht es auch an der neu gestalteten Stromrechnung: Sie ist jetzt klarer gegliedert und viel übersichtlicher als die alte. Jeder kann sofort nachvollziehen, was er verbraucht hat und was ihn der Verbrauch kostet.

Stromsparen Wer den Strom sparsam und vernünftig nutzt, bezahlt nach dem neuen Tarif weniger als früher, denn der Tarif ist leistungsorientiert. Der neue verbrauchsabhängige Leistungspreis gibt zusätzliche Anreize, Kraftwerke und Netze so sparsam wie möglich in Anspruch zu nehmen.

Um die Preistabelle des neuen Stromtarifs richtig zu verstehen, muß man einige Begriffe kennen.

Arbeitspreis Der Arbeitspreis ist der Preis für den verbrauchten Strom und beträgt 14,8 Pf je Kilowattstunde (kWh).

Leistungspreis Entsprechend der Kostenverursachung besteht der Leistungspreis aus zwei Teilen:
– Der feste Anteil ist der Preis für die vom Verbrauch nicht abhängigen Leitungskosten (z. B. Hausanschluß und Ortsnetz). Er beträgt DM 75,00/Jahr für den Haushalt.
– Der verbrauchsabhängige Anteil richtet sich nach der jeweils im Abrechnungsjahr in Anspruch genommenen Leistung. Die Leistung wird von einem speziellen Zähler in »Leistungswerten« (abgekürzt »Lw«) gemessen. Ist kein Leistungszähler installiert, wird der Leistungspreis in Pf/kWh aus dem Jahresverbrauch berechnet. Der verbrauchsabhängige Leistungspreis beträgt DM 2,00/Lw bzw. 4 Pf/kWh für den Haushalt.

Durchschnittspreisbegrenzung Der Durchschnittspreis – ermittelt aus der Summe Arbeitspreis und Leistungspreis geteilt durch die bezogene elektrische Arbeit im Abrechnungsjahr – darf den Durchschnittspreis gemäß Preisblatt (50 Pf/kWh) nicht überschreiten.

Verrechnungspreis Der Verrechnungspreis für Messung, Abrechnung und Inkasso richtet sich nach Art und Umfang der erforderlichen Meß- und Steuereinrichtung.

Schwachlasttarif In jeder Nacht gilt sechs Stunden lang der preisgünstigere Niedrigtarif (abgekürzt NT).

In der NT-Zeit beträgt der Arbeitspreis nur noch 11,5 Pf/kWh. Der Normalpreis von 14,8 Pf/kWh wird nur für den Verbrauch in der Hochtarifzeit (abgekürzt HT-Zeit) erhoben. Der verbrauchsabhängige Leistungspreis erhöht sich um 20% und richtet sich nur nach der in der HT-Zeit gemessenen Leistung bzw. nach dem HT-Verbrauch; für den NT-Verbrauch zahlt man folglich nur noch den Arbeitspreis von 11,5 Pf/kWh und keinen verbrauchsabhängigen Leistungspreis.

Um den NT-Verbrauch separat messen zu können, muß ein Zweitarifzähler eingebaut werden. Das ist ein Zähler mit zwei getrennten Zählwerken. Außerdem ist ein »Tarifschaltgerät« erforderlich, das dafür sorgt, daß der Schwachlastverbrauch auf dem NT-Zählwerk und der übrige Verbrauch auf dem HT-Zählwerk registriert werden. Für die Tarifschaltung ist ein gesonderter Verrechnungspreis in Höhe von DM 44,40/Jahr zu zahlen. Deshalb lohnt sich die Schwachlastregelung erst dann, wenn man so viel Verbrauch in die Nacht verlagern kann, daß die Mehrkosten ausgeglichen sind.

Sonderpreis für Speicherheizungen Der Stromverbrauch einer vom Energieversorgungsunternehmen (EVU) genehmigten Speicherheizung wird nach Sondervertrag abgerechnet. Die Aufladezeiten der Speicherheizungen sind vom EVU festgelegt.

Für die Messung des Stromverbrauchs ist ein Zweitarifzähler und für die Umschaltung von Hochtarif (HT) auf Niedertarif (NT) eine Tarifschaltuhr erforderlich.

Strompreise für den Haushaltsbedarf ab 1. 7. 1990

Arbeitspreis	Pf/kWh	14,8
Leistungspreis		
– Fester Anteil	DM/Jahr	75,00
– Verbrauchsabhängiger Anteil		
– – aus gemessener Leistung	DM/Lw u. Jahr	2,00
– – aus der elektrischen Arbeit	Pf/kWh	4,0
Durchschnittshöchstpreis	Pf/kWh	50,0
Schwachlastarbeitspreis	Pf/kWh	11,5
Zuschlag zum verbrauchsabhängigen Anteil des Leistungspreises		20%
Verrechnungspreise		
Zähler ohne Leitungsmessung		
– Wechselstrom-Eintarifzähler		45,60 DM/Jahr
– Drehstrom-Eintarifzähler		58,20 DM/Jahr
– Wechsel- bzw. Drehstrom-Zweitarifzähler		58,20 DM/Jahr
Tarifschaltung		44,40 DM/Jahr

444   Elektrizität

Die Tarifpreise verstehen sich jeweils zuzüglich der jeweils länderabhängigen Ausgleichsabgabe und Umsatzsteuer (z. Z. 14%).

Mit einer Kilowattstunde . . .

Mit dieser Energiemenge können Sie

1 Mittagessen für 4 Personen bereiten
1 Kuchen oder eine Torte backen
20 mal 10 Minuten Fleisch hacken
5 mal 40 Minuten Teig rühren
1 Jahr lang im 4-Personen-Haushalt elektrisch Kaffee mahlen
20 Liter Wasser von 55 °C bereiten
10 mal 1 Liter Wasser mit Schnellkocher zum Kochen bringen
1 Tag kühlen im 150-Liter-Kühlschrank
2 mal warm duschen mit je 15 Liter Wasser von 37 °C
25 Stunden eine 40-Watt-Lampe brennen

1 Monat eine elektrische Synchron-Uhr laufen lassen
1 Woche jeden Abend Rundfunk hören
20 mal eine halben Liter Wasser mit dem Tauchsieder kochen
30 Stunden einen Ventilator betreiben
3 Kleider elektrisch nähen
14 Tage den Staubsauger benutzen
10 mal 3 Stunden mit dem Heizkissen den Magen wärmen
8 mal 15 Minuten mit dem Fön die Haare trocknen
5 Jahre sich täglich mit dem elektrischen Rasierapparat rasieren
50 mal 2 kg Wäsche waschen (ohne Beheizung)
1,5 kg Wäsche waschen, kochen und spülen
1200 kg Wäsche trocken schleudern
2 Stunden bügeln
5 Stunden fernsehen
oder auch (was ich besonders empfehle)
200 mal 1 Minute Mixgetränke bereiten.

7 Schwachstrom — das Feld eigener Betätigung

Starkstrom: Hände weg! Schwachstrom: alle Türen offen für freude- und nutzbringende Tätigkeit! Die Schwachstromtechnik, heute auch Fernmeldetechnik genannt, befaßt sich mit Spannungen von 4,5 · 6 · 12 · 24 Volt.
Sie sind für den Menschen gefahrlos. Im Haushalt kommen im allgemeinen nur 4,5 V und 6 V vor. Sie werden angewandt für Hausklingel, Türöffner, Alarmanlage, Haustelefon. Wir betrachten zunächst Werkzeug, Material und die Grundtechniken des Arbeitens auf diesem Gebiet.

Das Werkzeug

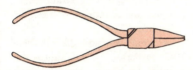

1 Flachzange zum Biegen von Drähten

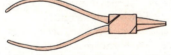

1 Rundzange zum Biegen von Drahtösen

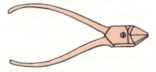

1 Seitenschneider zum Abzwicken von dünnen Drähten

1 Uhrmacherschraubenzieher mit mehreren Einsätzen

1 Kronenmeißel

Dazu folgendes Werkzeug, das schon früher im Buch abgebildet ist:
1 Kombinationszange, nach Möglichkeit mit Isoliergriff
3 Schraubenzieher mit 2 mm, 4 mm und 6 mm breiter Schneide mit Isoliergriff
1 Vorstecher (Spitzbohrer) mit durchgehender Klinge
1 Schere (es kann eine alte aus dem Nähkorb der Hausfrau sein)
3 Nagelbohrer, grob, mittel und fein
1 Meterstab, möglichst Metallbandmaß
2 Hämmer mit 500 Gramm und 200 Gramm Gewicht
1 Meißel, flach, etwa 200 mm lang und 20 mm breit
1 Gipsgeschirr (recht praktisch ist eines aus Gummi)
1 Wasserpinsel, rund, etwa 20 mm Durchmesser
1 Spiritus-Lötlampe (nicht nötig, wenn Gas im Hause)
1 elektrischer Lötkolben, etwa 80 Watt.
Noch zwei aus Erfahrung geborene Hinweise: Die Kombinationszange finden Sie, wenn Sie sie brauchen, meistens nicht im Werkzeugkasten. Vermutlich ist sie dann in der Küche, z.B. im Besteckkasten. Die Hausfrau braucht sie zum Öffnen von Ölsardinenbüchsen, zum Losschrauben des Fleischwolfs und ähnlichem. Sie kaufen deshalb besser gleich zwei Zangen. Sonstiges fehlendes Werkzeug findet sich meistens in der Spielkiste des Nachwuchses. Man sollte den Werkzeugsatz einschließen.

Die Drähte

Nur Kupferdraht nehmen Für Leitungs- und Schaltdrähte nehmen wir nur Kupfer. Es leitet den Strom gut und ist gut zu bearbeiten. Aluminium leitet nur halb so gut und hat Nachteile bei der Verarbeitung.

Stärke Wir brauchen für den Schwachstrom keine besonders dicken Drähte, gewöhnlich genügen Drähte von 0,6 bis 0,8 mm. Diese Zahl gibt den Durchmesser an. Den Durchmesser nimmt man bei Schalt- und Spulendrähten bis 1 mm Durchmesser als Maß der Dicke. Die Drahtsorten für die Starkstromtechnik werden dagegen mit dem Querschnitt angegeben, z.B. 1,5 mm^2, 2,5 mm^2 usw.
Kupferdraht läßt sich gut biegen. Biegt man aber eine Zeitlang an ihm herum, verliert er seine Elastizität und bricht leicht.

Strecken Will man ein Stück Draht schnurgerade und etwas steif haben, macht man das eine

Ende im Schraubstock fest oder wickelt es um die Türklinke und zieht am anderen Ende mehrere Male ruckartig an. Damit der Draht nicht in die Hand schneidet, wickelt man dieses Ende um das Heft eines Schraubenziehers.
Bei sehr feinen Drähten ist dieses Verfahren nicht anwendbar. Bei ihnen macht man – nachdem zuvor etwaige Verschlingungen und Ösen entfernt wurden – wiederum das eine Ende fest, wickelt dann gleich dahinter den Draht einmal (nicht mehrmals!) um das Heft des Schraubenziehers und zieht nun den Schraubenzieher gleichmäßig über die ganze Länge des Drahtes durch.

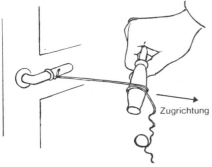

Zugrichtung

Zusammenlegen Draht soll nicht in losen Stücken herumliegen, sondern aufgewickelt sein; jedoch nicht wie Bindfaden um vier Finger, sondern in Ringen von 15 bis 20 cm Durchmesser. Das gelingt am besten, wenn man einen Topf dieses Durchmessers nimmt, das Drahtende an einem Henkel festmacht und nun die Windungen um den Topf legt. Zum Schluß dreht man einige Drahtreste (nicht das Ende des aufgewickelten Drahtes) um die Windungen.

Die Isolation

Wir arbeiten fast nur mit isoliertem Draht. Es gibt verschiedene Arten der Isolierung; welche man wählt, richtet sich nach dem Verwendungszweck.
Lack Drähte mit einem Lacküberzug als Isolierung werden viel verwendet, jedoch vorwiegend für Spulen und ähnliches, nicht aber für Leitungen, weil der feine Lacküberzug zu leicht verletzt werden kann. Will man das Ende eines lackisolierten Drahtes blank machen, faltet man ein Stück feines Glaspapier zusammen und zieht das Drahtende so lange hindurch, bis die Isolierung völlig entfernt ist.
Gummi Der in der Starkstromtechnik häufig als Isoliermittel verwendete Gummi kommt bei Schwachstromanlagen selten vor, weil Gummiisolation aufträgt und nicht in so vielfältigen und schönen Farben zu haben ist wie andere Isolationen.
SL-Draht Sehr gut zu verarbeiten sind die mit Seide umsponnenen und außen mit Lack getränkten Drähte, die man abgekürzt SL-Draht nennt. Sie sind in den von uns benötigten Stärken 0,6 und 0,8 mm erhältlich.
PVC Noch zweckmäßiger sind die mit dem Kunststoff PVC isolierten Drähte, abgekürzt YA-Drähte genannt. Sie sind in allen Stärken zu haben und in vielen Farben. Das ist wichtig bei Schaltdrähten – des schönen Aussehens und besonders der besseren Übersicht wegen.
Entfernen der Isolierung Der Laie, der die Isolierung von einem Draht entfernen will, setzt das Messer senkrecht auf, schneidet einmal kreisförmig herum und versucht dann, die Isolierhülle abzuziehen. Das ist falsch. Denn wenn Kupferdraht an seiner Oberfläche geritzt wird, bricht er bald an dieser Stelle.
Richtig setzt man das Messer flach an, fast liegend, zieht die Klinge parallel am Draht entlang und legt damit den Draht auf einer Seite frei. Die andere Hälfte der Isolation kann man jetzt abziehen und wegschneiden.

Die Litze

Litzen sind aus einer Anzahl feiner Drähte zusammengedreht. Man verwendet sie, wo ein Leitungsstück besonders beweglich sein soll. Das

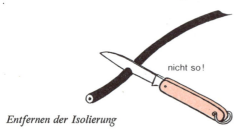

nicht so!

sondern so!

Entfernen der Isolierung

erfordert eine entsprechend bewegliche Isolation, gewöhnlich Gummi oder Baumwolle.

Entfernen von Gummi-Isolation Verhältnismäßig einfach ist das Entfernen der Isolation bei Gummikabeln. Man bringt an der Stirnseite des Kabels mit dem Messer einen Schnitt an und spaltet so das Kabel auf. Man erfaßt jedes Teil mit

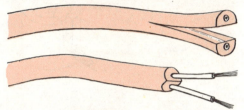

Daumen und Zeigefinger einer Hand und reißt das Kabel, soweit erforderlich, auf. Die beiden leeren Hälften des Gummimantels werden abgeschnitten. Nun muß man noch die Adern von vielleicht vorhandener weiterer Isolierung befreien. Die Übergangsstelle wird mit etwas Isolierband umwickelt.

Isolierband Da wir hier zum ersten Male auf dieses unentbehrliche Hilfsmittel stoßen, will ich einfügen, daß mit halbiertem Isolierband wesentlich besser zu arbeiten ist als mit der vollen Breite. Man kann das Band teilen, indem man die beiden Ecken mit Daumen und Zeigefinger jeder Hand ergreift und mit kurzem Ruck auseinanderreißt. Gelingt das nicht, nimmt man die Schere.

Entfernen von Baumwoll-Isolierung Eine Isolierhülle aus Baumwollgeflecht – wie sie auch Anschluß- und Verlängerungsschnüre von Starkstromgeräten haben – entfernt man mit der Schere. Die Umhüllung wird vom Ende her einige Zentimeter aufgeschnitten und dann abgestreift und weggeschnitten. Gleichzeitig schneidet man die mit den Adern parallel laufenden Baumwollfäden ab. Das abschließende Umwickeln mit Isolierband muß sorgfältig geschehen, damit sich die Umhüllung nicht verschieben kann.

Verlöten (hierzu S. 323 ff.): Ist das Ende einer Litze von der Isolation befreit, müssen die feinen Drähte miteinander verlötet werden. Geschieht das nicht, kann beim Einklemmen der Litze ein Drähtchen herausstehen und einen Kurzschluß verursachen.

Man braucht dazu eine Gasflamme oder eine kleine Spirituslampe und etwas Lötzinn, und zwar am besten Kolophonium-Zinn. Das ist ein 2 bis 3 mm starker Zinndraht mit einer Beimischung von Kolophonium. Beim Erwärmen des Drahtes schmilzt zunächst das Kolophonium und reinigt die zu lötende Stelle. Es hat also die gleiche Aufgabe wie bei anderen Lötungen das Lötwasser, aber es ist schonender; Lötwasser soll man für unsere Zwecke nicht verwenden. Es ist zu aggressiv. Die nach dem Löten zurückbleibenden Lötwasserspuren würden die feinen Drähte allmählich zersetzen.

Sind die einzelnen Drähtchen metallisch sauber, werden sie zusammengedreht, so daß keines absteht, und über die Flamme gehalten. Sobald die Litze genügend erhitzt ist, streicht man mit dem Lötdraht darüber. Das Zinn schmilzt sehr schnell, sickert in die Ritzen zwischen den Drähtchen ein und verbindet sie. Nun sofort wieder von der Flamme weg, damit die Litze nicht verbrennt! Hat sich aus überschüssigem Zinn ein Tropfen gebildet, geht man nochmals kurz über die Flamme und schlenkert ihn mit einer kurzen Bewegung ab. Das Verlöten einer Litze soll sehr flott vonstatten gehen, damit die Isolation nicht durch die Hitze leidet.

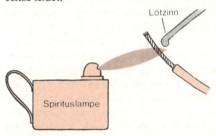

Wo einkaufen?

Die Radiobastler-Geschäfte sind am besten auf den Bedarf des Laien an elektrischen Kleinmaterialien eingestellt. Sie sind zuweilen wahre Fundgruben der Schwachstromtechnik. Wenn Sie hingehen, werden Sie nicht nur das in diesem Abschnitt beschriebene Material sehen, sondern noch vieles andere, das Sie vielleicht zu weiteren Arbeiten anregt.

Drahtverbindungen

Klemmschraube Anschließen und Verbinden von Leitungsdrähten geschieht am häufigsten mittels Klemmschrauben. Damit ein guter Kontakt entsteht, soll der Draht auf einer möglichst großen Fläche von der Schraube erfaßt werden. Deshalb biegt man das Drahtende zu einer Öse. Man nimmt dazu die Rundzange; ein bißchen Übung ist erforderlich, damit die Ösen schön rund werden und auf die betreffende Schraube passen. Beim Einklemmen muß die Drehrichtung der Öse mit der Drehrichtung der Schraube übereinstimmen, also in der Regel nach rechts sehen. Andernfalls öffnet sich die Öse beim Festdrehen der Schraube, und der Kontakt wird fragwürdig. Kommen unter eine Klemmschraube zwei Drahtösen, werden sie durch eine Beilagescheibe getrennt.

Madenschrauben Die Madenschraube ist eine Abart der Klemme: eine kleine Messinghülse mit einem Innengewinde und einem Schlitz, in den von zwei Seiten die Drahtenden eingelegt werden. Mit der Madenschraube werden sie dann fest zusammengedrückt. Beim Einführen der Schraube muß man darauf achten, daß man sie richtig einsetzt, damit nicht das Gewinde ausbricht. Wir machen das so wie beim Einschrauben von Glühlampen und Sicherungen: erst kurz links herumdrehen, bis der Gewindegang einrastet, dann erst nach rechts drehen und festziehen.

Reihenklemmen Sicher kennen Sie die Lüsterklemme für zwei oder drei Leitungen, wie sie beim Anschließen von Decken- oder Wandleuchten Verwendung findet. Für Schwachstromanlagen gibt es entsprechende Reihenklemmen, lange Stangen mit 10 oder 20 Einzelklemmen. Von der Stange kann man ein beliebig langes Stück abzwicken. Zwischen je 2 Klemmen ist ein Befestigungsloch zum Anschrauben der Klemme auf einer Unterlage. Es gibt auch Klemmen mit Steckvorrichtungen.

Lötverbindung Lötverbindungen erfordern einen größeren Arbeitsaufwand als das Arbeiten mit Klemmen, aber sie sind die besten elektrischen Verbindungen. Sie kommen insbesondere in Betracht beim Anschließen mancher Bauteile wie Spulen und Kondensatoren, die als Anschluß eine Lötöse aufweisen. Man schiebt das blanke Ende des anzuschließenden Drahts durch die Lötöse, knickt es aber nicht um, damit man es später leicht auslöten kann. Das Verlöten geschieht zweckmäßig mit dem elektrischen Lötkolben. Lötöse und Draht müssen völlig sauber sein. Sobald die Kolbenspitze soweit erhitzt ist, daß das Lötzinn rasch schmilzt, tupft man mit dem Lötzinn auf die Kolbenspitze, so daß sich dort ein

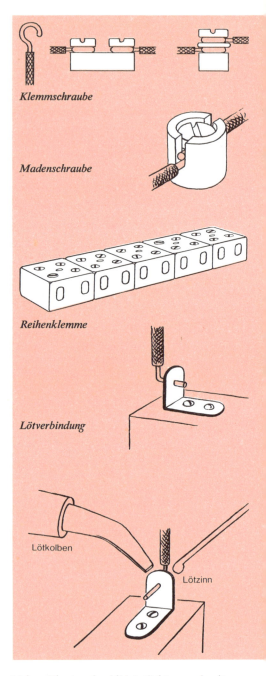

Klemmschraube

Madenschraube

Reihenklemme

Lötverbindung

Lötkolben

Lötzinn

kleiner Zinntropfen bildet. Geht man damit sofort auf die Lötöse, so muß das Zinn auseinanderfließen, die ganze Öse mit dem durchgesteckten Draht ausfüllen und eine glänzende Oberfläche bilden. Dann den Kolben sofort abziehen und abkühlen lassen.

Würgeverbindung ohne Klemme Drahtverbindungen ohne Klemmen durch einfaches Zusammendrehen der Drähte nennt man Würgeverbindungen. Sie sind nicht so zuverlässig wie andere Verbindungen – außer sie werden gelötet. Auf

Würgeverbindung (mit Isolierband umwickeln)

jeden Fall muß die Würgestelle einwandfreie Berührung und gute Isolierung haben. Zwei Arten der Verbindung sind möglich. Soll die Würgestelle weniger auftragen, so legt man von beiden zu verbindenden Drähten je 15 bis 20 mm blank und verdrillt diese blanken Enden miteinander in entgegengesetzter Richtung. Jedes Ende soll in mindestens 4 Windungen um den anderen Draht liegen. Die Enden sind mit der Zange fest anzudrücken, damit sie nicht später durch die Isolation stechen und einen anderen Draht berühren können. Die Würgestelle wird schließlich mit halbiertem Isolierband in zwei Lagen fest umwickelt.

Würgeverbindung mit Isolierschlauch Die zweite Art der Verbindung ist oft praktischer, aber nur zu verwenden, wenn man die Möglichkeit hat, die Würgestelle verborgen unterzubringen, z. B. in einer Abzweigdose. Wiederum werden die Drahtenden auf 15 bis 20 mm blankgelegt, diesmal aber nicht gegeneinander, sondern in gleicher Richtung nebeneinandergelegt und so verdrillt. Den letzten Teil des Zusammendrehens macht man mit der Flachzange, damit die Finger heil bleiben. Die Würgestelle kann man nun wie vorhin mit Isolierband umwickeln; viel zweckmäßiger ist aber hier ein Stückchen Isolierschlauch, etwa 10 mm länger als die Würgestelle. Solche Schläuche gibt es billig in allen Stärken und Farben zu kaufen. Ist das Schlauchstück aufgeschoben, knickt man die ganze Kupplungsstelle in der Mitte mit der Zange und preßt sie zusammen. Der Schlauch bietet den Vorteil, daß man ihn schnell wieder entfernen kann, wenn man z. B. etwas zu prüfen hat.

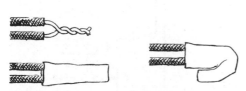

Würgeverbindung mit Isolierschlauch

Leitung an der Wand

Rohrdraht NRA Ziehen wir eine Schwachstromleitung durch die Wohnung, werden wir sie auf dem Putz verlegen müssen; das soll möglichst unauffällig geschehen. Man legt keine Rohre, sondern eine fertige Leitung, Rohrdraht genannt, in der Fachsprache mit der Abkürzung NRA bezeichnet. Rohrdraht trägt wenig auf und ist leicht zu verarbeiten. Es gibt Rohrdraht mit 2 · 4 · 6 · 8 · 10 und mehr isolierten Adern von 0,6 oder 0,8 mm Stärke. Die eng aneinanderliegenden Adern sind von einer Umhüllung umschlossen, um diese herum liegt noch ein gerillter Aluminiummantel, der die Leitung vor Verletzung schützt. Legt man die Adern frei, muß man das Ende dieses Metallmantels mit Isolierband umwickeln, damit die Isolierung der einzelnen Adern durch die scharfen Kanten nicht verletzt wird.

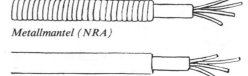

Metallmantel (NRA)

PVC-Mantel (YM)

Schlauchleitung aus PVC (YM) Außerdem gibt es Rohrdraht mit einem Mantel aus dem Kunststoff PVC statt aus Metall, auch als Schlauchleitung bezeichnet, abgekürzt YM; noch leichter zu verarbeiten als NRA und ohne die scharfen Kanten des Aluminiums.

Schellen Die Leitung wird mit Schellen an der Wand befestigt. Es gibt Schellen, die mit Stahlstiften angenagelt, und Schellen, die mit Holzschrauben befestigt werden. Sicherer ist die Befestigung mit Schrauben. Allerdings wird man dann bei Mauerwerk erst Dübel einsetzen müssen. Darüber S. 230 ff. Der Abstand von Schelle zu Schelle soll nicht mehr als 30 cm betragen. Bei jedem Bogen soll man von Schelle zu Schelle nur etwa 15 cm einrücken.

Schellen mit Holzschraube (links) und Stahlstift (rechts)

An der Fußbodenleiste Schwachstromleitungen verlegt man am einfachsten an der Fußbodenleiste. An ihr sind die Schellen leichter zu befestigen. Starkstromleitungen dürfen keinesfalls auf diese Weise verlegt werden!

Leitung durch die Wand

Leitungen von einem Raum in den anderen kann man nicht einfach durch die Türöffnung ziehen, weil die Drähte beim Öffnen und Schließen der Tür alsbald beschädigt würden. Man muß durch die Wand oder den Türstock hindurch.

Durch die Wand Eine Trennwand ohne tragende Funktion bis etwa 15 cm Stärke kann man durchstemmen, am besten in Fußbodennähe. Mit dem Vorstecher sucht man zunächst eine Fuge im Mauerwerk, indem man ihn an einigen Stellen mit dem Hammer in den Verputz treibt. Stößt man nach 2 cm Eindringen noch nicht auf nennenswerten Widerstand, ist die Fuge gefunden. Mit höchstens 5 Proben müßte man das wohl schaffen!
Mit Meißel und Hammer stemmt man jetzt an dieser Stelle etwas von dem Verputz ab, bis die Mauerfuge sichtbar ist. Das Durchstemmen erfolgt am besten mit dem Kronenmeißel. Man treibt den Meißel unter fortwährendem Drehen in die Fuge hinein, zieht ihn aber ab und zu heraus und entleert ihn von Sand und Steinchen (der Kronenmeißel ist hohl). Hat man keinen Kronenmeißel, geht es auch mit einem dicken Eisendraht oder einem langen Schraubenzieher oder einem etwa 20 cm langen Stück einer Vorhangstange. Keinesfalls darf man Meißel, Rohr oder was immer man verwendet in einem Zuge durch die ganze Mauer treiben. Sonst fällt auf der anderen Seite der Wand ein großer Fladen des Verputzes ab. Man fängt vielmehr, wenn man etwa bis zur Mitte der Mauer vorgedrungen ist, von der anderen Seite in gleicher Weise zu arbeiten an. Die richtige Stelle findet man durch Abmessen der Höhe vom Fußboden und der Entfernung von Ecke, Türrahmen oder ähnlichem. Ist der Rohrdraht durchgezogen, kann man das Loch und die vom Probieren mit dem Vorstecher zurückgebliebenen Spuren wieder vergipsen.
Durch den Türstock Dicke Mauern – Tragmauern – durchzustemmen, ist nicht zu empfehlen. Hier versucht man es besser am Türstock. Zwischen Türstock und Mauerwerk ist fast immer etwas Luft. Man mißt von der Innenseite des Türstockrahmens 2 cm nach außen und versucht, dort mit dem kleinsten Nagelbohrer durchzukommen. Fällt der Bohrer nach einiger Zeit durch, kann man frohlocken und von der anderen Seite der Tür die Bohrung wiederholen. Hört aber das Holz nicht auf, muß man etwas weiter nach außen rücken und von neuem bohren.

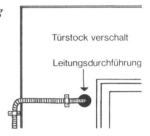

Hier ist die Leitung oben durch den Türstock geführt

Diesen Versuch macht man möglichst weit unten in der Nähe des Fußbodens – die Leitung wird ja auch in der Regel an der Bodenleiste liegen. So fallen Fehlbohrungen nicht allzusehr auf. Außerdem kann man sie mit weißem Kitt wieder füllen. Jetzt versucht man mit einem geraden und steifen Drahtstück durch beide Löcher zu kommen. Gelingt das, hängt man den Rohrdraht an dieses Drahtstück an und zieht ihn durch. Gelingt es nicht, empfehle ich, zunächst fleißig Zielwasser zu trinken.

Die Stromquellen

Klingeltransformator Hausklingel und Türöffner werden im allgemeinen über einen kleinen

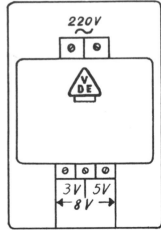

Klingeltransformator

Transformator versorgt: den Klingeltransformator. Er setzt die Netzspannung von 220 V auf etwa 5 V, also eine ganz ungefährliche Spannung, herunter. Er hat gewöhnlich drei Anschlußmöglichkeiten, so daß man je nach Wunsch 3 · 5 · 8 Volt abnehmen kann. Für solche Transformatoren bestehen besondere Bauvorschriften – deshalb auf das VDE-Zeichen achten! Sie bieten den großen Vorteil, daß bei einem Kurzschluß in der Schwachstromanlage keine Gefahr auf das Starkstromnetz übergreifen kann. Es geht lediglich die Spannung zurück, die Klingel oder was es sei funktioniert nicht mehr, aber mehr kann nicht passieren. Der Klingeltransformator bedarf keiner Wartung, kann stets Strom abgeben und kostet etwa 19 DM.

Trockenelement Hat das Lichtnetz Gleichstrom oder verlangt eine Schwachstromanlage, z. B. Telefon, Gleichstrom, werden Trockenelemente verwendet, wie wir sie von der Taschenlampenbatterie kennen. Sie sind ebenfalls ungefährlich. Allerdings verbraucht sich die Batterie bei einem Kurzschluß in der angeschlossenen Leitung sehr schnell.

Die Lebensdauer einer Batterie hängt ab von ihrer Größe und der Stromentnahme. Mit einer gewöhnlichen Taschenlampenbatterie von 4,5 Volt kann man die Klingel einer Wohnung bei durchschnittlicher Beanspruchung 6 Monate lang betreiben. Im Handel sind Batterien mit 1,5 V · 3 V · 4,5 V · 6 V · 12 V üblich. Es gibt verschiedene Ausführungen für verschiedene Zwecke. Wir brauchen für unsere hier besprochenen Zwecke hauptsächlich 4,5 V oder 6 V.

Die Trockenbatterien sind aufgebaut aus Zellen, auch Elemente genannt. Jede Zelle hat 1,5 V. Man kann die Elemente einzeln anschaffen und selbst zusammenschließen. Für eine Klingelanlage braucht man 3 (ergibt 4,5 V) oder 4 (ergibt 6 V). Die längste Lebensdauer haben Luft-Sauerstoff Elemente. Jedes Element hat den Pluspol (+) an der Klemmschraube und den Minuspol (–) an dem abstehenden Draht. Die Schaltung beim Zusammenschließen zeigt die Zeichnung.

Aufbewahrung Trockenbatterien sind trocken und kühl unterzubringen und aufzubewahren. Austrocknung mindert die Leistung. Eine verbrauchte Trockenbatterie ist wertlos und kann weggeworfen werden.

Sammler Der Sammler, auch Akkumulator, im Kraftfahrzeug auch Starterbatterie genannt, muß im Unterschied zur Trockenbatterie erst aufgeladen werden, bevor man Strom entnehmen kann. Zum Aufladen braucht man ein Ladegerät. Solche Geräte, gewöhnlich nur für Wechselstrom zu verwenden, sind nicht ganz billig. Da auch die Behandlung des Sammlers mit seiner Säurefüllung nicht ganz einfach ist, gibt man ihn zum Aufladen besser zu einer Ladestelle. Das Aufladen besorgen heute die Kraftfahrzeugwerkstätten.

Es gibt Sammler von der Größe einer Streichholzschachtel bis zu solchen, die drei Männer nicht aufheben können. Für unsere Zwecke reicht ein Sammler bis etwa 7 Ah (Ampere-Stunden). Das entspricht etwa der Größe der Batterie eines leichten Motorrades.

Einem Sammler kann man verhältnismäßig viel Strom entnehmen, ohne daß die Spannung merklich abnimmt. Allerdings entsteht dadurch die Gefahr, daß bei Kurzschluß an der Schwachstromanlage starke Erhitzung und damit Brandgefahr auftritt. Deshalb braucht man, wenn man mit Sammler arbeiten will, unbedingt eine Sicherung. Sie sehen, das Arbeiten mit dem Sammler ist wesentlich umständlicher als mit Trockenbatterien. Da der Sammler aber im Kraftfahrzeug eine wichtige Rolle spielt, wollen wir noch etwas über ihn sagen.

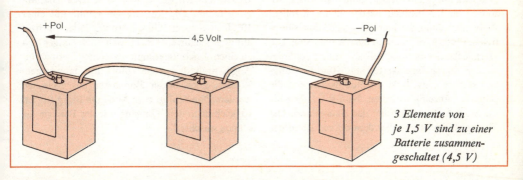

3 Elemente von je 1,5 V sind zu einer Batterie zusammengeschaltet (4,5 V)

452   Elektrizität

Die Kraftfahrzeugbatterie

Lichtmaschine und Batterie Der Verbrennungsmotor des Kraftfahrzeugs treibt die Lichtmaschine (einen kleinen Dynamo), und diese liefert
den für Zündung, Hupe und die übrigen elektrischen Einrichtungen des Fahrzeugs erforderlichen Strom. Liefert die Lichtmaschine keinen
Strom, z.B. bei stehendem Motor, oder nicht genügend Strom, so wird Strom aus der Batterie
entnommen, in erster Linie also beim Anlassen
des Motors, das die stärkste Beanspruchung für
die Batterie bringt. Eine Regeleinrichtung steuert
das Zusammenwirken der beiden Stromquellen
und sorgt dafür, daß die Batterie nicht nur geschont, sondern sogar wieder aufgeladen wird,
sobald die Lichtmaschine ausreichend Strom
liefert.

Behandlung, Lebensdauer Die Lebensdauer der
Kraftfahrzeug-Batterie hängt nicht allein von der
Beanspruchung ab (häufiges Starten bei kaltem
Motor, Einschaltung der Beleuchtung bei stehen-
dem Fahrzeug), sondern auch davon, wie man sie
behandelt. Eine gut gepflegte Batterie kann 3 Jahre ihren Dienst tun, eine schlecht gepflegte schon
nach einem Jahr den Dienst versagen. Während
Störungen an Lichtmaschine und Regler nur der
Fachmann beheben kann, kann zur Pflege des
Sammlers auch der Laie einiges tun.
Wenn Sie zu den Kraftfahrern gehören, die an
ihrem Wagen, Motorrad oder Roller ab und zu
etwas selber tun, sollten Sie einmal die Batterie
herausnehmen und folgendes prüfen:
Zunächst können Zerstörungen an den Anschluß-
bolzen auftreten. Man erkennt diesen Vorgang
daran, daß sich ein weißlichgelbliches Pulver bildet, das die Bleistutzen umgibt und auch zwischen
den Klemmen sitzt. Das beeinträchtigt den
Stromübergang, und im Bleistutzen entstehen
Zersetzungsnarben. Mit einer Stahlbürste, notfalls auch mit einem Messer, kann man Anschluß-
stutzen und Klemmen wieder blank machen.
Reibt man dann die blanken Stellen mit säure-
freiem Fett ein, hat man für eine Weile Ruhe. Die
Deckfläche der Batterie soll ab und zu gereinigt
werden. Durch abgelagerten Staub und Feuchtigkeit können sonst Kriechströme fließen und die
Batterie frühzeitig entleeren. Nun schrauben Sie
die Stöpsel ab und prüfen den Säurestand. Die
Flüssigkeit soll 1 cm über dem oberen Rand der

Platten stehen. Ist das nicht der Fall, muß sofort
destilliertes Wasser bis zu diesem Stand nachgefüllt werden. Geschieht das nicht, leidet die Batterie für die Dauer, denn an der Stromspeicherung
nimmt nur der von der Flüssigkeit bedeckte Teil
der Platten teil; auch verhärtet dann der trok-
kene Teil und scheidet damit für spätere Strom-
abgabe aus.
Bevor Sie die Stöpsel wieder einschrauben, prüfen
Sie, ob die feinen Löcher nicht verstopft sind.
Während des Ladens durch die Lichtmaschine
können nämlich im Sammler Gase entstehen.
Können sie nicht durch die Entlüftungslöcher
entweichen, so wird unter Umständen der einge-
gossene Deckel durch den Gasdruck abgehoben.
Dadurch entstehen Risse, durch die die Säure
herausquellen kann.
Wollen Sie ohne Hilfsmittel prüfen, ob Ihr Sammler noch einwandfrei und ausreichend geladen ist,
so wischen Sie mit einem langen Schraubenzieher
ganz kurz über beide Pole gleichzeitig hinweg.
Entsteht an der Berührungsstelle ein kräftiger
spritzender Funke, ist der Sammler in Ordnung.
Zeigt sich überhaupt nichts, ist er wahrscheinlich
reif zum Wegwerfen. Keinesfalls dürfen Sie mit
dem Schraubenzieher auf den Klemmen verwei-
len. Das tut weder dem Schraubenzieher noch
dem Sammler gut.
Die Hupe – übrigens der größte Stromverbraucher nächst dem Anlasser – bietet ebenfalls eine
einfache Möglichkeit, die Batterie zu überprüfen.
Spricht sie bei stillstehendem Motor einwandfrei
an, ist die Batterie in gutem Zustand.
Wird ein Fahrzeug über Winter stillgelegt, soll
die Batterie herausgenommen werden. Wenn sie
im Frühjahr noch richtig arbeiten soll, muß sie im
Laufe des Winters mindestens einmal aufgeladen
werden.
Größte Vorsicht ist bei allen Arbeiten am Sammler geboten. Die Batterie ist gefüllt mit einer
10%igen Schwefelsäure-Lösung. Jeder Spritzer
auf dem Anzug entwickelt sich nach einiger Zeit
zu einem Loch. Bekommt man einen Spritzer ins
Auge, muß das Auge sofort mit lauwarmem
Wasser, noch besser Borwasser ausgewaschen
werden. Dann sofort zum Arzt! Da Blei giftig ist,
sogleich nach dem Umgang mit der Batterie die
Hände waschen!

8 Rund um die Hausklingel

Zunächst ein Hinweis für den Bauherrn eines neuen Heims: Die Leitung von der Gartentür zum Haus wird in einem Erdkabel verlegt und ist deshalb später nicht mehr ohne weiteres zugänglich. Sorgen Sie deshalb dafür, daß das Kabel einige Reserveadern aufweist, die man in Betrieb nehmen kann, wenn einmal eine Ader gestört ist, wenn für einen Untermieter eine eigene Klingel gebraucht wird usw. Ein Kabel mit 10 Adern kostet nur unerheblich mehr als eines mit 5 Adern.

Die abschaltbare Hausklingel

Kaum hat man sich zu einem kurz bemessenen Mittagsschlaf niedergelegt (oder: kaum schläft das Baby), da ertönt die Klingel. Der Ärger darüber, daß es bloß ein Vertreter ist, der ein Waschmittel oder einen Lesezirkel anpreist, oder jemand, der nur die Haustür geöffnet haben wollte, läßt einen nicht mehr schlafen. Man sollte die Klingel abstellen können, wenn man nicht gestört sein will. Das läßt sich leicht bewerkstelligen.
Material Es ist nicht mehr erforderlich als ein Stück Leitung mit 2 Adern und ein einfacher Umschalter:
1 Umschalter, einpolig, in Hebelausführung
2 Holzschrauben zur Befestigung des Schalters, Mantelleitung (NYM) $2 \times 0,6$ mm oder $2 \times 0,8$ mm mit dem erforderlichen Befestigungsmaterial: Schellen und Holzschrauben oder Stahlstifte.

Der richtige Platz für den Schalter wird am Türstock der Eingangstür sein. So liegt er nahe der Klingel, die ebenfalls in der Nähe dieser Tür sein wird; man braucht nur ein kurzes Leitungsstück. Man kann ihn mit Holzschrauben am Türstock befestigen und braucht keine Dübel einzusetzen. Man wird beim Verlassen der Wohnung an eine vielleicht nötige Umschaltung erinnert. Zweckmäßig setzt man den Schalter in Augenhöhe, etwas höher als sonst für Schalter üblich, damit er nicht im Vorbeistreifen unabsichtlich betätigt werden kann.
Arbeitsgang Die Löcher für das Anschrauben des Schalters mit kleinem Nagelbohrer oder Vorstecher vorbohren. Schalter anschrauben. Die Holzschrauben sollen so lang sein, daß sie etwa 1 cm in den Türstock eindringen. Nun wird die Leitung gelegt, nach Möglichkeit am Türstock entlang, so daß man die Schellen am Holz befestigen kann. Die Leitung wird bis knapp neben die Klingel geführt. Die Adern werden freigelegt und so angeschlossen, wie es die Zeichnung zeigt. Damit man weiß, bei welcher Schalterstellung die Klingel ein- und ausgeschaltet ist, schreibt man »Ein« und »Aus« neben den Schalter.
Haben Sie eine abschaltbare Klingel einige Wochen im Betrieb, so tritt der Fall ein, daß Sie vergessen, die abgestellte Klingel wieder einzuschalten, und dadurch vielleicht einem erwünschten oder sogar eingeladenen Besucher nicht öffnen. Dieser Panne entgeht man, wenn man die Ab-

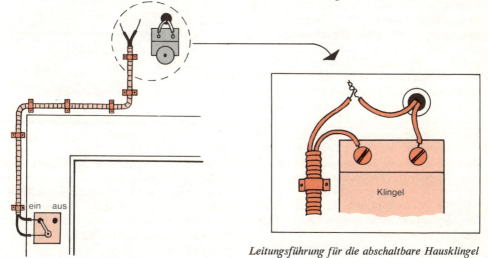

Leitungsführung für die abschaltbare Hausklingel

schaltvorrichtung mit einer Signallampe verbindet, die so lange brennt, wie die Klingel abgeschaltet ist. Um diese Einrichtung selbst schaffen zu können, müssen wir uns zunächst mit einem Hilfsmittel befassen, das dabei gebraucht wird:

Ein einfaches Fehler-Suchgerät

Das hier beschriebene Gerät ist so einfach, daß die Bezeichnung Fehler-Suchgerät dafür fast hochtrabend klingt; aber es ist praktisch unentbehrlich.
Prinzip Ausgangspunkt ist die Überlegung: Ist eine Schwachstromanlage gestört, gibt es grundsätzlich nur zwei mögliche Fehlerquellen: entweder ist kein Strom da, oder das betreffende Gerät – Klingel, Türöffner usw. – ist nicht in Ordnung. Auf diese beiden Möglichkeiten ist unser Gerät abgestellt: Seine beiden Hauptbestandteile sind eine Signallampe, die anzeigt, ob Strom vorhanden ist (an die Stelle der Lampe kann ein kleiner Summer treten, das ist ebenso praktisch), und eine Taschenlampenbatterie, mit der wir Strom durch das zu prüfende Gerät schicken können.
Material Folgendes Material ist erforderlich:
1 Sperrholzbrett, etwa 15 × 20 cm groß, 1 cm dick
1 Lampenfassung zum Aufschrauben, Größe E 10
1 Glühlämpchen 6 V, 0,2 Ampere
1 Taschenlampenbatterie 4,5 Volt
4 Steckbuchsen
2 × 1 bis 1,50 m biegsame Litze in zwei verschiedenen Farben
1 drittes Stück Litze, etwa 25 cm lang
6 Bananenstecker
Kleinmaterial, wie Holzschrauben, Draht, Bindfaden, Blech, Gummiband.
Arbeitsgang Wir gehen nun folgendermaßen vor:
1. Die Kanten des Brettchens werden, soweit erforderlich, gesäubert, die Oberfläche des Brettchens vielleicht auch mattiert oder lackiert.
2. Die im Bild gezeigte Anordnung (s. oben) wird mit Bleistift aufgezeichnet. Ein Kreis bezeichnet den Platz für die Lampenfassung, ein Viereck den Platz für die Batterie. Die 4 Löcher von 5 mm Durchmesser sollen die Steckbuchsen aufnehmen. (Die beiden oberen Löcher von 4 mm Durchmesser brauchen wir erst ganz am Schluß der Arbeit.) Die genaue Aufteilung der Fläche bestimmen Sie nach den Abmessungen des von Ihnen eingekauften Materials.
3. Die 4 Löcher für die Isolierbuchsen bohren

(5 bis 6 mm groß, das geht mit dem größten Nagelbohrer), auch die kleineren Löcher oben gleich mit bohren.

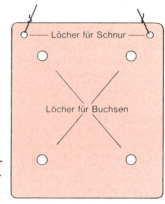

Das Sperrholzbrett mit Bohrungen

4. Die 4 Steckbuchsen werden eingesetzt und zunächst mit einer Mutter befestigt. Die zweite Mutter brauchen wir später.
5. Die Lampenfassung wird befestigt; ihre Anschlußklemmen sollen möglichst nahe an den beiden oberen Steckbuchsen liegen.
6. Die Batterie wird befestigt. Sie wird gehalten durch ein 1,5 bis 2 cm breites Stück kräftigen Gummibands. Auf die Enden des Gummibandes kommt je ein Stückchen Blech in der Breite des Bandes. In die Blechstücke bohrt man je 2 Löcher von etwa 3 mm Durchmesser und schraubt sie nun mit 4 Holzschrauben fest, so daß das Gummiband straff angedrückt wird.

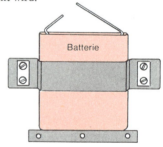

Befestigung der Batterie

(Weniger haltbar kann man das Gummiband auch durch zwei Schrauben mit großen Beilagscheiben befestigen.) Unter die Batterie wird eine kleine Holzleiste genagelt, damit sie nicht nach unten herausrutschen kann.
Schaltverbindungen 7. Jetzt beginnt das Schalten. Es sollen verbunden werden: die beiden Pole der Fassung mit den danebenliegenden Buchsen, die beiden Pole der Batterie mit den danebenliegenden Buchsen.

Das fertige Fehlersuchgerät

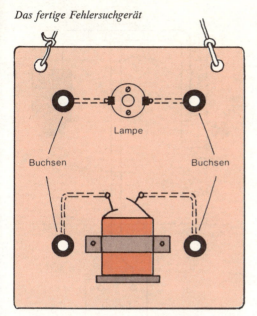

Da die Anschlüsse für Fassung und Batterie auf der Vorderseite liegen, die Anschlüsse für die Buchsen aber auf der Rückseite des Brettchens, führen wir den Draht auf der Rückseite von der Buchse bis hinter die betreffende Anschlußstelle und dann durch ein zu diesem Zweck mit dem mittleren Nagelbohrer gebohrtes kleines Loch nach vorn. Die Zeichnung zeigt diesen Verlauf der Leitungen. Was gestrichelt dargestellt ist, liegt auf der Rückseite des Brettchens.

Für den Anschluß an die Pole der Batterie gibt es die in der Zeichnung abgebildeten Klemmen. Sie gewährleisten eine gute Verbindung, und man kann die Batterie leicht auswechseln.

Batterieklemme

Für den Anschluß an die Steckbuchsen wird das jeweilige Drahtende mit der Rundzange zu einer Öse gebogen und mit der zweiten Mutter festgeklemmt (Öse in Drehrichtung legen!).

8. Jetzt kommen wir zu den beiden oberen Löchern. Durch sie ziehen wir eine Schnur und knüpfen sie zu einer Schlaufe, die so weit ist, daß wir das Brettchen bequem um den Hals hängen können. So haben wir bei der Fehlersuche beide Hände frei.

Die Prüfschnüre 9. Das Brettchen ist jetzt fertig; nun kommen die beiden Prüfschnüre und die kurze Hilfsschnur an die Reihe. Die beiden langen Schnüre sind verschiedenfarbig, damit sie nicht verwechselt werden können. Die Enden aller drei Schnüre erhalten einen Bananenstecker. Nimmt man Bananenstecker mit Schraubbefestigung, muß man erst das Ende der Litze verlöten. Das haben wir auf S. 447 beschrieben, jedoch wollen wir diesmal das blankgelegte Litzenende vor dem Verlöten umknicken und so den blanken Teil verdoppeln.

Einlöten von Bananensteckern Besser halten Bananenstecker, in die die Litze eingelötet wird. Zunächst wird die Isolierhülse vom Stecker abgeschraubt und gleich auf die Prüfschnur geschoben, denn sie muß später von hinten aufgeschraubt werden. Den Stecker klemmen wir in eine Buchse unseres Brettchens, so daß er aufrecht mit der Lötöffnung nach oben steht. Der Stecker wird mit Lötkolben oder Lötlampe so weit angewärmt, daß der eingeführte Lötdraht in der Lötöffnung schmilzt. Sobald die Lötöffnung des Steckers etwa halb voll Zinn ist, steckt man das schon verzinnte Litzenende in die mit Zinn gefüllte Öffnung hinein und stellt die Wärme ab. Anblasen beschleunigt das Abkühlen.

Kontrolle 10. Zum Schluß prüfen wir unser Suchgerät auf richtiges Funktionieren (eine Prüfung, die man vor jeder Benutzung des Gerätes wiederholen soll). Wir verbinden einfach mit den Prüfschnüren die beiden linken und die beiden rechten Buchsen. Damit fließt der Batteriestrom durch die Signallampe; sie muß aufleuchten.

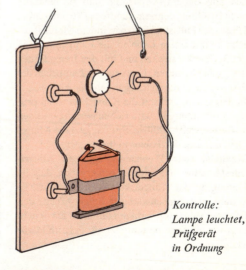

Kontrolle: Lampe leuchtet, Prüfgerät in Ordnung

Fehlersuche in Klingelanlagen

Das Wesentliche bei der Fehlersuche an Klingelanlagen – sagt der Fachmann – ist eine gewisse Ruhe und Bedächtigkeit. Nicht gleich alle Dosen öffnen und die Drähte herausreißen – erst überlegen! Angenommen, die Türklingel setzt aus, so kann der Fehler in folgenden Teilen der Anlage liegen:
1. an der Stromversorgung, 2. am Drücker, 3. an der Klingel, 4. an den Leitungen.

Punkt 1, die Stromversorgung, ist am leichtesten zu prüfen, wenn außer der Klingel noch eine weitere Schwachstromeinrichtung, z. B. ein elektrischer Türöffner, vorhanden ist. Funktioniert dieser, so ist Strom vorhanden, und Punkt 1 scheidet aus. Funktioniert auch der Türöffner nicht, wird der Fehler mit ziemlicher Sicherheit in der Stromversorgung liegen. In diesem Fall – und ebenso, wenn kein zweites Schwachstromgerät angeschlossen ist – können wir mit unserem Suchgerät die Stromquelle (Batterie, Sammler oder Klingeltransformator) prüfen: Die beiden Enden der Prüfschnüre in die Lampenbuchse, die anderen an die Anschlüsse der Stromquelle. (Suchgerät selbst vorher prüfen, siehe vorigen Abschnitt!) Ist Strom vorhanden, wird der Drücker geprüft. Die Abdeckplatte wird abgeschraubt, die beiden Drähte werden abgeklemmt und miteinander verwürgt. Ertönt dabei die Klingel, ist der Drücker defekt und wird ausgetauscht. Ertönt sie nicht, liegt der Fehler an anderer Stelle. Die beiden Drähte bleiben zunächst noch verwürgt.

Jetzt geht es zur Klingel. Die beiden Drähte werden abgeklemmt, vorsichtig, daß sie einander nicht berühren, denn sie könnten ja Strom führen. Ob das der Fall ist, prüfen wir, indem wir die Prüfschnüre mit einem Ende an die Lampenbuchsen des Suchgeräts stecken und mit den freien Enden die Drähte berühren. Leuchtet das Lämpchen des Prüfgeräts, ist die Leitung in Ordnung.
In diesem Fall ist jetzt die Klingel selbst zu prüfen: Prüfschnüre in Batteriebuchsen, freie Enden an die Klingelanschlüsse. Spricht jetzt die Klingel nicht an, liegt der Fehler in ihr.
Schaltbild einer Wohnungsklingel mit Klingeltransformator Hat sich jedoch ergeben, daß die Leitung an der Klingel keinen Strom führt, so kommt jetzt das schwierigste Stück Arbeit: den Fehler einzugrenzen und aufzufinden. Dazu nehmen wir aber am besten jetzt ein Schaltbild zur Hand:

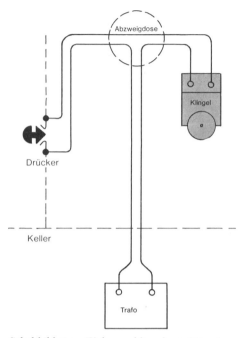

Schaltbild einer Wohnungsklingel mit Klingeltransformator

Der Ansatzpunkt für das Eingrenzen des fehlerhaften Leitungsstücks, das sieht man auf dem Schaltbild sofort, ist die Abzweigdose. Da wir die Drähte am Drücker noch miteinander verwürgt gelassen haben, ist hier der Kontakt, der sonst nur durch Drücken des Klingelknopfes hergestellt wird, ständig geschlossen. Es besteht also ein geschlossener Stromkreis – besser gesagt, er bestünde, wenn nicht die Leitung irgendwo gestört wäre. Ist dieses irgendwo in dem Leitungsstück, das von der Abzweigdose nach rechts zur Klingel führt? Das prüfen wir, indem wir Strom aus der Batterie unseres Suchgeräts hindurchschicken. Prüfschnüre in die Batteriebuchsen, die freien Enden an die beiden nach rechts führenden Leitungen. Spricht die Klingel nicht an, liegt der Fehler in diesem Leitungsstück.

Liegt der Fehler in dem Leitungsstück Abzweigdose – Klingeltrafo? Prüfschnüre in die Lampenbuchsen, freie Enden an die beiden nach unten zum Trafo führenden Drähte: Leuchtet das Lämpchen nicht auf, liegt der Fehler in diesem Stück.

Sind beide Stücke in Ordnung, brauchen wir das dritte Stück zum Drücker gar nicht erst zu prüfen, denn jetzt *muß* der Fehler in diesem Stück liegen.

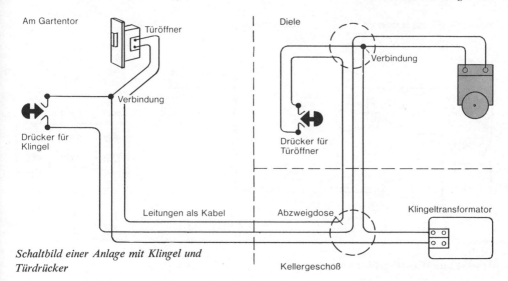

Schaltbild einer Anlage mit Klingel und Türdrücker

Der Vollständigkeit halber will ich jedoch erwähnen, wie diese Prüfung zu machen ist: Auf dem Prüfgerät eine Lampenbuchse mit einer Batteriebuchse mit der kurzen Hilfsschnur verbinden. Eine Prüfschnur in die freie Lampenbuchse, die andere in die freie Batteriebuchse. Die freien Enden mit den beiden Drähten von der Dose zum Drücker in Berührung bringen. Wenn die Leitung in Ordnung ist, muß die Lampe aufleuchten.

Schaltbild einer Anlage mit Klingel und Türdrükker Im verschlossenen Mietshaus und im Einfamilienhaus ist in der Regel neben der Klingelanlage ein elektrischer Türöffner vorhanden. Damit wir uns auch zurechtfinden, wenn eine Anlage dieser Art gestört sein sollte, machen wir jetzt dieselbe Übung noch einmal an diesem Beispiel.

Nachdem wir das Bild studiert haben, können wir uns an den Fall wagen, daß der Türöffner versagt. Die Überlegung ergibt wiederum 4 mögliche Fehlerquellen: 1. Stromversorgung, 2. Drücker, 3. Türöffner, 4. Leitungen.

Da, wie wir in diesem Fall annehmen wollen, die Klingel weiterhin funktioniert, scheidet Punkt 1 aus; der Klingeltransformator liefert Strom und braucht nicht eigens geprüft zu werden.

Den Drücker prüfen wir wie im vorigen Beispiel: Verschraubung lösen. Drähte abklemmen und miteinander verwürgen. Spricht der Türöffner auch jetzt nicht an, liegt der Fehler nicht am Drücker. Die Drähte bleiben für die weitere Prüfung noch verwürgt. Punkt 3: Türöffner. Drähte abklemmen (nicht berühren lassen), Prüfschnüre in die Batteriebuchsen des Prüfgeräts, Strom durch Türöffner schicken. Jetzt muß, wenn der Öffner in Ordnung ist, das Betätigungsgeräusch des Öffnens ertönen. Da der Öffner ein kräftiger Stromverbraucher ist, darf man bei dieser Prüfung nur kurz mit den Prüfschnüren auf den Klemmen bleiben.

Sind Drücker und Öffner in Ordnung, bleiben die Leitungen zu prüfen. Ein Studium des Schaltbildes ergibt, daß die im Bild zuunterst gezeichnete Leitung, die vom Klingeltrafo unmittelbar zur Gartenpforte läuft, in Ordnung sein muß. Denn sie läuft zugleich auch zum Klingeldrücker, und da die Klingel anspricht, muß sie in Ordnung sein. Ebenso muß aber das Leitungsstück vom Trafo bis zur Abzweigdose in der Diele in Ordnung sein; andernfalls würde die Klingel nicht ansprechen. Drittens scheidet auch das Stück aus, das vom Klingeldrücker und der Gartenpforte zur Klingel führt. So ist der Fehler bereits auf zwei Stücke eingegrenzt:

Entweder liegt er zwischen der Abzweigdose in der Diele und dem Drücker für den Türöffner. Das prüfen wir wie vorhin: Eine Lampenbuchse mit einer Batteriebuchse mit Hilfsschnur verbinden. Prüfschnüre in die beiden freien Buchsen, die freien Enden an die Leitung. Oder – und das ist die letzte Möglichkeit – der Fehler sitzt in der einen Ader, die von der Abzweigdose in der Diele direkt zum Türöffner läuft. Da sie über Abzweigdosen im Keller führt, können wir sie in zwei Etappen prüfen.

Schaltbild der abschaltbaren Klingel mit Kontrollampe

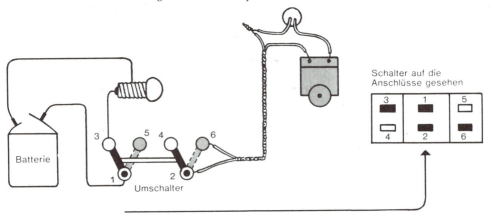

Abschaltbare Hausklingel mit Kontrollampe

Mit dem Prüfgerät vertraut, können wir uns der S. 450 gestellten Aufgabe zuwenden: eine Klingelanlage, bei der ein Signallämpchen anzeigt, daß sie abgeschaltet ist.

Material
1 Umschalter, zweipolig, mit Einlochbefestigung. Dieser zweipolige Umschalter sieht anders aus als der im vorigen Beispiel verwendete. Er ist kenntlich an seinen 6 Anschlüssen. Meist sind es Anschlüsse zum Anlöten. Den Schalter für Einlochmontage kann man in einem Loch von 12 mm Durchmesser ohne Schrauben festklemmen.
1 Signallampe, Fassung mit roter Linse, Größe E 10, ebenfalls für Einlochbefestigung.
1 Glühlämpchen 4,5 V · 0,05 Ampere. Wird für den Betrieb des Lämpchens der vorhandene Klingeltransformator verwendet, nimmt man eine Lampe von 6 Volt und 0,2 Ampere.
1 Taschenlampen-Batterie 4,5 Volt
1 Sperrholzbrett, etwa 4 bis 5 mm stark und 10 × 10 cm groß
Holzschrauben, etwa 3,5 mm stark und 20 mm lang.

Arbeitsgang Die drei Bauteile Batterie, Umschalter und Lampe werden, nachdem das Brettchen zugeschnitten ist und die Kanten abgeschliffen sind, aufgelegt und angezeichnet, wie es die Abbildung zeigt. Die drei kleinen Löcher dienen zum Anschrauben des Brettchens, sie sind mit dem Nagelbohrer schnell gebohrt. Die beiden großen Löcher für Lampe (oben) und Schalter (unten) kann man entweder auch bohren, wenn man einen Bohrer entsprechender Stärke besitzt. Anderenfalls bohren wir im Umfang des aufgezeichneten Kreises kleine Löcher mit dem Nagelbohrer, arbeiten das Ganze mit dem Stemmeisen heraus und feilen es nach.

Sind die Bauteile befestigt, können die Anschlüsse gemacht werden. Bis auf die beiden Drahtanschlüsse zur Klingel können wir alle Verbindungen am Arbeitstisch fertigmachen; namentlich für Lötverbindungen ist das vorteilhaft. Das Bild oben verdeutlicht die Schaltung. Der rechte Teil zeigt den zweipoligen Umschalter (Draufsicht auf die Anschlüsse). Solche Schalter gibt es in verschiedener Ausführung. Wenn Sie nicht zurechtkommen, können Sie die zusammengehörigen Anschlüsse mit Hilfe unseres Prüfgeräts ermitteln.

Ist die Schaltung durchgeführt und auch die Klingel, wie im ersten Abschnitt über die Hausklingel (S. 453) beschrieben, angeschlossen, so haben wir bei

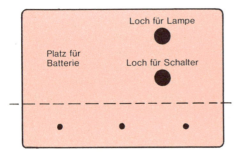

Verteilung der Bauteile auf dem Brett

Schalterstellung links: Klingel aus und Lampe ein,
Schalterstellung rechts: Klingel ein und Lampe aus.

Anbringung Das Brett wird mit den drei Holzschrauben an der oberen Kante des Türstocks angeschraubt. Dabei ist darauf zu achten, daß auf der Rückseite keine blanken Klemmen oder Lötösen das Mauerwerk berühren. Ist der Türstock zu flach, legen wir ein Stück Leiste unter und befestigen das Brett mit entsprechend längeren Holzschrauben.

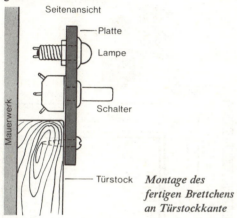

Montage des fertigen Brettchens an Türstockkante

Anschluß an den Klingeltransformator Bei häufiger Abschaltung wird die Taschenlampenbatterie nicht allzulange reichen. Ist ein Klingeltransformator schon vorhanden, kann die Lampe anstatt aus einer Batterie aus ihm gespeist werden. In diesem Fall kommen nur Schalter und Lämpchen auf das Holzbrett, das entsprechend kleiner sein darf. Die Schaltung entspricht der bereits gezeigten, nur daß jetzt zwischen Umschalter und Lampe an Stelle der Batterie der Transformator angeschlossen wird. Das ist etwas leichter gesagt als getan. Zuerst verfolgen wir die Leitung von der Klingel bis zur nächsten Abzweigdose und öffnen diese. Jetzt gilt es, unter den Drähten die beiden richtigen herauszufinden. An Hand der beiden im Abschnitt »Fehlersuche« (S. 456) gezeigten und besprochenen Schaltbilder wird Ihnen das jedoch nicht schwerfallen.

Ausführung auf Metallbügel Wer lieber mit Metall arbeitet als mit Holz, nimmt statt des Sperrholzbrettchens einen etwa 2 mm starken und 5 cm breiten Streifen aus Stahlblech oder Aluminiumblech und biegt ihn im Schraubstock zu der im Bild oben gezeigten Form. Der Bügel trägt Schalter und Lampe. Die Löcher werden ausgebohrt und gefeilt. Einsetzen der beiden Teile und Herstellen der Anschlüsse wie bei Ausführung in Holz. Die Batterie wird in der schon bekannten Weise unter dem Bügel unmittelbar am Türstock angebracht. (Metall biegen S. 300.)

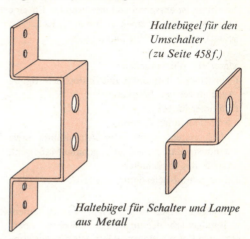

Haltebügel für den Umschalter (zu Seite 458f.)

Haltebügel für Schalter und Lampe aus Metall

Reserve-Spirale Ein kleiner Tip noch: Beim Anschließen einer Schwachstromleitung an Batterie, Klingel usw. läßt man die Enden etwas länger und rollt das überschüssige Stück auf einem Bleistift zu einer Spirale, wie sie die Abbildung zeigt.

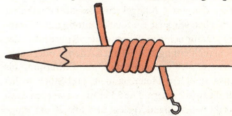

So hat man eine Reserve für den Fall, daß ein Draht bricht oder daß aus irgendwelchen Gründen etwas versetzt werden muß.

Die umschaltbare Hausklingel

In vielen Einfamilienhäusern ist die in der Diele angebrachte Klingel nicht von allen Räumen aus gut zu hören. Besonders wenn man sich auf die Terrasse oder in den Garten begeben will, muß man fürchten, sie ganz zu überhören. Dem ist abgeholfen, wenn man an der Terrasse eine zweite Klingel oder einen Summer anbringt und in der Nähe der bisherigen Klingel einen Umschalter, mit dem wahlweise die bisherige oder neue Klingel eingeschaltet werden kann.

460 Elektrizität

Als Beispiel nehmen wir hier die Anlage eines Summers – für die Klingel gilt das gleiche – auf einer Terrasse, die auf der dem Eingang abgekehrten Seite des Hauses liegen soll. Wir wählen dieses Beispiel, weil sich dabei ein interessanter Leitungsweg durch das ganze Haus ergibt. Die Anleitung ist entsprechend anzuwenden für eine zweite Klingel oder einem Summer im Keller, im Schlafzimmer, auf dem Balkon usw.

Material Wir brauchen:
1 Umschalter, zweipolig, mit Einlochbefestigung (wie im vorigen Beispiel)
1 Summer für 6 Volt
1 Reihenklemme, vierpolig
1 Blechstreifen, Stahl oder Aluminium, etwa 2 mm stark und 5 cm breit, genaue Maße nach Größe des Umschalters
Leitungs- und Befestigungsmaterial.

Arbeitsgang Der Blechstreifen wird zu einem Haltebügel von der im Bild S. 456 rechts oben gezeigten Form gebogen, das Loch für den Umschalter gebohrt, dieser daraufmontiert.
Der Schalter soll möglichst nahe an der bisherigen Klingel sitzen; für unser Beispiel nehmen wir an: am Türstock der Eingangstür, über der sich die alte Klingel befindet.
Von der alten Klingel zu diesem Umschalter brauchen wir jetzt ein Stück Leitung mit 6 Drähten. Dafür nehmen wir entweder Rohrdraht oder Schlauchleitung (S. 449) mit 6 Adern – oder auch, wenn es sich nur um eine kurze Entfernung bis etwa zu einem Meter handelt, drei Stück Rohrdraht zu je 2 Adern. Die 3 Leitungen werden dann exakt nebeneinandergelegt und alle 20 cm einige Male mit Isolierband umwickelt. In diesem Fall können wir ohne Schellen auskommen. Wir drücken einfach durch jeden Isolierbandwickel einen Stahlstift und schlagen ihn ein. Unter den Kopf des Stifts kommt ein Lederflecken. Beim Eintreiben der Stahlnägel darf man nicht danebenschlagen, sonst wird die Isolierung der Drähte gequetscht.
Hat der Schalter Lötanschlüsse, so wird man diese erst am Arbeitstisch fertigmachen und dann die Leitung an den Türstock nageln.

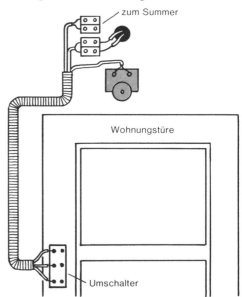

Anschlüsse Das Bild oben zeigt, wie sich die 6 Adern verteilen: Die zwei Anschlüsse, die bisher an der alten Klingel liegen, werden abgeklemmt

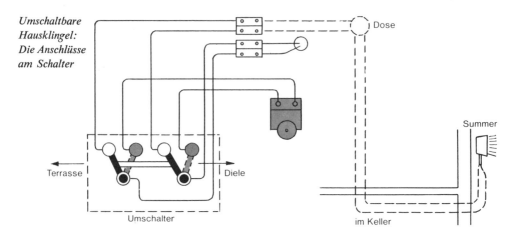

Umschaltbare Hausklingel: Die Anschlüsse am Schalter

Rund um die Hausklingel 461

und zum Umschalter geführt, jedoch nicht direkt, sondern über 2 Pole der vierpoligen Klemme, die neben der alten Klingel befestigt wird. Vom Umschalter führen zwei weitere Adern zurück zur alten Klingel. Sie brauchen nicht über die Klemme geführt zu werden. Wird der Umschalter jetzt so eingestellt, daß diese beiden Anschlüsse verbunden sind, so fließt der Strom – sobald der Drücker von draußen betätigt wird – in der alten Weise (nur auf dem Umweg über den Umschalter), so daß die Klingel in der Diele ertönt. Die beiden letzten der 6 Adern verbinden den Umschalter mit den noch freien Polen der Reihenklemme. Von diesen zweigt die Leitung zum neuen Summer ab. Die Anschlüsse am Schalter zeigt das Bild S. 460 unten. Die Schalterstellung – in unserem Fall rechts Diele, links Terrasse – wird durch Beschriften festgehalten.

Die Leitung durchs Haus Die Leitung zur Terrasse ist jetzt noch zu verlegen. Beim Einfamilienhaus ist der Weg durch den Keller dem durch sämtliche dazwischenliegenden Zimmer vorzuziehen. In der Regel wird, da der Klingeltransformator im allgemeinen im Keller sitzt, eine Rohrleitung von der der Klingel nächstgelegenen Abzweigdose in den Keller hinabführen. Ist ein solches Rohr vorhanden, führen wir unsere neue Leitung hindurch. Ist es nicht vorhanden, wird man meist die Leitung an der Fußleiste der Kellertreppe entlang führen können.

Wir nehmen zwei miteinander verdrillte Adern, die wir in dieser Form fertig kaufen. Wie bringen wir sie in das Leitungsrohr hinein? Der Elektriker nimmt dazu ein Stahlband, das sich überall leicht hindurchschieben läßt. Sobald das Ende des Bandes am anderen Ende des Rohrs herauskommt, hängt man den Leitungsdraht an und zieht das Band mit dem Draht wieder zurück. Wir können uns behelfen mit einem etwas stärkeren und damit steiferen Draht von etwa 1,5 mm² Querschnitt, wie er für Starkstromleitungen verwendet wird. Er wird von der Abzweigdose in der Diele aus in das nach unten führende Isolierrohr eingeführt. Beim Einschieben darf man den Draht jeweils nur ganz kurz anfassen, etwa alle 5 cm, sonst knickt er ein und läßt sich dann kaum weiterschieben. Kommt das Ende im Keller an, zieht man ein Stück heraus, macht es blank und befestigt den verdrillten Draht recht haltbar daran, z.B. durch eine mit Isolierband zu umwickelnde Würgeverbindung. Zum Zurückziehen ist ein Helfer erforderlich. Er führt den Draht unten richtig ein, während der andere von oben anzieht.

Haben wir den verdrillten Draht glücklich oben an der Abzweigdose, ziehen wir noch so viel heraus, wie wir bis zur Klemme neben der Klingel brauchen, und schließen dort an.

Auf Isolier-Rollen durch den Keller Im Keller verlegen wir weiter bis zu dem der Terrasse nächstgelegenen Kellerfenster. Für einen feuchten Keller brauchen wir Rohrdraht oder Schlauchdraht. Im trockenen Keller können wir die verdrillte Leitung gleich weiter verwenden und so, wie sie ist, auf Isolier-Rollen verlegen. Die verdrillte Leitung wird so auf die Rollen aufgeschoben, daß eine Ader oben, die andere unten am Hals der Rolle vorbeiläuft. Man kann die Drähte noch mit dünner Schnur festbinden. Wie sind die Isolier-Rollen zu befestigen? Für Ziegelmauerwerk nehmen wir Isolier-Rollen aus Porzellan. Sie müssen angeschraubt werden. Dazu müssen wir Löcher ausstemmen und die erforderlichen Dübel einsetzen. Da die Rollen so recht festsitzen, kann man den Abstand von Rolle zu Rolle etwa einen Meter groß machen.

In Beton ist schwer stemmen. Da helfen Rollen aus Isolierstoff, die anstatt mit Schrauben mit Stahlnägeln befestigt werden können. Allerdings, diese Stifte halten längst nicht so gut wie Schrauben, deshalb darf der Abstand von Rolle zu Rolle hier nur etwa 50 cm betragen. An sehr glatten Betonwänden kann man die Rollen aus Isolierstoff auch mit einem Spezialkleber ankleben.

Durchs Kellerfenster Das letzte Hindernis für den Durchbruch zur Terrasse bildet das Kellerfenster. Ist der Fensterstock aus Holz, bohrt man mit dem Nagelbohrer ein Loch, vergrößert es soweit nötig und zieht die verdrillte Leitung durch. Ist der Fensterstock aus Eisen, müssen wir daneben mit einem Meißel oder einem kräftigen Schraubenzieher einen Kanal durchstemmen. Die verdrillte Leitung überziehen wir, bevor sie durchgezogen und der Kanal wieder vergipst wird, mit einem Stück Isolierschlauch. Dieses Stück wird zweckmäßig gleich so lang genommen, daß es außen weiterreicht bis zur Anschlußstelle des Summers. Dadurch ist die verdrillte Leitung etwas wettergeschützt. Der Summer soll regengeschützt angeordnet oder mit einem kleinen Regendach versehen werden.

462 Elektrizität

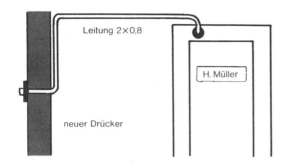
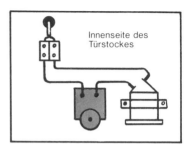

Schaltbild für Untermieter-Klingel

Die Klingel für den Untermieter

Sobald zwei oder mehr Parteien in einer Wohnung oder einem Einfamilienhaus wohnen, sollte der Untermieter eine eigene Klingel erhalten.
In der Regel wird man für die zweite Klingel zur deutlichen Unterscheidung eine Glocke mit anderem Klang wählen. Der Klang hängt im wesentlichen von der Schalenform ab. Hat der Hauptmieter eine Glocke mit flacher Schale, bekommt der Untermieter eine Schalmei-Schale und umgekehrt. Den Klang von zwei gleichen Glocken kann man dadurch unterscheidbar machen, daß man über eine Schale einen Streifen Leukoplast klebt. Handelt es sich nur um ein Zimmer, so wird man einen Summer unbedingt bevorzugen, denn er ist im Zimmer deutlich genug, draußen aber kaum zu hören, und Verwechslungen sind dann ausgeschlossen.

Material Wir brauchen:
1 Summer für 4 Volt
1 Klingeldrücker für Schraubbefestigung, mit Einschiebvorrichtung für das Namensschild
1 Taschenlampen-Batterie 4,5 Volt
1 Reihenklemme 2polig

Rohrdraht oder Schlauchleitung (2 × 0,8 mm) von der erforderlichen Länge
Befestigungsmaterial

Arbeitsgang Wir nehmen zunächst den einfacheren Fall an, daß es sich um eine Mietwohnung handelt, bei der der Klingeldrücker an die Wohnungstür kommen soll. An diesem Klingeldrücker beginnen Sie am besten mit der Arbeit. Die Leitung zum Drücker wird durch den Türstock zugeführt. Wie man am besten durchkommt, ist auf S. 447 beschrieben. Das Bohrloch kommt am besten in die Höhe des Drückers, damit der aufgeschraubte Drücker es überdeckt.
Die zweiadrige Leitung wird nun zur Zimmertür des Untermieters geführt. Ist die Entfernung größer als 2 bis 3 Meter, wird man wieder an der Fußleiste entlang gehen. Tritt eine Tür als Hindernis in den Weg, geht man um ihren Türstock herum. Das kostet etwa 5 m Leitung mehr. Wieder durch den Türstock führt die Leitung in das Zimmer des Untermieters und dort zunächst auf die Klemme. Summer und Batterie wird man gleich daneben anordnen. Die einfache Schaltung zeigt das Bild.

9 Die Ferneinschaltung

Manchmal möchte man ein Starkstromgerät aus einiger Entfernung ein- und ausschalten können, z. B. den Rundfunkapparat von der Terrasse aus. Das ermöglicht die nachfolgend beschriebene Einrichtung. Ihr Hauptbestandteil ist ein kleiner Magnetschalter. Er wird durch Schwachstrom gesteuert, dient aber zum Ein- und Ausschalten eines Starkstromgeräts und heißt darum »Schwachstrom-Starkstrom-Fernschalter«.

Dieser Schalter wird in das gleich zu beschreibende Fernschaltgerät eingebaut. Das Fernschaltgerät wird an die Netzsteckdose, das zu schaltende Gerät wird anstatt an die Netzsteckdose an das Fernschaltgerät angeschlossen. Von dem Fernschaltgerät bis zu dem Punkt, von dem aus wir schalten wollen, führt eine Schwachstromleitung mit einem Drücker am Ende, meist birnenförmig, der bei einmaligem Drücken ein-, bei nochmaligem Drücken wieder ausschaltet.

Material 1 Schwachstrom-Starkstrom-Fernschalter 6 V/220 V
1 Steckdose zum Verlegen auf Putz (keine Unterputz-Dose)
1 Meter Anschlußkabel für Starkstrom mit Stecker an einem Ende
1 Anschlußschnur für Schwachstrom mit 2 Adern von der gewünschten Länge
1 Steckdose für Schwachstrom
1 Stecker für Schwachstrom
1 Sperrholzbrettchen
1 Schwachstromdrücker (Birnenform).

Arbeitsgang Die Größe des Brettchens läßt sich erst bestimmen, wenn die übrigen Teile eingekauft sind. Man legt sie in der im Bild gezeigten Anordnung auf das Brett und schneidet dieses dann passend zu.

Auf dem zugeschnittenen und saubergemachten Brett wird die Anordnung mit Bleistift aufgezeichnet. Die einzelnen Bauteile müssen genau senkrecht untereinander sitzen. Im einzelnen:

1. Zuoberst Fernschalter aufschrauben. Er muß geradesitzen. Hängt er schief, arbeitet er nicht einwandfrei.
2. Darunter die Starkstrom-Dose. Hier wird später das zu schaltende Gerät angesteckt.
3. Darunter die Schwachstrom-Dose. Sie ist wesentlich kleiner als eine Starkstrom-Dose und hat einen kleineren Buchsenabstand. Das ist wichtig. Nähme man hier eine zweite Starkstrom-Dose,

Verteilung der Bauteile auf dem Brett

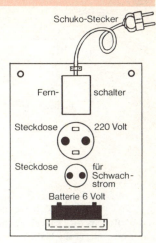

Schema der Anschlüsse für den Fernschalter

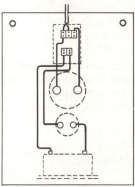

so könnten später die Anschlüsse verwechselt und Unfälle hervorgerufen werden. An diese Schwachstrom-Dose wird die Schwachstromschnur mit dem Drücker angesteckt.

4. Zuunterst die Batterie. Taschenlampen-Batterie genügt. Sie kann in der bekannten Weise mit Gummiband und Leiste befestigt werden. Eine 6-Volt-Batterie, die etwas mehr leistet, ist für diese Art der Anbringung zu schwer. Sie verlangt ein Sperrholzkästchen.

5. Die Starkstromschnur wird mit dem steckerlosen Ende an den Fernschalter angeschlossen. Damit sie nicht zu leicht herausgerissen werden kann, wird sie oberhalb des Schalters mit einer Schelle befestigt.

6. Die übrigen Anschlüsse zeigt das Schema. Stark- und Schwachstromdrähte dürfen sich keinesfalls berühren. Am besten zieht man über Schwachstromdrähte noch ein Stück Isolierschlauch.

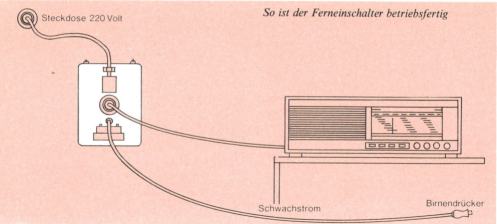

So ist der Ferneinschalter betriebsfertig

7. Durch die beiden Löcher an den oberen Ecken des Brettchens wird jetzt eine Schnur gezogen und das ganze Gerät an Haken oder Nägeln in der Nähe des zu schaltenden Geräts und der zugehörigen Netz-Steckdose an die Wand gehängt.
8. Kabel des Fernschalters an Netzdose anstecken.
9. Das zu schaltende Gerät an die Starkstrom-Dose auf dem Brettchen anstecken.
10. Die Schwachstromschnur an die Schwachstrom-Dose anstecken und zum gewünschten Ort ziehen. Im Gegensatz zu einem Starkstromkabel kann sie unbedenklich unter einem Teppich durchgezogen werden. Das Bild oben zeigt noch einmal übersichtlich die Verbindungen.

Der Druck auf den Schaltknopf schaltet nun das Gerät ein. Die Fernschalter haben meist eine Schaltleistung bis 1000 Watt. Geräte bis zu dieser Leistung können daher angeschlossen werden.

Diese Fernschaltvorrichtung leistet praktische Dienste auch für die jetzt zu besprechenden Alarmanlagen.

10 Alarmanlagen

Einbrecher bevorzugen Einfamilienhäuser in den Randgebieten der Städte. Man kann nicht vor jedem Fenster Eisengitter haben. Schlösser und Riegel kann man auch nicht überall anbringen. Wenn die Einbrecher in Ruhe arbeiten können, weil die Bewohner abwesend sind oder einen gesunden Schlaf haben, werden sie solche Hindernisse überwinden. Eine elektrische Alarmanlage bietet zusätzlichen Schutz.

Ein weiterer Vorteil besteht darin, daß die Prämie für eine Einbruchsversicherung unter Umständen niedriger bemessen wird, wenn das Haus durch eine Alarmanlage gesichert ist. Allerdings muß die Anlage dann ganz einwandfrei gebaut sein und einen beträchtlichen Sicherheitsgrad aufweisen. Man wird sie für diesen Zweck von einem Fachmann ausführen lassen. Auch für den, der sich dazu entschließt, bieten die folgenden Ausführungen eine nützliche Orientierung über die verschiedenen Möglichkeiten.

Keinen Starkstrom! Die Alarmanlage bietet zwar nur einen mittelbaren Schutz. Er besteht darin, daß der Einbrecher durch Licht oder Lärm geschreckt wird, daß ihm unter Umständen vorgespiegelt wird, die Bewohner seien auf der Wacht. Ein unmittelbarer Schutz würde natürlich durch eine Starkstromanlage gewährt, die dem Eindringling einen kräftigen Schlag versetzt. Namentlich auf dem Land kommt hin und wieder ein vorsorglicher Hausbesitzer auf den Gedanken, einen blanken Draht um seinen Obstgarten oder Hühnerstall zu spannen und durch Anschluß an das Lichtnetz mit Starkstrom zu laden. Nach dem Notwehrparagraphen unseres Strafgesetzbuches muß jedoch die Abwehr gegen einen rechtswidrigen Angriff, soll sie straffrei bleiben, sich in dem zur Abwehr des Angriffs erforderlichen Rahmen halten. Würde ein Mensch, der nur Äpfel oder Hühnereier stehlen will, durch eine Starkstromanlage verletzt oder gar getötet, so würde

der Verantwortliche sehr schwer bestraft werden.
Elektrische Alarmanlagen gibt es in vielerlei Ausführungen und Schwierigkeitsgraden. Wir betrachten im folgenden nur Anlagen mit einfachem Schaltungsaufbau, die nicht zu empfindlich sind und keiner besonderen Wartung bedürfen.

Hauptteile Die Alarmanlage besteht aus folgenden Hauptteilen:
1. eine Kontaktvorrichtung an der zu sichernden Stelle (bzw. an mehreren Stellen). Sie soll sich schließen, sobald der Einbrecher sie berührt. Der Strom, der jetzt fließen kann, setzt das Alarmsignal in Tätigkeit;
2. die Zentrale, bestehend aus der Stromquelle, dem Alarmgeber (Klingel, Sirene) und einem Schalter zum Ein- und Ausschalten der Anlage;
3. wenn gewünscht, eine zusätzliche Vorrichtung, die gleichzeitig mit dem Alarmsignal Beleuchtungskörper am Haus oder im Haus einschaltet.

Zwei Arten von Kontakten

Der Einbrecher wählt den Weg des geringsten Widerstands. Der führt stets durch eine Tür oder ein Fenster. Auf diese schwächsten Stellen richten wir unser Augenmerk und legen zuerst fest, welche von ihnen der Sicherung bedürfen. Die beiden nachfolgend genannten Kontakte schließen sich und schalten damit den Strom ein, sobald Tür oder Fenster geöffnet wird.

Gehäuse-Schaltkontakt Wir kennen bereits den Gehäuse-Schaltkontakt aus Isolierstoff. Er ist auch für Alarmanlagen zu verwenden, jedoch nur unter bestimmten Voraussetzungen: Die Tür muß nach außen aufgehen, damit der Kontakt innen angebracht werden kann. Eine nach innen aufgehende Tür würde den Kontakt außen verlangen. Dort würde er dem Einbrecher auffallen, er könnte ihn abklemmen und damit die Anlage außer Betrieb setzen.

Es muß ausreichend Platz für die Anbringung vorhanden sein, und zwar auf der Seite der Tür, die die Klinke trägt – also nicht auf der Seite, an der die Türbänder sitzen –, weil nur so sichergestellt werden kann, daß der Alarm bereits einsetzt, wenn die Tür nur einen kleinen Spalt breit geöffnet wird.

Da fast alle Fenster nach innen zu öffnen sind, kommt der oben genannte Schaltkontakt für Fenstersicherung kaum in Betracht. Wie er anzuschrauben ist, zeigt das Bild.

Falzkontakt Zweckmäßiger ist der Falzkontakt, der in den Falz von Tür oder Fenster eingebaut wird. Er ist schmal genug dazu; ist er montiert, sieht man nur ein längliches Abdeckblech, aus der eine kleine Isoliernocke herausschaut. Den Einbau des Falzkontakts zeigt die Zeichnung. Solange die Tür geschlossen ist, drückt sie die Isoliernocke nach innen. Die Feder, welche die

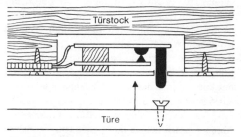

Nocke und einen Pol des Kontakts trägt, biegt sich zurück. Wird die Tür geöffnet, schnellt die Feder vor und schließt den Kontakt.

Anbringung Das Einsetzen erfordert einige Fertigkeit, vor allem im Umgang mit dem Stemmeisen. Den Platz wird man wiederum so wählen, daß der Alarm beim geringsten Öffnen der Tür einsetzt, also möglichst weit weg von der Scharnierseite der Tür. Vor dem Ausstemmen zeichnet man sich an, wie lang die Ausstemmung sein muß, damit einerseits die Feder sich hin- und herbiegen kann, ohne hängenzubleiben, andererseits aber nach Durchführung der Montage möglichst wenig zu sehen ist. Auch für die Drähte muß ein kleiner Kanal ausgestemmt werden.

Bei Anbringung an Fenstern wäre es am bequemsten, den Falzkontakt an der Unterseite des Fensters zu montieren. Von den Scheiben herablaufendes Kondenswasser, das sich am Rahmen und

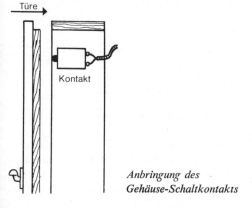

Anbringung des Gehäuse-Schaltkontakts

auf dem Fensterbrett sammelt, könnte aber bei dieser Anordnung in den Kontakt eindringen, einen Kurzschluß verursachen oder auch die Kontaktfedern zersetzen. Der richtige Platz ist deshalb an der oberen Seite des Fensters – auch wenn das etwas unbequemer ist. Bei Außentüren wird man aus dem gleichen Grunde ebenso verfahren.

Drähte erst auf Klemme führen Beim Anschließen der Leitung wird man zunächst nur zwei Drahtstücke von je etwa 20 cm Länge an die Kontaktfedern anlöten oder anschrauben. Litze paßt sich am besten an und ist am haltbarsten für diesen Zweck. Ist der Kontakt eingeschraubt, werden die beiden Drähte etwas verdrillt und auf ein Klemmerpaar geführt, das gleich neben dem Kontakt angeschraubt wird. Diese Anordnung bewährt sich bei späterer Fehlersuche. Man kann dann, ohne den Kontakt selbst loszuschrauben, seine Funktion prüfen, indem man die Anschlüsse von den Klemmen löst und mit dem Prüfgerät berührt.

Gegen Quellen des Holzes Das natürliche Quellen des Holzes unter dem Einfluß der Luftfeuchtigkeit kann man nicht verhindern. Es führt dazu, namentlich bei Neubauten, daß ordnungsgemäß eingesetzte Kontakte nach einiger Zeit, wenn die Rahmen sich verzogen haben, nicht mehr funktionieren. Die Isoliernocken der Kontakte sind nur kurz und werden unter Umständen schon bei einer geringfügigen Veränderung des Abstandes zwischen Tür oder Fenster und Rahmen aussetzen. Man kann sich helfen, indem man von vornherein an der Stelle der Tür, welche die Nocke berührt, eine Holzschraube mit flachem Kopf eindreht. Wirft sich die Tür, kann man durch Drehen der Schraube den richtigen Abstand wieder herstellen. Für das Regulieren des Abstandes nehmen wir unser Prüfgerät zu Hilfe. Auf dem Prüfgerät wird eine Batteriebuchse mit einer Lampenbuchse verbunden. In die beiden übrigen Buchsen kommen die beiden Prüfschnüre. Tastet man jetzt mit den freien Enden der Prüfschnüre an die Anschlüsse des Kontakts, so muß die Prüflampe dunkel bleiben, solange Tür oder Fenster geschlossen sind, und aufleuchten, sobald sie geöffnet werden.

Verspannung

Vorteil Die beschriebenen Kontakte haben den Nachteil, daß sie sich nur schließen, wenn Tür oder Fenster geöffnet werden, dagegen nichts nützen, wenn der Einbrecher die Fensterscheibe eindrückt oder die Türfüllung herausnimmt. Die Verspannung schützt dagegen in beiden Fällen. Dafür brauchen wir eine andere Art Kontakt, die man selbst herstellen kann. Er ist robust und vielseitig verwendbar. Wir kaufen dazu zwei gleich lange Kontaktfedern. In den Elektrogeschäften bekommt man solche Federn, die meist aus ausgeschlachteten elektrischen Geräten stammen, ohne weiteres. Ferner brauchen wir ein Klötzchen, entweder aus einem Isolierstoff wie z. B. »Pertinax« oder auch aus hartem Holz, das durch Lack oder ein anderes Schutzmittel gegen das Eindringen von Feuchtigkeit geschützt wird. Die Maße des Klötzchens richten sich nach der Länge der Federn, die man bekommt, die Zeichnung gibt ungefähre Maße.

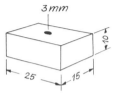

Klötzchen aus Isolierstoff oder Holz

Die Federn werden auf die beiden Schmalseiten des Klötzchens geschraubt, wie es das Bild zeigt. Auf Holz geht das sehr leicht mit Holzschrauben (bei Hartholz erst vorbohren!). Bei Isolierstoff muß man erst Löcher bohren und Gewinde hineinschneiden. Damit die Schrauben sich im Innern nicht berühren können, versetzt man sie etwas gegeneinander. Durch die Mitte des Klötzchens ist ein durchgehendes Loch von etwa 3 mm Durchmesser zu bohren, damit der Kontakt später befestigt werden kann. Die Kontaktfedern stehen an beiden Enden über. Die Federn haben gewöhnlich Lötanschlüsse. Hier werden die Anschlußdrähte befestigt und zur Klemme geführt.

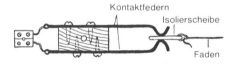

Das Anschrauben der Kontaktfedern

Nun kommt die Hauptsache: Die beiden anderen Enden der Federn werden mit Flach- und Rundzange so gekröpft, wie es das Bild zeigt. Sie sollen mit einiger Kraft aufeinanderdrücken und einen

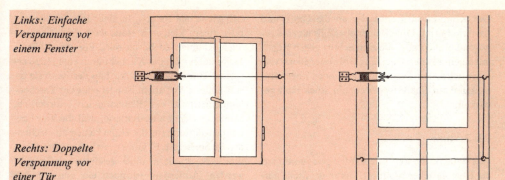

Links: Einfache Verspannung vor einem Fenster

Rechts: Doppelte Verspannung vor einer Tür

guten Kontakt haben. Zwischen die beiden Federn wird eine Isolierscheibe geklemmt. Gut eignet sich eine Snip-Scheibe, wie sie Kinder bei Flohspielen verwenden, oder eine Spielmarke. Damit sie bei Erschütterungen nicht herausrutschen kann, bohrt man auf beiden Seiten eine kleine Mulde. Man nimmt dafür den Bohrer mit dem größten Durchmesser und bohrt ganz vorsichtig an. Außerdem muß die Scheibe zur Befestigung einer Schnur ein kleines Loch von etwa 2 mm Durchmesser haben.

Angebracht wird die ganze Kontaktvorrichtung an der Innenseite von Tür oder Fenster (nur zu verwenden, wenn Tür oder Fenster nach innen aufgeht!). An einer Seite des Fensters wird der Kontakt angeschraubt, der Faden wird quer über Tür oder Fenster gezogen und auf der anderen Seite an einem Ringhaken festgebunden. Ist der Faden straff gespannt, wird jede Bewegung die Isolierscheibe herausziehen und damit den Kontakt schließen. Sind Tür oder Fenster recht hoch, kann man den Faden – wie das zweite Bild zeigt – noch einmal umlenken, am besten über Rollen, zur Not auch über Ringhaken, die etwas aufgebogen werden, damit das Einlegen des Fadens schnell geht. Denn bei Tage, solange die Anlage ausgeschaltet ist, wird man die Isolierscheibe herausziehen und am Faden herunterhängen lassen.

Gegen Gartendiebe

Die Verspannung mit dem selbstgefertigten Kontakt kann man gut im Freien verwenden. Dazu wird der Faden als Stolperdraht in etwa 30 cm Höhe über eine Reihe von Stützen geführt. Als Stützen dienen genügend breite Holzlatten von etwa 50 cm Länge, angespitzt und 20 cm in die Erde getrieben, auf etwa 3 m Faden eine Stütze. Jede Stütze erhält eine Ringschraube, durch die der Faden geführt wird. Das eine Ende des Fadens wird an einem Baum oder Zaunpfahl festgebunden. Das andere Ende führt zum Kontakt.

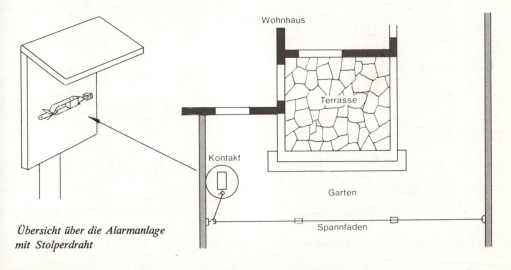

Übersicht über die Alarmanlage mit Stolperdraht

Der Kontakt wird entweder an die Hauswand geschraubt (mit Dübel) oder ebenfalls an eine genügend breite Latte, die zum Schutz gegen Regen mit einem kleinen Dach aus Holz oder Blech versehen wird. Bei Tage wird der Faden abgenommen und auf eine Haspel oder ein Stück Holz gewickelt.

Die Zentrale

Alle Bauteile der Zentrale werden gemeinsam auf ein Holzbrettchen montiert, das an der Stelle aufgehängt wird, wo der Alarm ertönen soll, gewöhnlich im Schlafzimmer.
Material: Wir brauchen folgende Teile:
1 Klingel 4,5 V
1 Taschenlampen-Batterie 4,5 V
1 Schalter für Schwachstrom, einpolig
1 Klingeldrücker
1 Anschlußklemme, zweipolig
1 Sperrholzbrettchen, Abmessungen je nach Größe der Bauteile
Holzschrauben zur Befestigung.
Zuerst werden alle Bauteile in der im Bild gezeigten Anordnung auf das Brettchen gelegt und angezeichnet. Die Batterie wird in der schon beschriebenen Weise mit Gummiband und Holzleiste befestigt, die übrigen Teile angeschraubt. Der Drücker bietet den Vorteil, daß man abends vor dem Einschlafen mit einem einfachen Druck auf den Knopf sich überzeugen kann, daß die Anlage in Ordnung ist. Die Abbildung zeigt auch sämtliche erforderlichen Anschlüsse.

Mit Hupe und Relais In einer Etagenwohnung oder einem kleineren Haus wird die Klingel in allen Räumen zu hören sein. Für ein größeres Heim kann man die Klingel durch eine Hupe ersetzen. Damit wird der Aufbau der Zentrale etwas anders. Vor allem ist jetzt statt der Taschenlampenbatterie ein Blei-Sammler erforderlich, also eine kleine Kfz.-Batterie, weil die Taschenlampen-Batterie für die Hupe keinen ausreichenden Strom liefert. Er kann nicht auf das Brettchen montiert, sondern muß gesondert aufgestellt werden. Außerdem ist noch ein magnetischer Schalter erforderlich, der den hohen Strom ein- und ausschaltet. Er soll einen Quecksilberkontakt haben – fachmännische Bezeichnung: Relais mit Quecksilberwippe –, weil nur dieser den von der Hupe benötigten Strom von 4 bis 6 Ampere einwandfrei schaltet.
Das Bild unten rechts zeigt die neue Anordnung und Schaltung. An die Stelle der Klingel ist jetzt der magnetische Schalter getreten. Die Hupe kann anstatt auf dem Brett auch an einer anderen Stelle der Wohnung angebracht werden.
Diese Erweiterung der Anlage ist nicht ganz billig, weil die drei zusätzlichen Bauteile Hupe, Blei-Sammler und Relais gebraucht werden. Auf den Sammler kann man verzichten, wenn man eine Hupe wählt, die an das 220-V-Netz anzuschließen ist. Geld spart man dabei kaum, weil eine solche Hupe erheblich teurer ist als eine Autohupe für 6 Volt.
Die Hupe ist in der Nachbarschaft zu hören, das ist ein Vorteil. Passiert allerdings mehr als einmal

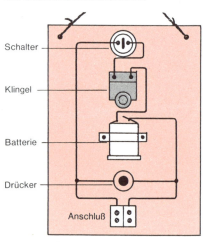

Die Anordnung der Bauteile für die Zentrale

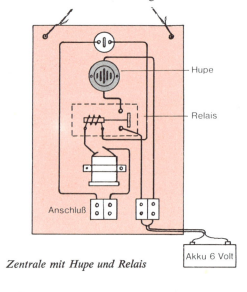

Zentrale mit Hupe und Relais

Alarmanlagen 469

Leitungsführung einer Alarmanlage im Erdgeschoß eines Einfamilienhauses

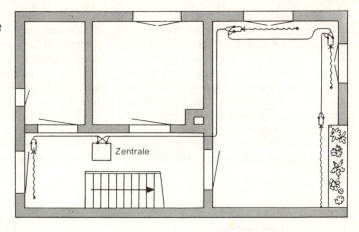

ein Fehlalarm, werden die Nachbarn im Ernstfall nicht mehr reagieren. Aus diesem Grund soll die Anlage mit Hupe nur gelegentlich durch ein ganz kurzes Schließen des Kontakts geprüft werden.
Noch eindringlicher ist der Alarm durch eine Sirene. Nur für abgelegene alleinstehende Häuser wird man zu ihr greifen. Sie wird an das Lichtnetz angeschlossen und ist deshalb von einer Elektrofirma zu installieren.

Leitungsführung

Nachdem auch die Zentrale fertig montiert ist, wird die ganze Anlage durch die Leitungen zusammengeschlossen. Die Abbildung zeigt als Beispiel das Erdgeschoß eines Einfamilienhauses. Es ist angenommen, daß drei Stellen durch Verspannung gesichert werden: der Hauseingang zur Diele, der Gartenausgang im Wohnraum und ein breites Fenster (z. B. Blumenfenster), das nicht durch Eisengitter gesichert ist. Je mehr Türen und Fenster man einbezieht, um so komplizierter wird die Leitungsführung. Im allgemeinen wird man sich auf einige besonders gefährdete Stellen beschränken.
Die Zentrale ist in unserem Beispiel in der Diele angebracht. Das hat den Vorteil, daß man den Durchbruch zum Obergeschoß spart. Leitungswege und Schaltung gehen aus der Zeichnung hervor. Soweit möglich, werden die Leitungen an den Fußleisten entlanggeführt. An die einzelnen Verbindungsstellen kommen Klemmen, damit spätere Fehlersuche erleichtert wird.

Mit Ferneinschaltung

Einen wirksamen Schutz für alleinstehende Häuser bietet auch eine Anlage, die bei einsetzendem Alarm gleichzeitig die Außenbeleuchtung des Hauses einschaltet. Dazu muß die Beleuchtung so installiert sein, daß alle Seiten des Hauses gut beleuchtet werden. Eine Anlage dieser Art kann nur eine Elektrofirma einrichten.

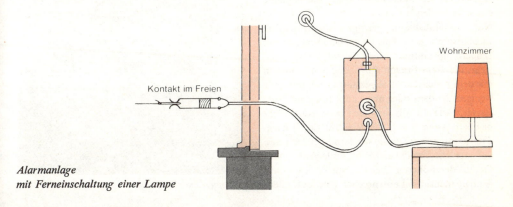

Alarmanlage mit Ferneinschaltung einer Lampe

Jedoch wird auch eine Anlage gute Dienste leisten, die in einem Raum des Hauses Licht aufflammen läßt, sobald ein Einbrecher unwissentlich einen Kontakt betätigt. Das läßt sich verhältnismäßig einfach bewerkstelligen mit dem im vorangegangenen Abschnitt beschriebenen Gerät zur Ferneinschaltung. Wir schließen dazu die vom Alarmkontakt kommende Leitung an die Schwachstrom-Steckdose des Fernschaltgeräts an. An die Starkstromdose stecken wir eine Schreibtisch- oder Ständerlampe mit nicht zu schwacher Glühlampe, mindestens 60 Watt. Natürlich muß das Licht von draußen zu sehen sein. Rolläden oder Vorhänge dürfen nicht hermetisch geschlossen werden. Der Alarmkontakt versieht jetzt die Rolle des Schalters, den wir sonst an die Schwachstromdose anschließen. Sobald er betätigt wird, fließt Strom, und die Lampe flammt auf.

Die Zeichnung zeigt schematisch die gesamte Anordnung. Dabei ist angenommen, daß der Alarmkontakt außerhalb des Hauses liegt. Die Leitung ist durch den Fensterstock ins Zimmer geführt.

11 Die Antennenanlage

Die Radiobastler bilden eine weltumspannende Gilde. Über Radiotechnik und Rundfunkempfänger wissen sie viel mehr, als in diesem Buch stehen könnte. Wer kein Bastler ist und sich ein fertiges Gerät kauft, wird dabei vom Fachmann beraten. Ist das Gerät defekt, wird er gleichfalls den Fachmann zu Rate ziehen. Das ist auch anzuraten. Über Geräte deshalb hier nur wenige Bemerkungen.

Empfangsgeräte Die Entwicklung der Rundfunkempfänger hat einen Stand erreicht, bei dem keine plötzlichen umwälzenden Neuerungen mehr zu erwarten sind. Im Mittelwellenbereich wird die Freude nicht selten dadurch gestört, daß sich zwei Sender überlagern. Abhilfe dagegen kann nicht von der geräteherstellenden Industrie kommen, sondern nur von einer besseren Verteilung der Wellenlängen auf die Sender; in gewissem Umfang auch von der Antenne, über die wir deshalb hier hauptsächlich sprechen wollen. Für den Bereich der Ultrakurzwellen spielt die Antenne eine entscheidende Rolle.

Nur verhältnismäßig wenige ausgesprochene Liebhaber pflegen auf die Dauer eine Vielzahl von Sendern abzuhören. Meist begnügt man sich, wenn die erste Freude am abendlichen Suchen mit dem neuen Gerät abgeklungen ist, mit ganz wenigen Sendern oder überhaupt mit dem Ortssender. Deshalb soll man sich beim Kauf nicht blenden lassen durch die Vielzahl der Tasten, Transistoren und Kreise, sondern in erster Linie auf gute Wiedergabe und Klangfülle Wert legen. Geräte der höheren Preisklassen bieten durch Einbau mehrerer Lautsprecher eine besonders gute Wiedergabe. Über Stereo-Empfang s. Abschnitt 12.

Ferrit-Antenne Die eingebaute Ferrit-Antenne trägt zur Verbesserung der Wiedergabe bei, weil sie störende Sender oder auch in der Nähe befindliche Störquellen ausschalten oder wenigstens dämpfen kann.

Antennen einst und jetzt

Größe der Antenne Solange die Sender nur eine geringe Leistung hatten und auch die Verstärkungsleistung der Empfangsgeräte dürftig war brauchte man eine möglichst große Antenne,

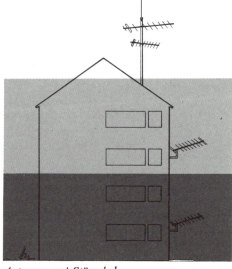

Antennen und Störnebel

um eine möglichst große Leistung einzufangen. Heute haben die Sender des Mittelwellenbereichs gegenüber früher die zehn- bis zwanzigfache Leistung, und ihre Zahl ist – leider – auch erheblich gestiegen. Im Mittelwellenbereich kann aber nur eine begrenzte Anzahl von Sendern arbeiten, ohne sich gegenseitig zu stören. Trotz internationaler Regelung gibt es Sender, die auf der gleichen Welle oder eng benachbarten Wellen arbeiten.

Die größere Antenne fängt nicht nur mehr Sender ein, sondern auch mehr Störungen. Hauptsächlich in Großstädten und in Wohngebieten, die von Industrie durchsetzt sind, bildet sich der sogenannte Störnebel. Er setzt sich zusammen aus zahllosen Einzelstörungen, die von elektrischen Maschinen und von Haushaltgeräten stammen. Der Störnebel füllt gewissermaßen die Straßenzüge bis an die Dächer oder über sie hinaus. Jede Antenne, gleich welcher Form und Größe, wird diese Störungen aufnehmen, soweit sie im Bereich des Störnebels angeordnet ist.

Die Ableitung zum Empfänger

Für die Übertragung der Empfangsleistung von der Antenne zum Empfänger sind besondere Leitungen erforderlich. Da sind einmal die Bandleitungen (der Techniker spricht von 240 Ohm-Leitungen), die vorwiegend in älteren Antennenanlagen zu finden sind. Diese Leitung besteht aus zwei sehr feindrähtigen Litzen aus verzinnten Kupferdrähten, welche parallel geführt in ein PVC-Band eingebettet sind.

Die andere Art von Antennenleitung bezeichnet man als Koaxialleitung oder 60 bzw. 75 Ohm-Leitung. Sie führt sich immer mehr ein und sollte in Neuanlagen ausschließlich verwendet werden. Diese Leitung hat einen runden Querschnitt; ein Leiter ist in der Mitte geführt, der zweite Leiter wird durch das umhüllende Drahtgeflecht gebildet. Dieses Drahtgeflecht dient gleichzeitig als Abschirmung gegen Störeinflüsse.

Die angeführten Zahlenwerte sind auch für die Antennenanlage sowie für das Empfangsgerät wichtig. Man kann nämlich die aufgenommene Antennenleistung nur dann im Empfänger voll umsetzen, wenn diese drei Einheiten einander angepaßt sind. Steht z. B. am Empfängereingang die Kennzeichnung 75 Ohm (wie bei allen neuen Geräten üblich), dann muß auch die Antennenleitung für 75 Ohm ausgelegt sein. Hat die Antennenleitung 240 Ohm (Bandleitung), dann muß ein Zwischenstecker (Adapter) mit der Bezeichnung »240/75 Ohm« verwendet werden. Das Angebot von Steckern der verschiedensten Ausführungen und auch Normen ist heute leider so groß, daß sich ein Laie kaum noch auskennen kann. Man sollte nur Stecker verwenden, welche der Europanorm (IEC) entsprechen.

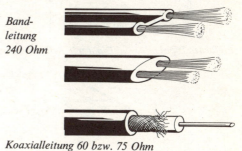

Bandleitung 240 Ohm

Koaxialleitung 60 bzw. 75 Ohm

Die UKW-Antenne

Die UKW-Antenne besteht nicht aus Draht, sondern aus Aluminiumrohren von bestimmter Länge, die waagrecht angeordnet sein müssen. Man nennt sie Dipol. Auf deutsch heißt das »Zweipol«. Während von der Drahtantenne nur eine Zuleitung zum Empfänger führt und dort in die Antennenbuchse gesteckt wird, gehen vom Dipol zwei Drähte zum Empfänger. Dafür entfällt die Erde.

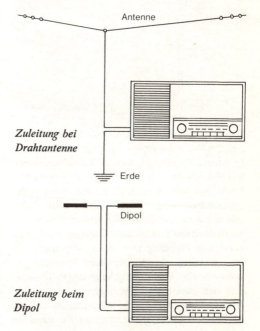

Zuleitung bei Drahtantenne

Zuleitung beim Dipol

472 Elektrizität

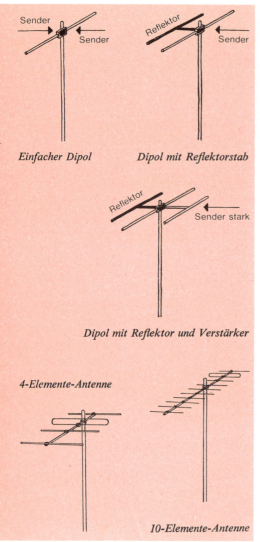

Einfacher Dipol

Dipol mit Reflektorstab

Dipol mit Reflektor und Verstärker

4-Elemente-Antenne

10-Elemente-Antenne

Will man aber über eine UKW-Antenne auch die anderen Wellenbereiche empfangen, dann ist ein besonderes Empfänger-Anschluß-Kabel erforderlich. Da die Firmen, die fertige Antennen für UKW-Empfang herstellen, im einzelnen recht verschiedene Wege gehen, lassen sich dafür schwerlich weitere allgemeine Hinweise geben.
Störfreiheit und Trennschärfe Der Störnebel kann bei UKW-Empfang nur wenig einwirken, so daß praktisch ein störungsfreier Empfang gewährleistet ist. Und es ist nahezu ausgeschlossen, daß sich zwei Sender überlagern.
Richtwirkung Die Trennschärfe beruht auf der Richtwirkung des Dipols: Er nimmt nur dann die volle Empfangsleistung auf, wenn seine Breitseite zum Sender zeigt. Daraus folgt, daß man mit einem feststehenden Dipol nur zwei Sender mit voller Leistung empfangen kann, die in genau entgegengesetzter Richtung liegen. Alle Sender aus anderen Richtungen werden nur mit verminderter Leistung aufgenommen.
Reflektor Von diesen beiden Sendern kann man den nicht erwünschten ausscheiden, indem man in bestimmtem Abstand vom Dipol noch einen zweiten waagerechten Stab, Reflektor genannt, anordnet. Der Dipol nimmt jetzt nur noch den von der anderen Seite her strahlenden Sender auf, und zwar verstärkt.
Eine weitere Verstärkung erzielt man durch einen zweiten Stab, der auf der »offenen«, dem Sender zugewandten Seite des Dipols angeordnet wird und etwas kürzer sein muß als der Reflektorstab. Die Zeichnung stellt die eben besprochenen drei Anordnungen des Dipols für Richtempfang zusammen. Einfacher Dipol: Empfang aus zwei Richtungen; Dipol mit Reflektor: Empfang aus der nicht durch den Reflektor abgeschirmten Richtung; Dipol mit zwei Stäben: der Reflektor schirmt die eine Richtung ab, der kürzere Stab in Empfangsrichtung erhöht die Aufnahmeleistung.
Formen des Dipols Der Dipol-Stab kann gerade sein, aber auch gefaltet, geknickt oder gebogen. Eine wesentliche Bedeutung für den Empfang haben diese Unterschiede nicht.

Die Fernseh-Antenne

Das bisher über UKW-Antennen Gesagte gilt im Grunde auch für das Fernsehen. Wegen der hohen Frequenzen und der verhältnismäßig geringen abgestrahlten Leistungen ist hier eine gute Antenne meist überhaupt die Voraussetzung für einen genußreichen Empfang. Wer im Schatten der Senderausstrahlung wohnt, muß der Antenne besondere Aufmerksamkeit widmen.
Der Empfangsgewinn einer Dipol-Antenne läßt sich dadurch erhöhen, daß man vor dem Dipol mehrere Stäbe von bestimmter Länge und in bestimmten Abständen anordnet. Bis über 20 solcher Stäbe können unter Umständen erforderlich werden. Die Stäbe nebst Dipol selbst bezeichnet man als Elemente.
Wieviele Elemente für eine Fernsehantenne erforderlich sind, kann nur der erfahrene Fachmann bestimmen. Höchster Antennengewinn wird erzielt, wenn die Länge der Elemente, vor

Antennenanlagen

allem des Dipols, genau im Verhältnis zu der zu empfangenden Wellenlänge (Programm, Kanal) bemessen wird. Also für jedes Programm eine eigene Antenne! In günstigen Lagen reicht aber eine sogenannte Breitband-Antenne für alle Programme aus.

Eine Dipol-Antenne selbst zu bauen, ist unzweckmäßig. Es kommt dabei auf allerhand an: perfekt leitende Verbindung der Aluminiumrohre, besonderer Isolierstoff, richtige Abmessungen. Auch die Kopie einer fabrikmäßig hergestellten Antenne durch einen gewandten Bastler wird kaum Erfolg bringen.

Nach dieser vorläufigen Übersicht können wir uns der Frage zuwenden, wo die Antenne angebracht werden soll: im Zimmer (Zimmerantenne), vor dem Fenster (Fensterantenne) oder auf dem Dach (Dachantenne).

Zimmerantenne – behelfsmäßig

Für den üblichen Rundfunkempfang genügt meist schon ein Stück Litzendraht von etwa 1 m Länge als Antenne.

Für den UKW-Empfang kann man sich behelfsweise eine Dipolantenne selbst bauen.

Man braucht eine Antennen-Bandleitung mit 2 Litzen, wie sie in der Zeichnung abgebildet ist. Für diese Leitung gibt es passende Befestigungsschellen. Unter günstigen Voraussetzungen genügt schon ein 2 m langes Stück. Günstige Voraussetzungen sind gegeben, wenn die Antenne an einer Wand angebracht wird, deren Breitseite zum UKW-Sender zeigt, die also von ihm angestrahlt wird.

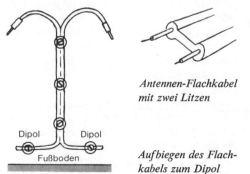

Antennen-Flachkabel mit zwei Litzen

Aufbiegen des Flachkabels zum Dipol

Die Bandleitung wird von einem Ende her etwa 70 cm aufgeschlitzt und so aufgebogen, wie es die Abbildung zeigt. Diese beiden abgewinkelten Enden bilden jetzt ein Dipol. Ihre genaue Länge ermittelt man durch einen Versuch mit dem eingeschalteten Empfänger. Die beiden Enden der Anschlußseite erhalten Bananenstecker oder den für den Fernsehempfänger erforderlichen Doppelstecker. Diese Dipol-Zimmer-Antenne kann man auch umgekehrt – also gegenüber unserer Zeichnung auf den Kopf gestellt – anordnen. Doch läßt sie sich in der hier gezeigten Ausführung leichter hinter einem Schrank oder ähnlichem verbergen. In günstigen Lagen kann eine Zimmer-Dipol-Antenne auch für Fernsehempfang ausreichen.

Zimmerantenne für höhere Ansprüche

Im Fachhandel sind fertige Zimmerantennen für Rundfunk und Fernsehen erhältlich. Sie bestehen aus einem Fußteil, in welchem ein kurzes Haltestück für den oder die Empfangsdiode drehbar gelagert ist. Eine solche Antenne wird in der Regel auf den Empfänger gestellt, mindestens aber in seine Nähe, denn die Anschlußleitung zum Empfänger ist nicht länger als 2 m. Um einen Sender zu empfangen, muß (außer der Abstimmung am Empfänger) der Dipol so lange gedreht werden, bis der Empfang einwandfrei ist. An einer Windrosen-Skala kann man Einstellungen für verschiedene Sender markieren.

Manche Modelle haben im Fußteil noch einen Verstärker, der die ankommenden (sehr geringen) Empfangsleistungen verstärkt, ehe sie dem Empfänger zugeführt werden. Solche Antennen sind zu bevorzugen. Man erkennt sie am höheren Preis sowie daran, daß sie noch eine Anschlußleitung mit einem Netzstecker haben. Es ist also ein zusätzlicher Steckdosenanschluß notwendig. Eine derartige Zimmerantenne bringt nur dann den gewünschten Erfolg, wenn die Empfangslage einigermaßen günstig ist, d. h. wenn in der Richtung zum Sender keine allzu hohen Hindernisse (Häuser, Berge) stehen.

Allgemeines über Außenantennen

Den Hausbesitzer fragen! Wer als Mieter eine Außenantenne anlegen will, muß vorher beim Hausbesitzer anfragen. Handelt es sich um eine handelsübliche Form der Antenne und wird die **Fassade des Hauses** nicht verunziert, wird der **Hauseigentümer** seine Einwilligung nicht verweigern können. Wohl aber kann er verlangen, daß die Antenne von einem Fachmann montiert wird und daß der Mieter sich verpflichtet, die Antenne zu entfernen und den ursprünglichen Zustand wieder herzustellen, wenn er ausziehen sollte.

Da später angebrachte Antennen in der Tat das Bild einer Fassade beeinträchtigen können, tut man gut, bei allen Neubauten die Antennenanlage einschließlich der Ableitung mit einzuplanen, bei Mietshäusern eine Gemeinschaftsantenne.

Blitzschutz Bei allen Außenantennen – also bei Fenster- und noch entschiedener bei Dachantennen – ist größte Aufmerksamkeit auf den Blitzschutz zu richten. Besonders groß ist die Blitzgefahr in ländlichen Gegenden und in Ortsteilen mit aufgelockerter Bauweise. Im übrigen: Je höher der Standort der Antenne, um so wichtiger die Blitzschutzerdung.

Im allgemeinen werden einschlagende Blitze von den Blitzschutzeinrichtungen zur Erde abgeleitet. Der Weg, den ein Blitz nimmt, ist aber unberechenbar. Es kann vorkommen, daß er vom Blitzableiter auf die Antenne überspringt. Er muß dann, soll er keinen Schaden anrichten, die Möglichkeit haben, auf dem kürzesten Wege die Erde zu erreichen. Andernfalls kann er mit entsprechender Wirkung das Rundfunkgerät heimsuchen.

Wo erden? Grundsatz: Alle metallischen Teile der Antennen-Anlage müssen eine gute Erdverbindung haben. In den oberen Stockwerken eines Mietshauses gibt es dafür nur eine beschränkte Zahl von Möglichkeiten. Praktisch kommen nur in Frage: Dachrinne außen, Wasserleitung oder Zentralheizung innen. Besser ist es, wenn man die Erdung außen vornehmen kann.

Besteht außen keine Möglichkeit, ist die Zentralheizung gewöhnlich der Wasserleitung vorzuziehen, weil sich die Heizkörper in der Nähe des Fensters befinden – denn eine Erdleitung für Blitzschutz soll möglichst geradlinig verlegt werden und nicht zu lang sein. Ist keine der geschilderten Möglichkeiten vorhanden, wird man schließlich auf die Erdung verzichten müssen; man muß dann allerdings beim Anzug eines Gewitters und stets, wenn man die Wohnung verläßt, den Antennenstecker vom Empfänger abziehen. Wir kommen auf die Erdung bei der folgenden Besprechung der Antennenformen noch zurück; ganz allgemein gilt als Grundsatz: Antennenleitung von der Antenne in einen Raum – stets waagerecht! Erdleitung von der Antenne weg – stets senkrecht!

Fensterantenne

Hat man ein Fenster oder gar einen Balkon in der Richtung zum Sender, dann genügt die preiswerte Fensterantenne. Sie ist auch erforderlich, wenn in einem Mietshaus keine Gemeinschaftsantenne vorhanden ist und auf dem Dach schon so viele Antennen stehen, daß keine weitere mehr Platz hat. Die Montage ist denkbar einfach: Man muß einen mitgelieferten Haltebügel mit zwei Schrauben am Fensterstock oder an der Mauer befestigen. Die eigentliche Antenne wird auf den Bügel aufgesetzt und ist dann horizontal schwenkbar. Sobald der Sender genau angepeilt ist, wird der Antennenteil mit einer Feststellschraube arretiert. Für die Leitung zum Empfänger muß ein Loch durch den Fensterstock gebohrt werden.

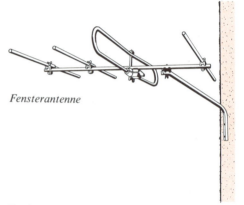

Fensterantenne

Dachantenne

Blitzschutz zwingend notwendig Die Dachantenne ist die ideale Form, aber am meisten blitzgefährdet – je höher sie ist, um so mehr. Für Hochantennen, die mehr als 3 Meter über die Dachkante hinausragen, sind deshalb besondere Vorschriften erlassen. Sie dürfen nicht zwecks Erdung mit der Wasser- oder Heizleitung verbunden, sondern müssen mit der Blitzableiteranlage gekoppelt werden.

Dachantenne bei eingebauter Ableitung Die Antenne wird gehalten durch ein Tragrohr, das am Gebälk des Dachstuhls festgeschraubt wird. Für die gesamte Anbringung sind zwei Mann erforderlich. Zuerst wird die günstigste Stelle ausgesucht. Die Antenne soll da liegen, wo die Zuleitung zur vorgesehenen Erde – Wasser- oder Heizrohr z. B. – möglichst einfach und kurz ist. An der vorgesehenen Stelle werden einige Dachplatten entfernt.

Fenster und Dachantenne 475

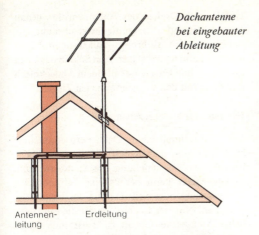

Dachantenne bei eingebauter Ableitung

werden beide Schellen festgezogen. Das Anschrauben geschieht mit sogenannten Schloßschrauben (S. 319).

Antennenrohr und Ableitung Auf das feste Tragrohr wird das eigentliche Antennenrohr aufgesetzt und leicht festgeschraubt. Aus dem unteren Ende des Rohrs kommt die Antennenleitung heraus. Sie ist jetzt nach der vorhandenen nach unten führenden Rohrleitung zu ziehen. Sie wird leicht gebogen und auf dem waagerechten Balken entlang verlegt. Ist sie zu kurz, muß eine Klemmdose eingeschaltet werden. Ein abgeschirmtes Kabel ist dabei nicht erforderlich.

Dachantenne ohne eingebaute Ableitung

Anbringung des Tragrohrs Das Tragrohr ist ziemlich schwer. Es wird am besten an zwei Balken befestigt, einem waagerechten und einem schrägen. Entsprechend braucht man eine gerade und eine schräge Befestigungsschelle. Nun wird zuerst die schräge Schelle am Balken angeschraubt, zunächst locker, damit man das Rohr von oben noch einführen kann. Während jetzt der eine Mann das Tragrohr festhält, schlägt der zweite zunächst unter dem unteren Rohrende einen kleinen Haken ein. Auf ihm ruht das Rohr vorläufig, so daß man es beim Ausrichten nicht festzuhalten braucht. Nun wird das Rohr senkrecht gerichtet. Das geht am leichtesten, wenn der erste Mann aus einiger Entfernung beobachtet, während der zweite es bewegt. Ist die richtige Stellung gefunden, wird die waagerechte Schelle angesetzt. Dann

Schwieriger liegt der Fall, wenn das Haus keine eingebaute Rohrleitung für die Ableitung hat. In diesem Fall muß die Antennenleitung über das Dach bis zur Dachkante geführt werden: von da durch Abstandsisolatoren gehalten nach unten bis vor das Fenster des betreffenden Zimmers.
Wenn das Antennentragrohr am Kamin befestigt werden muß, so darf man keinesfalls in den Kamin Dübel einzementieren, an denen das Tragrohr festgeschraubt würde. Man nimmt vielmehr zwei besondere Halteschellen – Stahlbänder, die den ganzen Kamin umklammern. An diesen Schellen wird das Tragrohr angeschraubt.
Ist das Tragrohr mit Antennenrohr befestigt, kommt die Ableitung an die Reihe. Man nimmt geschirmtes Kabel, und zwar gleich ein so langes Stück, daß es bis zum Empfänger reicht. Man

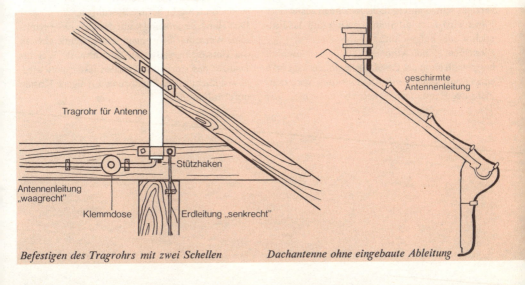

Befestigen des Tragrohrs mit zwei Schellen *Dachantenne ohne eingebaute Ableitung*

476 Elektrizität

führt die Ableitung mit besonderen Abstand-schellen über das Dach bis zur Kante, dann in elegantem Bogen über eine Dachrinnenstütze. Von da fällt es frei nach unten. Die Einführung durch das Fenster erfolgt in der bekannten Weise.

Erdung bei Innen-Ableitung Bei der zuerst be-schriebenen Ausführung – Ableitung im Haus-innern – wird die Erdleitung, ein 3 mm starker verzinkter Eisendraht, an der waagerechten Hal-teschelle des Standrohrs mit untergeklemmt. Von da senkrecht wegführen und ohne scharfe Bögen und Knicke zum vorgesehenen Erdanschluß.

Erdung bei Außen-Ableitung Bei der zweiten Ausführung wird die Erdleitung von der Rohr-schelle, die das Halterohr am Kamin hält, wegge-führt – auch hier senkrecht und möglichst gerad-linig zur vorgesehenen Erde. Ist kein Wasser- oder Heizrohr für den Erdanschluß erreichbar, kann man die Erdleitung an eine vorhandene Blitz-schutzeinrichtung anschließen oder, wenn eine solche fehlt, an die Dachrinne. Dabei ist Voraus-setzung, daß die Dachrinne eine metallische Ver-bindung bis zur Erde hat.

Eigene Blitzschutzerde Wer blitzgefährdet wohnt oder ganz sichergehen will, gräbt eine eige-ne Blitzschutzerde. Das geht auf einfache Weise wie folgt: Etwa ein bis zwei Meter von der Haus-wand wird ein Loch gegraben bis unter den Grundwasserspiegel, also bis Grundwasser ein-sickert. In das Loch versenkt man einen alten ver-zinkten Wassereimer, in dessen Boden Löcher ge-schlagen sind, damit später das Wasser eindringen kann. Der Erdungsdraht wird mit dem Eimer ver-lötet oder vernietet. Der Erdungsdraht muß gut verzinkt sein, damit er nicht zu schnell rostet. Der Eimer wird dann mit Steinen gefüllt und das Erd-reich wieder aufgeschüttet.

Einrichten Sind Antennen- und Erdanschluß hergestellt, kann der Empfang beginnen. Hat man eine Dipol-Antenne mit Richtwirkung, wird nun-mehr der Empfänger in Betrieb genommen, der

Dipol durch Drehen des Antennenrohrs genau eingerichtet und so endgültig festgeschraubt.

Bei der ersten Ausführung – Ableitung im Haus-innern – kann man erst jetzt zum Schluß das Loch im Dach schließen, zuerst mit einem Abdeckblech und dann mit den weggenommenen Ziegeln.

Hinweise für die Fernsehantenne

Die Aufstellung einer Dach-Fernsehantenne sollte man stets dem Rundfunkfachmann über-lassen. Eine Verschiebung des Standortes um wenige Meter kann bereits eine beträchtliche Verbesserung oder Schwächung des Empfangs bewirken. Nur der Fachmann hat die erforder-lichen Meßgeräte, um die zu erwartende Emp-fangsleistung zu ermitteln. Nur er kann auch die geeigneten Maßnahmen treffen, um Störein-flüsse, die im Fernsehbild besonders unangenehm sind, auszusperren. Auch die Unfallgefahren bei Arbeiten auf dem Dach sollten nicht unterschätzt werden.

Störungen des Empfangs

Gleichmäßiges Prasselgeräusch, das den Emp-fang ganz unmöglich macht, kommt von Ma-schinen mit elektromotorischem Antrieb. Der Störer ist in unmittelbarer Nachbarschaft des Empfängers zu suchen.

Kratzgeräusche und Knacken in unregelmäßigen Zeitabständen entstehen durch Kontaktfehler in elektrischen Leitungen, Schaltern, Steckvorrich-tungen und in fehlerhaften Heizkörpern. Auch das Einschalten einer größeren Zahl von Leucht-stoffröhren ergibt heftige Störungen.

Den Herd der Störung kann der Laie nicht ermit-teln. Wer unter Störungen leidet, wende sich an die Entstörungsstelle der Bundespost. Wer als Besitzer des störenden Gerätes festgestellt wird, ist verpflichtet, die Entstörung auf eigene Kosten durchzuführen.

Siebenter Teil

Heimwerker-maschinen

478 Heimwerkermaschinen

1 Moderne Elektrowerkzeuge

War vor Jahren noch die elektrische Bohrmaschine, die gleichzeitig zum Antrieb diverser Zusatzgeräte diente, der ganze Stolz des engagierten Heimwerkers, so ist heute jeder durchschnittliche Hobbykeller längst mit einem kleinen Maschinenpark von Spezialgeräten für die verschiedensten Einsätze ausgerüstet. Da gibt es Stichsägen, Oberfräsen, Handkreissägen, elektrisch betriebene Schleifgeräte und vieles mehr.

Die heutigen Elektrowerkzeuge für den Heimwerker unterscheiden sich kaum von den entsprechenden Profi-Geräten. Sie werden im Do-it-yourself-Alltag allerdings weniger hart strapaziert, als es im Handwerksbetrieb oder auf der Baustelle der Fall ist. Sie sind daher für eine geringere Lebensdauer ausgelegt, bieten aber durchweg vergleichbare Leistungen und stehen in Sachen Sicherheit den Profi-Maschinen überhaupt nicht nach.

Der Universalmotor

Auch wenn die Spezialisten unter den Elektrowerkzeugen sehr unterschiedlich konstruiert sind, werden sie doch alle vom gleichen elektrischen Antrieb in Bewegung gesetzt: dem sogenannten Universalmotor. Diese Bezeichnung beruht darauf, daß er sowohl mit Einphasen-Wechselstrom (dem Strom aus unserem Netz) als auch mit Gleichstrom betrieben werden kann.

Der Universalmotor ist aufgrund verschiedener Eigenschaften der ideale Antrieb für Elektrowerkzeuge: er ist relativ klein, hat ein geringes Gewicht und gibt eine hohe Leistung ab. Diese Voraussetzungen erst erlauben die Konstruktion leichter und handlicher Elektrowerkzeuge.

Universalmotoren liefern Drehzahlen von 20 000 bis 30 000 Umdrehungen pro Minute, was bei kompakten Maßen eine hohe Leistung garantiert. Durch elektronische Bauteile läßt sich die Drehzahl − angepaßt an bestimmte Einsatzgebiete − beliebig verändern.

Elektronik

Wer heute ein Elektrowerkzeug kauft, wird mit einem Fach-Chinesisch besonderer Art konfrontiert. Da gilt es den Sinn exotischer Bezeichnungen wie Vario-Speed, Torque Control, Tacho-Generator, powermatic oder Constant Electronic zu ergründen. Was bedeuten diese Begriffe und welche der elektronischen Bonbons sind nun wirklich wichtig und sinnvoll für die tägliche Anwendung des Elektrowerkzeugs?

Wie bereits erwähnt, arbeiten die Universalmotoren, die das Herzstück jeder Heimwerkermaschine bilden, mit 20 000 bis 30 000 Touren, um die nötige Kraft ans Werkzeug zu bringen. Folglich benötigen sie ein mechanisches Getriebe, das diese hohe Drehzahl auf material- und werkzeuggerechte Touren herunterdrückt. Genau das boten uns die Elektrowerkzeuge, bevor es die elektronische Regelung gab: einen oder mehrere Gänge zur Anpassung der Drehzahl an die Arbeitsbedingungen. Will man nun die Drehzahl noch exakter anpassen, bei manchen Arbeiten sogar im Sanftanlauf von Null Umdrehungen langsam hochziehen, muß die mechanische Steuerung zwangsläufig passen. Hier helfen nur elektronische Bauteile weiter.

Netzspannung und Motordrehzahl

Die Drehzahl des Motors hängt von der angelegten Spannung ab. Reduziert nun eine elektronische Schaltung die Netzspannung von 220 Volt auf niedrigere Werte, wird die Drehzahl entsprechend herabgesetzt. Man unterscheidet hier zwischen Halbwellen- und Vollwellentechnik. Das bezieht sich auf die Eigenschaft unseres Wechselstroms, ständig (100mal pro Sekunde) seine Fließrichtung zu wechseln. Die Elektronik der Halbwellentechnik beeinflußt nur eine der beiden Fließrichtungen, wenn man den Strom grafisch als Welle darstellt, nur die halbe Welle. Für die Praxis bedeutet das: Durch Beeinflussung der Spannung läßt sich die Drehzahl des Motors bei Halbwellentechnik von 0−70% der maximalen Drehzahl stufenlos verändern. Bei der Vollwellentechnik werden beide Fließrichtungen des Stroms beeinflußt − die Drehzahl läßt sich im gesamten Bereich zwischen 0 und dem Höchstwert stufenlos ändern.

Nachregeln von Hand Bei Elektrowerkzeugen mit einer solchen Drehzahl-Steuer-Elektronik hat

Moderne Elektrowerkzeuge

Eine leistungsstarke Schlagbohrmaschine ist das wichtigste Elektrowerkzeug für den Heimwerker. Man kann damit auch bequem Schrauben ein- und ausdrehen.

der Anwender die Möglichkeit, die Drehzahl manuell stufenlos zu ändern. Das geschieht durch Eindrücken des Schalters oder Drehen an einem Stellrad. Bei einigen Maschinen kann man außerdem – z. B. mit Tastatur, Rändelrad oder Wählscheibe – die für den gewünschten Arbeitsvorgang optimale Drehzahl vorwählen. Bei Belastung fällt die Drehzahl ab. Je niedriger die angesteuerte Drehzahl, desto eher kommt die Arbeitsspindel – unter Belastung – zum Stillstand. Man muß dann manuell nachregeln, um wieder unter optimalen Bedingungen zu arbeiten.

Constant-Electronic und Tacho-Generator Die Elektronik-Tüftler der Elektrowerkzeug-Hersteller haben natürlich nicht geruht und elektronische Bauteile entwickelt, die uns das ständige manuelle Nachregeln abnehmen. Mit Constant-Electronic und Tacho-Generator bieten sie heute zwei Systeme, um die vorgewählte Drehzahl auch unter Last konstant zu halten. Das Geheimnis: Maschinen mit dieser Technik benötigen zum Erreichen ihrer maximalen Leerlaufdrehzahl nicht die volle Netzspannung von 220 Volt. Sie arbeiten stattdessen nur mit 150 oder 170 Volt. Dieser Trick macht es der Elektronik möglich, bei Belastung der Maschine aus einer Kraftreserve zu schöpfen (nämlich die Spannung zu erhöhen) und so den Abfall der Drehzahl automatisch auszugleichen.

Torque Control Darunter versteht man eine elektronische Drehmoment-Begrenzung. Das Drehmoment einer Maschine ist abhängig von ihrer Leistung und der Übersetzung des Getriebes. Ein hohes Drehmoment ist sehr nützlich, etwa beim Bohren größerer Löcher in harten Werkstoffen, kann bei feinen Arbeiten aber auch nachteilig sein (Schraubenköpfe reißen ab, Gewindeschneider brechen). Torque Control (Drehkraft-Vorwahl) löst dieses Problem. Bei Erreichen des vorgewählten Wertes kommt die Arbeitsspindel automatisch zum Stillstand.

Wicklungstemperatur Die Lebensdauer eines Elektrowerkzeugs wird maßgeblich durch die Temperaturen beeinflußt, die während des Betriebs im Motor auftreten. Eingebaute Temperaturfühler helfen hier, ein Überschreiten der zulässigen Erwärmung sicher zu verhindern.

480 Heimwerkermaschinen

2 Schlagbohrmaschinen und Bohrhämmer

Die Schlagbohrmaschine

Nach wie vor ist dieses Gerät für den Heimwerker das Elektrowerkzeug Nummer Eins. Er kann damit in Holz und Stahl, in Vollmauerwerk und sogar Beton unter Zuschaltung des Schlagwerks bohren sowie Schrauben ein- und ausdrehen. Sogar Gewindeschneiden ist möglich.

Ideal ist eine nicht zu schwere Maschine um die 600 Watt, bei der die gewünschte Drehzahl vorgewählt werden kann. Kleine Löcher in Holz erfordern hohe Drehzahlen, große Löcher in Stahl niedrige Drehzahlen. Arbeitet die Bohrmaschine nicht mit angepaßter Drehzahl, reißen in Holz die Löcher aus oder glüht beim Bohren in Stahl das Werkzeug aus.

Will man beispielsweise empfindliche Fliesen anbohren, ist elektronischer Sanftanlauf unverzichtbar. Erst wenn der Bohrer die Glasur der Fliese durchbrochen hat, geht's mit voller Schlagleistung weiter. So erzielt man saubere Bohrlöcher ohne ausgebrochene Ränder.

Soll mit der Bohrmaschine geschraubt werden, sorgt die Vorwahlmöglichkeit der Drehkraft für gleichmäßiges Eindrehen beliebig vieler Schrauben. Diese elektronische Regelung ist auch beim Gewindeschneiden hilfreich. Der Gewindebohrer kann nicht unbeabsichtigt abbrechen.

Ein Höchstmaß an elektronischer Hilfestellung bietet dem Heimwerker die neue Schlagbohrmaschine CSB 620 IP von Bosch. IP in der Typenbezeichnung steht für »Intelligent Powercontrol«. Neben der Möglichkeit, Drehzahlen vorzuwählen, die die Maschine auch unter Last konstant hält, und der Drehkraftvorwahl ist das Gerät mit einer automatischen Bohrer-Durchmesser-Erkennung ausgestattet. Im Bohrfutter sitzt ein Sensor, der die Bohrfutter-Öffnung registriert und an die elektronische Schaltzentrale weiterleitet. Der Benutzer muß nur noch das jeweilige Material eingeben, und die Bohrmaschine arbeitet mit der für Material und Bohrerstärke optimalen Drehzahl.

Bohren in Stein Während beim Bohren in Holz, Stahl und ähnlichen Stoffen Späne vom Material abgehoben werden, muß der Bohrer, um ein Loch in Mauerwerk zu treiben, den Stein durch Schlagbewegungen zertrümmern. Es werden keine Späne sondern Bohrmehl erzeugt. Bei der Schlagbohrmaschine drückt sich dabei eine rotie-

rende Rastenscheibe gegen eine fest montierte Rastenscheibe. Bei jeder Umdrehung werden auf diese Weise entsprechend der Rastenzahl Schläge in axialer Richtung auf den Bohrer übertragen. Die Schlagenergie ist abhängig von der Maschinenmasse und der durch den Andruck erzeugten Beschleunigung. Zum Bohren in Ziegelsteinen reicht die so erzeugte Schlagenergie völlig aus, bei Beton oder Granit hat die Schlagbohrmaschine jedoch schon erhebliche Probleme. Zumindest wenn man viele Löcher in Beton zu bohren hat, wird das Arbeiten mit der Schlagbohrmaschine recht mühselig, denn der Bohrfortschritt ist abhängig von der ausgeübten Andruckkraft. Gerade beim Arbeiten über Kopf erlahmen die Kräfte aber sehr schnell, zumal neben dem Andruck noch das Gewicht der Maschine zu Buche schlägt.

Der Bohrhammer

Bedeutend effektiver arbeitet in Beton der sogenannte Bohrhammer. Bei diesem Elektrowerkzeug wird die Schlagenergie von einem pneumatischen Schlagwerk erzeugt. Ein axial gelagerter Hubkolben wird vom Motor in Bewegung versetzt. Ein frei gleitender Schläger innerhalb des Hubkolbens trifft in seiner Vorwärtsbewegung auf einen Döpper, der schließlich den Schlag auf den eingesetzten Bohrer weitergibt.

Das Hammerschlagwerk arbeitet im Gegensatz zum Rastenschlagwerk einer Schlagbohrmaschine praktisch vibrationsfrei. Auch die Geräuschentwicklung ist wesentlich geringer. Außerdem ist beim Arbeiten mit dem Bohrhammer gegenüber der Schlagbohrmaschine nur ein Drittel der Andruckkraft erforderlich. Gleichzeitig ist der Bohrfortschritt aber aufgrund der überlegenen Technik dreimal höher.

Weil beim Hammerschlagwerk die Schlagenergie direkt auf den Bohrer trifft, muß das Werkzeug frei beweglich gelagert sein. Es gibt verschiedene Systeme der Bohreraufnahme für Bohrhämmer. Am weitesten verbreitet ist das SDS-plus-System von Bosch. Der Nachteil der Bohrfutter von Bohrhämmern liegt darin, daß sie für das alternative Arbeiten mit der reinen Drehbewegung in

Schlagbohrmaschinen und Bohrhämmer 481

der Regel nicht exakt genug fassen bzw. mit einem Adapter versehen werden müssen, um ein normales Bohrfutter aufzunehmen. Dieses technische Problem steht der Entwicklung eines echten Universalgeräts mit Hammer-, Bohr- und Schraubfunktion in gleicher Präzision entgegen.

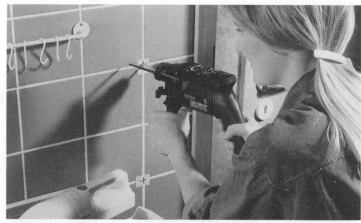

Die Schlagbohrmaschine beim Bohren in Fliesen. Hier ist der elektronische Sanftanlauf von Vorteil. Der Tiefenanschlag sorgt für genau auf die Dübellänge abgestimmte Bohrlöcher.

Die CSB 620 IP von Bosch erkennt automatisch die Schaftstärke eines Bohrers und wählt die entsprechende Drehzahl. Beim Schrauben speichert sie die erforderliche Drehkraft für präzise Serienarbeit.

Wenn es ums Bohren in Beton geht, ist der Bohrhammer jeder Schlagbohrmaschine deutlich überlegen. Nur ein Drittel der Andruckkraft ist erforderlich.

3 Akku-Geräte

Die kabelfreien, akkubetriebenen Elektrowerkzeuge bieten zwar eine geringere Leistung als Netzgeräte, überzeugen aber auch durch wesentliche Vorteile: Sie sind unabhängig, ohne störendes Kabel einzusetzen, schnell wiederaufladbar sowie leicht und sicher zu bedienen.

Akku-Maschinen werden von den meisten Heimwerkern als Zweitgeräte geschätzt. Ein Akku-Bohrschrauber fehlt heute in kaum einer Hobby-Werkstatt. Neben Schlagbohrmaschinen, Bohrmaschinen und Schraubern gibt es mittlerweile auch leichte Bohrhämmer, Schleifgeräte und Stichsägen mit Akku-Betrieb.

Wer seinen Akku-Schrauber beispielsweise beim Innenausbau einsetzt, um Gipskartonplatten zu befestigen, ist gut beraten, einen zusätzlichen Wechsel-Akku anzuschaffen, der geladen wird, während der andere im Einsatz ist. So können Sie ohne Unterbrechung weiterarbeiten, wenn der erste Akku leer ist. Nickel-Cadmium Akkus lassen sich bis zu 1000mal aufladen. Sind sie schließlich einmal unbrauchbar, müssen sie wegen der enthaltenen giftigen Schwermetalle unbedingt vorschriftsmäßig entsorgt werden. In der Regel nimmt der Fachhandel alte Akkus zurück. Teilweise vergüten die Hersteller sogar die Rückgabe.

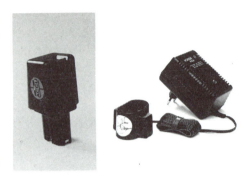

Nach nur drei Stunden ist der Akku (links) im Ladegerät (rechts) wieder voll aufgeladen. Anschließend schaltet das Gerät auf Erhaltungsladung um.

Akku-Geräte sind handlich und unabhängig vom Netz. Sie können schlagbohren, bohren und schrauben.

4 Stichsägen

Nach der Schlagbohrmaschine ist die Stichsäge für den Heimwerker das zweitwichtigste Werkzeug. Sie ist ausgesprochen vielseitig einzusetzen. Mit der Stichsäge können Sie Parallelschnitte, Gehrungsschnitte, Ausschnitte und Kreisschnitte durchführen. Die Fußplatte läßt sich bei den meisten Geräten stufenlos bis 45 Grad zu beiden Seiten schwenken. Empfehlenswert ist eine Regelelektronik mit deren Hilfe die Hubzahl je nach Material und Arbeitseinsatz optimal eingestellt werden kann.

Metall wird mit niedrigen Hubzahlen gesägt. Für Kunststoffe und Sperrholz wählt man eine mittlere Einstellung. Für das Bearbeiten von Holz und Spanplatten werden hohe Hubzahlen benötigt.

Hochwertige Geräte verfügen meist über eine zuschaltbare Pendelhubeinrichtung. Beim Pendelhub wird das Sägeblatt in der Abwärtsbewegung vom Werkstück weggeschwenkt. Dadurch vermindert sich die Reibung. Die Späne werden gleichzeitig besser abgeführt. In der Aufwärtsbewegung drückt sich das Sägeblatt dann wieder nach vorn gegen das Werkstück.

Mit Pendelhub frißt sich die Stichsäge schneller durchs Material. Dabei ist nur geringer Vorschubdruck erforderlich. Die Kurvengängigkeit wird ebenfalls verbessert. Allerdings leidet die Schnittqualität bei eingestelltem Pendelhub ein wenig. Bei empfindlichen Materialien und wenn es auf besonders saubere Schnitte ankommt, wird man daher auf den Pendelhub verzichten. Der Heimwerker hat die Auswahl unter einem breit gefächerten Angebot verschiedener Sägeblätter für die Stichsäge. Grob geschränkte Blätter garantieren einen besonders guten Sägefortschritt, während freiwinkelgeschliffene Blätter langsamer, dabei jedoch wesentlich sauberer schneiden. Schmale Sägeblätter verleihen der Maschine gute Kurvengängigkeit. Um kleine Werkstücke sicher zu sägen, kann die Stichsäge auch stationär unter einen Sägetisch montiert werden. Diese Einrichtung ist besonders für Modellbauer interessant.

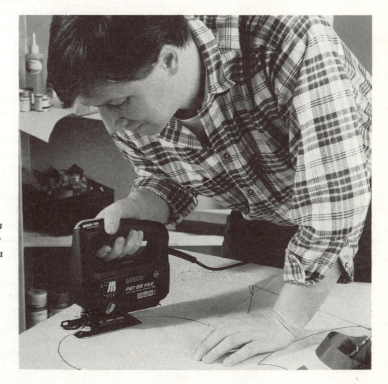

Beim Kurvenschneiden spielt die Stichsäge ihre Fähigkeiten voll aus. In dieser Disziplin ist ihr kein anderes Elektrowerkzeug ebenbürtig. Um auf der Stichseite einen sauberen Schnitt zu erzielen, sägt man stets von der Rückseite des Werkstücks.

5 Handkreissägen

Während die Stichsäge ihre Stärke im Kurvenschnitt besitzt, zeigt die Handkreissäge bei langen, geraden Schnitten ihre Überlegenheit. Die meisten Handkreissägen für Heimwerker haben Schnittiefen zwischen 40 und 66 mm. Modelle, die mehr als 60 mm schaffen, sind deutlich schwerer und rücken in die Nähe von Profi-Geräten. Hier sind Gewichte von über 5 kg üblich. Die kleinsten Handkreissägen wiegen nur etwa die Hälfte.

Höheres Gewicht ist bei diesem Elektrowerkzeug aber keineswegs ein Nachteil, vielmehr erleichtert es bei hoher Spanabnahme das ruhige und präzise Führen der Maschine.

Der Motor einer Handkreissäge ist auf eine Führungsplatte montiert, die man zur Veränderung von Schnittiefe und Schnittwinkel verstellen kann. Bei der Gerätewahl ist zu beachten, daß bei Gehrungsschnitten die Maschine schräg zu ihrer Führungsplatte gestellt wird, wodurch sich die Schnittiefe um ¼ bis ⅓ verringert. Wer an der Schnittiefe spart, kann hier in der Arbeitspraxis schnell Probleme bekommen.

Die Handkreissäge ist ein Elektrowerkzeug, das bei unsachgemäßer Handhabung ein hohes Verletzungsrisiko birgt. Deshalb sind Sicherheitseinrichtungen besonders wichtig. Die Geräte verfügen über einen Spaltkeil, der bei längeren Sägeschnitten verhindert, daß sich der Schnitt hinter der Maschine wieder zusammenzieht und das Sägeblatt verklemmt. Eine geschlossene Schutzhaube deckt das Sägeblatt im Ruhezustand ab. Führt man die Säge bei der Arbeit ans Werkstück heran, wird die Haube selbsttätig zurückgeschwenkt, so daß das Sägeblatt ins Material fahren kann. Wichtig ist auch eine Einschaltsperre, die versehentliches Einschalten, z. B. zwischen zwei Arbeitsgängen oder beim Verändern der Arbeitsposition, verhindert.

Elektronik Stufenlose Drehzahlvorwahl sorgt für materialgerechtes Arbeiten. Damit die Drehzahl unter Last nicht abfällt, ist eine elektronische Drehzahlstabilisierung sinnvoll, die für Kraftnachschub sorgt. Ruckfreies Ansägen macht eine Sanftanlauf-Regelung möglich. Um die Handkreissäge vor einem Durchbrennen des Motors zu schützen, ist auf jeden Fall ein temperaturabhängiger Überlastschutz empfehlenswert.

Sägeführung Der Parallelanschlag, der zur Grundausstattung einer Handkreissäge gehört, erlaubt Parallelschnitte und Gehrungsschnitte bis 45 Grad. Für besonders exakte Längsschnitte sorgt die Verwendung einer Führungsschiene aus Alu, die von vielen Herstellern als Zubehör angeboten wird. Diese Schiene kann auch in Verbindung mit der Stichsäge oder der Oberfräse benutzt werden. Unter einen Sägetisch montiert, wird aus der Handkreissäge im Nu eine vollwertige Tischkreissäge.

Sägeblätter Standardmäßig sind die Maschinen heute meist mit einem hartmetallbestückten Universalsägeblatt ausgerüstet, das in allen Werkstoffen gute Schnittergebnisse bringt und eine hohe Standzeit besitzt. Nur bei besonders hohen Qualitätsansprüchen wird auf ein Vielzahnsägeblatt für extra sauberen Schnitt umgerüstet.

Staubabsaugung Die Möglichkeit, einen Staubsack oder – noch besser – eine Staubabsaugung anzuschließen, dient dem angenehmeren Arbeiten und schützt die Gesundheit. Wie man heute weiß, kann das Einatmen von Holzstaub die Gesundheit gefährden.

Mit der am Parallelanschlag geführten Handkreissäge lassen sich beispielsweise Küchenarbeitsplatten paßgenau zuschneiden.

6 Der Elektro-Fuchsschwanz

Als Universalsäge ist der elektrisch betriebene Fuchsschwanz konzipiert, angesiedelt etwa zwischen Stichsäge und Handkreissäge. Im Profi-Bereich kennt man ähnliche Sägen schon seit vielen Jahren. Als Tiger- oder Säbelsäge bezeichnet, gehören sie bei Installateuren beispielsweise zur Standard-Werkzeugausrüstung.
Beim Fuchsschwanz bewegt sich das Sägeblatt mit einem Hub von 26 mm vor und zurück. Eine verstellbare Fußplatte wird gegen das Werkstück gedrückt. Wie bei der Stichsäge ist auch bei diesem Geräte wahlweise die Ausführung mit Pendelhub erhältlich. Die Pendelung sorgt für höheren Arbeitsfortschritt, weil das Sägeblatt weniger klemmt als bei Normalbetrieb.
Einsatzgebiete Der Elektro-Fuchsschwanz sägt Holz, Metall und Kunststoffe. Präzise Schnitte sind nicht seine Stärke. Dafür kommt er aber in jede Ecke und ist oft das richtige Werkzeug für Problemfälle.

Das kann nur der Elektro-Fuchsschwanz: ein altes Wasserrohr bündig mit der Wand abschneiden.

7 Schleifen und Trennen

Exzenterschleifer

Ein Gerät, das im Profi-Bereich schon lange seinen festen Stammplatz besitzt, hat mittlerweile auch die Heimwerkstatt erobert: der Exzenterschleifer. Während bei Band- und Schwingschleifer die Schleifbewegungen kreisförmig bzw. in Längsrichtung erfolgen, mischen sich beim Exzenterschleifer zwei ganz unterschiedliche Schleifbewegungen: einmal die Schleiftellerrotation und zum anderen die exzentrische Rotation des Schleiftellers um die Antriebsachse des Geräts. Das Ergebnis ist ein besonders hochwertiges Schliffbild bei starker Abtragsleistung. Der beim Exzenterschleifer nach den Regeln des Zufalls aus zwei Bewegungen kombinierte Schleifvorgang kommt der hochwertigen Handarbeit mit dem Schleifklotz am nächsten.
Die integrierte Staubabsaugung – durch Öffnungen des mit Kletthaftung fixierten Schleifblatts – sorgt für Sauberkeit beim Arbeiten. Umfangreiches Zubehör wie Vliese, Polierfilz, Lammfellhaube und Polierschwamm erweitern die Einsatzmöglichkeiten des Exzenterschleifers.

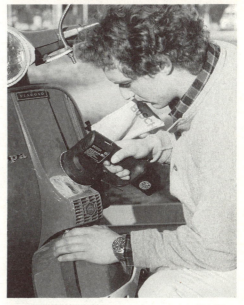

Der flexible Schleifteller des Exzenterschleifers erlaubt auch das Bearbeiten gewölbter und konkaver Flächen.

Schwingschleifer

Immer, wenn es darauf ankommt, einem Werkstück den letzten Feinschliff zu verpassen, ist der Schwingschleifer oder Sander gefragt. Er erzielt nicht die hohe Abtragsleistung eines Exzenterschleifers und hat auf gewölbten Flächen seine Probleme, doch auf ebenen Werkstücken ist seine absolut flächenparallele Schleifbewegung unübertroffen. Der Schleifteller des Exzenterschleifers kann bei ungeübter Handhabung leicht einmal verkanten. Riefen im Material sind die Folgen. Der Schwingschleifer dagegen mit seiner großen, flächenparallel aufgesetzten Schleifplatte läßt Fehlbedienungen nicht zu. Der Motor des Schwingschleifers versetzt die Schleifplatte durch einen exzentrischen Antrieb in kreisförmig schwingende Bewegungen. Auf Holzoberflächen erzielt man die besten Schleifergebnisse, wenn man in geraden Bahnen in Richtung des Faserverlaufs arbeitet. Moderne Geräte saugen den entstehenden Schleifstaub direkt durch die Schleifplatte und entsprechende Löcher des Schleifpapiers ab und befördern ihn in den angeschlossenen Staubsack. Staubabsaugung verbessert die Abtragsleistung und erhöht die Standzeit der Schleifblätter. Nicht zuletzt wird damit, wie wir wissen, auch die Gesundheit geschützt.

Bandschleifer

Unter den elektrischen Schleifwerkzeugen ist der Bandschleifer vornehmlich das Gerät für grobe Arbeiten mit hohem Materialabtrag. Während das Schleifkorn sich bei Exzenterschleifer und Schwingschleifer im Kreise dreht, wird beim Bandschleifer eine lineare Bewegung erzeugt, indem das zwischen Antriebswalze und Umlenkwalze auf Spannung gehaltene Schleifband auf Touren gebracht wird. Eine Justiervorrichtung an der Umlenkwalze sorgt dafür, daß das Band nicht seitlich herunterrutscht. Eine polierte Gleitplatte zwischen den Walzen bildet die Arbeitsfläche. Im Bereich der teilweise freiliegenden Umlenkwalze ist das Bearbeiten gewölbter Flächen möglich.
Das Arbeiten mit dem Bandschleifer erfordert Fingerspitzengefühl. Das Gerät soll stets ohne zusätzlichen Anpreßdruck über das Werkstück geführt werden. Das Eigengewicht der Maschine reicht als Druck völlig aus. Zudem muß man das Gerät ständig in Bewegung halten, damit das aggressive Schleifband keine Riefen ins Material frißt.
Für die Bearbeitung wärmeempfindlicher Kunststoffe sollte der Bandschleifer mit elektronischer Drehzahlsteuerung ausgestattet sein.

Der Schwingschleifer ist ideal für den Feinschliff großer Flächen. Mit der rechteckigen Schleifplatte kommt man bequem in jede Ecke.

Wenn es um große Flächen und hohen Materialabtrag geht, ist der Bandschleifer das richtige Elektrowerkzeug.

Doppelschleifer

Selbst das beste Werkzeug wird einmal stumpf, Deshalb sollte eine Doppelschleifmaschine eigentlich in keiner Werkstatt fehlen. Das Gerät braucht einen festen Stand auf einer Werkbank oder einer Wandkonsole.

Grundsätzlich sind Doppelschleifmaschinen mit einer groben und einer feinen Schleifscheibe ausgerüstet. Größere Kerben und Scharten im Werkzeug werden zunächst mit der groben Scheibe abgeschliffen. Anschließend wechselt man zum Feinschliff auf die andere Seite der Maschine.

Schleifscheiben aus Normalkorund – die übliche Ausstattung – haben eine graue Farbe. Sie sind geeignet für normalgehärtete Stähle, weiße Edelkorundscheiben für legierte Stähle. Grüne Siliziumkarbidscheiben benutzt man zum Schleifen von Nicht-Eisen-Metallen und Sinter-Hartmetallen.

Die Scheiben der Doppelschleifmaschine sind aus Sicherheitsgründen gut abgedeckt. Die verstellbare Werkzeugauflage muß in Achshöhe befestigt sein. Das an die rotierende Scheibe herangeführte Werkzeug darf nicht hineingezogen werden.

Üben Sie beim Schärfen von Werkzeugen nur wenig Druck aus. Das Material darf keinesfalls blau anlaufen. Stets beim Schleifen eine Schutzbrille tragen!

Winkelschleifer

Wenn Metallprofile durchtrennt, Schweißnähte versäubert oder Gehwegplatten aus Beton zurechtgeschnitten werden müssen, ist ein Elektrowerkzeug gefragt, dessen Scheibe sich durch die härtesten Materialien frißt: der Winkelschleifer.

Nach ihrer Leistungsfähigkeit werden die Geräte in die kleineren Einhand- und die starken Zweihandwinkelschleifer unterteilt. Die Klasse der Zweihandgeräte beginnt bei 1200 Watt. Äußeres Kennzeichen ist neben der Größe der Griff am hinteren Ende. Die meisten Heimwerker sind mit einem Einhand-Gerät gut bedient. Hier sind Scheiben von 115 bis 125 mm Durchmesser üblich.

Das Grundprinzip des Winkelschleifers: der Elektromotor läßt die Trenn- oder Schruppscheibe mit über 10 000 Umdrehungen pro Minute rotieren. Schleifscheiben für Stahl bestehen aus braunem, mattglänzendem Korund, Steinscheiben aus schwarzem, hochglänzenden Siliziumkarbid.

Wird der Winkelschleifer in einen Trennständer montiert, kann man mit dem Gerät auch stationär arbeiten und Werkstücke exakt senkrecht trennen. Bei jeder Arbeit mit dem Winkelschleifer sollen grundsätzlich Schutzbrille und Handschuhe getragen werden.

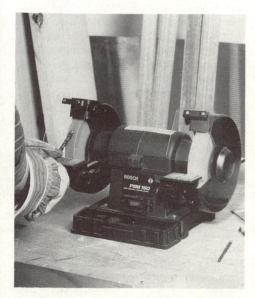

Gute Werkzeuge müssen regelmäßig nachgeschärft werden. Der praktische Wasserbehälter vor dem Doppelschleifer dient zum Kühlen des Metalls.

Der Winkelschleifer beim Versäubern einer Schweißnaht. Das starke Zweihand-Gerät hat eine 230-mm-Scheibe.

8 Oberfräsen

Die Oberfräse gilt als das kreativste Elektrowerkzeug überhaupt. Ihre Einsatzmöglichkeiten sind fast unbegrenzt. Man kann fälzen, nuten, profilieren, bohren, nach Schablonen fräsen oder die verschiedensten Holzverbindungen herstellen.
Weil Fräsen Präzisionsarbeit ist, werden an die Qualität dieses Elektrowerkzeugs höchste Ansprüche gestellt. Die Führungseinrichtungen müssen sich auf 1/10 Millimeter genau einstellen lassen.
Geräteaufbau Jede Oberfräse besteht aus einem Motorteil, der das Werkzeug über eine Spindel mit Spannfutter direkt in Bewegung versetzt. Dabei wird eine Leerlaufdrehzahl von rund 27 000 Touren erreicht.
Die Antriebseinheit ist mit dem sogenannten Fräskorb verbunden, der sich senkrecht zum Motorteil verschieben läßt, um die Frästiefe (das Maß, um das der Fräser die Fußplatte des Fräskorbs überragt) nach Bedarf einzustellen.
Es gibt Geräte, bei denen Motorteil und Fräskorb eine untrennbare Einheit bilden. Bei anderen Geräten, wie auch dem hier abgebildeten, läßt sich der Motor vom Fräskorb lösen. Er kann dann zum stationären Arbeiten in einen Bohr-und-Fräs-Ständer oder unter die Platte eines Säge-und-Fräs-Tisches montiert werden.
Zubehör Standardmäßig ist eine Oberfräse mit einem Parallelanschlag ausgerüstet, der das Fräsen an einer Werkstückkante oder parallel zur Kante erlaubt. Ein Kurvenanschlag mit Rolle wird beim Bearbeiten geschweifter Werkstücke eingesetzt. Mit einem Zentrierstift im Parallelanschlag oder einer speziellen Kreisführung ist das Fräsen von kreisförmigen Nuten und Profilierungen möglich.
Die Fräser Die Vielseitigkeit der Oberfräse beruht auf dem breiten Programm unterschiedlicher Fräserwerkzeuge.
Es gibt Fräser, die ins Werkstück eintauchen können, um eine Nut herzustellen. Sie sind an ihrer Stirnseite angeschliffen, damit sie sich ins Material bohren, ehe man sie zum Nuten vorschiebt.
Fräser für die Kantenbearbeitung müssen nicht eintauchen können. Sie sind vielfach mit Anlaufzapfen oder kugelgelagerten Anlaufringen versehen, mit denen man sie an der Werkstückkante führt. Bei der Verwendung solcher Fräser ist kein Parallel- oder Kurvenanschlag erforderlich.
Man unterscheidet zwischen HSS-Fräsern (HSS = Hochleistungs-Schnellschnittzahl) und HM-Fräsern (HM = hartmetallbestückt). Mit Hartmetallschneiden versehene Fräser sind 2–5mal teurer als HSS-Fräser, halten dafür aber auch bis zu 25mal länger. Man benötigt sie auf jeden Fall, wenn man Holzwerkstoffe mit synthetischen Klebern, Alu oder Kunststoffe bearbeiten will. Da im Handel Fräser mit unterschiedlichen Schaftdurchmessern erhältlich sind, bieten die Hersteller zu ihren Oberfräsen auswechselbare Spannzangen entsprechender Durchmesser an. Man darf niemals einen Fräser in eine nicht für seinen Schaftdurchmesser vorgesehene Aufnahme spannen. Die Spannzange wird dadurch beschädigt und unbrauchbar.
Fräspraxis Auch bei genauester Voreinstellung von Fräsanschlag und Frästiefe sollte man niemals direkt ans Original-Werkstück gehen. Stattdessen setzt man die Oberfräse zunächst an einem Abfallstück an, fräst einige Zentimeter und prüft dann das Fräsergebnis. Meist muß die Einstellung noch ein wenig nachjustiert werden. Dann erst das Original bearbeiten.
Um die Fräser zu schonen und ein sauberes Fräsbild zu erzielen, wird bei größerem Materialabtrag in mehreren Stufen von 2–3 mm Spanstärke nacheinander gefräst. Die Drehzahl darf beim Arbeiten niemals hörbar abfallen.

Eine Nut wird parallel zur Werkstückkante eingefräst. Man zieht die Maschine gleichmäßig und zügig auf sich zu.

9 Hobel

Beim Handhobel ragt eine scharfgeschliffene Klinge aus der Sohle des Werkzeugs hervor. Beim Elektrohobel sind es zwei Messer auf einer rotierenden Welle, die bei hoher Drehzahl die Späne abheben. Geräte für den Heimwerker liegen meist zwischen 500 und 800 Watt und haben eine Hobelbreite von 82 mm. Die Spantiefe läßt sich je nach Leistung stufenlos bis zu 3 mm einstellen.

Hobelmesser Elektrohobel sind in der Regel werkseitig mit Hartmetallwendemessern ausgestattet. Sind die Klingen stumpf, kann man sie einmal wenden, ehe neue Messer gekauft werden müssen. Es empfiehlt sich, unbedingt wieder die teureren hartmetallbestückten Messer einzusetzen, denn sie halten zehn- bis zwanzigmal so lange wie einfache HSS-Messer. Ein Justieren der neu eingesetzten Messer ist bei den meisten Geräten überflüssig. Die Messer sind mit Nuten versehen, die auf entsprechende Führungsleisten der Werkzeugaufnahme in der Messerwalze geschoben werden. Zieht man die Halteschrauben an, ist der Elektrohobel wieder einsatzbereit.

Abrichten und Fälzen Der häufigste Einsatz für den Elektrohobel ist das Abrichten von Werkstücken, also das Glätten von Holzoberflächen. Der Umgang mit der hochtourigen Maschine erfordert ein wenig Übung. Man sollte zunächst mit geringer Spanabnahme arbeiten, um keine Riefen ins Holz zu hobeln. Eine typische Aufgabe für den Elektrohobel ist auch das Fälzen von Werkstückkanten. Bei den meisten Geräten lassen sich Falztiefen bis 20 oder 25 mm einstellen. Der Parallelanschlag sorgt dabei für die Einhaltung der vorgesehenen Falzbreite. Die Drehzahl des Gerätes darf unter Last nicht zu stark absinken. Der Vorschub sollte zügig und gleichmäßig erfolgen. Damit die Hobelsohle gut auf dem Werkstück gleitet, poliert man sie gelegentlich mit feinster Stahlwolle und reibt sie mit Kerzenwachs ein.

Stationärer Einsatz Die meisten Elektrohobel können zum stationären Betrieb in eine Haltevorrichtung gespannt werden. So lassen sich auch kleine Holzteile problemlos abrichten. Die unten abgebildete Zusatzeinrichtung macht die Maschine sogar mit wenigen Handgriffen zu einem echten Dickenhobel. Damit sind Arbeiten möglich, die sonst nur eine große stationäre Hobelmaschine verrichten kann.

Mit Hilfe des Parallelanschlags wird der Falz einer Tür nachgehobelt.

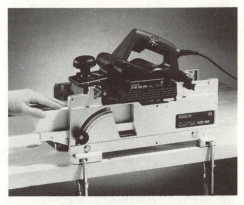

Mit der Zusatzeinrichtung ist sogar Dickenhobeln möglich. Durchlaßhöhe: 70 mm.

10 Elektrowerkzeuge für Spezialaufgaben

Der ambitionierte Heimwerker will den Möglichkeiten des professionellen Anwenders nicht nachstehen. Er verlangt immer mehr maßgeschneiderte Elektrowerkzeuge auch für spezielle Einsätze.

Heizkörper lackieren mit der Spritzpistole.

Das Heißluftgebläse löst alte Farbanstriche.

Spritzpistolen

Elektrische Spritzpistolen sind mit einer Kolbenpumpe ausgerüstet, die einen Hartmetallzylinder besitzt. Im Inneren des Zylinders baut sich ein Druck bis 160 bar auf und sorgt dafür, daß die Farbe durch die Düse gesprüht wird.

Die Spritzpistole ist ein idealer Helfer für viele Lackierarbeiten rund ums ganze Haus. Sie liefert ein besseres Oberflächenergebnis, als man es mit dem Pinsel erzielen kann. Der Umgang mit der Spritzpistole erfordert allerdings einige Übung. Es empfiehlt sich, zunächst probeweise an einer Testfläche zu arbeiten, ehe man sich hochwertigen Oberflächen zuwendet. Wichtig ist das exakte Einstellen der Viskosität des Spritzmittels, damit eine möglichst feine Vernebelung erreicht wird. Den zu lackierenden Bereich stets sauber abkleben (siehe auch S. 56 ff.).

Heißluftgebläse

Die Geräte sehen auf den ersten Blick nicht viel anders aus als elektrische Haartrockner. Doch es sind überaus leistungsstarke und ausgesprochen vielseitige Helfer für die unterschiedlichsten Einsätze: zum Auftauen, Trocknen, Verzinnen, zum Beschleunigen von Klebeverbindungen, Verformen von Kunststoffen, zum Entfernen alter Anstriche und zum Herstellen von Lötverbindungen. Der Gebläsemotor schickt bis zu einem halben Kubikmeter Luft pro Minute durch eine elektrische Heizwendel. Dabei werden Temperaturen bis 600 °C erreicht. Spitzengeräte halten die eingestellte Temperatur elektronisch konstant. Das Gebläse verfügt meist über zwei Stufen. Eine große Auswahl an Aufsteckdüsen begründet die Vielseitigkeit des Heißluftgebläses. So gibt es Ringdüsen, mit denen die heiße Luft zum Auftauen oder Löten gleichmäßig um ein Rohr herumgeleitet wird, Spezialdüsen zum Lackentfernen und viele andere mehr.

Elektro-Tacker

Wer häufig Befestigungsprobleme zu lösen hat, weiß die Vorteile eines Tackers zu schätzen. Mechanische Geräte sind zwar preiswert und zuverlässig, doch wenn komplette Wand- oder Deckenverkleidungen, Dämmstoffmatten und ähnliches anzubringen sind, hat man beim Tackern sehr schnell Blasen an den Händen. Hier ist der Elektro-Tacker eine willkommene Alternative. Ein elektromagnetisches Schlagwerk aus Ringmagnet und axial beweglichem Weicheisenkern entwickelt in dem Gerät Einzelschläge von regulierbarer Stärke. Neben dem netzbetriebenen Elektro-Tacker gibt es auch netzunabhängige Akku-Geräte.

Der Elektrotacker beim Befestigen von Dämmstoffen.

Klebepistolen

Mit der Klebepistole kann der Heimwerker so gut wie alle Materialien miteinander verbinden: Holz, Kunststoff, Metall, Keramik, Glas, Textilien, Leder usw. Der Klebstoff wird als Patrone von hinten in das Gerät eingeschoben. Bei Temperaturen zwischen 150 und 250 °C verflüssigt sich der Schmelzkleber und wird durch die Düse herausgedrückt. Verschieden geformte Düsen stehen für unterschiedliche Einsätze zur Verfügung.
Bei einfachen Klebepistolen muß man die Kleberpatrone mit Daumendruck vorschieben. Komfortablere Modelle verfügen über einen mechanischen Vorschub, der durch einen Drücker im Griff betätigt wird. Spitzengeräte sind zudem mit einem Wärmespeicher ausgestattet, der für 5–10 Minuten auch das netzunabhängige Arbeiten ermöglicht. Anschließend muß die Klebepistole wieder zum Nachladen ans Netz.

Die Klebepistole verbindet fast alle Materialien.

Lötpistolen

Ihr Hauptanwendungsbereich ist das Weichlöten. Dazu sind Temperaturen zwischen 190 und 260 °C erforderlich. Liegt die maximale Lötspitzentemperatur über 500 °C, reicht das Einsatzgebiet der Lötpistole vom Weichlöten über das Schneiden von Styropor und dem Schweißen von Thermoplasten bis hin zum Gravieren von Holz. Für das Schneiden und Glätten von Kunststoffen gibt es besonders geformte Lötspitzen, ebenso eine spezielle Spitze für besonders feine Lötarbeiten.

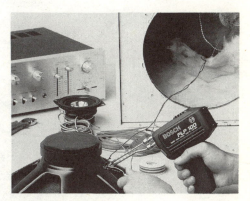

Für diffizile Lötarbeiten wird die Lötpistole eingesetzt.

11 Stationäre Holzbearbeitungsmaschinen

Die Tischkreissäge

Wer sich als Heimwerker auch an anspruchsvollere Tischlerarbeiten heranwagt, wird über kurz oder lang nicht an der Anschaffung einer leistungsfähigen Tischkreissäge vorbeikommen.

Ein hochwertiges Gerät kann durch eine ganze Reihe von Zusatzfunktionen zum Herzstück der Werkstatt werden. So ist mit entsprechendem Zubehör neben dem Sägen und Fälzen auch das Nuten und Zinken, das Herstellen von Langlöchern oder auch das Fräsen und Schleifen von Werkstücken möglich.

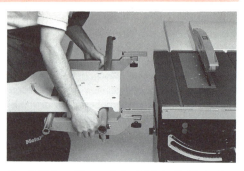

Der Schiebeschlitten wird seitlich in die Tischplatte gesteckt.

Meist werden die großen Holzbearbeitungsmaschinen wahlweise in Dreh- und Wechselstromausführung angeboten. Wenn es möglich ist, die Heimwerkstatt mit einem Drehstromanschluß auszustatten, wird man Drehstrom-Geräte anschaffen, weil ihre Motoren robuster sind und teilweise auf Rechts- und Linkslauf umgeschaltet werden können.

Die Einsatzmöglichkeiten einer Tischkreissäge werden wesentlich durch ihre maximale Schnitthöhe bestimmt. Die hier abgebildete Maschine schafft 85 mm. Damit sägt man problemlos alle beim Tischlern üblichen Querschnitte. Die Höhe des Sägeblatts muß sich leicht verstellen und fixie-

Der Winkelanschlag des Schiebeschlittens kann bis 45° geschwenkt werden.

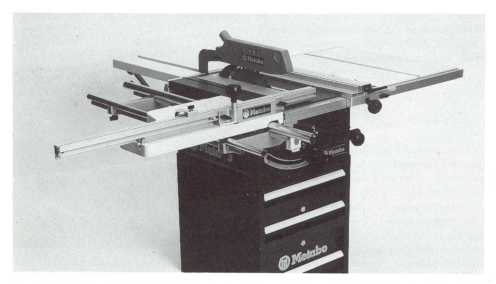

Eine Tischkreissäge, die für alle Aufgaben in der Heimwerkstatt gerüstet ist. Stabiler Parallelanschlag, Schiebeschlitten und Tischverbreiterungen erlauben das problemlose Bearbeiten auch großer Werkstücke.

ren lassen. Gleiches gilt für das Schwenken des Sägeblatts bei Schrägschnitten.

Wichtig für die Sicherheit des Benutzers ist eine elektromechanische Bremse, die das Sägeblatt nach dem Ausschalten in kürzester Zeit zum Stillstand bringt. Damit es nach einem Stromausfall zu keinem unkontrollierten Anlaufen der Säge kommt, sollte sie auch einen Unterspannungsschutz besitzen, der ein Wiederanschalten durch den Benutzer erforderlich macht.

Um den Motor vor Schäden durch Überhitzung zu schützen, sind gute Tischkreissägen mit einem thermischen Überlastungsschutz ausgestattet, der den Motor abschaltet, ehe er Schaden nehmen kann.

Für die Arbeitspraxis ist ein stabiler und gut einstellbarer Parallelanschlag wichtig, um präzise Längsschnitte herstellen zu können. Der Winkelanschlag wird für Querschnitte und Gehrungsschnitte benötigt. Zum Ablängen größerer Werkstücke empfiehlt sich die zusätzliche Anschaffung eines Schiebeschlittens, wie er auf der großen Abbildung montiert ist. Stabile Tischverlängerungen und -verbreiterungen schaffen auch für große Teile eine sichere Auflage.

Sägen und Falzen.

Sägen mit Vorritzen.

Nuten und Zinken.

Fräsen von Profilen.

Schleifen mit dem Schleifteller.

Bohren von Langlöchern.

Die Bandsäge

Eine Bandsäge kommt dann zum Einsatz, wenn geschweifte Teile hergestellt werden müssen oder besonders dicke Werkstücke (bis 160 mm) zu sägen sind. Die Maschine besteht im wesentlichen aus dem endlosen Sägeblatt und den Sägeblattführungen oberhalb und unterhalb der Tischplatte. Die obere Führung ist verstellbar und wird an die Dicke des jeweiligen Werkstücks angepaßt. Für die verschiedenen Anwendungen gibt es Sägeblätter unterschiedlicher Breite und Dicke. Auch Zahnform und Anzahl der Zähne variieren. Je schmaler das Sägeblatt ist, um so engere Radien lassen sich sägen. Für Schrägschnitte mit der Bandsäge läßt sich die Tischplatte bis 45° abkippen.

Die Abricht- und Dickenhobelmaschine

Sollen Holzteile aus sägerauhen Bohlen hergestellt werden, muß ein Abricht- und Dickenhobel zur Verfügung stehen. Wie schon der Name sagt, handelt es sich dabei um zwei Maschinen in einer. Auf dem oberen Abrichttisch wird zunächst die Oberfläche eines Werkstücks glattgehobelt. Anschließend schiebt man es unter der Messerwelle hindurch über den Dickenhobeltisch. Bei diesem Arbeitsgang wird die gegenüberliegende Seite des Werkstücks geglättet, wobei man vorher die gewünschte Dicke des Holzes einstellen kann. Die

Die Bandsäge sägt Werkstücke bis 160 mm Dicke und schneidet man geschweifte Teile zu.

Die Fläche des Werkstücks wird abgerichtet.

Der zweite Arbeitsgang ist das Dickenhobeln.

Flächen des Bretts oder der Bohle sind nach dem Dickenhobeln planparallel zueinander, die wichtigste Voraussetzung, um exakte Teile für den Möbelbau herzustellen.

Die Tischfräsmaschine

Von Fachleuten wird die Tischfräsmaschine oftmals als die Königin unter den Holzbearbeitungsmaschinen bezeichnet. Tatsächlich eröffnet sie dem Heimwerker ungeahnte Möglichkeiten beim anspruchsvollen Möbelbau.
Nach Möglichkeit wählt man ein Gerät in Drehstromausführung. Es kann von Links- auf Rechtslauf umgestellt werden. So ist das Fräsen in beiden Vorschubrichtungen möglich. Will man die Oberseite eines Werkstücks bearbeiten, dreht man es einfach herum, führt den entsprechend gedrehten Fräskopf von unten heran und schiebt das Teil dann bei eingestelltem Rechtslauf von links nach rechts am Anschlag entlang. Der Vorteil dieser Technik: Man arbeitet sicherer, weil der unten laufende Fräser beim Arbeiten nicht berührt werden kann.
Die Spindel der hier gezeigten Tischfräse kann bis 30° nach vorn geneigt werden. Dadurch ergeben sich mit den vorhandenen Fräswerkzeugen viele

Eine Tischfräsmaschine eröffnet dem ambitionierten Heimwerker ungeahnte Möglichkeiten der Holzbearbeitung im Möbelbau.

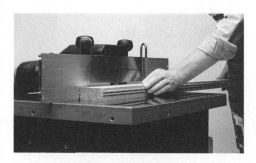

So wird ein Verleimprofil angefräst.

Hier sind mehrere Fräsmesser gleichzeitig montiert.

Die Spindel dieser Fräse läßt sich schwenken.

Das Abplatten einer Türfüllung für den Möbelbau.

neue Profilvarianten. Unter anderem lassen sich mit zylindrischen Fräsern auch schräge Kanten herstellen. Die Drehzahl kann bei dieser Maschine durch Umlegen des Keilriemens auf 3000, 6250 oder 9000 Umdrehungen pro Minute eingestellt werden. Der leicht montierbare Anschlag besitzt zwei verschiebbare Hälften. Die große, edelstahlbeschichtete Tischplatte hat eine glatte, geschlossene Oberfläche, was einen guten Vorschub in allen Richtungen garantiert. Eine elektromechanische Motorbremse und der eingebaute Unterspannungsschutz (verhindert Wiederanlauf nach Stromausfall) sorgen für Bedienungskomfort und Sicherheit.

Staubabsaugung

Daß Holzstaub, wie er in der Werkstatt beim Sägen, Schleifen usw. entsteht, nicht nur lästig, sondern auch gesundheitsgefährdend ist, weiß man schon seit einigen Jahren. Nachdem festgestellt wurde, daß der Staub von Eichen- und Buchenholz offenbar bei intensivem Kontakt die Krebshäufigkeit erhöht, hat der Gesetzgeber reagiert. In der Liste der »MAK-Werte« — sie legt die maximalen Arbeitsplatzkonzentrationen fest, in denen der Umgang mit gefährlichen Stoffen noch unbedenklich ist — werden Staub von Eichen- und Buchenholz mittlerweile in der Rubrik der »eindeutig als krebserregend ausgewiesenen Arbeitsstoffe« aufgeführt. Auch wenn eine echte Gefährdung wahrscheinlich nur beim häufigem professionellen Umgang mit Eichen- und Buchenholz gegeben ist, sollte jeder Heimwerker dennoch die Staubbelastung in seiner Werkstatt nach Möglichkeit reduzieren.

Viele Holzbearbeitungsmaschinen besitzen eine integrierte Staubabsaugung oder verfügen über einen Anschluß für eine externe Staubabsaugung. Sie kann über einen Allessauger oder ein spezielles Absauggerät erfolgen. Besonders komfortabel sind Geräte mit eingebauter Steckdose, an die ein Elektrowerkzeug angeschlossen werden kann. Eine Einschaltautomatik setzt die Absaugung dann in Gang, sobald das Elektrowerkzeug in Betrieb genommen wird.

Eine Werkstatt mit verschiedenen stationären Holzbearbeitungsmaschinen sollte auf jeden Fall mit einem leistungsstarken Absauggerät ausgestattet sein, das einen besonders großen Spänesack besitzt.

Besonders effektive Absaugung an der Tischkreissäge durch zwei Saugschläuche.

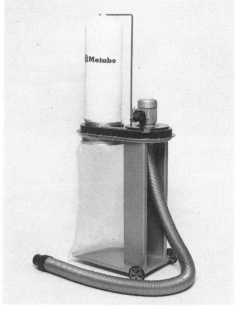

Ideal für stationäre Maschinen ist ein Absauggerät mit großem Spänesack.

Erste Hilfe bei Verletzungen

Auch beim Heimwerker kann es einmal einen Betriebsunfall geben, etwa wenn er mit elektrisch angetriebenen Geräten (Kreissäge) arbeitet, wenn er mit ätzenden oder giftigen Stoffen umgeht, wenn er auf Leitern steigt, Erdreich aushebt usw. Bitte beherzigen Sie, wenn Sie sich handwerklich betätigen:
1. Sie sollten einen Verbandskasten im Hause haben. Ist der Inhalt vollzählig und voll brauchbar?
2. Ordnung am Arbeitsplatz hilft Unfälle verhüten.
3. Achten Sie auf die Arbeitskleidung: festes Schuhwerk! Ärmel einschlagen!
4. Arbeiten Sie niemals in einer durch Alkohol beflügelten Stimmung.

Für den Fall, daß trotz aller Vorsicht jemand verletzt wird, folgen hier einige einfache Anweisungen für die Erste Hilfe; sie sind einem Merkblatt der gewerblichen Berufsgenossenschaften entnommen.

Wunden

Wunde nicht berühren! Wunde nicht auswaschen! Auch die schmutzige Wunde nicht! Wunde sofort bedecken!
Womit? Nur mit keimfreiem, trockenem, gebrauchsfertigem Verband (Verbandpäckchen – Gebrauchsanweisung aufgedruckt). Nicht mit anderen Stoffen (Zeug, Watte, Putzwolle, altes Leinen). Wenn kein keimfreier Verbandstoff vorhanden, Wunde offen lassen, bis der Arzt hilft; Blutkruste nicht entfernen.
Nur bei oberflächlichen Wunden, besonders an den Fingern, ist Pflasterverband ausreichend, darüber Lederfingerling.
Verletztes Glied beim Anlegen des Verbandes hochheben. Wenn Verband durchblutet, Druckverband darüberwickeln.
Bei größeren oder tieferen Wunden und bei allen Wunden (auch kleinen) in der Nähe der Gelenke, besonders an den Fingern und nahe dem Kniegelenk, immer schleunigst zum Arzt, am besten zum Facharzt für Chirurgie; wenn es irgendwie möglich ist, innerhalb von sechs bis acht Stunden vom Unfall an gerechnet. Das gilt für jede – auch die kleinste – Wunde, wenn in ihr Stechen oder Klopfen auftritt.

Besondere Arten von Wunden

Schlagaderblutungen, erkennbar daran, daß das Blut stoßweise aus der Wunde spritzt.
Blutstillung durch fester angewickeltes Verbandpäckchen (Druckverband). Wenn das nichts nützt, Blutstillung durch Absperren der Schlagader! Entweder das oberhalb der Wunde gelegene Gelenk (Hüft-, Knie- oder Ellenbogengelenk) bis zum äußersten beugen und in dieser Lage feststellen durch Binde oder Tuch. Oder, wenn das nicht genügt, Abbinden durch Abbindegurt am Oberarm oder Oberschenkel. Notfalls statt des Gurtes Hosenträger oder dgl. Wenn Abbinden nicht möglich, Schlagader mit beiden parallel nebeneinanderliegenden Daumen abdrücken: am Arm nur Innenseite des Oberarmes (wo innere Rocknaht liegt), am Bein nur Mitte der Leiste (wo vordere Bügelfalte der Hose oben endet). Möglichst rasch zum Arzt, weil abgebundene Glieder nur kurze Zeit lebensfähig bleiben! Nach spätestens einer Stunde bei stärkst gebeugtem Gliede Abbindung lockern, alsbald wieder anziehen. Wenn sich das Blut durch keine der angegebenen Maß-

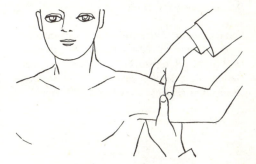

Schlagaderabdrückstelle am Oberarm

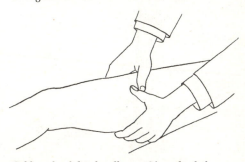

Schlagaderabdrückstelle am Oberschenkel

Erste Hilfe

nahmen stillen läßt, etwa bei Abtrennung von Gliedmaßen, versuchen, durch Aufdrücken von Tüchern, Zeug, Kleidern oder dgl. die Blutung zu stillen.

Augenverletzungen Beide Augen – auch das unverletzte – zubinden (mit Schnellverband, Taschentuch, Halstuch). Bei Verätzung (durch Kalk, Säure, Ammoniak usw.) das Auge sofort mit viel Wasser gründlich ausspülen (ausschwemmen). Dabei die Augenlider mit Daumen und Zeigefinger weit auseinanderhalten (siehe Bild). Das Auge nach allen Seiten bewegen lassen. Schnell zum Augenarzt. Nur wenn nicht erreichbar, zum anderen Arzt.

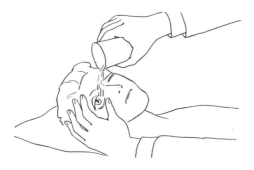

Das Ausspülen des Auges

Verbrennungen Brennende Personen anhalten, zu Boden werfen. Brand durch Umhüllen mit Decken, Kleidungsstücken, Tüchern usw. oder Herumwälzen des Brennenden auf dem Boden ersticken. Festgeklebte Kleider nicht entfernen. Brandblasen nicht öffnen! Kleinere Brandwunden mit »Brandwundenverband« oder, falls nicht vorhanden, mit Verbandpäckchen bedecken. Kein Brandpuder, kein Öl, keine Salbe. Bei größeren Verbrennungen überhaupt keinen Verband. Falls vorhanden, Brandwunden-Verbandtücher verwenden. Den Verletzten gegen Wärmeverlust durch Zudecken schützen, aber ohne mit der Decke die verbrannte Stelle zu berühren (Decke über Drahtgestell, Reifenbahre, Stuhl).

Äußere Verätzungen Bei Verätzung durch Laugen oder Säuren Kleider herunter und sofort die verätzten Stellen mit viel Wasser ausgiebig abspülen (zur Verdünnung der ätzenden Substanz)! Weitere Versorgung wie bei Verbrennungen (Keimfreier Verband; Schutz gegen Wärmeverlust)! Saubere Kleider anlegen.

Innere Verätzungen Nach Verschlucken von Säuren und Laugen den Verunglückten Wasser oder Tee trinken lassen und ihn schnellstens ins Krankenhaus bringen!

Innere Verletzungen Bei allen inneren Blutungen (aus Lungen oder Magen) den Kranken auf der Seite lagern und ruhig liegenlassen. Schleunigst Arzt hinzuziehen; denn nur er kann helfen! Bei inneren Verletzungen durch stumpfe Gewalteinwirkung (Tritt, Hufschlag, Stoß usw.) auf den Bauch oder den Schädel sofort ins Krankenhaus, möglichst in die Behandlung eines Facharztes für Chirurgie, dies ausnahmslos bei Auftreten von Übelkeit, Brechreiz, Erbrechen. Nichts zu essen, nichts zu trinken geben. Auf der Seite liegend und besonders schonend abbefördern.

Fleckentfernung

Fleckentfernung   499

Vorbemerkung

Mit wertvollen Stoffen gehe man zum Fachmann, denn das Fleckentfernen ist eine Kunst, die auch im Reinigungsgewerbe einem besonders geschulten und erfahrenen Personal vorbehalten ist. Der Fachmann hat andere praktische Möglichkeiten, da sein Arbeitsplatz eher einem Chemielabor gleicht als Großmutters Waschküche. Die folgenden Hinweise sind für die Fleckentfernung aus unempfindlichen Stoffen wie Leinen, Wolle, Baumwolle und Kunstfasern gedacht. Bei anderen Stoffen lohnt sich das Risiko nicht.

Grundregeln

1. Zunächst prüft man den Stoff an einer nicht sichtbaren Stelle, ob er gegen das gewählte Reinigungsmittel beständig ist, ob er sich z. B. auflöst oder entfärbt. Hierbei können auch die in manchen Kleidern angebrachten Pflegesymbole weiterhelfen: ein P bedeutet, daß nur mit Perchloräthylen (»Per«), und ein F, daß nur mit Benzin gereinigt werden darf. Bei einem durchkreuzten Kreis ist jegliche chemische Behandlung unmöglich.

2. Die Fleckstelle wird mit einem sauberen weißen Baumwolltuch unterlegt, das den Schmutz beim Entfernen aufsaugen soll. Es wird während der Behandlung mehrmals verschoben oder ausgewechselt.

3. Der Fleck wird mit einem feuchten weichen Bürstchen oder Naturschwamm entfernt. Der Stoff wird nicht gerieben, sondern schonend betupft oder beklopft.

4. Starke Reinigungsmittel wie Aceton, Benzol, Trichloräthylen (»Tri«) oder Tetrachlorkohlenstoff (»Tetra«) hinterlassen oft Ränder, die man mit schwachen Reinigern wie Alkohol oder Benzin entfernt.

5. Fast alle Reiniger sind gefährlich. Die Dämpfe von Aceton, Bleichlauge, Per, Tri, Tetra, Benzol, Benzin, Ammoniak und Salmiakgeist sind giftig, daher arbeitet man mit ihnen bei geöffnetem Fenster. Alkohol, Aceton, Benzol und Benzin sind feuergefährlich (Zigaretten!). Ammoniak, Salmiakgeist, Bleichlauge und Wasserstoffsuperoxid sind ätzend, daher müssen Haut (und Kleider) sofort mit viel Wasser abgespült werden.

500 Fleckentfernung

Bier 1%ige Salmiakgeistlösung.

Blut Wenn noch frisch, mit Wasser entfernen und eventuell mit 3%igem Wasserstoffsuperoxid nachbleichen. Alte Flecken zuerst mit 1%igem Salmiakgeist, dann mit Wasser und anschließend mit 1%igem Wasserstoffsuperoxid behandeln.

Brandflecken Bleichen mit 1–3%igem Wasserstoffsuperoxid.

Eier Waschbare Stoffe mit handwarmem (nicht heißem!) Wasser waschen. Andere Stoffe zuerst mit Tri, dann mit Benzin.

Eis Zuerst Benzin, dann 1%ige Ammoniaklösung. Eventuell mit 3%iger Bleichlauge und Antichlor nachbleichen, bei Wolle mit 3%igem Wasserstoffsuperoxid.

Fette, Butter, Margarine, Schmieröl, Ölfarbe Tri, Tetra, Per, Benzin oder Benzol.

Grasflecken, Spinat Wasser, mit 3%iger Bleichlauge und Antichlor nachbehandeln.

Harz wie Fette.

Kaffee Wasser, Baumwolle mit Bleichlauge und Antichlor, Wolle mit Wasserstoffsuperoxid nachbehandeln (jeweils 5%ige Lösungen). Seide in jedem Fall zum Fachmann.

Kakao Zunächst Benzin, dann 2%ige Ammoniaklösung.

Kaugummi Tri, Tetra, Per, Benzol oder Benzin.

Lippenstift, Rouge Tri oder Tetra, dann mit warmem Alkohol und eventuell mit Bleichlauge und Antichlor (je 3%ig) nachbehandeln.

Mayonnaise wie Fette.

Milch Benzol oder Tri.

Nagellack Aceton, Nagellackentferner, Tri oder Benzin.

Obstflecken gelbbraune Farbe: Wasser eventuell mit Bleichlauge und Antichlor nachbehandeln; rote und blaue Farbe: bald entfernen, da bei alten Flecken meist zwecklos! Zuerst mit Tri

oder Benzin, danach mit 3%igem Wasserstoffsuperoxid, dem man einige Tropfen Ammoniaklösung zusetzt.

Rost Die Entfernung gelingt nur dem Fachmann (Reinigung).

Rote Rüben, Blaukraut (Rotkohl) Wasser, mit 3%iger Ammoniaklösung nachbehandeln.

Rotwein Möglichst bald mit Wasser behandeln, eventuell mit Bleichlauge und Antichlor oder mit Wasserstoffsuperoxid (je 3%ig) nachbleichen. Ältere Flecken sind kaum noch zu beseitigen. Sofortmaßnahme: Dick mit Salz bedecken, dann abbürsten. Salzreste bald mit Wasser entfernen.

Ruß Wenn Waschen nichts nützt, kann nur noch der Fachmann helfen.

Schokolade Benzin, eventuell mit 2%iger Ammoniaklösung nachbehandeln.

Schuhcreme Benzin, anschließend Alkohol, eventuell mit Bleichlauge und Antichlor oder Wasserstoffsuperoxid (je 3%ig) nachbleichen.

Soßen Erst Benzin, dann Tri oder Tetra, schließlich wieder Benzin zur Entfernung von Rändern.

Tabak Alkohol, eventuell nachbleichen wie bei Schuhcreme.

Tee Frische Flecken: 1%ige Ammoniaklösung. Alte Flecken: zunächst mit warmer 2%iger Ammoniaklösung, danach mit 10%iger Zitronensäurelösung behandeln. Bei farbigen Stoffen: zuerst 10%ige Boraxlösung, dann 5%ige Zitronensäurelösung, eventuell nachbleichen mit 3%igem Wasserstoffsuperoxid, dem man einige Tropfen Ammoniaklösung zusetzt.

Teer Tri, Tetra, eventuell nachbleichen wie bei Schuhcreme.

Tinte, Kugelschreiber, Schreibmaschinen-, Stempelfarbe Benzin, dann mit 3%iger Bleichlauge bleichen, anschließend Antichlorlösung und viel Wasser.

Wachs Benzol, Tri oder Tetra.

Stichwort-Verzeichnis

A

Abachi 90
Abbeizen 46
Abbrennen (Anstriche) 46
Abdecken eines Schraubloches 117
Abgasklappe 404
Abkanten (Blech) 303
Abricht- und Dickenhobelmaschine 494
Absäuern (Zink) 50
Abwasser 388
Abziehstein 106
Acryllacke 53, 54
Ahle 102
Akku-Geräte 482
Alarmanlagen 464
Alkalische Abbeizmittel 46
Alleskleber 124
Aluminium 292, 332
Aluminiumbronze 32
Amboß 295
Am Riß sägen 111
Anlegen einer Terrasse 286
Anregende Farbtöne 17
Anreißen 110
Anreißschablone 298
Anschlagwinkel 95
Anschließen von Beleuchtungskörpern 428
Anschluß der Täfelung an Fenster und Türen 177
Anstreichbürste 28
Anstrich auf Metall 49
Anstrich auf neuem Holz 36
Anstrich auf Putz 37
Anstrich auf Fußböden 48
Anstrich für Wände und Dekken 35
Anstrich mit Dispersionsfarben 42
Anstrich mit Öl- und Kunstharzfarben 43
Antennenanlage 470
Arbeiten des Holzes 89
Arbeitsbock 153
Arbeitsklotz 301
Arbeitsraum 86
Aststellen 91

Aufbewahren von Farben 24
Aufrauhen (Anstriche) 46
Aufrauhen (Zink) 50
Aufreißen 109
Aufsatzband 334
Aufsteckplatte 318
Auftauen eingefrorener Leitungen 368
Aufziehen von Fotos 169
Augenverletzungen 537
Ausbau von Dachräumen 272
Ausblühungen 242
Ausgleichsmasse 70
Aushaumeißel 314
Ausreiber 100
Außenanstriche 25
Außentaster 297

B

Backenfutter 103
Backofen 401
Balsaholz 90
Bänder 333
Bandschleifer 486
Bandsäge 494
Bank aus genuteten Brettern 153
Bankhaken 86
Bankknecht 87
Barbecue 287
Bauaufsichtsbehörden 196
Baugenehmigung 196
Bauglas 190
Bauholz 243
Bedachungen 248
Beinageln 122
Beißzange 104, 300
Beizen 140
Beschläge 18, 332
Besenstiel locker 184
Beton 222
Betonstampfer 225
Bettbeschlag 135
Biberschwanz 249
Biegen (Metall) 299
Biegewellenvorsatz 524
Bilder aufhängen 75
Bilderrahmen 167

Bindemittel 31
Blattschaufel 205
Blaustreifigkeit 90, 140
Blechbearbeitung 300
Blechdach 253
Bleche 292
Blechschere 300
Blech- und Lackschäden am Auto 55
Blei 291
Bleimennige 32, 50
Blindboden 265
Blumenkästen 160
Bohren 116
Bohren (Metall) 316
Bohren durch Glas- und Keramikfliesen 235
Bohrhammer 480
Bohrwinde 101
Bootslack 53
Bördeleisen 301
Bördeln und Schweifen 304
Brettertür 150
Brettreibe 220
Buche 90
Bücherregal, gedübelt 161
Bügeleisen 431
Buntbartschlüssel 340
Buntpigmente 32
Butan 406

C

Chemisch härtende Lacke 54
Chlorkautschuklack 54
Chromgelb 32
Chromgrün 32
Chromoxydgrün 32
Chubb-Schloß 341
Couchtisch 154

D

Dachantenne 474
Dachdeckung mit Eternit 252
Dachkonstruktionen 243
Dachpappennagel 120
Dachrinnen 259
Dämmplatte 217

502 Stichwortverzeichnis

DD-Lacke 54
DD-Reaktionsversiegler 48
Deckenhaken 428
Deckenputz 222
Defekter Hahnsitz 359
Dekorationsarbeiten 74
Dipol 472
Doppelhobel 97
Doppelscheiben 192
Doppelschleifer 487
Drahtstifte 119, 136
Drahtzange 300
Drechselstähle 103
Drehbank 102
Drehen im Holz 118
Drehwuchs 91
Dreikantschaber 324
Dreipigmentweiß 30
Dreischichtplatte 217
Dreizack 103
Drillbohrer 102
Drillschraubenzieher 102
Druckspüler 364
Dübel mit Faserstoffeinlage
  235
Dübel mit Gegenkonus 236
Dübeln (Holz) 130
Durchgedübelte Eckverbin-
  dung 130
Durchlauferhitzer 369, 439
Durchnageln 122
Durisol-Bauweise 213

E
Eiche 90
Einbau eines Zwischenbodens
  178
Einbauschrank in Dachschräge
  171
Einbauzylinder 343
Einbohrband 335
Einfache Nutverbindung 128
Einfacher Werktisch (Selbst-
  bau) 151
Eingabeplan 198
Einsetzen von Dübeln und
  Haltern 230
Einspannen 111
Einsteckschloß 339, 345
Eisen und Stahl 331
Eisenoxydgelb 32

Eisenoxydrot 32
Eisenoxydschwarz 32
Elektrische Speicherheizung
  432
Elektrische Waschmaschine
  440
Elektrisches Kinderspielzeug
  411
Elektrodenhalter 328
Elektro-Fuchsschwanz 485
Elektrogeräte 429
Elektro-Tacker 490
Elektroherd 436
Emaille 357
Engländer 320
Englischrot 32
Entfetten (Aluminium) 50
Entrosten 50
Erdarbeiten 276
Erdbohrer 277
Erdgas 398
Erhöhung des Dämmwertes
  einer Außenmauer 217
Erste Hilfe 497
Eternitplatten streichen 36
Exzenterschleifer 485
Exzenterverschluß 134

F
Fachbodenträger 136
Fahrräder anstreichen 51
Falzen (Blech) 304
Falzkontakt 465
Falzziegeldach 251
Färben (Holz) 140
Farbige Möbelanstriche 22
Farbsieb 26
Fase 107
Fassadenverkleidung mit Eter-
  nitplatten 213
Fehlersuche in Klingelanlagen
  456
Fehler-Suchgerät 454
Feilen 116
Feilen (Metall) 315
Feilenhieb 315
Feilhobelgeräte 101
Feilkloben 295
Feilkluppe 106
Feinputz 222
Feinsäge 95

Fenster undicht 190
Fensterscheibe einsetzen 190
Ferneinschaltung 463
Fernseh-Antenne 472
Feststellbarer Zirkel 95
Fichte 89
Filzreibbrett 220
Filzpappe 71
Fingerzinken 129
Fischband 335
Fischer-Dübel SB 236
Fittings 376
Flächenstreicher 28
Flachkopfschraube 123
Flachmeißel 208, 314
Flachpinsel 29
Flachzange 104, 300, 445
Flaschengas 406
Flaschenschraubstock 293
Fleckenentfernung 24, 538
Fliesen, Glas, Ölfarbgründe
  überstreichen 35
Flossendübel 239
Flüssiges Holz 45
Flüssiggas 406
Flußmittel 325
Formröhre 103
Formstähle 291
Forstner-Bohrer 100
Franzose 320
Frostschutz (Wasserleitung)
  367
Fuchsschwanz 95
Fugeisen 208
Fügelade 97, 152
Fugkelle 208
Furnieren 142
Furniermesser 143
Furniersäge 144
Furnierte Fläche beschädigt
  186
Fußbodenlack 53
Fußbodenheizung 435
Fußböden 261

G
Gabelschlüssel 320
Gartenmöbel (Metallteile)
  streichen 36
Gartenwasserleitung 376
Gartenzaun 277

Stichwortverzeichnis 503

Gasbeton-Mauerwerk 214
Gasheizofen 405
Gasherd 399
Gaswasserheizer 403
Gaszähler 399
Geflechte aus Schichtstoffplat-
ten 487
Gehäuse-Schaltkontakt 465
Gehrmaß 95
Gehrungsklammern 105
Gerätestecker 431
Geruchverschlüsse 388
Gestaltung von Innenräumen 18
Gestell für Weinflaschen 149
Gewindebohren 320
Gewindeschablone 319
Gewindeschneiden 379
Gezinkte Ecke 129
Gipserpfännchen 220
Gipsglättputz 222
Gipskartonplatten 177
Gipskelle 220
Glas 509
Glasdach 254
Glaserkitt 190
Glimmlampe 422
Glühlampen 417
Glutinleim 124
Grillfeuerstelle im Garten 287
Grundausrüstung mit Werk-
zeug 106
Grundbestandteile jeder An-
strichfarbe 30
Grundierung 38
Grundstücksentwässerung 388
Grünspan 291
Gummibeläge 74
Gummihammer 300
Gummiroller 63
Gußglas 256

H
Hahn tropft 359
Hakenschraube 123
Hakenstift 120
Halter für Teppichstange 232
Hammerkolben 324
Hammerstiel zerbrochen 183
Handbohrmaschine 318
Handhabung der Spritzpistole
58

Handkreissäge 484
Handlauf splittert 188
Handmischen von Beton 224
Handschleifapparat 106
Hartes Wasser 356
Hartlöten 327
Hartsteingut 358
Harzgallen, 45, 91
Hausentwässerung 388
Hausfassade anstreichen 35
Hauskläranlagen 389
Hausklingel 450
Hebel-Vorschneider 104
Heimwerkermaschinen 477
Heißluftpistole 490
Heizkörperlack 53
Heizkörperpinsel 29
Heizkörperroller 28
Heizkörperverkleidung 375
Heizöl 269
Helligkeitsregler 424
Heraklith 216
Heratekta 216
Hobelbank 86
Hobel 489
Hobeln 112
Hochdruckspeicher 371
Hohlschlüssel 340
Holz als Werkstoff 89
Holz biegen 117
Holz zum Drechseln 91
Holz zum Schnitzen 90
Holzarten 89
Holzdielen 266
Holzeinlegearbeiten 144
Holzfehler 91
Holzhammer 97, 300
Holzoberfläche 137
Holzschädlinge 139
Holzschraube locker 185
Holzschutzmittel 139
Holzverbindungen des Schrei-
ners 126
Holzverbindungen des Zim-
mermanns 132
Holzwolle-Leichtbauplatten
216
Holzwurm 140
Hydranten 357

I
Imprägnieren (Holz) 45, 139
Innenanstriche 25
Innensechskantschlüssel 319
Innentaster 297
Intarsien 144
Isolierband 447
Isolieren (Holz) 45
Isolieren (Putz) 37
Isolieren von Rohrleitungen 385
Isolierende Untertapete 63
Isolierrohr 413

J
Japanspachtel 25

K
Kachelofen 267
Kalk 30
Kalkbeständige Farben 39
Kalkbürste 28
Kalkechtgelb 32
Kalkfarbenanstrich 38
Kalkgrün 32
Kalkorange 32
Kalksandstein 212
Kalte Farbtöne 17
Kalthärtende Lacke 54
Kaltlöten 327
Kaminofen 268
Kanten bestoßen und brechen
114
Kantenhobel 101
Kasperltheater 171
Kasten mit Einsatzfächern 164
Kastenschloß 339, 345
Kehlbalkendach 244
Keilverschluß 134
Kellenspachtel 220
Kellerfußboden aus Zement-
estrich 262
Kellerregal 148
Keramische Fliesen 491
Kernholz und Splintholz 90
Kiefer 90
Kittmesser 27, 190
Klapptisch 154
Klavierband 136, 337
Klebepistole 491
Klebstoffe 124

504 Stichwortverzeichnis

Kleinschraubstock 105
Klemmbacken 378
Klemmschraube 448
Klingeltransformator 450
Klinker 201
Kloben 334
Klosettspülung 361
Klüpfel 97
Klüppel 97
Kneifzange 104
Knetdübel 235
Knie 389
Kofferboden unter der Decke 179
Kohlenbadeofen 368
Kolophonium 325
Konsolhaken 120
Konushahn 361
Kopal-Spachtelkitt 45
Korkplatte 217
Körner 298
Körperfarben 30
Krampe 120
Krauskopf 100
Kreide 30
Kreuzband 333
Kreuzmeißel 314
Kreuzschaltung 414
Kronenmeißel 445
Kübelhaken 27
Kühlschrank 439
Kunstharzfarbe 44
Kunstharzlacke 53
Kunstharzleim 124
Kunststoff-Spreizdübel 235
Kupfer 290, 331
Kupferdraht 445
Kupferrohr mit PVC-Mantel 387

L
Lackieren 51
Lackieren (Holz) 141
Lammfellroller 28
Langband 333
Lanzette 220
Lärche 90
Lasieren 47
Lasieren von Holzböden 48
Lattenstuhl 150
Lattenzaun auf Betonsockel 278

Laubsäge 95
Läufer und Teppiche 78
Leichtbauplatten 216
Leichtmetall 292
Leimen und Kleben 124
Leimfarbenanstrich 40
Leistungsschild 429
Leiter 26
Leuchter 180
Leuchtgas 398
Leuchtstofflampe 420
Lichtbogenschweißen 328
Limba 90
Linoleum 69
Lithopone 30
Litze 446
Lochsäge 95
Lochschere 301
Löffelbohrer 103
Lösbare Holzverbindungen 134
Lösende Abbeizmittel 46
Lösungsmittelkleber 505
Lötkolben 323
Lötlampe 324
Lötpistole 491
Lötschere 324
Lötverbindung 323
Lötverbindung (Drähte) 448
Lötzinn 324
Luftkalkmörtel 204
Lüsterklemme 428

M
Madenschraube 448
Magnetverschluß 137
Makoré 90
Malerlineal 26
Malerspachtel 220
Materialliste 148
Mattieren (Holz) 141
Mauerdurchbruch 227
Mauermörtel 204
Mauerverband 202
Mauerwerk 200
Mauerziegel 200
Maurerfäustel 208
Maurerhammer 208
Maurerkelle 207
Maurerlatte 208
Maurerschapfer 208
Mehrkomponentenlacke 54

Meißel 103
Meißeln (Metalle) 312
Messen und Anreißen (Metall) 297
Messertechnik 145
Messing 291, 331
Metall aus Werkstoff 290
Metalloberfläche 331
Metallsäge 314
Meterstab 94
Mikrometer 297
Milchkleber 505
Mischbrücke 225
Mischen von Farbtönen 31, 33
Mittelbruchbesatzung 341
Modernisieren von Füllungstüren 190
Moltofill 38, 241
Mönch und Nonne 251
Montageverbindungen mit Rampa- oder Trioschrauben 135
Mörtel mit hydraulischen Bindemitteln 205
Mörtelkasten 205
Mörtelpfanne 205
Mörtelrühre 205

N
Nägel herausziehen 122
Nagelbohrer 100
Nagelhartes Holz 91
Nageln 119
Nageln von Leichtbauplatten 216
Nahtroller 63
Naturfarben 55
Naturholzlackierung (Lasieren) 47
Niederdruckspeicher 371
Nietverbindung 322
Nischen und Winkel 18
Nitrolacke 54
Nut und Feder 131

O
Oberfräse 488
Obsthurde 149
Ocker 32
Ofen zieht nicht 268

Stichwortverzeichnis 505

Ofenheizung 267
Ofenrohre anstreichen 51
Offene Kamine 368
Offenliegende Rohrleitungen 18
Ölen (Holz) 141
Ölfarbe 44
Ölheizung 269
Ölkitt 45
Öllacke 53

P

Panneaux 60
Pannen mit Schlössern 348
Pappdach 254
Parallelschraubstock 293
Paravent 169
Pariserblau 32
Parkett 265
Patentdübel 234
Patine 291
Pfannendach 250
Pfettendach 246
Pinsel abbinden 28
Pinsel aufbewahren 27
Plankelle 216
Planscheibe 103
Plattenbeläge im Freien 283
Plattenstreifen als Garagen-
zufahrt 285
Polierstock 301
Polierteller 527
Polsterarbeiten 82
Polyäthylendruckrohr 386
Polyesterlacke 54
Polyurethanlacke 54
Polyvinylchloridrohr 387
Porotonstein 211
Pressen und Abbinden 125
Prismenbeilage 378
Propan 406
Pumpfix 393
Putzerkelle 220
Putzhaken 220
Putzhobel 97
Putzlatte 220
Putzrisse 240

Q

Quelldübel 130

R

Rahmenliege 170
Rahmenverbindung 126
Raspel 101
Ratschenkluppe 381
Rauhbank 97
Raumlüfter 425
Raumteiler 159
Reaktionslacke 54
Reflektorlampe 422
Regal für Schallplatten 161
Regal für Türnische 156
Regale 156
Regalturm 158
Reibbrett 220
Reibefilz 220
Reifenbesatzung 340
Reihenklemme 448
Reinigungsspirale 393
Reißnadel 298
Reißschiene 147
Reitenklemme 448
Reitstock 102
Richten (Metall) 299
Richten von Sägen 107
Richtplatte 295
Riegelschloß 339
Ringpinsel 29
Risse in der Wand 240
Rohrabschneider 378
Rohrhaken 120
Rohrschraubstock 378
Rohrzange 378
Rollstreichbürste 28
Rost-Primer 50
Rostumwandler 50
Rückstauverschluß 391
Rührholz 27
Rundzange 300, 445

S

Sägen 111
Sägen (Metall) 314
Sägenfeile 106
Sägenkluppe 106
Sägewinkel 216
Sandkasten für Kinder 282
Sapeli 90
Schabhobel 101
Schallhemmende Zwischen-
wand 176

Schallschluckende Verbrette-
rung 175
Schalter 414
Schaltuhr 440
Schalung 225
Schärfen von Schneid- und
Stemmwerkzeugen 107
Scharnier 336
Scharnierband 135
Scheibengardinen 78
Schellack 53
Schichtenplatte 92
Schichthobel 97
Schiebetüren 163
Schimmelbildung an Küchen-
wänden 35
Schinder 101
Schlagaderblutungen 497
Schlagbohrmaschine 480
Schlagfestlacke 53
Schlagschnur 25
Schlangenbohrer 100
Schlauchleitung aus PVC 449
Schlauchwasserwaage 298
Schleifbock 520
Schleifbrett 216
Schleifen (Holz) 46, 138
Schleifklotz 105
Schleiflack 22, 53
Schleifpapier 105
Schlichthammer 300
Schlichthobel 97
Schlitz und Zapfen 127
Schlitzschrauben 319
Schloß anschlagen 344
Schloß schließt nicht 350
Schloß überschlägt sich 351
Schlosserfeilen 315
Schlosserhammer 300
Schloßschraube 123
Schlüssel feilen 353
Schlüsselfeilen 315
Schlüssellochsperrer 344
Schlüsselschraube 123, 319
Schmatzen 209
Schmirgelscheibe 106
Schmutzwasser 366
Schnäpper 137
Schneckenbohrer 100
Schneiden von Innengewinden
320
Schneidkluppen 379

506 Stichwortverzeichnis

Schneidlade 153
Schornstein 268
Schrank in Türnische 163
Schrankbeläge 134
Schränke mit Türen 162
Schränkeisen 106
Schränken 108
Schränkzange 106
Schrauben 122
Schraubenbolzen 123
Schraubenfutter 103
Schraubenzieher 102
Schraubstock 293
Schraubverbindung (Metall) 319
Schraubzwingen 105
Schreinerhammer 104
Schroppröhre 103
Schubladen 165
Schublehre 297
Schuko-Steckdose 416
Schutz und Schmuck 16
Schutzbacken 294, 378
Schutzschild für Schweißer 329
Schwamm 242, 248
Schweifhammer 300
Schweifstock 301
Schweißtransformator 328
Schweißzange 328
Schwimmbecken streichen 36
Schwingschleifer 486
Seitenschneider 445
Senkkopfschraube 123
Senklot 208
Senkstift 104
Serienschaltung 414
Sessel aus Holzrahmen 172
Sessel aus Massivholz 173
Sessel mit Metallrahmen 173
Sicherheitsgürtel 26
Sicherung 412
Sicherungsautomat 413
Sichtbeton 226
Sickerdole 395
Sickerschacht 397
Signalrot 32
Simshobel 97
Siphon 389
SL-Draht 446
Sockel 20
Sockel in Küche und Bad 35
Sonnenkollektoren 371

Spachtel 25
Spachteln (Auto) 56
Spachteln von Anstrichflächen 45
Spaltglas 398
Spannhaken 134
Spannringe 105
Spannsäge 95
Spannteppiche 80
Spannwerkzeuge 105
Spanplatte 92
Sparrendach 244
Sperrhaken 301
Sperrplatte 92
Spielzeug und Kleingeräte 180
Spiralbohrer 100, 316
Spirituslacke 53
Spitzbohrer 101
Spitzhammer 328
Spitzkolben 324
Spitzmeißel 208
Spitzzange 300
Spreizdübel 238
Spritzlackieren 56
Spritzpistole 490
Spülkasten 361
Stabstähle 290
Stadtgas 398
Staffelei 26
Stahl und Eisen 290
Stahlbeton 226
Stahlbürste 26
Stahlwolle 141
Stange gebrochen 184
Stangenzirkel 297
Stanley-Messer 482
Staubabsaugung 496
Staubsauger 440
Stauchen 120, 298
Stecheisen 97
Steckdosen 415
Steckleisten 136
Steckstift 336
Stegleitung 414
Steifheit gegen Verformung 146
Stemmen 115
Stemmloch 127
Stemmwerkzeuge 97
Stichling 101
Stichsäge 483
Stoffe spannen 74

Störungen an Wasserleitungen 366
Stoßbrett 152
Strecken 298
Streichmaß 94
Strichzieher 29
Stromverbrauch 441
Stukkateureisen 220

T

Tapetenbedarf (Tabelle) 62
Tapetenschneider 63
Tapezierbürste 63
Tapezieren 60
Tauplattenprüfung 404
Teakholz 90
Teleskop-Schienen 167
Teppichfliesen 72
Terpentinöl 31
Terrassenaustritt 286
Terrazzo 263
Textiltapeten 61
Thermopete 63, 67
Tiefensteller 102
Tisch mit Kunststoffplatte 155
Tisch oder Stuhl wackelt 185
Tischchen fürs Krankenbrett 155
Tischhobelbank 88
Tischklammern 134
Tischkreissäge 492
Tischfräsmaschine 495
Tischlerhammer 104
Tischlerplatte 92
Tischparallelspanner 105
Titanweiß 30
Traps 389
Traufe 220
Treiben von Metallen 307
Treibhammer 300
Trennstemmer 314
Treppe knarrt 187
Trinkstube im Keller 274
Trockenrisse 91
Trocknungsprozeß 34
Tür anheben 337
Tür quietscht 337
Türfüllungen 18
Türriegel 338
Türsturz 211

Stichwortverzeichnis 507

U

Überplattung 126
Uhrmacherschraubenzieher
 445
UKW-Antenne 471
Ultramarinblau 32
Umbra 32
Umschlag 303
Umschlageisen 301
Undichte Hähne 359
Unfallverhütung 88
Universalhobel 101
Untergrund beim Tapezieren 62
Upat-Trix-Dübel 237

V

VDE-Prüfzeichen 411
VDE-Vorschriften 411
Verätzungen 498
Verbrennungen 498
Vergipsen 37
Verhältnis Decke – Wand 21
Verhältnisteilung 110
Verkitten 45
Verkleidung des Dachraumes
 175
Verlängerungsleitung 430
Verputzen 114
Verschlichten 52
Versenker 104
Versetzt schräg nageln 121
Versiegeln 48
Versiegelungslacke 54
Verstellbarer Schraubenschlüssel 320
Verstopfungen der Abwasserleitung 392
Vielzweck-Sägen 95
Vogelhäuschen 181
Vorgebohrtes Schraubenloch
 116

Vorhänge, Gardinen 76
Vorhangblende 181
Vorhangleisten 76
Vorstecher 102

W

Wachsen (Holz) 141
Wagnerstift 120
Wandbord 157
Wandregal 160
Wandregal mit Loch- oder Nut-
 schienen 157
Wandtäfelung 174
Wandtisch 154
Wanknutsäge 524
Warme Farbtöne 17
Warmwasserbereitung 368
Warmwasserheizung 373
Waschbare Tapeten 61
Wash-Primer 50
Wasseraufbereitung 374
Wasserfeste Tapeten 61
Wasserglasanstrich 43
Wasserhahn 358
Wasserkocher 430
Wasserversorgung 356
Wasserwaage 208
Wasserzähler 356
Wechselschaltung 414
Weiches Wasser 356
Weichlöten 323
Wendelbohrer 316
Werkbank (Metall) 293
Werktisch 88
Werkzeichnung 147
Werkzeugkasten 161
Wertstufe 23
Windeisen 321
Winkelband 333
Winkelhaken 95
Winkelkante 110

Winkelreibahle 318
Winkelschleifer 487
Winkelschmiege 95
Wirkung der Farben 16
Womit ist das gestrichen? 34
Wunden 497
Würgeverbindung 449

Z

Zähler 441
Zapfenband 136
Zaponlack 54
Zeichenwinkel 147
Zelluloselacke 54
Zement 222
Zementspritzwurf 221
Zentralzündung 401
Zentrum-Bohrer 100
Zerlegbares Bücherregal 158
Zeugrahmen 87, 164
Ziegeldeckungen 249
Ziehklinge 27, 106, 139
Zierkopfschraube 123
Zimmerantenne 473
Zimmertür oder Schranktür
 klemmt 189
Zink 292
Zinken 129
Zinn 291
Zinnfeilen 315
Zirkel 297
Zu hoher Raum 23
Zusammendübeln 131
Zusammenzeichnen 110
Zuschlagstoffe 223
Zweikomponentenkleber 507
Zwickzange 300
Zylinder-Kasten-Riegelschloß
 343
Zylinderschloß 342

Bildnachweis:
Robert Bosch GmbH, Leinfelden (S. 24, 57, 479−491); Arbeitsgemeinschaft Holz, Düsseldorf (S. 48); Scandecor Production GmbH, Langen (S. 64); Deutsches Tapeteninstitut GmbH, Frankfurt (S. 66, 67); DLW AG, Bietigheim (S. 72, 73); Werkzeugfabrik Georg Ott, Ulm (S. 96, 98, 532, 533); Stanley Werkzeuggesellschaft mbH, Wuppertal (S. 99, 317); Yton AG, München (S. 215); Fischer-Werke, Tumlingen (S. 237, 238, 239); Gußglas-Werbung, Köln (S. 256, 257, 258); Heinrich Wilke GmbH, Arolsen (S. 332); R. H. Süss & Co. KG, Hamburg (S. 384); Zentrale für Gasverwendung, Frankfurt (S. 400); Osram GmbH, München (S. 418, 419); Philips GmbH, Hamburg (S. 420, 421); Peill + Putzler Glashüttenwerke GmbH, Düren (S. 423); Siemens AG, München (S. 425, 426, 427); AEG-TELE-FUNKEN, Nürnberg (S. 437); Metabo-Werke, Nürtingen (S. 492−496)